WISSENSCHAFTLICHE FORSCHUNGSBERICHTE

WISSENSCHAFTLICHE FORSCHUNGSBERICHTE

NATURWISSENSCHAFTLICHE REIHE

Herausgegeben von

DR. W. BRÜGEL Ludwigshafen/Rh. und PROF. DR. R. JÄGER Bad Homburg v. d. H.

Band 62

EINFÜHRUNG IN DIE ULTRAROTSPEKTROSKOPIE

4. Auflage

DR. DIETRICH STEINKOPFF VERLAG
DARMSTADT 1969

EINFÜHRUNG IN DIE ULTRAROTSPEKTROSKOPIE

Von

DR. WERNER BRÜGEL

Physiker in der Badischen Anilin- & Soda-Fabrik AG, Ludwigshafen a. Rh.

4. neubearbeitete und erweiterte Auflage

Mit 200 Abbildungen und 37 Tabellen

DR. DIETRICH STEINKOPFF VERLAG

DARMSTADT 1969

ISBN 978-3-642-86523-7 ISBN 978-3-642-86522-0 (eBook)
DOI 10.1007/978-3-642-86522-0

Softcover reprint of the hardcover 4th edition 1969

Zweck und Ziel der Sammlung

Als RAPHAEL EDUARD LIESEGANG am 13. November 1947 starb, lagen 57 Bände der Sammlung vor, die er gegründet und mehr als ein Vierteljahrhundert lang herausgegeben hatte.

Brücken zu schlagen zwischen den einzelnen Teilgebieten von Naturwissenschaft und Medizin, ist das Ziel der „Wissenschaftlichen Forschungsberichte". Schon unter LIESEGANGS Herausgeberschaft wandelten und erweiterten sich Charakter und Absichten der Sammlung. Die ersten Bände erfaßten in Form kritischer Sammelreferate die Literatur einzelner Disziplinen aus der Zeit des ersten Weltkrieges. Später folgten monographische Darstellungen junger, inzwischen selbständig gewordener Zweige der Wissenschaft und neuer Methoden, die auf vielen Teilgebieten naturwissenschaftlicher Forschung allgemeine Bedeutung erlangt hatten.

Verlag und Herausgeber bemühen sich, die „Wissenschaftlichen Forschungsberichte" im Geiste LIESEGANGS weiterzuführen, und sie sind überzeugt, daß der Sinn dieser Tradition gerade darin besteht, die Sammlung so lebendig und wandlungsfähig zu erhalten, daß sie die Forderungen des Tages zu erfüllen vermag.

Physikalische Meßmethoden werden heute auf vielen weit auseinanderliegenden Teilgebieten der Naturwissenschaft, der Medizin und der Biologie angewandt. Wo gemessen wird, da ist Physik. Die Brücken, die die Einzeldisziplinen verbinden, sind heute zu einem guten Teil die allgemein angewandten physikalischen Methoden. Sie sollen in künftigen Bänden unserer Sammlung so dargestellt werden, daß der Physiker findet, was er braucht, also theoretische Grundlagen, Kenntnis der apparativen Hilfsmittel und eine Übersicht über die wichtigste Literatur. Der Nicht-Physiker soll aber soviel über die Grundlagen, Anwendungsmöglichkeiten und Grenzen finden, daß er die Meßergebnisse der Physiker interpretieren und für seine Wissenschaft verwenden kann.

April 1956

Die Herausgeber:

WERNER BRÜGEL
Ludwigshafen/Rhein

ROLF JÄGER
Institut für Kolloidforschung
der Johann Wolfgang Goethe-Universität
Frankfurt a. M.
Bad Homburg v. d. H.

Aus dem Vorwort zur 1. Auflage

Eine umfassende Darstellung der Ultrarotspektroskopie unter Einbeziehung aller theoretischen Feinheiten und praktischen Möglichkeiten müßte den mehrfachen Umfang des vorliegenden Buches füllen, zumal eine solche Darstellung notwendigerweise der Spektroskopie des schwingenden Moleküls insgesamt gewidmet sein, also die RAMAN- und die Mikrowellenspektroskopie einbeziehen müßte. Vielmehr handelt es sich darum, den zahlreichen Interessenten, die zur Verbesserung ihrer Forschungs- und Analysenmöglichkeiten diesem Spezialzweig neu sich zuwenden, die Schwierigkeiten des Beginns und des ersten Überblicks erleichtern und überwinden zu helfen. Ich glaube daher, mit einer Einführung am ehesten den Erfordernissen, zumindest in unserem Land, zu entsprechen. Ich bin mir dabei bewußt, daß die Auswahl und Abgrenzung des behandelten Stoffes ebensowohl wie die Art der Behandlung eine subjektive, von der Arbeit und der Interessenrichtung des Verfassers bedingte ist, die mancherlei Wünsche offen läßt — und ich hoffe, daß auch der Leser dessen eingedenk bleibt!

Wenn also auch aus dieser Zielsetzung heraus dieses Buch bewußt und gewollt den mehr praktischen Belangen zugewendet ist und viele Fragen nur gerade anschneiden und in ihren Auswirkungen und Lösungen andeuten kann, so glaube ich dennoch, eines zwar kurz gefaßten, aber gleichwohl alles Wesentliche umfassenden theoretischen Teils nicht entraten zu können. Denn nur mit der wenigstens groben Kenntnis der theoretischen Zusammenhänge läßt sich die Bedeutung der Ultrarotspektroskopie für die Erforschung des Molekülbaus verstehen und würdigen. Darüber hinaus ist nur mit Kenntnis der im Theoretischen entwickelten und sich entwickelnden Terminologie ein fruchtbares, verständnisvolles Studium neuerer Ultrarotarbeiten möglich. Ich lehne mich in diesem theoretischen Teil an die unübertreffliche Darstellung von Prof. HERZBERG an, dem ich auch in Bezeichnungsfragen weitgehend gefolgt bin.

Ludwigshafen (Rhein), im Frühjahr 1954

W. BRÜGEL

Vorwort zur 4. Auflage

Die Ultrarotspektroskopie hat als Methode analytischer Untersuchungen in den letzten Jahren eine Reihe ernsthafter Konkurrenten erhalten — man denke nur an die hochauflösende magnetische Kernresonanzspektroskopie und die Massenspektroskopie. Dadurch ist ihre Bedeutung für eine Anzahl von Einsatzgebieten unzweifelhaft gemindert worden. Betrachtet man die Vorgänge aber genauer, so erkennt man, daß es sich für die Ultrarotspektroskopie mehr um eine Phase der Konsolidierung und nicht der Verdrängung handelt. Eine Reihe von Anwendungen, bisher betrieben in Ermangelung einer besseren Methode, fallen nunmehr weg, dafür sind andere ausgeweitet worden oder gar neu hinzugetreten.

Die Entwicklung der Ultrarotspektroskopie ist in den letzten fünf bis acht Jahren hauptsächlich durch folgende Tendenzen gekennzeichnet: 1. Immer mehr überwiegender Einsatz des Gitters als Zerlegungsmittel; 2. Erfindung und Ausbau der ATR-Methode; 3. Allmähliche Einbeziehung des langwelligen Spektralbereichs oberhalb 25 oder 50 μ in die Routineuntersuchung, verbunden mit der Entwicklung neuer, auf den Prinzipien der Interferometrie beruhender Geräte; 4. Verbundbetrieb von Ultrarotspektrometer und Gaschromatograph, wobei eine wirklich befriedigende Lösung bis zum Augenblick noch nicht gelungen ist. Diese Entwicklungstendenzen haben ihren Niederschlag in einer Fülle größerer und kleinerer Veröffentlichungen gefunden, sehr häufig gekoppelt mit bestimmten Anwendungsproblemen. Sie in der Neuauflage eines Buches zu erfassen, das hauptsächlich den methodischen, apparativen und präparativen Grundlagen der Ultrarotspektroskopie gewidmet ist, war selbstverständlich. So erklärt sich das Anwachsen des Literaturverzeichnisses um rund 50% gegenüber der vorhergehenden Auflage. Arbeiten, die sich mit reinen Anwendungen und Spektrendeutung befassen, sind demgegenüber, dem bei den früheren Auflagen schon geübten Brauch folgend, nur gelegentlich berücksichtigt worden. Der Grundcharakter des Buches bleibt dadurch erhalten, in stärkerem Ausmaß als bisher wird aber auf die zusammenfassende Anwendungsliteratur, häufig für begrenzte Teilgebiete, verwiesen. Dem gelegentlich geäußerten Wunsch, ältere Abbildungen von Spektren im theoretischen Teil durch neuere, mit leistungsfähigeren Geräten gewonnene zu ersetzen, bin ich nicht gefolgt. Ich möchte damit die hervorragenden Leistungen der Pioniere der Ultrarotspektroskopie herausstellen und würdigen, die häufig in einem heute gar nicht mehr vorstellbaren persönlichen Einsatz an ihren — nach heutigen Maßstäben — unterlegenen Meßgeräten die grundlegenden Erkenntnisse gewonnen haben. —

Auch bei dieser Auflage haben mich meine Mitarbeiter Frl. Gretel Wand, Frau Edeltraud Kurnik, Frl. Inge Faas und Herr Dieter Kornek in großem Umfang bei der Erfassung der Literatur und beim Lesen der Korrekturen unterstützt. Ihnen gilt mein Dank. Ebenso allen anderen Freunden und Kollegen, die durch Hinweise, Ratschläge und Kritik brieflich oder im Gespräch Anteil am Werden dieses Buches haben.

Ludwigshafen (Rhein), im Januar 1969. W. Brügel

Inhaltsverzeichnis

In runde Klammern gesetzte *kursive* Buchstaben und Zahlen im Text verweisen auf das Literaturverzeichnis. Zahlen in eckigen Klammern verweisen auf mathematische Formeln und Gleichungen; sie sind kapitelweise durchnumeriert; die römische Ziffer bedeutet den Buch-Teil, die erste arabische das Kapitel darin, die zweite arabische die laufende Nummer der Gleichung. ® weist auf geschützte Warenzeichen hin.

Einleitung

Anschließend an die dem menschlichen Auge wahrnehmbare Lichtstrahlung folgt im Spektrum der elektromagnetischen Wellenstrahlung nach längeren Wellen zu ein Bereich, der nach seiner Stellung im Spektrum als *Ultrarot*[1] bezeichnet wird (Abb. 1). Auf der Erfahrung fußend, daß diese Strahlung von unserer Haut physiologisch als Wärme empfunden wird und daß die hauptsächlichste Quelle für diese Strahlung mehr oder weniger heiße feste Körper sind, wird das Ultrarot oft auch, allerdings weniger genau und treffend, Wärmestrahlung genannt. Dieser Bereich des Spektrums, auch sonst von erheblicher theoretischer und praktischer Bedeutung, ist für den Physiker und Chemiker deshalb von besonderem Interesse, weil er ihm in besonders schöner und klarer Weise einen Zugang zur Kenntnis des Molekül-

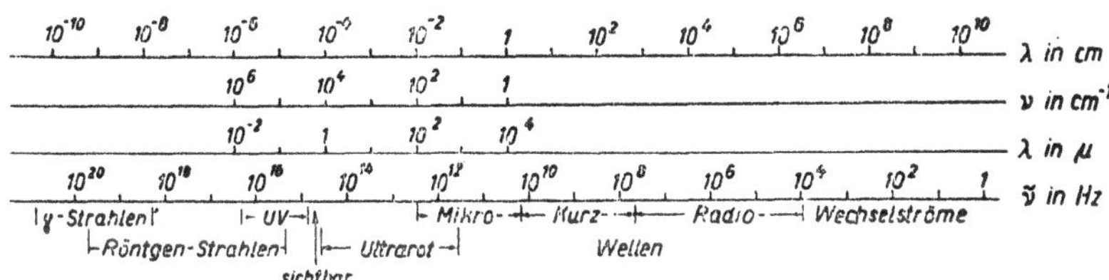

Abb. 1.
Lage des ultraroten Spektralbereiches im elektromagnetischen Spektrum

baus gibt. Denn in diesem Spektralbereich liegen die Rotations- und Schwingungsspektren der Moleküle, also jene Manifestationen der Änderungen der molekularen Rotations- und Schwingungsenergie, die bei der Wechselwirkung der ultraroten Strahlung mit Materie in jedem der drei Aggregatzustände unter bestimmten Bedingungen eintreten. Die dabei auftretenden Rotations- und Schwingungsfrequenzen, sowie andere im Experiment beobachtbare Größen hängen unmittelbar von gewissen Molekülgrößen ab, wie z. B. von den Bindungskräften der Atome aneinander und von den Trägheitsmomenten um bestimmte Achsen, die so auf Grund ziemlich einfacher Modellvorstellungen aus den Spektren sich ermitteln lassen. Es ist daher verständlich, daß die Ultrarotspektroskopie, jener mit den Spektren des ultraroten Bereichs sich befassende Teil der Strahlungsphysik, heutzutage zu einem unentbehrlichen und nicht mehr fortzudenkenden Hilfsmittel der chemischen Strukturforschung geworden ist. Zu dieser mehr theoretisch-wissenschaftlichen kommt eine nicht minder große und wertvolle praktische Bedeutung, die — im Grunde auf denselben Erkenntnissen und Gesetzen fußend — ihren Ausdruck

[1] Unter dem Einfluß des anglo-amerikanischen Schrifttums hat sich seit etwa 1948 auch bei uns die Bezeichnung „Infrarot" mehr und mehr eingebürgert. Seit es jedoch eine Forschung in diesem Spektralbereich in Deutschland gibt — und das ist bald 100 Jahre her —, war die bei uns übliche Benennung „Ultrarot". Wir sehen keinen Grund, von dieser Tradition abzuweichen.

Tabelle 1. *Reziprokwerte der Zahlen von 1 bis 10 zur Umrechnung von Wellenlängen- in Wellenzahlenangaben und umgekehrt*

	Reziprokwerte									
	0	*1*	*2*	*3*	*4*	*5*	*6*	*7*	*8*	*9*
1,0	1,0000	0,9901	0,9804	0,9709	0,9615	0,9524	0,9434	0,9346	0,9259	0,9174
1,1	0,9091	0,9009	0,8929	0,8850	0,8772	0,8696	0,8621	0,8547	0,8475	0,8403
1,2	0,8333	0,8264	0,8197	0,8130	0,8065	0,8000	0,7937	0,7874	0,7813	0,7752
1,3	0,7692	0,7634	0,7576	0,7519	0,7463	0,7407	0,7353	0,7299	0,7246	0,7194
1,4	0,7143	0,7092	0,7042	0,6993	0,6944	0,6897	0,6849	0,6803	0,6757	0,6711
1,5	0,6667	0,6623	0,6579	0,6536	0,6494	0,6452	0,6410	0,6369	0,6329	0,6289
1,6	0,6250	0,6211	0,6173	0,6135	0,6098	0,6061	0,6024	0,5988	0,5952	0,5917
1,7	0,5882	0,5848	0,5814	0,5780	0,5747	0,5714	0,5682	0,5650	0,5618	0,5587
1,8	0,5556	0,5525	0,5495	0,5464	0,5435	0,5405	0,5376	0,5348	0,5319	0,5291
1,9	0,5263	0,5236	0,5208	0,5181	0,5155	0,5128	0,5102	0,5076	0,5051	0,5025
2,0	0,5000	0,4975	0,4950	0,4926	0,4902	0,4878	0,4854	0,4831	0,4808	0,4785
2,1	0,4762	0,4739	0,4717	0,4695	0,4673	0,4651	0,4630	0,4608	0,4587	0,4566
2,2	0,4545	0,4525	0,4505	0,4484	0,4464	0,4444	0,4425	0,4405	0,4386	0,4367
2,3	0,4348	0,4329	0,4310	0,4292	0,4274	0,4255	0,4237	0,4219	0,4202	0,4184
2,4	0,4167	0,4149	0,4132	0,4115	0,4098	0,4082	0,4065	0,4049	0,4032	0,4016
2,5	0,4000	0,3984	0,3968	0,3953	0,3937	0,3922	0,3906	0,3891	0,3876	0,3861
2,6	0,3846	0,3831	0,3817	0,3802	0,3788	0,3774	0,3759	0,3745	0,3731	0,3717
2,7	0,3704	0,3690	0,3676	0,3663	0,3650	0,3636	0,3623	0,3610	0,3597	0,3584
2,8	0,3571	0,3559	0,3546	0,3534	0,3521	0,3509	0,3497	0,3484	0,3472	0,3460
2,9	0,3448	0,3436	0,3425	0,3413	0,3401	0,3390	0,3378	0,3367	0,3356	0,3344
3,0	0,3333	0,3322	0,3311	0,3300	0,3289	0,3279	0,3268	0,3257	0,3247	0,3236
3,1	0,3226	0,3215	0,3205	0,3195	0,3185	0,3175	0,3165	0,3155	0,3145	0,3135
3,2	0,3125	0,3115	0,3106	0,3096	0,3086	0,3077	0,3067	0,3058	0,3049	0,3040
3,3	0,3030	0,3021	0,3012	0,3003	0,2994	0,2985	0,2976	0,2967	0,2959	0,2950
3,4	0,2941	0,2933	0,2924	0,2915	0,2907	0,2899	0,2890	0,2882	0,2874	0,2865
3,5	0,2857	0,2849	0,2841	0,2833	0,2825	0,2817	0,2809	0,2801	0,2793	0,2786
3,6	0,2778	0,2770	0,2762	0,2755	0,2747	0,2740	0,2732	0,2725	0,2717	0,2710
3,7	0,2703	0,2695	0,2688	0,2681	0,2674	0,2667	0,2660	0,2653	0,2646	0,2639
3,8	0,2632	0,2625	0,2618	0,2611	0,2604	0,2597	0,2591	0,2584	0,2577	0,2571
3,9	0,2564	0,2558	0,2551	0,2545	0,2538	0,2532	0,2525	0,2519	0,2513	0,2506
4,0	0,2500	0,2494	0,2488	0,2481	0,2475	0,2469	0,2463	0,2457	0,2451	0,2445
4,1	0,2439	0,2433	0,2427	0,2421	0,2415	0,2410	0,2404	0,2398	0,2392	0,2387
4,2	0,2381	0,2375	0,2370	0,2364	0,2358	0,2353	0,2347	0,2342	0,2336	0,2331
4,3	0,2326	0,2320	0,2315	0,2309	0,2304	0,2299	0,2294	0,2288	0,2283	0,2278
4,4	0,2273	0,2268	0,2262	0,2257	0,2252	0,2247	0,2242	0,2237	0,2232	0,2227
4,5	0,2222	0,2217	0,2212	0,2208	0,2203	0,2198	0,2193	0,2188	0,2183	0,2179
4,6	0,2174	0,2169	0,2165	0,2160	0,2155	0,2151	0,2146	0,2141	0,2137	0,2132
4,7	0,2128	0,2123	0,2119	0,2114	0,2110	0,2105	0,2101	0,2096	0,2092	0,2088
4,8	0,2083	0,2079	0,2075	0,2070	0,2066	0,2062	0,2058	0,2053	0,2049	0,2045
4,9	0,2041	0,2037	0,2033	0,2028	0,2024	0,2020	0,2016	0,2012	0,2008	0,2004
5,0	0,2000	0,1996	0,1992	0,1988	0,1984	0,1980	0,1976	0,1972	0,1969	0,1965
5,1	0,1961	0,1957	0,1953	0,1949	0,1946	0,1942	0,1938	0,1934	0,1931	0,1927
5,2	0,1923	0,1919	0,1916	0,1912	0,1908	0,1905	0,1901	0,1898	0,1894	0,1890
5,3	0,1887	0,1883	0,1880	0,1876	0,1873	0,1869	0,1866	0,1862	0,1859	0,1855
5,4	0,1852	0,1848	0,1845	0,1842	0,1838	0,1835	0,1832	0,1828	0,1825	0,1821
5,5	0,1818	0,1815	0,1812	0,1808	0,1805	0,1802	0,1799	0,1795	0,1792	0,1789
5,6	0,1786	0,1783	0,1779	0,1776	0,1773	0,1770	0,1767	0,1764	0,1761	0,1757
5,7	0,1754	0,1751	0,1748	0,1745	0,1742	0,1739	0,1736	0,1733	0,1730	0,1727
5,8	0,1724	0,1721	0,1718	0,1715	0,1712	0,1709	0,1706	0,1704	0,1701	0,1698
5,9	0,1695	0,1692	0,1689	0,1686	0,1684	0,1681	0,1678	0,1675	0,1672	0,1669
	0	*1*	*2*	*3*	*4*	*5*	*6*	*7*	*8*	*9*

	0	*1*	*2*	*3*	*4*	*5*	*6*	*7*	*8*	*9*
6,0	0,1667	0,1664	0,1661	0,1658	0,1656	0,1653	0,1650	0,1647	0,1645	0,1642
6,1	0,1639	0,1637	0,1634	0,1631	0,1629	0,1626	0,1623	0,1621	0,1618	0,1616
6,2	0,1613	0,1610	0,1608	0,1605	0,1603	0,1600	0,1597	0,1595	0,1592	0,1590
6,3	0,1587	0,1585	0,1582	0,1580	0,1577	0,1575	0,1572	0,1570	0,1567	0,1565
6,4	0,1563	0,1560	0,1558	0,1555	0,1553	0,1550	0,1548	0,1546	0,1543	0,1541
6,5	0,1538	0,1536	0,1534	0,1531	0,1529	0,1527	0,1524	0,1522	0,1520	0,1517
6,6	0,1515	0,1513	0,1511	0,1508	0,1506	0,1504	0,1502	0,1499	0,1497	0,1495
6,7	0,1493	0,1490	0,1488	0,1486	0,1484	0,1481	0,1479	0,1477	0,1475	0,1473
6,8	0,1471	0,1468	0,1466	0,1464	0,1462	0,1460	0,1458	0,1456	0,1453	0,1451
6,9	0,1449	0,1447	0,1445	0,1443	0,1441	0,1439	0,1437	0,1435	0,1433	0,1431
7,0	0,1429	0,1427	0,1425	0,1422	0,1420	0,1418	0,1416	0,1414	0,1412	0,1410
7,1	0,1408	0,1406	0,1404	0,1403	0,1401	0,1399	0,1397	0,1395	0,1393	0,1391
7,2	0,1389	0,1387	0,1385	0,1383	0,1381	0,1379	0,1377	0,1376	0,1374	0,1372
7,3	0,1370	0,1368	0,1366	0,1364	0,1362	0,1361	0,1359	0,1357	0,1355	0,1353
7,4	0,1351	0,1350	0,1348	0,1346	0,1344	0,1342	0,1340	0,1339	0,1337	0,1335
7,5	0,1333	0,1332	0,1330	0,1328	0,1326	0,1325	0,1323	0,1321	0,1319	0,1318
7,6	0,1316	0,1314	0,1312	0,1311	0,1309	0,1307	0,1305	0,1304	0,1302	0,1300
7,7	0,1299	0,1297	0,1295	0,1294	0,1292	0,1290	0,1289	0,1287	0,1285	0,1284
7,8	0,1282	0,1280	0,1279	0,1277	0,1276	0,1274	0,1272	0,1271	0,1269	0,1267
7,9	0,1266	0,1264	0,1263	0,1261	0,1259	0,1258	0,1256	0,1255	0,1253	0,1252
8,0	0,1250	0,1248	0,1247	0,1245	0,1244	0,1242	0,1241	0,1239	0,1238	0,1236
8,1	0,1235	0,1233	0,1232	0,1230	0,1229	0,1227	0,1225	0,1224	0,1222	0,1221
8,2	0,1220	0,1218	0,1217	0,1215	0,1214	0,1212	0,1211	0,1209	0,1208	0,1206
8,3	0,1205	0,1203	0,1202	0,1200	0,1199	0,1198	0,1196	0,1195	0,1193	0,1192
8,4	0,1190	0,1189	0,1188	0,1186	0,1185	0,1183	0,1182	0,1181	0,1179	0,1178
8,5	0,1176	0,1175	0,1174	0,1172	0,1171	0,1170	0,1168	0,1167	0,1166	0,1164
8,6	0,1163	0,1161	0,1160	0,1159	0,1157	0,1156	0,1155	0,1153	0,1152	0,1151
8,7	0,1149	0,1148	0,1147	0,1145	0,1144	0,1143	0,1142	0,1140	0,1139	0,1138
8,8	0,1136	0,1135	0,1134	0,1133	0,1131	0,1130	0,1129	0,1127	0,1126	0,1125
8,9	0,1124	0,1122	0,1121	0,1120	0,1119	0,1117	0,1116	0,1115	0,1114	0,1112
9,0	0,1111	0,1110	0,1109	0,1107	0,1106	0,1105	0,1104	0,1103	0,1101	0,1100
9,1	0,1099	0,1098	0,1096	0,1095	0,1094	0,1093	0,1092	0,1091	0,1089	0,1088
9,2	0,1087	0,1086	0,1085	0,1083	0,1082	0,1081	0,1080	0,1079	0,1078	0,1076
9,3	0,1075	0,1074	0,1073	0,1072	0,1071	0,1070	0,1068	0,1067	0,1066	0,1065
9,4	0,1064	0,1063	0,1062	0,1060	0,1059	0,1058	0,1057	0,1056	0,1055	0,1054
9,5	0,1053	0,1052	0,1050	0,1049	0,1048	0,1047	0,1046	0,1045	0,1044	0,1043
9,6	0,1042	0,1041	0,1040	0,1038	0,1037	0,1036	0,1035	0,1034	0,1033	0,1032
9,7	0,1031	0,1030	0,1029	0,1028	0,1027	0,1026	0,1025	0,1024	0,1022	0,1021
9,8	0,1020	0,1019	0,1018	0,1017	0,1016	0,1015	0,1014	0,1013	0,1012	0,1011
9,9	0,1010	0,1009	0,1008	0,1007	0,1006	0,1005	0,1004	0,1003	0,1002	0,1001
	0	*1*	*2*	*3*	*4*	*5*	*6*	*7*	*8*	*9*

in einer heute schon weit entwickelten und verfeinerten, aber keineswegs schon als abgeschlossen anzusehenden qualitativen und quantitativen Analysentechnik durch ultrarotspektroskopische Messungen gefunden hat. Beides, ultrarote Strukturforschung und ultrarote Spektralanalyse, ist Gegenstand unserer Betrachtung, soweit dies mit dem Charakter einer Einführung in Übereinstimmung steht.

Der Physiker und Techniker pflegt die Strahlung, wie in anderen, so auch im ultraroten Spektralbereich, durch Angabe ihrer *Wellenlänge* zu kennzeichnen. Er bedient sich dazu im allgemeinen des Mikrometer (μm), oft kurz Mikron (μ) genannt, als Einheit. Der Zusammenhang zwischen dieser und einigen anderen Längeneinheiten ist der folgende:

$$1\,\mu = 10^{-3}\,\text{mm} = 10^{-4}\,\text{cm} = 10^{-6}\,\text{m} = 10^{3}\,\text{m}\mu = 10^{4}\,\text{Å}.$$

Der Chemiker, besonders der Strukturforscher, folgt im Gegensatz dazu mit Vorliebe einem anderen Brauch. Er charakterisiert die Strahlung nicht durch Angabe ihrer Wellenlänge, sondern durch Angabe der Zahl von Wellen, die auf die Strecke 1 cm gehen. Diese Zahl, das Reziproke der in der Einheit cm gemessenen Wellenlänge, heißt *Wellenzahl*; ihre Einheit ist das reziproke Zentimeter (cm^{-1})[1]. Da bis heute keine bindende Vereinbarung über den ausschließlichen Gebrauch einer dieser beiden Strahlungscharakteristika erzielt werden konnte und da andrerseits die Benutzung der einen oder anderen Größe eine Frage der Gewöhnung ist, bringen wir in Tabelle 1 eine Tafel zur Umrechnung von Wellenlängenangaben auf Wellenzahlenangaben und umgekehrt im Anhang. Wir benutzen unter generellem Hinweis auf diese Tabelle wechselweise sowohl die Wellenlänge wie auch die Wellenzahl; wo anstatt der vollen Bezeichnung Abkürzungen verwendet werden, steht der griechische Buchstabe λ für Wellenlänge, der griechische Buchstabe ν für Wellenzahl. Zwischen ihnen besteht demnach die Beziehung

$$[0.1] \qquad \nu[\text{cm}^{-1}] = \frac{1}{\lambda\,[\text{cm}]} = \frac{10000}{\lambda\,[\mu]}.$$

Es sei zur Vermeidung von Mißverständnissen darauf hingewiesen, daß die Wellenzahl ν nicht mit der *Frequenz* $\tilde{\nu}$ verwechselt werden darf[2]. Letztere hat die Dimension einer reziproken Zeit und wird meistens in der Einheit Hertz (1 Hz $= 1\,\text{sec}^{-1}$ oder 1 Schwingung je Sekunde) angegeben; sie steht mit der Wellenlänge λ in der Beziehung

$$[0.2] \qquad \lambda \cdot \tilde{\nu} = c\,,$$

worin c die Lichtgeschwindigkeit bedeutet (im Vakuum bekanntlich $c_0 = 2{,}99793 \cdot 10^{10}$ oder rund $3 \cdot 10^{10}\,\text{cm} \cdot \text{sec}^{-1}$). Demnach gilt für den Zusammenhang zwischen der Wellenzahl ν und der Frequenz $\tilde{\nu}$ die Gleichung

$$[0.3] \qquad \nu = \frac{\tilde{\nu}}{c}\,,$$

[1] Nach einem Vorschlag von MEGGERS empfahl die Joint Commission for Spectroscopy gemäß Beschluß in ihrer Sitzung vom September 1952 in Rom [J. opt. Soc. Am. **43**, 410 (1953)] die Verwendung der Bezeichnung „kayser" (K) für die Einheit cm^{-1}. CANDLER (*130*) hat dafür die Benennung „rydberg" (R) vorgeschlagen; außerdem existieren noch andere Benennungsvorschläge. Der Beschluß der Joint Commission hat teilweise heftige Diskussionen hervorgerufen, wie in J. opt. Soc. Am. **46**, 145 (1956) und in Spectr. Mol. **5** (1956) im einzelnen nachgelesen werden kann. Die Empfehlung wurde daraufhin praktisch wieder aufgehoben. Inzwischen hat sich die Lage dahingehend geklärt, daß es bei dem kurzen, unmißverständlichen „cm^{-1}" bleibt.

[2] Die Joint Commission for Spectroscopy empfiehlt gemäß Beschluß in ihrer Sitzung vom September 1952 in Rom [J. opt. Soc. Am. **43**, 410 (1953)] die Verwendung des griechischen Buchstabens σ für die Wellenzahl, um ν für die Frequenz reservieren zu können. Auch dann sind Verwechslungen möglich, z. B. mit der international eingebürgerten Bezeichnung der Konstante des STEFAN-BOLTZMANNschen Strahlungsgesetzes durch den Buchstaben σ.

d. h. die Wellenzahl einer Schwingung ist der Frequenz proportional[1]. Hinsichtlich des Proportionalitätsfaktors, der reziproken Lichtgeschwindigkeit, muß beachtet werden: Da für jeden Schwingungsvorgang die Frequenz $\tilde{\nu}$ als die dem Vorgang eigentümliche Größe unveränderlich, die Lichtgeschwindigkeit c jedoch je nach dem Medium, in welchem der Schwingungsvorgang abläuft, veränderlich ist, wird für ein und dieselbe Schwingung eine andere Wellenzahl oder Wellenlänge gefunden, je nachdem in welchem Medium sie experimentell bestimmt wird. Zu der üblich gewordenen Umrechnung auf Vakuum benötigt man den Wert des Brechungsexponenten n des betreffenden Mediums für die betrachtete Wellenlänge. Im Medium ist dann die Lichtgeschwindigkeit $c_n = c_o/n$; also wird die Wellenzahl im Vakuum, bezeichnet durch den Index o, aus der im Medium (Index n) durch Division der letzteren durch den Brechungsindex gefunden: $\nu_o = \nu_n/n$. In der Praxis kommt nur Luft als Medium in Frage. Dafür wird der Brechungsindex n in Abhängigkeit von der Wellenlänge nach der Gleichung

$$[0.4] \qquad (n - 1) \cdot 10^6 = 272.599 + 1{,}5358 \cdot \lambda^{-2} + 0{,}01318 \cdot \lambda^{-4}$$

gefunden, wobei λ in μ einzusetzen ist[2] [Edlen (*218*)]. Man überzeugt sich leicht, daß der Unterschied zwischen ν_o und ν_n außerordentlich gering ist, aber immerhin groß genug, um bei der Meßgenauigkeit der hochauflösenden Gitterspektralapparate unter Umständen merklich zu werden; für rein praktisch-technische Belange ist der Unterschied jedoch bedeutungslos. Ausgerechnete Werte der Vakuumkorrektion findet man nach Downie u. a. (*206*) in Tab. 2.

Nach diesen notwendigen Festsetzungen über die Charakterisierung der Strahlenqualität sei der Bereich näher abgegrenzt, in welchem die Ultrarotspektroskopie

Tabelle 2

Vakuumkorrektion für in Luft gemessene Wellenzahlen in cm⁻¹ nach (206)

ν_n	$\nu_n - \nu_o$
500	0,13
1000	0,26
1500	0,39
2000	0,53
2500	0,65
3000	0,78
3500	0,91
4000	1,04
4500	1,17
5000	1,30

sich bewegt (Tab. 3). Obwohl man heute weiß, daß das menschliche Auge bei geeigneten Bedingungen Strahlung bis zu einer Wellenlänge von etwa 1 μ wahrnehmen kann, also erst jenseits davon der wirklich „ultrarote" Bereich beginnt, setzt man die Grenze zwischen sichtbarer und ultraroter Strahlung im allgemeinen

[1] Neuerdings wird die Verwendung der Frequenz zur Angabe der Lage einer Bande im Spektrum propagiert und als Einheit 10^{12} Hz = 1 Terahertz (THz) vorgeschlagen (*1318*). Es gilt die Umrechnung 1 THz = 33,3564 cm^{-1} bzw. 1 cm^{-1} = 2,99793 · 10^{-2} THz.

[2] Nach Rank u. Shearer (*698*) liefert diese Formel im Ultrarot ($n - 1$)-Werte, die um etwa 1,5‰ zu klein sind. Ausgerechnete Werte von $n - 1$ nach Edlens Formel findet man für verschiedene Temperaturen bei Penndorf (*638*).

Tabelle 3. *Einteilung des ultraroten Spektralbereichs*

Nach dem Empfänger:	Photographisches UR bis 1,4 μ (7200 cm^{-1}), Photozellen-UR bis etwa 6 μ (1700 cm^{-1}), thermisch nachweisbar: ganzer Bereich.
Nach dem Zerlegungsmittel:	Prismen-UR bis etwa 50 μ (200 cm^{-1}) (LiF bis 6, CaF_2 bis 9, NaCl bis 15, KBr bis 25, CsBr bis 40, CsJ bis 50 μ). Gitter-UR ganzer Bereich, hauptsächlich oberhalb 50 μ (unterhalb 200 cm^{-1}).
Nach molekülspektroskopischen Gesichtspunkten:	Bereich der Oberschwingungen (spez. der CH-Bindung) bis 2,5 μ (4000 cm^{-1}), Bereich der Grundschwingungen 2,5 bis etwa 50 μ (4000 bis 200 cm^{-1}) Bereich der Rotationen oberhalb etwa 50 μ (unterhalb 200 cm^{-1}).
Übliche Benennungen[1]:	Nahes UR bis etwa 2,5 μ (4000 cm^{-1}), mittleres UR etwa 2,5 bis etwa 50 μ (4000 bis 200 cm^{-1}), fernes UR oberhalb etwa 50 μ (unterhalb 200 cm^{-1}).

bei der Wellenlänge 0,76 μ. Die obere Grenze gegen die kurzen elektrischen Wellen ist nicht so ohne weiteres angebbar, weil sie vom technischen Stand der Erzeugungs- und Nachweismethoden ultraroter Strahlung abhängig ist. In der Literatur werden Zahlen zwischen 400 und 1000 μ oder 25 und 10 cm^{-1} genannt. Dieser sehr langwellige Bereich, der zudem noch kaum erforscht ist, beginnt erst allmählich für unsere Belange eine größere Rolle zu spielen. Interessanter ist für uns eine andere Unterteilung des ultraroten Gesamtbereichs nach der Art der Spektren, die darin auftreten. Man unterscheidet den Bereich der reinen Rotationsspektren, die im Wellenlängengebiet oberhalb von etwa 50 und mehr μ (unterhalb von etwa 200 cm^{-1}) auftreten, den Bereich der Grundschwingungsspektren von etwa 2,5 bis etwa 50 μ (4000 bis 200 cm^{-1}) und den Bereich der Oberschwingungsspektren (besonders der CH-Schwingung) unterhalb von 2,5 μ (oberhalb von 4000 cm^{-1}). Alle diese Zahlenangaben sind natürlich nicht als scharfe Grenzen, sondern nur als ungefährer Anhalt zu werten; wir lernen später andere, experimentier-technisch abgegrenzte Bereiche der Unterteilung kennen.

Der weit überwiegende Teil der uns interessierenden Spektren, praktisch fast alle, fallen in *Absorptions*untersuchungen an. Schon die klassische Elektrodynamik lehrt, daß eine Wechselwirkung zwischen Strahlung und molekularen Gebilden in Gestalt einer Emission oder Absorption nur dann möglich ist, wenn diese Wechselwirkung mit einer *Änderung des elektrischen Dipolmoments* der beeinflußten Gebilde verbunden ist, und dieser Befund bleibt auch in der modernen quantentheoretischen Betrachtung zu Recht bestehen. Nur solche Rotationen und Vibrationen eines Moleküls sind also durch Strahlung anregbar, d. h. in Absorption nachweisbar, die eine Änderung seines elektrischen Dipolmoments hervorrufen. Man nennt sie ganz allgemein *ultrarot-aktiv*. Über Rotationen und Schwingungen ohne Dipolmoment-

[1] Diese Einteilung entspricht den Vorschlägen der Joint Commission for Spectroscopy. Moenke (*1319*) hat neuerdings die verschiedenen üblichen Einteilungen und Benennungen des ultraroten Spektralbereiches kritisch durchleuchtet. Er kommt dabei ebenfalls zu der von der Joint Commission vorgeschlagenen Einteilung.

änderungen erfahren wir aus den Ultrarotspektren nichts. Um auch sie zu erfassen, bedarf es der Heranziehung eines anderen Effekts, der unter dem Namen RAMAN-*effekt* bekannten *molekularen Streuung* von elektromagnetischer Strahlung. Obwohl er die naturgegebene Ergänzung der Ultrarotspektroskopie ist, müssen wir ihn hier aus Platzmangel außer acht lassen und auf einschlägige Darstellungen verweisen[1]. Darüber hinaus muß man bedenken, daß die Ultrarotspektroskopie häufig nur eine von vielen Möglichkeiten darstellt, etwas über den Bau der Moleküle zu erfahren. Es dürfte selbstverständlich sein, wenn auch den Rahmen unserer einführenden Darstellung überschreitend, daß für eine abschließende Würdigung alle überhaupt gangbaren Wege herangezogen werden müssen.

Das Aussehen der ultraroten Molekülspektren ist — wenn wir einmal von allen apparativ bedingten Einflüssen absehen — ein ganz anderes als das der mehr gewohnten Atomemissionsspektren im Sichtbaren und Ultraviolett. Während diese aus Serien von Linien bestehen, die anfangs weit getrennt liegen, dann aber ziemlich rasch gegen eine Grenze konvergieren, haben wir es bei jenen, wenigstens in den besonders wichtigen Rotationsschwingungsspektren der Gase, mit einer Anhäufung zahlreicher, einigermaßen äquidistanter Linien in einem oft recht engen Spektralbereich zu tun, die sehr häufig experimentell gar nicht einzeln zu erfassen sind. Man nennt jede solche Anhäufung eine *Bande*. Diese Bezeichnung wird im Rahmen der Molekülspektroskopie auf jede im Spektrum lokalisierte Emission oder Absorption übertragen, ohne daß es sich unbedingt um eine solche Anhäufung eng benachbarter Linien zu handeln braucht. Ohne sich weiter darüber auszulassen, berücksichtigt man damit, daß jede solche spektrale Äußerung u. U. eine ganze Mannigfaltigkeit energetischer Zustandsänderungen umfaßt. Meist nimmt außerdem eine solche Bande im Spektrum einen zwar schmalen, aber durchaus nicht mehr völlig vernachlässigbaren Bereich ein. Die Lage und das Aussehen oder — wie man auch sagt — die Kontur der Banden und, wo immer möglich, ihre feinere Struktur sowie ihre Intensität sind der Inhalt des einen Teils unserer Betrachtung, die Anwendung dieser Feststellungen in und auf gewisse Probleme der forschenden und praktischen Chemie der Inhalt des anderen Teils.

Die Ultrarotspektroskopie war ursprünglich die Gesamtheit aller Forschungen und Erkenntnisse im Bereich des ultraroten Spektrums. Diese Bedeutung verband sich mit der — nachträglich geprägten — Bezeichnung von der Entdeckung der ultraroten Strahlen durch W. HERSCHEL im Jahre 1800 bis etwa zu Beginn der dreißiger Jahre dieses Jahrhunderts. Solange ungefähr war die Ultrarotspektroskopie eine Spezialdisziplin der allgemeinen Strahlungsphysik mit Ziel und Aufgabe des Einbaus dieses Spektralbereichs in das allgemeine Weltbild und der Erforschung der ihm eigentümlichen Gesetze. Als solche war sie verhältnismäßig wenigen Spezialforschern überlassen. Seit etwa vierzig Jahren ist ein Bedeutungswandel eingetreten, eine Begriffsverengerung zugleich mit einer Ausweitung. Heute versteht man unter Ultrarotspektroskopie vornehmlich einen speziellen Zweig der Spektroskopie, welcher mit physikalischen Mitteln hauptsächlich der Chemie dient — die Ultrarotspektroskopie im ursprünglichen umfassenden Sinn ist mehr oder weniger in den von den

[1] Literatur: K. W. F. KOHLRAUSCH, Ramanspektren. (Hd.- u. Jahrb. d. Chem. Phys.) (Leipzig 1943). — J. H. HIBBEN u. E. TELLER, The Raman Effect and its Chemical Applications (New York 1939). — H. PAJENKAMP, Fortschritte in der wissenschaftlichen und praktischen Anwendung des Raman-Effektes. (Fortschr. Chem. Forschg.) (Berlin 1950). — W. OTTING, Der Raman-Effekt. (Berlin 1952). — J. BRANDMÜLLER u. H. MOSER, Einführung in die Raman-Spektroskopie. (Darmstadt 1962).

Anwendungen noch wenig erfaßten Bereich langer und sehr langer Wellen abgedrängt worden (in dessen intensiver physikalischer Erforschung wir gerade stehen).

Die ersten ultrarotspektroskopischen Untersuchungen im heutigen engeren Sinne dürften von ABNEY und FESTINGS stammen, die 1881 als erste ultrarote Absorptionsspektren organischer Substanzen im Bereich von 0,7 bis 1,2 μ Wellenlänge unter Verwendung photographischer Mittel gewannen. Eigentlich begründet hat die heutige Ultrarotspektroskopie JULIUS im Jahre 1892, indem er die erste Zuordnung einer Absorptionsbande (bei 3000 cm^{-1}) zu einem chemischen Konstitutionselement (der Methylgruppe) vornahm. Den ersten Katalog ultraroter Spektren zahlreicher Stoffe im Bereich bis etwa 15 μ Wellenlänge veröffentlichte W. W. COBLENTZ in den Jahren 1905 bis 1908. Wenn seinen Untersuchungen auch heute nur noch historisches Interesse zukommt, so stehen sie dennoch als eine Großtat experimentellen Fleißes und Geschicks am Anfang einer seitdem gewaltigen Entwicklung. Die Begründung und Fortentwicklung der Quantentheorie im zweiten und daran anschließend der Quantenmechanik im dritten Jahrzehnt unseres Jahrhunderts erhellte schlagartig die Bedeutung der ultraroten Spektren jeder Art für die Aufklärung des Molekülbaus. Im Rahmen dieser Forschungen immer wieder vorangetriebene und erweiterte experimentelle und theoretische Möglichkeiten erlaubten die immer mehr verfeinerte Erkennung und Erfassung zahlreicher Effekte.

Die technisch-industrielle Nutzung der Ultrarotspektroskopie zu analytischen Zwecken begann wohl zuerst im Anfang der zwanziger Jahre in den Laboratorien des Werkes Oppau der Badischen Anilin- & Soda-Fabrik AG, Ludwigshafen (Rhein). Ab etwa 1928 wurden dort in zunächst natürlich noch geringem Umfang und anfangs noch nicht-registrierend, jedoch durchaus systematisch die Spektren vieler in den Produktionsprozessen wichtiger Stoffe, vor allem von Gasen, aufgenommen und analytisch ausgenutzt. Einen großen Fortschritt darin brachte Mitte der dreißiger Jahre die Einführung der Technik der modulierten Strahlung und der fortlaufenden Registrierung mit Tintenschreibern (im Gegensatz zu der schon früher geübten photographischen Registrierung) in die Ultrarottechnik durch LEHRER. Auch das erste industriell genutzte, technischen Anforderungen genügende, moderne Ultrarotspektrophotometer mit Registrierung der prozentigen Absorption, Spaltweitesteuerung und linearer Wellenlängenskala wurde von LEHRER Ende der dreißiger Jahre in Ludwigshafen-Oppau gebaut. Etwa zur gleichen Zeit waren in den USA durch Mitarbeiter der American Cyanamid Co. und der Dow Chemical Corp., insbesondere N. WRIGHT, dieselben Entwicklungen in Gang gekommen. Der zweite Weltkrieg brachte dann in Deutschland, England und vor allem den USA den Durchbruch der Ultrarotspektroskopie zur heutigen Bedeutung eines nicht mehr zu missenden sicheren Hilfsmittels in der Hand des forschend und praktisch tätigen Chemikers.

I. TEIL

Grundzüge der Theorie der ultraroten Spektren im Gaszustand

1. Kapitel: Quantentheoretische Grundlagen

Die Begriffe, die zur Darstellung der Theorie der ultraroten Molekülspektren benötigt werden, sind teils aus der klassischen Physik, teils aus der Quantentheorie des Atoms entnommen oder aus quantentheoretischen Grundbegriffen weiterentwickelt worden. Es ist daher notwendig, diese wenigstens kurz darzustellen, wobei wir uns allerdings mit einer kursorischen Darstellung begnügen und wegen der Einzelheiten und Vertiefung auf die Lehrbücher der Atomtheorie verweisen müssen.

1. Das BOHR*sche Atommodell*

Anschaulich stellt man sich das Atom in der Art eines Planetensystems dar: ein zentraler, elektrisch positiv geladener und im wesentlichen die ganze Atommasse enthaltender Kern, der in mehr oder weniger exzentrischen Ellipsen von soviel negativ geladenen Elektronen umkreist wird, daß das Atom in großer Entfernung nach außen elektrisch neutral wirkt; die Zahl der positiven Kernladungen und damit auch die Zahl der Elektronen entspricht der Ordnungszahl des Atoms im Periodischen System der Elemente. Nach den Gesetzen der klassischen Elektrodynamik ist ein solches Gebilde nicht stabil. Denn ein im COULOMBschen Felde des Zentralkerns kreisendes Elektron unterliegt, weil es auf einer krummlinigen Bahn sich bewegt, d. h. dauernd Beschleunigungen ausgesetzt ist, dauernden Energieabstrahlungen, die zur Energieminderung, d. h. Bahnschrumpfung und schließlich zum „Absturz“ in die „Zentralsonne“ führen müssen. Demgegenüber steht die Erfahrung über stabile, nicht-strahlende Atome und die Beobachtung von Strahlungsemission nur unter ganz bestimmten Bedingungen. Zwecks Beseitigung dieser Diskrepanz fordert BOHR die Existenz strahlungsloser, stabiler, sog. *„stationärer“ Bahnen* der Elektronen bei ihrer Bewegung um den zentralen Atomkern. Jede dieser stationären Bahnen ist durch einen ganz bestimmten Energiebetrag gekennzeichnet und wird aus der Vielzahl der denkbaren durch die Erfüllung bestimmter *Quantenbedingungen* ausgewählt. Diese Quantenbedingungen drücken sich in einer Reihe von im allgemeinen ganzen Zahlen aus, den sog. *Quantenzahlen*, wovon im Falle des Atoms insgesamt vier nötig sind, um eine bestimmte Bahn oder, wie man auch sagt, einen bestimmten Energiezustand völlig zu charakterisieren. Dabei darf es in ein und demselben Atom kein Elektron geben, das in allen vier Quantenzahlen übereinstimmt (PAULIsches Ausschließungsprinzip).

Zu der Forderung der stationären Bahnen kommt als zweites BOHRsches Postulat die sog. *Frequenzbedingung*, die besagt: Eine Wechselwirkung des Atoms mit Strahlung, sei es Emmision oder Absorption, ist nur bei gleichzeitiger Energieänderung möglich, und die Frequenz der Strahlung steht mit den beteiligten Energiezuständen E_1 und E_2 in der Beziehung

$$h \cdot \tilde{\nu} = E_1 - E_2 , \qquad [I, 1.1]$$

worin $h = 6{,}626 \cdot 10^{-27}$ erg·sec das PLANCKsche Wirkungsquantum bedeutet. Demnach ist die Strahlungsfrequenz unmittelbar durch die Energiedifferenz der beiden beteiligten stationären Zustände gegeben; Emission liegt vor, wenn das Atom Energie verliert ($E_2 > E_1$), Absorption, wenn es Energie aufnimmt ($E_2 < E_1$). Die Energieänderung ist mit einer Änderung der Quantenzahlen verbunden. Da diese Änderung unstetig erfolgt, weil die Quantenzahlen ihrer Natur nach im allgemeinen ganzzahlig sind, spricht man in diesem Zusammenhang auch von Quantensprung. Es sind nun aber nicht beliebige Quantensprünge innerhalb des möglichen Wertevorrats der Quantenzahlen erlaubt, sondern es gelten gewisse *Auswahlregeln*, wonach von einem bestimmten Wert der Quantenzahl (des Ausgangszustands des Atoms) ausgehend nur bestimmte benachbarte Werte möglich sind.

Als drittes ist das BOHRsche *Korrespondenzprinzip* zu erwähnen. Dieses besagt, daß für genügend große Werte der Quantenzahlen die quantentheoretischen in die klassischen Gesetzmäßigkeiten übergehen. Oder mit anderen Worten: Die klassischen Formulierungen sind in den Quantengesetzen für genügend große Werte der Quantenzahlen als Grenzgesetze enthalten. Die Erklärung dafür liegt darin, daß bei genügend großem Wert der Quantenzahl eine Änderung, ein Quantensprung, um eine Einheit nicht mehr viel ausmacht. Der nach der Quantentheorie prinzipiell diskontinuierliche Verlauf der Energie eines atomaren Systems wird demnach im Bereich großer Quantenzahlen quasi-kontinuierlich. Der Wert des Korrespondenzprinzips liegt in der Nutzbarmachung und Erhaltung vieler klassisch gewonnener Erkenntnisse auch in der Quantentheorie, besonders auf dem Gebiet der Intensitätsberechnung, die so — und in der älteren Quantentheorie mangels anderer Möglichkeiten notgedrungen — ganz aus der klassischen Theorie entnommen werden konnte.

Ziehen wir nun den in der Einleitung gegebenen Zusammenhang zwischen der Frequenz $\tilde{\nu}$ und der Wellenzahl ν einer Schwingung in Betracht, dann erhalten wir als Ausdruck der BOHRschen Frequenzbedingung in Wellenzahlen

$$\nu = \frac{E_1}{h\,c} - \frac{E_2}{h\,c}\,. \tag{I, 1.2}$$

Rechts steht die Differenz zweier Größen, die als Energie, dividiert durch das Produkt aus PLANCKschem Wirkungsquantum und Lichtgeschwindigkeit, erscheinen. Man nennt eine solche Größe einen *Term* oder Termwert. Demnach ergibt sich die Wellenzahl der emittierten oder absorbierten Strahlung als Termdifferenz. Jeder Term ist eine bestimmte Funktion der Quantenzahlen. Die in [I, 1.2] auftretenden Terme unterscheiden sich nicht in der Art dieser Funktion, sondern nur im Wert des Arguments, nämlich der Quantenzahlen. Es ist daher möglich, die Wellenzahl unmittelbar als Funktion von zunächst mindestens zwei, dem Charakter nach gleichartigen Quantenzahlen darzustellen. Da nun für die Änderungen der Quantenzahlen die erwähnten Auswahlregeln gelten, wonach aus der Quantenzahl des Ausgangs- sofort die des Endzustandes sich ergibt, läßt ν schließlich in Abhängigkeit von einer einzigen Quantenzahl sich hinschreiben.

2. *Quantenmechanische Betrachtung*

Der BOHRschen Theorie haftet insofern etwas Unbefriedigendes an, als sie ad hoc zurechtgemacht ist, teils neuartige, teils klassische Gedankengänge miteinander verkoppelt und für wasserstoff-unähnliche Systeme nur noch qualitative, aber keine quantitative Übereinstimmung mit der Erfahrung liefert. Diese Unzulänglichkeiten werden durch die Quanten- oder Wellenmechanik beseitigt. Es ist hier nicht der Ort und es entspricht auch nicht dem Charakter dieser Darstellung, diese umfassende Theorie mitsamt ihrem formalen mathematischen Apparat zu erörtern. Wir wollen uns mit Andeutungen begnügen.

Nach SCHRÖDINGER läßt sich der Zustand eines Systems von nur einer Masse m unter Einführung einer noch zu interpretierenden sog. Wellenfunktion

$$\Psi = \psi(x, y, z) \cdot e^{2\pi i \tilde{\nu} t} \qquad [I, 1.3]$$

durch die Gleichung

$$\frac{\partial^2 \psi}{\partial x^2} + \frac{\partial^2 \psi}{\partial y^2} + \frac{\partial^2 \psi}{\partial z^2} + \frac{8\pi^2 m}{h^2}(E - V)\psi = 0 \qquad [I, 1.4]$$

beschreiben. Darin bedeuten E die Gesamtenergie, V die potentielle Energie des betrachteten Massenpunktes. In der Theorie der Differentialgleichungen wird gezeigt, daß eine solche Gleichung endliche, eindeutige, von Null verschiedene Lösungen ψ nur für ganz bestimmte Werte der Energie E besitzt. Man nennt diese ausgezeichneten Energiewerte die *Eigenwerte* des betreffenden Problems; sie entsprechen genau den von BOHR zur Erklärung der empirischen Befunde geforderten stationären Energiezuständen, werden hier aber nicht als Postulat, sondern als eine dem Problem eigentümliche Eigenschaft eingeführt. Die in [I, 1.4] hingeschriebene Gleichung läßt sich ohne weiteres auf den Fall mehrerer Partikel erweitern.

Es bedarf noch einiger Worte zur physikalischen Deutung der in [I, 1.3] angegebenen Wellenfunktion, die dort in eine ortsabhängige Amplitude ψ und einen zeitabhängigen Faktor $e^{2\pi i \tilde{\nu} t}$ aufgespalten wurde. Man nennt die Amplitude ψ die *Eigenfunktion* des Problems. Ihr Quadrat wird als die *Wahrscheinlichkeit* gedeutet, die betrachtete Partikel an einem bestimmten, durch die Koordinaten x, y, z gegebenen Ort anzutreffen. Damit geht die Anschaulichkeit der BOHRschen Bahnen verloren, denn die Eigenfunktion ψ wird im allgemeinen auch außerhalb dieser Bahnen von Null verschiedene, wenn auch kleine Werte annehmen. Man drückt diesen Sachverhalt häufig auch so aus, daß das vorher genau lokalisierbare Elektron nunmehr über den ganzen Raum „verschmiert" wird (sog. *Elektronenwolke*), daß aber auf den BOHRschen Bahnen bzw. in deren Nähe die Wahrscheinlichkeit des Antreffens besonders groß ist.

Die in der BOHRschen Theorie eingeführten Quantenzahlen, sowie die Auswahlregeln dafür, dort zur Herstellung der Übereinstimmung zwischen Experiment und Deutung ohne innere Begründung gefordert, folgen nunmehr als mathematische Formulierung gewisser dem Problem eigentümlich angehörender Eigenschaften zwangsläufig. Die BOHRsche Frequenzbedingung [I, 1.2] bleibt auch in der Quantenmechanik bestehen, nur daß die Energiewerte als Eigenwerte der mathematischen Beschreibung des speziellen Problems erscheinen. Die Wahrscheinlichkeit des Übergangs von einem Energiezustand in den anderen wird durch die Eigenfunktion bestimmt; damit sind aber, als prinzipieller Fortschritt gegenüber der älteren Quantentheorie, die Intensitäten der emittierten oder absorbierten Linien und Banden wenigstens grundsätzlich berechenbar geworden.

Die Wechselwirkung einer elektromagnetischen Wellenstrahlung, gekennzeichnet durch ihren elektrischen Feldvektor $\boldsymbol{E}$, mit einem atomaren System gegebener Energiezustände wird im wesentlichen durch die Wechselwirkung der Welle mit dem *elektrischen Dipolmoment* $\boldsymbol{M}$ des Systems beschrieben. Als solches versteht man bekanntlich das Produkt aus dem Betrag der elektrischen Ladung e des Systems mit dem als Vektor zu nehmenden Abstand $\boldsymbol{r}$ zwischen dem Schwerpunkt der positiven und der negativen Ladung:

[I, 1.5] $$\boldsymbol{M} = e \cdot \boldsymbol{r}$$

oder in Komponenten geschrieben

[I, 1.6] $$M_x = \Sigma e_i \cdot x_i, \quad M_y = \Sigma e_i \cdot y_i, \quad M_z = \Sigma e_i \cdot z_i$$

wenn e_i die Ladung der i-ten Partikel mit den Koordinaten x_i, y_i, z_i bedeutet. Die Wechselwirkungsenergie ist gleich dem Produkt $\boldsymbol{M} \cdot \boldsymbol{E}$. Trägt man dies in die SCHRÖDINGER-Gleichung ein und berechnet die Wahrscheinlichkeit, daß das System unter dieser Einwirkung aus dem Zustand n in den Zustand m übergeht — die Rechnung überschreitet den Rahmen unserer Darstellung —, so findet man: Die gesuchte Wahrscheinlichkeit ist proportional zu gewissen Größen $\boldsymbol{R}^{nm}$, die *Matrixelemente* des elektrischen Dipolmoments oder auch *Übergangsmomente* genannt werden und die nach bestimmten Regeln aus den Dipolmomentkomponenten und den für die Zustände n und m gültigen Eigenfunktionen des betrachteten Systems sich berechnen. Nur wenn $\boldsymbol{R}^{nm} \neq 0$ ist, ist ein Übergang zwischen den beiden Zuständen, d. h. aber Strahlungsemission oder Strahlungsabsorption möglich, andernfalls ist der Übergang, wie man sagt, verboten. Die Forderung, daß $\boldsymbol{R}^{nm}$ — oder mit anderen Worten mindestens eine der drei Komponenten — nicht verschwinden darf, führt mathematisch auf gewisse Bedingungen für die die Zustände kennzeichnenden Quantenzahlen und ihre Veränderungsmöglichkeiten, und diese ergeben nichts anderes als die oben erwähnten Auswahlregeln.

Das elektrische Dipolmoment ist zwar die hauptsächlichste, aber keineswegs die einzige Möglichkeit für die Vermittlung der Wechselwirkung eines atomaren Systems mit einer Strahlung. Des weiteren sind noch zu nennen das magnetische Dipolmoment, das Quadrupolmoment sowie ein — etwa durch Elektronen-, Ionen- oder Atomstoß — induziertes Dipolmoment. Jedoch sind die Übergangswahrscheinlichkeiten für diese alle um so viel — mehrere Zehnerpotenzen — kleiner als für das elektrische Dipolmoment, daß sie für unsere Betrachtung im allgemeinen außer acht bleiben können.

2. Kapitel: Die Ultrarotspektren zweiatomiger Moleküle

1. *Vorbemerkungen*

Es ist üblich geworden und durchaus nützlich, bei einer Darstellung der Theorie der Molekülspektren die *zweiatomigen* Moleküle gesondert vor den vielatomigen zu behandeln. Dies hat den Vorteil, daß man für die zweiatomigen Moleküle ziemlich leicht gewisse Modelle guter Anschaulichkeit angeben kann, die viele charakteristische Züge der beobachteten Spektren wiedergeben. Außerdem hat man so die Möglichkeit, das theoretische Begriffssystem an verhältnismäßig einfachen empirischen Befunden prüfen und verschärfen zu können, bevor es auf die komplizierteren Verhältnisse der vielatomigen Moleküle mit ihrer oft geringen Anschaulichkeit übertragen und angewendet wird.

Dem Thema unseres Buches gemäß behandeln wir hier nur die *ultraroten Spektren* zweiatomiger Moleküle. Diese Abgrenzung gegenüber den im Sichtbaren und Ultraviolett liegenden Spektren erscheint zunächst willkürlich und rein äußerlich. Sie erhält jedoch einen tieferen Sinn, wenn wir uns vergegenwärtigen, daß das Auftreten eines Spektrums nach den Ausführungen des 1. Kapitels mit Energieänderungen in dem atomaren oder molekularen Träger des Spektrums verknüpft ist. Welche grundsätzlichen Möglichkeiten der Energieaufnahme besitzt nun ein Molekül? Da ist zunächst die *Energie der Elektronen-*

bewegung E_e, weiterhin die *Energie der Schwingungen* E_s und *der Rotationen* E_r. Jeder dieser Energiezustände ist von gewissen Quantenzahlen abhängig und führt bei seiner Änderung zu einem spezifischen Spektrum. Aus der Tatsache, daß diese Spektren in ganz verschiedenen Spektralbereichen auftreten, muß geschlossen werden, daß die mit der Emission oder Absorption von Strahlung verbundenen Energieänderungen oder Quantensprünge bei den einzelnen Energiearten von durchaus verschiedener Größenordnung sind. Die größten Werte finden wir für Energieänderungen der Elektronenbewegung, deren charakteristische Spektren im Sichtbaren oder Ultraviolett erscheinen. Als nächstes folgen die Termdifferenzen der Schwingungsbewegung, deren Spektren im Ultrarot bis ungefähr 25 oder 30 μ Wellenlänge liegen. Schließlich kommen die Energieunterschiede in der Rotation, die zu Spektren im langwelligen Ultrarot führen.

Nun können Energieänderungen durchaus in allen Zuständen gleichzeitig vorkommen. Die Quantensprünge der Elektronenbewegung legen in einem solchen Falle das Spektrum im Sichtbaren bzw. Ultraviolett fest, während die Schwingungs- und Rotationsterme das gröbere und feinere Aussehen der Banden bestimmen. Nehmen wir – im Rahmen dieses Buches – *grundsätzlich* $\Delta E_e = 0$ an, so bestimmen die *Schwingungsterme* als Spektralbereich der zu erwartenden Banden das *mittlere* Ultrarot, während die Rotationsterme hauptsächlich die Bandenstruktur beeinflussen. Betrachten wir endlich *schwingungslose Moleküle* in einem fixierten Elektronenzustand – das wird im allgemeinen der Grundzustand sein –, so haben wir es allein mit den reinen Rotationsspektren im *fernen* Ultrarot zu tun. Damit ist umgekehrt aber auch die Reihenfolge festgelegt, in der die Spektren komplizierter werden: die reinen Rotationsspektren dürften am einfachsten sein, die reinen Schwingungsspektren schon komplizierter, und das gleichzeitige Auftreten von beiden unter Einschluß von feineren Wechselwirkungseffekten wird im Rahmen unserer Darstellung ein Höchstmaß an Kompliziertheit bieten. Damit ist uns der Weg einer vom einfachsten ausgehenden, allmählich zu schwerer übersehbaren Verhältnissen führenden Betrachtung gewiesen.

Wie schon in der Einleitung erwähnt, treten ultrarote Spektren nur bei solchen Bewegungen (Schwingungen und Rotationen) auf, die mit einer Änderung des Dipolmoments des betrachteten Moleküls verknüpft sind. Für zweiatomige Moleküle bedingt dies die Existenz eines *permanenten Dipols*, mit anderen Worten das Nicht-Zusammenfallen des Schwerpunktes der negativen und positiven elektrischen Ladungen, weil nur dann bei Rotationen und Schwingungen Dipolmomentänderungen auftreten können. Damit scheiden für unsere Betrachtung grundsätzlich alle gleichatomigen zweiatomigen Moleküle, wie O_2, H_2, N_2, aus, weil diese offensichtlich keinen permanenten elektrischen Dipol und dementsprechend kein ultrarotes Spektrum besitzen; ihre Spektren sind nur über Elektronenanregung faßbar[1]; dasselbe gilt für die Edelgase. Die mit permanentem Dipol versehenen Moleküle bezeichnet man kurz als Dipolmoleküle. Wir setzen hinfort für unsere Überlegungen in diesem mehr theoretischen Teil den *Gas*zustand voraus, um die Moleküle als frei ansehen zu können. Experimentell werden die Spektren, die uns weiterhin interessieren, fast ausschließlich in Absorption untersucht, nur für sehr wenige Substanzen liegen auch Emissionsmessungen vor.

2. *Rotationsspektren*

Der starre Rotator: Das einfachste anschauliche Modell eines zweiatomigen Moleküls ist eine Hantelform, zwei als Massenpunkte anzusehende Atome mit den Massen m_1 und m_2 im gegenseitigen unveränderlichen Abstand r (Abb. 2). Ein

[1] Das gilt jedoch nur für den Zustand ausreichender Verdünnung, wie er praktisch fast immer verwirklicht ist. In kondensierter Phase zeigen auch die homöopolaren zweiatomigen Moleküle ein ausgeprägtes ultrarotes Schwingungsspektrum (siehe dazu das 4. Kapitel des IV. Teils).

solches Gebilde kann nur rotieren, und zwar geht für ein im Raum freies System die Rotationsachse natürlich durch den gemeinsamen Schwerpunkt S der beiden Atome, der auch Massenmittelpunkt genannt wird, auf der Verbindungslinie der Atome liegt und deren Abstand nach bekannten Gesetzen teilt in

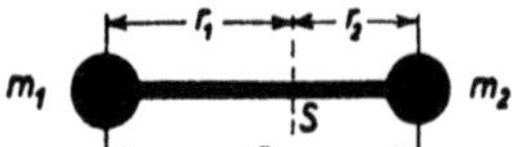

Abb. 2. Hantelmodell eines zweiatomigen Moleküls

[I, 2.1] $$r_1 = \frac{m_2}{m_1 + m_2} \cdot r\,, \quad r_2 = \frac{m_1}{m_1 + m_2} \cdot r\,, \quad r_1 + r_2 = r\,.$$

Die Rotationsenergie ist

[I, 2.2] $$E_r = \frac{1}{2} I\, w^2\,,$$

worin w die Winkelgeschwindigkeit der Rotation und

[I, 2.3] $$I = \Sigma\, m_i\, r_i^2 = m_1\, r_1^2 + m_2\, r_2^2 = \frac{m_1\, m_2}{m_1 + m_2}\, r^2$$

das Trägheitsmoment um die durch S gehende, zur Atomverbindungslinie senkrechte Achse bedeuten. Führen wir

[I, 2.4] $$\mu = \frac{m_1\, m_2}{m_1 + m_2}$$

als sog. reduzierte Masse in den Ausdruck für das Trägheitsmoment ein, so finden wir

[I, 2.5] $$I = \mu\, r^2\,.$$

Das bedeutet: Anstatt der Rotation des Hantelmodells können wir ebensogut die Rotation eines Massenpunktes der Masse μ um eine feste Achse im Abstand r betrachten. Ein solches Ersatzsystem wird als *einfacher starrer Rotator* bezeichnet.

Die Energiezustände eines solchen einfachen starren Rotators werden durch

[I, 2.6] $$E_r = \frac{h^2}{8\pi^2 \mu r^2}\, J\,(J+1) = \frac{h^2}{8\pi^2 I}\, J\,(J+1)$$

gegeben. Darin ist J eine Quantenzahl, die sog. *Rotationsquantenzahl*, die alle ganzzahligen Werte 0, 1, 2, . . . annehmen kann. Die Energiezustände bilden demnach eine Folge von diskreten Niveaus mit (angenähert) quadratisch in J anwachsender Energie, wie Abb. 3a das veranschaulicht.

Nach der allgemeinen Termdefinition [I, 1.2] ergibt sich für die Rotation

[I, 2.7] $$F\,(J) = \frac{E_r}{h\,c} = \frac{h}{8\pi^2\, c\, I}\, J\,(J+1) = BJ\,(J+1)\,,$$

wobei

[I, 2.8] $$B = \frac{h}{8\pi^2\, c\, I} = \frac{27{,}986}{I} \cdot 10^{-40}\,[\mathrm{cm}^{-1}]$$

gesetzt wurde und als Rotationskonstante bezeichnet wird. Diese ist also umgekehrt proportional zum Trägheitsmoment. Die Wellenzahl der bei einem Sprung der

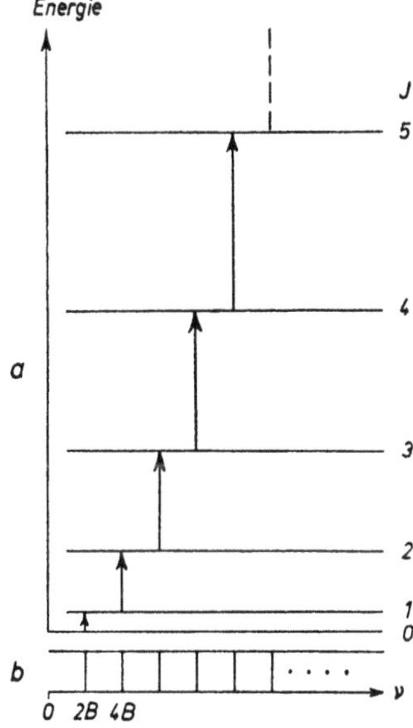

Abb. 3. Termschema (a) und Spektrum (b) des starren Rotators

Rotationsquantenzahl emittierten oder absorbierten Strahlung folgt nach [I, 1.2] zu

[I, 2.9] $$\nu = F(J') - F(J'') = B J'(J'+1) - B J''(J''+1).$$

Wir haben dabei — und diesen Brauch wollen wir hinfort stillschweigend beibehalten — die auf den oberen (höheren) Energiezustand bezogenen Größen mit ′, die auf den unteren (niedrigeren) bezogenen mit ″ bezeichnet. [I, 2.9] liefert uns die tatsächlich auftretenden Rotationslinien erst bei Berücksichtigung der für die Rotationsquantenzahl J geltenden Auswahlregel. Diese lautet: Es sind nur solche Übergänge erlaubt, für die die Änderung der Rotationsquantenzahl

[I, 2.10] $$\Delta J = \pm 1$$

oder mit unserer Bezeichnungsfestsetzung

[I, 2.11] $$J' = J'' \pm 1$$

ist. Die Rotationsquantenzahl kann also nur um eine Einheit springen. Da wir prinzipiell mit J' die Rotationsquantenzahl des oberen Zustands ($J' > J''$) bezeichnet haben, kann sinngemäß nur das positive Zeichen in [I, 2.11] genommen werden: $J' = J'' + 1$. Damit folgt für die Wellenzahlen des Rotationsspektrums

[I, 2.12] $$\begin{aligned}\nu &= F(J''+1) - F(J'') \\ &= B(J''+1)(J''+2) - B J''(J''+1) \\ &= 2B(J''+1),\end{aligned}$$

wobei $J'' = 0, 1, 2, \ldots$ alle ganzzahligen Werte annehmen kann. Solange wir es nur mit den Quantenzahlen des unteren Zustands zu tun haben, können wir die Indizierung ohne Schaden fortlassen:

[I, 2.13] $$\nu = 2B(J+1), \qquad J = 0, 1, 2, \ldots .$$

Das bedeutet: Dem einfachen starren Rotator kommt ein Spektrum zu, das aus einer Reihe von Linien mit dem gleichmäßigen Abstand $2B$ besteht und dessen erste Linie bei der Wellenzahl $2B$ liegt (Abb. 3b).

Der nicht-starre Rotator: Wir behalten das Hantelmodell bei, lassen aber die Forderung des unveränderlichen Abstands der beiden Massen, d. h. die Forderung der Starrheit, fallen. Dann müssen wir erwarten, daß bei der Rotation mit wachsender Rotationsenergie unter der Wirkung von *Zentrifugalkräften* der Abstand r zwischen den beiden Massen anwächst. Damit wächst nach [I, 2.5] auch das Trägheitsmoment I oder anders ausgedrückt: Die durch [I, 2.8] eingeführte Rotationskonstante B ist gar keine Konstante mehr, sondern nimmt mit wachsender Rotationsenergie, d. h. mit der Rotationsquantenzahl J, ab. In ausreichender Näherung ergibt sich für den Rotationsterm

[I, 2.14] $$F(J) = \frac{E_r}{hc} = B[1 - uJ(J+1)]\,J(J+1),$$

wobei B durch [I, 2.8] gegeben und $u \ll 1$ ist. Gewöhnlich setzt man

[I, 2.15] $$uB = D$$

und schreibt den Rotationsterm für den nicht-starren Rotator

[I, 2.16] $$F(J) = BJ(J+1) - DJ^2(J+1)^2.$$

Der Einfluß des D- oder Zentrifugal-Gliedes bedeutet eine mit J zunehmende Erniedrigung der Termwerte, die jedoch, weil $D \ll B$, für nicht allzu große Werte von J geringfügig ist.

Für die Strahlung des nicht-starren Rotators folgt

[I, 2.17] $$\nu = F(J+1) - F(J) = 2B(J+1) - 4D(J+1)^3.$$

Demnach sind die Rotationslinien nun nicht mehr äquidistant, sondern der gegenseitige Abstand wird mit wachsender Rotationsquantenzahl infolge der Wirkung des Zentrifugalgliedes kleiner.

Die oben behauptete Zuordnung der im langwelligen Ultrarot liegenden Spektren zu den auf Grund unserer Modelle zu erwartenden Rotationsspektren gründet sich darauf, daß nur so Erwartung und Befund in Übereinstimmung stehen. Tatsächlich bestehen die langwelligen ultraroten Spektren zweiatomiger Dipolmoleküle, wie z. B. HCl, aus einer Folge von fast äquidistanten Linien und erfüllen die oben skizzierten Erwartungen [Czerny (*184*), McCubbin (*553*)]. Mit der so begründeten Zuordnung muß es andererseits möglich sein, eine Reihe wichtiger Moleküldaten unmittelbar aus den Spektren zu entnehmen. So liefert uns die Lage der ersten Rotationslinie — sofern beobachtet — oder der Abstand benachbarter Linien die Rotationskonstante B. Daraus ergibt sich nach [I, 2.8] das Trägheitsmoment I um eine durch den Schwerpunkt gehende, zur Molekülachse senkrecht stehende Achse. Aus dem Trägheitsmoment wiederum erhalten wir, weil die reduzierte Masse aus den Massen der beteiligten Atome berechenbar ist, schließlich den Abstand der beiden Atome in dem betreffenden Molekül. Durch Vergleich des so erhaltenen Wertes des Kernabstandes mit auf andere Weise erhaltenen läßt sich der Wert des zugrunde liegenden Modells prüfen. Die Abweichung der Rotationslinien von der Äquidistanz gibt uns weiterhin einen wegen seiner kleinen Größe allerdings nicht sehr genau bestimmbaren Wert der Rotationskonstante D, die ein Maß für die Einflüsse der Zentrifugalkräfte bei der Rotation ist und in Verbindung mit B über [I, 2.42] einen wenigstens angenäherten Wert der Schwingungsfrequenz liefert (s. dazu S. 22).

3. Schwingungsspektren

Der harmonische Oszillator: Als nächstes anschauliches Modell betrachten wir wie bisher eine Hantel, die jedoch nicht rotieren, sondern schwingen soll. Die einfachste mögliche Schwingungsform ist offensichtlich die periodische Bewegung der beiden Atome auf der Verbindungslinie in Gestalt einer harmonischen Schwingung. Demnach läßt sich die Entfernung eines jeden Atoms von der Gleichgewichtslage als Sinusfunktion der Zeit anschreiben:

[I, 2.18] $$x = x_0 \sin(2\pi \tilde{\nu}_s t),$$

wenn mit x diese Entfernung, mit x_0 die Amplitude der Schwingung, mit t die Zeit und mit $\tilde{\nu}_s$ die Schwingungsfrequenz bezeichnet wird. Genau wie das Modell der rotierenden starren Hantel auf den einfachen starren Rotator zurückgeführt werden konnte, kann jetzt unsere schwingende Hantel durch die Schwingungen eines einfachen Massenpunktes der Masse μ nach [I, 2.4] um die Gleichgewichtslage beschrieben werden. Dieses Ersatzgebilde bezeichnet man als *harmonischen Oszillator.* Seine Schwingung wird unterhalten durch die Wirkung einer zur Elongation proportionalen rücktreibenden Kraft

[I, 2.19] $$\boldsymbol{F} = -kx = \mu \frac{d^2 x}{dt^2}.$$

Die vorhin hingeschriebene Gleichung [I, 2.18] ist unmittelbar die Lösung dieser Differentialgleichung, wobei als klassisch berechnete Schwingungsfrequenz

[I, 2.20] $$\tilde{\nu}_s = \frac{1}{2\pi}\sqrt{\frac{k}{\mu}}$$

sich ergibt. Die Konstante k wird als *Kraftkonstante* bezeichnet; ihre Bestimmung aus spektralen Daten ist ein Hauptziel der wissenschaftlichen Ultrarotspektroskopie, denn sie beschreibt das Verhalten der Bindungskräfte zwischen den Atomen. Nach den Gesetzen der klassischen Mechanik kommt einem solchen harmonischen Oszillator die potentielle Energie

[I, 2.21] $$V = \frac{1}{2} k x^2 = 2\pi^2 \mu \tilde{\nu}_s^2 x^2$$

zu, d. h. eine in der Verrückung aus der Gleichgewichtslage quadratische Funktion, die durch eine in Richtung der Energieachse offene Parabel mit dem Scheitel in der Gleichgewichtslage der Atome veranschaulicht wird (Abb. 5).

Die in unserem Falle nur eindimensionale SCHRÖDINGER-Gleichung liefert als Eigenwerte oder mögliche Energiezustände des harmonischen Oszillators

[I, 2.22] $$E(v) = \frac{h}{2\pi}\sqrt{\frac{k}{\mu}}\left(v + \frac{1}{2}\right) = h\tilde{\nu}_s\left(v + \frac{1}{2}\right),$$

wobei v eine Quantenzahl, die sog. *Schwingungsquantenzahl*, ist und alle ganzzahligen Werte, von 0 angefangen, annehmen kann. Die Energieniveaus des harmonischen Oszillators liegen also äquidistant (Abb. 4). Von besonderer Bedeutung ist der Umstand, daß auch im tiefsten möglichen Niveau, für $v = 0$, eine endliche, von Null verschiedene Schwingungsenergie $E(0) = \frac{1}{2} h\tilde{\nu}_s$ existiert, die als *Nullpunktsenergie* bezeichnet wird. Dessenungeachtet wird der Zustand $v = 0$ dennoch „schwingungslos" (Nullpunktsschwingung) genannt. Die Terme des harmonischen Oszillators werden

[I, 2.23] $$G(v) = \frac{E(v)}{hc} = \frac{\tilde{\nu}\, s}{c}\left(v + \frac{1}{2}\right).$$

Es ist üblich,

[I, 2.24] $$\frac{\tilde{\nu}\, s}{c} = \omega$$

zu setzen, womit

[I, 2.25] $$G(v) = \omega\left(v + \frac{1}{2}\right)$$

sich ergibt. ω ist nichts anderes als die Wellenzahl der klassisch berechneten Schwingungsfrequenz [I, 2.20].

Die Wellenzahl der bei der Schwingung emittierten oder absorbierten Strahlung — sofern mit der Schwingung eine Dipolmomentänderung verbunden ist — wird

[I, 2.26] $$\nu = G(v') - G(v'').$$

Die für den harmonischen Oszillator gültige Auswahlregel lautet

[I, 2.27] $$\Delta v = \pm 1.$$

Demnach wird die Strahlungswellenzahl

[I, 2.28] $$G(v+1) - G(v) = \omega,$$

d. h. identisch mit dem klassisch erhaltenen Ergebnis. Dabei ist es offenbar gleichgültig, welches der Ausgangszustand des Systems ist: Bei jedem Übergang, gleichgültig wie hoch die Schwingungsanregung auch sei, wird dieselbe Strahlungsfrequenz emittiert oder absorbiert, wie auch schon aus der Äquidistanz der Energieniveaus zu ersehen war (Abb. 4).

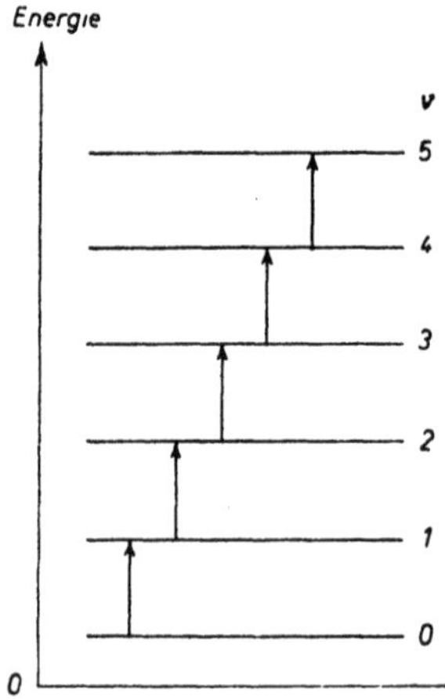

Abb. 4. Termschema des harmonischen Oszillators

Der anharmonische Oszillator: Die realen zweiatomigen Moleküle können zwar mit einer gewissen Annäherung als harmonische Oszillatoren angesehen werden, aber doch nicht völlig. Der wichtigste Unterschied zwischen Erwartung und Befund ist die Beobachtung, daß nicht nur *eine* Schwingungsfrequenz im Spektrum auftritt, sondern häufig *mehrere*, deren Wellenzahlen in gewissen ganzzahligen Verhältnissen stehen. Aus dem Ausdruck für die rücktreibende Kraft [I, 2.19] oder die potentielle Energie [I, 2.21] ersieht man nun, daß diese Größen mit zunehmender Entfernung der beiden Atome voneinander unbegrenzt zunehmen. Das steht im Widerspruch mit der Erfahrung, wonach die Anziehungskraft zwischen den beiden Atomen für genügend großen Abstand voneinander verschwindet bzw. die potentielle Energie konstant wird. Anstatt der in Abb. 5 gestrichelt gezeichneten Potentialkurve in Gestalt einer Parabel, wie sie in [I, 2.21] angenommen wurde, haben wir es mehr mit der ausgezogenen Potentialkurve zu tun. Beide fallen in der Nähe der Gleichgewichtslage sehr nahe zusammen, unterscheiden sich aber mit zunehmender Entfernung der beiden Atome voneinander immer mehr. Für die neue, der Wirklichkeit

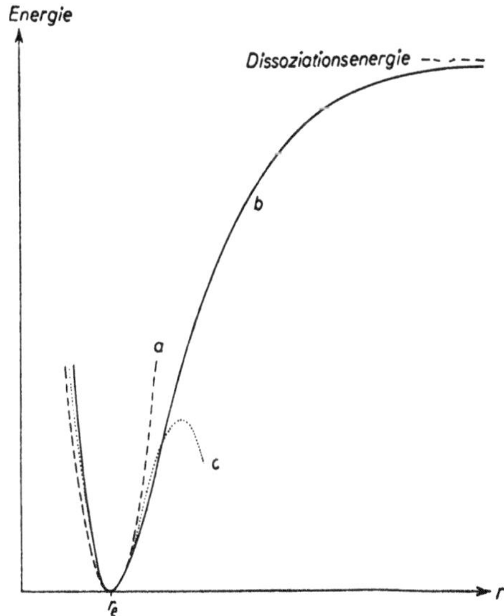

Abb. 5. Potentialkurve des harmonischen Oszillators (a) und des anharmonischen Oszillators (b), letztere angenähert durch eine Parabel höherer Ordnung (c) [Nach HERZBERG *(J)*]

angepaßte Potentialkurve läßt sich kein geschlossener mathematischer Ausdruck angeben. Versuchsweise kann man die quadratische Potentialfunktion [I, 2.21] durch ein zusätzliches Glied dritten Grades und u. U. weitere Glieder noch höherer Grade erweitern:

[I, 2.29] $$V = f x^2 - g\, x^3 + \cdots .$$

Darin bedeutet wieder x die Verrückung aus der Gleichgewichtslage, und g ist eine sehr viel kleinere Größe als f. Das graphische Bild dieser neuen Potentialfunktion wird durch die punktierte Kurve in Abb. 5 vermittelt. Sie berücksichtigt die *Anharmonizität* der betrachteten Schwingung. Auch sie bringt keineswegs völlige Übereinstimmung mit der wahren Potentialkurve, aber immerhin weitgehendere als die quadratische allein. Ein Oszillator mit einer so gestalteten Potentialkurve wird als *anharmonisch* bezeichnet. Man kann von ihm eine bessere Übereinstimmung mit den beobachteten Spektren erwarten als für den harmonischen Oszillator.

Die Beschreibung der Bewegung eines solchen anharmonischen Oszillators nach klassischen Gesetzen besteht aus der Überlagerung einer *Grundschwingung* von bestimmter Amplitude und Frequenz nach [I, 2.20] und *Oberschwingungen* in der Form einer FOURIER-Reihe:

$$[\mathrm{I}, 2.30] \quad x = x_1 \sin 2\pi \tilde{\nu}_s t + x_2 (3 + \cos 2\pi \cdot 2 \tilde{\nu}_s t) + x_3 \sin 2\pi \cdot 3 \tilde{\nu}_s t + \cdots$$

$x_1, x_2, x_3, \ldots$ sind die Amplituden der Grundschwingung und der ersten, zweiten, ... Oberschwingung. Solange $g \ll f$, nehmen sie in der angegebenen Reihenfolge sehr schnell ab, jedoch ist der Einfluß der Oberschwingungen um so größer, je größer die Grundamplitude x_1 ist. Die Schwingungsfrequenz $\tilde{\nu}_s$ nach [I, 2.20] gilt nur für sehr kleine Amplituden und nimmt ab, wenn diese zunehmen. Die Schwingungsfrequenz der Oberschwingungen ist jeweils exakt das Zwei-, Drei-, ... fache der Grundschwingungsfrequenz.

Die quantenmechanische Behandlung des anharmonischen Oszillators liefert als Eigenwerte

$$[\mathrm{I}, 2.31] \quad E(v) = h c \omega_e \left(v + \frac{1}{2}\right) - h c \omega_e x_e \left(v + \frac{1}{2}\right)^2 + h c \omega_e y_e \left(v + \frac{1}{2}\right)^3 + \cdots,$$

je nachdem wieviel und welche höheren Potenzen von x in [I, 2.29] berücksichtigt wurden. Der Schwingungsterm wird dementsprechend

$$[\mathrm{I}, 2.32] \quad G(v) = \omega_e \left(v + \frac{1}{2}\right) - \omega_e x_e \left(v + \frac{1}{2}\right)^2 + \omega_e y_e \left(v + \frac{1}{2}\right)^3 + \cdots,$$

wobei $\omega_e \gg \omega_e x_e \gg \omega_e y_e$ ist. Der Index „e" an diesen Größen deutet darauf hin, daß sie alle auf die Gleichgewichtslage (englisch equilibrium), d. h. unendlich kleine Schwingungsamplituden um diese, sich beziehen; diese Schreibweise ist international üblich. Entsprechend unserem nach dem Vorgang von HERZBERG gewählten Ansatz [I, 2.29] mit positivem g wird $\omega_e x_e$ immer positiv, während $\omega_e y_e$ sowohl positiv wie auch negativ werden kann. Dementsprechend sind die Energieniveaus des anharmonischen Oszillators nicht mehr äquidistant, sondern rücken mit zunehmendem v sehr langsam einander näher. Auch hier besteht eine Nullpunktsenergie, deren Term mit $v = 0$ erhalten wird:

$$[\mathrm{I}, 2.33] \quad G(0) = \frac{1}{2} \omega_e - \frac{1}{4} \omega_e x_e + \frac{1}{8} \omega_e y_e .$$

Anstatt nun die Energie wie bisher vom wirklichen Nullpunkt aus zu zählen, kann man dieses „schwingungslose" Niveau als Ausgangspunkt nehmen und erhält so

$$[\mathrm{I}, 2.34] \quad G_0(v) = \omega_0 v - \omega_0 x_0 v^2 + \omega_0 y_0 v^3 + \cdots,$$

wenn wir die international vereinbarten Abkürzungen

$$[\mathrm{I}, 2.35] \quad \begin{aligned} \omega_0 &= \omega_e - \omega_e x_e + \frac{3}{4} w_e y_e + \cdots, \\ \omega_0 x_0 &= \omega_e x_e - \frac{3}{2} \omega_e y_e + \cdots, \quad \omega_0 y_0 = \omega_e y_e \end{aligned}$$

einführen.

Der klassischen Beschreibung des anharmonischen Oszillators entspricht ein Spektrum, in dem zusätzlich zur Grundschwingung noch Oberschwingungen mit der doppelten, dreifachen, ... Frequenz der Grundschwingung und schnell abnehmenden Intensitäten auftreten. Die quantentheoretische Behandlung ändert gegenüber dem harmonischen Oszillator vor allem die Auswahlregel der Schwingungsquantenzahl: Neben $\Delta v = \pm 1$ sind jetzt auch Quantensprünge $\Delta v = \pm 2, \pm 3, \ldots$ erlaubt, jedoch mit stark abnehmender Wahrscheinlichkeit. Befinden sich alle vorhandenen Moleküle im Grundzustand ($v = 0$), dann sind in Absorption die Quantensprünge $\Delta v = 1, 2, \ldots$ alle möglich. Es entstehen so eine Reihe von Schwingungsbanden, die man abgekürzt durch Angabe der Schwingungsquantenzahl im End- und Ausgangszustand bezeichnet: 1—0, 2—0, ... Die Frequenz der 2—0-Bande ist nicht genau, aber doch sehr angenähert das Zweifache der Grundfrequenz. Entsprechendes gilt für die Banden mit noch höheren Übergängen, so daß auch hier der Sprachgebrauch „Oberschwingungen" sich eingebürgert hat. Für diesen Absorptionsfall erhalten wir aus den Termausdrücken die Wellenzahlen

[I, 2.36] $$\nu_{\text{abs}} = G(v') - G(0) = G_0(v') = \omega_0 v' - \omega_0 x_0 v'^2 + \omega_0 y_0 v'^3 + \cdots,$$

mit anderen Worten, die Absorptionsstellen geben unmittelbar die Lage der Energieniveaus über dem niedrigsten Niveau ($v = 0$) an. Der Abstand benachbarter Banden (Niveaus) ist, wenn Glieder dritter Ordnung unberücksichtigt bleiben,

[I, 2.37] $$\Delta G_{v+1/2} = G(v+1) - G(v) = G_0(v+1) - G_0(v)$$
$$= \omega_e - 2\,\omega_e x_e - 2\,\omega_e x_e v = \omega_0 - \omega_0 x_0 - 2\,\omega_0 x_0 v\,.$$

Bildet man von diesen Werten wieder die Differenzen für benachbarte Banden:

[I, 2.38] $$\Delta^2 G_{v+1/2} = \Delta G_{v+3/2} - \Delta G_{v+1/2} = -\,2\,\omega_e x_e = -\,2\,\omega_0 x_0,$$

so erhalten wir daraus unmittelbar die Größe der Schwingungskonstanten $\omega_e x_e = \omega_0 x_0$, die ein Maß für die Anharmonizität des Oszillators sind. Die Werte von ω und ω_0 selbst sind dann aus [I, 2.37] bestimmbar, wenn wir die Absorptionswellenzahl einer Bande messen, z. B. der 1—0-Bande:

[I, 2.39] $$\nu_{\text{abs}}^{1-0} = \Delta G_{1/2} = \omega_e - 2\,\omega_e x_e = \omega_0 - \omega_0 x_0\,.$$

Es läßt sich weiterhin zeigen, daß die Schwingungskonstante ω mit der Wellenzahl der Schwingung übereinstimmt, die der Oszillator nach klassischer Berechnung für unendlich kleine Amplituden ausführt:

[I, 2.40] $$c\,\omega_e = \tilde{\nu}_s\,.$$

Daraus wieder kann der Wert der Kraftkonstante bei unendlich kleinen Verrückungen

[I, 2.41] $$k_e = 4\,\pi^2 \mu\, c^2 \omega_e^2$$

berechnet werden. Der so erhaltene Wert erweist sich als ein wenig größer als der aus der Schwingungsfrequenz eines harmonischen Oszillators berechnete.

Wie schon mehrfach erwähnt, finden wir die den Schwingungen zweiatomiger Moleküle zugehörigen Spektren im sog. nahen bis mittleren Ultrarot, von ungefähr 2,5 bis 50 μ Wellenlänge, wobei diese Zuordnung wieder von der Erfahrung bestätigt wird. Dipolmoleküle haben in diesem Bereich im allgemeinen eine intensive Absorptionsbande, die mit der Grundschwingung gleichzusetzen ist. Daneben treten noch weniger intensive Absorptionsbanden bei ungefähr dem Doppelten, Dreifachen usw. der Grundfrequenz auf, die als Oberschwingungen im besprochenen Sinn zu deuten sind. Verhält sich ein Molekül zufällig weitgehend wie ein harmonischer Oszillator, dann liefert die einzige dann beobachtete Bande unmittelbar die Schwingungsfrequenz und daraus die Kraftkonstante. Liegt hingegen ein anharmonischer Oszillator vor, so können aus dem Spektrum, wie schon angedeutet, wieder die

Schwingungsfrequenz für kleine Amplitude ω_e, die Anharmonizität $\omega_e x_e$ und die Kraftkonstante k_e entnommen werden. Jedoch auch schon das Rotationsspektrum liefert einen, wenn auch nicht sehr genauen Wert der Schwingungsfrequenz. Zwischen dieser, in Wellenzahlen gemessen, und den beiden Rotationskonstanten B und D besteht nämlich der Zusammenhang

[I, 2.42] $$D = \frac{4B^3}{\omega^2}.$$

Aus der Abweichung der Rotationslinien von der Äquidistanz kann daher die Schwingungsfrequenz berechnet werden, allerdings wegen der Kleinheit des Effekts nur mit geringer Genauigkeit.

4. *Rotationsschwingungsspektren*

Der rotierende Oszillator: Nachdem wir nunmehr Rotation und Schwingung jede für sich betrachtet haben, ist der selbstverständliche nächste Schritt die Berücksichtigung *gleichzeitig* erfolgender Änderungen von Rotations- und Schwingungszuständen. Dazu ist es nur notwendig, das Modell des anharmonischen Oszillators gleichzeitig mit den Schwingungen Rotationen als nicht-starrer Rotator ausführen zu lassen. Wir kommen so zum Modell des *rotierenden Oszillators* oder auch — da beide Bewegungsformen völlig gleichberechtigt sind — des *schwingenden Rotators.*

Solange wir von Wechselwirkungen zwischen Rotation und Schwingung absehen, wird die Energie des rotierenden Oszillators einfach aus der Summe der Energien des anharmonischen Oszillators und des nicht-starren Rotators sich zusammensetzen, die uns aus [I, 2.31] und [I, 2.14] bekannt sind. Demnach besteht für jedes Schwingungsniveau nach Abb. 4 ein ganzes System von Rotationsniveaus nach Abb. 3. Jedoch dürfen wir die Wechselwirkung zwischen Rotation und Schwingung nicht vernachlässigen, die sich ausdrückt in einer Veränderung des Kernabstandes und damit des Trägheitsmoments, also der Rotationskonstante B während der Schwingung. Nun ist die Schwingungsperiode, das Reziproke der Schwingungsfrequenz, viel kleiner als die Rotationsperiode, das Reziproke der Rotationsfrequenz. Wir sind daher berechtigt, für die Rotationen einen gewissen mittleren Wert des Abstands r anzunehmen, der sich durch eine bestimmte Mittelung ergibt. Das heißt, wir arbeiten mit einer Rotationskonstante

[I, 2.43] $$B_v = \frac{h}{8\pi^2 c\mu}\overline{\left[\frac{1}{r^2}\right]},$$

worin $\overline{\left[\frac{1}{r^2}\right]}$ einen mittleren Wert von $\frac{1}{r^2}$ während der Schwingung bedeutet. Dieser Wert B_v wird kleiner sein als B_e, der Wert der Rotationskonstante für unveränderlichen Gleichgewichtsabstand der Atome, weil während der Schwingung der Kernabstand und damit das Trägheitsmoment zunimmt, jedoch wird der Unterschied nicht bedeutend sein. Der Wert B_e ergibt sich durch Einsetzen der für die Gleichgewichtslage der Atome geltenden Werte in die Definitionsgleichung [I, 2.8]:

[I, 2.44] $$B_e = \frac{h}{8\pi^2 c\mu r_e^2} = \frac{h}{8\pi^2 c I_e} = \frac{27{,}986}{I_e}\cdot 10^{-40}\,[\mathrm{cm}^{-1}].$$

Die Rotationskonstante B_v in einem durch die Quantenzahl v gegebenen Schwingungszustand läßt sich in ausreichender Näherung in der Form

[I, 2.45] $$B_v = B_e - \alpha_e \left(v + \frac{1}{2}\right) + \cdots$$

angeben. Darin bedeutet α_e eine Konstante, die, verglichen mit B_e, klein ist, ebenso wie ja auch die Änderung des Kernabstands während der Schwingung klein ist gegen den Gleichgewichtskernabstand selbst. Als Faustregel kann man sich merken, daß

[I, 2.46] $$\frac{\alpha_e}{B_e} \approx \frac{\omega_e x_e}{\omega_e}$$

ist. In entsprechender Weise verfährt man mit der Rotationskonstante D:

[I, 2.47] $$D_v = D_e + \beta_e \left(v + \frac{1}{2}\right) + \cdots.$$

Auch hierin ist $\beta_e \ll D_e$, wobei D_e denjenigen Wert von D bedeutet, den man bei Einsetzen von B_e und ω_e in [I, 2.42] erhält.

Nunmehr können wir den Rotationsterm in einem gegebenen Schwingungszustand hinschreiben:

[I, 2.48] $$F_e(J) = B_v J(J+1) - D_v J^2 (J+1)^2 + \cdots.$$

Dieser liefert zusammen mit dem Schwingungsterm des anharmonischen Oszillators den Term des rotierenden Oszillators:

[I, 2.49] $$T = G(v) + F_v(J) = \omega_e \left(v + \frac{1}{2}\right) - \omega_e x_e \left(v + \frac{1}{2}\right) + \cdots$$
$$+ B_v J(J+1) - D_v J^2 (J+1)^2 + \cdots.$$

Dieser Term ist in Abb. 6 dargestellt: Über jedem Schwingungsniveau v baut sich eine Folge von Rotationsniveaus J auf; der Abstand aufeinander folgender Schwingungsniveaus wird allmählich geringer, der aufeinander folgender Rotationsniveaus

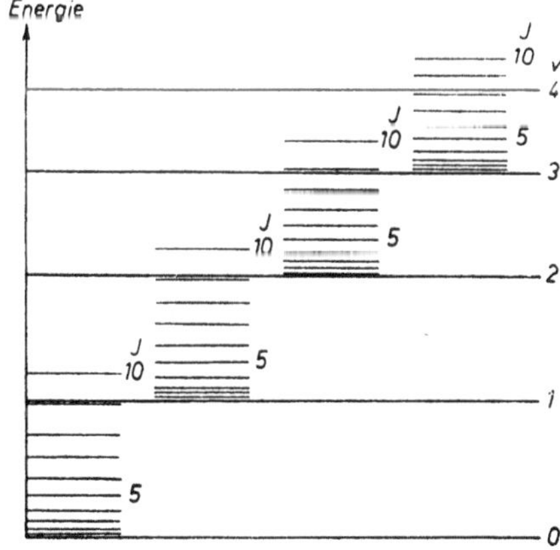

Abb. 6. Termschema eines rotierenden Oszillators

größer. Der niedrigste „schwingungslose“ Zustand ($v = 0$), gleichbedeutend mit einer Rotation, liefert natürlich einen Wert $B_0 < B_e$ für die Rotationskonstante, aus der dann nicht der Gleichgewichtsabstand r_e der beiden Atome, sondern der um weniges größere r_0 erhalten wird, der Mittelwert von r im „schwingungslosen“ Zustand.

Um das Spektrum des rotierenden Oszillators überschauen zu können, benötigen wir noch die Auswahlregeln für die Quantensprünge in J und v. Es zeigt sich, daß die früher erhaltene Auswahlregel für J, nämlich $\Delta J = \pm 1$, weiterhin gilt, ebenso die Auswahlregel für den anharmonischen Oszillator $\Delta v = \pm 1, \pm 2, \pm 3, \ldots$. Neu erlaubt ist nun auch $\Delta v = 0$, jedoch liefert dieser Übergang nur ein reines Rotationsspektrum. Betrachten wir nunmehr den Schwingungsübergang von v' nach v''. Unter Vernachlässigung der sehr kleinen Rotationskonstante D_v ergibt sich dann für die Wellenzahlen der dabei auftretenden Linien einer solchen *Rotationsschwingungsbande*

[I, 2.50] $$\nu = G(v') - G(v'') + B'_v J'(J'+1) - B''_v J''(J''+1)\,.$$

Wir wollen hierin die Wellenzahl der reinen Schwingung ohne Berücksichtigung der Rotation ($J' = J'' = 0$)

[I, 2.51] $$G(v') - G(v'') = \nu_0$$

setzen. Wenn wir jetzt noch die beiden erlaubten Quantensprünge in J, nämlich $\Delta J = +1$ und $\Delta J = -1$, die nun beide sinnvoll sind, berücksichtigen und wieder J anstatt J'' schreiben, so erhalten wir

[I, 2.52a] $$\nu_R = \nu_0 + 2B'_v + (3B'_v - B''_v)\,J + (B'_v - B''_v)\,J^2\,,$$
$$J = 0, 1, 2, \ldots,$$

und

[I, 2.52b] $$\nu_P = \nu_0 - (B'_v + B''_v)\,J + (B'_v - B''_v)\,J^2, \quad J = 1, 2, \ldots.$$

Es ergeben sich also zwei Serien von Linien, die als *R-Zweig* und *P-Zweig* unterschieden werden. Eine graphische Darstellung gibt Abb. 7. Als niedrigster J-Wert im oberen wie im unteren Zustand kommt immer nur $J = 0$ in Frage; demnach ist der niedrigste im R-Zweig $J'' = 0$, im P-Zweig hingegen $J'' = 1$.

Zwecks besserer Übersicht sehen wir für einen Augenblick von der Wechselwirkung zwischen Rotation und Schwingung ab, d. h. wir setzen $B'_v = B''_v = B$ und erhalten dann

[I, 2.53] $$\nu_R = \nu_0 + 2\,B + 2\,B\,J, \qquad \nu_P = \nu_0 - 2\,B\,J\,.$$

Das sind zwei Folgen von äquidistanten Linien, wovon die eine, ν_R, von ν_0 aus nach kürzeren Wellen (größeren Wellenzahlen), die andere, ν_P, nach längeren Wellen (kleineren Wellenzahlen) sich erstreckt. Da kein Übergang $\Delta J = 0$ erlaubt ist, tritt im Spektrum die Linie ν_0 selbst nicht auf. Zwischen den beiden Zweigen klafft also eine Lücke (Abb. 7b). Die in dieser Betrachtung vernachlässigte Wechselwirkung zwischen Schwingung und Rotation beseitigt die Äquidistanz aufeinander folgender Linien. Da diese Wechselwirkung in den beiden beteiligten Schwingungsniveaus etwas verschieden ist ($B'_v \neq B''_v$), tritt das in J quadratische Glied in [I, 2.52] in Kraft mit der Folge, daß für $B'_v > B''_v$ die Linien im R-Zweig näher zueinander, die im P-Zweig weiter auseinander rücken (Abb. 7c).

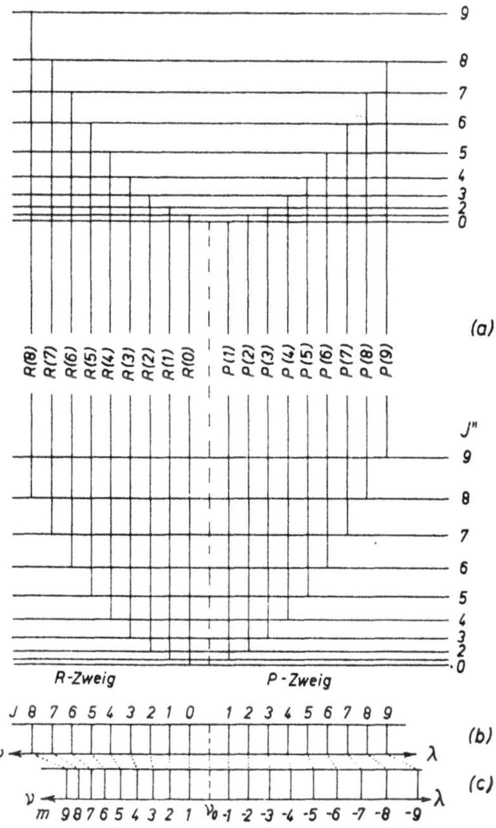

Abb. 7. Termschema (a) eines rotierenden Oszillators für einen gegebenen Schwingungsübergang und daraus entstehende Rotationsschwingungsbande ohne (b) und mit (c) Berücksichtigung der Wechselwirkung von Rotation und Schwingung [nach HERZBERG (J)]

Anstatt der formelmäßigen Darstellung der beiden Zweige in zwei getrennten Gleichungen, wie bisher, ist auch eine solche in einer einzigen möglich. Dazu führen wir eine ganzzahlige Laufnummer m ein, die für den R-Zweig positive Werte, von 1 beginnend ($m = J + 1$), für den P-Zweig negative Werte, von -1 anfangend ($m = -J$), annimmt. Dann stellt sich die Rotationsschwingungsbande dar durch

$$\nu = \nu_0 + (B'_v + B''_v)\, m + (B'_v - B''_v)\, m^2 . \qquad \text{[I, 2.54]}$$

Das ist eine einzige Folge von Linien, die bei $m = 0$ eine Lücke hat. Diese Lücke $\nu = \nu_0$ heißt Null-Linie der Bande oder auch *Bandenzentrum*.

Die experimentell beobachteten Rotationsschwingungsbanden zweiatomiger Dipolmoleküle bestätigen das so skizzierte Bild völlig. Besonders in der Nähe des Bandenzentrums ist die Übereinstimmung von Erwartung und Befund hervorragend. Dort gibt uns auch der Abstand benachbarter Linien den besten Wert von $2B$, während der Abstand der ersten R-Linie von der ersten P-Linie den Wert $4B$ liefert. Die Rotationskonstanten im Schwingungszustand B'_v und B''_v werden am einfachsten bestimmt, indem man die Wellenzahldifferenz aufeinander folgender

Linien und davon nochmals die Differenz bildet. Es wird, wenn wir dazu [I, 2.54] benutzen,

$$[I, 2.55] \qquad \Delta\nu(m) = \nu(m+1) - \nu(m) = 2\,B'_v + 2\,(B'_v - B''_v)\,m\,,$$

$$[I, 2.56] \qquad \Delta^2\nu(m) = \Delta\nu(m+1) - \Delta\nu(m) = 2\,(B'_v - B''_v)\,.$$

Die zweite Differenz liefert also unmittelbar die Differenz der Rotationskonstanten im oberen und unteren Schwingungszustand. Aus der Definitionsgleichung [I, 2.45] von B_v folgt nun, daß diese Differenz $B'_v - B''_v$ um so größer ist, je größer der Quantensprung Δv ist. Demnach zeigt sich die auf die Wirkung dieser Glieder zurückgehende Konvergenz der Rotationslinien in den Oberschwingungen mit zunehmendem Δv immer ausgeprägter. Dabei kann u. U. die Laufrichtung der Linien im R-Zweig sich umkehren und dadurch eine sog. *Bandenkante* oder ein *Bandenkopf* gebildet werden. Nachdem $B'_v - B''_v$ bestimmt ist, kann man B'_v selbst z. B. graphisch erhalten, indem man $\Delta\nu(m)$ nach [I, 2.55] als Funktion von m aufträgt; der Ordinatenabschnitt dieser Geraden liefert unmittelbar 2 B'_v.

5. *Intensitätsbetrachtungen*

Zum Abschluß unserer Betrachtung der zweiatomigen Moleküle einige Bemerkungen zu Intensitätsfragen. Wir beschränken uns dabei auf die Absorption allein und setzen, um von gewissen Komplikationen frei zu werden, eine genügend dünne Schicht des absorbierenden Mediums voraus. Es sei Δx die durchstrahlte Schichtdicke, ϱ die Strahlungsdichte des einfallenden Parallelstrahlenbündels der Wellenzahl ν. Als *Absorptionsintensität* definieren wir die je Quadratzentimeter absorbierte, d. h. in Wärme umgewandelte Strahlungsenergie. Sie wird durch

$$[I, 2.57] \qquad J_{\text{abs}} = \varrho \cdot N_m \cdot B_{nm} \cdot \Delta x \cdot h\,c\,\nu$$

gegeben, worin N_m die Anzahl der im Ausgangszustand, also dem unteren, befindlichen Moleküle und B_{nm} die EINSTEINsche *Absorptionsübergangswahrscheinlichkeit* bedeuten. Mit der Herleitung dieser Gleichung können wir uns hier nicht befassen. Die Übergangswahrscheinlichkeit hängt mit dem Übergangsmoment nach der Beziehung

$$[I, 2.58] \qquad B_{nm} = \frac{8\,\pi^3}{3\,h^2\,c} \cdot |R^{nm}|^2$$

zusammen. Demnach wird die Absorptionsintensität proportional zum *Quadrat des Übergangsmoments*, zur Strahlungsfrequenz $\tilde{\nu} = c\nu$ und zur Zahl der Moleküle im energetischen Ausgangszustand.

Zur theoretischen Berechnung der Absorptionsintensität ist also die Kenntnis des Übergangsmoments erforderlich, das aus quantenmechanischen Rechnungen folgt, und weiter die Molekülzahl im Ausgangszustand. Für diese können wir, fußend auf dem Korrespondenzprinzip, von dem bekannten klassischen *Energieverteilungssatz* von MAXWELL-BOLTZMANN ausgehen, da wir bei unseren spektralen Beobachtungen es immer mit im thermodynamischen Gleichgewicht befindlichen Systemen zu tun haben. Dieser Verteilungssatz besagt, daß die Anzahl N von Molekülen mit einer Energie zwischen E und $E + \Delta E$ proportional zu $e^{-E/kT} \cdot \Delta E$ ist, wenn k die BOLTZMANN-Konstante, also die Gaskonstante gerechnet je Molekül, und T die absolute Temperatur des Systems bedeuten. Betrachten wir speziell einen Schwingungszustand, so haben wir für die Energie den Wert aus [I, 2.31] einzusetzen. Es zeigt sich, daß für eine gegebene Temperatur T mit zunehmender

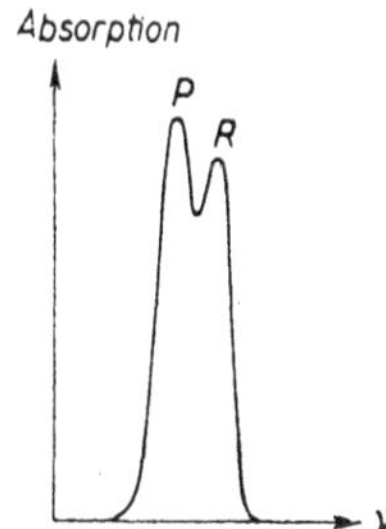

Abb. 8. BJERRUMsche Doppelbande

Schwingungsquantenzahl v die *Besetzungszahlen* — die Anzahl der Moleküle in den einzelnen Energiezuständen — sehr rasch abnehmen; bei normaler Temperatur befinden sich praktisch alle Moleküle im niedrigsten Zustand $v = 0$. Für die Rotationsniveaus genügt die Berücksichtigung des BOLTZMANN-Faktors mit der aus [I, 2.6] folgenden Energie allein nicht, wir haben vielmehr diesen Faktor noch aus hier nicht weiter zu erörternden Gründen mit einem Faktor $2J + 1$ zu multiplizieren. Dann ergibt sich, daß auch für das niedrigste Rotationsniveau $J = 0$ schon eine von Null verschiedene Besetzung vorliegt, die mit wachsender Rotationsquantenzahl zunächst anwächst, bei gewissen, von der Temperatur und den sonstigen Umständen (Rotationskonstante) abhängigen kleinen J-Werten ein Maximum erreicht und dann mit wachsendem J fällt.

Reicht die verfügbare spektrale Auflösung zur Trennung der einzelnen Rotationslinien einer Rotationsschwingungsbande nicht aus, so wird im Falle zweiatomiger Dipolmoleküle die sog. BJERRUM-Bande (Abb. 8) beobachtet, zwei Maxima, die dem P- bzw. R-Zweig der Bande entsprechen und die einen bestimmten spektralen Abstand haben. Dieser hängt gemäß der obigen Darstellung über die Besetzung der Rotationsniveaus von der Temperatur des untersuchten Gases und seiner Rotationskonstante ab:

$$[\mathrm{I}, 2.59] \qquad \Delta\nu_{PR} = \sqrt{\frac{8\,B\,k\,T}{h\,c}} = 2{,}3583\,\sqrt{B\,T}\,.$$

Die Bestimmung dieser Aufspaltung liefert also bei bekannter Temperatur einen allerdings nicht sehr genauen Wert der Rotationskonstante B und damit des Trägheitsmoments I. Auf diese Weise wurden die ersten spektroskopisch bestimmten Trägheitsmomente erhalten.

3. Kapitel: Symmetrieeigenschaften von Molekülen und Schwingungen

Zur Vorbereitung auf die Behandlung der ultraroten Rotations- und Schwingungsspektren vielatomiger Moleküle befassen wir uns in diesem Kapitel zunächst mit einigen Eigenschaften, die durch die Geometrie der Lageanordnung der die Moleküle aufbauenden Atome (oder ihrer Kerne) ohne Berücksichtigung der speziellen Werte der gegenseitigen Abstände, Bindungskräfte usw. gegeben sind. Man nennt sie ganz allgemein *Symmetrieeigenschaften.* Es wird sich zeigen, daß diese rein geometrischen Symmetrieeigenschaften des Kerngerüstes eines Moleküls den Schlüssel zum Verständnis seines Spektrums von einem Standpunkt aus darstellen, der keine Kenntnis der Rotations- oder Schwingungsfrequenzen benötigt, sondern uns Einblicke allgemeiner Natur vermittelt, die für alle Moleküle gleicher Symmetrie gelten.

1. Symmetrieelemente und Deckoperationen

Betrachtet man die Lageanordnung der Atomkerne in einem Molekül, z. B. dem nicht linearen Molekül XY_2 der Abbildung 9, so erkennt man in einfacheren Fällen mit einem Blick, in komplizierteren bei näherem Zuschauen gewisse *Periodizitäten* oder *Symmetrien der Anordnung*. In unserem Beispiel etwa wird das Molekül bei einer Spiegelung an einer zur Molekülebene senkrechten, durch die Winkelhalbierende des Molekülwinkels YXY gehenden Ebene nicht verändert, denn dabei vertauschen ja nur die beiden Y-Atome, also ununterscheidbare Individuen, ihren Platz. Ganz allgemein nennt man die Existenz einer solchen Eigenschaft ein *Symmetrieelement* und die Ausführung der dadurch nahegelegten, zu einem vom Ausgangsgebilde nicht unterscheidbaren neuen Gebilde führenden Operation eine *Deckoperation.* Die möglichen Symmetrieelemente mit den zugehörigen Deckoperationen, die beide gewöhnlich durch international vereinbarte gleichartige Symbole bezeichnet werden, sind:

Die *Identität,* gelegentlich mit I oder E bezeichnet. Dieses Symmetrieelement ist kein eigentliches Symmetrieelement, denn die zugehörige Deckoperation läßt die Koordinaten der Atome völlig ungeändert. Offensichtlich kommt diese Symmetrie jedem Molekül zu, wie immer es auch gebaut sein mag.

Die *Symmetrie-* oder *Spiegelebene,* bezeichnet durch σ, wobei ein Subskript die Lage bezüglich einer vorhandenen Symmetrieachse angibt. Die zugehörige Deckoperation ist die Spiegelung des Moleküls an dieser Symmetrieebene. Beispiel: XY_2-Molekül (Abb. 9a).

Das *Symmetriezentrum,* bezeichnet mit i. Die zugehörige Deckoperation ist die Spiegelung an diesem Zentrum, auch Inversion genannt. Dadurch wird jedes Atom in die ihm bezüglich des Zentrums diametral gegenüberliegende Lage gebracht,

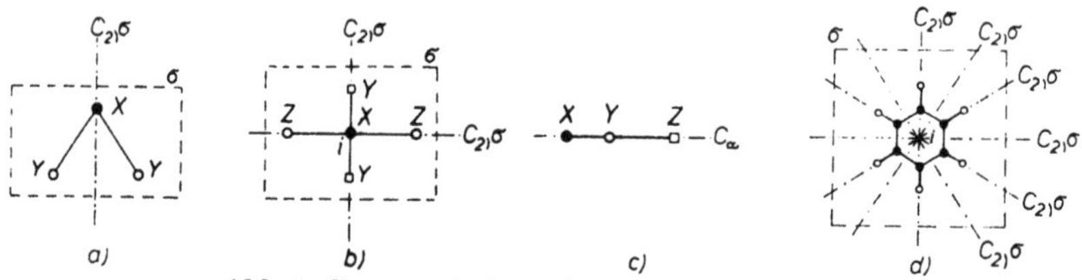

Abb. 9. Symmetrieeigenschaften von Molekülen

während ein etwaiges im Zentrum liegendes Atom seinen Platz behält. Demnach treten bei vorhandenem Symmetriezentrum alle außerhalb des Zentrums liegenden Atome paarweise auf. Beispiel: XY_2Z_2-Molekül (Abb. 9b).

Die *Symmetrieachse,* auch *Drehachse* oder *Gyre* genannt, bezeichnet mit C_p, wobei der Index p die Zähligkeit angibt. Die zugehörige Deckoperation ist die starre Drehung des Moleküls um diese Achse um einen Winkel von $360°/p$. Offenbar führt auch die wiederholte Ausführung dieser Operation zu einer von der Ausgangslage nicht unterscheidbaren Lage des Moleküls. Von wesentlicher Bedeutung sind nur die Zähligkeiten $p = 2, 3, 4, 5, 6$ und ∞; letztere, auch unbestimmte Drehachse (C_∞) genannt, bedeutet die Drehung um einen beliebig kleinen Winkelbetrag, um eine deckende Molekküllage zu erreichen. Sie kommt offensichtlich nur linearen Molekültypen zu. Beispiel: lineares XYZ-Molekül (Abb. 9c).

Die *Drehspiegelachse* oder *Gyroide,* bezeichnet mit S_p, wobei p wieder die Zähligkeit angibt. Die zugehörige Deckoperation ist die Drehung um die Achse um den

Winkel $360°/p$ mit anschließender Spiegelung an einer zu dieser Achse senkrechten Symmetrieebene. Es treten in Molekülen nur die Werte $p = 2$, 4 und 6 auf. Offensichtlich ist $S_2 \equiv i$. Besitzt ein Molekül eine C_p und eine σ_h senkrecht dazu, dann besitzt es auch eine S_p, während die Umkehrung nur für ungerades p gilt. Beispiel: ebenes X_6Y_6-Molekül (Abb. 9d); werden in diesem Beispiel die Y-Atome abwechselnd oberhalb und unterhalb der Ebene der X-Atome angenommen (C_3 anstatt C_6 senkrecht zur Molekülebene), dann bleibt zwar die S_6, nicht aber die C_6 bestehen.

Des weiteren gibt es noch vier höhere Symmetriefeststellungen, die aus den Symmetrieelementen sich aufbauen:

Die *Diedersymmetrie*, bezeichnet mit D_p. Die zugehörige Deckoperation beinhaltet 1 p-zählige Drehachse C_p, sowie 2 zweizählige Drehachsen $C_2 \perp C_p$.

Die *Tetraedersymmetrie*, bezeichnet mit T. Die Deckoperation setzt sich aus 3 zueinander senkrechten zweizähligen Drehachsen C_2 (entsprechend D_2) und 4 dreizähligen Drehachsen C_3 zusammen.

Die *Oktaedersymmetrie*, bezeichnet mit O. Die zugehörige Deckoperation beinhaltet 3 zueinander senkrechte vierzählige Drehachsen C_4, sowie 4 dreizählige Drehachsen C_3.

Die *Ikosaedersymmetrie*, bezeichnet mit I (nicht zu verwechseln mit der Identität!). Die Deckoperation besteht aus 6 fünfzähligen Drehachsen C_5, 10 dreizähligen Drehachsen C_3 und 15 zweizähligen Drehachsen C_2.

2. *Punktgruppen*

Meistens wird ein Molekül mehrere der oben aufgeführten Symmetrieelemente gleichzeitig besitzen. Je mehr davon vorhanden sind, desto höher ist die geometrische Symmetrie des Moleküls. Genauso aber wie ein bestimmtes Symmetrieelement u. U. schon durch zwei andere vorhandene bedingt ist — z. B. bedingen zwei Symmetrieebenen senkrecht zueinander eine C_2, nämlich ihre Schnittlinie —, genauso sind nicht alle Symmetrieelemente miteinander verträglich, z. B. schließt eine C_3 eine C_4 in derselben Richtung aus und umgekehrt. Jede mögliche Kombination von Symmetrieelementen bzw. Deckoperationen, die mindestens einen Punkt im Molekül unverändert läßt, wird eine *Punktgruppe* genannt. Die Aufstellung und Beschreibung solcher Punktgruppen sind ein wesentlicher Bestandteil der Kristallographie, deren Ergebnisse wir hier weitgehend übernehmen können. Nicht alle von der Kristallographie gefundenen Punktgruppen sind jedoch im Molekülbau vertreten, wie es andererseits auch Punktgruppen gibt, die zwar in Molekülen, nicht aber in Kristallen vorkommen. Wir zählen die für unsere Betrachtung in Frage kommenden Punktgruppen in der von SCHÖNFLIESS stammenden Ordnung und Bezeichnung in Tabelle 4 auf, wobei wir zur Unterscheidung von Deckoperationen und Symmetrieelementen die — gleichlautenden — abgekürzten Bezeichnungen der Punktgruppen in Fettdruck setzen. Wir sparen uns dazu weitere Erläuterungen, weil der Tabelleninhalt genügend verständlich erscheint und jeweils durch Angabe eines Molekülbeispiels veranschaulicht wird. Manche der Aussagen der Tabelle wird erst im weiteren Verlauf unserer Betrachtungen für uns bedeutungsvoll.

3. *Symmetrieeigenschaften von Schwingungen*

Die vorstehend aufgezählten Symmetrieeigenschaften von Molekülen, diese allein betrachtet als in geometrischer Beziehung eindeutig angeordnete Atome, erhalten ihren vollen Wert erst, wenn wir ihre Beziehungen zu den Schwingungen der Mole-

Tabelle 4. *Symmetrieeigenschaften der Punktgruppen nach* SCHÖNFLIESS

Nummer	Symbol	Kennzeichen	Symmetrieelemente				Symmetriezahl	Schwingungsrassen (Klassen)	Beispiele
			Drehachsen C_p	Drehspiegelachsen S_p	Symmetrieebenen σ	Symmetriezentrum i			
1	C_1	Asymmetrisch	(C_1)	—	—	—	1	A	Asymmetrisches C-Atom
2	C_2	Eine Symmetrie-	C_{2z}	—	—	—	2	A, B	nicht ebenes H_2O_2
3	C_3	achse (C_{pz}) in	C_{3z}	—	—	—	3	A, E	verdrilltes $H_3C \cdot CCl_3$
4	C_4	einer Richtung (z-Achse)	C_{4z}	—	—	—	4	A, B, E	—
5	C_6	(Cycl. Symm.)	C_{6z}	—	—	—	6	$A, B, 2E$	—
6	D_2 (V)	p zweizählige Drehachsen	$2C_2 \perp C_{2z}$	—	—	—	4	$A, 3B$	nicht ebenes $H_2C{=}CH_2$
7	D_3	senkrecht	$3C_2 \perp C_{3z}$	—	—	—	6	$2A, E$	verdrilltes $H_3C \cdot CH_3$
8	D_4	zu einer p-zäh-	$4C_2 \perp C_{4z}$	—	—	—	8	$2A, 2B, E$	—
9	D_6	ligen C_{pz}-Achse (Diedersymm.)	$6C_2 \perp C_{6z}$	—	—	—	12	$2A, 2B, 2E$	—
10	T	Vier dreizählige Drehachsen unter 109° 28′ 16″,	$4C_3$, $3C_2$	—	—	—	12	A, E, F	unsymm. $C(CH_3)_4$
11	O	mehrere C_2-Achsen senkrecht zu einander (kubische Symm.)	$4C_3$, $3C_4$, $6C_2$	—	—	—	12	$2A, E, 2F$	$X(XZ_4)_6$

Fortsetzung von Tab. 4

12	$\boldsymbol{S_2}$ $(\boldsymbol{C_i})$	Eine Drehspiegelachse (S_{pz}) in einer Richtung (S-Symm.)	—	S_{2z}	—	i	1	$2A$	trans-BrClHC·CHClBr
13	$\boldsymbol{S_4}$		(C_{2z})	S_{4z}	—	—	2	A, B, E	—
14	$\boldsymbol{S_6}$ $(\boldsymbol{C_{3i}})$		(C_{3z})	(S_{6z})	—	i	3	$A, B, 2E$	welliges C_6H_6
15	$\boldsymbol{C_s}$ $(\boldsymbol{S_1})$	Eine Symmetrieebene in einer Richtung	(C_{1z})	—	σ	—	1	$2A$	$H_2C{=}CHCl$
16	$\boldsymbol{C_{2h}}$	Eine Symmetrieebene σ_h senkrecht zu einer p-zähligen Drehachse C_{pz}	C_{2z}	(S_{2z})	σ_h	i	2	$2A, 2B$	trans-ClHC=CHCl
17	$\boldsymbol{C_{3h}}$		C_{3z}	(S_{3z})	σ_h	—	3	$2A, 2E$	1, 3, 5—$C_6H_3(CH_3)_3$
18	$\boldsymbol{C_{4h}}$		C_{4z}	—	σ_h	i	4	$2A, 2B, 2E$	—
19	$\boldsymbol{C_{6h}}$		C_{3z}	—	σ_h	i	6	$2A, 2B, 4E$	—
20	$\boldsymbol{C_{2v}}$	p Symmetrieebenen durch eine p-zählige Drehachse (pyram. Symm.)	C_{2z}	—	$2\sigma_v$	—	2	$2A, 2B$	H_2O, H_2CO, H_2CCl_2
21	$\boldsymbol{C_{3v}}$		C_{3z}	—	$3\sigma_v$	—	3	$2A, E$	NH_3, $HCCl_3$
22	$\boldsymbol{C_{4v}}$		C_{4z}	$4\sigma_v$	$4\sigma_v$	—	4	$2A, 2B, 2E$	$PtCl_4$
23	$\boldsymbol{C_{6v}}$		C_{3z}	—	$6\sigma_v$	—	6	$2A, 2B, 2E$	C_6H_6 mit getrennter C- u. H-Ebene

Fortsetzung von Tab. 4

Nummer	Symbol	Kennzeichen	Symmetrieelemente				Symmetriezahl	Schwingungsrassen (Klassen)	Beispiele
			Drehachsen C_p	Drehspiegelachsen S_p	Symmetrieebenen σ	Symmetriezentrum i			
24	$\boldsymbol{D_{2h}}$ $(\boldsymbol{V_h})$	p zweizählige Drehachsen senkrecht zu einer p-zähligen Drehachse, eine Symmetrieebene in der Molekülebene, p Symmetrieebenen senkrecht dazu (dipyram. Diedersymm.)	$3C_2 \perp$ [1]	—	$3\sigma_v \perp$	i	4	$2A, 6B$	ebenes $H_2C{=}CH_2$
25	$\boldsymbol{D_{3h}}$		C_{3z}, $3C_2 \perp C_{3z}$	—	σ_h, $3\sigma_v$	—	6	$4A, 2E$	1, 3, 5 – $C_6H_3Cl_3$
26	$\boldsymbol{D_{8h}}$		C_{4z}, $4C_2 \perp C_{4z}$	(S_{4z})	σ_h, $4\sigma_v$	i	8	$4A, 4B, 2E$	Cyclobutan
27	$\boldsymbol{D_{6h}}$		C_{6z}, $6C_2 \perp C_{6z}$	(S_{6z})	σ_h, $6\sigma_v$	i	12	$4A, 4B, 4E$	ebenes C_6H_6
28	$\boldsymbol{D_{2d}}$ $(\boldsymbol{V_d})$ $(\boldsymbol{S_{4v}})$	p zweizählige Drehachsen senkrecht zu einer p-zähligen Drehspiegelachse, p Symmetrieebenen (Diedersymm.)	$2C_2 \perp S_4$, (C_{2z})	S_{4z}	$2\sigma_v$	—	4	$2A, 2B, E$	$H_2C{=}C{=}CH_2$
29	$\boldsymbol{D_{2d}}$ $(\boldsymbol{S_{6v}})$		$3C_2 \perp S_6$, (C_{3z})	S_{6z}	$3\sigma_v$	i	6	$4A, 2E$	C_6H_{12}

[1] Einzeln stehendes $\perp$ bedeutet senkrecht zueinander.

Fortsetzung von Tab. 4

30	$\boldsymbol{T_h}$	Vier dreizählige Drehachsen unter 109° 28′ 16″, mehrere Symmetrieebenen (Hexaeder-symm.)	$3C_2 \perp$, $(4C_3)$	$4S_6$	$3\sigma \perp$	i	12	$2A, 2E, 2F$	—
31	$\boldsymbol{T_d}$		$4C_3$	$3S_4 \perp$	$6\sigma_v$ durch S_4	—	12	$2A, E, 2F$	CH_4, $C(CH_3)_4$, P_4
32	$\boldsymbol{O_h}$	Mehrere zwei-, drei- u. vierzählige Drehachsen, mehrere vier- u. sechszählige Drehspiegelachsen	$3C_4 \perp$, $4C_3$, $C_2 \equiv C_4$, $6C_2$	$4S_6$ $(\equiv C_3)$, $3S_4$	$3\sigma_h \perp C_4$ $6\sigma_v \perp C_2$	i	24	$4A, 2E, 4F$	SF_6, $(PtCl_6)^-$
33	$\boldsymbol{C_{\infty v}}$	Eine ∞-zählige Drehachse C_∞, ∞ viele Symmetrieebenen σ_v durch C_∞						Σ, Π	CN, HCN, $HC \equiv CCl$
34	$\boldsymbol{D_{\infty h}}$	Eine ∞-zählige Drehachse C_∞, ∞ viele zweizählige Drehachsen $\perp C_\infty$, ∞ viele Symmetrieebenen σ_v durch C_∞, eine Symmetrieebene $\sigma_h \perp C_\infty$, Symmetriezentrum i (C_p und S_v fallen mit C_∞ zusammen)						$2\Sigma, 2\Pi$	O_2, CO_2, C_2H_2, C_3O_2
35	$\boldsymbol{D_{5h}}$	Eine fünfzählige Drehachse C_5, fünf zweizählige Drehachsen $C_2 \perp C_5$, fünf Symmetrieebenen σ_v durch C_5, eine Symmetrieebene $\sigma_h \perp C_5$						$4A, 4E$	Cyclopentan
36	$\boldsymbol{D_{4d}}$ $(\boldsymbol{S_{8v}})$	Eine vierzählige Drehachse C_4, vier zweizählige Drehachsen $C_2 \perp C_4$, vier Symmetrieebenen σ_d durch C_4, die Winkel zwischen den C_2 halbierend (S_8 und C_2 fallen mit C_4 zusammen)						$2A, 2B, 3E$	S_8 (welliger Ring)
37	$\boldsymbol{I}$	Sechs fünfzählige C_5, zehn dreizählige C_3, fünfzehn zweizählige C_2						$A, 2F, G, H$	
38	$\boldsymbol{I_h}$	Zusätzlich zu den Elementen von I noch fünfzehn Symmetrieebenen σ_v durch C_2 und $\sigma_h \perp C_2$						$2A, 4F$, $2G, 2H$	—

küle berücksichtigen. Gestützt auf die Erfahrungen an zweiatomigen Molekülen wollen wir hier vorgreifend feststellen, daß jedem Molekül bestimmte Schwingungen zukommen, die man als seine *Eigenschwingungen* bezeichnet. Ihre Zahl ist, wenn N die Anzahl der Atome im Molekül bedeutet, $3N - 6$ bzw. für lineare Moleküle $3N - 5$; mit ihrer Bestimmung und ihren näheren Eigenschaften werden wir uns im übernächsten Kapitel beschäftigen. Jeder solchen Eigenschwingung kommt gegenüber einer gemäß den Symmetrieverhältnissen erlaubten Deckoperation ein ganz bestimmtes Verhalten zu. Die Deckoperation führt ja aus einer geometrischen Lageanordnung eines nichtschwingenden, d. h. starren Moleküls zu einer davon nicht unterscheidbaren. Demnach wird die potentielle Energie des Moleküls ebensowenig von diesem Prozeß berührt wie etwa das Kraftfeld innerhalb des Moleküls. Im Gegensatz dazu ist jedoch nicht gesagt, daß auch die Verrückungen der Atome aus ihren Gleichgewichtslagen bei Schwingungen vor und nach Ausführung der Deckoperation identisch sind. Damit kann der Charakter der Eigenschwingung des transformierten Moleküls anders sein als der des nicht transformierten. Für die Änderung bezüglich einer gegebenen, durch die Molekülsymmetrie erlaubten Deckoperation gibt es jedoch nur drei mögliche Fälle: 1. die Eigenschwingung bleibt ungeändert; 2. die Eigenschwingung ändert nur ihre Vorzeichen; 3. die Eigenschwingung wird in mehr als nur ihrem Vorzeichen geändert. Für die beiden ersten Möglichkeiten hat man folgende international vereinbarte Terminologie eingeführt: Eine Eigenschwingung, die bezüglich einer Deckoperation unverändert bleibt, heißt *symmetrisch* bezüglich dieser Deckoperation; ändert sie nur ihr Vorzeichen, dann heißt sie *antisymmetrisch* bezüglich der betrachteten Deckoperation. Es gilt nun der Satz, daß jede nicht-degenerierte (nicht-entartete) Schwingung[1] hinsichtlich jeder erlaubten Deckoperation nur symmetrisch oder antisymmetrisch sein kann. Das Verhalten degenerierter (entarteter) Schwingungen ist erheblich komplizierter; für die Einzelheiten muß auf die ausführlicheren Werke der Molekülspektrentheorie verwiesen werden.

Schon aus diesen allgemeinen Aussagen können für nicht-entartete Schwingungen eine Reihe praktisch wichtiger Folgerungen gezogen werden: Liegt ein Atom in der Gleichgewichtslage auf einer Symmetrieebene, dann kann es nur in dieser Ebene schwingen, sofern die Schwingung bezüglich dieser Spiegelebene symmetrisch, hingegen nur senkrecht zu dieser Ebene, wenn die Schwingung antisymmetrisch ist. Entsprechend gilt für ein Atom mit Gleichgewichtslage auf einer Symmetrieachse, daß es nur entlang dieser Achse sich bewegen kann, wenn die Schwingung bezüglich der Drehachse symmetrisch, hingegen nur senkrecht dazu, wenn sie antisymmetrisch ist. Bezüglich einer C_p mit ungeradem p muß eine nicht-entartete Schwingung symmetrisch sein, während bei geradem p das Verhalten sowohl symmetrisch wie auch antisymmetrisch sein kann; dies folgt aus der Forderung, daß das Atom nach p Drehungen um den Winkel $360°/p$, also nach einer vollen Umdrehung, in sich selbst übergehen muß.

Als Erläuterung zu dem eben Gesagten wollen wir das ebene XYZ_2-Molekül betrachten. Seine Eigenschwingungen sind in Abb. 10 vor und nach einer Spiegelung an der Symmetrieebene durch XY senkrecht zur Molekülebene dargestellt. Daraus ersieht man, daß die mit ν_1, ν_2, ν_3 und ν_6 bezeichneten Schwingungen symmetrisch, die mit ν_4 und ν_5 bezeichneten hingegen antisymmetrisch bezüglich dieser Deckoperation sind, denn die letzteren vertauschen dabei die Richtung des Schwingungsvektors. Für eine andere Deckoperation

[1] Zum Begriff der Entartung s. S. 53 ff.

kann das Verhalten ganz anders sein. Zum Beispiel sind ν_4, ν_5 und ν_6 antisymmetrisch bezüglich der Drehung um 180° um die zweizählige, durch XY gehende Drehachse.

Gemäß dem allgemeinen Verhalten gegenüber irgendwelchen Symmetrieeigenschaften der Moleküle können immer nur wenige, ganz bestimmte Typen von Schwingungen, abhängig von der Punktgruppe, zu der das Molekül gehört, auftreten, die man als *Schwingungsklassen* oder auch *Schwingungsrassen* bezeichnet. Für die Kurzbezeichnung dieser Rassen gilt international einheitlich ein von PLACZEK eingeführter Brauch: Alle bezüglich einer ausgezeichneten Drehachse C_p, meistens der mit der größten Zähligkeit, symmetrischen Schwingungen werden mit dem Buchstaben A, alle antisymmetrischen mit dem Buchstaben B, zweifach entartete mit E, dreifach entartete mit F, mehr als dreifach entartete je nach dem Entartungsgrad mit G, H usw. bezeichnet. Bezieht sich das Verhalten auf ein Symmetriezentrum i, so fügt man das Subskript „g" (= gerade) für symmetrische, „u" (= ungerade) für antisymmetrische Schwingungen bei. Symmetrisch bezüglich einer Symmetrieebene wird durch $'$, antisymmetrisch durch $''$ angegeben. $^+$ oder bei entarteten Schwingungen bedeutet symmetrisch oder antisymmetrisch bezüglich einer zweizähligen Symmetrieachse C_2. Treten in einem Molekül mehrere Schwingungsrassen desselben Typs auf, so werden sie in ihrer Kurzbezeichnung

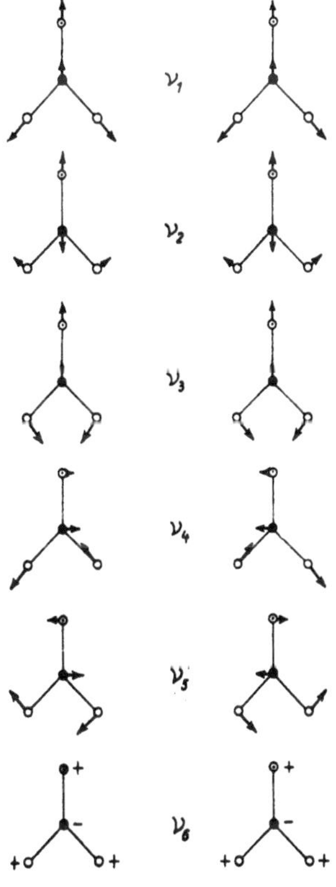

Abb. 10. Eigenschwingungen eines XYZ_2-Moleküls vor (A) und nach (B) Spiegelung an der durch XY gehenden, zur Molekülebene senkrechten Symmetrieebene. + und − deuten eine Bewegung senkrecht zur Zeichenebene an, + von vorn nach hinten, − in umgekehrter Richtung [nach HERZBERG (J)]. ● = X-Atom, ○ = Y-Atom, ○ = Z-Atom

mittels eines Zahlensubskripts unterschieden. Nur für die beiden Punktgruppen $\boldsymbol{C}_{\infty v}$ und $\boldsymbol{D}_{\infty h}$ (lineare Moleküle) wird die dargelegte Bezeichnungsweise aus hier nicht weiter zu erörternden Gründen nicht angewandt, vielmehr benutzt man hier große griechische Buchstaben: Σ für nicht-entartete Schwingungen, speziell Σ^+ für symmetrische, Σ^- für antisymmetrische Schwingungen bezüglich einer Symmetrieebene durch die Molekülachse, $\Pi, \Delta, \Phi, \ldots$ für entartete Schwingungen mit in dieser Reihenfolge zunehmendem Entartungsgrad.

Gemäß dieser Bezeichnungsfestsetzung ist in der Tabelle 4 angegeben, welche Schwingungsrassen bei den einzelnen Punktgruppen zu erwarten sind. Man ersieht daraus, daß mit der Molekülsymmetrie die Punktgruppe festgelegt ist, zu der das Molekül gehört, und damit auch der Charakter der ihm eigenen Schwingungen. Die Einsicht, die uns die Symmetrieeigenschaften vermitteln, geht aber noch weiter. So gelingt es z. B., die Anzahl der in einem Molekül auftretenden Schwingungen einer bestimmten Rasse allein daraus herzuleiten. Um den Gang der Abzählung zu verstehen, müssen wir uns vor Augen halten, daß von den Atomen in einem vielatomigen Molekül alle diejenigen in einer Gruppe oder einem *Satz* zusammengefaßt werden können, die ineinander durch Deckoperationen übergeführt werden können, wobei es natürlich möglich ist, daß ein Satz überhaupt nur aus einem Mitglied besteht. Als Beispiel diene das Molekül $H_3C—CCl_3$, das zur Punktgruppe $\boldsymbol{C}_3$ gehört. Darin bilden die drei H-Atome und die drei Cl-Atome je für sich einen Satz, weil sie durch eine Drehung um jeweils 120° um die Molekülachse C—C ineinander übergeführt werden; ebenso bildet aber auch jedes der C-Atome für sich einen selbständigen Satz, denn es gibt keine Deckoperation, die das eine in das andere überführt.

Anstatt des Satzes von Atomen, die so zueinander gehören, als Ganzes können wir ebensogut das *repräsentative* oder *erzeugende* Mitglied des Satzes allein betrachten, denn durch die vorgeschriebene Deckoperation ist ja dann der ganze Satz eindeutig bestimmt. Das erzeugende Satzmitglied kann nun eine ganz allgemeine Lage im Molekül haben, indem es auf gar keinem der vorhandenen Symmetrieelemente liegt, oder es kann eine spezielle Lage haben, indem es auf wenigstens einem Symmetrieelement oder auf zweien oder auf noch mehr liegt. Die Zahl der Mitglieder des Satzes ist durch Angabe dieser Lage offenbar völlig bestimmt. Sie ist am größten, wenn das erzeugende Mitglied auf gar keinem Symmetrieelement liegt, denn dann erzeugt sozusagen jede Deckoperation ein neues Mitglied. Auf je mehr Symmetrieelementen das erzeugende Mitglied eines Satzes liegt, desto geringer ist die Mitgliederzahl des Satzes, und am kleinsten, nämlich 1, ist sie, wenn das erzeugende Atom auf allen für die betrachtete Punktgruppe erlaubten Symmetrieelementen liegt.

Von Bedeutung sind diese Lageüberlegungen für die Anzahl der Schwingungsmöglichkeiten (Freiheitsgrade), die ein Satz von Atomen zu jeder Rasse mit nichtentarteten Schwingungen beisteuern kann. Sie beträgt 3, wenn das erzeugende Atom auf keinem, 2, 1 oder 0, wenn es auf bestimmten Symmetrieelementen je nach Symmetrietyp liegt. Indem man für jede Schwingungsklasse die Lagesymmetrie der Atome hinsichtlich aller möglichen Symmetrieelemente bestimmt, kann so die Gesamtzahl der Schwingungen einer bestimmten Rasse und durch Summation über alle Rassen die Gesamtzahl der Schwingungen im betrachteten Molekül überhaupt erhalten werden. Darunter befinden sich allerdings auch sogenannte nichteigentliche Schwingungen mit der Schwingungsfrequenz Null (gewisse Translationen und Rotationen, die wir weiter unten noch näher kennenlernen werden), die man von der erhaltenen Anzahl abziehen muß, um schließlich die oben schon erwähnte Gesamtzahl $3N-6$ bzw. für lineare Moleküle $3N-5$ zu erhalten.

In Tabelle 5 wird diese Berechnung für jede Punktgruppe und für jede darin auftretende Schwingungsrasse durchgeführt. Weiter enthält die Tabelle Angaben über das spektrale Auftreten der verschiedenen Schwingungsklassen, nämlich ob ultrarotaktiv (a) oder nicht (ia), sowie über ihre Eigenschaften im RAMANeffekt (p = polarisiert, p^* = teilpolarisiert, dp = depolarisiert, v = verboten). Diese Angaben werden später wichtig werden; die Angaben über den RAMANeffekt sind als Beispiel der gegenseitigen Ergänzung von Ultrarot- und RAMANspektroskopie aufgenommen. Schließlich sind stellenweise den Schwingungsklassenbezeichnungen nach PLACZEK noch von MECKE stammende Ergänzungen hinzugefügt, die die Klassifizierung der beobachteten Schwingungen nach etwas anderen Gesichtspunkten betreffen: Es wird unterschieden zwischen sog. Valenzschwingungen (ν) und sog. Deformationsschwingungen (δ); im Falle der Anwesenheit einer Symmetrieebene bedeutet δ eine Deformationsschwingung parallel, γ senkrecht zu dieser Ebene. Zusätzliche Zeichen π oder σ besagen, daß die betreffenden Schwingungen parallel oder senkrecht zu ausgezeichneten Symmetrieelementen (Drehachsen oder Spiegelebenen) erfolgen. Die Buchstaben s und a bedeuten symmetrisch und antisymmetrisch bezüglich eines vorhandenen Symmetriezentrums. Diese von MECKE herrührenden Bezeichnungen haben sich nicht international eingebürgert.

Als Abschluß und zur Erläuterung betrachten wir nochmals ein praktisches Beispiel, das ebene Molekül X_2Y_4 (Abb. 11). Es gehört zur Punktgruppe $V_h = D_{2h}$ und hat demnach als Symmetrieelemente ein Zentrum, drei Symmetrieebenen, nämlich die Molekülebene selbst, die Ebene senkrecht zu dieser durch die XX-Linie unter Halbierung des YXY-Winkels und die Ebene senkrecht zur Molekülebene durch den Halbierungspunkt der XX-Linie und senkrecht dazu, sowie drei zweizählige Drehachsen, nämlich die gegenseitigen Schnittlinien der vorerwähnten Symmetrieebenen, wovon eine mit der XX-Linie übereinstimmt, die beiden anderen diese Linie halbieren, eine in der Molekülebene, die andere senkrecht dazu. Wir orientieren das Koordinatensystem so, daß die x-Achse mit der XX-Linie zusammenfällt, die y-Achse in der Molekülebene und die z-Achse senkrecht dazu

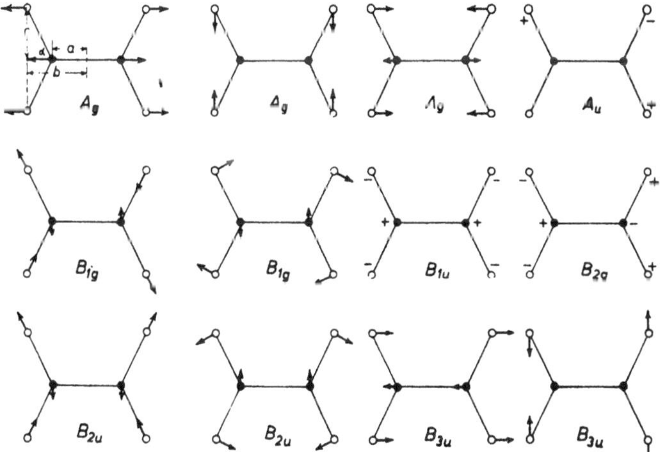

Abb. 11. Klassifizierung der Eigenschwingungen und geometrischen Parameter eines X_2Y_4-Moleküls [nach HERZBERG (J)]. Erklärung im Text

Tabelle 5. *Anzahl und Eigenschaften der Eigenschwingungen*

Erläuterungen: In Spalte „Aktivität" bedeutet UR = Ultrarotspektrum, R = RAMAN-Effekt, a = aktiv, ia = inaktiv, p = polarisiert, p^* = teilpolarisiert, dp = depolarisiert, v = verboten.

In Spalte „Anzahl der Schwingungen" bedeutet n = Anzahl der auf keinem Symmetrieelement liegenden erzeugenden Atome eines Satzes; n_0 = Anzahl der auf allen Symmetrieelementen liegenden erzeugenden Atome eines Satzes; n_p = Anzahl der nur auf einer p-zähligen Symmetrieachse liegenden erzeugenden Atome eines Satzes, wobei ein weiterer Index die Orientierung dieser Achse angibt, wo notwendig; n_v, n_d, n_h = Anzahl der nur auf Symmetrieebenen σ_v, σ_d, σ_h liegenden erzeugenden Atome eines Satzes; ist die Symmetrieebene Koordinatenebene, so wird diese durch xy, xz bzw. yz anstatt v, d und h indiziert. Die zahlenmäßig angegebenen nichteigentlichen Schwingungen jeder Rasse sind durch die in Klammer gesetzten Hinweise $T_{x,y,z}$ bzw. $R_{x,y,z}$ als Translationen längs bzw. Rotationen um die indizierten Achsen näher gekennzeichnet; bezüglich ihrer Zahl ist auf den Entartungsgrad der betreffenden Rasse zu achten.

Punktgruppe (N = Gesamtatomzahl)	Schwingungsklasse (Rasse)	Aktivität		Anzahl der Schwingungen
		UR	R	
$\boldsymbol{C_1}$ ($N = n$)	A	a	p^*	$3n - 6\ (T_{x,y,z}, R_{x,y,z})$
$\boldsymbol{C_i}$ ($\boldsymbol{S_2}$) ($N = 2n + n_0$)	$A_g(s)$	ia	p^*	$3n - 3\ (R_{x,y,z})$
	$A_u(a)$	a	v	$3n + 3n_0 - 3\ (T_{x,y,z})$
$\boldsymbol{C_s}$ ($\boldsymbol{C_{1v}}$) ($N = 2n + n_0$)	$A'(\nu, \delta)$	a	p^*	$3n + 2n_0 - 3\ (T_{x,y}, R_z)$
	$A''(\gamma)$	a	dp	$3n + n_0 - 3\ (T_z, R_{x,y})$
$\boldsymbol{C_2}$ ($N = 2n + n_0$)	$A(s)$	a	p^*	$3n + n_0 - 2\ (T_z, R_z)$
	$B(a)$	a	dp	$3n + 2n_0 - 4\ (T_{x,y}, R_{x,y})$
$\boldsymbol{C_{2h}}$ ($N = 4n + 2n_h + 2n_2 + n_0$)	$A_g(s)$	ia	p^*	$3n + 2n_h + n_2 - 1\ (R_z)$
	$A_u(\gamma, a)$	a	v	$3n + n_h + n_2 + n_0 - 1\ (T_z)$
	$B_g(\gamma, s)$	ia	dp	$3n + n_h + 2n_2 - 2\ (R_{x,y})$
	$B_u(a)$	a	v	$3n + 2n_h + 2n_2 + 2n_0 - 2\ (T_{x,y})$
$\boldsymbol{C_{2v}}$ ($N = 4n + 2n_{xz} + 2n_{yz} + n_0$)	$A_1(\pi)$	a	p	$3n + 2n_{xz} + 2n_{yz} + n_0 - 1\ (T_z)$
	$A_2(\gamma, s)$	ia	dp	$3n + n_{xz} + n_{yz} - 1\ (R_z)$
	$B_1(\sigma)$	a	dp	$3n + 2n_{xz} + n_{yz} + n_0 - 2(T_x, R_y)$
	$B_2(\gamma, a)$	a	dp	$3n + n_{xz} + 2n_{yz} + n_0 - 2\ (T_y, R_x)$
$\boldsymbol{D_2}(\boldsymbol{V})$ ($N = 4n + 2n_{2x} + 2n_{2y} + 2n_{2z} + n_0$)	$A\ (s)$	ia	p	$3n + n_{2x} + n_{2y} + n_{2z}$
	$B_1(a)$	a	dp	$3n + 2n_{2x} + 2n_{2y} + n_{2z} + n_0 - 2\ (T_z, R_z)$
	$B_2(a)$	a	dp	$3n + 2n_{2x} + n_{2y} + 2n_{2z} + n_0 - 2\ (T_y, R_y)$
	$B_3(a)$	a	dp	$3n + n_{2x} + 2n_{2y} + 2n_{2z} + n_0 - 2\ (T_x, R_x)$

Tabelle 5 (Fortsetzung)

Punktgruppe (N = Gesamtatomzahl)	Schwingungsklasse (Rasse)	Aktivität UR	Aktivität R	Anzahl der Schwingungen
$\boldsymbol{D_{2h}}$ $(\boldsymbol{V_h})$	$A_g(\pi, s)$	ia	p	$3n + 2n_{xy} + 2n_{xz} + 2n_{yz} + n_{2x} + n_{2y} + n_{2z}$
$(N = 8n + 4n_{xy}$ $+ 4n_{xz} + 4n_{yz}$	$A_u(\gamma, s)$	ia	v	$3n + n_{xy} + n_{xz} + n_{yz}$
$+ 2n_{2x} + 2n_{2y}$ $+ 2n_{2z} + n_0)$	$B_{1g}(\sigma, s)$	ia	dp	$3n + 2n_{xy} + n_{xz} + n_{yz} + n_{2x} + n_{2y} - 1\ (R_z)$
	$B_{1u}(\gamma, a)$	a	v	$3n + n_{xy} + 2n_{xz} + 2n_{yz} + n_{2x} + n_{2y} + n_{2z} + n_0 - 1\ (T_z)$
	$B_{2g}(\gamma, s)$	ia	dp	$3n + n_{xy} + 2n_{xz} + n_{yz} + n_{2x} + n_{2z} - 1\ (R_y)$
	$B_{2u}(\sigma, a)$	a	v	$3n + 2n_{xy} + n_{xz} + 2n_{yz} + n_{2x} + n_{2y} + n_{2z} + n_0 - 1\ (T_y)$
	$B_{3g}(\pi, a)$	ia	dp	$3n + n_{xy} + n_{xz} + 2n_{yz} + n_{2y} + n_{2z} - 1\ (R_x)$
	$B_{3u}(\gamma, a)$	a	v	$3n + 2n_{xy} + 2n_{xz} + n_{yz} + n_{2x} + n_{2y} + n_{2z} + n_0 - 1\ (T_x)$
$\boldsymbol{C_3}$	$A(\pi)$	a	p	$3n + n_0 - 2\ (T_z, R_z)$
$(N = 3n + n_0)$	$E(\sigma)$	a	p*	$3n + n_0 - 2\ (T_{x,y}, R_{x,y})$
$\boldsymbol{C_{3i}}(\boldsymbol{S_6})$	$A_g(\pi, s)$	ia	p	$3n + n_3 - 1\ (R_z)$
$(N = 6n + 2n_3$	$B_u(\pi, a)$	a	v	$3n + n_3 + n_0 - 1\ (T_z)$
$+ n_0)$	$E_{1u}(\sigma, a)$	a	v	$3n + n_3 + n_0 - 1\ (T_{x,y})$
	$E_{2g}(\sigma, s)$	ia	p*	$3n + n_3 - 1\ (R_{x,y})$
$\boldsymbol{C_{3v}}$	$A_1(\pi)$	a	p	$3n + 2n_v + n_0 - 1\ (T_z)$
$(N = 6n + 3n_v$	$A_2(\pi)$	ia	v	$3n + n_v - 1\ (R_z)$
$+ n_0)$	$E(\sigma)$	a	p*	$6n + 3n_v + n_0 - 2\ (T_{x,y}, R_{x,y})$
$\boldsymbol{C_{3h}}$	$A'(\pi)$	ia	p	$3n + 2n_h + n_3 - 1\ (R_z)$
$(N = 6n + 3n_h$	$A''(\pi)$	a	v	$3n + n_h + n_3 + n_0 - 1\ (T_z)$
$+ 2n_3 + n_0)$	$E'(\sigma)$	a	p*	$3n + 2n_h + n_3 + n_0 - 1\ (T_{x,y})$
	$E''(\sigma)$	ia	dp	$3n + n_h + n_3 - 1\ (R_{x,y})$
$\boldsymbol{D_3}$	$A_1(\pi)$	ia	p	$3n + n_2 + n_3$
$(N = 6n + 3n_2$	$A_2(\pi)$	a	v	$3n + 2n_2 + n_3 + n_0 - 2\ (T_z, R_z)$
$+ 2n_3 + n_0)$	$E(\sigma)$	a	p*	$6n + 3n_2 + 2n_3 + n_0 - 2(T_{x,y}, R_{x,y})$
$\boldsymbol{D_{3h}}$	$A'_1(\pi)$	ia	p	$3n + 2n_v + 2n_h + n_2 + n_3$
$(N = 12n + 6n_v$	$A''_1(\pi)$	ia	v	$3n + n_v + n_h$
$+ 6n_h + 3n_2$	$A'_2(\pi)$	ia	v	$3n + n_v + 2n_h + n_2 - 1\ (R_z)$
$+ 2n_3 + n_0)$	$A''_2(\pi)$	a	v	$3n + 2n_v + n_h + n_2 + n_3 + n_0 - 1(T_z)$
	$E'(\sigma)$	a	p*	$6n + 3n_v + 4n_h + 2n_2 + n_3 + n_0 - 1\ (T_{x,y})$
	$E''(\sigma)$	ia	dp	$6n + 3n_v + 2n_h + n_2 + n_3 - 1(R_{x,y})$
$\boldsymbol{D_{3d}}(\boldsymbol{S_{6v}})$	$A_{1g}(\pi, s)$	ia	p	$3n + 2n_d + n_2 + n_6$
$(N = 12n + 6n_d$	$A_{1u}(\pi, a)$	ia	v	$3n + n_d + n_2$

Tabelle 5 (Fortsetzung)

Punktgruppe (N = Gesamtatomzahl)	Schwingungsklasse (Rasse)	Aktivität UR	Aktivität R	Anzahl der Schwingungen
$+ 6n_2 + 2n_6$	$A_{2g}(\pi, s)$	ia	v	$3n + n_d + 2n_2 - 1\ (R_z)$
$+ n_0)$	$A_{2u}(\pi, a)$	a	v	$3n + 2n_d + 2n_2 + n_6 + n_0 - 1\ (T_z)$
	$E_g(\sigma, s)$	ia	p^*	$6n + 3n_d + 3n_2 + n_6 - 1\ (R_{x,y})$
	$E_u(\sigma, a)$	a	v	$6n + 3n_d + 3n_2 + n_6 + n_0 - 1\ (T_{x,y})$
$\boldsymbol{C_4}$	A	a	p	$3n + n_0 - 2\ (T_z, R_z)$
$(N = 4n + n_0)$	B	ia	p^*	$3n$
	E	a	dp	$3n + n_0 - 2\ (T^x{}_{,y}, R_{x,y})$
$\boldsymbol{S_4}$	A	a	p	$3n + n_2 - 1\ (R_z)$
$(N = 4n + 2n_2$	B	ia	p^*	$3n + n_2 + n_0 - 1\ (T_z)$
$+ n_0)$	E	a	dp	$3n + 2n_2 + n_0 - 2\ (T_{x,y}, R_{x,y})$
$\boldsymbol{C_{4v}}$	A_1	a	p	$3n + 2n_v + 2n_d + n_0 - 1\ (T_z)$
$(N = 8n + 4n_v$	A_2	ia	v	$3n + n_v + n_d - 1\ (R_z)$
$+ 4n_d + n_0)$	B_1	ia	p^*	$3n + 2n_v + n_d$
	B_2	ia	dp	$3n + n_v + 2n_d$
	E	a	dp	$6n + 3n_v + 3n_d + n_0 - 2\ (T_{x,y}, R_{x,y})$
$\boldsymbol{C_{4h}}$	A_g	ia	p	$3n + 2n_h + n_4 - 1\ (R_z)$
$(N = 8n + 4n_h$	A_u	a	v	$3n + n_h + n_4 + n_0 - 1\ (T_z)$
$+ 2n_4 + n_0)$	B_g	ia	p^*	$3n + 2n_h$
	B_u	ia	v	$3n + n_h$
	E_g	ia	dp	$3n + n_h + n_4 - 1\ (R_{x,y})$
	E_u	a	v	$3n + 2n_h + n_4 + n_0 - 1\ (T_{x,y})$
$\boldsymbol{D_{2d} \equiv V_d \equiv S_{4v}}$	A_1	ia	p	$3n + 2n_d + n_2 + n_4$
$(N = 8n + 4n_d$	A_2	ia	v	$3n + n_d + 2n_2 - 1\ (R_z)$
$+ 4n_2 + 2n_4$	B_1	ia	p^*	$3n + n_d + n_2$
$+ n_0)$	B_2	a	dp	$3n + 2n_d + 2n_2 + n_4 + n_0 - 1\ (T_z)$
	E	a	dp	$6n + 3n_d + 3n_2 + 2n_4 + n_0 - 2$ $(T_{x,y}, R_{x,y})$
$\boldsymbol{D_4}$	A_1	ia	p	$3n + n_2 + n'_2 + n_4$
$(N = 8n + 4n_2$ $+ 4n'_2 + 2n_4$	A_2	a	v	$3n + 2n_2 + 2n'_2 + n_4 + n_0 - 2$ (T_z, R_z)
$+ n_0)$	B_1	ia	p^*	$3n + n_2 + 2n'_2$
	B_2	ia	dp	$3n + 2n_2 + n'_2$
	E	a	dp	$6n + 3n_2 + 3n'_2 + 2n_4 + n_0 - 2$ $(T_{x,y}, R_{x,y})$
$\boldsymbol{D_{4h}}$	A_{1g}	ia	p	$3n + 2n_v + 2n_d + 2n_h + n_2 + n'_2 + n_4$
$(N = 16n + 8n_v$	A_{1u}	ia	v	$3n + n_v + n_d + n_h$
$+ 8n_d + 8n_h$ $+ 4n_2 + 4n'_2$	A_{2g}	ia	v	$3n + n_v + n_d + 2n_h + n_2 + n'_2 - 1$ (R_z)
$+ 2n_4 + n_0$	A_{2u}	a	v	$3n + 2n_v + 2n_d + n_h + n_2 + n'_2$ $+ n_4 + n_0 - 1\ (T_z)$
	B_{1g}	ia	p^*	$3n + 2n_v + n_d + 2n_h + n_2 + n'_2$

Tabelle 5 (Fortsetzung)

Punktgruppe (N = Gesamtatomzahl)	Schwingungsklasse (Rasse)	Aktivität		Anzahl der Schwingungen
		UR	R	
	B_{1u}	ia	v	$3n + n_v + 2n_d + n_h + n'_2$
	B_{2g}	ia	dp	$3n + n_v + 2n_d + 2n_h + n_2 + n'_2$
	B_{2u}	ia	v	$3n + 2n_v + n_d + n_h + n_2$
	E_g	ia	dp	$6n + 3n_v + 3n_d + 2n_h + n_2 + n'_2 + n_4 - 1\ (R_{x,\ y})$
	E_u	a	v	$6n + 3n_v + 3n_d + 4n_h + 2n_2 + 2n'_2 + n_4 + n_0 - 1\ (T_{x,\ y})$
$\boldsymbol{C}_6$ ($N = 6n + n_0$)	A	a	p	$3n + n_0 - 2\ (T_z, R_z)$
	B	ia	v	$3n$
	E_1	a	dp	$3n + n_0 - 2\ (T_{x,\ y}, R_{x,\ y})$
	E_2	ia	p	$3n$
$\boldsymbol{C}_{6v}$ ($N = 12n + 6n_v + 6n_d + n_0$)	A_1	a	p	$3n + 2n_v + 2n_d + n_0 - 1\ (T_z)$
	A_2	ia	v	$3n + n_v + n^d - 1\ (R_z)$
	B_1	ia	v	$3n + 2n_v + n_d$
	B_2	ia	v	$3n + n_v + 2n_d$
	E_1	a	dp	$6n + 3n_v + 3n_d + n_0 - 2\ (T_{x,y}, R_{x,y})$
	E_2	ia	p	$6n + 3n_v + 3n_d$
$\boldsymbol{C}_{6h}$ ($N = 12n + 6n_h + 2n_6 + n_0$)	A_g	ia	p	$3n + 2n_h + n_6 - 1\ (R_z)$
	A_u	a	v	$3n + n_h + n_6 + n_0 - 1\ (T_z)$
	B_g	ia	v	$3n + n_h$
	B_u	ia	v	$3n + 2n_h$
	E_{1g}	ia	dp	$3n + n_h + n_6 - 1\ (R_{x,y})$
	E_{1u}	a	v	$3n + 2n_h + n_6 + n_0 - 1\ (T_{x,y})$
	E_{2g}	ia	p^*	$3n + 2n_h$
	E_{2u}	ia	v	$3n + n_h$
$\boldsymbol{D}_6$ ($N = 12n + 6n_2 + 6n'_2 + 2n_6 + n_0$)	A_1	ia	p	$3n + n_2 + n'_2 + n_6$
	A_2	a	v	$3n + 2n_2 + 2n'_2 + n_6 + n_0 - 2\ (T_z, R_z)$
	B_1	ia	v	$3n + n_2 + 2n'_2$
	B_2	ia	v	$3n + 2n_2 + n'_2$
	E_1	a	dp	$6n + 3n_2 + 3n'_2 + 2n_6 + n_0 - 2\ (T_{x,y}, R_{x,y})$
	E_2	ia	p^*	$6n + 3n_2 + 3n'_2$
$\boldsymbol{D}_{6h}$ ($N = 24n + 12n_v + 12n_d + 12n_h + 6n_2 + 6n'_2 + 2n_6 + n_0$)	A_{1g}	ia	p	$3n + 2n_v + 2n_d + 2n_h + n_2 + n'_2 + n_6$
	A_{1u}	ia	v	$3n + n_v + n_d + n_h$
	A_{2g}	ia	v	$3n + n_v + n_d + 2n_h + n_2 + n'_2 - 1\ (R_z)$
	A_{2u}	a	v	$3n + 2n_v + 2n_d + n_h + n_2 + n'_2 + n_6 + n_0 - 1\ (T_z)$
	B_{1g}	ia	v	$3n + n_v + 2n_d + n_h + n'_2$
	B_{1u}	ia	v	$3n + 2n_v + n_d + 2n_h + n_2 + n'_2$
	B_{2g}	ia	v	$3n + 2n_v + n_d + n_h + n_2$

Tabelle 5 (Fortsetzung)

Punktgruppe (N = Gesamtatomzahl)	Schwingungsklasse (Rasse)	Aktivität UR	Aktivität R	Anzahl der Schwingungen
	B_{2u}	ia	v	$3n + n_v + 2n_d + 2n_h + n_2 + n'_2$
	E_{1g}	ia	dp	$6n + 3n_v + 3n_d + 2n_h + n_2 + n' + n_6 - 1\ (R_{x,y})$
	E_{1u}	a	v	$6n + 3n_v + 3n_d + 4n_h + 2n_2 + 2n'_2 + n_6 + n_0 - 1\ (T_{x,y})$
	E_{2g}	ia	p^*	$6n + 3n_v + 3n_d + 4n_h + 2n_2 + 2n'_2$
	E_{2u}	ia	v	$6n + 3n_v + 3n_d + 2n_h + n_2 + n'_2$
$\boldsymbol{T}$ ($N = 12n + 6n_2 + 4n_3 + n_0$)	A	ia	p	$3n + n_2 + n_3$
	E	ia	dp	$3n + n_2 + n_3$
	F	a	dp	$9n + 5n_2 + 3n_3 + n_0 - 2\ (T_{x,y,z}, R_{x,y,z})$
$\boldsymbol{T_h}$ ($N = 24n + 8n_3 + 6n_2 + 12n_d + n_0$)	A_g	ia	p	$3n + n_3 + n_2 + 2n_d$
	A_u	ia	v	$3n + n_3 + n_d$
	E_g	ia	dp	$3n + n_3 + n_2 + n_d$
	E_u	ia	v	$3n + n_3 + n_d$
	F_g	ia	dp	$9n + 3n_3 + 2n_2 + 4n_d - 1\ (T_{x,y,z})$
	F_u	a	v	$9n + 3n_3 + 3n_2 + 5n_d + n_0 - 1\ (R_{x,y,z})$
$\boldsymbol{T_d}$ ($N = 24n + 12n_d + 6n_2 + 4n_3 + n_0$)	A_1	ia	p	$3n + 2n_d + n_2 + n_3$
	A_2	ia	v	$3n + n_d$
	E	ia	dp	$6n + 3n_d + n_2 + n_3$
	F_1	ia	v	$9n + 4n_d + 2n_2 + n_3 - 1\ (R_{x,y,z})$
	F_2	a	dp	$9n + 5n_d + 3n_2 + 2n_3 + n_0 - 1\ (T_{x,y,z})$
$\boldsymbol{O}$ ($N = 24n + 8n_3 + 6n_4 + 12n_2 + n_0$)	A_1	ia	p	$3n + n_3 + n_4 + n_2$
	A_2	ia	v	$3n + n_3 + 2n_2$
	E	ia	dp	$6n + 3n_3 + n_4 + 3n_2$
	F_1	a	v	$9n + 3n_3 + 3n_4 + 5n_2 + n_0 - 1\ (R_{x,y,z})$
	F_2	ia	dp	$9n + 3n_3 + 2n_4 + 4n_2 - 1\ (T_{x,y,z})$
$\boldsymbol{O_h}$ ($N = 48n + 24n_h + 24n_d + 12n_2 + 8n_3 + 6n_4 + n_0$)	A_{1g}	ia	p	$3n + 2n_h + 2n_d + n_2 + n_3 + n_4$
	A_{1u}	ia	v	$3n + n_h + n_d$
	A_{2g}	ia	v	$3n + 2n_h + n_d + n_2$
	A_{2u}	ia	v	$3n + n_h + 2n_d + n_2 + n_3$
	E_g	ia	dp	$6n + 4n_h + 3n_d + 2n_2 + n_3 + n_4$
	E_u	ia	v	$6n + 2n_h + 3n_d + n_2 + n_3$
	F_{1g}	ia	v	$9n + 4n_h + 4n_d + 2n_2 + n_3 + n_4 - 1\ (R_{x,y,z})$
	F_{1u}	a	v	$9n + 5n_h + 5n_d + 3n_2 + 2n_3 + 2n_4 + n_0 - 1\ (T_{x,y,z})$
	F_{2g}	ia	dp	$9n + 4n_h + 5n_d + 2n_2 + 2n_3 + n_4$
	F_{2u}	ia	v	$9n + 5n_h + 4n_d + 2n_2 + n_3 + n_4$

Tabelle 5 (Fortsetzung)

Punktgruppe (N = Gesamtatomzahl)	Schwingungsklasse (Rasse)	Aktivität *UR*	Aktivität *R*	Anzahl der Schwingungen
$\boldsymbol{I}$	A	*ia*	*p*	$3n + n_2 + n_3 + n_5$
$(N = 60n + 30n_2$	F_1	*a*	*v*	$9n + 5n_2 + 3n_3 + 3n_5 + n_0 - 1$ $(T_{x,y,z})$
$+ 20n_3 + 12n_5$ $+ n_0)$	F_2	*ia*	*dp*	$9n + 5n_2 + 3n_3 + n_5 - 1\ (R_{x,y,z})$
	G	*ia*	*dp*	$12n + 6n_2 + 4n_3 + 2n_5$
	H	*ia*	*dp*	$15n + 7n_2 + 5n_3 + 3n_5$
$\boldsymbol{I_h}$	A_g	*ia*	*p*	$3n + 2n_h + n_2 + n_3 + n_5$
$(N = 120n$	A_u	*ia*	*v*	$3n + n_h$
$+ 60n_h + 30n_2$	F_{1g}	*ia*	*v*	$9n + 4n_h + 2n_2 + n_3 + n_5 - 1\,(T_{x,y,z})$
$+ 20n_3 + 12n_5$ $+ n_0)$	F_{1u}	*a*	*v*	$9n + 5n_h + 3n_2 + 2n_3 + 2n_5 + n_0$ $- 1\ (R_{x,y,z})$
	F_{2g}	*ia*	*dp*	$9n + 4n_h + 2n_2 + n_3$
	F_{2u}	*ia*	*v*	$9n + 5n_h + 3n_2 + 2n_3 + n_5$
	G_g	*ia*	*dp*	$12n + 6n_h + 3n_2 + 2n_3 + n_5$
	G_u	*ia*	*v*	$12n + 6n_h + 3n_2 + 2n_3 + n_5$
	H_g	*ia*	*dp*	$15n + 8n_h + 4n_2 + 3n_3 + 2n_5$
	H_u	*ia*	*v*	$15n + 7n_h + 3n_2 + 2n_3 + n_5$
$\boldsymbol{C_{\infty v}}$	$\Sigma^+(\nu)$	*a*	*p*	$n_0 - 1\ (T_z, R_z)$
$(N = n_0)$	$\Pi\ (\delta)$	*a*	*dp*	$n_0 - 2\ (T_{x,y}, R_{x,y})$
	$\Delta\,(\delta)$	*ia*	*p*	0
$\boldsymbol{D_{\infty h}}$	$\Sigma_g^+(\gamma, s)$	*ia*	*p*	n_∞
$(N = 2n_\infty + n_0)$	$\Sigma_u^+(\nu, a)$	*a*	*v*	$n_\infty + n_0 - 1\ (T_z, R_z)$
	$\Pi_g(\delta, s)$	*ia*	*dp*	$n_\infty - 1\ (R_{x,y})$
	$\Pi_u(\delta, a)$	*a*	*v*	$n_\infty + n_0 - 1\ (T_{x,y})$
	$\Delta_g\,(\delta, s)$	*ia*	*p**	0
$\boldsymbol{C_{5v}}$	A_1	*a*	*p*	$3n + 2n_v + n_0 - 1\ (T_z)$
$(N = 10n + 5n_v$	A_2	*ia*	*v*	$3n + n_v - 1\ (R_z)$
$+ n_0)$	E_1	*a*	*dp*	$6n + 3n_v + n_0 - 2\ (T_{x,y}, R_{x,y})$
	E_2	*ia*	*p*	$6n + 3n_v$
$\boldsymbol{D_{5h}}$	A'_1	*ia*	*p*	$3n + 2n_v + 2n_h + n_2 + n_5$
$(N = 20n + 10n_v$	A''_2	*ia*	*v*	$3n + n_v + n_h$
$+ 10n_h + 5n_2$	A'_2	*ia*	*v*	$3n + n_v + 2n_h + n_2 - 1\ (R_z)$
$+ 2n_5 + n_0)$	A''_2	*a*	*v*	$3n + 2n_v + n_h + n_2 + n_5 + n_0 - 1$ $(T_{x,y})$
	E'_1	*a*	*v*	$6n + 3n_v + 4n_h + 2n_2 + n_5 + n_0 - 1\ (T_z)$
	E''_1	*ia*	*dp*	$6n + 3n_v + 2n_h + n_2 + n_5 - 1\ (R_{x,y})$
	E'_2	*ia*	*p**	$6n + 3n_v + 4n_h + 2n_2$
	E''_2	*ia*	*p*	$6n + 3n_v + 2n_h + n_2$
$\boldsymbol{D_{4d}}$	A_1	*ia*	*p*	$3n + 2n_d + n_2 + n_8$
$(N = 16n + 8n_d$	A_2	*ia*	*v*	$3n + n_d + 2n_2 - 1\ (R_z)$
$+ 8n_2 + 2n_8$	B_1	*ia*	*v*	$3n + n_d + n_2$
$+ n_0)$	B_2	*a*	*v*	$3n + 2n_d + 2n_2 + n_8 + n_0 - 1\ (T_z)$
	E_1	*a*	*v*	$6n + 3n_d + 3n_2 + n_8 + n_0 - 1\ (T_{x,y})$
	E_2	*ia*	*p**	$6n + 3n_d + 3n_2$
	E_3	*ia*	*dp*	$6n + 3n_d + 3n_2 + n_8 - 1\ (R_{x,y})$

liegt. Für die Schwingungsabzählung gelten dann mit der Bezeichnung der Tab. 4 die Werte: $n = 0$, $n_0 = 0$, $n_{xy} = 1$, $n_{xz} = n_{yz} = 0$, $n_{2x} = 1$, $n_{2y} = n_{2z} = 0$. Dem Molekül sind zwei A- und sechs B-Schwingungsrassen eigen, nämlich A_g, A_u, B_{1g}, B_{1u}, B_{2g}, B_{2u}, B_{3g}, B_{3u}. Die Zahl der Schwingungen ergibt sich zu $3A_g$, $1A_u$, $2B_{1g}$, $1B_{1u}$, $1B_{2g}$, $2B_{2u}$, $0B_{3g}$ und $2B_{3u}$, insgesamt zu 12 eigentlichen Eigenschwingungen. Sie sind in Abb. 11 durch die eingezeichneten Pfeile angedeutet, wonach ihr Symmetrieverhalten gemäß den vorhandenen Symmetrieelementen studiert werden kann. Nur 5 davon sind ultrarotaktiv ($1B_{1u}$, $2B_{2u}$, $2B_{3u}$), 6 treten im Raman-Effekt auf ($3A_g$, $2B_{1g}$, $1B_{2g}$) und 1 ($1A_u$) ist sowohl im Ultrarot- wie im Raman-Spektrum verboten.

4. Symmetrieeigenschaften von Dipolmomenten und Schwingungszuständen

In der Heranziehung von Symmetriebetrachtungen können wir noch einen Schritt über unsere bisherige Betrachtung hinausgehen. Es wurde schon mehrfach erwähnt und wird sich weiter unten im einzelnen bestätigen, daß für das Zustandekommen einer im ultraroten Spektrum als Bande nachweisbaren Schwingung oder Rotation eines Moleküls unbedingt eine Dipolmomentänderung Voraussetzung ist. Das Dipolmoment $\boldsymbol{M}$ läßt sich wie jeder Vektor in seine drei Komponenten M_x, M_y, M_z nach den Koordinatenachsen zerlegen. Für jede dieser Komponenten können wir nun das Verhalten irgendwelchen Symmetrieeigenschaften der Moleküle gegenüber, ausgedrückt durch die Punktgruppe, also die Kombination von Symmetrieelementen, zu der das Molekül gehört, angeben. Es treten dabei genau dieselben Symmetrieklassen mit denselben Bezeichnungen auf wie für die Schwingungen selbst. In Tab. 6 sind die Symmetrieklassen der Dipolmomentkomponenten für die wichtigsten Punktgruppen zusammengestellt.

Auch damit sind die Möglichkeiten der Symmetriefeststellungen noch nicht restlos ausgeschöpft; für jeden Rotations- oder Schwingungszustand kann in ähnlicher Weise ein ihn beherrschender Symmetrietyp angegeben werden. Damit ist folgendes gemeint: Die Schrödinger-Gleichung [I, 1.4], angeschrieben unter Berücksichtigung des für das betrachtete Problem geltenden Ausdrucks für die potentielle Energie V, ist – wie angedeutet – lösbar im allgemeinen nur für bestimmte diskrete Werte der Gesamtenergie E,

Tabelle 6. *Symmetrieeigenschaften von Dipolmomentkomponenten*

Punktgruppe	C_s	C_i	C_2	C_{2h}	C_{2v}	V D_2	V_h D_{2h}	V_d D_{2d}	C_3	C_{3h}	C_{3v}	C_4	C_{4h}
M_x	A'	A_u	B	B_u	B_1	B_3	B_{3u}	E	E	E'	E	E	E
M_y	A'	A_u	B	B_u	B_2	B_2	B_{2u}	E	E	E'	E	E	E
M_z	A''	A^u	A	A_u	A_1	B_1	B_{1u}	B_2	A	A''	A_1	A	A

Punktgruppe	C_{4v}	C_5	C_{5h}	C_{5v}	C_6	C_{6h}	C_{6v}	$C_{\infty v}$	D_3	D_{3h}	D_{3d}	D_4	D_{4h}
M_x	E	E	E'	E_1	E	E_u	E_1	Π	E	E'	E_u	E	E_u
M_y	E	E	E'	E_1	E	E_u	E_1	Π	E	E'	E_u	E	E_u
M_z	A_1	A	A''	A_1	A	A_u	A_1	Σ^+	A_2	A''_2	A_{2u}	A_2	A_{2u}

Punktgruppe	D_{4d}	D_5	D_{5h}	D_6	D_{6h}	$D_{\infty h}$	S_4	S_6	T	T_d	O	O_h
M_x	E_1	E_1	E'_1	E_1	E_{1u}	Π_u	E	E_{1u}	F	F_2	F_1	F_{1u}
M_y	E_1	E_1	E'_1	E_1	E_{1u}	Π_u	E	E_{1u}	F	F_2	F_1	F_{1u}
M_z	B_2	A_2	A''_2	A_2	A_{2u}	Σ^+_u	A	B_u	F	F_2	F_1	F_{1u}

die sog. Eigenwerte. Zu jedem möglichen Eigenwert gehört im allgemeinen eine besondere Lösung oder Eigenfunktion ψ. Diese kann als Funktion spezieller Koordinaten, der sog. Normalkoordinaten, die wir später noch kennenlernen werden, geschrieben werden. Je nachdem, ob die Normalkoordinaten und damit die Eigenfunktion bei einer Koordinatentransformation entsprechend einem durch die Molekülsymmetrie erlaubten Symmetrieelement ihr Vorzeichen beibehalten oder nicht, nennt man sie — ganz analog den Schwingungen — symmetrisch oder antisymmetrisch bezüglich dieses Symmetrieelements. Dieser zunächst nur für Moleküle mit nichtentarteten Eigenschwingungen geltende Brauch kann auch auf entartete Schwingungen ausgedehnt werden. So erhalten wir bestimmte Symmetrietypen für Eigenfunktionen und damit für die einem Molekül möglichen Zustände. Das Verhalten der Schwingungsniveaus ist unmittelbar durch die zugehörigen Werte der Schwingungsquantenzahlen v_i gegeben. Es gilt z. B. folgende Regel: Für eine bezüglich einer Symmetrieebene symmetrische Schwingung sind alle Niveaus, unabhängig von v_i, symmetrisch; für eine bezüglich einer Symmetrieebene antisymmetrische Schwingung sind die Niveaus abwechselnd symmetrisch und antisymmetrisch, je nachdem der Wert der Schwingungsquantenzahl gerade oder ungerade ist. Wir werden später sehen, daß der Schwingungseigenwert eines vielatomigen Moleküls unter gewissen Bedingungen als Summe von $3\,N$ Eigenwerten einfacher harmonischer Oszillatoren sich darstellt, d. h. die Gesamteigenfunktion als Produkt von $3\,N$ Eigenfunktionen dieser harmonischen Oszillatoren. Diese Gesamteigenfunktion ist dann für eine antisymmetrische Schwingung im betrachteten Fall symmetrisch oder antisymmetrisch, je nachdem Σv_i gerade oder ungerade ist. Bei entarteten Schwingungen geht die Eigenfunktion, wenn eine Deckoperation ausgeführt wird, über in eine lineare Kombination von Eigenfunktionen desselben Niveaus. Für die Rotationszustände gelten ähnliche Überlegungen. Die Bezeichnungen des Symmetrieverhaltens von Zuständen sind wieder dieselben, wie wir sie schon kennengelernt haben.

Der Wert dieser Symmetrieüberlegungen für Dipolmomente und Zustände wird erst später richtig klar. Einerseits erlauben sie uns im Verein mit den Schwingungsrassen die Entscheidung darüber, welche Schwingungen zu einem Ultrarotspektrum führen, andrerseits entscheiden sie darüber, welche Niveaus miteinander kombinieren können, d. h. welche Termdifferenzen möglich sind. Wir erhalten so zusätzlich zu den rein zahlenmäßigen Auswahlregeln der Quantenzahlen in bestimmten Fällen weitere Auswahlregeln, die erst das zu erwartende Spektrum völlig zu überblicken gestatten, auf die wir aber bei der Zielsetzung unserer Darstellung im einzelnen nicht eingehen können.

4. Kapitel: Rotationsspektren vielatomiger Moleküle

1. *Vorbemerkungen*

Wie für zweiatomige können wir auch für vielatomige Moleküle versuchen, die Gesamtenergie aufzuspalten in je einen Anteil der Elektronen-, Schwingungs- und Rotationsenergie, sowie einen Wechselwirkungsanteil und jeden für sich unter Konstanthalten der anderen Glieder zu betrachten. Das ist tatsächlich möglich, jedoch ist der Grad der dabei erzielten Annäherung an die Wirklichkeit geringer als bei den zweiatomigen Molekülen, weil nunmehr die Termdifferenzen der möglichen Energiezustände gelegentlich für jeden Anteil von gleicher Größenordnung sein können und damit die Wechselwirkungen beträchtlicher werden. Dessenungeachtet sei in diesem Kapitel ein schwingungsloses Molekül in einem fixierten Elektronenzustand und allein eine Änderung der Rotationsenergie betrachtet, womit wir die reinen Rotationsspektren der vielatomigen Moleküle erhalten.

Das Rotationsspektrum eines Moleküls wird im wesentlichen von der Größe seines *Trägheitsmoments* bestimmt. Ganz allein ist das Trägheitsmoment einer starren Anordnung von Atomen (Massenpunkten) der Massen m_i um eine Achse definiert durch

$$I = \Sigma m_i r_i^2 , \qquad \text{[I, 4.1]}$$

wobei r_i den senkrechten Abstand der i-ten Masse von der Rotationsachse bedeutet. Aus der Mechanik ist bekannt, daß das Trägheitsverhalten eines solchen Körpers vollständig beschrieben ist durch Angabe der Trägheitsmomente um drei bestimmte, zueinander senkrechte, durch den Schwerpunkt gehende Achsen, die sog. *Hauptträgheitsachsen* oder Hauptachsen. Diese Trägheitsmomente heißen *Hauptträgheitsmomente*. Für die Bestimmung der Hauptträgheitsachsen ist die Symmetrie des Moleküls von Wichtigkeit: Symmetrieachsen sind immer Hauptträgheitsachsen, und Symmetrieebenen stehen immer senkrecht zu Hauptträgheitsachsen. So wird die Symmetrie eines Moleküls auch kennzeichnend für sein Rotationsverhalten.

Sind alle drei Hauptträgheitsmomente verschieden, dann wird das Molekül ein *asymmetrischer Kreisel* (oder Rotator) genannt. Sind zwei davon einander gleich, dann heißt es ein *symmetrischer Kreisel*. Stimmen gar alle drei Hauptträgheitsmomente überein, dann liegt ein sog. *Kugelkreisel* vor. Als Spezialfall muß schließlich noch die Möglichkeit verzeichnet werden, daß für einen symmetrischen Kreisel ein Hauptträgheitsmoment verschwindet oder, verglichen mit den anderen beiden gleich großen, sehr klein ist.

2. *Lineare Moleküle*

Lineare Moleküle gehören zur Punktgruppe $\boldsymbol{D}_{\infty h}$, wenn sie eine Symmetrieebene senkrecht zur Kernverbindungsachse besitzen, und zur Punktgruppe $\boldsymbol{C}_{\infty v}$, wenn ihnen die Symmetrieebene fehlt. Solange wir das Trägheitsmoment um die Molekülachse (Kernverbindungslinie) vernachlässigen können — und das trifft praktisch in allen Fällen zu —, womit die vierte der gerade aufgezählten Möglichkeiten vorliegt, genügt zur Beschreibung wieder unser Modell des einfachen Rotators, unter Umständen mit einer Korrektur für nicht vorhandene Starrheit. Demnach ist der Rotationsterm

$$F(J) = \frac{E_r}{h\,c} = B\,J\,(J+1) - D\,J^2(J+1)^2 + \cdots, \tag{I, 4.2}$$

wobei E_r die Rotationsenergie bedeutet und J wieder die Rotationsquantenzahl mit dem Wertevorrat $J = 0, 1, 2, \ldots$ ist. Für die Rotationskonstante B gilt die [I, 2.8] analoge Gleichung

$$B = \frac{h}{8\,\pi^2\,c\,I_B}. \tag{I, 4.3}$$

I_B ist dabei das Trägheitsmoment bezüglich einer zur Molekülachse senkrechten, durch den Molekülschwerpunkt gehenden Achse:

$$I_B = \Sigma\, m_i\, r_i^2, \tag{I, 4.4}$$

worin die Summe über alle vorhandenen Atome zu bilden ist und r_i nun den Abstand des i-ten Atoms vom Molekülschwerpunkt angibt. Die der Nichtstarrheit Rechnung tragende Rotationskonstante D ist wieder, verglichen mit B, sehr klein; in gewissen einfachen Fällen läßt sie sich aus B und den bekannten Schwingungswellenzahlen des Moleküls in ähnlicher Weise wie in [I, 2.42] berechnen. Ein reines Rotationsspektrum ist wieder, wie bei den zweiatomigen Molekülen, an das Vorhandensein eines permanenten Dipolmoments geknüpft. Demnach besitzen die wegen des vorhandenen Symmetriezentrums dipollosen Moleküle der Punktgruppe $\boldsymbol{D}_{\infty h}$ kein reines Rotationsspektrum. Im übrigen gilt wieder die Auswahlregel $\Delta J = \pm 1$, und als Wellenzahl der emittierten oder absorbierten Strahlung erhalten wir wieder

$$\nu = 2B(J+1) - 4D(J+1)^3, \tag{I, 4.5}$$

also eine Folge nahezu äquidistanter Linien, die bei den bekannten Molekülen im ganz fernen Ultrarot bzw. darüber hinaus im Bereich der Mikrowellen liegen.

3. *Symmetrische Kreiselmoleküle*

Jedes Molekül mit einer mehr als zweizähligen Drehachse ist ein symmetrischer Kreisel, denn eine der Hauptträgheitsachsen fällt mit dieser Drehachse zusammen, die anderen beiden liegen in einer Ebene senkrecht zu dieser C_3, C_4, ... durch den Molekülschwerpunkt, und aus Gründen der Molekülsymmetrie sind die beiden zugehörigen Hauptträgheitsmomente einander gleich. Selbstverständlich wird es auch Moleküle geben, die dieser Symmetrieforderung nicht genügen und dennoch symmetrische Kreisel sind, weil zufällig zwei Hauptträgheitsmomente für sie gleich sind. Die beiden gleichen Hauptträgheitsmomente sollen mit I_B, das dritte mit I_A bezeichnet werden; die zu letzterem gehörige Achse (in echt symmetrischen Kreiselmolekülen also die Symmetrieachse) wird auch Figurenachse des Kreisels genannt. Aus der klassischen Kreiselmechanik ist bekannt, daß diese Figurenachse um die im Raum feste Drehimpulsachse rotiert (Nutationsbewegung). Der Rotationsterm des symmetrischen Kreisels lautet

[I, 4.6] $$F(J, K) = B\,J(J+1) + (A - B)\,K^2$$

mit den beiden Rotationskonstanten

[I, 4.7] $$B = \frac{h}{8\pi^2 c\, I_B}, \qquad A = \frac{h}{8\pi^2 c\, I_A}.$$

Die hier neu auftretende Quantenzahl K hängt mit der Komponente des Gesamtdrehimpulses in Richtung der Figurenachse zusammen; sie kann niemals größer als J sein, d. h. für gegebenes J ist

[I, 4.8] $$K = J, J-1, J-2, \ldots, -J.$$

Entsprechend dem möglichen doppelten Drehsinn um die Impulsachse sind alle Niveaus mit $K > 0$ zweifach entartet, d. h. in zwei wenig unterschiedene Niveaus aufgespalten.

Je nachdem $A > B$ oder $A < B$ ist, haben wir es mit einem nach den Polen verlängerten oder an den Polen abgeplatteten Kreisel zu tun. Für jeden Wert von J gibt es eine ganze Reihe von Niveaus mit zunehmendem K; im ersten Fall wächst für gegebenes J die Energie mit wachsendem K, im zweiten hingegen nimmt sie mit wachsendem K ab. Die Berücksichtigung der Nichtstarrheit erweitert den Term um verschiedene Glieder:

[I, 4.9] $$F(J, K) = BJ(J+1) + (A - B)K^2 - D_J J^2(J+1)^2 - D_{JK} J(J+1)K^2 - D_K K^4;$$

alle D-Werte sind, mit A und B verglichen, sehr klein, die entsprechenden Termglieder sind fast immer vernachlässigbar.

Für das Zustandekommen eines ultraroten Rotationsspektrums ist wieder die Existenz eines permanenten Dipols Voraussetzung, der, wenn die Figurenachse zugleich Symmetrieachse ist, in dieser Achse liegen muß. Die Auswahlregeln lauten jetzt:

[I, 4.10] $$\Delta K = 0, \quad \Delta J = 0, \pm 1.$$

Nun bedeutet $\Delta J = 0$ ja — bei konstantem K — gar keinen Übergang, und $\Delta J = -1$ spielt aus demselben Grund wie auf S. 15, keine Rolle. Also bleibt als endgültige Auswahlregel: Nur Übergänge zwischen benachbarten J-Niveaus mit demselben K sind möglich. Damit erhalten wir mit $K' = K''$ und $J' = J'' + 1 = J+1$

[I, 4.11] $$\nu = F(J', K') - F(J'', K'') = 2B(J+1),$$

also wie bei linearen Molekülen eine Reihe von äquidistanten Linien mit dem gegenseitigen Abstand $2B$, woraus das Trägheitsmoment I_B bestimmbar ist. Bei Berücksichtigung von Zentrifugalgliedern wird

[I, 4.12] $$\nu = 2B(J+1) - 2D_{JK}(J+1)K^2 - 4D_J(J+1)^2.$$

Damit geht die Äquidistanz der Linien verloren, außerdem spaltet jede Linie mit $J > 0$ in $J + 1$ Linien, entsprechend den möglichen Werten von K, mit wachsendem gegenseitigen Abstand auf. Allerdings ist dieser Effekt so gering, daß er der Beobachtung meistens sich entzieht.

Der Fall, daß das vorausgesetzte permanente Dipolmoment nicht in der Symmetrieachse liegt, was nur bei zufällig symmetrischen Kreiseln vorkommen kann, hat nur theoretisches Interesse.

4. *Kugelkreiselmoleküle*

Das Vorhandensein von zwei oder mehreren drei- oder mehrzähligen Drehachsen macht ein Molekül zu einem Kugelkreisel mit drei gleichen Hauptträgheitsmomenten, womit das Trägheitsmoment um jede durch den Schwerpunkt gehende Achse denselben Wert annimmt. In Frage kommen dafür die Punktgruppen der Tetraeder- und Oktaedersymmetrie. Auch hier kann es wieder vorkommen, daß ein Molekül trotz anderer Symmetrie ein Kugelkreisel ist, weil seine drei Hauptträgheitsmomente zufällig gleich sind. Für den Rotationsterm des Kugelkreisels gilt die Formel [I, 4.6], wenn man $I_A = I_B$, d. h. $A = B$ setzt:

[I, 4.13] $$F(J) = BJ(J+1).$$

Die Zentrifugalkorrektion entspricht genau [I, 4.9]. Da ein als Voraussetzung für ein ultrarotes Rotationsspektrum zu fordernder permanenter Dipol in jeder der Symmetrieachsen liegen muß, kann das permanente Dipolmoment des echten Kugelkreisels nur Null sein, womit die Voraussetzung des ultraroten Rotationsspektrums entfällt. Nur zufällige Kugelkreisel können ein solches Spektrum haben, weil ihr Dipolmoment auf Grund der Molekülsymmetrie nicht zu verschwinden braucht. Für sie lautet die Auswahlregel $\Delta J = 0, \pm 1$, wovon wieder nur $\Delta J = \pm 1$ bedeutungsvoll ist. Dementsprechend erhalten wir das vom symmetrischen Kreisel her bekannte Spektrum.

5. *Asymmetrische Kreiselmoleküle*

Moleküle, die *höchstens zweizählige* Drehachsen enthalten, sind asymmetrische Kreisel mit drei verschiedenen Hauptträgheitsmomenten. Die große Mehrzahl aller Moleküle gehört zu diesem Typus. Auf die ziemlich komplizierte Bewegung eines solchen asymmetrischen Kreisels nach den Gesetzen der klassischen Mechanik können wir hier nicht eingehen. Bezüglich der Energiezustände und damit des Rotationsterms gilt nunmehr die Feststellung, daß es jetzt keine geschlossene formelmäßige Darstellung mehr gibt. Jedes Niveau wird durch eine Rotationsquantenzahl J charakterisiert. Zu jedem Niveau gehören aber $J + 1$ Unterniveaus entsprechend der Quantenzahl $K = 0, 1, \ldots, J$, wovon jedes außer für $K = 0$

zweifach entartet ist. Insgesamt gibt es also zu jedem J-Wert $2J + 1$ verschiedene Energieniveaus, die durch einen Index

$$[\text{I}, 4.14] \qquad \tau = -J, -J+1, -J+2, \ldots, +J$$

an J unterschieden werden.

Wenn wir die drei Hauptträgheitsmomente in der Reihenfolge wachsender Werte mit I_A, I_B, I_C bezeichnen und dementsprechend drei Rotationskonstanten

$$[\text{I}, 4.15] \qquad A = \frac{h}{8\pi^2 c I_A}, \qquad B = \frac{h}{8\pi^2 c I_B}, \qquad C = \frac{h}{8\pi^2 c I_C}$$

einführen, können wir zwei Grenzfälle des asymmetrischen Kreisels mit $I_B = I_C$ und $I_A = I_B$ betrachten, beides also symmetrische Kreisel, für welche die Formel [I, 4.6] — im zweiten Fall nach Ersatz von A durch C — gelten muß, einschließlich der dort gemachten Ausführungen über die Energieänderungen in Abhängigkeit von J und K. Zwischen diesen so beschriebenen Termen müssen die Terme des asymmetrischen Kreisels liegen. Für ihre quantitative Beschreibung sind von verschiedenen Autoren[1] Formeln angegeben worden:

$$[\text{I}, 4.16] \qquad F(J) = \frac{1}{2}(B + C)\, J(J+1) + \left[A - \frac{1}{2}(B + C)\right] W;$$

$$[\text{I}, 4.17] \qquad F(J) = \frac{1}{2}(A + C)\, J(J+1) + \frac{1}{2}(A - C)\, E.$$

Die darin auftretenden Größen W und E hängen in komplizierter Weise von A, B, C und J ab, worauf hier nicht eingegangen werden kann. Entsprechend diesen Formeln besteht das Termschema des asymmetrischen Kreisels nicht mehr aus einfachen Folgen, wie in den anderen Fällen. Hinsichtlich des zu erwartenden Spektrums gilt wieder die Auswahlregel $F J = 0, \pm 1$, zusätzlich gibt es aber noch weitere, weil ja jedes Niveau J aufgespalten ist in $2J + 1$ Unterniveaus, die — bei Einhaltung der hingeschriebenen Auswahlregel — durchaus nicht alle, sondern nur nach besonderen Regeln, gemäß ihren Symmetrieeigenschaften, miteinander kombinieren können. Auch darauf sei nicht näher eingegangen. Wie immer, ist zum Zustandekommen eines ultraroten Rotationsspektrums auch für asymmetrische Kreiselmoleküle ein permanentes Dipolmoment Voraussetzung. Moleküle der Punktgruppe $\boldsymbol{V_h}$ besitzen ein solches nicht, wohl aber Moleküle der Punktgruppen $\boldsymbol{C_{2v}}$, $\boldsymbol{C_2}$ oder solche mit noch geringerer Symmetrie.

5. Kapitel: Schwingungen und Schwingungsspektren vielatomiger Moleküle

1. Berechnung der Schwingungsfrequenz

Zur mathematischen Beschreibung der Bewegungen der N Atome eines vielatomigen Moleküls in einem räumlichen rechtwinkligen Koordinatensystem benötigen wir insgesamt $3N$ Koordinaten

$$x_i, y_i, z_i \qquad (i = 1, \ldots, N).$$

Dementsprechend kommen einem solchen System $3N$ *Bewegungsfreiheitsgrade* zu. Das sind aber nicht nur Schwingungsfreiheitsgrade im eigentlichen Sinn, d. h.

[1] Literatur bei HERZBERG *(J)*.

Bewegungsmöglichkeiten der Atome relativ zueinander, sondern es befinden sich darunter zunächst 3 Freiheitsgrade, die einer Translation des Systems als Ganzes zukommen, ausgedrückt etwa in den Koordinaten des Molekülschwerpunkts. Wählen wir diesen naheliegenderweise als Koordinatennullpunkt, was erfüllt ist, wenn die Beziehung

[I, 5.1] $$\Sigma m_i x_i = \Sigma m_i y_i = \Sigma m_i z_i = 0$$

gilt, dann genügen $3N - 3$ Koordinaten zur Festlegung der relativen Lage der Atome bezüglich ihres Schwerpunktes. Darunter befinden sich aber immer noch 3 Koordinaten, welche die Orientierung des starr gedachten Systems im Raum festlegen, mit anderen Worten eine Rotation des Systems um eine durch den Schwerpunkt gehende Achse beschreiben. Sehen wir auch von diesen noch ab, so bleiben $3N - 6$ Koordinaten für die Beschreibung allein der Schwingungsbewegungen übrig, entsprechend gleich vielen *Schwingungsmöglichkeiten.* Für lineare Moleküle beträgt diese Zahl jedoch $3N - 5$, weil für ihre Raumorientierung nur 2 Koordinaten benötigt werden.

Was uns im folgenden interessiert, sind nicht die Koordinaten der als Massenpunkte anzusehenden Atome, sondern deren Veränderungen, die sog. *Verrückungen.* Wir wollen auch diese der Einfachheit halber hinfort mit x_i, y_i, z_i bezeichnen, wobei der Index i auf das betroffene Atom hinweist. Um einen präzisen physikalischen Fall ins Auge zu fassen, wollen wir annehmen, daß die Atome durch elastische Kräfte aneinander gebunden sind, die man sich etwa als Spiralfedern veranschaulichen kann. Natürlich soll damit nichts über die wahre Natur der Bindungskräfte im Molekül gesagt, sondern nur ein anschauliches Bild geschaffen sein. Unter der Wirkung solcher Kräfte wird — ohne Eingriff von außen — das Molekül einen Gleichgewichtszustand annehmen, dadurch gekennzeichnet, daß alle Atome sich in bestimmten, diesem Gleichgewicht entsprechenden Lagen und Entfernungen voneinander befinden. Dieses Gleichgewicht werde nun von außen gestört, indem etwa ein Atom oder auch mehrere aus der Gleichgewichtslage entfernt werden, worauf das System wieder sich selbst überlassen bleibt. Es wird dann bestrebt sein, in seine Gleichgewichtslage zurückzukehren, und wird dies unter der Wirkung der von uns angenommenen elastischen Bindungskräfte in Form einer Schwingung tun, d. h. vermöge unseres Kraftansatzes treten bei Verrückungen *rücktreibende Kräfte* auf, die das Molekül als Ganzes eine mehr oder weniger komplizierte periodische Bewegung (Schwingung) ausführen lassen. Es ist aus der Mechanik bekannt, daß man jede solche Bewegung mathematisch beschreiben kann als eine Überlagerung von einfachen harmonischen Schwingungen in Richtung der Koordinatenachsen mit geeignet gewählten Frequenzen, Amplituden und Phasen. Wir interessieren uns hier nun dafür, unter welchen Bedingungen jedes Atom im betrachteten Molekül eine einfache harmonische Schwingung ausführt, wobei allen Teilchen dieselbe Schwingungsfrequenz und im allgemeinen auch dieselbe Schwingungsphase zukommt. Solche Bewegungsformen werden als *Normal-* oder *Eigenschwingungen* bezeichnet. Als Grundvoraussetzung wollen wir dabei festsetzen, daß die betrachteten Verrückungen aus der Gleichgewichtslage klein seien.

Bei einer solchen einfachen harmonischen Bewegung eines Massenpunkts der Masse m_i mit der Frequenz $\tilde{\nu}$ stellen sich die Verrückungen als Funktion der Zeit t in der Form

[I, 5.2] $$s_i = s_{i\,0} \cos(2\pi\tilde{\nu}\, t + \varphi)$$

dar, worin φ die Schwingungsphase bedeutet. Durch zweimalige Differentiation nach der Zeit folgt daraus für die Beschleunigung

$$b_i = -4\pi^2\tilde{\nu}^2 s_i, \quad \text{[I, 5.3]}$$

also für die rücktreibende Kraft

$$F^i = m_i b_i = -4\pi^2\tilde{\nu}^2 m_i s_i, \quad \text{[I, 5.4]}$$

d. h. in jedem Augenblick Proportionalität zu $m_i s_i$, und dieses Ergebnis gilt in gleicher Weise für die Bewegungskomponente in irgendeiner Richtung. Die bei Verrückung nur einer Partikel (Index 1) von insgesamt N vorhandenen auftretenden rücktreibenden Kräfte in den Koordinatenrichtungen lassen sich für genügend kleine Verrückungen x_1, y_1, z_1 als lineare Funktionen dieser Verrückungen hinschreiben:

$$\begin{aligned} F_x^1 &= -k_{xx}^{11} x_1 - k_{xy}^{11} y_1 - k_{xz}^{11} z_1, \\ F_y^1 &= -k_{yx}^{11} x_1 - k_{yy}^{11} y_1 - k_{yz}^{11} z_1, \\ F_z^1 &= -k_{zx}^{11} x_1 - k_{zy}^{11} y_1 - k_{zz}^{11} z_1. \end{aligned} \quad \text{[I, 5.5]}$$

Darin bedeuten die k_{ab}^{il} entsprechend der Größe k in [I, 2.19] gewisse *Kraftkonstanten*, deren Sinn sofort klar werden wird. Nun werden aber im allgemeinen bei einer Störung des Systems von außen nicht nur ein Atom, sondern alle N Atome aus der Gleichgewichtslage gebracht. Dann treten im Ausdruck für die Komponenten der auf die Partikel 1 wirkenden Kraft Glieder auf, die von den Verrückungen der anderen Partikel herrühren und umgekehrt, so daß wir schließlich für die Komponenten der auf alle N Atome wirkenden Kräfte das Gleichungssystem

$$\begin{aligned} F_x^1 &= -k_{xx}^{11} x_1 - k_{xy}^{11} y_1 - k_{xz}^{11} z_1 - k_{xx}^{12} x_2 - \cdots - k_{xz}^{1N} z_N, \\ F_y^1 &= -k_{yx}^{11} x_1 - k_{yy}^{11} y_1 - k_{yz}^{11} z_1 - k_{yx}^{12} x_2 - \cdots - k_{yz}^{1N} z_N, \\ F_z^1 &= -k_{zx}^{11} x_1 - k_{zy}^{11} y_1 - k_{zz}^{11} z_1 - k_{zx}^{12} x_2 - \cdots - k_{zz}^{1N} z_N, \\ F_x^2 &= -k_{xx}^{21} x_1 - k_{xy}^{21} y_1 - k_{xz}^{21} z_1 - k_{xx}^{22} x_2 - \cdots - k_{xz}^{2N} z_N, \\ &\cdots \\ &\cdots \\ &\cdots \\ F_z^N &= -k_{zx}^{N1} x_1 - k_{zy}^{N1} y_1 - k_{zz}^{N1} z_1 - k_{zx}^{N2} x_2 - \cdots - k_{zz}^{NN} z_N \end{aligned} \quad \text{[I, 5.6]}$$

erhalten. Darin gibt also die Kraftkonstante k_{xy}^{il} an, wie stark die x-Komponente der Bindungskraft auf die i-te Partikel von der y-Komponente der Verrückung der l-ten Partikel abhängt. Es läßt sich zeigen, daß

$$k_{ab}^{il} = k_{ba}^{li} \quad \text{[I, 5.7]}$$

ist, wobei a und b jeweils zwei der Koordinatenrichtungen x, y, z bedeuten. Dadurch wird die Zahl der Koeffizienten in [I, 5.6] stark vermindert.

Wenn wir nun wissen wollen, unter welchen Bedingungen ein einmal gestörtes System von Atomen im Molekülverband eine einfache harmonische Bewegung aller Partikeln mit derselben Frequenz $\tilde{\nu}$ ausführt, müssen wir die linker Hand stehenden Komponenten der rücktreibenden Kräfte entsprechend [I, 5.4] ersetzen:

$$F_x^i = -4\pi^2\tilde{\nu}^2 m_i x_i, \quad F_y^i = -4\pi^2\tilde{\nu}^2 m_i y_i, \quad F_z^i = -4\pi^2\tilde{\nu}^2 m_i z_i. \quad \text{[I, 5.8]}$$

Wir erhalten, wenn wir dies in [I, 5.6] einsetzen, ein System von $3N$ linearen, homogenen Gleichungen für die $3N$ Unbekannten

$$x_1, y_1, z_1, x_2, \ldots, z_N.$$

Ein solches System hat, wie aus der Algebra bekannt ist, nur dann eine eindeutige Lösung, wenn die aus seinen Koeffizienten gebildete Determinante verschwindet:

$$[\mathrm{I}, 5.9] \qquad \begin{vmatrix} k_{xx}^{11} - 4\pi^2\tilde{\nu}^2 m_1 & k_{xy}^{11} & \dots & k_{xz}^{1N} \\ k_{yx}^{11} & k_{yy}^{11} - 4\pi^2\tilde{\nu}^2 m_1 & \dots & k_{yz}^{1N} \\ \cdot & \cdot & & \cdot \\ \cdot & \cdot & & \cdot \\ \cdot & \cdot & & \cdot \\ k_{zx}^{1N} & k_{zy}^{1N} & \dots & k_{zz}^{NN} - 4\pi^2\tilde{\nu}^2 m_N \end{vmatrix} = 0 .$$

Das wiederum ist bei gegebenen Werten k_{xy}^{il} eine Bestimmungsgleichung für $\tilde{\nu}^2$. Nur für diejenigen Werte der Schwingungsfrequenz $\tilde{\nu}$, die dieser Gleichung genügen, ist gleichzeitig eine einfache harmonische Bewegung aller Atome im Molekül möglich. Die Lösungen dieser Gleichung [I, 5.9], als *Säkulargleichung* bezeichnet, liefern uns also die Frequenzen der Normal- oder Eigenschwingungen des betrachteten, N-atomigen Moleküls.

Die Determinante [I, 5.9] hat, als Gleichung explizit hingeschrieben, den Grad $3N$. Demnach besitzt sie auch $3N$ Lösungen für $\tilde{\nu}^2$, also gibt es $3N$ Werte der Schwingungsfrequenz $\tilde{\nu}$ — es ist nur das positive Zeichen der Wurzel aus $\tilde{\nu}^2$ sinnvoll —, für welche die gewünschte Bewegung auftritt. Darunter befinden sich allerdings 6 (für lineare Moleküle 5) Lösungen, die identisch Null sind. Man nennt sie *nicht-eigentliche* oder *Nullschwingungen*. Sie entsprechen den eingangs zu diesem Kapitel erwähnten Komponenten einer reinen Translation und Rotation. Es bleiben also $3N - 6$ bzw. $3N - 5$ eigentliche Schwingungen übrig, in Übereinstimmung mit unserer obigen Freiheitsgradeabzählung. Hat man aus [I, 5.9] die möglichen $\tilde{\nu}$-Werte bestimmt, dann erhält man die Verrückungen durch Einsetzen dieser Werte in [I, 5.6] und Auflösung der Gleichungen nach den x_i, y_i, z_i. Infolge des homogenen Charakters der Gleichungen erhält man daraus jedoch nur die Verrückungen bis auf einen konstanten Faktor, also nur die *Verhältnisse* $x_1 : y_1 : z_1 : x_2 : \dots : z_N$, die für gegebenes $\tilde{\nu}$ von der Zeit unabhängig sind und gleichzeitig die Verhältnisse der Schwingungsamplituden und der Schwingungsgeschwindigkeiten darstellen. Im Besitze der Normalschwingungen eines Moleküls können wir jede periodische Bewegung des Moleküls, sie sei so kompliziert, wie sie wolle, darstellen: Es ist eine kennzeichnende Eigenschaft der Normalschwingungen, daß jede Schwingung des Moleküls als eine *Superposition von Normalschwingungen* angesehen werden kann.

Die Verhältnisfaktoren der gerade erwähnten Verrückungsverhältnisse in kartesischen Koordinaten $x_1 : \dots : z_N$ werden auch als *Normalkoordinaten* bezeichnet. Es läßt sich zeigen, daß diese Normalkoordinaten eines schwingenden Systems von Massenpunkten, $3N$ an der Zahl, aus den $3N$ kartesischen Verrückungskoordinaten durch eine eindeutige, umkehrbare lineare Transformation erhalten werden können. Für unsere weitere Betrachtung spielen sie jedoch nur gelegentlich eine durchaus theoretische Rolle, weswegen wir darauf nicht näher eingehen wollen.

Außer dem besprochenen Weg zur Bestimmung der Eigenschwingungen eines vielatomigen Moleküls, der das Grundsätzliche besonders deutlich hervortreten läßt, kennt die klassische Physik noch einen anderen, der in der Praxis meistens beschritten wird. Da es uns hier in der Hauptsache auf das Grundsätzliche ankommt, sei er nicht ausführlich besprochen, sondern nur angedeutet. Ausgangspunkt ist der *Energieerhaltungssatz*, der in unserem speziellen Fall besagt, daß in jedem Augenblick die Gesamtenergie des betrachteten Systems von Massenpunkten gleich der Summe seiner potentiellen und kinetischen Energie ist. Erstere stellt sich als eine quadratische Form der (klein angenommenen) Verrückungen, letztere als quadratische Form der zeitlichen Ableitungen der Verrückungen dar. Durch eine Koordinatentransformation ist es möglich, die gemischten Glieder in diesen quadratischen Formen, d. h. also diejenigen Glieder, die zwei verschiedene Koordinaten enthalten, zum Verschwinden zu bringen. In den neuen Koordinaten stellen sich beide Energieanteile als quadratische Formen mit Gliedern jeweils nur einer Koordinate bzw. ihrer zeitlichen Ableitung dar. Die Koeffizienten dieser neuen Darstellung der potentiellen Energie, über die Transformation mit den ursprünglichen zusammenhängend, sind nichts anderes als die in [I, 5.9] auftretenden Größen $4\pi^2\tilde{\nu}_i^2$, also — von dem Faktor abgesehen — das Quadrat der Eigenfrequenzen. Die Gesamtenergie des Systems von N Massenpunkten schreibt sich nun als eine Summe von $3N$ voneinander unabhängigen Größen der Form $\frac{1}{2}(4\pi^2\tilde{\nu}_i^2 \cdot \eta_i^2 + \dot{\eta}_i^2)$, wenn die η_i die neuen Koordinaten, die $\dot{\eta}_i$ ihre zeitlichen Ableitungen bedeuten. Jedes einzelne dieser Glieder stellt die Energie eines harmonischen Oszillators der Masse $m = 1$ dar. Mit anderen Worten: Die Bewegung des N Partikeln enthaltenden Systems kann als Superposition von $3N$ voneinander unabhängigen harmonischen Schwingungen beschrieben werden, in Übereinstimmung mit unserem früheren Ergebnis.

Bisher hatten wir stillschweigend vorausgesetzt, daß die Lösung der Gleichung [I, 5.9] — bei Nichtberücksichtigung der Nullschwingungen — $3N - 6$ bzw. $3N - 5$ verschiedene Werte für die Frequenz $\tilde{\nu}$ liefere. Es kann aber natürlich vorkommen, daß zwei oder auch mehrere dieser Lösungen zusammenfallen, d. h. zwei oder mehrere Schwingungen dieselbe Frequenz besitzen. Solche mit *gleicher* Frequenz erfolgende Schwingungen heißen *entartet* oder *degeneriert*; Entartungsgrad ist die Anzahl der gleichfrequenten Schwingungen. Während die Superposition zweier nichtentarteter, also mit verschiedenen Frequenzen erfolgender Schwingungen durchaus keine einfache harmonische Bewegung mehr liefert, sondern eine mehr oder weniger komplizierte sog. LISSAJOUS-Bewegung, führt die lineare Kombination von entarteten, mit derselben Frequenz erfolgenden Schwingungen immer wieder auf einfache harmonische Bewegungen. Auch die Superposition von entarteten Schwingungen mit verschiedenen Phasen ändert daran nichts, nur daß jetzt nicht mehr alle Atome in gleicher Phase schwingen.

Ein Blick auf die Gleichung [I, 5.9] zeigt, daß mit zunehmender Zahl N der Atome im Molekül die Gleichung immer komplizierter und schwieriger zu lösen ist. Schon für $N = 4$ entfallen alle normalen Lösungsmethoden. Wie diese Schwierigkeiten wenigstens für bestimmte Fälle in der Praxis überwunden werden, kann hier nicht behandelt werden. Es sei dazu auf die ausführlichen Darstellungen verwiesen. Gewisse Hilfen leisten dabei Symmetriebetrachtungen, die wir summarisch ja schon behandelt haben, vor allem die Möglichkeit der Abzählung der für eine bestimmte Rasse zu erwartenden Schwingungen. Im allgemeinen liegen nun aus spektralen Untersuchungen die Werte der Schwingungsfrequenzen vor, und es ist die Aufgabe, daraus die Kraftkonstanten zu berechnen, weil die Kenntnis des im Molekül herrschenden Kraftfeldes mit das wichtigste Ziel solcher Untersuchungen ist. Meist ist jedoch die Zahl der Normal- oder Eigenschwingungen eines Moleküls kleiner als die Zahl der benötigten Kraftkonstanten. Dann lassen sich diese nicht restlos aus jenen bestimmen, und es werden zusätzliche Bestimmungsgleichungen benötigt, wie sie z. B. im Isotopieeffekt häufig gefunden werden, worauf wir sogleich zurückkommen werden. Hier sei nur noch zweier Ansätze gedacht, die für die rechnerische Auswertung spektraler Daten häufig erfolgreich benutzt werden. Sie betreffen die Form, in welcher die potentielle Energie des betrachteten Moleküls angesetzt wird.

Der erste Ansatz nimmt nur die Wirkung von *Zentralkräften* an, d. h. die an einem Atom des Moleküls angreifende Kraft wird als Resultierende der Anziehungen und Abstoßungen durch alle übrigen Atome angesehen; diese Kräfte wiederum hängen vom Abstand der anderen Atome vom betrachteten ab und wirken in den unmittelbaren Verbindungslinien. Mathematisch drückt sich dies darin aus, daß die potentielle Energie als rein quadratische Funktion der Änderungen L_i der Abstände l_i zwischen den Atomen erscheint:

[I, 5.10] $$V = \frac{1}{2} \sum a_{ii} L_i^2 .$$

Die rücktreibenden Kräfte werden dann

[I, 5.11] $$F_x^k = -\frac{\delta V}{\delta x_k} = -\sum a_{ii} L_i \frac{\delta L_i}{\delta x_k} .$$

Da die $\delta L_i/\delta x_k$ nur für solche L_i von Null verschieden sind, die das mit k bezeichnete Atom betreffen, wird der Beitrag von F^k zur Kraftkonstante allein durch $a_{kk} L_k$ gegeben. Die rein formale – abgesehen von jeder physikalischen – Begründung dieses Ansatzes liegt darin, daß häufig so die Zahl der Kraftkonstanten kleiner ist als die der Normalschwingungen, vor allem wenn durch die Wirkung bestimmter Symmetrieeigenschaften manche der a_{kk} identisch werden. Dann läßt sich aber den spektralen Daten ein bestimmter Satz von Kraftkonstanten optimal anpassen.

Der zweite häufig benutzte Ansatz legt *Valenzkräfte* zugrunde. Das heißt, es wird eine starke rücktreibende Kraft nur entlang der chemischen Bindung angenommen, die wirksam wird, wenn der Bindungsabstand aneinander gebundener Atome verändert wird. Zusätzlich dazu wird eine weitere rücktreibende Kraft angenommen, die einer Änderung des Winkels zwischen den Valenzen entgegenwirkt, die ein Atom mit zwei anderen verbindet. Bezüglich der weiteren Durchführung dieses Gedankens wie auch des Zentralkraftansatzes und weiterer komplizierterer Ansätze sei wieder auf die ausführlichen Darstellungen verwiesen.

Die quantenmechanische Berechnung der einem gegebenen System von Atomen möglichen Schwingungsfrequenzen geht wieder von der SCHRÖDINGER-Gleichung aus, die für ein System von N Atomen der Massen m_i die Gestalt

[I, 5.12] $$\sum \frac{1}{m_i} \left(\frac{\delta^2 \psi}{\delta x_i^2} + \frac{\delta^2 \psi}{\delta y_i^2} + \frac{\delta^2 \psi}{\delta z_i^2} \right) + \frac{8\pi^2}{h^2} (E - V) \psi = 0$$

annimmt. Es läßt sich zeigen, daß, wenn wir Normalkoordinaten einführen und für die potentielle Energie einen Ausdruck der Form [I, 5.10] zugrunde legen (anstatt a_{ii} schreiben wir hier λ_i, anstatt L_i hier ξ_i), diese Gleichung übergeht in die Summe von $3N$ Gleichungen der Gestalt

[I, 5.13] $$\frac{1}{\psi_i} \frac{\delta^2 \psi_i}{\delta \xi_i^2} + \frac{8\pi^2}{h^2} \left(E_i - \frac{1}{2} \lambda_i \xi_i^2 \right) = 0 ,$$

worin

[I, 5.14] $$E_1 + E_2 + \cdots = E$$

die Gesamtenergie als Summe der Einzelenergien, ψ_i die Wellenfunktion eines einfachen harmonischen Oszillators der potentiellen Energie $\frac{1}{2} \lambda_i \xi_i^2$ und der Masse 1 bedeuten. Demnach kann die Schwingungsbewegung des Moleküls angesehen werden als die Superposition von $3N$ einfachen harmonischen Schwingungen in den $3N$ Normalkoordinaten. Die Eigenwerte von [I, 5.13] und damit die Energiezustände des i-ten harmonischen Oszillators sind

[I, 5.15] $$E_i = h \tilde{\nu}_i \left(v_i + \frac{1}{2} \right)$$

mit der Schwingungsquantenzahl $v_i = 0, 1, 2, \ldots$ und der klassisch berechneten Schwingungsfrequenz

$$[\text{I}, 5.16] \qquad \tilde{\nu}_i = \frac{1}{2\pi}\sqrt{\lambda_i}.$$

Dementsprechend wird die totale Schwingungsenergie des Gesamtsystems

$$[\text{I}, 5.17] \qquad E(v_1, v_2, \ldots) = h\,\tilde{\nu}_1\left(v_1 + \frac{1}{2}\right) + h\,\tilde{\nu}_2\left(v_2 + \frac{1}{2}\right) + \cdots$$

oder als Term geschrieben

$$[\text{I}, 5.18] \qquad G(v_1, v_2, \ldots) = \omega_1\left(v_1 + \frac{1}{2}\right) + \omega_2\left(v_2 + \frac{1}{2}\right) + \cdots$$

mit den Abkürzungen

$$[\text{I}, 5.19] \qquad \omega_1 = \frac{\tilde{\nu}_1}{c}, \quad \omega_2 = \frac{\tilde{\nu}_2}{c}, \ldots$$

Auch hier wieder fallen 6 bzw. bei linearen Molekülen 5 Schwingungen als Nullschwingungen fort. Die Nullpunktsenergie liefert den Term

$$[\text{I}, 5.20] \qquad G(0, 0, \ldots) = \frac{1}{2}\omega_1 + \frac{1}{2}\omega_2 + \cdots.$$

Darauf als Nullpunkt bezogen wird der Schwingungsterm

$$[\text{I}, 5.21] \quad G(v_1, v_2, \ldots) - G(0, 0, \ldots) = G_0(v_1, v_2, \ldots) = \omega_1 v_1 + \omega_2 v_2 + \cdots.$$

Um auch entartete Schwingungen beliebigen Entartungsgrades zu erfassen, können wir [I, 5.18] in der Form

$$[\text{I}, 5.22] \qquad G(v_1, v_2, \ldots) = \sum \omega_i\left(v_i + \frac{d_i}{2}\right)$$

schreiben; d_i gibt unmittelbar den Entartungsgrad an, beträgt also für nichtentartete Schwingungen 1, für zweifach entartete 2 usf.

2. *Schwingungsspektren vielatomiger Moleküle*

Die im vorigen Abschnitt bestimmten Normal- oder Eigenschwingungen eines Moleküls entsprechen in klassischer Betrachtung unmittelbar den von ihm emittierten oder absorbierten Strahlungsfrequenzen, vorausgesetzt, daß mit den so festgelegten Schwingungen eine *Dipolmomentänderung* des Moleküls verbunden ist. Schwingungen, für welche diese grundsätzliche Voraussetzung erfüllt ist, werden *ultrarot-aktiv* genannt, im Gegensatz zu ultrarot-nichtaktiven Schwingungen, die keine Dipolmomentänderung hervorrufen und daher im ultraroten Spektrum nicht auftreten. Wenn wir das Dipolmoment mit $\boldsymbol{M}$, seine Komponenten in Richtung der Koordinatenachsen mit M_x, M_y, M_z und diese Werte bezüglich der Gleichgewichtslage des schwingenden Moleküls mit einem Index „o" bezeichnen, so können wir für hinreichend kleine Verrückungen x_i, y_i, z_i ansetzen:

$$[\text{I}, 5.23] \qquad M_x = M_{xo} + \sum\left[\left(\frac{\delta M_x}{\delta x_i}\right)_o \cdot x_i + \left(\frac{\delta M_x}{\delta y_i}\right)_o \cdot y_i + \left(\frac{\delta M_x}{\delta z_i}\right)_o \cdot z_i\right] + \cdots,$$

und entsprechende Gleichungen für die y- und die z-Komponente. Führen wir Normalkoordinaten ξ ein, so wird

[I, 5.24]
$$M_x = M_{xo} + \sum \left(\frac{\delta M_x}{\delta \xi_i}\right)_o \cdot \xi_i \,,$$
$$M_y = M_{yo} + \sum \left(\frac{\delta M_y}{\delta \xi_i}\right)_o \cdot \xi_i \,,$$
$$M_z = M_{zo} + \sum \left(\frac{\delta M_z}{\delta \xi_i}\right)_o \cdot \xi_i \,.$$

Unter der Wirkung einer Schwingung wird nun das Dipolmoment mit derselben Frequenz sich ändern wie die Schwingung selbst. Dann ersieht man aus [I, 5.24], daß für die Ultrarotaktivität einer Schwingung ganz allein das *Nicht*verschwinden mindestens einer der drei *Ableitungen der Dipolmomentkomponenten* nach den *Normalkoordinaten* Voraussetzung ist, nicht die Existenz eines permanenten Dipols M_o. Man beachte das gegenüber der Rotation andere Verhalten!

Eine Dipolmomentänderung kann nun sowohl die Richtung, wie auch den Betrag des Dipolmoments oder auch beides gleichzeitig betreffen. Es ist ohne weiteres verständlich, daß die Symmetrieeigenschaften eines Moleküls Auskunft über das Verhalten der Schwingungen in dieser Hinsicht geben. In völlig symmetrielosen Molekülen ist jegliche Eigenschwingung mit einer Dipolmomentänderung verknüpft, wenn auch, je nach den speziellen Umständen, ganz verschiedenen Ausmaßes; hier sind also alle Eigenschwingungen ultrarotaktiv. Im Gegensatz dazu treten in mit Symmetrieeigenschaften behafteten Molekülen Schwingungen konstanten Dipolmoments auf, die demnach nicht ultrarotaktiv sind. Jedoch gehören durchaus nicht alle Schwingungen symmetrischer Moleküle dazu. In Tab. 5 ist für jede Punktgruppe und jede Schwingungsrasse im einzelnen angegeben, ob wir sie im Ultrarotspektrum zu erwarten haben oder nicht. Diese Aussage gründet sich auf einen Vergleich des Symmetrieverhaltens der betreffenden Schwingung und der mit ihr verbundenen Dipolmomentänderung. Gegenüber der früheren Fassung etwas verschärft, lautet nämlich die Voraussetzung für die Ultrarotaktivität einer Schwingung folgendermaßen: Eine Schwingung ist als Grundschwingung nur dann ultrarotaktiv, wenn sie bezüglich aller durch die Molekülsymmetrie bedingten Symmetrieeigenschaften sich so verhält wie wenigstens eine Komponente des Dipolmoments. Für dieses waren die Befunde in Tab. 6 zusammengestellt. Wir brauchen also zur Entscheidung über eine etwaige Ultrarotaktivität einer Schwingung nur festzustellen, ob der ihr zugehörige Symmetrietyp wenigstens für eine Dipolmomentkomponente auch zutrifft oder nicht. Von besonderem Interesse sind dabei die Punktgruppen, die ein Symmetriezentrum enthalten: Alle ultrarotaktiven Schwingungen — das können in diesem Falle nur solche antisymmetrischen Charakters sein — sind im Raman-Effekt verboten, und alle im Raman-Effekt erlaubten sind ultrarotinaktiv. Aus dieser als Regel von der *gegenseitigen Ausschließung* bekannten Feststellung darf allerdings nicht geschlossen werden, daß die im Raman-Effekt nicht auftretenden Schwingungen tatsächlich im Ultrarotspektrum erscheinen müssen und umgekehrt; sie können auch in beiden untersagt sein. Außer dadurch, daß die Dipolmomentkomponenten über die Aktivität einer Schwingung entscheiden, sind sie auch noch für Intensitätsbetrachtungen von Ultrarotbanden wichtig. Die Intensität einer Bande wird nämlich proportional zur Summe der zum Quadrat erhobenen Ableitungen der Dipolmomentkomponenten gefunden.

Nach der klassischen Betrachtung besteht demnach das Schwingungsspektrum eines Moleküls aus einer gewissen Anzahl von Banden mit Wellenzahlen, die aus den nach [I, 5.9] berechneten Frequenzen sich ergeben, soweit sie zu ultrarotaktiven Schwingungen gehören. Quantentheoretisch erhalten wir das zu erwartende Spektrum aus [I, 5.18] unter Beachtung der Auswahlregeln für die Schwingungsquantenzahl v_i. Diese lauten:

[I, 5.25] $$\Delta v_i = \pm 1 .$$

In der von uns betrachteten Näherung (siehe Gleichung [I, 5.13] ff.) sind die einzelnen Oszillatoren als voneinander unabhängig angesehen, d. h. es kann immer nur eine der Schwingungsquantenzahlen springen. Demnach wird die Wellenzahl der zugehörigen Ultrarotbande

[I, 5.26] $$\nu = \omega_i .$$

Eine schärfere Fassung der Auswahlregeln mittels quantenmechanischer Untersuchungen führt auf die gerade oben angedeuteten bestimmenden Einflüsse der Symmetrieeigenschaften der Dipolmomentkomponenten.

3. *Verfeinerung und spezielle Effekte*

Die bisherige Darstellung gibt nur ein grobes Bild der tatsächlichen Verhältnisse. In den reinen Schwingungsspektren vielatomiger Moleküle – wie sie bei spektralen Untersuchungen mit mäßiger Auflösung erhalten werden – treten, genau wie bei den zweiatomigen, nicht nur Banden auf, die den Normalschwingungen zuzuordnen sind, sondern darüber hinaus auch noch andere, intensitätsmäßig schwächere Banden mit ungefähr der zweifachen, dreifachen, ... Wellenzahl. Sie werden wieder *Oberschwingungen* im Gegensatz zu Grundschwingungen zugeordnet. Dazu kommen weitere, ebenfalls im allgemeinen gegenüber den Grundschwingungsbanden schwächere Banden, deren Wellenzahl in der Form $a \cdot \nu_i \pm b \cdot \nu_k \pm c \cdot \nu_l \pm \dots$ aus mehreren Normalschwingungen sich aufbauen läßt, wobei $a, b, c, \dots$ im allgemeinen kleine, ganze Zahlen sind. Die zugehörigen Schwingungen heißen *Kombinationsschwingungen.*

In beiden Befunden haben wir wieder eine Auswirkung der vorhandenen *Anharmonizität* unserer Oszillatoren zu sehen. Wir können, wie bei den zweiatomigen Molekülen, auch hier bei unserer Betrachtung von der Form der potentiellen Energie ausgehen, nur daß jetzt nicht mehr eine Darstellung der Potentialkurve in der Ebene möglich ist, sondern nur noch in höherdimensionalen Räumen, womit die Anschaulichkeit verloren geht. Mathematisch erfordert die Berücksichtigung der Anharmonizität die Aufnahme von Gliedern dritten und höheren Grades in den Ausdruck für die potentielle Energie. Wir wollen uns mit den komplizierten Rechnungen nicht aufhalten, sondern als Ergebnis nur feststellen, daß nunmehr die Aufteilung der Schwingungsbewegung in einfache harmonische Bewegungen, die Grundvoraussetzung bei der Konzeption der Eigen- oder Normalschwingungen, nicht mehr streng möglich ist; die Abweichung von dieser Möglichkeit ist um so größer, je beträchtlicher die Anharmonizität und je größer die Schwingungsamplituden sind.

In den quantentheoretischen Energiezuständen macht die Anharmonizität dadurch sich bemerkbar, daß nunmehr nicht ausschließlich Glieder mit nur einer Quantenzahl auftreten, sondern auch sog. gemischte Glieder mit zwei oder mehr Quantenzahlen. Die Gleichung [I, 5.18] schreibt sich jetzt z. B. für ein dreiatomiges nichtlineares Molekül ohne entartete Schwingungen:

[I, 5.27]
$$\begin{aligned} G(v_1, v_2, v_3) = {} & \omega_1 \left(v_1 + \frac{1}{2}\right) + \omega_2 \left(v_2 + \frac{1}{2}\right) + \omega_3 \left(v_3 + \frac{1}{2}\right) \\ & + x_{11} \left(v_1 + \frac{1}{2}\right)^2 + x_{22} \left(v_2 + \frac{1}{2}\right)^2 + x_{33} \left(v_3 + \frac{1}{2}\right)^2 \\ & + x_{12} \left(v_1 + \frac{1}{2}\right)\left(v_2 + \frac{1}{2}\right) + x_{13} \left(v_1 + \frac{1}{2}\right)\left(v_3 + \frac{1}{2}\right) \\ & + x_{23} \left(v_2 + \frac{1}{2}\right)\left(v_3 + \frac{1}{2}\right) + \dots . \end{aligned}$$

Dabei bedeuten ω_1, ω_2, ω_3 die Wellenzahlen der Normalschwingungen für unendlich kleine Amplituden und x_{ik} Anharmonizitätskonstanten. Beziehen wir uns auf das niedrigste Schwingungsniveau ($v_1 = v_2 = v_3 = 0$) anstatt auf den wirklichen Schwingungsenergie-nullpunkt, so erhalten wir

$$[I, 5.28] \qquad G(0,0,0) = \frac{1}{2}\omega_1 + \frac{1}{2}\omega_2 + \frac{1}{2}\omega_3 + \frac{1}{4}x_{11} + \frac{1}{4}x_{22} + \frac{1}{4}x_{33} + \frac{1}{4}x_{12} + \frac{1}{4}x_{13} + \frac{1}{4}x_{23},$$

und entsprechend wird

$$[I, 5.29] \qquad G_0(v_1, v_2, v_3) = G(v_1, v_2, v_3) - G(0,0,0) = \omega_1^0 v_1 + \omega_2^0 v_2 + \omega_3^0 v_3 + x_{11}^0 v_1^2 + x_{22}^0 v_2^2 + x_{33}^0 v_3^2 + x_{12}^0 v_1 v_2 + x_{13}^0 v_1 v_3 + x_{23}^0 v_2 v_3 .$$

Darin ist $x_{ik}^0 = x_{ik}$, solange keine höheren als quadratische Glieder in den Quantenzahlen berücksichtigt werden müssen; außerdem ist

$$[I, 5.30] \qquad \begin{aligned} \omega_1^0 &= \omega_1 + x_{11} + \frac{1}{2}x_{12} + \frac{1}{2}x_{13}, \\ \omega_2^0 &= \omega_2 + x_{22} + \frac{1}{2}x_{12} + \frac{1}{2}x_{23}, \\ \omega_3^0 &= \omega_3 + x_{33} + \frac{1}{2}x_{13} + \frac{1}{2}x_{23} \end{aligned}$$

gesetzt. Die Grundschwingungen, entsprechend dem Übergang $v_i = 1 \to v_i = 0$ mit allen anderen $v_k = 0$, stellen sich in dieser Schreibweise durch

$$[I, 5.31] \qquad \begin{aligned} \nu_1 &= \omega_1^0 + x_{11}^0 = \omega_1 + 2x_{11} + \frac{1}{2}x_{12} + \frac{1}{2}x_{13}, \\ \nu_2 &= \omega_2^0 + x_{22}^0 = \omega_2 + 2x_{22} + \frac{1}{2}x_{12} + \frac{1}{2}x_{23}, \\ \nu_3 &= \omega_3^0 + x_{33}^0 = \omega_3 + 2x_{33} + \frac{1}{2}x_{13} + \frac{1}{2}x_{23} \end{aligned}$$

dar. Meist ergeben sich, weil die $x_{ik} < 0$ sind, die $\omega_i{}^0$ etwas, aber nur wenig größer als die ν_i; außerdem gilt $\omega_i > \omega_i{}^0$.

Die Verallgemeinerung der vorstehenden Formeln auf den Fall $N > 3$ dürfte klar sein. Wir schreiben nur noch den allgemeinen Fall unter Berücksichtigung von zweifach degenerierten Schwingungen an, wobei wir uns der in [I, 5.22] eingeführten Schreibweise bedienen:

$$[I, 5.32] \qquad G(v_1, v_2, \ldots) = \sum \omega_i \left(v_i + \frac{d_i}{2}\right) + \sum_i \sum_{k \geqslant i} x_{ik} \left(v_i + \frac{d_i}{2}\right)\left(v_k + \frac{d_k}{2}\right) + \sum_i \sum_{k \geqslant i} g_{ik}\, l_i\, l_k + \cdots .$$

Darin ist durch die ersten beiden Glieder ausgedrückt, daß eine d_i-fach entartete Schwingung mit dem Beitrag $v_i + d_i/2$ wirkt, und durch das letzte Glied, daß bestimmte Energieniveaus, die für den harmonischen Oszillator zusammenfallen, unter Einwirkung der Anharmonizität aufspalten. Die hier eingeführte Zahl l kann folgende Werte annehmen:

[I, 5.33] $$l_i = v_i, v_i - 2, v_i - 4, \ldots, 1 \text{ oder } 0,$$

je nachdem v_i ungerade oder gerade ist. Für nichtentartete Schwingungen ist $l_i = g_{ik} = 0$. Den Gleichungen [I, 5.28] bis [I, 5.31] entsprechend erhalten wir nunmehr

[I, 5.34]
$$G(0, 0, \ldots) = \sum \omega_i \frac{d_i}{2} + \sum_i \sum_{k \geqslant i} x_{ik} \frac{d_i d_k}{4};$$
$$G_0(v_1, v_2, \ldots) = \sum \omega_i^0 v_i + \sum_i \sum_{k \geqslant i} x_{ik}^0 v_i v_k + \sum_i \sum_{k \geqslant i} g_{ik} l_i l_k;$$
$$\omega_i^0 = \omega_i + x_{ii} d_i + \frac{1}{2} \sum_{k \pm i} x_{ik} d_k + \cdots;$$
$$\nu_i = \omega_i^0 + x_{ii} + g_{ii} = \omega_i + x_{ii}(1 + d_i) + \frac{1}{2} \sum_{k \pm i} x_{ik} d_k + g_{ii}.$$

Hinsichtlich von Ober- und Kombinationsschwingungen seien noch einige weitere Aussagen gemacht. Zunächst einmal hat sich die Bezeichnung „*binäre Kombination*" eingebürgert für solche Banden, für welche die Gesamtänderung der Schwingungsquantenzahlen den Wert 2 hat. Das kann einmal sein, indem ein und dieselbe Quantenzahl v um 2 Einheiten springt oder indem zwei verschiedene v_i und v_k um je 1 Einheit sich ändern. Analoges gilt für die Bezeichnung „*ternäre Kombination*" usw. Von besonderem Interesse ist nun, daß u. U. nicht jede Oberschwingung einer ultrarotaktiven Grundschwingung ihrerseits ultrarotaktiv zu sein braucht. Zum Beispiel ist die Grundschwingung eines linearen XYX-Moleküls von der Rasse Σ_u^+ ultrarotaktiv, ihre ungradzahligen Oberschwingungen mit dem Zustand Σ_g^+ hingegen nicht, wohl aber die gradzahligen, die wieder den Zustand Σ_u^+ haben; das umgekehrte gilt im RAMAN-Effekt. So kann das Auftreten oder Nichtauftreten bestimmter Oberschwingungen im Spektrum helfen, die Punktgruppe aufzuklären, zu der ein Molekül gehört. Für eine aus einer Grundschwingung und ihren Oberschwingungen bestehende Bandenreihe ergibt sich die Wellenzahl nach [I, 5.32], indem man alle v_i bis auf eine Null setzt:

[I, 5.35]
$$\nu = G(0, 0, \ldots, 0, v_i, 0, \ldots, 0) - G(0, 0, \ldots, 0)$$
$$- G_0(0, 0, \ldots, 0, v_i, 0, \ldots, 0) = \omega_i^0 v_i + x_{ii}^0 v^0 + g_{ii} l_i^0 + \cdots.$$

Da die x_{ii} und die g_{ii} immer sehr kleine Größen sind, liegen die einzelnen Banden einer solchen Reihe praktisch äquidistant.

Als *Summenbande* bezeichnet man eine Kombinationsbande, für welche der untere Zustand der Schwingungsgrundzustand ist. Sie stellt sich, wenigstens angenähert, als Summe von zwei oder mehr Grund- oder Oberschwingungen dar:

[I, 5.36] $$\nu = v_i \cdot \nu_i + v_j \cdot \nu_j + \cdots.$$

Auch bei inaktiven Grundschwingungen sind aktive Summenbanden möglich. Ist jedoch der Ausgangszustand nicht der Schwingungsgrundzustand, sondern derjenige der Schwingung ν_i, und erfolgt der Übergang zu einem Zustand der Schwingung $\nu_k > \nu_i$, dann spricht man von *Differenzbande* $\nu_k - \nu_i$. Je nachdem, ob die zugehörige Summenbande $\nu_k + \nu_i$ erlaubt ist oder nicht, gilt dasselbe für die Differenzbande.

Zusätzlich zu der oben schon eingeführten echten Entartung kann es in vielatomigen Molekülen gelegentlich vorkommen, daß zwei Schwingungszustände, die zu verschiedenen Schwingungen oder, besonders häufig, zu verschiedenen Schwingungskombinationen gehören, zufällig dieselbe Energie besitzen, also zufällig entartet sind. Man bezeichnet solche Fälle als FERMI-*Resonanz*. Die Folge einer solchen zufälligen Entartung ist eine gegenseitige Störung des Niveaus, die in einer gegenseitigen „Abstoßung", d. h. einem Auseinanderrücken der Niveaus, und einer Vermischung des Symmetrieverhaltens sich äußert. Die genauere Darstellung dieses wichtigen Effekts überschreitet den Rahmen dieses Buches.

Von besonderer Wichtigkeit sind Effekte, die mit speziellen Formen der Potentialkurve zusammenhängen. Wenn wir der besseren Anschaulichkeit halber zunächst zweiatomige Moleküle heranziehen, so lehrt ein Blick auf die Abb. 5, daß die dort zugrunde gelegte Potentialkurve nur *ein* Minimum besitzt, entsprechend dem einen möglichen Gleichgewichtszustand des Moleküls. Bei gewissen vielatomigen Molekülen kann es nun vorkommen, daß sie *mehrere Gleichgewichtslagen* und dementsprechend auch *mehrere Potentialminima* besitzen. Diese können durchaus verschiedene Höhe haben. Das ist z. B. der Fall, wenn das betreffende Molekül verschiedene *isomere* Formen besitzt, etwa cis-trans-Isomerie. Dann liegen nicht nur die verschiedenen Minima verschieden hoch, sondern häufig ist auch der Verlauf der Potentialkurve in der Nachbarschaft der Minima unterschiedlich. Sofern die Potentialhöhe zwischen zwei solchen Minima nicht zu geringfügig ist, können derartige isomere Formen als verschiedene Moleküle angesehen werden, die prinzipiell, wenn auch nicht immer in der Praxis, auch chemisch verschieden sind. Es gibt aber auch Fälle mit gleichartigen Potentialminima, sowohl hinsichtlich der Höhe wie auch des Verlaufs. Hier sind hauptsächlich zwei Möglichkeiten anzuführen: 1. Alle nicht-ebenen Moleküle, denen

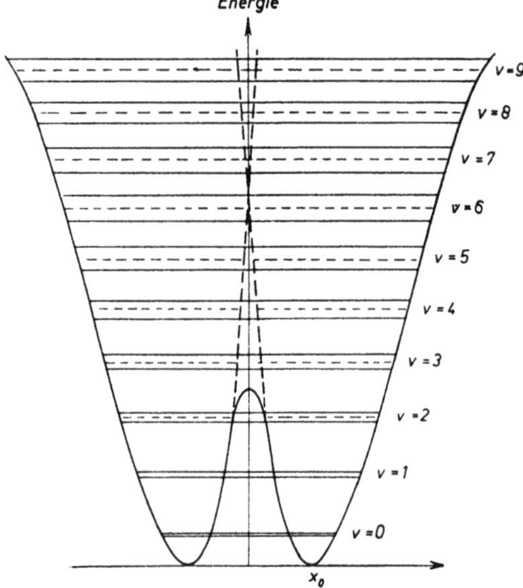

Abb. 12. Potentialkurve einer XY_3-Pyramide unter Kennzeichnung der mit der Schwingungsquantenzahl v rasch zunehmenden Inversionsaufspaltung. Abszisse: Abstand des X-Atoms von der Y_3-Ebene [nach HERZBERG *(J)*]

zwei Potentialminima für die beiden Gleichgewichtslagen nach Inversion aller Atome am Molekülschwerpunkt zukommen. Offensichtlich sind diese beiden Formen im allgemeinen nicht durch eine einfache Rotation ineinander überführbar. Infolge der exakten Resonanz der Energiezustände tritt Aufspaltung eines jeden Niveaus in deren zwei auf, was als *Inversionsaufspaltung* bezeichnet wird[1]. Das bekannteste Beispiel ist das NH_3-Molekül, bei dem unter Annahme einer pyramidalen Struktur das N-Atom (Pyramidenspitze) auf jeder Seite der durch die H-Atome gebildeten Grundfläche liegen kann. Die Potentialkurve mit den eingezeichneten Schwingungsniveaus zeigt Abb. 12. Die Aufspaltung wächst rasch mit der Quantenzahl v. 2. Moleküle mit gleichartigen Atomen, bei welchen diese gleichartigen Atome weder durch eine einfache Rotation, noch durch eine Inversion, noch durch

[1] Unter Inversion ist hier nicht die mathematische Forderung einer Deckoperation zu verstehen, sondern eine wirkliche Bewegungsform des Moleküls.

beides ineinander übergeführt werden können. Dazu gehören z. B. NNO oder Moleküle der Gestalt

W\ /Y
X–X
Z/ \Y

Jedesmal leistet eine *innere Rotation*, d. h. eine Rotation eines Molekülteils um einen anderen, diese Überführung. Jedes Niveau entartet gemäß der Anzahl identischer Potentialminima.

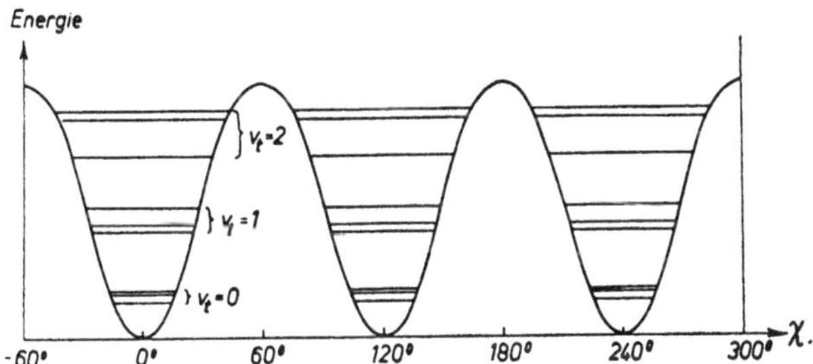

Abb. 13. Potentialkurve eines C_2H_6-ähnlichen Moleküls mit Torsionsschwingungsniveaus [nach HERZBERG *(J)*]

Hierher gehören als besonders wichtig die sog. *Torsionsschwingungen*, Schwingungen also, die aus einer drehenden Hin- und Herbewegung um eine bestimmte Achse bestehen. Dieser Bewegung entsprechend wird die potentielle Energie vernünftigerweise als Funktion des Drehwinkels dargestellt, bei n Minima etwa durch

[I, 5.37] $$V = \frac{1}{2} V_0(1 - \cos n\,\chi) \ ,$$

worin V_0 die Potentialhöhe (Potentialschwelle, Potentialwall) zwischen den Minima und χ den Winkel der relativen Rotation bedeuten (Abb. 13). Nur für den Fall, daß allein die *unter* dem Potentialwall liegenden Zustände betrachtet werden, lassen sich die Eigenwerte und Terme in geschlossener Form angeben.

[I, 5.38] $$G(v_t) = \omega_t \left(v_t + \frac{1}{2}\right) .$$

v_t bedeutet dabei die Quantenzahl der Torsionsschwingung und ω_t die Rotationsfrequenz, die durch

[I, 5.39] $$\omega_t = n \sqrt{\frac{V_0 A_1 A_2}{A}}$$

gegeben ist, wenn A_1 und A_2 Rotationskonstanten darstellen, die zu den Trägheitsmomenten $I_A^{(1)}$ und $I_A^{(2)}$ der die Torsionsbewegung umeinander ausführenden Molekülteile gehören. A ist die Rotationskonstante, die dem Trägheitsmoment $I_A = I_A^{(1)} + I_A^{(2)}$ des gesamten Moleküls um die Torsionsachse entspricht.

Der letzte für uns in diesem Zusammenhang interessante Effekt ist der Einfluß der *Isotopie* auf das Schwingungsspektrum, einmal weil er weitere Bestimmungsgleichungen zur Berechnung der Kraftkonstanten liefert, dann aber auch, weil häufig nur durch ihn die Zuordnung beobachteter Banden zu bestimmten Schwingungen des Moleküls möglich ist. Diese Möglichkeiten gründen sich letztlich auf die naheliegende und von der Erfahrung weitgehend bestätigte Annahme, daß bei Austausch gewisser Atome in einem Molekül zwar die Massen-, nicht aber die Kraftverhältnisse geändert werden. Anders ausgedrückt: Durch die Isotopie wird die potentielle Energie nicht oder nur um einen im Experiment nicht nachweisbaren Betrag geändert. Die spektrale Lage aller Banden jedoch, deren zugeordnete Schwingungen auch isotope Atome betreffen, wird dabei eine andere. Wir wollen hier der Kürze halber gleich den allgemeinen Fall betrachten und uns anschließend mit der Spezialisierung auf ein konkretes Molekül begnügen.

Vermöge einer von TELLER und REDLICH aufgestellten *Regel* ist für zwei isotope Moleküle das Produkt der Verhältnisse ω_i'/ω_i für alle *Normal*schwingungen einer gegebenen Schwingungsklasse unabhängig von den Kraftkonstanten und nur abhängig von den Massen der Atome und der geometrischen Struktur des Moleküls:

$$[\text{I, 5.40}] \quad \frac{\omega_1'}{\omega_1} \cdot \frac{\omega_2'}{\omega_2} \cdots \frac{\omega_k'}{\omega_k} = \sqrt{\left(\frac{m_1}{m_1'}\right)^{\alpha} \cdot \left(\frac{m_2}{m_2'}\right)^{\beta} \cdots \left(\frac{M'}{M}\right)^{t} \cdot \left(\frac{I_x'}{I_x}\right)^{\delta_x} \cdot \left(\frac{I_y'}{I_y}\right)^{\delta_y} \cdot \left(\frac{I_z'}{I_z}\right)^{\delta_z}} .$$

Darin sind alle auf das eine isotope Molekül bezogenen Größen durch $'$ bezeichnet, während die auf das andere bezogenen nicht besonders gekennzeichnet werden. $\omega_1, \omega_2, \ldots$ sind die Wellenzahlen der eigentlichen Schwingungen der betrachteten Rasse, $m_1, m_2, \ldots$ die Massen der erzeugenden Atome der verschiedenen Atomsätze. Mit $\alpha, \beta, \ldots$ ist die Anzahl aller Schwingungen, auch der Nullschwingungen, bezeichnet, die jeder Satz zu der betrachteten Rasse beiträgt. M ist die Gesamtmasse des Moleküls, I_x, I_y, I_z sind die Trägheitsmomente um die x-, y-, z-Achse durch den Molekülschwerpunkt. t bedeutet die Anzahl der Translationen, die zu der betreffenden Schwingungsrasse gehören, die Exponenten δ_x, δ_y, δ_z sind 1 oder 0 je nachdem, ob die Rotation um die x-, y-, z-Achse eine nicht-eigentliche Schwingung der betrachteten Rasse ist oder nicht; eine entartete Schwingung zählt dabei immer nur einmal.

Diese komplizierte Formel sei in ihrer Anwendung auf ein bestimmtes Molekül erläutert [nach HERZBERG (J)]. Dazu betrachten wir das ebene, symmetrische Molekül X_2Y_4 und sein Isotopes X_2Y_4' (Abb. 11); beide gehören zur Punktgruppe V_h. Die möglichen Schwingungsrassen und die Zahl der jeweiligen Schwingungen sind aus Tab. 5 und den Erläuterungen zu Abb. 11 auf S. 37 zu entnehmen, ebenso alle anderen für die Anwendung der Formel [I, 5.40] benötigten Angaben.

Rasse A_g: keine Nullschwingung, also $t = \delta_x = \delta_y = \delta_z = 0$; 2 Atomsätze, einer auf der xy-Ebene (Y_4) mit 2 Schwingungen, einer auf der x-Achse (X_2) mit 1 Schwingung, also $\alpha = 1$, $\beta = 2$; da $m_X = m'_X$ ist, folgt

$$\frac{\omega_1' \, \omega_2' \, \omega_3'}{\omega_1 \, \omega_2 \, \omega_3} = \frac{m_Y}{m_Y'} .$$

Rasse A_u: wie vorher $t = \delta_x = \delta_y = \delta_z = 0$; 1 Atomsatz ($Y_4$) auf der xy-Ebene mit 1 Schwingung; also

$$\frac{\omega_4'}{\omega_4} = \sqrt{\frac{m_Y}{m_Y'}} .$$

Rasse B_{1g}: 1 Nullschwingung (Rotation um z-Achse), also $t = \delta_x = \delta_y = 0$, $\delta_z = 1$; Atomsätze und Schwingungsbeiträge wie bei der Rasse A_g; mit den Bezeichnungen der Abbildung 11 wird $I_z = 2\,m_X a^2 + 4\,m_Y (b^2 + c^2)$ und

$$\frac{\omega_5' \, \omega_6'}{\omega_5 \, \omega_6} = \frac{m_Y}{m_Y'} \sqrt{\frac{m_X a^2 + 2\,m_Y' (b^2 + c^2)}{m_X a^2 + 2\,m_Y (b^2 + c^2)}} .$$

Rasse B_{1u}: 1 Nullschwingung (Translation in z-Richtung), also $t = 1$, $\delta_x = \delta_y = \delta_z = 0$; jeder Satz liefert eine Schwingung, demnach

$$\frac{\omega_7'}{\omega_7} = \sqrt{\frac{m_Y}{m_Y'} \cdot \frac{m_X + 2\,m_Y'}{m_X + 2\,m_Y}} .$$

Entsprechend ergeben sich für die anderen Schwingungsrassen (B_{2g}, B_{2u}, B_{3u}) die Spezialformen

$$\frac{\omega_8'}{\omega_8} = \sqrt{\frac{m_Y}{m_Y'} \cdot \frac{m_Y a^2 + 2\,m_Y' b^2}{m_X a^2 + 2\,m_Y b^2}}\,,$$

$$\frac{\omega_9' \omega_{10}'}{\omega_9 \omega_{10}} = \frac{m_Y}{m_Y'} \sqrt{\frac{m_X + 2\,m_Y'}{m_X + 2\,m_Y}} = \frac{\omega_{11}' \omega_{12}'}{\omega_{11} \omega_{12}}$$

der Grundgleichung [I, 5.40].

Es kann vorkommen, daß beim Austausch eines Atoms gegen ein isotopes Atom die Symmetrie des Moleküls geändert und zwar erniedrigt wird, in unserem Beispiel etwa dadurch, daß nicht alle vier, sondern nur zwei der Y-Atome ausgetauscht werden (Punktgruppe C_{2v} oder C_{2h}). Die TELLER-REDLICH-Regel gilt dann nur für die Schwingungsklassen dieser erniedrigten Symmetrie. Die Möglichkeiten der Änderung von einer Schwingungsrasse in eine andere durch Symmetrieänderung können wieder tabellarisch erfaßt werden, jedoch sei wegen der Einzelheiten auf ausführlichere Darstellungen der Materie verwiesen.

Neben der TELLER-REDLICHschen Produktregel für isotope Moleküle gibt es noch ähnliche, als *Summenregeln* bezeichnete Sätze für die Normalschwingungen isotoper Moleküle, die in spezieller Formulierung zuerst von CRAWFORD (*173*) und von DECIUS (*195*) ausgesprochen und dann von PRIMAS u. GÜNTHARD (*688*) in allgemeiner Form abgeleitet wurden. Wegen der Einzelheiten sei z. B. auf (*V*) verwiesen.

6. Kapitel: Rotationsschwingungsspektren vielatomiger Moleküle

Die im letzten Kapitel behandelten reinen Schwingungsspektren vielatomiger Moleküle werden nur unter bestimmten experimentellen Bedingungen, vornehmlich geringer Dispersion und Auflösung, wirklich beobachtet. Meistens liefern die Untersuchungen die sog. *Rotationsschwingungsspektren*, d. h. diejenigen Erscheinungen, die von einer gleichzeitigen Anregung von Rotation und Schwingung herrühren. Ähnliches hatten wir schon für die zweiatomigen Moleküle festgestellt, und der dort eingeschlagene Weg der Behandlung wird auch jetzt zu gehen sein, nur liegen die Verhältnisse bei den vielatomigen Molekülen viel verwickelter. Wir müssen uns daher im allgemeinen auf die Darstellung der beobachteten Besonderheiten beschränken und können ihre theoretische Erklärung nur mit wenigen Strichen andeuten. Wie schon im Kapitel über die reinen Rotationsspektren ist es auch hier vorteilhaft, für die Betrachtung der Wechselwirkung von Rotation und Schwingung wieder bestimmte Gestalttypen von Molekülen zugrunde zu legen. Die Wechselwirkung der beiden Anregungsarten wird sich in gewissen Veränderungen der Rotationsterme und im Auftreten spezieller Effekte äußern.

1. Lineare Moleküle

Wie bei den zweiatomigen können wir auch bei den vielatomigen linearen Molekülen in erster Näherung den Rotationsschwingungsterm als Summe des Schwingungs- und Rotationsterms allein ansetzen:

$$T = G(v_1, v_2, \ldots) + F(J)\,. \tag{I, 6.1}$$

Unter der Einwirkung der Schwingung wird nun aber die in $F(J)$ auftretende Rotationskonstante B für verschiedene Schwingungsniveaus etwas verschiedene Werte annehmen:

$$B_{[v]} = B_e - \alpha_1\left(v_1 + \frac{1}{2}\right) - \alpha_2\left(v_2 + \frac{1}{2}\right) + \cdots, \tag{I, 6.2}$$

wobei die α_i klein gegen B_e sind und $[v]$ abkürzend für die Gesamtheit $v_1, v_2, \ldots$ aller Schwingungsquantenzahlen steht. Um auch entartete Schwingungen zu erfassen, schreiben wir dies mit der uns schon bekannten Bezeichnungsweise

[I, 6.3] $$B_{[v]} = B_e - \sum \alpha_i \left(v_i + \frac{d_i}{2}\right);$$

die Summation ist über alle Schwingungen zu erstrecken, wobei entartete nur einmal zählen.

Die Wirkung der Zentrifugalkräfte zwingt uns wieder zur Einführung einer weiteren Rotationskonstante D, die ebenso wie B nunmehr von allen Schwingungsquantenzahlen und zwar in zu [I, 6.3] analoger Weise abhängt, jedoch ihrer Kleinheit wegen häufig vernachlässigbar ist. Der Rotationsterm eines linearen vielatomigen Moleküls für nichtentartete Schwingungszustände lautet demnach

[I, 6.4] $$F_{[v]}(J) = B_{[v]} J(J+1) - D_{[v]} J^2 (J+1)^2.$$

In entarteten Niveaus bringt der mit der Quantenzahl l gequantelte Drehimpuls zusätzliche Glieder herein:

[I, 6.5] $$F_{[v]}(J) = B_{[v]}[J(J+1) - l^2] - D_{[v]}[J(J+1) - l^2]^2.$$

Es ist üblich, die mit l behafteten Glieder in das entsprechende Glied des Schwingungsterms in [I, 5.32] mit hineinzunehmen. Auch gilt die Regel, daß J nicht kleiner als l sein kann, d. h.

[I, 6.6] $$J = l, l+1, l+2, \ldots,$$

oder mit anderen Worten, die Zustände mit $J = 0, 1, \ldots, l-1$ treten nicht auf. Damit ergibt sich der ganze Rotationsschwingungsterm zu

[I, 6.7] $$\begin{aligned} T &= G(v_1, v_2, \ldots) + F_{[v]}(J) \\ &= \sum \omega_i \left(v_i + \frac{d_i}{2}\right) + \sum\sum x_{ik} \left(v_i + \frac{d_i}{2}\right)\left(v_k + \frac{d_k}{2}\right) + \sum g_{ii} l_i^2 \\ &\quad + B_{[v]} J(J+1) - D_{[v]} J^2 (J+1)^2. \end{aligned}$$

Für jedes Schwingungsniveau tritt demnach eine ganze Folge von Rotationsniveaus auf, deren Abstand in den einzelnen Schwingungszuständen etwas verschieden ist und deren erste Mitglieder bis zum $(l-1)$-ten bei entarteten Schwingungen unterdrückt sind.

Bei den zweiatomigen Molekülen hatten wir zur Beschreibung der Abhängigkeit der Rotationskonstante B von der Schwingungsquantenzahl eine Konstante α eingeführt, womit berücksichtigt wurde, daß schon für den harmonischen Oszillator der mittlere Wert des reziproken Trägheitsmoments $1/I$ verschieden von $1/I_e$ ist — obwohl $r_{\text{mittel}} = r_e$ ist — und weiter, daß infolge der Anharmonizität der Schwingung der Mittelwert von r während einer Schwingungsperiode nicht mehr mit r_e übereinstimmt. Genau denselben Umständen tragen jetzt die Konstanten α_i in [I, 6.3] Rechnung, zusätzlich aber noch einem weiteren Effekt, der sog. Coriolis-*Wechselwirkung* von Rotation und Schwingung[1]. Bekanntlich wirken auf einen Körper, der gleichmäßig rotiert, neben den Beschleunigungen von den wirkenden Kräften her noch weitere Beschleunigungen ein, deren Ursache man in durch die Rotation des Koordinatensystems hervorgerufenen Kräften, der Zentrifugalkraft einerseits und der Coriolis-Kraft andererseits, zu sehen hat. Erstere ist durch

[1] Der Coriolis-Effekt tritt natürlich auch schon bei zweiatomigen Molekülen auf, wurde von uns aber wegen seiner Kleinheit weggelassen.

[I, 6.8] $$F_{\text{zentr}} = m\, r\, w^2$$

gegeben, wenn m die Masse des betroffenen Körpers, r seinen Abstand von der Drehachse und ω die Winkelgeschwindigkeit des rotierenden Koordinatensystems bezüglich eines raumfesten bedeuten. Die CORIOLIS-Kraft drückt sich durch

[I, 6.9] $$F_{\text{Cor}} = 2\, m\, v_a\, w \sin\varphi$$

aus, worin v_a die Geschwindigkeit bezüglich des rotierenden Koordinatensystems und φ den Winkel zwischen der Richtung von v_a und der Rotationsachse bedeuten. Der wesentliche Unterschied zwischen diesen beiden zusätzlichen Kräften ist der Umstand, daß die CORIOLIS-Kraft nur für ein *bewegtes* Teilchen ($v_a \neq 0$) auftritt und senkrecht sowohl zur Drehachse wie auch zur Bewegungsrichtung verläuft. Mit der einigermaßen komplizierten Bewegung der betroffenen Partikel unter dieser Einwirkung wollen wir uns hier nicht weiter beschäftigen, sondern nur das Ergebnis für die Wechselwirkung zwischen Rotation und Schwingung eines Moleküls festhalten; während die Berücksichtigung der Zentrifugalkraft die Einführung der uns schon bekannten zusätzlichen und meist sehr kleinen Rotationskonstante D bedingt, bringt die CORIOLIS-Kraft eine neuartige Wechselwirkung hervor, die nur in *schwingenden* Molekülen auftritt und viel stärker sein kann als die Wirkung der Zentrifugalkraft. Es ist daher nützlich, die oben eingeführten Konstanten α_i in drei Anteile aufzuspalten:

[I, 6.10] $$\alpha_i = \alpha_i^{\text{harm}} + \alpha_i^{\text{anharm}} + \alpha_i^{\text{Cor}}\,.$$

Wegen der unter bestimmten Voraussetzungen möglichen Berechnung dieser Anteile sei auf ausführliche theoretische Darstellungen verwiesen. Zusätzlich zu der CORIOLIS-Wechselwirkung kann eine weitere beobachtet werden, die der früher besprochenen FERMI-Resonanz entspricht und bei angenäherter Energiegleichheit zweier Schwingungsniveaus eintritt.

Für das zu erwartende Rotationsschwingungsspektrum vielatomiger linearer Moleküle dürfen wir in ausreichender Näherung die Gültigkeit der Auswahlregeln von Schwingung und Rotation allein annehmen. Demnach sind nur solche Schwingungsübergänge erlaubt, die mit einer Änderung

[I, 6.11] $$\Delta l = 0, \pm 1,$$

und nur solche Rotationsübergänge, die mit einer Änderung

[I, 6.12] $$\Delta J = 0, \pm 1$$

verbunden sind, wobei allerdings Übergänge $J = 0 \rightarrow J = 0$ verboten und nunmehr beide Vorzeichen bedeutungsvoll sind. Entsprechend diesen Regeln sind ganz bestimmte Bandentypen im Ultrarotspektrum zu erwarten:

1. Übergänge mit $l = 0$ im oberen und unteren Zustand (*Parallelbande*, Σ-Σ-Übergang); dafür ist nur $\Delta J = \pm 1$ möglich, es gibt also einen P- und einen R-Zweig, aber keinen Q-Zweig.
2. Übergänge mit $\Delta l = \pm 1$ (*Senkrechtbande*, Π-Σ-, Δ-Π-Übergang); es ist sowohl $\Delta J = 0$ wie auch $\Delta J = \pm 1$ möglich, womit alle drei Bandenzweige auftreten, der Q-Zweig sogar stärker als die beiden anderen.
3. Übergänge mit $\Delta l = 0$, aber $l \neq 0$ (*Parallelbande*, Π-Π-, Δ-Δ-Übergang); infolge von $\Delta J = 0, \pm 1$ treten ebenfalls alle drei Bandenzweige auf, jedoch mit schwachem Q-Zweig.

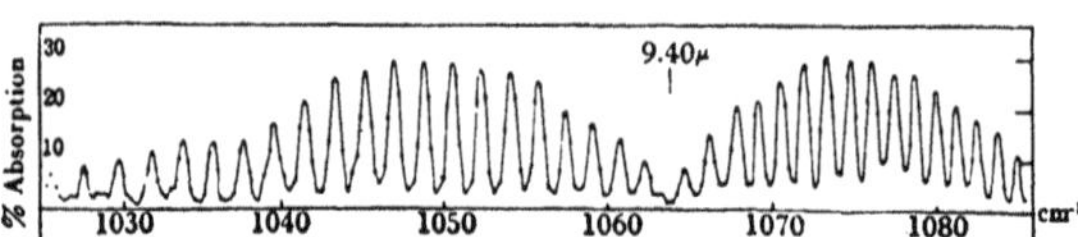

Abb. 14. Rotationsschwingungsbande des CO_2-Moleküls bei 9,40 μ als Beispiel der Parallelbande eines linearen Moleküls [nach BARKER u. ADEL, Phys. Rev. **44**, 185 (1933)]

Im Spektrum eines gegebenen Moleküls können selbstverständlich alle drei Bandentypen nebeneinander erscheinen. Für den Typ 1 (Σ-Σ) ergeben sich die zu [I, 2.52] analogen Darstellungen der beiden Zweige

[I, 6.13] $$R(J) = \nu_0 + 2B' + (3B' - B'')J + (B' - B'')J^2\,,$$

[I, 6.14] $$P(J) = \nu_0 \qquad - (B' + B'')J + (B' - B'')J^2\,,$$

worin J die Rotationsquantenzahl des unteren Zustands bedeutet, oder unter Benutzung einer Laufzahl m analog zu [I, 2.54]

[I, 6.15] $$\nu = \nu_0 + (B' + B'')m + (B' - B'')m^2$$

mit $m = J + 1$ für den R-, $m = -J$ für den P-Zweig. Es ergibt sich also wieder eine Folge von praktisch äquidistanten Linien mit ausfallender Nullinie (Abb. 14). Diese Nullücke ist charakteristisch für lineare Moleküle. Für Moleküle, die zur Punktgruppe $\boldsymbol{D}_{\infty h}$ gehören, sind die Linien abwechselnd stark und schwach; wird die von der Anwesenheit eines Symmetriezentrums herrührende Symmetrie, die in der Identität gewisser Atome sich ausdrückt, gestört, etwa durch Einführung eines isotopen Atoms, dann wird kein Intensitätswechsel mehr beobachtet. Damit ist außer für die Linearität auch für die Symmetrie des linearen Moleküls ein experimentelles Kriterium gewonnen.

Für Banden des Typs 2 ($\Pi - \Sigma$) tritt zusätzlich ein starker Q-Zweig auf, der durch

[I, 6.16] $$Q(J) = \nu_0 + (B' - B'')J + (B' - B'')J^2$$

dargestellt wird. Im allgemeinen fallen alle Linien dieses Zweiges praktisch in eine zusammen, so daß im Bandenzentrum infolge der Überlagerung eine sehr starke Linie erscheint (Abb. 15). Dafür fällt in diesem Bandentyp die Linie $P(0)$ aus,

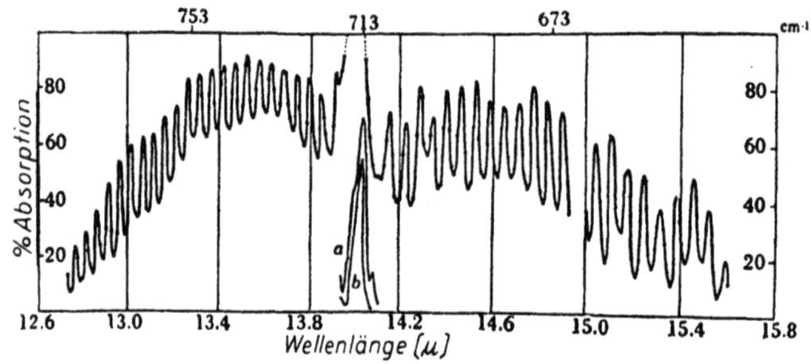

Abb. 15. Rotationsschwingungsbande des HCN-Moleküls bei 14,04 μ als Beispiel der Senkrechtbande eines linearen Moleküls. Die Kurven a und b sind für geringere Gasdrucke als die Hauptkurve gewonnen [nach CHOI u. BARKER, Phys. Rev. **41**, 777 (1932)]

ebenso häufig $P(1)$, jedoch wird deren Lage meistens vom Q-Zweig so maskiert, daß eine einwandfreie Entscheidung darüber nicht möglich ist. Haben wir es mit Σ-Π-Übergängen zu tun, so fällt anstatt $P(0)$ die Linie $R(0)$ aus. Auch hier wieder ist für Moleküle der Punktgruppe $\boldsymbol{D}_{\infty h}$ in jedem Zweig eines Π-Σ- oder Σ-Π-Übergangs Intensitätswechsel zu konstatieren, nicht jedoch für Δ-Π- und Π-Δ-Übergänge.

Die Unterscheidung zwischen Parallel- und Senkrechtbanden (Typ 1 und Typ 2) ist experimentell auch bei mäßiger Auflösung möglich, weil im ersten Fall die Enveloppe der Bande im Zentrum ein Minimum, im zweiten Fall ein starkes Maximum hat. Während die Feststellung des Minimums, wie erwähnt, zur Entscheidung über die Linearität des Moleküls ausreicht, gilt dies beim Auftreten eines Maximums nicht mehr, weil auch andere Molekültypen solche Banden mit drei Zweigen besitzen, wie wir noch sehen werden.

Banden des Typs 3 ($\Pi - \Pi$) werden in Grundschwingungen nicht beobachtet, sondern nur in Differenzbanden. Auch wenn darin der Q-Zweig nicht aufgelöst wird, erreicht die ihm entsprechende „Linie" an Intensität höchstens die des P- oder R-Zweigs. Intensitätswechsel tritt auch für $\boldsymbol{D}_{\infty h}$-Moleküle nicht auf.

Die genaue Ausmessung der Struktur des P- und R-Zweigs einer Rotationsschwingungsbande gibt uns ein akkurates Mittel zur genauen Bestimmung der Rotationskonstante B. Gemäß den Gleichungen [I, 6.13] und [I, 6.14] wird

[I, 6.17] $$R(J) - P(J) = F'(J+1) - F'(J-1) = \Delta^2 F'(J)\,,$$

[I, 6.18] $$R(J-1) - P(J+1) = F''(J+1) - F''(J-1) = \Delta^2 F''(J)\,.$$

Unter Berücksichtigung des Ausdrucks für F in [I, 6.4] — wobei der Zentrifugalterm vernachlässigt werden kann — folgt

[I, 6.19] $$\Delta^2 F(J) = 4B\left(J + \frac{1}{2}\right).$$

Demnach stellt sich $\Delta^2 F(J)$ als Funktion von J als Gerade dar, deren Neigung unmittelbar $4B$ ergibt, was sowohl für den unteren wie den oberen Zustand gilt. Die Differenz $B' - B''$ selbst wird besser und gleichzeitig mit dem Bandenzentrum ν_0 aus $R(J-1) + P(J)$ oder aus einem aufgelösten Q-Zweig bestimmt, denn es wird

[I, 6.20] $$R(J-1) + P(J) = 2\nu_0 + 2(B' - B'')J^2\,.$$

Das heißt, $R(J-1) + P(J)$ als Funktion von J^2 dargestellt, ergibt wieder eine Gerade, deren Neigung die Differenz $B' - B''$ und deren Ordinatenabschnitt ν_0 zu ermitteln gestattet.

2. *Symmetrische Kreiselmoleküle*

Auch für symmetrische Kreiselmoleküle können wir näherungsweise wieder den Rotationsschwingungsterm als Summe der Termwerte von Rotation und Schwingung ansetzen, nur haben wir zu berücksichtigen, daß nunmehr die beiden Rotationskonstanten A und B eine gleichartige Abhängigkeit von den Schwingungsquantenzahlen v_i zeigen, wie B im vorigen Abschnitt:

[I, 6.21] $$B_{[v]} = B_e - \sum \alpha_i^{(B)}\left(v_i + \frac{d_i}{2}\right) + \cdots;$$
$$A_{[v]} = A_e - \sum \alpha_i^{(A)}\left(v_i + \frac{d_i}{2}\right) + \cdots.$$

Sehen wir zunächst von entarteten Schwingungen ab, für welche die Verhältnisse etwas komplizierter liegen, dann wird also der Rotationsterm

[I, 6.22] $$F_{[v]}(J, K) = B_{[v]} J(J+1) + (A_{[v]} - B_{[v]}) K^2$$

und der Rotationsschwingungsterm

[I, 6.23] $$T = G(v_1, v_2, \ldots) + F_{[v]}(J, K).$$

Die Begrenzung des Wertevorrats von J und K ist die gleiche wie früher (siehe S. 47). Wieder ergibt sich also für ein Schwingungsniveau eine Folge von Rotationszuständen mit geringfügig veränderten gegenseitigen Abständen in den einzelnen Schwingungszuständen. Auch hier ist bei strenger Betrachtung der Einfluß der Zentrifugalkräfte in ähnlicher Weise zu berücksichtigen, wie das früher schon geschehen ist; die Kleinheit dieses Einflusses gestattet uns jedoch den Verzicht darauf.

Ziehen wir nunmehr auch (echt) *entartete* Schwingungen in unsere Betrachtung mit ein, so finden wir, daß gegenüber früher behandelten Fällen sehr viel stärkere Störungen infolge von Coriolis-*Wechselwirkungen* auftreten, indem diese nun die Einwirkungen z. B. der beiden Komponenten einer zweifach entarteten Schwingung aufeinander betreffen. Die Folge ist eine Aufspaltung des entarteten Zustands in zwei Niveaus, und die Aufspaltung, die Null ist für $K = 0$, wächst mit K, d. h. mit zunehmender Rotation um die Kreiselachse. Dieser Einfluß wird beschrieben durch eine als Coriolis-*Faktor* bezeichnete Zahl $-1 \leqslant \zeta_i \leqslant +1$, die die Größe des bei der Schwingung auftretenden Drehimpulses mißt. Der Rotationsterm schreibt sich nun

[I, 6.24] $$F_{[v]}(J, K) = B_{[v]} J(J+1) + (A_{[v]} - B_{[v]}) K^2 \pm 2 A_{[v]} \zeta_i K\,.$$

Die Berechnung der einzelnen ζ_i-Werte ist schwierig und häufig nicht durchführbar, wohl aber ist eine Aussage über die Summe der ζ_i-Werte für alle Schwingungen einer Rasse möglich, deren explizite Angabe hier jedoch übergangen sei; sie gilt streng übrigens nur, solange weder Anharmonizität noch Resonanzeffekte berücksichtigt werden müssen.

Hinsichtlich der geltenden Auswahlregel für die Quantenzahlen haben wir für symmetrische Kreiselmoleküle mehrere Fälle zu unterscheiden. Dabei ist die Auswahlregel für die Änderung der Schwingungsquantenzahl immer dieselbe, nämlich [I, 5.25]. Die wesentliche Rolle für die Änderungsmöglichkeiten der Rotationsquantenzahlen spielt jetzt die Richtung der Dipolmomentänderung oder, wie man auch sagen kann, des Übergangsmomentes: 1. Liegt es parallel zur Kreiselachse (*Parallelbande*), dann gilt

[I, 6.25a] $$\Delta K = 0, \Delta J = 0, \pm 1, \text{ wenn } K \neq 0;$$

[I, 6.25b] $$\Delta K = 0, \Delta J = \pm 1, \text{ wenn } K = 0\,.$$

2. Liegt das Übergangsmoment senkrecht zur Kreiselachse (*Senkrechtbande*), dann gilt

[I, 6.26] $$\Delta K = \pm 1, \qquad \Delta J = 0, \pm 1\,.$$

3. Hat das Übergangsmoment sowohl eine Komponente parallel wie auch senkrecht zur Kreiselachse, was bei zufällig symmetrischen Kreiselmolekülen (siehe S. 47) vorkommen kann, dann gelten die Regeln [I, 6.25] und [I, 6.26] gleichzeitig; die so entstehenden Banden heißen *Misch-*, *Bastard-* oder *Hybridenbanden.* Als weitere, die Spektren komplizierende Erscheinung muß für alle *nicht-ebenen* Mole-

küle von der Gestalt des symmetrischen Kreisels die *Inversionsaufspaltung* erwähnt werden, die — soweit nicht vernachlässigbar — jede Linie einer Bande (mit wenigen Ausnahmen) verdoppelt.

Betrachten wir zunächst nur nichtentartete Schwingungen! Dann ist mit jedem Übergang der Schwingungsquantenzahl eine ganze Folge von Übergängen der Rotationsquantenzahlen K und J nach den herrschenden Anregungsbedingungen unter Berücksichtigung von [I, 6.25] und [I, 6.26] möglich. Für jeden Wert von K sind alle Werte $J \geqslant K$ mit den für ΔJ gültigen Auswahlregeln zugelassen. Es gibt also für jeden Wert von K eine vollständige Bande, die je nachdem 2 oder 3 Zweige besitzt. Jede solche durch den K-Wert bestimmte Bande heißt *Unter-*, *Teil-* oder *Subbande*. Die eigentliche Rotationsschwingungsbande stellt sich dar als eine Überlagerung solcher Teilbanden, und zwar von so vielen, wie K-Niveaus angeregt sind (Abb. 16). Die nach den oben aufgezählten Möglichkeiten entstehenden Bandentypen werden in der Literatur abkürzend mit bestimmten Zahlen- und Buchstabensymbolen bezeichnet. P, Q oder R bedeuten den Bandenzweig, der betrachtet wird; ein vorgesetztes, hochgestelltes ^{P}, ^{Q} oder ^{R} bezieht sich auf die Übergänge

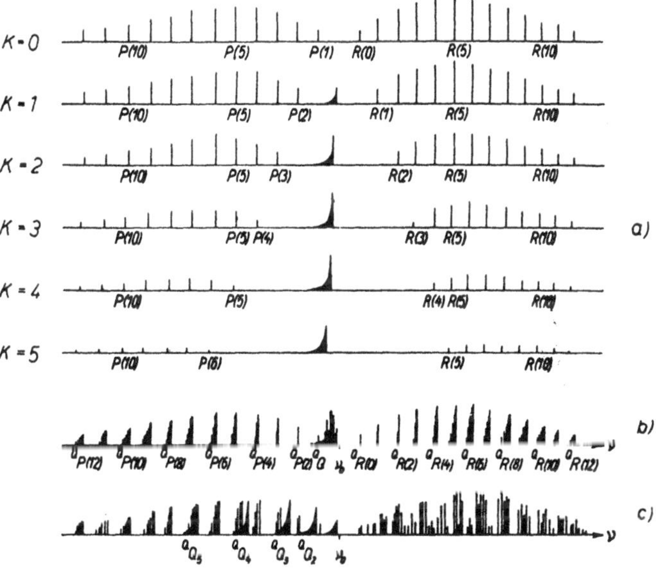

Abb. 16. Zustandekommen einer Parallelbande eines symmetrischen Kreiselmoleküls. a) Teilbanden, b) Überlagerung der Teilbanden bei geringem Unterschied der Rotationskonstantendifferenz $A - B$ in den beiden Zuständen, c) Überlagerung der Teilbanden bei größerem Unterschied [nach HERZBERG (J)]

$\Delta K = -1, \Delta K = 0$ oder $\Delta K = +1$; der K-Wert des unteren Zustands wird als Subskript geführt, und die Rotationsquantenzahl der betreffenden Linie in Klammern beigefügt. So bedeutet z. B. $^PR_4(5)$ die $J = 5$ entsprechende Linie des R-Zweiges einer Teilbande $K'' = 4 \rightarrow K' = 3$ mit $\Delta K = -1$.

Am einfachsten liegen die Verhältnisse noch bei der Parallelbande, weil für sie K konstant bleibt. Es gibt demnach für jeden K-Wert nur eine Subbande. Ist $K = 0$, so besitzt sie nur einen P- und einen R-Zweig ($\Delta J = -1$ und $\Delta J = +1$), für $K \neq 0$ zusätzlich noch einen Q-Zweig ($\Delta J = 0$). Infolge der Einschränkung $J \geqslant K$

fallen mit zunehmendem K immer mehr Linien im P- und R-Zweig fort. Wie sieht die entstehende Gesamtbande aus? Vernachlässigen wir für einen Augenblick die Wechselwirkung von Rotation und Schwingung, was in der Gleichheit der Rotationskonstanten im oberen und unteren Schwingungszustand ($A' = A''$, $B' = B''$) sich ausdrückt, so fallen alle Subbanden genau zusammen — womit gemeint ist, daß die Zentren aller Subbanden identisch sind. Außerdem stimmen auch die Q-Zweige in allen Teilbanden überein. Die Überlagerung aller Teilbanden ergibt ein Bild, wie wir es ganz gleichartig schon für Senkrechtbanden linearer Moleküle gefunden haben (siehe S. 66): einen starken Q-Zweig neben P- und R-Zweig. Der Linienabstand in letzteren ist $2B$, also ganz allein vom Trägheitsmoment um eine Achse senkrecht zur Kreiselachse abhängig. Ziehen wir nunmehr die Verschiedenheit von A' und A'' bzw. B' und B'' in Betracht, so entfällt die Äquidistanz der Linien im P- und R-Zweig zugunsten einer Konvergenz, wie wir sie auch früher gefunden haben, die Linien der Q-Zweige decken sich nicht mehr genau, und die Lagen der einzelnen Teilbanden werden entsprechend der Formel

[I, 6.27] $$\nu_0^{\mathrm{sub}} = \nu_0 + [(A'_{[v]} - A''_{[v]}) - (B'_{[v]} - B''_{[v]})]K^2$$

etwas verschieden. Bei nicht zu hoher Auflösung besitzt dann die Gesamtbande neben einem normalen P- und R-Zweig einen nur noch linienähnlichen Q-Zweig. Diese Feststellung im Experiment genügt zur Entscheidung darüber, ob ein Molekül ein symmetrischer Kreisel ist oder nicht, sofern man die lineare Anordnung aus anderen Gründen sicher ausschalten kann.

Verwickelter werden die Verhältnisse für Senkrechtbanden. Vermöge der doppelten Änderungsmöglichkeit von K, nämlich $\Delta K = +1$ und $\Delta K = -1$, treten nunmehr zwei Systeme von Teilbanden auf. Die Zentren der Unterbanden sind immer — auch bei vernachlässigter Wechselwirkung von Rotation und Schwingung — verschieden:

[I, 6.28] $$\begin{aligned}\nu_0^{\mathrm{sub}} = \nu_0 &+ (A'_{[v]} - B'_{[v]}) \pm 2(A'_{[v]} - B'_{[v]})K \\ &+ [(A'_{[v]} - B'_{[v]}) - (A''_{[v]} - B''_{[v]})]K^2 .\end{aligned}$$

Je nachdem ob wir vor dem dritten Glied rechts das positive oder das negative Zeichen wählen, erhalten wir den R-Zweig ($\Delta K = +1$ mit $K = 0, 1, 2, \ldots$) oder den P-Zweig ($\Delta K = -1$ mit $K = 1, 2, \ldots$). Wir können zur Gewinnung eines Überblicks auch hier zunächst $A' = A''$ und $B' = B''$ setzen. Dann bilden die in ν_0^{sub} zusammenfallenden Linien der Q-Zweige eine äquidistante Folge mit dem Abstand $2(A' - B')$. Die Intensität eines Q-Zweiges ist im allgemeinen so groß wie die des P- und R-Zweiges zusammen genommen. Bei der Überlagerung zur Gesamtbande beherrschen daher die Q-Zweige das Bild. Es gibt so wegen des Übergewichts der von ihnen verursachten Linienfolge und wegen der Schwäche der P- und R-Zweige, die nur als Untergrund zu zählen sind, ein Aussehen ähnlich dem einer Senkrechtbande linearer Moleküle ohne Nullücke; das Bandenzentrum liegt mitten zwischen den beiden stärksten Linien. Auch hier fallen mit wachsendem K wegen $J \geqslant K$ immer mehr Linien in den P- und R-Zweigen aus. Berücksichtigen wir nun noch die Verschiedenheit von A' und A'' bzw. B' und B'', so fallen die Linien eines jeden Q-Zweiges nicht mehr zusammen und die von den Q-Zweigen gebildete Folge konvergiert, meist gegen kürzere Wellenlängen. Senkrechtbanden dieser Art können für nichtentartete Schwingungen nur in zufällig symmetrischen Kreiselmolekülen vorkommen. In diesen Fällen liegt das Übergangsmoment aber meist nicht genau senkrecht zur Kreiselachse, so daß Hybriden entstehen, Banden also, die sowohl die Merkmale einer Parallel- wie auch einer Senkrechtbande zeigen. Dadurch werden die Spektren ganz offensichtlich außerordentlich kompliziert.

Es bedarf jetzt noch der Berücksichtigung entarteter Schwingungen. Auf Grund von Symmetrieüberlegungen läßt sich zeigen, daß für symmetrische Kreiselmoleküle Senkrechtbanden, d. h. Banden ohne Dipolmomentkomponente in der Kreiselachse, nur vorkommen können, wenn wenigstens einer der beteiligten Schwingungszustände entartet ist, es sei denn, es handle sich um zufällig symmetrische Kreiselmoleküle. Wir können annehmen, daß dieser notwendig entartete Zustand der obere sei. Die Verhältnisse sind dann ähnlich den oben besprochenen der Senkrechtbande, weil infolge hier nicht weiter spezifizierter Symmetrieeigenschaften der Zustände die CORIOLIS-Wechselwirkung nicht alle an sich denkbaren Linienaufspaltungen verursachen kann. Die mathematische Darstellung der Linien jeder Teilbande mit gegebenen Werten von K' und K'' bleibt bestehen, nur die Nullinien der Teilbanden oder mit anderen Worten ihre Q-Zweige werden anders:

$$[\mathrm{I}, 6.29] \qquad \nu_0^{\mathrm{sub}} = \nu_0 + [A'_{[v]}(1-2\zeta_i) - B'_{[v]}] \pm 2[A'_{[v]}(1-\zeta_i) - B'_{[v]}]K + [(A'_{[v]} - B'_{[v]}) - (A''_{[v]} - B''_{[v]})]K^2 .$$

Gegenüber [I, 6.28] treten jetzt also mit dem CORIOLIS-Faktor behaftete Glieder auf. Dadurch ändern sich zwar etwas die Lageverhältnisse in der Gesamtbande, vor allem weil die ζ_i-Werte für die verschiedenen entarteten Schwingungen ein und desselben Moleküls sehr verschieden sein können, ihr sonstiges Aussehen bleibt aber erhalten.

Auch für symmetrische Kreiselmoleküle bildet ähnlich wie für die linearen Moleküle die Ausmessung von Rotationsschwingungsbanden einen ausgezeichneten Weg zur Bestimmung der Rotationskonstanten. Auf Parallelbanden mit zusammenfallenden Teilbanden lassen sich zur Ermittlung der Rotationskonstante B — nicht aber A! — unmittelbar die Formeln [I, 6.17] und I, 6.18] anwenden. Für Senkrechtbanden kann auch A bestimmt werden, wenn B aus Parallelbanden bekannt ist, nämlich aus dem in K linearen Glied von ν_0^{sub} in [I, 6.28], sowie aus dem quadratischen Glied dieser Gleichung oder aus

$$[\mathrm{I}, 6.30] \qquad {}^RQ_{K-1} - {}^PQ_{K+1} = 4(A'' - A'\zeta_i - B'')K ,$$

$$[\mathrm{I}, 6.31] \qquad {}^RQ_K - {}^PQ_K = 4(A' - A'\zeta_i - B')K .$$

Beim Vorhandensein von entarteten Schwingungen, d. h. Molekülen mit einer mehr als zweizähligen Drehachse, liefert jedoch diese Methode offensichtlich nicht $A' - B'$, sondern $A'(1-\zeta_i) - B'$ bzw. $A'' - A'\zeta_i - B''$.

3. Kugelkreiselmoleküle

Die für Kugelkreisel früher gefundene Formel [I, 4.13] des Rotationsterms bleibt bestehen, nur ist bei gleichzeitiger Beachtung von Rotation und Schwingung B nunmehr von $[v]$ abhängig:

$$[\mathrm{I}, 6.32] \qquad B_{[v]} = B_e - \sum \alpha_i \left(v_i + \frac{d_i}{2}\right) .$$

Zentrifugaleinflüsse, wenn nicht vernachlässigbar, erweitern den Rotationsterm in der uns schon bekannten Weise. Der Rotationsschwingungsterm ist wieder die Summe von reinem Schwingungsterm und reinem Rotationsterm. Für entartete Schwingungen tritt infolge der CORIOLIS-Wechselwirkung wieder Aufspaltung auf.

Beschränken wir uns auf reine Tetraedermoleküle, so läßt sich zeigen, daß für die zweifach entarteten Schwingungen der Rasse E keine CORIOLIS-Aufspaltung resultiert, wohl aber für die dreifach entarteten F_1 und F_2. Es entstehen so drei Unterniveaus mit Termen, die mit F^+, F^0 und F^- bezeichnet seien:

[I, 6.33a] $$F^+(J) = B_{[v]} J(J+1) + 2B_{[v]} \zeta_i (J+1),$$

[I, 6.33b] $$F^0(J) = B_{[v]} J(J+1),$$

[I, 6.33c] $$F^-(J) = B_{[v]} J(J+1) - 2B_{[v]} \zeta_i J.$$

Auf Grund komplizierter Symmetrieüberlegungen (sog. JAHNsche Regel) kommt man zu dem Ergebnis, daß nur bestimmte Kombinationen der Terme infolge von CORIOLIS-Wechselwirkungen möglich sind. Die Auswahlregel für die Rotationsquantenzahl J lautet wieder

[I, 6.34] $$\Delta J = 0, \pm 1.$$

Im Ultrarotspektrum sind — im Gegensatz zum RAMAN-Effekt — nur Übergänge $F_2 - F_1$ erlaubt. Abgesehen von der CORIOLIS-Aufspaltung [I, 6.33] von F_2 ergibt sich eine Bande mit P-, Q- und R-Zweig. Dafür folgen die Formeln:

[I, 6.35a] $$R(J) = \nu_0 + 2B'_{[v]}(1-\zeta_i) + (3B'_{[v]} - B''_{[v]} - 2B'_{[v]}\zeta_i)J + (B'_{[v]} - B''_{[v]})J^2,$$

[I, 6.35b] $$Q(J) = \nu_0 + (B'_{[v]} - B''_{[v]})J + (B'_{[v]} - B''_{[v]})J^2,$$

[I, 6.35c] $$P(J) = \nu_0 + (B'_{[v]} + B''_{[v]} - 2B'_{[v]}\zeta_i)J + (B'_{[v]} - B''_{[v]})J^2,$$

bzw. wenn man sie zusammenfaßt,

[I, 6.36] $$\nu = \nu_0 + (B'_{[v]} + (B''_{[v]} - 2B'_{[v]}\zeta_i)m + (B'_{[v]} - B''_{[v]})m^2$$

mit $m = J + 1$ für den R-, $m = -J$ für den P-Zweig und Nullücke für $m = 0$. Bei geringem Einfluß der Schwingungen auf B, d. h. für $B' - B'' = 0$, wird der gegenseitige Linienabstand $2B(1-\zeta_i)$ also, wegen der Verschiedenheit von ζ_i für verschiedene Schwingungen, in verschiedenen Banden völlig unterschiedlich. Wenn z. B. das zugehörige Trägheitsmoment bekannt ist, so lassen sich auf diesem Weg die verschiedenen ζ_i-Werte bestimmen. Umgekehrt lassen sich auf Grund der Tatsache des ζ_i-Summensatzes aus gemessenen Werten des Linienabstands aller aktiven Grundschwingungen B und I_B berechnen. Mit ausreichender Auflösung werden die höheren Rotationslinien von Kugelkreiselmolekülen mit komplexer Struktur gefunden, eine Folge der in den höheren Rotationsniveaus stärker ausgeprägten CORIOLIS-Störung.

4. *Asymmetrische Kreiselmoleküle*

In der theoretischen Behandlung der Rotationsschwingungsspektren asymmetrischer Kreiselmoleküle können wir uns nach dem Vorausgegangenen kurz fassen. In allen Rotationskonstanten sind die Schwingungseinflüsse zu berücksichtigen:

[I, 6.37] $$A_{[v]} = A_e - \sum \alpha_i^{(A)}\left(v_i + \frac{d_i}{2}\right), \quad B_{[v]} = B_e - \sum \alpha_i^{(B)}\left(v_i + \frac{d_i}{2}\right),$$
$$C_{[v]} = C_e - \sum \alpha_i^{(C)}\left(v_i + \frac{d_i}{2}\right).$$

Die α_i sind jeweils klein gegen die Rotationskonstanten in der Gleichgewichtslage. Letzteren entsprechend haben wir drei Trägheitsmomente

$$[I, 6.38] \qquad A_e = \frac{h}{8\pi^2 c I_A^{(e)}}, \quad B_e = \frac{h}{8\pi^2 c I_B^{(e)}}, \quad C_e = \frac{h}{8\pi^2 c I_C^{(e)}},$$

wobei die Bezeichnung so gewählt ist, daß $I_A^{(e)} < I_B^{(e)} < I_C^{(e)}$ ist. Anstatt aus den A_e, B_e, C_e können wir auch aus den $A_{[v]}$, $B_{[v]}$ $C_{[v]}$ Trägheitsmomente ableiten. Diese effektiven Trägheitsmomente sind keineswegs einfach die Mittelwerte der Trägheitsmomente im betrachteten Schwingungszustand $[v]$, sondern unterscheiden sich davon. Der Rotationsschwingungsterm schreibt sich in Anlehnung an [I, 4.16]

$$[I, 6.39] \qquad T = G(v_1, v_2, \ldots) + \frac{1}{2}(B_{[v]} + C_{[v]})\, J(J+1) + \left[A_{[v]} - \frac{1}{2}(B_{[v]} + C_{[v]})\right] W_{\tau [v]}.$$

Für jeden Wert von J gibt es $2J+1$ verschiedene Energieniveaus, jedoch ist ihre Lage für jeden Schwingungszustand etwas verschieden.

Die Auswahlregeln lauten wieder

$$[I, 6.40] \qquad \Delta J = 0, \pm 1.$$

Je nachdem ob die Richtung der Dipolmomentänderung parallel zur Achse des kleinsten, mittleren oder größten Trägheitsmoments liegt, ergibt sich ein anderer Bandentyp. Für Moleküle der Punktgruppe $\boldsymbol{C}_{2v}$, $\boldsymbol{V}$ oder $\boldsymbol{V}_h$ wird er als *Typ A*, *Typ B* oder *Typ C* bezeichnet; bei noch niedrigerer Symmetrie treten Mischtypen (Hybriden) auf. Zur Beschreibung der einzelnen Typen ist es vorteilhaft, das Verhältnis der Trägheitsmomente, etwa

$$[I, 6.41] \qquad \varrho = \frac{I_A}{I_B} = \frac{B}{A}$$

einzuführen.

Typ A-Bande: Die Bande ähnelt bei nicht zu hoher Auflösung der Parallelbande symmetrischer Kreiselmoleküle, besitzt also ein nicht aufgelöstes zentrales Maxi-

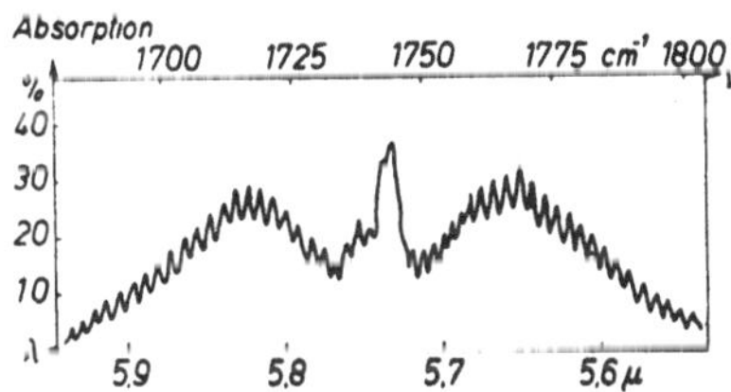

Abb. 17. Rotationsschwingungsbande des H_2CO-Moleküls bei 5,73 μ als Beispiel einer Typ A-Bande [nach Nielsen, Phys. Rev. **46**, 117 (1934)]

mum mit je einem Zweig äquidistanter Linien zu beiden Seiten, solange ϱ klein ist (Abb. 17), während für große ϱ die Linien des Q-Zweigs getrennt erscheinen und mit abnehmendem ϱ bei gleichzeitiger Intensitätsabnahme gegen das Bandenzentrum rücken.

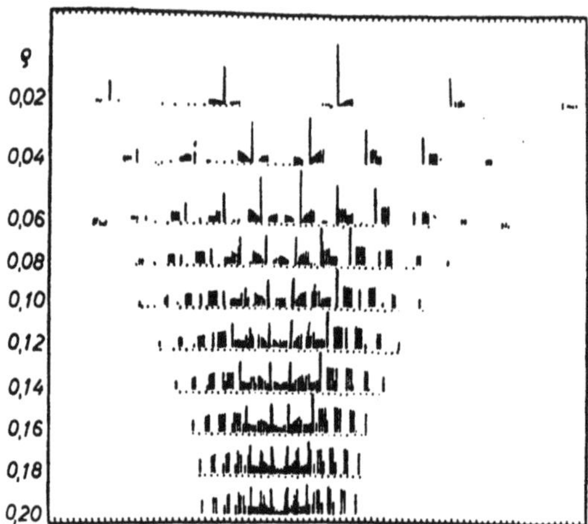

Abb. 18. Aussehen einer Typ B-Bande bei verschiedenem Wert des Rotationskonstantenverhältnisses $\varrho = B/A$ [nach NIELSEN, Phys. Rev. **38**, 1432 (1931)]

Typ B-Bande (Abb. 18): Sie besitzt keinen starken, zentral liegenden Zweig, vielmehr überlagern sich die Linien des Q-Zweigs dem P- und R-Zweig. Für $\varrho = 1$ stimmt der Typ B mit Typ A überein; im Grenzfall $\varrho = 0$ entspricht ihre Struktur der Senkrechtbande eines symmetrischen Kreiselmoleküls.

Typ C-Bande: Das sich ändernde Dipolmoment liegt in der Achse des größten Trägheitsmoments. Für kleine ϱ-Werte ist die Struktur praktisch identisch mit der des Typs B. Für $\varrho \rightarrow 1$ geht sie über in die Parallelbande eines symmetrischen Kreiselmoleküls mit starkem Q-Zweig und einem Linienabstand von $2A = 2B = 4C$ im P- und R-Zweig.

Genügt die verfügbare Dispersion nicht zur Auflösung der Rotationsstruktur der Banden, dann reicht auch die Enveloppe zur Entscheidung über den Bandentyp aus: Typ A zeigt für jeden Wert $\varrho \neq 0$ ein ausgeprägtes zentrales Maximum mit je einem begleitenden Maximum auf jeder Seite. Ein ähnliches Bild liefert der Typ C, jedoch ragt für kleine ϱ-Werte der zentrale Zweig nicht mehr so stark hervor, so daß die ganze Bande mehr ein einziges breites, allmählich auslaufendes Maximum darstellt. Der Typ B hat kein zentrales Maximum, jedoch bildet der Q-Zweig je ein gleich hohes Maximum auf jeder Seite des Bandenzentrums, das nach mehr oder weniger flachem Minimum von einem breiten, vom P- bzw. R-Zweig herrührenden Maximum gefolgt wird (Abb. 19); mit abnehmendem ϱ treten die beiden mittleren

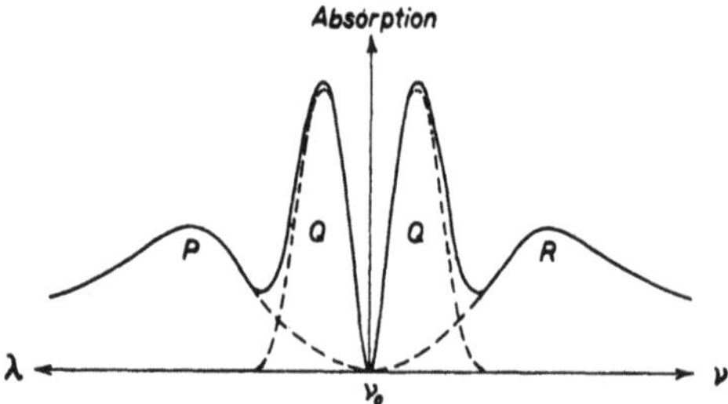

Abb. 19. Typ B-Bande eines nichtebenen asymmetrischen Kreiselmoleküls mit den Rotationskonstantenverhältnissen $B/A = 0{,}73$ und $C/A = 0{,}64$ bei ungenügender spektraler Auflösung [nach BADGER u. ZUMWALT, J. Chem. Phys. **6**, 711 [1938)]

Maxima allmählich zurück, außerdem täuscht unzureichende Auflösung häufig nur ein Zentralmaximum vor, also ein Aussehen wie Typ C. Die Ausmessung der vorhandenen Feinstruktur der Rotationsschwingungsbanden von asymmetrischen Kreiselmolekülen führt, genau wie bei den anderen Molekültypen, auch zur Kenntnis bestimmter Molekülkonstanten, jedoch ist der Weg dahin erheblich mühevoller, weswegen auf Einzelheiten darüber verzichtet sei.

5. *Moleküle mit innerer Rotation*

Es erweist sich als notwendig, Moleküle mit freier oder nur mäßig behinderter innerer Rotation, d. h. Rotation eines Molekülteils um einen anderen, gesondert zu behandeln, weil diese Erscheinung neue Komplikationen mit sich bringt. Die Auswirkungen der inneren Rotation auf das reine Schwingungsspektrum wurden schon auf S. 61 behandelt. Im Spezialfall eines symmetrischen Kreiselmoleküls mit dem Trägheitsmoment I_A bezüglich der Kreiselachse und völlig freier Rotation zweier Molekülteile (Trägheitsmomente $I_A^{(1)}$ und $I_A^{(2)}$) kommt zum normalen Rotationsterm $F(J,K)$ zusätzlich das Glied

[I, 6.42] $$F_t(k_1, k) = \frac{A_1 A_2}{A}\left(k_1 - k\frac{A}{A_1}\right)^2$$

hinzu. Darin bedeuten

[I, 6.43] $$A_1 = \frac{h}{8\pi^2 c\, I_A^{(1)}}, \quad A_2 = \frac{h}{8\pi^2 c\, I_A^{(2)}}, \quad A = \frac{h}{8\pi^2 c\, I_A}$$

die den Trägheitsmomenten zugeordneten Rotationskonstanten und $k = \pm K$, während k_1 den K-Wert des Molekülteils 1 bezeichnet, für den

[I, 6.44] $$k_1 = 0, \pm 1, \pm 2, \ldots$$

gilt. Anstatt [I, 6.42] können wir auch

[I, 6.45] $$F_t(k_1, k) = A_1 k_1^2 + A_2 k_2^2 - A k^2$$

schreiben, wenn wir $k_2 = k - k_1$ als Quantenzahl des Molekülteils 2 einführen. Demnach ist der ganze Rotationsterm

[I, 6.46] $$F(J, K, k_1, k_2) = BJ(J+1) - BK^2 + A_1 k_1^2 + A_2 k_2^2.$$

Durch Vergleich mit [I, 4.6] ersieht man, daß im Falle freier innerer Rotation AK^2 durch $A_1 k_1^2 + A_2 k_2^2$ ersetzt ist. Werden die beiden Molekülteile gleich, so wird $A_1 = 2A$ und anstatt [I, 6.42] ergibt sich

[I, 6.47] $$F_t(k_1, k) = A(2k_1 - k)^2 = A(k_1 - k_2)^2 = A K_i^2,$$

wenn wir $K_i = k_1 - k_2$ als Quantenzahl der inneren Rotation einführen.

Ist die innere Rotation nicht ganz frei, aber auch nicht völlig behindert, mit anderen Worten, ist die Potentialschwelle zwischen den beiden identischen Potentialminima nur mäßig hoch, so müssen die Energiezustände offensichtlich zwischen denen der beiden Grenzfälle der gerade behandelten freien Rotation und der Torsionsschwingung (siehe S. 61) liegen. Sie erweisen sich als aufgespalten in zwei Komponenten, deren Abstand mit abnehmender Potentialschwelle zunimmt. Unter Umständen kann eins der so gebildeten Unterniveaus seinerseits wieder entartet sein, wie es z. B. für CH_3OH der Fall ist.

In symmetrischen Molekülen, wie C_2H_6 oder C_2H_4, ist die Torsionsschwingung inaktiv, und das gilt auch noch für die freie innere Rotation. Ein reines Rotationsspektrum der freien Rotation gibt es also nicht. Für das Rotationsschwingungsspektrum gelten die Auswahlregeln

[I, 6.48a] $\Delta K_i = 0$ für $\Delta K = 0$,

[I, 6.48b] $\Delta K_i = \pm 1$ für $\Delta K = \pm 1$.

Nur für Senkrecht-, nicht aber für Parallelbanden kann also K_i sich ändern. Demzufolge ist die Struktur der Parallelbanden eines symmetrischen Kreiselmoleküls unabhängig davon, ob eine freie innere Rotation besteht oder nicht, wie man aus dem Verhalten der wegen $\Delta K_i = 0$ zusammenfallenden Teilbanden ersieht. Für die Senkrechtbanden ist jedoch eine etwas andere Struktur zu erwarten, wenn freie innere Rotation vorhanden ist, und zwar sollte jeder der linienähnlichen Q-Zweige in eine Reihe von praktisch äquidistanten Linien des Abstands $2B$ aufspalten. Eine derartige Bandenstruktur wurde bisher noch nicht beobachtet, woraus geschlossen wird, daß es in C_2H_6 keine freie innere Rotation gibt.

In unsymmetrischen Molekülen ist die Torsionsschwingung ultrarotaktiv und damit auch eine etwaige innere Rotation, sofern sie frei erfolgt. Von besonderem Interesse ist das Beispiel des CH_3OH-Moleküls. Hier kann nur die OH-Gruppe mit nicht verschwindendem Übergangsmoment um die Kreiselachse rotieren, so daß die Auswahlregeln für das Spektrum der inneren Rotation lauten:

[I, 6.49] $\Delta J = 0, \pm 1, \quad \Delta K = \pm 1, \quad \Delta k_1 = \pm 1, \quad \Delta k_2 = 0\,.$

Hierin bezieht sich der Index 1 auf die OH-, der Index 2 auf die CH_3-Gruppe. Für die Linien der Q-Zweige der freien inneren Rotation folgt eine Doppelserie

[I, 6.50] $\nu = A_1 - B \mp 2BK \pm 2A_1 k_1$

(oberes Zeichen für positives, unteres für negatives ΔK und Δk_1). Für das Rotationsschwingungsspektrum sind die Auswahlregeln

[I, 6.51a] $\Delta k_1 = 0, \quad \Delta k_2 = 0$ für Parallelbanden ($\Delta K = 0$),

[I, 6.51b] $\Delta k_1 = \pm 1, \quad \Delta k_2 = 0$ oder $\Delta k_1 = 0, \Delta k_2 = \pm 1$ für Senkrechtbanden ($\Delta K = \pm 1$),

letzteres je nachdem, ob das Schwingungsdipolmoment von Teil 1 oder Teil 2 des Moleküls gemeint ist. Demnach bleibt die uns schon bekannte Struktur der Parallelbande unberührt. Hingegen zeigt die Senkrechtbande eine kompliziertere Struktur: Zusätzlich zu den bekannten Teilbanden tritt eine weitere Unterteilung jeder Teilbande auf. Einzelheiten seien hier übergangen, zumal das theoretische und experimentelle Material noch der Ergänzung bedarf.

7. Kapitel: Ultrarotspektren von Flüssigkeiten und Festkörpern

1. Änderungen in der Rotationsstruktur der Banden

Die bisherigen Überlegungen und Rechnungen bezogen sich durchweg nur auf Substanzen im *gasförmigen* Zustand. Dessen wesentliches Kennzeichen gegenüber dem flüssigen und festen Zustand ist die erheblich geringere Molekülpackung, die uns erlaubt, jedes Molekül als frei und unbeeinflußt von Nachbarmolekülen anzusehen. Wo das — etwa bei vom Idealzustand stark abweichenden Gasen — nicht ausreichend der Fall ist, genügt im allgemeinen eine Druckverminderung zur Herstellung des Idealzustands. Im Spektrum drückt sich dieser dadurch aus, daß die gemäß theoretischer Überlegungen erwarteten Erscheinungen auftreten und höchstens von *inner*molekularen Wechselwirkungen beeinflußt werden, nicht jedoch von *zwischen*molekularen. Die Folge ist die Ausbildung der Rotationsschwingungsbande, wie wir sie kennengelernt haben. Andererseits eröffnet die Herstellung einer allmählich dichter werdenden Molekülpackung, etwa auf dem Wege über eine fortschreitende Druckerhöhung, das Studium der einsetzenden und wachsenden Wechselwirkungen auch zwischenmolekularer Natur in den damit verbundenen Veränderungen des Spektrums. Mit zunehmendem Druck wird die Zahl der Stöße zwischen den Molekülen größer, und die auf diese Stoßdämpfung zurückzuführende Verbreiterung der einzelnen Rotationslinien ist die erste zu beobachtende spektrale Veränderung. Dabei ist es im allgemeinen gleichgültig — wenn auf die gleiche Zahl absorbierender Moleküle im Strahlengang umgerechnet wird —, ob die Druckerhöhung durch das absorbierende Gas selbst oder bei Erhaltung seines Partialdrucks durch den Zusatz eines nicht absorbierenden Fremdgases erzielt wird, wofür in der Hauptsache die dipollosen zweiatomigen und die Edelgase in Frage kommen. Durch diese Stoßdämpfung einerseits und durch andere Wechselwirkungen zwischen den Molekülen andererseits, die mit abnehmendem gegenseitigen Abstand einsetzen, wird die Rotationsstruktur der Schwingungsbanden immer mehr verwischt, um schon vor Erreichung des flüssigen Zustands nur noch eine Andeutung der früheren Zweigstruktur in Gestalt zweier oder dreier Absorptionsmaxima zu besitzen und schließlich im flüssigen Zustand ganz zu verschwinden. In Abb. 20 ist dieser allmähliche Übergang am Beispiel der 1. Oberschwingung von

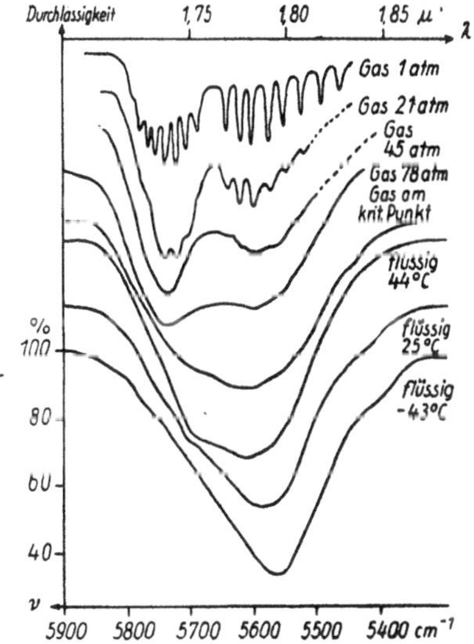

Abb. 20. Oberschwingungsbande des HCl-Moleküls bei 1.76 μ im gasförmigen und flüssigen Aggregatzustand bei verschiedenen Drucken und Temperaturen [nach WEST, J. Chem. Phys. **7**, 795 (1939)]. Der Ordinatenmaßstab ist für die einzelnen Kurven verschoben

HCl gezeigt. Mit weiterer Erhöhung der Moleküldichte ändert sich das Spektrum weiter, zunächst langsam, dann mit Erreichung des kristallisierten festen Zustands wieder auffälliger, indem nunmehr die Banden eine geringere Halbwertsbreite aufweisen und daher schärfer und ausgeprägter erscheinen.

Es wurde sehr viel Mühe, sowohl in theoretischen wie auch in experimentellen Untersuchungen, aufgewendet, um die angedeuteten Veränderungen im Spektrum zu erfassen und zu interpretieren. Wir können auf diese Arbeiten im einzelnen nicht eingehen. Nur so viel sei hier vermerkt, daß bei wenigen Molekülen mit sehr großer Rotationsaufspaltung, wie etwa H_2O, NH_3, CH_4 u. ä., auch im flüssigen Zustand in ausreichend verdünnten Lösungen in einem inerten Lösungsmittel eine Rotationsstruktur der Schwingungsbanden zu erwarten ist und auch teilweise beobachtet wurde [Buswell u. a. (*127*), Breneman u. Williams (*103*), Greinacher u. a. (*336*)]. Ähnliches gilt auch hinsichtlich der Struktur von Rotationsbanden im langwelligen Ultrarot [Datta u. Barrow (*1237*)]. Die Spektren der reinen Flüssigkeiten jedoch sollten in praktisch allen Fällen frei von Anzeichen freier, gequantelter Rotation sein, und dem entspricht auch die Beobachtung. Ähnliches gilt für Festkörper. Die gelegentlich bemerkte Struktur ist auf andere Weise, z. B. als Auswirkung einer Wechselwirkung zwischen den Molekül- und den Gitterschwingungen, zu erklären.

2. *Schwingungen in Flüssigkeiten und Festkörpern*

Im Gegensatz zu den gerade besprochenen Rotationsmerkmalen erleiden die Schwingungsmerkmale in den Spektren keine oder meist nur geringe Veränderungen beim Übergang vom Gas zur Flüssigkeit oder zum Festkörper. Diese Veränderungen beziehen sich einmal auf geringfügige *Verschiebungen* in der spektralen Lage der zugehörigen Banden — wofür ebenfalls Abb. 20 ein Beispiel ist —, sodann aber auch auf das Erscheinen *neuer* Banden im Flüssigkeitsspektrum. Der erstere Effekt bleibt im allgemeinen innerhalb einer höchstens fünfprozentigen Wellenzahländerung und bewirkt fast immer eine Verkleinerung der Schwingungsfrequenzen. Dabei können sich verschiedene Schwingungen ein und desselben Moleküls aus bisher noch nicht geklärten Gründen durchaus verschieden verhalten. Während für mehr theoretische Belange diese Lageunterschiede zwischen Gas- und Flüssigkeitsspektren beachtet werden müssen, spielen sie für die praktischen Belange der Ultrarotspektroskopie keine oder nur eine sehr untergeordnete Rolle.

Bedeutungsvoll ist das Auftreten neuer Banden im Spektrum beim Übergang vom Gas zur Flüssigkeit, was auch als so starke Lageverschiebung an sich bestehender Banden angesprochen werden kann, daß die allgemeine Wechselwirkung der dichter gepackten Moleküle dafür nicht mehr verantwortlich gemacht werden darf, sondern spezielle Effekte zur Erklärung herangezogen werden müssen. Die Ursache dieser Erscheinung ist in jedem Fall die Bildung von Molekül*aggregationen*, von assoziativ, d. h. über Nebenvalenzen, oder von polymer, d. h. über Hauptvalenzen, verbundenen Komplexen. Der wichtigste Effekt in der ersten Gruppe ist die *Wasserstoffbrückenbindung* zwischen den Sauerstoff- und Stickstoffatomen verschiedener Hydroxyl- und Aminogruppen, sowie zwischen Hydroxyl- bzw. Aminogruppen einerseits, Carbonylgruppen andererseits, wozu noch einige andere Fälle, z. B. die Assoziation von HF, kommen. Sie bedingt im allgemeinen eine Verlagerung der OH- bzw. NH-Valenzschwingungsbande gegenüber dem Gasspektrum zu kleineren

Wellenzahlen. Das Ausmaß dieser Verschiebung liefert einen Anhalt für die Stärke der Brückenbindung. Eine solche Verschiebung der OH-Bande kann demnach zur Aufdeckung einer Chelation oder zur Erkennung von mehr oder weniger stabilen polymeren Molekülen dienen. Das bekannteste Beispiel sind die Alkohole. Man weiß aus ihren Ultrarotspektren, daß im flüssigen Zustand keine einzelnen Moleküle vorhanden sind, sondern nur zu im allgemeinen polymeren Komplexen assoziierte. In stark verdünnter Lösung in einem inerten Lösungsmittel jedoch tritt neben der verschobenen auch die unverschobene, im Gaszustand allein vorhandene OH-Bande auf, womit bewiesen ist, daß nunmehr auch nicht-assoziierte Alkoholmoleküle existieren. Die Bandenintensität gibt die Möglichkeit, den Assoziationsgrad zu bestimmen. Wir kommen auf diese Erscheinungen noch einmal zurück.

Für Substanzen mit der Möglichkeit zur inneren, behinderten Rotation wird jedoch beim Übergang von der Flüssigkeit zum kristallisierten festen Zustand häufig eine entscheidende Vereinfachung des Spektrums dergestalt beobachtet, daß vorher sehr starke Banden restlos verschwinden. Ganz offensichtlich ist dies darauf zurückzuführen, daß von den möglichen Rotationsisomeren im Kristall nur ein einziges beständig ist. Diesem Effekt kommt erhebliche Bedeutung zu. Einmal kann damit die Existenz von *Rotationsisomerie* überhaupt nachgewiesen werden. Darüber hinaus ist diese Beobachtung der Vereinfachung des Spektrums bei der Kristallisation auch noch für die Deutung des Flüssigkeitsspektrums und die theoretische Zuordnung seiner Banden zu bestimmten Schwingungen wichtig. Es ist klar, daß ein solches Flüssigkeitsspektrum mit zwei oder gar mehreren Rotationsisomeren auf Grund unserer bisherigen Überlegungen und Regeln kaum mit Erfolg gedeutet werden kann, denn schließlich enthält es im allgemeinen ja die Banden sozusagen von mehreren Molekülen, die im einzelnen kaum zu entwirren sein werden. Nur wenn das betreffende Molekül bezüglich der Einfachbindung, um die innere Rotation erfolgen kann, symmetrisch gebaut ist, wie es z. B. beim Äthan der Fall ist, werden die Rotationsisomeren spektroskopisch ununterscheidbar. In jedem anderen Fall enthält das Spektrum für jedes Isomere den vollständigen Satz der Grundschwingungen gemäß den herrschenden Symmetrie- und Aktivitätseigenschaften. Von besonderem Nachteil ist dies für die Erkennung der mit den Schwingungen der CC-Glieder verbundenen Banden. Für Moleküle, die nur zwei Rotationsisomere besitzen, bringt dann die Hinzunahme des Spektrums im kristallisierten Zustand meist die für eine weitgehende Aufklärung notwendige Erleichterung. Das bei tiefen Temperaturen existente Isomere kann aus thermodynamischen und energetischen Überlegungen erschlossen und sein Spektrum ihm zugeordnet und gedeutet werden (wozu natürlich, wenn immer möglich, auch die Ergebnisse der RAMAN-Spektroskopie heranzuziehen sind). Damit sind dann auch die entsprechenden Banden im Flüssigkeitsspektrum gedeutet. Aus der Anzahl der nun noch verbleibenden Banden ist zunächst einmal ein Schluß auf die Zahl der überhaupt vorhandenen Rotationsisomeren möglich. Bei insgesamt zwei wird meistens der dem zweiten zugehörige Satz Grundschwingungen an Hand der noch verbleibenden Banden erkennbar sein. Selbst wenn dies nicht in vollem Ausmaß erreichbar ist, so liefert dennoch die theoretische Analyse des ersten Isomeren genügend Anhaltspunkte für eine mehr oder weniger gestützte Analyse auch des zweiten. Auch auf diese Verhältnisse werden wir an Hand praktischer Beispiele nochmals zurückkommen. Wichtig ist ferner, daß aus dem Temperaturverhalten der Banden der verschiedenen Rotationsisomeren ein Wert für den Energieunterschied zwischen ihnen erhalten werden kann.

Während, wie wir gesehen haben, das Schwingungsspektrum des freien Moleküls im Gaszustand im wesentlichen von den Symmetrieeigenschaften des Moleküls, nämlich von der Punktgruppe, zu der es vermöge seiner Geometrie gehört, abhängt, treten im geordneten kondensierten Zustand, also im *Kristall*, zwar ähnliche, aber andere Kriterien hervor. Die Ordnung der Moleküle im Gitterverband des Kristalls wird bekanntlich durch bestimmte *Raumsymmetriegruppen* zusammen mit der Angabe, wieviel Moleküle in der *Elementarzelle* vorhanden sind, beschrieben. Eben diese Angaben bestimmen auch den Charakter des Schwingungsspektrums von Kristallen.

Allgemein lassen sich die Bewegungsformen der Atomkerne im Kristall einordnen in zwei Arten von Schwingungen: 1. *Gitterschwingungen* der starr gedachten Moleküle gegeneinander und 2. *Molekülschwingungen* innerhalb der einzelnen Moleküle. Letztere werden denen des freien Moleküls wenigstens angenähert entsprechen, aber von den zwischenmolekularen Kräften mehr oder weniger modifiziert werden. Demnach hängt es von der Stärke dieser zwischenmolekularen Kräfte in der Elementarzelle ab, wie verschieden oder ähnlich das Kristallspektrum dem des Einzelmoleküls ist, sofern dessen Rotationen als behindert angesehen werden. Je stärker also die Zusammenhaltkräfte des Kristallverbandes sind oder mit anderen Worten, je stärker polar das Molekül ist, desto größere spektrale Unterschiede zwischen Gas bzw. Flüssigkeit und Kristall sind zu erwarten.

Bei der Symmetriebetrachtung haben wir von der Symmetrie der Elementarzelle des Kristalls auszugehen, die im allgemeinen, aber nicht notwendigerweise niedriger sein wird als die Symmetrie des Einzelmoleküls. Sie wird mathematisch in ähnlicher Weise durch Angabe einer Gruppe, der sogenannten *Raum*- oder *Faktorgruppe*, beschrieben, wie wir es mit den Punktgruppen für das freie Molekül kennengelernt haben. Sie bestimmt die geltenden Auswahlregeln und die Aktivität der erlaubten Schwingungsrassen. Die durch eine bestimmte Faktorgruppe gegebene Symmetrie einer Elementarzelle kann bei gleichzeitig gegebener Zahl der in der Elementarzelle vorhandenen Moleküle nur noch in bestimmter Weise verwirklicht werden. Dabei ist jedem Kristallteil seinerseits eine gewisse Symmetrie eigen, die ihrerseits durch eine *Lagegruppe*[1] beschrieben wird. Jede Faktorgruppe kann nur ganz bestimmte Lagegruppen enthalten, die man bei HALFORD (*348*) angegeben

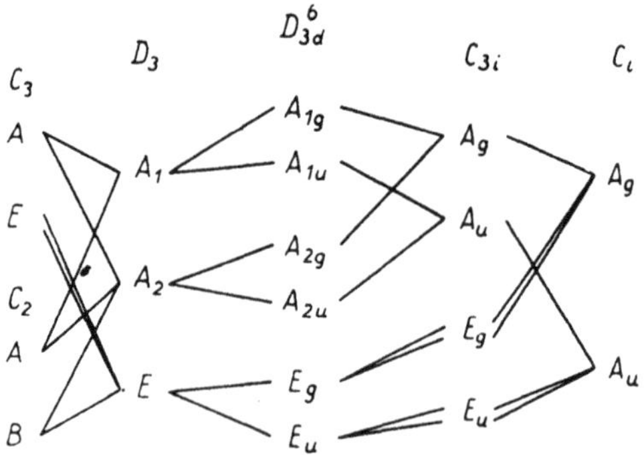

Abb. 21. Beziehungen der Schwingungsrassen in den Lagegruppen der Raumgruppe D_{3d}^6 zueinander [nach HORNIG (*339*)]

[1] Gewöhnlich als „Gitterkomplex" bezeichnet.

findet. Zum Beispiel gehören zur Faktor- oder Raumgruppe $\boldsymbol{D}_{3d}^{6}$ die Lagegruppen $\boldsymbol{C}_2$, $\boldsymbol{C}_3$, $\boldsymbol{D}_3$, $\boldsymbol{C}_{3i}$ und $\boldsymbol{C}_i$. Bei einem Kristall dieser Raumgruppe bestimmt die Anzahl der Moleküle in der Elementarzelle die möglichen Lagegruppen; für Calcit $CaCO_3$ z. B. mit 2 Molekülen in der Elementarzelle sind es die Gruppen $\boldsymbol{D}_3$ (für das CO_3-Ion) und $\boldsymbol{C}_i$ (für das Ca-Ion). Die in einer Lagegruppe erlaubten Schwingungsrassen korrespondieren gesetzmäßig mit den Rassen in anderen, zu derselben Raumgruppe gehörigen Lagegruppen, wie das nach HORNIG (*399*) in Abb. 21 für die Raumgruppe $\boldsymbol{D}_{3d}^{6}$ gezeigt ist. Daraus ersieht man z. B., daß jede zu den Gruppen $\boldsymbol{C}_2$ und $\boldsymbol{C}_3$ gehörende Rasse in der Gruppe $\boldsymbol{D}_3$ Beiträge zu je zwei Rassen liefert. Jede Rasse aus $\boldsymbol{D}_3$ wiederum liefert Beiträge zu je zwei Rassen in $\boldsymbol{D}_{3d}^{6}$, usw. Dabei können offensichtlich Änderungen in der Aktivität auftreten, insbesondere für Rassen, die in einer Gruppe im ganzen Schwingungsspektrum (RAMAN- und Ultrarotspektrum) überhaupt verboten sind. Als Beispiel seien nach PIMENTEL u. MCCLELLAN (*654*) in Abb. 22 die Symmetrieklassen für gasförmiges und festes Naphthalin angeführt. Zu diesen Symmetrieeinflüssen kommt weiterhin eine häufig zu beobachtende Aufspaltung von Schwingungen im Kristallspektrum, die außer von der Symmetrie insbesondere von der Molekülzahl in der Elementarzelle beherrscht wird. Schließlich werden die Spektren auch noch durch Polymorphieeffekte beeinflußt. Die Verhältnisse liegen jedoch zu kompliziert, um hier ausführlich darauf einzugehen.

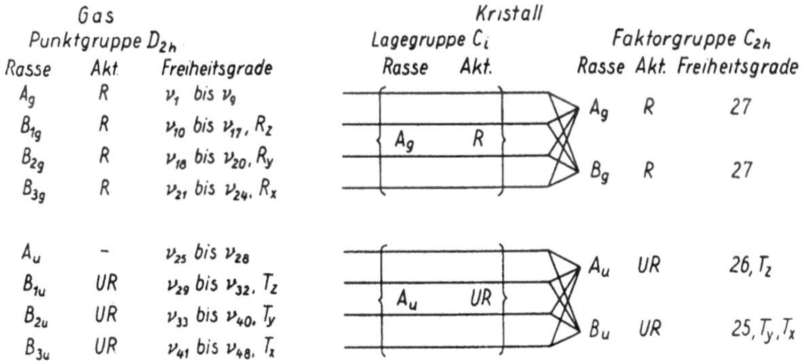

Gas: Punktgruppe D_{2h}			Kristall: Lagegruppe C_i		Faktorgruppe C_{2h}		
Rasse	Akt.	Freiheitsgrade	Rasse	Akt.	Rasse	Akt.	Freiheitsgrade
A_g	R	ν_1 bis ν_9	A_g	R	A_g	R	27
B_{1g}	R	ν_{10} bis ν_{17}, R_z					
B_{2g}	R	ν_{18} bis ν_{20}, R_y			B_g	R	27
B_{3g}	R	ν_{21} bis ν_{24}, R_x					
A_u	-	ν_{25} bis ν_{28}	A_u	UR	A_u	UR	26, T_z
B_{1u}	UR	ν_{29} bis ν_{32}, T_z					
B_{2u}	UR	ν_{33} bis ν_{40}, T_y			B_u	UR	25, T_y, T_x
B_{3u}	UR	ν_{41} bis ν_{48}, T_x					

Abb. 22. Schwingungsrassen für gasförmiges und kristallines Naphthalin [nach PIMENTEL u. MCCLELLAN (*654*)]

Außer den schon angeführten Arbeiten seien noch die folgenden zum näheren Studium empfohlen: CARPENTER u. HALFORD (*133*), HALFORD u. SCHAEFER (*349*), PIMENTEL u. a. (*655*), RICHARDS u. THOMPSON (*722*), WINSTON u. HALFORD (*906*), HEXTER u. DOWS (*391*).

Die oben schon erwähnten *Gitterschwingungen* der Kristalle liegen normalerweise bei so kleinen Wellenzahlen, daß sie mit der üblichen ultrarotspektroskopischen Technik unmittelbar nicht oder nur sehr mangelhaft erfaßt werden können; die gegebene Technik dafür sind neben RAMAN-Untersuchungen Messungen im langwelligen Ultrarot, das in dieser Anwendung eine seiner wichtigsten Stützen finden wird. Allerdings können die Gitterschwingungen über die Wechselwirkung mit den Molekülschwingungen auch im gewöhnlichen Ultrarot der Messung zugänglich sein, indem die niederfrequenten Gitterschwingungen mit den höherfrequenten Molekülschwingungen Kombinationen eingehen. Aus der Schwingungsanalyse können so Werte für die Gitterschwingungen erhalten werden, die aber dem Verfahren ihrer Gewinnung entsprechend im allgemeinen mehr oder weniger mit Fehlern behaftet sein werden.

Eine interessante Komplikation im Schwingungsspektrum mancher Kristalle hat HAAS (*341*) erklärt. Diese Komplikation besteht z. B. in kubischen Kristallen darin, daß trotz des Vorhandenseins nur einer einzigen Art eines harmonischen Oszillators im RAMAN-Spektrum zwei Linien auftreten, denen im Ultrarotspektrum eine breite, verwaschene Bande entspricht, deren Grenzen mit den RAMAN-Frequenzen übereinstimmen. Der Effekt tritt nur für stark ultrarotaktive Schwingungen auf und läßt sich auf der Grundlage der klassischen Dispersionstheorie als Wechselwirkung der schwingenden Dipole deuten. Auch gewisse Effekte im Spektrum einachsiger Kristalle lassen sich so erklären.

Neben den durch Symmetrieeinflüsse bedingten Änderungen im Spektrum eines Kristalls gegenüber dem Gasspektrum muß weiter an die mit dem Kristallbegriff untrennbar verbundene *räumliche Orientierung* der Einzelmoleküle im Gitter gedacht werden. Sie kann, je nach den gerade vorliegenden Verhältnissen, bewirken, daß im Einzelmolekül hochaktive Schwingungen im Kristall bei Untersuchung mit polarisierter Strahlung nicht erscheinen, weil die räumliche Orientierung den schwingenden Dipolen keine in Richtung der untersuchenden Strahlung liegende Momentkomponente erlaubt. Demgemäß werden Kristallspektren, genauer gesagt die Spektren von Einkristallen und geordneten Kristallverbänden, aber nicht von räumlich statistisch verteilten Kristallmannigfaltigkeiten, die Erscheinung des Dichroismus zeigen, d. h. eine Abhängigkeit der Absorption von der Schwingungsrichtung der untersuchenden Strahlung. Wir kommen darauf später noch zurück. Beschränken wir uns auf Molekülkristalle, für die die zwischenmolekularen Kräfte im allgemeinen erheblich kleiner sind als die innermolekularen — so daß Gas- und Kristallspektrum, von Orientierungseffekten abgesehen, einigermaßen ähnlich sind —, so kann ein Kristall in erster Näherung als „orientiertes Gas" betrachtet werden. Tatsächlich hat diese Modellvorstellung für die Deutung mancher Kristallspektren sich als recht brauchbar erwiesen. Eine derartige Anwendung findet man z. B. für Naphthalin bei PIMENTEL u. a. (*655*).

Während also die Schwingungsspektren von Gasen und von Kristallen durch im einzelnen zwar vielleicht komplizierte, aber grundsätzlich doch einfache Überlegungen gedeutet werden können, ist die Lage für Flüssigkeiten ziemlich hoffnungslos. Dieser Zustand völliger Unordnung bei gleichzeitiger Ausprägung starker Wechselwirkungskräfte zwischen den einzelnen Molekülen hebt Auswahlregeln, die durch die Symmetrie entweder des freien Moleküls oder des Kristallverbandes gegeben sind, mehr oder weniger auf. Demnach haben wir für Flüssigkeiten der Bandenzahl nach die kompliziertesten Spektren zu erwarten, was von der Erfahrung bestätigt wird.

Einen interessanten Effekt in Mischungen haben KETELAAR und HOOGE (*398, 460*) beobachtet und gedeutet. Es handelt sich um Absorptionsbanden, die nur in Mischungen, aber nicht in den reinen Komponenten selbst auftreten. Sie lassen sich als Summen- bzw. Differenzschwingungen der Grundschwingungen der beteiligten Moleküle darstellen. Demnach rühren diese Banden von zwei Molekülen her, die zusammen ein Strahlungsquant absorbieren und dann gleichzeitig einen Schwingungsübergang erleiden.

II. TEIL:

Apparative Ausrüstung und präparative Technik der Ultrarotspektroskopie

Die Ausstattung eines mit ultrarotspektroskopischen Untersuchungen beschäftigten Laboratoriums war bis vor gar nicht langer Zeit auf die Erfindungs- und Konstruktionstätigkeit der Bearbeiter selbst angewiesen. Solange – und das gilt etwa bis Mitte der dreißiger Jahre – die Ultrarotspektroskopie allein ein Teil der nur Physiker und wenige Strukturforscher näher interessierenden allgemeinen Strahlungsphysik und ihr Zweck hauptsächlich auf den Einbau dieses Spektralgebietes in das allgemeine physikalische Weltbild und die Gewinnung rein physikalisch-technischer Stoffkonstanten ausgerichtet war, stellte die apparatebauende Industrie nur spärlich und oft in unzulänglicher Ausführung Geräte kommerziell zur Verfügung. Da viele Messungen im ultraroten Spektralbereich dicht an die Grenze des meßtechnisch Möglichen gehen, war der damit beschäftigte Physiker in einem dauernden Kampf um die Empfindlichkeit, Genauigkeit und Meßsicherheit seiner Apparaturen begriffen und mußte teilweise zu heute schon grotesk anmutenden Maßnahmen, wie Aufstellung der Geräte in thermokonstanten, erschütterungsfreien, immer verdunkelten Kellerräumen, Messungen nur zur Nachtzeit u. dgl. greifen. Das wurde schlagartig anders, als die Entwicklung die Ultrarotspektroskopie zu einem unentbehrlichen Hilfsmittel nicht nur des forschenden, sondern auch des praktischen Chemikers machte und vor allem die chemische Industrie dieses Verfahren zur Lösung ihrer mannigfachen Probleme in immer stärkerem Ausmaß heranzuziehen begann. Diese Entwicklung setzte Mitte der zwanziger Jahre in den Laboratorien der Badischen Anilin- & Soda-Fabrik AG, Ludwigshafen, ein, erreichte dort Ende der dreißiger, Anfang der vierziger Jahre einen ersten Höhepunkt, wurde dann in und nach dem zweiten Weltkrieg von der amerikanischen Industrie in Forschung und Praxis in großem Umfang aufgegriffen und hat sich nunmehr von dort in alle Kulturstaaten ausgebreitet. Im Rahmen dieser immer noch nicht ganz abgeschlossenen Entwicklung stellt heutzutage die Industrie unter Ausnutzung der Fortschritte auf zahlreichen Gebieten des Meßwesens für ultrarotspektroskopische Messungen Apparate verschiedenster Art mit teilweise bewunderungswürdigen Eigenschaften zur Verfügung. Die Genauigkeit, Empfindlichkeit und Betriebssicherheit dieser Geräte ist vielfach so groß, daß man sich ihrer ohne allzu tiefen Einblick in ihre Wirkungsweise und ihren Aufbau bedienen kann, wie man sich etwa eines gängigen elektrischen Meßinstruments bedient. Demzufolge ist es für den Ultrarotspektroskopiker, der solche Messungen nicht als Selbstzweck, sondern als Mittel zur Lösung bestimmter chemischer Probleme ausführt, heutzutage auch nicht mehr unbedingt notwendig, in das Verständnis der letzten Feinheiten und theoretischen Zusammenhänge seiner Geräte einzudringen; das sind Fragen, die in erster Linie die für die grundsätzliche Weiterentwicklung verantwortlichen Physiker und Ingenieure interessieren, und diese müssen bei ernsteren Störungen der Geräte wegen deren kompliziertem Aufbau sowieso mit ihrem Spezialwissen herangezogen werden. Wir beschränken uns daher in den folgenden Kapiteln darauf, einen Überblick über den derzeitigen Stand der Geräteentwicklung zu geben, der dem Praktiker eine für seine Vorhaben ausreichende Beurteilung und Auswahl ermöglicht. Wegen vieler grundsätzlicher Fragen und Feinheiten müssen wir auf die Lehrbücher und Spezialwerke der Physik verweisen.

1. Kapitel: Strahlungsquellen

1. Allgemeines

Das ultrarote Spektrum eines Stoffes vermittelt uns, wie wir gesehen haben, die Kenntnis eines Teils der Energiezustände seiner Moleküle. Um diese häufig nur um geringe Beträge auseinanderliegenden Energieniveaus abzutasten und zahlenmäßig festzulegen, bedarf es einer entsprechend feinen Meßsonde, die dieser Aufgabe qualitativ und quantitativ angepaßt ist. Diese Meßsonde finden wir in elektromagnetischer Strahlung geeigneter Frequenz, die mit den Schwingungs- und Rotationsfrequenzen des untersuchten Moleküls übereinstimmen muß. Da nun eine gegebene Molekülart immer zahlreiche Energiezustände enthält, über deren Lage wir zunächst nichts wissen, muß unsere als Meßsonde benutzte Strahlung möglichst alle nur denkbaren Frequenzen des interessierenden Bereichs enthalten oder mit anderen Worten: Wir benötigen eine Strahlung mit kontinuierlichem Emissionsspektrum. Eine solche wird bekanntlich von festen und flüssigen Körpern nach Maßgabe bestimmter Gesetzmäßigkeiten ausgesandt, während gasförmigen Körpern eine selektive, d. h. auf wenige, meist schmale Wellenlängengebiete begrenzte Emission eigen ist. Aus Gründen der Handhabung scheiden natürlich Flüssigkeiten in der Praxis der Strahlungsquellen aus.

Die Strahlungsemission fester Körper hängt von ihrer Temperatur, ihrer Oberflächenbeschaffenheit und der chemischen Zusammensetzung ab. Je höher die Temperatur eines Körpers ist, desto höher ist die von ihm bei jeder Wellenlänge emittierte Strahlung. Daher werden als Strahlungsquellen für ultrarotspektroskopische Zwecke feste, glühende Körper, meist mit elektrischer Heizung, benutzt. Da die Messung der Strahlungsenergie einer herausgegriffenen Wellenlänge um so leichter und sicherer möglich ist, je größer jene ist, erstrebt man im allgemeinen, jedoch mit gewissen noch zu besprechenden Einschränkungen, eine möglichst hohe Glühtemperatur der Strahler. Nun nimmt mit dieser die Lebens- oder Nutzungsdauer schnell ab, so daß in der Praxis ein Kompromiß zwischen beiden geschlossen werden muß. Die Unterschiede in der chemischen Natur und der Oberflächenbeschaffenheit der realen Körper sind so mannigfaltig, daß Aussagen über die Strahlungsemission auch bei bekannter Temperatur nur Sinn haben, wenn sie auf einen wohl definierten Standard bezogen werden. Als solcher wurde von den Physikern der Begriff des *Schwarzen Körpers* geschaffen, ein Körper, der bei gegebener Temperatur und Wellenlänge ein Maximum von Strahlungsenergie emittiert, in dieser Eigenschaft von keinem anderen Körper übertroffen werden kann und der zu feinmeßtechnischen und Eichzwecken auch tatsächlich mit beliebiger Annäherung zu realisieren ist, nicht aber zu Dauergebrauchsmessungen. Seine Strahlungsemission wird durch wenige, gut untersuchte Gesetze beschrieben, deren wichtigstes das PLANCK*sche Strahlungsgesetz* ist: Die von einem Schwarzen Körper der absoluten Temperatur T °K in einem Wellenlängengebiet $\Delta\lambda$ mit der mittleren Wellenlänge λ je Flächeneinheit in die Raumwinkeleinheit emittierte polarisierte Strahlungsleistung ist gegeben durch [1]

$$J_\lambda = E_\lambda \cdot \Delta\lambda = \frac{c_1}{\lambda^5}\left(e^{\frac{c_2}{\lambda \cdot T}} - 1\right)^{-1} \cdot \Delta\lambda\,, \tag{II, 1.1}$$

[1] Unpolarisierte Strahlung erfordert zusätzlich einen Faktor 2, Strahlung bezogen auf den Halbraum zusätzlich einen Faktor π.

worin c_1 und c_2 von T und λ unabhängige Konstanten bedeuten. Dieses Gesetz, dessen graphische Darstellung — die Isotherme oder Isochromate der Schwarzen Strahlung, je nachdem T oder λ konstant angenommen wird — so bekannt sein dürfte, daß wir auf die Wiedergabe verzichten — zumal wir sogleich ähnliche Kurven kennenlernen —, gestattet die Ableitung aller Eigenschaften der Strahlung: der Gesamtstrahlung (STEFAN-BOLTZMANNsches Gesetz), des Gesetzes von der Verschiebung des Emissionsmaximums mit der Temperatur nach immer kürzeren Wellen (WIENsches Verschiebungsgesetz), der Verteilung der Emission auf einzelne herausgegriffene Wellenlängenbereiche u. a. m. Wenn auch in der Praxis der Schwarze Körper als Strahlungsquelle für ultrarotspektroskopische Zwecke nicht brauchbar ist, so geht doch das Bestreben dahin, die benutzten Quellen ihm möglichst anzunähern. Die Auswahl ist jedoch nicht sehr groß; von einigen Spezialtypen abgesehen, werden fast nur der *Nernst*-Stift und der *Globar* verwendet.

2. *Der* NERNST-*Stift*

Der NERNST-Stift [1] [MUNDAY (*597*)] ist ein wenige Zentimeter langes und etwa 1 bis 3 mm dickes massiv- oder hohlzylindrisches Stäbchen aus Zirkonoxid mit Zusätzen von Yttriumoxid und Oxiden anderer seltener Erden und gelegentlich geringfügigen anderen Bestandteilen. Im kalten Zustand ist diese Masse elektrisch nicht leitend, wird aber bei Erwärmung auf ungefähr 800° C leitend und kann dann bei mit der Temperatur fallendem Widerstand durch Stromwärme geheizt werden. Zum Zwecke der Stromzuführung werden an den Enden des Stäbchens Platindrähtchen in die NERNST-Masse eingebettet. Das Vorwärmen geschieht entweder mittels eines kleinen Gasflämmchens oder besser, sauberer und den Stift schonender so, daß man seitlich in der Nähe eine oder günstiger zwei auf Keramik aufgezogene Platindrahtwicklungen anbringt, die elektrisch geheizt werden und durch Strahlung und Konvektion den NERNST-Stift bis zum Einsetzen genügender Leitfähigkeit erwärmen; häufiges Löschen — durch Abschaltung der Spannung — und Wiederentzünden vermeidet man tunlichst mit Rücksicht auf die Lebensdauer. Die elektrischen Betriebsdaten hängen von den Stiftabmessungen und der gewünschten

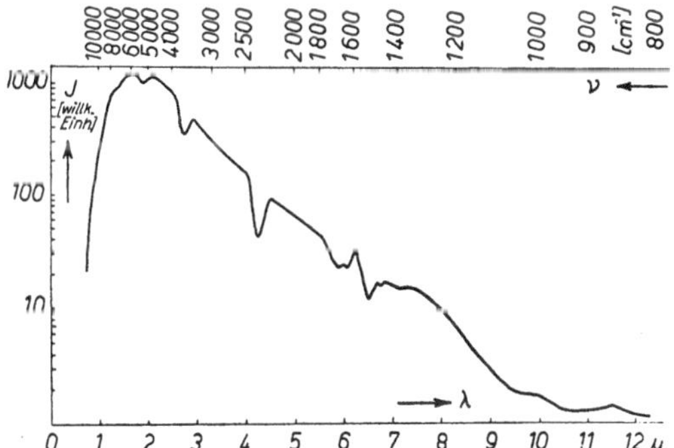

Abb. 23. Spektrale Energieverteilung der Emission eines mit ungefähr 1900° K brennenden NERNST-Stiftes bei Zerlegung mittels eines NaCl-Prismas

[1] Bezugsquelle: British Thomson Houston Export Comp., Ltd., Rugby (Warwickshire), England; alle Lieferanten von Ultrarotspektrometern mit NERNST-Stiftausrüstung.

oder benötigten Temperatur ab; seine Leistungsaufnahme liegt für Stifte normaler Größe zwischen 50 und 100 Watt. Die Emission kommt der eines gleichtemperierten Schwarzen Körpers recht nahe (50—60%), zumindest bei genügend hoher Temperatur, während bei niedriger Temperatur im kurzwelligen Teil des Spektrums mäßige Selektivitäten beobachtet werden, die jedoch nur von geringem oder gar keinem Einfluß auf die Brauchbarkeit des NERNST-Stiftes sind (*C*). In Abb. 23 ist die Emissionskurve eines NERNST-Stiftes bei einer Temperatur von ungefähr 1900° K im Bereich von 1 bis 12 μ dargestellt; die darin erkennbaren Abweichungen vom glatten Verlauf der PLANCK-Kurve hauptsächlich bei etwa 2.7, 4.25 und 6—7μ rühren nicht von Emissionseigentümlichkeiten des Stiftes selbst her, sondern von atmosphärischen Absorptionen infolge Wasserdampfs und Kohlendioxids in der Luft. Diese Kurve veranschaulicht bei Beachtung des Ordinatenmaßstabs augenfällig die gewaltigen Emissionsunterschiede für verschiedene Wellenlängen: Zwischen der Ausstrahlung im Maximum und bei 12μ oder gar noch größeren Wellenlängen bestehen mehrere Zehnerpotenzen Unterschied — eine Tatsache, die für die technische Ausgestaltung von Ultrarotspektrometern in mehrfacher Hinsicht außerordentlich wichtig ist.

Der NERNST-Stift ist wohl die am meisten gebrauchte Strahlungsquelle im ultraroten Spektralbereich, es haften ihm aber eine Reihe bedeutender Mängel an. Einer der wichtigsten ist die Unzulänglichkeit in mechanischer Hinsicht: Bei relativ geringfügigen mechanischen Beanspruchungen, besonders durch Scherkräfte, wird der Stift zerstört. Deshalb muß seine Halterung ihm freie Beweglichkeit gestatten und dennoch seine definierte Stellung im Rahmen der Abbildungsoptik gewährleisten. Unter der Einwirkung deformierender Kräfte, die nicht zur Zerstörung führen, verbiegt sich der Stift leicht, wodurch die optische Justierung verschlechtert wird, vor allem bei den modernen Zweistrahlgeräten mit unmittelbarer Registrierung der prozentigen Absorption ein bedenklicher Vorgang. Die Emission von verschiedenen Teilen der Oberfläche kann verschieden sein, ja sogar während des Betriebs sich ändern (sog. Flackern). Weiterhin stört gelegentlich die Unmöglichkeit, den Stift bei höheren Temperaturen als ungefähr 2000° K längere Zeit zu betreiben. Bei nicht zu hohen Temperaturen kann man überschlägig mit etwa 2000 Betriebsstunden rechnen.

3. Der Globar

Unter der — amerikanischen — Bezeichnung Globar[1] ist ein Massiv- oder Hohlzylinderstab aus Siliciumcarbid zu verstehen, dessen eigentlicher Glühteil — bei einer Dicke von etwa 6 bis 8 Millimetern — meist einige Zentimeter lang ist, während die Stabenden, sei es durch Querschnittsvergrößerung, sei es durch eine besondere Leitfähigkeitspräparation, also auf jeden Fall durch Widerstandsverminderung, kalt gehalten werden. Ein Vorteil gegenüber dem NERNST-Stift ist die elektrische Leitfähigkeit des SiC auch im kalten Zustand, so daß der Globar einfach durch Anlegen der Spannung gezündet werden kann. Er benötigt allerdings im Gegensatz zum NERNST-Stift, der bei Vorschaltung eines geeignet dimensionierten Widerstandes unmittelbar mit dem Netz betrieben werden kann, einen Transformator oder eine stark belastbare Gleichspannung niedriger Voltzahl, weil er mit kleiner

---

[1] Bezugsquelle: Fa. Cesiwid, Neumühle bei Erlangen; Carborundum Comp., Niagara Falls, N. Y., USA; Lieferanten von Ultrarotspektrometern, soweit sie den Globar verwenden.

Spannung bei hoher Stromstärke brennt; seine Leistungsaufnahme ist ein Mehrfaches von der des NERNST-Stiftes, weshalb er zur Vermeidung von Störungen der Umgebung durch die starke Wärmeabstrahlung nur in einem wassergekühlten Gehäuse gebrannt werden sollte. Das Material schränkt den nutzbaren Temperaturbereich auf Werte unter 1400° C ein. Die Widerstandscharakteristik ist uneinheitlich, zunächst fallend, dann wieder ansteigend; bei längerem Betrieb treten Widerstandsänderungen bleibender Art infolge chemischer Veränderungen des Materials auf, die durch geeignete Maßnahmen in der Speisespannung kompensiert werden müssen. Die Emission des Globars entspricht ziemlich genau 75% der eines gleichtemperierten Schwarzen Körpers [BRÜGEL (*118*), SILVERMAN (*797*), siehe auch MORRIS (*1299*)].

Neuerdings haben PLYLER u. a. (*933*) die Brauchbarkeit des Globar als Strahlungsquelle im langwelligen Ultrarot näher untersucht. In diesem Spektralbereich verwendet man im allgemeinen die Quarzquecksilberlampe (s. nächsten Abschnitt). Sie erweist sich dem Globar oberhalb von etwa 70μ (unterhalb von etwa 145 cm^{-1}) überlegen. Der Faktor, der diese Überlegenheit ausdrückt, ist etwa 6 bei 200μ (50 cm^{-1}) und etwa 3 bei 100μ (100 cm^{-1}). Zwischen 200 und 500μ (50 und 20 cm^{-1}) ist die Emission des Globar gering.

Seine Lebensdauer ist der des NERNST-Stiftes überlegen. Auch diese Strahlungsquelle ist gegen mechanische Verwindung empfindlich, im ganzen ist aber die mechanische Stabilität besser als beim NERNST-Stift. Schwierigkeiten treten gelegentlich bei der Spannungszuführung auf, indem zwischen den aufgepreßten Elektroden und dem Stabmaterial veränderliche Übergangswiderstände sich ausbilden, die zu Strom- und damit zu Emissionsänderungen führen. Im allgemeinen ist aber der Globar wegen seiner größeren Masse Spannungsschwankungen gegenüber weniger empfindlich als der NERNST-Stift. Im ganzen genommen sind diese beiden Strahlenquellen gleichwertig.

4. Spezialstrahlungsquellen

Neben den beiden besprochenen und am häufigsten gebrauchten Ultrarotstrahlungsquellen werden gelegentlich zu speziellen Untersuchungen noch andere empfohlen oder benutzt. Ihre Bedeutung für die praktische Ultrarotspektroskopie ist jedoch so gering, daß wir uns mit wenigen Andeutungen und Literaturhinweisen begnügen können.

Die Steigerung der Strahlungsenergie durch Temperaturerhöhung hat praktische Bedeutung nur im Bereich der maximalen Emission und im nach der Seite der kürzeren Wellen sich erstreckenden Teil der PLANCK-Kurve. Das Strahlungsgesetz [II, 1.1] zeigt, daß im langwelligen Teil des Spektrums — und für diese Betrachtung gilt eine Wellenlänge von 10 bis 12μ schon als langwellig — Temperaturerhöhungen der Strahlungsquelle nur ziemlich geringe Emissionserhöhungen nach sich ziehen. Andererseits liegt aber gerade in diesen emissionsarmen langwelligen Gebieten die Gefahr der Verfälschung durch Streustrahlung aus den energiereicheren kurzwelligen Gebieten der maximalen Emission nahe, die natürlich um so bedeutender ist, je höher im kurzwelligen Bereich die Emission ist. Für Untersuchungen im ausgesprochen langwelligen Ultrarot, oberhalb von etwa 50μ, benutzte man daher gern den AUER-Brenner als Strahlungsquelle, den von den Gasleuchten her bekannten Glühstrumpf aus Thoroxid, der mit Gas auf ungefähr 1800° K geheizt wird. Er zeichnet sich durch sehr geringe Emission unterhalb von etwa 10μ aus, während oberhalb davon eine der Schwarzen Strahlung sehr angenäherte Emission beobachtet wird (*C*). Im ganz langwelligen Ultrarot, oberhalb 200 bis weit über 1000μ, ist nur die geeignet gefilterte Strahlung der Quarzquecksilberdampflampe brauchbar [McCubbin u. Sinton (*554*), Genzel u. Eckhardt (*297*); zur Theorie dieser Emission s. Bohdansky (*86*)]; sie enthält sowohl die Emission des Gasplasmas wie auch die der heißen Lampenwände.

Für das andere Ende des ultraroten Spektralbereichs, den kurzwelligen Teil unterhalb etwa 3μ, wird eine nach besonderen Gesichtspunkten konstruierte Wolframlampe mit V-förmigem Hohlkörper als Strahlungsquelle empfohlen [Taylor u. a. (*850*)]. Für eben diesen Bereich kommt auch die Verwendung normaler Wolframlampen in Betracht, wobei man günstigerweise keine Bandlampe benutzt, sondern eine Lampe mit eng gewickelter Wendel, weil dadurch die Strahlung mehr den Charakter der Schwarzen Strahlung annimmt.

Für den ganzen ultraroten Spektralbereich wird die Emission des Kohlebogens empfohlen, insbesondere für die Zwecke der Mikrospektroskopie, bei der besonders hohe Strahlungsintensitäten erwünscht sind. Wegen der dann aber sehr starken Streustrahlung bedarf es bei Verwendung dieser Strahlungsquelle unbedingt doppelter spektraler Zerlegung, um wirklich brauchbare Spektren zu erhalten [Rupert u. Strong (*759*), Rupert (*758*)]. Nach Spanbauer u. a. (*935*) läßt sich ein Filmprojektor-Kohlebogen gut als Strahlungsquelle in allen Spektralbereichen benutzen, in denen keine atmosphärische Absorption stattfindet. Dieselben Autoren empfehlen weiter einen elektrisch geheizten, in einer Argonatmosphäre betriebenen Kohlestab als Strahlungsquelle. Neuerdings wurde auf die Zirkon-Punktlampe als hochwirksame Ultrarotstrahlungsquelle hingewiesen [Hall u. Nester (*351*)]. Auch diese Lampe kommt wegen ihrer kleinen Emissionsfläche und hohen Leuchtdichte vor allem für die Mikrospektroskopie in Betracht [Cloud (*143*)]. Nach Turrell (*934*) ist die Zr-Lampe dem Globar hinsichtlich der Emission überlegen. Bei einer Wellenlänge von etwa 1μ ($10000 cm^{-1}$) ist der Überlegenheitsfaktor etwa 5. Er fällt dann rasch auf den Wert 2 bei etwa 4μ ($2500 cm^{-1}$) und weiter auf den Wert 1 bei etwa 14μ (etwa $700 cm^{-1}$).

Einen leicht selbst herstellbaren Strahler für Ultrarotmessungen haben Herscher (*387*), sowie Genzel u. Neuroth (*295*) angegeben. Er besteht aus einem kleinen Keramikstäbchen, auf das eine Heizwicklung aus Platin oder noch höher schmelzenden Platinlegierungen aufgebracht ist. Diese Wicklung wird in einen Zement aus Aluminium-, Thoroxid, Siliciumcarbid o. ä. eingebettet, der kurzzeitig gesintert wird. Die Heizung der Wicklung bringt den Zementbelag zum Glühen. Der Vorteil dieser Strahlungsquelle liegt in der Billigkeit, leichten und schnellen Herstellung, sowie der großen Lebensdauer bei hoher Strahlungsleistung. Ähnlich ist eine von Carlon (*1307*) beschriebene Ultrarotstrahlungsquelle. Sie besteht aus einem auf einen Isolator gewickelten, in MgO eingebetteten Widerstandsdraht in einer Metallröhre (sog. Backerrohr). Ein Überzug durch mit Ruß gefärbten Zaponlack, der dann abgebrannt wird, erhöht durch seine Verbrennungsrückstände das Emissionsvermögen im Bereich von 2 bis über 12μ hinaus beträchtlich.

2. Kapitel: Monochromatoren

Die von den Strahlungsquellen gelieferte Strahlung aller Wellenlängen durchsetzt in den üblichen Spektrometeranordnungen die zu untersuchende Substanz und wird dann qualitativ und quantitativ auf dabei erlittene Veränderungen in Abhängigkeit von der Wellenlänge untersucht. Dazu muß die Strahlung spektral, d. h. in die in ihr enthaltenen Wellenlängen oder Wellenzahlen, zerlegt werden. Diese Aufgabe fällt den Monochromatoren zu, deren Zweck es ist, aus einem Strahlenbündel aller möglichen Wellenlängen eine bestimmte, willkürlich herausgegriffene zu isolieren. Grundsätzlich besteht jeder Monochromator aus zwei zueinander parallelen Spalten willkürlich veränderlicher Breite, einer Abbildungsoptik und einem dispergierenden, d. h. die Strahlung spektral zerlegenden Mittel; als solches kommen Prismen oder Beugungsgitter, in Sonderfällen auch Interferometer in Betracht.

1. Spalte

Zu den Monochromatorspalten ist nicht allzu viel zu sagen. Grundsätzlich verwendet man heute nur noch bilaterale symmetrische Spalte, d. h. bei einer Änderung der Spaltweite bewegen sich immer beide Spaltbacken derart, daß die Mitte der Spaltöffnung erhalten bleibt und mit der Berührungslinie der Spaltbacken bei geschlossenem Spalt übereinstimmt. Die Spaltöffnungen betragen in Ultrarotspektrometern je nach Konstruktion und Zweck zwischen 10 und etwa $1000\,\mu$, bei Gittergeräten auch mehr. Es ist klar, daß ihnen eine sehr hohe mechanische Präzision, sowohl was die Parallelität der Spaltbacken wie auch ihrer Bewegung angeht, eigen sein muß, um vor allem bei kleinen Spaltweiten gut reproduzierbare Einstellungen zu ergeben. Die Spaltbacken sind einseitig, schräg gegen ihre Berührungslinie zu, scharf abgeschliffen. Prinzipiell wird, zwecks Vermeidung von störenden Reflexionen an diesen Schrägen, die nicht abgeschrägte Seite des Spaltes der ankommenden Strahlung zugekehrt; diese Spaltseite liegt also beim Eintrittsspalt des Monochromators nach außen, beim Austrittsspalt nach innen. Die Abbildungsoptik der Monochromatoren ist im allgemeinen so eingerichtet, daß die beiden Spalte optisch zueinander konjugiert sind, d. h. der eine im geometrisch-optischen Sinne das Bild des anderen ist. Bei Verwendung von Prismen zur Strahlungszerlegung wird nun das auf dem Austrittsspalt entworfene Bild des Eintrittsspaltes infolge der Besonderheiten der Abbildung durch ein Prisma hindurch nicht gerade, sondern gekrümmt, so daß das Bild des Eintrittsspaltes den Austrittsspalt nicht völlig deckt. Die Krümmung ist konvex gegen die brechende Kante des Prismas, und ihr Radius beträgt bei einmaligem Durchgang durch das Prisma [GATES (*287*), BOLZ (*88*)]

$$R = \frac{n}{n^2-1} \cdot \frac{\sqrt{1 - n^2 \cdot \sin^2 \varphi/2}}{\sin \varphi/2} \cdot \frac{f}{2}, \qquad \text{[II, 2.1]}$$

wenn f die Brennweite der Optik, n den Brechungsexponenten und φ den brechenden Winkel des Prismas bedeuten. Neben dem Prisma liefert auch die sonstige Optik des Monochromators einen Beitrag zur Krümmung des Spaltbildes, der je nach den Umständen die prismatische Krümmung vergrößern oder verkleinern kann. Zur Ausschaltung dieses für eine genaue Wellenlängenmessung störenden Krümmungseffekts wird bei hochwertigen Prismenmonochromatoren der Eintrittsspalt im Gegensinn im gleichen Ausmaß gekrümmt oder der Austrittsspalt der Bildkrümmung angepaßt. Da der in [II, 2.1] hingeschriebene Krümmungsradius von der Strahlungswellenlänge (über n) abhängig ist, gilt diese Kompensationskrümmung nur für eine einzige Wellenlänge genau, für andere um so weniger, je weiter sie von der der Rechnung zugrunde liegenden entfernt sind. Man rechnet daher mit einer für den Einsatzbereich des Monochromators mittleren Wellenlänge oder mit einer solchen, für die die Krümmung besonders kritisch ist — das sind Wellenlängengebiete mit kleiner Spaltöffnung — und nimmt für andere die Abweichung vom genauen Wert als Störung sekundärer Art in Kauf.

Die Breite der Spalte ist u. a. bei festgehaltener Wellenlänge und gegebener Strahlungsquelle für die Strahlungsenergiemenge verantwortlich, die in den Monochromator ein- und zerlegt wieder austritt. Je größer die Fläche der Spaltöffnung ist, desto größer ist diese Energie und desto leichter und genauer läßt sie sich messen. Da man aus abbildungsoptischen Gründen nicht über eine Spalthöhe von 20 bis 30 Millimetern hinausgehen kann, bleibt nur die Vergrößerung der Spaltweite. Aus anderen, später zu erörternden Gründen wünscht man aber andererseits mit möglichst geringer Spaltweite auszukommen, wobei nicht so sehr die tatsächliche Breite in Millimetern, sondern das ihr entsprechende spektrale Intervall wichtig ist, in das noch Eigenschaften der Abbildungsoptik und des Zerlegungsmittels eingehen; zwischen diesen einander widersprechenden Forderungen gilt es ein Kompromiß zu schließen.

Aus Abb. 23 ist nun ersichtlich, in welch starkem Ausmaß die Emission der üblichen Strahlungsquellen mit der Wellenlänge sich ändert. Bei konstant gehaltener Breite der Spalte würde also eine entsprechend mit der Wellenlänge sich ändernde Strahlungsenergie aus dem Monochromator austreten. Aus meßtechnischen Gründen, begründet vor allem in der Verstärkung des erhaltenen Signals, wünscht man jedoch eine wenigstens angenäherte Konstanz dieses Wertes über den ganzen erfaßten Spektralbereich. Dazu ist es notwendig, die Spalte zu verengen, wenn die Strahlungsemission zunimmt, und sie zu erweitern, wenn sie abnimmt. Diese Steuerung der Spaltweite, eins der hervorstechenden Merkmale moderner Ultrarotspektrometer, muß streng mit der Vorrichtung (Prismen-, Gitter- oder Spiegeldrehung), welche die auf den Austrittsspalt konzentrierte Strahlungswellenlänge auswählt, gekoppelt und natürlich sowohl der Emissionskurve des Strahlers, wie auch der Dispersionskurve des Zerlegungsmittels angepaßt sein. Die Kopplung zwischen beiden kann rein mechanisch über eine geeignet geformte Nockenscheibe oder — eleganter — auf elektrischem Weg erfolgen. Einzelheiten darüber folgen anläßlich der Besprechung kommerziell erhältlicher Ultrarotspektrometer.

2. *Abbildungsoptik*

Der Zweck der abbildungsoptischen Teile eines Monochromators ist ein dreifacher: 1. Zuleitung eines möglichst großen Teils der von der Quelle emittierten Strahlung zum Eintrittsspalt; 2. geometrisch-optische Veränderung gemäß besonderen Anforderungen und Weiterleitung der Strahlung zum Zerlegungsmittel und danach zum Austrittsspalt; 3. Zuleitung der den Austrittsspalt passierenden Strahlung zum Strahlungsempfänger. Aus später ersichtlichen Gründen besprechen wir hier zunächst nur diejenigen Teile der Abbildungsoptik, welche die unter 2. und 3. aufgeführten Aufgaben erledigen.

Die für ultrarotspektroskopische Zwecke vorgesehenen Geräte sind gekennzeichnet durch die fast ausschließliche Verwendung von Spiegeln anstatt Linsen. Prinzipiell wäre zwar, seit die Kristallzüchtungstechnik geeignete Materialien in ausreichender Menge und Größe zur Verfügung stellt, auch die durchgängige Verwendung von Linsen denkbar; denn die für die gleichzeitige Erfassung eines sehr breiten Spektralbereichs zu stellende Forderung ausreichender Durchlässigkeit wird heutzutage von einer ganzen Reihe von Materialien erfüllt. Die entgegenstehenden Bedenken sind: 1. mit der Strahlungswellenlänge veränderliche, sog. chromatische Abbildungsfehler, die eine gleichmäßig scharfe Abbildung für breite Spektralgebiete unmöglich machen; 2. erhöhte Energieverluste durch häufige Reflexionen an Linsenflächen (Verluste je Linse etwa 10% gegenüber etwa 5% oder weniger je

Spiegel); 3. mechanische Unzulänglichkeit der oftmals recht weichen und mit hohem kalten Fluß begabten Materialien und 4. hohe Hygroskopizität gerade der gut ultrarotdurchlässigen Materialien. Demgegenüber sind oberflächlich belegte Hohlspiegel frei von chromatischen Fehlern und Hygroskopizität, sowie gegen mechanische und chemische Angriffe bei richtiger Auswahl des Träger- und Spiegelmaterials leicht zu schützen. Im allgemeinen benutzt man auf Glas, gelegentlich auch geschmolzenem Quarz im Hochvakuum aufgedampfte Aluminium- oder Goldspiegel, die im Ultrarot sehr hohes Reflexionsvermögen — Al bis etwa 96%, Au bis 99% — mit genügender chemischer Resistenz und langer Haltbarkeit vereinen[1]. Der Schliff der Hohlspiegel ist im allgemeinen sphärisch, für Spezialzwecke aber auch parabolisch, elliptisch oder gar torisch; des weiteren werden Planspiegel zur Richtungsänderung von Strahlengängen verwendet.

Die im Inneren eines Monochromators vorhandenen Spiegel haben den Zweck, das vom Eintrittsspalt — der als sekundäre Strahlungsquelle angesehen werden kann — divergent ausgehende Strahlenbündel als telezentrisches oder, wie es häufig ausgedrückt wird, paralleles Strahlenbündel auf das Zerlegungsmittel zu werfen und die von diesem spektral zerlegten, für jede Wellenlänge unter sich immer noch parallelen Strahlen unter Rückverwandlung in ein konvergentes Strahlenbündel auf den Austrittsspalt zu konzentrieren. Die Parallelität der auf das Zerlegungsmittel auftreffenden und es durchlaufenden Strahlung muß aus abbildungstheoretischen Gründen gefordert werden. Die Anordnung der Spiegel ist verschieden, je nachdem die Strahlung nach Durchgang durch das Zerlegungsmittel wieder in sich zurückkehrt (Autokollimation) oder nicht. Wir werden darauf im Zusammenhang mit den Fragen der Einfügung des Zerlegungsmittels in den Strahlengang zurückkommen.

Die den Monochromatoraustrittsspalt durchsetzende Strahlung einer bestimmten Wellenlänge muß zu Zwecken der Messung geeigneten Strahlungsempfängern zugeführt werden. Im ultraroten Bereich bedarf es dabei einer sehr scharfen Energiekonzentration auf die kleinen Empfängerflächen. Dazu wird der z. B. 0,2 × 20 mm große Austrittsspalt im allgemeinen unmittelbar auf den Empfänger in stark verkleinertem Maßstab, etwa 5 : 1 bis 10 : 1, abgebildet. Bei Verwendung nur sphärisch geschliffener Hohlspiegel sind zu diesem Zweck mehrere Spiegel notwendig. Günstiger ist die Verwendung eines elliptischen Hohlspiegels geeigneter Exzentrizität, Brennweite und Öffnung, in dessen einem Brennpunkt die Mitte des Austrittsspaltes, in dessen anderem Brennpunkt der Strahlungsempfänger sich befindet.

In den modernen Gitter- und Interferenzspektrometern für das ferne Ultrarot tritt im Strahlengang häufig ein Bauelement auf, das als „light pipe" (Lichtleiter) bezeichnet wird und unter dieser Benennung auch schon hier und dort in gewöhnlichen Ultrarotspektrometern auftaucht. Es handelt sich dabei um zylindrische, konische oder auch mit rechteckigem Querschnitt versehene Röhren, deren Innenflächen poliert oder sonstwie reflexionsfördernd behandelt sind mit dem Zweck, möglichst alle an dem einen Ende eintretende Strahlung dem anderen Ende zuzuleiten. Solche Vorrichtungen wurden schon frühzeitig in der Ultrarottechnik benutzt — lange bevor man von einer Ultrarotspektroskopie im heutigen Sinne sprechen konnte; auch die Küvetten des ®Uras (s. S. 218) z. B. sind solche Lichtleiter. Mit diesen Vorrichtungen haben sich neuerdings Ohlmann u. a. (*1177*) beschäftigt. Lichtleiter stellen keine optische Abbildung her, der Strahlungsfluß ist vielmehr im großen ganzen gleichmäßig über den ganzen Querschnitt der Austrittsfläche verteilt. Steht an

[1] Für den speziellen Zweck der Schwächung sichtbarer und kurzwelliger Ultrarotstrahlung wurden von Cox u. Hass (*172*) und Hass u. a. (*368*) Spiegelbeläge aus mehreren Schichten — z. B. Cu-Ge-SiO oder Al-SiO-Al-SiO — beschrieben.

diesem Ende z. B. ein Strahlungsempfänger mit kleiner Empfängerfläche, dann erreicht man eine bessere Strahlungsausnutzung mit einem konischen Lichtleiter [WILLIAMSON (*1197*)], was ebenfalls schon vor Jahrzehnten beim Bau von Mikroradiometern üblich war. In der gleichen Weise kann man eine gewisse Strahlungskonzentration auf eine Probe geringer Abmessungen erzielen.

3. Prismen

Das in der Ultrarotspektroskopie früher am häufigsten gebrauchte Zerlegungsmittel ist das Prisma aus einem geeigneten Material, wobei also die Erscheinung der Dispersion, der Wellenlängenabhängigkeit des Brechungsexponenten, ausgenutzt wird. Ausreichende Dispersion muß Hand in Hand gehen mit ausreichender Durchlässigkeit für den zu untersuchenden Spektralbereich, wobei natürlich noch die Größe des Prismas, d. h. die Dicke der durchstrahlten Schicht, eine Rolle spielt. Hinsichtlich dieser beiden wichtigsten Eigenschaften eines Prismenmaterials gilt die Regel, daß je weiter ins Ultrarot hinein das Material durchlässig ist, desto geringer seine Dispersion sein wird. Von anderen Gesichtspunkten bei der Auswahl des Prismenmaterials sind dann noch zu nennen seine Hygroskopizität, seine optomechanische Bearbeitungsfähigkeit sowie seine Abmessungen.

In Tab. 7 sind alle Materialien zusammengestellt, die für Prismen in Ultrarotspektrometern verwendbar sind [1)], unter Angabe des von ihnen erfaßten Spektral-

Tabelle 7. *Prismensubstanzen für den ultraroten Spektralbereich*
(Die weniger wichtigen sind eingeklammert)

Material	Grenzwellenlänge μ	Hygroskopizität *)	Bemerkungen
Glas	2,0	0	
Quarzglas	3,5	0	Absorption bei 2,75 μ
Quarz	3,8	0	Absorption bei 2,9 μ, doppeltbrechend, optisch aktiv
LiF	6	0,26 (18)	meist Absorption bei 2,8 μ
CaF_2	9	0,0015 (18)	
(NaF)	10	4 (15)	
NaCl	15,5	36 (20)	
(KCl)	20	34 (20)	
KBr	25	53 (20)	
(KJ)	29	127 (20)	
CsBr**)	40	124 (25)	
CsJ**)	50	44 (0)	
KRS 5**)	40	0	44% TlBr + 56% TlJ, sehr weich, hohe Reflexion, giftig

*) Löslichkeit in 100 g Wasser in Gramm (abgerundet) bei der in Klammern beigefügten Temperatur in °C.

**) Literatur: CsBr: PLYLER u. ACQUISTA (*669*), RODNEY u. SPINDLER (*740*); CsJ: ACQUISTA u. PLYLER (*3*), RODNEY (*739*), MILLS u. a. (*582*); KRS 5: RODNEY u. MALITSON (*741*).

1) Bezugsquellen: Dr. KORTH, Kiel; Dr. W. SCHRADER, Wenden b. Braunschweig; Quartz & Silice (Deutschland) GmbH., Bad Pyrmont; Harshaw Chemical Corp., Cleveland, Ohio, USA, und Spektrometerlieferanten.

bereichs (im allgemeinen für ein 60°-Prisma von 75 mm Basis) und ihrer Hygroskopizität, angegeben durch die in 100 g Wasser bei Zimmertemperatur lösliche Substanzmenge. Hinsichtlich der Dispersion können zu Beurteilungszwecken ganz verschiedenartige Zahlenwerte herangezogen werden, nämlich die eigentliche (Material-)Dispersion, die Winkeldispersion (d. h. der Winkel zwischen zwei Strahlen

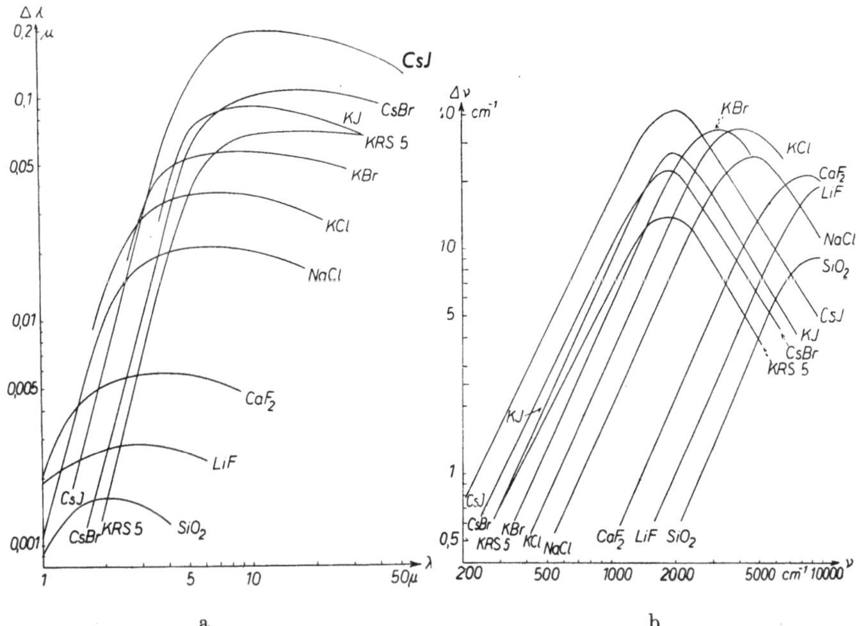

Abb. 24. Kleinster mit einem Prisma von 75 mm Basisdicke noch auflösbarer Abstand zweier Banden in Wellenlängen (a) und Wellenzahlen (b) nach dem theoretischen (RAYLEIGHschen) Auflösungsvermögen

verschiedener Wellenlänge nach Durchgang durch das Prisma) oder das theoretische, d. h. auf verschwindend kleine Spaltweite bezogene, nur von Material und Größe des Prismas abhängige Auflösungsvermögen; für die beiden letzten Kennzeichnungen ist noch die Angabe des brechenden Winkels bzw. der Basisdicke des Prismas vonnöten. In Abb. 24 ist der gerade noch aufgelöste Abstand in Wellenlängen und Wellenzahlen für eine Basis von 75 mm graphisch dargestellt; je kleiner der für ein gegebenes Material und gegebene Wellenlänge bzw. Wellenzahl daraus entnehmbare Wert $\Delta\lambda$ bzw. $\Delta\nu$ ist, desto günstiger sind die Dispersions- bzw. Auflösungseigenschaften. Zusammen mit der Tab. 7 ergibt sich daraus die vorhin erwähnte Regel über den Zusammenhang von Durchlässigkeitsbereich und Dispersion.

Aus diesen Betrachtungen ergibt sich der Schluß, daß es im Hinblick auf die Dispersion und Auflösung ungünstig ist, etwa den ganzen Bereich von 1 bis 50 μ mittels eines CsJ-Prismas untersuchen zu wollen. Maximale Auflösung bei jeder Wellenlänge wäre andererseits nur durch sukzessive Verwendung praktisch aller in Tab. 7 aufgezählten Materialien nacheinander zu erzielen, jedoch erfordert dies mannigfache Umstände und unvertretbaren Aufwand. Immerhin sind die modernen Ultrarotspektrometer durchweg auf Prismenwechsel in der einen oder anderen

Form eingerichtet, wobei man sich allerdings meist auf drei Prismen beschränkt: LiF oder CaF_2 für den kurzwelligen, NaCl für den mittleren und KBr bzw. neuerdings CsBr und CsJ für den langwelligen Bereich des mit Prismen heutzutage überhaupt erfaßbaren ultraroten Spektralbereichs[1].

Was Größe und Abmessungen der Prismen anlangt, so sind in dieser Hinsicht der brechende Winkel und die Basisdicke wichtig, womit die Länge der Seitenkante festgelegt ist, während die Höhe in damit vergleichbarem Ausmaß gewählt wird. Der brechende Winkel bestimmt im wesentlichen die Winkeldispersion, kann aber mit Rücksicht auf dann u. U. eintretende Totalreflexion im Prisma nicht beliebig groß gewählt werden. Üblich sind 60° für Materialien von mittlerem Brechungsexponenten um etwa 1,5, etwa 72° bei ausgesprochen kleinem Brechungsexponenten um etwa 1,3 und etwa 35° und kleiner bei sehr hohem Brechungsexponenten (über 2). Die Basisdicke bestimmt, wie schon erwähnt, das theoretische Auflösungsvermögen und wird deshalb gerne möglichst groß gewählt. Jedoch setzt die Größe der verfügbaren Kristallstücke einwandfreien Wachstums diesem Bestreben eine obere Grenze. Es gibt für NaCl z. B. heute schon Prismen bis 180 mm Basis, üblich sind jedoch Werte in der Gegend von 60 bis 100 mm.

Die prismatische Dispersion hängt bekanntlich in sehr komplizierter Weise von der Wellenlänge oder Wellenzahl ab. Demgemäß folgen die einzelnen Wellenlängen auf dem Austrittsspalt nach Zerlegung nicht in einer linearen Skala aufeinander, ein für die Lesbarkeit und Übersichtlichkeit der Spektren mißlicher Umstand. In modernen Spektrometern sind daher Maßnahmen ergriffen, um die Wellenlängen- oder Wellenzahlskala trotz nichtlinearer Dispersion zu linearisieren bzw. ihr einen gewünschten Verlauf, z. B. logarithmisch in λ oder ν, zu geben. Diese Entzerrungsvorrichtung ist natürlich vom Material und dem brechenden Winkel des Prismas abhängig und muß bei Prismenwechsel ebenfalls ausgewechselt werden. Bemerkungen und Hinweise dazu findet man bei Brackett (*94*).

4. *Gitter*

Gitter haben als Zerlegungsmittel für ultrarote Strahlung wegen ihrer großen Auflösungskraft und der fehlenden Beschränkung auf bestimmte Wellenlängenbereiche schon immer eine gewisse Rolle gespielt. Sie dienten dabei jedoch mehr wissenschaftlichen Untersuchungen zu Zwecken der geometrisch-dynamischen Strukturforschung aus der Rotationsfeinstruktur der Schwingungsbanden und der Erforschung jener langwelligen Spektralbereiche, für die nun einmal geeignete Prismenmaterialien fehlen. Die Entwicklung der letzten Jahre hat sie nun aber auch für die in den modernen spektroskopischen Forschungs- und Industrielaboratorien am meisten ausgenutzten Bereiche des nahen und mittleren Ultrarot zu einem überlegenen Konkurrenten der Prismen gemacht.

Zwei Fortschritte sind es in der Hauptsache, die für das Aufkommen der Gittergeräte verantwortlich zu machen sind. Dem bekannten Vorteil der größeren Dispersion stand bisher der schwerwiegende Nachteil der geringen Lichtstärke gegenüber, im wesentlichen dadurch bedingt, daß bei gewöhnlichen Gittern, etwa einer regel-

[1] Ein Monochromator, der mit drei wahlweise durch einen Handgriff einschaltbaren Prismen (LiF, NaCl, KBr) bestückt war, wurde wohl zuerst von Nielsen u. a. (*609*) beschrieben. Eine Zeitlang gab es solche Mehrprismengeräte mit automatischem Prismenwechsel auch kommerziell. Mit dem Siegeszug des Gitters als Mittel der spektralen Zerlegung von Strahlung auch im Ultrarotbereich haben sie aber an Bedeutung verloren.

mäßigen ebenen Parallelanordnung von kalibrierten feinen Drähten mit gleichbleibendem Abstand voneinander, die zugestrahlte Energie in Spektren verschiedener Ordnung aufgefächert wird, deren Intensität mit der Ordnung gesetzmäßig abnimmt. Die modernen technischen Möglichkeiten der bewußten Formgebung der Gitterfurchen bei Ritzgittern haben diesen Nachteil überwunden, weil damit die Energiekonzentration in ein Spektrum oder ganz wenige Spektren erreichbar ist. Solche Gitter werden *Echelette*gitter genannt. Sie sind die heutzutage fast ausschließlich gebrauchte Gitterform. Für hochwertige Geräte werden heute noch fast ausschließlich geritzte Originalgitter verwendet, jedoch gibt es auch schon Verfahren, die von solchen Originalgittern Kopien mit hervorragenden Eigenschaften ziemlich billig herzustellen gestatten[1]. Aus später ersichtlichen Gründen kommt man zur Zerlegung eines breiteren Spektralbereiches mit einem einzigen Gitter nicht aus. Man benutzt dann zwei oder gar mehrere, die zeitlich nacheinander an einer bestimmten Wellenlänge in den Strahlengang eingeschwenkt werden. Eine solche Anordnung nennt man eine Gittersequenz. Häufig wird auch ein Gitter in verschiedenen Ordnungen benutzt, worauf sogleich zurückzukommen sein wird. Auch der Ordnungs-

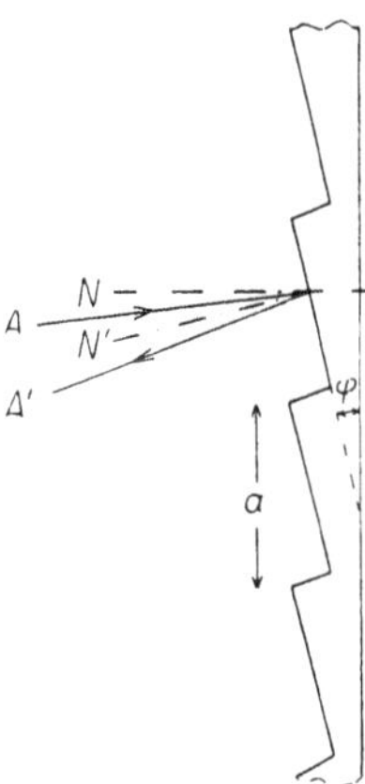

Abb. 25. Geometrische Bestimmungsstücke am Echelettegitter. α = Gitterkonstante, φ = Furchenwinkel, N = Normale auf die Gitterebene, N' = Normale auf die Furchenebene, A = Einfallsrichtung, A' = Reflexionsrichtung des Strahls

wechsel erfolgt durch eine meist automatisch ablaufende Änderung der geometrischen Anordnung des Spektrometers.

In Abb. 25 sind die für ein Echelettegitter maßgeblichen Bestimmungsstücke angegeben. Es sind dies die Gitterkonstante α und der Furchenwinkel φ. Beide Größen zusammen bestimmen die Verteilung der durch das Gitter gebeugten Strahlung auf die Spektren der verschiedenen Ordnungen, wobei eine Energiekonzentration in eine bestimmte Ordnung möglich ist. Rechnungen darüber haben Stamm u. Whalen (*823*) sowie Friedl u. Hartenstein (*278*) angestellt. Eine ausführlich dargestellte Theorie des Echelettegitters findet man bei Rohrbaugh u. a. (*744*, *745*). In der Literatur findet man bei der Beschreibung von Gittergeräten den Ausdruck „blaze", oder man liest, ein Gitter sei „blazed für eine bestimmte Wellenlänge". Damit will man ausdrücken, daß ein Gitter gegebenen Furchenwinkels so benutzt wird, daß die angegebene Wellenlänge praktisch geometrisch reflektiert wird und damit eine Energiekonzentration in einem Spektrum bestimmter Beugungsordnung stattfindet. Als Beispiel einer praktischen Ausmessung eines Echelettegitters von 2400 Furchen/Zoll und einer Konzentration von 7-μ-Strahlung im Spektrum 1. Ord-

[1] Bezugsquelle: Bausch & Lomb, Rochester, N.Y., USA.

nung betrachte man Abb. 26 nach Angaben von COLE (*153*). Sie wurde so gewonnen, daß die vom Gitter abgebeugte Strahlung der grünen Quecksilberlinie bei 5461 Å in den Spektren der verschiedenen Ordnungen gemessen wurde. Die untere Abszisse gibt diese Ordnungen für die grüne Quecksilberlinie an, die obere dagegen die Wellenlänge der Strahlung, die vermöge der Gittergeometrie im Spektrum der 1. Ordnung erscheint, die Ordinate die relative Energie. Man erkennt daraus die

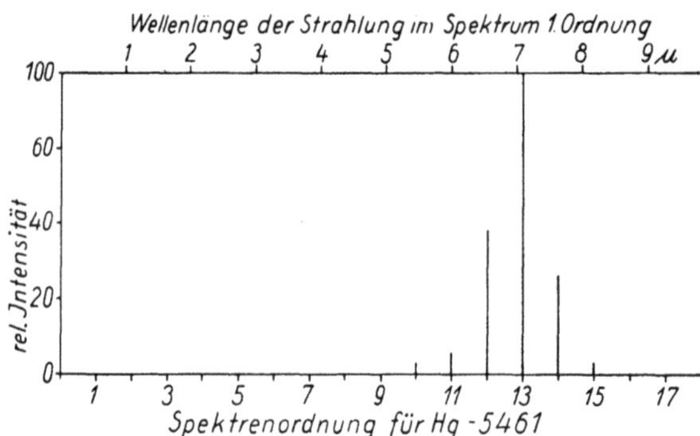

Abb. 26. Wirksamkeit eines Echelettegitters nach COLE (*153*)

hervorragende Konzentration der grünen Quecksilberlinie in die Spektren der Ordnungszahl 12 bis 14 mit ausgeprägter Betonung der Ordnung 13. Demgemäß finden wir im Spektrum 1. Ordnung hauptsächlich den Wellenlängenbereich 5 bis 15 μ, in der 2. Ordnung 3 bis 5 μ und in der 3. Ordnung 2.5 bis 3 μ. Es gelingt also, den ganzen mit einem NaCl-Prisma erfaßbaren ultraroten Spektralbereich mit diesem einen Gitter beim sukzessiven Wechsel der Ordnungen mit guten Energieverhältnissen und erheblich gesteigerter Auflösung zu erfassen. Die Umstände können sogar durch eine etwas andere Wahl der Gitterbestimmungsstücke noch verbessert werden[1)].

Allerdings bringt die Verwendung von Gittern nicht nur Vorteile. Ein gewichtiger Nachteil ist die Überlappung der Spektren verschiedener Ordnungen. Wenn ein Gittermonochromator in einer gegebenen Ordnung auf die Wellenlänge λ eingestellt ist, geht durch den Austrittsspalt nicht nur Strahlung dieser Wellenlänge, sondern auch solche der Wellenlänge λ/k, wobei k eine ganze Zahl ist. Es muß also dafür gesorgt werden, daß diese Strahlung kleinerer Wellenlänge von vornherein beseitigt und dem Gitter nur höchstens ein Spektralbereich von Oktavenbreite zur Zerlegung angeboten wird. Das kann durch eine richtige Vorzerlegung der Strahlung mittels Prisma oder Gitter oder auch durch eine geeignete Filterung geschehen.

Bei der Verwendung eines Prismas oder Gitters zur Vorzerlegung bedarf es einer geeigneten mechanischen Vorrichtung zur Synchronisierung von Vor- und Hauptzerlegung, wozu man Angaben z. B. bei FERRISO (*1154*) und EASTMAN (*1155*) findet. Bei der heute fast ausschließlich üblichen Verwendung von Filtern zu diesem Zweck – es werden praktisch nur Interferenzfilter benutzt –, ist die Vorrichtung zum Einschwenken des Filters in den Strahlengang bei einer bestimmten Wellenlänge weniger aufwendig und kompendiös; auch wird der Strahlengang insgesamt kürzer [ALPERT (*1156*)]. Ebenso verschwin-

[1)] Es könnte nach Abb. 26 so scheinen, als werde eine Strahlungskonzentration nur in den positiven Ordnungen erzielt. Tatsächlich tritt auch eine Konzentration in negativen Ordnungen, entsprechend dem „anti-blaze", auf [KNEUBÜHL (*1221*)].

den die bei Verwendung eines Prismas mit der Krümmung der Spalte zusammenhängenden Probleme, die bei Doppelmonochromatoren oft recht heikel sind.

Die früher sehr gefürchteten sog. „Gittergeister", die aufgrund periodischer Fehler in der Gitterteilung auftraten und Spektrallinien vortäuschten, wo in Wirklichkeit gar keine waren, sind durch Verbesserung der Gitterritzmaschinen heutzutage kein Problem mehr. Hingegen muß man immer noch auf die als WOOD-Anomalien bezeichneten Besonderheiten achten, die in Gestalt manchmal sehr schmaler Banden mit sehr hoher oder sehr niedriger Intensität und ausgeprägter Polarisation in den Spektren von Reflexionsgittern auftreten. Mit den Voraussetzungen für ihr Erscheinen und ihren Auswirkungen haben sich STEWART u. GALLAWAY (*1136*) befaßt. Man braucht ihnen keine Beachtung zu schenken, wenn es sich um eins der heute üblichen Doppelstrahlspektrometer handelt, die beiden Strahlengänge gleichartig betroffen sind und die energieabhängige Einstellzeit des Verstärkungs- und Anzeigesystems dadurch nicht allzusehr verlängert wird. Hingegen muß man bei Polarisationsmessungen mit Reflexionsgittern an WOOD-Anomalien denken, weil sie eine völlige Verfälschung der tatsächlichen Verhältnisse bewirken können. Man muß deshalb unbedingt die Polarisation nur eines der beiden Strahlengänge vermeiden. Aus diesem Grund soll der Polarisator immer an einer solchen Stelle in das Spektrometer eingefügt werden, die beiden Strahlengängen gemeinsam ist. Das läßt sich im allgemeinen immer erreichen. Kritischer ist die Lage bei Untersuchung von Proben, die ihrerseits als Polarisator wirken, also bei orientierten Fasern, Kristallen u. dgl., aber auch bei jeder eigentlichen Reflexionsmessung, weil ja mit jeder Reflexion eine mehr oder minder ausgeprägte Polarisation verbunden ist. Die einzige Möglichkeit, Verfälschungen durch WOOD-Anomalien zu vermeiden, ist ihre Kenntnis nach Lage und Stärke für das gerade benutzte Instrument. Hinsichtlich ihrer experimentellen Bestimmung sei auf die Veröffentlichung von STEWART u. GALLAWAY (*1136*) verwiesen.

Die Erfassung eines größeren, über eine Oktave hinausgehenden Spektralbereiches mit Gittern kann dadurch geschehen, daß man entweder mehrere Gitter verschiedener Gitterkonstante nacheinander oder dasselbe Gitter in verschiedenen Ordnungen nacheinander benutzt. Beide Möglichkeiten werden in der Praxis miteinander kombiniert angewendet, um möglichst optimale Verhältnisse zu schaffen. Man muß aber immer daran denken, daß sowohl ein Gitterwechsel wie auch ein Ordnungswechsel eine Zeit kostende Störung im zeitlichen Ablauf des Spektrometers darstellen. Deshalb wird der Ablauf im Zeitpunkt des Wechsels kurzzeitig unterbrochen. Jeder Gitter- oder Ordnungswechsel ist außerdem mit einer Dispersionsänderung verknüpft, weshalb die Programme der Steuerorgane der davon betroffenen Spektrometerfunktionen, wie z. B. der Spaltweitesteuerung, sich beim Gitter- oder Ordnungswechsel ebenfalls ändern müssen.

Trotz der beträchtlichen Energiekonzentration, die bei Echelettegittern mit geeigneter Furchengeometrie möglich ist, wird ein Gitter in der landläufigen Meinung dem Prisma in der Lichtstärke immer noch als unterlegen angesehen. JACQUINOT (*420*) hat darauf hingewiesen, daß dies nur dem Umstand zu verdanken ist, daß der Vergleich allgemeinhin unter dem Gitter nicht gerecht werdenden Bedingungen durchgeführt wird. Wenn man ein Prisma mit einem Gitter vergleicht, so hat man nach seinen Überlegungen darauf zu achten, daß 1. die Basisfläche des Prismas der wirksamen Gitterfläche gleich ist und 2. die Betrachtung für gleiche Auflösung durchgeführt wird. Dann erweist sich das Gitter dem Prisma in der Lichtstärke etwa um einen Faktor 2 bis 20 überlegen [s. a. PERRY (*641*), JACQUINOT (*421*)].

Nähere Einzelheiten über Gitterspektrometer für das kurzwellige Ultrarot findet man bei RANK u. a. (*701, 705, 706, 707*), LORD u. MCCUBBIN (*518*) und PLYLER u. BLAINE (*674*). Gitterspektrometer für das mittlere Ultrarot behandeln COLE (*153*), MARTIN (*545*), YATES u. BUHL (*922*), WHITE u. a. (*894*), FORD u. a. (*256*). HALES (*347*), WITT (*1148*), SHIMANDOUCHI u. KYOGORU (*1149*), RAO u. Mitarb, (*1150, 1151*), KRUEGER (*1152*), MCCUBBIN u. a. (*1153*) und HENDRA u. a. (*1176*).

Mit Gittergeräten für das langwellige Ultrarot befassen sich OETJEN u. a. (*618*), McCUBBIN u. SINTON (*554*, *555*), BOHN u. a. (*87*), GENZEL u. ECKHARDT (*297*), PLYLER u. ACQUISTA (*670*, *671*), PLYLER u. BLAINE (*673*), YOSHINAGA u. a. (*926*), GENZEL u. a. (*299*), ROBINSON (*735*), BLAINE (*1170*), HELMS u. a. (*1171*), KNEUBÜHL u. a. (*1172*), YOSHINAGA u. a. (*1173*), BLOOR (*1174*), MÖLLER u. a. (*1175*) und HALL u. a. (*1313*).

Die hohe spektrale Auflösung, die mit geeigneten Gittern in dem auch Prismen zugänglichen Spektralbereich erzielbar ist, ist für die Lösung so vieler Probleme unabdingbar geworden, daß mancher Besitzer eines älteren, mit einem Prisma ausgerüsteten Spektrometers an seiner Umwandlung in ein Gittergerät interessiert sein mag. Solche Umwandlungen unter Verwendung von käuflichen oder leicht selbst herzustellenden Teilen beschrei-
u. a. (*1172*), YOSHINAGA u. a. (*1173*), BLOOR (*1174*), MÖLLER u. a. (*1175*), HALL u. a. (*1313*).

5. *Interferometer-Anordnungen*

Im Bestreben, immer höhere spektrale Auflösung zwecks Trennung nahe beieinander liegender Rotationslinien und Ausmessung von Linienprofilen zu erreichen, hat sich die Ultrarotspektroskopie über Prismen- und Gittermonochromatoren hinaus in den letzten Jahren auch Interferometeranordnungen zugewendet [1].

Wie beim Beugungsgitter, wird auch beim Interferometer die Interferenz kohärenter Strahlung ausgenutzt. Während aber beim Gitter die Ordnungszahl der miteinander interferierenden Strahlen niedrig ist, erreicht sie beim Interferometer sehr hohe Werte. Daraus ergibt sich unmittelbar die hohe Auflösungskraft, die der Ordnungszahl direkt proportional ist. Das Hauptgerät ist das aus der Spektroskopie des Sichtbaren bekannte FABRY-PEROT-Etalon, das aus zwei sehr gut ebenen Platten besteht, die einander genau parallel in einem bestimmten Abstand gegenüberstehen (Abb. 27). Die interferierenden Strahlen kommen durch mehrfache Reflexi-

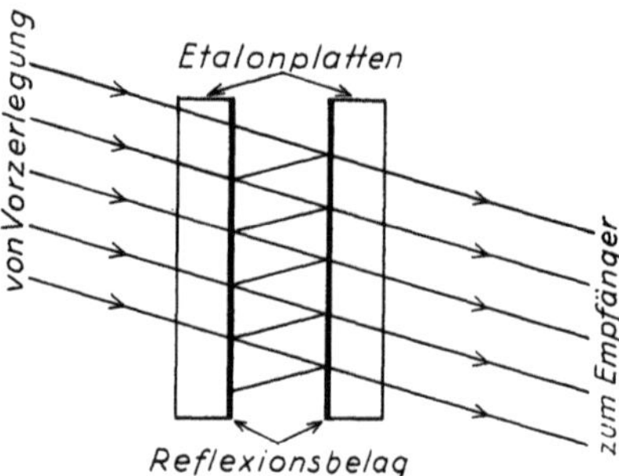

Abb. 27. FABRY-PEROT-Etalon (schematisch). Es sind nur die von der Vorzerlegung herkommende und die zum Empfänger gehende Strahlung angedeutet. Die Brechung an den Plattengrenzflächen und die Reflexion an den äußeren Plattengrenzflächen sind vernachlässigt

onen der unter wenig schrägem Einfall auftreffenden Strahlung an den Innenwänden zustande. Die Platten müssen also zur Verwendung im ultraroten Spektralbereich ultrarotdurchlässig sein. Zur Erhöhung des Reflexionsvermögens werden die Platten anstatt mit dem im Sichtbaren üblichen Aluminium oder Silber mit

[1] Fast alle Gesichtspunkte der Interferenzspektroskopie wurden während des Colloque International sur les Progres Récents en Spectroscopie Interferentielle, Bellevue 1957, behandelt. Verhandlungsberichte in J. phys. radium *19*, Heft **3** (1958).

dielektrischen Substanzen, wie ZnS, MgF_2, Te, KBr und NaCl, in Mehrschichtenfilmen genau bestimmter Reihenfolge und Dicke belegt. Zur Veränderung der vom Interferometer durchgelassenen Wellenlänge dient entweder die kontinuierliche Veränderung des Plattenabstandes oder die Veränderung des Brechungsindex des zwischen den Platten befindlichen gasförmigen Mediums (bei Ultrarotverwendung z. B. N_2) durch Druckvariation. Es ist klar, daß die Plattenabstandsänderung unter Erhaltung der Parallelität der Platten erfolgen muß, womit hohe Ansprüche an den Bewegungsmechanismus verbunden sind. Die Wahl der Etalonplatten bereitet wegen der zu fordernden Durchlässigkeit gewisse Schwierigkeiten, wenn ein breiterer Spektralbereich ohne Änderungen erfaßt werden soll. Nach einem Vorschlag von GENZEL (s. dazu MARCKMANN u. WHITE (*1192*)) verwendet man deshalb Drahtnetze in freier Luft und erreicht die Wellenlängenänderung durch Änderung des Plattenabstandes. Ein Drahtnetz mit einer Gitterkonstante von 35 μ z. B. hat ein ausreichendes Reflexionsvermögen, um als Etalonplatte verwendbar zu sein, und erlaubt die Erfassung des Spektralbereiches von 100 bis 550 μ mit ansprechender Auflösung. Nähere Angaben zu ausgeführten FABRY-PEROT-Spektrometern und ihre Technik findet man bei JAFFE u. a. (*425*), GREENLER (*332*), JACQUINOT u. CHABBAL (*422*), HIRSCHBERG u. KADESCH (*393*), BIONDI (*74*), KAGARISE (*968*), BEER u. RING (*969*), ULRICH u. a. (*970*), MARCKMANN u. WITTE (*1192*). und YOSHINAGA u. a. (*1312*).

Das FABRY-PEROT-Etalon muß — wie ein Gittermonochromator — mit spektraler Vorzerlegung der Strahlung betrieben werden. Wegen der hohen Dispersion und der starken Überlappung der verschiedenen spektralen Ordnungen muß diese Vorzerlegung sogar besonders hohen Ansprüchen genügen. Meist verwendet man dafür an sich schon hochwertige Apparaturen, wie z. B. einen Gittermonochromator mit eigener Vorzerlegung oder gar ein anderes FABRY-PEROT-Etalon geringerer Auflösung mit vorgeschaltetem Prismen- oder Gittermonochromator. Nach JACQUINOT

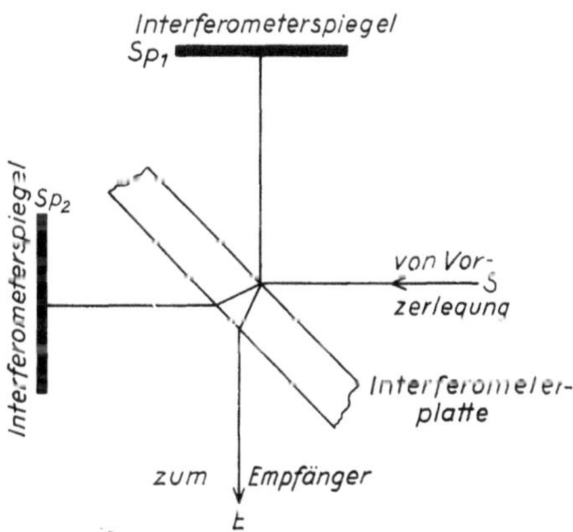

Abb. 28. MICHELSON-Interferometer (schematisch)

(*420*) ist das Interferometer bei geeigneter Betrachtungsweise — bezogen auf gleiche wirksame Fläche und gleiche Auflösung — dem Gitter an Lichtstärke um den Faktor 30 bis 400 überlegen. In diesen Zahlen äußert sich zum Teil der Umstand, daß an die Stelle der bei Prismen- oder Gittermonochromatoren notwendigen engen (linienförmigen) Spalte beim Interferometer kreisförmige Blenden mit relativ großer Öffnung treten, die den Lichtleitwert der Anordnung beträchtlich erhöhen.

Während das FABRY-PEROT-Etalon noch mit einer spektralen Zerlegung im üblichen Sinne arbeitet, ist das bei anderen zum MICHELSON-Typ gehörenden Interferometern nicht mehr der Fall. Diese benutzen vielmehr eine Frequenztransformation, womit ein völlig neuartiges Prinzip in die Ultrarotspektroskopie eingeführt wird. Die Grundanordnung des MICHELSON-Interferometers zeigt Abb. 28: Die aus der Richtung S einfallende Strahlung wird an der Vorderfläche der Planparallelplatte P in zwei Strahlen aufgeteilt. Der eine, unmittelbar reflektierte Strahl fällt auf einen Planspiegel Sp_1, kehrt in sich zurück und gelangt nach Durchgang durch die Platte zum Strahlungsempfänger E. Der zweite Strahl durchsetzt die Platte und verläuft entsprechend der Wirkung der Planparallelplatte etwas seitlich versetzt in der ursprünglichen Richtung weiter. Auch er wird durch einen Planspiegel Sp_2 in sich reflektiert und verläuft nach erneutem Durchgang durch die Platte vom Aufteilungspunkt ab auf demselben Weg wie der erste Strahl (von dem in der ursprünglichen Richtung S zurückkehrenden Anteil abgesehen). Die so in Richtung auf den Empfänger verlaufenden Strahlen haben einen Gangunterschied gegeneinander, weswegen sie miteinander interferieren können.

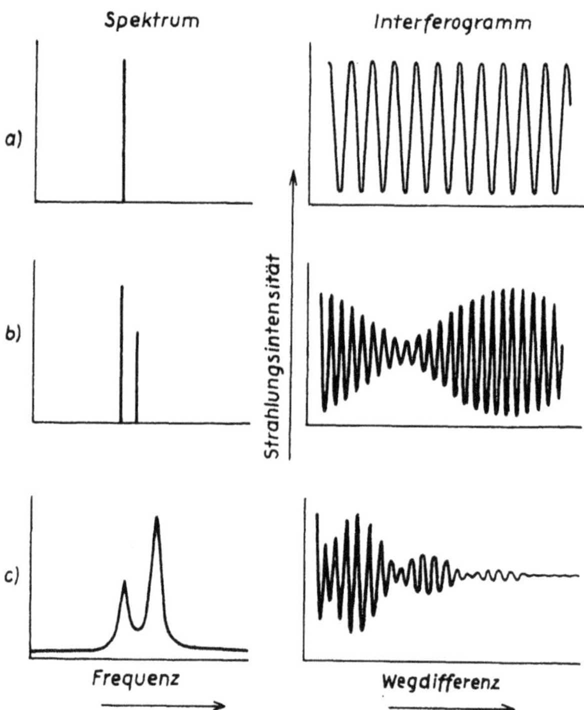

Abb. 29. Zur Wirkungsweise eines MICHELSON-Interferometers nach SUTHERLAND (*1166*). Erläuterung siehe Text

Die Wirkungsweise eines MICHELSON-Interferometers sei anhand der Abb. 29 mehr ins Einzelne gehend erläutert [SUTHERLAND (*1166*)]:

Fall I: Die einfallende Strahlung sei streng monochromatisch (Abb. 29a); abhängig vom Unterschied der optischen Wege der beiden Strahlen erhalten wir am Empfängerort eine Folge von Maxima und Minima konstanter Amplitude und einem gegenseitigen Abstand, der mit der Strahlungsfrequenz abnimmt.

Fall II: Die einfallende Strahlung bestehe aus zwei streng monochromatischen Linien (Abb. 29b); das Interferogramm stellt sich wieder als eine Folge von Maxima und Minima dar, deren Amplitude nun aber in Form einer Schwebung zwischen einem Höchst- und einem Tiefstwert schwankt.

Fall III: Die einfallende Strahlung bestehe aus zwei Linien endlicher Halbwertsbreite (Abb. 29c); das Interferogramm stellt sich wieder als eine einer Folge von Maxima und Minima überlagerte Schwebung dar, deren Amplitude mit zunehmender Wegdifferenz abnimmt.

Das Interferogramm sagt dem Spektroskopiker zunächst nichts über das Spektrum in der ihm gewohnten Form aus. Dazu bedarf es einer mathematischen Transformation. Es läßt sich zeigen, daß das Spektrum die FOURIER-Transformierte des Interferogramms ist, weswegen man gelegentlich auch von FOURIER-Spektroskopie spricht. Stellt man z. B. das Spektrum durch die spektrale Intensität $G(\nu)$ als Funktion der Wellenzahl (in cm^{-1}) dar, so besteht der Zusammenhang

[II, 2.2] $$G(\nu) = \int_{-a/2}^{+a/2} I(x) \cos 2\pi \nu x \, dx .$$

Dabei ist $I(x)$ die am Empfängerort gemessene Strahlungsintensität als Funktion der Wegdifferenz x (in cm) der beiden Interferometerstrahlen, und a ist die maximal mögliche Wegdifferenz (in cm).

Diese Größe a bestimmt das theoretische Auflösungsvermögen R des Interferometers, und zwar ist nach JACQUINOT (*1167*)

[II, 2.3] $$R = \frac{\nu}{\Delta\nu} = \frac{a}{\lambda},$$

wenn die Strahlungswellenlänge λ in cm gemessen wird, oder

[II, 2.4] $$\Delta\nu = \frac{1}{a}.$$

Zur Auflösung zweier Linien mit der Wellenzahldifferenz 0,1 cm^{-1} bedarf es also theoretisch eines Interferometers, dessen beweglicher Spiegel eine Strecke von 10 cm überstreichen kann. Danach könnte das Auflösungsvermögen eines Interferometers unbegrenzt erscheinen, da man ja a beliebig groß machen kann. In der Praxis ist das jedoch nicht möglich, und auch technisch zu verwirklichende Wegdifferenzen a können nur mit einem gewissen Fehler bestimmt werden. Die daraus fließende Begrenzung der tatsächlichen Auflösungskraft eines Interferometers wird, zusammen mit einigen anderen die Auflösung begrenzenden Effekten, von WILLIAMS u. CHANG (*967*) behandelt.

Die tatsächlich erzielbare Auflösung wird aber außerdem noch vom Öffnungswinkel des Interferometers bestimmt, also von seiner Apertur. Nehmen wir an, daß für eine gegebene Größe der Aperturblende die Justierung des Interferometers so eingestellt sei, daß für den zentral durch die Blende gehenden Strahl keine Wegdifferenz vorhanden ist. Für die Randstrahlen kann das dann aber nicht mehr gelten, und außerdem ist die Wegdifferenz für Strahlen, die die Aperturblende am Rande durchsetzen, noch etwas verschieden, je nachdem wie der Randstrahl zum Zentralstrahl liegt. Diese Differenz wächst mit der Apertur. Als eine Folge kann die maximale Verschiebung des beweglichen Spiegels nicht beliebig groß gemacht werden, weil sonst die eben geschilderte Differenz zu groß wird. Nach JACQUINOT (*1167*) gilt für den Zusammenhang zwischen dem zulässigen Öffnungswinkel Ω und dem Auflösungsvermögen R die Beziehung

[II, 2.5] $$\Omega R = 2\pi \quad \text{oder} \quad \Omega = \frac{2\pi\lambda}{a} = \frac{2\pi}{\nu a}.$$

Der Öffnungswinkel Ω bestimmt aber nicht nur die tatsächlich erzielbare Auflösung, sondern auch die höchste Frequenz, die untersucht werden kann, weil die Apertur im Hinblick auf die höchste Frequenz, d. h. das engste Interferenzringsystem, gewählt werden muß. Führt man die Brennweite f des abbildenden Interferometerspiegels und den Radius r der Austrittspupille ein, dann ergibt sich

$$R = 2\frac{f^2}{r^2}. \qquad \text{[II, 2.6]}$$

Soll aus einem gemessenen Interferogramm das zugrunde liegende Spektrum erhalten werden, dann muß die oben hingeschriebene FOURIER-Transformation ausgeführt werden. In der Praxis wird dazu das Integral durch eine Summation ersetzt, indem man für eine große Anzahl Werte von x bei festem Δx die Strahlungsintensität $I(x)$ am Orte des Empfängers mißt. Entscheidend ist dabei die Größe des Intervalls Δx. Je größer die zu untersuchende Frequenz ist, je kleiner also der Abstand der Interferenzringe ist, desto kleiner muß auch Δx gewählt werden. Eine obere Grenze für Δx ist gegeben durch

$$\Delta x_{\text{max}} = \frac{1}{2\,\nu_{\text{max}}}, \qquad \text{[II, 2.7]}$$

wenn ν_{max} die größte zu untersuchende Frequenz bzw. Wellenzahl darstellt. Soll also ein Wellenzahlbereich von 0 bis ν_{max} mit einer spektralen Auflösung $\Delta\nu$ untersucht werden, dann sind mindestens

$$N = \frac{a}{\Delta x_{\text{max}}} = \frac{2\,\nu_{\text{max}}}{\Delta\nu} \qquad \text{[II, 2.8]}$$

Meßpunkte erforderlich. Daraus ersieht man, daß ein MICHELSON-Interferometer zwar auch für Spektralbereiche mit kurzen Wellen brauchbar ist, aus rein mechanischen Gründen aber um so günstiger anwendbar wird, je größer die zu untersuchenden Wellen sind, weil dann die Zahl der notwendigen Meßpunkte in vernünftigen Grenzen bleibt.

Für die Umwandlung des Interferogramms in das Spektrum speichert man die interferometrischen Meßpunkte günstigerweise in irgendeiner Weise, z. B. auf einem Lochstreifen oder Magnetband, und überläßt die Umwandlungsarbeit einem entsprechend programmierten Computer. Mit dem damit verbundenen mathematischen Problem hat sich GOOD (*1067*) schon 1958 befaßt. Seine Arbeiten wurden von COOLEY u. TUKEY (*1068*) aufgegriffen, aber erst von FORMAN (*1069*) in eine solche Form gebracht, daß sie den speziellen Anforderungen der FOURIER-Spektroskopie ohne Umwege und Zeitverlust angepaßt sind. Der Zeitaufwand für die Aufnahme eines Interferogramms unter normalen Bedingungen und nicht zu hohen Anforderungen bezüglich der Auflösung liegt bei etwa 20 Minuten, für die nachfolgende Rechenarbeit je nach Computer bei Sekunden bis Minuten. Dabei ist es möglich, ein Spektrendiagramm mit Angabe der prozentigen Durchlässigkeit oder Absorption zu erhalten, indem man nacheinander ein Interferogramm mit und ohne Probe im Strahlengang aufnimmt und nach Umwandlung in die zugehörigen Spektren für jede Wellenlänge den Quotienten bildet, eine Arbeit, die natürlich von vornherein in das Programm des Computers aufgenommen werden kann.

Die Dicke der strahlteilenden Interferometerplatte ist von Einfluß auf das erzielte Signal-Rausch-Verhältnis und damit auf die Ausdehnung des mit einem gegebenen Strahlteiler untersuchbaren Spektralbereichs. Je kleiner die zu untersuchende Frequenz wird, desto größer muß die Dicke des Strahlteilers zur Erzielung eines guten Signal-Rausch-Verhältnisses sein. Die Wirksamkeit einer Platte der Dicke d wird nämlich als Funktion der Wellenzahl ν durch den Ausdruck $\sin^2 2\pi\, d\nu$ bestimmt. In der Praxis wird daher ein größerer Spektralbereich, z. B. 5 bis 500 cm^{-1}, mit Rücksicht auf das Signal-Rausch-Verhältnis am niederfrequenten Ende in mehreren Abschnitten mit verschieden dicken Interferometerplatten (Strahlteilern) untersucht, obwohl ein Übersichtsspektrum über den ganzen Bereich natürlich auch mit einem einzigen Strahlteiler gewonnen werden kann.

Interferenzspektrometer vom MICHELSON-Typ sind in der Literatur mehrfach ausführlich besprochen worden. Wir verweisen z. B. auf GEBBIE u. STONE (*964*), GEBBIE (*1168*) und WHEELER u. HILL (*1169*). RICHARDS (*966*) hat ein Gitterspektrometer mit einem MICHELSON-Interferometer kombiniert.

Eine andere für das Ultrarot verwendete MICHELSON-Anordnung [CONNES (*166*), GRANER (*1261*)] ersetzt die Planspiegel der ursprünglichen Anordnung durch Reflexionsgitter. Dadurch kann nur Strahlung einer bestimmten, vom Einfallswinkel am Gitter abhängigen Wellenlänge in das Interferometer zurückkehren. Nun moduliert man die Stärke der das Interferometer durchsetzenden Strahlung mit einer Frequenz f (Amplitudenmodulation), indem man die optische Wegdifferenz der beiden interferierenden Strahlen verändert. Das kann z. B. durch eine zeitproportionale Verschiebung eines der beiden Reflexionsgitter in der Strahlrichtung oder durch Drehen einer weiteren Planparallelplatte in einem der Strahlengänge geschehen. Immer dann nämlich, wenn die Wegdifferenz ein Vielfaches der Wellenlänge beträgt, entsteht ein Intensitätsmaximum; zwischen zwei Maxima schwankt die Intensität nach einer Sinuskurve. Voll moduliert wird allerdings nur die Strahlung, die an den Gittern um 180° abgelenkt wird, d. h. also Strahlung einer bestimmten Wellenlänge λ_0 bzw. Frequenz ν_0. Für benachbarte Wellenlängen nimmt der Modulationsgrad rasch ab. Die verschiedenen Ordnungen der an den Gittern reflektierten Spektren werden bis auf das allein interessierende Spektrum 1. Ordnung durch geeignete Filter unterdrückt. Es läßt sich zeigen, daß die Modulationsfrequenz f der Strahlungsfrequenz ν_0 unmittelbar proportional ist, wobei die Proportionalitätskonstante dem Verhältnis der Plattenverschiebungsgeschwindigkeit v zur Lichtgeschwindigkeit c gleich ist:

$$f = \frac{v}{c} \nu_0 . \qquad \text{[II. 2,9]}$$

Man ersieht daraus, daß die sehr große Frequenz ν_0 der Strahlung dem im allgemeinen sehr kleinen Faktor v/c entsprechend auf eine niedrige Frequenz f heruntertransformiert wird.

Durch den Ersatz der Planspiegel des MICHELSON-Interferometers durch Reflexionsgitter wird noch die Bevorzugung von Strahlung einer bestimmten Wellenlänge erreicht. Man

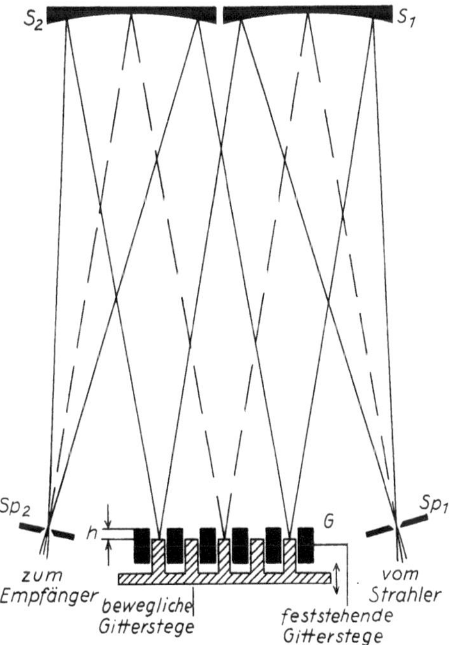

Abb. 30. Laminargitter mit beweglichen Stegen für Interferenzmodulation nach GENZEL u. WEBER (*298*). Erläuterungen im Text

kommt aber auch ganz ohne dieses dispergierende Element aus [FELLGETT (*241*)]. Übernimmt man die ursprüngliche MICHELSON-Anordnung mit Planspiegeln, dann setzt sich das aus dem Interferometer austretende Strahlenbündel aus den voll modulierten Anteilen aller im Spektrum vorhandenen Frequenzen zusammen. Moduliert man nun diese Strahlung wieder, wie oben beschrieben, dann erhält man gemäß der Beziehung [II, 2.9] ein ganzes Modulationsspektrum (Frequenzmodulation). Dieses wird mit den Hilfsmitteln der FOURIER-Analyse auf die vorkommenden Frequenzen und die zugehörigen Intensitäten untersucht, wozu allerdings ein erheblicher Rechenaufwand erforderlich ist. Die beiden geschilderten Verfahren stehen noch ganz am Anfang ihrer Entwicklung. Aber gerade wegen ihres neuartigen, von den bisher beschrittenen Wegen abweichenden Prinzips berechtigen sie zu besonderen Erwartungen im Hinblick auf bisher nicht zugängliche Ergebnisse und Anwendungen.

Auch in der Spektroskopie des langwelligen Ultrarot haben die letzten Jahre ein neuartiges Verfahren, die Interferenzmodulation, gebracht [GENZEL u. WEBER (*298*), GEBBIE u. VANASSE (*290*), STRONG (*837*), STRONG u. VANASSE (*839*)]. Wir erläutern es an Hand der Abb. 30: Es sei G ein Laminargitter[1]. Darauf falle in der angedeuteten Weise Strahlung z. B. einer kontinuierlichen Strahlungsquelle, die nach der Reflexion am Gitter z. B. im Beugungsspektrum 0. Ordnung durch einen Strahlungsempfänger gemessen wird. Bei gegebener Stufenhöhe tritt für eine bestimmte Wellenlänge Verstärkung ein. Wird die Stufenhöhe periodisch verändert — indem man z. B. die in einer Ebene liegenden Reflexionsstreifen in der zur Gitterebene senkrechten Richtung hin- und herbewegt —, dann ändert sich auch die Wellenlänge, für die Verstärkung eintritt, periodisch. Das am Empfänger einfallende Strahlenbündel enthält also ein in bestimmter Weise moduliertes Gemisch aller ursprünglich in der Strahlung vorhandenen Frequenzen, das wieder mittels einer FOURIER-Analyse entwirrt werden kann. Eine nähere Untersuchung eines solchen Interferenzmodulators mit dem Ziel der Gewinnung seiner Spektrometerfunktion, d. h. der Abhängigkeit seines Ausgangssignals von dem eingestrahlten Wellenlängengemisch, haben HAPP u. GENZEL (*965*) angestellt.

6. Strahlengang

Die Spalte, die Abbildungsoptik und das Zerlegungsmittel — wir denken dabei hauptsächlich an Prismen, die Änderungen für Gitter verstehen sich von selbst — können in recht verschiedener Art zum fertigen Monochromator zusammengebaut

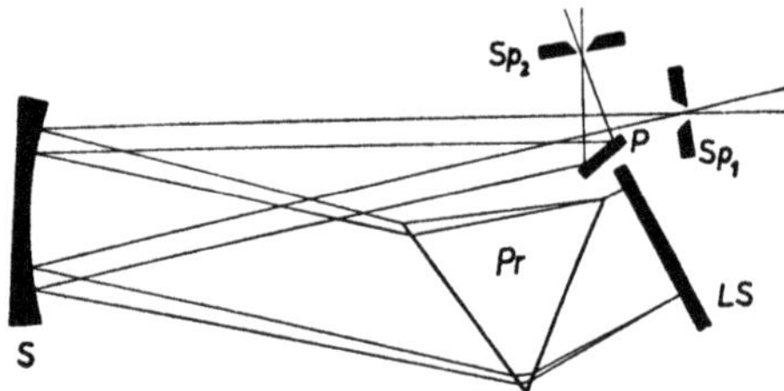

Abb. 31. Strahlengang in einem Ultrarotspektrometer mit LITTROW-Anordnung

[1] Das Laminargitter ist neben dem Echelettegitter die moderne Form des Reflexionsgitters. Man erhält es dadurch, daß man reflektierende Streifen gleicher Breite in zwei durch die Stufenhöhe h unterschiedenen parallelen Ebenen anordnet. Nach der Gittertheorie tritt dann z. B. im Spektrum 1. Ordnung eine Intensitätserhöhung (Vervierfachung gegenüber dem Plangitter) gerade für Strahlung derjenigen Wellenlänge ein, die mit der vierfachen Stufenhöhe übereinstimmt. Die der zweifachen Stufenhöhe gleiche Wellenlänge wird völlig ausgelöscht, Wellenlängen, die größer als die vierfache Stufenhöhe sind, werden allmählich abnehmend verstärkt.

werden. Von den denkbaren Anordnungen [s. z. B. LEO (*506*)] ist aber nur noch eine für ultrarotspektroskopische Zwecke im Gebrauch, weil sie zahlreiche, entscheidende praktische Vorzüge, wie bessere Ausnutzung der Bauteile, gedrungenere Bauweise u. dgl., für sich hat, während auf einige mehr theoretische Gesichtspunkte, wie z. B. die Erhaltung des Minimums der prismatischen Ablenkung, verzichtet wird.

Diese Anordnung ist die sog. LITTROW-*Aufstellung*. Ihr Prinzip zeigt Abb. 31. Die vom Eintrittsspalt Sp_1 kommende Strahlung wird vom Kollimatorspiegel S parallel gemacht, durchsetzt das Prisma Pr, trifft im zerlegten Zustand auf einen senkrecht zur Fortpflanzungsrichtung stehenden Planspiegel LS (LITTROW-Spiegel), durchsetzt, an diesem reflektiert, das Prisma ein zweites Mal und wird, mäßig vom Einfallsweg abweichend, vom Kollimatorspiegel nach seitlicher Ablenkung durch

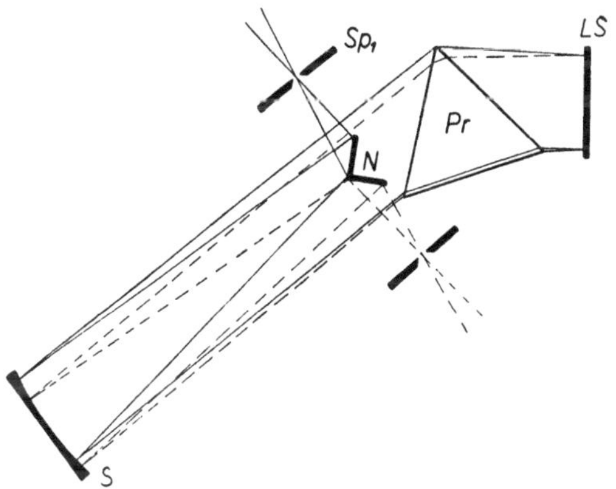

Abb. 32. Axiale Benutzung eines Hohlspiegels durch sog. NEWTONsche Hilfsspiegel N

einen Planspiegel P auf den Austrittsspalt Sp_2 konzentriert. Die Änderung der Wellenlänge geschieht hier durch Drehen des LITTROW-Spiegels um eine durch seine Ebene gehende, senkrecht zur Strahlung stehende Achse, während das Prisma in der einmal justierten Stellung stehenbleibt. Die Vorteile liegen auf der Hand: feststehendes Prisma und damit keine Drehbewegung massereicher Teile, ein einziger Kollimatorspiegel mit doppelter Funktion, kurze Baulänge infolge Autokollimationsstrahlenganges, zweifache Ausnutzung des Prismas und damit Verdoppelung der Winkeldispersion bzw. des Auflösungsvermögens.

Bei der beschriebenen LITTROW-Aufstellung wird der Kollimatorspiegel mit *schiefem* Strahleneinfall benutzt. Das erzeugt bei Verwendung von Kugelspiegeln grundsätzlich Abbildungsfehler, die in einer unsymmetrischen Verbreiterung des auf dem Austrittsspalt entstehenden Bildes des Eintrittsspaltes (*Koma-Fehler*) sich äußern, eine Erscheinung, die präzisen spektralen Messungen abträglich ist. Zur Vermeidung oder Verminderung dieser Fehler gibt es mehrere Wege. Bei Beibehaltung von sphärischen Spiegeln, die wegen ihrer einfachen Herstellung niedrig im Preis sind, gelingt es in der in Abb. 32 skizzierten Anordnung unter Verwendung kleiner Hilfsplanspiegel N, sog. NEWTON-*Spiegel*, die dafür sorgen, daß der Kollimatorspiegel praktisch axial benutzt wird, allerdings je nach Größe ein größeres oder kleineres Stück des Strahlenganges zentral abblenden. Die amerikanischen Geräte benutzen außeraxialen Strahlengang, verwenden aber häufig parabolisch geschliffene Hohlspiegel, die zwar den Vorteil der ursprünglichen einfachen Anordnung wahren, aber natürlich teurer als Kugelspiegel sind[1].

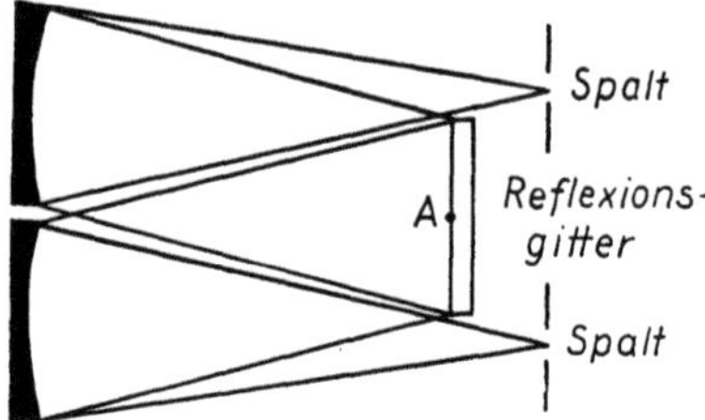

Abb. 33. Gitteraufstellung konstanter Ablenkung (EBERT-Aufstellung).
A: Drehachse des Gitters

Der durch seine Drehung die Wellenlängenänderung bewirkende LITTROW-Spiegel kann, anstatt vom Prisma räumlich getrennt zu sein, auch unmittelbar mit diesem fest verbunden werden. Dazu ist allerdings notwendig, das (normalerweise mit einem brechenden Winkel von 60° ausgestattete) Prisma auf den halben Winkel zu zerschneiden und den LITTROW-Spiegel mechanisch auf die Halbierungsebene aufzupressen oder besser unmittelbar auf diese aufzubringen. Dann muß natürlich zur Wellenlängenselektion das Prisma selbst gedreht werden. Die mit einem solchen Autokollimationshalbprisma erzielbare Winkeldispersion ist offensichtlich nur die Hälfte der in echter LITTROW-Aufstellung erhältlichen.

Die Einfügung eines Beugungsgitters in den Strahlengang geschieht im allgemeinen ebenfalls in LITTROW-Aufstellung mit Autokollimation, was sich ermöglichen läßt, weil grundsätzlich Reflexionsgitter verwendet werden. Das Gitter tritt dabei an die Stelle der Prisma-LITTROW-Spiegel-Kombination, und die Variation der Wellenlänge auf dem Austrittsspalt geschieht durch Drehen des Gitters. Daneben wird auch noch die Aufstellung konstanter Ablenkung der Abb. 33 benutzt, die sog. EBERT-Aufstellung, wobei man im Gegensatz zur Autokollimationsaufstellung zwei Kollimatorspiegel benötigt.

Beim Prisma hängt die Dispersion bekanntlich in komplizierter Weise von der Wellenlänge ab. Bei einer gleichmäßig erfolgenden Drehung des LITTROW-Spiegels oder des Prismas — was auf dasselbe herauskommt — ist daher die zeitliche Aufeinanderfolge der Wellenlängen auf dem Austrittsspalt nicht gleichmäßig, d. h. linear mit der Zeit, sondern eine komplizierte Funktion. Es erleichtert das Lesen der Spektren, wenn die Wellenlängen- oder Wellenzahlskala linear ist. Daher erfolgt die Drehung des LITTROW-Spiegels nicht gleichmäßig, sondern nach einem Programm, das von den Dispersionseigenschaften und dem brechenden Winkel des Prismas abhängig ist und ein für alle Male eingestellt wird (mechanische oder elektrische Wellenlängenlinearisierung). Beim Gitter hängt die eingestellte Wellenlänge bekanntlich vom Sinus des Gitterdrehwinkels ab. Für genügend kleine Drehwinkel (bis etwa 5°) liefert das von selbst eine praktisch lineare Wellenlängenskala, weil in diesen Grenzen $\sin\alpha \approx \alpha$ (im Bogenmaß) ist. Für größere Drehwinkel bedarf es auch beim Gitter eines Linearisierungsprogramms, das aber mit sehr viel einfache-

[1] Es handelt sich dabei fast immer um sog. „off axis"-Spiegel nach SONNEFELD (*820*), d. h. Spiegel, die als kleine Teilstücke aus einem großen Parabolspiegel außerhalb der Achse herausgeschnitten werden.

ren Mitteln verwirklicht werden kann. Eine Vorrichtung dazu beschreiben z. B. GENZEL u. ECKHARDT (*297*).

7. Kennzeichnungsgrößen von Monochromatoren

Vier Größen kennzeichnen in der Hauptsache die Leistungsfähigkeit eines Monochromators: 1. der nutzbare *Spektralbereich*; 2. die auf die spektrale Spaltbreite bezogene, zur Verfügung stehende *monochromatische Strahlungsleistung*; 3. das erzielbare *Auflösungsvermögen* und 4. die *Güte der Monochromasie* der zerlegten Strahlung, mit anderen Worten der bei jeder Wellenlänge vorhandene Anteil anderer Wellenlängen, die sog. Streustrahlung. Diese vier Größen hat man zu beachten, wenn man Monochromatoren miteinander vergleicht.

Der ausnutzbare Spektralbereich ist durch das verwendete Prisma festgelegt. Die verfügbare monochromatische Strahlungsleistung S_λ für eine eingestellte Wellenlänge λ, gerechnet auf die spektrale Spaltbreite, ist abhängig von der auf den Eintrittsspalt auffallenden Strahlungsleistung J_λ, der Spalthöhe h, der Winkeldispersion D des Prismas, der absoluten Apertur A des Monochromators, dem Wirkungsgrad α des Monochromators und der Brennweite f des Kollimatorspiegels:

[II, 2.10]
$$S_\lambda = \frac{J_\lambda \cdot h \cdot D \cdot A \cdot \alpha}{f}.$$

Die Größe J_λ wird, unter Berücksichtigung der Abbildungsverhältnisse auf den Eintrittsspalt, von der Art und Güte der Strahlungsquelle bestimmt. Die Winkeldispersion D ist durch das Material und den brechenden Winkel φ des Prismas festgelegt:

[II, 2.11]
$$D = \frac{2 \sin^2 \varphi/2}{\sqrt{1 - n^2 \sin^2 \varphi/2}} \frac{dn}{d\lambda},$$

wenn n den Brechungsexponenten bei der betrachteten Wellenlänge bedeutet. Unter der absoluten Apertur A versteht man die Größe der ausgenutzten bestrahlten Prismenfläche, diese auf den Kollimatorspiegel oder, was dasselbe ist, auf eine Ebene senkrecht zur Kollimatorachse projiziert gedacht[1]. Und der Wirkungsgrad α trägt der Tatsache Rechnung, daß im Monochromator selbst durch Reflexionsverluste an den Spiegeln und Prismenflächen, durch Absorption im Prisma, Streuung u. dgl., Strahlungsenergie für den eigentlichen Meßvorgang verloren geht; wenn man von Absorption im Prisma einmal absieht, die ja im allgemeinen nur am langwelligen Ende des erfaßten Bereiches bedeutsam werden kann, ist ein Wert $\alpha = 0{,}75$ als gut anzusehen.

Es bedarf zum Verständnis dieser Überlegungen noch einer näheren Betrachtung des Begriffs „spektrale Spaltbreite". Infolge der Erscheinung der Winkeldispersion und der endlichen Breite der Spalte liegt auf dem Austrittsspalt nicht nur Strahlungsenergie einer einzigen Wellenlänge, sondern immer ein ganzes Wellenlängen*intervall* mit einer charakteristischen Verteilung der Energie in Abhängigkeit von der Wellenlänge (sog. *Spaltfunktion*). Für den in der Praxis fast immer verwirklichten Fall gleicher Breite von Ein- und Austrittsspalt ist diese Verteilung nahezu ein Dreieck mit der Spitze, dem maximalen Energiewert, bei derjenigen Wellen-

[1] Die absolute Apertur bestimmt die Ausleuchtungsverhältnisse im Monochromator. Alle übrigen die Ausleuchtung beeinflussenden Blenden (Spiegel usw.) sollen Bilder von ihr sein und in ihrer tatsächlichen Größe das jeweilige Bild decken oder übertreffen.

länge, auf welche der Monochromator eingestellt ist[1]. Man kann sich dies folgendermaßen veranschaulichen: Gleitet — für monochromatische Strahlung mit der Prismen- oder Spiegeldrehung — das Bild des Eintrittsspaltes über den Austrittsspalt, so ist außerhalb jeglicher Überdeckung die durch letzteren hindurchtretende

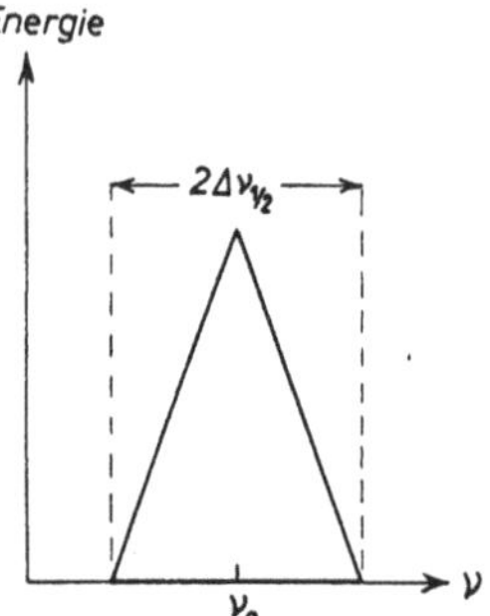

Abb. 34. Spaltfunktion bei gleich breiten Spalten und 1 : 1-Abbildung

Energie Null. Sie beginnt anzusteigen, sowie die vorausgehende Flanke des Bildes die eine Flanke des Austrittsspaltes überschreitet, und erreicht ein Maximum bei genau zentraler Überdeckung; danach nimmt die Energie wieder ab und wird erneut Null, wenn die nachgehende Flanke des Bildes die zweite Flanke des Austrittsspaltes deckt. Bei nicht gleicher Breite beider Spalte wird offenbar das Bild der Energieverteilung ein Trapez. Als spektrale Spaltbreite $\Delta\lambda_s$ oder $\Delta\nu_s$ bezeichnet man nun die Hälfte der Dreiecksbasis (Abb. 34). Für die geschilderte LITTROW-Aufstellung berechnet sie sich zu [BARNES u. a. (*40, 41*), WILLIAMS (*900*), KEUSSLER (*461*)]

$$[II, 2.12] \qquad \Delta\lambda_s = \nu^2 \frac{(1 - n^2 \sin^2 \varphi/2)^{1/2}}{8 \cdot \sin\varphi/2 \dfrac{dn}{d\lambda}} \cdot \frac{s_1 + s_2}{f} + F(s) \frac{\lambda}{2b \dfrac{dn}{d\lambda}},$$

$$[II, 2.13] \qquad \Delta\nu_s = \frac{(1 - n^2 \sin^2 \varphi/2)^{1/2}}{8 \cdot \sin\varphi/2 \dfrac{dn}{d\lambda}} \cdot \frac{s_1 + s_2}{f} + F(s) \frac{\nu}{2b \dfrac{dn}{d\lambda}}.$$

Diese Ausdrücke werden gelegentlich als WILLIAMSsche Formeln bezeichnet. Darin bedeuten außer den schon vorher eingeführten Abkürzungen s_1 und s_2 die Breite von Ein- und Austrittsspalt, b die Prismenbasis und $F(s)$ eine Funktion vom Werte 0,89 für $s = 0$ und etwa 0,5 für einen solchen Wert von s, daß der erste Term in [II, 2.12] bzw. [II, 2.13] gleich $\lambda/2b \frac{dn}{d\lambda}$ bzw. $\nu/2b \frac{dn}{d\lambda}$ wird.

Die beiden Terme rühren von den beiden die Auflösung bestimmenden Einflüssen her: Der erste gibt über die Winkeldispersion den Einfluß der *endlichen Breite der Spalte* auf das Auflösungsvermögen wieder, der andere berücksichtigt die *theoretische Auflösungskraft* eines Prismas für unendlich kleine Spaltbreite nach RAYLEIGH, die nur von der Materialdispersion und der ausgenutzten Prismenbasis abhängt. Das Auflösungsvermögen gibt bekanntlich an, ob zwei eng benachbarte Banden im Spektrum noch getrennt jede für sich oder nur zusammenfließend zu einer einzigen Bande beobachtet werden. Damit zwei gleichstarke Banden als ge-

[1] Neben der Spaltfunktion in Form eines gleichschenkligen Dreiecks werden gelegentlich auch andere, z. B. in Gestalt eines Trapezes, diskutiert.

trennt angesehen werden, müssen ihre Absorptionsmaxima einen bestimmten, in [II, 2.12] angegebenen Wellenlängenabstand haben, und außerdem muß zwischen ihnen die Absorption mindestens auf einen Wert unter etwa 80% des Maximalwertes gefallen sein; bei nicht gleichstarken Banden bedarf es einer sinngemäßen Einsattelung[1]. Die als zweiter Term in den Gleichungen auftretende RAYLEIGHsche Grenze wird natürlich wegen der in der Praxis notwendigen Spaltweite nicht erreicht; im allgemeinen hat man mit dem Zwei- bis Dreifachen davon zu rechnen, in Ausnahmefällen bei besonders günstigen Umständen auch einmal mit dem Anderthalbfachen. Mit diesen Abschätzungen gibt die Abb. 25, die ja das RAYLEIGHsche Auflösungsvermögen darstellt, auch einen Anhalt über die mit einem Prisma gegebenen Materials und gegebener Größe bestenfalls erreichbare Auflösung.

Die WILLIAMSschen Formeln geben jedoch die tatsächlich beobachtete spektrale Spaltbreite nicht vollständig wieder. Die darin auftretenden Terme sind unter der Annahme idealer Verhältnisse der Justierung und der Güte der Optik usw. abgeleitet, die in der Praxis durchaus nicht immer verwirklicht sind. Demgemäß hat man in den Formeln (II, 2.12) und (II, 2.13) auf den rechten Seiten noch ein drittes Glied hinzuzufügen, das diese Umstände berücksichtigt. Über seine Formulierung kann verständlicherweise nichts Endgültiges gesagt werden. Auch seine Größe ändert sich von Fall zu Fall, kann aber unter bestimmten Umständen die der anderen beiden Terme erreichen oder sogar übertreffen.

Das Auflösungsvermögen eines Ultrarotspektrometers ist demnach im allgemeinen sehr viel schlechter, als es der theoretischen Leistungskraft der Optik entspricht. Der tiefere Grund hierfür liegt einerseits in der geringen Strahlungsleistung der allein als Strahlungsquelle brauchbaren Temperaturstrahler, andererseits in der geringen Empfindlichkeit der meistens verwendeten thermischen (grauen, d. h. nicht-selektiven) Empfänger[2]. Beide zusammen erzwingen sehr viel größere Spaltweiten, als dem theoretischen Auflösungsvermögen des Prismas oder Gitters entspricht. Man nennt diese, durch energetische Umstände eingeschränkte Auflösung energie-begrenzt. STRONG (*838*) hat für diesen Fall die günstigstenfalls mögliche spektrale Spaltweite in Abhängigkeit von den energetischen Größen und den Spektrometerdaten bei Gleichheit der beiden Spalte und ohne Berücksichtigung von Abbildungsfehlern angegeben:

[II, 2.14] $$\Delta \nu_{\min} = \left(\frac{W_0 \cdot f}{\frac{I_\nu}{\nu^2} \cdot \alpha\, h\, A\, D} \right)^{1/2}$$

Darin bedeuten h die Spalthöhe, W_0 die gewünschte Strahlungsleistung am Orte des Empfängers (im Verhältnis zum Rauschpegel), I_ν die Intensitätsverteilung der

---

[1] Häufig deutet sich die nicht völlig aufgelöste Überlappung zweier Banden in einer Verbreiterung oder in einer sogenannten Schulter auf der Flanke der einen an. GIESE u. FRENCH (*302*) haben gezeigt, daß es in solchen Fällen günstiger ist, anstatt der Durchlässigkeits- oder Absorptionskurve die Ableitung davon zu diskutieren, da darin die Trennung deutlicher erscheint. Allerdings bedarf es bei dieser Betrachtung gewisser Vorsichtsmaßregeln, auch gibt es noch keine Geräte, die anstatt der Durchlässigkeit die Ableitung davon aufzeichnen [s. a. COLLIER u. SINGLETON (*772*) und S. 274]. Wir kommen darauf anläßlich der Besprechung der Methoden der qualitativen Analyse zurück.

[2] Die in Gang befindliche Entwicklung der selektiven photoelektrischen Strahlungsempfänger kann hier möglicherweise eine Verbesserung bringen.

Strahlungsquelle als Funktion der Wellenzahl ν und D die Winkeldispersion des Prismas oder Gitters; die anderen Größen haben die oben schon erläuterte Bedeutung.

BECKMANN u. a. (*51*) berücksichtigen darüber hinaus auch noch die Abbildung des Austrittsspaltes auf den Strahlungsempfänger unter Annahme von in der Praxis meistens verwirklichten Umständen. Sie kommen zu dem Ergebnis, daß

$$\text{[II, 2.15]} \qquad \Delta\nu_{\min} = \left(\frac{W_0}{\frac{I_\nu}{\nu^2} \cdot \alpha\, l\, D \sqrt{2A}} \right)^{1/2},$$

worin nun l die Höhe des Empfängers darstellt. Während man also nach der STRONGschen Formel einen Gang der kleinstmöglichen spektralen Spaltweite mit $1/A^{1/2}$ erwarten sollte, führt die Einbeziehung auch des Empfängers in die Überlegung nur zu einem Gang proportional zu $1/A^{1/4}$.

Die weiteren Überlegungen von BECKMANN u. a. (*51*) zeigen, daß es für jedes Spektrometer eine Grenzwellenzahl $\nu_{\min}$ gibt, bei der die gesamte Empfängerbreite gerade vom Bild des Spaltes bedeckt wird. Diese Grenzwellenzahl ergibt sich aus

$$\text{[II, 2.16]} \qquad \nu_{\text{gr}}^4 = \frac{W_0 \cdot f \cdot A}{\frac{I_\nu}{\nu^2} \cdot 2 b^2 h},$$

wenn b die Breite des Empfängers bedeutet. Unterhalb dieses Wertes läßt sich der gewünschte Wert von W_0 nur noch durch eine Vergrößerung des Eintrittsspaltes beibehalten, also mit einer Verschlechterung der Auflösung. Meistens geht man daher den Weg, W_0 durch Vergrößerung der Zeitkonstante des Meßsystems herabzusetzen. Die für die Grenzwellenzahl geltende spektrale Spaltbreite folgt aus

$$\text{[II, 2.17]} \qquad \Delta\nu_{\text{gr}} = \frac{1}{l} \left(\frac{W_0 \cdot b\, l^2}{\frac{I_\nu}{\nu^2} \cdot 2\alpha f^2} \right)^{1/3}.$$

Die nach dieser Formel für einige in der Literatur beschriebene Spektrometer berechneten Werte werden von der praktischen Erfahrung einigermaßen bestätigt.

Jeder Absorptionsbande kommt bekanntlich eine bestimmte sog. natürliche Breite zu, die von den Eigenschaften des zur Untersuchung eingesetzten Apparates unabhängig ist und nur von den Eigenschaften des untersuchten Stoffes und gewissen Umgebungseinflüssen, wie Temperatur und Druck, bestimmt wird. Ganz offenbar wird man im Experiment diese natürliche Bandenbreite nur dann messen können, wenn das Auflösungsvermögen des benutzten Apparates sehr viel besser ist, als die zu erfassende Bandenbreite erfordert. Andernfalls trägt der Apparat zu der experimentell ermittelten Bandenbreite mehr oder weniger bei und kann unter Umständen diese praktisch fast allein bestimmen. So haben z. B. WHITE u. HOWARD (*892*) mittels eines Gitterspektrometers einer Auflösungskraft unter 1 cm^{-1} die Breite verschiedener Flüssigkeitsbanden mit etwa 3 bis 5 cm^{-1} gemessen, die bei Verwendung weniger stark auflösender Prismengeräte erheblich breiter gefunden werden. Es ist daher wichtig, etwas über die praktisch vorhandene spektrale Spaltbreite bzw. das praktische Auflösungsvermögen eines gegebenen Monochromators zu wissen. Am einfachsten erhält man diese Kenntnis, wenn man ein geeignetes Testspektrum mit bekanntem geringen Bandenabstand — der natürlich mit überlegenen Geräten einmal bestimmt werden mußte —, z. B. NH_3 im Bereich von

8 bis 12 μ (Feinstruktur), aufnimmt und zusieht, welcher Bandenabstand gerade noch aufgelöst wird. Die dabei zu berücksichtigenden Umstände werden von LANGENBUCHER u. MECKE (*1238*) näher untersucht; diese Autoren geben auch zu Eichzwecken geeignete Linien an. Nicht immer und nicht für jede interessierende Wellenlänge hat man jedoch eine geeignete Testsubstanz verfügbar. Hier hilft eine von COATES u. HAUSDORFF (*145*) angegebene Methode weiter, die in ihrer Grunderscheinung zur Schichtdickenbestimmung von Küvetten (s. S. 183) dient. Eine in den Strahlengang gebrachte leere Flüssigkeitsküvette bestimmter Schichtdicke ist ja, wenn sie bestimmten Anforderungen bezüglich Planheit und Parallelität ihrer Platten genügt, nichts anderes als ein FABRY-PEROT-Etalon, das keine mit der Wellenlänge konstante Durchlässigkeit, sondern eine gesetzmäßig mit Interferenzen überlagerte liefert (Abb. 35). Der Abstand δ aufeinanderfolgender Interferenzmaxima oder -minima in cm^{-1} hängt außer vom Brechungsindex des Mediums zwischen den Platten vor allem vom Plattenabstand (also der Küvettenschichtdicke) ab, während die Amplitude der Interferenzen eine Funktion der Spaltfunktion und von $\Delta\nu/\delta$ ist, wenn $\Delta\nu$ die spektrale Spaltbreite bedeutet. Es läßt sich zeigen, daß die Interferenzamplitude verschwindet bzw. ein Minimum wird, wenn $\Delta\nu = \delta$ ist, woraus eine unmittelbare Bestimmung von $\Delta\nu$ aus der Messung des Abstands zweier aufeinanderfolgender Interferenzmaxima sich ergibt. Die praktische Bestimmung der spektralen Spaltbreite geschieht auf folgende Weise: Mit einer Interferenzen liefernden Küvette gegebener Schichtdicke und einer festen Spalteinstellung wird die Durchlässigkeit der Küvette in dem interessierenden Spektralbereich registriert. Erfolgt dies linear in der Wellenzahl, so bleibt der Abstand aufeinanderfolgender Interferenzmaxima praktisch konstant, weil der Brechungsindex der Luft in der Küvette nur wenig variiert. Man verfolgt nun die Interferenzamplitude. Wird irgendwo in dem untersuchten Spektralbereich die oben genannte Bedingung für das Verschwinden der Interferenzamplitude erfüllt, so ist an dieser Stelle die spektrale Spaltbreite bei der gewählten mechanischen Spaltbreite bekannt. Wird die Bedingung nicht erfüllt, so weiß man wenigstens, daß die spektrale Spaltbreite kleiner ist als der Interferenzabstand. Abb. 35 zeigt ein Beispiel für die beiden vorerwähnten Fälle: Für die Kurve A (Spalteinstellung 1) ist $\Delta\nu$ immer größer als 9 cm^{-1}, für die Kurve B (Spalteinstellung 2) ergibt sich eine spektrale Spaltbreite $\Delta\nu = 9\,cm^{-1}$ bei der Wellenzahl 1100 cm^{-1}. Bei Registrierung linear in der Wellenlänge ist die Auswertung nicht ganz so einfach, da der Inter-

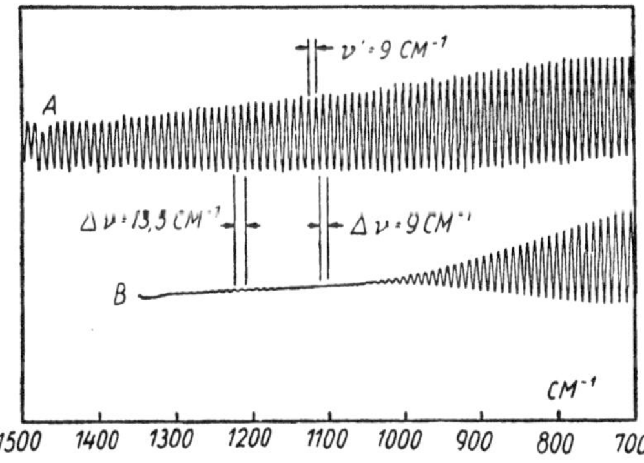

Abb. 35. Zur Bestimmung des praktischen Auflösungsvermögens von Spektrometern nach COATES u. HAUSDORFF (*145*). Erläuterung im Text.

ferenzabstand mit der Wellenlänge sich ändert. Man muß dann auf den Interferenzabstand an der Stelle verschwindender Interferenzamplitude extra- oder interpolieren[1].

Es bleibt als letzte Größe die *Streustrahlung* zu besprechen. Auch bei größter Sorgfalt und bester Konstruktion läßt sich das Vorhandensein eines gewissen kurzwelligen Strahlungsanteils, der ja bekanntlich besonders emissionsstark ist, in den emissionsschwachen Bereichen längerer Wellen nicht ganz vermeiden. Diese die Monochromasie und damit die Spektren verfälschende Streustrahlung rührt von unerwünschten, aber nicht vermeidbaren Reflexionen, Brechungen und Beugungen an Staubteilchen in der Luft, optischen Inhomogenitäten im Prisma, Unzulänglichkeiten in den Prismen- und Spiegelflächen usw. her. Man wird von seiten des Monochromatorkonstrukteurs natürlich bemüht sein, durch geschickten Aufbau der Monochromatorteile die Streustrahlung klein zu halten. MARTIN (*542*) diskutiert speziell für die LITTROW-Aufstellung die verschiedenen Möglichkeiten. Die in Abb. 31 gezeigte Stellung des Prismas — Basis, nicht brechende Kante der vom Eintrittsspalt kommenden Strahlung zugekehrt — erweist sich als bestes Kompromiß. Immerhin kann der Anteil an kurzwelliger Streustrahlung in einem NaCl-Monochromator bei 15 μ auch dann noch durchaus 20 % und mehr der gemessenen Strahlungsenergie betragen. Hochwertige Instrumente bedürfen daher besonderer Maßnahmen zur Verminderung der Streustrahlung auf ein erträgliches Ausmaß; sie werden bei den einzelnen Geräten näher beschrieben. Wo solche Vorkehrungen nicht getroffen sind, läßt sich der vorhandene Anteil an Streustrahlung leicht zahlenmäßig feststellen. Man mißt dazu die vorhandene Strahlungsenergie, indem man einmal zur Unterbrechung, d. h. zur Festlegung des Nullpunktes, einen für alle Wellenlängen undurchlässigen Metallschirm, ein anderes Mal einen für kurzwellige, aber nicht die Strahlung der eingestellten Wellenlänge durchlässigen Schirm, z. B. aus LiF, benutzt. Die Differenz dieser beiden Messungen gibt augenscheinlich unmittelbar den Gehalt an kurzwelliger Streustrahlung an. Über die Auswirkung vorhandener Streustrahlung auf die Bandenlage sowie ihre Berücksichtigung bei der qualitativen und quantitativen Auswertung der Spektren wird später gesprochen (s. S. 288).

8. Doppelmonochromatoren

Die mit einem Monochromator der beschriebenen Art erzielbare Auflösung reicht für manche Aufgaben nicht aus. Die einfachste und auch seit langem benutzte Möglichkeit zur weiteren Steigerung der Dispersion und Auflösung bei gleichzeitiger Verminderung der Streustrahlung ist die Hintereinanderschaltung zweier oder gar mehrerer solcher Einfachmonochromatoren. Der Austrittsspalt des ersten wird dann Eintrittsspalt des zweiten Monochromators usf. Gleichartige Einheiten und Zusammenbau im richtigen Sinn vorausgesetzt, addieren sich die Winkeldispersionen in solchen Mehrfachanordnungen. Dieser Erhöhung der Dispersion ist jedoch aus energetischen Gründen bald eine Grenze gesetzt, weil die Erhöhung der Auf-

[1] Interferenzerscheinungen werden auch bei gefüllter Küvette beobachtet, wenn die Brechungsindizes von Fenstermaterial und Füllflüssigkeit sehr verschieden sind. Die auftretenden Maxima und Minima überlagern sich der Durchlässigkeitskurve der Flüssigkeit und können die Intensitätsmessung von Banden z. B. mit dem Grundlinienverfahren (s. S. 303) verfälschen. Man vermeidet sie durch Aufrauhen der inneren Fensterflächen oder durch schwach keilförmige Fenster [WHITE u. WARD (*1002*)].

lösung auf Kosten der verfügbaren Energie geht, so daß bald die Schwierigkeit ihrer sicheren Messung die erzielten Auflösungsvorteile aufzehrt. Außerdem werden die Kosten solcher Mehrfachmonochromatoren beträchtlich. Wichtiger noch als die Vergrößerung der Auflösung ist beim Doppelmonochromator die Verminderung der Streustrahlung. Diese erklärt sich in einfachster Weise durch die Wirksamkeit der beiden hintereinander geschalteten spektralen Zerlegungen.

Von WALSH (*875*) wurde ein Vorschlag gemacht, der gerade in dieser zuletzt erwähnten Hinsicht einen bedeutenden Fortschritt bringt. Das Wesen dieses auch schon in kommerziellen Geräten verwirklichten Vorschlags besteht darin, daß die in einer gewöhnlichen LITTROW-Aufstellung auf den Austrittsspalt fallende Strahlung, die ja sowieso schon zwei Durchgänge durch das Prisma hinter sich hat, mittels einer ziemlich einfachen und billigen Zusatzeinrichtung erneut *demselben* Monochromator zugeführt wird und diesen erneut zweimal, im ganzen also viermal durchsetzt. Das Schema dieser als „*double pass*" (Doppelweg) bezeichneten Anordnung zeigt Abb. 36. Der vom Eintrittsspalt kommende Strahl 1 durchläuft in üblicher Weise den Monochromator, trifft (Strahl 2) auf einen *Winkel*spiegel, der ihn ein wenig seitlich verschoben als Strahl 3 erneut in den Monochromator zurückschickt. Nach nochmaliger doppelter Durchsetzung des Prismas wird der dann austretende Strahl 4 nunmehr dem Austrittsspalt zugeleitet. Die bei der Reflexion am Winkelspiegel eintretende Seitenumkehrung des Strahls ist mit Rücksicht auf die Addition

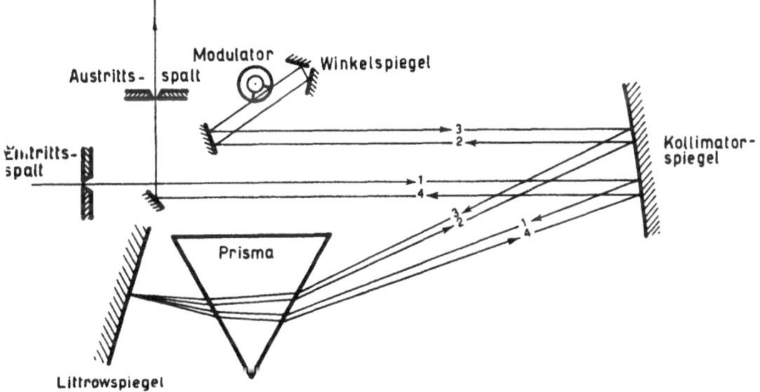

Abb. 36. Doppelweg-Anordnung (double pass) in LITTROW Monochromatoren nach WALSH (*875*). Erklärung im Text

der Dispersion in Strahl 2 und 4 wesentlich. Da wir es mit einem kontinuierlichen Spektrum zu tun haben, liegt auf dem Austrittsspalt nicht nur Strahlung einer bestimmten Wellenlänge, die das Prisma insgesamt viermal passiert hat, sondern auch Strahlung einer anderen Wellenlänge, die es nur zweimal durchsetzt hat. Es treten demnach Spektren sozusagen verschiedener Ordnung auf, wenn man in einer Ordnung alle Strahlung zusammenfaßt, die eine bestimmte, notwendig durch 2 teilbare Anzahl von Durchgängen durch das Prisma erlebt hat. Um die Ordnungen auseinanderzuhalten, wird eine davon, nämlich die höchste mit der größten Dispersion, durch eine Modulation ausgezeichnet, welche der Modulator im Strahl 3 besorgt; nur sie wird meßtechnisch noch erfaßt. Eine davon etwas abweichende Anordnung einer Doppelweganordnung haben ROCHESTER u. MARTIN (*738*) vorgeschlagen.

Dieses Prinzip der Mehrfachausnutzung desselben Prismas, dessen Wirtschaftlichkeit auf der Hand liegt, erlaubt natürlich auch die Anlage von Mehrfachmonochromatoren über den Doppelmonochromator hinaus, solange nur die in Spektren höherer Ordnung verfügbare Strahlungsenergie noch zu Meßzwecken ausreicht. Unter Umständen läßt sich die Anordnung so treffen, daß mit wenigen Handgriffen die Ordnung des Spektrums gewählt werden kann, mit welcher man zu arbeiten wünscht. Dazu ordnet man [HAM u. a. (*353*)] die beiden aufeinander senkrecht stehenden Teile des Winkelspiegels symmetrisch zu beiden Seiten des Eintrittsspaltes an (Abb. 37). Vermöge der Kontinuität des Spektrums wird bei bestimmter Einstellung des Monochromators eine herausgegriffene Wellenlänge in 1. Ordnung den Winkelspiegel weit innen beaufschlagen, nach jedem erneuten Durchgang durch das Prisma aber weiter nach außen rücken und in einer durch die Anordnung bestimmten Ordnung den Austrittsspalt durchsetzen. Um sie von Strahlung anderer Wellenlängen, die in anderen Ordnungen durch den Spalt gehen, zu unterscheiden, hat man nur durch einen passend, etwa im Punkt A, angeordneten Strahlungsmodulator die oben erwähnte Vorkehrung zu treffen. Es läßt sich mit wenig Mühe bewerkstelligen, daß dieser Modulator von außen nach Belieben verschoben werden kann, um das Spektrum der gewünschten Ordnung aus der Übereinanderlagerung

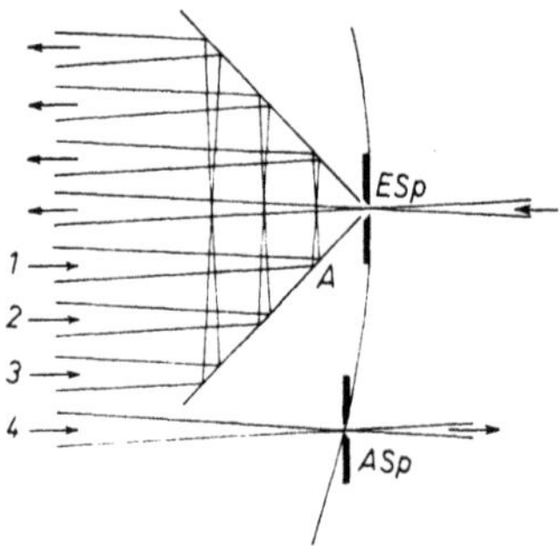

Abb. 37. Vielfachweg-Anordnung (multiple pass) in LITTROW-Monochromatoren nach HAM u. a. (*353*). Erklärung im Text

herauszusieben. Man muß allerdings bei jeder solchen Mehrfachanordnung besonders auf die richtige Krümmung der Spalte achten (s. S. 89), um die Abbildungsgüte nicht zu verschlechtern [s. a. WALSH u. WILLIS (*878*) und McCUBBIN (*1144*)].

Diese Doppelweganordnung ist nicht ohne weiteres anwendbar in den sog. Doppelstrahlspektrometern (s. S. 131), in welchen eine die Meßküvette und eine die Vergleichsküvette passierende Strahlung gleicher Wellenlänge den Monochromator in einem der Empfängerträgheit angepaßten zeitlichen Wechsel durchsetzt, es sei denn, man macht die Modulationsfrequenz im zur zweiten Zerlegung zurückkehrenden Strahl sehr viel größer (etwa > 50 Hz) als die Schaltungsfrequenz (etwa 10 Hz); letztlich ist das eine Frage der Ansprechgeschwindigkeit des Empfängers [WALSH (*876*)]. Ein nach dem Prinzip des optischen Nullabgleichs arbeitendes Doppelstrahlspektrometer mit Doppelweganordnung hat neuerdings MINAMI (*1147*) angegeben; er benutzt einen speziellen optischen Schalter und einen Modulator in Zusammenarbeit mit einem phasenempfindlichen Gleichrichter. Ein Doppelstrahl-Doppelweg-Spektrometer unter Verwendung der ROCHESTER-MARTIN-Anordnung hat COLE (*152*) beschrieben. Gewisse andere Typen moderner Spektrometer, bei denen immer gleichzeitig Meß- und Vergleichsstrahl durch den Monochromator gehen, erlauben die Doppelweganordnung im Prinzip. Eine Grenze setzt immer die verfügbare Strahlungsenergie, d. h. das Verhältnis Signal zu Rauschpegel, das bei mehrfachem Monochromatorendurchgang wegen der unvermeidlichen Reflexionsverluste usw. schlechter wird. Zu seiner Verbesserung öffnet man in Doppel- oder Vielfachwegmonochromatoren die Spalte stärker, als es in Einfachmonochromatoren üblich ist. Damit gibt man einen Teil des Gewinnes an Auflösung wieder preis. Die Grenze solcher Maßnahmen zur Erhöhung der Auflösung liegt naturgemäß dort, wo der effektive Gewinn in keinem vertretbaren Verhältnis zum Aufwand mehr steht. Dann bleibt nur noch die Möglichkeit, auf Gitter zurückzugreifen. Wenn man es aber insbesondere auf Streustrahlungsfreiheit abgesehen hat, gibt es kein besseres Mittel als Doppel- oder Vielfachmonochromatoren. Sie sind unumgänglich bei hochtemperierten Strahlungsquellen — wegen der hohen Emission im Kurzwelligen — und beim Arbeiten mit langen Wellen, also vor allem beim Gebrauch eines CsBr- oder CsJ-Prismas.

9. Justierung und Wellenlängeneichung

Die noch zu besprechenden kommerziellen Ultrarotspektrometer werden im allgemeinen von Beauftragten der Herstellerfirma am Einsatzort aufgestellt und justiert, d. h. die mechanischen, optischen und elektrischen Teile so eingestellt und aufeinander abgeglichen, daß ihre Wirkung der theoretisch zu erwartenden möglichst nahekommt. Für im Laufe der Zeit möglicherweise notwendig werdende Nachjustierungen geben die Hersteller ihren Geräten gedruckte Anweisungen mit; auf die meist recht umfangreichen Vorschriften kann im Rahmen dieses Buches nicht eingegangen werden. Bei selbstgebauten Spektrometern ist die Arbeit der Justierung sozusagen Abschluß und Krönung der eigentlichen Bautätigkeit. Sie basiert auf der Kenntnis der dem Gerät zugrunde liegenden Prinzipien und Gesetze, deren eingehende Besprechung ebenfalls den Rahmen unserer Darstellung überschreitet und für die daher auf die einschlägigen Lehrbücher verwiesen sei. Im übrigen wird man mit der Justierung eines Apparates um so vertrauter, je intensiver man sich damit beschäftigt, so daß das Verständnis für die Wirkungsweise und das Zusammenspiel aller Teile die beste Justiervorschrift darstellt. Wenn immer möglich, sollte man die Justierung unter Verwendung sichtbaren Lichtes mit dem sehr empfindlichen Auge, vielleicht noch unterstützt von optischen Hilfsmitteln, vornehmen. Besonders dafür geeignet ist die grüne Emissionslinie einer kleinen Quecksilberhochdrucklampe. KEITH (*1309*) erläutert, wie man sie mittels eines Adapters an das zu justierende Gerät (speziell ein Perkin-Elmer Mod. 13, jedoch nicht darauf beschränkt) anbaut. Mit der Entwicklung der Laser-Technik sind aber auch die Justierprobleme einfacher geworden. Ein He-Ne-Laser mit einer Leistung im Milliwattbereich z. B. liefert einen ausreichend starken Strahl, um die Justierung bei normaler Raumbeleuchtung durchführen zu können. Geht dies nicht an, so muß man die objektive Anzeige- oder Registriervorrichtung im Bereich sehr gut bekannter Banden, z. B. der Wasserdampfbande bei $6\,\mu$ oder der Ammoniakbande bei $10\,\mu$, einsetzen; durch Vergleich des erzielten Ergebnisses mit den aus der Literatur bekannten verschafft man sich einen Überblick über das Erreichte oder durch bessere Justierung noch Erreichbare. Für die besonders wichtige Justierung eines LITTROW-Monochromators geben neuerdings KENDRICK u. SCHNURMANN (*458*) Anweisungen.

Ein besonderes Augenmerk ist auf die Wellenlängen- oder Wellenzahleichung der Spektrometer zu richten. Sie bietet sich dar als ein tabellarischer oder kurvenmäßiger Zusammenhang zwischen der Wellenlänge (Wellenzahl) und der Drehung des Prismas bzw. des LITTROW-Spiegels oder des Gitters. Dieser Zusammenhang wird entweder über die bekannte Dispersion des Prismenmaterials und die Prismenabmessungen, speziell den brechenden Winkel, bzw. die Gitterdaten gerechnet oder empirisch durch Ausmessung bestimmter Banden von bekannter spektraler Lage erhalten [McKinney u. Friedel (*558*), Guy u. Towler (*340*), Ross u. Little (*747*), Martin (*543*), Torkington (*863*), Tilton u. Plyler (*860*), Downie u. a. (*206*)]. Es ist auch bei den besten Geräten unumgänglich, von Zeit zu Zeit diese Eichkurven zu überprüfen und ihre momentane Abweichung vom Sollwert festzustellen. Dazu dienen eine größere Anzahl genau vermessener Banden definierter Stoffe, die durch sehr sorgfältige Messungen unter genauer Diskussion etwaiger Fehlermöglichkeiten gerade zu diesem Zweck ausgewählt wurden. Die Rotationslinien der Schwingungsbanden von CO bei 2143.38, 4260.12 und 6350.39 cm^{-1} haben sich wegen ihrer fundierten theoretischen Berechenbarkeit als zu diesem Zweck besonders geeignet erwiesen [Rao (*708*)]. Nähere Anweisungen, wie die auszumessenden Banden eines Spektrums bei Verwendung eines Gitterspektrometers an diese Standardlinien angeschlossen werden, findet man bei Rao u. a. (*709, 710*). Leider überdecken aber die Rotationsschwingungsbanden von CO nur wenige diskrete Spektralbereiche geringer Breite. Verschiedene Autoren, z. B. Rao u. a. (*709, 710*) und Rank (*697*), verwenden daher neben CO noch HCl und HCN oder die Emissionslinien von Gasentladungen, insbesondere von Neon. Bei dem zuletzt genannten Verfahren werden die im Sichtbaren liegenden Emissionslinien bei Gitterzerlegung in sehr hoher Ordnung (bis hinauf zur 30.) unmittelbar als Standardlinien benutzt. Ihre Wellenlängen sind mit der bekannten Präzision der optischen Spektroskopie vermessen; zur Verwendung als Wellenlängenstandards im Ultrarot ist dann nur noch die Kenntnis der Ordnung des Spektrums notwendig, in der gerade beobachtet wird. Das Produkt aus Emissionswellenlänge und Ordnungszahl ergibt dann unmittelbar die Wellenlänge der am Orte der beobachteten Linie liegenden Ultrarotstrahlung.

Von einem sozusagen absoluten, auf einer unmittelbaren Längenmessung und Interferenzen beruhenden Verfahren [Cooper u. Stroupe (167)] abgesehen, ist man im allgemeinen jedoch auf die nicht theoretisch genau berechenbaren Absorptionsbanden fester und flüssiger Stoffe angewiesen. Dafür haben sich als geeignet hauptsächlich 1.2.4-Trichlorbenzol und Polystyrol neben einigen anderen eingebürgert, weil sie zahlreiche, scharfe, über den ganzen Ultrarotbereich verteilte Banden besitzen. Tab. 8a bringt eine von Plyler u.a. (*675, 677*) angegebene Aufstellung solcher zu Eichzwecken brauchbarer Banden. Angaben für den darin nicht erfaßten Bereich oberhalb von 25 μ Wellenlänge findet man bei Mills u. a. (*582*), weitere Werte für den Bereich von 15 bis 25 μ bei Roberts (*728*). Genaue Werte für einzelne Linien der Wasserdampfbande bei 6 μ hat Jones (*429*) mitgeteilt. Für den Bereich von etwa 30 bis 1000 μ (330 bis 10 cm^{-1}) geben Rao u. a. (*962*) eine Reihe von theoretisch gerechneten Lagen für Rotationslinien von zwei- und dreiatomigen Molekülen (CO, N_2O und HCN) an.

Allen diesen Vorschlägen haftet der Nachteil an, daß für eine einigermaßen gleichmäßige Belegung des im allgemeinen wichtigsten Spektralbereiches von 700 bis 4000 cm^{-1} (NaCl-Prisma) auch für Spektrometer nicht allzu hoher Auflösung immer mehrere Substanzen benötigt werden. Jones u. a. (*437, 437a*) empfehlen daher die Verwendung einer aus etwa 98 Gew.-% Inden, etwa 1 Gew.-% Kampfer und etwa 1 Gew.-% Cyclohexanon bestehenden Mischung, die in dem interessierenden Spektralbereich zahlreiche zu Eichzwecken brauchbare Banden hat. Die wichtigsten davon sind in Tab. 8b angegeben. Mit einer Mischung der

Tabelle 8a. *Eichlinien und Eichbanden für den ultraroten Spektralbereich*

Wellenlänge μ	Wellenzahl cm^{-1}	Substanz	Bedingungen
0,860	11628	Trichloräthylen	fl., 10 cm
1,120	8929	Trichloräthylen	fl., 10 cm
1,648	6068	Trichloräthylen	fl., 1 cm
0,871	11481	Benzol	fl., 10 cm
1,138	8787	Benzol	fl., 1 cm
1,670	5988	Benzol	fl., 0,1 cm
0,8823	11334	Chloroform	fl., 10 cm
1,149	8703	Chloroform	fl., 10 cm
1,689	5921	Chloroform	fl., 1 cm
0,54607	18307,8	Quecksilber	Emission
0,57909	17327,5	Quecksilber	Emission
0,57907	17264,4	Quecksilber	Emission
1,01398	9859,4	Quecksilber	Emission
1,12866	8857,7	Quecksilber	Emission
1,35703	7367,0	Quecksilber	Emission
1,36728	7311,0	Quecksilber	Emission
1,52952	6536,2	Quecksilber	Emission
1,69202	5908,5	Quecksilber	Emission
1,69419	5900,9	Quecksilber	Emission
1,70727	5855,7	Quecksilber	Emission
1,71099	5843,0	Quecksilber	Emission
1,81307	5514,0	Quecksilber	Emission
1,97009	5074,5	Quecksilber	Emission
2,24929	4444,6	Quecksilber	Emission
2,32542	4299,1	Quecksilber	Emission
1,6606	6020,3	1.2.4-Trichlorbenzol	fl., 0,5 mm
2,1526	4644,2	1.2.4-Trichlorbenzol	fl., 0,5 mm
2,3126	4322,9	1.2.4-Trichlorbenzol	fl., 0,5 mm
2,4030	4160,3	1.2.4-Trichlorbenzol	fl., 0,5 mm
2,4374	4101,6	1.2.4-Trichlorbenzol	fl., 0,5 mm
2,4944	4007,9	1.2.4-Trichlorbenzol	fl., 0,5 mm
2,5434	3930,6	1.2.4-Trichlorbenzol	fl., 0,5 mm
17,40	574,5	1.2.4-Trichlorbenzol	fl., 0,025 mm
21,80	458,6	1.2.4-Trichlorbenzol	fl., 0,025 mm
22,76	439,3	1.2.4-Trichlorbenzol	fl., 0,025 mm
2,7144	3683,0	Methanol	Dampf, 5 cm
4,866	2054	Methanol	Dampf, 5 cm
9,672	1034,2	Methanol	Dampf, 5 cm
3,2204	3104,4	Polystyrol	Film, 0,025 mm
3,2432	3082,6	Polystyrol	Film, 0,025 mm
3,2666	3060,5	Polystyrol	Film, 0,025 mm
3,3033	3026,5	Polystyrol	Film, 0,025 mm
3,3293	3002,5	Polystyrol	Film, 0,025 mm

Fortsetzung Tab. 8a

Wellenlänge μ	Wellenzahl cm^{-1}	Substanz	Bedingungen
3,4188	2924,2	Polystyrol	Film, 0,025 mm
3,5078	2850,0	Polystyrol	Film, 0,025 mm
5,138	1945,8	Polystyrol	Film, 0,025 mm
5,549	1801,6	Polystyrol	Film, 0,025 mm
6,238	1602,7	Polystyrol	Film, 0,025 mm
6,692	1494,9	Polystyrol	Film, 0,025 mm
9,724	1028,1	Polystyrol	Film, 0,025 mm
11,035	906,0	Polystyrol	Film, 0,025 mm
14,29	699,6	Polystyrol	Film, 0,050 mm
4,258	2349,3	Kohlendioxid	Gas, Atmosphäre
13,883	720,5	Kohlendioxid	Gas, Atmosphäre
14,98	667,3	Kohlendioxid	Gas, Atmosphäre
18,29	546,7	Wasser	Dampf
18,63	536,6	Wasser	Dampf
19,00	526,2	Wasser	Dampf
19,30	518,1	Wasser	Dampf
19,90	502,5	Wasser	Dampf
20,32	492,2	Wasser	Dampf
20,65	484,2	Wasser	Dampf
21,15	472,7	Wasser	Dampf
21,36	468,1	Wasser	Dampf
21,83	458,1	Wasser	Dampf
22,03	454,0	Wasser	Dampf
22,38	446,9	Wasser	Dampf
22,57	443,1	Wasser	Dampf
23,50	425,5	Wasser	Dampf
23,85	419,2	Wasser	Dampf
25,14	397,8	Wasser	Dampf
25,96	385,2	Wasser	Dampf
26,64	375,4	Wasser	Dampf
27,00	370,3	Wasser	Dampf
30,61	326,7	Wasser	Dampf
33,04	302,7	Wasser	Dampf
39,37	254,0	Wasser	Dampf
43,96	227,5	Wasser	Dampf
39,37	254,0	Ammoniak	Gas
42,55	235,0	Ammoniak	Gas
46,30	216,0	Ammoniak	Gas
50,84	196,7	Ammoniak	Gas

genannten Substanzen im Gewichtsverhältnis 1 : 1 : 1 läßt sich dann auch noch der Spektralbereich von 300 bis 700 cm^{-1} ausreichend überdecken (s. Tab. 8c).

Für das kurzwellige Ultrarot haben MECKE u. OSWALD (*564*), ACQUISTA u. PLYLER (*2*), sowie PLYLER u. a. (*677*) einige Banden verschiedener Stoffe angegeben.

Tabelle 8b. *Eichbanden eines Inden-Kampfer-Cyclohexanon-Gemisches im NaCl-Bereich (Auswahl) nach* Jones *u. a.* (*437*). Näheres siehe Text

Bandenlage		Schichtdicke mm
ν cm^{-1}	λ μ	
3930 ± 5	2,544 ± 0,0035	0,20
3796 ± 5	2,634 ± 0,0035	0,20
3298 ± 4	3,032 ± 0,004	0,20
3066 ± 3	3,261 ± 0,0035	0,032
2887 ± 2	3,464 ± 0,003	0,032
2771 ± 2	3,609 ± 0,0025	0,20
2597 ± 1,5	3,850 ± 0,0025	0,20
2306 ± 2	4,336 ± 0,004	0,20
1942,5 ± 1,5	5,148 ± 0,004	0,20
1741,5 ± 1	5,742 ± 0,0035	0,20
1609 ± 1	6,215 ± 0,004	0,032
1394 ± 1	7,174 ± 0,005	0,032
1362 ± 1	7,342 ± 0,0055	0,032
1311,5 ± 1	7,625 ± 0,006	0,032
1287,5 ± 1	7,767 ± 0,006	0,032
1225,5 ± 1	8,160 ± 0,0065	0,032
1205 ± 1	8,299 ± 0,007	0,032
1166,5 ± 1	8,573 ± 0,0075	0,20
1122 ± 1	8,913 ± 0,008	0,032
1068 ± 1	9,363 ± 0,009	0,032
1018,5 ± 1	9,818 ± 0,0095	0,032
915 ± 1	10,93 ± 0,01	0,032
862 ± 1	11,60 ± 0,015	0,032
830 ± 1	12,05 ± 0,015	0,032
812,5 ± 1	12,31 ± 0,015	0,032
765 ± 1	13,07 ± 0,02	Kapillarfilm
729,5 ± 1	13,71 ± 0,02	0,032
718 ± 1	13,93 ± 0,02	Kapillarfilm
093 ± 1	14,43 ± 0,02	0,032

Im übrigen liegen gerade im Kurzwelligen die Verhältnisse insofern günstiger, als man da an außerordentlich genau bekannte, von Natur aus schärfer als Absorptionsbanden ausgeprägte Emissionslinien verschiedener Entladungslampen anschließen kann. Jedoch ist die Umstellung des Beleuchtungssystems eines Monochromators von Absorptions- auf Emissionsmessungen im allgemeinen ein so tiefgehender und unerwünschter Eingriff, daß Absorptionsstandards nicht überflüssig sind. Ein methodisch anderes, sehr genaue Werte lieferndes Eichungsverfahren mit Fabry-Perot-Etalon wird für das kurzwellige Ultrarot von Rank u. a. (*700*, *702*, *703*) angegeben; seine Fehlerquellen werden von Rank u. Bennett (*699*) sowie von Brodersen (*107*) näher diskutiert. Ebenso wie weiter oben Emissionslinien bei Gitterzerlegung in höherer Ordnung zur genauen Wellenlängenmessung benutzt wurden, läßt sich nunmehr ein solches Etalon verwenden, um den Spektralbereich des nahen Ultrarot unmittelbar an Atomemissionslinien anzuschließen. Nähere Angaben dazu findet man bei Plyler u. a. (*575*), sowie bei Rank u. a. (*700*, *702*, *703*).

Tabelle 8c. *Eichbanden eines Inden-Kampfer-Cyclohexanon-Gemisches* (1 : 1 : 1, *Schichtdicke* 0,05 mm) *im Spektralbereich* 300 *bis* 700 cm^{-1} *nach* JONES *u. a.* (*437*)

Bandenlage		Bandenlage	
ν cm^{-1}	λ μ	ν cm^{-1}	λ μ
693 ± 1	14,43 ± 0,02	489 ± 1	20,45 ± 0,04
647,5 ± 1	15,445 ± 0,02	420 ± 1	23,81 ± 0,055
609,5 ± 1	16,405 ± 0,025	393,5 ± 1	25,42 ± 0,065
591 ± 1	16,92 ± 0,03	381,5 ± 1	26,21 ± 0,07
551,5 ± 1	18.13 ± 0,035	302 ± 2	33,1 ± 0,2
521 ± 1	19,195 ± 0,035		

An Hand der angegebenen Wellenlängenstandards[1] überprüft man von Zeit zu Zeit die Eichung des benutzten Spektrometers. Die dabei gefundene Abweichung wird als Funktion der Wellenlänge (Wellenzahl) graphisch dargestellt und muß bei genauen Angaben berücksichtigt werden. Die umständliche und umfangreiche Ausgleichsrechnung, nämlich die Anpassung der beobachteten Daten an die theoretisch zu erwartende Kurve, überläßt man bei Prismenspektrometern heutzutage am besten einem Computer nach in Programmbibliotheken verfügbaren ausgearbeiteten Programmen [FRYER (*1357*)]. Für nicht mit einem Thermostaten ausgerüstete Geräte sei ausdrücklich auf den Einfluß der Temperatur auf die Prismendispersion hingewiesen, der bei der heute erzielbaren Auflösung und Dispersion zu beachtlichen Fehlern in den Wellenlängenangaben führen kann [TOWLER u. GUY (*865*)]. Auch solche Geräte verfügen meist über irgendeine Temperaturkompensation, über deren Wirksamkeit man jedoch verschiedener Meinung sein kann. Die beste Sicherung gegen Wellenlängenfehler aus Temperatureinflüssen ist die Konstanthaltung der Temperatur auf dem der Eichung zugrunde liegenden Wert. Gelegentlich kann aber schon das stoßweise Arbeiten der Thermostateinrichtung zu kleinen Fehlern Anlaß geben, weshalb auf deren Feinabstufung geachtet werden sollte.

3. Kapitel: Strahlungsempfänger

1. Allgemeines

Seit jeher kommen zur Messung ultraroter Strahlungsenergie hauptsächlich zur Gruppe der *thermischen* Empfänger gehörende Instrumente in Betracht. Das will besagen, daß die zu messende Strahlungsenergie zunächst durch Absorption quantitativ in Wärmeenergie umgewandelt wird, die dann ihrerseits den zur Messung eigentlich benutzten Effekt bewirkt. Daneben sind seit etwa 25 Jahren auf photoelektrischer Grundlage arbeitende Strahlungsempfänger bedeutungsvoll geworden. Ursprünglich nur für das kurzwellige Ultrarot bis etwa 2μ brauchbar, hat diese Klasse von Strahlungsempfängern schon jetzt den Bereich bis etwa 6μ erobert. Seit ein paar Jahren sind aber auch photoelektrische Empfänger bekannt geworden, die im ganzen Bereich des heute prismatisch erfaßbaren Ultrarot und sogar weit darüber hinaus verwendbar sind. Vermutlich werden sie in absehbarer Zeit den

[1] Im Auftrage der IUPAC wurden zahlreiche zu Eichzwecken brauchbare Ultrarotbanden unter dem Titel „Tables of Wavenumbers for the Calibration of Infra-Red Spectrometers“ (Pure and Applied Chemistry, Vol. 1, No. 4; Buchausgabe London 1961) zusammengestellt. Mit großer Ausführlichkeit wird das gesamte Gebiet der Wellenlängenstandards im Ultrarotbereich in einem Buch von RAO u. a. (*1120*) behandelt.

Herrschaftsanspruch der thermischen Empfänger für den Nachweis und die Messung ultraroter Strahlung brechen. Einen Überblick über die neueren Entwicklungen im Vergleich zu dem Althergebrachten findet man in gedrängter Form bei SMITH (*1321*).

Die Geschichte der thermischen Strahlungsempfänger ist zugleich die Geschichte der Physik und Technik des ultraroten Spektralbereichs: Ein Fortschritt in jenen bedeutete zugleich auch einen Fortschritt in diesem, sei es zu längeren Wellen hin, sei es eine Genauigkeitssteigerung auch schon vorher möglicher Messungen. Von den zahlreichen im Verlauf dieser Entwicklung entstandenen Formen der thermischen Empfänger sind heute nur wenige im praktischen Gebrauch: *Thermoelement, Bolometer, pneumatischer Empfänger.* Ihre Theorie und Technik ist, wie die aller thermischen Strahlungsempfänger, außerordentlich kompliziert und mannigfaltig. Darauf näher einzugehen, verbieten Art und Umfang unserer Darstellung, zumal man die Konstruktion und Auswahl des geeigneten Empfängers sowieso den Herstellern der käuflichen Spektrometer überlassen kann und muß, weil ein Gerät ohne Empfänger einerseits ein Torso und andererseits die Empfängerfrage nur unter Berücksichtigung vieler vom Spektrometer abhängiger Faktoren lösbar ist.

Die im ultraroten Bereich, zumal in zerlegter Strahlung, verfügbare Strahlungsenergie ist außerordentlich klein. Um daher die für den eigentlichen Meßeffekt verantwortliche Temperaturerhöhung des Meßelements möglichst groß zu machen, werden alle thermischen Empfänger mit sehr kleiner Wärmekapazität, also sehr zierlich gebaut; das erfordert, wie schon hervorgehoben, eine starke Strahlungskonzentration auf der kleinen Empfängerfläche mit optischen Mitteln. Die im Empfänger durch Strahlungsabsorption hervorgerufene Wärme wird allerdings nicht restlos für den Meßeffekt ausgenutzt, sondern ein gewisser Teil davon geht durch Wärmeleitung durch die unvermeidbaren Halterungen, Spannungszuführungen usw., durch Konvektion des umgebenden Gases und schließlich auch durch Strahlung des erwärmten Empfängers an die kältere Umgebung wieder verloren. Zwischen den beiden Vorgängen der Energiezufuhr durch Strahlungsabsorption und dem Energieverlust auf den angegebenen Wegen wird sich nach einiger Zeit ein Gleichgewicht herausbilden. Man ist bestrebt, die Zeit bis zur Erreichung des Gleichgewichts bzw. bis zu einem ihm nahezu entsprechenden Zustand, die sog. *Einstelldauer*[1], möglichst kurz zu halten. Denn jeder thermische Empfänger spricht seiner Natur nach auch auf Strahlungs- und Temperaturänderungen in seiner Umgebung an. Diese verlaufen im allgemeinen langsam und, wenigstens eine Zeitlang, in einer Richtung, woher die in einem früheren Stadium der Ultrarotmeßtechnik so mißlich empfundene Trift der Anzeigeinstrumente herrührte. Heutzutage unterbricht man daher die zu messende Strahlung periodisch auf eine in den einzelnen Geräten unterschiedliche Art und Weise, zeichnet sie und die damit verbundene Temperaturänderung des Empfängers gegenüber den nicht modulierten Einwirkungen der Umgebung also durch einen besonderen Parameter aus und sorgt im weiteren Verlauf des Meß- und Anzeigevorgangs dafür, daß nur die so gekennzeichneten Effekte messend erfaßt werden. Das ist z. B. dadurch möglich, daß das vom Empfänger gelieferte Wechselsignal in einem Wechselspannungsverstärker durch schaltungstechnische Maßnahmen von den Gleichsignalen der nicht modu-

---

[1] Neben der Einstelldauer wird häufig die *Zeitkonstante* zur Kennzeichnung der Wärmeträgheit von Empfängern benutzt. Darunter versteht man diejenige Zeit, die — von einer Einstellung ausgehend — bei Unterbrechung der Bestrahlung verstreicht, bis die Anzeige auf 1/e oder rund 37% zurückgegangen ist.

lierten Effekte abgetrennt wird. Das Prinzip der Verwendung von Wechselstrahlung ist, zusammen mit der Spaltweitesteuerung, der Linearisierung der Wellenlängen- oder Wellenzahlskala und dem noch zu besprechenden Doppelstrahlprinzip, eins der Merkmale moderner Ultrarotspektrometer. Damit dieses Prinzip jedoch durchführbar ist, darf die Zeit bis zur Einstellung des Energiegleichgewichts im Empfänger nicht allzu groß sein. Ist die thermische Trägheit zu groß, so wird offensichtlich in einer Periode der Wechselstrahlung die dem Empfänger zugestrahlte Energie nicht optimal für den Meßzweck ausgenutzt, mit anderen Worten, die Empfindlichkeit der Anordnung erscheint verkleinert; allerdings sind die sonstigen Vorteile des Wechselstrahlungsprinzips so bedeutend, daß man lieber eine Einbuße an Empfindlichkeit in Kauf nimmt, als darauf zu verzichten. Macht man andererseits die Wechselstrahlungsfrequenz der — einmal groß angenommenen — Trägheit des Empfängers angepaßt sehr klein, so kann der Witz dieses Verfahrens, die Ausschaltung der Umgebungseinflüsse, verloren gehen; zumindest wird die verstärkungstechnische Weiterbehandlung des erhaltenen Signals schwierig. Durchschnittlich wählt man bei Verwendung thermischer Empfänger heutzutage die Modulationsfrequenz der Strahlung in der Gegend von etwa 10 Hz, während die Ansprechzeiten der Empfänger, definiert etwa als 97 % der zur Erreichung des Energiegleichgewichts benötigten Zeit, in der Gegend von einigen Hundertstel Sekunden und darunter liegen.

Die Frage des Vergleichs verschiedener Strahlungsempfänger miteinander, zumal bei generell verschiedener Arbeitsweise, wie es bei Bolometer und Thermoelement der Fall ist, ist trotz mannigfacher Bemühungen in dieser Hinsicht heikel geblieben [Jones (*430*, *431*)]. Die Angabe der Empfindlichkeit, d. h. der Änderung der vom Empfänger gelieferten Anzeige bei einer gegebenen Änderung der zu messenden Strahlungsenergie, ist zwar ein Kennzeichen des Empfängers als solchen, jedoch nur von mittelbarem Interesse, weil bei der heute üblichen Technik andere Elemente — wie z. B. die Verstärker, die aus den winzigen Meßsignalen der eigentlichen Strahlungsempfänger erst eine mit relativ groben Instrumenten meßbare Größe machen — ebenfalls von Einfluß sind. Die ausschlaggebende Aussage ist und bleibt die Angabe derjenigen Strahlungsleistung, die, unter Berücksichtigung der Eigenschaften des Empfängers und etwaiger ihm nachgeschalteter Geräte, in der Grenze vermöge der natürlichen Schwankungen im Meßsystem — gleichgültig welcher Quelle — gerade noch mit einem vorgegebenen Fehler nachgewiesen werden kann. Jedem Empfänger kommt ja auf Grund ganz allgemein gültiger Prinzipien und Beziehungen ein *Rauschpegel* (Johnson-*Rauschen*) zu, der im wesentlichen vom elektrischen Widerstand der Empfängeranordnung, der Temperatur und dem von der gesamten Meßanordnung einschließlich aller Teile durchgelassenen Frequenzband bestimmt wird. Zu diesem dem Strahlungsempfänger eigentümlichen Rauschpegel kommt u. a. noch der Rauschpegel der Verstärkeranordnung hinzu. Man pflegt als nachweisbare Grenzleistung diejenige Leistung anzugeben, die dem zusammengefaßten Rauschpegel entspricht. Vermöge dieser Überlegungen können in theoretischer Weise Vergleiche verschiedener Empfänger gerechnet werden, wenn deren Eigenschaften genau bekannt sind. Da dies aber nicht immer der Fall ist, behalten empirische Vergleiche unter den gleichartigen Bedingungen einer gegebenen Aufgabe ihren Wert. Den kritischen Vergleich einiger Empfängertypen ganz verschiedener Arbeitsweise findet man bei Potter u. Eisenman (*940*). Auch Putley (*1242*) beschäftigt sich mit diesen Fragen; er gibt auch Ausblicke auf die vermutliche Entwicklung der Ultrarotstrahlungsempfänger und nennt Bezugsquellen sowohl für thermische wie auch für photoelektrische Detektoren.

2. *Thermoelement und Bolometer*

Das *Thermoelement*[1], die eine klassische Form des thermischen Empfängers, hat nicht nur in den Abmessungen zu immer feineren Formen und in der Empfindlichkeit durch Einführung neuer, thermoelektrisch hochwertiger Materialien, sondern auch in seinen äußeren Konstruktionsprinzipien in den letzten Jahren eine beachtliche Entwicklung mitgemacht. Es ist dadurch z. Z. wieder an die Spitze aller thermischen Strahlungsempfänger gerückt. Neben die auch schon früher üblichen Drahtelemente sind neuerdings die Band-, die Zapfen- und die Schichtelemente getreten, Konstruktionen, auf die im Rahmen dieser Darstellung nicht näher eingegangen werden kann. Es sei statt dessen auf den zusammenfassenden Aufsatz von GEILING (*292*) und die dort angegebene Originalliteratur verwiesen. Dort findet man auch Leistungsangaben für Thermoelemente verschiedener Herkunft.

Die andere klassische Form des thermischen Empfängers, das *Strahlungsbolometer*, dessen Theorie in zusammengefaßter moderner Form neuerdings JONES (*432*) behandelt und in dem die Widerstandsänderung eines Leiters bei Temperaturänderung durch Strahlungsabsorption ausgenutzt wird, ist in seiner Bedeutung in den letzten Jahren zurückgegangen, nachdem es in den dreißiger und auch noch anfangs der vierziger Jahre das Thermoelement überflügelt hatte. Methodisch und verfahrenstechnisch haftet ihm gegenüber diesem Konkurrenten der Nachteil an, daß zu seinem Betrieb eine besondere Stromquelle erforderlich ist, deren Konstanthaltung und sonstige Eigenschaften in einem besonders kritischen Punkt der ganzen Anlage, nämlich am Eingang eines hochempfindlichen Verstärkers, gelegentlich Schwierigkeiten bereiten mögen. Die alte Form des vermohrten Platinstreifchenbolometers wird zwar noch in einigen Apparaturen gebraucht, die modernen technischen Formen sind jedoch das auf elektrolytischem Weg gewonnene, sehr dünne Nickelbolometer nach BROCKMAN (*105*), das durch Aufdampfen geeigneter Metalle, meist Antimon oder Wismut, im Hochvakuum auf Zaponlackhäutchen u. ä. hergestellte, nicht geschwärzte und trägheitsarme Bolometer nach CZERNY (*185*)[2] und das Halbleiter- oder Thermistorbolometer [BECKER u. BRATTAIN (*50*); WORMSER (*913*)][3]. Beim Nickelbolometer wird die kurze Ansprechzeit durch die sehr geringe Masse der Bolometerfolie erreicht, beim CZERNY-Bolometer eben dadurch und durch den Wegfall des Schwärzungsmittels, indem die Dicke der Folie gleich der sog. WOLTERSDORFF-Dicke gewählt wird, womit 50%, in der Grenze 68% Absorption in der blanken Metallschicht erzielbar sind. Bei den Halbleiterbolometern schließlich wird der große Temperaturkoeffizient des elektrischen Widerstands gewisser Halbleiter, teilweise mehrere Zehnerpotenzen über dem der reinen Metalle, ausgenutzt; einer ihrer Nachteile ist der relativ hohe Rauschpegel, der einerseits vom großen Widerstand, andererseits vom typischen Halbleiterrauschen herrührt. Die mit guten Bolometern praktisch nachweisbare Grenzleistung scheint nicht sehr viel höher zu liegen als die der Thermoelemente, so daß für ihren derzeitigen Bedeutungsrückgang andere Umstände mehr schaltungstechnischer Art verantwortlich sind.

---

[1] Bezugsquelle für schnellansprechende Hochleistungsthermoelemente: Physikalische Werkstätten (Prof. HEIMANN), Wiesbaden-Dotzheim, sowie alle Spektrometerlieferanten.

[2] Bezugsquelle: Physikalische Werkstätten (Prof. HEIMANN), Wiesbaden-Dotzheim.

[3] Bezugsquelle: Barnes Engineering Comp., Stamford, Conn., USA.

3. *Pneumatische Strahlungsempfänger*

Während wir uns beim Thermoelement und Bolometer, gestützt auf die aus ihrer langen Gebrauchsdauer verständliche allgemeine Kenntnis ihrer Form und Arbeitsweise, mit wenigen Hinweisen technischer Art begnügen konnten, müssen wir bei konstruktiven Einzelheiten der *pneumatischen Empfänger*, diesem neuesten Zweig der thermischen Strahlungsmeßinstrumente, etwas länger verweilen. Wir legen der Besprechung den GOLAYschen Empfängertyp zugrunde, der nicht nur schon heute eine große Bedeutung hat, sondern sicherlich auch in Zukunft eine große Rolle spielen wird [GOLAY (*312, 313*)]. Das Schema zeigt Abb. 38, die Ansicht des Geräts Abb. 39. Die von links kommend gedachte Strahlung tritt durch ein ultrarotdurchlässiges Fenster in eine kleine gasgefüllte Zelle, in welcher sich ein wenige Quadratmillimeter großer absorbierender Film (Antimonschwarz auf Zaponlackhäutchen) befindet. Die darin durch Strahlungsabsorption entwickelte Wärme teilt sich dem Gasinhalt der Zelle im Rhythmus der Strahlungsmodulation mit und erzeugt eine periodisch schwankende Druckerhöhung, welcher die als flexibler Spiegel ausgebildete Zellenrückwand folgt. Dieser Spiegel ist Teil eines abbildenden optischen Systems, das außerdem aus einer Lampe, einem Linsenkondensor und einem Strichgitter besteht. Das Gitter ist im Strahlengang dieses optischen Systems so justiert, daß normalerweise sein reelles Bild mit dem Gitter selbst zur Deckung kommt, aber Stab auf Lücke und Lücke auf Stab, daß also das Licht der Lampe über den schräg gestellten Planspiegel die seitlich angebrachte Photozelle nicht erreicht. Verbiegt sich nun der flexible Spiegel bei Druckerhöhung in der Gaszelle infolge von Strahlungsabsorption, so ändert das Bild des Gitters relativ zu diesem selbst seine Lage derart, daß mehr oder weniger die Lücken des Gitters mit den Lücken des Gitterbildes koinzidieren, womit der Lichtfluß zur Photozelle möglich und in seiner Stärke verändert wird und so ein Maß für die Strahlungsabsorption abgibt. Der schwankende Photostrom wird verstärkt und einem Anzeige- oder Registrierinstrument zugeführt. Die Ansprechzeit des GOLAY-Detektors ist durch

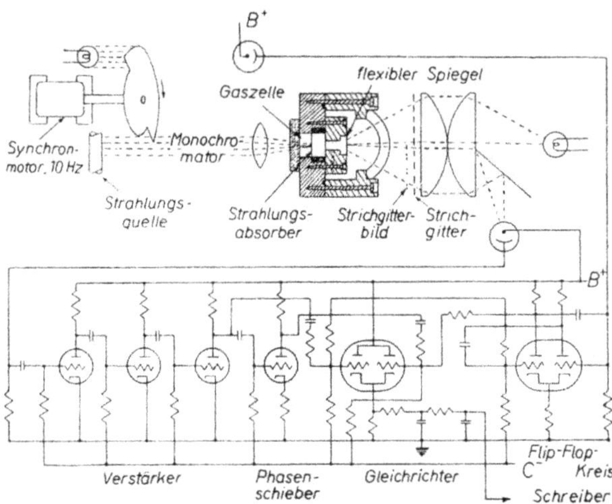

Abb. 38. Schema des GOLAY-Detektors [nach GOLAY (*313*)]. Erklärung im Text

Maßnahmen im elektronischen Teil des Gerätes zwischen 1 und 30 Millisekunden willkürlich einstellbar, die Modulationsfrequenz beträgt 10 Hz, die nachweisbare

Abb. 39. Ansicht des GOLAY-Detektors. Vorn links die eigentliche Empfängerzelle, dahinter der Verstärker mit elektrischer Versorgung (Photo: The Eppley Laboratory, Inc.)

Grenzleistung wird mit besser als $6 \cdot 10^{-11}$ Watt angegeben. Ein besonderer Vorteil dieses Empfängers ist seine Verwendbarkeit in Spektralbereichen, die nach größeren Wellenlängen zu schon außerhalb des konventionellen Ultrarot, also im Gebiet der Mikrowellen liegen, weiterhin sein großer Linearitätsbereich und eine für den komplizierten Aufbau erstaunliche Robustheit[1]. Aus der Praxis wird andererseits berichtet, daß man nicht jedes Exemplar zu jedem Zweck einsetzen kann, sondern daß man fast immer eine Auswahl aus mehreren Exemplaren treffen muß. Ein anderer pneumatischer Empfänger wurde von LUFT aus dem in nichtdispersiven Ultrarotgeräten (s. S. 214) vielfach benutzten Membrankondensator entwickelt[2]. Seine Empfindlichkeit wird mit weniger als $2 \cdot 10^{-10}$ Watt (Äquivalentrauschen) bei einer Bandbreite von 1 Hz angegeben. Die Empfängerfläche hat einen Durchmesser von 4 mm, die optimale Ansprechzeit liegt bei 100 Millisekunden.

4. *Photoelektrische Ultrarotstrahlungsempfänger*

In den letzten Jahren wurden die zahlreichen Vorteile und Möglichkeiten photoelektrischer Strahlungsempfänger auch für den ultraroten Bereich oder genauer gesagt zunächst für sein kurzwelliges Ende, nämlich vom Sichtbaren bis etwa 6μ Wellenlänge oder wenig darüber, nutzbar gemacht. Zwar sind die auf dem äußeren Photoeffekt beruhenden normalen gasgefüllten oder evakuierten Photozellen, etwa vom Typ der Cäsium-Silberoxid-Zelle, nur ganz wenig ins Ultrarot hinein anwendbar. Auch die Photoelemente haben weiter keine Bedeutung gewonnen. Anders ist es mit den *Halbleiterphotowiderständen* vom PbS-Typ[3]. Sie, bei denen die Erhöhung der Leitfähigkeit, also die Widerstandsverminderung unter Bestrahlung, herangezogen wird und in denen daher ein durch eine von außen angelegte Spannung unterhaltener Gleichstrom, der sog. Dunkelstrom, fließen muß, sind innerhalb weniger Jahre zu den Strahlungsempfängern des nahen Ultrarot schlechthin geworden.

[1] Bezugsquelle: The Eppley Laboratory, Inc., Newport, R. I., USA; Unicam Instruments, Ltd., Cambridge, England.

[2] Bezugsquelle: Jobin & Yvon, Arcueil (Frankreich).

[3] Bezugsquelle: Physikalische Werkstätten (Prof. HEIMANN), Wiesbaden-Dotzheim; British Thomson Houston Export Comp., Rugby, Warwickshire, England; Eastman Kodak Comp., Rochester, N.Y., USA.

Derzeit sind drei Haupttypen solcher Halbleiterzellen zum Nachweis und zur Messung ultraroter Strahlung verfügbar, nämlich aus PbS, PbSe und PbTe. Sie unterscheiden sich im erfaßten Spektralbereich, der in dieser Reihenfolge größer wird und ins Ultrarot hinein etwa bei 3,4, 4,5 und 6 μ (unter gewöhnlichen Bedingungen) endet (Abb. 40), in ihrer absoluten Empfindlichkeit, die in dieser Reihenfolge ab-, und in ihrem Rauschpegel, der zunimmt. Hergestellt werden diese Zellen entweder auf „nassem" Weg, indem man unter Ausnutzung gewisser chemischer Reaktionen die wirksame Schicht, manchmal unter Nachbehandlung bei höherer Temperatur, auf Glas oder dgl. niederschlägt, oder auf mehr physikalische Weise,

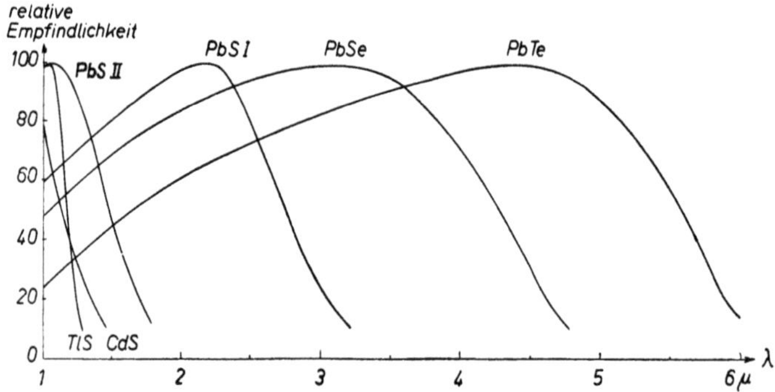

Abb. 40. Wirkungsbereich als Ultrarotstrahlungsempfänger brauchbarer Photowiderstandszellen (schematisch)

indem man im Hochvakuum die Schicht auf den Träger aufdampft und nachträglich durch Behandlung bei erhöhter Temperatur in einer Sauerstoffatmosphäre aktiviert. Es sei hier weder auf Einzelheiten der sehr verwickelten Wirkungsweise dieser Strahlungsempfänger noch ihrer Herstellung näher eingegangen, sondern deswegen auf die Originalliteratur verwiesen [Zusammenstellung bei SIMPSON u. SUTHERLAND (*804*) und vor allem bei SMITH (*813*)].

Der große meßtechnische Vorteil der Photowiderstände liegt in ihrer überlegenen Empfindlichkeit in den Wellenlängenbezirken, die ihnen zugänglich sind — wie ja überhaupt selektive Empfänger in ihrem Anwendungsbereich nicht-selektiven, wie den thermischen, immer überlegen sind [EICHHORN u. HETTNER (*222*); PLATT (*662*)] —, in ihrer sehr geringen Trägheit, die im allgemeinen Wechselstrahlungsfrequenzen bis zu einigen Tausend Hz zuläßt, womit die Verstärkungsprobleme leichter lösbar werden, und in ihrem im Verhältnis zu der großen Empfindlichkeit immer noch geringen, wenn auch durch typische Halbleitereffekte erhöhten Rauschpegel— als Grenzleistungen werden theoretisch 10^{-14} bis 10^{-13} Watt angegeben und anscheinend 10^{-12} bis 10^{-11} Watt praktisch erreicht [MOSS (*595*); MÜSER (*596*)]. Gewisse, jedoch nicht sehr schwerwiegende Nachteile sind gelegentlich auftretende Schwierigkeiten in der Linearität bei Verwendung als quantitative Meßinstrumente, die sich durch Einhaltung bestimmter Betriebsbedingungen überwinden lassen, und die Selektivität ihrer spektralen Empfindlichkeitskurve, die unmittelbare Vergleiche der Anzeige für verschiedene Wellenlängen nicht zuläßt, worauf es jedoch in der praktischen Ultrarotspektroskopie meist auch nicht ankommt.

Für die Praxis sehr wichtig sind schließlich gewisse, zwar nicht sehr große, aber doch nennenswerte Erweiterungen des erfaßten Spektralbereichs und ganz bedeutende Erhöhungen der Empfindlichkeit bei Kühlung der Zellen mit Kohlendioxidschnee oder gar flüssiger Luft [NELSON (*599*), MATHIS u. a. (*548*), ELLIOTT u. a. (*232*), YOUNG (*927*)].

Die allerneueste Entwicklung auf dem Gebiet der ultrarot-empfindlichen Photowiderstandszellen hat Empfängertypen hervorgebracht, die die oben angeführten Grenzen der Empfindlichkeitsbereiche beträchtlich überschreiten. Zum Teil handelt es sich dabei um Halbleiter der auch bei den oben besprochenen Empfängern benutzten Art, wie etwa um Indiumantimonid (InSb) [AVERY u. a. (*28*), PUTLEY (*939*)]. Andere wieder basieren auf Germanium oder Silicium, das in bestimmter Weise mit Spuren von gewissen anderen Elementen, z. B. Gold oder Zink, verunreinigt (gedoppt) ist [BEYEN u. a. (*70*), LASSER u. a. (*495*), FRAY u. OLIVER (*272*)]. Damit ist teilweise Strahlung bis zu Wellenlängen von 100 μ und mehr nachweisbar.

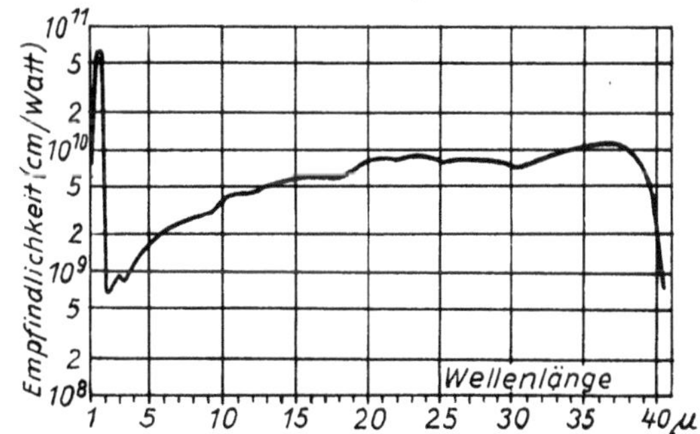

Abb. 41 Spektrale Empfindlichkeit eines Zn- oder Au-dotierten Germanium - Photowiderstandes bei der Temperatur des flüssigen Heliums

Allerdings bedürfen diese Halbleiterphotowiderstände unbedingt der Kühlung auf die Temperatur des flüssigen Heliums (4,2 °K), um wirksam zu sein — ein Umstand, der ihrer breiteren Verwendung in der spektroskopischen Technik vorläufig noch entgegensteht. Abb. 41 zeigt die spektrale Empfindlichkeitskurve eines solchen Breitband-Photowiderstandes, mit dem fast der ganze prismatisch erfaßbare Ultrarotbereich gemessen werden kann. Dieser Empfänger ist schon kommerziell lieferbar [1].

Eine weitere Möglichkeit, den erfaßbaren Spektralbereich nach längeren Wellenlängen zu vergrößern, besteht im Betrieb von InSb-Empfängern unter der Einwirkung eines Magnetfeldes von einigen kOe Stärke. Mit der Stärke des Magnetfeldes verschiebt sich die spektrale Lage der maximalen Empfindlichkeit sowohl wie auch die Breite des erfaßten Spektralbereiches. Damit ist erstmalig die Möglichkeit eines in gewissen Grenzen abstimmbaren Ultrarotstrahlungsempfängers gegeben, jedoch steht die Entwicklung noch ganz am Anfang [KIMMITT u. NIBLETT (*1322*)].

Alle für Photowiderstandszellen benutzten Materialien haben eine relativ große Reflexion aufgrund ihres hohen Brechungsexponenten. Während man schon seit einiger Zeit versucht hat, diese Reflexionsverluste bei Küvettenfenstern u. ä. durch reflexmindernde Schichten zu vermindern („vergutete Optik"), fehlten bisher entsprechende Versuche für Strahlungsempfänger. Vor kurzem haben nun FARBER u. a. (*941*) gezeigt, daß man die Leistungsfähigkeit eines Strahlungsempfängers auf der Basis eines Photowiderstandes durch einen reflexmindernden Belag nicht unerheblich steigern kann.

Ein im ganz kurzwelligen Ultrarot wertvoller Empfänger ist die CdS-Zelle, deren langwellige Grenze bei etwa 1,4 μ liegt, die darunter aber allen anderen Empfängern überlegen ist [GOERCKE (*310*)]. Bis 1,2 μ sind schließlich noch die TlS-Photowiderstände sowie die gewöhnlichen Cs-Photozellen und Sekundärelektronenvervielfacher (Multiplier) auf derselben Basis brauchbar, letztere von Vorteil wegen der andersartigen, eleganten Lösung des Verstärkungsproblems.

[1] Lieferquelle: Perkin-Elmer Corp., Norwalk, Conn., USA.

Nur gerade erwähnt sei die *photographische Platte*, die in geeigneter Sensibilisierung im ganz kurzwelligen Ultrarot, bis etwa 1,4μ, als Strahlungsempfänger in Betracht kommt und wegen ihrer kumulativen Eigenschaften gewisse Vorteile bietet.

5. *Verstärkungs- und Anzeigefragen*

Während früher die Ultrarotstrahlungsempfänger im Gleichstrahlungsbetrieb mit angepaßten hochempfindlichen Meßinstrumenten, etwa Galvanometern mit optischer Spiegelablesung verwendet wurden, wird im modernen industriellen Ultrarotlaboratorium nur noch mit Wechselstrahlung, Verstärkung und relativ robusten Anzeige- bzw. meist Registrierinstrumenten gearbeitet. Kennzeichnend dafür ist die zeitliche Zerhackung der von den üblichen Strahlungsquellen ausgesendeten konstanten Strahlung. Der am meisten gebrauchte Zerhacker ist ein mit einer geeigneten Drehzahl rotierender Sektorspiegel, der die Strahlung vermöge seiner aufeinanderfolgenden abwechselnd durchlässigen und reflektierenden (oder auch undurchlässigen) Teile periodisch unterbricht. Die Zerhackerperiode richtet sich nach der Ansprechzeit des verwendeten Strahlungsempfängers. Die in Seriengeräten fast ausschließlich anzutreffenden thermischen Empfänger erfordern ziemlich niedrige Zerhackerfrequenzen in der Gegend von 10 Hz.[1]. Die Frage der Verstärkung der von den Strahlungsempfängern gelieferten kleinen elektrischen Ströme oder Spannungen war auch schon früher akut, und aus den seinerzeit gefundenen mehr laboratoriumsmäßigen Lösungen — genannt sei z. B. das Mollsche Thermorelais — haben sich teilweise noch heute gebräuchliche Formen entwickelt. Mit der Einführung des Wechselstrahlungsprinzips jedoch wurde das Verstärkerproblem zu einer sehr zentralen Frage auch der Ultrarotmeßtechnik. Zwar konnten natürlich die allgemeinen Grundlagen und Bauprinzipien aus anderen Disziplinen übernommen werden, aber dennoch mußte eine Reihe spezifischer Probleme gelöst werden. Hier half der Aufschwung des elektronischen Meßwesens in den letzten beiden Jahrzehnten in entscheidendem Umfang weiter. Die Anpassung der häufig sehr niederohmigen Strahlungsempfänger an den hochohmigen Eingang der Verstärker wurde ermöglicht durch die Entwicklung neuer Metallegierungen mit besonderen magnetischen Eigenschaften, die Transformatoren mit hervorragendem Wirkungsgrad auch im Bereich der benötigten niedrigen Frequenzen zu bauen erlaubten. Die Entwicklung gängiger Elektronenröhren und anderer Verstärkerbauteile besonderer Güte, vor allem mit kleinem Eigenrauschpegel, gestattete die meßtechnische Ausnutzung der Empfänger bis dicht an die Grenze ihrer natürlichen Leistungsfähigkeit. Andererseits schuf die elektrotechnische Industrie Anzeige- und Registrierinstrumente, denen neben hoher Empfindlichkeit und geringer Einstelldauer große Robustheit und Reproduzierbarkeit eigen ist, so daß man frei wurde von den so lästig empfundenen Umständen früherer Meßanlagen, wie erschütterungsfreie Aufstellungen, Lichtzeigerablesungen u. dgl.

Die zum Betrieb eines nicht nur Punkte in einem gewissen zeitlichen Abstand, sondern wirklich Linien schreibenden Instruments notwendige Leistung erfordert gewaltige Verstärkungen, denn die normalerweise auf die Strahlungsempfänger auffallenden Leistungen liegen in der Gegend von 10^{-8} Watt und darunter und ergeben am Empfängerausgang bestenfalls einige 10^{-6} Volt Spannungsamplitude. Diese große Verstärkung ist ohne Gefahr der Selbsterregung der Anlage nicht in

[1] Für photoelektrische Strahlungsempfänger sind Frequenzen von einigen Hundert Hz üblich. Für solche Frequenzen eignen sich abstimmbare Stimmgabeln als Strahlungszerhacker besonders gut [Lipson u. Littler (*1263*)].

einer einzigen Einheit zu meistern. In den modernen Geräten gehört daher zu jedem Empfänger ein meist auch örtlich mit ihm oder in seiner nächsten Nähe untergebrachter Vorverstärker, meist nur das Anpassungsmittel und eine Verstärkerstufe. Darauf folgt, u. U. räumlich weit getrennt, eine mehrstufige Wechselspannungsverstärkung, die von einer der Wechselstrahlung synchronen Gleichrichtung gefolgt wird. Diese zur Modulation phasengleiche Gleichrichtung beschneidet das von der Anlage insgesamt durchgelassene Frequenzband so sehr, wie es mit Rücksicht auf den Rauschpegel erwünscht und im Hinblick auf andere Umstände erlaubt ist. Der gleichgerichtete Strom reicht zur Aussteuerung der üblichen Linienschreiber bei weitem noch nicht aus, weshalb er einer erneuten Verstärkung unterworfen wird. Die dabei eingeschlagenen Wege sind so mannigfaltig, daß wir auf Spezialliteratur verweisen müssen. Der so leistungsverstärkte Strom wird nun in Abhängigkeit von der Strahlungswellenlänge registriert oder übt gewisse charakteristische Funktionen aus, auf die wir noch zu sprechen kommen werden. Es ist für den Entwicklungsstand dieser Anlagen kennzeichnend, daß alle diese viel fältig ineinandergreifenden steuernden und auslösenden Funktionen praktisch ohne Wartung ablaufen und leistungsmäßig durch vollen Netzanschluß versorgt werden.

4. Kapitel: Allgemeines über Spektrometer

Strahlungsquelle, Monochromator und Empfänger mit den dazugehörigen Verstärkungs-, Anzeige- und Registriervorrichtungen ergeben, durch im wesentlichen optische Glieder miteinander verbunden, zusammengebaut das *Ultrarotspektrometer*. Die von der einschlägigen Industrie kommerziell angebotenen Instrumente enthalten diese Teile mit einer oft äußerlich nicht mehr klar ersichtlichen Markierung der Grenzen. Dennoch wird meist nach dem ökonomischen Baukastenprinzip verfahren, demzufolge bestimmte Bauteile in mehreren Gerätetypen derselben Firma wiederkehren, so die wirtschaftlichere Auflegung von größeren Serien gestattend. Dessen ungeachtet bedeutet die Anschaffung eines modernen Ultrarotspektrometers die Investierung von mindestens zwanzigtausend Mark, die bei Heranziehung der allen Ansprüchen gerecht werdenden Großgeräte mit ihrem vielfältigen Zubehör leicht bis an die Hunderttausendmarkgrenze herankommen kann.

1. *Einstrahlgeräte*

Bevor wir an die Besprechung einzelner Geräte herangehen, sind noch einige Ausfuhrungen allgemeiner Natur am Platz. Wir hatten oben bei der Erläuterung der abbildungsoptischen Teile des Monochromators diejenigen Teile zurückgestellt, die man als Bindeglied zwischen Strahlungsquelle und Monochromator ansehen kann und denen die Aufgabe zukommt, die von der Quelle ausgehende Strahlung dem Eintrittsspalt zuzuleiten, wobei — meistens — die zu untersuchende Substanz durchstrahlt wird. Gerade dieser Teil der Abbildungsoptik spielt aber für die Kennzeichnung des Entwicklungsstandes der Ultrarotspektrometer wie auch für ihre Wirkungsweise eine ganz besondere Rolle.

In einfachster Weise kann die angedeutete Aufgabe erledigt werden, indem man die Strahlungsquelle mittels eines Hohlspiegels auf den Eintrittsspalt abbildet. Es hängt von den Größenverhältnissen von Spalt und Quelle ab, ob diese Abbildung in natürlicher Größe, vergrößert oder verkleinert erfolgt: Das Bild der Strahlungsquelle muß immer etwas größer sein als der Spalt, jedoch auch wieder nicht allzu viel größer, weil die den Spalt überragenden Teile des Bildes und damit die ihnen entsprechenden Teile der Quelle keinen Anteil zu der zu messenden Energie liefern. Andrerseits soll die Leuchtdichte des Quellenbildes auf dem Spalt, der ja als sekundäre Strahlungsquelle dient, möglichst groß sein. Dazu muß der vom Abbildungsspiegel erfaßte Raumwinkel der Quellenemission möglichst groß sein. Dieser Forderung entspricht eine kurze Brennweite des Spiegels bei großem Durchmesser, worin man allerdings mit Rücksicht auf die unvermeidlichen Abbildungsfehler auch wieder nicht zu weit gehen darf. Das Öffnungsverhältnis des Beleuchtungsspiegels, d. h. also das Verhältnis Durchmesser zu Brennweite, muß auf jeden Fall so gewählt werden, daß der Kollimatorspiegel oder, genauer gesagt, das Bild der auf ihn abgebildeten oder projizierten Aperturblende (Prismenfläche) mit Sicherheit ganz ausgeleuchtet wird. Es ist klar, daß bei einer solchen Anordnung die zu untersuchende Substanz in einem konvergenten Strahlengang durchstrahlt wird, weil man sie üblicherweise in der Nähe des Eintrittsspaltes oder eines reellen Zwischenbildes der Strahlungsquelle — sofern diese nicht unmittelbar auf den Spalt abgebildet wird — in das Ganze einfügt. Dies ist bei Gasen bei Verwendung beliebiger Schichtdicken unbedenklich, bei Flüssigkeiten und Festkörpern aber nur, solange die durchstrahlte Schichtdicke klein genug ist. Ist sie zu groß — was bei Untersuchung schwach absorbierender Substanzen z. B. im kurzwelligen Ultrarot vorkommen kann —, so resultieren daraus unerwünschte und störende Fokusverlagerungen (weil der optische Weg um den Zuschlag $(n-1) \cdot d$ größer wird, wenn n den Brechungsexponenten der Substanz und d die durchstrahlte Schichtdicke bedeuten). Es ist dann besser, die Substanz mit paralleler Strahlung zu untersuchen, wobei diese Effekte nicht auftreten, indem man sie zwischen zwei Spiegeln anordnet, wovon der eine die von der Quelle ausgehende Strahlung parallel macht, während der andere dann die Abbildung auf den Spalt besorgt, wie es z. B. JENNESS (*427*) beschreibt.

Wie auch das abbildende System eingerichtet sein mag, prinzipiell sind zur Gewinnung eines Absorptionsspektrums in der üblichen Darstellung, d. h. etwa prozentige Durchlässigkeit als Funktion der Wellenlänge oder Extinktion als Funktion der Wellenzahl oder dgl., auf diese Weise immer *zwei* zeitlich nacheinander liegende Meßvorgänge notwendig. Der eine — ohne absorbierende Substanz — liefert das Emissionsspektrum der Strahlungsquelle mit Einbeziehung bestimmter Einwirkungen durch die Eigenschaften der durchstrahlten Luft und Apparatur in Abhängigkeit von der Wellenlänge, der zweite — nunmehr mit Substanz — dasselbe Spektrum, nun aber noch überlagert von der Absorption der untersuchten Substanz. Das Absorptionsspektrum der Substanz, befreit von allen Eigentümlichkeiten der Strahlungsquelle, der Apparatur und des umgebenden Mediums, folgt daraus erst durch Quotientenbildung der beiden Meßkurven. Man nennt eine derart ausgestaltete Apparatur *Einstrahlgerät*. Wäre die Konstanz des Emissionsspektrums der Strahlungsquelle einschließlich aller von den sonstigen Einflüssen herrührenden Merkmale über längere Zeiträume zu garantieren — was aber aus vielen Gründen unmöglich ist —, so könnte man auf die Durchführung zweier Messungen hintereinander verzichten, das Quellenspektrum ein für alle Male aufnehmen und allen späteren Aufnahmen zugrunde legen. Das geht jedoch nicht, ja, es müssen sogar bei zwei zeitlich dicht aufeinanderfolgenden Aufnahmen gewisse Bedenken geäußert werden: Es könnte ja sein, daß inzwischen die Emission der Strahlungsquelle, die Empfindlichkeit des Empfängers, der Verstärkungsgrad des Verstärkers, die Absorption der Atmosphäre oder irgendeine der vielen anderen Möglichkeiten sich geändert haben. Je größer der zeitliche Abstand zweier solcher Messungen ist, desto gewichtiger werden naturgemäß diese Bedenken.

Neben diese grundsätzlichen Unzulänglichkeiten des Einstrahlbetriebs — die mittels der früher üblichen Methode der häufigen Wiederholung und Mittelung der

Messungen zwecks Ausschaltung zufälliger Fehler wenigstens einigermaßen ausgeglichen werden können — treten weitere, die vor allem den vermehrten Zeitbedarf und den zusätzlichen, aus dem Spektrometer herausgenommenen Arbeitsgang der Ermittelung des eigentlichen Spektrums aus den Meßkurven betreffen. Dabei ist es natürlich nicht von Belang, ob letzterer durch punktweise Rechnung mittels Lineal und Rechenschieber oder mittels mehr oder weniger automatisierter Auswertegeräte geschieht, wie sie des öfteren vorgeschlagen wurden und wohl auch von den Herstellern mathematischer Instrumente in irgendeiner Form erhältlich sind.

Durch geeignete Spaltweitesteuerung kann man auch bei Einstrahlgeräten eine Einebenung der PLANCK-Kurve der Strahleremission erreichen, jedoch stören dann immer noch die Banden der atmosphärischen Absorption erheblich. Das läßt sich durch Evakuieren bzw. Spülen des ganzen Strahlenganges mit getrocknetem reinen Stickstoff zwar beseitigen, erfordert aber dauernde, recht unbequeme Wartungsmaßnahmen. Einen besseren Weg gehen RIENTSMA u. WESTERDIJK (*727*). Sie steuern in üblicher Weise die Spalte, tasten dazu aber noch das einmal aufgenommene Spektrum der Leerküvette bei jeder Spektralaufnahme mittels einer Photozelle ab und steuern damit den Verstärkungsgrad des Wechselspannungsverstärkers, so daß als endgültiges Ergebnis das unverfälschte Absorptionsspektrum des untersuchten Stoffes geschrieben wird.

2. *Doppelstrahlgeräte*

Die Bestrebungen zur Vermeidung und Überwindung der geschilderten Nachteile des Einstrahlgerätes haben zu verschiedenen Konstruktionen geführt; davon sind die *Zwei-* oder *Doppelstrahlgeräte*, im Ultrarotspektralbereich wohl zuerst ausgeführt von LEHRER (*502*), die wichtigsten. Der Grundgedanke ist der folgende: Man teilt die von der Quelle ausgehende Strahlung auf in zwei energetisch und geometrisch-optisch gleichartige Strahlengänge, die spätestens beim Eintritt in den Monochromator wieder zu einem zusammengefaßt werden (Abb. 42). In den einen, den

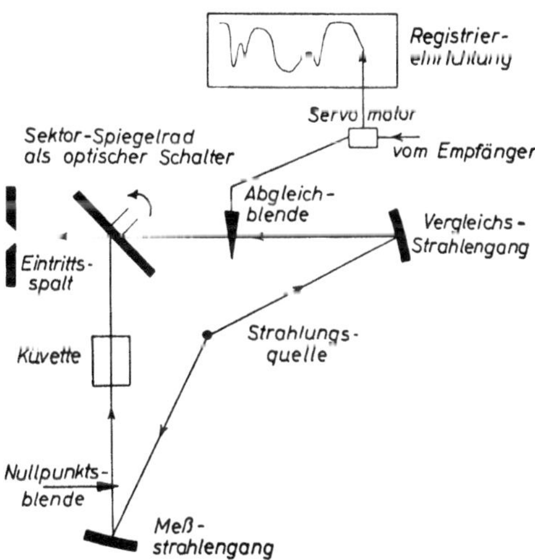

Abb. 42. Schema der Photometereinheit von Doppelstrahl-Ultrarotspektrometern mit Kamm- oder Aperturblende

sog. *Meßstrahlengang*, bringt man die zu untersuchende Substanz, der andere, der sog. *Vergleichsstrahlengang*, bleibt davon frei (in Wirklichkeit enthält er meist die Leerküvette, bei Lösungen das reine Lösungsmittel u. dgl.). Sodann sorgt man durch einen sog. optischen Schalter dafür — was im gezeichneten Schema der rotierende Sektorspiegel bewerkstelligt —, daß periodisch in sehr kurzen zeitlichen Zwischenräumen abwechselnd Strahlung des einen und dann des anderen Strahlenganges den Monochromator durchläuft und den Strahlungsempfänger beaufschlagt, der seinerseits — was durch schaltungstechnische Maßnahmen erreicht werden kann — nur auf die energetische Differenz in den beiden Strahlengängen anspricht. Wenn für eine bestimmte Wellenlänge beide Strahlengänge bezüglich der in ihnen fließenden

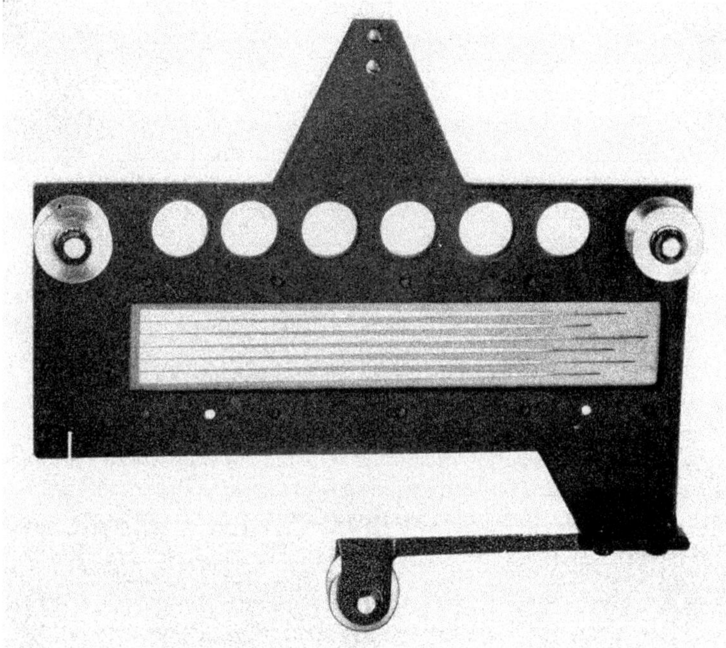

Abb. 43. Optische Kammblende

Energie gleich sind, was durch geeignete Stellung der Nullpunktsblende im Meßstrahlengang erreicht werden kann, dann gibt der Empfänger kein Signal an die nachfolgende Verstärkungs- und Meßvorrichtung ab; langsam verlaufende Änderungen der Verhältnisse — langsam, gemessen an der Wechselfrequenz, die einmal den einen, dann den anderen Strahlengang zur Messung bringt — wirken in beiden Strahlengängen, werden also vom Empfänger ebenfalls nicht wahrgenommen. Zeigt nun die spektroskopierte Substanz für eine Wellenlänge Absorption, während im Vergleichsstrahlengang die energetischen Verhältnisse ungeändert bleiben, so spricht der Empfänger an und liefert über die nachgeschalteten Teile ein Signal, welches ein Maß für die Energiedifferenz in den beiden Strahlengängen, also für die Absorption im Meßstrahlengang ist. Anstatt nun dieses Signal unmittelbar aufzuzeichnen, wird es dazu benutzt, die Energie im Vergleichsstrahlengang so lange zu schwächen — etwa durch Hineinschieben einer geeignet geformten

Blende —, bis die Energie in beiden Strahlengängen wieder gleich ist, der Empfänger also kein Signal mehr abgibt. Die Stellung des Schwächungsorgans ist nunmehr ein quantitatives Maß für die Absorption der Substanz und wird registriert. Als Schwächungs- bzw. Abgleichsorgan haben sich vor allem die *optische Kammblende* (Abb. 43) und die *Aperturblende* (Abb. 44) eingebürgert. Bei ersterer handelt es sich um eine Anzahl schmaler, zungenförmiger Blenden, deren Breite von der Spitze zur Basis zunimmt und die so, je weiter sie in den Strahl hineingeschoben werden, einen um so größeren Teil davon abdecken. Eine solche Kammblende verändert in der Vertikalen die Aperturverhältnisse der Optik. Das wird vermieden, wenn man die Kammblende als vielstrahligen Stern ausbildet und die so gestaltete

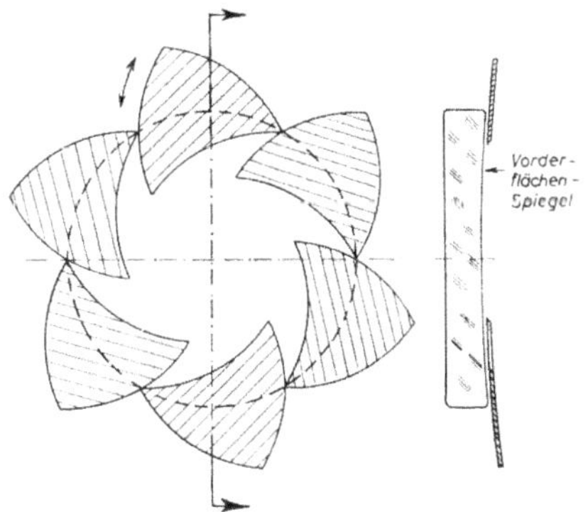

Abb. 44. Aperturblende

Blende unter gleichzeitiger Rotation durch Verschiebung der Rotationsachse in den Strahlengang seitlich hineinschiebt, wie es von Daly (*188*) und von Carrington (*134*) beschrieben wurde und in Abb. 45 gezeigt ist.

Bei Verwendung einer Kammblende mit nur einer Zunge hat man bei weiten Spalten, also in energiearmen Spektralbereichen, außerdem mit einer Verlagerung der Nullinie der Durchlässigkeit zu rechnen. Diesem Effekt wird zwar durch die Aufteilung der Blende in mehrere, verschieden lange Zungen, wie es Abb. 43 zeigt, entgegengewirkt, jedoch läßt er sich nicht gänzlich vermeiden.

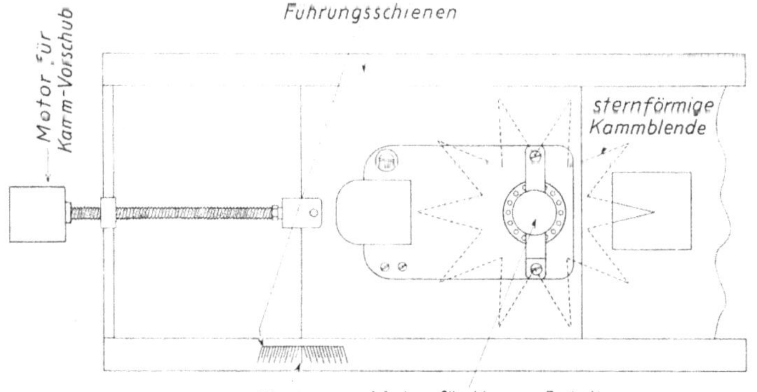

Abb. 45. Rotierende optische Kammblende (schematisch)

Die Aperturblende übersetzt den linearen Vorgang der Kammblende in einen kreissymmetrischen, der vor einem Spiegel in der Art eines photographischen Zentralverschlusses abläuft. Ihr haftet die prinzipielle Unzulänglichkeit an, in Wellenlängenbereichen großer Absorption im Prisma — also am langwelligen Ende seines Nutzbereiches — der seitlichen Verlagerung des Strahlenbündelschwerpunktes, die wegen unterschiedlicher Absorption in verschieden dicken Prismenteilen auftritt, nur durch eine besondere Korrektur Rechnung tragen zu können.

Abb. 46. Veränderliche Jalousienblende für den Vergleichsstrahlengang (Photo: Bodenseewerk Perkin-Elmer & Co.)

Eine weitere technische Möglichkeit der Strahlungsschwächung ist die Verwendung von verstellbaren, rotierenden Sektoren. Näheres darüber findet man bei Richardson u. a. (*726*).

Neben der Schwächung des Vergleichsstrahlenganges werden Schwächungsvorrichtungen auch noch an anderen Stellen des Spektrometers benötigt, z. B. für die energetische Abgleichung der beiden Strahlengänge ohne Absorption im Meßstrahlengang. Die Vorrichtung dazu heißt Abgleichs- oder Nullpunktsblende. Meistens wird eine einfache kleine Kammblende verwendet, die über einen mechanischen Trieb senkrecht zur Strahlrichtung bewegt werden kann.

Häufig besteht auch die Notwendigkeit, den Vergleichsstrahl unabhängig von der Meßblende in einem für alle Wellenlängen gleichen Ausmaß zu schwächen, z. B. zur Beseitigung einer in der zu untersuchenden Substanz vorhandenen, wellenlängenunabhängigen Grundabsorption (auch Streuung u. dgl.). Das kann in einfachster Weise durch Metallgitter und -siebe geeigneter Weite geschehen, die man in den Vergleichsstrahlengang bringt, und zwar an einer Stelle, an der das Strahlenbündel einen möglichst großen Querschnitt hat. Will man diese konstante Schwächung meßbar veränderlich gestalten und unter Umständen während der Untersuchung variieren, dann empfiehlt sich eine von Luongo (*530*) angegebene Vorrichtung. Sie besteht aus einigen etwa 0,1 mm dicken und 10 mm breiten geschwärzten Blechstreifen, die man im Abstand von jeweils etwa 10 mm parallel zueinander in einem drehbaren Rahmen im Vergleichsstrahl aufstellt. Solange die Bleche parallel zur Strahlrichtung stehen, ist die von ihnen verursachte Strahlungsschwächung geringfügig. Sie nimmt mit der Drehung des Rahmens auf einem Goniometertischchen (Drehachse = Mitte der Blechreihe = Mitte des Strahlenbündels) zu. Bei fest gegebener Aufstellung kann der Drehwinkel unmittelbar in Strahlungsschwächung geeicht werden. Eine ähnliche Vorrichtung benutzt auch BRAUNBECK (*101*). Das Aussehen einer solchen meßbar veränderlichen Jalousienblende zeigt Abb. 46. Eine kontinuierliche Schwächung läßt sich außerdem nach einem Vorschlag von LOW (*1127*) mit einem auf einem Schlitten montierten, geätzten Metallsieb erzielen.

Denselben Zweck kann man auch elektronisch durch einen Eingriff in das elektrische System für die Verarbeitung des Spektrometersignals erreichen (Abb. 47). Diesen Weg gehen die kommerziellen Vorrichtungen zur Skalendehnung. In jedem Fall muß bei einer Skalendehnung die Zeitkonstante des Registriersystems erhöht

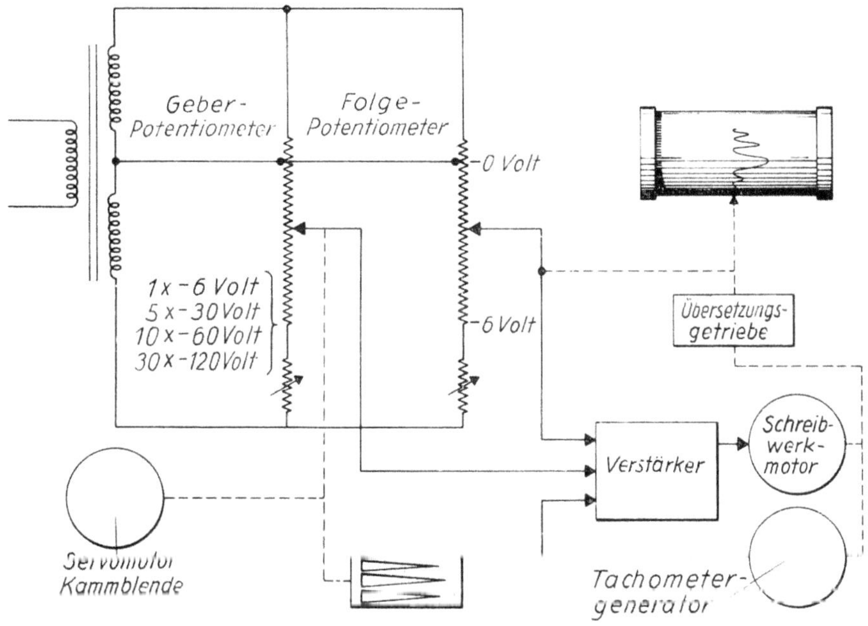

Abb. 47. Schaltung einer Skalendehnung

werden, um den Rauschpegel genügend klein zu halten. Dazu ist meistens auch noch eine Vergrößerung der Spaltweite und eine Verlängerung der Registrierzeit erforderlich. Eine leicht selbst zu bauende Skalendehnung für das PERKIN-ELMER Spektrophotometer Mod. 21 beschreibt WESTNEAT (*1139*); entsprechende Angaben für das BECKMAN Spektrophotometer IR-9 findet man bei ULRICH u. SLOANE (*1140*).

Im Hinblick auf die Schwächungs- und Abgleichtätigkeit in dem einen Strahlengang, eine für die normale Photometrie kennzeichnende Funktion, werden so ausgerüstete Geräte auch als *Spektrophotometer* bezeichnet. Derjenige Teil der Abbildungsoptik, der die Abbildung der Strahlungsquelle auf den Monochromatoreintrittsspalt besorgt und die Abgleichvorrichtung enthält, wird demgemäß häufig mit dem Namen *Photometereinheit* belegt. Es leuchtet ein, daß auf diese Weise tatsächlich die oben angeführten Nachteile des Einstrahlgerätes vermieden werden.

Darüber hinaus entsprechen solche Doppelstrahlgeräte auch dem in allen Zweigen des Meßwesens zu beobachtenden Zug, von den üblichen Ausschlagsmethoden weg- und zu Kompensations- oder Nullmethoden hinzukommen. Selbstverständlich ist es nicht unbedingt notwendig, eine optische Kompensation — durch Energieschwächung des einen Strahlengangs, wie angedeutet — vorzunehmen, obwohl dies bei einem optischen Gerät wohl am nächsten liegt. Es ist auch möglich, bei energetischer Ungleichheit der beiden Strahlengänge das jedem entsprechende Signal potentiometrisch auszumessen und den zur Erlangung der prozentigen Durchlässigkeit notwendigen Quotienten auf elektrische Weise zu bilden [ZBINDEN u. a. (*929*), SAVITZKY u. HALFORD (*770*), HORNIG u. a. (*402*), GOLAY (*314*)]. Einen Überblick über verschiedene Systeme von Spektrophotometern, ihre Vorteile und Nachteile gibt GOLAY (*315*). In der kommerziellen Praxis findet man Spektrophotometer sowohl mit optischem wie auch mit elektrischem Nullabgleich. Die gelegentlich wünschenswerte Überprüfung der photometrischen Genauigkeit von Spektrometern mit rotierenden Sektoren oder mit Sekundärstandards beschreibt STEWART (*1103—1105*); derselbe Autor befaßt sich auch mit der Vertretbarkeit der Übertragung gemessener Durchlässigkeiten von einem Instrument auf ein anderes desselben Typs. Eine Überprüfung der photometrischen Genauigkeit unter Verwendung von zwei Filtern schlägt WITTE (*1107*) vor.

Offensichtlich ist es für die beabsichtigte Wirkungsweise der Photometereinheit wichtig, daß beide Strahlengänge völlig gleichartig und symmetrisch ausgebildet werden, also vor allem gleich lang sind, die gleiche Anzahl gleichartiger Reflexionen und Absorptionen (von der Meßabsorption natürlich abgesehen) erleiden usw. Dies ist und wird durch geeignete Strahlenführung immer erreicht; zur willkürlichen Kompensation etwaiger dennoch bestehender Unterschiede enthält der Meßstrahlengang eine der Schwächungsrichtung des Vergleichsstrahlengangs analoge Vorrichtung, die nach Bedarf justiert wird, die sog. Nullpunktsblende. Dennoch können in den meisten praktisch arbeitenden Photometereinheiten die beiden Strahlengänge nicht als völlig symmetrisch bezeichnet werden. Wie nämlich ein Blick auf die Skizze der Abb. 42 lehrt, wird für jeden Strahlengang zwar ein gleich großer Raumwinkel der Emission der Strahlungsquelle erfaßt — garantiert durch gleichartige Beleuchtungsspiegel —, aber die Strahlung rührt von verschiedenen Oberflächenteilen der Quelle her! Da nun die Gleichheit der Emission je Oberflächenelement bei technischen Strahlungsquellen komplizierter chemischer Zusammensetzung und physikalischer Oberflächenbeschaffenheit nicht unbedingt gewährleistet werden kann, können auf diesem Weg Fehler in die energetische Symmetrie der beiden Strahlengänge gebracht werden. Je größer der Winkel zwischen den beiden Emissionsrichtungen ist, desto eher sollten solche Störungen eintreten. Es wurden daher Photometereinheiten vorgeschlagen, die diesen Punkt berücksichtigen und auch bezüglich der Emission völlig symmetrisch sind, indem sie die Ausstrahlung in einer einzigen Richtung für beide Strahlengänge verwenden. Das Grundsätzliche der Anordnung [OETJEN u. ROESS (*616*), RUGG u. a. (*753*), andere Konstruktion bei HORNIG u. a. (*402*)] ist in Abb. 48 schematisch skizziert: Die Strahlungsquelle wird von einem ersten Beleuchtungsspiegel auf einen zur Strahlrichtung unter 45° geneigt stehenden rotierenden Sektorspiegel abgebildet. Der Sektorspiegel besitzt abwechselnd reflektierende und durchlassende Sektoren. Im Reflexionsfall wird die Strahlung dem zweiten Beleuchtungsspiegel zugeleitet, und von diesem erneut ein Bild der Strahlungsquelle auf einem zweiten Sektorspiegel entworfen. Dieser zweite Sektorspiegel ist dem ersten völlig gleichartig.

Seine Reflexionsebene fällt mit der des ersten Spiegels zusammen[1], aber die beiden Spiegel arbeiten im Gegentakt: Steht der eine auf Reflexion, dann der andere auf Durchlaß. Im angenommenen Fall geht die Strahlung also weiter dem Monochromator zu. Steht der erste Sektorspiegel auf Durchlaß, dann geht die Strahlung zu

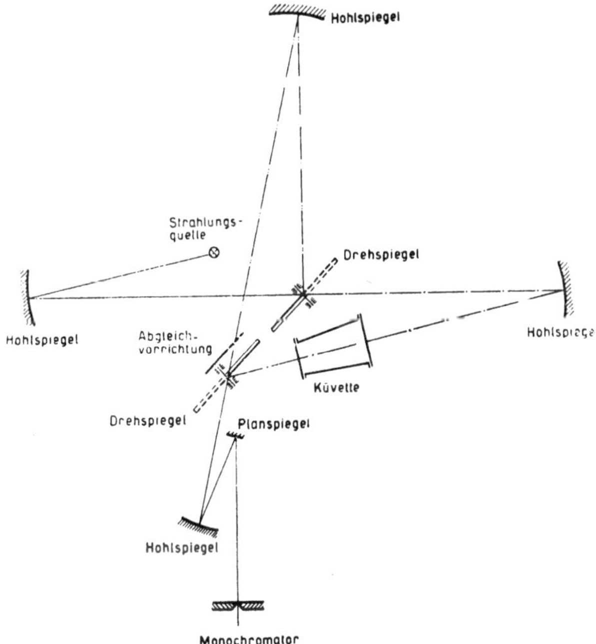

Abb. 48. Schema einer vollsymmetrischen Photometereinheit für Doppelstrahl-Spektrometer nach RUGG u. a. (*753*). Erklärung im Text

dem bezüglich der Ebene der rotierenden Spiegel spiegelbildlich stehenden Beleuchtungsspiegel, der seinerseits ein Bild der Strahlungsquelle auf dem zweiten Drehspiegel entwirft. In diesem Falle steht der zweite Sektorspiegel für die ankommende Strahlung auf Reflexion, und die Strahlung verläuft nunmehr vom Drehspiegel ab zum Monochromator auf genau demselben Weg wie vorher die Strahlung, die von dem anderen Beleuchtungsspiegel kam. So wird durch das Zusammenwirken der beiden rotierenden Sektorspiegel einmal der eine, einmal der andere Strahl dem Monochromator zugeleitet. Von der Strahlungsquelle bis zum ersten Drehspiegel und vom zweiten Drehspiegel ab sind die Wege für beide identisch; zwischen den beiden Drehspiegeln trennen sie sich in einer bezüglich der Ebene der rotierenden Spiegel völlig symmetrischen Weise, so einen Meß- und einen Vergleichsstrahlengang bildend, wovon der eine die absorbierende Substanz, der andere eine Schwächungseinrichtung enthält. Wie man sieht, erfordert die Herstellung völlig symmetrischer Photometereinheiten einen erheblichen optischen und mechanischen Aufwand — vor allem der Gleichlauf der beiden Sektorspiegel und die Parallelität ihrer Reflexionsebenen sind ein kritischer Punkt —, so daß es zweifelhaft erscheinen

[1] Bei Verwendung von je einem weiteren feststehenden Planspiegel in jedem Strahlengang brauchen die Reflexionsebenen nicht mehr identisch, sondern nur noch zueinander parallel zu sein.

kann, ob der erzielte Gewinn in einem erträglichen Verhältnis dazu steht. Die im Gebrauch befindlichen Photometereinheiten nach Abb. 42 scheinen allen bisherigen Erfahrungen nach keine aus dem „Flackern“ der Strahlungsquelle herrührenden Fehler zu kennen, welche die aus anderen Ursachen stammenden übersteigen.

Einen Strahlungsmodulator mit dem speziellen Zweck, nur langwellige Strahlung zu modulieren, nicht aber kurzwellige, haben BELL u. GILMER (*1066*) angegeben. Er besteht aus einem Schwingspiegel mit kleiner Oszillationsamplitude und aufgerauhter Oberfläche. Infolge der Oberflächenbeschaffenheit wird kurzwellige Strahlung im wesentlichen gestreut — und zwar nach dem LAMBERTschen Streuungsgesetz in praktisch konstantem Ausmaß, solange der Einfallswinkel der Strahlung nur wenig variiert —, während langwellige Strahlung geometrisch reflektiert wird und daher mit dem Einfallswinkel ihre Richtung ändert.

Es sei hier abschließend noch vermerkt, daß Spektren mit prozentiger Durchlässigkeits- oder Absorptionsskala — und sie sind ja einer der Hauptzwecke der Doppelstrahlgeräte — auch mit Einstrahlgeräten erhalten werden können. Eine Möglichkeit ist die Steuerung der Spalte in zwei zeitlich hintereinander liegenden Durchgängen auf Grund einer magnetischen Speicherung der Werte des ersten Durchgangs [HAWES u. a. (*375*)]. Eine andere Möglichkeit beschreiben GOULDEN u. RANDALL (*328*) sowie AHLERS u. FREEDMANN (*9*). Sie bauen die Absorptionsmeß- und Vergleichsküvette je in einen Durchlaß-Sektor des Strahlungsmodulators ein, gewöhnlich eine symmetrische zweiflügelige Metallscheibe, die mit geeigneter Umdrehungszahl in einer Ebene senkrecht zur Strahlung umläuft. Bei der erwähnten Küvettenanordnung läßt sich das prozentige Spektrum bei elektrischer Verhältnisbildung gewinnen.

3. Optimale Betriebsbedingungen

Die Einstellung eines Spektrometers auf für die vorgesehenen Zwecke optimale Betriebsbedingungen erfordert einige Überlegung. Drei Größen sind es in der Hauptsache neben einer Reihe minder wichtiger, welche die Güte eines Spektrums kennzeichnen und bestimmen: die erzielte Auflösung als Maß der Bandentrennung, die Genauigkeit der Absorptionsmessung als Grundpfeiler der Verläßlichkeit und schließlich der Zeitaufwand zur Erlangung des eigentlichen Spektrums, d. h. des spektralen Prozesses ohne Berücksichtigung der Präparations- und sonstigen Vorbereitungszeit. Die beiden ersten Punkte leuchten ohne weiteres ein, bei dem letzten mag man bei wissenschaftlich-ideellen Untersuchungen über das Gewicht im Zweifel sein; für praktisch-industrielle Zwecke spielt er auf jeden Fall eine Rolle.

Die Auflösung wird gesteigert durch Verringerung der Spaltweite, die Meßgenauigkeit durch Erhöhung des Verhältnisses Signalausschlag zu Rauschpegel, der Zeitaufwand verkürzt durch Erhöhung der Registriergeschwindigkeit oder mit anderen Worten Erniedrigung der Registrierzeit, gerechnet etwa je μ Wellenlängenbereich. Jedoch können nicht gleichzeitig alle drei Größen im günstigen Sinne geändert werden. Denn wenn z. B. Spaltweiteverminderung auch die Auflösung erhöht, so vermindert sie gleichzeitig das Signal-Rausch-Verhältnis. Um dieses auf gleicher Höhe zu halten oder gar zu verbessern, muß eine der den Rauschpegel bestimmenden Größen vermindert werden. Der einfachste Weg dazu ist die Einengung des vom Meßsystem (Empfänger, Verstärker und Anzeigeinstrument) durchgelassenen Frequenzbandes, sei es durch elektrische Beschneidung, sei es durch Erhöhung der Einstellzeit des Registrierinstrumentes, sei es durch beide Maßnahmen. Das wiederum bedingt eine Erhöhung der Registrierzeit, um eine absorptionsgerechte Darstellung der Banden zu gewährleisten.

LUFT (*527*) hat für den Zusammenhang der drei Größen Auflösung A, Meßgenauigkeit g und Registriergeschwindigkeit w die empirische Formel

$$g \cdot A^2 \cdot \sqrt{w} = \text{const} \qquad [\text{II}, 4.1]$$

angegeben, welche die geschilderten Verhältnisse widerspiegelt. Diese plausible, zunächst aber nur empirisch gefundene Beziehung wurde später von ECKHARDT (*217*) auf der Grundlage allgemeiner informationstheoretischer Überlegungen hergeleitet. Es können demnach immer nur zwei der drei Größen willkürlich gewählt werden, die dritte ist dann festgelegt. Das darf vor allem beim Vergleich von Spektrometern, die bei sehr verschiedenen Bedingungen arbeiten, und ganz allgemein bei den Anforderungen an ein Gerät überhaupt nicht vergessen werden. POTTS u. SMITH (*1320*) haben sich neuerdings mit der Optimierung von Spektrometern ausführlicher befaßt. Sie geben eine Reihe von Vorschriften und Regeln für die gegenseitige Abwägung der verschiedenen Gesichtspunkte im Hinblick auf das angestrebte spektroskopische Ziel an.

4. Schnell- oder Abtastspektrometer

Die für die Aufnahme eines Ultrarotspektrums im Bereich von etwa 2 bis 15 μ mit modernen Geräten benötigte Zeit beträgt auch in den günstigsten Fällen immer noch einige Minuten und liegt meist zwischen 5 und 20 Minuten. Das ist für die Untersuchung schnell verlaufender Vorgänge, wie Verbrennungen, Explosionen usw., noch viel zu viel. Man möchte jedoch auch bei diesen Vorgängen auf die Ausnutzung der Möglichkeiten der Ultrarotspektroskopie nicht verzichten. Mit der Entwicklung sehr trägheitsarmer Strahlungsempfänger, der Photowiderstandszellen für das kurzwellige Ultrarot und des GOLAY-Detektors für den ganzen Ultrarotbereich, in Verbindung mit praktisch trägheitsloser Anzeige bzw. Registrierung durch kathodenstrahloszillographische Anzeige war die Möglichkeit zur Schaffung von sog. Schnell- oder Abtastspektrometern gegeben, so benannt, weil sie viele Spektren in einer Minute oder Sekunde liefern [WHEATLEY u. a. (*886*), BULLOCK u. SILVERMAN (*122*)]. Das schnelle Überstreichen ganzer Spektralbereiche in Bruchteilen einer Sekunde wird dadurch erreicht, daß der LITTROW-Spiegel der gewöhnlichen Aufstellung zwecks Änderung der Wellenlänge nicht langsam gedreht wird, sondern sehr schnell verlaufende Drehschwingungen ausreichender Winkelamplitude ausführt, etwa dadurch, daß man seinen Zapfen in geeigneter Weise mit dem Schwingsystem einer mit Wechselstrom passender Frequenz beschickten Spule verbindet. Es läßt sich so erreichen, daß etwa alle Zehntelsekunde oder weniger das Spektrum einer Flamme o. dgl. in einem gewünschten Spektralbereich abgetastet wird und die zeitlich aufeinanderfolgenden Spektren auf dem nachleuchtenden Schirm einer Kathodenstrahlröhre zur Darstellung gebracht werden. Dort können sie photographisch oder kinematographisch festgehalten werden, wobei zeitliche Veränderungen an interessierenden Banden bequem zu beobachten und auszuwerten sind. HERR u. PIMENTEL (*1113*) benutzen einen sehr schnell ansprechenden Strahlungsempfänger auf der Basis von mit Zink dotiertem Germanium in Verbindung mit einem schnell oszillierenden bzw. rotierenden LITTROW-Spiegel; sie erzielen damit im Bereich 650—5000 cm^{-1} Registriergeschwindigkeiten von 1000 cm^{-1}/100 μsec. PORTER (*1143*) beschreibt ein Schnellspektrometer mit oszillierendem LITTROW-Spiegel, das bei photographischer Präsentation der oszilloskopisch erfolgenden Anzeige den Bereich 1 bis 5,5 μ (1800 bis 10000 cm^{-1}) zwanzigmal je Sekunde abzutasten gestattet. Anstatt der oszillographisch-photographischen Darstellung kann man die von den einzelnen Spektrendurchgängen gelieferten Signale auch magnetisch speichern [Low u. COLEMAN (*1273*), Low (*1274*)][1].

Die Funktionsweise des oszillierenden LITTROW-Spiegels ist ohne weiteres verständlich. Hingegen erfordert ein anderes Abtastsystem, das große Vorteile bietet, zum Verständnis seiner Wirkungsweise einige Überlegung. Es besteht gemäß Abb. 49 aus einem runden Planspiegel hinter dem Prisma und zwei Planspiegeln, die unter einem Winkel von 90° zueinander stehen. Die vom Prisma kommende Strahlung wird in der gezeichneten Weise vom Rundspiegel über die Winkelspiegelkombination zum Prisma zurückgeleitet. Der Rundspiegel ist am Ende eines Schaftes befestigt, der seinerseits beweglich um einen Zapfen in einem Hohlschaft gelagert ist. Der Hohlschaft rotiert um eine feste Drehachse, wodurch der Rundspiegel eine Nutationsbewegung vollführt. Diese Nutation bewirkt die Abtastfunktion. Sie ruft aber nicht nur eine Abtastung in der (horizontalen) Dispersionsebene des Prismas hervor, sondern unerwünschterweise auch in der dazu senkrechten Richtung. Zu ihrer Unterdrückung dient der Winkelspiegel. Liegt die Winkelkante parallel zur Dispersionsebene, so wirkt die Kombination auf sie bezogen wie ein gewöhnlicher Planspiegel. In der dazu senkrechten Ebene aber reflektiert die Winkelkombi-

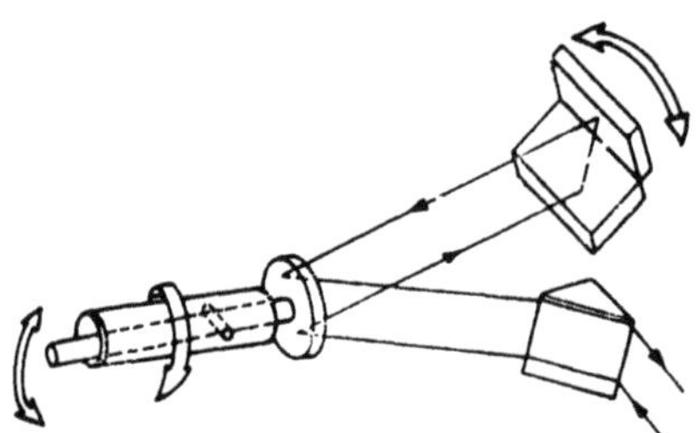

Abb. 49. Schnellspektrometersystem mit rotierendem LITTROW-Spiegel und Winkelspiegel

nation jeden einfallenden Strahl parallel zu sich, unabhängig vom (vertikalen) Einfallswinkel. Diese Höhenverschiebung kompensiert die Vertikalkomponente der Rundspiegelnutation. Im Hinblick auf den mechanischen Aufbau ist der wichtigste Vorteil dieses Abtastsystems die Vermeidung umkehrender Bewegungen. Die Abtastung erfolgt außerdem zeitlich sinusförmig mit einer Frequenz, die der Drehgeschwindigkeit des Rundspiegels entspricht, also leicht verändert werden kann. Die mittlere Wellenlänge eines abgetasteten Intervalls hängt vom (horizontalen) Einfallswinkel an der Winkelspiegelkombination ab, der ebenfalls leicht während des Betriebes geändert werden kann. Die Größe des abgetasteten Intervalles wird vom Nutationswinkel des Rundspiegels bestimmt, der wiederum von der Neigung

---

[1] Die Fa. Warner & Swasey Comp., New York (deutsche Vertretung durch Techmation Gesellschaft für meßtechnische Automation mbH, Düsseldorf), bringt unter der Bezeichnung Mod. 501 Rapid Scanning Spectrometer ein Schnellspektrometer für den Gesamtspektralbereich 0,3 bis 9 (auf Wunsch 15) μ heraus. Der Bereich 1,7 bis 9 μ wird dabei in vier Teilstücken mit wählbaren Abtastzeiten von 1 bis 100 msec abgetastet. Strahlungsquelle ist ein Globar, die spektrale Zerlegung wird durch 2 Gitter vorgenommen, als Empfänger dienen Photowiderstände. Anstatt eines oszillierenden Spiegels werden Paare von senkrecht aufeinander stehenden Planspiegeln (Eckspiegel) benutzt, wovon insgesamt 24 auf der Peripherie einer rotierenden Kreisscheibe angeordnet sind. Einzelheiten s. bei DOLIN u. a. (*1301*).

des Trägerschaftes im Hohlschaft abhängt. Auch diese Einstellung kann während des Betriebes bequem verändert werden.

Besonders schnell arbeitet eine andere von BETHKE (*68*) angegebene Abtastvorrichtung. Sie verwendet ein mit 180 radialen Schlitzen versehenes Rad, das mit 7000 Umdrehungen je Minute vor dem Spektrometerspalt umläuft, einen gekühlten InSb-Empfänger und oszillographische Anzeige. Für eine fest eingestellte Wellenlänge sind über 20000 Abtastungen je Sekunde möglich, wobei die Expositionszeit der einzelnen Abtastung bis auf 10 Mikrosekunden verkürzt werden kann. Zum Abtasten eines breiteren Spektralbereiches wird die Abtastfunktion der normalen Ablauffunktion des Spektrometers durch Drehung des LITTROW-Spiegels überlagert[1)].

Häufig sind so kurze Abtastzeiten nicht erforderlich. Spektren, die sich nur mit einer mittleren Geschwindigkeit verändern, können schon mit gewissen kommerziell erhältlichen Spektrometern untersucht werden, die die Registrierzeit für ein Spektrum auf Werte bis herunter zu wenigen Sekunden je μ Wellenlängenintervall herabsetzen. Diese Möglichkeit basiert hauptsächlich auf Fortschritten, die in der Herstellung trägheitsarmer Strahlungsempfänger und der ihnen nachgeschalteten Elektronik in den letzten Jahren erzielt wurden.

Eine völlig andere Lösung des Problems wurde von AGNEW u. a. (*8*) angegeben. Sie stellen in der Brennebene des Kollimatorspiegels, in welcher ja bei feststehendem LITTROW-Spiegel das Spektrum auf einmal entsteht, nicht einen Austrittsspalt auf, sondern deren mehrere — bis zu zehn —, und zwar jeweils dort einen, wo eine für den zu untersuchenden Vorgang charakteristische Bande im Spektrum auftritt. Zu jedem Spalt gehört ein eigener Empfänger, der auf einen eigenen Verstärker arbeitet. Die Zuleitung der Strahlungsenergie zu jedem Empfänger geschieht durch ein raffiniertes System von geeignet geformten und gebogenen Röhren aus Silber. Die Verstärkerausgänge können jeder einem gesonderten Anzeigegerät bzw. mittels eines schnellen elektronischen Schalters kurz hintereinander auf eine Kathodenstrahlröhre geschaltet werden.

Die allgemeine Verbreitung von Gaschromatographen als Trennmittel für Gemische komplizierter Zusammensetzung hat die Frage einer substanzspezifischen Nachweismethode in den Vordergrund des Interesses treten lassen. Die Ultrarotspektroskopie bietet sich zu diesem Zweck geradezu an, jedoch fordert die unmittelbare Ankopplung eines Ultrarotspektrometers an einen Gaschromatographen — und nur diese sei hier behandelt; die Untersuchung von vom Gaschromatographen abgenommenen Einzelproben behandeln wir später bei Behandlung der Präparationsmethoden — die Lösung einer ganzen Reihe von technischen Problemen. Die beiden Hauptforderungen an das Ultrarotspektrometer sind: 1. sehr schnelle Erfassung eines wünschenswerten Spektralbereichs und 2. hohe Empfindlichkeit bei kleinsten Substanzmengen.

Es ist von vornherein klar, daß der Verbundbetrieb Gaschromatograph-Ultrarotspektrometer nur mit Schnellspektrometern möglich ist. Dabei kann man die Anforderungen bezüglich Auflösung und photometrischer Genauigkeit, die sonst meist in Extremwerten an das Spektrometer gestellt werden, beachtlich zurückschrau-

---

1) Die in der Laser-Technik entwickelten, besonders schnell ansprechenden, allerdings bei tiefen Temperaturen zu betreibenden Strahlungsempfänger auf Halbleiterbasis (Ansprechzeiten unter 50 Nanosekunden) eröffnen auch für die Schnellspektroskopie im Ultrarotbereich ganz neue Aspekte. Bezugsquellen solcher Empfänger: Santa Barbara Research Center, Goleta/Calif., USA; Philco-Ford Corp., Spring City/Pa., USA.

ben. Es genügt in vielen Fällen, wenn das Spektrum nur die Hauptmerkmale deutlich hervortreten läßt — (allerdings ist die Grenze dessen, was noch erkennbar sein soll und was wegfallen kann, fließend und von Problem zu Problem verschieden) —, und quantitativ brauchen die Angaben des Spektrometers nicht zu sein, weil ja die Lösung dieser Aufgabe dem Gaschromatographen überlassen bleibt. Es seien nun zwei in der Literatur für den speziellen Zweck des Verbundbetriebes mit einem Gaschromatographen beschriebene Ultrarotspektrometer kurz geschildert:

Die erste Anordnung [Bartz u. Ruhl (*1063*)] leitet den Ausgang des Gaschromatographen unmittelbar in eine geheizte Gasküvette von relativ großer Länge, aber sehr kleinem Querschnitt. Um in der Küvette keine Strahlungsverluste zu erleiden, ist sie als sog. Lichtleiter (s. S. 91) mit verspiegelten Innenwänden ausgebildet. Die die Küvette verlassende Strahlung wird durch einen optischen Schalter (rotierender Halbspiegel) intermittierend zwei Einstrahlspektrometern zugeleitet, wovon das eine den Bereich 2,5 bis 7μ (1400 bis 4000 cm^{-1}), das andere den Bereich von 6,5 bis 16μ (1500 bis 620 cm^{-1}) erfaßt. So kann in einem Arbeitsgang ein Spektrum über den ganzen interessierenden Bereich gewonnen werden. Die Dispersionselemente der beiden Spektrometer werden in 16 Sekunden durch den ganzen jeweiligen Spektralbereich hindurchgedreht, worauf sie in die Ausgangsstellung zurückkehren und das Spiel von vorn beginnen kann. Zwei schnell ansprechende Strahlungsempfänger mit nachgeschalteten schnell registrierenden Streifenschreibern liefern das Spektrendiagramm. Voraussetzung für die Verwendung ist die Forderung, daß die im Gaschromatographen benutzte Trennsäule die einzelnen Substanzen weit genug trennt, um jede einzeln erfassen zu können, und daß von jeder Substanz eine genügende Menge (etwa einige Mikroliter) vorhanden ist.

Die andere Anordnung [Wilks u. Brown (*1064*)] benutzt ein Doppelstrahlspektrometer mit ziemlich weit geöffneten Spalten und ebenfalls als Lichtleiter ausgebildeten Küvetten, wovon diejenige im Meßstrahlengang unmittelbar an den Gaschromatographen angeschlossen wird. Die Registrierung eines vollständigen Spektrums im NaCl-Bereich mit entsprechend schnell ansprechendem Empfänger und Streifenschreiber dauert etwa 45 Sekunden. Um zu gewährleisten, daß das Spektrum gerade in dem Zeitpunkt registriert wird, in dem eine interessierende Komponente durch die Küvette strömt, ist am Küvetteneingang ein gaschromatographischer Detektor installiert, dessen Signal dazu benutzt wird, die Registrierung in Gang zu setzen (Triggerverfahren). Dabei ist es auch möglich, nach dem Eintritt einer Komponente in die Küvette des Spektrometers den Gasstrom durch den Gaschromatographen abzusperren und erst wieder freizugeben, wenn das vollständige Spektrum vorliegt.

Ähnliche Lösungen wie die vorstehend geschilderten werden von der gerätebauenden Industrie schon kommerziell angeboten; wir kommen darauf bei der Besprechung der kommerziellen Ultrarotspektrometer zurück.

Einen interessanten Vorschlag für die unmittelbare Ankopplung eines Ultrarotmikrospektrometers besonderer Art an einen Gaschromatographen hat Behrendt (*1158*) gemacht. Er verzichtet auf die übliche Ultrarotgasküvette — an deren zu großem Volumen der unmittelbare Verbundbetrieb von Spektrometer und Gaschromatograph meistens scheitert —, benutzt vielmehr den Säulenausgang als Quelle eines Molekularstrahles, in dem Moleküle gleicher Geschwindigkeit und gleichen Rotationszustandes ausgeblendet werden. Auf diesen Molekularstrahl wird von der Seite her, also transversal, spektral zerlegte, die Wellenlänge sehr schnell ändernde Ultrarotstrahlung fokussiert. Ein angeschlossener Analysator für den Rotationszustand der Moleküle im Molekularstrahl — ebenso wie für die anfängliche Ausblendung ein elektrostatisches Quadrupolmassenspektrometer – beseitigt aus dem Molekularstrahl alle Moleküle, deren Rotationszustand durch die Ultrarotstrahlung verändert wurde. Eine Darstellung der Molekularstrahlintensität als Funktion der Ultrarotwellenlänge gibt unmittelbar das zur Identifizierung auszunutzende charakteristische Spektrum der Substanz. Die Empfindlichkeit der Anordnung soll die eines gewöhnlichen Massenspektrometers erreichen, der Substanzbedarf ist minimal. Allerdings erscheinen die Kosten beträchtlich.

Neuerdings sind auch schon Interferometer vom MICHELSON-Typ erfolgreich als Schnellspektrometer eingesetzt worden, z. B. bei Ballon- und Raketenflügen zur Untersuchung des Spektrums der Atmosphäre. Dabei wird der bewegliche Interferometerspiegel durch einen Sägezahngenerator gesteuert[1] [BLOCK u. ZACHOR (*1110*)].

5. Darstellung von Ultrarotspektren

Grundsätzlich ist jede graphische Darstellung einer spektralen Eigenschaft in Abhängigkeit von der Frequenz, Wellenlänge oder Wellenzahl ein Spektrum, gleichgültig ob es sich dabei um die Durchlässigkeit, die Absorption, das Reflexionsvermögen, die Extinktion, den Extinktionskoeffizienten, den Absorptionskoeffizienten oder den Absorptionsindex handelt. Vom Reflexionsvermögen abgesehen — das wiederum durch den wellenlängenabhängigen Brechungsindex und den Absorptionskoeffizienten bzw. Absorptionsindex sich ausdrücken läßt —, stellen alle übrigen Größen denselben Sachverhalt dar, nämlich die wellenlängenabhängige Eigenschaft eines Stoffes, elektromagnetische Strahlungsenergie in Wärmeenergie verwandeln zu können. Sie sind in einer später noch genauer zu studierenden Weise miteinander mathematisch verknüpft. Welcher dieser Größen man den Vorzug gibt, ist eine Frage der Zweckmäßigkeit — und der Gewöhnung, da ja eine mathematische Transformation nicht den Inhalt einer Aussage ändert, sondern bestenfalls bestimmte Zusammenhänge deutlicher hervortreten läßt.

Vom extremen Standpunkt des theoretischen Physikers wünscht man sich eine Darstellung des Absorptionskoeffizienten bzw. Absorptionsindex, weil diese der Wellennatur der Strahlung am besten angepaßt sind. Hauptsächlich aus apparativen Gründen findet man diese Darstellung in der Ultrarotspektroskopie sehr selten, zumal ihre Lesbarkeit nicht gerade besonders einfach ist. In einfacher Weise ist der Extinktionskoeffizient mit den experimentell ermittelten Größen — Strahlungsenergien bzw. Strahlungsenergiedichten — verbunden, aber auch seiner Verwendung steht der Entwicklungsstand unserer Geräte, vor allem das mangelnde Auflösungsvermögen, das die Banden verfälscht, entgegen. In Extinktionsformulierung schreiben sich gewisse, noch zu besprechende Zusammenhänge besonders einfach. Viele Ultrarotspektroskopiker fordern daher die Extinktion als charakteristische Darstellungsgröße. Dem kann häufig genügt werden, jedoch ist ihr Zusammenhang mit den Größen des Experiments durch die Logarithmierung eines Verhältnisses gegeben. Am häufigsten anzutreffen ist immer noch die Darstellung in Durchlässigkeit bzw. Absorption, zwei Größen, die sich zu 1 ergänzen und die unmittelbar durch das Verhältnis der primären Meßgrößen erhalten werden.

Hinsichtlich der Abszisse der spektralen Darstellungen ist die Auswahl glücklicherweise nicht so groß. Die Frequenz — vom physikalischen Standpunkt die primäre Größe — wird kaum gebraucht, während Wellenzahl und Wellenlänge

[1] Bezugsquelle für solche Interferometer: Block Engineering Comp., Cambridge, Mass., USA.

ungefähr gleich häufig angetroffen werden, wobei allerdings z. Z. eine allmähliche Verschiebung zugunsten der erstgenannten festzustellen ist. Der wichtigste Einwand gegen die Wellenzahl ist nicht sehr gewichtig, nämlich die offensichtlich einfachere Bauweise von wellenlängenlinearen Monochromatoren. Denn man muß bedenken, daß die einzige Erschwerung bei wellenzahllinearen Geräten die Überbetonung gewisser Bereiche (großer Wellenzahlen) ist, die durch eine Skalenände-

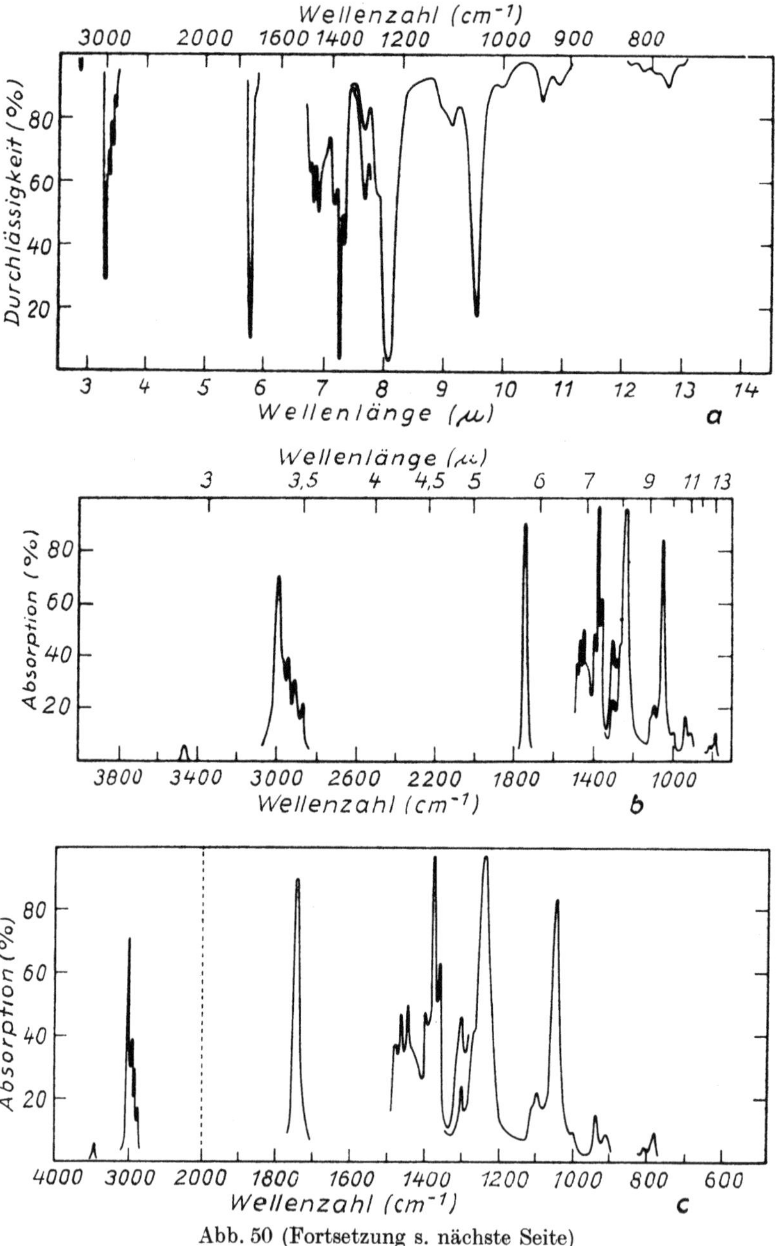

Abb. 50 (Fortsetzung s. nächste Seite)

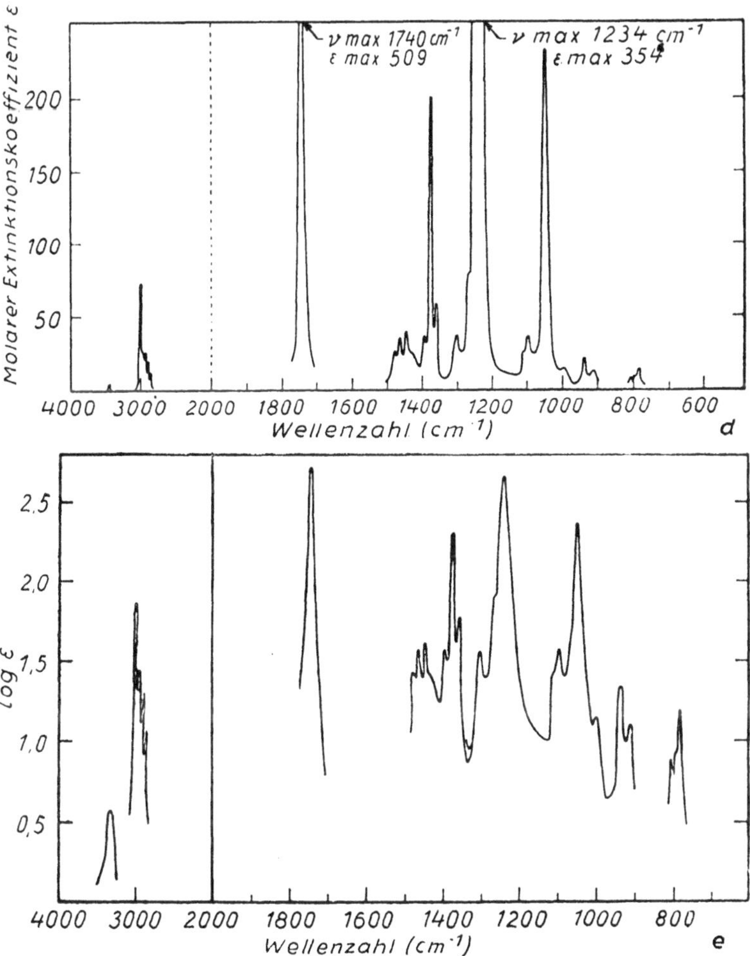

Abb. 50. Einfluß der Darstellungsweise auf das Aussehen eines Ultrarotspektrums (Äthylacetat in CS_2) nach JONES u. SANDORFY (L) — a) prozentige Durchlässigkeit über linearer Wellenlängenskala; b) prozentige Absorption über linearer Wellenzahlskala (ohne Maßstabsänderung); c) prozentige Absorption über linearer Wellenzahlskala (mit Maßstabsänderung bei 2000 cm^{-1}); d) molarer dekadischer Extinktionskoeffizient über linearer Wellenzahlskala (mit Maßstabsänderung bei 2000 cm^{-1}); e) Logarithmus des dekadischen Extinktionskoeffizienten über linearer Wellenzahlskala (mit Maßstabsänderung bei 2000 cm^{-1})

rung etwa bei 2000 cm^{-1} leicht zu beheben ist. Vom begrifflichen Standpunkt ist sicherlich die Wellenzahl vorzuziehen, da sie ein unmittelbares Energiemaß darstellt, die Bandenform darin symmetrisch wird und viele Gesetzmäßigkeiten der Spektren darin unmittelbar abgelesen werden können. Wie sehr aber auch heute noch die früher allein übliche Darstellung linear in der Wellenlänge nachwirkt, auch bei Freunden der Wellenzahlskala, erhellt aus folgendem Umstand: Man ist auch heute noch so daran gewöhnt, die Banden eines Spektrums bei einer graphischen Darstellung nach zunehmender Wellenlänge zu ordnen, daß bei wellenzahllinearer Darstellung die Abszissenbezifferung von rechts nach links verläuft!

Das Aussehen ein- und desselben Spektrums kann in den verschiedenen Darstellungsarten recht verschieden sein. Wir verweisen dazu auf die Beispiele der Abb. 50 nach JONES u. SANDORFY (L)[1].

Zu manchen Zwecken, z. B. für eine einheitliche Dokumentation, ist es erwünscht, die Spektren in einer einheitlichen Darstellung vorliegen zu haben. Es wurde daher ein Umzeichnungsgerät konstruiert, das vorgelegte Originalspektren auf ein einheitliches Format bringt, dabei aus praktischen Gründen die Durchlässigkeitsskala der Ordinate beibehält, hingegen die Abszissenskala auf Wellenzahlen transformiert, wo es notwendig ist. Das Gerät wird von BERGMANN u. KAISER (*63*) beschrieben. Aus der Fülle der technischen Möglichkeiten wurde ein mechanisch-optisches Umzeichnungsverfahren ausgewählt, weil damit am ehesten der für ein störungs-

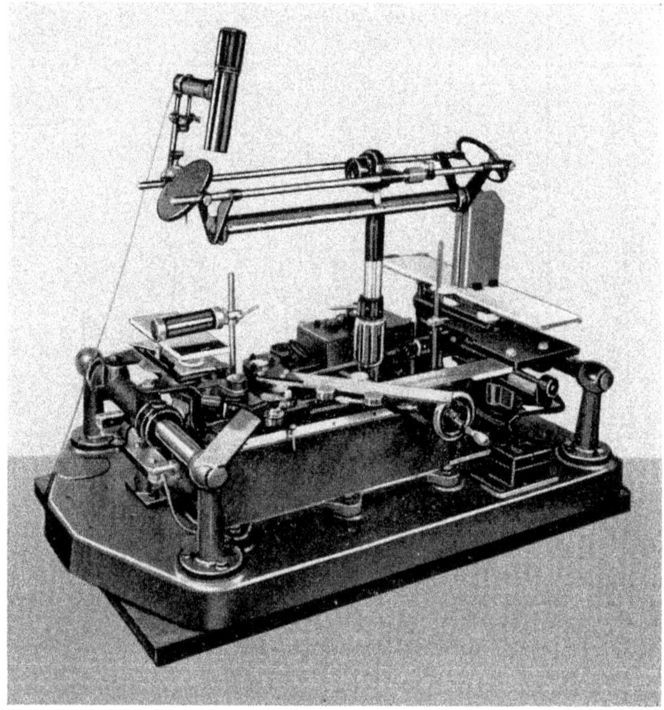

Abb. 51. Umzeichnungsgerät für Spektren nach BERGMANN u. KAISER (*63*)

freies Arbeiten erforderliche robuste Aufbau bei gleichzeitig hohen Anforderungen an die Präzision der Mechanik, einfacher Bedienung und Wirtschaftlichkeit zu erreichen war. Die proportionale Umzeichnung der Ordinate — praktisch fast alle Ultrarotspektren haben heute noch eine möglicherweise verkappte Durchlässigkeitsskala — erfolgt optisch, die proportionale Umzeichnung der Abszisse — sofern eine Wellenzahlskala vorgegeben ist — mechanisch durch ein lineares Getriebe, hingegen durch ein Kehrwertgetriebe, wenn eine Wellenlängenskala vorgegeben

[1] Die Erlaubnis zur Wiedergabe der Abb. 50 verdanken wir der Firma Interscience Publishers, Inc., New York, die die zitierte Arbeit im Rahmen der Reihe "Technique of Organic Chemistry", Band IX, verlegt hat.

ist. Abb. 51 zeigt eine Ansicht des Umzeichnungsgerätes, das sich im Rahmen der Dokumentation der Molekülspektroskopie (s. S. 276) bei der Bearbeitung von vielen Tausenden von Spektren bewährt hat.

Die modernen registrierenden Spektrometer liefern meist Originalspektrogramme erheblicher Abmessungen, z. B. 27 × 85 cm oder ähnlich. Manchem mag dieses Format für die Aufbewahrung oder Einordnung zu groß sein, obwohl es für die Deutlichkeit, Lesbarkeit und Auswertbarkeit unbestreitbare Vorzüge bietet. Zur Umzeichnung auf kleineres Format wurden verschiedene Vorschläge diskutiert:

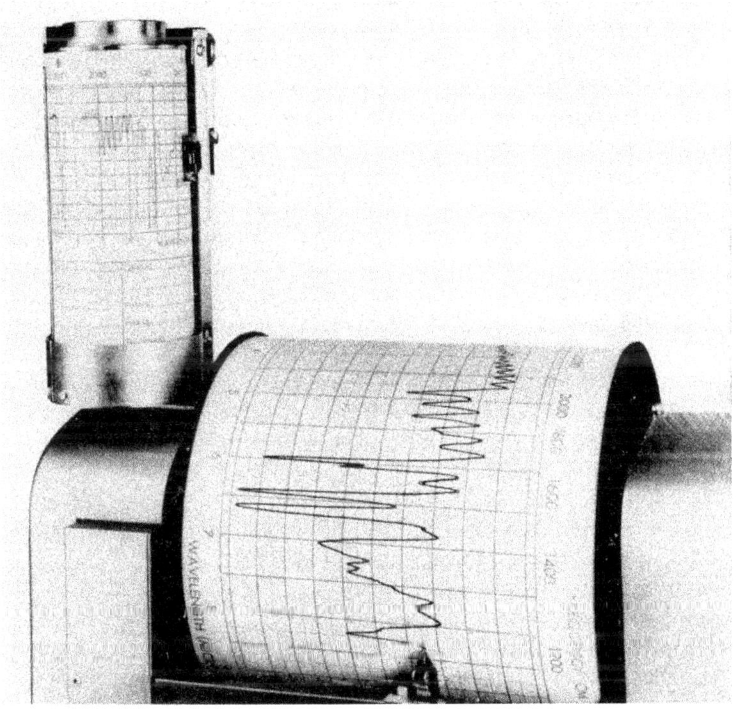

Abb. 52. Kommerzieller Zweitschreiber für PERKIN-ELMER Ultrarotspektrophotometer Mod. 21 (Photo: PERKIN-ELMER Corp.)

mit dem auf dem Prinzip des Storchenschnabels beruhenden Pantographen [VANDENBELT u. a. (*872*)]; Registrierung auf verkleinertem Format mit dem Originalgerät, eventuell mittels eines zweiten Schreibers, sicherlich die am meisten befriedigende Lösung [STRAUSS u. THOMPSON (*835*), MEAKINS u. NELSON (*561*), STITT u. BAILEY (*833*), OLSEN u. a. (*621*)]; Verkleinerung durch Photokopie oder Lichtpause, wobei allerdings für die Originale auf die Wahl einer geeigneten Registriertinte geachtet werden muß [TANNER (*847*)] und an die Maßstabstreue der Kopien keine allzu hohen Anforderungen gestellt werden dürfen. Für manche der kommerziellen Ultrarotspektrometer gibt es Zweitschreiber mit verkleinertem Format als Zubehör (Abb. 52).

Außer der üblichen Darstellung von Ultrarotspektren in Gestalt eines Kurvenzuges ist neuerdings ihre digitale Darstellung interessant geworden, vor allem im Hinblick darauf, daß die Dokumentation und Auswertung automatisiert und Computern übertragen werden sollen. Mit den dabei auftretenden Problemen beschäftigen sich PITHA u. JONES (*1121, 1323, 1324*); man findet bei ihnen auch die ältere, hierher gehörende Literatur. Es zeigt sich, daß man zur Darstellung einer einzelnen, isolierten Bande — beschrieben als Produkte, Summen oder Konvoluten von CAUCHY- und GAUSS-Funktionen — vier Zahlen benötigt. Ein ganzes komplexes Spektrum erfordert dann $4N + 3$ derartiger Zahlenangaben, wenn N die Anzahl der insgesamt vorhandenen oder zu berücksichtigenden Banden ist. Wie die Autoren am Beispiel eines über den Spektralbereich von über 200 cm^{-1} sich erstreckenden Spektrenausschnittes eines Steroids zeigen konnten, ist diese Art der Darstellung von Spektren mit Be- und Aufarbeitung durch elektrische Rechenmaschinen recht vielversprechend. Die dazu notwendigen Computerprogramme für eine Vielzahl von wünschenswerten Bearbeitungen (Festlegung des genauen Absorptionsmaximums, Kurvenglättung, Spektrenentzerrung für verschiedene Spaltweite, Bandenformanalyse, Auflösungsverbesserung usw.) sind von JONES (*1356*) aufgestellt worden und beim National Research Council of Canada erhältlich. Es erscheint der Zeitpunkt nicht mehr allzu fern, in dem die Spektren vom Spektrometer unmittelbar auf einem Magnetband oder dergleichen geliefert werden. Die Umwandlung eines kommerziellen Spektrometers (Perkin-Elmer Mod. 521) auf digitale Ausgabe — bei Beibehaltung der üblichen Darstellung — wird von PETERSON u. a. (*1284*) beschrieben und kann als Vorbild für ähnliche eigene Vorhaben dienen. Die Ausgabe des Spektrums erfolgt dabei über ein Digitalvoltmeter durch Lochung eines Papierstreifens, der dann in Rechenmaschinen weiter verarbeitet werden kann[1].

Die Fa. E. I. Dupont de Nemours & Co. Inc., Instrument Products Division, Wilmington, Del., USA, hat einen Analogrechner mit der Bezeichnung Du Pont 310 Curve Resolver konstruiert, der eine experimentell gewonnene Kurve mit einer synthetischen zu vergleichen gestattet. Diese kommt durch additive oder subtraktive Überlagerung von maximal 10 Einzelkurven zustande, deren Bestimmungsstücke (Lage, Höhe, Halbwertsbreite usw.) für GAUSS-, LORENTZ- oder andere Profile beliebig gewählt werden können. Das Gerät kann z. B. dazu dienen, ein gegebenes Ultrarotspektrum mit seinen üblichen zahlreichen Bandenüberlappungen in seine Einzelbanden zu zerlegen, damit künstlich die erzielte Auflösung zu vergrößern und die qualitative und quantitative Auswertung zu beschleunigen oder manchmal überhaupt erst zu ermöglichen. Am Beispiel der Alkane haben ŘEŘICHA u. HORAK (*1348*) das Problem der Bandenüberlappung im Bereich der CH-Valenzschwingung mit dem Ziel der Gewinnung genauer Werte der Extinktion behandelt; ihr einfaches Verfahren läßt sich beim Vorliegen bestimmter Voraussetzungen auf andere Fälle übertragen, wenn Bandenkomplexe in Einzelbanden zerlegt werden sollen.

---

[1] Für die digitale Ausgabe von mit gewöhnlichen Spektrometern aufgezeichneten Spektren bietet die einschlägige Industrie neuerdings Zusatzgeräte an (Auskunft darüber z. B. bei der Fa. Kontron GmbH & Co., München-Feldmoching). Voraussetzung für den Anschluß an das Spektrometer ist das Vorhandensein eines Potentiometerschreibers, dessen analoge Daten (Drehwinkel der Potentiometerachse) in Digitalwerte übersetzt einem Fernschreiber angeboten werden, der seinerseits eine entsprechende Zahlenkolonne ausdruckt und einen Lochstreifen stanzt. Dieser wiederum dient zur Eingabe an Computer zur weiteren Verarbeitung des Spektrums.

5. Kapitel: Kommerzielle Ultrarotspektrometer

Die nachfolgenden Abschnitte geben einen gedrängten Überblick über die derzeit auf dem Markte befindlichen Ultrarotspektrometer verschiedener Typen[1]. Die Beschreibungen und Angaben stützen sich auf einschlägige Veröffentlichungen und auf von den Herstellern vertriebene und zur Verfügung gestellte Unterlagen, ohne daß dies in jedem Einzelfall ausdrücklich erwähnt wird. Die Länge oder Kürze unserer Darstellung bedeutet in keinem Fall ein Werturteil. Wenn auch sicherlich nicht unerhebliche Unterschiede in der technischen Ausgestaltung der Geräte verschiedener Fabrikate bestehen, vor allem was gewisse Feinheiten angeht, so gilt dennoch die Feststellung, daß alle zur Zeit kommerziell erhältlichen Spektrometer zur Lösung aller heranstehenden Aufgaben eingesetzt werden können. Technischer Aufwand und Preis stehen immer in einem gewissen Verhältnis, und es ist die Sache des Benutzers, jedem Gerät ein Höchstmaß an Leistungen abzugewinnen.

In der Geräteentwicklung der letzten Jahre sind deutlich drei Haupttendenzen feststellbar: 1. Erhöhung der Auflösung über das in den Standardgeräten erzielte Ausmaß hinaus (was zu kommerziellen Gittergeräten geführt hat); 2. Verkürzung der benötigten Registrierzeiten ohne Einbuße in der erhältlichen Information (bis zu den eigentlichen Schnellspektrometern hin); 3. kleinere und vereinfachte Instrumente, die bei verringertem Bedienungsaufwand, begrenzten Anpassungsmöglichkeiten und dadurch erniedrigtem Preis dennoch zur Lösung vieler Aufgaben, insbesondere der Routine-Untersuchung, ausreichen; 4. Erfassung größerer Spektralbereiche in ein und demselben Gerät ohne Verwendung von mehr oder weniger mühselig einzubauenden Austauscheinheiten (Monochromatoren mit Gittersequenzen); 5. kommerzielle Spektrometer auch für den langwelligen Ultrarotbereich (Gittergeräte oder Interferometer). Daneben geht das Bestreben dahin, den Standardgeräten ein bis in die letzten Feinheiten entwickeltes und differenziertes Zubehör an die Seite zu stellen, das die Verwendung eines gegebenen Gerätetyps für alle nur denkbaren Aufgaben der Ultrarotspektroskopie ermöglicht. Dementsprechend verfügt heute jede Herstellerfirma über die zu ihrem Gerät (oder meist sogar mehreren Gerätetypen) passenden Zubehörteile, ohne daß darauf besonders hingewiesen werden muß.

Aus verständlichen Gründen beschränken wir uns in der nachfolgenden Darstellung auf eine mehr stichwortartige Aufzählung der wichtigsten Eigenschaften des gerade behandelten Gerätes. Wir unterstützen diese Aufzählung durch Abbildungen, die vor allem einen Eindruck vom Aussehen und der Größe des Apparates vermitteln sollen und darüber hinaus Einzelheiten des Strahlenganges oder des Funktionsschemas wiedergeben. Die letztgenannten Hilfen werden im einzelnen nicht mehr erläutert, da sie an Hand der Beschriftung nach den vorausgegangenen allgemeinen Ausführungen über Spektrometer wohl ohne Schwierigkeiten verständlich sind.

1. Cary Instruments, Monrovia, Calif., USA

Diese zu Varian Ass., Palo Alto, Calif., gehörende und auf dem Gebiet des Baues von Ultraviolett- und RAMAN-Spektrometern hervorgetretene Firma hat unter der Bezeichnung „CARY-WHITE Mod. 90“ ein Ultrarotspektrophotometer im Produktionsprogramm, das in Zusammenarbeit mit dem bekannten Spektrometerbauer J. U. WHITE entwickelt wurde. Es handelt sich um ein in Anlage, Aufbau und Leistung hervorragendes Instrument, dessen einziger Nachteil der hohe Preis ist, der das Doppelte des bei einem normalen Großgerät üblichen erreicht.

Abb. 53 zeigt das äußere Aussehen, Abb. 54 den Strahlengang. Die Photometereinheit ist vollsymmetrisch. Die Aufteilung der Strahlung (NERNST-Stift oder Nickelchromwendel) in zwei Strahlengänge und ihre Wiedervereinigung geschieht abweichend vom bisher üblichen Schema durch zwei speziell facettierte Spiegel. Der Meßstrahlengang wird mit $13^1/_2$, der Vergleichsstrahlengang mit $26^2/_3$ Hz moduliert. Der spektralen Zerlegung dient ein

[1] Es fehlen in unserer Aufstellung Geräte aus Japan. Es kann darauf um so eher verzichtet werden, als diese Geräte auf unserem Markt keine Rolle spielen. Einen Überblick über die japanischen Geräteentwicklungen findet man bei YOSHINAGA (*1138*).

Doppelmonochromator mit Doppelspalt. Der erste Monochromator (Brennweite 55 cm) enthält ein KBr-Prisma (102 mm Basis) in LITTROW-Aufstellung, der zweite (Brennweite 75 cm) zwei Reflexionsgitter in Sequenz; in beiden Monochromatoren werden die auftretenden optischen Aberrationsfehler kompensiert. Als Strahlungsempfänger dient ein Vakuumthermoelement mit vorschaltbarer LiF-Platte zur Streustrahlungsbeseitigung. Das Intensitätsverhältnis der beiden Strahlengänge wird elektrisch erhalten, weshalb keine optische Kammblende vorhanden ist. Die erreichte photometrische Genauigkeit wird mit 0,2% in Durchlässigkeit angegeben. Wellenzahlgenauigkeit: 0,5 cm^{-1}. Wellenzahlreproduzierbarkeit: 0,1 cm^{-1}. Theoretische Auflösung bei Einstrahlbetrieb im günstigsten Fall: 0,06 cm^{-1}. Praktische Auflösung: besser als 0,25 cm^{-1}. Streustrahlungsanteil:

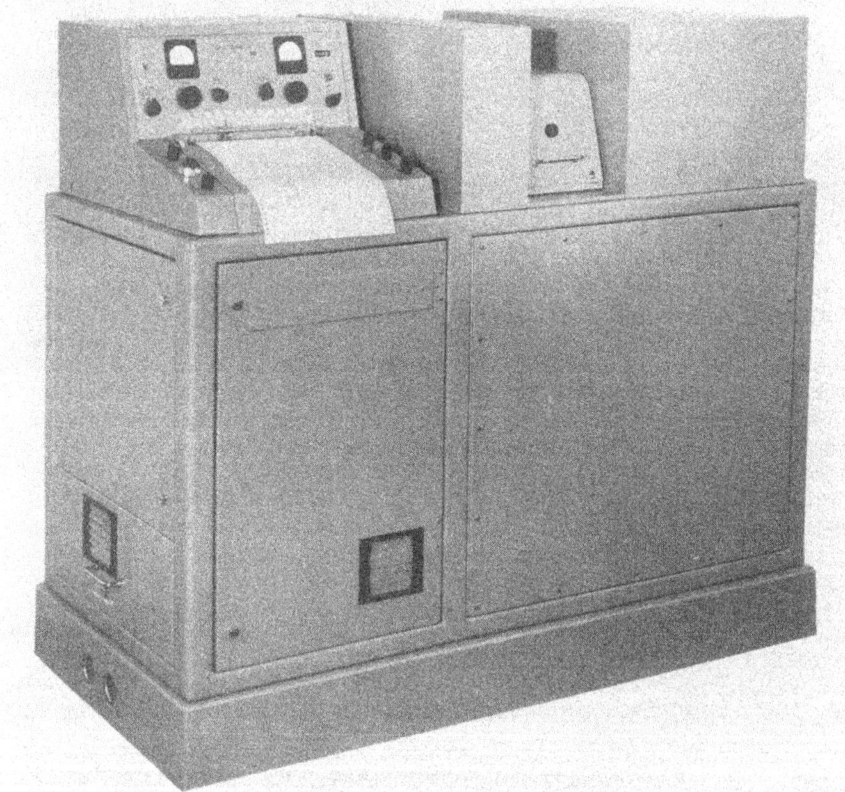

Abb. 53. CARY-WHITE Mod. 90 Ultrarotspektrophotometer der Fa. Cary Instruments (Photo: Cary Instr.)

weniger als 0,1% in Durchlässigkeit. Nullpunktswanderung: weniger als 0,3% in Durchlässigkeit je Tag. Nullpunktsglättung an 22 über den ganzen Spektralbereich verteilten Punkten. Spektralbereich: 450 bis 4000 cm^{-1}. Registrierung: Abszisse wellenzahllinear, Ordinate entweder Extinktion mit zwei Bereichen (0 bis 1, 0,5 bis 1,5) oder prozentige Durchlässigkeit (0 bis 100%, wobei von 10 zu 10% fortschreitend jeweils 20%-Teilbereiche auf die Gesamtschreibbreite gedehnt werden können). Registrierzeit für den gesamten Spektralbereich: kontinuierlich von 3 Minuten bis zu 10 Tagen. Rückkehr in die Ausgangsstellung in weniger als 1,5 Minuten. Spalte gesteuert, so daß die Registriergeschwindigkeit proportional zur spektralen Spaltbreite wird. Streifenschreiber mit 250 mm Schreibbreite und 0,5 Sekunden für Vollausschlag. Zeitkonstante regelbar zwischen 0,05 und 16 Sekunden.

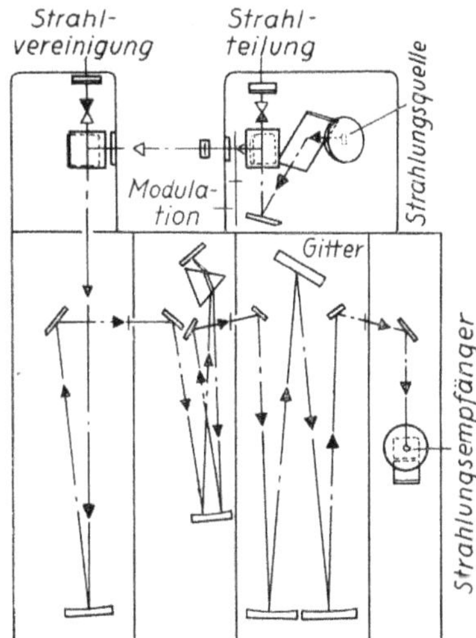

Abb. 54. Strahlengang des CARY-WHITE Mod. 90 Ultrarotspektrophotometers

2. *Baird-Atomic, Inc., Cambridge, Mass., USA*

Diese schon frühzeitig auf dem Gebiet des Baues von Ultrarotspektrometern hervorgetretene Firma stellt zur Zeit zwei Gerätetypen her:

Modell NK-1: Doppelstrahlgerät mit optischer Kammblende (Ansicht Abb. 55, Schema Abb. 56). Spektralbereich: 0,2 bis 38 μ je nach Prisma (vorjustierte Austauscheinheiten).

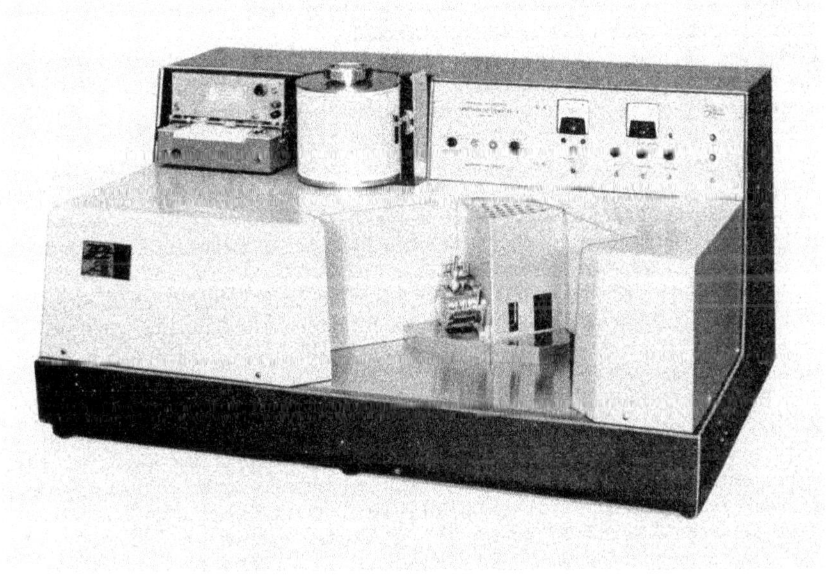

Abb. 55. BAIRD Mod. NK-1 Infrared Spektrophotometer (Photo: Baird-Atomic, Inc.)

Strahlungsquelle: wassergekühlter Globar. Monochromatorbrennweite: 75 cm. Apertur: 1 : 5. Prisma: 100 mm Basis, 80 mm Höhe in LITTROW-Aufstellung. Strahlungsempfänger: evakuiertes Platinstreifenbolometer. Auflösung: 0,015 μ (NaCl). Wellenlängengenauigkeit:

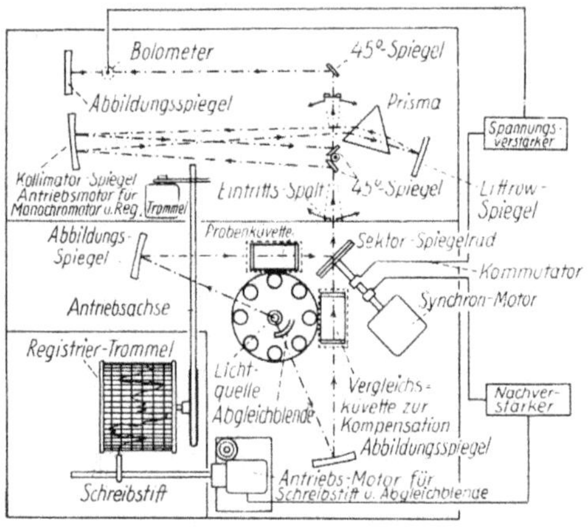

Abb. 56. Schema des BAIRD Ultrarot-Spektrophotometers

0,015 μ (NaCl). Wellenlängenreproduzierbarkeit: 0,005 μ (NaCl). Ordinatengenauigkeit: 0,5% in Durchlässigkeit. Streustrahlung: weniger als 2% bei 14,8 μ (automatisch einschaltendes Filter). Kammblende und Schreibwerk mechanisch gekoppelt. Registrierung: Abszisse wellenlängen- oder wellenzahllinear, Ordinate prozentige Durchlässigkeit (mit Skalendehnung) oder Extinktion. Registrierzeit: von 0,1 min/μ bis 1 h/μ kontinuierlich, 14 h/μ durch Zahnradwechsel, außerdem eingebautes Beschleunigungs- bzw. Verzögerungsprogramm. Spaltsteuerung auf konstante Energie. Einzelblatt-Trommelschreiber mit 1 Sekunde für Vollausschlag. Zweitschreiberanschluß.

Modell NK-1a: Wie Modell NK-1, jedoch einfachere Ausführung. Grundspezifikationen gleich, jedoch jeweils nur ein fest eingebautes Funktionsprogramm bezüglich Spaltsteuerung, Registriergeschwindigkeit usw. Ausbau in Modell NK-1 möglich.

3. Beckman Instruments Inc., Fullerton, Calif., USA

Diese ebenfalls im Ultrarotspektrometerbau seit langem versierte Firma – deutsche Vertretung: Beckman Instruments GmbH, München 45 – hat in ihrem Produktionsprogramm folgende Ultrarotspektrometer:

Modell IR-4 (Ansicht Abb. 57, Funktionsschema Abb. 58): Doppelstrahlgerät mit vollsymmetrischer Photometereinheit und optischer Kammblende. Doppelprismenmonochromator mit 75 cm Brennweite und Mittelspalt. Spektralbereich: 0,5 bis 38 μ je nach Prisma (vorjustierte Austauscheinheiten). Prisma: 75 mm Basis, 60 mm Höhe in LITTROW-Aufstellung. Wellenlängengenauigkeit: 0,015 μ (NaCl). Wellenlängenreproduzierbarkeit: 0,005 μ (NaCl). Auflösung: 0,01 μ bei 10 μ (NaCl). Strahlungsquelle: NERNST-Stift. Strahlungsempfänger: Vakuumthermoelement. Streustrahlung: unter 0,1% bei 14,3 μ (NaCl). Spaltsteuerung auf konstante Energie. Registrierung: Abszisse wellenlängenlinear, Ordinate prozentige Durchlässigkeit (0 bis 100%, 0 bis 10%, 90 bis 100%) oder Extinktion (0 bis 1). Ordinatengenauigkeit: 0,2% im Ein-, 1% im Doppelstrahlbetrieb. Registrierzeit: 0,02 bis 5 μ/min. druckknopfgesteuert. Zeitkonstante: 0,5 bis 32 Sekunden. Streifenschreiber horizontal, 25 × 75 cm. Zweitschreiberanschluß.

Modell IR-5A: Vereinfachtes Doppelstrahlspektrometer mit optischer Kammblende. Einfachprismenmonochromator, bestückt mit NaCl- oder CsBr-Prisma, 2 bis 16 oder 11

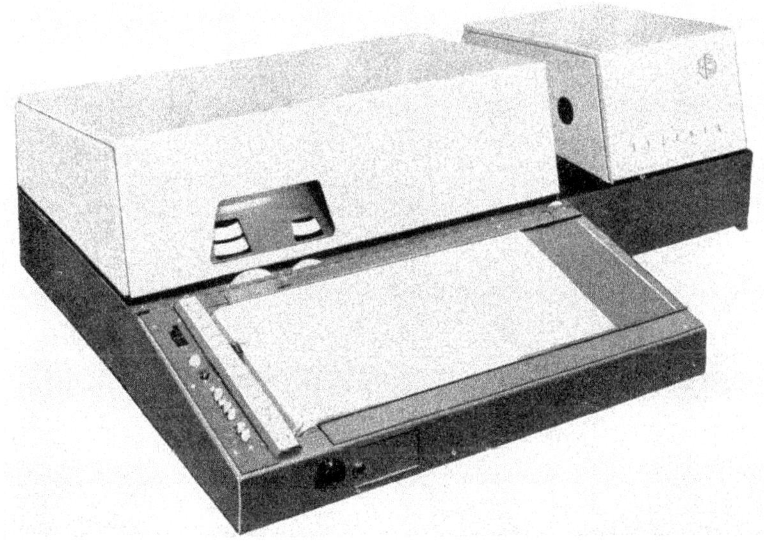

Abb. 57. Ansicht des BECKMAN IR-4-Spektrophotometers
(Photo: Beckman Instr.)

bis 35 μ. Strahlungsquelle: NiCr-Wendel. Strahlungsempfänger: Vakuumthermoelement. Registrierung: Abszisse wellenlängenlinear (Genauigkeit 0,025 μ für NaCl, 0,03 bis 0,05 μ für CsBr, Reproduzierbarkeit 0,01 μ), Ordinate prozentige Durchlässigkeit (Genauigkeit 1%). Streustrahlung: unter 4% für NaCl, unter 5% für CsBr. Auflösung 3,5 cm^{-1} bei

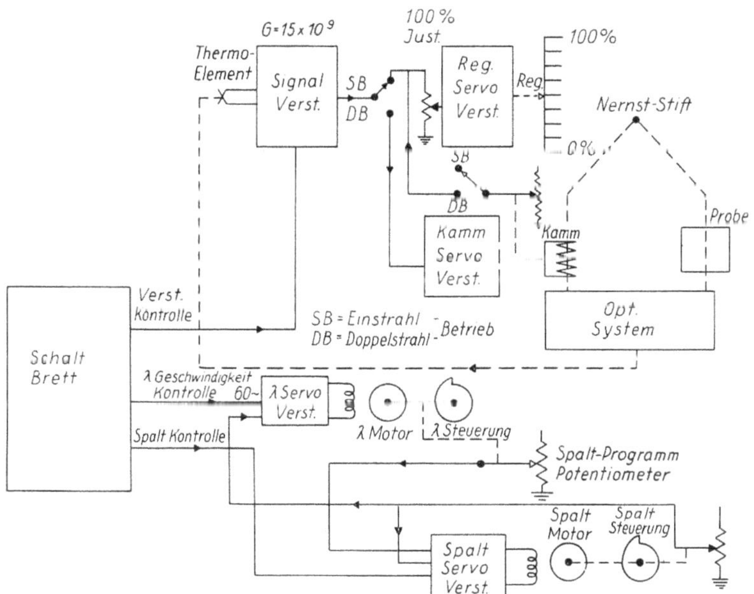

Abb. 58. Blockdiagramm des BECKMAN IR-4-Spektrophotometers

911 cm^{-1} (NaCl), 6 cm^{-1} bei 400 cm^{-1} (CsBr). Registrierzeit: 3 und 15 Minuten. Horizontaler Streifenschreiber, 7,5 × 45 cm.

Modell IR-8: Vereinfachtes Doppelstrahlspektrometer mit optischer Kammblende. Einfachgittermonochromator mit zwei, nur in der 1. Ordnung benutzten Gittern in Sequenz, 2,5 bis 16 μ (625 bis 4000 cm^{-1}). Strahlungsquelle: NiCr-Wendel. Strahlungsempfänger: Vakuumthermoelement. Registrierung: Abszisse wellenlängen- oder wellenzahllinear (Genauigkeit 0,008 μ von 2,5 bis 5 μ, 0,015 μ von 5 bis 16 μ bzw. 5 cm^{-1} von 4000 bis 2000 cm^{-1}, 2,5 cm^{-1} von 2000 bis 625 cm^{-1}, Reproduzierbarkeit 0,005 und 0,01 μ bzw. 3 und 1,5 cm^{-1}), Ordinate prozentige Durchlässigkeit (Genauigkeit 1%). Streustrahlung: unter 1,5%. Auflösung 2 cm^{-1} bei 10 μ (1000 cm^{-1}). Registrierzeit: 10 und 30 Minuten. Einzelblatt-Pultschreiber, 7,5 × 45 cm.

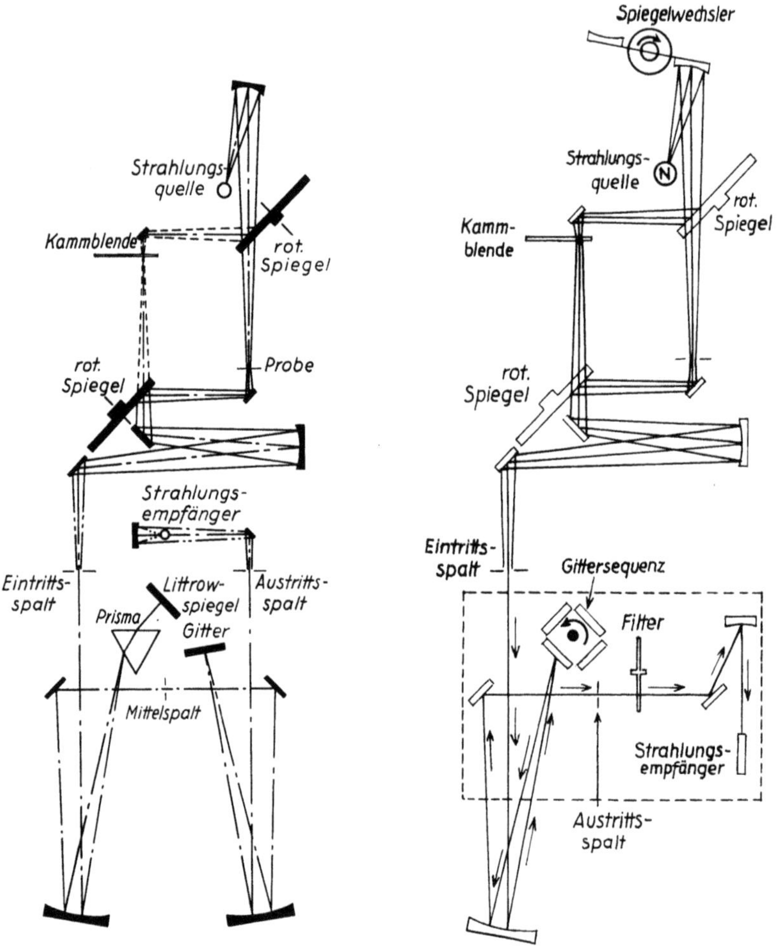

Abb. 59. Strahlengang des BECKMAN IR-9 Infrared-Spectrophotometer

Abb. 60. Strahlengang des BECKMAN IR-11 Infrared-Spectrophotometer

Modell IR-9 (Strahlengang Abb. 59): Doppelstrahlspektrometer mit optischer Kammblende. Prismen-Gitter-Doppelmonochromator, KBr-Prisma, zwei in je 2 Ordnungen benutzte Gitter in Sequenz, 2,5 bis 25 μ. Strahlungsquelle: NERNST-Stift. Strahlungsempfänger: Vakuumthermoelement. Registrierung: Abszisse wellenlängenlinear (Genauigkeit

0,2 cm^{-1} bei 400 cm^{-1} bis 0,6 cm^{-1} bei 4000 cm^{-1}, Reproduzierbarkeit 0,1 cm^{-1}), Ordinate prozentige Durchlässigkeit (Genauigkeit 1%) mit Skalendehnung oder extinktionslinear. Streustrahlung: unter 0,1%. Auflösung 0,25 cm^{-1} bei 923 cm^{-1}. Registrierzeit: 5 Minuten bis 18 Tage. Horizontaler Streifenschreiber, 25 × 68 cm. Zweitschreiberanschluß.

Modell IR-10: Vereinfachtes Doppelstrahlspektrometer mit optischer Kammblende. Einfachgittermonochromator mit zwei nur in 1. Ordnung benutzten Gittern in Sequenz, 300 bis 4000 cm^{-1}. Strahlungsquelle: NiCr-Wendel. Strahlungsempfänger: Vakuumthermoelement. Registrierung: Abszisse wellenzahllinear (Genauigkeit 8 cm^{-1} bei 2000 – 4000 cm^{-1}, 4 cm^{-1} von 300 – 2000 cm^{-1}, Reproduzierbarkeit 5 cm^{-1} von 2000 – 4000, 3 cm^{-1} von 300 – 2000 cm^{-1}), Ordinate prozentige Durchlässigkeit (Genauigkeit 1%). Streustrahlung: unter 1% von 600 – 4000 cm^{-1}, unter 2% von 300 – 600 cm^{-1}. Auflösung: 4 cm^{-1} von 2000 – 4000 cm^{-1}, 3 cm^{-1} von 300 – 2000 cm^{-1}. Registrierzeit: 14 und 42 Minuten. Einzelblatt-Pultschreiber, 7,5 × 45 cm.

Modell IR-11 (Strahlengang Abb. 60): Doppelstrahlspektrometer mit optischer Kammblende. Einfachmonochromator mit vier nur in 1. Ordnung benutzten Gittern in Sequenz und wählbaren Filtern, 50 bis 300 μ. Strahlungsquelle: Quecksilberhochdrucklampe. Strahlungsempfänger: GOLAY-Zelle mit Diamantfenster. Registrierung: Abszisse wellenlängenlinear (Genauigkeit 1 cm^{-1}, Reproduzierbarkeit 0,5 cm^{-1}), Ordinate prozentige

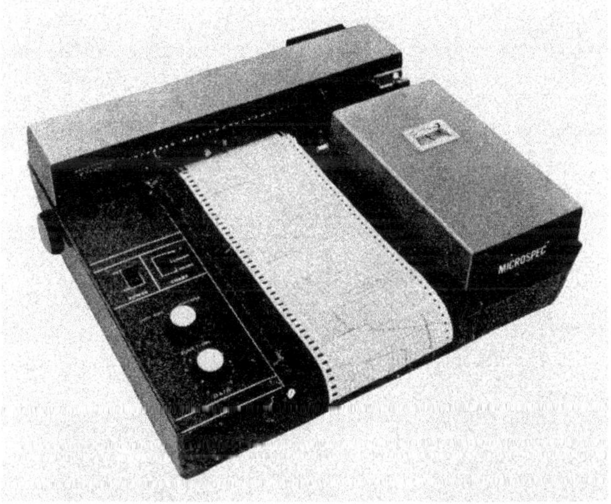

Abb. 61. Ansicht des BECKMAN ® Microspec-Spektrophotometers

Durchlässigkeit (Genauigkeit 1%) mit Skalendehnung oder extinktionslinear. Streustrahlung: unter 4% bei 80 cm^{-1}. Auflösung: 0,5 bis 1 cm^{-1}. Registrierzeit: 9 Minuten bis zu mehreren Wochen. Spülung mit trockenem Stickstoff. Horizontaler Streifenschreiber. Kann durch Austauscheinheit des Mod. IR-12 auf den Spektralbereich 12,5 bis 300 μ erweitert werden.

Modell IR-12: Doppelstrahlspektrometer mit optischer Kammblende. Einfachgittermonochromator mit vier nur in 1. Ordnung benutzten Gittern in Sequenz, 2,5 bis 50 μ. Strahlungsquelle: NERNST-Stift. Strahlungsempfänger: Vakuumthermoelement. Registrierung: Abszisse wellenlängenlinear (Genauigkeit 0,2 cm^{-1} bei 200 cm^{-1} bis 0,8 cm^{-1} bei 4000 cm^{-1}, Reproduzierbarkeit 0,1 cm^{-1}), Ordinate prozentige Durchlässigkeit (Genauigkeit 1%) mit Skalendehnung oder extinktionslinear. Streustrahlung: unter 1%. Auflösung: 0,25 cm^{-1} bei 923 cm^{-1}. Registrierzeit: 5 Minuten bis 18 Tage. Horizontaler Streifenschreiber, 25 × 73 cm.

® Microspec: (Ansicht Abb. 61). Vereinfachtes Doppelstrahlspektrometer mit optischer Kammblende. Monochromator mit Interferenz-Verlauffiltern (s. S. 213), 2,5 bis 14,5 μ. Strahlungsquelle: NiCr-Wendel. Strahlungsempfänger: Vakuumthermoelement. Registrierung: Abszisse wellenlängenlinear in drei Abschnitten mit verschiedenem Maßstab (Genauigkeit 1%, Reproduzierbarkeit 0,5% der jeweiligen Wellenlänge), Ordinate prozentige Durchlässigkeit (Genauigkeit 2%). Streustrahlung: unter 4%. Auflösung: 1,3 bis 1,8% des jeweiligen Wellenlängenwertes. Registrierzeit: 7,5 und 15 Minuten. Horizontaler Streifenschreiber, 7,5 × 46 cm.

Modell IR-102: Einstrahlschnellspektrometer für Verbundbetrieb mit Gaschromatographen. Monochromator mit Interferenz-Verlauffiltern wie ®Microspec. Strahlungsquelle: NiCr-Wendel. Strahlungsempfänger: schnell ansprechendes Spezialthermoelement, das der Wechselstrahlungsfrequenz von 120 Hz noch gut folgen kann, mit nachgeschaltetem schnellregistrierendem Galvanometer- oder Oszillographenschreiber. Registrierzeit: 6 und 15 Sekunden. Geheizte Gasküvette in drei Längen (10, 20 und 30 cm) mit etwa 6 cm^3 Maximalvolumen. Benötigte Probemenge bei Substanzen mit starken Banden ca. 25 μl. (Zu den beiden letzten Instrumenten s. MÜLLER (*1231*).)

4. Sir Howard Grubb, Parsons & Co. Ltd., Newcastle upon Tyne, England

Das Produktionsprogramm dieser Firma umfaßt im Sektor Ultrarotspektrometer die folgenden Geräte:

® Spectromaster (Ansicht Abb. 62): Doppelstrahlspektrometer mit optischer Kammblende. Prismen-Gitter-Doppelmonochromator, KBr-Prisma, zwei Gitter in Sequenz. Spektralbereich: 0,6 bis 25 μ. Strahlungsquelle: NERNST-Stift. Strahlungsempfänger: Vakuumthermoelement. Registrierung: Abszisse wellenlängenlinear (Genauigkeit 0,002 μ von 0,6—5 μ, 0,006 μ von 5—15 μ, 0,01 μ von 15—25 μ, Reproduzierbarkeit 0,001 μ von

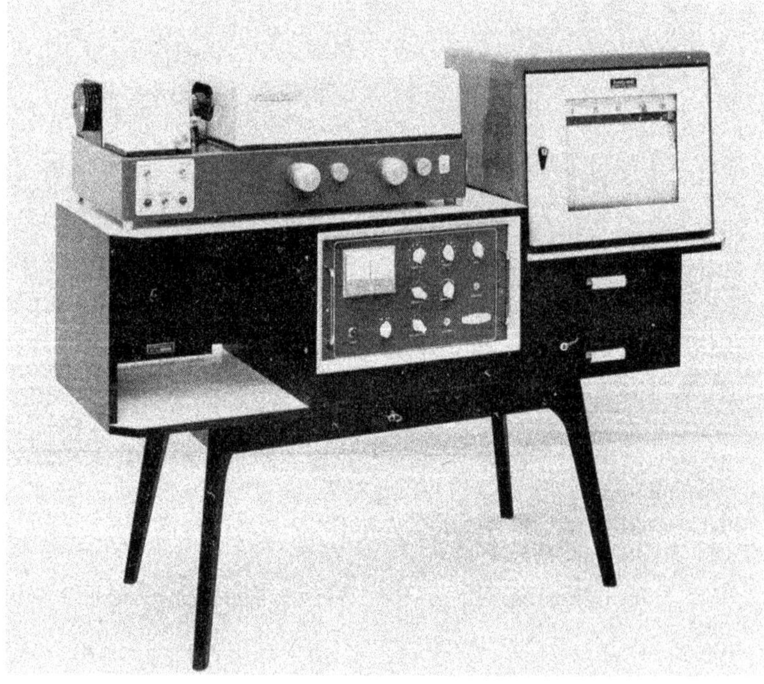

Abb. 62. Ansicht des ®Spectromaster der Fa. Sir Howard Grubb, Parsons & Co.

0,6 – 5 μ, 0,002 μ von 5 – 25 μ), Ordinate prozentige Durchlässigkeit (Genauigkeit 0,5%) mit Skalendehnung. Streustrahlung: unter 0,1% bei 14,3 μ. Auflösung: 1 bis 3 cm^{-1} je nach Spaltprogramm. Registrierzeit: 10, 20, 40, 80, 160 und 320 Minuten. Streifenschreiber, 15 oder 25 cm Schreibbreite.

Modell GS 5: Doppelstrahlspektrometer mit optischer Kammblende. Prismen-Gitter-Doppelmonochromator, KBr-Prisma, zwei Gitter in Sequenz. Spektralbereich: 400 bis 16667 cm^{-1}. Registrierung: Abszisse wellenzahllinear. Auflösung: 0,3 cm^{-1}. Sonst wie ® Spectromaster.

Modell DM4: Wie ® Spectromaster, jedoch CsJ-Prisma. Spektralbereich 15 bis 45 oder 20 bis 50 μ je nach Gitter.

Modell GM3: Einstrahlspektrometer. Einfachgittermonochromator mit Filtervorzerlegung. Spektralbereich 50 bis 150 μ.

® Iris: Interferometer vom MICHELSON-Typ. Spektralbereich 10 bis 400 cm^{-1} mit vier Interferometerplatten (Strahlteilern) für die Teilbereiche 80 – 400, 40 – 200, 20 – 100 und 10 – 50 cm^{-1}. Meßpunkte: alle 5/6, 5/3, 2,5, 5, 10, 20 oder 40 μ. Strahlungsquelle: Quecksilberhochdrucklampe. Strahlungsempfänger: GOLAY-Zelle mit Diamantfenster. Computer und Papierstreifenlocher. Vakuumpumpe. Auflösung: maximal 0,5 cm^{-1}. Drei Registrierzeiten. Streifenschreiber.

5. Hilger & Watts Ltd., London N.W. 1, England

Diese auf dem Gebiet des Baues von Spektrographen für die Emissionsspektralanalyse weithin bekannte Firma bietet nur ein einziges Ultrarotspektrometer an:

Modell H 900 ® Infrascan (Ansicht Abb. 63): Doppelstrahlspektrometer mit Aperturblende. Prismen-Gitter-Doppelmonochromator, NaCl-Prisma, ein Gitter mit 78 Furchen/mm. Spektralbereich: 650 bis 4000 cm^{-1}. Strahlungsquelle: NiCr-Wendel. Strahlungs-

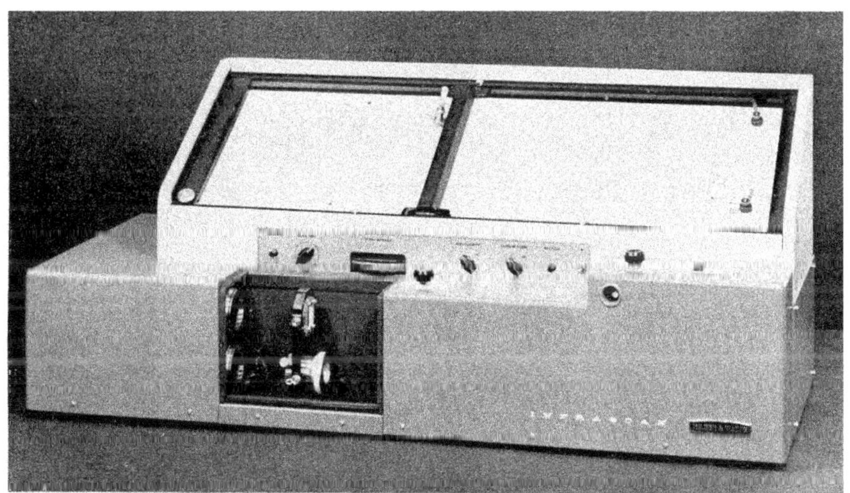

Abb. 63. Ansicht des Infrascan-Spektrophotometers der Fa. Hilger & Watts

empfänger: Vakuumthermoelement. Registrierung: Abszisse wellenzahllinear (Genauigkeit 1,5 cm^{-1} von 650 – 2000, 6 cm^{-1} von 2000 – 4000 cm^{-1}, Reproduzierbarkeit 0,5 cm^{-1} von 650 – 2000, 2 cm^{-1} von 2000 – 4000 cm^{-1}), Ordinate prozentige Durchlässigkeit (Genauigkeit 1%). Streustrahlung: unter 1%. Auflösung: besser als 2 cm^{-1} bei 1000, besser als 5 cm^{-1} bei 3000 cm^{-1}. Registrierzeit: 4, 8 und 16 Minuten. Einzelblatt-Pultschreiber, 20 × 74 cm.

6. Jenoptik Jena GmbH, Jena

Diese Firma — die in Jena verbliebenen und weitergeführten Teile der Zeiss-Werke — bietet an:

Ultrarot-Spektralphotometer UR 20 (Ansicht Abb. 64, Aufbauschema Abb. 65): Doppelstrahlgerät mit optischer Kammblende. Monochromator (75 cm Brennweite) bestückt mit drei Prismen in Littrow-Aufstellung (KBr, 80 mm Basis; NaCl, 80 mm Basis; LiF, 80 mm Basis), die sich automatisch einschalten. Spektralbereich: 400 bis 5000 cm^{-1} in drei Abschnitten (400 bis 850 cm^{-1}, 670 bis 4000 cm^{-1}, 1600 bis 5000 cm^{-1}). Strahlungsquelle: Nernst-Stift. Strahlungsempfänger: Vakuumthermoelement. Spaltsteuerung auf konstante Energie. Streustrahlungsbeseitigung durch Reflexionsfilter. Registrierung: Abszisse wellenzahllinear, Ordinate prozentige Durchlässigkeit. Wellenzahlgenauigkeit: einige cm^{-1}. Wellenzahlreproduzierbarkeit: 1 cm^{-1}. Ordinatengenauigkeit: 0,5%. Auflösung: 0,6 cm^{-1} bei 2000 cm^{-1}. Registrierzeit: 4 bis 400 cm^{-1}/min in sechs Stufen. Wachspapier-Streifenschreiber mit 100 mm Schreibbreite und 4 bis 64 Sekunden für Vollausschlag. Zeitkonstanten bis 400 Sekunden. Koordinatensystem wird während der Registrierung aufgedruckt. Programmwähler (am Prismentisch, von außen zugänglich) gestattet die Vorwahl solcher Spektralbereiche, die — weil uninteressant — schnell durchlaufen werden sollen. Eingebaute Klimaanlage (s. Günther u. a. (*1232*)).

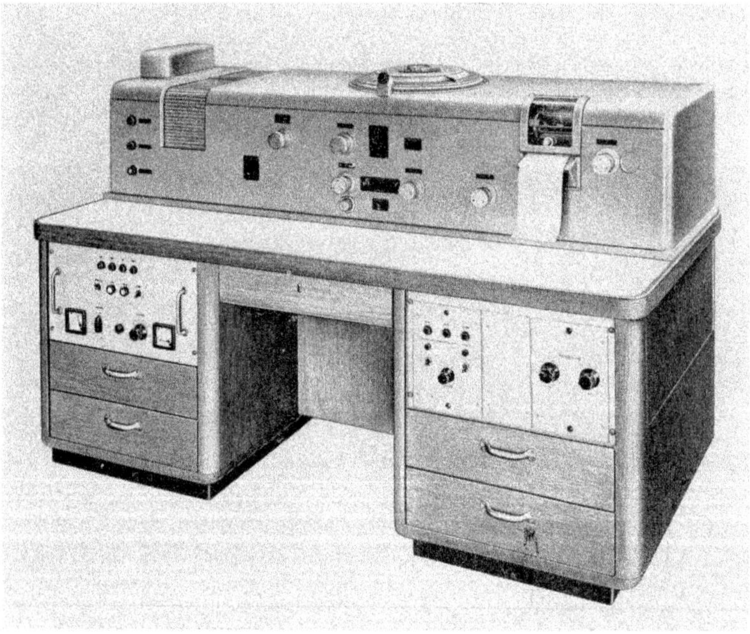

Abb. 64. UR-20 Ultrarot-Spektralphotometer der Jenoptik Jena GmbH. (Photo: Jenoptik Jena GmbH.)

Einstrahlspektrometer unter Verwendung des Spiegelmonochromators SPM 1 oder 2. Spektralbereich: 1 bis 50 μ, je nach Prisma. Strahlungsquelle: wassergekühlter Silitstab. Strahlungsempfänger: Vakuumthermoelement. Streustrahlungsbeseitigung bzw. -messung durch Filter. Anzeige der prozentigen Durchlässigkeit durch Vergleich der Meßprobe mit einer Bezugsprobe (Leerwert). Kompensationsschreiber.

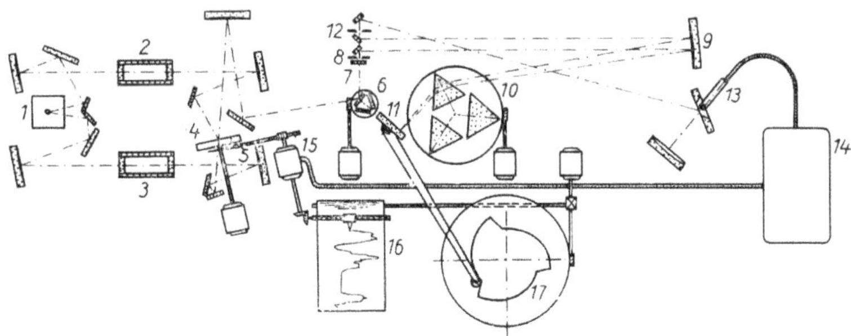

1 Strahlungsquelle
2 Meßküvette
3 Vergleichsküvette
4 Rotierender Spiegel
5 Abgleichsblende
6 Vorzerleger
7 Feldlinse
8 Eingangsspalt
9 Kollimatorspiegel
10 Prismenteller
11 LITTROW-Spiegel
12 Ausgangsspalt
13 Strahlungsempfänger
14 Verstärker
15 Servomotor
16 Schreibwerk
17 Kurvenscheiben zur Linearisierung des Wellenzahlablaufs

Abb. 65. Strahlengang und Aufbauschema des UR-20 Ultrarot-Spektralphotometers

7. E. Leitz GmbH, Wetzlar

Infrarotspektrograph Modell III (Ansicht Abb. 66, Schema Abb. 67): Doppelstrahlgerät mit Aperturblende. Monochromator: Brennweite 81 cm, Öffnung 1 : 8,8. Spektralbereich: 2 bis 33 μ je nach Prisma (vorjustierte Austauscheinheiten; Erweiterung nach unten durch

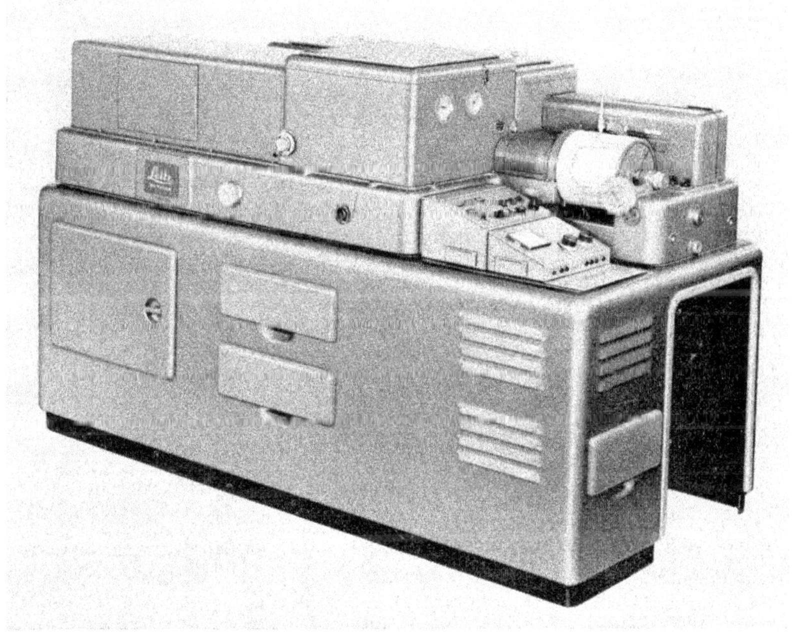

Abb. 66. Ansicht des LEITZ-Ultrarotspektrographen (Photo: E. Leitz GmbH.)

Glasprisma; Austausch der Prisma-LITTROW-Spiegel-Kombination durch Gitter möglich). Prisma: 150 mm Basis, 100 mm Höhe in LITTROW-Aufstellung. Strahlungsquelle: NERNST-Stift. Strahlungsempfänger: Vakuumthermoelement. Spaltsteuerung auf konstante Energie. Streustrahlungsbeseitigung durch LiF-Reflexionsfilter. Registrierung: Abszisse wellenlängen- oder wellenzahllinear, Ordinate prozentige Durchlässigkeit. Wellenlängengenauigkeit: 0,015 μ (NaCl). Ordinatengenauigkeit: 1%. Streustrahlung: unter 2% bei 14 μ. Auflösung: besser als 0,01 μ bei 10,5 μ (NaCl). Registrierzeit: 0,3 bis 300 min/μ bzw. 0,24 bis 240 min/100 cm^{-1}. Einzelblatt-Trommelschreiber, 15 × 49 cm. Weitere Einzelheiten bei SCHAUDER (*771*) und VOLKMANN (*1223*).

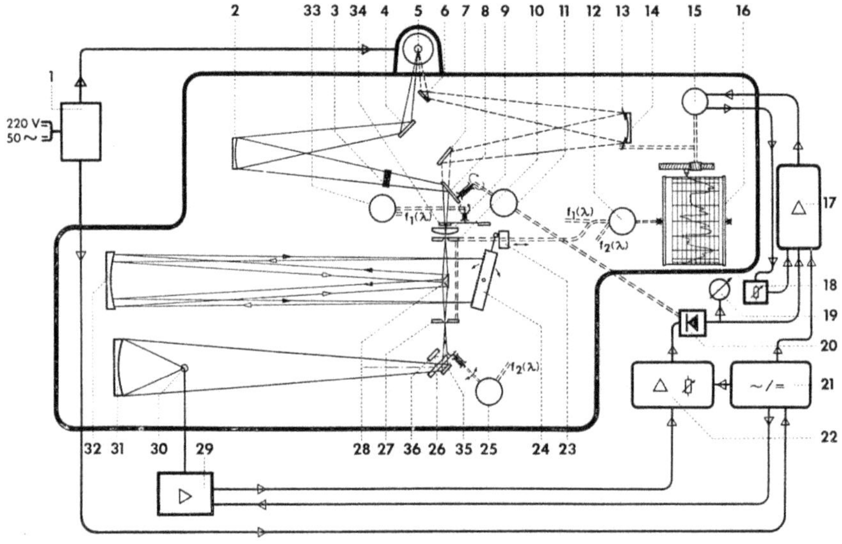

1. Vorwiderstand für den NERNST-Stift
2. Beleuchtungsspiegel (Meßstrahl)
3. Probe
4. 6. 7. Planspiegel
5. NERNST-Stift
8. Rotierender Halbspiegel
9. Feldlinse
10. Eintrittsspalt
11. Synchronmotor für den Drehspiegel 8
12. Trommelmotor
13. Meßblende
14. Beleuchtungsspiegel (Vergleichsstrahl)
15. Schreibmotor
16. Schreibtrommel
17. Endverstärker
18. Potentiometer „Dämpfung"
19. Nullinstrument
20. Mechanischer Gleichrichter
21. Netzgerät
22. Vorverstärker
23. LITTROW-Spiegel
24. Prisma
25. Motor für Streulichtfilter
26. Streulichtfilter
27. Austrittsspalt
28. Umlenkspiegel
29. Vorstufe
30. Thermoelement
31. Fangspiegel
32. Monochromatorspiegel
33. Motor für Filterwechsler
34. Filterwechsler mit Durchlässigkeitsfilter
35. Ablenkspiegel
36. Reflexionsfilter

Abb. 67. Strahlengang und Funktionsschema des LEITZ Ultrarotspektrographen

Modell III G: Wie Mod. III, jedoch Einfachgittermonochromator mit Filtervorzerlegung. Grundausrüstung: ein Gitter mit 75 Furchen/mm. Blazewellenlänge 12 μ, für den Spektralbereich 2,5 bis 19 μ. Austauschgitter für die Bereiche 0,2–0,65, 0,35–1,15, 0,62–4,75, 1,25–9,5 und 19–36 μ. Streustrahlung: unter 1%. Auflösung: 0,005 μ bei 10 μ (Grundausrüstung).

8. Perkin-Elmer Corporation, Norwalk, Conn., USA

Diese Firma, mit Niederlassung und Produktionsbetrieb in Deutschland (Bodenseewerk Perkin-Elmer & Co. GmbH., Überlingen) und England (Perkin-Elmer Ltd., Beaconsfield, Bucks.) hat ein besonders reiches Sortiment an Ultrarotspektrometern.

Modell 12 C: älteres Einstrahlgerät mit Wechselstrahlungsbetrieb. Einweg-Prismenmonochromator, Brennweite 27 cm, Öffnung 1 : 4,5. Spektralbereich: 0,2 bis 48 μ je nach Prisma. Prisma: 75 mm Basis, 60 mm Höhe in LITTROW-Aufstellung. Strahlungsquelle: wassergekühlter Globar. Strahlungsempfänger: Vakuumthermoelement. Streustrahlung: unter 5% bei 15 μ (NaCl). Wellenlängengenauigkeit: 0,003 μ (NaCl). Durchlässigkeitsgenauigkeit und -reproduzierbarkeit: 0,25%. Auflösung: 1,5 cm^{-1} bei 10 μ (NaCl). Spaltsteuerung auf ungefähr konstante Energie. Registrierung: Abzisse zeitlinear, Ordinate durchgelassene Energie. Registrierzeit: 8 Minuten bis 4 Stunden für einen ganzen Prismenbereich. LEEDS & NORTHRUP ® Speedomax-Streifenschreiber mit 250 mm Schreibbreite und 2 Sekunden Zeitbedarf für Vollausschlag (bis 16 Sekunden in vier Stufen veränderlich).

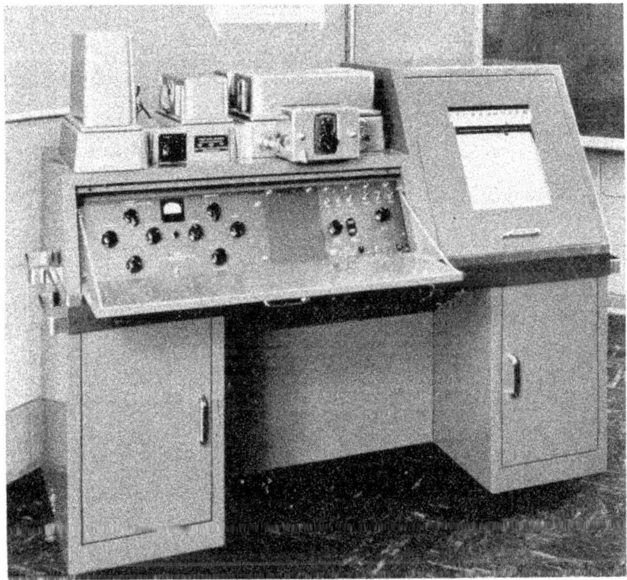

Abb. 68. Ansicht des PERKIN-ELMER Spektrophotometers Mod. 13 (Photo: Perkin-Elmer-Corp.)

Modell 112: Einstrahlgerät mit Wechselstrahlungsbetrieb. Doppelweg-Prismenmonochromator, Brennweite 27 cm, Öffnung 1 : 4,5. Spektralbereich: 0,2 bis 48 μ je nach Prisma. Prisma: 75 mm Basis, 60 mm Höhe in LITTROW-Aufstellung. Strahlungsquelle (UR): wassergekühlter Globar. Strahlungsempfänger (UR): Vakuumthermoelement. Streustrahlung: unter 0,1%. Spaltsteuerung auf ungefähr konstante Energie. Registrierung: Abszisse zeitlinear (Wellenlängenmarken), Ordinate durchgelassene Energie. Wellenlängenreproduzierbarkeit: 0,01 μ bei 2, 0,003 μ bei 15 μ (NaCl). Ordinatengenauigkeit und -reproduzierbarkeit: 0,25%. Auflösung: besser als 1 cm^{-1} bei 850 cm^{-1} (NaCl). Registrierzeit: drei gleichbleibende Geschwindigkeiten im Verhältnis 1:2:4, die durch Zahnradwechsel mit den Faktoren $^1/_4$, $^1/_2$, 2 und 4 vervielfacht werden können; außerdem in der Momentangeschwindigkeit veränderliches Programm mit einer Gesamtregistrierzeit von 22 Minuten für den Prismenbereich. LEEDS & NORTHRUP ® Speedomax-Streifenschreiber mit 250 mm Schreibbreite und 2 Sekunden für Vollausschlag (bis 16 Sekunden in vier Stufen veränderlich).

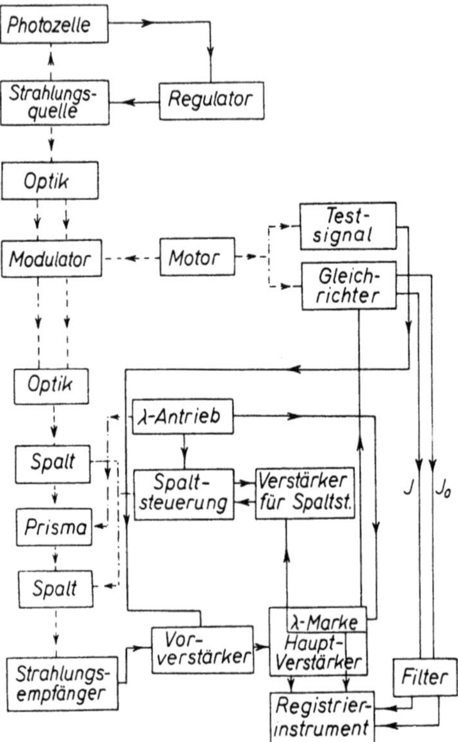

Abb. 69. Schema des PERKIN-ELMER Spektrophotometers Mod. 13

Modell 13 (Ansicht Abb. 68, Funktionsschema Abb. 69): Doppelstrahlgerät mit elektrischer Quotientenbildung. Vollsymmetrische Photometereinheit mit einer in der Phase um 90° gegeneinander verschobenen Modulation der beiden Strahlengänge. Synchron-Gleichrichtung mit Phasen-Diskriminator. Einweg-Prismenmonochromator, Brennweite 27 cm, Öffnung 1 : 4,5. Spektralbereich: 0,2 bis 48 μ je nach Prisma (vorjustierte Austauscheinheiten). Prisma: 75 mm Basis, 60 mm Höhe in LITTROW-Aufstellung. Strahlungsquelle (UR): NERNST-Stift. Strahlungsempfänger (UR): Vakuumthermoelement (nahes UR auch PbS-Zelle). Registrierung: Abszisse zeitlinear (Wellenlängenmarken), Ordinate prozentige Durchlässigkeit. Ordinatengenauigkeit und -reproduzierbarkeit: 0,5%. Spaltsteuerung auf konstante Energie. Streustrahlung: 5% bei 15 μ (NaCl). Auflösung: besser als 0,02 μ bei 10 μ (NaCl). Registrierzeit: gleichbleibend 4 bis 256 Minuten für den jeweiligen Prismenbereich, regelbar in sieben Stufen, und vier Optimalprogramme mit einer Gesamtzeit von 11 bis 88 Minuten je Bereich, regelbar in vier Stufen. LEEDS & NORTHRUP ® Speedomax-Streifenschreiber mit 250 mm Schreibbreite und 2 Sekunden für Vollausschlag (bis 16 Sekunden in vier Stufen veränderlich). Modell 13 U: Sonderausführung mit entsprechender Bestückung für UV, Sichtbares, nahes UR und UR. Modell 13 G: Sonderausführung mit Gittermonochromator.

Modell 21 (Ansicht Abb. 70, Funktionsschema Abb. 71, Strahlengang Abb. 72): Doppelstrahlgerät mit optischer Kammblende. Einweg-Prismenmonochromator, Brennweite 27 cm, Öffnung 1 : 4,5. Spektralbereich: 1 bis 48 μ je nach Prisma (vorjustierte Austauscheinheiten). Prisma: 75 mm Basis, 60 mm Höhe in LITTROW-Aufstellung. Strahlungsquelle: NERNST-Stift. Strahlungsempfänger: Vakuumthermoelement. Spaltsteuerung auf konstante Energie nach kontinuierlich veränderlichem Programm. Streustrahlung: unter 5% bei 15 μ (NaCl) durch Streufilter (zur weiteren Unterdrückung der Streustrahlung im

Bereich oberhalb etwa 35 μ Doppelwegmonochromator erhältlich). Registrierung: Abszisse wellenlängen- oder wellenzahllinear, Ordinate prozentige Durchlässigkeit. Abszissen-

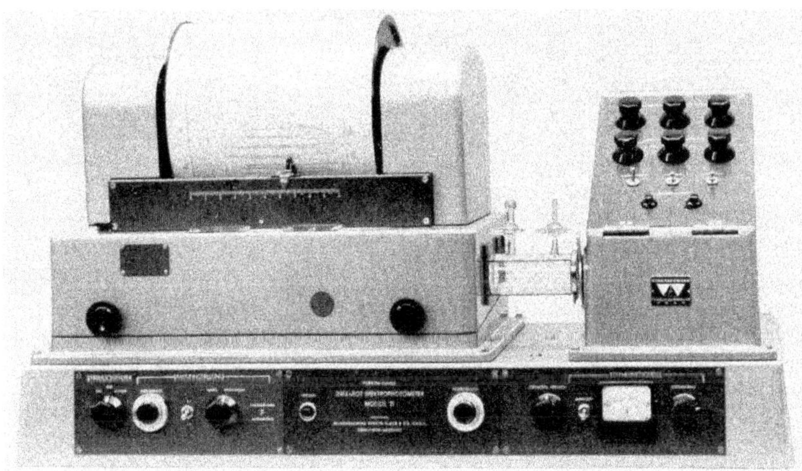

Abb. 70. Ansicht der PERKIN-ELMER Mod.-21-Ultrarotspektrophotometers (Photo: Bodenseewerk Perkin-Elmer & Co.)

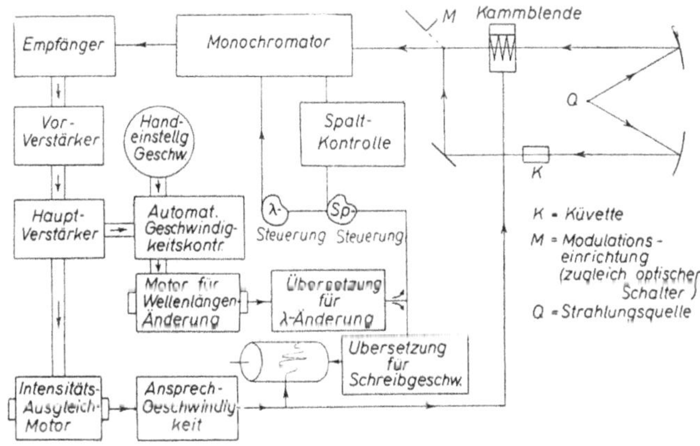

Abb. 71. Schema des PERKIN-ELMER Spektrophotometers Mod. 21

genauigkeit: 0,015 μ bzw. 20 cm^{-1} bei 4000 und 1,5 cm^{-1} bei 650 cm^{-1} (NaCl). Abszissenreproduzierbarkeit: 0,005 μ bzw. 10 cm^{-1} bei 4000 und 0,5 cm^{-1} bei 650 cm^{-1} (NaCl). Ordinatengenauigkeit: 0,5%. Auflösung: 0,02 μ bei 12 μ bzw. 1,5 cm^{-1} bei 850 cm^{-1} (NaCl). Registrierzeit 0,25 bis 900 min/μ kontinuierlich regelbar. Einzelblatt-Trommelschreiber mit 250 mm Schreibbreite und 4 Sekunden für Vollausschlag (bis 108 Sekunden veränderlich). Skalendehnung und Zweitschreiber nachträglich einbaubar.

Modell 221 (Ansicht Abb. 73): Weiterentwicklung von Modell 21. Automatische Verstärkungsregelung auf konstantes Produkt von Strahlungsenergie und Verstärkung, Regelbereich 40 : 1. Registrierung der Ordinate mit eingebautem Ordinatendehner (Faktoren 5, 10 und 20, außerdem $^1/_4$ bis 5 kontinuierlich). Zusatz zur linearen Extinktionsregistrierung. Registrierzeit: von 20 sec/μ bis 5 min/μ kontinuierlich regelbar, dazu Be-

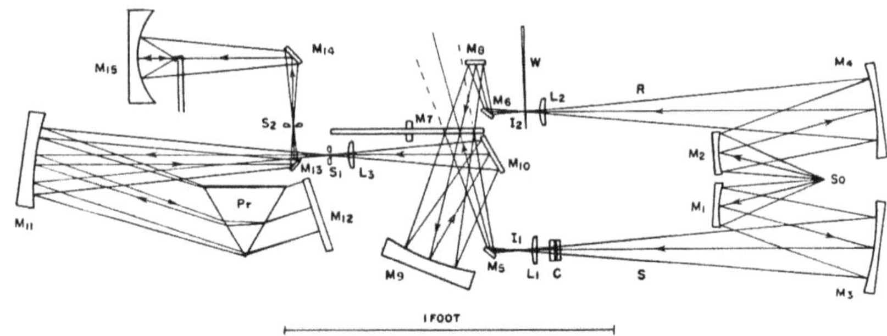

Abb. 72. Strahlengang im PERKIN-ELMER Spektrophotometer Mod. 21

schleunigungsfaktor 10 durch Schalter; bei vorhandener Schnellschreibeinrichtung 3 sec/μ; außerdem Programm zur automatischen Regelung der Registriergeschwindigkeit auf optimalen Wert, der dadurch gegeben ist, daß die Registrierzeit für eine durch die Spaltprogrammierung auswählbare spektrale Spaltbreite konstant bleibt. Schnellrücklauf in Ausgangsstellung: automatisch in 40, von Hand in 10 Sekunden. Streustrahlung: unter 2% bei 15 μ (NaCl). Anstatt des Prismenmonochromators kann ein Prisma-Gitter-Monochromator für den Spektralbereich von 650 bis 4000 cm^{-1} mit wellenzahllinearer Registrierung eingebaut werden.

Modell 421: Doppelstrahlgerät mit optischer Kammblende. Zwei-Gitter-Sequenz-Monochromator. Beseitigung der Gitterspektren aller Ordnungen bis auf die erste durch Filter. Strahlengang wie Modell 221, wobei jedoch die Prisma-LITTROW-Spiegel-Kombination durch die Gittersequenzeinheit ersetzt ist und die erwähnten Filter vor dem Eintrittsspalt und hinter dem Austrittsspalt in den Strahlengang eingeschaltet werden. Spektralbereich: 550 bis 4000 cm^{-1} mit zwei Gittern ohne Überlappung. Bei 2000 cm^{-1} ganz kurzer Halt in der Registrierung zwecks Gitterwechsel durch Drehung des Gittersequenztisches um 180°. Registrierzeit: 0,02 bis 270 sec/cm^{-1}. Sonst wie Modell 221 bzw. 21. Modell 221 kann in Modell 421 umgewandelt werden.

Modell 521: Wie Mod. 421 mit erweitertem Spektralbereich 250 bis 4000 cm^{-1}. Entwicklung aus Mod. 221 und 421 möglich.

Modell 621: Wie Mod. 421 mit erweitertem Spektralbereich 200 bis 4000 cm^{-1}.

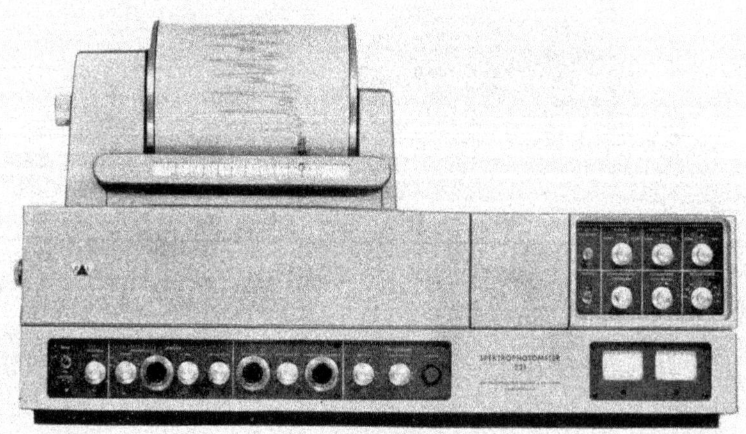

Abb. 73. PERKIN-ELMER Mod.-221-Ultrarotspektrophotometer (ähnlich Mod. 421, 521 und 621) (Photo: Perkin-Elmer Corp.)

Modell 137 NaCl oder KBr (® Infracord): Vereinfachtes Doppelstrahlgerät mit optischer Kammblende. Monochromator in LITTROW-Aufstellung, Öffnung 1 : 5. Spektralbereich: 2,5 bis 15 μ (NaCl) oder 12,5 bis 25 μ (KBr). Strahlungsquelle: Keramikstrahler mit eingebetteter Heizwendel. Strahlungsempfänger: Vakuumthermoelement. Streustrahlung: unter 6% bei 14,7 μ (NaCl) bzw. unter 5% bei 24,5 μ (KBr); bei kleineren Wellenlängen unter 1% (NaCl und KBr). Registrierung: Abszisse wellenlängenlinear, Ordinate prozentige Durchlässigkeit. Wellenlängengenauigkeit: 0,03 μ (NaCl und KBr). Wellenlängenreproduzierbarkeit: 0,02 μ (NaCl) bzw. 0,01 μ (KBr). Ordinatengenauigkeit und -reproduzierbarkeit: 1% (NaCl und KBr). Auflösung: 0,05 μ bei 10 μ (NaCl) bzw. 0,1 μ bei 17 μ (KBr). Registrierzeit: 12 Minuten (NaCl), 6,5 Minuten (KBr). Senkrecht stehender Einzelblatt-Trommelschreiber mit DIN-A-4-Blattformat, 100 × 260 mm Diagrammformat. Modell 137 NaCl B mit zweiter Registrierzeit (3 Minuten).

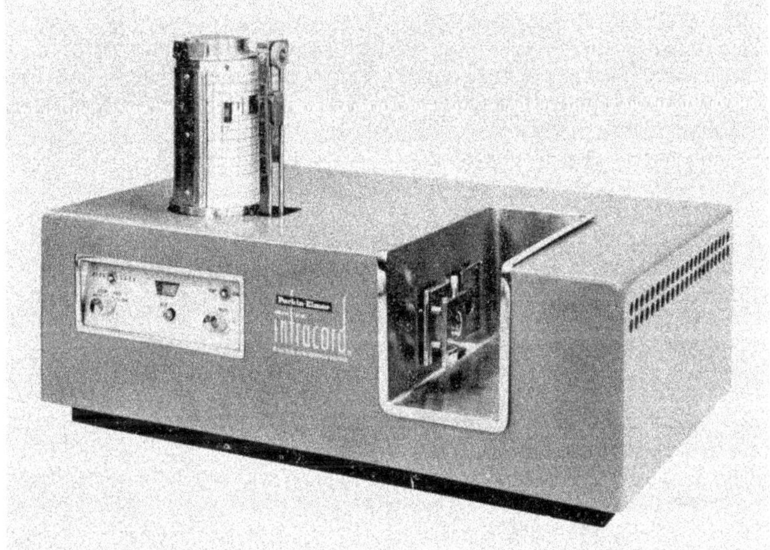

Abb. 74. PERKIN ELMER Mod. 137 Ultrarotspektrophotometer in der Ausführung als Mod. 137 G (Photo: Bodenseewerk Perkin-Elmer & Co.)

Modell 137 G (Ansicht Abb. 74): Doppelstrahlgerät für das nahe Ultrarot mit optischer Kammblende. Zwei-Gitter-Sequenz-Monochromator (Funktionsweise s. Modell 421), Öffnung 1 : 5. Spektralbereich: 0,83 bis 2,55 und 2,45 bis 7,65 μ mit zwei Gittern, durch Schalter wählbar. Strahlungsquelle und -empfänger: wie Modell 137. Registrierung: Abszisse wellenzahl- oder wellenlängenlinear, Ordinate prozentige Durchlässigkeit. Abszissengenauigkeit: 0,004 μ (Bereich 1) bzw. 0,012 μ (Bereich 2). Abszissenreproduzierbarkeit: 0,0015 μ (Bereich 1) bzw. 0,004 μ (Bereich 2). Ordinatengenauigkeit: 1%. Ordinatenreproduzierbarkeit: 0,5%. Auflösung: 4 cm^{-1} oberhalb 1 μ, 10 cm^{-1} unterhalb 4 μ. Streustrahlung: unter 1%. Registrierzeit: 8 und 24 Minuten für jeden Teilbereich. Senkrecht stehender Einzelblatt-Trommelschreiber mit DIN-A-4-Blattformat und zwei Diagrammen des Formates 100 × 250 mm übereinander.

Modell 157: Vereinfachtes Doppelstrahlspektrometer mit optischer Kammblende ähnlich Mod. 137. Einfachprismenmonochromator mit NaCl-Prisma, Spektralbereich 2,5 bis 15 μ. Registrierung: Abszisse wellenlängenlinear (Genauigkeit 0,02 μ, Reproduzierbarkeit 0,01 μ), Ordinate prozentige Durchlässigkeit (Genauigkeit 1%). Streustrahlung: unter 3% bei 14,8 μ. Auflösung: 0,03 bis 0,04 μ bei 10 μ. Registrierzeit: 1 und 5 Minuten. Pultstreifenschreiber mit Abreißdiagramm, 15 × 25 cm, Ansprechzeit 0,8 Sekunden.

Modell 237: Vereinfachtes Doppelstrahlgerät mit optischer Kammblende ähnlich Mod. 137, jedoch mit Zwei-Gitter-Sequenz-Monochromator. Spektralbereich: 650 bis 5000 cm^{-1}. Vorzerlegung durch Filter.

Modell 237 B: Vereinfachtes Doppelstrahlspektrometer mit optischer Kammblende ähnlich Mod. 137 G. Einfachgittermonochromator mit zwei nur in 1. Ordnung benutzten Gittern und Filtervorzerlegung. Zwei getrennt registrierte Bereiche: 1250 bis 4000 und 650 bis 2000 cm^{-1}. Registrierung: Abszisse wellenzahllinear (Genauigkeit 6 bzw. 3 cm^{-1}, Reproduzierbarkeit 3 bzw. 1,5 cm^{-1}), Ordinate prozentige Durchlässigkeit (Genauigkeit 1%). Streustrahlung: unter 3%. Auflösung: 2 cm^{-1} bei 1000 cm^{-1}. Schreiber wie Mod. 137.

Modell 337: Wie Mod. 237 B mit geänderten Registrierbereichen: 1200 bis 4000 und 400 bis 1333 cm^{-1}.

Modell 257: Vereinfachtes Doppelstrahlspektrometer mit optischer Kammblende. Einfachgittermonochromator mit zwei Gittern in Sequenz, Spektralbereich 625 bis 4000 cm^{-1} mit Aufteilungsmöglichkeit in zwei Teilbereiche 1250 bis 4000 und 625 bis 2000 cm^{-1}. Strahlungsquelle: NiCr-Wendel. Strahlungsempfänger: Vakuumthermoelement. Registrierung: Abszisse wellenzahllinear (Genauigkeit 2 bis 5 cm^{-1}, Reproduzierbarkeit 1 bis 3 cm^{-1}), Ordinate prozentige Durchlässigkeit (Genauigkeit 1%). Streustrahlung: unter 3%. Auflösung 1 oder 2 cm^{-1} bei 1000 cm^{-1}. Registrierzeit: 5, 12 und 48 Minuten. Pultstreifenschreiber mit Abreißdiagramm, perforiert und kalibriert.

Modell 457: Doppelstrahlgerät mit optischer Kammblende. Einfachgittermonochromator mit zwei Gittern in Sequenz, Spektralbereich 250 bis 4000 cm^{-1}. Sonst ähnlich Mod. 257.

Modell 125 (Ansicht Abb. 75): Doppelstrahlgerät mit Aperturblende. Prisma-Gitter-Monochromator, Öffnung 1 : 5. KBr-Prisma in LITTROW-Aufstellung für Vorzerlegung. Zwei-Gitter-Sequenz-Monochromator: zwei Gitter mit 300 bzw. 60 Furchen/mm (3 μ bzw. 15 μ Blaze) und 84 × 84 mm Fläche in EBERT-Aufstellung, die in 1. und 2. Ordnung benutzt werden (automatischer Wechsel bei 2000 cm^{-1}). Spektralbereich: 400 bis 10000 cm^{-1} in vier Normalbereichen (400 bis 1000, 800 bis 2000, 2000 bis 5000 und 4000 bis 10000 cm^{-1}) und drei Übersichtsbereichen (400 bis 4000, 400 bis 2000 und 2000 bis 10000 cm^{-1}). Strahlungsquelle: luftgekühlter Globar. Strahlungsempfänger: GOLAY-Detektor und PbS-Zelle. Registrierung: Abszisse wellenzahllinear, Ordinate prozentige Durchlässigkeit. Wellenzahlgenauigkeit $^1/_{3000}$, Ordinatengenauigkeit besser als 0,5%. Auflösung: besser als 0,5 cm^{-1}. Streustrahlung: nicht nachweisbar. Spaltsteuerung auf konstante Energie nach acht vorgegebenen Programmen in Stufen von $1 : \sqrt{2}$. Registrierzeit: von 3 Minuten bis 7 Tage je Teilbereich kontinuierlich veränderlich. Trommelschreiber mit 200 mm Schreibbreite und 1 Sekunde für Vollausschlag (bis 30 Sekunden in vier Stufen veränderlich). Zweitschreiberanschluß.

Modell 225: Fortentwicklung von Mod. 125, Spektralbereich 200 bis 5000 cm^{-1} in sechs Teilbereichen (2000–5000, 1000–2500, 200–4000, 200–2000, 400–1000 und 200–450

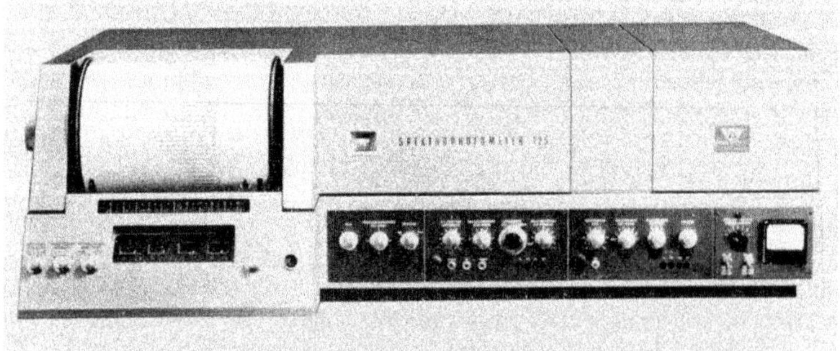

Abb. 75. PERKIN-ELMER Mod.-125-Ultrarotspektrophotometer
(Photo: Bodenseewerk Perkin-Elmer & Co.)

cm^{-1}). Streustrahlung: unter 0,2% von 260–5000 cm^{-1}, unter 2,5% von 200–260 cm^{-1}. Auflösung: besser als 0,5 cm^{-1} im gesamten Bereich, 0,16 cm^{-1} bei 1034 cm^{-1}.

Modell 301 (Strahlengang Abb. 76): Doppelstrahlspektrometer mit elektronischer Verhältnisbildung. Einfachgittermonochromator mit zwei leicht austauschbaren Gittern in Sequenz und Filtervorzerlegung. Spektralbereich 665 bis 14 cm^{-1} (15 bis 700 μ) bei Verwendung von fünf Gittern, die gewechselt werden müssen, und fünf Filterkombinationen, die aus Reflexions- und Durchlässigkeitsfiltern bestehen und eingeschwenkt werden müssen. Strahlungsquelle: wassergekühlter Globar und Quecksilberhochdrucklampe mit Wechsel bei 170 cm^{-1} (59 μ). Strahlungsempfänger: GOLAY-Zelle. Modulation der Strahlung vor dem Probenraum durch auswechselbare Kristalle. Registrierung: Abszisse wellenzahllinear, Ordinate prozentige Durchlässigkeit. Streustrahlung: vernachlässigbar. Auflösung: besser als 0,6 cm^{-1}. Spülung mit trockenem Stickstoff. Streifenschreiber, 25 cm Schreibbreite.

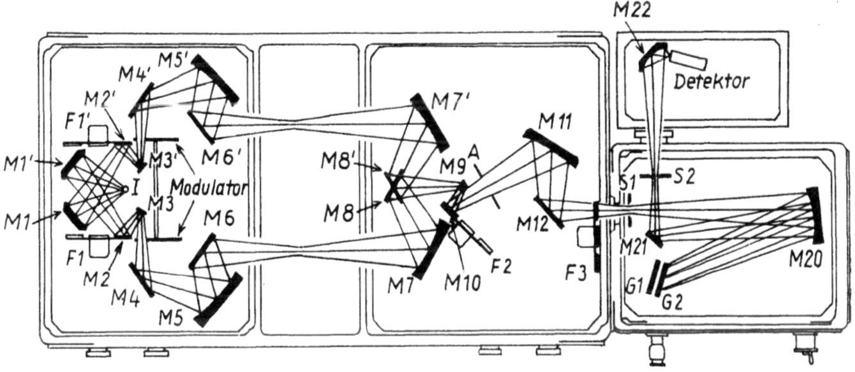

Abb. 76. Strahlengang des PERKIN-ELMER Langwellen-Ultrarotspektrometers Mod. 301

Modell 108 (Strahlengang Abb. 77): Schnellspektrometer mit rotierendem LITTROW-Spiegel nach Abb. 49 und oszilloskopischer Anzeige. Doppelweg-Prismenmonochromator mit geometrischer Trennung der Doppelweg- und Einwegstrahlung (anstatt der sonst üblichen über eine Modulation). Kurzzeitige Strahlunterbrechung zur Erzeugung von Nullmarken

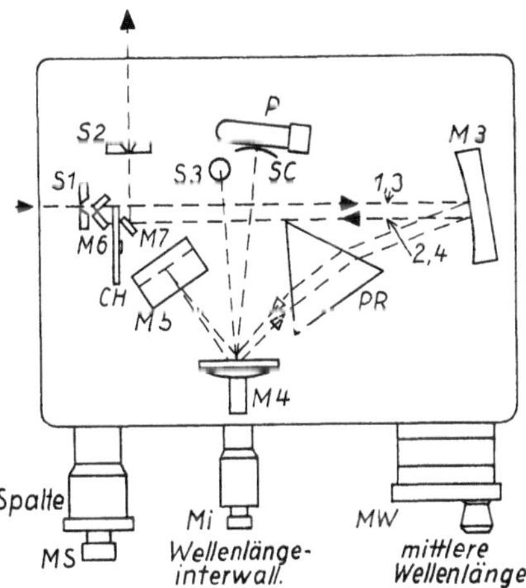

Abb. 77. Monochromator des PERKIN-ELMER Mod.-108-Schnellspektrometers. M 4 = rotierender LITTROWspiegel, M 7 = Winkelspiegel, CH = Nullmarkenchopper; S 3, SC und P optisches Hilfssystem (Lichtquelle, Skala, Photozelle) für Wellenlängenmarken

auf dem Oszilloskopschirm. Optisches Hilfssystem zur Erzeugung von Wellenlängenmarken bei Verwendung eines Doppelstrahloszilloskops. Spektralbereich: 0,36 bis 15 μ (CaF_2- und NaCl-Prisma). Abtastung: sinusförmig. Abtastfrequenz: von 2 bis 125 Hz (4 bis 250 Abtastungen je Sekunde). Abgetastetes Spektralintervall: ausdehnbar bis zum ganzen, mit dem jeweiligen Prisma erfaßbaren Bereich. Spalte handverstellt. Strahlungsquelle (UR): wassergekühlter Globar (andere Strahlungsquellen möglich). Strahlungsempfänger (UR): GOLAY-Detektor (andere Strahlungsempfänger ausreichend kleiner Zeitkonstante — wie PbS-Zelle — möglich). Oszilloskop und Kamera auf Wunsch.

Modell 700: Einfaches Zweistrahlgerät mit Gitterzerlegung und optischem Nullabgleich. Spektralbereich 650 bis 4000 cm^{-1}. Strahlungsquelle: Widerstandsdraht auf Keramikkern. Strahlungsempfänger: Vakuumthermosäule. Registrierung des Spektrums mit Einzelblattschreiber, Format etwa DIN A 4, Abszisse linear in Wellenzahlen, Ordinate prozentige Durchlässigkeit. Abszissenreproduzierbarkeit 5 bis 10 cm^{-1}, Ordinatenreproduzierbarkeit 1,5%. Streustrahlung unter 4%. Auflösung 5 bis 10 cm^{-1}. Registrierzeit 10 min. Einknopfbedienung.

Außer den angeführten vollständigen Geräten bietet die Fa. PERKIN-ELMER Corp. noch eine Anzahl von Bausteinen an, wie Strahlungsquellen mit Abbildungsoptik, Monochromatoren, Strahlungsempfänger mit Optik, Spezialverstärker usw. Diese Bausteine sind in den genannten Geräten verwendet. Sie sind aber auch einzeln erhältlich und gestatten die Zusammenstellung spezieller Gerätetypen oder erleichtern den Eigenbau eines kommerziell nicht erhältlichen Instrumentes.

9. Pye Unicam Ltd., Cambridge, England

Diese Firma bietet zwei Ultrarotspektrometer an, ein großes Standardgerät und eine billigere, vereinfachte Type.

Modell SP-200 (Ansicht Abb. 78): Doppelstrahlgerät mit optischer Kammblende. NaCl-Monochromator, Brennweite 35 cm. Prisma: 75 mm Basis, 60 mm Höhe in LITTROW-

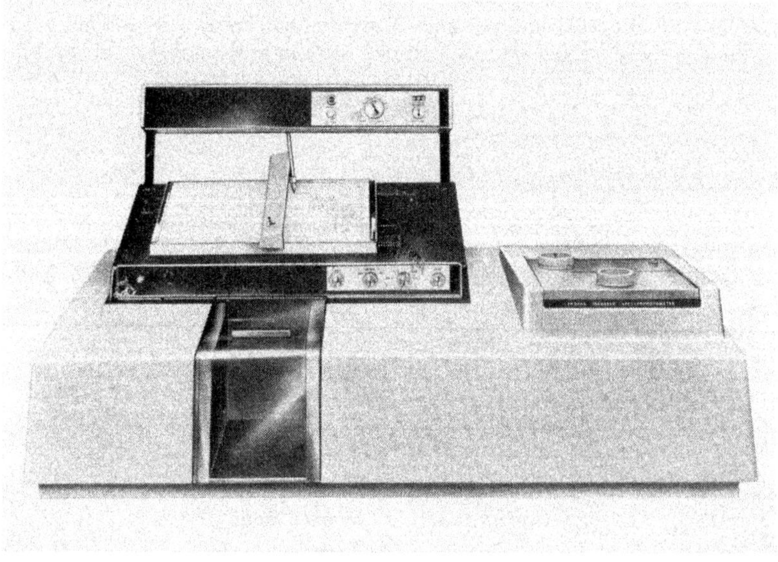

Abb. 78. Ansicht des PYE UNICAM Mod. SP-200-Infrared Spectrophotometer

Aufstellung. Spektralbereich: 650 bis 5000 cm^{-1}. Strahlungsquelle: NERNST-Stift. Strahlungsempfänger: GOLAY-Detektor. Spaltsteuerung auf konstante Energie. Streustrahlung: unter 5% bei 650 cm^{-1}. Registrierung: Abszisse wellenzahllinear, Ordinate prozentige Durchlässigkeit. Wellenzahlgenauigkeit: 2 cm^{-1} bei 650, 4 cm^{-1} bei 1000, 20 cm^{-1} bei 3000 cm^{-1}. Wellenzahlreproduzierbarkeit: 1 cm^{-1} bei 650, 3 cm^{-1} bei 1000, 10 cm^{-1} bei 3000 cm^{-1}. Ordinatengenauigkeit: 0,5%. Auflösung: besser als 5 cm^{-1} bei 1400 cm^{-1}. Registrierzeit: 10 Minuten für den ganzen Spektralbereich. Einzelblatt-Pultschreiber, 15 × 29 cm. Auch als Schnellspektrometer mit Registrierzeit von 200 Sekunden für den Bereich 650 bis 5000 cm^{-1} erhältlich.

Modell SP 200G: Wie Mod. SP 200, jedoch Einfachgittermonochromator mit zwei Gittern in Sequenz und Filtervorzerlegung. Wellenzahlgenauigkeit: 2 cm^{-1} bei 1000, 4 cm^{-1} bei 3000 cm^{-1}. Wellenzahlreproduzierbarkeit: 1 bzw. 2 cm^{-1}. Streustrahlung: unter 2% bei 700 cm^{-1}. Auflösung: 1 cm^{-1} bei 1000, 3 cm^{-1} bei 3000 cm^{-1}. Registrierzeit: 5, 10 und 30 Minuten.

Modell SP 1200: Wie Mod. SP 200G, jedoch erweiterter Spektralbereich 400 bis 5000 cm^{-1}.

10. Research & Industrial Instruments Co., London

Diese Firma bietet neben zahlreichem, für Spektrometer verschiedener Fabrikate adaptierbarem Zubehör unter der Bezeichnung „FOURIER-Spectrophotometer FS-720" ein Interferometer für den langwelligen Ultrarotbereich an (Ansicht Abb. 79). Es handelt

Abb. 79. Ansicht des FOURIER-Spektrometers FS-720 der Fa. Research & Industrial Instruments Co.

sich um ein Interferometer vom MICHELSON-Typ, dem unter der Bezeichnung FTC-100 die notwendigen Speicher- und Computergeräte zur Umwandlung des Interferogramms in das Spektrogramm beigefügt sind. Spektralbereich: 10 bis 500 cm^{-1}. Interferometerplatte (Strahlteiler): Polyterephthalatfolien in Dicken von 0,007 bis 1 mm, die, in einem Stahlrahmen gefaßt, leicht auswechselbar sind. Strahlungsquelle: Quecksilberhochdrucklampe. Strahlungsempfänger: GOLAY-Zelle mit Diamantfenster. Maximaler Spiegelweg: ± 10 cm. Meßpunkte: alle 4 oder 8 μ. Auflösung: theoretisch 0,1 cm^{-1}. Registrierzeit: 0.5 bis 500 μ Spiegelweg je Sekunde. Einzelblatt-Pultschreiber, 14 × 23 cm, Abszisse wellenzahllinear, Ordinate prozentige Durchlässigkeit (Genauigkeit 1%). Ein weiteres Instrument mit der Typenbezeichnung FS-820 ist im wesentlichen ähnlich aufgebaut wie das gerade genannte FOURIER-Spektrometer, jedoch für den Spektralbereich 10 bis 200 cm^{-1} mit einer Auflösung von theoretisch 0,2 cm^{-1} ausgelegt. Die mögliche Wegdifferenz ist dementsprechend nur ± 5 cm. Interessant ist, daß die Kondensoroptik Kunststofflinsen verwendet.

11. Jarrell-Ash Comp., Waltham, Mass., USA

Diese Firma, ebenfalls auf dem Gebiet des Baues von Spektrometern für die Emissionsspektroskopie hervorgetreten, bietet seit neuestem ein Spektrophotometer für den Bereich des fernen Ultrarot (50 bis 1000 μ bzw. 200 bis 10 cm^{-1}) an, das von Prof. LORD vom Massachusetts Institute of Technology konzipiert wurde (Ansicht Abb. 80, Strahlengang Abb. 81). Es handelt sich um ein Doppelstrahlspektrometer mit elektronischer Quotienten-

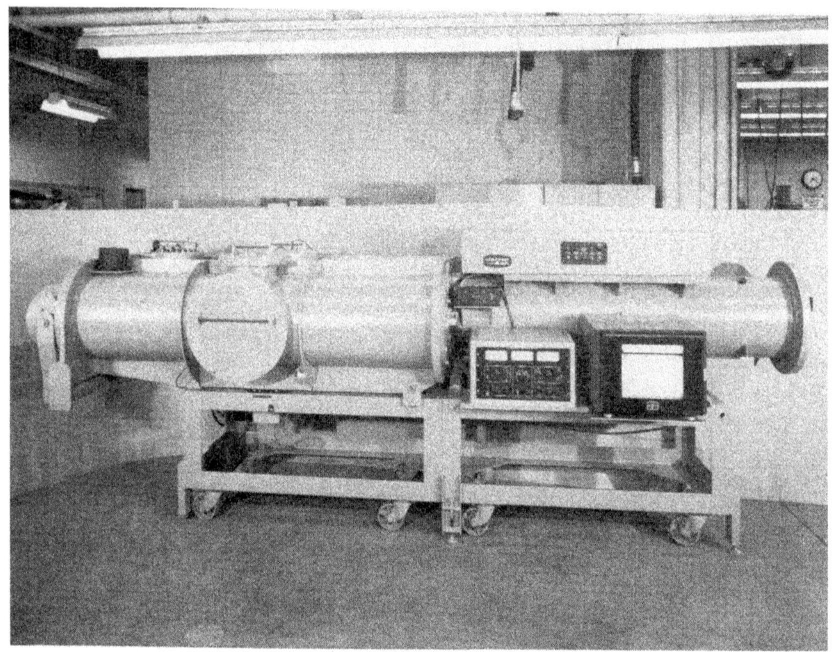

Abb. 80. Ansicht des Langwellen-Ultrarotspektrometers der Fa. Jarrell-Ash

bildung, das eine Reihe von Besonderheiten enthält. Als Strahlungsquelle wird eine Quecksilbermitteldrucklampe verwendet, als Strahlungsempfänger normalerweise eine GOLAY-Zelle, andere Empfängertypen, z. B. ein tiefgekühltes Bolometer, können aber ebenfalls benutzt werden. Der Strahlungszerlegung dient ein Gittermonochromator in EBERT-Aufstellung mit 180 cm Brennweite und einem Öffnungsverhältnis 1 : 10,6. Die Normalausrüstung besteht aus drei 125 × 180 mm großen Gittern mit verschiedener Furchenzahl und verschiedenem Blazewinkel, die mit den außerdem notwendigen Filtern automatisch in den Strahlengang gebracht werden. Die verwendete Spalthöhe beträgt 100 mm. Da die Strahlungsquelle nur eine Fläche von 2,5 × 25 mm umfaßt, erfordert die Ausleuchtung dieser großen Spalte eine vierfache Vergrößerung, die in drei Stufen erzielt wird. Dabei liegt ein Zwischenfokus in den Küvetten. Durch geschickte Spiegelanordnung wird trotz der langen Strahlenwege eine relativ gedrungene Bauweise des Instruments erreicht. Der Austrittsspalt des Monochromators wird durch ein besonderes Abbildungssystem der Größe der üblichen Ultrarotdetektoren angepaßt. Dazu dient ein sog. slit-slicer-System, welches die Abbildung je eines oberen, mittleren und unteren Spaltdrittels dicht nebeneinander in eine Ebene bringt, so daß schließlich eine Fläche von etwa 3,5 × 3,8 mm ausgeleuchtet wird. Die Modulation der Strahlung geschieht durch zwei rotierende Sektorspiegel, die mit derselben Frequenz (5,5 Hz bei Verwendung der GOLAY-Zelle, 33 Hz bei Verwendung eines Detektors mit einer Zeitkonstante in der Größenordnung von Millisekunden), aber einer Phasenverschiebung von 90° umlaufen. Zur Ausschaltung der etwaigen von einer heißen

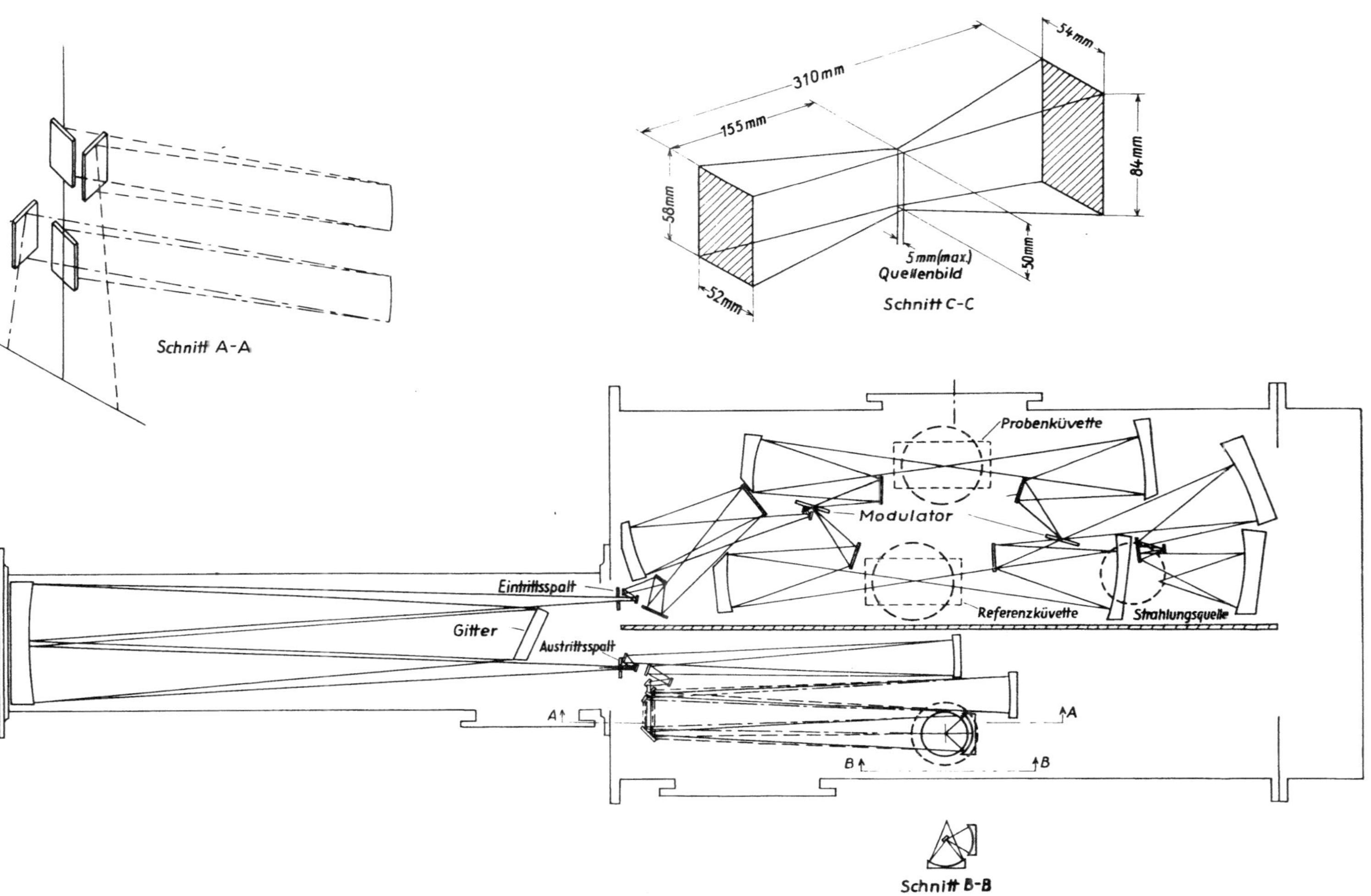

Abb. 81. Strahlengang des Langwellen-Ultrarotspektrometers der Fa. Jarrell-Ash

Probe emittierten Strahlung – im fernen Ultrarot besonders wichtig – ist der Meßzyklus in vier Abschnitte unterteilt: 1. von der Probenküvette durchgelassene Quellenstrahlung + Strahlung der Probenküvette; 2. Strahlung der Probenküvette allein, 3. von der Referenzküvette durchgelassene Quellenstrahlung + Strahlung der Referenzküvette; 4. Strahlung der Referenzküvette allein. Durch zwischengeschaltete Dunkelzonen wird die Festlegung des Nullpunkts ermöglicht. Die weitere elektronische Verarbeitung des Signals führt schließlich zum Verhältnis der von Proben- und Referenzküvette durchgelassenen Strahlung. Die erzielbare Auflösung wird mit 0,1 bis 0,2 cm^{-1} im ganzen erfaßten Spektralbereich angegeben, jedoch enthält das Instrument im theoretischen Auflösungsvermögen der Gitter noch eine Reserve, die bei einer Verbesserung von Strahlungsquelle und Strahlungsempfänger möglicherweise genutzt werden kann. Zur Beseitigung der Wasserdampfbanden kann das Instrument auf ein Vakuum von 10^{-3} Torr evakuiert werden. Von der Anlage und Ausstattung her ist dieses Gitterspektrometer für das ferne Ultrarot eine Spitzenleistung. Entsprechend ist der Preis: er liegt mit über 100000 Dollar mehr als doppelt so hoch, wie das bisher teuerste Instrument des Ultrarotsektors überhaupt.

12. Compagnie d'Applications Mécaniques à l'Electronique, au Cinema et à l'Atomistique (CAMECA), Courbevoie (Seine), Frankreich

Diese Firma bringt unter der Bezeichnung SI 36 ein Spektrometer für das langwellige Ultrarot heraus. Es handelt sich um ein Einstrahlspektrometer. Abb. 82a zeigt das Schema des Monochromators; es bedarf keiner weiteren Erläuterung. Abb. 82b zeigt die Ansicht. Der optische Teil des Instruments befindet sich in einer evakuierbaren Kammer (Bildmitte). Der linke Schrank enthält alle Vorrichtungen für den Betrieb des Monochromators, der rechte die elektronischen Teile und die Registriereinrichtung. Spektralbereich: 40 bis 600 μ (250 bis 17 cm^{-1}) in 4 Teilbereichen mit 4 Echelettegittern von 70 mm Breite und einem Blaze-Winkel von 26°, die durch geeignete Filterkombinationen unterstützt werden. Zur besseren Verstärkung wird die Strahlung durch einen Zerhacker moduliert. Die Demodulation wird durch eine Lampe gesteuert, deren Strahlung von demselben Zerhacker moduliert und von einer Photodiode empfangen wird. Die Registrierung erfolgt mit einem Streifenschreiber mit Wellenlängenmarkierung entsprechend der Gitterdrehung.

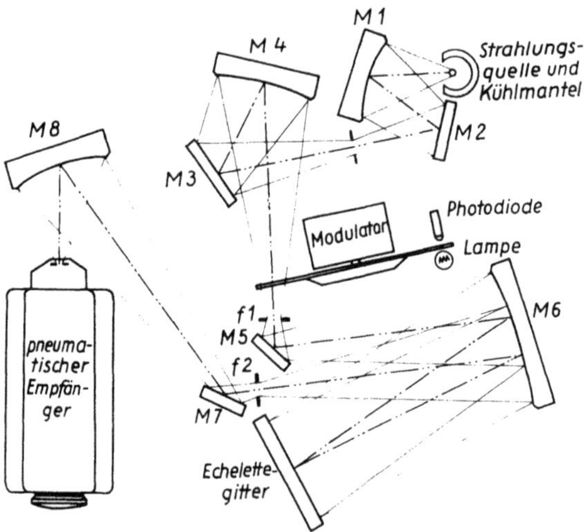

Abb. 82a. Optisches Schema des Langwellen-Ultrarotspektrometers der Fa. CAMECA

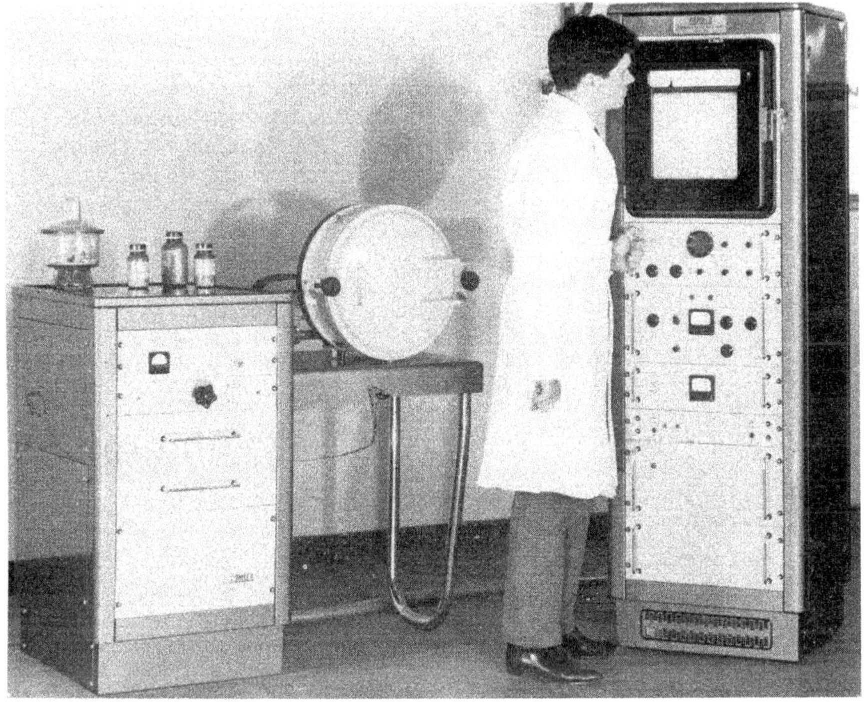

Abb. 82b. Ansicht des Langwellen-Ultrarotspektrometers der Fa. CAMECA (ältere Ausführungsform)

13. Russisches Ultrarot-Spektrophotometer IKS—14.

Doppelstrahlgerät mit optischer Kammblende. Prismenmonochromator, Brennweite 27 cm, Öffnungsverhältnis 1 : 5, LITTROW-Aufstellung. Spektralbereich 0,75 bis 25 μ je nach Prisma (Glas, LiF, NaCl und KBr). Strahlungsquelle: wassergekühlter Siliciumkarbidstab. Strahlungsempfänger: Wismutbolometer, kompensiert. Automatische Spaltsteuerung. Streustrahlung unter 5%. Registrierzeiten je Prismenbereich: 10, 26, 94, 280, 824 und 1420 Minuten. Registrierung: Abszisse wellenlängenlinear, Ordinate prozentige Durchlässigkeit. Streifenschreiber.

14. Spektrometer für das nahe Ultrarot

Alle in den vorangegangenen Abschnitten besprochenen oder erwähnten Spektrometer sind bei geeigneter Wahl des Dispersionssystems auch im Bereich des nahen Ultrarot verwendbar. Da diesem Spektralbereich neuerdings für die Lösung mancher Spezialprobleme eine besondere Bedeutung zukommt, wurden eigens dafür gewisse Spektrometer entwickelt und gebaut, teils als selbständige Geräte, teils als Erweiterungen vorhandener Instrumente für den ultravioletten und sichtbaren Spektralbereich [KAYE (*453*), KAYE u. a. (*455, 456*)]. Sie seien, ohne näher darauf einzugehen und ohne damit Vollständigkeit zu beanspruchen, in Tab. 9 aufgezählt. Gemeinsam ist allen die Verwendung von elektrisch geheizten Metallfadenlampen als Strahlungsquelle und von Photowiderstandszellen als Strahlungsempfänger.

Tabelle 9. *Spektrometer für das nahe Ultrarot*

Hersteller	Modell	Beschreibung
Cary Instruments, Monrovia, Calif., USA	Cary 14 RI	Doppelmonochromator, 0,225 bis 3,0 μ, vollautomatische Registrierung mit Zwei-Feder-Schreiber, Durchlässigkeit oder Extinktion über Wellenlänge
Beckman Instr., Fullerton, Calif., USA	DK	Einfachmonochromator, 0,19 bis 3,5 μ, vollautomatische Registrierung, Durchlässigkeit oder Extinktion über Wellenlänge
Optica, Mailand	CF 4 NI	Gittermonochromator, 1—3,2 μ, vollautomatische Registrierung, Durchlässigkeit über Wellenlänge
Perkin-Elmer Corp., Norwalk, Conn., USA (Bodenseewerk Überlingen)	Modell 450	Doppelmonochromator, 0,16 bis 2,7 μ, vollautomatische Registrierung, Durchlässigkeit oder Extinktion über Wellenlänge
Carl Zeiss, Oberkochen	DMR 21	Einfachmonochromator, 0,185 bis 2,5 μ, vollautomatische Registrierung, Extinktion, Durchlässigkeit, Reflexion oder Emission über Wellenlänge

6. Kapitel: Zubehör zu den Spektrometern

Die Ultrarotspektrometer in der beschriebenen Ausgestaltung bedürfen zur Herstellung ihrer Einsatzbereitschaft oder Erhöhung derselben noch eines gewissen Zubehörs, das nachstehend besprochen sei. Das wichtigste in dieser Hinsicht sind die Gefäße zur Aufnahme der zu untersuchenden Substanzen in den verschiedenen Aggregatzuständen, allgemein als Küvetten bezeichnet.

1. Fenstermaterialien und Kittung

Für die frontalen Abschlußfenster jeder Ultrarotküvette, deren sonstige Konstruktion sich nach dem Verwendungszweck richtet, kommen alle jene Materialien in Betracht, aus denen auch Prismen hergestellt werden können, wobei jedoch die Durchlässigkeit der Fenster wegen ihrer geringeren Dicke (meist zwischen 1 und 15 mm) weiter ins Ultrarot hineinreicht als bei einem Prisma aus demselben Material. Dazu kommen noch eine ganze Reihe weiterer Materialien, die zur Prismenherstellung nicht tauglich sind. Tab. 10 gibt einen Überblick über die am häufigsten verwendeten Materialien mit einigen sonstigen Hinweisen und Literaturzitaten.

Einen Überblick über die Durchlässigkeit und das Reflexionsvermögen der für den Ultrarotbereich wichtigsten Fenstermaterialien im Wellenlängenbereich von 2 bis 50 μ (5000 bis 200 cm^{-1}) gibt McCarthy (*947*); diese Arbeit enthält auch eine ausgedehnte Bibliographie mit 327 bzw. 166 Literaturzitaten. Weniger umfangreich ist eine Zusammenstellung von Schröder u. Neuroth (*1325*), die ebenfalls den ultravioletten und sichtbaren Spektralbereich mit einbezieht. Nonnenmacher (*1292*) bietet eine schöne tabellarische Übersicht über alle Fenstermaterialien bis zu Wellenlängen von 50 μ. Ähnliche Angaben für Ionenkristalle, aber auch für Halbleiter und dazu noch Dispersionsdaten findet man bei Smakula (*951*). Die Temperaturabhängigkeit der Durchlässigkeit einiger Materialien im Bereich zwischen 50 und 300° K untersuchte Linsteadt (*948*); die beobachteten Effekte sind

Tabelle 10. *Ultrarotdurchlässige Fenstermaterialien*

Material	Brauchbarkeitsgrenze*)		Material	Brauchbarkeitsgrenze*)	
	μ	cm^{-1}		μ	cm^{-1}
Glas	ca. 2,5	ca. 4000	KJ	37	270
Quarzglas[1]	3,8	2700	CsBr	50	200
Quarz [1]	4,4	2300	CsJ	60	165
Glimmer	5,3	1900	KRS 5	ca. 50	ca. 200
Saphir[1]	5	2000	CdS[6]	14	720
LiF	7	1430	Periclas[7] (MgO)	8	1250
CaF_2	10	1000	PbF_2[8]	13	770
NaF	10	1000	$PbCl_2$[8]	19	530
CdF_2[2]	10,5	950	$PbBr_2$[8]	28	360
As_2S_3[3]	12	830	® Irtran-1[9]	7	1430
BaF_2[4]	13	770	® Irtran-2	14	720
NaCl	20	500	® Irtran-4	20	500
Ge	21	475	® Irtran-6	30	330
KCl	25	400	Si[10]	25	400
AgCl[5]	28	360	Polyäthylen[11]	brauchbar ab	
KBr	32	310		4 μ (<2500 cm^{-1})	

*) Zu verstehen als diejenige Wellenlänge bzw. Wellenzahl, bei der für eine 5-mm-Platte die Durchlässigkeit auf etwa 50% gesunken ist.

[1] Auch im langwelligen Ultrarot brauchbar. Bezugsquelle: Ceramel Ltd., Bromley, Kent, England.

[2] Hygroskopizität: 4,4 g in 100 g H_2O. Literatur: HAENDLER u. a. (*345*).

[3] Literatur: RODNEY u. a. (*742*).

[4] Hygroskopizität: 0,17 g in 100 g H_2O. Literatur: POTTS u. WRIGHT (*682*), GORDON (*317*).

[5] Hygroskopizität: $9 \cdot 10^{-5}$ g in 100 g H_2O; lichtempfindlich, aggressiv.

[6] Hygroskopizität: 0,13 mg in 100 g H_2O; weich. Literatur: FRANCIS u. CARLSON (*267*).

[7] Für Temperaturen bis etwa 1500 °C geeignet. Bezugsquelle: The Infrared Development Comp., Welwyn Garden City, Hertfordshire, England.

[8] Literatur: MOOS u. PEACOCK (*943*).

[9] Bezugsquelle: Eastman Kodak Comp., Rochester, N.Y., USA. Näheres über die ® Irtran-Reihe s. bei SMAKULA u. a. (*946*). Es handelt sich dabei um polykristalline, gepreßte und gesinterte Substanzen, die chemisch aus einfachen Verbindungen bestehen (die Zahlen entsprechen der Zählung in der ® Irtran-Reihe): 1 = MgF_2, 2 = ZnS, 3 = CaF_2, 4 = ZnSe, 5 = MgO, 6 = CdTe. Infolge ihres Aufbaues aus einzelnen Körnern zeigen die ® Irtran-Materialien im kurzwelligen Ultrarot mehr oder weniger ausgeprägt Streuung. Sie sind mechanisch und thermisch ziemlich beständig und über entsprechend hoch geheizte Preßformen formbar. Die Durchlässigkeit der ®Irtran-Materialien im langwelligen Ultrarot findet man bei RESSLER u. MÖLLER (*1251*).

[10] JOHNSON (*961*), WAGNER u. BOHM (*978*). Banden im Bereich 8,5 bis 25 μ (1200 bis 400 cm^{-1}) infolge Sauerstoffgehaltes.

[11] Starke Banden bei 3,4 – 6,8 – 7,2 und 13,7 μ (2900, 1470, 1390 und 730 cm^{-1}). Bei Verwendung in Gasküvetten Vorsicht wegen der Diffussion der Gase oder Dämpfe in das Fenstermaterial [ROTHSCHILD (*983*)]. Alle üblichen Lösungsmittel quellen Polyäthylen mehr oder minder stark an, deshalb Vorsicht bei der Wiederverwendung schon einmal gebrauchter Fenster (Leerspektrum!). Benutzung von Polyäthylenschichten zum Schutze hygroskopischer Salzfenster vor Feuchtigkeit s. S. 248.

klein und treten erwartungsgemäß nur an den Absorptionskanten auf. Den Temperaturbereich bis 400°C untersuchten GILLESPIE u. a. (*1305*) für Strahlung von 1 bis 12 μ Wellenlänge speziell für einige Gläser, Quarz, Saphir, ® Irtran-1, ® Irtran-2 und AgCl. Messungen an MgO und BaF_2 bis 1000 °C stammen von OPPENHEIM u. GOLDMAN (*949*), an Saphir von OPPENHEIM u. EVEN (*950*). Hier sind die Effekte — mit der Temperatur abnehmende Durchlässigkeit an der Absorptionskante — ausgeprägter. Das neuerdings erwachte Interesse am langwelligen Ultrarotbereich hat zu einigen Untersuchungen über die optischen Eigenschaften einiger für diesen Bereich wichtiger Materialien geführt: Quarz [ROBERTS u. COON (*952*)], Saphir [ROBERTS u. COON (*952*), LOEWENSTEIN (*953*), RUSSELL u. BELL (*1326*)], As_2Se_3-Glas [EDMOND u. a. (*954*)], BeO [DURIG u. a. (*955*)]. WILLIS u. a. (*957*) empfehlen für das langwellige Ultrarot hochpolymere Kunststoffe, wie Polyäthylen und Polypropylen, als Fenstermaterialien. Mit Fenstermaterialien, die für höhere Drucke geeignet sind, beschäftigen sich PAUL u. a. (*1327*); neben den ® Irtran-Materialien erweisen sich vor allem Saphir sowie Fenster aus Si und Ge als brauchbar.

Aus ökonomischen Gründen begnügt man sich im allgemeinen mit Küvettenfenstern aus einem oder zwei Materialien, je nach dem Spektralbereich, in dem die Untersuchung stattfinden soll. Die plangeschliffenen und polierten Fenster (soweit das Material eine solche Bearbeitung zuläßt) werden mittels eines Kittes auf die Endflanschen der Küvettenkörper aufgesetzt. Ob diese Kittung mechanisch selbsttragend oder nur als Dichtung mit Unterstützung durch eine äußere Halterung oder Anpreßvorrichtung ausgeführt wird, muß nach den mechanischen, thermischen und chemischen Eigenschaften der beteiligten Materialien und ihrer Verträglichkeit miteinander entschieden werden. Ein wichtiger Gesichtspunkt ist auch die Frage, ob die Küvette eine Dauerküvette oder nicht sein soll, ob man sie also leicht auseinanderzunehmen und ihre Bauteile anderweitig zu verwenden wünscht. An Kitten stehen für Dauerverbindungen zahlreiche thermoplastische Massen, wie z. B. ® Pizein, sowie kalt- oder warmhärtende Kunstharze, wie etwa ® Araldit und ® Glyptal u. a., zur Verfügung. Für schnell veränderliche Küvetten benutzt man die bekannten Fette der Vakuumtechnik. Auf jeden Fall muß die Kittung vakuumdicht und möglichst auch gegen mäßigen Überdruck fest sein. Maßnahmen in dieser Richtung beschreiben SMITH u. CREITZ (*815*). Bei größerem Überdruck bedarf es besonderer Konstruktionen, wie sie — bei gleichzeitig veränderlicher Schichtdicke — von WEBER u. PENNER (*882*) angegeben werden. Eine vakuumdichte Kittung speziell von LiF- und BaF_2-Fenstern beschreiben VOGL u. a. (*1004*) [US-Patent 2.966.592].

Bei Anwendung erhöhter Temperatur muß selbstverständlich die Küvettenkittung dicht und fest bleiben. Das ist wegen der verschiedenen Ausdehnungskoeffizienten der beteiligten Materialien gar nicht so einfach zu erreichen, insbesondere wenn bedeutende Temperaturunterschiede überbrückt werden sollen.

SIMARD u. STEGER (*798*) empfehlen bis 200 °C als Kittmittel AgCl, das aber wegen seines gegenüber Glas und NaCl anderen Ausdehnungskoeffizienten häufig die Küvette zersprengt. AgCl wird auch von EISENSTADT (*1253*) als bis 400 °C brauchbares Kittmittel für die Verbindung von Silber und ultrarotdurchlässigen Gläsern empfohlen, wobei dieser Kittung auch noch Hochvakuumfestigkeit nachgerühmt wird. Ebenfalls nur bis 200 °C ist ® Glyptal brauchbar [SMITH (*810*)]. NEU (*601*) empfiehlt daher ein bis 350 °C verwendbares Silikonwachs.

Eine andere Lösung des Kittungsproblems bei geheizten Gasküvetten schlagen PARKYNS u. PATRICK (*1235*) vor. Sie verwenden je nach dem gewünschten Durchlässigkeitsbereich als Fenstermaterial Quarzglas, MgO (Periclas), Si und ® Irtran-2 und verschmelzen die Fenster unmittelbar mit dem aus Glas bestehenden Küvettenkörper. Dazu muß natürlich das Glas des Küvettenkörpers mit seinen Eigenschaften auf das verwendete Fenstermaterial abgestimmt sein. Für die aufgeführten Fenstermaterialien geben die Autoren geeignete Glassorten an. Die so erhaltenen Küvetten waren für Temperaturen über 400 °C brauchbar. HORNBECK (*986*) beschreibt ein Verfahren zur Kittung von Saphirfenstern auf keramische Küvettenkörper, das bis über 1100 °C brauchbar und sicher auch auf andere Materialien übertragbar ist. Dazu wird zunächst das Saphirfenster ringförmig platiniert, was mit einer bei etwa 800 °C zu verarbeitenden Platinpaste geschieht. Genauso werden ein aus Platinblech bestehender Ring und die Endfläche des Keramikkörpers, mit dem das Saphirfenster bündig abschließt, behandelt. Sodann wird der Platinring unter hoher Temperatur und unter Anwendung von Druck (einige Atmosphären) mit dem platinierten Saphirfenster fest verbunden. Dieser Verbund wird schließlich in den Keramikkörper eingesetzt und das Ganze erneut mit Platinpaste behandelt.

2. *Küvetten für gasförmige Substanzen*

Die Absorptionsgefäße für Gase oder Dämpfe bestehen im allgemeinen aus zylinderförmigen Röhren aus Glas oder Metall, soweit nicht chemische Gründe ein anderes Material verlangen, die an den Enden durch aufgekittete ultrarotdurchlässige Fenster abgeschlossen sind, zwei durch Hähne verschließbare seitliche Stut-

Abb. 83. 100-mm-Gasküvette (Photo: Perkin-Elmer Corp.)

zen für den Gaseinlaß und -ausgang, sowie manchmal einen weiteren Stutzen zur Aufnahme von etwas Flüssigkeit aufweisen, deren Dampf untersucht werden soll. Man benötigt davon einen oder für Doppelstrahlgeräte zwei identische Sätze verschiedener Schichtdicke, etwa in der Abstufung 20, 50 und 100 mm. An größeren Schichtdicken haben sich für Gasküvetten darüber hinaus 1, 10 und 40 m eingebürgert; meist sind allerdings außer diesen äußersten Werten auch noch kleinere Schichtdicken wahlweise einstellbar. Abb. 83 zeigt eine 100-mm-, Abb. 84 eine 1-m-Gasküvette, Abb. 85 eine 10-m-Küvette. Über die Anwendung der verschiedenen Schichtdicken wird im nächsten Kapitel gesprochen.

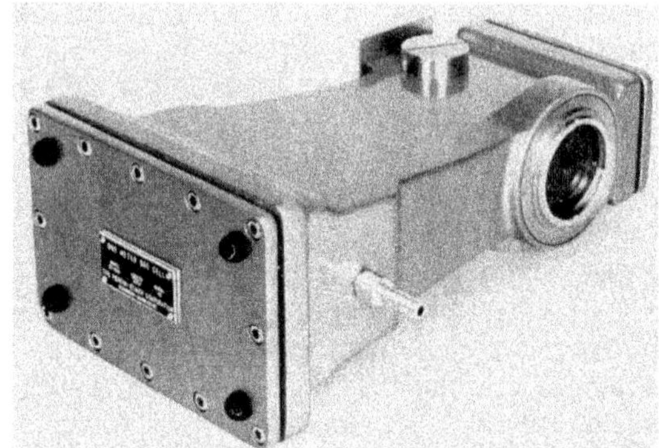

Abb. 84. 1-m-Gasküvette (Photo: Perkin-Elmer Corp.)

Abb. 85. 10-m-Gasküvette (Photo: Perkin-Elmer Corp.)

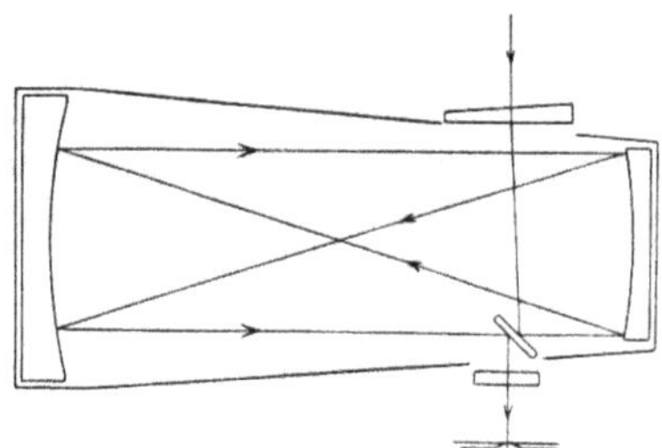

Abb. 86. Strahlengang in der 1-m-Gasküvette

Gasküvetten kleinerer Längen — meist bis 100 oder 200 mm — können ohne weiteres in den Strahlengang vor dem Monochromator eingefügt und in einem Durchgang durchstrahlt werden. Die oben erwähnten Küvetten mit 1 bis 40 m Schichtdicke jedoch wären in dieser Baulänge unhandlich bzw. unbrauchbar. Sie werden daher in handlicher Baulänge hergestellt, und mehrfache Reflexion der Strahlung im Innern sorgt dafür, daß die nominelle Absorptionsweglänge erreicht wird [WHITE (*889*), OVEREND u. a. (*630*), MCCUBBIN u. GROSSO (*979*), STEPHENS (*980*), EDWARDS (*981*)]. Abb. 86 zeigt die Anordnung und den Strahlengang in einer 1-m-Küvette, der ohne Erläuterungen verständlich ist, Abb. 87 den in der 10-m-Küvette. Durch von außen zu betätigende Neigung der Spiegel M_A und M_B wird die Anzahl der Reflexionen zwischen diesen Spiegeln und dem Spiegel M_F und damit die wirksame Schichtdicke der Küvette reguliert. Bei einer äußersten Gesamtlänge des eigentlichen Küvettengehäuses von etwa 40 cm sind jeweils in

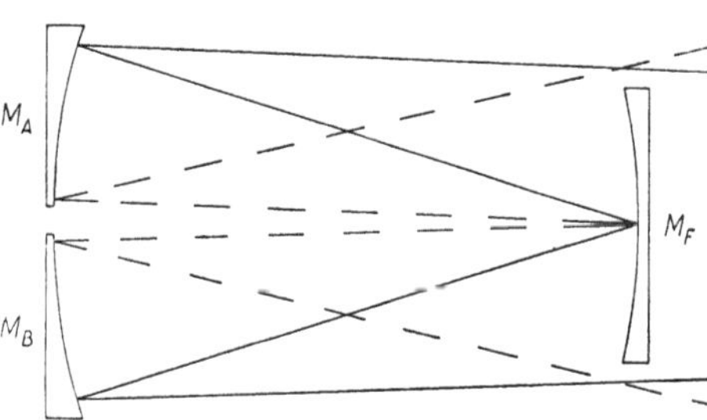

Abb. 87. Strahlengang in der 10-m-Gasküvette

Schritten von 1,25 m Schichtdicken bis zu 10 m herstellbar. Selbstverständlich nimmt dabei der Durchlässigkeitskoeffizient der leeren Küvette ab. Er beträgt bei 1,25 m etwa 75%, bei 7,5 m etwa 50% und bei 10 m immer noch etwa 40% [PILSTON u. WHITE (*653*)]. Wie diese Küvette in das Spektrometer eingebaut wird, ist aus Abb. 85 ersichtlich. Häufig sind solche Langwegküvetten auch noch bei erhöhten Drucken brauchbar [WHITE u. ALPERT (*893*)].

Eine besonders für die Untersuchung von heterogenen Reaktionen geeignete Gasküvette hat MITZNER (*585*) beschrieben. Sie besteht aus einer gewöhnlichen Gasküvette, wie sie in Abb. 84 gezeigt wurde, enthält aber an einer geeigneten Stelle eine drehbare Durchführung. An dieser Durchführung ist der feste Reaktionspartner, etwa als dünner Film auf einem ultrarotdurchlässigen Träger, so befestigt, daß er nach Wunsch in den Strahlengang oder aus ihm herausgedreht werden kann. So läßt sich das Spektrum der Gas-Festkörper-Reaktion mit dem Spektrum des Gases oder auch dieses allein beobachten. Eine für einen ähnlichen Zweck gedachte Küvette geben VRATNY u. GRAVES (*874*) an. Bei ihnen befindet sich der Träger des Festkörpers noch in einem kleinen elektrisch heizbaren Ofen, wodurch Untersuchungen auch bei höheren Temperaturen ausführbar sind.

Für Untersuchungen bei höheren Drucken müssen die Küvetten entsprechend den gestellten Anforderungen gebaut werden. Hinsichtlich des Küvettenkörpers bestehen dabei keine ernsthaften Schwierigkeiten, wohl aber hinsichtlich der Abschlußfenster. Während im Druckbereich um 1 atm die Faustregel gilt, daß die Dicke der Fenster etwa ein Zehntel bis ein Fünftel des freitragenden Durchmessers sei, kommt man bei Druckküvetten bis zum Verhältnis 1 : 1 für Dicke und Durchmesser der Platten. Eine ausgesprochene Hochdruckküvette für Drucke bis zu etwa 80 atü und wahlweise veränderliche Schichtdicke von 5 mm bis zu einigen Zentimetern beschreiben WILLIAMSON u. a. (*902*); eine sowohl für höhere Drucke (10 atü) wie auch hohe Temperaturen (1400 °K) geeignete Gasküvette geben BEVANS u. a. (*69*) an.

Die Handhabung von Dämpfen, insbesondere von Substanzen mit bei normaler Temperatur geringem Dampfdruck, behandeln FRIEDEL u. QUEISER (*277*). Sie benutzen eine gewöhnliche, nicht geheizte Gasküvette, die aber evakuiert werden kann. In diese evakuierte Küvette hinein wird eine kleine Substanzmenge verdampft, die mittels einer Mikropipette vorgelegt wird. Ähnlich gehen BRASH u. a. (*985*) vor; sie benutzen leicht entfernbare, mit einem Vakuumfett aufgekittete Fenster zum Einbringen der Probe in den Küvettenraum.

Eine speziell für Pyrolyseuntersuchungen konstruierte Gasküvette beschreiben BRASH u. LIGHT (*990*). Hier befindet sich die der Pyrolyse zu unterwerfende Substanz innerhalb der Gasküvette, jedoch außerhalb des Strahlenganges in einem elektrisch beheizbaren Schiffchen. Die Anordnung gestattet die Anwendung von Pyrolysetemperaturen bis zu 1100 °C in oxidierender oder inerter Atmosphäre oder auch im Vakuum.

Für Untersuchungen bei definierter Feuchtigkeit haben ZUNDEL u. a. (*998*) eine Küvette mit KRS-5-Fenstern und magnetischem Probehalter entwickelt.

Gasküvetten kleinsten Volumens sind nötig geworden insbesondere nach Einführung der Gaschromatographie als Trennmethode. Eine einfache und wirksame Konstruktion beschreibt BIRD (*1005*). Seine Küvette hat einen rechteckigen Querschnitt von etwa 1 $\times$ 12 mm bei einer durchstrahlten Schichtdicke von 75 mm; die Wandungen bestehen aus vergoldeten Stahlplatten (wodurch ein Lichtleitereffekt erzielt wird), die Fenster aus NaCl-Scheiben.

Heiz- oder kühlbare Küvetten werden zu mannigfachen Untersuchungen benötigt. Im allgemeinen ist es nicht schwer, eine Gasküvette durch einen von einem Kühlmittel durchflossenen Mantel auf die gewünschte tiefe Temperatur zu bringen, das Problem liegt vielmehr in der Gleichmäßigkeit der Abkühlung über die ganze Küvettenlänge und im Beschlagen der Abschlußfenster. Eine gleichmäßige Temperaturverteilung über die Länge erzielt man dadurch, daß man den Kühlmantel über die Küvettenenden hinaus verlängert. Das Beschlagen der Fenster verhindert man entweder durch eine mäßige Heizung oder dadurch, daß man die ganze gekühlte Küvette in einen evakuierbaren Raum bringt, der seinerseits zwei mit strahlungsdurchlässigen Fenstern versehene Öffnungen hat.

Küvetten für höhere Temperaturen erhält man beim Austausch des Kühlmantels durch einen passend dimensionierten Heizmantel. Hinsichtlich der Gleichmäßigkeit der Temperaturverteilung gilt das oben Gesagte. Konstruktionsangaben findet man bei FUNCK (*281*). Eine sehr einfache Konstruktion wurde von BURNS (*988*) angegeben; er schiebt über eine Küvette üblicher Bauart zwei elektrisch beheizte Aluminiumblöcke und erreicht mit einer elektronischen Regeleinrichtung eine Temperatur von 225 °C mit einer Konstanz von 0,02°.

Eine heizbare Küvette für die Untersuchung der Adsorption von Gasen an Festkörpern beschreiben HARRISON u. LAWRANDE (*995*). Sie besteht aus einem elektrisch heizbaren Stahlzylinder mit wassergekühlten Enden, auf die die Abschlußfenster in einer passenden Fassung aufgeschraubt werden. In diesen Zylinder wird ein kleinerer, im Durchmesser genau passender zweiter Stahlhohlzylinder etwa der halben Länge hineingeschoben, der an einem Ende einen Probentisch trägt; durch einen Anschlag wird dafür gesorgt, daß der Probentisch reproduzierbar immer dieselbe Lage im Strahlengang einnimmt. Eine andere Küvette für Adsorptionsuntersuchungen gibt LEFTIN (*996*) an. Sie gestattet sowohl die Untersuchung des Adsorbers wie auch der Gasphase. Eine auch für quantitative Messungen brauchbare Küvette mit der Möglichkeit, den Adsorber bis zu 1000 °C aufzuheizen, geben BHASIN u. a. (*1328*) an.

3. *Flüssigkeitsküvetten*

Im Gegensatz zu den Gasküvetten besitzen die für Flüssigkeiten vorgesehenen Küvetten nur eine sehr geringe Schichtdicke, entsprechend den hohen Extinktionskoeffizienten der Flüssigkeiten in den Grundschwingungsbanden. Zu empfehlen sind Sätze in der ungefähren Abstufung 0,025, 0,050, 0,10, 0,20, 0,50, 1, 2 und 5 mm. Sie können in Form einer ein für allemal fest verkitteten Küvette (Festküvette) oder auseinandernehmbar (zerlegbare Küvette) benutzt werden; beide Formen haben Vor- und Nachteile. Einzelheiten zur Küvettentechnik siehe bei COGGESHALL (*147*), COLTHUP (*158*), KIVENSON u. a. (*472*), sowie LORD u. a. (*520*). Besonders die Herstellung sehr kleiner Schichtdicken bereitet allerhand Schwierigkeiten, vor allem weil die üblichen Fenstermaterialien ziemlich weich und daher schwer plan zu schleifen und zu halten sind.

Als Küvettenfenster kommen die schon aufgeführten Materialien (Tab. 10) in Betracht, soweit sie nicht unter chemischen oder physikalischen Angriffen durch die untersuchten Substanzen allzusehr leiden. Der gewünschte Abstand wird durch einen schmalen Distanzring passender Dicke, meist aus kalibrierten und u. U. amalgamierten Bleifolien hergestellt, erzwungen. Neuerdings werden auch andere Materialien für die Distanzringe empfohlen, z. B. Polyäthylen, ®Teflon oder Silikongummi. Es versteht sich von selbst, daß die eigentliche Küvette in einer Halterung sitzt, in der einerseits die beiden Fenster mit dazwischenliegendem Abstandsring zusammengepreßt werden und die andererseits den Einbau ins Spektrometer erleichtert. Die Fragen der Füllungs- und Reinigungsmöglichkeit der Flüssigkeitsküvette sind in der Praxis von besonderer Bedeutung. Die Festküvette, deren Verwendung wegen der Rundumverkittung bei leicht flüchtigen Substanzen vorteilhaft sein kann, besitzt zwecks Füllung zwei kleine, natürlich außerhalb des durchstrahlten Bereichs liegende Bohrungen mit aufgesetzten Einfüllstutzen, durch welche die Flüssigkeiten etwa mittels einer Injektionsspritze eingeführt werden; während der Aufnahme verschließt man die Stutzen mit geeigneten Pfropfen, um das Verdampfen der Flüssigkeit zu verhindern. Die Schichtdicke einer solchen Küvette unterliegt geringeren Veränderungen als die einer zerlegbaren Küvette. Man muß jedoch bedenken, daß mehr oder weniger alle Fenstermaterialien einer gewissen Auswaschung infolge kleiner Löslichkeitseffekte unterliegen, die auf die Dauer die angegebene Schichtdicke illusorisch werden läßt. Andererseits liegt es mit den Reinigungsmöglichkeiten bei der Festküvette oft sehr im argen. Gewöhnlich nimmt man dazu leicht flüchtige Lösungsmittel mit guten Löslichkeitseigenschaften, wie z. B. Hexan oder Chloroform. Neigt aber die eingefüllte Flüssigkeit zu Polymerisation oder hinterläßt sie beim Verdampfen schwer lösliche Rückstände, so ist deren restlose Entfernung schwierig und häufig überhaupt erst dann möglich, wenn die Küvette — entgegen ihrer Bestimmung — auseinandergenommen wird.

An zerlegbaren Küvetten werden häufig solche empfohlen, die nur aus zwei unter Zwischenschaltung eines Abstandsringes in einer Halterung aufeinandergepreßten Fenstern bestehen. Die Füllung geschieht so, daß man den Abstandsring auf das eine Fenster auflegt, in den von ihm umschlossenen Raum einen oder mehrere Tropfen der gewünschten Flüssigkeit bringt und diese durch Auflegen des anderen Fensters auseinanderquetscht, wobei Überflüssiges zwischen Fenstern und Abstandsring herausquillt. Diese Art der Füllung kann nicht befriedigen, wenn auch natürlich die Reinigung der Küvette im zerlegten Zustand ein Kinderspiel ist. Sehr viel besser steht es in dieser Hinsicht mit einer Form der Flüssigkeitsküvette, die zwischen der Fest- und der zerlegbaren Küvette der geschilderten Art steht (Abb. 88). Sie besteht wieder aus 2 Fenstern (meist NaCl), die in einer Fassung unter Zwischenschaltung eines Abstandsringes ohne Kittmittel durch drei Schrauben aufeinandergepreßt werden. Eins der Fenster trägt zwei um 120° gegeneinander versetzte, zunächst radial nach innen verlaufende Bohrungen von etwa 1 mm Durchmesser, die, sobald sie die Breite des Abstandsringes überschritten haben, rechtwinklig ab-

Abb. 88. Flüssigkeitsküvette (Photo: BASF)

biegen und nunmehr parallel zu der Durchstrahlungsrichtung in den Küvettenhohlraum einmünden. Äußerlich sitzt, in der Küvettenhalterung befestigt, auf jeder Bohrung ein metallischer, an der Eintrittsstelle in das Fenster mittels eines Blei- oder Teflonringes gedichteter Einfüllstutzen. Das Einfüllen geschieht mit einer Pipette oder Injektionsspritze, wobei die Flüssigkeit auch bei den kleineren Schichtdicken vermöge der Kapillarkräfte unter Verdrängung der Luft den Küvettenraum sofort ausfüllt, die Entleerung durch Druckluft auf einen Stutzen bzw. durch Absaugen mittels einer Pumpe. Diese Küvettenart kann zwecks Reinigung mit beliebigen Flüssigkeiten gespült und, wenn es notwendig ist, auch leicht auseinandergenommen werden, wobei trübgewordene Fenster nachpoliert und mit allen anderen Teilen wieder verwendet werden können. Die Herstellung der erforderlichen beiden Bohrungen geschieht unmittelbar in der vorgesehenen Küvettenhalterung durch die in ihre Träger eingesetzten Einfüllstutzen mittels passender Spiralbohrer von Hand. Auf diese Weise wird das genaue Aufeinanderpassen von Stutzen und Bohrungen gewährleistet.

Der beschriebene Küvettentyp hat den Nachteil eines im Verhältnis zum ausgenutzten, d. h. durchstrahlten Volumen ziemlich großen toten Raumes, da die Breite des die Küvette durchsetzenden Strahlenbündels meist nur 2 bis 3 mm beträgt. Entsprechend groß und unökonomisch ist der Substanzbedarf für die Füllung der Küvette. Hier hilft ein neuer Küvettentyp weiter, die Blockküvette, wie sie wohl von JONES u. NADEAU (*435*) erstmalig beschrieben wurde (Abb. 89)[1]. Sie besteht aus einem rechteckigen Block aus ultrarotdurchlässigem Material (meist NaCl), in den unter Verwendung von Ultraschall ein rechteckiger Hohlraum gebohrt bzw. gefräst ist, dessen Wände den Blockwänden parallel liegen. Oben wird ein zweiter, auf den Hauptblock passender kleinerer Block aufgesetzt, der eine

[1] Bezugsquelle: Connecticut Instrument Corp., Wilton, Conn., USA (in Deutschland durch Bodenseewerk Perkin-Elmer & Co., Überlingen).

Bohrung zur Füllung der Küvette hat. Die verfügbaren Schichtdicken beginnen bei 0,1 mm und reichen bis 5 mm. Demnach ist diese Küvettenform hauptsächlich für die Untersuchung von schwach konzentrierten Lösungen geeignet. Da die inneren Flächen des Küvettenhohlraumes nicht poliert sind, ergeben sie in der Durchlässigkeitskurve keine Interferenzen; die Schichtdickeneichung kann daher nicht nach der Interferenzmethode vorgenommen werden.

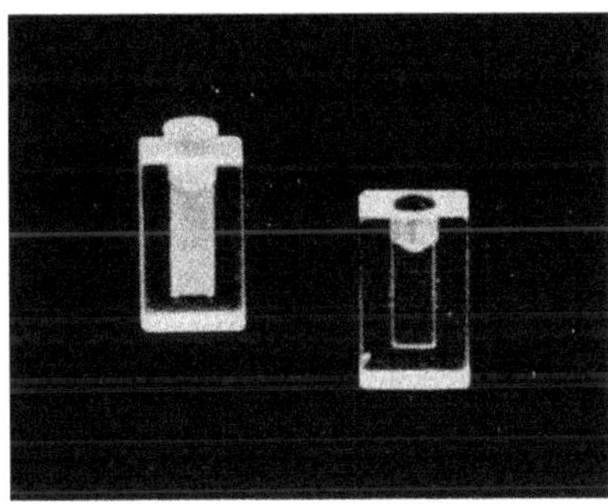

Abb. 89. Blockküvette für Flüssigkeiten

Küvetten für flüchtige Substanzen bedürfen einer besonderen Sorgfalt in der Herstellung und eines Vorratsgefäßes des zu untersuchenden Stoffes, aus dem sich die Küvette automatisch nachfüllen kann [Broadley (*104*), Friedel u. Pelipetz (*276*), Fry u. a. (*280*), Oetjen u. a. (*617*), Smith u. Miller (*816*), Smith u. Creitz (*815*), Pierson u. Olsen (*651*)].

Für Sonderzwecke, speziell die Untersuchung aggressiver Stoffe, ist eine mit Ausnahme der Fenster ganz aus Fluorpolymeren o. ä. hergestellte Küvette erwähnenswert [Kirby-Smith u. Jones (*466*), Bartoszek u. a. (*1252*), Mack (*1311*), Noe u. a. (*1331*)].

4. *Schichtdickenmessung bei Flüssigkeitsküvetten*

Für manche Untersuchungen ist die Kenntnis der verwendeten genauen Schichtdicke unerläßlich oder wünschenswert. Bei Gasküvetten ist infolge ihrer im allgemeinen recht großen Länge die Schichtdickenmessung kein Problem, wohl aber bei Flüssigkeitsküvetten. Es ist klar, daß man sich auf die Angaben aus der Dicke des Distanzringes nicht immer genügend verlassen kann, weil die Fenster schon ausgewaschen sind oder das Ringmaterial u. U. in das Fenstermaterial hineingedrückt sein kann.

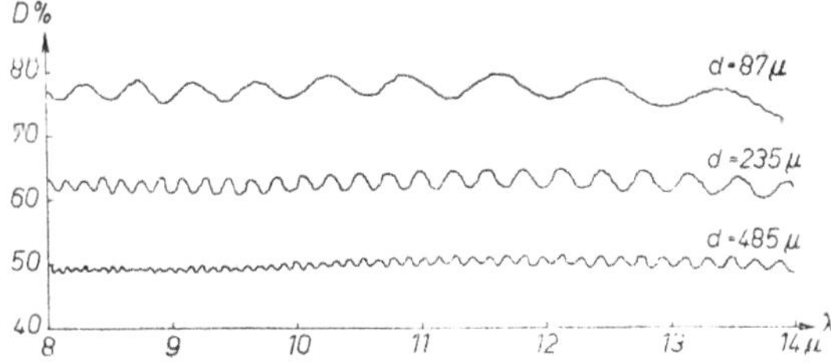

Abb. 90. Interferometrische Schichtdickenbestimmung an leeren Flüssigkeitsküvetten

Glücklicherweise läßt sich im Ultrarotspektrometer die Schichtdicke der Küvette leicht feststellen, sofern nur die inneren Fensterflächen einigermaßen eben und parallel sind. Bei Durchstrahlung ohne Substanz — manchmal auch mit ihr — bilden sich nämlich Interferenzen zwischen den mehrfach reflektierten Strahlen aus, die von der Strahlungswellenlänge und der verwendeten Schichtdicke abhängen und in der spektralen Kurve durch einen Wellenzug sich bemerkbar machen, dessen Maxima bei wellenlängenlinearer Registrierung mit zunehmender Wellenlänge immer weiter auseinanderrücken (Abb. 90). Durch einfaches Abzählen der Zahl n der Minima (oder Maxima), die zwischen zwei bei den Wellenlängen λ_1 und λ_2 bzw. bei Registrierung mit linearer Wellenzahlskala zwischen ν_1 und ν_2 liegenden Maxima (oder Minima) der Interferenzen auftreten, folgt die Schichtdicke nach der Formel[1]

[II, 6.1] $$d = \frac{n}{2} \cdot \frac{\lambda_1 \cdot \lambda_2}{\lambda_2 - \lambda_1} \quad \text{bzw.} \quad d = \frac{n}{2} \cdot \frac{1}{\nu_1 - \nu_2}.$$

Anstatt der Anzahl der zwischen zwei Wellenlängen oder Wellenzahlen liegenden Interferenzmaxima benutzt Burrill (*1020*) die Lage eines Durchlässigkeitsmaximums der Interferenzen zur Schichtdickenbestimmung von leeren Küvetten. Dazu wird in das Interferenzdiagramm eine horizontale Linie gezogen, die den Interferenzzug etwa halbwegs zwischen einem Minimum und einem Maximum

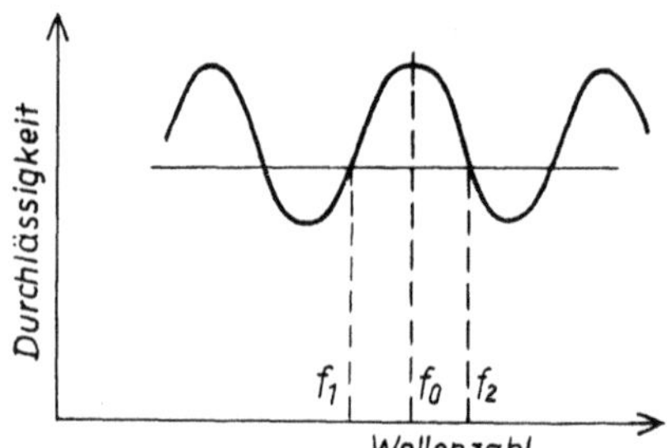

Abb. 91. Zur Schichtdickenmessung von Küvetten nach Burrill (*1020*)

schneidet (Abb. 91). Die Schnittpunkte mögen den Wellenzahlen f_1 und f_2 entsprechen; dann ist die Lage des Maximums durch $f_0 = \frac{1}{2}(f_1 + f_2)$ gegeben (die unmittelbare Ablesung ist weniger genau). Bei linearer Wellenzahlskala ist dann die Küvettenschichtdicke d gegeben durch

[II, 6.2] $$d = \frac{k}{2 f_0} = \frac{k}{f_1 + f_2}.$$

Dabei bedeutet k eine ganze, dem ausgewählten Interferenzmaximum zugeordnete Zahl. Man bestimmt sie anhand eines angenäherten Wertes von d, der mit d' bezeichnet sei: $k = 2 d' f_0$. Im allgemeinen wird der über d' berechnete Wert für k nicht ganzzahlig sein. In diesem Fall verwendet man für k die nächst kleinere ganze Zahl. Bei dieser Art der Schichtdickenbestimmung führt eine ungenaue Wellenzahljustierung des Spektrometers zu Fehlern. Zu ihrer Vermeidung überprüft man die Wellenzahljustierung etwa durch ein auf dasselbe Diagramm geschriebenes Polystyrolspektrum; so festgestellte Eichfehler müssen in f_1 und f_2 berücksichtigt werden. Der zur Berechnung von k benutzte Schichtdickenwert d' muß umso

[1] Für das Maximum bei λ_1 gilt $2d = k_1 \cdot \lambda_1$, für das bei λ_2 entsprechend $2d = k_2 \cdot \lambda_2$ mit k_1, k_2 = ganze Zahlen und $k_1 - k_2 = n$; daraus folgt durch Auflösung nach d die angegebene Formel.

genauer bekannt sein, je größer k ist, womit die Grenze für die Anwendung dieses Verfahrens sichtbar wird.

Ist das unmittelbare Verfahren nicht anwendbar, so gibt es eine Reihe ähnlicher oder anderer Möglichkeiten: Bestimmung der Schichtdicke aus der Wägung einer Flüssigkeitsfüllung, z. B. Quecksilber [Fox u. Martin (*261*)]; aus der gemessenen Absorption einer Substanz mit bekannten Eigenschaften, auch in anderen Spektralbereichen [Nielsen u. Smith (*607*), Smith u. Miller (*816*)]; aus den Interferenzen, die infolge Vielfachreflexion bei genügend kleiner Schichtdicke dem Spektrum der eingefüllten Substanz sich überlagern [Ellis (*233*), Smith u. Miller (*816*), Gordon u. Powell (*318*), Sutherland u. Willis (*844*)]; aus der Tatsache, daß in einer gefüllten Küvette die optische Weglänge größer als in einer leeren ist, was in einem Jamin- oder Rayleigh-Interferometer gemessen werden kann [Jaffe u. Jaffe (*423*)]. Ein besonders akkurates, wenn auch etwas umständliches Verfahren zur Schichtdickenmessung haben Williamson u. a. (*902*) für Küvetten mit Schichtdicken von einigen Zehnteln Millimeter aufwärts empfohlen. Es hat den Vorteil, daß die Messung an der Küvette in situ erfolgt und Schichtdickenveränderungen über den Küvettenquerschnitt erfaßt werden, setzt aber ein dafür eigens angefertigtes Werkzeug voraus, wovon ein Teil im Strahlengang verbleibt. Wegen der Einzelheiten sei auf die Originalveröffentlichung verwiesen.

Von allen diesen Verfahren hat sich in der Praxis die Bestimmung der gerade vorliegenden Schichtdicke aus der Absorptionsstärke einer oder mehrerer isoliert liegender Banden einer jederzeit leicht und in ausreichender Reinheit zu erhaltenden Substanz, z. B. CCl_4, am besten bewährt, vor allem wenn häufig Schichtdickenangaben benötigt oder überprüft werden müssen. Dazu ist es nur notwendig, einmal eine Ureichung der Schichtdicke einer gegebenen Küvette, etwa mit der beschriebenen Interferenzmethode, vorzunehmen und darin die gewählten Banden der Testsubstanz unter nunmehr festzuhaltenden Bedingungen zu vermessen. Der so bestimmte Extinktionswert wird dann, gelegentlich überprüft, späteren Schichtdickenbestimmungen an unbekannten Küvetten zugrunde gelegt.

5. *Sonderformen von Flüssigkeitsküvetten*

Außer den beschriebenen normalen Flüssigkeitsküvetten gibt es eine Reihe von Sonderausführungen für spezielle Zwecke und Meßvorhaben, wovon die wichtigsten kurz besprochen seien.

Variable Schichtdicke: Eine der brauchbarsten, wenn auch kompliziertesten Spezialausführungen von Flüssigkeitsküvetten ist eine solche mit willkürlich einstellbarer Schichtdicke [White (*891*), Coates (*144*), Stuart (*840*), Adams u. Katz (*4*)]. Meist liegt der Einstellbereich zwischen etwa 0,01 und 2, manchmal auch 5 mm, und die Genauigkeit der einstellbaren Schichtdicke beträgt etwa 0,001 bis 0,002 mm. Während die ursprünglich verwendeten Konstruktionen sehr aufwendig und auch störanfällig waren, haben sich mit der Zeit recht robuste und wartungsfreie Küvetten veränderlicher Schichtdicke durchgesetzt. Abb. 92 zeigt die Ansicht einer solchen Küvette. Besonders wertvoll ist ein solches Gerät bei der Untersuchung von Lösungen in Doppelstrahlspektrometern, wenn man im Vergleichsstrahlengang eine dem Meßstrahlengang äquivalente Menge des Lösungsmittels unterbringen will, um dessen Spektrum zu kompensieren; die dann erforderliche Schichtdicke, die ja kleiner sein muß als die im Meßstrahlengang verwendete, läßt sich mit ihrer Hilfe empirisch richtig einstellen. Die Füllung geschieht wieder mittels einer Injektionsspritze durch einen Einfüllstutzen, der darauf verschlossen wird; polymerisierende Flüssigkeiten oder Lösungen, die bei Verdampfung des Lösungsmittels gummiartig erstarren, dürfen in der Küvette nicht verwendet werden.

Eine neue Form einer Küvette mit veränderlicher Schichtdicke stellt die Keilküvette dar[1]), die vor allem durch ihre Robustheit und einfache Mechanik besticht. Sie ist im Grunde eine Blockküvette, wie sie oben beschrieben wurde, nur daß der Hohlraum im waagrechten Schnitt keilförmig gestaltet ist. Dadurch nimmt die wirksame Schichtdicke von der Keilkante angefangen kontinuierlich bis zu einem Höchstwert zu. Durch eine horizontale Verschiebung im Strahlengang, bewerkstelligt durch einen einfachen mechanischen Trieb, kann jeder gewünschte Schichtdickenwert leicht eingestellt werden, ohne daß die Küvettenfenster gegeneinander bewegt werden müssen.

Abb. 92. Flüssigkeitsküvette mit veränderlicher Schichtdicke
(Photo: Bodenseewerk Perkin-Elmer & Co.)

Eine andere technische Lösung für eine Küvette mit in gegebenen Grenzen veränderlicher Schichtdicke unter Verzicht auf komplizierte Bewegungsmechanismen haben Banas u. Hopkins (*1003*) gefunden. Dabei wird die Innenfläche eines Fensters nicht eben und parallel zum anderen Fenster ausgebildet, sondern man gibt ihr die Gestalt einer gewendelten schiefen Ebene (Schraubenfläche). Durch Drehen der Küvette als Ganzes um die Durchstrahlungsrichtung kann so die Schichtdicke um eine Ganghöhe der Schraube verändert werden. Die benötigte Schraubenfläche kann man in die üblichen Salzfenster mittels eines passend geformten Metallprägestempels bei höherer Temperatur hineinpressen. Dabei muß man auf langsame Aufheizung und Abkühlung des Salzfensters und Temperaturgleichheit von Fenster und Stempel achten.

Mikroküvetten: Gewöhnlich spielt das Füllvolumen der Küvetten gegenüber der verfügbaren Probemenge keine Rolle, solange man im Gebiet der Grundschwingungen mit seinen sehr kleinen erforderlichen Schichtdicken arbeitet. Ist dennoch einmal die Probemenge sehr gering — was besonders für Substanzen aus dem Bereich der Biochemie eintreten kann, also bei Vitaminen, Fermenten, Enzymen u. dgl. —, so muß man dementsprechend gebaute Mikroküvetten [Wollman (*907*), Blout u. a

[1]) Bezugsquelle: Connecticut Instrument Corp., Wilton, Conn., USA (in Deutschland durch Bodenseewerk Perkin-Elmer & Co., Überlingen).

(*85*), Davison (*193*), Friedel u. Pelipetz (*276*), Bottjer u. Haendler (*989*), Price u. a. (*1330*)] benutzen, die dicht bei oder gar in einem reellen Zwischenbild der Strahlungsquelle in den Strahlengang gebracht werden und nur gerade den Querschnitt des wirklich benutzten Strahlenbündels umfassen. Unter Umständen empfiehlt es sich, zur Verkleinerung des Strahlungsquerschnittes einen Mikroilluminator (s. S. 205) zu verwenden. Die oben erwähnten Block-Küvetten sind in dieser Hinsicht schon als Halbmikroküvetten anzusehen.

Im Bereich der Oberschwingungen, wo oftmals die Schichtdicke 10 cm und mehr verwendet wird, muß man schon eher auf die verfügbare Probemenge Rücksicht nehmen. Hansen u. Mohr (*357*) haben gezeigt, wie man dann die Küvetten gestalten muß, um mit einem minimalen Füllvolumen auszukommen.

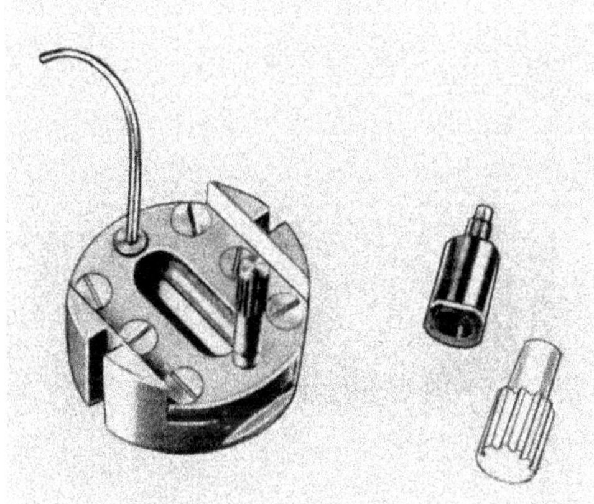

Abb. 93. Mikroküvette für Flüssigkeiten (Photo: Bodenseewerk Perkin-Elmer & Co.)

Abb. 93 zeigt die Ansicht einer kommerziell erhältlichen Mikroküvette. Man kann sich aber auch selbst leicht Mikroküvetten herstellen, wenn man sich eines von Black (*75*) angegebenen Verfahrens bedient. Dazu bettet man einen Chromnickeldraht passenden Durchmessers in das zum Pressen von Tabletten benutzte KBr-Pulver (s. S. 237) ein, der nach dem Pressen wieder entfernt wird und dann einen für Küvettenzwecke brauchbaren Hohlraum hinterläßt. Auch das Verfahren zur Herstellung von Blockküvetten kann zur Anfertigung von Mikroküvetten benutzt werden, indem man z. B. einen Zylinder von etwa $^1/_2$ mm lichter Weite in ein geeignetes, eben begrenztes und poliertes Material, wie NaCl, AgCl o. dgl., bohrt; der so entstehende Hohlraum wird mittels einer feinen Injektionsspritze gefüllt.

Filipic u. Burdick (*1216*) beschreiben eine andere, einfach herzustellende und sehr billige Mikroküvette. Sie besteht aus einer Art flachem Beutel z. B. aus dünner Polyäthylenfolie mit einem Füllvolumen von wenigen Mikrolitern. Das Beutelchen wird mittels einer Spritze gefüllt, das offene Ende zwischen Metallstreifen zusammengepreßt und in einer Halterung in den Strahlengang gebracht.

Variable Temperatur: Von großer Bedeutung für manche Untersuchungsvorhaben sind Küvetten, die Messungen bei anderer als Raumtemperatur gestatten. Solange man es nur mit mäßigen Temperaturen zu tun hat, reicht das Einfüllen der flüssigen Substanz in eine angewärmte Küvette aus, wobei man sie u. U. während der Spektralaufnahme mit einem warmen Luftstrom anbläst [Mitzner (*584*)]. Für den Bereich nicht allzu hoher Temperaturen — bis etwa 200 °C — kann man sich behelfen, indem man die gewöhnliche oder in ihrem Aufbau nur wenig geänderte Küvette in einem zu ihrer Durchstrahlungsachse parallelen, elektrisch geheizten Mantel unterbringt. Wünscht man eine sehr gleichmäßige Temperatur in der Küvette über den ganzen Querschnitt, so muß man den Heizmantel sehr lang machen — was oft wegen räumlicher Beschränkungen nicht angeht —, oder man muß auch die Küvettenfenster selbst frontal heizen. Das geschieht am einfachsten durch darüber gespannte, ganz dünne Drähte aus Platin. Der Einfluß der von der heißen Küvette ausgehenden Strahlung auf den Strahlungsempfänger wird meßtechnisch

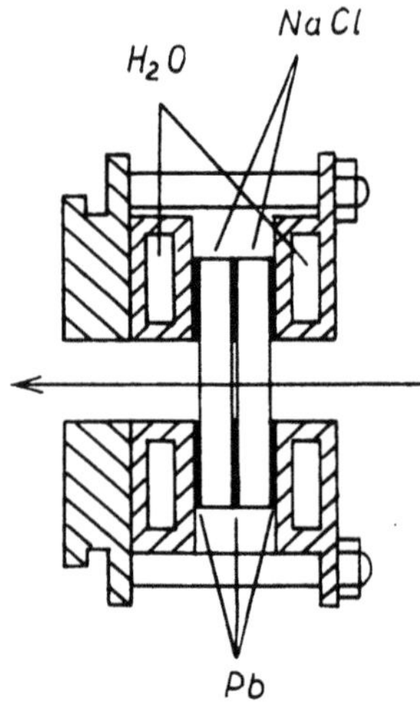

Abb. 94. Heizbare Flüssigkeitsküvette nach FUNCK (*281*) im Schnitt

ausgeschaltet, wenn man die eigentliche Meßstrahlung schon vor Durchsetzung der Heizküvette moduliert oder indem man gleichartig geheizte Küvetten in beide Strahlengänge bringt. Die meisten in Betracht kommenden Materialien haben in den üblichen Spektralbereichen so geringes Emissionsvermögen, daß ihre Eigenstrahlung nur wenig ins Gewicht fällt [1]). In der technischen Ausführung unterscheiden sich die verschiedenen erprobten Typen heizbarer Küvetten mehr oder minder stark, ohne daß dem einen oder dem anderen ein Vorzug allgemeiner Art einzuräumen wäre. Eine einfache und sehr gut wirksame Konstruktion einer geheizten Flüssigkeitsküvette für nicht zu hohe Temperaturen, die von FUNCK (*281*) angegeben wurde, ist in Abb. 94 gezeigt. Eine bis zu Temperaturen von etwa 270 °C brauchbare Flüssigkeitsküvette einfacher Bauart beschreiben BROWN u. HOLLIDAY

[1]) FISCHER u. BRANDES (*247*) weisen darauf hin, daß es durchaus nötig ist, auf Emissionseffekte erhitzter Proben zu achten, insbesondere bei ungleichen Verhältnissen in den beiden Strahlengängen von Photometern und bei Materialien mit ausgeprägten Absorptionsbanden an den dadurch vorgegebenen Wellenlängen. BRAUNBECK (*102*) erhöhte durch Abschwächung des Vergleichsstrahles die Empfindlichkeit dieses Verfahrens so stark, daß auch die Emission nur mäßig erwärmter Gase damit noch erfaßbar ist. S. a. DUNKEN u. FINK (*1218*). Besonders bei Messungen im fernen Ultrarot spielt die Eigenstrahlung der Probe u. U. eine große Rolle. Durch Benutzung einer zweifachen Zerhackung der Meßstrahlung gelingt es MINAMI u. a. (*1245*), den aus der Eigenstrahlung fließenden Fehler bei der Messung zu eliminieren. Andererseits kann die Eigenemission organischer Substanzen bei erhöhter Temperatur unmittelbar zu ihrer Charakterisierung ausgenutzt werden [LOW u. a. (*1246*)]. Die Emission von ® Irtran-Materialien (s. Tab. 10) bei erhöhter Temperatur wurde neuerdings von HATCH (*938*) bestimmt.

(*110*), während OLSEN (*620*) und LUSK (*531*) eine für noch höhere Temperaturen geeignete Küvette angeben. Küvetten für veränderliche Temperatur mit besonders hoher Einstellgenauigkeit und Konstanz beschreibt BAKER (*1116*). Heizküvetten speziell zur Untersuchung von Kunststoffen wurden von CONLEY u. BIERON (*991*) und von BISHOP (*992*) angegeben. Mikroküvetten, die auch bei anderer als Raumtemperatur verwendbar sind, beschreiben ZENCHELSKY u. SHOWELL (*931*).

Abb. 95 zeigt eine im Strahlengang horizontal angeordnete Heizküvette, die mittels zweier über bzw. unter dem Probegefäß befindlicher Spiegel durchstrahlt wird; zur besseren Ausnutzung der Heizung dient ein Mantel, der — mit ent-

Abb. 95. Horizontalküvette mit Heizeinrichtung (ohne Mantel) (Photo: Perkin-Elmer Corp.)

sprechenden Öffnungen für die Strahlung — über das Ganze geschoben wird. Einen ähnlichen Weg gehen auch KRÜGER u. MAENNCHEN (*1224*). Zur Ausschaltung der mit dieser Anordnung verbundenen Verlängerung des Strahlenweges müssen zwecks Erhaltung der Fokussierung entweder der oder die Beleuchtungsspiegel verschoben werden, wenn man nicht die Küvettenspiegel als dafür geeignete Konvexspiegel ausbildet. GENZEL (*293*) hat eine Küvette für sehr hohe Temperaturen (über 1000 °C) angegeben; in ihr befindet sich die zu untersuchende Substanz in einem Heiztiegel über einem temperaturbeständigen Planspiegel (z. B. aus Platin), der die Strahlung nach einem ersten Durchgang durch die Probe zurücklenkt; auf diese Weise wird die Probe also zweimal durchstrahlt. Die Verwendung einer solchen Höchsttemperaturküvette im Meßstrahlengang von Doppelstrahlgeräten findet man bei PARKER u. NORDBERG (*635*) beschrieben. Es ist dabei nicht notwendig, eine zweite (Kompensations-)Heizküvette auch in den Vergleichsstrahlengang zu bringen, sondern es genügt, die die Heizküvette durchdringende bzw. von ihr ausgehende Strahlung mit einer wassergekühlten Strahlungsklappe unterbrechen zu können. Um — bei einer gegebenen Temperatur — das Durchlässigkeitsspektrum der erhitzten Probe zu erhalten, sind vier Registrierungen notwendig: 1. Registrierung R_1 mit Probe in Küvette bei geöffneter Strahlungsklappe; 2. Registrierung R_2 ohne Probe in Küvette bei geöffneter Klappe; 3. Registrierung R_3 mit Probe in Küvette bei geschlossener Klappe und 4. Registrierung R_4 ohne Probe in Küvette bei geschlossener Klappe. Dann folgt die Durchlässigkeit der Probe nach der Beziehung $D = (R_1 - R_3)/(R_2 - R_4)$.

Weit komplizierter ist der Aufbau von Küvetten, die für tiefe Temperaturen, bis herunter zu flüssigem Wasserstoff oder Helium, gedacht sind. Prinzipiell steht bei ihnen die eigentliche Küvette mit der zu untersuchenden Substanz durch einen Metallblock großer Wärmeleitung mit einem DEWAR-Gefäß in Verbindung, welches

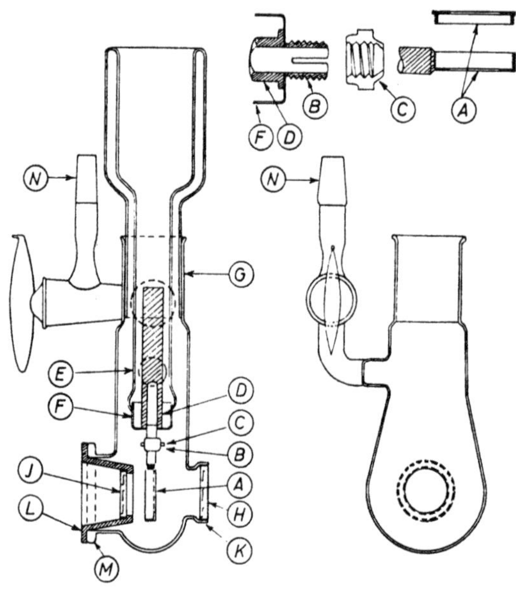

Abb. 96. Tieftemperaturküvette nach WALSH u. WILLIS (*877*). *A* Küvette in Halter, *B* und *C* Verbindungsmuttern, *D* Cu-Zylinder, *F* Metallverbindung zu *E* Kühlflüssigkeitsbehälter, *G* evakuierbares Glasgefäß mit Schliff zur Aufnahme von *E* und Flanschen *K* und *M* zur Aufnahme der äußeren NaCl-Fenster *H* und *J*, *N* Evakuierungsstutzen für *G*

das Kühlmittel enthält (Abb. 96). Für mäßig tiefe Temperaturen (bis etwa —40 °C) hat KOLBE (*1308*) die Anwendung des PELTIER-Effektes zur Kühlung vorgeschlagen. Man vermeidet dadurch die häufig lästige Verwendung flüssiger Kühlmittel. Die starke Abkühlung der Küvettenfenster mit der damit verbundenen Gefahr der Feuchtigkeitskondensation bedingt die Umhüllung der eigentlichen Küvette mit einem durch strahlungsdurchlässige Fenster abgeschlossenen Raum, der evakuierbar sein muß; so wird einesteils die Kondensation auf den Küvettenfenstern, andernteils aber auch ihre Erwärmung durch Konvektionseffekte vermieden. Anstatt der Evakuierung genügt häufig auch eine Spülung mit getrocknetem Stickstoff. Meist wird es notwendig sein, die äußeren Abschlußfenster ein wenig aufzuheizen, um die Kondensation an ihnen zu unterbinden, wenn sie sich durch Wärmeleitungseffekte zu sehr abkühlen sollten. Eine Kittungsart für die Fenster der Küvettenkammer, die bei allen in Betracht kommenden Temperaturen dicht bleibt, beschreibt ROBERTS (*729*). Eine besondere Konstruktion für die Kammerfenster zum Gebrauch bei tiefsten Temperaturen (flüssiges Helium) und im unmittelbaren Kontakt mit dem Kühlmittel geben WARSCHAUER u. PAUL (*880*) an. Wegen der Einzelheiten der verschiedenen Küvettenkonstruktionen sei auf die Originalarbeiten verwiesen [WALSH u. WILLIS (*877*), ŠIMON u. MCMAHON (*801*),

BOVEY (*92*), MCMAHON u. a. (*559*), DUERIG u. MADOR (*210*), ROBERTS (*730*), FUNCK (*281*), ENGELHARDT u. JANDER (*1217*), ZUNDEL (*997*), STEINERT (*1000*), HEINZ u. STOPPERKA (*1001*), STEINHARDT u. a. (*1302*)]. Hat man jedoch keine speziellen meßtechnischen Anforderungen zu stellen, die nur durch den Eigenbau zu verwirklichen sind, kann man heutzutage Tief- und Hochtemperaturküvetten auch kommerziell erhalten[1]. Eine für aggressive Medien, wie HF, brauchbare Tieftemperaturküvette beschreiben SPEARS u. HACKERMAN (*1329*).

Um auch bei tiefen Temperaturen die Schichtdicke der untersuchten Substanz rasch und bequem ändern zu können, benutzt man mit Vorliebe eine sog. Reflexionstype [HOLDEN u. a. (*394*)], wie sie oben für Untersuchungen bei sehr hohen Tem-

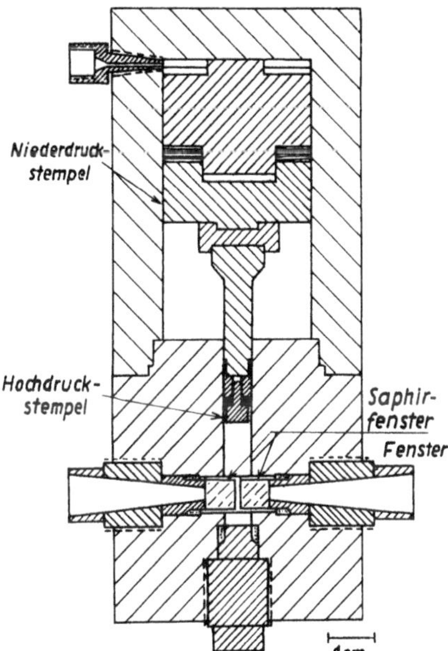

Abb. 97. Flüssigkeitsküvette für hohe Drucke

peraturen schon erwähnt wurde. Dabei liegt also die zu untersuchende Substanz auf einem Planspiegel großer Reflexion in einem DEWAR Gefäß, die Strahlung fällt von oben ein und durchdringt die auf den Spiegel aufgebrachte Substanzschicht zweimal.

Eine Tieftemperatur-Mikroküvette hat STEWART (*830*) angegeben. Die Vorrichtung entspricht im großen ganzen der Abb. 95, jedoch wird der mit der Probe zu füllende Küvettenraum besonders klein gehalten und die Strahlung darauf unter Verwendung eines aus zwei AgCl-Linsen bestehenden Kondensors (s. S. 205) konzentriert. Eine Tieftemperaturküvette für reaktionskinetische Studien beschreiben NENCINI u. PAULUZZI (*600*). Sie pumpen mit einer kleinen Pumpe die Reaktionsflüssigkeit in die an den Reaktorraum angebaute Küvette, von der aus eine Rückflußmöglichkeit zum Reaktionsraum besteht.

Höhere Drucke: In den letzten Jahren sind Ultrarotuntersuchungen an Flüssigkeiten auch unter anderem als Normaldruck interessant geworden, manchmal auch

---

[1] Bezugsquelle: Research and Industrial Instruments Comp., 11 Stannary Street, London S. E. 11, England; Perkin-Elmer Corp., Norwalk, Conn., USA.

noch in Kombination mit anderen extremen Bedingungen. Dafür geeignete Küvetten wurden zuerst von DRICKAMER u. Mit. (*1131—1133*) beschrieben, deren Arbeiten dann von LIPPINCOTT u. Mit. (*1135*) fortgesetzt wurden. Die von den zuletzt genannten Autoren angegebene Hochdruckküvette mit Diamantfenstern wurde von BRASCH u. JAKOBSEN (*1207*) erstmalig auf organische Flüssigkeiten angewandt.

Die Schwierigkeiten liegen bei Druckküvetten nicht bei der Erzeugung des Druckes und seiner Übertragung auf die zu untersuchende Flüssigkeit, sondern wieder bei den Küvettenfenstern und der Dichtung.

Die von FISHMAN u. DRICKAMER (*1131*) angegebene Hochdruckküvette (Abb. 97) wurde für Drucke bis zu 12000 Atmosphären benutzt. Sie besteht aus einem Stahlblock mit einer horizontalen und einer vertikalen Bohrung. In die horizontale Bohrung werden die Fensterhalterungen eingeschraubt. Der untere Teil der vertikalen Bohrung ist normalerweise durch einen eingeschraubten Stahlzylinder verschlossen, der obere Teil dient der Aufnahme des Druckstempels. Auf den Küvettenblock ist eine Druckkammer aufgeschraubt, in der der erzeugte Druck in mehreren Schritten von einem Niederdruckstempel auf den Hochdruckstempel weitergeleitet wird. Der Hochdruckstempel wirkt unmittelbar auf die in der Küvette befindliche Flüssigkeit ohne Zwischenschaltung eines weiteren Übertragungsmediums. Die Küvettenfenster bestehen aus synthetischem Saphir, der so geschnitten ist, daß die c-Achse senkrecht zur Fensterfläche steht. Dicke und Radius des Fensters sind gleich. Die an die Stahlhalterung stoßenden Flächen müssen auf etwa 1 μ genau eben sein. Sind die Stirnflächen der Stahlhalterung ebenfalls so gut bearbeitet, so lassen sich Saphir und Stahl ohne Schwierigkeit miteinander in Haftkontakt bringen. Der optisch ausnutzbare Fensterquerschnitt hat einen Durchmesser von etwa 6 mm. Die Küvettenschichtdicke wird durch mehr oder weniger weites Hineinschrauben der Fensterhalterungen geregelt, gegebenenfalls unter Benutzung von Eichmarken. Die Füllung der Küvette geschieht von der Hochdruckseite her. Dichtungsmaterialien werden keine verwendet. Der spektrale Nutzungsbereich der Küvette wird durch die Durchlässigkeit der Saphirfenster bestimmt, jedoch läßt sich vermutlich diese Substanz durch andere Materialien ersetzen. Allerdings wird man bei weniger hartem und festem Material die Fensterdicke erheblich größer zu wählen haben als den Durchmesser. Eine Küvette, die gleichzeitig für hohe Drucke (bis 50 kbar) und für tiefe Temperaturen brauchbar ist, wurde von SHERMAN (*1250*) beschrieben.

Eine sehr einfach gebaute Hochdruckküvette vom Reflexionstyp, ursprünglich konzipiert für die Untersuchung von in Flüssigkeiten gelösten Gasen und auch zu Durchflußmessungen geeignet, zeigt Abb. 98 [GÜNZLER (*1134*)]. Sie besteht aus einem Stahlblock, durch den die durch Ventile abschließbaren Hochdruckleitungen unmittelbar in den Küvettenraum hineinführen. Die Innenfläche des Stahlblockes ist poliert, so daß sie als guter Reflektor wirkt. Den Abschluß der Küvette bildet das strahlungsdurchlässige Fenster geeigneter Abmessungen, das durch ein aufschraubbares Stahlstück unter Zwischenschaltung von Distanzringen, aber ohne Dichtungsmittel gegen den Küvettenblock gepreßt wird. Die Strahlung fällt wie gezeichnet ein und wird nach zweimaligem Durchgang durch die Küvettenfüllung im reflektierten Strahl beobachtet. Die Druckbelastung hängt von den verwendeten Materialien ab, es dürfte jedoch nicht schwer sein, einige Hundert Atmosphären zu erreichen.

Eine für Drucke bis zu 12000 Atmosphären brauchbare Mikroküvette wird von SCHAMP u. MAISCH (*999*) beschrieben. Hierbei befindet sich die zu untersuchende Flüssigkeit in einem verschlossenen (verschweißten) flachen kleinen Kunststoffbeutel (im Original aus ® Kel-F). Dieser wird zwischen zwei Saphirscheiben in einen metallischen Behälter mit |‾-förmigem Querschnitt gebracht; durch Einschieben von Metallkeilen, die außerhalb des Strahlenganges die Saphirscheiben auf den Beutel pressen, läßt sich die gewünschte Schichtdicke einstellen. Die ganze Anordnung befindet sich in einer Druckbombe, die mit einer im zu untersuchenden Spektralbereich durchlässigen, den Kunststoffbeutel nicht angreifenden Flüssigkeit (im Original CS_2) gefüllt ist.

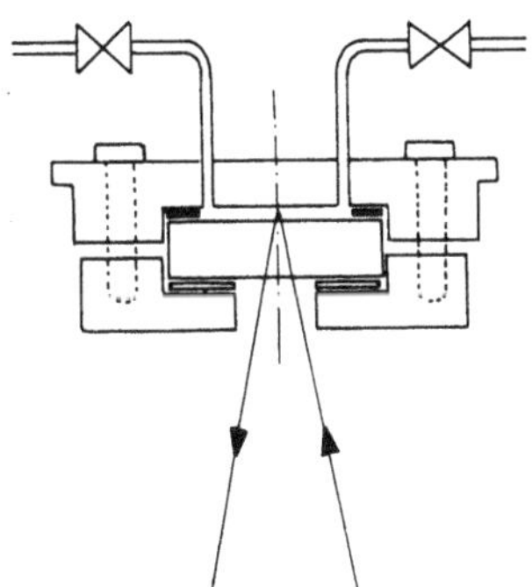

Abb. 98. Flüssigkeitshochdruckküvette vom Reflexionstyp

Bei der Untersuchung von Flüssigkeiten beim kritischen Punkt und darüber werden Küvetten benötigt, die hoher Temperatur- und Druckbelastung gleichzeitig gewachsen sind. Solche Küvetten wurden von FISHMAN (*993*) und von LUCK (*994*) beschrieben. Auch hier war das verwendete Fenstermaterial Saphir bzw. CaF_2; da man aber die Dicke der Fenster sehr viel größer als den immer nur etwa 10 bis 15 mm betragenden Durchmesser machen kann, steht der Verwendung anderer Materialien mit weiter ins Ultrarot hineinreichender Durchlässigkeit vermutlich nichts im Weg.

Im Zusammenhang mit den beschriebenen Druckküvetten sei darauf hingewiesen, daß viele organische Flüssigkeiten schon bei relativ geringen Drucken (in der Gegend von 20 bis 30 kbar) polykristallin fest werden. Gerade diese Übergänge sind ein interessantes Objekt für Ultrarotuntersuchungen.

6. *Reflektometer*

Bis vor kurzem spielten in der modernen Ultrarotspektroskopie — im Gegensatz zu der Zeit vor etwa 40 und mehr Jahren — Reflexionsmessungen gegenüber den Absorptionsuntersuchungen nur eine geringe Rolle. Mehr und mehr ist aber in neuester Zeit auch die Reflexionsspektroskopie im Ultrarotbereich wieder interessant und wichtig geworden. Zur Gewinnung des Reflexionsspektrums einer Substanz existieren einige Zusatzgeräte, die als Reflektometer oder Reflexionsadapter zu den üblichen Spektrometern angesprochen werden können. Man hat zu unterscheiden, ob es sich um die Messung des regulären, spiegelnden Reflexionsvermögens oder der diffusen Reflexion handelt. Methodisch handelt es sich in beiden Fällen fast nie um Absolut-, sondern fast immer um Relativmessungen, d. h. man gewinnt das spektrale Reflexionsvermögen bezogen auf einen Standard, wozu im

Falle der spiegelnden Reflexion meist Gold- oder Silberspiegel dienen, weil diese fast im ganzen Ultrarotbereich sehr hohes, an 100% sehr nahe herankommendes Reflexionsvermögen aufweisen. Für Messungen der diffusen Reflexion verwendet man MgO- und $MgCO_3$-Schichten, geeignet zerkratzte Al-Flächen [EULER (*236*)], sowie geeignet präparierte Standards aus pulverisiertem Schwefel, Selen oder NaCl [AGNEW u. MCQUISTAN (*7*), KRONSTEIN u. a. (*1084*)]. Grundsätzlich hat man also bei Messung der regulären Reflexion eine ebene, möglicherweise polierte Platte des zu untersuchenden Körpers im Wechsel mit dem Standardspiegel in den Strahlengang zu bringen, während die ganze übrige Anordnung identisch sein muß; die Möglichkeit der Benutzung verschiedener Einfallswinkel sollte dabei angestrebt werden.

In der Literatur sind einige Reflektometeranordnungen beschrieben worden, auf die kurz hingewiesen sei. GIER u. a. (*300*) haben eine Apparatur zur Messung des absoluten spektralen Reflexionsvermögens im NaCl-Bereich angegeben. Sie vergleichen die von einem schwarzen Körper von 815 °C ausgehende Strahlung vor und nach der Reflexion an der zu untersuchenden Substanz. Die Probe wird dabei

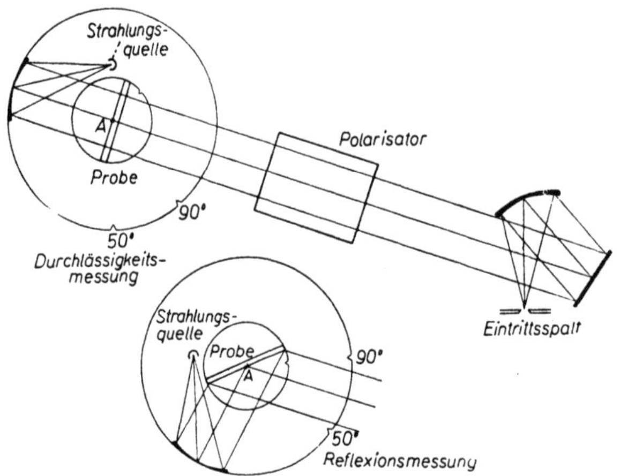

Abb. 99. Reflektometerzusatz nach OLDHAM (*619*)

in die Wand des Hohlraumstrahlers eingebaut und durch ausreichende Kühlung auf Zimmertemperatur gehalten. Durch einen geeignet aufgestellten Schwenkspiegel wird einmal ein Stück der Strahlerwand, ein zweitesmal die reflektierende Oberfläche der Substanz auf den Eintrittsspalt des Monochromators abgebildet. Eine ähnliche Anordnung benutzt auch TINGWALDT (*861*). Eine ebenfalls für Absolut-, aber auch für Relativmessungen geeignete Apparatur wurde von BENNETT u. KOEHLER (*59*) beschrieben. Ihnen kommt es vor allem darauf an, Durchlässigkeits- und Reflexionsmessungen mit höchster Präzision auszuführen. Mit einigem Aufwand erreichen sie tatsächlich, daß das von ihnen bestimmte Reflexionsvermögen der Metalle nur noch höchstens um 0,1% fehlerhaft ist.

Ein einfaches Reflektometer von besonderer Vielseitigkeit sowohl für Reflexions- wie auch für Absorptionsmessungen an derselben Probe hat OLDHAM (*619*) beschrieben. Im wesentlichen besteht es aus zwei Goniometertischen mit gemeinsamer Achse und einem solchen Aufbau von Strahlungsquelle, Probe, Monochromator und den notwendigen Hilfsspiegeln zueinander, daß mit einem einzigen Handgriff die gegenseitige Lage von Strahlungsquelle und Probe aus der Stellung für Reflexions- in die für Absorptionsmessungen geschwenkt werden kann (Abb. 99). Zu einigen kommerziellen Spektrometern gibt es diesen Apparaten in Aufbau und Abmessungen angeglichene Reflexionsadapter, wie in Abb. 100 einer abgebildet ist: Die feste Probe wird auf den justierbaren Teller oben aufgelegt (flüssige Proben in einem Träger), während die Strahlung von unten her unter einem Einfallswinkel von 10° einfällt und der reflektierte Strahl durch einen zweiten schräg stehenden Spiegel wieder horizontal weitergeleitet wird. Auch hier sind — wie bei der oben gezeigten Heizküvette — Maßnahmen zur Erhaltung der Fokussierung notwendig.

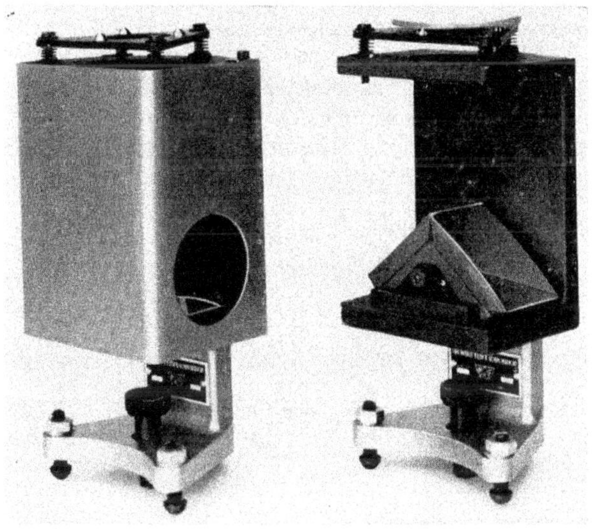

Abb. 100. Reflexionsadapter für PERKIN-ELMER-Spektrometer, links mit Schutzgehäuse, rechts ohne Schutzgehäuse mit aufgelegter Probe (Photo: Perkin-Elmer Corp.)

Zur Bestimmung des Reflexionsspektrums von kleinen Kristallen (z. B. Fläche etwa 0,25 mm²) läßt sich nach COLLINS (*1239*) recht gut ein sog. Ultrarot-Mikroskop (s. S. 207) verwenden.

Bei den Vorrichtungen zur Messung der diffusen Reflexion handelt es sich teils um Geräte, die nur einen bestimmten Winkelbereich der Streureflexion erfassen, teils um Geräte, welche die ganze in den Halbraum gehende Reflexion integrierend messen sollen. Beide Typen werden bisher fast nur im kurzwelligen Ultrarot benutzt, weil dort solchen Messungen eine technische Bedeutung zukommt. Der erste Typ ist verwirklicht z. B. im Reflexionszusatz des BECKMAN-Spektrophotometers für ultraviolette und sichtbare Strahlung (mit kleinen Änderungen und in einem neuen Typ [KAYE u. a. (*453*, *455*, *456*)] aber brauchbar bis 2,7 μ Wellenlänge): Die Probe befindet sich in dem einen Brennpunkt eines Ellipsoidspiegelausschnittes, der einen Reflexionswinkel von 35 bis 55° bei senkrechtem Einfall ausnutzt, der Strahlungsempfänger im anderen Brennpunkt. Als Standardkörper dienen MgO [SANDERS u. MIDDLETON (*766*), JACQUES u. a. (*419*)], $MgCO_3$ oder $BaSO_4$. Reflektometer zur Messung der diffus in den Halbraum reflektierten Strahlung haben SANDERSON (*767*) und DERKSEN u. MONAHAN (*198*) sowie WHITE (*1073*) beschrieben.

Derksen u. Monahan (*199*) haben ihre ursprünglich nur für punktweise Ausmessung ausgelegte Apparatur später bis zur automatischen Registrierung entwickelt. Eine ähnliche Apparatur haben Blevin u. Brown (*1090*) beschrieben. Die besonderen Verhältnisse der Reflexionsmessung an luftempfindlichen Pulvern bei tiefen Temperaturen berücksichtigt eine von Scaife (*1248*) angegebene Vorrichtung, die zwar für ein bestimmtes kommerzielles Gerät entwickelt wurde, aber unschwer an jede Apparatur angepaßt werden kann.

Die Problematik solcher Geräte liegt in dem der Integration der über den Halbraum verteilten Strahlungsenergie dienenden Teil. Man könnte daran denken, den Ellipsoidausschnitt des Beckmanschen Instruments zu einem Halbellipsoid zu erweitern. Diese Lösung ist technisch wegen der Schwierigkeit der Herstellung solcher elliptischer Hohlspiegel kaum zu beschreiten. Im allgemeinen benutzt man, indem man die daraus fließenden Abbildungsfehler in Kauf nimmt, als räumliche Integratoren innen verspiegelte halbe Hohlkugeln. Probe und Empfänger befinden sich in zwei bezüglich der Spiegelfläche optisch konjugierten Punkten in der die Halbkugel abschließenden Ebene in der Nähe, aber auf verschiedenen Seiten des Kugelzentrums. Zwecks Reflexion an der Probe wird die Strahlung gemäß Abb. 101

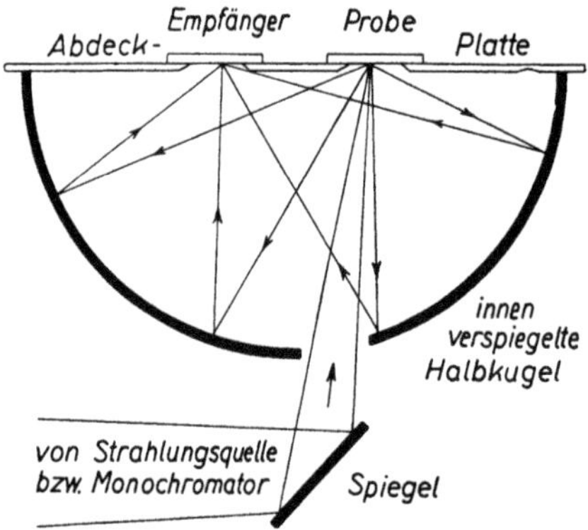

Abb. 101. Schema eines Halbkugel-Albedo-Reflektometers nach Sanderson (*767*)

durch ein kleines Loch in der Wandung des Spiegels in dessen Inneres eingeführt. Die Aberrationen sind bei dieser Anordnung offenbar um so größer, je weiter Probe und Empfänger voneinander entfernt sind. Außerdem erfüllen die im nahen Ultrarot heute üblichen Empfänger vom PbS-Typ das Lambertsche Kosinusgesetz nicht, d. h. ihre Wirksamkeit ist abhängig vom Einfallswinkel der zu messenden Strahlung. Es können daher nur die Reflexionen von Körpern angenähert gleicher räumlicher Verteilung der Reflexion miteinander verglichen werden. Diese Einschränkung entfällt bei Verwendung einer Integrationskugel (Ulbricht-Kugel) mit diffus reflektierendem Belag [Jacquez u. a. (*419*), Jacquez u. Kuppenheim (*418*), Goulden (*327*)]. Die Herstellung des MgO-Belags dazu wird von Dimitroff u. Swanson (*203*) beschrieben. Anstatt des MgO-Belags empfehlen Sklensky u. a. (*1315*) fein pulverisiertes Aluminiumoxid, das in einer verdünnten Wasseraufschlämmung, die etwas Bindemittel enthält, in mehreren Arbeitsprozessen aufgesprüht wird. Trytten u. Flowers (*1316*) benutzen zu demselben Zweck einen kommerziell erhältlichen keramischen Filz, der neben Aluminiumoxid noch eine Reihe anderer Oxide enthält.

Ein Reflektometer für das ferne Ultrarot haben neuerdings NEHER u. EDWARDS (*1197*) beschrieben. Es zeichnet sich durch Verwendung von großen off-axis-Parabolspiegeln aus, die in einem rotierenden Behälter mit einem zunächst flüssigen, dann allmählich härtenden Harz hergestellt wurden; die Brennweite F hängt mit der Winkelgeschwindigkeit ω der Rotation gemäß der Gleichung $\omega^2 \cdot F = {}^1/_2\, g$ zusammen (g = Erdbeschleunigung). Auf diese Weise können sehr große Parabolspiegel einer gewünschten Brennweite mit für das ferne Ultrarot ausreichender Güte relativ billig angefertigt werden.

7. *ATR-Zusätze*

Mit der Einführung der ATR-Technik (s. S. 320) sind die dafür notwendigen Zusatzgeräte zum Ultrarotspektrometer wichtig geworden. Man unterscheidet grundsätzlich zwischen ATR-Einrichtungen, die nur eine Reflexion an der Grenzfläche ausnutzen, und solchen, die mehrere Reflexionen verwenden. Bei der Mehrfachreflexion spricht man anstatt von ATR häufig auch von FMIR (frustrated

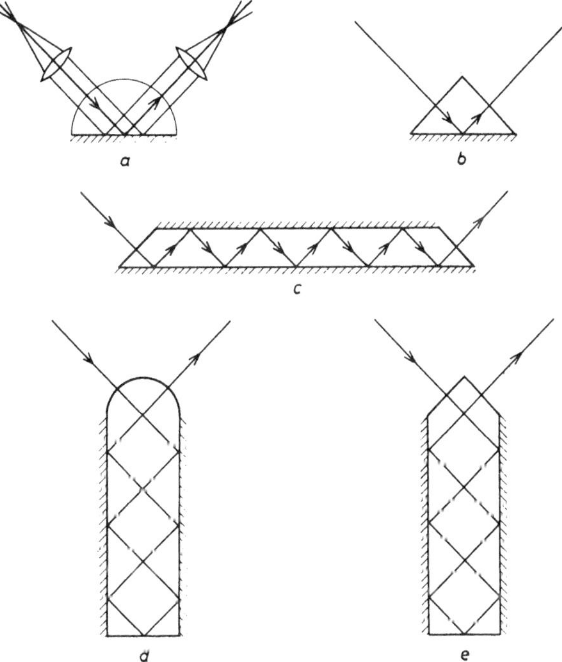

Abb. 102. Strahlenführung in einigen ATR-Kristallen (schematisch)

multiple internal reflection). Überlegungen für die Wahl der einen oder anderen Form haben HANSEN (*1118*), HANSEN u. HORTON (*1086*) und SHERMAN (*1085*) angestellt. Abb. 102 zeigt schematisch einige mögliche Formen mit ihrer inneren Strahlenführung. Die Einfachreflexionsanordnung kommt immer dann in Betracht, wenn man nur einen sehr kleinen Substanzquerschnitt zu Verfügung hat, z. B. bei der Untersuchung von Fasern, oder wenn lokale Unterschiede erfaßt werden sollen, man also eine größere Fläche sozusagen abtasten will. Günstigerweise sorgt man durch eine passende Abbildung dafür — gegebenenfalls unter Zwischenschaltung eines Mikroilluminators (s. S. 205) —, daß möglichst der ganze Strahlenquerschnitt für die Messung wirklich ausgenutzt wird. Normalerweise ist die Einfachreflexionseinrichtung der Mehrfachreflexionseinrichtung an Empfindlichkeit unterlegen. FORD (*1267*) hat jedoch darauf hingewiesen, daß dies nicht immer so zu sein braucht. Zwar wird bei mehreren Reflexionen jede Absorptionsbande, verglichen mit einer einzelnen Reflexion, verstärkt. Da aber alle einfallenden Wellenlängen bei jeder Reflexion Verluste erleiden, z. B. durch Streuung, kann der gewünschte Effekt kompensiert werden, besonders häufig bei Spektrometern mit geringer Auflösung. Die Entscheidung für die Einfach- oder Mehrfachreflexionsanordnung muß demnach letztlich dem Experiment überlassen bleiben.

An hochbrechenden Kristallmaterialien werden in der Praxis fast nur AgCl, KRS-5 und Ge verwendet, obwohl es noch einige andere Stoffe gibt, die man bei speziellen Fällen verwenden kann (s. Tab. 29 auf S. 322). Alle diese Kristalle sind von Natur aus ziemlich weich. Bei ihrer Benutzung muß man also darauf achten, daß man sie nicht verbiegt, beschädigt oder zerkratzt, weil sie dann für ATR-Zwecke unbrauchbar werden und unter Substanzverlust nachgeschliffen werden müssen. Für den Einbau in ein gegebenes Spektrometer benötigt man darüber hinaus noch eine optische Vorrichtung zur Anpassung; sie wird im allgemeinen von den Lieferanten von ATR-Einrichtungen[1] mitgeliefert. Dabei ist es vorteilhaft, eine Möglichkeit zur Veränderung des Strahleneinfallswinkels zu haben. Am besten ist es, wenn bei Veränderung des Einfallswinkels automatisch auch der Kristall der ATR-Einrichtung in die richtige Position gebracht wird [HARRICK (*1087*)]. Eine einfache Vorrichtung dieser Art hat HANSEN (*1264*) beschrieben. Sie besteht aus einem rechtwinkligen ATR-Prisma, auf dessen einer Dachfläche die zu untersuchende Probe angebracht wird. Die Basisfläche wird von einem zweiten rechtwinkligen Prisma mit verspiegelten Dachflächen (oder zwei einen rechten Winkel miteinander bildenden Planspiegeln) berührt. Die Strahlung fällt parallel zur Basis des ATR-Prismas auf den ersten Spiegel, durchsetzt mit zwei inneren Reflexionen das ATR-Prisma und wird vom zweiten Spiegel in der ursprünglichen Richtung reflektiert. Durch Drehen der Spiegelkombination um die Schnittlinie der Spiegel (die Dachkante des verspiegelten Prismas) kann jeder Einfallswinkel an der zu untersuchenden Probe verwirklicht werden. Dabei tritt allerdings eine Parallelverschiebung der Strahlung ein, die durch eine Verschiebung des ATR-Prismas in Richtung seiner Basis kompensiert werden kann. Verschiebt man die ganze Einheit bei vorgegebener Einstellung der Spiegelkombination senkrecht zur Basis des ATR-Prismas, so tastet die Strahlung die Oberfläche der Probe ab.

Die Vorteile des Doppelstrahlprinzips lassen sich ohne Schwierigkeiten auch bei ATR-Messungen erreichen, wenn man zwei gleichartige ATR-Zusätze in Kombination mit zwei in derselben Ebene liegenden rotierenden Halbspiegeln gekoppelt verwendet, die um 180° gegeneinander versetzt sind. Noch einfacher wird die Anordnung mit nur einem rotierenden, beidseitig reflektierenden Halbspiegel, der sowohl zur Strahlteilung wie zur Strahlvereinigung dient, wobei die durch die Spiegeldicke hervorgerufene Strahlversetzung durch eine entsprechende Verschiebung des Referenz-ATR-Zusatzes kompensiert wird [HARRICK (*1265*)]. Derselbe Autor (*1266*) hat auch eine in vertikaler Stellung benutzte ATR-Platte beschrieben, die es ermöglicht, durch Eintauchen die Spektren von Flüssigkeiten

[1] Bezugsquellen: Spektrometerlieferanten; Barnes Engineering Comp., Stamford, Conn., USA; Wilks Scientific Corp., South Norwalk, Conn., USA; Connecticut Instrument Corp., Wilton, Conn., USA; Research and Industrial Instruments Corp., 11 Stannary Street, London S. E. 11, England.

und Pulvern in Behältern zu messen, wobei nur je ein weiterer Planspiegel benötigt wird, um den normalerweise horizontal verlaufenden Strahl in die Vertikale abzulenken bzw. daraus wieder aufzunehmen.

8. Polarisatoren

Zur Durchführung von Messungen mit polarisierter Strahlung, wie sie vor allem für die Untersuchung von Kristallen sowie gewisser Natur- und Kunststoffe wichtig sind, bedarf es der Einrichtungen zur Herstellung polarisierter Strahlung. Dazu wird im Ultrarot hauptsächlich die Erscheinung der Polarisation bei Reflexion an elektrisch nichtleitenden Stoffen benutzt, teils unter Verwendung der reflektierten Strahlung, wobei man dann mit ein oder zwei Reflexionen auskommt, teils der durchgelassenen Strahlung, wobei dann wegen des geringeren Polarisationseffektes in einem Akt mehrere Elemente hintereinander geschaltet werden. Die Erscheinung der Doppelbrechung wird neuerdings benutzt, um mittels dichroitischer Folien polarisierte Strahlung im nahen Ultrarot herzustellen.

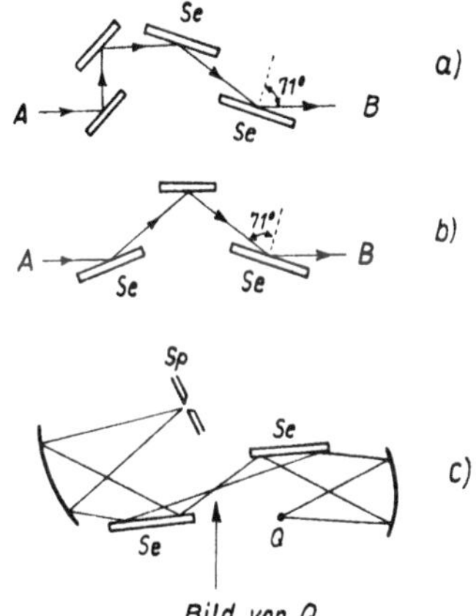

Abb. 103. Selenpolarisatoren, *a* und *b* mit parallelem Strahlengang nach PFUND bzw. SCHAEFER, *c* mit konvergentem Strahlengang nach PFUND (*648*)

Die älteren Reflexionspolarisatoren benutzen als Material durchweg kompakte Selenspiegel, weil diesem Material bei einem Einfallswinkel der Strahlung von etwa 71° im ganzen Ultrarotbereich infolge seiner geringen Dispersion eine einigermaßen gleichbleibende Polarisationseigenschaft zukommt. Es werden gemäß Abb. 103 immer zwei Selenspiegel verwendet und die durch die geometrische Anordnung bedingte seitliche Versetzung des Strahls durch die Gegenwirkung normaler Planspiegel ausgeglichen [s. a. PFUND (*648*)]. Eine neuere Konstruktion von TAKAHASHI (*1018*) verwendet ein Paket von parallelen Glasplatten, die mit Selen überzogen sind. Der Strahl wird dabei zwei- bis viermal reflektiert, der erreichte Polarisationsgrad liegt über 99%.

In neuerer Zeit verwendet man mehr Durchlässigkeitspolarisatoren. Dazu werden dünne Selenschichten auf Zaponlackhäutchen [ELLIOTT u. AMBROSE (*226*), ELLIOTT u. a. (*230*)], auf Polyvinylformalfilmen [AMES u. SAMPSON (*18*)] oder auf Celluloseacetatfilmen [GREENLER u. a. (*1310*)] (die später durch geeignete Lösungsmittel wieder entfernt werden)[1] durch Aufdampfen aufgebracht und in einer Anzahl von 4 bis 6 hintereinander angeordnet. Anstatt der Selenfilme benutzt man auch etwa 1 mm dicke AgCl-Platten in gleicher Anzahl und Anordnung [WRIGHT (*918*), NEWMAN u. HALFORD (*606*)]. Zur Verhinderung aktinischer Einwirkungen der in der Emission der üblichen Strahlungsquellen vorhandenen kurzwelligen Strahlung auf das lichtempfindliche AgCl schützt man häufig unter Inkaufnahme einer gewissen Durchlässigkeitsminderung, insbesondere im kurzwelligen Ultrarot, die erste, der Strahlungsquelle zugewandte AgCl-Platte durch einen Ag_2S-Überzug.

Der Einfallswinkel der Strahlung beträgt für Selen etwa 65—70°, für AgCl etwa 63°, die erzielte Ausbeute an linear polarisierter Strahlung etwa 40—50% der ursprünglich einfallenden. Die Güte der Polarisation der durchgelassenen Strahlungskomponente — die parallel zur Einfallsebene schwingt — hängt im wesentlichen von der benutzten Plattenzahl ab, wenn die übrigen Einflüsse des Materials, also Absorption und Streuung, isotrop sind, d. h. von der Schwingungsrichtung der Strahlung unabhängig. CHARNEY (*136*) gibt zur Kennzeichnung der Polarisationsgüte eines AgCl-Polarisators den Durchlässigkeitskoeffizienten der senkrecht schwingenden Komponente in Abhängigkeit von der Plattenzahl gemäß Tab. 11 an. Man erkennt daraus, daß auch bei den üblichen 6 Platten der Anteil der unerwünschten Strahlungskomponente noch recht groß ist und daß auch die Vermehrung der Plattenzahl dies nur sehr langsam bessert. CONN u. EATON (*165*) berichten von einem experimentell ermittelten Polarisationsgrad (Definition s. S. 329) von 99,8% für einen Se-Polarisator mit 8 Filmen.

Tabelle 11. *Durchlässigkeitskoeffizient eines AgCl-Polarisators für die senkrecht zur Einfallsebene schwingende Strahlungskomponente nach* CHARNEY (*136*)

Plattenzahl	t_m
1	0,501
2	0,294
3	0,190
4	0,128
5	0,090
6	0,067
7	0,050
8	0,040
9	0,035
10	0,031

Der ganze Polarisator, wie beschaffen er auch immer sei, wird in der Weise in ein Gehäuse eingebaut, daß seine Orientierung um die Durchstrahlungsrichtung (Azimut) nach beiden Seiten um 90° verändert werden kann (Abb. 104). Dabei befindet sich im allgemeinen die zu untersuchende Probe zwischen dem der Strahlung zugekehrten Polarisator und dem Monochromator, weil man die Probe gerne an den Ort der engsten Einschnürung des Strahlenbündels bringt. MAKAS u. SHURCLIFF (*536*) haben darauf hingewiesen, daß diese Anordnung beim AgCl-Polarisator und teilweise auch beim Se-Polarisator eine Reihe von begrifflichen

[1] Soll der auf Polyvinylformal aufgebrachte Selenpolarisator im nahen Ultrarot benutzt werden, so erübrigt sich die Entfernung des Trägers, weil er bei der geringen Dicke in diesem Spektralbereich nur geringfügige Absorption hat [BUIJS (*121*)].

und technischen Schwierigkeiten mit sich bringt: 1. Da der Monochromator nie ganz frei von Polarisationseigenschaften ist (man denke an die Apparatpolarisation, s. S. 330), befindet sich die dichroitische Probe zwischen zwei polarisierenden Vorrichtungen, weswegen das MALUSsche Gesetz ungültig und die Deutung der für

Abb. 104. AgCl-Polarisator in Gehäuse (Photo: Perkin-Elmer Corp.)

verschiedene Polarisatorazimute gemessenen Durchlässigkeit schwierig wird. 2. Die schräge Durchstrahlung mehrerer Platten von zwar geringer, aber doch nicht vernachlässigbarer Dicke versetzt den Strahl seitlich, was besonders unangenehm ist, wenn die Versetzung senkrecht zur Richtung des Monochromatorspaltes geschieht[1].

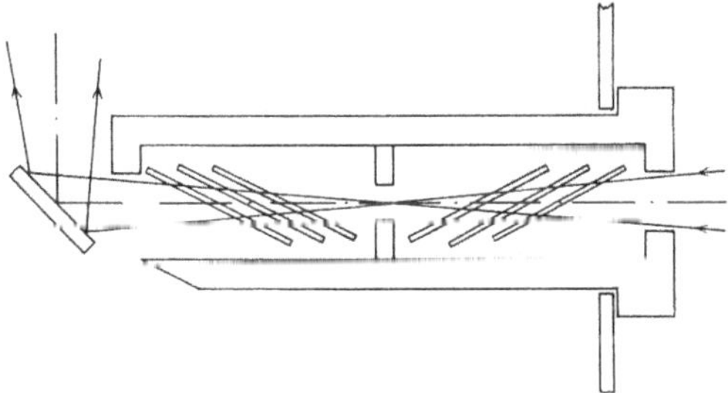

Abb. 105. Anordnung eines Durchlässigkeitspolarisators nach MAKAS u. SHURCLIFF (*530*)

Die naheliegende Verminderung der Dicke der AgCl-Platten durch stärkeres Auswalzen führt meist zu einer ebenso unangenehmen Doppelbrechung. 3. Die stark geneigte Aufstellung der Platten bedingt relativ große, nicht unterstützte Flächen mit entsprechender Durchbiegungsgefahr. Die genannten Autoren schlagen daher eine Anordnung des AgCl-Polarisators gemäß Abb. 105 vor, die aus zwei Sätzen

[1] Man kann diese Versetzung kompensieren durch eine gleichgroße und entgegengesetzte, die mit einer geeignet dimensionierten, in den Strahlengang eingefügten keilförmig geschliffenen NaCl-Scheibe oder dgl. erzeugt wird.

von je drei Platten ziemlich kleiner Dimensionen besteht. Die beiden Sätze sind im Gegensinn so gegen die Strahlrichtung geneigt, daß der richtige Einfallswinkel resultiert. Infolge ihrer geringen Abmessungen kann diese Vorrichtung leicht zwischen Probe und Monochromator angebracht werden[1].

Die beschriebene Anordnung vermeidet zwar die seitliche Versetzung des Strahles, nicht aber den Einfluß der Mehrfachreflexion zwischen den Platten und in ihnen. BIRD u. SHURCLIFF (*1300*) schlagen zur Ausschaltung auch dieses Einflusses daher vor, die einzelnen Polarisatorplatten nicht mit gleichmäßiger Dicke, sondern schwach keilförmig zu machen, die Keilkanten in dem einen Plattenpaket der Anordnung nach MAKAS u. SHURCLIFF auf der einen, im zweiten Plattenpaket auf der anderen Seite des Strahles anzuordnen und die Platten im ersten Paket der Reihe nach jeweils etwas weniger, im zweiten Paket jeweils etwas mehr gegen die Strahlrichtung zu neigen. Damit wird die Verwendung dickerer und stabilerer Platten möglich. Außerdem empfehlen die genannten Autoren einen Strahlungseinfall von ungefähr 68° anstatt des exakten BREWSTERschen Winkels von 63,4°.

Die ziemlich große, unhandliche Baulänge eines Durchlässigkeitspolarisators in der Art der Abb. 105 kann man nach HARRICK (*1017*) vermeiden, indem man zwei Polarisatorplatten „gekreuzt" aufstellt, wie es Abb. 106 veranschaulicht, und sie im konvergenten Strahlengang benutzt.

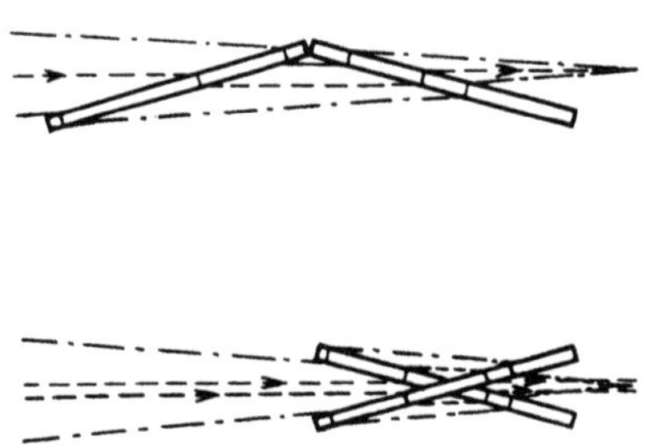

Abb. 106. Anordnung von Polarisatoren nach HARRICK (*1017*)

Neben den genannten kann natürlich jedes in geeigneter Form herrichtbare Material ohne Absorption und mit geringer Dispersion — damit der BREWSTERsche Winkel, der als Einfallswinkel genommen wird, über den fraglichen Spektralbereich nur wenig sich ändert —, aber möglichst hohem Brechungsindex für Durchlässigkeitspolarisatoren verwendet werden. Früher wurde z. B. KRS 5 empfohlen [LAGEMANN u. MILLER (*492*)]. Neuerdings erfreut sich Germanium einer gewissen Beliebtheit [EDWARDS u. BRUEMMER (*219*), MEIER u. GÜNTHARD (*571*), BOR u. BROOKS (*1249*)]. Der BREWSTERsche Winkel für dieses Material ist etwa 76°. Dieser Wert bleibt wegen der geringen Dispersion (Brechungsindex etwa 4) praktisch im Wellenlängenbereich von 2 bis 20 μ konstant. Das Reflexionsvermögen beträgt etwa 40%, die Polarisation (für eine Fläche) etwa 99%. Nach YOSHINAGA (*924*) ist auch oberhalb von 20 μ bis hinauf zu Wellenlängen in der Gegend von 200 μ das Reflexionsvermögen von Germanium konstant. Demgemäß sollte ein Germaniumspiegel als Polarisator vom nahen bis zum fernen Ultrarot wirksam sein.

[1] Die beschriebene Anordnung ist für ein festes Azimut und das PERKIN-ELMER-Spektrophotometer Modell 21 angegeben. Beide Einschränkungen lassen sich leicht beseitigen.

Dem entsprechen Rechnungen und Messungen, die HARRICK (*361*) für die Reflexion linear polarisierter Strahlung an der Grenzfläche von Germanium und einem geeigneten Metall, insbesondere Quecksilber, angestellt hat. Der Strahl verläuft bei dem von ihm angegebenen Polarisator im blockförmig gestalteten Germanium (Abb. 107). Wegen der starken Polarisation bei Reflexion natürlicher Strahlung

Abb. 107. Formen des Germanium-Metall-Polarisators nach HARRICK (*361*). Die metallbelegten Flächen sind schraffiert

unter dem Haupteinfallswinkel (etwa 75°) an der Grenzfläche einer solchen Germanium-Metall-Kombination genügen im allgemeinen zwei Reflexionen, um einen für die meisten Zwecke ausreichenden Polarisationsgrad der aus dem Germaniumblock austretenden Strahlung zu erzielen[1]. Die Einhaltung des richtigen Einfallswinkels erfordert keine besonderen Maßnahmen, da Abweichungen von 2° nach jeder Seite bedeutungslos sind. Die kleinste Wellenlänge, für die ein solcher Polarisator noch brauchbar ist, wird durch die Absorptionskante des verwendeten Materials (etwa $2\,\mu$ für Germanium) gegeben, die obere Grenzwellenlänge des Nutzungsbereiches durch die Forderung, daß der benötigte Einfallswinkel noch bequem herstellbar sein muß. Nimmt man dafür einen Wert von 88° an, so ergibt sich für die Kombination Germanium-Quecksilber eine obere Grenzwellenlänge von $200\,\mu$.

MITSUISHI u. a. (*583*) haben als weiteren Polarisator für das langwellige Ultrarot einen Satz von Polyäthylenfilmen vorgeschlagen. Dieses Material ist oberhalb von $14\,\mu$ absorptionsfrei. Sein Brechungsindex liegt bei etwa 1,46, demnach der BREWSTERsche Winkel bei ungefähr 55°. Die Filmdicke wird zwischen 0,02 und 0,05 mm gewählt. Bei fünfzehn hintereinandergeschalteten Filmen erzielt man einen Polarisationsgrad von etwa 97% bei einer Durchlässigkeit von nicht ganz 40% der ursprünglich einfallenden, nicht polarisierten Strahlung. Allerdings treten für bestimmte Wellenlängen Minima der Polarisation auf, die von Interferenzeffekten herrühren. Ihre Lage und Stärke hängt von der Zahl und der Dicke der verwendeten Filme ab. Zu ihrer Vermeidung benutzt man in demselben Satz Filme von verschiedener Dicke, z. B. zwölf Filme von 0,02 und zwölf Filme von 0,03 mm Dicke.

Auf die früher verwendeten Gitterpolarisatoren für den langwelligen Ultrarotbereich [MERTZ (*574*)] sei nur hingewiesen. Neuerdings verwendet man Echelettegitter, die in einen ultrarotdurchlässigen Stoff geritzt sind, auf deren eine Seite ein dünner metallischer Belag aufgedampft wird [BIRD u. PARRISH (*1243*), HASS u.

[1] Man könnte auch daran denken, allein die Reflexion unpolarisierter Strahlung an einer beliebigen Metallfläche unter dem Haupteinfallswinkel zur Erzeugung von polarisierter Strahlung auszunutzen. Das ist zwar prinzipiell möglich, scheitert aber technisch an den sehr großen Einfallswinkeln (nahezu 90°) und an der Forderung, diesen Winkel sehr genau einzuhalten.

O'HARA (*1244*), YOUNG u. a. (*1247*)]. Zur Erzeugung von zirkular polarisierter Strahlung im fernen Ultrarot empfehlen RICHARDS u. SMITH (*1016*) Festkörper, wie FeF_2 und InSb, die die Eigenschaft haben, unter dem Einfluß von Magnetfeldern die Schwingungsebene der Strahlung zu drehen.

Im kurzwelligen Ultrarot — unterhalb von 3μ — sind neuerdings dichroitisch eingefärbte, orientierte Folien aus hochmolekularen Stoffen (Polyvinylalkohol), wie man sie auch im Sichtbaren benutzt, bedeutungsvoll geworden [DRECHSEL (*208*, *209*)]. Die üblichen Polarisationsfolien für sichtbares Licht verlieren die polarisierende Eigenschaft ziemlich genau an der Grenze des Ultrarot. Durch einen etwas veränderten Einfärbungs- und Orientierungsprozeß läßt es sich aber erreichen,daß sich der Wirksamkeitsbereich in die Gegend von etwa 2μ verlagert[1]. Die Durchlässigkeit einer Folie beträgt maximal etwa 30%, der Polarisationsgrad wird mit besser als 99% angegeben[2]. Für den Bereich 1 bis 5μ werden neuerdings dünne Platten aus Polyäthylenterephthalat empfohlen [WALTON u. a. (*1015*)]. Das Material hat in diesem Bereich nur zwei stärkere Banden (3,35 und $5{,}15\mu$ bzw. 2980 und 1940 cm^{-1}), und die Streuung ist z. B. im Vergleich zu Polyäthylen gering. Allerdings sind im allgemeinen der Durchlässigkeitskurve Interferenzen überlagert, die verwirren können. Man vermeidet oder vermindert sie durch Verwendung von Platten verschiedener Dicke.

9. *Mikrospektroskopische Ausrüstung*

Es wurde schon erwähnt, daß bei Untersuchung biochemischer Substanzen die verfügbare Probemenge bei Verwendung der üblichen Geräte und Küvetten zu einer Ultrarotmessung häufig nicht ausreicht. Mit Gewißheit gilt dies bei der spektroskopischen Untersuchung einzelner Fasern und kleiner Kristalle. Die Bedeutung der Ultrarotspektren und die aus ihnen erhältlichen Aufschlüsse sind aber so groß, daß man auch in diesen Fällen auf sie nicht verzichten möchte. Es wurden daher, teils unter Verwendung von Entwicklungen in anderen Disziplinen, Geräte und Methoden entwickelt und ausgearbeitet, um auch mit winzigsten Substanzmengen brauchbare Spektren zu erhalten.

Das Problem ist dies: Die Probe — sei sie flüssig in Küvetten oder fest für sich allein — muß den Monochromatorspalt völlig umfassen. Es lag nahe, anstatt die Probe an dieser Stelle in den Strahlengang zu bringen, es an einer anderen zu tun, an der man ein genügend kleines reelles Zwischenbild des Spaltes erzeugt, das dieser Forderung genügt. Der Monochromator bleibt demnach ungeändert, und der Eingriff erfolgt im Spaltbeleuchtungssystem, wobei dafür gesorgt werden muß, daß die Aperturverhältnisse nicht wesentlich verschlechtert werden. Den ersten Schritt in dieser Richtung stellen die sog. Mikroküvetten dar, die den Küvettenraum und damit die erforderliche Substanzmenge dadurch verkleinern, daß die Küvette dicht an den Spalt oder eine ihm optisch entsprechende Stelle herangebracht wird (Abb. 93). Ihre auszuleuchtende Fläche beträgt aber bei den üblichen Geräten immer noch mindestens 1×12 bis 15 mm. Ein nächster Schritt ist die Quer-

---

[1] Die Absorption der Trägerfolie zwischen 2,8 und $3{,}5\mu$ trennt den gesamten Wirksamkeitsbereich in zwei Gebiete. Davon hat dasjenige von 3,5 bis $6{,}5\mu$ mit Schwerpunkt bei 5μ keine Bedeutung, weil die Durchlässigkeit der Folie dort zu gering ist und andere, bessere Polarisatoren für diese Wellenlängen verfügbar sind.

[2] Bezugsquelle: Jenoptik Jena GmbH, Jena.

schnittsverengung des Strahlenbündels durch eine Blende, die man in Doppelstrahlspektrometern vorteilhafterweise nicht im Meß- und Vergleichsstrahlengang getrennt anbringt, sondern an einer beiden gemeinsamen Stelle [WOOD (*909*)]. Denselben Erfolg erzielt man anstatt durch eine mechanische durch eine optische Bündelverengung, wobei die Verfügbarkeit feuchtigkeitsbeständiger, ultrarot-

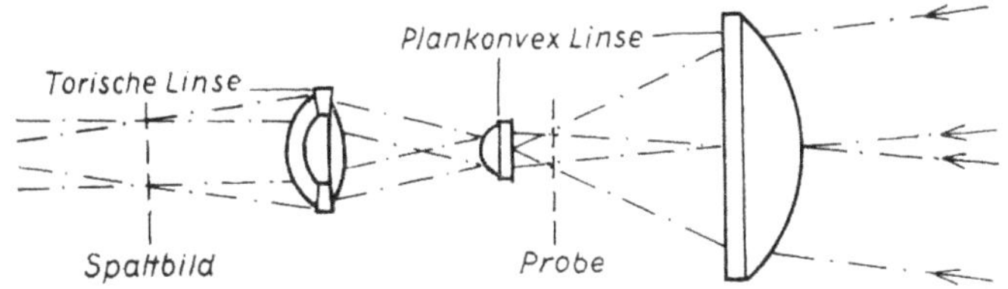

Abb. 108. Strahlengang eines aus Linsen aufgebauten Mikroilluminators

durchlässiger Materialien von geringer Dispersion, aber hoher Brechkraft — wie etwa AgCl — eine große Rolle spielt. Mit solchen Materialien kann man nämlich kurzbrennweitige Linsen großer relativer Öffnung bei technisch gut herstellbaren Krümmungsradien anfertigen, die als Kondensorlinsen verwendet werden. ANDERSON u. MILLER (*22*) haben zuerst ein derartiges AgCl-Linsensystem beschrieben, das aus zwei plankonvexen Linsen mit einem Durchmesser von 24 mm und einer Brennweite von 22 mm besteht. Die Durchlässigkeit beträgt im NaCl-Bereich

Abb. 109. Linsen-Mikroilluminator (Photo: Perkin-Elmer Corp.)

ungefähr 50% der einfallenden Strahlung, der ausnutzbare Bündelquerschnitt hat eine Fläche von 1,5 × 3,5 mm, die erforderliche Substanzmenge für Lösungen liegt zwischen 20 und 50 Mikrogramm. Ein ähnliches, aus drei KBr-Linsen aufgebautes System, speziell für die Verwendung in kleineren Spektrometern gedacht, stammt von WHITE u. a. (*895*). Solche Ultrarotkondensoren sind heute kommerziell erhältlich[1].

[1] Bezugsquelle: Eastman Kodak Comp., Rochester, N.Y., USA; Connecticut Instruments Corp., Wilton, Conn., USA; Perkin-Elmer Corp. Norwalk, Conn., USA; E. Leitz, Wetzlar.

Abb. 108 zeigt das Aufbauschema eines solchen aus Linsen bestehenden Mikroilluminators, Abb. 109 das fertige Gerät. Es wird einfach wie eine große Küvette

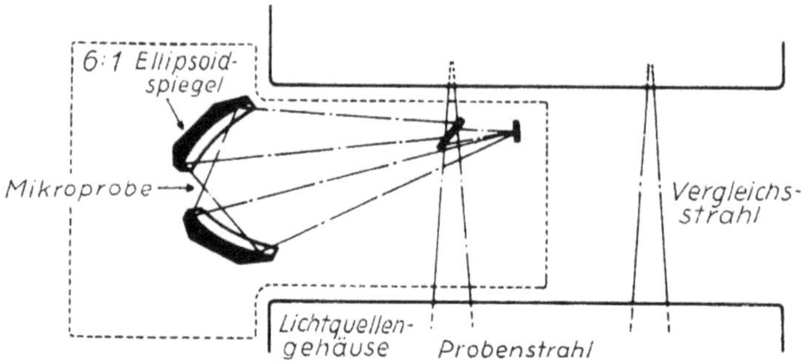

Abb. 110. Strahlengang eines aus elliptischen Spiegeln aufgebauten Mikroilluminators

in den Strahlengang des Spektrometers im Probenraum eingesetzt; die erzielbare Verkleinerung beträgt etwa ein Viertel bis ein Drittel. Stärkere Verkleinerungen, etwa das Sechsfache, erzielt man mit Spiegelanordnungen [s. z. B. Krüger u. Volkmann (*1006*) und Mason (*1009*)]. Abb. 110 zeigt die Anlage eines solchen Spiegelmikroilluminators, dessen Hauptbestandteile zwei elliptische Spiegel sind;

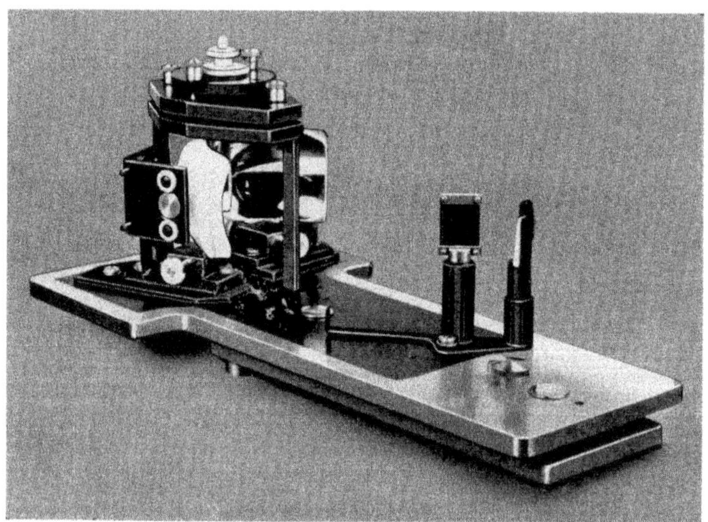

Abb. 111. Spiegel-Mikroilluminator (Photo: Perkin-Elmer Corp.)

die Abbildung zeigt auch gleich den Einbau in den Strahlengang eines Zweistrahlspektrometers. Abb. 111 vermittelt einen Eindruck vom Aussehen dieses Zusatzgerätes.

Derartige Vorrichtungen reichen jedoch für Fasern und kleine Kriställchen immer noch nicht aus. Mit der Übertragung des von Burch (*125*) ursprünglich für

Zwecke der Ultraviolettspektroskopie gebauten Spiegelmikroskops[1] in die Ultrarottechnik wurde diese Schwierigkeit überwunden. Das Mikroskop besteht im Prinzip (s. dazu Abb. 112) aus drei Teilen, dem Kondensor, dem Objektträger und dem Objektiv. Der Kondensor setzt sich aus zwei u. U. asphärisch geschliffenen

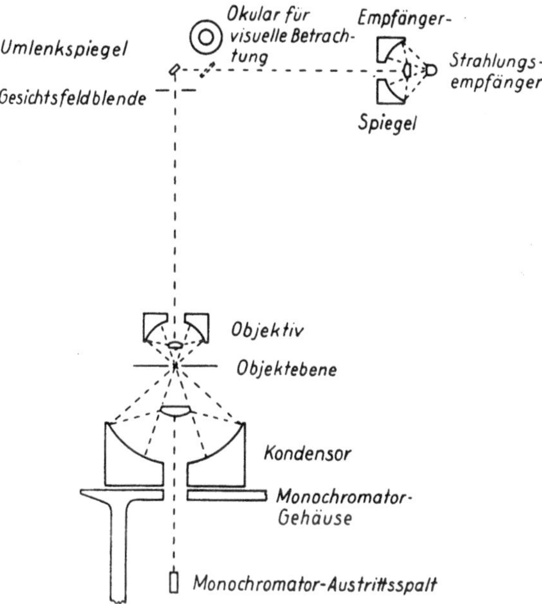

Abb. 112. Schema eines Ultrarot-Mikroskops

Hohlspiegeln zusammen, wovon der untere, konkave zentral durchbohrt ist[2]; er hat die Aufgabe, die Strahlungsquelle stark verkleinert in das Untersuchungsobjekt abzubilden. Der Objektträger besteht aus einer in jeder Richtung justierbaren, sehr kleinen Blende, auf die das Objekt aufgelegt wird. Das Objektiv, das optische Gegenstück zum Kondensor, bildet diese Blende, eventuell über ein Zwischenbild und mit Hilfe weiterer Spiegel, auf den Eintrittsspalt des Monochromators ab. Der optische Aufbau mit Spiegeln gestattet bei der Justierung die Verwendung von sichtbarem Licht, weil ja keine chromatischen Aberrationen auftreten können. Das ist ein schätzbarer Vorzug gegenüber Linsen aus ultrarotdurchlässigem Material, obwohl diese einen aufbaumäßigen Vorteil bringen. Das Bestreben geht, nachdem die Spiegelmikroskope erst einmal ihre Brauchbarkeit erwiesen haben, dahin, Systeme mit immer größerer Apertur, d. h. gesteigerter Leistungsfähigkeit zu entwickeln, um immer kleinere Proben untersuchen zu können. Nach dem Stande der Entwicklung sind heutzutage schon Kriställchen von etwa 10^{-6} Gramm Masse spektroskopierbar. Aus der Fülle der Literatur seien angeführt: Wilkins (*899*), Wood (*908*), Norris u. Wilkins (*611*), Norris u. a. (*612*), Grey (*337*), Cole u.

[1] Seiner Aufgabe nach ist dieses Gerät kein Mikroskop, sondern ein Mikroilluminator; wir behalten jedoch die eingebürgerte Bezeichnung „Mikroskop" bei.

[2] Greenler (*333*) beschreibt ein aus sphärischen Flächen bestehendes Spiegelsystem näher.

JONES (*155*), BARER (*35*), BLOUT u. BIRD (*79*), BLOUT u. a. (*84*), MELLORS (*572*), LOOFBOUROW (*515*), FRASER (*269*), COATES u. a. (*146*), THORNBURG (*859*), CUTHRELL (*1230*).

Gelegentlich, vor allem im Bereich der von Glas noch durchgelassenen Strahlung, kann man ein Mikrospektrometer auch durch Kombination eines gewöhnlichen Spektrometers mit einem gewöhnlichen Mikroskop zusammenstellen. Hinweise dafür findet man bei LUCK (*1007*) und DUECKER u. LIPPINCOTT (*1008*). TUBBS (*1213*) verbindet eine solche Anordnung mit einer Tieftemperaturküvette, um aufgedampfte Einkristalle von PbI_2 zu untersuchen.

Abb. 113. Kommerzielles Spiegelmikroskop zusammengebaut mit einem kommerziellen Ultrarotspektrometer (Photo: Perkin-Elmer Corp.)

Eine Anordnung, welche das Spiegelmikroskop zwischen Strahlungsquelle und Monochromator einfügt, hat den prinzipiellen Nachteil, daß die Probe dauernd der Einwirkung der durch die Verkleinerung der bestrahlten Fläche sehr intensiven Bestrahlung aller Wellenlängen ausgesetzt ist. Gerade viele Substanzen von biochemischem Interesse sind aber gegenüber Ultraviolettstrahlung — wegen photochemischer Wirkungen —, wie gegenüber Ultrarotstrahlung — wegen thermischer Wirkungen — sehr empfindlich. In manchen Anordnungen wird daher das Spiegelmikroskop zwischen den Austrittsspalt und Strahlungsempfänger eingefügt, wobei ersterer die Rolle der Strahlungsquelle in der oben beschriebenen Anordnung übernimmt und die Probe immer nur unter der Einwirkung spektral schon zerlegter Strahlung steht. In dieser Weise ist z. B. das von der Fa. PERKIN-ELMER zur Benutzung mit ihren Spektrometern (mit Ausnahme der Modelle 21 und 137) herausgebrachte käufliche Spiegelmikroskop eingerichtet [COATES u. a. (*146*)]. Abb. 113 zeigt die Ansicht, Abb. 112 das Schema dieses Geräts. Die aus dem Monochromatoraustrittsspalt austretende monochromatische Strahlung wird durch einen Planspiegel nach oben in das Mikroskop geworfen. Der Kondensor, bestehend aus zwei sphärischen Spiegeln mit gemeinsamem Mittelpunkt in SCHWARZSCHILD-Anordnung, bildet den Austrittsspalt 8,4fach verkleinert an den Ort der Probe (Objektebene) ab. Das genauso gebaute Objekt entwirft davon wiederum ein vergrößertes Bild in die Ebene der Gesichtsfeldblende, die eine rechteckige, von jeder Seite her einengbare Blende darstellt. Ein Umlenkspiel lenkt den Strahl in die Horizontale, und ein dem Objektiv äquivalentes Zweispiegelsystem bildet die Gesichtsfeldblende verkleinert auf dem Strahlungsempfänger ab. Hinter dem Umlenkspiegel läßt sich ein weiterer Spiegel in den Strahlengang einklappen, der den Strahl dann bei gleichzeitiger Beleuchtung des Monochromatoraustrittsspaltes mit sichtbarem Licht in ein Okular leitet. So kann die Probe einerseits in der Objektebene hinsichtlich des Spaltbildes genau justiert und andererseits die gesichtsfeldbegrenzende Blende genau eingestellt werden. Der zwischen Kondensator und Objektiv verfügbare Arbeitsraum beträgt 32 mm. Zur Aufnahme der Probe dient ein drehbarer Kreuztisch üblicher Bauweise, der aber günstigerweise durch ein kleines Goniometertischchen ergänzt wird, um feste Proben beliebig im Raum orientieren zu können. Das maximale Gesichtsfeld beträgt $0{,}22 \times 0{,}65$ mm, die Durchlässigkeit etwa 45% der den Monochromator verlassenden Strahlungsenergie. Während feste Substanzen freitragend auf einer entsprechenden Unterlage untersucht werden können, eignet sich für Flüssigkeiten ganz besonders die von BLOUT u. a. (*85*) angegebene Mikroküvette, die im wesentlichen aus einer Kapillare von 0,075 mm lichter Weite und 1 bis 2 mm Länge in einer AgCl-Platte besteht. BLACK u. a. (*76*) bringen bei qualitativen Untersuchungen die Lösung eines nicht oder wenig flüchtigen Stoffes in einem leicht flüchtigen in eine solche Kapillarküvette und verdampfen dann das Lösungsmittel. Für flüchtige Substanzen verwenden sie zwei der üblichen KBr-Preßtabletten (s. S. 238), die unter Verwendung eines kleinen Ringes aus dünnstem Platindraht als Abstandshalter zusammengepreßt werden.

Das beschriebene Gerät — und mit ihm alle ähnlich gebauten — ist im allgemeinen nur in Einstrahlspektrometern verwendbar, weil die Verlängerung des Strahlenweges durch das Mikroskop optische und kompensatorische Schwierigkeiten mit sich bringt. BLOUT u. ABBATE (*82*) haben diese Schwierigkeiten neuerdings überwunden, indem sie das etwas abgeänderte Mikroskop in den Meßstrahlengang eines PERKIN-ELMER-Spektrophotometers Mod. 21 brachten und in den Vergleichsstrahlengang die früher beschriebene 1-m-Gasküvette. Durch Änderung des Drucks bzw. der Zusammensetzung der darin befindlichen Luft haben sie eine Möglichkeit, die atmosphärischen Absorptionen ausreichend zu kompensieren. Eine andere Anordnung beschreibt HAGGIS (*346*). Er geht von einem gewöhnlichen Einstrahlspektrometer aus und sorgt dafür, daß durch einen schwenkbaren Spiegel der Austrittsspalt in der Objektebene des Mikroskops eigener Konstruktion einmal durch die Mikroprobe, ein anderes Mal ganz wenig seitlich versetzt durch eine Vergleichsküvette geht. Für jeden der so gebildeten beiden dicht beieinander verlaufenden Strahlengänge gibt es einen eigenen Halbspiegel zur Abbildung auf den Strahlungsempfänger. Das Intensitätsverhältnis der beiden Strahlengänge wird elektrisch erhalten. Einen anderen Weg gehen FORD u. a. (*257*). Sie benutzen weiterhin die Einstrahlanordnung, machen aber den Objektträger des Mikroskops beweglich und bringen abwechselnd Probe und Vergleichskörper in den Strahlengang. Auch hier wieder wird das Verhältnis der Intensitäten in den beiden zeitlich unterschiedenen Strahlengängen elektrisch gebildet und unmittelbar registriert. Eine Weiterentwicklung dieses Instruments, speziell benutzt für die Untersuchung von Fasern, kleinen Kriställchen u. dgl., wird von BRADBURY u. FORD (*1262*) beschrieben.

Zur Kennzeichnung der Güte und Brauchbarkeit eines Ultrarotmikroskops haben BLOUT u. BIRD (*79*) einen Zahlenwert vorgeschlagen, der sich nach

$$P(\lambda) = \left\{\frac{1}{\Delta\lambda} \cdot \left(\frac{1}{\tau}\right)^{1/2} \cdot \frac{1}{A} \cdot \frac{1}{\Delta T}\right\} \frac{\lambda^{7/2}}{c^{1/2}}$$

berechnet. Darin bedeuten $\Delta\lambda$ das von dem Monochromator bei der Wellenlänge λ durchgelassene Wellenlängenintervall (Halbwertsbreite einer Bande), τ die Zeitkonstante des Mikrospektrometers, A die ausgenutzte Objektfläche, ΔT den Rauschpegel im Verhältnis zum Nutzausschlag und c die Lichtgeschwindigkeit. Will man zur Berechnung einer solchen Gütezahl unmittelbar die ein Mikroskop kennzeichnenden Größen verwenden, so ergibt sich

$$P(\lambda) = K \cdot N_A^2 \cdot R(\lambda) \cdot F_D \cdot L(\lambda) .$$

Darin ist K eine von den folgenden Größen unabhängige Konstante, N_A die numerische Apertur des Mikroskops, also das Produkt $n \cdot \sin\alpha$, wenn α den (halben) Öffnungswinkel des in das Objektiv eintretenden Strahlenbündels und n den Brechungsindex des Mediums vor dem Objektiv bedeuten, $R(\lambda)$ die Intensitätsverteilung der Strahlungsquelle und F_D eine den Empfänger kennzeichnende Zahl; der Faktor $L(\lambda)$ berücksichtigt die in der gesamten Anordnung auftretenden Reflexionsverluste. F_D setzt sich in komplizierter Weise aus der Fläche und der Gütezahl des Empfängers nach JONES (*430*, *431*), der Form und Frequenz der Strahlungsmodulation, der Gleichrichtungscharakteristik und der Zeitkonstante des Meßsystems zusammen. Gute Mikroskope mit einer numerischen Apertur von 0,5 bis 0,8 haben eine Gütezahl P in der Gegend von 10^{-5} bis 10^{-4}.

Einen anderen Ausweg zur Gewinnung aussagefähiger Spektren bei der Untersuchung sehr kleiner Probemengen oder auch sehr verdünnter Lösungen bieten die sog. Speichergeräte (time averaging computer), im Grunde kleine elektronische Rechenmaschinen mit einer gewissen Speicherkapazität. Anstatt das Spektrum, wie sonst üblich, nur einmal zu durchlaufen, überlagert man bei Verwendung dieser Geräte viele Spektrendurchgänge und erreicht dadurch eine Vergrößerung des Signal-Rausch-Verhältnisses etwa entsprechend der Wurzel aus der Anzahl der Durchgänge. Voraussetzung dabei sind ein statistisches Rauschspektrum und strenge Synchronisation von Spektrometer und Speichergerät. Dazu dient ein eigener Triggerkreis, der für beide Geräte ein einheitliches Startsignal liefert. Die im Speichergerät gespeicherte Information kann jederzeit abgerufen und als normales Spektrum geschrieben oder auch über ein Oszilloskop sichtbar gemacht werden. Ein Beispiel für diese Technik, die im Bereich der magnetischen Kernresonanzspektroskopie schon seit einiger Zeit üblich ist, bieten BLUHM u. a. (*958*).

10. Integratoren

Immer wieder wird in der Literatur und auf Spektroskopikerzusammenkünften die Forderung erhoben, der sog. Intensitätsspektroskopie, d. h. der Messung der (integralen) Bandenintensität, mehr Gewicht beizulegen. Wenn dieser Forderung immer noch nicht ausreichend genügt wird, dann liegt dies offensichtlich an den Schwierigkeiten, die bei der Gewinnung der integralen Intensität auftreten. Fast überall muß man die integrale Bandenintensität nachträglich aus dem Spektrum durch Planimetrieren der Kurven entnehmen. Kein einziges der so zahlreich und in jeder anderen Beziehung so reich ausgestattet angebotenen kommerziellen Ultrarotspektrometer verfügt über einen eingebauten Integrator, der das so wichtige Bestimmungsstück der integralen Intensität bei der Registrierung des Spektrums automatisch mitliefert[1]. Diese Lage ist eigentlich überraschend. Tatsächlich gibt es einige Firmen des Meßgerätebaues, die Integrieranordnungen verschiedener Art bauen[2]. Diese Geräte sind aber nicht ohne weiteres mit Ultrarotspektrometern verwendbar, sondern müssen durch mehr oder minder komplizierte Maßnahmen erst an diese angepaßt werden. SCHURIN u. a. (*1062*) beschreiben ausführlich die Zusatzeinrichtungen, die für die Integration eines wellenlängenlinearen Spektrums benötigt werden.

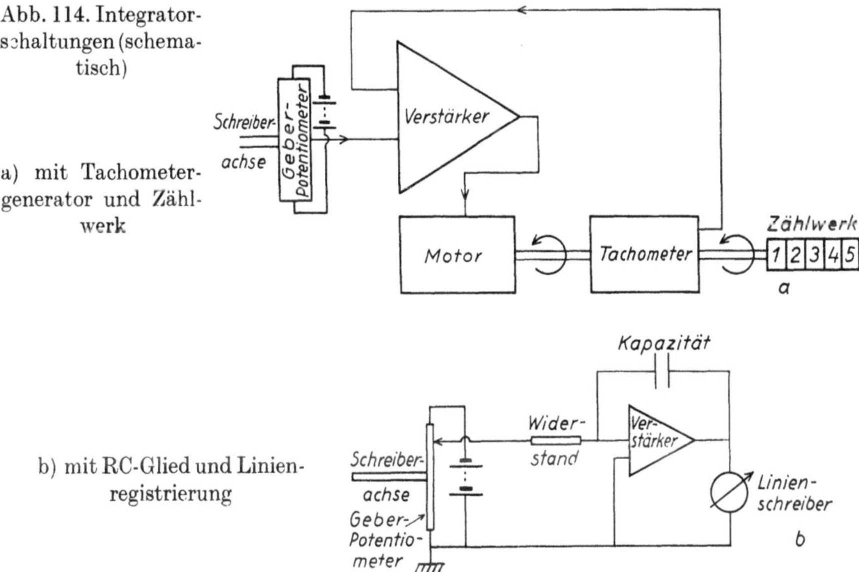

Abb. 114. Integratorschaltungen (schematisch)

a) mit Tachometergenerator und Zählwerk

b) mit RC-Glied und Linienregistrierung

Jede Integratoranordnung benötigt ein Steuerorgan, das mit der Registriereinrichtung für das Spektrum gekoppelt ist. Dieses Organ liefert für den Integrator eine Eingangsgröße proportional zur im Spektrum gerade angezeigten Extinktion. Eventuell bedarf es, wenn das Spektrometer nicht unmittelbar die Extinktion registriert, einer Transformation der angezeigten Größe in die Extinktion. Die zweite Eingangsgröße ist die Zeit, also der Wellenlängen- oder Wellenzahlablauf des Spektrums, der meistens der Zeit proportional ist; andernfalls muß auch hier eine geeignete Transformation eingreifen. Die einfachste Form des genannten Steuerorgans stellt ein Potentiometer auf der Achse des Schreibers oder des Servomotors einer optischen Kammblende oder dgl. dar, an das eine konstante Gleichspannung gelegt ist, von der jeweils ein den spektralen Daten entsprechender Anteil abgegriffen wird. Die weitere Verarbeitung des so gewonnenen Signals kann auf verschiedene Weise geschehen. Abb. 114 zeigt zwei mögliche Wege schematisch: die

[1] Die Fa. Perkin-Elmer Corp., Norwalk, Conn., USA, hat vor einigen Jahren einen Versuch mit einem mechanischen Kugelintegrator für ihr Modell 21 gemacht. Das kleine, in das Hauptgerät leicht einbaubare Zusatzgerät lieferte eine digitale Anzeige der integralen Bandenintensität. Offenbar war die technische Lösung des Problems noch nicht befriedigend, denn dieser erste Integrator in einem kommerziellen Ultrarotspektrometer ist inzwischen wieder aus der Produktion genommen worden.

[2] Zum Beispiel Perkin-Elmer Corp., Norwalk, Conn., USA (druckender Integrator Modell 194 für die Gas-Chromatographen dieser Firma); A. Knott, München, u. v. a.

Benutzung von elektrischen RC-Gliedern mit angeschlossenem Linienschreiber oder von Servomotoren mit angeschlossenem Tachometergenerator und Zählwerk. Die Einstellung und Stabilisierung des Nullpunktes sind Probleme, die durch spezielle Schaltungen als gelöst angesehen werden können. Es ist zu fordern, daß bald jedes kommerzielle Ultrarotspektrometer eine Integriereinrichtung als fest eingebauten Teil enthält.

11. Ultrarotfilter

In der praktischen Ultrarotspektroskopie tritt hin und wieder die Aufgabe auf, aus der gegebenen Emission einer Strahlungsquelle einen breiteren oder schmaleren, nicht sehr scharf begrenzten Bereich herauszuschneiden, ohne daß man Monochromatoren benutzen möchte, u. U. aber auch zusätzlich zu deren Wirksamkeit, z. B. zur Ausfilterung von Strahlung einer bestimmten Ordnung bei Gitterzerlegung. Für solche Aufgaben benötigt man Filtermaterialien mit passenden Durchlässigkeits- bzw. Absorptionsgebieten. Ursprünglich wurden zu diesem Zweck diejenigen Stoffe in Form von Platten verwendet, die auch sonst für Prismen und Küvettenfenster brauchbar sind, in erster Linie also die Alkalihalogenide, Glas, kristalliner und geschmolzener Quarz, Glimmer usw. Dazu gesellen sich in neuerer Zeit von der optischen Industrie entwickelte neuartige Materialien, die im Zusammenhang mit der Wahl von Küvettenfenstern schon erwähnt wurden, wie As_2S_3, CdS, ®Irtran u. a. Neuerdings verwendet man solche Materialien auch in feinkörniger Form auf Trägern aus Polyäthylen [CARLON (*942*)]; man erzielt damit Filter, die je nach Material bei einer oder mehreren, recht gut definierten Wellenlängen (Halbwertsbreite etwa einige Zehntel μ) durchlässig sind. Bedeutungsvoll sind auch durch energiereiche Strahlen verfärbte Alkalihalogenidkristalle, die sog. F-Zentren-Filter[1] [GAUNT (*288*), BURNS u. GAUNT (*126*)], sowie gewisse Halbleitermaterialien, wie Silicium, Germanium, Indiumarsenid, Bleisulfid, Tellur und Indiumantimonid, die in dieser Reihenfolge scharfe Absorptionskanten mit allmählich zunehmender Wellenlänge im nahen Ultrarot zeigen [SEELEY u. SMITH (*1332*)]. Im langwelligen Ultrarot (unterhalb von etwa 300 cm^{-1} bzw. oberhalb von etwa 35 μ) kann man gut in Polyäthylen eingebettete pulverisierte Reststrahlenkristalle verwenden [YAMADA u. a. (*1254*)]; durch Hinzunahme von ein oder zwei schwarz eingefärbten Polyäthylenfolien kann man diese Filter noch verbessern [MÖLLER u. a. (*1225*)]. Man entfernt dadurch ebenfalls die vorhandene kurzwellige Strahlung, muß jedoch bedenken, daß in Wirklichkeit ein Streueffekt vorliegt, das Filter also nicht dicht vor dem Strahlungsempfänger, sondern möglichst weit von ihm entfernt angebracht werden muß, z. B. vor dem Monochromatoreintrittsspalt [MCCARTHY (*1333*)].

Diese Arten von Filtern ermöglichen, in geeigneter Kombination der verschiedenen Materialien miteinander, die Aussonderung relativ breiter Spektralbereiche aus einem kontinuierlichen Spektrum, hingegen nur selten die Selektion einer „einzigen“ Wellenlänge. Dafür sind Interferenzfilter besser geeignet, die aus einer Reihe von hintereinanderliegenden Schichten mit passend gewählter Dicke und bestimmtem Brechungsindex auf durchlässigem Träger bestehen. Sie sind für das nahe und mittlere Ultrarot erhältlich[2]. Ihre Herstellung und Eigenschaften sind

[1] Bezugsquelle: Hilger & Watts, London.

[2] Bezugsquelle: Carl Zeiss, Oberkochen/Wttb.; Optical Coating Laboratory, Inc., Santa Rosa, Calif., USA; Spectracoat, Inc., Belmont, Calif., USA.

von GREENLER (*334*), HEAVENS u. a. (*377*) und von BAUMEISTER (*1335*) beschrieben worden. Bei der Verwendung von Interferenzfiltern mit sehr schmaler Durchlässigkeitskurve als Wellenlängenstandards sind hinsichtlich des Einbauortes im Strahlengang gewisse Vorsichtsmaßregeln notwendig, wie NICHOLS u. a. (*1226*) gefunden haben. Ebenfalls zu den Interferenzfiltern gehört das FABRY-PEROT-Etalon, das wir schon früher für die Monochromatisierung von Strahlung bei höchsten Ansprüchen an die Auflösung kennengelernt haben (s. S. 98). SMITH u. HEAVENS (*817*) beschreiben seine Verwendung als abstimmbares Ultrarotfilter.

Für die Aussonderung breiter Spektralbereiche kann man Beugungsgitter nach dem Vorschlag von WHITE (*890*) als Filter benutzen; ihre Verwendung bedarf jedoch einiger Vorsichtsmaßregeln, worauf PALMER (*944*) neuerdings hingewiesen hat. Für Filterungszwecke im langwelligen Ultrarot geeignete Gitter lassen sich nach einem Vorschlag von STAFSUDD (*1314*) durch Abdrücke erhitzter Metallzylinder in dicken Polyäthylenfolien gewinnen, nachdem die Zylinder mit einem Schraubengewinde geeigneter Ganghöhe versehen worden sind.

Interferenzfilter sind in einer speziellen Form neuerdings als Ersatz von Prisma oder Gitter als Dispersionselement für Monochromatoren interessant geworden, an die keine allzu hohen Anforderungen bezüglich der Auflösung gestellt werden. Ein für eine bestimmte Wellenlänge λ selektiv durchlässiges Interferenzfilter besteht ja, wie oben erläutert, aus einer Vielzahl von parallelen Schichten der Dicke $\lambda/4$ mit abwechselnd hohem und niedrigem Brechungsindex auf durchlässigem Träger. Man denke sich nun die Dicke jeder Schicht, angefangen mit einem bestimmten Ausgangswert an der linken Filterbegrenzung, nach der rechten Begrenzung zu kontinuierlich wachsend. Dann bilden die Schichten Keile mit nach rechts wachsender Dicke, und die durchgelassene Wellenlänge wächst ebenfalls von links nach rechts. Solche Filter werden als Verlauffilter bezeichnet. Zieht man ein solches Verlauffilter mit gleichmäßiger Geschwindigkeit durch einen eng begrenzten, spektral nicht zerlegten Strahl senkrecht zur Strahlrichtung, so besteht die Strahlung hinter dem Filter im wesentlichen immer nur aus einer einzigen Wellenlänge, der nämlich, für die das Filter am Strahlort vermöge der dort herrschenden Schichtdicke gerade durchlässig ist. Die spektrale Reinheit der durchgelassenen Strahlung, ausgedrückt z. B. durch die Halbwertsbreite in Wellenlängen, ist um so besser, je enger begrenzt der einfallende Strahl ist. Die Wellenlängenskala ist bei gleichmäßiger Geschwindigkeit des Filters linear. Allerdings kann immer nur, ähnlich wie bei Gittern, ein Spektralbereich von der Ausdehnung höchstens einer Oktave spektral zerlegt werden. Für den sog. NaCl Bereich benötigt man also z. B. drei Filter für die drei Unterbereiche 2 bis 4, 4 bis 8 und 8 bis 16 μ. Günstigerweise ordnet man die Filter auf einer Kreisscheibe an, deren gleichmäßiger Umlauf technisch leicht zu bewerkstelligen ist und die außerdem den Vorteil hat, bequem beliebig viele spektrale Durchgänge nacheinander vornehmen zu können. Die Theorie und Herstellung solcher Kreisverlauffilter wurden von THELEN (*1193*) und APFEL (*1194*) behandelt. Die Filter sind kommerziell erhältlich[1] und werden schon in kommerziellen Geräten verwendet.

Ebensogut wie die Absorption läßt sich natürlich auch die Reflexion bestimmter Materialien zu Filterungszwecken ausnutzen, sofern nur das Reflexionsspektrum Bereiche sehr unterschiedlichen Reflexionsvermögens aufweist. Das ist für viele in der Ultrarottechnik benutzte Stoffe der Fall, wenn man die Spektralbereiche der Eigenschwingungen in die Betrachtung mit einbezieht. In der Nähe der Eigen-

[1] Bezugsquelle: Optical Coating Lab., Santa Rosa, Calif., USA.

schwingungen zeigen diese Stoffe immer sehr starke Absorption und damit ursächlich verknüpft auch immer sehr starke Reflexion. Benutzt man ebene oder auch gekrümmte Spiegel aus solchen Materialien — bei gekrümmten kommt noch die Abbildungswirkung hinzu —, dann werden von der auffallenden Strahlung verschiedener Wellenlängen nur die Wellenlängen reflektiert, für die das Reflexionsvermögen hoch ist. Solche Reflexionsfilter stellen z. B. die bekannten Reststrahlenplatten des langwelligen Ultrarotbereiches dar, die geradezu für dieses Spektralgebiet charakteristisch sind (wenn auch nicht darauf allein beschränkt) und neuerdings mit dem Auftreten von Gittermonochromatoren und dem Vordringen in den Wellenlängenbezirk oberhalb von 50 μ Bedeutung gewonnen haben. Durch einen nicht-absorbierenden Belag bestimmter Dicke (zur Erzeugung von Interferenzen) kann das Reflexionsvermögen von Reststrahlenplatten erhöht werden, worauf TURNER u. a. (*1240*) hinweisen; gleichzeitig wird dabei die Gestalt der Reflexionskurve nahezu rechteckig im Aussehen, so daß der Wirkungsbereich besser definiert ist. Die Erzielung relativ breiter Wellenlängenbereiche hohen und gleichmäßigen Reflexionsvermögens besprechen TURNER u. BAUMEISTER (*1241*). Im langwelligen Bereich haben sich auch Metallsiebe verschiedener Feinheit als zu Filterzwecken gut brauchbar erwiesen [RENK u. GENZEL (*945*)]. Filter mit dem speziellen Zweck, langwellige Strahlung unterhalb einer gewissen Wellenlänge zu unterdrücken, lassen sich nach einem Vorschlag von MANLEY u. WILLIAMS (*1117*) durch Einbetten von pulverisierten Metalloxiden und Metallhaliden in linearem Polyäthylen herstellen. Im Bereich von 10 bis 200 cm^{-1} kann dazu in bestimmter Weise verunreinigtes Silicium dienen [NEURINGER u. MILWARD (*1334*)]. Der umgekehrte Zweck, die Unterdrückung von Strahlung oberhalb einer gewissen Wellenlänge, läßt sich mit einer ganzen Reihe von in der Ultrarottechnik seit langem üblichen Stoffen erreichen; einige Vorschläge und Kurven findet man bei FATELEY u. a. (*1119*).

Die Auswahl der richtigen Strahlungsfilter ist immer in die Hand des Experimentators gegeben. Allgemein gültige Regeln lassen sich wegen der zahlreichen und von Wellenlänge zu Wellenlänge wechselnden Anforderungen nicht aufstellen. Über die schon genannte Literatur hinaus findet man Angaben über Ultrarotfilter in den zusammenfassenden Darstellungen von BRÜGEL (C), CZERNY u. RÖDER (G) und SCHAEFER u. MATOSSI (S), sowie bei WHITE (*890*), BANNING (*32*), MCGOVERN u. FRIEDEL (*557*), HENRY (*384*), BILLINGS u. PITTMAN (*72*), BILLINGS (*71*), BLOUT u. a. (*83*), MOHLER u. LOOFBOUROW (*592*), PLYLER u. BALL (*672*), BRAITHWAITE (*97*) u. v. a.

7. Kapitel: Ultrarotgeräte ohne spektrale Zerlegung

Neben den bisher aufgezählten und ausführlich besprochenen Spektrometertypen kennt die Ultrarotspektroskopie noch eine andere Gattung von Geräten, denen im Prinzip ähnliche praktische Aufgaben obliegen wie den eigentlichen Spektrometern, nämlich die Erkennung und Messung von Substanzen auf Grund ihres Spektrums, welche diese Aufgabe aber unter Verzicht auf eine spektrale Zerlegung der Strahlung lösen. Es sind dies Geräte, die hauptsächlich auf dem Gebiet der dauernden, registrierenden Überwachung von Produktionsvorgängen, der Atmosphäre von Räumen und zu ähnlichen Aufgaben speziell der technischen Gas- und Flüssigkeitsanalyse, vornehmlich zu Zwecken der Betriebskontrolle, jedoch auch zu manchen anderen eingesetzt werden. Sie zeichnen sich durch Robustheit und geringen Warteaufwand bei Zuverlässigkeit, großer Empfindlichkeit und Selektivität aus. Ihr Hauptvertreter ist der ®Uras (Ultrarot-Absorptions-Schreiber) der

Badischen Anilin- & Soda-Fabrik. Zurück geht dieser Gerätetyp auf ein Patent von SCHMICK aus dem Jahre 1926, zum wirklichen Einsatz und zur Blüte kam er aber erst mit dem erwähnten ®Uras im Jahre 1938. Ohne auf die vielseitigen Einsatzmöglichkeiten dieses Gerätes hier näher einzugehen – das sei den ausgesprochenen Betriebskontrolle-Hand- und Lehrbüchern überlassen –, seien wenigstens die Grundprinzipien des Aufbaus und der Wirkungsweise und die hauptsächlichsten Vertreter kurz besprochen. Ausführliche Darstellungen des Gesamtgebietes findet man bei BRÜGEL (*E*), FASTIE u. PFUND (*240*), FOWLER (*259*), KIVENSON (*471*), JAMISON u. a. (*426*), KOPPIUS (*477*), SIEBERT (*796*) und GRAY (*330*).

1. Grundprinzipien

Es gibt zwei hauptsächlich verwendete grundsätzliche Anordnungen selektiver Ultrarotgeräte ohne spektrale Zerlegung, die heute als Prinzip der *negativen* bzw. *positiven Filterung* unterschieden werden und die in den technischen Ausführungen mannigfache Abwandlungen erfahren haben. Wir erläutern zunächst die negative Filterung. Dazu denke man sich zwei völlig gleichartige Strahlungsempfänger E_1, E_2 gleich welcher Art (Abb. 115), die so geschaltet seien, daß das angeschlossene

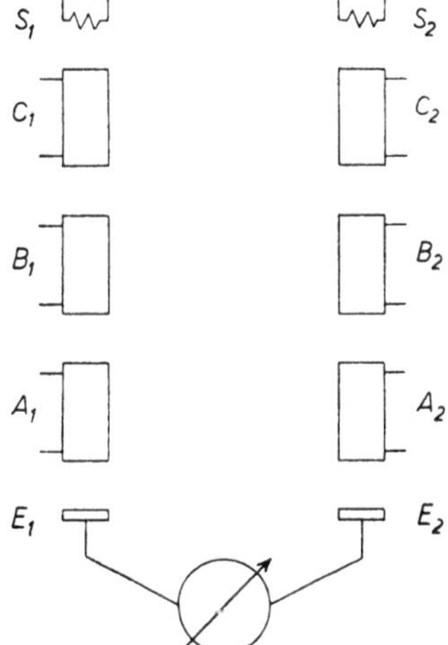

Abb. 115. Schema eines nichtdispersiven Ultrarotanalysengeräts. S_1, S_2 = Strahler, A_1, A_2 = Sensibilisierungsküvetten, B_1, B_2 = Analysenküvetten, C_1, C_2 = Filterküvetten, E_1, E_2 = Strahlungsempfänger

Verstärkungs- und Anzeigesystem nur die Differenz ihrer Signale anzeige. Sie sollen von zwei ebenfalls völlig identischen Strahlern S_1, S_2 gleichartig bestrahlt werden, wozu u. U. auch ein Strahler allein genügt, wenn man seine Emission in zwei identische Strahlenwege aufspaltet[1]. Wegen der vorausgesetzten Schaltung der beiden Empfänger bringt eine solche gleichartige Bestrahlung keinen Anzeigeeffekt hervor. Vor jeden Empfänger denken wir uns eine Absorptionsröhre A_1, A_2 (Sensibilisierungsküvetten) gebracht derart, daß die Strahlungssymmetrie nicht gestört wird. Nun füllen wir in die eine das nachzuweisende Gas, z. B. CO_2, ein,

[1] Auf die in letzter Zeit entwickelten Einstrahlgeräte wird weiter unten eingegangen.

während die andere evakuiert bleibt oder mit einem absorptionsfreien Gas gefüllt werde, z. B. trockenem, CO_2-freiem N_2. Dann wird der erste Strahlengang entsprechend der Absorption in CO_2 energetisch geschwächt, was eine Anzeige zur Folge hat. Denken wir uns ferner zwei weitere Absorptionsröhren B_1, B_2 (Meß- und Vergleichsküvette), in jedem Strahlengang eine, die gleichzeitig von einem Gasgemisch durchströmt werden, das u. a. CO_2 enthält. Dann wird die vorerwähnte Anzeige gemäß der Konzentration von CO_2 und der durchstrahlten Schichtdicke zurückgehen, weil ja nun auch der ursprünglich absorptionsfreie Strahlengang Absorption aufweist, während der schon vorher absorptionsbehaftete nicht oder erheblich weniger betroffen wird. Ein etwaiges, ebenfalls absorbierendes Begleitgas macht keinen Meßeffekt, weil es ja in beiden Strahlengängen gleichartig wirkt. Das gilt allerdings nur so lange, wie nicht seine Banden die des nachzuweisenden Gases überlappen. Ist das der Fall, so kann man sich durch ein weiteres Paar von Absorptionsröhren C_1, C_2 (Filterküvetten), wieder je eine in jedem Strahlengang, helfen, in welche dieses Störgas eingesperrt wird. Dadurch verarmen beide Strahlengänge gleichartig an derjenigen Strahlungsenergie, die vom Störgas absorbiert wird, so daß ein weiterer Effekt von diesem nicht bewirkt werden kann. Kurz ausgedrückt, handelt es sich bei diesem Prinzip der negativen Filterung also um zwei gleichartige Instrumente, wovon das eine alle absorbierenden Gase einschließlich des nachzuweisenden, das andere nur das nachzuweisende mißt. Die Selektivität wird durch geeignete Filterungsmaßnahmen erreicht.

Im Gegensatz dazu verlegt das Prinzip der positiven Filterung die Selektivität in den Empfänger, etwa dadurch, daß das nachzuweisende Gas selbst durch seine Absorption als Strahlungsempfänger dient und die dabei auftretende Erwärmung oder ein damit verbundener Effekt gemessen wird. Leitet man nun das zu untersuchende Gasgemisch durch die Meßküvette A_1, während die anderen Röhren leer oder mit N_2 gefüllt sind, so wird durch die Absorption des — nach unserem Beispiel — darin befindlichen CO_2-Gases der eine Strahlengang geschwächt, woraus eine Anzeige resultiert, während irgendwelche absorbierende Begleitgase überhaupt ohne jede Wirkung bleiben, solange nicht ihre Absorptionsbanden die des nachzuweisenden Gases überlappen. Ist das der Fall, kann man sich wieder durch Füllung je einer Filterkammer C in jedem Strahlengang mit dem oder den Störgasen helfen. Ganz offenbar ist das Prinzip der positiven Filterung dem der negativen an Selektivität und Empfindlichkeit grundsätzlich überlegen, was sich auch in der Praxis der Geräte ausgewirkt hat.

Neben den Prinzipien der positiven und der negativen Filterung sind noch zwei andere Sensibilisierungsprinzipien denkbar, die als Selektivemission und Selektivmodulation bezeichnet werden. Bei dem erstgenannten wird die Selektivität dadurch erzielt, daß ein Strahler verwendet wird, der nur diejenige Wellenlänge emittiert, die der nachzuweisende Stoff absorbiert; ein solcher Strahler wäre z. B. der nachzuweisende Stoff bei genügender Aufheizung selbst, jedoch treten dabei derartige technische und begriffliche Schwierigkeiten auf, daß diesem Prinzip nur akademische Bedeutung zukommt. Die Selektivmodulation wurde von LUFT (*528*) angegeben. Sie besteht darin, daß die die kontinuierliche Strahlung der Quelle modulierende Vorrichtung die Absorptionswellenlängen des nachzuweisenden Stoffes absorbiert, andere hingegen nicht, was entweder durch geeignete Filter oder dadurch erreicht wird, daß der nachzuweisende Stoff selbst in die Modulationsvorrichtung eingebracht wird. Bedeutung dürfte diese Anordnung insbesondere für die Messung von Flüssigkeiten mit nicht-dispersiven Ultrarotgeräten erlangen.

Nachdem man eine Zeitlang nicht-dispersive Ultrarotbetriebskontrollgeräte nach dem Prinzip der positiven oder negativen Filterung gebaut hatte, kam man auch auf den Gedanken, beide Prinzipien in einem Gerät zu vereinigen [Maley (*538*)]. Zu diesem Zweck übernimmt man den Sensibilisierungsvorgang im Strahlengang von der negativen, den Selektivierungsvorgang im Strahlungsempfänger von der positiven Filterung und verzichtet auf die Modulation der Strahlung. So werden Aufgaben lösbar, die mit Geräten nach nur einem Prinzip nicht oder nur mit geringer Genauigkeit bearbeitet werden konnten, z. B. die Bestimmung von geringfügigen Acetylenbeimengungen in einem Gasgemisch, das zu über 99 % aus Äthylen mit wenig Methan, Äthan, CO_2, Stickstoff, Propylen und Wasserdampf besteht. Gelegentlich ist es auch nicht möglich, ein Gerät eindeutig dem einen oder anderen Bauprinzip zuzuordnen, weil es Merkmale von beiden enthält, dazu aber auch noch andere entscheidende Züge. Das gilt z. B. für das ® *Inframeter* (s. Tab. 12), das zwar die Hauptmerkmale der beiden Konstruktionstypen aufweist, nach seiner Wirkungsweise aber als ein Einstrahlgerät des positiven Typs mit Selbstkompensation der nicht-selektiven Einflüsse anzusprechen ist [Naumann u. Schulz (*598*)].

Wie aus dem Grundprinzip hervorgeht, können nur solche Stoffe, speziell Gase, mit den beschriebenen Geräten nachgewiesen und gemessen werden, denen ein ultrarotes Absorptionsspektrum eigen ist, also vor allem nicht die gleichatomigen Gase H_2, N_2 und O_2, sowie die Edelgase. Außerdem besteht noch eine Einschränkung hinsichtlich der Lage der ausnutzbaren Banden insofern, als diese dem Bereich von etwa 2 bis etwa 6 μ angehören müssen, weil außerhalb dieser Grenzen die von den üblicherweise benutzten Strahlern gelieferte Energie zu gering ist. Verständlicherweise wünscht man sich bei solchen Geräten einen linearen Zusammenhang zwischen der Anzeige, d. h. der auftretenden Absorption, und der Konzentration des nachzuweisenden Gases. Nun ist — was aus später anzugebenden Formeln ersichtlich ist — die Absorption eines Gases proportional dem Produkt $\varepsilon \cdot c \cdot d$, solange dieses Produkt, die Extinktion, klein gegen 1 ist, was bis zur Absorption von ungefähr 25 % angenommen werden darf. Darin bedeuten ε den das Gas als solches kennzeichnenden Extinktionskoeffizienten, c die Gaskonzentration und d die durchstrahlte Schichtdicke. Je nach der nachzuweisenden Maximalkonzentration, d. h. dem gewünschten Meßbereich, hat man also die Schichtdicke, d. h. die Länge der Absorptionsröhre, zu wählen. Es gelingt übrigens nicht völlig, die Eichkurve linear zu gestalten, was wegen der begangenen Vernachlässigung nicht weiter verwunderlich ist, vielmehr muß sie von Gerät zu Gerät empirisch festgestellt und von Zeit zu Zeit überprüft werden.

Einen Überblick über einige bis jetzt ausgeführten kommerziellen nicht-dispersiven Ultrarotgeräte bietet Tab. 12. Darüber hinaus sind in der Literatur zahlreiche Einzelentwicklungen beschrieben worden[1].

---

[1] Ein erwähnenswertes Sondergerät haben Kluyver u. Mitarbeiter (*475*, *476*) beschrieben. Es handelt sich um einen Apparat zur Bestimmung des Isotopenverhältnisses C^{13}/C^{12} in CO_2 (wie es bei analytischen Verbrennungsanalysen anfällt) in der Nähe des natürlichen Wertes von 1,1-Atom-%. Sie benutzen das Prinzip der positiven Filterung. Ausgenutzt wird der Umstand, daß die ν_3-Bande von $C^{12}O_2$ bei 2350, die von $C^{13}O_2$ bei 2284 cm^{-1} liegt. In einer Menge von nur 20 mg CO_2 können noch Abweichungen bis zu 0,005 Atom-% vom natürlichen Wert festgestellt werden. Das Verfahren ist auch auf die Bestimmung des N^{15}/N^{14}-Verhältnisses in N_2O anwendbar.

Tabelle 12. *Kommerzielle nicht-dispersive Ultrarotgeräte*

Hersteller	Prinzip	Erscheinungsjahr	Bemerkungen
Bad. Anilin- & Soda-Fabrik AG, Ludwigshafen	pos. Filt.	1938	® Uras
Hartmann & Braun AG, Frankfurt/Main	pos. Filt.	1954	® Uras
Leeds & Northrup, Philadelphia, USA	neg. Filt.	1943	verbessert 1952
Baird Atomic, Cambridge, Mass., USA	neg. Filt.	1946	
Grubb, Parsons & Co., Newcastle, England	pos. Filt.	1948	® Irga
Infrared Development Comp., Welwyn Garden City, Engl.	pos. Filt.	1948	
dto.	pos. Filt. Kompensation	1950	
Le Controlle de Chauffe, Bagneux (Seine), Frankreich	pos. Filt.	1949	
Mine Safety Appliance, Pittsburgh, USA (in Deutschland Vertrieb durch Auer-Ges., Berlin)	pos. Filt.	1952	® Lira
Liston & Becker, Stamford, Conn., USA (in Deutschland Vertrieb durch Beckman Instr., München)	pos. Filt.	1952	
Analytic System Corp., Pasadena, Calif., USA	pos. Filt.	1954	
Consolidated Engineering Corp., Pasadena, Calif., USA	neg. Filt.	1955	
Siemens & Halske, Karlsruhe	(pos. u. neg. Filt.)	1960	® Inframeter
VEB Junkalor, Dessau	pos. Filt.	1957	® Infralyt
Maihak AG, Hamburg	(s. Text)	1962	® Unor

2. *Ultrarot-Absorptions-Schreiber*

Der ® Uras (Abb. 116) ist das erste nach dem Prinzip der positiven Filterung ausgeführte Ultrarotgerät ohne spektrale Zerlegung. Er wurde nach Plänen von LEHRER von LUFT (*526*) verwirklicht. Das Gerät enthält als Strahler zwei elektrisch auf etwa 700 °C geheizte Nickelchromwendeln in hohlspiegelähnlichen, durch Glimmerscheiben abgeschlossenen Gehäusen. Ihre Strahlung wird durch eine mit 6,25 Hz rotierende Unterbrecherscheibe gleichphasig moduliert. Als Strahlungsempfänger dienen zwei durch NaCl-Fenster abgeschlossene Kammern, die das nachzuweisende Gas — meist in N_2 verdünnt — enthalten und durch das eigentliche Meßelement, einen Membrankondensator, verbunden sind. Dieser besteht aus einer durchlöcherten feststehenden Metallplatte und einer sehr dünnen, schwingfähig in einen Isolierrahmen gespannten Al-Folie. Zwischen den beiden Belegungen dieses

Kondensators liegen einige 20 Volt Gleichspannung. Ist der Druck des Gases bei keiner oder gleicher Absorption in beiden Empfängern gleich und konstant, so stehen sich die Belegungen in festem Abstand gegenüber. Bei einseitiger Änderung der Absorptionsverhältnisse ändern sich ebenso einseitig die Druckverhältnisse und damit, vermöge der Beweglichkeit der einen Kondensatorbelegung, die Kapazi-

Abb. 116. Nicht-dispersives Ultrarot-Betriebskontrollgerät ® Uras (Photo: Hartmann & Braun)

tät. Da die Strahlung rhythmisch unterbrochen wird und dem Empfänger eine genügend kleine Trägheit eigen ist, erfolgt auch die Druckänderung in den Meßkammern periodisch, so daß die Al-Folie schwingt und der Kondensator seine Kapazität periodisch ändert. Die daraus resultierende Wechselspannung wird verstärkt, gleichgerichtet und in einem 5-mV-Punktschreiber registriert. Durch eine justierbare Blende können die beiden Strahlengänge vor Einsatz des Geräts auf Energiegleichheit abgeglichen werden. Die Empfindlichkeit ist durch Variation der Gleichspannung am Kondensator veränderlich, der Meßbereich ist gemäß der obigen Überlegungen mit der Länge der Analysenröhre verknüpft. Filterküvetten können bei Bedarf eingesetzt werden. Alle Küvetten sind im Normalfall innen vergoldete, durch NaCl-, Glimmer-, LiF-Scheiben o. dgl. abgeschlossene Glasröhren. Es besteht die Möglichkeit, mehrere Meßstellen abwechselnd zeitlich nacheinander mittels eines Gasumschalters auf dasselbe Gerät zu schalten; ebenso ist die Benutzung zweier Meßbereiche für dasselbe Gas und in Sonderfällen die gleichzeitige Messung von zwei verschiedenen Gasen in demselben Gerät möglich [LUFT (*529*)]. Wegen der Vielseitigkeit der sonstigen Einsatzmöglichkeiten sei auf die Prospekte des Herstellers verwiesen. Einen Überblick über einige Leistungen vermittelt Tab. 13.

Tabelle 13. *Übersicht über die Leistungsfähigkeit des* ®Uras. *Angegeben ist derjenige kleinste Gaskonzentrationsbereich, der mit einem Fehler von 2% des Endausschlags noch in gewöhnlicher Anordnung gemessen werden kann*

Gas	Konzentration in Vol.-%	Gas	Konzentration in Vol.-%
CO	0 bis 0,01	C_2H_4	0,2
CO_2	0,005	C_2H_6	0,1
CH_4	0,02	Lösungsmittel-	
C_2H_2	0,02	dämpfe einzeln	etwa 0,1
N_2O	0,005	SO_2	0,02
NH_3	0,1	HCl	0,1
HCN	0,5		

3. Geräte mit nur einem Strahlengang

Die oben beschriebenen Zweistrahlgeräte, die heute noch das Feld beherrschen, leiden häufig an einer nicht ganz befriedigenden Nullpunktskonstanz. Das rührt insbesondere von all jenen Einflüssen her, die die beiden Strahlengänge in unterschiedlichem Ausmaß betreffen, wie z. B. Ablagerungen auf Küvetten- und Empfängerfenstern, ungleichartige Temperierung u. dgl. Zur Vermeidung dieser Fehlerquellen wurden in den letzten Jahren nicht-dispersive Ultrarotgeräte mit nur einem Strahlengang entwickelt.

HUMMEL (*409*) behält in dem von ihm angegebenen, in der Betriebsmeßabteilung der Farbwerke Hoechst AG, Frankfurt a. M.-Höchst, entwickelten Gerät[1] das Prinzip der positiven Filterung und der Wechselstrahlung bei, geht aber zur Herstellung der Modulation neue Wege. Bekanntlich ist die von einem Gas ausgeübte Absorption abhängig von seinem Druck (s. S. 227). Indem man den Gasdruck periodisch ändert, zwingt man auch der Absorption einen periodischen Verlauf auf. Was früher durch die Lochscheiben- oder Blendenradmodulation erreicht wurde, erfolgt hier durch die periodische Änderung des Gasdruckes, weswegen man von Wechseldruckmodulation spricht. HUMMEL (*409*) gibt zwei Verfahren der technischen Verwirklichung der Wechseldruckmodulation an, den Kolbenmodulator und den rotierenden Gasumschalter. Im erstgenannten Fall (Abb. 117 A) wird der Gasdruck in der Analysenküvette in einfachster Weise durch einen hin- und hergehenden Kolben verändert, der seinerseits wieder über eine Exzenterscheibe von einem Motor angetrieben wird. Im zweiten Fall wird der Gasdruck in der Meßgasleitung mit dafür bekannten Vorrichtungen konstant gehalten, das Gas aber über einen Umschalter einmal auf die Meßküvette, ein anderes Mal an eine Abgasleitung geschaltet. Der Gasumschalter (Abb. 117 B) verbindet während einer Halbperiode die Küvette mit dem Meßgas und sperrt die Verbindung zur Abgasleitung. Während

[1] Bezugsquelle: HARTMANN & BRAUN, Frankfurt a. M.

dieser Zeitspanne herrscht in der Küvette der vom Druckregler gelieferte Druck. In der zweiten Halbperiode schaltet der Umschalter die Küvette an die Abgasleitung und sperrt die Verbindung zum Druckregler. Während dieser Zeit steht das Gas in der Küvette unter einem kleineren Druck entsprechend den Druck- und

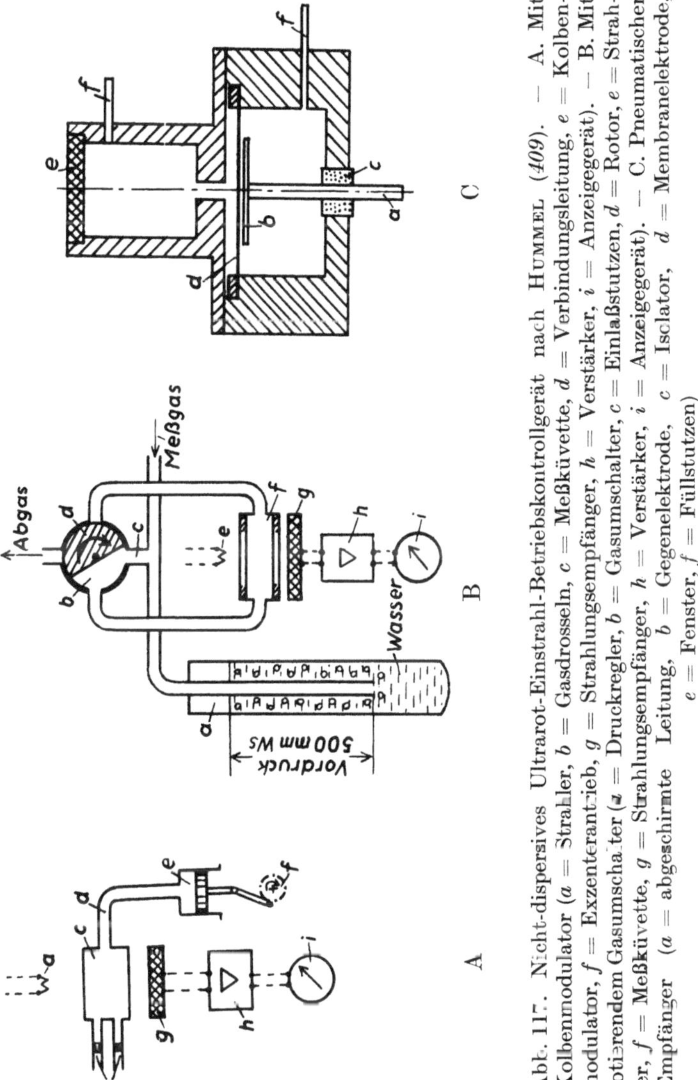

Abb. 117. Nicht-dispersives Ultrarot-Einstrahl-Betriebskontrollgerät nach HUMMEL (*409*). — A. Mit Kolbenmodulator (a = Strahler, b = Gasdrosseln, c = Meßküvette, d = Verbindungsleitung, e = Kolbenmodulator, f = Exzenterantrieb, g = Strahlungsempfänger, h = Verstärker, i = Anzeigegerät). — B. Mit rotierendem Gasumschalter (a = Druckregler, b = Gasumschalter, c = Einlaßstutzen, d = Rotor, e = Strahler, f = Meßküvette, g = Strahlungsempfänger, h = Verstärker, i = Anzeigegerät). — C. Pneumatischer Empfänger (a = abgeschirmte Leitung, b = Gegenelektrode, c = Isolator, d = Membranelektrode, e = Fenster, f = Füllstutzen)

Strömungsverhältnissen in der Abgasleitung. Der Vorgang wiederholt sich periodisch mit der Umlauffrequenz des Gasumschalters, und die Folge ist wieder eine zeitlich zwischen einem Höchst- und einem Tiefstwert hin- und herschwankende Absorption in der Meßküvette. Diese Konstruktion benötigt offensichtlich nur einen Strahlengang, für den als Empfänger beibehaltenen pneumatischen Detektor mit Membrankondensator ist jedoch eine etwas veränderte Konstruktion erforderlich.

Nach Abb. 117 C liegen die beiden Empfängerkammern hintereinander, wobei die hintere Kammer vor der Strahlung geschützt wird.

Im Gegensatz zu dem vorstehend beschriebenen Gerät behält LUFT (*529*) bei seinem Einstrahlgerät die Modulation durch eine Lochscheibe bei (Abb. 118). Auch bei ihm liegen die beiden Kammern des Membrankondensators hintereinander, sind aber beide grundsätzlich für die Strahlung erreichbar. Die wirksamen Schichtdicken werden so abgeglichen, daß ohne vorhergehende Absorption in der Meßküvette T die selektive Absorption in den beiden Kammern R_1 und R_2 etwa dieselbe Druckerhöhung des Gases hervorruft. Demnach muß R_2 immer etwas länger als R_1 sein. Die Absorption in den drei aufeinanderfolgenden Kammern T, R_1 und R_2 seien mit A_1, A_2 und A_3 bezeichnet. Für R_1 und R_2 ist die für Strahlung der Wellen-

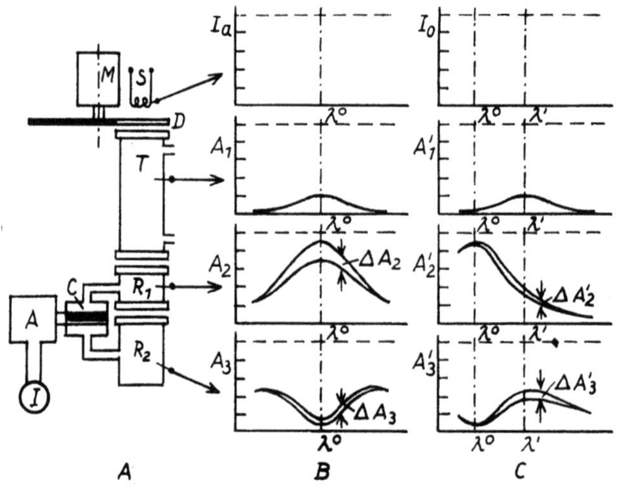

Abb. 118. Nicht-dispersives Ultrarot-Einstrahl-Betriebskontrollgerät nach LUFT (*529*). A. Schema (S = Strahler, M = Motor, D = Modulator, T = Meßküvette, R_1 und R_2 = Kammern des Strahlungsempfängers, C = Membrankondensator, A = Verstärker, I = Anzeigegerät). — B. Absorptionsverhältnisse ohne Störgas (Erläuterungen im Text). — C. Absorptionsverhältnisse mit Störgas (Erläuterungen im Text)

länge λ^0 stattfindende Absorption in Abb. 114 dargestellt, und zwar jeweils für den Fall ohne und mit absorbierender Gaskomponente in T. Man ersieht daraus, daß der Einfluß der in T erfolgenden Absorption sich in R_1 stärker auswirkt als in R_2. Demzufolge entsteht zwischen den beiden Empfängerkammern durch die Absorption in T ein mit der Lochscheibenfrequenz periodisch veränderlicher Differenzdruck, der seinerseits eine periodische Strahlungsabsorption hervorruft, die gemessen wird, wie es bei den Zweistrahlgeräten beschrieben wurde. Die Verhältnisse bei Anwesenheit eines Störgases in T (mit Absorption bei der Wellenlänge λ') verdeutlicht die rechte Nebenfigur in Abb. 118. Die Differenz $\Delta A_2 - \Delta A_3$ der Absorptionen in den Empfängerkammern ohne und mit Absorption in der Meßküvette T nimmt für Wellenlängen λ', die genügend weit von λ^0 entfernt sind, wegen der unterschiedlichen Längen der Empfängerkammern rasch ab und wird unter Umständen sogar negativ. Das Integral über diese Differenz, genommen für die Wellenlänge λ^0, stellt aber den Einfluß des Störgases auf den Meßeffekt dar. Ein

Beispiel dafür bietet Abb. 119, in der die Störung einer Methanbestimmung durch gleichzeitig anwesendes Äthan bei Verwendung eines Zweistrahlgerätes (obere Kurve) und des LUFTschen Einstrahlgerätes (untere Kurve) bei sonst gleichen Umständen illustriert wird; bei beiden Anordnungen wird man zweckmäßigerweise außerdem durch eine Äthanfilterschicht passend gewählter Dicke den steilen Anfangsteil der Kurven (schraffiert) unterdrücken.

Das in Abb. 117 schematisch gezeigte Einstrahlgerät läßt sich leicht in ein Zweistrahlgerät umwandeln. Dazu hat man nur die vom Strahler S ausgehende Strahlung durch den Modulator D in zwei gleich starke, jedoch gegenphasig modulierte Strahlungen zu zerlegen und die Meßküvette T durch eine in Strahlrichtung verlaufende Trennwand in zwei Kammern aufzuteilen, wovon die eine von dem zu

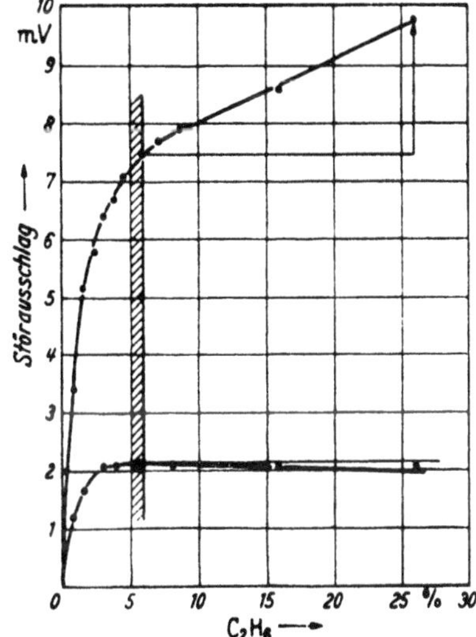

Abb. 119. Vergleich der Selektivität von Ein- und Zweistrahlgerät nach LUFT (*529*). Äthan-Störeinfluß bei Methan-Messung. Oben Zwei-, unten Einstrahlgerät. Die steil ansteigenden Kurventeile unterhalb von 5% C_2H_6 können durch Filterung unterdrückt werden

analysierenden Gemisch durchströmt wird [LUFT (*1065, 1225*)]. Erst wenn eine nur in dieser Teilkammer wirkende selektive Absorption auftritt, erscheint die Strahlung moduliert, worauf eine Anzeige durch den Empfänger erfolgt. Eine nicht selektive Modulation, z. B. durch Abblenden einer der beiden Teilkammern, bleibt dagegen bei idealer Empfängerabstimmung ohne Einfluß. Der Vorteil des Einstrahlgerätes, die Unabhängigkeit des Nullpunkts von Änderungen der Strahlung, bleibt also erhalten und wird mit den Vorteilen des Zweistrahlgerätes kombiniert. Nach diesem Prinzip arbeitet das ®Unor genannte, speziell für die Bedürfnisse des Bergbaus geschaffene Gerät.

4. Nicht-dispersive Geräte für das nahe Ultrarot

Die im Bereich der Grundschwingungen arbeitenden nicht-dispersiven Ultrarotgeräte werden fast ausschließlich zur Messung von Gasen verwendet. Damit soll nicht gesagt sein, daß sie in Sonderfällen nicht auch zur Messung von Flüssigkeiten verwendet werden können und verwendet werden. Häufig aber scheitert dies schon an der so trivialen technischen Forderung, daß man für den nicht zu umgehenden Durchflußbetrieb im allgemeinen größere Küvettenschichtdicken benötigt, als mit Rücksicht auf die Stärke der Absorption im Grundschwingungsgebiet angebracht erscheint. Dieser Umstand weist unmittelbar auf die Einbeziehung des nahen Ultrarotbereiches auch für nicht-dispersive Geräte hin, weil dort die benötigten Küvettenschichtdicken erheblich größer und für Durchflußbetrieb geeignet sind. Außerdem bietet für Wellenlängen vom Sichtbaren bis etwa 2,5 μ die Technik auch sonst noch erhebliche Vorteile, wie etwa die Verfügbarkeit von hochempfindlichen Strahlungsempfängern auf photoelektrischer Grundlage, von Interferenzfiltern für die Wellenlängenselektion und von korrosionsfesten, strahlungsdurchlässigen Fenstermaterialien.

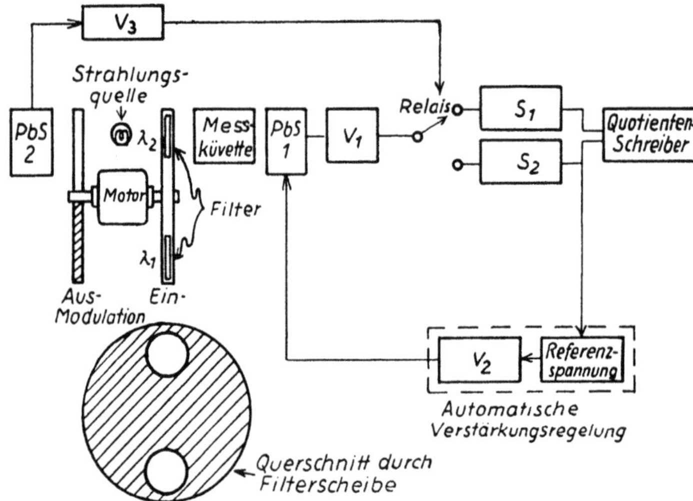

Abb. 120. Schema eines nicht-dispersiven Ultrarotbetriebskontrollgerätes für das nahe Ultrarot nach HECHT u. a. (*378*). (Erläuterungen im Text)

Ein nicht-dispersives Betriebskontrollgerät, das im nahen Ultrarot arbeitet, wurde von HECHT u. a. (*378*) beschrieben[1]. Sein Schema ist in Abb. 120 gezeigt. Die von einer Strahlungsquelle ausgehende Strahlung durchsetzt zwei periodisch eingeschaltete Interferenzfilter mit Durchlässigkeit bei den Wellenlängen λ_1 und λ_2, durchläuft dann die Meßküvette und beaufschlagt den Empfänger *PbS 1*. Das von diesem abgegebene Signal wird im Verstärker V_1 verstärkt und — für jede Wellenlänge gesondert — über ein Relais einem Speicher S_1 bzw. S_2 zugeleitet. Ein Quotientenschreiber registriert unmittelbar das Verhältnis der an den Speichern abgegriffenen Spannungen, die den Durchlässigkeiten der Meßküvette für Strahlung der Wellenlänge λ_1 und λ_2 proportional sind. Das Relais wird von derselben Strahlungsquelle über einen zweiten Empfänger *PbS 2* gesteuert, dessen Bestrahlung synchron mit den Interferenzfiltern gesteuert wird. Zur Ausschaltung von Störungen und zur Erhöhung der Stabilität wird die Spannung an dem Empfänger *PbS 1* über geeignete Regelverstärker konstant gehalten.

Das geschilderte Gerät ist speziell für die Bestimmung kleinster Wassergehalte in organischen Flüssigkeiten, insbesondere in Alkoholen und Ketonen, gedacht. Zu

[1] Entwickelt bei Shell Development Comp., Emeryville, Calif.; Lizenzbau durch Analytic System Corp., Pasadena, Calif., USA.

diesem Zweck wird für λ_1 eine Wellenlänge gewählt, für die Wasser stark, die anderen Komponenten der Mischung jedoch wenig oder gar nicht absorbieren, für λ_2 hingegen eine Wellenlänge mit geringer Wasserabsorption. Mit $\lambda_1 = 1{,}95$ und $\lambda_2 = 1{,}30\ \mu$ können in einer Küvette von etwa 2 cm Schichtdicke noch bequem $2 \cdot 10^{-4}\%$ H_2O in Isopropanol bestimmt werden. Durch die Wahl anderer Wellenlängen läßt sich das Gerät leicht zur Lösung anderer Aufgaben herrichten, z. B. für die Bestimmung von Alkoholen in Säuren ($\lambda_1 = 1{,}40\ \mu$), von Olefinen in Kohlenwasserstoffen ($\lambda_1 = 1{,}62\ \mu$), Alkoholen in Ketonen ($\lambda_1 = 1{,}58\ \mu$), von Aromaten in Paraffinen ($\lambda_1 = 1{,}14\ \mu$).

8. Kapitel: Präparation der Proben

1. Allgemeines

Nächst der spektroskopischen Apparatur ist in vielen Fällen die Präparation der zu spektroskopierenden Proben für den Erfolg der Untersuchung ausschlaggebend. Denn wenn zwar auch ein jedes Spektrum gewisse Aussagen ermöglicht, so können feinere Schlüsse nur aus einem der Aufgabenstellung angepaßten Spektrum entnommen werden. Dazu bedarf es neben der Herrichtung und Einstellung der Apparatur, z. B. bezüglich Registrierzeit und Auflösungsvermögen, auch mancher Maßnahmen in der Vorbereitung der Proben. Die Mannigfaltigkeit der Möglichkeiten in dieser Hinsicht bedingt es, daß nur allgemeine Grundsätze und Hinweise gegeben werden können, deren Anpassung an ein gerade vorliegendes Problem jedoch dem Bearbeiter überlassen bleiben muß.

Diejenigen beiden Größen, die von seiten der Probe — abgesehen von deren Natur — das Spektrum entscheidend beeinflussen, sind die Konzentration und die Schichtdicke. Unter Vorbehalt einer späteren genaueren Diskussion (s. S. 284) sei hier nur so viel vermerkt, daß diese Größen für eine gegebene Substanz so gewählt werden müssen, daß die für den speziellen Untersuchungszweck herangezogene Bande in den Durchlässigkeitsbereich von etwa 20 bis 60% fällt. Die Substanzmengen, die zu ultrarotspektroskopischen Untersuchungen normalerweise benötigt werden — die Küvettenschichtdicke ist bei gegebenem Querschnitt ein unmittelbares Maß dafür —, sind so gering, daß sie im allgemeinen gegenüber dem vorhandenen Vorrat vernachlässigbar sind; praktisch nur im Bereich biochemischer Untersuchungen trifft dies nicht immer zu, wobei dann die Verwendung mikrospektroskopischer Methoden und Geräte weiterhilft. Bei einer großen Zahl der vorkommenden Fälle ist zudem die für eigentliche spektroskopische Untersuchungen benötigte Substanzmenge nicht verloren, sondern kann nach Beendigung der Messungen weiteren Vorhaben zugeführt werden. In diesem Sinne ist die Ultrarotspektroskopie ein zerstörungsfreies Prüfverfahren, ein Vorteil, der neben der Spezifität ihrer Aussagen und dem geringen Zeitbedarf vor allem gegenüber anderen chemischen Untersuchungsverfahren, mit ihren z. T. tiefgehenden Eingriffen in die Substanz, von nicht geringem Gewicht ist. Es gibt jedoch auch Fälle, in welchen die zu spektroskopierende Substanz einer Präparation unterworfen werden muß, die, wenn keinen unmittelbar chemischen, so doch einen physikalischen Eingriff darstellt — z. B. Aggregatzustandsänderungen —, und die durchaus gewisse chemische Veränderungen als unerwünschte und unbeabsichtigte Begleiterscheinungen zur Folge haben kann, wie etwa geringfügige thermische Oxydation u. dgl.; ihr sicherster

Nachweis ist bei etwas Erfahrung und Geschick wieder das Ultrarotspektrum. An solche Möglichkeiten muß durchaus gedacht werden, vor allem bei der Erklärung und Deutung schwächerer Banden, die entgegen anderweitigen Kenntnissen überraschend auftreten. Wiederholung der Versuche unter etwas geänderten Bedingungen schafft da meistens Licht.

Hinsichtlich der chemischen Vorbereitung der zu spektroskopierenden Proben gilt der Grundsatz, daß eine gegebene Ausgangssubstanz immer so weit durch chemische oder physikalisch-chemische Maßnahmen aufgeschlossen werden soll, wie dies unter Berücksichtigung des Aufwands vertretbar ist. Denn die Übersichtlichkeit des Ultrarotspektrums einer Substanz nimmt mit der Zahl der Substanzkomponenten sehr schnell ab, und wenn auch in manchen Fällen die ultrarotspektroskopische Analyse eines Vielkomponentensystems grundsätzlich durchführbar ist, so übersteigt dennoch der dann nötige Rechen- und Auswerteaufwand den Aufbereitungsaufwand oft in einem wirtschaftlich nicht mehr vertretbaren Ausmaß. Vor allem soll auf die Beseitigung oder weitgehende Reduzierung von freiem Wasser in den Proben geachtet werden. Denn wenn auch ultrarotspektroskopische Untersuchungen in wäßriger Phase vermöge der technischen Entwicklung heutzutage möglich sind [Potts u. Wright (*682*), Sternglanz (*826*)], so stellen sie dennoch nur Notverfahren dar, die wegen des starken Einflusses auch geringer Wasserkonzentrationen auf die spektrale Durchlässigkeit in manchen Wellenlängenbezirken mühsam und weniger genau sind und besondere Eichverfahren erfordern; daneben spielt auch noch die Anfälligkeit der meisten zu Küvettenfenstern brauchbaren Materialien gegen Feuchtigkeit eine große Rolle. Jedes ultrarotspektroskopische Laboratorium sollte daher in enger Verbindung mit einem physikalisch-chemischen Laboratorium arbeiten, dem diese Maßnahmen der chemischen Aufbereitung obliegen. Es ist eine Frage der Arbeitsorganisation und daher der örtlichen Gegebenheiten, ob diese beiden auf Zusammenarbeit angewiesenen Laboratorien unter einer Leitung zusammengefaßt werden oder nebeneinander selbständig arbeiten. Die eigentliche, meist nur physikalische und technische Vorbereitung der Proben selbst sollte unmittelbar beim spektroskopischen Laboratorium in engster Verbindung mit der eigentlichen spektroskopischen Messung erfolgen.

2. Gasförmige Substanzen

Die Eigentümlichkeit des Ultrarotspektrums einer gasförmigen Substanz — starke Absorption nur bei wenigen Wellenlängen, dazwischen praktisch völlige Absorptionsfreiheit — und die Existenz von leicht erhältlichen Gasen ohne Ultrarotspektrum, nämlich den dipollosen homöopolaren, wie O_2, H_2, N_2, und den Edelgasen, erleichtert die Anpassung des Spektrums an die Aufgabenstellung ungemein. Die Variationsmöglichkeiten der Schichtdicke sind durch die verwendeten Küvetten gegeben. Sie umfassen, wie wir gesehen haben, einen sehr weiten Bereich, und ihre Schichtdicke ist vermöge ihrer Größe leicht und genau meßbar. Es ist klar, daß für stark absorbierende Gase, besonders in Gebieten der Grundschwingungen, die kleinsten Schichtdicken benutzt werden. Für Gasgemische, Übersichts- und Vergleichsspektren nimmt man günstigerweise mittlere Schichtdicken, etwa 100 oder 200 mm, während die erwähnten Langwegküvetten Reinheitsuntersuchungen auf schwach absorbierende Gase vorbehalten sind. Noch längere Absorptionswege schließlich kommen bei Spurensuche in Frage und bei Untersuchungen im Gebiet der

Oberschwingungen, wobei man mittels Mehrfachreflexion bis zu 5,5 km Absorptionsweg [HERZBERG u. HERZBERG (*389*)] gegangen ist.

Neben der Schichtdicke wird man den Druck des untersuchten Gases und damit die Konzentration des Gases ändern, um das Spektrum zu beeinflussen. Das kann einerseits geschehen durch Untersuchung der unveränderten gasförmigen Substanz bei verschiedenen Drucken, andererseits bei unverändertem Partialdruck des interessierenden Gases und Änderung des Gesamtdruckes durch Beimischung von Fremdgasen, wozu man natürlich solche ohne Eigenspektrum wählt. Damit ist es möglich, den Einfluß von Druck und Fremdgasbeimischung auf die Absorption in einem sehr weiten Bereich messend zu verfolgen und daraus Schlüsse auf zwischenmolekulare Wirkungen u. dgl. zu ziehen. Zur Füllung der Küvetten bei den als geeignet ausgewählten Bedingungen ist eine sog. Gaseinlaßapparatur dringend notwendig, die nicht nur beliebige Drucke in der Küvette, sondern auch beliebige Mischungen herzustellen gestatten muß. Bei Änderung des Füllgases bedarf es gewisser Vorsichtsmaßregeln hinsichtlich der gefetteten Hähne der Apparatur und der Verbindungen zur eigentlichen Küvette, um nicht Gasreste früherer Füllungen zu verschleppen. Werden die Verbindungen mittels Gummischläuchen o. dgl.hergestellt, so besteht immer die Gefahr, daß das vorher benutzte Gas, an diese absorbiert, später als Verunreinigung auftritt. Ähnliches gilt für die Hähne bezüglich solcher Gase, die sich in den üblichen Hahnfetten lösen und bei Gaswechsel wieder in Freiheit gesetzt werden. Lange Spülzeiten oder eine vollständige Reinigung und Neufettung der Apparatur sind dann meist die einzigen Abhilfen, wenn man nicht Sonderkonstruktionen und Sondermaßnahmen ergreifen will, wie sie in ähnlich gelagerten Fällen in anderen Disziplinen, z. B. der Massenspektroskopie, entwickelt worden sind.

Für aggressive Gase sowie das Studium von Gasreaktionen empfiehlt sich die Verwendung einer Apparatur, in der das zu untersuchende Gas im Kreis gepumpt wird; einen Konstruktionsvorschlag findet man bei SMITH u. a. (*1054*).

Für die Untersuchung gasförmiger Substanzen, die mittels eines Gaschromatographen aus einem Gemisch herausgeschnitten wurden, haben CHANG u. a. (*984*) das folgende Verfahren angegeben: Man benutzt eine gewöhnliche Gasküvette, deren Einlaß über ein mit einem DEWAR-Gefäß kühlbares U-Rohr mit dem Auslaß des Gaschromatographen verbunden ist, während der Küvettenausgang über ein Trockenmittel geführt wird. Bei He- oder N_2-Füllung wird die interessierende Fraktion im U-Rohr kondensiert, dann die Küvette vom Gaschromatographen abgetrennt, das Trockenmittel entfernt und durch eine Vakuumpumpe der gewünschte Druck in der Küvette hergestellt. Sodann entfernt man auch das Kühlmittel für das U-Rohr und läßt die angesammelte Probe in die Küvette hinein verdampfen. Dieses Verfahren leidet darunter, daß leicht flüchtige Substanzen, zumal bei der bei gaschromatographischen Arbeiten üblichen Verdünnung in einem Trägergas, die Kondensationsstrecke durchbrechen, und dadurch erheblicher Substanzverlust eintritt. Nach einem Vorschlag von WITTE u. DISSINGER (*1222*) ist es in solchen Fällen günstiger, in dem U-Rohr (am besten ist eine Kapillare) eine kleine Menge, z. B. 20 Mikroliter, eines geeigneten Lösungsmittels vorzulegen, das schnell unter seinen Erstarrungspunkt abgekühlt wird. Dadurch entsteht in der Kapillare ein polykristalliner Pfropfen, der dem Gasstrom einen nur unwesentlich vergrößerten Strömungswiderstand entgegensetzt, durch seine große Oberfläche aber die Adsorption der gasförmigen Substanz an den Lösungsmittelkristallen begünstigt. Nach Auftauen des Lösungsmittels kann man je nach den Umständen entweder unmittelbar die anfallende Lösung des Gases im Lösungsmittel oder das Gas selbst nach Austreiben aus der Lösung untersuchen. Man kann anstatt des erstarrten Lösungsmittels auch andere Adsorbentien vorlegen, z. B. vielporige Filter auf Cellulosebasis.

Eine spezielle Methode der spektroskopischen Untersuchung von Gasen wurde unter der Bezeichnung Matrixtechnik von PIMENTEL u. Mit. (*1046—1048*) angegeben. Sie ist ein Analogon zu den bekannten Einbettungsverfahren für Festkörper (s. S. 238) und hat den Vorteil, daß das zu untersuchende Gas in großer Verdünnung, sozusagen als freies Molekül, in einer inerten Umgebung vorliegt. Man geht dazu von einer sehr kleinen Konzentration des zu untersuchenden Gases in einem inerten Gas, z. B. Argon oder Stickstoff, aus. Dieses Gemisch wird eingefroren. Zur Vermeidung starker Streuverluste muß die Abscheidung des Kristalls ganz langsam geschehen, etwa mit Geschwindigkeiten von ungefähr 100 μmol/min. Für den Routinebetrieb ist das Verfahren aus verständlichen Gründen weniger geeignet. Neuerdings wurde es jedoch von ROCHKIND (*1336*) zu einem quantitativen Verfahren umgestaltet. Die Änderung besteht hauptsächlich in einer Erhöhung der Konzentration des zu untersuchenden Gases auf etwa 1% und in einer kontrollierten, schlagartigen Abscheidung.

3. Flüssigkeiten

Gegenüber den Gasen gestaltet sich eine geeignete Präparation der flüssigen Substanzen schon schwieriger, wenn man leicht und gut auswertbare Spektren in allen Fällen erhalten will. Auch hier ist die Variation der Schichtdicke die erste Maßnahme, ein unzulängliches Spektrum zu verbessern. Vermöge der gegenüber den Gasen sehr viel stärkeren Absorption der Flüssigkeiten und festen Körper — eine Folge der dichteren Molekülpackung — sind jedoch die brauchbaren Schichtdicken recht klein und daher auch weniger genau meßbar. Dazu kommt dann noch das sehr viel komplexere Aussehen des Spektrums als Ganzes wegen der zahlreichen und häufig intensiven Ober- und Kombinationsschwingungsbanden und der allgemeinen Grundabsorption, die von starken Wechselwirkungen benachbarter Moleküle aufeinander und von der Überlagerung vieler Bandenausläufer herrührt. Schichtdicken unter 0,01 mm sind kaum mehr mit der notwendigen Präzision und Reproduzierbarkeit herstellbar und daher nur zu qualitativen Untersuchungen brauchbar. Viele Stoffe liefern aber auch dafür — um so stärker, je mehr und je stärker polare Gruppen vorhanden sind — im Reinzustand noch Spektren mit weit über die oben genannte untere Durchlässigkeitsgrenze von etwa 20% hinausgehenden Banden. In solchen Fällen kann für qualitative Untersuchungen die Benutzung kapillarer Filme, etwa zwischen zwei ohne Abstandsring aufeinandergepreßten NaCl-Scheiben oder als Überzug über eine Plattenfläche, weiterhelfen. Für quantitatives Arbeiten scheidet dieses Verfahren aus naheliegenden Gründen aus. Dann bleibt nur noch die Herabsetzung der Konzentration, also die Lösung der interessierenden Flüssigkeit in einem geeigneten Mittel, jedoch enthält dann das Spektrum auch die Banden dieses Lösungsmittels und wird dadurch in vielleicht nicht übersehbarem Ausmaß verfälscht, ganz abgesehen davon, daß u. U. unmittelbare physikalische und chemische Einwirkungen von lösender und gelöster Substanz aufeinander bedacht werden müssen. Es ist aus der Natur der Stoffe verständlich, daß es prinzipiell kein Lösungsmittel gibt, dessen Spektrum nicht

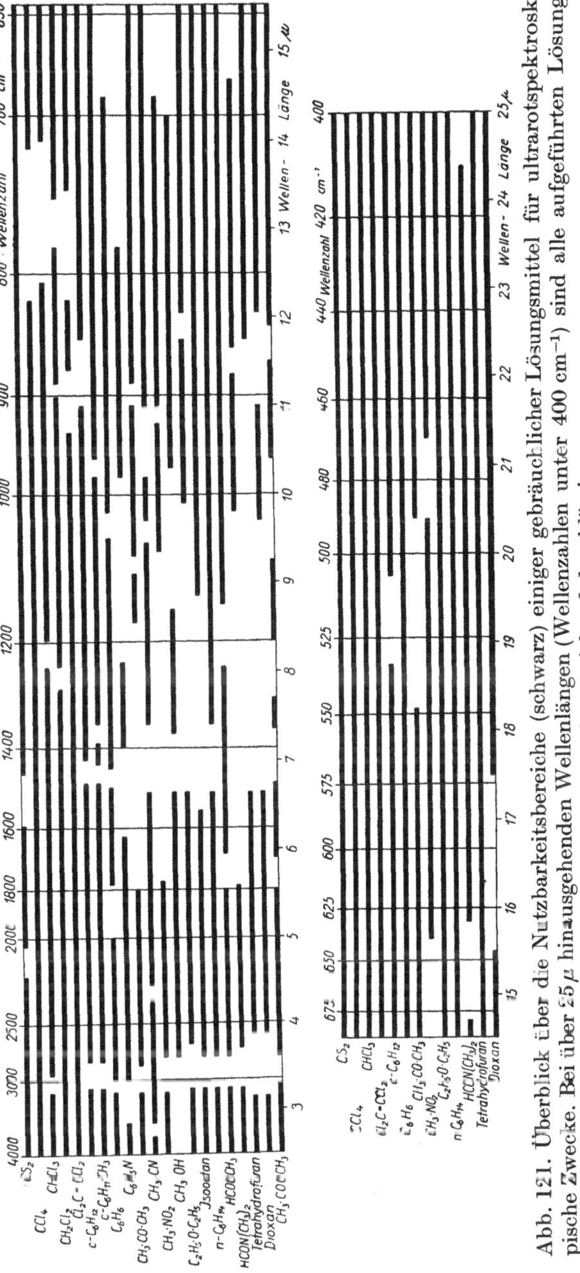

Abb. 121. Überblick über die Nutzbarkeitsbereiche (schwarz) einiger gebräuchlicher Lösungsmittel für ultrarotspektroskopische Zwecke. Bei über 25 μ hinausgehenden Wellenlängen (Wellenzahlen unter 400 cm^{-1}) sind alle aufgeführten Lösungsmittel ausreichend durchlässig.

charakteristische eigene Banden besitzt. Je komplizierter das Lösungsmittelmolekül gebaut und je polarer es ist, desto komplizierter und ausgeprägter wird auch sein Ultrarotspektrum sein. In Abb. 121 sind für eine ganze Reihe gängiger Lösungsmittel die Ultrarotspektren (bei 0,1 mm Schichtdicke) unter Verzicht auf Feinheiten im Bereich von 2 bis 25 μ zusammengestellt [s. a. TORKINGTON u. THOMPSON (*864*), ANDERSON u. STEWART (*21*)]. Man ersieht daraus, daß CCl_4 und CS_2, wie zu erwarten war, am günstigsten sind, dann folgen, noch einigermaßen brauchbar, Chloroform, Cyclohexan, Aceton und einige andere. Ein gut brauchbares Lösungsmittel ist nach den Angaben von HOYER (*405*) noch Schwefeldioxyd. Es besitzt in 0,1 mm Schichtdicke im NaCl-Bereich merkliche bzw. starke Banden nur bei 4,06, 7,45 und 8,75 μ. Bei seiner Anwendung benötigt man aber natürlich eine Druckküvette, außerdem muß man mit seiner Manipulation vertraut sein. Neuerdings werden Arsen- und Antimontrihalide, insbesondere $AsCl_3$, als Speziallösungsmittel empfohlen [SZYMANSKI u. a. (*1028*)]; die korrosiven Eigenschaften dieser Stoffe erfordern aber einige Vorsicht bei der Benutzung, so daß sie wohl nur verwendet werden, wenn es keine andere Möglichkeit gibt, vor allem bei der Untersuchung von anorganischen und auch organischen Säuren. Ein weiteres, im Bereich von ungefähr 13 μ an aufwärts (von ungefähr 770 cm^{-1} an abwärts) in Schichtdicken bis zu einigen Millimetern gut brauchbares Lösungsmittel ist Trichloracetonitril [Heublein (*1236*)]. Die meisten Lösungsmittel sind nur für einen oder wenige, teilweise recht schmale Wellenlängenbereiche brauchbar, wobei dieser Ausdruck heißen soll, daß im fraglichen Gebiet ihre Eigenabsorption in der gewählten Schichtdicke nicht mehr als etwa 30% beträgt.

Wenn das Spektrum einer Reinsubstanz nicht befriedigt und die Möglichkeiten der Schichtdickenveränderung völlig ausgenutzt sind, bleibt angesichts dieser Sachlage gar nichts anderes übrig, als Mischungen oder Lösungen in verschiedenen Mitteln nebeneinander unter sorgfältiger Beachtung der Eigenspektren zu benutzen, wobei auch hier wieder der Schichtdickeneinfluß nicht unbeachtet bleiben darf. Für diese Arbeitsweise bieten Doppelstrahlgeräte besondere Vorteile. Denn sie gestatten, indem man eine passende Menge des Lösungsmittels im Vergleichsstrahlengang unterbringt, prinzipiell die unmittelbare Kompensation des Lösungsmittelspektrums. Jedoch bedarf es auch hier einiger subtiler Vorsichtsmaßregeln. Im Vergleichsstrahlengang darf sich nur eine solche Menge des Lösungsmittels befinden, wie sie der im Meßstrahlengang befindlichen äquivalent ist; d. h. die Küvettenschichtdicke im Vergleichsstrahlengang ist immer kleiner als im Meßstrahlengang, und zwar ist der Unterschied um so größer, je konzentrierter die zu spektroskopierende Probe angesetzt ist. Hier findet die oben erwähnte Küvette mit veränderlicher Schichtdicke ihre ureigenste Anwendung. Man bringt sie, gefüllt mit dem benutzten Lösungsmittel und mit einer als einigermaßen richtig abgeschätzten Schichtdicke, in den Vergleichsstrahlengang des Spektrometers, das auf eine Wellenlänge eingestellt ist, an der zwar das Lösungsmittel, nicht aber die im Meßstrahlengang auch noch vorhandene gelöste Substanz Absorption besitzt. Durch Schichtdickenvariation kann man es nun bei Geschick und Geduld erreichen, daß die Lösungsmittelabsorption an dieser und damit an allen Stellen des Spektrums kompensiert wird, so daß beim anschließenden Ablauf des Spektrometers im interessierenden Wellenlängenbereich nur noch das gesuchte Spektrum des gelösten Stoffes anfällt. Voraussetzung ist dabei allerdings, daß das Spektrum des gelösten Stoffes nicht durch Lösungseffekte in seiner Qualität, d. h. in Bandenlage und -stärke, wie es bei Komplexbildung usw. vorkommen kann, verändert wird. Mit Rücksicht darauf ist es oft günstiger, mit großen Schichtdicken bei kleiner Konzentration anstatt umgekehrt zu arbeiten, weil solche zwischenmolekularen Wechselwirkungen meist erst bei höheren Konzentrationen bemerkbar werden; allerdings scheiden dann die Gebiete stärkerer Eigenabsorption des Lösungsmittels für die Auswertung aus. Außerdem muß daran gedacht werden, daß in Gebieten völliger Absorption wegen des Zusammenhangs zwischen vom Strahlungsempfänger aufgenommener Strahlungsenergie und Einstellcharakteristik des Abgleichorgans undefinierte Verhältnisse herrschen. Schon bei starker Absorption muß aus diesem Grund die Registriergeschwindigkeit herabgesetzt werden, um den Registriervorrichtungen eine wirklichkeitsentsprechende Aufzeichnung der Banden zu ermöglichen. Überschlägig kann man damit rechnen, daß ab etwa 95 bis 98% Absorption keine echte Kompensation der Banden mehr erfolgt.

Ist die Verwendung eines Lösungsmittels aus irgendwelchen Gründen ausgeschlossen, dann kann man sich nach Brasch u. Jakobsen (*1032*) dadurch helfen, daß man eine Polyäthylenscheibe — aus einem massiven Strangmaterial geschnitten — in der zu untersuchenden Flüssigkeit, gegebenenfalls auch noch bei erhöhter Temperatur, quellen läßt. Reicht die dabei von dem Polyäthylen aufgenommene Substanzmenge nicht aus, um mit den gewöhnlichen Verfahren ein auswertbares Spektrum zu erhalten, so wendet man die Technik der Ordinatendehnung an.

Sind Lösungsmittel und Gelöstes im Dampfdruck sehr unterschieden, so hat man vor allem bei längerer Versuchsdauer dafür zu sorgen, daß die einmal eingestellte Konzentration erhalten bleibt [Meeks u. a. (*570*)]. Als Lösungsvermittler bei nicht ausreichender Löslichkeit wird gelegentlich Triäthylamin empfohlen [Ard u. Fontaine (*25*)].

Nicht immer läßt sich beim Kompensationsverfahren die Schichtdicke der Vergleichsküvette auf den oben geforderten richtigen Vergleichswert einstellen. Dann werden die in Kompensation erhaltenen Spektren verfälscht. Das Ausmaß der Verfälschung haben Bayliss u. Brackenbridge (*48*) untersucht, deren Angaben von Lippert (*511*) ergänzt werden. Überraschenderweise zeigt sich, daß die Küvettenschichtdicke und die Konzentration der Lösung ohne Einfluß sind. Von Bedeutung sind nur die Absorptionskoeffizienten von Lösungsmittel und gelöstem Stoff und ihre Molvolumina. Der Einfluß drückt sich im Auftreten von Maxima und Minima in der Kompensationskurve aus, die Absorptionsbanden vortäuschen können.

Der Fall einer Absorption im Vergleichsstrahlengang ist aber nicht nur für die echte Kompensation des Lösungsmittels interessant, sondern auch dann, wenn es z. B. gilt, Banden, die sonst zu schwach herauskommen, zu verstärken. Hierzu dienen insbesondere wellenlängenunabhängige Absorptionen im Vergleichsstrahlengang, im einfachsten Fall Drahtnetze geeigneter Maschenweite; ihre Durchlässigkeit muß aber immer größer sein als die jeder Bande, die verstärkt werden soll. Kaiser (*447*) diskutiert die verschiedenen möglichen Fälle von Differenzmessungen, die wegen der oben gerade schon erwähnten Täuschungsmöglichkeiten Vorsicht erfordern. Besonders kritisch ist die Lage bei denjenigen Wellenlängen im Spektrum, an denen die erzwungene ,,Vergrößerung" der Banden das Vorzeichen wechselt. In der Differenzkurve treten dann zusätzliche ,,Banden" auf, die den untersuchten Stoffen in Wirklichkeit nicht zugehören. Davon abgesehen, erhält man das deutlichste Hervortreten der ,,verstärkten" Banden dann, wenn man die untersuchte Schichtdicke so wählt, daß eine Durchlässigkeit von etwa 37 % resultiert.

Eine andere bedeutungsvolle Fehlerquelle bei Kompensationsmessungen stellt die Streustrahlung dar, deren Einfluß von Luck (*522*) näher untersucht wurde. Neben Extinktionserniedrigungen findet er vor allen Dingen Aufspaltungen von an sich einfachen Banden in Doppelbanden und Verlagerungen des Bandenschwerpunktes.

Die geschilderten Schwierigkeiten der Verdünnungstechnik werden teilweise, wenn auch nicht gänzlich vermieden, wenn man anstatt im Grundschwingungsbereich im Gebiet der Oberschwingungen spektroskopiert. Infolge der geringeren Absorptionsstärke der Oberschwingungsbanden kann man dort größere Schichtdicken anwenden, die nicht nur genauer meßbar sind, sondern auch einen weiteren Variationsbereich umfassen, so daß man auch ohne Verdünnung allein mit Reinsubstanzen auswertbare Spektren erhält. Leider aber lassen sich manche Aufgaben unter Benutzung der Oberschwingungen nicht ganz so leicht lösen wie mit den Grundschwingungen, obwohl im ganzen gesehen die Technik der Messungen im Oberschwingungsgebiet einfacher ist. Die Nah-Ultrarotspektren von 30 gängigen Lösungsmitteln findet man bei Visapää (*1011*) angegeben.

Ein paar Bemerkungen noch zur Ultrarotspektroskopie wäßriger Lösungen: Im allgemeinen gilt das Wasser sozusagen als der Todfeind der Ultrarotspektroskopie, einmal wegen seines Spektrums [Gore u. a. (*326*), Curcio u. Petty (*182*), Genzel (*294*), Giguerre u. Harvey (*303*)] überhaupt, dann aber auch wegen der Zerstörung der Küvettenfenster. Wenn also Wasser als Lösungsmittel vermeidbar ist, sollte es unter allen Umständen vermieden werden. Hin und wieder ist das aber nicht durchführbar. Über die Ausschaltung der Lösungsmittelangriffe auf die Küvettenfenster werden wir weiter unten Näheres hören, sofern man nicht überhaupt wasserbeständiges Material dafür nimmt[1]. Für die Spektroskopie selbst gibt es zwei Wege: Entweder man benutzt die normale Küvettentechnik bei ziemlich geringer Schichtdicke (auf keinen Fall über 0,02 mm); dann ergänzen sich gewöhnliches Wasser und schweres Wasser gemäß Abb. 122 als hinsichtlich ihres Spektrums

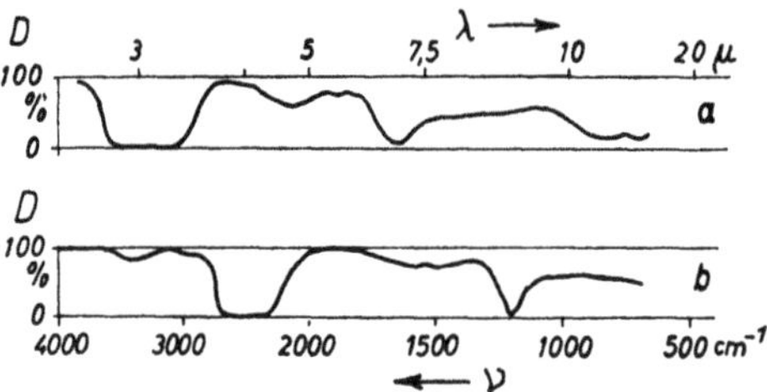

Abb. 122. Spektrum von leichtem und schwerem Wasser in dünner Schicht nach GORE u. a. (*326*), s. a. BLOUT u. LENORMANT (*81*)

komplementäre Lösungsmittel außerordentlich gut. Oder man verzichtet auf die Benutzung von Küvetten überhaupt, indem man der zu spektroskopierenden Flüssigkeit durch geringfügige Zusätze sog. Netzmittel (Oberflächenaktivatoren) die Eigenschaften von Seifenlösungen verleiht und einen etwa in einem Drahtrahmen gespannten kapillaren Film verwendet. Dabei kann man durch einen geschickten technischen Aufbau bei Herstellung eines regulierbaren Zuflusses aus einem Vorratsgefäß und eines Abflusses den Film bei durch die Versuchsbedingungen festgelegter konstanter Dicke fortlaufend erneuern[2]. Der oft besonders störende Rückgang der Durchlässigkeit wässriger Lösungen oberhalb 7 μ läßt sich durch den oben schon erwähnten Kunstgriff konstanter Absorption im Vergleichsstrahlengang mittels Drahtnetzen o. dgl. gut beseitigen [POTTS u. WRIGHT (*682*)]. Sehr günstig ist auch die Anwendung der ATR-Technik (s. S. 320) bei der spektroskopischen Untersuchung von wäßrigen Lösungen [KATLAFSKY u. KELLER (*1346*)]; dabei muß natürlich der ATR-Kristall selbst wasserfest sein.

Nun noch einige Hinweise auf die Präparationsmöglichkeiten von in kleinsten Mengen vorliegenden Substanzen, die als gaschromatographische Fraktionen erhalten wurden. Sehr einfach zu bewerkstelligen ist die tropfenförmige Kondensation des austretenden Gases auf einer gekühlten NaCl-Platte oder einer KBr-Tablette [KUBECZKA (*1049*)]; um das kapillare Abfließen der Flüssigkeit zu verhindern, legt man eine zweite, etwas kleinere NaCl-Scheibe oder KBr-Tablette auf den Tropfen, wodurch eine Art Flüssigkeitsküvette ohne Distanzring entsteht. Anstatt der fertigen KBr-Tablette kann man auch die entsprechende Menge pulverisierten Kaliumbromids benutzen, das erst nach Kondensation des Tropfens verpreßt wird; dabei hat man darauf zu achten, daß nicht durch den beim Tablettenpressen üblichen Evakuierungsprozeß die vorher kondensierte Substanz wieder entweicht. CHANG u. a. (*1050*) benutzen eine über den Auslaßstutzen des Gaschromatographen gezogene Polyäthylenkapillare, die auf einer Länge von einigen Milli-

---

[1] Bei wasserhaltigen Proben, deren Untersuchung in wasserempfindlichen Küvetten nicht zu umgehen ist, kann man sich, sofern keine chemischen Bedenken entgegenstehen, ohne besondere Präparierung der Küvettenfenster dadurch helfen, daß man die Probe mit NaCl bzw. dem betreffenden Fenstermaterial sättigt.

[2] Die Kenntnis dieser Technik verdankt der Verfasser einem freundlichen Hinweis von H. HAUSDORFF, Norwalk, Conn., USA.

metern durch genügend starkes Pressen zu einer Art Küvette verformt worden ist; die beim Pressen möglicherweise leicht verklebten Innenflächen trennt man durch Hindurchziehen eines dünnen Drahtes voneinander. In der so gebildeten Küvette wird das austretende Gas kondensiert. EDWARDS u. FAGERSON (*1051*) verwenden eine an den Ausgang der Trennsäule angeschlossene, gekühlte Injektionsnadel zur Kondensation des Gases mit anschließender Überführung der Flüssigkeit in eine Ultramikroküvette. Ebenso kann ein U-Röhrchen kleinster Abmessungen zum Kondensieren benutzt werden [BLAKE u. a. (*1052*)]. FOWLIS u. WELTI (*1337*) überführen in einem geschlossenen System die in einer kleinen Säule aufgefangenen gaschromatographischen Fraktionen in eine AgCl-Mikroküvette durch Heizen der Säule und gleichzeitiges Tiefkühlen der Küvette. Besonders gut eignet sich die ATR-Technik für die Untersuchung gaschromatographisch gewonnener Fraktionen, da dieses Verfahren ja nur winzige Mengen benötigt; man kondensiert die Fraktionen unmittelbar auf dem ATR-Kristall, u. U. mehrere hintereinander bei einer jeweiligen kleinen Verschiebung des Kristalls.

4. Feste Körper

Was über die Flüssigkeit gesagt wurde, gilt in noch verstärktem Maß für die Festkörper. Nur in den seltensten Fällen lassen sich leicht und mühelos die benötigten dünnen Schichten gewinnen, wie z. B. beim Glimmer, vielmehr fallen die Substanzen meist als mehr oder weniger fein kristallisierte Pulver, Granulate, kristalline oder amorphe kompakte Stücke an. Im Vergleich zur Präparation der Stoffe in den anderen Aggregatzuständen kommt daher der Vorbereitung der zu spektroskopierenden Festkörper ein sehr viel größeres Gewicht zu — oft steht oder fällt der Erfolg eines spektroskopischen Vorhabens mit der Ausarbeitung einer geeigneten Präparation.

Der einfachste und sehr häufig zum Erfolg führende Weg ist der, auf die Untersuchung im festen Zustand überhaupt zu verzichten und in Lösung zu arbeiten. Zu dieser Methode ist bei der Behandlung der Flüssigkeiten schon alles von Belang gesagt worden. Für rein analytische Zwecke ist dieser Weg fast immer gangbar, nicht aber, wenn es sich um das Studium spezieller, mit dem festen Zustand allein verknüpfter Erscheinungen handelt. Das nächste, bei filmbildenden Stoffen vielfach angewandte Verfahren ist die Gewinnung eines ausreichend dünnen Films des betreffenden Stoffs auf dem Umweg über die Lösung, sofern daraus ein wirklicher Film sich niederschlagen läßt. Dazu wird die feste Substanz in bekannter Konzentration in einem Lösungsmittel gelöst, eine bestimmte Menge dieser Lösung auf eine geeignete, genau waagrecht ausgerichtete Unterlage ausgegossen und das Lösungsmittel verdampft. Wenn möglich, sollte als Unterlage ein solches Material benutzt werden, das die Ablösung des fertigen Films gestattet, so daß dieser allein für sich — freitragend in einen Rahmen gespannt — spektroskopiert werden kann. Solche Unterlagen sind sorgfältig gereinigte und polierte Metall- und Glasflächen, auch gewisse Flüssigkeitsflächen, wie z. B. Quecksilber und gelegentlich auch Wasser, wenn der zu untersuchende Stoff darin weder lösbar noch quellbar ist. WEHLING (*1338*) verwendet zur besseren Ablösung des Gießfilmes von einer festen Unterlage einen Wasserstrahl, der den mit einer spitzen Nadel angerissenen Film von der Unterlage abhebt, was natürlich nur bei wasserunempfindlichen Substanzen möglich ist. Ist eine solche Unterlage aus irgendwelchen Gründen nicht brauchbar oder die Ablösung des gebildeten Films nicht möglich, so kommt das Ausgießen der

Lösung mit anschließender physikalischer Filmbildung unmittelbar auf einem ultrarotdurchlässigen Trägermaterial, wie es auch für Küvettenfenster verwendet wird, in Betracht. Während beim abgelösten Film die Dicke auf gewöhnliche Weise gemessen werden kann — eventuell auch unter Verwendung eines Interferenzverfahrens [Tolansky (*862*), Bovey (*93*)] —, kommt beim Überzugfilm vor allem das Verfahren mit dem Lichtspaltmikroskop in Betracht [Rahbek u. Omar (*692*), Green u. Hadley (*331*)]. Aus den Dichten, Konzentrationen, Ausgußmengen und Flächen kann sie mit einiger Vorsicht bezüglich etwaiger Verluste berechnet werden. Ein weiteres Verfahren ist die Messung der Durchlässigkeit von radioaktiven β-Strahlen [Peterson u. Downing (*646*), Günzler (*1339*), Veerkamp u. a. (*1340*)], sofern die Apparatur hierfür und Eichkurven zur Verfügung stehen. Selbstverständlich gehen etwaige spektrale Eigentümlichkeiten des Unterlagematerials in das Spektrum mit ein und müssen berücksichtigt bzw. kompensiert werden.

Bei freitragenden Filmen und Folien, die auf die oben geschilderte Weise aus Lösungen gewonnen wurden, stören häufig die im Spektrum auftretenden Interferenzen. Sie lassen sich vermeiden, indem man die Filme auf einer angerauhten Unterlage gießt oder die Folien nachträglich auf einer Seite anrauht [Lünebach u. Hummel (*1128*)]. Die Spektren von extrem dünnen Filmen und z. B. auch von monomolekularen Schichten gewinnt man nach einem Vorschlag von Francis u. Ellison (*1088*) mit einer Vielfachreflexionstechnik (wenn man nicht die ATR-Technik anwendet); eine Verbesserung zu diesem Verfahren wurde von Hannah (*1089*) angegeben.

Das Filmgewinnungsverfahren über Lösungen ist für alle Stoffe anwendbar, für die einerseits ein Lösungsmittel bekannt oder zu beschaffen ist und die sich andererseits aus Lösungen als zusammenhängender Film niederschlagen lassen. An das Lösungsmittel werden dabei eine Reihe von Forderungen gestellt: 1. ausreichendes Lösevermögen bei mäßigen Temperaturen; 2. chemische Inaktivität gegen den gelösten Stoff; 3. hohe Reinheit; jedoch ist es wichtiger, daß das Lösungsmittel bei den gewählten Trocknungsbedingungen nicht verharzt und keinerlei nichtflüchtige Bestandteile zurückläßt; 4. möglichst schwache Absorptionsbanden, damit zurückbleibende Spuren im Spektrum keine Verfälschung hervorrufen; andererseits ist gerade das Spektrum — sofern Vergleichsmöglichkeiten vorhanden sind — die sicherste Prüfung auf ausreichende Entfernung des Lösungsmittels; 5. das Lösungsmittel soll klare Filme mit glatter, ebener Oberfläche bilden.

Manche dieser Forderungen sind Selbstverständlichkeiten. Reinigungsvorschriften für die gängigen Lösungsmittel findet man ausführlich dargestellt bei Pestemer (*644, 645*). Die vierte Forderung ist für den Bereich des Ultrarot akademisch, weil es eben kein Lösungsmittel gibt, das nicht irgendwo in diesem Bereich eine oder mehrere starke Banden besitzt. Wie schon angedeutet, können diese zur Prüfung der restlosen Entfernung des Lösungsmittels dienen, übrigens auch dann, wenn der Film selbst an denselben Wellenlängen (nicht zu starke) Absorption zeigt, indem man die Spektren verschieden stark getrockneter Filme miteinander vergleicht und auf Veränderungen in einzelnen Banden, hier also Schwächerwerden der Absorption mit der Trocknung, achtet. Die Art und Weise der Trocknung schließlich ist von einem gewissen Einfluß auf die Güte des gebildeten Films. Niedrigsiedende Lösungsmittel, die wegen der leichter zu bewerkstelligenden vollständigen Verdampfung erwünscht sind, ergeben wegen zu schneller Trocknung gerne blasige, unebene Filme, die stark streuen und sehr uneinheitliche Dicke besitzen. Langsame, mäßige Trocknung kann im Trockenschrank bei nicht zu hohen, dem Lösungsmittel angepaßten Temperaturen erzielt werden. Ist das behandelte Material temperaturempfindlich, so empfiehlt sich Vakuumtrocknung, u. U. bei gleichzeitiger Wärmezufuhr. In beiden Fällen tritt die Verfestigung zunächst an der Oberfläche auf, und der dort gebildete Film wird dann von dem aus dem Inneren geförderten Lösungsmittel durchbrochen, worauf die Unebenheit der Oberfläche zurückzuführen ist. In dieser Hinsicht ist die Zuhilfenahme der Strahlungstrocknung wertvoll, mit welcher eine gleichmäßigere Trocknung auch der tiefer liegenden Teile erreicht wird. Vermöge der Tiefenwirkung ihrer Strahlung eignen sich dazu sog. Hellstrahler, im Grunde genommen also stärker belastete elektrische Glühbirnen, besonders gut.

Materialien, die sich aus Lösungen nicht als geschlossener Film abscheiden, sondern auskristallisieren, d. h. also alle niedermolekularen Stoffe, präpariert man mittels der sog. Aufguß- oder Pulvertechnik auf einem ultrarotdurchlässigen Träger. Der Vorgang ist derselbe wie bei der Filmbildung aus Lösungen, nur versucht man, durch geeignete Führung der Trocknung die Größe der gebildeten Körner möglichst klein zu halten, und zwar — entsprechend den bekannten Streugesetzen — kleiner als die Wellenlänge des interessierenden Spektralbereichs. Dabei empfiehlt es sich, die Unterlage, meist eine NaCl-Platte, über die Siedetemperatur des Lösungsmittels zu erhitzen, aber natürlich noch unter der Zersetzungstemperatur der Substanz zu bleiben [HACSKAYLO (*342*)]. Die Dicke der Aufgußschicht reguliert man mit der Konzentration und Dosierung der ausgegossenen Lösung. Ebenso kann die Aufschlämmung eines nicht löslichen feinen Pulvers in einem leicht verdampfbaren Mittel behandelt werden [HUNT u. a. (*413*)]. Vor allem für den Bereich etwas längerer Wellen, etwa oberhalb 5μ, lassen sich mit diesem Verfahren, das aber bestenfalls nur halbquantitativ zu bewerten ist, gute Resultate erzielen. Liegt der feste Körper schon in pulverisierter Form von genügender Kornfeinheit vor oder läßt er sich dahin bringen, dann kann man den Umweg über die Lösung vermeiden, indem man das Pulver in dünner Schicht unmittelbar auf den Träger aufstäubt, eventuell unter Verwendung einer hauchdünnen Haftschicht aus Paraffinöl [LECOMTE (*500*)]. Auch Polyäthylenfolien sind als Träger brauchbar; man bringt die fein pulverisierte Substanz trocken oder unter Zuhilfenahme eines niedrigsiedenden Lösungsmittels auf und kompensiert den Träger durch eine nicht beschickte Polyäthylenfolie (SCHWING u. MAY (*1275*)]. Wässerige Lösungen dampft man auf wasserunlöslichen ultrarotdurchlässigen Materialien, z. B. AgCl oder CaF_2, ein [STEVENSON u. LEVINE (*829*)].

Für feste Körper, für welche kein geeignetes Lösungsmittel bekannt oder beschaffbar ist oder die bisher geschilderten Verfahren aus irgendeinem Grund ausscheiden, gibt es eine Reihe weiterer Präparationsmethoden. Vorausgesetzt daß sie schmelzbar sind und die dazu notwendige thermische Behandlung ohne konstitutionelle Veränderung vertragen, kann man die benötigten dünnen Schichten durch Aufschmelzen auf ein Trägermaterial herstellen. Einflüsse probenfremder Substanzen, wie Lösungsmittel u. dgl., werden dadurch zwar ausgeschaltet, um so mehr muß man jedoch auf Zersetzungs-, Polymerisations-, Oxydationseffekte usw. achten. Die Oxydation läßt sich vermeiden oder wenigstens verringern, wenn man den Schmelzprozeß zwischen zwei Platten des Trägermaterials oder in sauerstofffreier Atmosphäre vornimmt. Gelegentlich kann man bei geeigneter Temperaturführung auch aus Einkristallen bestehende Filme aus Schmelzen oder Lösungen gewinnen. Zur Erreichung des dazu notwendigen Temperaturgefälles eignet sich recht gut die bekannte KOFLERsche Heizbank.

Ist auch dieses Verfahren nicht durchführbar, so kann man bei in Blöcken anfallendem, nicht sprödem Material versuchen, die Filme auf rein mechanischem Weg durch Schneiden des kompakten Materials mittels eines Mikrotoms [VITALI (*1036*)] oder durch Ziehen und Pressen in einem Kalander herzustellen. Unter Umständen muß man dazu das Material erst noch in geeignete Platten oder Blöcke pressen. Härte und Sprödigkeit mancher Stoffe stehen diesem Verfahren entgegen, das wegen der Vermeidung eines strukturellen Einflusses der Behandlung manches für sich hat. Thermoplastische Stoffe können mit dem Verfahren des Schlauchspritzens präpariert werden, indem zunächst ein kleiner Ballon o. dgl. verfertigt wird, der dann, ausreichend erwärmt, durch Einblasen von Druckluft bis zur benötigten geringen Wandstärke aufgeblasen wird. Oder man preßt sie zwischen geheizten, polierten Stahlplatten mit nachfolgender Abkühlung unter Druck [COAKLEY u. BERRY (*1273*)].

Für Stoffe, die mit keinem der genannten Verfahren in eine zu spektroskopischen Zwecken brauchbare Form gebracht werden können, bleiben zwei generelle Verfahren der Präparation, die Suspensions- und die Preßtechnik, erstere auch als Mull- oder Mullingtechnik bekannt geworden. Bei beiden Verfahren handelt es sich um die Einbettung des zu spektroskopierenden, fein pulverisierten Stoffes in ein geeignetes flüssiges oder festes, möglichst absorptionsfreies Mittel. Man spricht daher oft ganz allgemein von einer Matrize, in die der zu untersuchende Stoff eingebettet wird. Der Grundgedanke dabei ist, durch die Einbettung die zahlreichen, Streuung veranlassenden Grenzflächen Luft-Stoffpartikelchen zu beseitigen und die Streuung an den noch verbleibenden Grenzflächen Einbettungsmittel-Stoffpartikelchen durch Annäherung der beiden Brechungsexponenten aneinander gering zu halten. Wichtig ist für beide Verfahren die Pulverisierung der Substanz bis zu einer mittleren Größe der Körner, deren Durchmesser kleiner oder zumindest nicht größer sein soll als die kleinste Wellenlänge der verwendeten Strahlung. Das läßt sich bei genügend harten Substanzen durch Mahlen in geeigneten Feinmühlen und anschließende Bearbeitung im Achat- oder glasierten Porzellanmörser meistens erreichen, erfordert aber häufig Geduld; bei weichen und schmierenden Stoffen ist oft eine kräftige Erniedrigung der Temperatur notwendig, um diesen Zerkleinerungsprozeß durchführen zu können. Hinsichtlich des Einbettungsmittels selbst stellt man die selbstverständliche Forderung weniger und mäßig starker Banden im Ultrarotbereich, denn sein Spektrum überlagert sich ja dem des eingebetteten Stoffes.

Für die Suspensionstechnik wird im allgemeinen Nujol, das Paraffinöl der Pharmazie, also ein Gemisch langkettiger flüssiger Paraffine, benutzt. Es besitzt die für CH_2- und CH_3-Gruppen typischen Banden bei etwa 3,4, 6,8, 7,2 und 13,8 μ (Abb. 123). An diesen Stellen wird also das Spektrum des eingebetteten Stoffes von dem des Nujols maskiert; eine Kompensation ist nur schwer und in unzulänglicher Weise möglich. Auch sonst erscheinen die Banden im allgemeinen nicht so scharf und ausgeprägt, wie man das gewohnt ist, und vor allem im kurzwelligen Teil des Spektrums ist der Verlauf der Durchlässigkeitskurve infolge Streustrahlung abgeflacht, es sei denn, die oben erwähnte Übereinstimmung der Brechungsexponenten sei nicht nur für eine Wellenlänge, sondern für einen ganzen Bereich sehr gut. Will man auch in den maskierten Teilen des Spektrums vollgültige Banden erhalten, so muß man das Einbettungsmittel wechseln, ähnlich wie man verschiedene Lösungsmittel benutzen muß, wenn man das ganze Spektrum abdecken will. In diesem Sinne komplementär zu Nujol sind langkettige flüssige Substanzen von paraffinähnlichem Charakter, bei welchen alle Wasserstoffatome durch Halogenatome, speziell durch Fluor oder Chlor, ersetzt sind, weil dann die den verschiedenen CH-Schwingungen entsprechenden Banden verschwinden und die neu auftretenden

Banden infolge der größeren Massen und veränderten Bindungsverhältnisse bei anderen (und zwar größeren) Wellenlängen liegen. Im Gebrauch sind Perfluorkerosin, auch Perfluorcarbon oder Halocarbonöl genannt [CROCKET u. HAENDLER (*178*)], und ein völlig chloriertes Butadien, das Perchlorbutadien [ARD (*24*)]; die Spektren von beiden sind in Abb. 123 enthalten[1]. Die einzubettende Substanz wird mit einer empirisch zu ermittelnden Menge des Einbettungsmittels im Mörser innig verrieben und vermischt, unter Zwischenschaltung eines Distanzrings von gewünschter oder notwendiger Dicke in eine zerlegbare Flüssigkeitsküvette gebracht und so spektroskopiert. Da es nicht möglich ist, die in den Mörser eingewogene Menge quan-

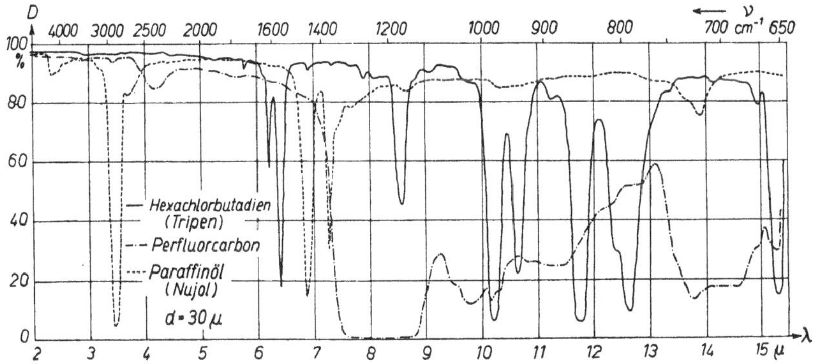

Abb. 123. Spektren gebräuchlicher Suspensionsmittel

titativ in die Küvette zu überführen, arbeitet dieses Verfahren bestenfalls nur halbquantitativ. Man hat versucht, diesem Mangel abzuhelfen durch Einführung eines sog. inneren Standards, indem man der Masse noch eine dritte Komponente von bekannter Bandenstärke zusetzt und aus ihrem Spektrum auf Schichtdicke und Konzentration schließt, jedoch sind die Erfolge nicht sehr überzeugend [BARNES u. a. (*39*), PIRLOT (*658*), KUENTZEL (*485*), BRADLEY u. POTTS (*96*)]. Als innerer Standard wurden u. a. KJO_4, $KBrO_3$ und $Pb(SCN)_2$ verwendet.

Die Preßtechnik ist in zwei Varianten beschrieben worden. Bei der einen wird die fein pulverisierte Substanz mit gemahlenem Silberchlorid oder einem anderen gemahlenen plastischen Stoff von guter Ultrarotdurchlässigkeit gemischt und dann durch Auswalzen eine Platte von etwa 1 mm Stärke oder weniger hergestellt, die als solche spektroskopiert wird [SANDS u. TURNER (*768*)]. Dieses Verfahren hat keine große Verbreitung gefunden, wird aber neuerdings wieder für die Untersuchung von wäßrigen Polymersuspensionen empfohlen [METZLER (*1045*), PYTLEWSKI u. MARCHESANI (*1341*)]. SPITTLER u. JASELSKIS (*1234*) verwenden ein unter bestimmten Bedingungen gereinigtes und pulverisiertes Silberchlorid ganz allgemein anstatt des üblichen Kaliumbromids als Einbettungsmittel. CHEN u. GOULD (*1342*) bringen den zu untersuchenden Stoff als Lösung in eine kleine Lochvertiefung in einer AgCl-Platte, verdampfen das Lösungsmittel und schließen das Loch durch Herausschneiden eines AgCl-Pfropfens mittels eines konisch geformten, korkbohrerähnlichen Schneidwerkzeuges; dieser Pfropfen wird dann unmittelbar spektroskopiert.

Die zweite, fast ausschließlich benutzte Variante verwendet fein pulverisiertes KBr als Einbettungsmittel [SCHIEDT u. REINWEIN (*773*), STIMSON u. O'DONNELL

[1] Bezugsquelle für Halocarbonöl: Halocarbon Products Corp., Hackensack, N. J. USA; für Perchlorbutadien (®Tripen): Wacker-Chemie GmbH., München.

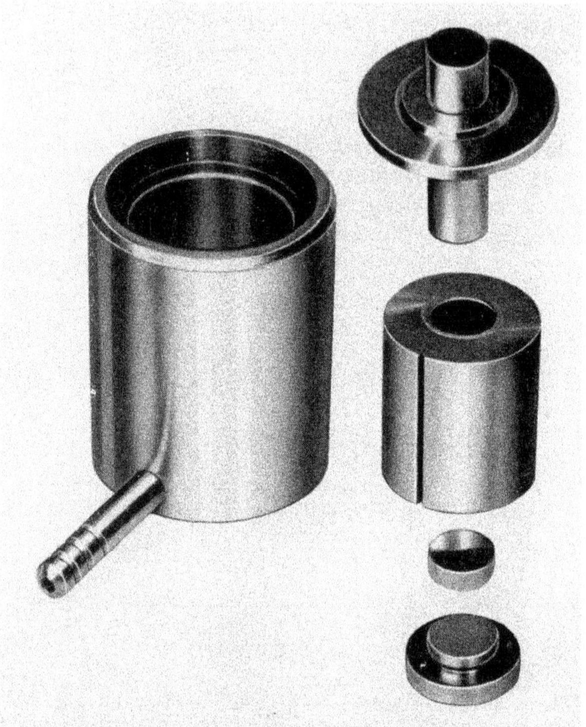

Abb. 124. Preßgerät für die Herstellung von KBr-Preßlingen (Photo: Bodenseewerk Perkin-Elmer & Co.)

(*832*)]. Nach inniger, gleichmäßiger Verteilung von Substanz und Einbettungsmittel wird die Masse in einer Menge von etwa 1 g oder weniger in eine vorbereitete Preßform[1] (Abb. 124) übergeführt und unter Benutzung recht hoher Drucke (über 5000 kg/cm²) zu einer Tablette von einigen Zehntelmillimetern gepreßt[2]. Kaliumbromid, das ja die Erscheinung des sog. kalten Flusses besonders stark zeigt, wird unter diesen Drucken plastisch und fließt unter Einschließung der eingebetteten Substanz zu einer einheitlichen, recht gut durchsichtigen Scheibe zusammen. Damit dies jedoch in ausreichendem Maß geschieht, muß das sehr hygroskopische Salz getrocknet und außerdem während des Preßvorgangs durch Abpumpen von der zwischen den Salzkörnern befindlichen Luft befreit werden, die andernfalls nach Minderung des äußeren Druckes die Tablette wieder zerspaltet und durch die dann auftretende Streuung undurchsichtig macht[3]. Die Güte der so erhaltenen Spektren

[1] Bezugsquelle: Spektrometerlieferanten; Fa. P. Weber, Stuttgart-Uhlbach.

[2] Ryason (*761*) und Clark (*140*) haben dieses Verfahren dazu benutzt, aus pulverisierten reinen Alkalihalogeniden brauchbare Küvettenfenster zu pressen. Dieser Weg erscheint angebracht in Fällen, wo keine genügend großen Kristallstücke verfügbar oder ihre Preise zu hoch sind.

[3] Kutzelnigg u. a. (*488*) weisen darauf hin, daß solche getrübte KBr-Preßlinge bei kurzzeitigem Erhitzen auf etwa 110 °C häufig wieder klar werden. Liegt der Schmelzpunkt der eingebetteten Substanz unter dieser Temperatur, dann tritt nach Abkühlung meist keine Rekristallisation der Schmelze ein, die Substanz verbleibt vielmehr — weil Kristallisationskeime fehlen — im unterkühlt-flüssigen Zustand, und die so behandelte KBr-Tablette liefert ein Spektrum, das mit dem der flüssigen Substanz identisch ist.

ist erheblich besser als die der mit der Suspensionstechnik gewonnenen, zumal KBr im üblichen Ultrarotbereich keine Eigenabsorption besitzt. Allerdings ist zur Erzielung scharfer Banden auch hier eine weitgehende Übereinstimmung der Brechungsexponenten von eingebettetem und einbettendem Stoff erforderlich. Weiterhin ist der Verteilungsgrad der Substanz im KBr von Einfluß. Durch inniges Verreiben im Mörser lassen sich recht zufriedenstellende Ergebnisse erzielen. Bessere Resultate erhält man, wenn die als wasserlöslich vorausgesetzte Substanz in Wasser gelöst und diese Lösung unter Verreiben in das Kaliumbromid eingetropft wird, das anschließend getrocknet werden muß. Noch aussichtsreicher scheint die gleichzeitige Lösung von Substanz und KBr in Wasser oder einem sonstigen geeigneten Lösungsmittel mit darauffolgender Lyophilisierung zu sein[1]. Auch ohne nachfolgende Lyophilisierung macht sich die Anwesenheit eines leicht flüchtigen Lösungsmittels beim Pulverisieren von KBr und Substanz durch schärfere Absorptionsbanden günstig bemerkbar [EDWARDS (*1038*)]. Recht gute Resultate erhält man auch, wenn man die einzubettende Substanz und das Kaliumbromid gleichzeitig in einer winzigen Schwingmühle[2] zerkleinert und vermischt, wobei die Abführung der entstehenden Wärme günstig ist [FAHR u. NEUMANN (*239*)].

Abgesehen davon, daß die KBr-Preßmethode in vielen Fällen das einzige verfügbare Präparierverfahren ist, weil die fragliche Substanz sich nicht oder nur in stark polaren, also bandenreichen Lösungsmitteln löst, ist ihr geringer Substanzbedarf ein besonders hervorzuhebender Umstand. Mehr als etwa 3 Milligramm werden in keinem Fall benötigt, meistens kommt man mit viel kleineren Mengen aus. Bei Verwendung von Mikropreßgeräten und Ultrarotkondensoren (s. S. 205) kann die benötigte Substanzmenge auf wenige Mikrogramm heruntergedrückt werden. Auch ohne Mikropreßgerät läßt sich die benötigte Substanzmenge nach einem von GRIMM (*1039*) angegebenen Verfahren stark vermindern: Man füllt ein normales Preßgerät wie üblich mit pulverisiertem KBr und preßt dieses von Hand. In die so vorgebildete, aber noch nicht fertig gepreßte Tablette schabt man ein zentrales Loch, dessen Durchmesser sich nach der verfügbaren Substanzmenge richtet. In dieses Loch wird die mit KBr vermischte Substanz eingefüllt, und der Preßvorgang nun wie gewohnt beendet.

Es muß aber mit Betonung darauf hingewiesen werden, daß das Aussehen der erhaltenen Spektren, nämlich die Schärfe der Banden, sehr vom Feinheitsgrad des verwendeten Pulvers abhängt. Abb. 125 bringt dafür ein Beispiel: Die Substanz, Glyzinäthylesterhydrochlorid, wurde nach verschieden langen Mahlzeiten (unter gegebenen Bedingungen)[3] bzw. nach Lyophilisierung gepreßt und spektroskopiert. Die Unterschiede in den Spektren sind ganz augenfällig. Mit von der Präparationsmethode abhängigen Bandenverzerrungen bei der Preßtechnik unter Verwendung von verschiedenen Haliden hat sich SCHIELE (*1233*) befaßt.

Mit den Anforderungen, die an KBr zu Einbettungszwecken gestellt werden müssen, hat sich HAMPEL (*1040*) befaßt. Die wichtigsten sind die folgenden: 1. frei von Verunreinigungen, die zu Banden führen; 2. geringe Korngröße, um klare Preßlinge zu erzielen; 3. bequeme Handhabung. Sofern man nicht im

---

[1] Eine dafür geeignete Lyophilisierapparatur s. bei HOLZMAN (*396*). SCHWARZ u. a. (*777*) verwenden diese Technik erfolgreich bei Substanzen, die zwar in organischen Lösungsmitteln, nicht aber in Wasser löslich sind.

[2] Konstruktion bei ARDENNE (*26*). Bezugsquelle: P. Weber, Stuttgart-Uhlbach.

[3] MILKEY (*577*) weist darauf hin, daß zu kräftige Mahlung zu verfälschten Spektren führen kann.

Stickstoffkasten unter Ausschluß jeglicher Feuchtigkeit arbeitet, muß man immer mit Wasserbanden rechnen, die allerdings durch einen Leer-Preßling im Vergleichsstrahlengang nahezu vollständig kompensiert werden können[1]. Die feine Verteilung des KBr begünstigt die Wasseraufnahme, und je mehr Mühe man sich mit der gleichmäßigen Verteilung der Substanz darin gibt, desto ausgeprägter erscheinen die Wasserbanden. Dennoch lohnt es sich nach den Untersuchungen von HAMPEL nicht, von dem üblichen gefällten, feinkörnigen KBr auf grobkristallines überzugehen, das erst unmittelbar vor der Verwendung fein gemahlen wird. Untersuchungen von SCHWOCHAU u. EICHHOFF (*1044*) über die Abhängigkeit der oft zu beobachtenden Trübung der Preßlinge von der Kornfeinheit, dem Wasser- und Gasgehalt ergaben, daß die Durchlässigkeit der Tabletten bei bestimmten Wer-

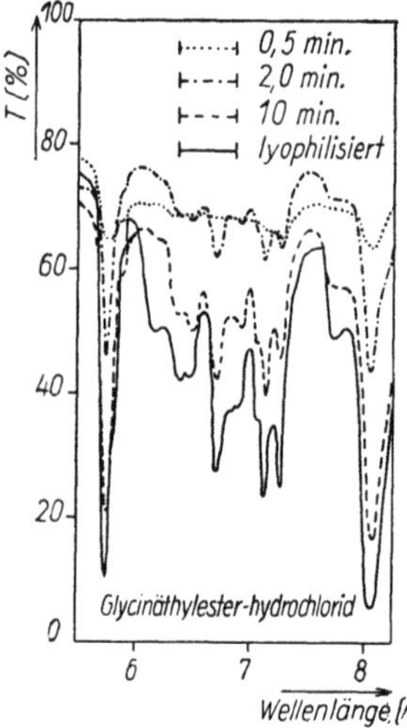

Abb. 125. Einfluß der Vermahlungszeit (Kornfeinheit) auf das Absorptionsspektrum einer in KBr eingebetteten und gepreßten Substanz (nach einem Original von U. SCHIEDT)

ten der Korngröße (etwa $10\,\mu$) und des Wassergehalts (etwa 6 bis $8 \cdot 10^{-2}$ Gew.-%) sich fast sprunghaft ändert, mit abnehmender Korngröße der Wassergehalt zurückgeht und daß Gaseinschlüsse wenig zur Trübung beitragen.

Die Spektren von Substanzen, die mittels eines Einbettungsverfahrens gewonnen werden, haben häufig ein Aussehen, wie es Abb. 126 schematisch darstellt. Mit der Erklärung der darin beobachtbaren Effekte, vor allem dem Anstieg der Durchlässigkeit auf der höherfrequenten Seite einer Bande (sog. CHRISTIANSEN-Effekt), der Verlagerung der Bandenmaxima gegenüber entsprechenden Lösungsspektren und dem Abfall der allgemeinen Durchlässigkeit im kurzwelligen Ultrarot nach dem Sichtbaren hin, haben sich PRICE u. TETLOW (*686*), DUYCKAERTS (*212*), LEJEUNE u. DUYCKAERTS (*503*) sowie PRIMAS u. GÜNTHARD (*687*) auf der Grundlage der allgemeinen Beugungstheorie befaßt. Die oben schon andeutungsweise herausgestellten Bedingungen für die Erzielung eines guten Einbettungsspektrums sind Folgerungen aus diesen Überlegungen. Demnach kommt es für den Verlauf der Extinktionskurve auf das Produkt $(n - 1) \cdot R$ an, worin R den Radius der suspendierten Teilchen und n den — komplexen — relativen Brechungsindex von Ein-

[1] SADTLER u. SADTLER (*1042*) empfehlen die Trocknung der Preßlinge bei vermindertem Druck (etwa 1 Torr) bei etwa 50 °C mehrere Stunden lang; die Wasserbanden verschwinden daraufhin weitgehend.

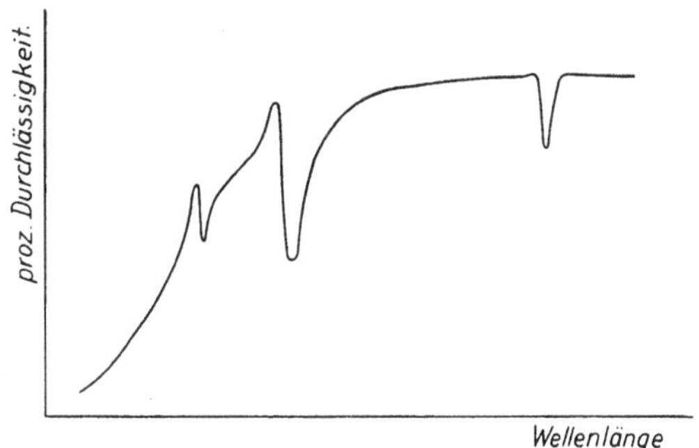

Abb. 126. Typisches Aussehen von Einbettungsspektren (schematisch)

bettungsmittel und eingebetteter Substanz bedeuten. Der Durchlässigkeitsabfall nach dem Sichtbaren verschwindet, wenn einer der beiden Faktoren dieses Produktes verschwindet, also entweder R sehr klein wird (gegenüber der Wellenlänge der Strahlung) oder die beiden Brechungsindizes einander gleich sind. Bei genügend kleinem R wird auch die Kontur der Absorptionsbanden in jedem Einbettungsmittel normal, sofern die Extinktion nicht zu groß ist; andernfalls beherrscht wieder das angegebene Produkt die Verzerrung der Bandenform. Bei nicht zu großem Brechungsunterschied ist das Extinktionsmaximum nach größeren Wellen verschoben, wenn der Brechungsindex des eingebetteten Stoffes der größere ist, sonst nach kürzeren Wellen. In den praktisch vorkommenden Fällen ist diese Verschiebung jedoch nicht größer als die Halbwertsbreite der Banden. Interessant ist, daß die Bandenform mit wachsendem Brechungsindexunterschied einen Zyklus durchläuft: Bei nicht zu starker Absorption bzw. kleinem Teilchendurchmesser ergibt sich für die Brechungsindexdifferenz $\Delta n = 0$ eine normale Absorptionskurve; bei $\Delta n = 2{,}1$ die zugehörige Dispersionskurve (Ableitung der Absorptionskurve), bei $\Delta n = 4{,}1$ eine Emissionskurve (negative Absorptionskurve), bei $\Delta n = 5{,}9$ wieder eine Dispersionskurve (Ableitung der Emissionskurve) und bei $\Delta n = 7{,}6$ wieder eine Absorptionskurve. In den meisten Fällen der Praxis ist $\Delta n < 2$, so daß die beobachtete Kurve sich additiv aus einer Absorptions- und einer Dispersionskurve zusammensetzt.

An der Stelle von KBr wurden auch schon andere Alkalihalogenide als Einbettungsmaterial empfohlen und untersucht. Einen Überblick über die Befunde findet man bei FORD u. a. (*255*). Die zu stellenden Anforderungen sind hauptsächlich: 1. Gute Durchlässigkeit im Ultrarot bis 25 μ, besser bis 40 μ, womit der Kreis der in Betracht kommenden Substanzen auf Ionenkristalle beschränkt wird. 2. Niedriger Preßdruck zur Erzielung klarer Scheiben, was auf Cs- und K-Salze (mit Ausnahme der Fluoride) hinweist. 3. Keine oder geringe Hygroskopizität und jederzeitige Beschaffbarkeit in reiner Form, was viele Stoffe, die den Punkten 1 und 2 entsprechen, ausschließt. Neben KBr erweist sich so auch KCl als recht brauchbar. Oberhalb von etwa 25 μ wird Paraffin oder Polyäthylen als Einbettungsmittel empfohlen [YOSHINAGA u. OETJEN (*925*)]. Dabei wird die zu untersuchende Substanz mit dem gepulverten Polyäthylen vermischt, und die Mischung durch Temperaturerhöhung auf 100 bis 110 °C geschmolzen. Unter leichtem Druck bilden sich dann zwischen geeigneten, nach dem Erstarren wieder zu entfernenden Platten dünne, durchsichtige Tabletten, die wie die KBr-Preßlinge behandelt werden [MAY u. SCHWING

(*1029*), SMETHURST u. STEELE (*1030*)]. Bei Substanzen, die sich bei den genannten Temperaturen schon zersetzen, verwendet man Mischungen von Polyäthylen mit niedrig schmelzenden Paraffinen als Einbettungsmittel. Man kann aber auch auf die Anwendung erhöhter Temperatur ganz verzichten und dafür den Preßdruck steigern [SCHIELE u. Mit. (*1031, 1306*)]. Nach den vorliegenden Erfahrungen scheinen sich alle Sorten von Polyäthylen für die Einbettungstechnik zu eignen, besonders günstig sind die Ergebnisse aber anscheinend mit einem linearen Polyäthylen, das mehrere Male umkristallisiert worden ist. Auch Antimontrichlorid eignet sich als Einbettungsmittel, sofern es sich gegenüber der zu untersuchenden Substanz inert verhält. Der bevorzugte Einbettungsprozeß ist die oben für Polyäthylen schon beschriebene Schmelztechnik [SZYMANSKI u. a. (*1033*)]. Eine Zusammenstellung aller für die Preßtechnik (und für Küvettenfenster) im Rahmen der Ultrarotspektroskopie verwendeten Substanzen bis hinauf zu Wellenlängen von 50μ findet man mit einer kleinen Bibliographie bei NONNENMACHER (*1292*).

Biologisches Material läßt sich recht gut in wäßriger Lösung untersuchen, wenn man diese in Agar einbettet und die gebildeten Pasten eine gewisse Zeit trocknet [FEINBERG u. a. (*1034*), TARVER u. MARSHALL (*1035*)].

Durch die vorstehenden Überlegungen sind Anhaltspunkte für die optimale Präparation in Suspension zu spektroskopierender Proben gegeben. Die Zahl der damit sich befassenden Untersuchungen ist sehr groß und nimmt noch dauernd zu, wobei zu fragen ist, ob die häufig genannten ,,Geheimtips" wirklich so bedeutungsvoll sind. Wichtiger als meist doch nur geringfügige Unterschiede in der Präparationstechnik scheinen Hinweise zu sein, wonach häufig das Einbettungsmittel, insbesondere KBr, und die Preßtechnik überhaupt nicht ohne Einfluß auf die chemische Konstitution der eingebetteten Substanz sind. Grundlegende Untersuchungen zu diesem wichtigen Fragenkomplex haben RÖPKE u. NEUDERT (*743*) und DUYCKAERTS (*213*) veröffentlicht, nachdem schon vorher zahlreiche andere Autoren auf die eine oder andere Erscheinung hingewiesen haben. Demnach fallen die bei der KBr-Preßpräparation möglicherweise auftretenden stofflichen Veränderungen hauptsächlich in die folgenden Kategorien: 1. Modifikationsumwandlung (Polymorphieerscheinung); 2. Dehydratation; 3. Reaktionen mit Wasser, insbesondere Hydratation und Verseifung von Säurechloriden; 4. Esterverseifung und Verdampfung von Solvatlösungsmitteln (insbesondere von Essigester und anderen, bei der Vakuumpräparation verdampfenden Mitteln); 5. Bildung von Molekülverbindungen und Reaktionen von Komponenten der zu untersuchenden Probe untereinander; 6. Reaktionen mit KBr, besonders doppelte Umsetzungen; 7. Verschiebung von chemischen Gleichgewichten, vor allem bei Assoziation und Enolisation; 8. Zersetzung labiler Stoffe und Dehydrierung. So wertvoll also auch die KBr-Preßtechnik als Präparationsmethode für polare Festsubstanzen ist, so müssen dennoch die damit erhaltenen Spektren mit Kritik betrachtet werden, um nicht zu Fehlschlüssen zu gelangen. Wo immer möglich, sollten Nujol- und Lösungsspektren wenigstens zum Vergleich herangezogen werden. Für Verbindungen mit geringer Stabilität empfehlen PRICE u. MAURER (*1041*) die Herstellung des KBr-Preßlings in einem Stickstoffkasten, möglicherweise auch noch bei tiefer Temperatur. Die so gewonnenen Tabletten werden, um den Zutritt von Luftsauerstoff, Feuchtigkeit u. dgl. zu vermeiden, zwischen polierten NaCl-Fenstern in einer zerlegbaren Küvette aufbewahrt und untersucht. Eine Apparatur und die Manipulation der Einbettungstechnik bei tiefen Temperaturen findet man bei BERTIE u. WHALLEY (*1043*) beschrieben.

Die KBr-Preßmethode ist zunächst ein qualitatives Verfahren. Aber sie läßt sich leichter als die Nujol-Einbettung zu einer quantitativen Methode ausbauen, weil es möglich ist, den Mörserinhalt bei der Substanzzerkleinerung quantitativ in die Preßform zu überführen. Eine einfache Prozedur dafür gibt MITZNER (*586*) an, nämlich eine Kunststoffplatte mit Löchern verschiedener Tiefe und Weite, die größeren für das Kaliumbromid, die kleineren für die zu untersuchende Substanz. Die Löcher werden bis zum Rand lose gefüllt, dann werden KBr und Substanz zur weiteren Verarbeitung zusammengeschüttet. Man vermeidet so die oft lästige Wägung. Die benötigte Größe der Löcher wird durch Vorversuche ein für allemal gefunden. Die unmittelbare quantitative Auswertung von Preßlingsspektren, wie sie z. B. von BROWNING u. a. (*117*), ROSENKRANTZ u. a. (*746*) und SCHWARZ u. a. (*777*) benutzt worden ist, setzt allerdings voraus, daß die Präparation der verschiedenen Proben in genau derselben Weise ausgeführt wird. Fast immer muß man zur Erzielung brauchbarer Ergebnisse zur Gefriertrocknung (Lyophilisierung) des Gemisches KBr-Substanz greifen, weil nur so eine hinreichend kleine und gleichartige Kornfeinheit erhalten wird. Noch überzeugender ist die Verwendung eines inneren Standards, weil damit die heikle Bestimmung der Schichtdicke entfällt. WIBERLEY u. a. (*897*) haben zu diesem Zweck Kaliumthiocyanat empfohlen. DECHANT (*1037*) benutzt dazu Kaliumhexacyanoferrat(III). Allerdings ist auch bei diesem Verfahren die gleichbleibende Vorbehandlung der Proben entscheidend für den Erfolg.

Für Substanzen, die nur in ganz minimalen Mengen vorliegen, eignet sich eine von HANNAH u. DWYER (*1278*) angegebene ATR-Präparation (Näheres zur ATR-Methode als solche s. S. 320): Man bringt die Substanz gut verteilt auf einen Membranfilter geeigneter Porengröße (0,2 bis 0,5 μ) auf Cellulosebasis[1] auf und preßt das Filter auf einen ATR-Kristall. Dabei wird allerdings auch das Spektrum des Membranfilters gemessen, das man am besten durch ein nicht präpariertes zweites Filter kompensiert. Zur Vermeidung dieser Komplikation empfiehlt JOHNSON (*1279*) die Verwendung von Membranfiltern auf Silbermetallbasis, die im ATR-Spektrum keine Banden, sondern im Bereich 5 bis 12 μ (2000 bis 830 cm^{-1}) nur einen kontinuierlichen Untergrund aufweisen.

Bei durch Dünnschichtchromatographie getrennten Substanzen verfährt man folgendermaßen [McCOY u. FIEBIG (*1053*)]: Der interessierende Teil des Adsorbens wird vom Chromatogramm abgekratzt und in eine Pipette mit angeschmolzener Kapillare überführt. Durch ein geeignetes Eluierungsmittel wird die Substanz in die Kapillare gebracht und diese von der Pipette abgeschnitten. Dann wird das Eluierungsmittel verdampft, und der Rückstand weiter verarbeitet (Lösung in geeignetem Lösungsmittel oder Einbettung in KBr).

Organische Kristalle von mäßiger Härte, also insbesondere solche mit nicht zu hoch liegendem Schmelzpunkt und leicht sublimierende Stoffe, lassen sich nach STEWART (*831*) auch noch dadurch für eine ultrarotspektroskopische Untersuchung herrichten, daß man sie zwischen zwei Alkalihalogenidplatten zerquetscht. Das kann z. B. in einer der oben erwähnten zerlegbaren Flüssigkeitsküvetten mit oder ohne Distanzring geschehen, wobei man den notwendigen Druck so vorsichtig wirken lassen muß, daß die Alkalihalogenidfenster nicht zerbrechen. Diese Präparation kommt vor allem im Verein mit einem Mikrokondensor in Betracht, wenn man nur über sehr geringe Substanzmengen (unter 1 mg) verfügt. Bei der Abkühlung unter den Schmelzpunkt glasig erstarrende organische Verbindungen, wie z. B. viele

[1] Bezugsquelle: Millipore Filter Corp., Bedford, Mass., USA.

Steroide, wurden von HELLER u. WAGNER (*381*) zu quantitativen Untersuchungen in NaCl- bzw. KBr-Küvetten eingeschmolzen, deren Fenster vor und während der Einschmelzung unter Zwischenschaltung geeigneter Distanzringe zusammengepreßt wurden.

Speziell zur spektroskopischen Untersuchung der obersten Schichten einer Substanz, z. B. von Lackfilmen, hat JOHNSON (*428*) folgendes Verfahren angegeben: Von dem auf eine genügend große Metallplatte aufgebrachten Lack wird durch eine stählerne, motorisch angetriebene Schleifplatte unter Verwendung von KBr als Schleifmittel eine oberflächliche Schicht abgerieben. Abrieb und Schleifmittel werden — nach Entfernung etwaiger Eisenteilchen auf magnetischem Weg — unmittelbar nach der KBr-Preßmethode weiter verarbeitet. Auf diese Weise ist es möglich, die oberen 50 Å von Lackschichten ultrarotspektroskopisch zu untersuchen. Das recht umständliche Verfahren dürfte durch die Entwicklung der ATR-Technik überholt sein.

Eines besonderen Hinweises bedarf die Präparation *faserbildender* Substanzen. Meist sind diese Stoffe auf dem Weg über die Lösung auch als Film formbar. Wo das nicht der Fall oder nicht erwünscht ist, weil unmittelbar Fäden untersucht werden sollen, ist die einfache Einführung eines aus vielen Einzelfäden bestehenden ungeordneten Bündels in den Strahlengang wegen der damit verbundenen Streustrahlung nicht empfehlenswert. Nach einem allerdings etwas mühsam durchzuführenden Vorschlag von HOLLIDAY (*395*) wickelt man besser die gleichstarken Einzelfäden dicht bei dicht nebeneinander auf einen vorbereiteten Hohlrahmen parallel zum Spektrometerspalt, kittet sie oben und unten auf dem Rahmen fest, schneidet eine der beiden Lagen weg und bringt dieses dichte Gitter in den Strahlengang. Wählt man die Dicke des aufgespannten Fadens richtig — etwa in der Gegend von 10 bis 30 μ —, dann ergibt diese Anordnung automatisch einen richtigen Wert der wirksamen spektroskopischen Schichtdicke, und auch die Streuung ist durch die Regelmäßigkeit der Anordnung verringert, so daß scharfe, gut auswertbare Spektren damit erhalten werden. Als weitere Möglichkeit zur Spektroskopie einzelner Fasern bieten sich mikrospektroskopische Verfahren an. Infolge der Veränderlichkeit der Schichtdicke von der Fasermitte nach außen treten dabei allerdings bestimmte Fehler auf. Die deswegen anzubringende Korrektur wurde als Funktion der beobachteten Extinktion von FRASER (*271*) berechnet, worauf wir später noch eingehen werden (s. S. 333). Die gegebene Methode der Faseruntersuchung ist heutzutage sicherlich die ATR-Technik. Dazu faßt man mehrere Fasern, eventuell noch eingebettet in ein bandenarmes Mittel wie Paraffin, zu einem Bündel zusammen. Durch einen scharfen Schnitt schafft man eine Stirnfläche, die unmittelbar auf den ATR-Kristall aufgepreßt wird.

Im Bereich des nahen Ultrarot werden sehr viel größere Schichtdicken — 0,1 bis 1 mm — benötigt. MALCOLM (*537*) empfiehlt zur Herstellung eines ausreichend dicken Bündels von Fasern, diese unter Verwendung einer Schleife aus dünnem Draht in entsprechende dickwandige Glaskapillaren hineinzuziehen. Dabei richten sich die Fasern einigermaßen parallel aus. Zur Verringerung der Streuung wird in die Kapillare außerdem noch eine Immersionsflüssigkeit mit bandenarmem Spektrum gegeben, z. B. Hexachlorbutadien.

Damit sind die wichtigsten Präparationsmethoden für feste Körper aufgezählt und in ihren Eigenarten und Möglichkeiten einander gegenübergestellt. Natürlich gibt es noch eine Reihe weiterer ganz spezieller Art, die nur hin und wieder anwendbar sind, z. B. das Niederschlagen eines Filmes aus der Dampfphase oder die Untersuchung thermischer Abbauprodukte [TYLER u. EHRHARDT (*869*), HARMS (*360*)]. Schließlich und endlich hängen die Auffindung und das Gelingen einer geeigneten

Präparation immer von der Kenntnis der Eigenschaften des vorgelegten Stoffes und der an das Spektrum zu stellenden Anforderungen ab. Diese, Geschick und Geduld führen immer zum Ziel. Es seien daher nur noch einige Bemerkungen gegemacht über die besondere Präparation, die solche Proben erfahren müssen, an denen Untersuchungen mittels polarisierter Strahlung zum Zwecke der Aufklärung von Raumgitter- oder gegenseitigen Lagestrukturen von Molekülteilen beabsichtigt sind. Das sind einmal Kristalle der nichtkubischen Kristallsysteme und zum anderen hochmolekulare Festkörper, Natur- oder Kunststoffe, wie Gummi oder Polyäthylen. In ersteren ist die Raumgitterstruktur vorgegeben, und die Kristallographie lehrt, wie die Schnitte durch den Kristall zu legen sind, um eine vermutete Struktur im Spektrum deutlich sichtbar werden zu lassen. MALCOLM (*537*) hat eine einfach herzustellende Halterung beschrieben, um kleine Kriställchen in gewünschter Orientierung in den Strahlengang zu bringen. STAHLBERG u. STEGER (*1345*) geben Hinweise sowohl für die Gewinnung von orientierten polykristallinen Schichten wie auch von orientierten Kristallplättchen geeigneter Schichtdicke an. Im erstgenannten Fall benutzt man z. B. gegeneinander etwas versetzte KBr-Scheiben mit einem Abstandsring von wenigen Zehnteln Millimeter Dicke, der an einer Stelle etwa 2 mm breit offen ist. Dieses küvettenartige Gebilde wird etwa 20° über den Schmelzpunkt der zu untersuchenden Substanz (die sich bei dieser Temperatur natürlich nicht zersetzen darf) erhitzt. Bringt man ein wenig Substanz auf die untere, vorstehende KBr-Scheibe, so schmilzt sie und wird durch Kapillarkräfte in den Hohlraum hineingezogen. Nach Abkühlung wird von der Öffnung des Distanzringes her mit einem Impfkristall die Kristallisation eingeleitet. Nach vollständigem Abkühlen kann man die am besten orientierten Bereiche mit einem Polarisationsmikroskop aussuchen. Anstatt der Schmelze kann auch eine Lösung in einem durch Vorversuche festgestellten, geeigneten Lösungsmittel verwendet werden. Orientierte Kristallplättchen erhält man durch Abschleifen in der gewünschten Orientierung auf die notwendige Dicke. Sie werden zur spektroskopischen Untersuchung mittels einer Polyäthylen- oder Schwefelschmelze auf einer KBr-Scheibe festgekittet.

Auch in den Hochmolekularen kann von Natur aus eine kristalline Struktur vorhanden sein, die gelegentlich schon an äußeren Anzeichen erkennbar ist, aber meist mehr oder weniger in amorphen Bezirken verteilt ist. Die künstliche, von außen erzwungene Ordnung an sich vorhandener langer Molekülketten oder sonstiger Bauelemente gleicher Art im einheitlichen Sinn kann für die Entscheidung vieler Fragen sehr wichtig sein — wir kommen darauf noch zurück. Die einfachsten Mittel zur Erzeugung einer solchen aufgeprägten Ordnung sind definierter mechanischer Zug oder Druck, wie z. B. die nach Richtung und Größe festgelegte Dehnung eines Gummibandes. Ersichtlich gibt dies nur eine lineare Ordnung, etwa die Parallellagerung langer Ketten. In manchen Stoffen, z. B. Polyvinylalkohol- und Polyamidfilmen, läßt sich eine sog. doppelte Orientierung, d. h. flächenhafte Ausrichtung der Bauelemente, durch kaltes oder heißes Walzen erreichen [ELLIOTT u. a. (*231*)]. Bei der Aufnahme und Deutung des Spektrums derart orientierter Filme spielt dann noch die Orientierung der Durchstrahlungsrichtung eine Rolle, deren Nichtbeachtung leicht zu Fehlern Anlaß gibt.

Es dürfte ohne weiteres verständlich sein, daß solche Orientierungseffekte ungewollt bei fast allen der oben beschriebenen Verfahren der Filmherstellung bei dafür geeigneten Materialien in mehr oder minder großem Ausmaß unterlaufen. Andererseits ist die aus den Monochromatoren und sonstigen optischen Teilen der Spektrometer austretende Strahlung immer mehr oder minder polarisiert, auch wenn dies gar nicht beabsichtigt ist. Der Grund für diese als *Apparatpolarisation* bekannte Erscheinung liegt in den verschiedenen Reflexionen an nichtmetallischen Flächen, welche die Strahlung z. B. am Prisma erleidet und die nach bekannten Gesetzen zu einer Teilpolarisation führen. Es ist daher durchaus möglich, daß auch ohne Verwendung bewußt polarisierter Strahlung in den Spektren so ungewollt orientierter Filme typische Merkmale von Orientierung gefunden werden, z. B. unterschiedliche Bandenintensität je nach der Orientierung des Filmes hinsichtlich der Polarisationsverhältnisse der Apparatur, weshalb die Spektren solcher Stoffe besonders sorgfältig diskutiert werden müssen.

5. *Bearbeitung von Küvettenfenstern und Trägerplatten*

Es ist unmöglich, das Kapitel über die Präparationsmethoden der Ultrarotspektroskopie zu schließen, ohne die Bearbeitung von Fenstern u. dgl. aus den typischen ultrarotdurchlässigen Materialien gemäß Tab. 10 behandelt zu haben. Einige Angaben für die Bearbeitung von NaCl findet man bei LORD u. a. (*520*), von AgCl bei MITZNER (*587*), von BaF_2 bei ERLEY u. a. (*235*) und von CsJ bei LEVINE (*1343*) sowie bei FEAIRHELLER u. DUFOUR (*1344*). Zwar gehört diese Technik nicht unmittelbar zur Präparation der Proben, ist aber dennoch für deren Durchführbarkeit und Erfolg oft von großer Bedeutung und tritt außerdem so häufig auf, daß jeder Ultrarotspektroskopiker über die Kenntnisse und das Rüstzeug dazu verfügen sollte. Von dem gewöhnlichen optischen Werkstoff Glas unterscheiden sich die wichtigsten Werkstoffe der Ultrarotoptik, als deren typischen Vertreter wir das Steinsalz bzw. dessen synthetische Form NaCl ansehen können, in drei wesentlichen Eigenschaften, die ihre Bearbeitung teils erschweren, teils erleichtern: 1. leichte Spaltbarkeit in gewissen, durch das Kristallsystem gegebenen Ebenen; 2. erheblich größere Weichheit; 3. mehr oder weniger ausgeprägte Hygroskopizität.

Die erstgenannte Eigenschaft erlaubt die Gewinnung von Stücken gegebener Abmessungen auf ziemlich einfache Art und Weise, sofern diese Stücke in der äußeren Gestalt den Gegebenheiten des Kristallsystems angepaßt sind. So können dünne, viereckige Fenster ziemlich großer Fläche durch einfaches Abspalten vom Kristallblock längs der Gitterebenen gewonnen werden. Man benutzt zum Spalten ein dünnes scharfes Messer, das in der gewünschten Schnittrichtung angesetzt wird und auf welches man, u. U. wiederholt, einen leichten Schlag mit einem kleinen Hämmerchen ausführt. Es gilt die Regel, daß das abgespaltete Stück etwa immer dieselbe Dicke wie der verbleibende Rest haben soll, jedoch kann man bei einiger Übung getrost davon abweichen. Der größte Teil der im Ultrarot gebräuchlichen Alkalihalogenidkristalle läßt sich auch auf der Drehbank abdrehen und abstechen, so daß auch runde Fenster bequem erhalten werden können ohne die oft empfohlene, aber sehr unbequeme Verwendung eines korkbohrerartigen Instruments. Schnitte gegen die natürlichen Spaltebenen müssen durch Sägen ausgeführt werden, wozu Laubsäge- oder dünne Metallsägeblätter, u. U. mit etwas Alkohol oder Wasser als Schmiermittel, verwendet werden.

Die zweite der genannten Eigenschaften ermöglicht zwar den Gläsern gegenüber eine leichtere Bearbeitung in Schliff und Politur, bedingt aber auch größere Anfälligkeit gegen mechanische Angriffe durch Druck und Verkratzen und geringere Güte der Schleif- und Polierergebnisse. Die Bearbeitung hochwertiger optischer Teile aus Salzkristallen, an die, wie etwa bei den Prismen, sehr hohe Anforderungen bezüglich Ebenheit, Winkeltreue usw. gestellt werden, sollte man grundsätzlich den dazu eingerichteten und durch langjährige Erfahrung prädestinierten optischen Spezialunternehmen überlassen[1]. Hingegen ist die Neufertigung oder Überarbeitung kleinerer Teile, an die keine allzu hohen Anforderungen

[1] Genannt seien Dr. Steeg & Reuter. Bad Homburg v. d. H.; B. Halle Nachf., Berlin-Steglitz.

in optischer Hinsicht gestellt werden, durchaus eine gängige Arbeit, die in jedem ultrarotspektroskopischen Laboratorium ausführbar sein muß. Die Einrichtungen dazu sind denkbar einfach[1]: eine oder mehrere Schleifplatten aus Glas, etwa 20–30 cm Durchmesser und 2–3 cm dick, plan geschliffen, wie man sie bei jeder optischen Firma kaufen kann, Schmirgel verschiedener Körnung, ein Poliermittel besonderer Feinheit (Pariser Rot, Wiener Kalk o. dgl.), eine Polierplatte aus Glas mit darüber gespannter feiner Seide, weichem Wildleder o. ä. und eine geeignete wasserfreie Flüssigkeit als Schmiermittel (Alkohol, Olivenöl, o. ä.). Die verschiedenen Schmirgelsorten müssen sorgfältig geschlämmt und eventuell windgesichtet sein, um einigermaßen einheitliche Korngröße zu gewährleisten; strengstens ist darauf zu achten, daß nicht etwa eine grobe Sorte eine feinere verunreinigt, weil auch nur ein einziges gröberes Körnchen alle Mühe zunichte machen kann! Man reibt die vorgesehene Fläche zunächst, sofern es sich nicht um eine gute Spaltfläche handelt, auf einem Schmirgelpapier einigermaßen eben. Der eigentliche Schleifvorgang läuft dann so ab, daß man wenig Schmirgel nicht zu grober Körnung auf die Schleifplatte gibt, dazu das Schmiermittel und nun das zu bearbeitende Materialstück unter mäßigem, gleichbleibendem Druck und kleinen kreisförmigen Bewegungen im Kreise herumführt, allmählich die ganze Fläche der Schleifplatte ausnutzend (die dabei im Laufe der Zeit hohl geschliffen wird). Das wiederholt man je nach Erfahrung und Anforderung mit ein, zwei, gelegentlich auch drei Schmirgelsorten abnehmender Körnung, bis man eine gute ebene Fläche mit mattscheibenartigem Aussehen erzielt und das Werkstück nach Bearbeitung auf beiden Seiten die gewünschte Dicke erreicht hat. Die Ebenheit der Fläche prüft man durch Auflegen eines Haarlineals oder bei größeren Anforderungen mit präzisionsmechanischen oder – nach Anpolieren – gar mit optischen Hilfsmitteln. Die weitere Bearbeitung, das Polieren, erfolgt nur noch unter Benutzung von Gummihandschuhen oder wenigstens Gummifingerlingen, um eine Beeinträchtigung der Fläche durch den Handschweiß zu vermeiden; auch das Anhauchen des Werkstücks sollte unterbleiben. Beim Polieren wird zunächst mit dem Polier- und dem Schmiermittel verfahren, wie vorher beim Schleifen, bis allmählich die Mattscheibe verschwindet und dafür eine glatte spiegelnde Fläche hervortritt. Der letzte Schritt, die Feinpolitur, erfolgt auf der erwähnten Seide, indem man wenig wasserfreien Alkohol darauf träufelt und das Werkstück bis zur völligen Trockenheit auspoliert. Routiniers pflegen übrigens beim Schleifen und Polieren von Salzkristallen häufig Wasser als Schmiermittel zu benutzen, indem sie die dabei auftretenden mechanischen und thermischen Effekte noch durch Lösungseffekte unterstützen, jedoch bedarf diese Technik ausgereifter Erfahrung. Bei nur mäßig angegriffener Politur von Fenstern u. dgl. genügt oftmals ein trockenes Nachpolieren mit einem Seidenlappen oder Wattebausch.

Auch das Bohren von Salzkristallen sollte von Ultrarotspektroskopikern geübt werden, da es hier und da gebraucht wird, z. B. bei der Herstellung der weiter oben beschriebenen Flüssigkeitsküvetten mit Einfüllstutzen. Die Weichheit des Materials erleichtert diese Arbeit, die aber dennoch Geduld und eine ruhige, sichere Hand erfordert. Als Werkzeug benutzt man, wie erwähnt, von Hand betätigte Spiralbohrer passender Dicke. Man mache es sich zur Regel, diese immer gut geführt zu gebrauchen, z. B. indem man unmittelbar durch den späteren Stutzen hindurchbohrt. Mit einem gewissen Ausschuß infolge Platzens und Springens der Fenster muß man immer rechnen.

Die Hygroskopizität der meisten im Ultrarot gebrauchten Salzkristalle ist ein besonders heikler Punkt und macht vielfach besondere Maßnahmen erforderlich. Der dauernde Angriff der Luftfeuchtigkeit, vor allem im Verein mit schroffem Temperaturwechsel, macht auf die Dauer auch Prismen usw. aus mäßig hygroskopischem Material trübe. Es ist bekannt, daß natürliche Spaltflächen in dieser Hinsicht günstiger sich verhalten als künstlich geschliffene und polierte Flächen. Ebenso ist bekannt, daß synthetisch hergestellte Kristalle wegen ihrer größeren Reinheit weniger hygroskopisch sind als natürlich vorkommende. Aus diesen und anderen Gründen werden heute daher fast ausschließlich synthetisch gewonnene Einkristalle für Ultrarotoptiken verwendet. Da jedoch eine genügend niedrige Luft-

[1] Ein vollständiges Polierwerkzeug ist bei der Fa. Bodenseewerk Perkin-Elmer & Co., Überlingen, und bei der Fa. E. Leitz, Wetzlar, erhältlich.

feuchtigkeit auf die Dauer nur in entsprechend klimatisierten Räumen gewährleistet werden kann, die nicht überall verfügbar sind, sehen die neueren kommerziellen Geräte durchwegs einen Thermostaten vor, der die wasserempfindlichen Teile auf einer gegenüber der normalen Raumtemperatur etwas erhöhten Temperatur hält, um so Kondensation zu verhindern. Für die Flüssigkeitsküvetten wird sich aber absolute Wasserfreiheit der Substanzen kaum immer erreichen lassen. Wassergehalte bis zu 2 oder 3% sind für NaCl-Fenster im Einzelfall ungefährlich, im Dauerbetrieb führen sie jedoch schließlich zu einer nicht mehr tragbaren Trübung, welche die Streustrahlung – besonders im Kurzwelligen – erhöht und damit die – gerichtete – Durchlässigkeit erniedrigt[1]. Ein häufig nicht beachteter Gefahrenpunkt ist der Transport von Salzoptik: Auch wenn er im Exsikkator vorgenommen wird, tritt Wasserkondensation und damit Trübung der Flächen ein, wenn das Transportgut unter Raumtemperatur sich abgekühlt hat und nun ohne ausreichende Wartezeit zum Temperaturangleich dem Exsikkator entnommen wird. Ähnlich liegen die Verhältnisse bei der Küvettenentleerung: Geschieht dies durch Absaugen des Inhalts, so kühlen sich die Fenster infolge der Verdunstungskälte u. U. so stark ab, daß die vorhandene Luftfeuchtigkeit kondensiert; hiergegen hilft das Durchblasen der Küvette mit warmem, getrocknetem Stickstoff. Daß nicht benutzte Prismen, Küvetten u. ä. aus hygroskopischem Material in einem Exsikkator aufzubewahren sind, bedarf kaum der Erwähnung.

Es hat nicht an Versuchen gefehlt, die Salzoptiken gegen den Angriff der Feuchtigkeit durch Schutzüberzüge immun zu machen. Das bewirkt z. B. aufgedampftes SiO, das an der Luft in SiO_2 umgewandelt wird; je nach der Dicke des aufgedampften Films tritt dann natürlich das Eigenspektrum von SiO_2 in Erscheinung, sofern nicht für seine Kompensation gesorgt ist. Ein anderes Verfahren benutzt aufgedampfte Selenfilme, die den Vorteil fehlender Eigenabsorption, dafür aber sehr hohes Reflexionsvermögen besitzen [Anderson u. a. (*23*)]. Neuerdings wird auch ein aufgedampfter Germaniumfilm (unter $1\,\mu$ Schichtdicke) empfohlen [Sternglanz (*826*)]. Auch dünne Überzüge aus Kunststoffen werden verwendet, z. B. im Tauchverfahren aufgebrachtes Polystyrol [Gatehouse (*286*)]; wegen seines bandenarmen Spektrums empfiehlt sich zu diesem Zweck besonders Polyäthylen. Mit der Technik des Aufbringens von Polyäthylenschutzschichten haben sich Steger u. Herzog (*982*) eingehend befaßt. Sie bevorzugen dafür einen Aufschmelzprozeß im Vakuum mit nachfolgender Temperung in einer Stickstoffatmosphäre. Riccius (*1271*) empfiehlt die Verwendung von Lacken, wie sie bei der Herstellung gedruckter Schaltungen benutzt werden (sog. Ätzungsschutzlacke wie etwa ® Kmer[2]), um Alkalihalogenidfenster wasserfest zu machen. Diese Lacke sind in organischen Lösungsmitteln, z. B. Xylol, gelöst und nach Trocknung — gegebenenfalls nach vorausgehender Belichtung mit UV-Strahlen — wasserfest, werden aber von organischen Mitteln (außer den niederen Alkoholen) gelöst; ihr Eigenspektrum ist wegen der kleinen benötigten Schichtdicke mit Ausnahme kräftiger CH-Banden bei 3,4 und etwa $7\,\mu$ vernachlässigbar. Bei allen solchen Schutzüberzügen ist darauf zu achten, daß das Aufbringen in mehreren, durch Reinigungsprozesse der zu schützenden Flächen unterbrochenen Schritten erfolgen muß. Dadurch wird die Wahrscheinlichkeit des Aufeinanderfallens unvermeidbarer Staubteilchen bei aufeinanderfolgenden Bedampfungsschritten an derselben Stelle und damit einer Durchlöcherung des Schutzfilms sehr vermindert. Wieder ein anderes Verfahren zur Verbesserung der hygroskopischen Eigenschaften geht von der Beobachtung aus, daß Spaltflächen von der Feuchtigkeit weniger angegriffen werden als geschliffene und polierte Flächen, offensichtlich weil bei ersteren die Ordnung des Kristallgitters erhalten ist, während letztere amorph sind. Die fertig bearbeiteten Flächen werden daher mit einem Lösungsmittel oder durch Tem-

[1] Morrow u. Turk (*956*) weisen darauf hin, daß es vorteilhafter sein kann, feuchte Proben nicht zu trocknen, weil dabei häufig Substanzverlust durch Adsorption am Trocknungsmittel eintritt, während die durch nicht allzu hohe Feuchtigkeit verursachte Trübung von Salzfenstern für ihre Ultrarotdurchlässigkeit praktisch belanglos ist. Man kann sich auch dadurch helfen, daß man die wasserhaltige Probe mit dem verwendeten Fenstermaterial sättigt; dann bleiben die Küvettenfenster lange Zeit klar.

[2] Bezugsquelle: Kodak AG Stuttgart-Wangen

peratureinwirkung in Richtung auf eine Rekristallisation behandelt[1]. Praktische Erfahrungen mit dieser Methode liegen jedoch nicht vor.

Glücklicherweise gibt es unter den vermöge ihrer Durchlässigkeitseigenschaften für die Ultrarotspektroskopie in Frage kommenden Materialien auch einige mit geringer oder mäßiger Hygroskopizität, wie etwa AgCl, CaF_2 und BaF_2, der unter der Bezeichnung KRS 5 bekannt gewordene Mischkristall aus TlBr und TlJ, sowie Neuentwicklungen der optischen Industrie wie As_2S_3 und die oben schon erwähnten ® Irtran-Materialien (s. S. 175). Das KRS 5-Material ist besonders für den langwelligen Teil des normalerweise genutzten Ultrarotspektrums von großer Wichtigkeit, jedoch haften ihm eine Reihe schwerwiegender Nachteile an: sehr große Weichheit und damit geringe Formbeständigkeit, sehr hohes Reflexionsvermögen und eine nicht zu unterschätzende Giftigkeit.

Mit der Einführung der Einbettungsmethode in die Präparation der Ultrarottechnik hat sich die Frage der Beschaffung geeigneter pulverisierter Einbettungsmaterialien erhoben. Das in der übergroßen Mehrheit aller Fälle verwendete KBr kann in einer speziellen Zubereitungsform, d. h. fein gepulvert und getrocknet, kommerziell bezogen werden[2]. Andere Materialien muß man selbst bis zur gewünschten Kornfeinheit mahlen. Das macht manchmal sowohl wegen der chemischen wie der mechanischen Eigenschaften des Stoffes Schwierigkeiten, z. B. bei AgCl. Hier empfiehlt ROMANS (*1027*) die Pulverisierung bei der Temperatur des flüssigen Stickstoffs. Dazu taucht man das vorzerkleinerte Material in einem Plastiksäckchen in flüssigen Stickstoff, wobei sich das Säckchen teilweise füllen soll. Nach einiger Verweilzeit im Kältebad wird der Inhalt des Säckchens in einen vorgekühlten Mörser geschüttet und darin mittels eines Stößels von Hand pulverisiert, während der Stickstoff abdampft. Gegebenenfalls muß man diese Prozedur wiederholen.

---

[1] DRP 760375.

[2] Bezugsquelle: E. Merck, Darmstadt.

III. TEIL

Methoden der praktischen Ultrarotspektroskopie

1. Kapitel: Konstitutionsaufklärung

1. Die charakteristischen Frequenzen

Die Ausführungen des ersten, der Theorie der ultraroten Molekülspektren des Gaszustandes gewidmeten Teils haben gezeigt, daß es möglich ist, aus der groben und feinen Struktur dieser Spektren eine Reihe von Daten über den *Molekülbau* zu entnehmen. Diese Daten betreffen durchweg *geometrische* Eigenschaften des untersuchten Moleküls, wie Atomabstände und Valenzwinkel, oder seine *dynamischen* Verhältnisse, wie Bindungskräfte, Zentrifugal- oder CORIOLIS-Krafteinflüsse u. dgl. Wir wollen sie daher kurz als *geometrisch-dynamische Strukturelemente* bezeichnen. Ihre Gewinnung setzt die Benutzung einer weit fortgeschrittenen Experimentiertechnik mit hoher spektraler Auflösung voraus, wie sie im allgemeinen — trotz der heutzutage erhältlichen großen Prismen aus den verschiedensten Materialien — nur Gitterspektralapparate verbürgen. Demzufolge sind diese Untersuchungen in der Hauptsache Fragen gewidmet, deren mehr im Ideellen liegender Gewinn nicht am benutzten Aufwand gemessen wird. Wo bei mehr praktischen Fragen, vor allem der industriell genutzten Ultrarotspektroskopie, Aufwand und Gewinn in einem erträglichen Verhältnis zueinander stehen müssen, hat man sich bis vor kurzem auf die gleichfalls kompendiösen und durchaus nicht billigen Prismenspektralapparate beschränkt, die durch besonders vielseitige Verwendungsfähigkeit ausgezeichnet sind. Damit gibt man die für die eigentliche geometrisch-dynamische Strukturforschung im oben beschriebenen Sinn meistens notwendige hohe spektrale Auflösung preis und beschränkt sich — von Ausnahmen, vor allem bei Gasen, abgesehen — auf die Gewinnung der Schwingungsspektren mit gar keinen oder geringen Rotationsmerkmalen. Dennoch geben auch diese Spektren bedeutungsvolle und gerade in praktischer Hinsicht außerordentlich wertvolle Hinweise, weil ja neben der geometrischen und dynamischen Struktur eines Moleküls auch seine chemische Konstitution, d. h. seine Zusammensetzung aus verschiedenen, mit mehr oder minder ausgeprägten funktionellen Eigenschaften begabten Atomgruppen, interessiert.

Zunächst einmal folgt ja aus der Theorie der Schwingungsspektren, daß auch daraus wichtige Größen, wie etwa die Bindungskräfte, entnommen werden können. Vergleicht man nun aber für ein zahlenmäßig möglichst weit ausgedehntes Material von Substanzen anderweitig unzweifelhaft festgelegter Strukturen und bekannter Konstitutionsformeln die Ultrarotspektren, etwa im Bereich von 2 bis 25 μ, so erkennt man rasch, daß bei gleichartiger oder verwandter chemischer Konstitution immer wieder nach Lage und Aussehen sehr ähnliche Banden auftreten. So stellt man z. B. fest, daß allen Molekülen, die CH_2- und CH_3-Gruppen neben anderen enthalten, eine Bande oder Bandengruppe bei etwa 3,3—3,6 μ eigen ist; oder daß die Existenz von OH-Gruppen eine Bande bei 2,7—3,0 μ, von C=O-Gruppen bei 5,5—6,5 μ bedingt usw. Dabei zeigt sich der Einfluß des Molekülrestes, der anderen in ihm vorhandenen Atomgruppen und Bindungen also, häufig erst bei näherem Studium. Wir sind daher gezwungen, eine *Korrelation zwischen gewissen Atomgruppierungen als Bausteinen von Molekülen und Banden bestimmter Lage im Spektrum anzunehmen.* Diese auf der Erfahrung fußende Aussage schließt stillschweigend den Befund ein, daß eine solche Bande — als Ausdruck einer im Molekül stattfindenden Schwingung — im wesentlichen nur von den Mitgliedern der erzeugenden Atomgruppe und den zwischen ihnen herrschenden Bindungskräften bestimmt wird und relativ wenig vom Rest des Moleküls. Dies ist zunächst überraschend und kann in dieser Schärfe und Allgemeinheit keinesfalls gelten, denn es widerspricht unserer früheren Feststellung (s. S. 51), wonach bei einer Schwingung immer *alle* Atome eines Moleküls betroffen und beteiligt sind.

Es erscheint anschaulich klar und verständlich, daß die Bindungskraft zwischen zwei Atomen ungefähr immer die gleiche ist, wie auch immer ihre Umgebung sei. Denn die Bindungskraft ist ja Ausdruck einer gewissen elektronischen Struktur, deren Natur im wesentlichen nur von den beteiligten Atomen bestimmt wird. Von diesem Standpunkt aus erscheint der obige Befund durchaus nicht mehr so verwunderlich. Die empirisch festgestellte Tatsache der Existenz charakteristischer Banden, d. h. charakteristischer Schwingungsfrequenzen für bestimmte Atomgruppen, gründet sich also auf den Umstand in erster Näherung gleichbleibender Bindungskraft zwischen gegebenen Atomen auf Grund ihrer Elektronenstruktur. Eine nähere Betrachtung zeigt jedoch, daß tatsächlich der Rest eines Moleküls durchaus nicht ganz ohne Einfluß auf die Schwingungen einer daraus isoliert herausgegriffenen Atomgruppe ist. Das beweist der Wert der Bindungskraft zwischen zwei Atomen, der je nach den Umständen und der Umgebung der betrachteten Bindung etwas verschieden sein kann (Tab. 14). Es zeigt sich genau so natürlich an

Tabelle 14. *Bindungskräfte einiger gleichartiger chemischer Bindungen in verschiedenen Molekülen (in 10^5 dyn/cm)*

Molekül	C–H	C–C	C=C	C≡C	C≡N
Paraffine	4,8				
Olefine	5,1				
Acetylene	5,9				
Aromaten	5,0				
Äthan	4,79	4,60			
Propan		3,78			
Hexachloräthan		4,00			
Äthen			10,8		
Propadien			9,45		
Äthin				14,9	
Propin		5,30		14,7	
HCN	5,4				17,9
ClCN					16,6
BrCN					16,8
JCN					16,7
Cyanamid					17,0
Acetonitril					17,3

der spektralen Lage der zugeordneten Schwingungen und Banden, worüber weiter unten noch einiges zu sagen sein wird.

Zunächst ein paar Bemerkungen zu Nomenklaturfragen. Wir haben schon früher auf die von MECKE stammende Einteilung der vorkommenden Schwingungen in *Valenzschwingungen* und *Deformationsschwingungen* hingewiesen. Diese Einteilung ist von bildhafter Anschaulichkeit, wenn ihr natürlich auch ein gewisser Schematismus anhaften muß; es hat sich aber gezeigt, daß die terminologische Unterscheidung von Valenz- und Deformationsschwingungen keineswegs ausreicht, um experimentell und theoretisch faßbare Feinheiten des Bildes wiederzugeben. Vornehmlich durch die Untersuchungen anglo-amerikanischer Forscher wurde die Nomenklatur bereichert und diesen feineren Zügen angepaßt. Vermöge des Übergewichtes der englischen Sprache im wissenschaftlichen Schrifttum heutzutage haben sich die englischen Bezeichnungen mehr oder weniger international eingebürgert. Man unterscheidet so heute:

1. *Stretching vibrations* (abgekürzt: st) oder *Valenzschwingungen* entlang der Bindung der beteiligten Atome;
2. *Bending vibrations* (abgekürzt: b) oder *Knickschwingungen* quer zur Bindung der beteiligten Atome.

Letztere Benennung, häufig auch Deformationsschwingung schlechthin, wird jedoch nur dann benutzt, wenn die Struktur der betrachteten schwingenden Gruppe so einfach ist, daß eine weitere Spezifizierung unnötig oder auf Grund mangelnder tieferer Einsicht unmöglich ist. Andernfalls findet man folgende Ausdrücke:

2a) *Scissor vibration* oder Scherenschwingung (abgekürzt: s), gelegentlich, vor allem früher, auch schlechthin Deformationsschwingung (abgekürzt: d) für eine Knickschwingung verbunden mit *Winkeländerungen* in der betrachteten Atomgruppe;

2b) *Wagging vibration* oder *Nickschwingung* (abgekürzt: w) für eine Knickschwingung, in welcher die beteiligte Strukturgruppe keine Änderungen ihrer eigenen Valenzwinkel erleidet, sondern *als Ganzes* in einer Ebene *senkrecht* zur Gruppenebene hin- und herschwingt;

2c) *Rocking vibration* oder *Schaukelschwingung* (abgekürzt: r) für eine Knickschwingung entsprechend dem Wagging-Typ, wobei jedoch das Hin- und Herschwingen der Atomgruppe *als Ganzes in* der Gruppenebene erfolgt;

2d) *Twisting vibration* (abgekürzt: t), eine auch als *Torsionsschwingung* bezeichnete Knickschwingung ähnlich dem Wagging- und Rocking-Typ, jedoch dreht sich die betroffene Gruppe *als Ganzes pendelnd* um die Bindung hin und her, welche die Gruppe mit dem Molekülrest verbindet.

Dazu kommt schließlich noch eine völlig symmetrische, nur in Ringverbindungen (und Tetraedermolekülen) auftretende Valenzschwingung, die als *breathing vibration* (abgekürzt: br) bezeichnet wird und in einem periodisch erfolgenden Dehnen und Schrumpfen aller Ringvalenzen gleichzeitig besteht, was bildhaft zu einem „Atmen" des Ringes führt. Am Beispiel der CH_2-Gruppe sind diese Schwingungsformen mit Ausnahme der letzten in Abb. 127 veranschaulicht.

Nach unserer bisherigen Darstellung sollte man annehmen, daß jeder Valenz- oder Deformationsschwingung — wenn wir bei allgemeinen Überlegungen bei diesen

Ausdrücken bleiben wollen — für jede vorkommende Atomgruppe eine scharf bestimmte Frequenz und damit Wellenlänge oder Wellenzahl der zugehörigen Bande zukommt. Das ist für die einzelne, herausgegriffene Schwingung auch der Fall, wenn wir einmal von Einflüssen wie Druckverbreiterung usw. absehen, die zu einer „Verschmierung" der Frequenz führen. Betrachten wir aber die Frequenzlage einer bestimmten Schwingung einer bestimmten Atomgruppe, z. B. die Valenzschwingung der C=O-Gruppe, in verschiedenartig gebauten Molekülen, so sehen wir, daß sie von Molekülart zu Molekülart im allgemeinen ein klein wenig verschoben ist, aber praktisch immer in einen bestimmten Bereich hineinfällt. Diese Verschiebungen rühren von den Einwirkungen des Molekülrestes auf die betrachtete Gruppe her. Denn niemals darf ja eine Atomgruppe in einem Molekül als völlig isoliert vom Molekülrest angesehen werden, immer wird auch dieser auf jene einen gewissen Einfluß ausüben, dessen Größe von den besonderen Umständen abhängt. Diesem Einfluß zufolge wird die Bindungskraft, wie schon erwähnt, zwischen zwei Atomen etwas verschieden sein, je nach der Umgebung, in welcher sie sich befinden, und damit auch die Frequenz der zugeordneten Schwingung. Die Abweichung der Bindungskräfte gleichartig gebauter Atomgruppen in verschiedenen Molekülen wird andererseits im allgemeinen klein sein, verglichen mit dem mittleren Wert der

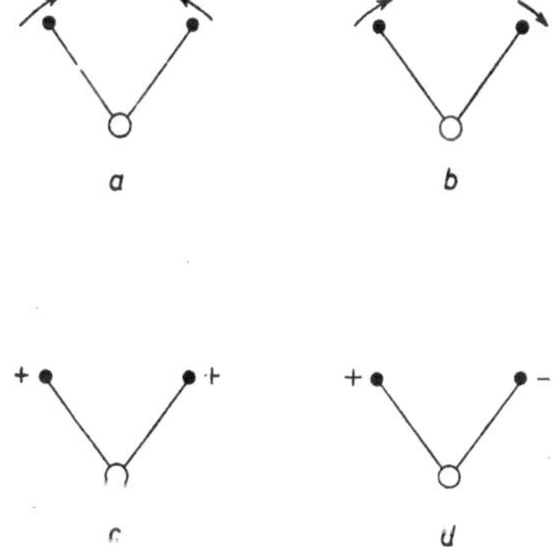

Abb. 127. Die Bewegungsformen verschiedener Knickschwingungen der CH_2-Gruppe. a Deformationsschwingung, b Schaukelschwingung, c Nickschwingung, d Torsionsschwingung. Pfeile bedeuten Bewegung in der Zeichenebene, + und − senkrecht dazu; ○ C-Atom. ● H-Atom

Bindungskraft selbst. Demnach gibt es für eine gegebene Atomgruppe immer einen gewissen Bereich, in welchem die Frequenz und damit die Wellenlänge oder Wellenzahl einer bestimmten Schwingung erwartet werden kann. Wo in diesem Bereich die — an und für sich scharf bestimmte — Frequenz, Wellenlänge oder Wellenzahl für ein spezielles Molekül wirklich auftritt, hängt von den besonderen Umständen eben dieses Moleküls ab.

In diesem Sinne und mit diesen Einschränkungen spricht man in der Ultrarotspektroskopie, wie auch in anderen Teilen der Spektroskopie, von *charakteristischen, Gruppen-* oder *Schlüssel-Frequenzen* bestimmter, häufig auftretender Atomgruppen. Für ihre Darstellung und Mitteilung gibt es mannigfache Möglichkeiten. Es kann dies geschehen in Form von Tabellen, in welchen für jede Gruppe üblicherweise der Wellenlängen- oder Wellenzahlbereich der ihr eigentümlichen Schwingungen angegeben wird. Oder in Gestalt bestimmter graphischer Darstellungen, indem man als

Abszisse Wellenlänge bzw. Wellenzahl, als Ordinate die Atomgruppenbezeichnung aufträgt. Wieder andere Autoren lehnen die Aufzählung der einzelnen Atomgruppen ab und setzen an deren Stelle die Benennung der Substanzen nach chemischen Stoffklassen, wobei dann nicht die für bestimmte Gruppen charakteristischen Schwingungen, sondern das Spektrum eben dieser Stoffklasse als Ganzes in seinen charakteristischen Zügen in Erscheinung tritt. Um allen Gesichtspunkten gerecht zu werden, bringen wir Darstellungen nach allen drei Möglichkeiten: Tab. 15[1], Abb. 128 bis 136 im wesentlichen nach SEIDEL (*N*)[2] und Abb. 137 nach COLTHUP (*159*). Schaut man diese Zusammenstellungen näher an, so erkennt man, daß den charakteristischen Frequenzen eine gewisse natürliche Ordnung eigen ist, die zwar

Tabelle 15. *Spektrale Lage der charakteristischen Absorptionsbanden von Atomgruppen und Bindungsarten*

Gruppe	Schwingungsart	Wellenzahl cm^{-1} ca.	Wellenlänge μ ca.
OH	st	2500–3700	2,7–4,0
NH, NH_2	st	3200–3500	2,8–3,1
≡CH	st	3300	3
CH_{arom}	st	3030	3,3
CH_{olef}	st	3010–3100	3,2–3,3
CH_{aliph}	st	2840–2970	3,4–3,5
SH	st	2550–2600	3,8–3,9
PH	st	2350–2440	4,1–4,3
SiH	st	2100–2300	4,3–4,8
N=C=O	st	2270	4,4
C≡N	st	2040–2270	4,4–4,9
C≡C	st	2100–2270	4,4–4,8
N≡N=N	st–a	2130–2170	4,6–4,7
C≡O	st	2000–2100	4,8–5,0
C=C=C	st–a	1960	5,1
AlH	st	1700–1900	5,3–5,9
C=O	st	1540–1870	5,3–6,5
$C=C_{olef}$	st	1590–1690	5,9–6,3
$C=C_{arom}$	st	1500–1610	6,2–6,7
N=N	st	1570–1640	6,1–6,4
C=N	st	1470–1690	5,9–6,8
NH	d	1510–1640	6,1–6,6
COO^-	st–a	1540–1620	6,2–6,5
O–NO	st	1610–1670	6,0–6,2
NO_2	st–a	1500–1650	6,1–6,7
CH	d	1340–1490	6,7–7,5
P–C	st	1430–1450	6,9–7,0

[1] In (*Q*) findet man eine ähnliche, sehr ausführliche Zusammenstellung, die aber teilweise als veraltet und überholt angesehen werden muß, und außerdem zwei weitere, sehr umfangreiche, an bestimmten Molekülen gewonnene Zuordnungstabellen, die eine für das sog. 6-μ-Gebiet (4,8 bis 6,9μ bzw. 2080 bis 1450 cm^{-1}, die andere für den ganzen Ultrarotbereich von 2,66 bis 68,9μ bzw. 3760 bis 145 cm^{-1}. Die ausgedehnteste Zuordnungstabelle aus neuerer Zeit findet man bei JONES u. SANDORFY (*L*). Sehr empfehlenswert sind auch die jeweils für bestimmte chemische Stoffklassen zusammengefaßten Tabellen bei BELLAMY (B), sowie die ® Irscot-Tabellen (s. S. 260).

[2] Ähnliche Zusammenstellungen hat auch JONES (*434*) veröffentlicht.

Tabelle 15. (Fortsetzung)

Gruppe	Schwingungs-art	Wellenzahl cm^{-1} ca.	Wellenlänge μ ca.
CH_{olef}	r	1280—1430	7,0— 7,8
CH_3	d	1360—1390	7,2— 7,4
OH	d	1210—1450	6,9— 8,3
COO^-	st—s	1300—1420	7,1— 7,7
C—N	st	1020—1420	7,1— 9,8
C—O	st	1050—1430	7,0— 9,5
N≡N=N	st—s	1180—1340	7,5— 8,5
C—NO	st	1310—1410	7,1— 7,6
N—NO	st	1310—1410	7,1— 7,6
C—F	st	1000—1400	7,2—10,0
SO_2	st—a	1300—1350	7,4— 7,7
NO_2	st—s	1250—1350	7,4— 8,0
P=O	st	1200—1300	7,7— 8,3
C—O—C	st	1050—1200	8,3— 9,5
=C—O—C	st	1230—1270	7,9— 8,1
C=C=C	st—s	1060	9,4
$C—O—C_{cycl}$	st	1050—1150	8,7— 9,5
P—O—C	st	1000—1230	8,1—10,0
Si—O	st	1000—1100	9,1—10,0
SO_2	st—s	1140—1160	8,6— 8,8
S=O	st	1040—1060	9,4— 9,6
C—O—O—C	st	820— 890	11,2—12,2
OH	w	850— 900	11,1—11,8
CH_{arom}	w	690— 900	11,1—14,5
CH_{olef}	w	690—1000	10,0—14,5
P—O—P	st	930— 970	10,3—10,7
P—F	st	800— 900	11,1—12,5
P—N	st	720	13,9
C—S	st	600— 700	14,3—16,7
P=S	st	600— 650	15,4—16,7
C—Cl	st	600— 800	12,5—16,7
P—Cl	st	500— 600	16,7—20,0
C—Br	st	490— 600	16,7—20,4
S—S	st	400— 500	20,0—25,0

keineswegs streng durchgeführt ist, aber doch als erster Anhalt dienen kann: Vom Sichtbaren herkommend, findet man im Bereich von etwa 2,5 bis 4 μ oder entsprechend 4000 bis 2500 cm^{-1} die Schlüssel oder Gruppenfrequenzen von Einfachbindungen des Wasserstoffes gegen andere Atome in Gestalt der Valenzschwingungen; daran schließt sich bis etwa 5,5 μ oder 1800 cm^{-1} der Bereich der Valenzschwingungen von Dreifachbindungen an, der gefolgt wird vom Bereich der Valenzschwingungen von Doppelbindungen verschiedenster Art bis etwa 7 μ oder 1430 cm^{-1}. Von etwa 6,8 bis 7,7 μ oder 1470 bis 1300 cm^{-1} finden wir vor allem die Deformationsschwingungen der XH-Bindung und bei noch kleineren Wellenzahlen die sog. Ketten-, Skelett- oder Gerüstschwingungen langer Kohlenstoffketten. Selbstverständlich sind alle diese Angaben nur cum grano salis zu werten; Überschneidungen kommen zahlreich vor, und die Valenzschwingungen z. B. der Kohlenstoff-Halogen-Bindungen fügen sich diesem Schema überhaupt nicht ein.

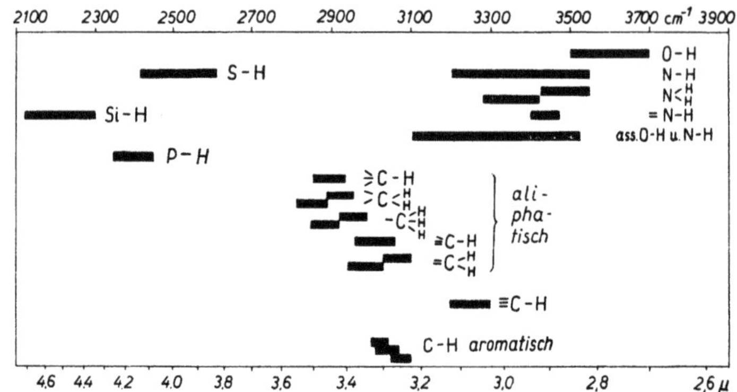

Abb. 128. Lage der charakteristischen Banden der XH-Valenzschwingung

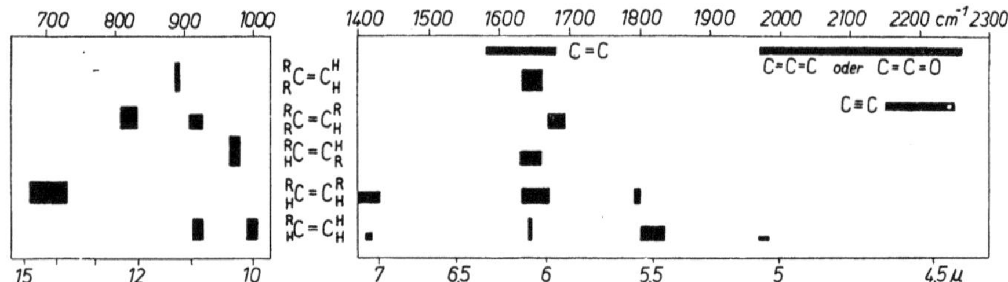

Abb. 129. Lage der charakteristischen Banden verschiedener CC-Bindungen

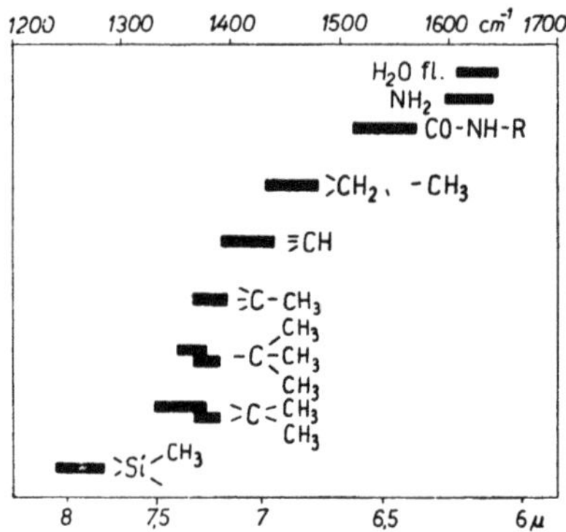

Abb. 130. Lage der charakteristischen Banden der Wasserstoff-Deformationsschwingungen

In der COLTHUP-Tabelle sind Daten und Unterlagen hauptsächlich für den Spektralbereich 2,5 bis 15 μ (4000 bis 670 cm^{-1}) mit gelegentlichen Erweiterungen bis 25 μ (400 cm^{-1}) zusammengefaßt. Für weiter im Ultrarot liegende Wellenlängen ist das verfügbare Material zahlenmäßig weit geringer, um so spärlicher je größer die Wellenlänge wird. Um die Durchforschung des Bereichs von 25 bis 35 μ (400 bis 285 cm^{-1}) hat sich besonders eine Arbeitsgruppe um BENTLEY (*60*, *61*, *1162*, *1199*—*1205*) verdient gemacht. Die aufgezählten Arbeiten befassen sich mit aliphatischen und aromatischen Kohlenwasserstoffen, halogenierten Alkanen, Aldehyden, Ke-

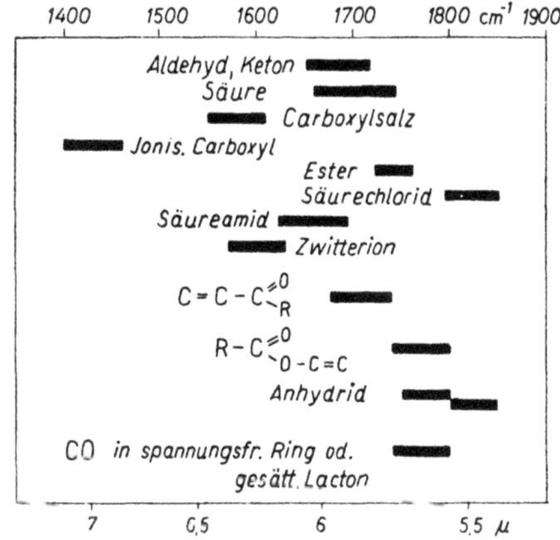

Abb. 131. Lage der charakteristischen Banden der C=O-Valenzschwingung

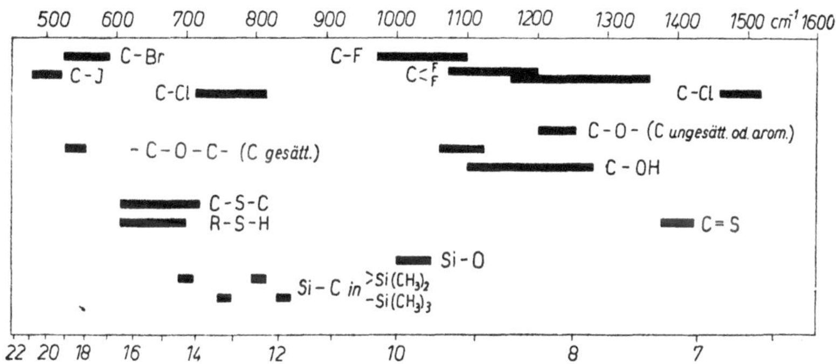

Abb. 132. Lage der charakteristischen Banden von Kohlenstoff-Halogen-, Kohlenstoff-Sauerstoff-, Kohlenstoff-Schwefel- und Kohlenstoff-Silicium-Bindungen

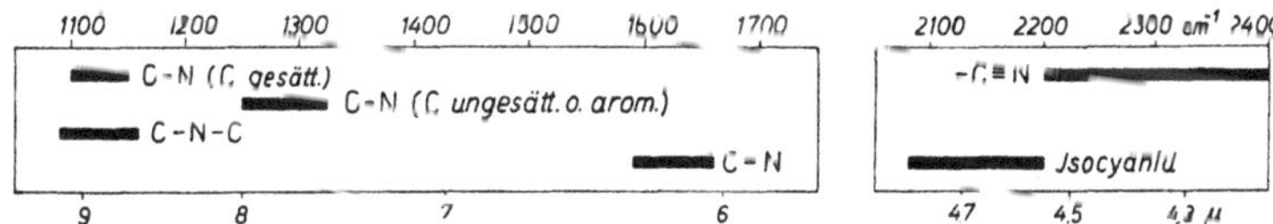

Abb. 133. Lage der charakteristischen Banden von Kohlenstoff-Stickstoff-Bindungen

tonen, Carbonsäuren, Estern und Pyridinen; sie enthalten fast immer Zuordnungstafeln, und in Einzelfällen gehen die Angaben bis zu Wellenlängen von 100 μ (100 cm^{-1}). Weitere Arbeiten mit Zuordnungstabellen für spezielle Substanzklassen im Spektralbereich oberhalb 25 μ (unterhalb von 400 cm^{-1}) findet man bei Wilcox (*898*), Jakobsen (*1137*) und Brown u. a. (*1163*). Eine Gesamtübersicht über das im Bereich von 300 bis 700 cm^{-1} vorliegende Material bieten in Buchform Bentley u. a. (*1345*). Eine ursprünglich von Mitarbeitern der Fa. Beckman Instruments Inc. zusammengestellte Zuordnungstafel, die über den NaCl- und KBr-Bereich hinausgeht und teilweise auch schon Angaben für das ferne Ultrarot enthält, ist in Abb. 138 wiedergegeben [Bürner (*1157*)]. Relativ wenig Daten liegen vorläufig noch für den ganz langwelligen Spektralbereich vor. Man findet Angaben herunter bis zu

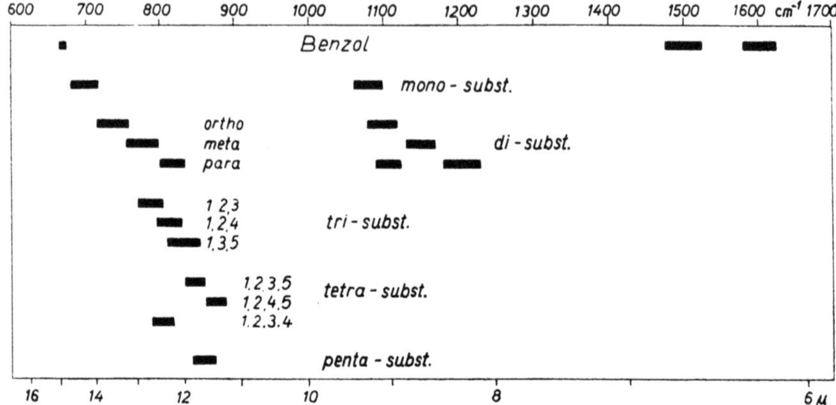

Abb. 134. Lage der charakteristischen Banden von Benzol und Benzolderivaten

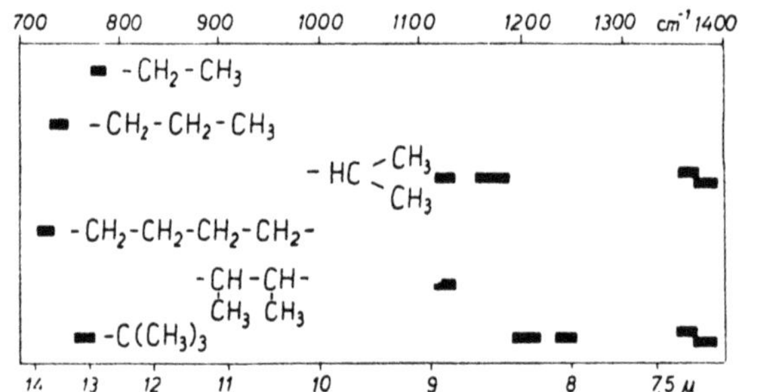

Abb. 135. Lage der charakteristischen Banden von Alkylresten

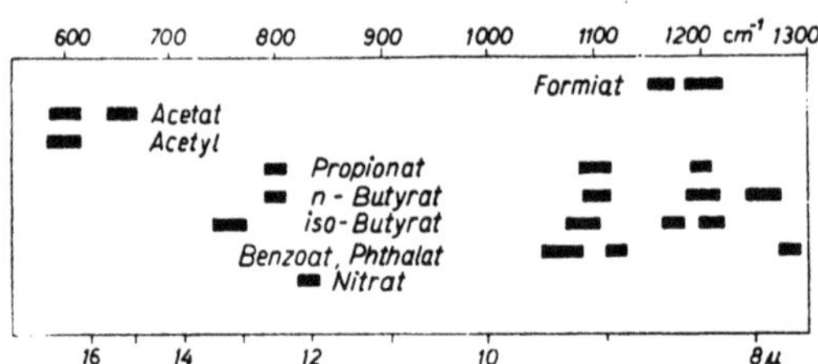

Abb. 136. Lage der charakteristischen Banden von Säureresten

130 cm^{-1} für einige Benzolderivate bei GREEN u. a. (*1164*) und herunter bis zu 50 cm^{-1} für zwölf organische Flüssigkeiten bei WYSS u. a. (*1165*). Mit der Verfügbarkeit von Spektrometern für das langwellige Ultrarot wird die Zahl der mit diesem Spektralbereich befaßten Untersuchungen sicherlich rasch ansteigen.

Zuordnungstafeln für das nahe Ultrarot, hauptsächlich die Grund- und Oberschwingungen sowie die stärksten Kombinationsschwingungen der XH-Bindung enthaltend, haben KAYE (*454*) und GODDU u. DELKER (*309*) angegeben. Eine solche Tafel ist in Abb. 139 wiedergegeben. Zahlenmäßig ist das Spektrenmaterial, auf das sie sich stützt, etwa mit dem der COLTHUP-Tafel nicht vergleichbar, so daß den Zuordnungen vermutlich nur eine begrenzte Sicherheit zugebilligt werden kann.

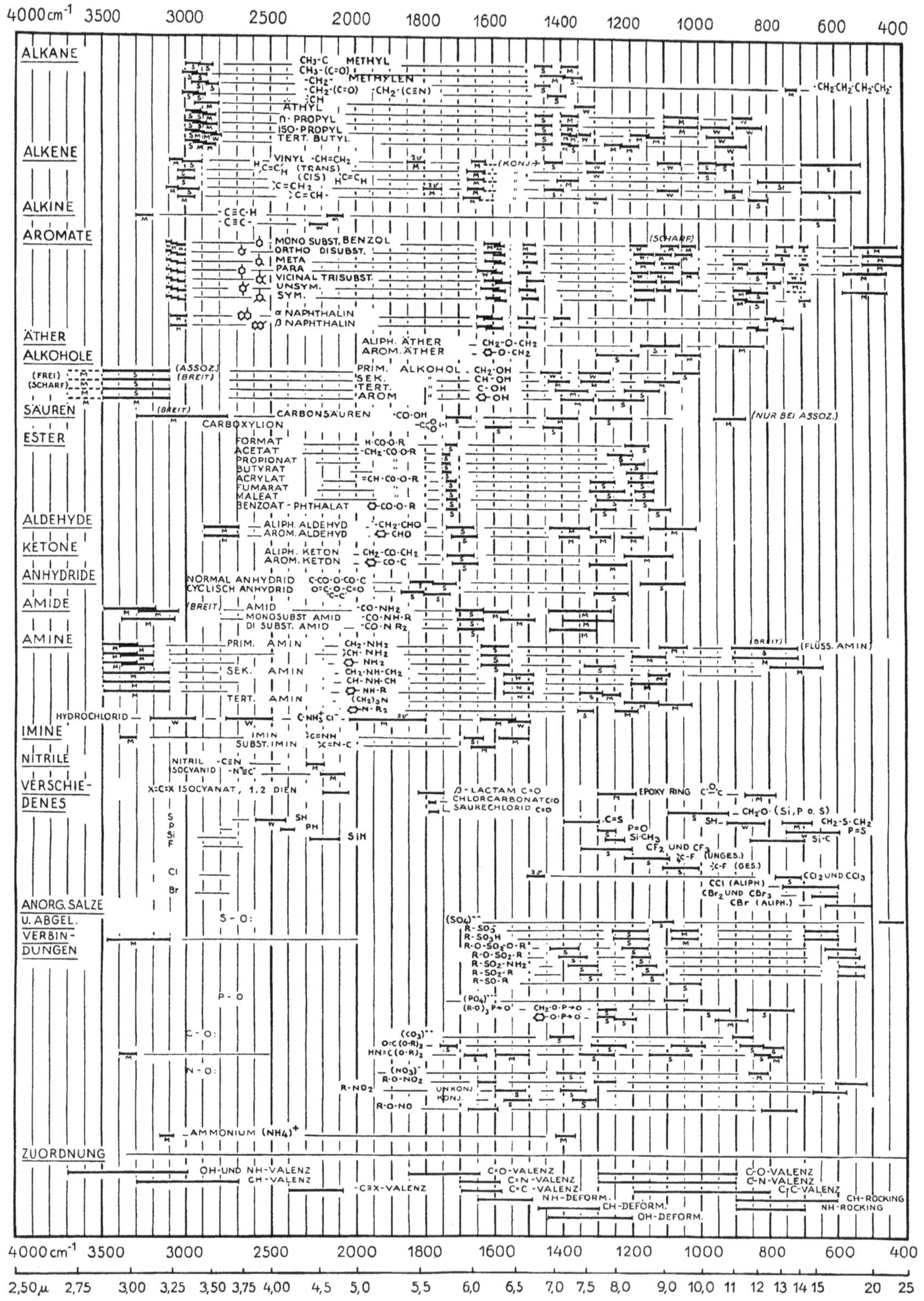

Abb. 137. Spektrale Zuordnungstafel für den Grundschwingungsbereich nach COLTHUP (*159*). Die schwachen waagrechten Linien dienen nur als Augenhilfe. Intensitätsangaben: S = stark, M = mittel, W = schwach

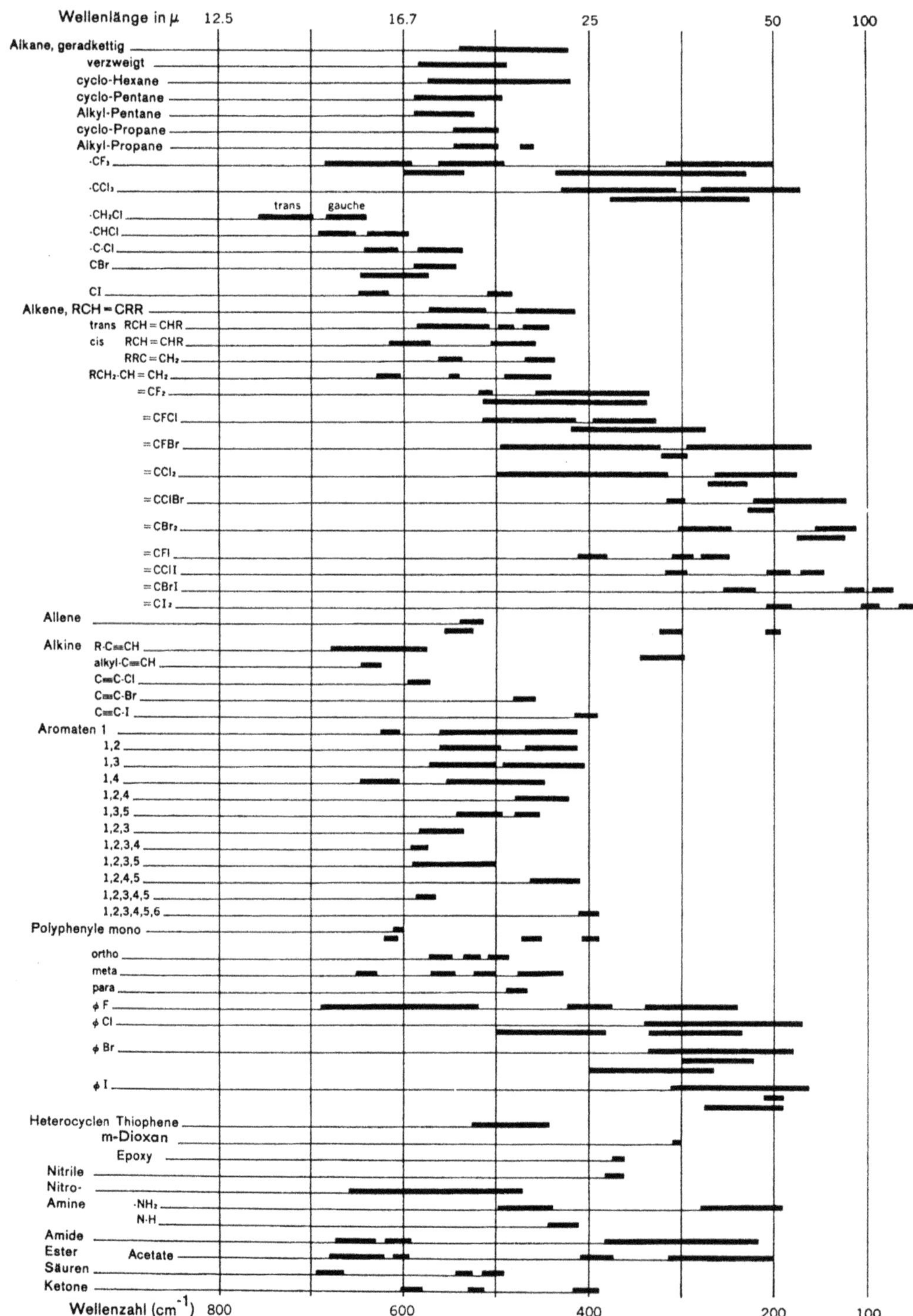

Abb. 138. Zuordnungstafel für d

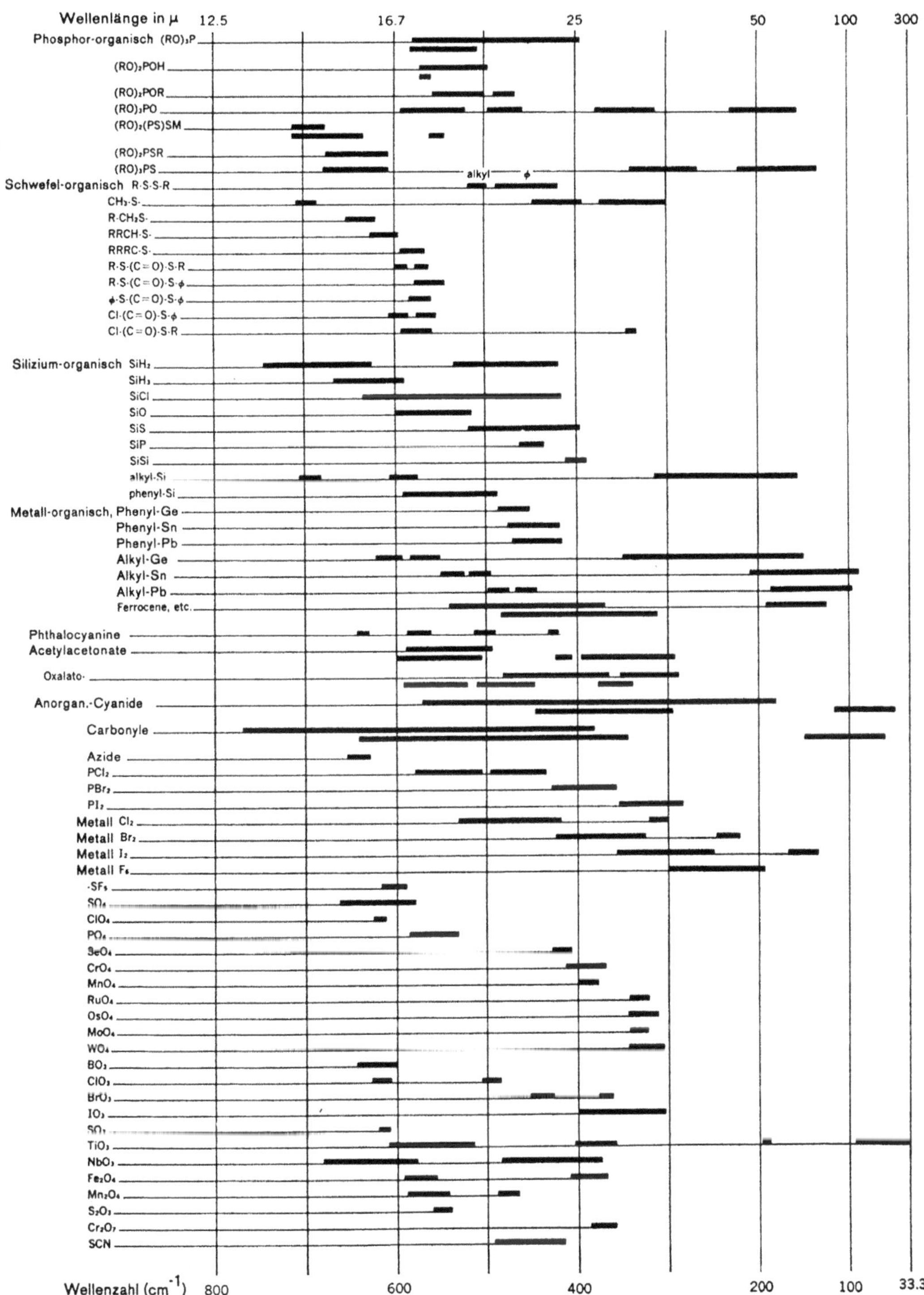

lige Ultrarot nach BÜRNER (*1157*)

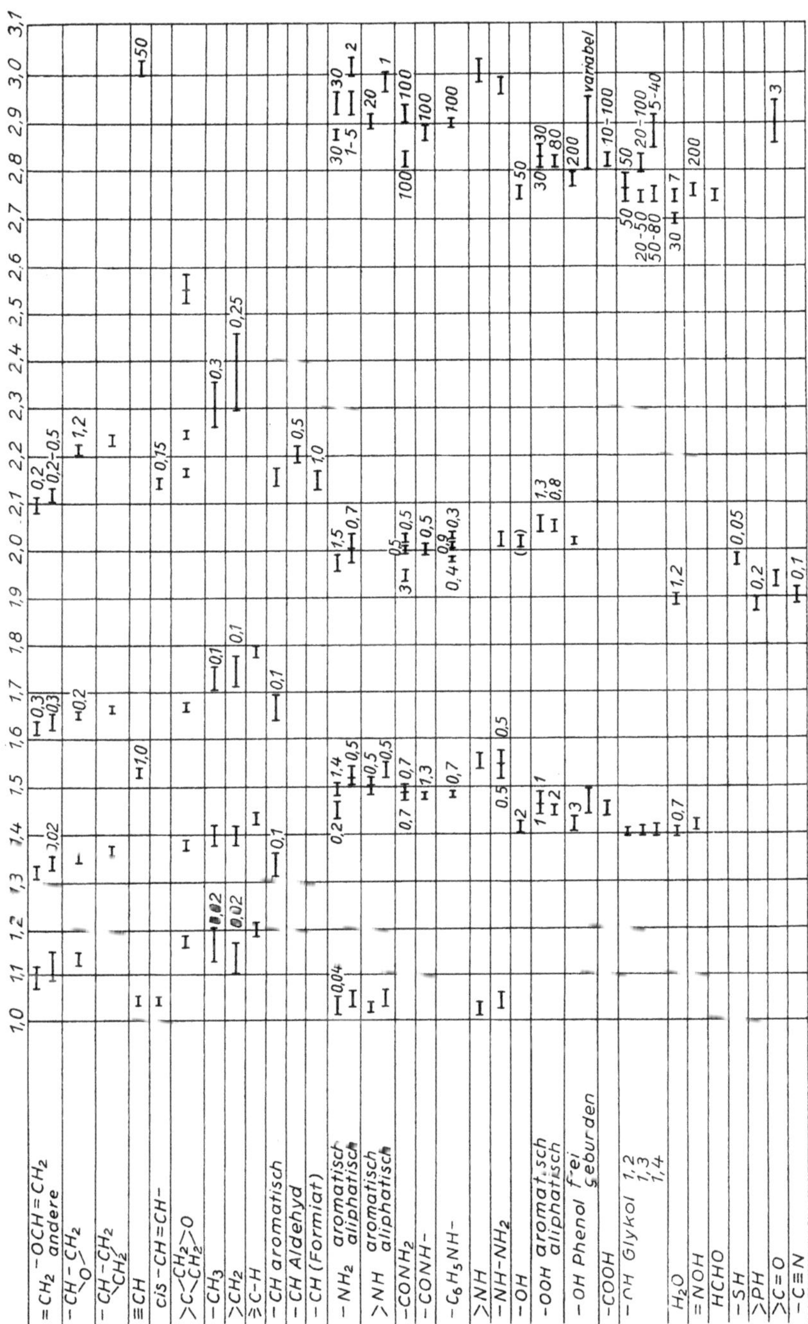

Abb. 139. Zuordnungstafel für das nahe Ultrarot nach GODDU u. DELKER (*309*). Die an den Erwartungsbereichen angeschriebenen Zahlen bedeuten Mittelwerte des molaren dekadischen Extinktionskoeffizienten in l/(Mol · cm)

Zur ersten Orientierung leistet sie aber sicherlich wertvolle Hilfe. Speziell für Strukturgruppen von gesättigten Kohlenwasserstoffen hat KUNZ (*1099*) einige charakteristische Banden im nahen Ultrarot zusammengestellt, die allerdings weniger durch ihre Lage, als vielmehr durch ihre Intensitätsverhältnisse Aussagen ermöglichen.

Ein vor allem für Anfänger und weniger Geübte recht brauchbares Hilfsmittel stellen die unter der Bezeichnung ®Irscot erhältlichen Zuordnungstafeln dar[1]. Ursprünglich wurden sie von Dr. HEDIGER, Zürich, erdacht und dann von englischen Autoren erweitert und ausgebaut. Die spektralen Charakteristika sind jeweils für eine Substanzklasse auf einem Blatt zusammengefaßt, sodaß man die Eigen- und Besonderheiten des Spektrums mit einem Blick übersehen kann.

Zuordnungstafeln der beschriebenen Anordnung nehmen, wenn man sie umfassend anlegen will, unhandliche Abmessungen an. Deshalb hat PALMER (*1026*) Kreistafeln vorgeschlagen: Auf einer Kreisfläche sind an der Peripherie 61 Verbindungsklassen angegeben, deren charakteristischen Absorptionen als Striche neben einer radial verlaufenden Wellenzahl- bzw. Wellenlängenskala eingetragen sind. Eine zweite Tafel gehört zur umgekehrten Fragestellung: Auf der Kreisperipherie ist eine Wellenzahl- bzw. Wellenlängenskala angebracht; von innen nach außen sind auf der Kreisfläche die charakteristischen Baugruppen verzeichnet, die an dem mittels eines Zeigers auf der Peripherie eingestellten Wellenzahl- oder Wellenlängenwert absorbieren. Durch diese Anordnungen wird ein sehr umfangreiches Material auf engstem Raume untergebracht.

Zur Abrundung des Begriffs der charakteristischen Frequenz sei abschließend darauf hingewiesen, daß eine Frequenz in diesem Sinne um so weniger charakteristisch ist, je komplizierter die ihr zugrunde liegende Bewegung der beteiligten Atome ist und je weniger der Molekülrest bei dieser Bewegung als ruhend angesehen werden kann. In diesem Sinne sind Valenzschwingungen im allgemeinen „charakteristischer“ als Deformationsschwingungen, zumal es bei letzteren infolge der Vielfalt der möglichen Schwingungsformen mit nur wenig verschiedener Frequenz häufig nicht möglich ist, eine eindeutige Zuordnung zwischen beobachteten Banden und theoretischen Schwingungsformen herzustellen.

Sehr häufig werden zur Bestimmung der Bandenlage nicht die reinen Substanzen selbst verwendet, auch nicht wenn es sich um Flüssigkeiten handelt, sondern meist stark verdünnte Lösungen in geeigneten Lösungsmitteln. Damit soll eine Annäherung an den gasförmigen Zustand bewerkstelligt werden, weil nur für diesen die Theorie völlig durchführbar ist und man die Schwingungen des freien Moleküls ohne Beeinflussung durch Nachbarn zu erhalten wünscht. Dies ist zwar in einem Lösungsmittel prinzipiell nicht möglich, jedoch erlaubt die Theorie eine Aussage über die dabei zu erwartenden Abweichungen: Nach KIRKWOOD (*468*) und BAUER u. MAGAT (*46*) besteht zwischen der Wellenzahl einer Schwingungsbande ν_L im gelösten bzw. ν_G im gasförmigen Zustand und der Dielektrizitätskonstante ε des Lösungsmittels die Beziehung

$$\frac{\nu_L - \nu_G}{\nu_G} = K \cdot \frac{\varepsilon - 1}{2\varepsilon + 1},$$

wenn K eine Proportionalitätskonstante bedeutet.

Diese Beziehung ist, wie zahlreiche Untersuchungen ergeben haben, für nichtpolare Lösungsmittel tatsächlich recht gut erfüllt, nicht jedoch für polare. Abb. 140

[1] Bezugsquelle: Heyden & Son Ltd., Spectrum House, Alderton Crescent, London N.W. 4.

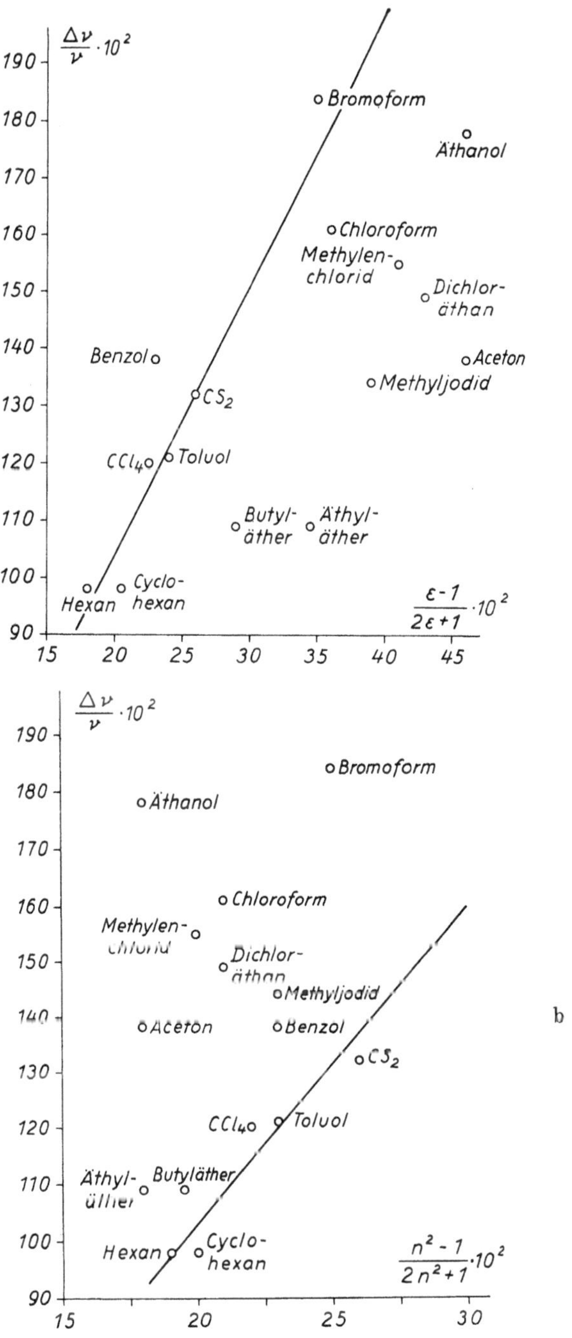

Abb. 140. Einflüsse verschiedener Lösungsmittel auf die Bandenlage (C=O-Bande von Aceton) nach JOSIEN u. LASCOMBE (*445*). — a) Relative Verschiebung als Funktion von $(\varepsilon - 1)/(2\,\varepsilon + 1)$; b) relative Verschiebung als Funktion von $(n^2 - 1)/(2n^2 + 1)$

zeigt dies am Beispiel der Carbonylvalenzschwingung von Aceton in einer Reihe von Lösungsmitteln nach Messungen von JOSIEN u. LASCOMBE (*445*): Die Meßpunkte für nicht- oder schwach-polare Lösungsmittel liegen praktisch auf einer Geraden, der sog. KBM-Geraden (nach den Verfassern der oben genannten theoretischen Arbeiten). Hingegen weichen die Meßpunkte für polare Lösungsmittel im Sinne kleinerer Wellenzahländerungen ab, als von der Theorie vorausgesagt wird. Lägen diese Abweichungen im anderen Sinne, dann könnte man sie als eine irgendwie geartete Bindung zwischen den gelösten und den Lösungsmittelmolekülen ansprechen. Nun benutzt die KBM-Beziehung die Dielektrizitätskonstante ε, die gewöhnlich statisch oder für sehr niedrige Frequenzen gemessen wird. Schon BAUER u. MAGAT (*46*) haben darauf hingewiesen, daß man möglicherweise einen Wert zwischen der statischen Dielektrizitätskonstante und dem Quadrat des Brechungsindex des Lösungsmittels in die Gleichung einsetzen müsse. Trägt man nach einem Vorschlag von JOSIEN u. LASCOMBE (*445*) dementsprechend $(\nu_L - \nu_G)/\nu_G$ als Funktion von $(n^2-1)/(2n^2+1)$ auf (Abb. 140b), so bleibt die KBM-Gerade für nicht-polare Lösungsmittel erhalten. Die Meßpunkte für polare Lösungsmittel fallen nun aber in dem gewählten Beispiel auf die andere Seite der Geraden und zeigen größere Wellenzahländerungen an, als die Theorie voraussagt, so daß hier die Deutung durch Molekülassoziation anwendbar ist. Im allgemeinen messen die Abweichungen von der KBM-Geraden unmittelbar den Einfluß des Lösungsmittels auf die Bandenlage. Dabei bleibt es dahingestellt, ob es sich um eine Auswirkung einer elektrostatischen Polarisation des Lösungsmittels durch Molekülorientierung oder einer geeignet beschriebenen Molekülassoziation handelt.

2. *Durchführung der Konstitutionsanalyse*

Es dürfte ohne weitere Erläuterung klar sein, welch großen Wert eine Zusammenstellung der charakteristischen Frequenzen von Atomgruppen besitzt, wenn es gilt, die unbekannte chemische Konstitution einer Substanz aus ihrem Ultrarotspektrum zu erschließen. Vorausgesetzt werden muß, daß die zu analysierende Substanz durch geeignete Maßnahmen, z. B. Fraktionierungen usw., als einheitlicher Körper von hohem Reinheitsgrad vorgelegt wird[1]. Man hat dann so vorzugehen, daß man zunächst aus dem Spektrum der Substanz bei kleiner Schichtdicke oder gehöriger Verdünnung die stärksten Banden ihrer Lage nach herausgreift und auf Grund der Spektraltafeln die ihnen möglicherweise zukommenden chemischen Strukturgruppen feststellt. Dies wird nur selten ganz allein aus dem Spektrum eindeutig möglich sein, denn wie aus den obigen Zusammenstellungen ersichtlich, überlappen sich die Erwartungsbereiche verschiedener charakteristischer Frequenzen nicht unerheblich. Man wird demnach andere Erfahrungen zwecks eindeutiger Entscheidung heranziehen müssen. Diese können sowohl wieder spektroskopischer Herkunft sein, z. B. Erfahrungen über die gewöhnlich zu erwartenden Intensitäten oder Intensitätsverhältnisse bestimmter Banden, als auch anderer Herkunft etwa der Art, daß das chemische Verhalten des untersuchten Stoffes gewisse spektroskopisch mögliche Strukturgruppen ausschließt oder erwarten läßt. Es wird sich also immer darum handeln, alle möglichen Kenntnisse und Erfahrungen spektroskopischer und nicht spektroskopischer Herkunft mit dem Ziele miteinander

[1] Seit neuestem dürfte die präparative Gas-Chromatographie für sehr viele, wenn nicht die meisten Substanzen die Fraktionierungsmethode der Wahl sein.

zu kombinieren, einen möglichst tiefen und gesicherten Einblick in die Konstitution des vorgelegten Stoffes zu erhalten. Ist man sich so über den Ursprung der stärksten Banden des Spektrums mehr oder minder eindeutig klar geworden, so wird man darauf fußend versuchen, nun auch Banden mittlerer und geringer Intensität in dieses Bild einzuordnen. Das wird schon viel schwerer und häufig überhaupt nicht gänzlich durchführbar sein, selbst wenn die vorgelegte Substanz völlig rein ist, ihr also eine einheitliche Konstitution zukommt. Denn Banden mittlerer oder geringer Intensität können durchaus von Ober- und Kombinationsschwingungen herrühren, die vermöge der komplizierten Verhältnisse in unseren Zusammenstellungen nicht berücksichtigt sind. Das letzte Wort in dieser Hinsicht spricht dann — sofern möglich — die eingehende und ausführliche Schwingungsanalyse, die, ausgehend von der unter Abwägung aller Umstände erschlossenen Konstitution, unter Berücksichtigung der Symmetrie- und Aktivitätseigenschaften die Lage der im untersuchten Spektralgebiet zu erwartenden Grund-, Ober- und Kombinationsschwingungen aufzuklären versucht. An Hand dieser Ergebnisse können dann meistens auch die schwächeren Banden befriedigend gedeutet werden. Man muß jedoch bedenken, daß die Durchführung einer solchen Schwingungsanalyse eine schwierige und langwierige Sache ist, die bei Stoffen komplizierter Konstitution häufig nicht oder nicht vollständig möglich ist. Die Krönung des Ganzen und sozusagen die Probe aufs Exempel ist die Untersuchung des Spektrums des nach der erschlossenen Konstitution synthetisch dargestellten Stoffes. In manchen Fällen wird erst dadurch die endgültige Entscheidung zwischen verschiedenen, an sich möglichen Konstitutionen herbeigeführt.

Es dürfte klar sein, daß für die Konstitutionsanalyse mittels Ultrarotspektren kaum ein allgemeingültiges Rezept angegeben werden kann. Immerhin soll an zwei Beispielen gezeigt werden, wie man etwa zu verfahren hat.

1. Beispiel: In den Destillationsnachläufen einer Synthese, die erwartungsgemäß nur Kohlenwasserstoffe liefern sollte, wurde eine Substanz gefunden, deren Spektrum Abb. 141 zeigt und die danach — Carbonylbande bei $5{,}9\,\mu$! — als sauerstoffhaltig

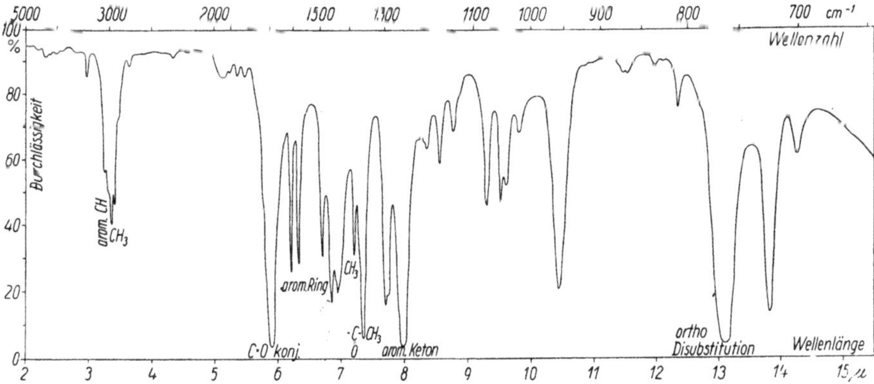

Abb. 141. Ultrarotspektrum von o-Methylacetophenon als Beispiel einer spektroskopischen Konstitutionsaufklärung

anzusehen war. Es handelte sich um eine wasserklare Flüssigkeit vom Siedepunkt 214 °C, der nach Elementaranalyse und Molgewichtsbestimmung die Bruttoformel

$C_9H_{10}O$ zukam. Ohne Kenntnis des chemischen Verhaltens läßt das Spektrum folgende Schlüsse zu: 1. Es muß sich um einen aromatischen Körper handeln (scharfe, mittelstarke Banden bei 6,2 und 6,7 μ); 2. Die Lage der Carbonylbande bei 5,9 μ und die angenähert gleiche Stärke des Aromatendubletts 6,2/6,3 μ weisen auf Benzoylstruktur hin; 3. Der Benzolring ist disubstituiert in ortho-Stellung (starke, beherrschende Bande bei 13,1 μ); 4. Die Banden bei 3,37, 3,42 und 3,5 μ (letztere nur als Schulter angedeutet) deuten auf das Vorhandensein von CH_3-Gruppen. Im Verein mit der Bruttoformel ist damit die Substanz eindeutig bestimmt zu

$$C_6H_4(CH_3)\text{—}C(=O)\text{—}CH_3$$ ortho-Methyl-acetophenon.

Der spektroskopische Befund wurde durch eine klassische chemische Konstitutionsaufklärung und durch Spektrenvergleich mit bewußt synthetisiertem o-Methyl-acetophenon bestätigt.

2. Beispiel: Als Produkt einer Reaktion fielen weiße, blättchenförmige Kristalle vom Schmelzpunkt 100 °C und der Bruttoformel $C_{13}H_{10}O$ an. Das Spektrum der Kristalle, gepreßt in KBr, zeigt Abb. 142. Aus der Bruttoformel und dem sonstigen

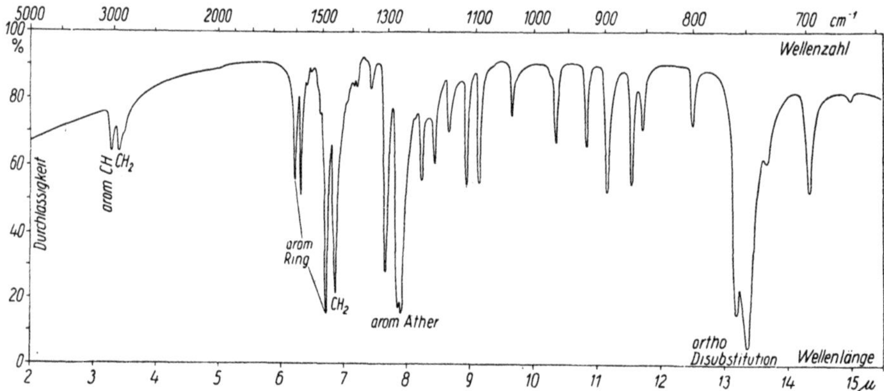

Abb. 142. Ultrarotspektrum von Xanthen als Beispiel einer spektroskopischen Konstitutionsaufklärung

Verhalten geht der aromatische Charakter der Substanz hervor, der durch das Spektrum bestätigt wird (=CH-Bande bei 3,3 μ, Ringbanden bei 6,2/6,3 und 6,7 μ). Der Ring ist disubstituiert in ortho-Stellung (Bande bei 13,3 μ). Mindestens ein Kohlenstoffatom liegt in Gestalt einer gesättigten Methylengruppe vor (Banden bei 3,42/3,5 und 6,85 μ), jedoch sind diese Banden im Vergleich zu den Aromatenbanden zu schwach, um auf mehr nicht-aromatische Gruppen hinzuweisen. Demnach handelt es sich offenbar um zwei durch eine Methylenbrücke verbundene Benzolringe, zwischen denen, da keinerlei Anzeichen für einen monosubstituierten Ring vorliegt, noch eine zweite Brücke und diese in ortho-Stellung vorhanden sein muß. Diese muß dann den Sauerstoff enthalten, da das Spektrum keine Anzeichen für eine OH- oder C=O-Gruppe, wohl aber für eine ungesättigte Ätherbindung (Bande bei 7,9 μ) enthält. Die aus dem Spektrum erschlossene Konstitution ist demnach was durch Vergleich mit dem Spektrum einer authentischen Probe bestätigt wurde.

H_2
C

O

Xanthen,

Beide Beispiele betreffen ziemlich einfache Konstitutionen. Selbstverständlich wird mit zunehmender Komplizierung der Konstitution auch die Analyse schwieriger. Beispiele dafür, deren Besprechung hier zuviel Raum in Anspruch nähme, findet man z. B. in (*Q*)[1].

Erheblich weniger aussichtsreich ist eine chemische Konstitutionsanalyse, wenn die vorgelegte Substanz aus einem Gemisch verschiedener Stoffe besteht. Dann ist offenbar eine Zuordnung der stärksten Banden zu bestimmten Atomgruppen immer noch möglich, aber diese Zuordnung läßt sich nicht ohne weiteres zu einem Konstitutionsvorschlag verdichten. Eine mit Aussicht auf Erfolg unternommene Analyse setzt in diesem Fall die Reindarstellung der Komponenten des Gemisches oder zumindest die Anreicherung einer Komponente in einem solchen Ausmaß voraus, daß die verbleibenden anderen als geringfügige Verunreinigungen angesehen werden können, denen nur Banden schwacher Intensität zugehören.

3. *Intensitätsspektroskopie*

So bedeutungsvoll die Kenntnis der Gruppenfrequenzen in den vorhin mitgeteilten Darstellungen auch ist, von einem höheren Standpunkt aus bleibt sie unbefriedigend. Denn diese Darstellungen vermitteln ja nur einen Anhalt über die Lage der Gruppenfrequenzen im Spektrum — deren Ausdeutung bei konstitutionstheoretischen Untersuchungen nur allzu oft durch die zahlreichen Überschneidungen erschwert wird —, stützen sich also nur auf *eine* zahlenmäßige Aussage des Spektrums. Demgegenüber ist die zweite Aussagemöglichkeit, welche die Stärke der Banden oder — wie es oft kurz ausgedrückt wird — die Intensität betrifft, bis vor einigen Jahren vernachlässigt worden, denn die hin und wieder getroffenen Feststellungen über die erfahrungsgemäße Stärke einzelner Banden dürfen in dieser Hinsicht nur als Notbehelf angesehen werden. Seit ein paar Jahren tritt in zunehmendem Ausmaß der bisher fast ausschließlich betriebenen „*Frequenzspektroskopie*“ eine „*Intensitätsspektroskopie*“ gleich- oder übergeordnet zur Seite, welche die prinzipiellen Möglichkeiten des Spektrums besser ausnutzt.

Die Ursache für das langandauernde Übergewicht der Frequenzspektroskopie ist sowohl in theoretischen wie auch in apparativen Gründen zu suchen. Für die Konzeption des Begriffs „Gruppenfrequenz“ sind in den theoretischen Überlegungen, die mit der Bezeichnung „Schwingungsanalyse“ erfaßt werden, alle Vorbedingungen enthalten; der apparative Entwicklungsstand erlaubt dazu die bedenkenlose Übertragung gemessener Banden*lagen*. Anders dagegen verhält es sich mit der Bandenintensität. Diese hängt — was schon angedeutet wurde und womit wir uns sogleich noch näher befassen müssen — in ihren Meßergebnissen vorläufig noch so sehr von

[1] Weitere Beispiele findet man z. B. bei Nakanishi (*1268*) und besonders bei Szymanski (*1285*) sowie — unmittelbar als Übungsaufgaben im Verein mit anderen Angaben (Elementaranalyse, UV-, NMR- und Massenspektren) zusammengestellt — bei Cairns (*1269*) und Simon u. Clerc (*1270*).

nicht genormten oder nicht normierbaren apparativen Einflüssen ab, daß an eine Übertragung der Messungen von einem Laboratorium in ein anderes nur sehr bedingt gedacht werden kann. Ebenso unbefriedigend ist die Lage im theoretischen Sektor. Für die Stärke einer Absorptionsbande ist, wie früher auseinandergesetzt wurde, bei gegebener Anzahl der Moleküle in einem bestimmten Schwingungszustand das Übergangsmoment, die Änderung des Dipolmoments, also letztlich die Änderung der Dichteverteilung der Elektronen eines Moleküls verantwortlich. Um diese Änderung theoretisch in einer der Berechnung der spektralen Lage entsprechenden Weise und Sicherheit erfassen zu können, bedarf es der Kenntnis des Einflusses des Molekülrestes auf die Ladungsverteilung einer betrachteten Bindung. Ansätze dazu liegen zahlreich vor, haben sich aber noch nicht zu einem abgerundeten, gesicherten Bild verdichtet. Solange dies wegen der entgegenstehenden vorstellungsmäßigen und mathematischen Schwierigkeiten nicht erreicht ist, ist die Intensitätsspektroskopie auf die Empirie angewiesen.

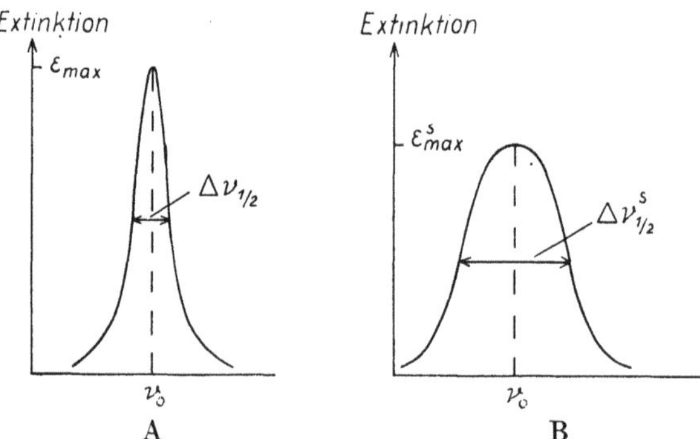

Abb. 143. Gestalt und Bestimmungsstücke einer Absorptionsbande. *A* wahre, allein durch die Substanz bestimmte Form; *B* beobachtete, durch apparative Einflüsse modifizierte Form

Als Maß der Bandenintensität werden in der praktischen Spektroskopie üblicherweise zwei Größen verwendet. Die eine davon ist die mit den heutigen Geräten unmittelbar oder nach leichter Umrechnung erhältliche maximale Extinktion einer Bande. Wenn wir für einen Augenblick einmal annehmen, unsere Geräte wären auf diese Meßgröße ohne Einfluß — was sie leider nicht sind —, dann hätten wir damit einen die Bandenintensität eindeutig charakterisierenden und nur von der untersuchten Substanz abhängigen Wert gewonnen, der zusammen mit der Bandenlage und der natürlichen Bandenbreite die untersuchte Bande völlig kennzeichnen würde (Abb. 143). Dem ist aber, wie schon öfter betont, nicht so, vielmehr wird die Bandengestalt durch apparative Einflüsse, ausgedrückt in der sog. Spaltfunktion (s. S. 108), modifiziert: Die beobachtete Maximalextinktion ist kleiner als die wahre, die beobachtete Bandenbreite größer als die natürliche, nur die Bandenlage, ausgedrückt durch die Frequenz (Wellenzahl, Wellenlänge) der maximalen Extinktion ist dieselbe geblieben (Abb. 143) (aber auch das nur, wenn keine Streustrahlung vorhanden ist). Demnach ist die Maximalextinktion ein schlechtes Maß für die Bandenintensität. Ein besseres und, wie schon angedeutet, mit Molekülgrößen auch ursprünglicher verknüpftes Maß ist die integrale Absorption oder Extinktion, das über die ganze beobachtete Bande genommene Integral. Es hat sich gezeigt, daß der Wert dieses Integrals von apparativen Einflüssen sehr viel weniger abhängt als die Maximalextinktion: Wenn bei Spaltweitevergrößerung die Maximalextinktion kleiner und die Bandenbreite größer wird, bleibt die Bandenfläche praktisch konstant. Die integrale Absorption ist also das zweckmäßigere oder sogar einzig richtige Maß der Bandenintensität. Mit ihrer Gewinnung und den leider auch hierbei auftretenden Schwierigkeiten beschäftigen wir uns später.

Neben einigen anderen [BARROW (*43*), CROSS u. ROLFE (*179*), FRANCIS (*263*, *264*), JONES u. a. (*439*), LIPPERT u. VOGEL (*513*), LUTHER u. CZERWONY (*532*), RICHARDS u. BURTON (*724*), SENSI u. GALLO (*781*), VAMPIRI (*871*)] haben sich vor allem MECKE und THOMPSON mit ihren Schulen frühzeitig mit intensitätsspektroskopischen Problemen befaßt. LIPPERT u. MECKE (*512*) schlagen, auf solchen Studien fußend, vor, die Übersichten über die Gruppenfrequenzen durch Diagramme zu ersetzen, in welchen jede Bande durch einen Punkt in einer Frequenz-Intensität-Ebene dargestellt wird. Dieser Vorschlag trägt der Zweidimensionalität des Spektrums

Tabelle 16. *Absolute Absorptionsintensitäten in* $cm^2\ mol^{-1}\ sec^{-1}$ *für einige Gruppenschwingungen nach* THOMPSON (*852*)

Gruppe	Bandenlage cm^{-1}	integrale Absorption ($\times 10^7$)
C=O	ca. 1720	
Ester		13
Alkylketone		8
Ketosteroide		9–20
C–O	ca. 1200	
Ester		15
Alkylketone		2,5
Acetoxy-Steroide		21
N–H	ca. 3400	
Dialkylamine		0,05
Alkylaniline		1,7
Diarylamine		2,2
Pyrrole, Carbazole		5,4
Indole		6,6
C≡N	ca. 2250	
Alkylcyanide		0,25
CH_3	ca. 2900	
Kohlenwasserstoffe		4,4
$-COCH_3$		0,74
$-COOCH_3$		2,54
CH_3	ca. 1400	
Kohlenwasserstoffe		0,54
$-COCH_3$		1,3
$-COOCH_3$		2,0
CH_2	ca. 2900	
Kohlenwasserstoffe		3,8
$-COCH_2-$		0,5
CH_2	ca. 1460	
Kohlenwasserstoffe		0,23
$-COCH_2$		1,17
$-COOCH_2-$		0,65

Rechnung. Unzweifelhaft wird dadurch die Mehrdeutigkeit der Gruppenfrequenztafeln an vielen Stellen des Spektrums beseitigt und damit ihre Bedeutung und ihr Wert für Konstitutionsbestimmungen gewaltig erhöht, denn es ist kaum anzunehmen, daß frequenzmäßig zusammenfallende Banden auch intensitätsmäßig übereinstimmen. Offensichtlich sind damit auch weitere Vorteile und Aussagen verbunden, etwa in quantitativer Hinsicht oder bezüglich der Entwicklung geeigneter theoretischer Vorstellungen, wozu zunächst die Ansammlung ausreichenden Zahlenmaterials notwendig ist. Einige Werte, nach der Literatur und nach eigenen Messungen von THOMPSON (*852*) zusammengestellt, findet man in Tab. 16. Weitere Werte kann man bei FLETT (*1057*) und STEELE (*1058*) nachlesen; der zuletzt genannte Autor gibt auch eine umfangreiche Bibliographie. Speziell mit der Intensität der CH-Schwingungen von Benzol- und Pyridinderivaten haben sich SCHMID u. Mitarb. (*1286—1291*) ausführlich befaßt, mit der Intensität der antisymmetrischen Valenzschwingung von CH_2- und CH_3-Gruppen in Alkanen ŘEŘICHA u. a. (*1349*). Das Fehlen von in kommerziellen Geräten inkorporierten guten Integratoren ist sicherlich ein großer Hemmschuh für die Fortschritte der Intensitätsspektroskopie. Andrerseits kann kein Zweifel darüber bestehen, daß gerade sie von besonderer Bedeutung für die weitere Entwicklung der Ultrarotspektroskopie als Disziplin sein wird.

Abb. 144 zeigt ein Diagramm nach dem MECKEschen Vorschlag. Aus äußerlichen Gründen wurden die zugrunde liegenden Untersuchungen an der dritten Oberschwingung der CH-Valenzschwingung ausgeführt. Aufgetragen ist über einer linearen Wellenzahlskala in cm^{-1} eine Skala der integralen Absorption (s. dazu die Ausführungen des 3. Kapitels dieses Teils) in cm/Mol. Einzelne Stoffe sind darin

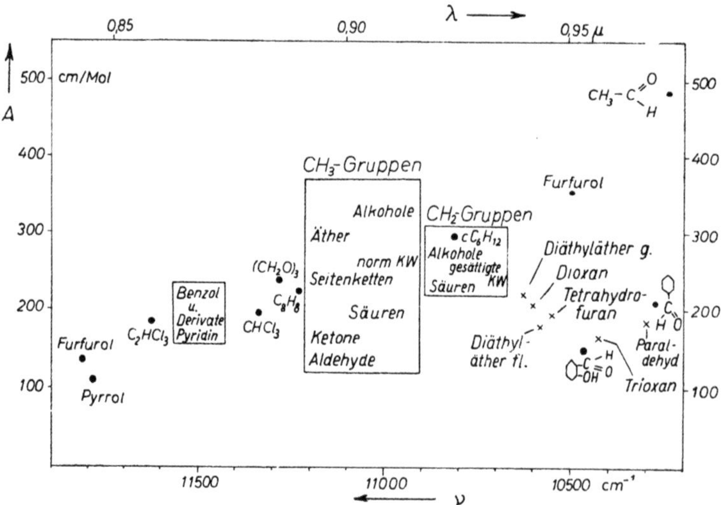

Abb. 144. Intensitätsspektroskopische Zuordnungstafel nach MECKE am Beispiel der dritten Oberschwingung der CH-Valenzschwingung [nach LIPPERT u. MECKE (*512*)]

durch Punkte, zusammengehörige Stoffklassen durch ein Rechteck ohne Punkt-, aber mit Klassenbezeichnung eingetragen. Man erkennt daraus deutlich das Auffächern frequenzmäßig dicht beieinanderliegender Banden in intensitätsmäßig unterschiedene Gruppen.

Wie man zur schnellen Überprüfung einer Wellenlängeneichung das genau ausgemessene Spektrum einer leicht erhältlichen Substanz — üblich ist Polystyrol — benutzt, liegt auch das Bedürfnis nach einem Intensitätsstandard im Ultrarot vor. Dieser müßte den folgenden Forderungen genügen: 1. gut getrennte Banden geeigneter Stärke; 2. leichte Herstellbarkeit; 3. lange anhaltende physikalische und chemische Beständigkeit. Gase erfüllen die erste Forderung sehr gut, bedürfen aber einer besonderen, nicht einfachen Manipulation. Der Verwendung von Flüssigkeiten stehen Intensitätsänderungen infolge von Dichteänderungen und Änderungen in den Küvettendimensionen bei Temperaturänderungen entgegen. STEELE u. WILSON (*1056*) glauben, in einem leicht herzustellenden KBr-Preßling mit 0,035% $Mg(OH)_2$, 0,10% p-Dicyanobenzol und 0,02 % Anthracen einen brauchbaren Intensitätsstandard gefunden zu haben. In diesem Zusammenhang werden Untersuchungen von SHARPLESS u. GREGORY (*1227*) über den Einfluß der Teilchengröße auf die Bandenintensität bei KBr-Preßlingen wichtig. Die Messungen wurden an Chloranil vorgenommen. Danach nähert sich die molekulare Absorption mit zunehmender Teilchengröße dem für einen Einkristall gültigen Wert. Mit abnehmender Teilchengröße steigen die Absorptionswerte an, bleiben aber immer kleiner als die an entsprechenden Lösungen gefundenen.

Genau so wie die Bandenlage wird auch die Bandenintensität häufig im gelösten Zustand gemessen, um dem gasförmigen Zustand möglichst nahezukommen. Auch hier hat man charakteristische, vom Lösungsmittel abhängige Einflüsse zu erwarten. Nach der DEBYEschen Theorie der Dielektra hat man für das Verhältnis der integralen Absorption im gelösten und gasförmigen Zustand die Beziehung

$$\text{[III, 1.1]} \qquad \frac{A_{\text{gel}}}{A_{\text{gas}}} = \frac{1}{n}\left(\frac{n^2+2}{3}\right)^2$$

zu erwarten, worin n den Brechungsindex des Lösungsmittels bedeutet. MECKE (*562*) hingegen gibt, auf der Theorie von ONSAGER fußend, die davon abweichende Beziehung

$$\text{[III, 1.2]} \qquad \frac{A_{\text{gel}}}{A_{\text{gas}}} = \frac{1}{n}\left(\frac{3n^2}{2n^2+1}\right)^2$$

an[1]. Welcher Ausdruck den experimentellen Befunden gerechter wird, scheint noch nicht entschieden. Während nämlich die DEBYEsche Formel [III, 1.1] einen Anstieg der Intensität um etwa 30% beim Übergang vom Gas zur Flüssigkeit (für $n \sim 1,5$) voraussagt, ist nach [III, 1,2] das Verhältnis $A_{\text{gel}}/A_{\text{gas}}$ von 1 nur wenig verschieden. Messungen von RUSSELL u. THOMPSON (*760*) an der 1200-cm^{-1}-Bande von Alkylestern sprechen mehr für den MECKEschen Ausdruck, während POLO u. WILSON (*680*) und auch JAFFE u. KIMEL (*424*) Anzeichen für die Gültigkeit des DEBYEschen Ausdrucks zu haben glauben. Die Entscheidung muß hier die Vermehrung des experimentellen Zahlenmaterials bringen.

Von den mehr praktischen Belangen der integralen Absorptionsmessung in der quantitativen und Konstitutionsanalyse einmal abgesehen, sind es vor allen Dingen ihre Zusammenhänge mit den polaren Bindungseigenschaften, die solche Messungen interessant machen. In einfachen Fällen besteht zwischen der integralen Absorption A und der Änderung des elektrischen Dipolmoments μ mit den Normalkoordinaten Q_i unter bestimmten Bedingungen (quadratische Potentialfunktion, kleine Schwin-

[1] POLO u. WILSON (*680*) haben jedoch gezeigt, daß unter naheliegenden Annahmen auch die ONSAGERsche Theorie zu dem DEBYEschen Ausdruck [III, 1.1] führt.

gungsamplituden, voneinander unabhängige Normalschwingungen, keine Wechselwirkung zwischen Schwingungs- und Rotationszuständen, keine elektrische Anharmonizität) die Beziehung

$$A = \frac{\pi N}{3c} g_i \left(\frac{\delta \mu}{\delta Q_i}\right)^2, \quad \text{[III, 1.3]}$$

worin c die Lichtgeschwindigkeit, N die Molekülzahl in 1 cm^3 und g_i den Entartungsgrad der Schwingung (s. S. 53) bedeuten. Demnach kann $\vartheta \mu / \vartheta Q_i$, die mitschwingende effektive Ladung, aus Messungen der integralen Absorption entnommen werden. Eine Zusammenstellung der wichtigsten bisherigen Ergebnisse solcher Bestimmungen findet man bei THOMPSON (*852*), HORNIG u. MCKEAN (*401*) und bei SPEDDING u. WHIFFEN (*821*).

Im Gegensatz zum Einfluß des Lösungsmittels wurde die Frage des Temperatureinflusses auf Ultrarotbanden noch recht wenig untersucht. Auch in diesem Falle ist eine zweifache Auswirkung zu erwarten: auf die Bandenlage und auf die Bandenstärke. Die experimentellen Befunde sind aber noch sehr widersprüchlich. Die meisten Autoren, z. B. SLOWINSKI u. CLAVER (*809*), FINCH u. LIPPINCOTT (*246*), LIDDEL u. BECKER (*509*), HUGHES u. a. (*408*), BAKER u. a. (*1256*) und FRUWERT u. a. (*1257*), stellen eine Abnahme der (integralen) Intensität mit steigender Temperatur fest; damit verbunden ist meist eine allerdings nur geringfügige Verlagerung nach höheren Wellenzahlen. Hingegen berichten BREEZE u. a. (*1258*) über eine Konstanz der Intensität von Grundschwingungen und eine Zunahme der Intensität von Ober- und Kombinationsschwingungen, allerdings von einfachen zwei- und dreiatomigen Molekülen wie NO, CO_2 u. ä. Offensichtlich spielen die jeweils untersuchten Systeme eine beträchtliche Rolle, und es bedarf einfach weiteren experimentellen Materials, um der Lösung dieses Problems näher zu kommen.

Ebenso ungeklärt ist die Frage des Einflusses der Temperatur auf die Intensität von Ultrarotbanden vom theoretischen Standpunkt aus. BROWN (*109*) hat darauf hingewiesen, daß die beobachtete Abnahme mit steigender Temperatur zumindest teilweise durch eine Änderung in der Bandengestalt infolge der Zunahme von Zusammenstößen bei wachsender Temperatur erklärbar ist. Andere Autoren [OWANDER (*1259*), KIREI u. LISITZA (*1260*)] führen die Intensitätsabnahme darauf zurück, daß mit steigender Temperatur der mittlere Abstand der Moleküle voneinander größer wird, womit eine Verminderung der induzierten Dipol-Dipol-Wechselwirkung verbunden ist, die wiederum unmittelbar für den Intensitätsrückgang verantwortlich ist. Das letzte Wort ist in dieser Hinsicht jedoch noch in keiner Weise gesprochen.

2. Kapitel: Qualitative Analyse

1. Qualitative Analyse

In vielen praktischen Fällen der Anwendung der Ultrarotspektroskopie handelt es sich nicht um das gerade behandelte Problem der Bestimmung oder Sicherstellung der chemischen Konstitution einer Substanz, sondern vielmehr um den qualitativen Nachweis eines Stoffes in einem anderen oder um die Prüfung der Reinheit einer gegebenen Substanz, deren Konstitution bekannt ist. Ausgangspunkt hierfür ist die Erkenntnis, daß das Spektrum eines Stoffes im weitesten Sinn ebenso ein eindeutiges Kennzeichen darstellt wie etwa eine Dichte oder eine sonstige spezifische Eigenschaft. Gegenüber den bisher üblicherweise verwendeten spezifischen Kenngrößen hat das Spektrum noch den besonderen Vorteil, vermöge seiner Zweidimensionalität prinzipiell mehr Aussagemöglichkeiten zu enthalten. Gilt das schon für jedes Spektrum, so für das Ultrarotspektrum ganz besonders. Denn auf Grund der Manifestation von Schwingungen charakteristischer Baugruppen in Banden bestimmter Lage im ultraroten Spektralbereich übernimmt das Ultrarotspektrum sozusagen die Funktionen eines Fingerabdrucks in einem Verbrecheralbum: Wie der Träger des Fingerabdrucks durch ihn in eindeutiger und unverlierbarer Weise charakterisiert und festgelegt wird, genauso wird eine gegebene Substanz durch ihr Ultrarotspektrum eindeutig festgelegt. Stoffe ähnlicher Konstitution und Zusammensetzung werden zwar im allgemeinen auch ähnliche Spektren besitzen, jedoch ist eine Entsprechung bis in feinere Details unwahrscheinlich, es sei denn, die untersuchten Substanzen seien identisch. Für das Vorhaben der qualitativen Analyse auf ultrarotspektroskopischem Weg ist es nun von ausschlaggebender Bedeutung, daß das Spektrum einer Mischung von Stoffen, von ganz bestimmten Ausnahmen abgesehen, im allgemeinen eine einfache additive Überlagerung der Einzelspektren, bezogen auf die Extinktion als charakteristische Kenngröße, ist; die Ausnahmen betreffen Fälle von zwischenmolekularer Einwirkung der Komponenten des Gemisches aufeinander.

Die Durchführung der qualitativen Analyse besteht bei der Sicherstellung des Charakters eines Stoffes im Vergleich des Spektrums der vorgelegten Substanz mit dem Spektrum der interessierenden Substanz im *Rein*zustand. Auch hier wird man wieder zunächst die Entsprechung der stärksten Banden, dann der weniger starken und schließlich der schwachen Banden zu prüfen haben. Vorteilhaft ist es, wenn die zu vergleichenden Spektren mit derselben Apparatur gewonnen werden oder zumindest in der erzielten Genauigkeit und Auflösung vergleichbar sind, weil man sonst die immer vorhandenen apparativen Einflüsse auf das Spektrum berücksichtigen muß. Häufig kann diese Forderung nicht erfüllt werden, besonders bei seltenen oder schwer rein darzustellenden Substanzen. Es ist dann im wesentlichen eine Sache der Erfahrung und der genauen Kenntnis des ganzen Stoffgebietes, von Fehlschlüssen freizubleiben. Das Auftreten einer *einzigen* Bande im Spektrum der einen Substanz gegenüber dem einer anderen beweist ihre qualitative Verschiedenheit oder Verunreinigung! Die Substanz des bandenärmeren Spektrums muß dabei verständlicherweise als die reinere angesprochen werden.

Die qualitative Analyse von Gemischen stützt sich ebenfalls auf die Kenntnis der Spektren der Komponenten im Reinzustand. Solange es sich dabei um Substanzen völlig verschiedenen chemischen Charakters handelt, genügen zu ihrer Erkennung bestimmte, die Substanzklasse als solche kennzeichnende Banden, während die Kenntnis anderer, vor allem schwächerer Nebenbanden, kaum benötigt wird. Liegen aber chemisch ähnliche Substanzen im Gemisch vor, so daß die spektralen Charakteristika für alle praktisch dieselben sind, müssen auch Nebenbanden zur Analyse herangezogen werden. Bei der Fülle der Möglichkeiten empfiehlt sich für die Untersuchung von Systemen, über die nichts oder nur wenig bekannt ist, die Benutzung moderner Verfahren der Bürotechnik, wie Rand- oder Flächenlochkarten, die etwas weiter unten besprochen werden. Baker u. a. (*31*) geben dafür Hinweise und Beispiele an. Zur besseren Kapazitätsausnutzung vorhandener Ultrarotspektrometer werden gelegentlich Probenwechsler empfohlen, die automatisch eine Probe nach der anderen entsprechend dem Ablaufzyklus des Geräts in den Strahlengang bringen [Cassels u. Mit. (*1159*, *1160*), McNiven u. a. (*1161*)].

2. Reinheitsprüfung

Eine besondere Form der qualitativen Analyse ist die Reinheitsprüfung. Ob und wie weit dazu die Ultrarotspektren herangezogen werden können, hängt von den Nachweis- und Genauigkeitsforderungen ab, die gestellt werden. Die Reinheitsprüfung eines Stoffes bedarf wie jede qualitative Analyse der Kenntnis des Spektrums der zu prüfenden Substanz im Reinzustand, häufig jedoch nicht der Spektren der Verunreinigungen. Soll allerdings die Prüfung auf die An- oder Abwesenheit bestimmter Stoffe sich erstrecken, so ist natürlich die Kenntnis ihrer Spektren, zumindest der Hauptbanden, unerläßlich. Sehr häufig lautet die Aufgabe so, daß nachzuprüfen ist, ob eine bestimmte Verunreinigung eine vorgeschriebene Grenze überschreitet oder nicht, weil davon Entscheidungen über die weitere Verwendbarkeit abhängen. Sie ist nach irgendeinem der sogleich zu besprechenden quantitativen Verfahren an einer oder mehreren Banden der verunreinigenden Komponente jederzeit lösbar, sofern die gestellten Forderungen in den der Ultrarotspektroskopie zugänglichen Konzentrationsbereich hineinfallen, also besonders die Nachweisgrenze nicht zu niedrig angesetzt ist, was natürlich von Substanz zu Substanz verschieden ist und in jedem Fall empirisch festgestellt werden muß.

Besonders einfach und elegant gestaltet sich eine derartige Reinheitsprüfung mit vorgegebenen Grenzen bei Verwendung eines Doppelstrahlspektrometers mit einer Küvette von veränderlicher Schichtdicke. Sie sei am Beispiel der Xylole beschrieben. Es sei etwa die Forderung gestellt, ein *o*-Xylol auf seinen Gehalt an den beiden anderen Isomeren zu untersuchen, wobei von *p*- und *m*-Xylol gewisse kleine Konzentrationen als zulässig vorgegeben seien, etwa je 2,5 %. In Abb. 145 sind die Spektren der drei Xylolisomeren wiedergegeben. Die gestellte Aufgabe ist lösbar, indem man nachsieht, ob die vorher ausgewählten Banden der störenden Isomeren, etwa bei 12,6 μ für *p*-Xylol und bei 13 μ für *m*-Xylol, im Spektrum der zu prüfenden Substanz eine bestimmte Stärke nicht überschreiten. Bringt man aber im Zweistrahlgerät im Vergleichsstrahlengang unter Verwendung der Küvette mit variabler Schichtdicke eine äquivalente Menge des zu prüfenden Stoffes im Reinzustand unter, so kompensiert der Apparat dessen Spektrum, weil in beiden Strahlengängen vorhanden, automatisch heraus, und es erscheint nur noch das Spektrum der Störkomponenten, das meist sehr viel einfacher und leichter überschaubar ist als das des gesamten Systems. Die beiden unteren Spektren in Abb. 145 zeigen recht augenfällig die Überlegenheit des Kompensationsverfahrens. Man könnte natürlich auch daran denken, im Vergleichsstrahlengang ein Gemisch der fraglichen Stoffe mit den gerade noch erlaubten Konzentrationen unterzubringen. Dann gäbe eine im Spektrum beobachtete Bande ohne weiteres den Hinweis, daß die erlaubte Grenze überschritten ist. Wenn aber die Analysenprobe weniger Verunreinigungen enthält als erlaubt, dann tritt die sog. Überkompensation oder Inversion des Spektrums auf, d. h. in den Banden der Verunreinigungen zeigt die Analysensubstanz eine Durchlässigkeit über 100 %, weil ja die Vergleichssubstanz dort stärker absorbiert.

In gewissen Fällen kann man unter Ausnutzung der Erscheinung der Überkompensation eine sehr empfindliche Differentialanalyse durchführen [Robinson (*734*)]. Dieses Verfahren bewährt sich vor allem dann, wenn man sehr geringe Konzentrationen eines Stoffes in einem anderen bestimmen will und unglücklicherweise die einzige dafür brauchbare Bande auf der steilen Flanke einer Hauptbande der Grundsubstanz sitzt. Ein Beispiel dafür ist der quantitative Nachweis von Cyclohexan (Bande bei 3,5 μ) in Beträgen unter 0,1 % in Benzol (Bande bei 3,3 μ). Während man sonst die Analysenprobe im Meß-, die Reinsubstanz im Vergleichsstrahlengang des Doppelstrahlspektrometers unterbringt, besteht das Wesen der Differentialanalyse aus zwei derartigen Messungen auf ein und demselben Diagramm nach dem Schema

	Meß- Strahlengang	Vergleichs- Strahlengang
1. Messung:	Küvette A Analysenprobe	Küvette B Reinsubstanz
2. Messung:	Küvette A Reinsubstanz	Küvette B Analysenprobe

Ganz offenbar liefert die 1. Messung nur die Banden des gesuchten Stoffes in üblicher Darstellung, die 2. Messung dieselben Banden, aber nun infolge Überkompensation im Gegensinn aufgezeichnet, d. h. der Abstand der beiden so erzielten Kurven ist doppelt so groß wie im üblichen Verfahren derjenige von Bande und 100%-Durchlässigkeitslinie. Sind nun, was häufig so sein wird, die beiden verwendeten Küvetten A und B von etwas verschiedener Schichtdicke, so läßt sich dieser Unterschied eliminieren, indem man zunächst die Analysenprobe in Küvette A gegen die Reinsubstanz in Küvette B, dann aber die Analysenprobe in Küvette B gegen die Reinsubstanz in Küvette A spektroskopiert[1]. Weitere Beispiele zur Differentialanalyse findet man bei HAMMER u. ROE (*354*). Es sei hier nochmals auf die Vorsichtsmaßregeln hingewiesen, die bei Differenzmessungen notwendig sind und schon auf S. 230ff. behandelt wurden.

Eine spezielle Anordnung zur Differentialanalyse benutzt STURGE (*842*) bei der Messung sehr kleiner Absorptionsunterschiede. Der Monochromator wird fest auf die Wellenlänge der interessierenden Absorption eingestellt und die Strahlung, wie üblich, im Einstrahlbetrieb mit etwa 10 Hz moduliert. Die beiden zu untersuchenden Proben stehen dicht beieinander derart, daß mit einer Frequenz von etwa 1 Hz einmal die eine, dann die andere in den Strahlengang hineingeschoben wird. Nach Gleichrichtung der 10-Hz-Modulation schwankt das Signal, sofern die beiden Proben unterschiedlich absorbieren, im Rhythmus der 1-Hz-Modulation. Dieses Signal kann nun ebenfalls verstärkt und gleichgerichtet werden. So lassen sich noch so geringe Unterschiede in der Extinktionskonstante wie 0,002 cm^{-1} mit genügender Genauigkeit messen. Speziell zur Untersuchung kleinster Flüssigkeitsmengen mit der Differentialtechnik empfiehlt SLOANE (*1111*) die Verwendung von Adsorptionsfiltern passender Porengröße auf Cellulosebasis[2] zum Auffangen der z. B. aus einem Gaschromatographen austretenden Flüssigkeit und Kompensation des Trägermaterials im Vergleichsstrahlengang.

Die oben angedeutete Aufgabe, eine schwache Bande auf der Flanke einer starken zu erkennen, ist außer durch eine Differentialmessung auch noch dadurch lös-

[1] Häufig hat man die Vergleichssubstanz nicht in der nötigen Reinheit verfügbar. WASHBURN u. MAHONEY (*881*) helfen sich dann dadurch, daß sie eine oder mehrere verfügbare Reinsubstanzen zwar anderer chemischer Konstitution, aber mit fast identischem Spektrum im interessierenden Wellenlängenbereich benutzen. MCCORMICK u. a. (*1055*) benutzen bei schwer- oder unlöslichen Substanzen KBr-Preßlinge in Keilform zur Kompensation. Durch Verschieben des Keils bringen sie eine mehr oder weniger große Menge der zu kompensierenden Substanz in den Vergleichsstrahlengang. Auch im Meßstrahlengang kann die Verwendung des Keils zum Auffinden der richtigen Konzentration der zu messenden Substanz vorteilhaft sein. Allerdings bedingt die Herstellung von keilförmigen Preßlingen eine besondere Preßform.

[2] Bezugsquelle: Millipore Filter Corp., Bedford, Mass., USA.

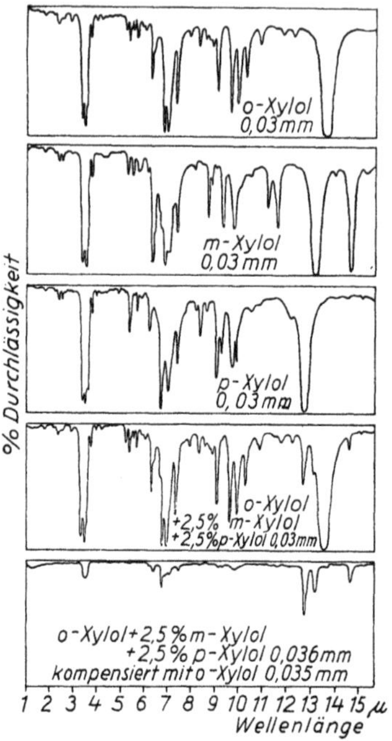

Abb. 145. Spektren der drei Xylolisomeren im NaCl-Bereich, eines Gemischs und eines kompensierten Gemischs zu Zwecken der Reinheitsprüfung

bar, daß man anstatt der Durchlässigkeit die erste mathematische Ableitung der Durchlässigkeit nach der Wellenzahl oder Wellenlänge untersucht. Darauf haben zuerst GIESE u. FRENCH (*302*) sowie COLLIER u. SINGLETON (*157*) hingewiesen. Abb. 146 zeigt oben zwei verschieden starke, benachbarte Banden in Extinktionsdarstellung, darunter die zugehörige Durchlässigkeitskurve und ganz unten die Kurve der 1. Ableitung der Durchlässigkeit. Offenbar hängt es von den besonderen Verhältnissen der einander überlappenden Banden (Abstand voneinander, Halbwertsbreite und Maximalextinktion) ab, wie deutlich in der Ableitungskurve die beiden Absorptionen hervortreten. MARTIN (*546*) hat darauf hingewiesen, daß es manchmal vorteilhaft sein kann, anstatt der 1. die 2. Ableitung der Durchlässigkeit zu untersuchen. SMITH (*975*) hat versucht, dies quantitativ zu begründen. Er kann unter bestimmten Voraussetzungen zeigen, daß der für die Auflösung eines symmetrischen Bandendubletts notwendige Abstand für die Absorptionskurve und ihre 1. Ableitung derselbe ist, hingegen um einen Faktor zwischen 1,3 und 1,8 kleiner für die 2. Ableitung, je nachdem ob man ein GAUSS- oder ein LORENTZ-CAUCHY-Profil für die Bandenform zugrunde legt. CHALLICE u. CLARKE (*1272*) untersuchten die Frage näher, wie weit die nicht aufgelöste 2. Ableitungskurve zur Erkennung von nahe benachbarten Absorptionsdubletts benutzt werden kann. PEMSLER (*637*) hat gezeigt, wie beschaffen ein Ultrarotspektrometer sein muß, um für die Gewinnung der Ableitungskurve brauchbar zu sein. Die Bildung der 2. Ableitung kann dann, von dieser Kurve ausgehend, ein elektronischer Differentiator übernehmen. Während also jedes Doppelstrahlspektrometer für die Differentialanalyse (Kompensation) ohne weiteres verwendbar ist, bedarf es für die Ableitungsmethode einer besonderen Herrichtung.

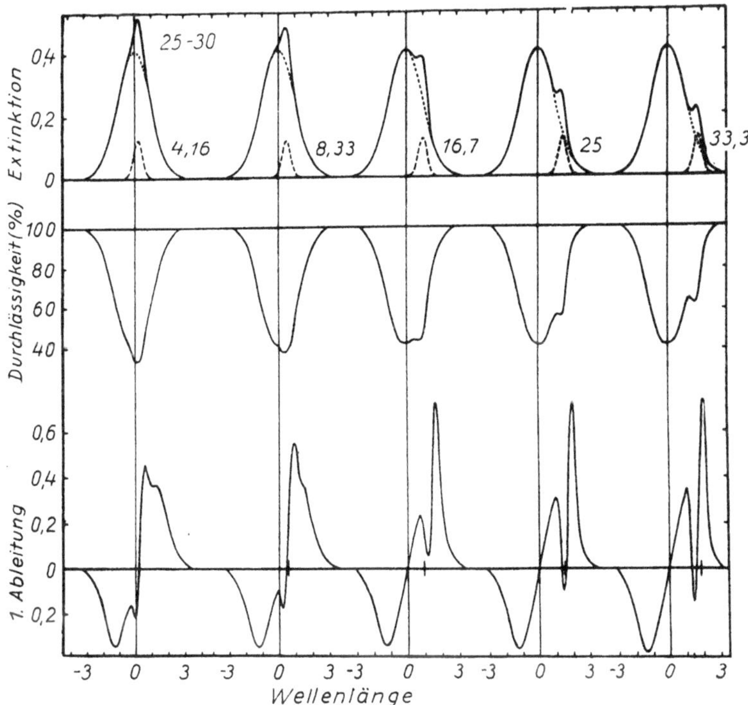

Abb. 146. Spektroskopie unter Benutzung des 1. Differentialquotienten der Durchlässigkeitskurve nach GIESE u. FRENCH (*302*). Obere Reihe: zwei nahe beieinander liegende Banden gleichbleibender Breite und Stärke in Extinktionsdarstellung einzeln und übereinander gelagert bei verschiedenem Wellenlängenabstand. Mittlere Reihe: Die nach der Extinktion zu erwartende Durchlässigkeitskurve. Untere Reihe: Der 1. Differentialquotient der Durchlässigkeitskurve. – Die durchgezogenen vertikalen Linien geben die Lage der Hauptbande, die kleinen vertikalen Striche in der unteren Reihe die Lage der Nebenbande an. Die beiden oberen Zahlen in der oberen Reihe geben Breite und Höhe der Nebenbande (in % der Hauptbande) an, die untere Zahl jeweils den Abstand der beiden Banden (in % der Breite der Hauptbande)

3. *Katalogisierungs- und Dokumentationsfragen*

Wesentlich hängt, wie aus dem Gesagten hervorgeht, die erfolgreiche Durchführung einer qualitativen ultrarotspektroskopischen Analyse, gleich welcher Art auch immer, von der Möglichkeit ab, *Vergleichsspektren* der interessierenden Substanzen in reiner Form verfügbar zu haben. Da nicht immer damit gerechnet werden kann, beim Akutwerden bestimmter Probleme auch sofort die nötigen Reinsubstanzen beschaffen zu können, ist daher eine genaue Verfolgung und Registrierung der einschlägigen Literatur auf unserem Gebiet in einem Ausmaß erforderlich, das über das gemeinhin übliche weit hinausgeht; Hand in Hand damit hat die Ansammlung eines Spektrenkataloges zu gehen. Bei der Fülle des schon vorhandenen und alljährlich neu hinzukommenden Materials ist das, besonders in Anbetracht der dabei notwendigen kritischen Durchsicht und Würdigung, keine leichte Aufgabe. Für neu die Ultrarotspektroskopie aufgreifende Laboratorien gibt es eine Reihe von Möglichkeiten zur Erleichterung dieser Arbeit.

Was die fortlaufend anfallende neue Literatur anlangt, so geben darüber die bekannten internationalen Referatenblätter ihrem Rahmen entsprechend Auskunft. Seit einer Reihe von Jahren kann man alljährlich mit einigen Hunderten mehr oder weniger ausgedehnter veröffentlichter Arbeiten und Untersuchungen auf dem Gebiet der Ultrarotspektroskopie rechnen. Für die Jahre von 1945 bis 1962 bietet ein Buch von HERSHENSON (*1*) nach Substanzen geordnete, aus den wichtigsten Zeitschriften entnommene Literaturzitate über Ultrarotspektren. Eine ähnliche Zusammenstellung stammt von einer englischen Spektroskopikergruppe[1]. Eine sehr umfangreiche Bandenzusammenstellung bietet SZYMANSKI (*1195*) in seinem Infrared Band Handbook; nach fallender Wellenzahl geordnet und mit der chemischen Baugruppe in dem behandelten Molekül korreliert werden alle in der Literatur erwähnten zugeordneten Banden angeführt. Zusammenfassende Literaturberichte mit ausführlichem Literaturverzeichnis findet man für eine Reihe von Jahren in der amerikanischen Zeitschrift „Analytical Chemistry" [BARNES u. GORE (*38*), GORE (*319—325*), EVANS (*1123—1125*)]. Dieser außerordentlich wertvolle Überblick, dem wegen der Autorschaft eines anerkannten Fachmannes die Beachtung aller auf diesem Gebiet Tätigen sicher ist, erschien bis 1952 alljährlich, seitdem nur noch im Abstand von 2 Jahren. Aber schon der Bericht für 1955 enthält die Kapitulation des Verfassers vor der Überfülle des anfallenden Materials, das ein einzelner nicht mehr sammeln und überblicken, geschweige denn verarbeiten kann. Einen Überblick über die amerikanische Hochschulforschung auf dem Ultrarotgebiet in den Jahren 1956—61 findet man bei GARING u. HOWARD (*1126*). Das Gebiet der Fettchemie wird von O'CONNOR (*1220*) zusammenfassend für die Jahre bis 1961 behandelt.

Seit Anfang 1956 gewährleistet nunmehr die aus der intensiven Zusammenarbeit interessierter deutscher und englischer Fachleute erwachsene und kommerziell vertriebene „Dokumentation der Molekül-Spektroskopie" (DMS)[2] die fachgerechte Erfassung und Auswertung der gesamten anfallenden Literatur auf dem Gebiet der Molekülspektroskopie, wobei zunächst nur die Ultrarot- und RAMAN-Spektren berücksichtigt werden, die Einbeziehung der UV- und anderer hierher gehörender Spektren aber nur eine Frage der Zeit und der Finanzierung ist [BERGMANN u. KRESZE (*62*), THOMPSON (*853*)]. Das im Rahmen der DMS in engster Anlehnung an die Schriftleitung des „Chemischen Zentralblattes" arbeitende Redaktionskomitee erfaßt jede Arbeit mit molekülspektroskopischem Inhalt, die irgendwo in der Öffentlichkeit zugänglichen Zeitschriften erscheint. Sie teilte sie bis 1963 den angeschlossenen Abonnenten in Form einer Literatur-Randlochkarte nach einem ein für alle Male festgelegten Schlüssel nebst einem kurzen Referat mit. Weiterhin wurden alle in einer Arbeit aufgeführten Spektren, sofern sie in diesem System zum erstenmal erscheinen oder über schon erschienene hinausgehen, in Form von Substanzkarten ausführlich mitgeteilt. Während die Literaturkarte die benutzte Technik, Sinn und Zweck der referierten Untersuchung sowie ihre Eingliederung in größere Zusammenhänge festhält, enthält die Substanzkarte in Randlöchern verschlüsselt das Spektrum — das außerdem noch abgebildet oder als Bandentabelle mitgeteilt wird — und eine Charakterisierung der betreffenden Substanz nach ihrer chemischen Konstitution. Zu diesem Zweck sind bestimmten festgelegten Rand-

[1] Bezug durch H. M. Stationery Office, London. Bisher erschienen Band I und II mit zusammen 805 Seiten (1960).

[2] Bezug durch den Verlag Chemie, Weinheim (Bergstraße), oder Butterworths, Ltd., London.

löchern bestimmte Konstitutionsmerkmale nach einem ein für alle Male ausgeklügelten Baukastenschlüssel zugeordnet. Diese Kartei erlaubt daher neben dem schnellen Heraussuchen einer gewünschten Verbindung und ihres Spektrums ebenso die schnelle Erfassung bestimmter Spektraldaten und der dazu gehörenden Konstitutionsmerkmale oder umgekehrt. Die Wahl der Randlochkarte anstatt der sogleich zu besprechenden HOLLERITH-Karte eines amerikanischen Dokumentationssystems gewährleistet eine relativ billige Arbeitsweise des Systems ohne Bindung an komplizierte und teuere Sortiermaschinen. Bis Ende 1962 sind etwa 2400 Literaturkarten ausgegeben worden.

Da sich die benutzte Randlochkarte bei größerer Kartenzahl als unhandlich und schwer zu manipulieren erwies, wurde das System ab 1963 geändert. Die Substanzkarte wurde in der alten Form beibehalten, jedoch waren zur Ermöglichung einer schnellen Sortierung der Substanzkarten Sichtlochkarten geschaffen worden, die den Inhalt von jeweils 5000 Substanzkarten zusammenfaßten. Die Literaturkarte wurde vollständig aufgegeben. Statt dessen wird die angefallene Literatur in regelmäßigen Zeiträumen in Titellisten erfaßt. Innerhalb einer Titelliste erhält jede Veröffentlichung eine Kennummer. Für jedes in Veröffentlichungen auftauchende mitzuteilende Merkmal wurde eine Sichtlochkarte geschaffen, die soviel Verlochungsmöglichkeiten enthält, wie Kennummern in der zugehörigen Titelliste erscheinen. Enthält eine Arbeit ein bestimmtes Merkmal, dann wird in der betreffenden Sichtlochkarte die entsprechende Kennummer gelocht. Eine Sichtlochkarte vereinigt also alle Arbeiten, die ein gemeinsames Merkmal haben. Jeweils 5000 mitgeteilte Arbeiten werden dann erneut in einer größeren Sichtlochkarte zusammengefaßt, so daß man mit wenigen Karten eine sehr große Zahl von Veröffentlichungen erfaßt.

Ein ähnliches System wie die Substanzkarte der DMS benutzen die vom Infrared Data Commitee of Japan herausgegebenen, mit einer Spektrenabbildung versehenen Randlochkarten[1].

In den USA hat man das dort genau so brennende Problem in anderer Weise angepackt. Man verzichtet dort auf die systematische Erfassung der laufend anfallenden Literatur, sondern bemüht sich, schon vorhandenes Spektrenmaterial und

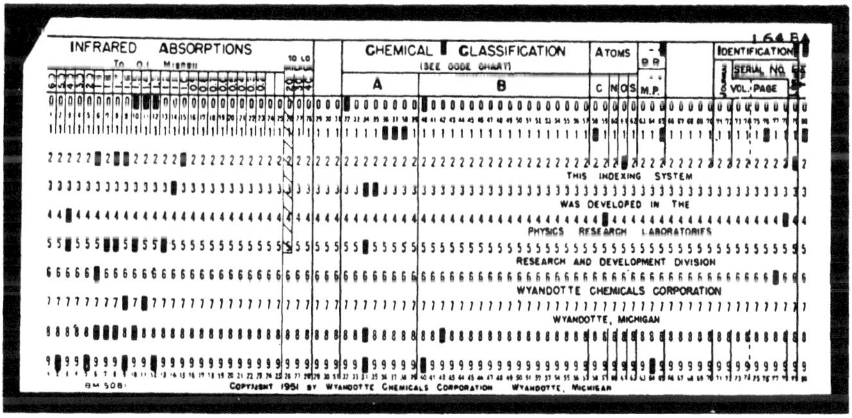

Abb. 147. HOLLERITHkarte der ASTM, für ultrarotspektroskopische und chemische Zwecke verschlüsselt nach dem Code der Wyandotte Chemical Corp.

[1] Bezugsquelle: Heyden & Son Ltd., Spektrum House, Alderton Crescent, London N.W. 4.

ausgewählte Spektren aus der Literatur in einer handlichen, mitteilsamen und leicht auswertbaren Form zu erfassen. Diese Arbeit hat die „American Society for Testing Materials" übernommen. Sie baut dabei auf der Grundlage eines von der Wyandotte Chemical Corp. ausgearbeiteten Systems auf [KUENTZEL (*484*)]. Unter Ausnutzung der Hilfsmittel der fortgeschrittenen modernen Büro- und Organisationstechnik werden der wesentliche Inhalt der Spektren und sonstige Aussagen von Belang neben der chemischen Konstitution einer Verbindung nach Art des HOLLERITH-Systems in maschinell auswertbaren und sortierbaren Flächenlochkarten niedergelegt (Abb. 147). Derartige Karten gibt es derzeit für die Ultrarotspektroskopie etwa 100000; daneben existieren Tausende von Karten für RAMAN-, UV-, RÖNTGEN- und Massenspektren. Im Gegensatz zu dem oben geschilderten europäischen DMS-System enthält die Flächenlochkarte ihrem Charakter nach praktisch keinerlei Text und auch keine Abbildung des Spektrums, ist also ohne Sortiermaschine fast wertlos. Ihre Aussagemöglichkeiten sind jedoch vermöge ihrer großen Lochzahl — 12 × 80 gegenüber 2 × 104 der Randlochkarte — größer.

Ursprünglich fußte das ASTM-System allein auf den Spektrensammlungen des American Petroleum Institute (API) und der von der Fa. SADTLER herausgegebenen Sammlung. Seit einiger Zeit werden auch andere Spektrensammlungen berücksichtigt, z. B. auch die der DMS. Damit sind die Infrared Spectral Data HOLLERITH-Karten der ASTM das umfassendste Dokumentationsunternehmen auf dem Gebiet der Ultrarotspektroskopie. Mit dem Anwachsen der Kartenzahl ist jedoch auch das System der Flächenlochkarte unhandlich und bei der Auswertung zeitraubend geworden[1]. Deshalb gibt es seit einiger Zeit eine Ausgabe der ASTM-Karten auf einem Magnettonband. Sie macht die großen Speicherkapazitäten und Rechengeschwindigkeiten moderner elektronischer Rechenmaschinen für die Sortierung nutzbar. Das Band und das zugehörige Abfrageprogramm, ausgelegt für bestimmte wichtige Computertypen, können von der ASTM bezogen werden. Ein inkorporiertes „up-dating"-Programm erlaubt neu herausgekommene oder aus anderer Quelle — z. B. der eigenen Tätigkeit — stammende Flächenlochkarten, die nach dem Wyandotte-Schlüssel verschlüsselt sind, auf das Band zu übertragen und es so auf dem laufenden zu halten. Ein diesem System ähnliches und ebenfalls mit einem Magnettonband arbeitendes Sortierungssystem ist bei der Fa. Eastman Kodak Comp. in Gebrauch und wird von ANDERSON u. COVERT (*1298*) beschrieben. Es basiert ebenfalls auf dem umfangreichen Spektrenmaterial der ASTM und umfaßt derzeit etwa 100000 Spektren. Im Abfragesystem werden maximal 20 Spektraldaten und maximal 17 physikalisch-chemische Daten benutzt, die sowohl zu einer positiven wie auch negativen Aussonderung verwendet werden können; ein Teil davon muß, wenn die Sortierung sinnvoll sein soll, als unbedingt erforderlich vorgeschrieben werden, während andere Merkmale als weniger typisch nur in zweiter Linie verwendet werden. Die Sortiergeschwindigkeit ist 10000 Spektren pro Minute.

Einen ohne Benutzung des Magnettonbandes gangbaren Weg der Sortierung der ASTM-Flächenlochkarte bei großer Anzahl haben LEYSEN u. VAN RYSSELBERGE (*1021*) vorgeschlagen. Sie sortieren den ganzen Kartensatz nach den stärksten Banden des Spektrums, die bei der Verlochung mit einem „y"-Überloch gekenn-

[1] Eine normale „langsame" Relais-Sortiermaschine verarbeitet in der Stunde 24000 Karten, eine moderne elektronisch gesteuerte bis zu 100000 Karten, wobei allerdings nur Fragestellungen beantwortet werden können, die in ein und derselben Spalte verschlüsselt sind.

zeichnet werden, vor. Dadurch wird der unhandliche Kartensatz in eine Reihe von kleineren Sätzen aufgeteilt, indem man z. B. in einem Teilsatz alle jene Karten zusammenfaßt, die für eine gegebene Wellenlänge (z. B. in Schritten von 0,1 μ) ein „y"-Überloch haben. Liegt das Spektrum einer unbekannten Substanz vor, so hat man nur denjenigen Teilsatz näher zu untersuchen, dessen Wellenlänge mit der der stärksten Bande übereinstimmt, wobei man wegen etwaiger kleiner Eichfehler günstigerweise auch noch die Kartensätze einbezieht, die zu einer um die Schrittbreite kleineren und größeren Wellenlänge gehören.

Das oben für die DMS-Kartei beschriebene System der Sichtlochkarte kann natürlich auch für die ASTM-Kartei angelegt werden. Diesen Weg gingen z. B. SCHLICHTER u. WALLACE (*1022*).

Alle Dokumentationssysteme — es sei denn, sie geben eine ausreichende bildliche Darstellung des behandelten Spektrums — befriedigen nicht die Forderung nach umfangreichen, jedermann zugänglichen Spektrensammlungen. Jeder praktisch arbeitende Spektroskopiker benötigt solche Sammlungen als Grundlage seiner täglichen Arbeit, wobei nach Möglichkeit die Art der Spektrendarstellung von der ihm gewohnten nicht allzu sehr verschieden sein soll, d. h. die Spektren sollen mit einem der üblichen modernen Zweistrahlgeräte aufgenommen sein. Zwar wird jedes spektroskopische Laboratorium im Laufe der Zeit einen wertvollen Schatz eigener Spektren ansammeln, jedoch ist häufig die Möglichkeit der Lösung eines Problems abhängig davon, daß bestimmte Vergleichsspektren in nicht zu kleiner Anzahl verfügbar sind; meist gibt es dann keine Möglichkeit, die benötigten Spektren schnell selbst aufzunehmen.

Bevor wir auf die vorhandenen großen kommerziellen Spektrensammlungen eingehen, seien zunächst einige im Rahmen von Büchern veröffentlichte Teilsammlungen erwähnt:

LANDOLT-BÖRNSTEIN	Band I, Teil 2	458 Spektren aller Art
BARNES-GORE-LIDDEL-WILLIAMS	Infrared Spectroscopy	363 Spektren aller Art
RANDALL-FUSON-FOWLER-DANGL	Infrared Determination of Organic Structures	354 Spektren in Zusammenhang mit dem Penicillinproblem
DOBRINER-KATZENELLENBOGEN-JONES	Infrared Absorption Spectra of Steroids	306 Steroidspektren
NEUDERT-RÖPKE	Steroid-Spektren-Atlas	900 Spektren von Steroiden
CANNON-SUTHERLAND	Spectrochim. Acta *4*, 373 (1951)	104 Spektren aromatischer KW
KENDALL-HAMPTON-HAUSDORFF-PRISTERA	Appl. Spectr. *7*, 179 (1953)	79 Spektren von Weichmachern
HAUSDORFF	Perkin-Elmer Corp.	32 Kunststoffspektren
WHISTLER-HOUSE	Anal. Chem. *25*, 1463 (1953)	35 Spektren von Monosacchariden
HUNT-WISHERD-BONHAM	Anal. Chem. *22*, 1478 (1950)	68 Spektren von anorganischen Stoffen
MILLER-WILKINS	Anal. Chem. *24*, 1253 (1952)	160 Spektren von anorganischen Stoffen
MILLER u. a.	Spectrochim. Acta *16*, 135 (1960)	208 Spektren von anorganischen Substanzen im Bereich von 300 bis 800 cm^{-1}

MOENKE	Mineralspektren	328 Spektren von Mineralien
HUMMEL	Kunststoff-, Lack- und Gummianalyse	ca. 500 Spektren von Kunststoffen, Weichmachern etc.
HUMMEL	Analyse der Terside	466 Spektren oberflächenaktiver Stoffe
PIERSON u. a.	Anal. Chem. *28*, 1218 (1956)	66 Spektren von Gasen und Dämpfen
PRISTERA	Anal. Chem. *32*, 495 (1960)	68 Spektren von Sprengstoffen
ohne Verfasser	Official Digest Federation of Societies for Paint Technology *33* (1961) Nr. 434, Teil II	195 Spektren von Lackharzen, Pigmenten und Lösungsmitteln

Außer diesen, zum Teil veralteten und meist sehr unterschiedlich zu beurteilenden Spektren existieren auf dem Gebiet der Ultrarotspektroskopie eine Reihe von großen kommerziellen Sammlungen. Sie sind sowohl, was den Umfang, wie auch, was die Güte der Spektren angeht, durchaus unterschiedlich zu beurteilen. Bislang bestanden keinerlei verpflichtende Übereinkünfte für die Gütekennzeichnung von Ultrarotspektren. Entsprechende Merkmale anzugeben und einzuhalten, war dem einzelnen Autor bzw. Herausgeber überlassen. Neuerdings hat nun eine eigens zu diesem Zweck eingesetzte Kommission der COBLENTZ Society eine Reihe von Merkmalen und Vorschriften für die Güteklassifizierung von Spektren erarbeitet, die als Empfehlungen der Joint Commission for Spectroscopy der IUPAC vorliegen und dort ihre letzte Ausfeilung erhalten sollen. Diese Empfehlungen sind in Anal. Chem. Bd. 38, H. 9, S. 27 A (1966) niedergelegt. Sie sind so umfangreich und gehen z. B. hinsichtlich der Kennzeichnung der Aufnahmetechnik so sehr in Einzelheiten, daß hier nicht näher darauf eingegangen werden kann. Grundsätzlich schlagen sie die Schaffung von drei Klassen von Spektren mit abnehmender Güte vor. Spektren von hochreinen Substanzen, aufgenommen unter Umständen, die eine Verbesserung in absehbarer Zeit nicht mehr erwarten lassen, die also als unveränderliches physikalisches Kennzeichen dienen können, zählen als Standardspektren zur Klasse I. Spektren von Substanzen mit gesicherter Konstitution, wie sie beim chemischen Arbeiten gemeinhin anfallen, bei denen aber Spektrenverbesserungen möglich oder zu erwarten sind, werden in die Klasse II der Referenzspektren eingereiht. Eine Klasse III schließlich umfaßt die Spektren von Handelsprodukten und sonstigen Substanzen, deren Zusammensetzung innerhalb gewisser Grenzen schwanken kann.

Bei den in der Tab. 17 aufgezählten, kommerziell erhältlichen Spektrensammlungen finden die eben erläuterten Definitionen noch keine Anwendung. Die angeführten Gütebezeichnungen entsprechen vielmehr dem von den Herausgebern oder Verlagen in Anspruch genommenen Status.

Spektrensammlungen solcher Größe sind verständlicherweise nicht leicht zu handhaben. Es besteht die Gefahr, daß sie von ihrem Wert einbüßen, weil es nicht gelingt, im richtigen Augenblick das oder die gewünschten oder erforderlichen Spektren herauszusuchen. In dieser Hinsicht ist es bemerkenswert, daß die meisten der erwähnten Sammlungen integrierender Bestandteil des oben erwähnten ASTM-Dokumentationssystems sind und daß ihre Spektren unter Erhaltung ihrer Nummer in die Sammlung übernommen werden. Dadurch stellen die HOLLERITH-Kar-

Tab. 17. *Kommerzielle Sammlungen von Ultrarotspektren (Stand: April 1967)*

Herausgeber, Verlag oder Bezugsquelle	Bezeichnung	Anzahl der Spektren	Bemerkungen	Preis
Data Distribution Office Texas A & M Research Foundation, F. E. Box 130, College Station, Texas	American Petroleum Institute Project 44 (API 44), Selected Infrared Spectral Data	2886	Einzelblätter mit Bandenliste	$ 0,30 je Blatt
Coblentz Society Inc. P. O. Box 730, Norwalk, Conn.		5000	je 3 auf einem Blatt oder Mikrofilm	$ 105,— je 1000
National Bureau of Standards Washington 25, D. C.	Infrared Spectral Data	über 1000	Einzelblätter	
Infrared Data Committee of Japan, Nankodo Co. Ltd., Tokio	IRDC cards	über 5000	Randlochkarten	$ 238,— je 1000
MECKE-LANGENBUCHER Heyden & Son Ltd., Spectrum House, Alderton Crescent, London N. W. 4	Infrarotspektren ausgewählter chemischer Verbindungen	über 1800		£ 65 kompl.
Verlag Chemie, Weinheim und Butterworths, London	Dokumentation der Molekülspektroskopie (DMS)			
	organische Verbindungen	15000	Randlochkarten	gekerbt DM 9.220,—
	anorg. Verbindungen	760	Randlochkarten	ungekerbt DM 7.970,—
Sadtler Research Lab., 3316 Spring Garden Street, Philadelphia, Pennsylvania	Infrared Prism Standard Spectra of Organic Compounds	31000	je 3 auf einem Blatt; monatl. Zuwachs ca. 300	$ 4.000,—
	Infrared Grating Standard Spectra	10000		$ 1.850,—
	Spectra of Inorganics (2,5—40 μ)	600		$ 160,—
	Infrared Spectra of			
	Biochemicals	2000		$ 500,—
	Pharmaceuticals	850		$ 280,—
	Steroids	750		$ 287,50

Tab. 17. (Fortsetzung)

Herausgeber, Verlag oder Bezugsquelle	Bezeichnung	Anzahl der Spektren	Bemerkungen	Preis
Sadtler Research Lab., 3316 Spring Garden Street, Philadelphia 2, Pennsylvania	Infrared Grating Spectra of			
	Organometallic Compounds	400		$ 140,—
	Lubricants	400		$ 140,—
	Monomers and Polymers	700		$ 245,—
	Surface Active Agents	1000		$ 350,—
	Commercial Infrared Prism			
	Commercial Spectra			
	Agricultural Chemicals	400	je 3 pro Blatt	$ 120,—
	ATR	600	je 3 pro Blatt	$ 180,—
	Fats, Waxes and Derivatives	950	je 3 pro Blatt	$ 285,—
	Fibers	51	je 3 pro Blatt	$ 15,30
	Intermediates	700	je 3 pro Blatt	$ 210,—
	Lubricants	370	je 3 pro Blatt	$ 111,—
	Monomers and Polymers	2500	je 3 pro Blatt	$ 750,—
	Natural Resins	250	je 3 pro Blatt	$ 75,—
	Perfumes and Flavors	600	je 3 pro Blatt	$ 180,—
	Petroleum Chemicals	200	je 3 pro Blatt	$ 60,—
	Pigments, Dyes and Stains	1530	je 3 pro Blatt	$ 459,—
	Plasticizers	800	je 3 pro Blatt	$ 240,—
	Polyols	200	je 3 pro Blatt	$ 60,—
	Pyrolyzates	500	je 3 pro Blatt	$ 150,—
	Rubber Chemicals	450	je 3 pro Blatt	$ 135,—
	Solvents	900	je 3 pro Blatt	$ 270,—
	Surface Active Agents	2650	je 3 pro Blatt	$ 795,—
	Textile Chemicals	400	je 3 pro Blatt	$ 120,—
Texas A & M University, College Station, Texas	Thermodynamics Research Center Data, Selected Infrared Spectral Data	342	Einzelblätter	$ 107,—

ten des ASTM-Systems zugleich das schnellste und einfachste Mittel dar, um ein gewünschtes Spektrum aus diesen umfangreichen Sammlungen herauszusuchen.

Auch für das nahe Ultrarot sind Spektrensammlungen käuflich erhältlich, eine Sammlung von der schon erwähnten Fa. SADTLER & Sons, Philadelphia, USA., eine andere vom ANDERSON Physical Laboratory, Champaign, Ill., USA.

Alle derzeitigen Dokumentationssysteme basieren auf schon zu anderen Zwekken aufgenommenen und veröffentlichten Spektren; sie übersetzen die spektralen Merkmale nachträglich in die Dokumentationsmerkmale. Den vielleicht für die weitere Zukunft fruchtbaren Gedanken, die Spektren sogleich bei ihrer Gewinnung in dokumentationsfertiger Weise niederzulegen, äußerten KING u. a. (*465*). Sie empfehlen die Niederlegung der Spektren in Zahlenform in HOLLERITH-Karten und geben auch dafür geeignete Zusatzgeräte zu den üblichen Spektrometern an. Demgemäß wird ein Spektrum mittlerer Bandenzahl in etwa 8000 Wellenzahl- oder Wellenlängenabschnitte zerlegt und für jeden davon die Durchlässigkeit oder eine ihr entsprechende Größe nach einem binären Schlüssel in einer HOLLERITH-Karte verlocht. Für ein einziges Spektrum werden auf diese Weise 20 Lochkarten benötigt, die während der Kurvenregistrierung gleichzeitig gelocht werden. Ganz offenbar würde ein solches Vorgehen die heute noch benötigte umfangreiche Zeit zur nachträglichen Dokumentationsauswertung ersparen und darüber hinaus auch sonst manche Vorteile mit sich bringen, könnte man doch so unter Einsatz von HOLLERITH-Maschinen Spektren unmittelbar miteinander vergleichen, vollautomatische Analysen durchführen und ähnliche Arbeitsgänge mechanisieren.

Noch weiter geht BRACKETT (*95*), der eine digitale Registrierung des Spektrums auf einem magnetisierbaren Träger vorschlägt. Dieser Träger kann unmittelbar zur Fütterung und Steuerung einer entsprechenden Rechenmaschine zwecks Auswertung und Dokumentation des Spektrums benutzt werden. Auch kann auf diesem Wege, wenn erwünscht, unter Benutzung eines Koordinatenschreibers eine bildhafte Wiedergabe des Spektrums erfolgen. Sicherlich sind diese Vorschläge einer ganz modernen Dokumentation und Verarbeitung von Spektren für die Zukunft richtungweisend, ihrer Verwirklichung auf breitester Grundlage stehen jedoch vorläufig noch erhebliche Schwierigkeiten und Kosten entgegen (s. a. S. 148).

Für den Bereich des fernen Ultrarot fehlen vorläufig noch alle Ansätze für eine Dokumentation und Katalogisierung. Zum weiteren Studium sei hier auf Literaturübersichten verwiesen. PALIK (*1189*), WOOD (*1190*), ohne Verf. (*1191*).

3. Kapitel: Quantitative Analyse

1. Das Absorptionsgesetz

Zur Ausweitung der qualitativen zu einer quantitativen Analyse benötigen wir einen zahlenmäßigen Zusammenhang zwischen den beobachteten spektralen Kennzeichen und der Zahl der Moleküle, die sie verursachen. Wir müssen also die Veränderung der als Meßsonde an die zu untersuchende Substanz angelegten Strahlung nicht nur nach der Qualität, sondern nach der Quantität erfassen und beschreiben. Wenn Strahlung auf einen materiellen Körper auftrifft, kann sie drei Arten von energiemäßigen Veränderungen erleiden: 1. durch *Reflexion*, indem ein Teil der einfallenden Strahlungsenergie zurückgeworfen wird; als Bruchteil der einfallenden ausgedrückt ergibt sich die Stoffkennzahl des Reflexionsvermögens; 2. durch *Streu-*

ung; durch eine besondere, vom Verhältnis der Strahlungswellenlänge zur Teilchengröße des untersuchten Körpers und gewissen optischen Unzulänglichkeiten, wie Inhomogenitäten, d. h. Brechungsindizesunterschieden u. dgl., abhängige Wechselwirkung wird ein Teil der in den Körper in einer bestimmten Richtung eindringenden Strahlungsenergie nach allen Richtungen, eventuell aber auch in bestimmte Vorzugsrichtungen gestreut; 3. durch *Absorption*, womit die Umwandlung von Strahlungsenergie in Wärme, also Energie der ungeordneten Molekularbewegung bezeichnet wird; der umgewandelte Energieanteil, als Bruchteil der eindringenden Strahlungsenergie ausgedrückt, heißt Absorptionsvermögen. Diese drei Effekte sind in charakteristischer Weise einerseits von der Strahlungswellenlänge, andererseits von spezifischen Eigenschaften des untersuchten Körpers abhängig. Für quantitative Untersuchungen spielt im Ultrarotbereich, von wenigen Ausnahmen abgesehen, nur der zuletzt genannte Effekt der Absorption eine Rolle. Wir werden uns daher hauptsächlich mit ihm beschäftigen. Die Reflexion schalten wir dadurch aus, daß wir für theoretische Überlegungen anstatt der *auf*fallenden die in den Körper *ein*dringende Strahlung betrachten, die von jener um den reflektierten Anteil verschieden ist. Streuung sei durch geeignete Formgebung und Präparation, sowie völlige optische Homogenität des durchstrahlten Körpers vermieden. Weiterhin mögliche Veränderungen der Strahlung in geometrischer Hinsicht, Richtungsänderungen, nämlich bei der Reflexion und Brechung beim Eintritt in den Körper, schalten wir dadurch aus, daß *senkrechter* Strahlungseinfall auf eine *ebene* Grenzfläche des untersuchten Körpers angenommen werde. Außerdem sei vorläufig die einfallende Strahlung als *parallel* vorausgesetzt. Praktisch spielen die beiden letzten Einschränkungen nur bei der Untersuchung von festen und flüssigen Stoffen in großer Schichtdicke eine Rolle.

Wenn wir mit J_0 die in den Körper eindringende Strahlungsenergie einer bestimmten streng monochromatischen Wellenlänge λ oder Wellenzahl ν bezeichnen, mit J die gleiche Größe nach Durchgang durch eine planparallel begrenzte Schicht der Dicke d des Körpers, dann ergibt sich aus theoretischen Überlegungen und der Erfahrung der Zusammenhang [Sippel (*807*), Strong (*836*)]:

[III, 3.1] $$J = J_0 \cdot e^{-\alpha \cdot d},$$

bzw. unter Vermeidung der für die praktische Rechnung etwas unbequemen e-Funktion

[III, 3.1a] $$J = J_0 \cdot 10^{-\alpha' \cdot d}.$$

Dieser als Absorptionsgesetz bezeichnete Zusammenhang wird im allgemeinen nach Lambert-Bouguer benannt. Der rechter Hand auftretende Exponent $\alpha \cdot d$ bzw. $\alpha' \cdot d$ heißt *Extinktion* (englisch: optical density oder absorbance), die Größe α bzw. α' (Bunsenscher) *Extinktionskoeffizient.* Da die Schichtdicke d im allgemeinen in Zentimetern gemessen wird und die Extinktion als Exponent einer Potenz dimensionslos sein muß, ergibt sich der Extinktionskoeffizient in cm^{-1}; beim Vergleich von Daten verschiedener Herkunft ist es jedoch ratsam, über die benutzte Einheit sich aufzuklären, da in der spektroskopischen Praxis Schichtdicken häufig in Millimetern angegeben werden. Der Extinktionskoeffizient stellt anschaulich den reziproken Wert derjenigen Schichtdicke dar, nach deren Durchdringung die Strahlungsenergie auf den e-ten Teil oder rund 37% bzw. auf ein Zehntel — bei Gebrauch der Gleichung [III, 3.1a] — geschwächt worden ist.

Der Extinktionskoeffizient ist eine charakteristische, von den geometrischen Abmessungen der Probe unabhängige Kenngröße der untersuchten Substanz. Demgegenüber steckt in der Extinktion selbst und damit natürlich auch in der durchgelassenen Strahlungsenergie J noch der Einfluß der benutzten Schichtdicke. Alle drei aber sind eine Funktion der Strahlungswellenlänge. Eine graphische Darstellung der Extinktion oder der durchgelassenen Strahlungsenergie J, beide für eine anzugebende Schichtdicke d, oder des Extinktionskoeffizienten α als Funktion der Wellenlänge ergibt das Spektrum der untersuchten Substanz. Meist sind aber andere Größen in den Darstellungen der Spektren üblich, nämlich die *Durchlässigkeit* D oder die *Absorption* A, beide angegeben in Prozent der eindringenden Strahlung. Erstere wird durch das Verhältnis von durchgelassener zu eindringender Strahlungsenergie:

$$D = \frac{J}{J_0} = e^{-\alpha \cdot d}, \tag{III, 3.2}$$

letztere durch

$$A = 1 - D = 1 - e^{-\alpha \cdot d} \tag{III, 3.3}$$

definiert. Demnach wird die Extinktion[1]

$$E = -\ln D = \ln \frac{1}{D} = \ln \frac{J_0}{J} \tag{III, 3.4}$$

und der Extinktionskoeffizient

$$\alpha = \frac{E}{d} = \frac{1}{d} \ln \frac{1}{D} = \frac{1}{d} \ln \frac{J_0}{J}. \tag{III, 3.5}$$

Für spezielle, in der praktischen Spektroskopie allerdings seltene Überlegungen benutzt man anstatt des Extinktionskoeffizienten gelegentlich andere, daraus abgeleitete und als Absorptionskoeffizient k bzw. Absorptionsindex $\varkappa$ bezeichnete Größen, die durch

$$\alpha = \frac{4\pi}{\lambda} \cdot k = \frac{4\pi}{\lambda} \cdot n\varkappa \tag{III, 3.6}$$

definiert sind, wobei n den Brechungsindex des Körpers bei der Wellenlänge λ bedeutet[2)3)].

Die in den vorstehenden Überlegungen und Ableitungen auftretenden Größen sind allein gegeben durch die untersuchte Substanz, frei von Einflüssen der Appa-

---

[1] Wir rechnen hinfort nur noch mit natürlichen Logarithmen, legen also die Form [III, 3.1] des Absorptionsgesetzes zugrunde. Der Übergang zu den für praktische Rechnungen oft bequemeren dekadischen Logarithmen, d. h. auf die Form [III, 3.1a], kann mit der bekannten Beziehung $\ln x = 2{,}303 \log x$ erfolgen. Die gemessene Durchlässigkeit wird davon nicht berührt, wohl aber Extinktion und Extinktionskoeffizient.

[2] Die Zuordnung der Benennungen zu den verschiedenen Größen wird von verschiedenen Autoren häufig verschieden gehandhabt. Beim Lesen und Vergleichen von Literaturangaben hat man sich daher immer über die gerade übliche Gepflogenheit zu unterrichten, s. a. HUGHES (*406*).

[3] STEVENS (*827*) hat vorgeschlagen, das Absorptionsverhalten einer Substanz anstatt in Absorptionsprozenten oder Extinktion in der in der Hochfrequenztechnik und Akustik gebräuchlichen Dezibel-Einheit anzugeben. Das ist nichts anderes als eine Maßstabsänderung für die Extinktion, denn es ist definitionsgemäß $1\,db = 20 \cdot \log(1/D) = 8{,}686 \cdot \ln(1/D) =$ 8,686 Extinktionseinheiten.

ratur und des Meßverfahrens. Die im Experiment ermittelten Größen stimmen damit nicht überein, weil die genannten Voraussetzungen nicht erfüllt sind. So wird z. B. in fast allen Geräten nicht die eindringende, sondern die auffallende Strahlungsenergie gemessen und der Berechnung der Durchlässigkeit usw. zugrunde gelegt. Die mathematischen Zusammenhänge bleiben natürlich dieselben, und wir erhalten die beobachteten Größen anstatt der wahren, wenn wir anstatt von J_0 und J die im Experiment gemessenen Strahlungsenergien T_0 und T setzen, die von den Geräten und Meßumständen abhängig sind. Die wichtigsten dieser Einflüsse rühren von der verwendeten Spaltweite, den Reflexions- und Streuverlusten, der Streustrahlung und einer Anzahl anderer weniger bedeutungsvoller Effekte her.

Über den Einfluß der Spaltweite ist früher (s. S. 107) schon einiges gesagt worden; weiteres folgt unten. Die Reflexionsverluste J_r/J_e — wobei J_e die einfallende, nicht die eindringende Strahlung bedeutet — lassen sich bei Berücksichtigung von nur je einer Reflexion an jeder Grenzfläche der untersuchten Schicht — was meistens ausreicht — leicht aus den Brechungsindizes n_1 der Umgebung (Küvettenfenster) und n der Substanz berechnen:

[III, 3.7] $$\frac{J_r}{J_e} = 2\left(\frac{n - n_1}{n + n_1}\right)^2;$$

ihr Wert beträgt im allgemeinen weniger als 8%. Bei der Untersuchung von reinen Flüssigkeiten kompensiert man sie am besten durch eine einzelne Platte aus dem Material der Küvettenfenster im Vergleichsstrahlengang, bei Lösungen hingegen durch eine mit Lösungsmittel gefüllte Küvette, bei Gasen durch eine leere bzw. mit N_2 gefüllte Küvette.

Häufig hat man jedoch, besonders bei sehr dünnen Schichten, Mehrfachreflexionen zu berücksichtigen. Darauf hat neuerdings wieder YASUMI (*921*) aufmerksam gemacht und das Ausmaß der daraus fließenden Verfälschung am Beispiel des Tetrachlorkohlenstoffes im Gebiete seiner Grundschwingungen bestimmt. Unter Berücksichtigung der Mehrfachreflexionen und bei Absorptionsfreiheit der Küvettenfenster ergibt sich für die beobachtete Durchlässigkeit:

[III, 3.8] $$T = D \cdot \frac{1 + R_{12}^4 - 2R_{12}^2 \cos 2\gamma}{1 + R_{12}^4 \cdot e^{-\frac{8\pi k d}{\lambda}} - 2R_{12}^2 \cdot e^{-\frac{4\pi k d}{\lambda}} \cdot \cos\left(\frac{4\pi k d}{\lambda} + 2\gamma\right)}$$

mit

[III, 3.9] $$R_{12}^2 = \frac{(n - n_1)^2 + k^2}{(n + n_1)^2 + k^2}, \quad \operatorname{tg}\gamma = \frac{2 n_1 k}{(n + n_1)^2 + k^2}.$$

Die Abweichung zwischen D und T erreicht in dem von YASUMI (*921*) angegebenen Beispiel bei einer Schichtdicke von 10^{-4} cm im Maximum über 30%.

Bei der Untersuchung von hochkonzentrierten Lösungen hat man noch an die Absorptionsunterschiede (für das Lösungsmittel) zu denken, die durch Ersatz des Lösungsmittels durch das Gelöste in der Lösung hervorgerufen werden. Wenn wir mit ϱ die Dichte des Lösungsmittels (und zur Vereinfachung auch der Lösung), mit M sein Molekulargewicht, mit c_1 die Konzentration der Lösung und mit c_2 die des Lösungsmittels bezeichnen, so ist ohne Berücksichtigung von Reflexions- und Streuverlusten das Verhältnis der Lösungsmittelextinktionen in der Lösung und dem Lösungsmittel selbst

[III, 3.10] $$\frac{E_{\text{Lösung}}}{E_{I.M}} = \frac{c_2}{c_1 + c_2} = \frac{\frac{1000\,\varrho}{M}}{c_1 + \frac{1000\,\varrho}{M}}.$$

Bei den gängigen Lösungsmitteln weicht das Verhältnis schon bei der Konzentration 0,1 molar um 1% vom Werte 1 ab, und die Abweichung wächst rasch mit zunehmender Konzentration. Dennoch darf dieser Effekt im allgemeinen unberücksichtigt bleiben, außer man arbeitet mit ungewöhnlich hohen Konzentrationen und in Spektralbereichen starker Lösungsmittelabsorption.

Die Strahlungsverluste durch Streuung, die als Durchlässigkeitsverminderung gemessen werden und daher eine Absorption vortäuschen, sind weniger leicht zahlenmäßig erfaßbar, meist aber auch nicht so bedeutend. Ihre Größe hängt vom Durchmesser der streuenden Teilchen, verglichen mit der Strahlungswellenlänge, ab, und wenn es gelingt, diesen kleiner als etwa $1\,\mu$ zu halten, so ist die Streuung für die uns interessierende Strahlung gering und vernachlässigbar. Übrigens ist ein gewisses Ausmaß an Streuung für kurzwellige Strahlung, etwa durch Mattwerden der Küvettenfenster infolge von Feuchtigkeitsangriff, im Ultrarot oberhalb von etwa $8\,\mu$ durchaus erwünscht, weil dadurch die sog. Streustrahlung, d. h. Strahlung einer anderen und zwar kürzeren Wellenlänge als der gerade eingestellten, geschwächt wird; manche Geräte nutzen diese Erscheinung bewußt zur Beseitigung von kurzwelliger Streustrahlung aus.

Diese Streustrahlung wirkt sich in zweierlei Weise aus: 1. in einer Verlagerung der Bandenschwerpunkte und 2. in einer Erhöhung der Durchlässigkeit, was eine Absorptionsverminderung vortäuscht. Die qualitative Festlegung von Streustrahlung ist einfach: Man registriert bei der in Betracht kommenden Wellenlänge die Durchlässigkeit einer mit Sicherheit völlig absorbierenden Substanz — was durch Schichtdickenvergrößerung leicht erreichbar ist —, die jedoch nicht absolut undurchlässig für Ultrarotstrahlung sein darf, nach exakter Einstellung der Durchlässigkeitsnullinie mittels einer Metallblende. Anstatt des ohne Streustrahlung zu erwartenden Verlaufs der Abb. 148a erhält man den Verlauf der Abb. 148b, gekennzeichnet durch eine mit zunehmender Wellenlänge im allgemeinen ansteigenden Streustrahlungskurve. Offensichtlich wird dadurch der Schwerpunkt der Bande nach kleineren Wellenlängen verschoben, und zwar um so mehr, je stärker die Bande ist. Die genaue Lage der Bande erhält man, wenn man nicht mit genügend geringer Extinktion arbeiten kann, um den Streustrahlungseinfluß vernachlässigen zu können, indem man die abgelesene Wellenlänge als Funktion der Konzentration (oder Schichtdicke) auf den Wert Null der Konzentration extrapoliert. Für die rechnerische Beseitigung der Streustrahlung bei quantitativen Untersuchungen ermittelt man zunächst durch Messungen mit völlig absorbierenden Proben (aber keinen Metallen!) die Streustrahlungskurve. Die für eine interessierende Bande abgelesene Durchlässigkeit sei D_1 ohne Berücksichtigung von Streustrahlung, d. h. auf den Nullpunkt des Geräts bezogen (Abb. 148c), der Streustrahlungsanteil bei dieser Wellenlänge D_s. Dann ist die wahre Durchlässigkeit, von Reflexions -und Streuverlusten abgesehen,

[III, 3.11] $$D = \frac{D_1 - D_s}{100 - D_s}.$$

Dabei ist natürlich vorausgesetzt, daß bei der Feststellung der Streustrahlungskurve bezüglich der Streustrahlung dieselben Verhältnisse herrschen wie bei der D_1-Messung. Etwaige Änderungen von D_s müssen berücksichtigt werden, insbesondere

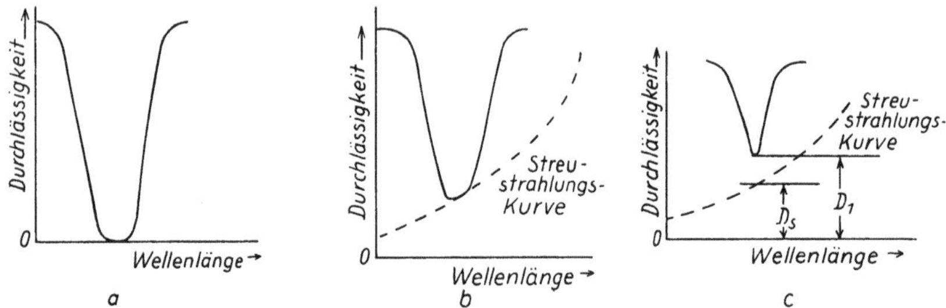

Abb. 148. Streustrahlung. a ohne, b mit Streustrahlung; c Ausschaltung von Streustrahlung für quantitative Untersuchungen

dann, wenn die untersuchte Substanz den Herkunftsbereich der kurzwelligen Streustrahlung selbst stark absorbiert. SLAVIN (*1142*) gibt ausgerechnete Werte des Extinktionsfehlers an, der durch Streustrahlung verursacht wird, und zwar sowohl für den Fall, daß die Streustrahlung durch die Probe weniger absorbiert wird wie die eigentliche Meßstrahlung, als auch für den umgekehrten Fall.

Von Einfluß auf die beobachtete Durchlässigkeit ist weiterhin noch die Konvergenz des benutzten Strahlenbündels, woran man vor allem denken muß, wenn aus der gemessenen Durchlässigkeit ein Extinktionskoeffizient o. dgl. bestimmt werden soll. Die Konvergenz vergrößert ja offensichtlich die wirksame Schichtdicke, jedoch spielt der Effekt bei den in der Ultrarotspektroskopie im allgemeinen üblichen Schichtdicken nur bei Verwendung eines Mikroilluminators eine größere Rolle (s. S. 205).

Selbstverständlich werden in einem gegebenen Falle immer alle oder mehrere der genannten Effekte berücksichtigt werden müssen. Sie können dann aber, weil es sich um Korrekturfaktoren handelt, unabhängig voneinander berechnet werden.

2. Das BEER*sche Gesetz*

Das Absorptionsgesetz [III, 3.1] gibt uns ein erstes quantitatives Maß für spektrale Messungen. Offensichtlich wird die Absorption eines Körpers um so größer, je größer die durchstrahlte Schichtdicke d und je größer sein Extinktionskoeffizient α für die betrachtete Wellenlänge sind. Letztlich verantwortlich für die Absorption ist jedoch die Zahl der absorbierenden Moleküle im untersuchten, durchstrahlten Körpervolumen. Demnach reicht der Extinktionskoeffizient zur Beschreibung des Absorptionsverhaltens eines Stoffes völlig aus, sofern dessen Molekülzahl im betrachteten Volumen unveränderlich gegeben ist. Das gilt also vor allem für feste und flüssige reine Substanzen, aber nicht mehr für Gemische und Lösungen mit von Natur aus veränderlicher Zusammensetzung und auch nicht mehr für Gase, bei welchen die Zahl der Moleküle, etwa in der Volumeneinheit, noch vom Druck abhängt, unter dem die Gase stehen. Gerade diese Fälle spielen aber in der praktischen Spektroskopie die Hauptrolle. Wir müssen daher einen Zusammenhang herstellen zwischen der *Konzentration* eines Stoffes und der von ihm verursachten *Absorption*.

Da die für die Absorption verantwortliche Molekülzahl unmittelbar von der Konzentration des Stoffes bzw. bei Gasen vom Druck abhängt, erscheint es naheliegend, nunmehr die Extinktion als lineare Funktion der Konzentration oder des Druckes c anzusetzen:

[III, 3.11a] $$E = \varepsilon \cdot c \cdot d\,.$$

Dieses Gesetz wird nach seinem Entdecker BEER benannt. Meist wird es zusammen mit dem LAMBERT-BOUGUERschen Absorptionsgesetz [III, 3.1] in einer dann als LAMBERT-BEERsches Gesetz benannten Form angeführt, indem [III, 3.11a] in [III, 3.1] eingetragen wird[1]. Der Proportionalitätsfaktor ε ist wieder eine wellenlängen- oder wellenzahlabhängige Stoffkennzahl, die genau wie oben α als Extinktionskoeffizient bezeichnet wird. Je nach der für die Konzentration c gewählten Einheit ergibt sich die Dimension von ε. Üblich, aber nicht unbedingt notwendig, ist für c die Einheit Mol/Liter; damit ergibt sich für ε, nunmehr molarer Extinktionskoeffizient benannt, die Dimension Liter $\cdot$ cm$^{-1}\cdot$ Mol^{-1}.

Es ist notwendig, über die Voraussetzungen für die Gültigkeit der Gleichung [III, 3.11a], welche die ganze quantitative Ultrarotspektralanalyse beinhaltet und beherrscht, noch einiges zu sagen. Der lineare Ansatz der Extinktion mit der Konzentration ist naheliegend und entspricht dem in den Naturwissenschaften herrschenden Bestreben, solche Zusammenhänge in der einfachsten sich anbietenden und der Wirklichkeit gerecht werdenden Art darzustellen. Tatsächlich kann empirisch gezeigt werden, daß er in einem gewissen Konzentrationsbereich gerechtfertigt ist, bei weitem jedoch nicht überall. Stellen wir die Extinktion nach [III, 3.11a] in Abhängigkeit von der Konzentration bei gegebener Schichtdicke für einen bestimmten Stoff graphisch dar, so erhalten wir eine Gerade. Abweichungen vom BEERschen Gesetz manifestieren sich als Abweichungen der Meßergebnisse von dieser Geraden. Es zeigt sich, daß das BEERsche Gesetz für genügend kleine Konzentrationen oder Drucke immer erfüllt ist, daß aber bei größeren Konzentrationen oder Drucken Abweichungen eintreten, bei der einen Substanz früher, bei der anderen später.

Es gibt zwei Gründe für das Auftreten solcher Abweichungen vom BEERschen Gesetz. Der erste ist in der untersuchten Substanz selbst zu suchen und tritt immer dann auf, wenn die gemessene Absorption nicht mehr einfach gleich der Summe der für alle einzelnen Moleküle gleichen Absorption, also ihrer Zahl proportional, gesetzt werden darf, sondern infolge der Bildung von Molekülaggregationen in anderer Weise sich ergibt. Dabei ist es gleichgültig, ob diese Aggregationen in der Assoziation der Moleküle des betrachteten Stoffes selbst oder in Wechselwirkungen bestimmter Art mit Fremdmolekülen der Umgebung bestehen. Wesentlich ist, daß bei genügend kleinen Konzentrationen oder Drucken solche Aggregationen nicht auftreten, weshalb das BEERsche Gesetz dann erfüllt ist. Erst mit steigender Konzentration bzw. steigendem Druck bilden sie sich aus, worauf dann auch die erwähnten Abweichungen vom BEERschen Gesetz beobachtet werden, die ihrerseits ein Mittel zum Studium solcher zwischenmolekularen Wechselwirkungen darstellen.

Ein weiterer Grund für derartige Abweichungen liegt in der prinzipiellen Unzulänglichkeit unserer Apparaturen begründet. Das BEERsche Gesetz gilt streng nämlich nur für wirklich monochromatische Strahlung. Diese ist aber wegen der

[1] Wegen der Benennung der Absorptionsgesetze und weiterer Nomenklaturfragen siehe auch HUGHES (*406*), welchem Vorschlag wir uns allerdings nicht in allem anschließen können.

aus meßtechnischen Gründen notwendigen endlichen Spaltbreite der Monochromatoren und der nie ganz vermeidbaren Streustrahlung nicht verwirklichbar. Demzufolge ist der daraus folgende Effekt abhängig von der benutzten Spaltbreite, gemessen im Verhältnis zur Breite der untersuchten Bande, und außerdem davon, an welcher Stelle der Bande das BEERsche Gesetz geprüft wird: an der Stelle maximaler Absorption oder irgendwo auf der Bandenflanke [BRODERSEN (*107*)].

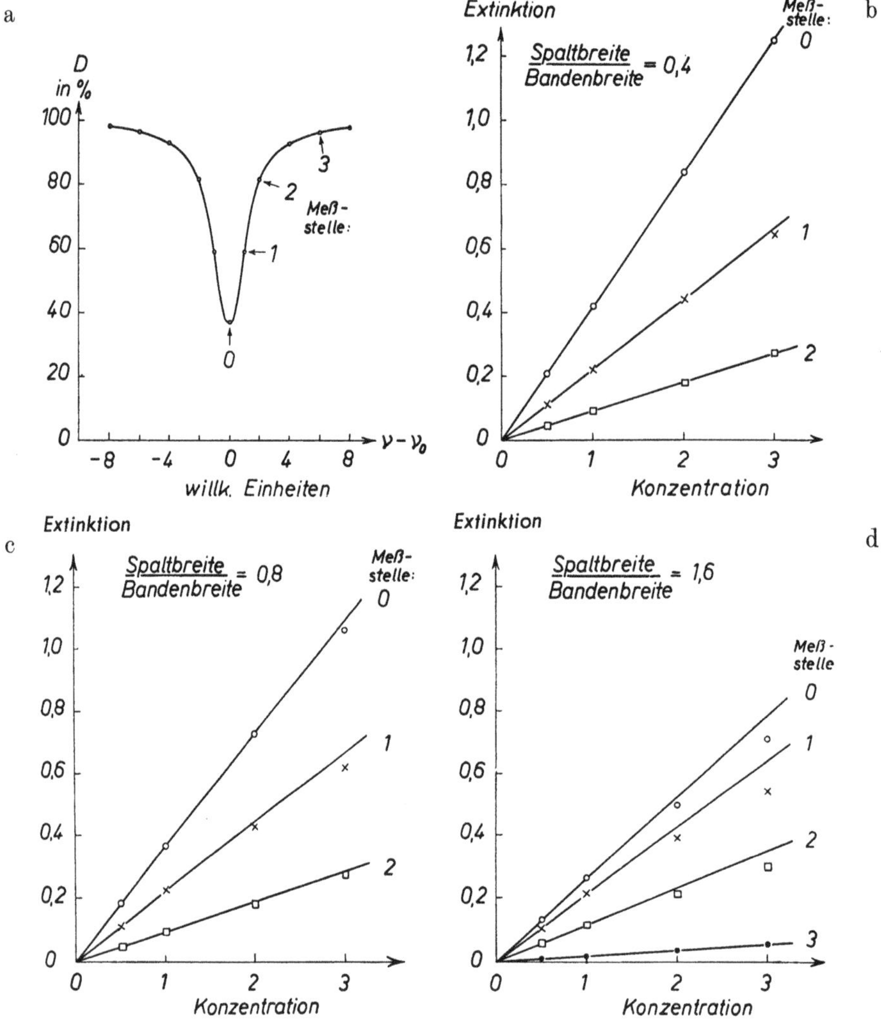

Abb. 149. Prüfung des BEERschen Gesetzes
a Bandenform, b, c und d Ergebnis für verschiedene Werte des Verhältnisses Spaltbreite zu Bandenbreite und verschiedene Meßstellen auf der Bande [Nach ROBINSON (*733*)]

Abb. 149 zeigt dies an einem Beispiel [ROBINSON (*733*)]. In a ist zunächst die verwendete Bande unter Kennzeichnung der Meßstellen dargestellt. In b, c und d ist das BEERsche Gesetz für verschiedene Verhältnisse der Spaltbreite zur Bandenbreite nach Messungen an den mit 0, 1, 2 und 3 bezeichneten Stellen der Bande aufgetragen. Man ersieht daraus, daß für kleine Spaltbreite die Abweichungen gering und nur an der steilsten Stelle der Bandenflanke bemerkbar sind; mit zunehmender Spaltbreite werden sie merklicher, sind aber für die steilste Stelle der Flanke immer am größten, während sie für die Bandenflügel verschwinden.

Selbstverständlich kann und wird häufig die experimentell festgestellte Ungültigkeit des BEERschen Gesetzes durchaus von beiden Quellen herkommen. Wenn also die Benutzung des BEERschen Ansatzes auch nur unter gewissen Vorsichtsmaßregeln möglich ist, so steht nichts der *empirischen* Bestimmung eines darüber hinausgehenden Zusammenhangs zwischen der Extinktion und der Konzentration für einen zur Diskussion stehenden Fall unter gegebenen apparativen Bedingungen im Wege. Eine solche empirisch gewonnene Eichkurve ist bei Innehaltung der einmal gewählten Bedingungen eine ausreichende Grundlage quantitativer Ultrarotspektralanalysen. Was schließlich die Gültigkeit oder Nichtgültigkeit des BEERschen Gesetzes in einem bestimmten Fall angeht, so kann darüber im allgemeinen nur durch das Experiment entschieden werden, indem man untersucht, inwieweit die Extinktion als lineare Funktion der Konzentration sich darstellen läßt.

3. Integrale Absorption

Der durch [III, 3.11 a] eingeführte Extinktionskoeffizient ε, bezogen auf die gewählte Konzentrationseinheit, ist— genau wie vorher die Größe α — von der Wellenlänge oder Wellenzahl abhängig. Wenn wir in Zunkuft nur noch die Abhängigkeit von der Wellenzahl explizit aufführen, so geschieht dies aus Bequemlichkeit und schließt immer eine entsprechende Abhängigkeit auch von der Wellenlänge mit ein; die anzuführenden Gesetzmäßigkeiten können ohne weiteres mittels der Grundbeziehung zwischen Wellenlänge und Wellenzahl von der einen Variablen in die andere umgerechnet werden[1]. Vermöge der prinzipiellen Unzulänglichkeit unserer Apparaturen, sowie aus anderen Gründen, wovon die sog. natürliche Breite, die Verbreiterung durch DOPPLER-Effekt und durch Wechselwirkungen mit Nachbarmolekülen (molekulare Störungen) angeführt seien, nimmt jede Absorptionsschwingungsbande immer einen gewissen Wellenzahl*bereich* ein. Solange wir es — was der Einfachheit halber angenommen sei — mit einer einzigen und damit isoliert liegenden Bande in einem sonst absorptionsfreien Spektrum zu tun haben, wird der Extinktionskoeffizient ab einem bestimmten ν-Wert von Null verschieden sein, mit der Wellenzahl allmählich zunehmen, durch einen Maximalwert gehen, wieder abnehmen und schließlich wieder ganz verschwinden. Als Bandenbereich haben wir dann den ganzen Bereich anzusehen, innerhalb dessen ε von Null verschieden ist. Über den Verlauf von ε durch die ganze Bande hindurch ist zunächst nichts weiter auszusagen, als daß er — wenn nicht besondere Umstände obwalten — bezüglich der Lage des Maximums symmetrisch sein wird. Offenbar wird das Verhalten dieser die Bande darstellenden ε-Funktion in ihren wesentlichen Zügen be-

[1] Die Verwendung der Wellenzahl ist allerdings in solchen Fällen unumgänglich, in welchen eine integrale Absorption nicht durch Planimetrieren, sondern aus der Bandenhöhe und Bandenbreite rechnerisch bestimmt werden soll, weil nur für die Wellenzahl die Banden völlig symmetrisch werden. Hilfsmittel zur Auswertung wellenlängenlinearer Spektren zur Gewinnung integraler Absorptionswerte beschreiben OSWALD (*626*) und HOL (*1061*).

schrieben durch Angabe einmal des Extinktionskoeffizienten (oder auch der Extinktion selbst) im *Maximum* an der Stelle ν_0 (welche Stelle die spektrale Lage der Bande festlegt) und zum anderen des beidseits von ν_0 symmetrisch liegenden Wellenzahlwertes $\nu' = \nu_0 \pm \Delta\nu_{1/2}$, für welchen $\varepsilon_{\nu'} = {}^1/_2\, \varepsilon_{max}$; das so definierte Intervall $\Delta\nu_{1/2}$ nennt man die *Halbwertsbreite* der Bande, und ihr entsprechend kann im Bedarfsfalle eine Zehntelwertsbreite usw. definiert werden.

Es ist nicht möglich, den Verlauf der ε-Funktion mathematisch in geschlossener, einfacher Form so zu beschreiben, daß er mit der Wirklichkeit völlig übereinstimmt. Es sind vielmehr nur Annäherungen daran möglich, deren Güte von den zugrundegelegten Vorstellungen und Vereinfachungen abhängt. Jedoch ist hier nicht der Platz, die verschiedenen diskutierten mathematischen Ausdrücke für die Bandenform (zunächst von Flüssigkeiten und festen Körpern, unter bestimmten Bedingungen aber auch von Gasen) ausführlich zu erörtern [Fox u. Martin (*260*), Ramsay (*693*), Pirlot (*659*), Philpotts u. a. (*650*), Willis (*903*), Richards u. Burton (*724*), Eberhardt (*215*), Crawford u. Dinsmore (*174*), Plass (*661*)]. Besonders ausführlich beschäftigen sich Seshadri u. Jones (*971*) in einem zusammenfassenden Aufsatz mit diesem Thema. Dieselben Autoren — in Zusammenarbeit mit noch anderen — behandeln auch die Frage der genauen Lagebestimmung von Absorptionsmaxima (*972*), sowie die quantitative Beschreibung des Profils und der Unsymmetrie einer Ultrarotbande durch Berechnung des 2. und 3. Moments der Absorptionskurve (*972*), wofür sie auch ein Computerprogramm angeben (*973*). Mit demselben Thema befaßt sich auch Schreiber (*974*). Ebenso behandelt Mireles (*1111*) den Einsatz von Rechenmaschinen zur Berechnung von Linienhalbwertsbreiten in einem Spektrum mit starker Bandenüberlappung. Die Frage, wie die beobachtete Bandenbreite von der Breite der sich überlagernden Einzelbanden abhängt bzw. wie man ein beobachtetes Spektrum in seine Teilbanden zerlegen kann, wird von Stone (*976*) und von Sakai u. Stauffer (*977*) abgehandelt. Für zwei sich überlagernde Banden erweist sich danach die resultierende Bandenbreite als Summe der Einzelbreiten unter Abzug eines Korrekturgliedes. Dieses läßt sich im allgemeinen kaum genau angeben, wohl aber angenähert. Der erforderliche Rechenaufwand ist jedoch beträchtlich. Das gilt auch für die Zerlegung eines beobachteten Spektrums in seine Einzelbanden.

Solange wir nur die oben angeführten außerapparativen Einflüsse auf die Bandenform und hier wieder vor allem den letztgenannten berücksichtigen — weil die anderen geringfügig sind —, hat sich eine Darstellung der Extinktion in Gestalt einer *Resonanzkurve*, wie sie in der Literatur häufig als Lorentz- oder auch Cauchy-Kurve zitiert wird, bewährt:

$$\text{[III, 3.12]} \qquad \ln\frac{J_0}{J} = \frac{a}{(\nu - \nu_0)^2 + b^2}\,.$$

Darin bedeuten a und b Konstanten, welche die maximale Extinktion und die Halbwertsbreite der Bande bestimmen:

$$\text{[III, 3.13]} \qquad \ln\left(\frac{J_0}{J}\right)_{\nu_0} = \frac{a}{b^2}\,, \quad \Delta\nu_{1/2} = 2b\,,$$

wenn wir mit dem Subskript ν_0 das Bandenzentrum bezeichnen. Diese Darstellung gilt zunächst nur für die Banden von flüssigen und festen Stoffen, nicht aber für Gase. Bei diesen wird, wie wir gesehen haben, der Absorptionsverlauf durch eine Schwingungsbande hindurch sehr wesentlich durch die der Schwingung überlagerten

Rotationen bestimmt. Erst wenn wir durch geeignete Maßnahmen die Rotationsfeinstruktur zum Verschwinden bringen, sind die obigen Begriffe wieder anwendbar. Eine solche Maßnahme ist z. B. die Druckverbreiterung, indem entweder das zu untersuchende Gas bei hohem Druck (unter gleichzeitiger Verminderung der Schichtdicke, um eine gut meßbare Extinktion zu erhalten) gemessen oder ein absorptionsfreies Gas (H_2, N_2, O_2 oder ein Edelgas) zugesetzt wird, womit der Partialdruck des zu messenden Gases erhalten bleibt, der Gesamtdruck aber erhöht wird. Mit theoretischen Überlegungen dazu, insbesondere der Gültigkeit des LAMBERT-BEERschen Gesetzes, befaßt sich LUCK (*521*), ein Beispiel dafür findet man bei COGGESHALL u. SAIER (*149*), sowie bei PENNER u. WEBER (*639*). Wenn auf eine solche Weise der Rotationseinfluß auf die Schwingungsbande verwischt ist, kann man auch für Gase die angedeutete Überlegung bezüglich der Charakterisierung des Bandenverlaufs vornehmen und die sogleich zu besprechende Gesamtabsorption einführen und messen. Bei bestimmten Voraussetzungen [siehe MATOSSI (*549*), MATOSSI u. RAUSCHER (*550*)] hat man theoretisch für Gase eine Veränderung dieser Größe mit $p^{1/2}$ zu erwarten, während das Experiment ein $p^{1/4}$-Gesetz liefert. Ausführlich befaßt sich PLASS (*1112*) mit dem Problem, den Absorptionsverlauf als Funktion des Druckes und der Gasmenge darzustellen. Jedoch scheint in dieser Hinsicht das letzte Wort noch nicht gesprochen zu sein [s. a. HOWARD u. a. (*403*)].

Der Einfluß der Apparatur, im wesentlichen der endlichen Spaltweite, besteht in der Hauptsache nun in folgendem: Die in [III, 3.8] auftretenden Größen J und J_0 gelten für eine streng monochromatische Strahlung, die nur mit unendlich schmalen Spalten, also praktisch überhaupt nicht verwirklichbar ist. Die den Austrittsspalt eines auf eine bestimmte Wellenzahl eingestellten Monochromators verlassende Strahlung ist demnach nicht monochromatisch, sondern zeigt eine typische Verteilung der Strahlungsenergie als Funktion der Wellenzahl; diese Verteilung wird als *Spaltfunktion* bezeichnet und soll hier abgekürzt durch $\varrho(\nu, \nu')$ wiedergegeben werden. Sie gibt an, wieviel Strahlung der Wellenzahl ν vorhanden ist, wenn der Monochromator auf die Wellenzahl ν' eingestellt ist, oder mit anderen Worten den Einfluß des begrenzten Auflösungsvermögens unserer Spektralapparate. Wenden wir ein solches Gerät auf eine Bande der wahren Gestalt [III, 3.12] an, so messen wir nicht die wahre Durchlässigkeit J/J_0, sondern eine durch die Spaltweiteeinflüsse modifizierte, die hier als beobachtete bezeichnet sei und durch das Verhältnis der mit und ohne absorbierende Substanz tatsächlich gemessenen Strahlungsenergien T und T_0 — nach Ausschaltung etwaiger Reflexionseinflüsse — sich ergibt zu

$$\text{[III, 3.14]} \qquad \frac{T}{T_0} = \frac{\int \varrho(\nu, \nu') \cdot e^{-\frac{a}{(\nu-\nu_0)^2+b^2}} d\nu}{\int \varrho(\nu, \nu') d\nu}.$$

Dabei muß noch vorausgesetzt werden, daß die Spaltweite für Ein- und Austrittsspalt gleich und sowohl die Energie der einfallenden Strahlung wie auch das Auflösungsvermögen innerhalb der Spaltweite, spektral gesehen, konstant sind. Unter diesen leicht zu verwirklichenden oder sehr nahezu erfüllten Bedingungen kann die Spaltfunktion als ein gleichschenkliges Dreieck mit bestimmter Höhe und einer Basis gleich der doppelten Spaltweite s in Wellenzahlen angesehen werden (Abb. 33 und die Erläuterungen dort).

Legen wir eine so gestaltete Spaltfunktion unseren Überlegungen zugrunde, so können wir nunmehr Gleichung [III, 3.14] numerisch auswerten, indem wir verschiedene Werte von a, b und s heranziehen. Allerdings ergibt sich für die so erhaltene scheinbare Bandenform kein geschlossener mathematischer Ausdruck. Es erscheint daher zweckmäßig, die Ergebnisse — d. h. die Bandenhöhe und Bandenbreite, ausgedrückt durch die maximale *beobachtete* Extinktion $\ln(T_0/T)_{\nu_0}$ und die *beobachtete* Halbwertsbreite $\Delta\nu^s_{1/2}$ — auf die idealen Verhältnisse zu beziehen, d. h. auf die maximale *wahre* Extinktion $\ln(J_0/J)_{\nu_0}$ und die *wahre* Halbwertsbreite $\Delta\nu_{1/2}$. Als Argumente wird man $\ln(T_0/T)_{\nu_0}$ und $s/\Delta\nu^s_{1/2}$ wählen. Die Ergebnisse solcher Rechnungen sind nach RAMSAY (*693*) in den Tab. 18 u. 19 enthalten[1]. Der Bereich des Arguments $\ln(T_0/T)_{\nu_0}$ ist so gewählt, daß er gut meßbaren Verhältnissen entspricht, der von $s/\Delta\nu^s_{1/2}$ so, daß der höchste Wert ungefähr der Bedingung $s = \Delta\nu_{1/2}$ entspricht. Wie man sieht, ist der Einfluß des zweiten Arguments sehr viel stärker als der der maximalen Extinktion.

Aus diesen ganzen Überlegungen geht hervor, daß etwa bei experimenteller Bestimmung des maximalen Extinktionskoeffizienten ε_{max} an der Stelle $\nu = \nu_0$ die Bande durch diesen Wert gar nicht völlig und eindeutig beschrieben ist, sondern

Tabelle 18. *Verhältnis der wahren zur beobachteten Maximalextinktion in Abhängigkeit von der beobachteten Maximalextinktion und der Spaltweite für eine Bandenform gemäß einer* LORENTZ-*Kurve* [*nach* RAMSAY (*693*)]

$\ln(T_0/T)_{\nu_0}$	$s/\Delta\nu^s_{1/2}$													
	0,00	0,05	0,10	0,15	0,20	0,25	0,30	0,35	0,40	0,45	0,50	0,55	0,60	0,65
2,0	1,00	1,00	1,01	1,02	1,03	1,04	1,06	1,09	1,13	1,18	1,24	1,32	1,44	1,61
1,8	1,00	1,01	1,01	1,02	1,03	1,04	1,06	1,09	1,13	1,18	1,24	1,32	1,44	1,59
1,6	1,00	1,01	1,01	1,02	1,03	1,04	1,06	1,09	1,13	1,18	1,24	1,32	1,43	1,58
1,4	1,00	1,01	1,01	1,02	1,03	1,04	1,06	1,09	1,13	1,18	1,24	1,32	1,43	1,57
1,2	1,00	1,01	1,01	1,02	1,03	1,04	1,06	1,09	1,13	1,17	1,24	1,31	1,42	1,56
1,0	1,00	1,01	1,01	1,02	1,03	1,04	1,06	1,09	1,13	1,17	1,24	1,31	1,42	1,55
0,8	1,00	1,01	1,01	1,02	1,03	1,04	1,06	1,09	1,13	1,17	1,24	1,31	1,41	1,54
0,6	1,00	1,01	1,01	1,02	1,03	1,04	1,06	1,09	1,13	1,17	1,24	1,31	1,41	1,53
0,4	1,00	1,01	1,01	1,02	1,03	1,04	1,06	1,09	1,13	1,17	1,23	1,30	1,40	1,53
0,2	1,00	1,01	1,01	1,02	1,03	1,04	1,06	1,09	1,13	1,17	1,23	1,30	1,40	1,52

Tabelle 19. *Verhältnis der beobachteten zur wahren Halbwertsbreite in Abhängigkeit von der beobachteten Maximalextinktion und der Spaltweite für eine Bandenform gemäß einer* LORENTZ-*Kurve* [*nach* RAMSAY (*693*)]

$\ln(T_0/T)_{\nu_0}$	$s/\Delta\nu^s_{1/2}$													
	0,00	0,05	0,10	0,15	0,20	0,25	0,30	0,35	0,40	0,45	0,50	0,55	0,60	0,65
2,0	1,00	1,00	1,01	1,02	1,03	1,04	1,06	1,09	1,13	1,17	1,22	1,28	1,36	1,51
1,8	1,00	1,00	1,01	1,02	1,03	1,05	1,07	1,10	1,14	1,18	1,23	1,29	1,38	1,53
1,6	1,00	1,00	1,01	1,02	1,03	1,05	1,07	1,10	1,14	1,18	1,24	1,31	1,40	1,55
1,4	1,00	1,00	1,01	1,02	1,03	1,05	1,08	1,11	1,15	1,19	1,25	1,33	1,43	1,58
1,2	1,00	1,00	1,01	1,02	1,03	1,05	1,08	1,11	1,15	1,20	1,27	1,35	1,45	1,60
1,0	1,00	1,00	1,01	1,02	1,03	1,05	1,08	1,12	1,16	1,21	1,28	1,37	1,48	1,63
0,8	1,00	1,00	1,01	1,02	1,03	1,06	1,09	1,12	1,16	1,22	1,30	1,39	1,51	1,66
0,6	1,00	1,00	1,01	1,02	1,04	1,06	1,09	1,13	1,17	1,23	1,31	1,41	1,54	1,70
0,4	1,00	1,00	1,01	1,02	1,04	1,06	1,09	1,13	1,18	1,24	1,32	1,43	1,57	1,75
0,2	1,00	1,00	1,01	1,02	1,04	1,07	1,10	1,14	1,19	1,25	1,34	1,46	1,60	1,80

[1] Entsprechende Untersuchungen für eine andere Bandenform (GAUSS-Kurve) findet man bei KOSTKOWSKI u. BASS (*482*) und KHIDIR u. DECIUS (*959*).

nur durch Angabe des ganzen Verlaufs von ε, mindestens bis zu solchen Wellenzahlen beidseits vom Maximum, daß der dann noch verbleibende Wert von ε vernachlässigbar klein ist. So differieren z. B. schon bei einer Spaltweite, die gleich der halben wahren Halbwertsbreite einer Bande ist, der wahre und beobachtete maximale Extinktionskoeffizient um etwa 20%. Es liegt der Gedanke nahe, anstatt des Extinktionskoeffizienten für eine oder eine gewisse Anzahl von Wellenzahlen als Kennzeichen und Maßzahl der Bandenstärke die zwischen der Abszisse und der ε-Kurve liegende Fläche zu benutzen oder mit anderen Worten die Kurve des Extinktionskoeffizienten zu integrieren und von einer monochromatischen Absorption auf eine *integrale* oder *Gesamtabsorption* der Bande überzugehen. Diese ist mathematisch formuliert durch

$$A = \int \varepsilon_\nu \, d\nu = \frac{1}{c \cdot d} \int \ln \frac{J_0}{J} \, d\nu \,, \qquad \text{[III, 3.15]}$$

wobei im Prinzip als Grenzen des Integrals $-\infty$ und $+\infty$ zu nehmen sind; unter Inkaufnahme eines beliebig klein zu haltenden Fehlers kann man statt dessen auch im Endlichen liegende Grenzen nehmen, etwa $\nu_0 \pm 5\Delta\nu_{1/2}$ oder ähnliches. Die Erfahrung hat gelehrt, daß diese integrale Absorption von Spaltweiteeinflüssen ziemlich frei und daher wirklich eine vernünftige Maßgröße ist.

Legen wir wieder [III, 3.12] als wahre Bandenform zugrunde, so können wir [III, 3.15] unmittelbar auswerten und erhalten

$$A = \frac{1}{c \cdot d} \int_{-\infty}^{+\infty} \frac{a}{(\nu - \nu_0)^2 + b^2} \, d\nu \qquad \text{[III, 3.16]}$$

$$= \frac{1}{c \cdot d} \cdot \frac{a}{b} \operatorname{arc\,tg} \left[\frac{\nu - \nu_0}{b} \right]_{-\infty}^{+\infty} = \frac{1}{c \cdot d} \cdot \frac{\pi a}{b} \,.$$

Berücksichtigen wir weiter [III, 3.13], so schreibt sich dies

$$A = \frac{1}{c \cdot d} \cdot \frac{\pi}{2} \ln \left(\frac{J_0}{J} \right)_{\nu_0} \cdot \Delta\nu_{1/2} \,. \qquad \text{[III, 3.17]}$$

Da wir aber nur die experimentellen Größen verfügbar haben, ist es vorteilhaft, diese anstatt der wahren in die Gleichung einzuführen:

$$A = \frac{K}{c \cdot d} \ln \left(\frac{T_0}{T} \right)_{\nu_0} \cdot \Delta\nu^s_{1/2} \,, \qquad \text{[III, 3.18]}$$

worin

$$K = \frac{\pi}{2} \cdot \frac{\ln \left(\frac{J_0}{J} \right)_{\nu_0}}{\ln \left(\frac{T_0}{T} \right)_{\nu_0}} \cdot \frac{\Delta\nu_{1/2}}{\Delta\nu^s_{1/2}} \qquad \text{[III, 3.19]}$$

einen Faktor bedeutet, der mit der maximalen Extinktion und der Spaltweite sich verändert und dessen Werte in der den früheren Tabellen dieses Kapitels analogen Tab. 20 niedergelegt sind; man ersieht daraus, daß sein Wert im allgemeinen von $\pi/2$ nicht mehr verschieden ist.

Diese unmittelbare Berechnung der wahren Gesamtabsorption ist natürlich nur dann möglich, wenn die Banden*form* und der Zusammenhang zwischen der wahren und scheinbaren Absorption bekannt sind. Das ist häufig nicht der Fall. Ausgehend

Tabelle 20. *Werte des Koeffizienten K der Gleichung* [III, 3.19] *in Abhängigkeit von der beobachteten Maximalextinktion und der Spaltweite für eine Bandenform gemäß einer* LORENTZ-*Kurve* [*nach* RAMSAY (*693*)]

$\ln(T_0/T)_{\nu_0}$	$s/\Delta\nu^s_{1/2}$													
	0,00	0,05	0,10	0,15	0,20	0,25	0,30	0,35	0,40	0,45	0,50	0,55	0,60	0,65
2,0	1,57	1,57	1,57	1,57	1,57	1,57	1,57	1,57	1,58	1,59	1,60	1,62	1,65	1,68
1,8	1,57	1,57	1,57	1,57	1,57	1,57	1,57	1,57	1,57	1,58	1,58	1,60	1,62	1,64
1,6	1,57	1,57	1,57	1,57	1,57	1,57	1,57	1,57	1,57	1,57	1,57	1,58	1,59	1,60
1,4	1,57	1,57	1,57	1,57	1,57	1,56	1,56	1,56	1,56	1,56	1,56	1,56	1,56	1,56
1,2	1,57	1,57	1,57	1,57	1,56	1,56	1,56	1,55	1,55	1,54	1,54	1,54	1,54	1,53
1,0	1,57	1,57	1,57	1,56	1,56	1,55	1,55	1,54	1,54	1,53	1,52	1,52	1,51	1,50
0,8	1,57	1,57	1,57	1,56	1,56	1,55	1,54	1,53	1,52	1,51	1,50	1,49	1,48	1,47
0,6	1,57	1,57	1,56	1,56	1,55	1,55	1,54	1,53	1,51	1,50	1,48	1,46	1,45	1,43
0,4	1,57	1,57	1,56	1,56	1,55	1,54	1,53	1,52	1,50	1,48	1,46	1,44	1,41	1,38
0,2	1,57	1,57	1,56	1,56	1,55	1,54	1,53	1,51	1,49	1,47	1,44	1,41	1,37	1,33

von der Tatsache, daß dann ja die beobachtete Durchlässigkeit und damit auch die beobachtete integrale Absorption einer Bande der Messung zugänglich ist, läßt die wahre integrale Absorption aus der Extrapolation solcher Messungen bei verschiedenen Extinktionen — durch Veränderung der Konzentration oder der Schichtdicke — sich bestimmen. Die Verfahren dazu stammen von BOURGIN (*91*) und von WILSON u. WELLS (*905*).

Es sei die beobachtete integrale Absorption einer Bande für verschiedene Konzentrationen oder Schichtdicken bestimmt worden. Dann erhält man die wahre integrale Absorption durch Extrapolation auf die Konzentration oder Schichtdicke Null. Voraussetzung ist hier, daß die einfallende Strahlungsenergie über die Spaltweite und das Auflösungsvermögen über die Bandenbreite konstant ist. Außerdem hängt die Extrapolation von der Bandenform und dem benutzten Auflösungsvermögen ab. Zur Durchführung des Verfahrens trägt man günstigerweise die beobachtete integrale Absorption $\int \ln (T_0/T)\, d\nu$ in Abhängigkeit von der beobachteten Maximalextinktion $\ln (T_0/T)_{\nu_0}$ für verschiedene Konzentrationen oder Schichtdicken auf. Man erhält dann bei Annahme einer Bandenform entsprechend [III, 3.12] eine Kurve, deren Extrapolation auf den Wert $\ln (T_0/T)_{\nu_0} = 0$ als Ordinationsabschnitt die wahre integrale Absorption liefert und die als Gerade mit schwach negativer Steigung $A \cdot \operatorname{tg} \vartheta$ darstellbar ist. Der Wert $\operatorname{tg} \vartheta$ ist vom Verhältnis der benutzten spektralen Spaltweite s zur wahren Halbwertsbreite $\Delta\nu_{1/2}$ der Bande abhängig und ist nach RAMSAY (*693*) in Tab. 21 für einige Werte dieses Verhältnisses angegeben. Mathematisch stellt sich also der Zusammenhang zwischen der beobachteten integralen Absorption B und der wahren A so dar:

$$B = A + A \cdot \operatorname{tg}\vartheta \cdot \ln \left(\frac{T_0}{T}\right)_{\nu_0}. \qquad \text{[III, 3.20]}$$

Infolge der Kleinheit von $\operatorname{tg} \vartheta$ sind auch die Unterschiede zwischen B und A klein und liegen meist innerhalb der für solche Messungen erzielbaren Genauigkeit von etwa 2 bis 3%. Sehr viel bedeutsamer ist die Berücksichtigung einer die Bandenausläufer betreffenden Flügel- oder Ausläuferkorrektur. Denn normalerweise wird die graphisch oder numerisch ausgeführte Integration der gemessenen Bande nur in einem begrenzten Wellenzahlbereich zu beiden Seiten des Maximums ausgeführt, so daß die — theoretisch bis ins Unendliche sich erstreckenden — Ausläufer nicht

Tabelle 21. *Werte von tg ϑ aus Gleichung* [III, 3.20] *in Abhängigkeit von der Spaltweite für eine Bandenform gemäß einer* LORENTZ-*Kurve* [*nach* RAMSAY (*693*)]

$s/\Delta\nu_{1/2}$	0,1	0,2	0,3	0,4	0,5	0,6	0,7	0,8	0,9	1,0
tg ϑ	-0,002	-0,004	-0,008	-0,013	-0,020	-0,028	-0,036	-0,046	-0,057	-0,070

erfaßt werden. Unter Annahme der Gleichung [III, 3.12] und eines integrierten Wellenzahlintervalls $\nu - \nu_0$ nach beiden Seiten des Maximums verhält sich die integrierte zur gesamten Fläche unter der Bande wie arctg $\left[\frac{\nu - \nu_0}{b}\right]$ zu $\pi/2$. Die zur integrierten Fläche hinzuzurechnende Korrektur in Prozent beträgt demnach 100 $\left(\frac{\pi}{2} \operatorname{arctg}^{-1}\left[\frac{\nu-\nu_0}{b}\right] - 1\right)$. Ihre Größe ist in Tab. 22 für einen Bereich $4 < \frac{\nu - \nu_0}{b} < 20$ berechnet. Es genügt in der Praxis meistens, die tatsächliche Integration bis zu solchen Wellenzahlen auszudehnen, daß die Korrektur unter 10% bleibt.

Tabelle 22. *Flügelkorrektur für integrierte Absorptionskurven* [*nach* RAMSAY (*693*)]

$\frac{\nu - \nu_0}{b}$	%	$\frac{\nu - \nu_0}{b}$	%	$\frac{\nu - \nu_0}{b}$	%	$\frac{\nu - \nu_0}{b}$	%
4,0	18,5	6,2	11,3	8,4	8,1	11,5	5,8
4,2	17,5	6,4	10,9	8,6	7,9	12,0	5,6
4,4	16,6	6,6	10,6	8,8	7,8	12,5	5,3
4,6	15,8	6,8	10,3	9,0	7,6	13,0	5,1
4,8	15,1	7,0	9,9	9,2	7,4	13,5	4,9
5,0	14,4	7,2	9,6	9,4	7,2	14,0	4,7
5,2	13,8	7,4	9,4	9,6	7,0	14,5	4,6
5,4	13,2	7,6	9,1	9,8	6,9	15,0	4,4
5,6	12,7	7,8	8,8	10,0	6,8	16,0	4,1
5,8	12,2	8,0	8,6	10,5	6,4	18,0	3,7
6,0	11,8	8,2	8,4	11,0	6,1	20,0	3,1

Eine weitere Möglichkeit zur Bestimmung der wahren integralen Absorption aus Meßwerten ist nach BOURGIN (*91*) die Benutzung der in [III, 3.3] definierten (monochromatischen) Absorption, deren Integration auf

[III, 3.21] $$A' = \int \left(1 - \frac{J}{J_0}\right) d\nu$$

führt. Der Übergang von den T- zu den J-Größen ist erlaubt, weil die Fläche unter einer Absorptionskurve von Auflösungsvermögen und Bandenform (Spaltweite) unabhängig ist [DENNISON (*196*), NIELSEN u. a. (*608*)]. Tragen wir hier das LAMBERT-BOUGUERsche Gesetz [III, 3.1] unter Berücksichtigung des BEERschen Ansatzes [III, 3.7] ein und entwickeln die e-Funktion, so erhalten wir, nachdem noch der Faktor $c \cdot d$ aus dem Integral herausgezogen und nach links genommen wurde,

[III, 3.22] $$\frac{A'}{c \cdot d} = \int \left[\varepsilon_\nu - \frac{\varepsilon_\nu^2}{2!} \cdot c\, d + \frac{\varepsilon_\nu^3}{3!} \cdot (c\, d)^2 - \cdots\right] d\nu\,.$$

Führen wir hier die Extrapolation auf Extinktion Null durch, so ergibt sich

[III, 3.23] $$\lim_{cd \to 0} \frac{A'}{c \cdot d} = \int \varepsilon_\nu \, d\nu = A\,,$$

also tatsächlich die wahre integrale Absorption. Nimmt man wieder die Bandenform nach [III, 3.12] als zutreffend an, so ergibt sich die Rechnung

[III, 3.24] $$\frac{A'}{c \cdot d} = A \left\{ 1 - \frac{1}{2!} \cdot \frac{1}{2} \ln \left(\frac{J_0}{J} \right)_{\nu_0} + \frac{1}{3!} \cdot \frac{3}{8} \left[\ln \left(\frac{J_0}{J} \right)_{\nu_0} \right]^2 - \frac{1}{4!} \cdot \frac{5}{16} \left[\ln \left(\frac{J_0}{J} \right)_{\nu_0} \right]^3 + \cdots \right\}.$$

Um A zu erhalten, müssen wir also A'/cd über $\ln (J_0/J)_{\nu_0}$ auftragen und auf $\ln (J_0/J)_{\nu_0} = 0$ extrapolieren. Eine nähere Untersuchung der Ausdrücke $\frac{1}{A} \cdot \frac{A'}{c \cdot d}$ und $A \cdot \frac{c \cdot d}{A'}$ zeigt, daß ersterer eine gekrümmte Kurve mit entsprechend schlechter Extrapolationsmöglichkeit liefert, letzterer hingegen praktisch eine Gerade mit der Neigung 1/4. Zur Auswertung setzt man günstigerweise

[III, 3.25] $$A = \varphi \cdot \frac{A'}{c \cdot d}$$

mit

[III, 3.26] $$\varphi = \frac{1}{1 - \frac{1}{2!} \cdot \frac{1}{2} \ln \left(\frac{J_0}{J} \right)_{\nu_0} + \frac{1}{3!} \cdot \frac{3}{8} \left[\ln \left(\frac{J_0}{J} \right)_{\nu_0} \right]^2 - \cdots}\,,$$

welcher Wert in Tab. 23 für verschiedene Werte von $\ln (J_0/J)_{\nu_0}$ tabelliert ist. Auch dieses Verfahren bedarf einer Korrektur wegen der Bandenausläufer, die in Prozent in Tab. 24 angegeben ist.

Tabelle 23. *Werte des Faktors φ aus Gleichung* [III, 3.25] *in Abhängigkeit von der wahren Maximalextinktion für eine Bandenform gemäß einer* LORENTZ-*Kurve* [*nach* RAMSAY (*693*)]

$\ln \left(\frac{J_0}{J} \right)_{\nu_0}$	φ	$\ln \left(\frac{J_0}{J} \right)_{\nu_0}$	φ	$\ln \left(\frac{J_0}{J} \right)_{\nu_0}$	φ	$\ln \left(\frac{J_0}{J} \right)_{\nu_0}$	φ
0,0	1,000	0,5	1,125	1,0	1,248	1,5	1,368
0,1	1,025	0,6	1,149	1,1	1,272	1,6	1,391
0,2	1,050	0,7	1,174	1,2	1,296	1,7	1,415
0,3	1,075	0,8	1,199	1,3	1,320	1,8	1,438
0,4	1,100	0,9	1,223	1,4	1,344	1,9	1,462
						2,0	1,484

Ein Vergleich der besprochenen drei Verfahren zur Bestimmung der wahren integralen Absorption einer Bande aus experimentellen Daten [JONES u. a. (*439*)] zeigt, daß sie innerhalb von etwa 5–10% übereinstimmende Ergebnisse liefern, wobei die beiden zuletzt aufgeführten Methoden sogar noch näher beieinander liegen.

Eine Erweiterung des Verfahrens von RAMSAY, die auch für größere Spaltbreite gültig sein soll, findet man bei MORCILLO u. a. (*1059*) und bei KABIEL u. ISSA (*1060*). Neuerdings haben JONES u. a. (*1355*) die Ausschaltung des Spaltbreiteneinflusses für Banden mit einer Extinktion zwischen 0,2 und 0,9 und einem Spaltbreite-Halbwertsbreite-Verhältnis unter 0,35 mittels eines Computerprogrammes behandelt.

Ähnlich wie bei der Messung der integralen Absorption liegen die Verhältnisse auch bei der Messung der integralen Emission z. B. von heißen Gasen zwecks Temperaturbestimmung u. ä. Mit diesem Spezialthema beschäftigt sich eine Reihe von Arbeiten, die hier nur aufgezählt seien: BABROV (*1219*), FERRISO u. Mit. (*1129, 1130*), PENZIAS u. TOURIN (*1178*).

Tabelle 24. *Flügelkorrektur für integrierte Absorptionskurven* [*nach* RAMSAY (*693*)]

$\ln\left(\frac{J_0}{J}\right)_{\nu_0}$	$\frac{\nu-\nu_0}{b}$											
	4	5	6	7	8	9	10	11	12	13	14	15
2,0	29,9	22,9	18,6	15,6	13,4	11,8	10,6	9,4	8,6	7,9	7,3	6,8
1,8	28,7	22,0	17,9	15,0	13,0	11,4	10,2	9,1	8,3	7,6	7,0	6,5
1,6	27,5	21,1	17,2	14,4	12,5	11,0	9,8	8,8	8,0	7,4	6,8	6,3
1,4	26,3	20,2	16,5	13,8	12,0	10,6	9,4	8,5	7,7	7,1	6,6	6,1
1,2	25,0	19,3	15,7	13,2	11,5	10,1	9,0	8,1	7,4	6,8	6,3	5,8
1,0	23,8	18,4	15,0	12,6	11,0	9,7	8,6	7,8	7,1	6,5	6,0	5,6
0,8	22,6	17,5	14,3	12,0	10,5	9,3	8,3	7,5	6,8	6,3	5,8	5,4
0,6	21,4	16,6	13,6	11,5	10,0	8,8	7,9	7,2	6,5	6,0	5,5	5,2
0,4	20,3	15,8	12,9	10,9	9,5	8,4	7,5	6,8	6,2	5,7	5,3	5,0
0,2	19,3	15,0	12,3	10,5	9,1	8,1	7,2	6,5	5,9	5,4	5,0	4,7

4. *Problemstellungen und Auswerteverfahren*

Nach diesen mehr grundlegenden und theoretischen Überlegungen wollen wir uns mehr den praktischen, konkreten Aufgaben der quantitativen Ultrarotspektralanalyse zuwenden. Die Fülle und Mannigfaltigkeit der auftretenden Probleme bedingt, daß wir durchaus nicht für jeden Fall ein Lösungsschema angeben können, sondern uns darauf beschränken müssen, für charakteristische Gruppen von Aufgaben die Problemstellung und das Auswerteverfahren zu skizzieren. Es muß dem Geschick und der Umsicht des Bearbeiters überlassen bleiben, diese allgemeinen Angaben den Gegebenheiten spezieller Probleme anzupassen.

Wir betrachten zunächst solche Fälle, bei denen es möglich ist, für jede zu bestimmende Komponente eines Gemisches eine von Beeinflussungen durch die übrigen Bestandteile freie oder, wie wir sagen wollen, isolierte Analysenbande zu finden. Dies ist die Aufgabe einer vorausgehenden qualitativen Untersuchung. Liefert diese mehrere Banden, die dieser Bedingung genügen, so verwendet man für die eigentliche Analyse diejenige, die die größte Genauigkeit verspricht, und benutzt die übrigen zu Zusatzbestimmungen zwecks Überprüfung des Resultats. Es ist klar, daß die Forderung nach einer isolierten, unbeeinflußten Analysenbande die Anwendung des Verfahrens auf solche Gemische beschränkt, die vermöge ihrer geringen Komponentenzahl und vermöge der Einfachheit ihrer Spektren die Erfüllung dieser Bedingung erwarten lassen.

Der einfachste Analysenweg ist nun der, daß man unmittelbar die an der ausgewählten Wellenlänge durchgelassene Strahlungsenergie für eine Reihe von *Eichmischungen* mit bekannten Zusätzen der gesuchten Substanz in der Grundsubstanz registriert[1]. Der Gehalt der eigentlich vorgelegten Analysenprobe wird dann durch

[1] Dabei ist es unbedingt erforderlich, die Bandenstärke der gesuchten Substanz in derselben Umgebung zu eichen, in der die eigentliche Messung stattfindet. Das gilt insbesondere, wenn das Lösungsmittel ein Gemisch verschiedener Stoffe ist [WARD u. PHILPOTTS (*879*)].

okularen Vergleich ihres Spektrums mit diesen Eichspektren, u. U. mit Interpolation, bestimmt. Diese Methodik ist daran gebunden, daß für die Zeitdauer der Registrierung aller notwendigen Kurven die einfallende Strahlungsintensität J_0 sowie die ganzen sonstigen Bedingungen konstant gehalten werden können. Abb. 150a zeigt dieses Verfahren am Beispiel der Bestimmung eines Aldehyds in einem Alkohol mittels der Carbonylbande bei 5,8 μ, aufgenommen mit nur geringer Auflösung. Die obere Kurve stellt die Registrierung der Energiekurve für den reinen Alkohol dar; die darin sichtbaren Banden rühren vom Wasserdampfgehalt der Atmosphäre her. Die weiteren Kurven sind für wachsende Prozentsätze Aldehyd in Alkohol gewonnen, wobei der Übersichtlichkeit halber nicht für alle Prozentsätze die Kurven ausgezogen sind.

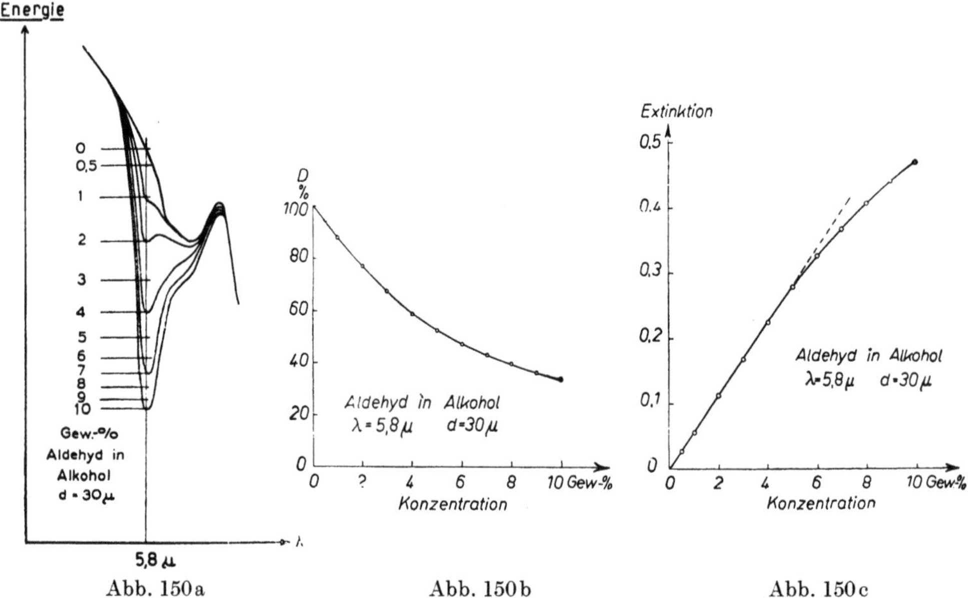

Abb. 150a Abb. 150b Abb. 150c

Abb. 150. Quantitative Analyse: a durch Registrierung von Energiekurven für Eichgemische, b aus der gemessenen prozentigen Durchlässigkeit, c aus der gemessenen Extinktion

Registriert der vorhandene Spektralapparat, wie das üblich geworden ist, unmittelbar die prozentige Durchlässigkeit oder hat man sich diese aus den Kurven der Abb. 150a entnommen, so kann man sie als Funktion der Konzentration des gesuchten Stoffes auftragen (Abb. 150b) und daraus, über die gemessene Durchlässigkeit der Analysenprobe, die zu bestimmende Konzentration entnehmen. Anstatt der Durchlässigkeit kann man auch ebensogut die Extinktion, also den Logarithmus der reziproken Durchlässigkeit, auftragen (Abb. 150c). Ist dabei das Beersche Gesetz erfüllt, dann ergibt sich — wie in unserem Beispiel bis etwa 5% — eine Gerade, die Inter- oder Extrapolation besonders leicht gestaltet.

Eine weitere Möglichkeit ist die unmittelbare Benutzung des Beerschen Gesetzes — nach Prüfung seiner Gültigkeit — zur Durchführung der Analyse. Der Weg dazu ist folgender: mit einer Eichprobe bekannter Zusammensetzung wird an der ausgewählten Wellenlänge der Extinktionskoeffizient ε für die gesuchte Komponente bestimmt; mit dem so erhaltenen Wert wird dann aus der experimentell ermittelten Extinktion der Analysenprobe deren Gehalt an der Beimischung nach [III, 3.11a] berechnet. Dieser an sich einfach erscheinende Weg ist aus zwei Gründen meist nicht gangbar: 1. Die genaue Bestimmung des Extinktionskoeffizienten erfordert neben genauen Durchlässigkeitsmessungen auch eine genaue Kenntnis der verwendeten durchstrahlten Schichtdicke der Substanz; im Bereich der Grundschwingungen liegen die brauchbaren Schichtdicken für Flüssigkeiten und feste Körper zwischen etwa 10 und 100 μ, und vor allem für die kleineren Werte ist eine präzise Messung, etwa auf 1 % genau, meßtechnisch wegen der damit verbundenen Anforderungen an die Ebenheit und Planparallelität der Küvettenfenster kaum möglich. 2. Die Ergänzung der gemessenen Durchlässigkeit zu 100 % kommt nicht, wie in der Definitionsgleichung [III, 3.3] vorausgesetzt, allein auf Rechnung der wahren Absorption, sondern es stecken darin immer auch in ihrer Größe meist unbekannte und nur schwer abschätzbare Reflexions- und Streuungseinflüsse; dazu kommt weiterhin die Unzulänglichkeit unserer Apparate, was die Monochromasie der verwendeten Strahlung betrifft, denn immer müssen wir mit gewissen, in besseren Geräten allerdings relativ geringfügigen Beimischungen andrer Wellenlängen als der gerade gewünschten in der zerlegten Strahlung rechnen; eine solche Strahlungsverunreinigung, besonders Anteile aus den Bereichen hoher Emissionsintensität in Gebieten geringer Emission, verfälscht offenbar die Durchlässigkeit in einem oft nicht ohne weiteres bestimmbaren Ausmaß. Demgemäß erfordert die unmittelbare Benutzung des BEERschen Gesetzes wohlüberlegte Vorsichtsmaßregeln, während die vorher beschriebenen Vergleichsverfahren ihrer nicht bedürfen, weil bei ihnen die Konstanz der störenden Einflüsse für den Zeitraum der Messungen sichergestellt werden kann. Die speziell bei der quantitativen Ultrarotanalyse von Gasen zu beachtenden Gesichtspunkte hat neuerdings GERMERSHAUSEN (*1096*) zusammengestellt.

Wie schon erwähnt, sind die bis jetzt besprochenen Verfahren nicht nur bei Aufgaben anwendbar, welche nur die Bestimmung einer einzigen Komponente zum

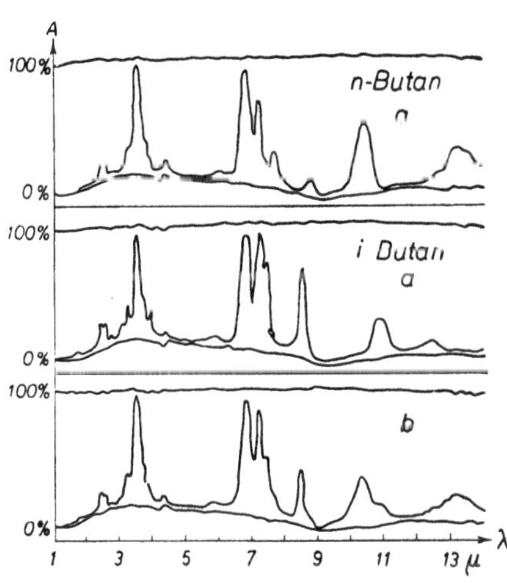

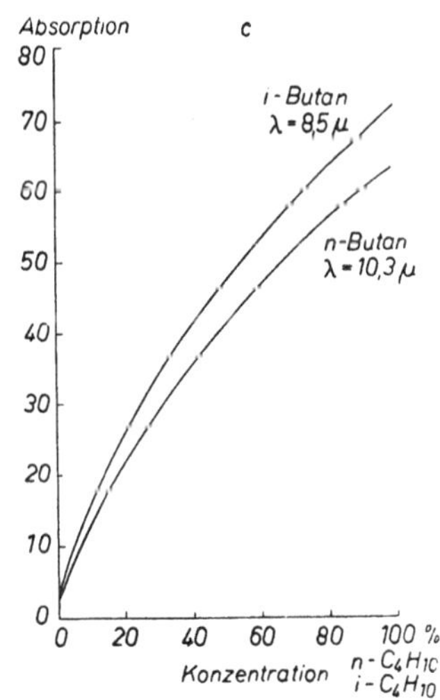

Abb. 151. Quantitativer Nachweis von zwei Komponenten gleichzeitig: Normal- und Isobutan. a Spektren der Reinsubstanzen. b Spektrum der Analysenprobe, c Eichkurven [nach LEHRER (*502*)]

Ziel haben, sondern auch, wenn mehrere Komponenten bestimmt werden sollen, sofern nur für jede eine *isolierte* Analysenbande gefunden werden kann. Als Beispiel sei die gleichzeitige Bestimmung von Normal- und Isobutan in einem Gemisch dieser Gase mit N_2 angeführt. Abb. 151 zeigt zunächst die Spektren (a) der beiden Substanzen, gewonnen mit einem registrierenden Doppelstrahlspektrophotometer älterer Bauart. Als Analysenbanden bieten sich diejenigen bei 8,6 μ für i-Butan, die bei 10,3 μ für n-Butan an; das gezeigte dritte Spektrum (b) ist das der Analysenprobe unbekannter Zusammensetzung. Abb. 151 c gibt die mit Proben bekannter Mischungen von i- bzw. n-Butan in N_2 gewonnenen Eichkurven wieder. Aus dem Spektrum der Analysenprobe entnimmt man bei 8,6 μ eine Absorption von 40,6 %, bei 10,3 μ eine solche von 36,4 %. Damit folgt aus den Eichkurven ein Gehalt an n-Butan von 40,5 %, an i-Butan von 39 %.

Die bis jetzt angenommene Voraussetzung, daß an der Stelle der ausgewählten Analysenbande die Grundsubstanz oder andere vorhandene Beimischungen absorptionsfrei sind, wird in der Mehrzahl der Fälle nicht erfüllt sein. Auch wenn an dieser Stelle keine spezifische Bande eines Bestandteils des untersuchten Gemischs auftritt, so hat man dennoch mit einer gewissen sog. *Untergrundabsorption* zu rechnen, die von Ausläufern starker, in der Nähe liegender Banden herrührt, ganz abgesehen von Streuungs- und Reflexionseinflüssen. Wege zur Ausschaltung einer solchen Grundabsorption gibt es zahlreiche. Man mißt z. B. die Stärke der gewählten Analysenbande A im Verhältnis zu der einer benachbarten Bande B der Grundsubstanz und trägt das Verhältnis A/B, $(B - A)/A$ oder $(B - A)/B$ als Funktion der Konzentration der gesuchten Beimischung auf. Voraussetzung für die Anwendbarkeit ist natürlich, daß die Bande der Grundsubstanz in der Analysenprobe nicht durch in der Eichung nicht erfaßte Einflüsse gestört wird.

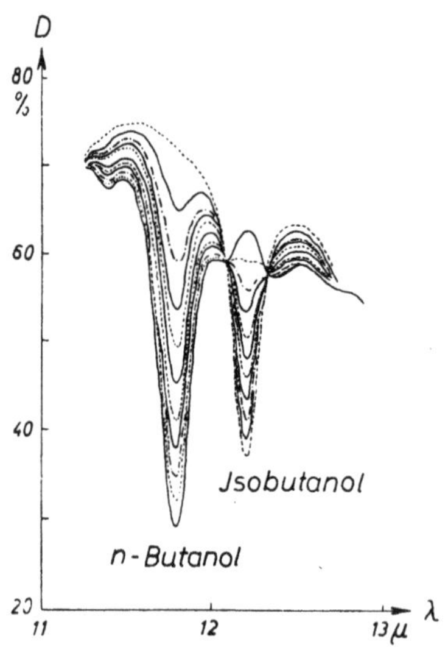

Abb. 152. Ausschnitt aus den Spektren einer Konzentrationsreihe des binären Gemischs Normalbutanol-Isobutanol mit isosbestischen Punkten

Besonders vorteilhaft zur Ausschaltung der Grundabsorptionseinflüsse ist die Verwendung der sog. *isosbestischen Punkte*, sofern solche in dem untersuchten Spektrum vorhanden sind. Man versteht darunter einen durch Angabe der Wellenlänge oder Wellenzahl und der Absorption oder Extinktion festgelegten Punkt im Spektrogramm, in welchem alle spektralen Kurvenzüge einer Konzentrations-

Reihe eines Gemischs sich schneiden, in dem also die Absorption für alle Konzentrationsverhältnisse dieselbe ist. Abb. 152 zeigt solche Punkte im Spektrum des Zweistoffsystems Normalbutanol-Isobutanol. Offensichtlich können sich in ganz reiner Form solche isosbestischen Punkte nur in binären Systemen ausbilden, und zwar zwischen zwei Banden, wovon die eine der ersten, die andere der zweiten Komponente zugehört, also die Absorption der einen Bande in der Konzentrationsreihe ab-, die der anderen Bande zunimmt. Indem man alle Messungen auf diese isosbestischen Punkte bezieht, wird die Grundabsorption ausgeschaltet. Je mehr allerdings das untersuchte System vom Charakter des Zweistoffsystems abweicht, desto mehr geht diese Eigenschaft verloren.

Sehr weite Verbreitung hat das sog. *Grundlinien-* oder *Baseline*-Verfahren [Wright (*917*), Heigl u. a. (*380*)] gefunden. Es wurde zunächst für Spektrometer ausgearbeitet, die nicht unmittelbar die prozentige Durchlässigkeit, sondern nur Energiekurven ohne und mit Substanz zeitlich nacheinander registrieren, aus denen dann durch punktweise Quotientenbildung die prozentige Durchlässigkeit erst errechnet werden muß, und verzichtet gänzlich auf die Ermittlung der wahren Ener-

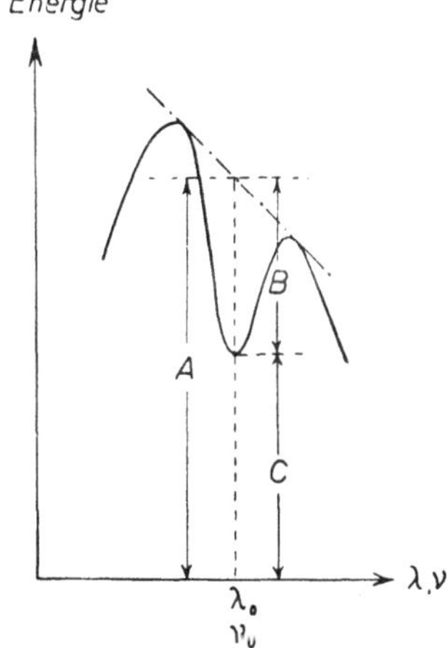

Abb. 153. Grundlinienverfahren zur Ausschaltung der Grundabsorption durch eine Tangente, welche den die Analysenbande flankierenden Maxima gemeinsam ist [nach Wright (*917*)]

giekurve ohne absorbierende Substanz; nach selbstverständlichen Abänderungen ist es aber auch in prozentigen Spektren anwendbar. Sein Wesen besteht darin, daß in der Energiekurve mit absorbierender Substanz in der Umgebung der Analysenbande der nicht oder nicht genau bekannte Verlauf der Kurve ohne Absorption — in prozentigen Spektren die Linie 100% Durchlässigkeit — durch eine im Prinzip willkürliche, in der Praxis aber nach bestimmten Regeln gezogene Gerade ersetzt wird. Wird z. B. die ausgewählte Analysenbande von zwei deutlich ausgeprägten Durchlässigkeitsmaxima flankiert (Abb. 153), so wählt man deren tangentiale Verbindung als Grundlinie. Auf sie bezogen, entnimmt man dem Spektrogramm nunmehr die der gewöhnlichen Extinktion entsprechende, durch den Logarithmus des Verhältnisses A/C gegebene Meßgröße, trägt diese als Funktion der Konzentration auf und verfährt unter Beibehaltung der so einmal festgelegten Grundlinie wie vorher. Kann die Grundlinie in dieser Weise nicht gezogen werden, weil die registrierte Kurve zu steil verläuft oder die flankierenden Maxima zu wenig ausgeprägt sind, so kann man nach Pirlot (*657*) folgendermaßen verfahren: In gewissen, nicht unbedingt gleichen Abständen von der Analysenwellenlänge λ_0 wählt man zwei andere Wellenlängen λ_1 und λ_2 aus und legt durch die Schnittpunkte der in ihnen errichteten Ordinaten mit der Registrierkurve eine Gerade als Grundlinie (Abb. 154).

Das Grundlinienverfahren wurde von PIRLOT (*657*) einer eingehenden Kritik unterzogen. Er konnte zeigen, daß im allgemeinen die damit erhaltene „Extinktion" weder der Konzentration der die Bande verursachenden Substanz proportional ist, noch additiv aus den „Extinktionen" mehrerer vorhandener Substanzen sich zusammensetzt, auch wenn das BEERsche Gesetz erfüllt ist. Diese Bedingungen — Voraussetzungen für die Anwendung der Extinktionsrechnung ohne spezielle Eichkurve — sind nur dann erfüllt, wenn die Extinktionskoeffizienten für die beiden Hilfswellenlängen λ_1 und λ_2 gleich sind. Im Falle eines Zweikomponentensystems,

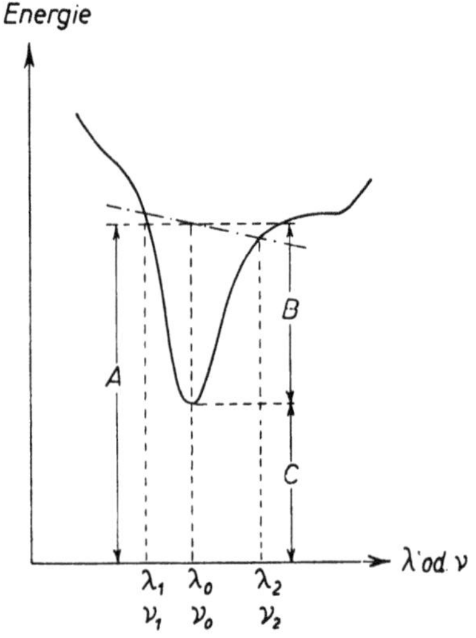

Abb. 154. Grundlinienverfahren nach PIRLOT (*657*)

in dem die eine bestimmt werden soll, ist diese Bedingung erfüllt, wenn die willkürliche Grundlinie parallel zur tatsächlichen Energiekurve ohne absorbierende Substanz gezogen wird, für welchen Fall das Verfahren tatsächlich auch von WRIGHT angegeben wurde; bei mehreren absorbierenden Substanzen läßt sich die Bedingung kaum erfüllen. Das beeinträchtigt jedoch die Brauchbarkeit des Verfahrens nicht, sofern man sich — was wohl meistens so sein wird — die Mühe macht, eine besondere Eichkurve aufzustellen.

PIRLOT (*657*) empfiehlt anstatt des Grundlinienverfahrens die Verwendung einer schon von SEYFRIED u. HASTINGS (*782*) angegebenen und von ihm „*kompensierte Extinktion*" genannten Größe. Darunter ist ganz allgemein ein Ausdruck der Form

[III, 3.27] $$Q = \sum k_i E_{\lambda_i}$$

zu verstehen, d. h. eine lineare Funktion der wirklichen Extinktionen, gemessen bei den Wellenlängen λ_i, wobei die Gestalt der Funktion, also die Koeffizienten k_i so zu wählen sind, daß der Vorzug des Grundlinienverfahrens — Verzicht auf die Energiekurve ohne absorbierende Substanz — gewahrt bleibt. Bei geltendem BEERschen Gesetz ist offensichtlich

[III, 3.28] $$\sum k_i E_{\lambda_i} = c \cdot d \sum k_i \varepsilon_{\lambda_i},$$

worin $\Sigma k_i \varepsilon_{\lambda_i}$ als ein „kompensierter Extinktionskoeffizient" aufgefaßt werden kann. Es läßt sich zeigen, daß — unabhängig von der Erfüllung des BEERschen

Gesetzes — die kompensierte Extinktion eines Gemischs gleich der Summe der kompensierten Extinktionen der Komponenten ist. Im einfachsten Fall kann man [III, 3.27] etwa durch einen Ansatz

$$Q = E_{\lambda_0} - E_{\lambda_1} \tag{III, 3.29}$$

verifizieren. Um diese kompensierte Extinktion zu erhalten, sind demnach die wirklichen Extinktionen an den beiden Wellenlängen λ_0 und λ_1 zu messen. Nun ist aber gemäß der Definition der Extinktion

$$Q = \ln \frac{J_0^{(\lambda_0)}}{J^{(\lambda_0)}} - \ln \frac{J_0^{(\lambda_1)}}{J^{(\lambda_1)}} = \ln \frac{J_0^{(\lambda_0)}}{J_0^{(\lambda_1)}} - \ln \frac{J^{(\lambda_0)}}{J^{(\lambda_1)}}. \tag{III, 3.30}$$

Der erste Term rechts kann ein für alle Male bestimmt werden, enthält er doch nur die Emissionsintensitäten der benutzten Strahlungsquelle bei den Wellenlängen λ_0 und λ_1 unter den gerade herrschenden Bedingungen; selbst wenn diese sich ändern, kann die Konstanz des Intensitätsverhältnisses angenommen werden, sofern die beiden Wellenlängen nicht allzu weit voneinander entfernt und die Änderung der Emissionsbedingungen nicht zu extrem sind. Der zweite Term enthält das Verhältnis der Strahlungsintensitäten bei den ausgewählten Wellenlängen in der Energiekurve mit absorbierender Substanz. Man braucht also, wie beim Grundlinienverfahren, nur diese, und zwar nur bei den ausgewählten Wellenlängen, zu bestimmen. Werden nicht Energie-, sondern prozentige Durchlässigkeitskurven registriert, so verschwindet der 1. Term in [III, 3.30], weil dann ja $J_0^{(\lambda_0)} = J_0^{(\lambda_1)}$ ist, und der 2. Term stellt den Logarithmus des Verhältnisses der bei den Wellenlängen λ_0 und λ_1 gemessenen Durchlässigkeiten, also einfach die Differenz der Extinktionen dar.

CUPPLES (*181*) hat neuerdings die Brauchbarkeit bzw. die Grenzen des Grundlinienverfahrens für analytische Zwecke überprüft, indem er eine Lösung von γ-Hexachlorcyclohexan in CS_2 in Gegenwart der anderen Isomeren an fünfzehn Wellenlängen im Bereich von 7 bis 15 μ unter Verwendung von 27 verschiedenen Grundlinien analysierte. Von den 27 Bestimmungen lagen nur neun innerhalb von $\pm$ 10% um den wahren Analysenwert, und viele wichen um 100% und mehr davon ab. Bei so komplizierten Systemen ist also Vorsicht am Platze und eine sorgfältige Auswahl der brauchbaren Banden notwendig. Bessere Erfolge liefert in solchen Fällen die Differentialanalyse [McDONALD u. WATSON (*556*), PERRY u. BAIN (*643*)].

Komplizierter liegen die Verhältnisse, wenn an der für eine Komponente ausgewählten Wellenlänge auch die übrigen Komponenten spezifisch zur Absorption beitragen [BRATTAIN u. a. (*100*), FRY u. a. (*280*), KENT u. BEACH (*459*), MECKE u. MUTTER (*565*), RASMUSSEN (*712*)]. Je mehr Komponenten vorhanden oder zu bestimmen und je komplizierter und bandenreicher die Spektren der Komponenten sind, desto mehr wird man mit dieser Erschwerung zu rechnen haben. Wir machen für die weitere Behandlung des Problems die Voraussetzung — die empirisch geprüft werden muß —, daß für jede der gewählten Analysenbanden die gemessene Gesamtextinktion als Summe der von den einzelnen Komponenten herrührenden Extinktionen ansetzbar ist. Es seien z. B. vier der Reihe nach mit 1, 2, 3, 4 bezeichnete Komponenten zu bestimmen; die dann mindestens notwendigen vier Analysenwellenlängen seien λ_1, λ_2, λ_3, λ_4. Gemäß der gerade gemachten Voraussetzung über die Additivität der Extinktionen gilt dann für die an jeder Wellenlänge gemessene Gesamtextinktion

$$
\begin{aligned}
E_{\lambda_1} &= E_{\lambda_1}^{(1)} + E_{\lambda_1}^{(2)} + E_{\lambda_1}^{(3)} + E_{\lambda_1}^{(4)}, \\
E_{\lambda_2} &= E_{\lambda_2}^{(1)} + E_{\lambda_2}^{(2)} + E_{\lambda_2}^{(3)} + E_{\lambda_2}^{(4)}, \\
E_{\lambda_3} &= E_{\lambda_3}^{(1)} + E_{\lambda_3}^{(2)} + E_{\lambda_3}^{(3)} + E_{\lambda_3}^{(4)}, \\
E_{\lambda_4} &= E_{\lambda_4}^{(1)} + E_{\lambda_4}^{(2)} + E_{\lambda_4}^{(3)} + E_{\lambda_4}^{(4)},
\end{aligned} \qquad \text{[III, 3.31]}
$$

wobei der untere Index die Absorptionsstelle, der obere die beitragende Komponente kennzeichnet und

$$E_{\lambda_i}^{(k)} = \varepsilon_{\lambda_i}^{(k)} \cdot c^{(k)} \cdot d \qquad \text{[III, 3.32]}$$

ist, wenn $\varepsilon_{\lambda_i}^{(k)}$ der Extinktionskoeffizient der k-ten Komponente an der Stelle λ_i, $c^{(k)}$ die Konzentration der k-ten Komponente und d die verwendete Schichtdicke bedeuten. Demnach stellt [III, 3.31] ein lineares Gleichungssystem von — in unserem Fall — vier Gleichungen für die vier Unbekannten $c^{(1)}$, $c^{(2)}$, $c^{(3)}$, $c^{(4)}$ dar. Die Koeffizienten dieses Systems sind die 16 Produkte $\varepsilon_{\lambda_i}^{(k)} \cdot d$ und die 4 Meßwerte E_{λ_i}. Die 16 Produkte müssen einmal durch Aufnahme von Eichkurven an den reinen Substanzen für jede Wellenlänge bestimmt werden. Die Auflösung des Gleichungssystems [III, 3.32], dessen Erweiterung auf mehr als 4 Komponenten klar sein dürfte, nach den gesuchten Konzentrationen macht dann höchstens noch rechnerische, aber keine prinzipiellen Schwierigkeiten mehr, deren Überwindung aus der praktischen Algebra bekannt ist und für vielkomponentige Systeme bei häufigem Auftreten günstigerweise Rechenmaschinen übertragen wird [ADCOCK (*5*), BERRY u. PEMPERTON (*67*), COMRIE (*160*), FROST u. TAMRES (*279*), HARDY u. DEUCH (*358*), HUGHES u. WILSON (*407*), SIESS (*1101*)]; neben Rechenmaschinen haben sich auch Lochkarten als wertvolles Hilfsmittel bei der Auswertung solcher Gleichungssysteme erwiesen [KING u. PRIESTLEY (*463*), OPLER (*622*)]. Es ist klar, daß diese Schwierigkeiten um so größer werden, je größer die Anzahl der zu bestimmenden Komponenten wird. Man wird daher bestrebt sein, alle sich bietenden Erleichterungen weitgehend auszunutzen. Eine der wichtigsten ist der vielfach anzutreffende Umstand, daß die eine oder andere der ausgewählten Absorptionsstellen nur von einer der gesuchten Komponenten abhängt, womit die entsprechende Gleichung des Systems [III, 3.31] auf nur einen Term rechts sich reduziert. Ebenso wird es häufig vorkommen, daß jede Analysenbande im wesentlichen nur von einer Komponente beeinflußt wird, während die anderen nur geringe Beiträge zu ihrer Absorption liefern. Man kann dann zunächst diese Beiträge überhaupt vernachlässigen und aus jeder Analysenbande einen angenäherten Wert für die Konzentration ihrer zugehörigen Substanz bestimmen. Von diesen Annäherungswerten ausgehend, lassen sich dann genauere Werte durch schrittweise Berücksichtigung auch der Beiträge der übrigen Komponenten in einfacherer Weise berechnen als durch sofortige Behandlung des ganzen Gleichungssystems. Dies alles aber sind Notbehelfe. Deshalb sollte in Anbetracht der Mühseligkeit der Auflösung des Gleichungssystems bei mehr als 3 Komponenten und mit Rücksicht darauf, daß schon geringfügige Meßfehler im Ergebnis solcher Rechnungen ganz verheerend sich auswirken können, in jedem Fall geprüft werden, ob das Problem durch präparative Maßnahmen, wie etwa weitergehende chemische Aufbereitung der Analysensubstanz, nicht vereinfacht werden kann. Solche Mühen machen sich völlig bezahlt, weil andernfalls ein Vorzug der Ultrarotspektralanalyse, nämlich ihre Schnelligkeit, infolge sehr großen Zeitbedarfs für die Auswertung verloren geht.

Bei den beschriebenen Analysenverfahren ist die Konstanz der Schichtdicke der benutzten Küvette unabdingbare Voraussetzung. Tatsächlich kann sie aber nicht immer gewährleistet werden. In Zweifelsfällen wird empfohlen, anstatt der Extinktion Extinktionsverhältnisse in die Rechnung einzuführen, manchmal sogar unter Zusatz eines inneren Standards [WEXLER (*1106*)]. SCHMALZ u. GEISELER (*1102*) und KÖSSLER u. ČIŽEK (*1277*) haben darauf hingewiesen, daß zur Auflösung des

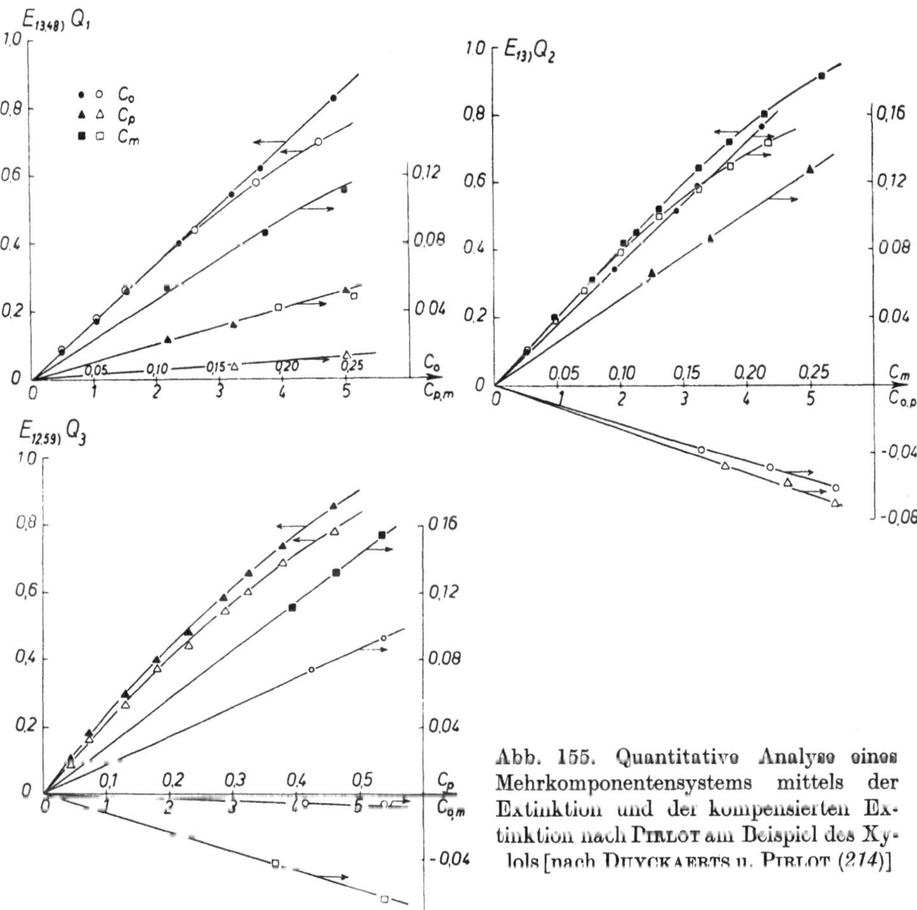

Abb. 155. Quantitative Analyse eines Mehrkomponentensystems mittels der Extinktion und der kompensierten Extinktion nach PIRLOT am Beispiel des Xylols [nach DUYCKAERTS u. PIRLOT (*214*)]

Gleichungssystems [III, 3.31] die Extinktionskoeffizienten der Gemischkomponenten nicht unbedingt bekannt sein müssen; sie zeigen, wie man in solchen Fällen durch Untersuchung qualitativ gleich, aber quantitativ verschieden zusammengesetzter Gemische zum Ziele kommt. Die häufig bei quantitativen Analysen sehr störende Bandenüberlappung haben KUNZ u. JÄSCHKE (*1098*) unter Zugrundelegung eines LORENTZ-Profils für die Bandenform durch Einsatz eines Analogrechners erfolgreich überwunden.

Neben der eigentlichen Extinktion kann ebensogut die PIRLOTsche kompensierte Extinktion bei der Analyse von Mehrkomponentensystemen benutzt werden. Als Beispiel sei die gleichzeitige Bestimmung der drei Isomeren in einem Xylolgemisch angeführt [DUYCKAERTS u. PIRLOT (*214*)]. Abb. 145 enthält die Spektren der Reinsubstanzen. Die danach ausgewählten Analysenbanden liegen bei 13,48 μ für *o*-Xylol, bei 13,0 μ für *m*-Xylol und bei 12,59 μ für *p*-Xylol. Zwecks Bildung der kompensierten Extinktion werden folgende weitere Wellenlängen herangezogen: für *o*-Xylol 13,64 μ, für *m*-Xylol 12,85 und 13,16 μ, für *p*-Xylol 12,44 und 12,74 μ. In der Abb. 155 sind zunächst die Extinktionsbeiträge der einzelnen Komponenten an den Analysenwellenlängen dargestellt. Zu ihrer Gewinnung wurden geeignete Konzentrationen in CS_2 (hier in g/100 cm³ angegeben) untersucht; für den Vergleich der einzelnen Kurven ist auf die Einteilung der zugehörigen Koordinatenachsen zu achten. Als kompensierte Extinktionen werden die folgenden Ausdrücke verwendet:

$$\text{für } o\text{-Xylol: } Q_1 = E_{13,48} - E_{13,64} ,$$
$$\text{für } m\text{-Xylol: } Q_2 = E_{13,0} - E_{12,85} - 0{,}5 \cdot (E_{13,16} - E_{12,85}) ,$$
$$\text{für } p\text{-Xylol: } Q_3 = E_{12,59} - E_{12,44} - 0{,}5 \cdot (E_{12,74} - E_{12,44}) .$$

Sie sind in den Abb. 155 für die Eichgemische angegeben. Die Ergebnisse einiger nach diesen Unterlagen analysierter Gemische unbekannter Zusammensetzung nach beiden Verfahren sind in Tab. 25 zusammengestellt. Selbstverständlich führen beide Verfahren zu praktisch denselben Werten mit im großen ganzen derselben Genauigkeit, jedoch erfordert das Verfahren der kompensierten Extinktion, wenn erst einmal die Eichungen durchgeführt sind, den geringeren Arbeitsaufwand, bei längeren Meßreihen ein durchaus schätzenswerter Gewinn.

Tabelle 25. *Ultrarotspektroskopische Analyse von Xylolgemischen (Konzentrationsangaben in g/100 cm³ CS_2)* [*nach* DUYCKAERTS u. PIRLOT (*214*)]

eingewogen			gefunden					
			normale Extinktion			kompensierte Extinktion		
o	m	p	o	m	p	o	m	p
1,666	0,027	0,027	1,664	0,028	0,028	1,668	0,026	0,027
1,666	0,165	0,027	1,669	0,159	0,030	1,675	0,159	0,028
1,666	0,027	0,161	1,662	0,032	0,160	1,668	0,028	0,158
1,666	0,164	0,161	1,664	0,165	0,162	1,675	0,157	0,159
0,018	2,429	0,039	0,024	2,413	0,049	0,017	2,431	0,038
0,105	2,429	0,039	0,114	2,411	0,048	0,105	2,430	0,038
0,018	2,429	0,173	0,026	2,412	0,182	0,017	2,432	0,168
0,105	2,429	0,173	0,113	2,416	0,178	0,100	2,417	0,166
0,017	0,028	1,289	0,019	0,026	1,289	0,017	0,029	1,288
0,017	0,165	2,577	0,017	0,158	2,584	0,017	0,168	2,574
0,104	0,028	2,577	0,107	0,024	2,578	0,098	0,032	2,579
0,104	0,165	2,577	0,108	0,156	2,581	0,098	0,165	2,582
0,208	0,329	0,322	0,200	0,318	0,315	0,200	0,320	0,314
0,156	0,493	0,241	0,153	0,480	0,240	0,150	0,498	0,238
0,156	0,246	0,483	0,164	0,244	0,466	0,157	0,240	0,468

Für den viel mit quantitativen Analysen beschäftigten Ultrarotspektroskopiker stellen die seit einiger Zeit unter Mitarbeit der COBLENTZ Society[1] bis 1960 in der

[1] Die COBLENTZ Society ist eine vereinsmäßig zusammengefaßte Gruppe von Molekülspektroskopikern vornehmlich in den USA, aber mit Mitgliedern in allen Staaten. Anschrift: c/o Perkin-Elmer Corp., Norwalk, Conn., USA.

Zeitschrift „Analytical Chemistry", seit 1961 in der Zeitschrift „Applied Spectroscopy" veröffentlichten „Infrared Quantitative Analysis Data" ein wertvolles Hilfsmittel dar. Aus den Erfahrungen der Praxis werden darin Hinweise für die quantitative Analyse von Mehrstoffgemischen auf Grund ihrer Ultrarotspektren (Wellenlängen der benutzten Banden, Extinktionen, erzielbare Genauigkeit, sonstige Umstände von Wichtigkeit) angegeben. Die Verwendung sonstiger, in der Literatur veröffentlichter Daten als Grundlage von Analysen besprechen PERRY u. BAIN (*643*) und PERRY (*642*).

5. *Fehlerbetrachtungen*

Nachdem wir die wichtigsten Fälle und Verfahren der quantitativen ultrarotspektroskopischen Analysentechnik kennengelernt haben, sind einige Betrachtungen über die dabei erzielbare *Genauigkeit* angebracht. Solche Überlegungen geben nicht nur Aufschluß über die zu erwartenden Fehlergrenzen der Ultrarotbestimmungen, sondern auch Hinweise auf die experimentellen *Bedingungen*, die einen kleinen Fehler gewährleisten und die daher möglichst eingehalten werden sollen. Wir beschränken unsere Untersuchung im allgemeinen auf die Extinktion bzw. den Extinktionskoeffizienten und überlassen es dem Leser, die Auswirkung eines in diesen Größen festgestellten Fehlers auf die Endergebnisse quantitativer Untersuchungen, also Konzentrationsangaben, abzuschätzen. Das BEERsche Gesetz werde als erfüllt angesehen und die Extinktion E bzw. der Extinktionskoeffizient ε durch die Gleichung

[III, 3.33] $$E = \varepsilon \cdot c \cdot d = \ln J_0 - \ln J$$

definiert.

Je nachdem, von welchen Gegebenheiten wir ausgehen und welches Ziel wir im Auge haben, sind der Gang und das Ergebnis der Fehlerbetrachtung verschieden. Bei der wachsenden Bedeutung der Ultrarotspektroskopie in den letzten Jahren kann es nicht überraschen, zu diesem Thema eine ganze Reihe ganz verschiedenartiger Untersuchungen mit z. T. unterschiedlichen Ergebnissen in der Literatur zu finden. BARNES u. a. (*4*) geben, ausgehend von der Forderung, daß ein vorgegebener Fehler in der Durchlässigkeitsmessung einen minimalen Einfluß auf die gesuchte Konzentration habe, als optimal eine Extinktion 1 bzw. eine Durchlässigkeit von rund 37% an [s. a. BRODERSEN (*100*)]. Damit ist eine Forderung hinsichtlich der benutzten Schichtdicke ausgesprochen, die demgemäß gewählt werden sollte. Dieses einfache Ergebnis gilt aber nur bei Annahme einer einzigen gesuchten Komponente in einem sonst absorptionsfreien Medium. Bei Vorhandensein mehrerer absorbierender Komponenten erniedrigt sich der optimale Durchlässigkeitswert, jedoch zeigen sich die Einflüsse so gering, daß es ziemlich gleichgültig ist, wo im Bereich von etwa 25 bis 50% Durchlässigkeit man arbeitet. Zu ähnlichen Ergebnissen kommen COLE (*151*) und ROBINSON (*733*). In großer Breite — mit zahlreichen Literaturhinweisen — wurde das Problem von HUGHES (*1097*) behandelt; er kommt zu dem Schluß, daß der günstigste Durchlässigkeitswert sehr stark von den experimentellen Umständen abhängt und in den sehr weiten Grenzen 2 bis 90% Durchlässigkeit schwanken kann.

In größerer Allgemeinheit hat MARTIN (*544*) das Problem aufgegriffen. Ihm zufolge ist zwischen der Aufgabe der Bestimmung eines Extinktionskoeffizienten einer Substanz für eine bestimmte Wellenlänge und der eigentlichen Aufgabe der quantitativen Analyse — die naturgemäß mehrere Messungen umfaßt, nämlich z. B. an einer Lösung und am reinen Lösungsmittel — zu unterscheiden. Erstere wird hauptsächlich von den Meßfehlern in J und J_0 beeinflußt, während die Konzentration c und die benutzte Schichtdicke d als praktisch fehlerfrei angenommen werden können. Anders im zweiten Fall. Hier sind Messungen von J und J_0 sowohl für die Probe wie für Vergleichssubstanzen (reine Stoffe, Lösungsmittel u. dgl.) erforderlich, die jede für sich fehlerbehaftet sind, aber als unter vergleichbaren Bedingungen zustande gekommen angesehen werden können. Dazu treten noch eine Reihe weiterer Fehlermöglichkeiten, so daß für jede Extinktionsmessung in der Hauptsache folgende Fehlerquellen berücksichtigt werden müssen: 1. fehlerhafte Bestimmung von J und J_0 infolge unvermeidlicher Schwankungen in der Emission der Strahlungsquelle und im Meßsystem; 2. Fehler durch Streustrahlung einer anderen als der gerade untersuchten Wellenlänge; 3. Fehler infolge von Ungleichheit der benutzten Küvetten; 4. Fehler durch nichtlineare Anzeige des Meßsystems.

Daß es ungünstig ist, spektroskopische Messungen bei Durchlässigkeiten von fast 0% oder in der Nähe von 100% vorzunehmen, leuchtet ein. Im ersten Fall bedingt auch schon geringe Streustrahlung einen großen Fehler in der Extinktion, während im zweiten Fall ein an sich geringer Meßfehler in der Durchlässigkeit der Analysen- oder Vergleichssubstanz ebenfalls wieder sehr stark auf die Extinktion einwirkt. Um nun einen optimalen Durchlässigkeitsbereich zu ermitteln, ist es gut, über die Größe der aufgezählten Fehler eine praktischen Verhältnissen entsprechende Annahme zu machen. Dazu sei angenommen: 1. eine Instrumentenanzeige sei auf 1% des Endausschlages meßbar; 2. die Streustrahlung betrage 1% der von der leeren oder mit reinem Lösungsmittel gefüllten Küvette durchgelassenen Strahlungsenergie; 3. die Küvettenungleichheit sei 1% und 4. die Nichtlinearität des Meßsystems sei so beschaffen, daß eine Anzeige von 50% des Endausschlags durch einen Eingang von 51% des für Endausschlag erforderlichen Wertes hervorgerufen wird. Die Fehler nach 2., 3. und 4. können als konstant über längere Zeiträume angesehen werden, während der Fehler nach 1. seiner Natur nach schwankend ist. Dabei muß noch unterschieden werden, ob dieser Fehler allein von Schwankungen in der Emission der Strahlungsquelle herrührt (Fall a) oder von der allgemeinen Meßunsicherheit infolge von Rauscheffekten (Fall b), die hier als eine konstante Unsicherheit jeder Ablesung betrachtet wird. Während demnach im Fall a der Fehler in J_0 oder J immer mit $\pm 0{,}01 \cdot J_0$ oder $\pm 0{,}01 \cdot J$ angenommen werden kann, gibt im Fall b die Messung für J den Wert $J \pm 0{,}01 \cdot J_0$. Fall a und b werden gleich, wenn $J = J_0$ wird; ersterer ist von Bedeutung bei niedriger Verstärkung, d. h. breiten Absorptionsbanden und weiten Spalten, letzterer bei hoher Verstärkung, d. h. schmalen Banden und engen Spalten.

Die Einzelberechnung der verschiedenen Fehlereinflüsse sei hier übergangen; sie kann bei Martin (*544*) nachgelesen werden. Uns interessiert das Ergebnis, das wir in Tab. 26 für den Durchlässigkeitsbereich von 10 bis 90% mitteilen. Diese Tabelle bestätigt wieder die altbekannte Regel, daß man nicht mit Durchlässigkeiten unter 20% und über 60% arbeiten soll, wenn es vermeidbar ist. Denn dann kann kein Einzelfehler über 3,3% der erhaltenen Extinktion hinausgehen, während der mögliche Maximalfehler — die Summe der Einzelfehler — 12% nicht übersteigt. Im allgemeinen wird man wenigstens teilweise mit einer gegenseitigen Kompensation der Einzelfehler rechnen können. Für den wirklichen, nach den Gesetzen der Wahrscheinlichkeit sich ergebenden Gesamtfehler haben wir die eingangs

Tabelle 26. *Prozentiger Fehler in der Extinktion nach* MARTIN (*544*) *bei 1% Abweichung in den Einzelfehlern*

Fehlertyp	Gemessene Durchlässigkeit %								
	10	20	30	40	50	60	70	80	90
Messung von J_0 (Fall a)	0,43	0,62	0,83	1,09	1,44	1,96	2,80	4,48	9,49
Messung von J (Fall a)	0,43	0,62	0,83	1,09	1,44	1,96	2,80	4,48	9,49
Messung von J_0 (Fall b)	0,43	0,62	0,83	1,09	1,44	1,96	2,80	4,48	9,49
Messung von J (Fall b)	4,34	3,11	2,77	2,73	2,89	3,26	4,01	5,60	10,55
Streustrahlung	4,14	2,56	1,98	1,67	1,47	1,33	1,22	1,13	1,07
Küvettenungleichheit	0,43	0,62	0,83	1,09	1,44	1,96	2,80	4,48	9,49
Nichtlinearität	1,56	1,99	2,33	2,62	2,88	3,14	3,36	3,58	3,80
Maximaler Gesamtfehler (Fall a)	6,99	6,41	6,80	7,56	8,67	10,4	13,0	18,2	33,3
Maximaler Gesamtfehler (Fall b)	10,9	8,90	8,74	9,20	10,1	11,7	14,2	19,3	34,4

erwähnten Ziele: Bestimmung eines Extinktionskoeffizienten bzw. einer Konzentration auseinanderzuhalten. Im ersten Fall kommt es darauf an, ob — wenn wir den Nichtlinearitätsfehler unberücksichtigt lassen — die von der Streustrahlung und die von der Küvettenungleichheit herrührenden Fehler zusammen- oder einander entgegenwirken. Letzteres, also der günstige Fall, tritt ein, wenn die ungleichen Küvetten so benutzt werden, daß die durchlässigere als Leer- oder Vergleichsküvette dient. Nimmt man für die Messung von J und J_0 einen nach dem Spiel des Zufalls sich ergebenden Fehler an, so erhält man Tab. 27. Je nach der Zusammenfassung der einzelnen Posten ergeben sich etwas verschiedene Endwerte, jedoch im Bereich von 20 bis 60% Durchlässigkeit kaum mehr als 6%. Jedesmal aber zeigt der wahrscheinliche Gesamtfehler ein allerdings recht flach verlaufendes

Tabelle 27. *Prozentiger Extinktionsfehler bei verschiedenem Zusammenwirken von Einzelfehlern nach* MARTIN (*544*)

	Gemessene Durchlässigkeit %								
	10	20	30	40	50	60	70	80	90
I. Wahrscheinlicher Fehler in der Messung von J_0 und J (Fall a)	0,61	0,88	1,17	1,54	2,04	2,77	3,96	6,34	13,4
II. Wahrscheinlicher Fehler in der Messung von J_0 und J (Fall b)	4,36	3,17	2,80	2,91	3,23	3,80	4,89	7,17	14,2
III. Summe der Fehler infolge Streustrahlung und Küvettenungleichheit	4,57	3,18	2,81	2,76	2,91	3,29	4,02	5,61	10,6
IV. Differenz der Fehler infolge Streustrahlung und Küvettenungleichheit	3,71	1,94	1,15	0,58	0,03	0,63	1,58	3,35	8,42
I. + III.	5,18	4,06	3,98	4,30	4,95	6,06	7,98	12,0	24,0
I. + IV.	4,32	2,82	2,32	2,12	2,07	3,40	5,54	9,69	21,8
II. + III.	8,93	6,35	5,70	5,70	6,14	7,09	8,91	12,8	24,8
II. + IV.	8,07	5,11	4,04	3,52	3,26	4,43	6,47	10,5	22,6

Minimum in der Gegend von 30 bis 50% Durchlässigkeit. Für die Bestimmung von Konzentrationen durch Messungen an unbekannten Analysen- und bekannten Vergleichsproben erreicht man eine weitgehende Kompensation der Fehler nach 2., 3. und 4. unserer obigen Aufzählung, wenn man dafür sorgt, daß beide Messungen bei gleicher Durchlässigkeit stattfinden. Tab. 28 zeigt auch hierfür die MARTINschen Ergebnisse. Das allgemein übliche Verfahren der Aufstellung einer Eichkurve (Extinktion als Funktion der Konzentration) mit optimaler Anpassung der Kurve an die Meßpunkte vermindert die zufälligen Fehler noch unter die in der Tabelle angegebenen Werte. Im Fall a empfiehlt sich die Benutzung einer kleinen Durchlässigkeit, jedoch gehören die Apparaturen der Praxis weder zu diesem noch zum Fall b, sie liegen vielmehr zwischen diesen Extremwerten, so daß auch für Messungen mit dem Ziel der Konzentrationsbestimmung der Durchlässigkeitsbereich um 30% angebracht ist.

Tabelle 28. *Prozentiger Fehler bei spektroskopischen Konzentrationsbestimmungen unter Benutzung gleichdurchlässiger Vergleichsproben nach* MARTIN *(544) unter Annahme der Kompensation von Fehlern aus der Streustrahlung und Küvettenungleichheit*

	Gemessene Durchlässigkeit %								
	10	20	30	40	50	60	70	80	90
Wahrscheinlicher Fehler im Fall a	0,87	1,24	1,66	2,18	2,88	3,92	5,60	8,96	19,0
Wahrscheinlicher Fehler im Fall b	6,17	4,48	4,09	4,16	4,57	5,37	6,91	10,1	20,1

Es sei noch darauf hingewiesen, daß die erwähnten Ergebnisse auch für die modernen, automatisch abgleichenden und die prozentige Durchlässigkeit registrierenden Geräte gelten, weil ja für sie ein Fehler sowohl in der 100%- wie in der 0%-Absorptionslinie zusätzlich zum Fehler der eigentlichen Durchlässigkeitsmessung berücksichtigt werden muß; nähere Ausführungen dazu findet man in der schon zitierten Arbeit von ROBINSON (*733*) und bei LINNIG u. MANDEL (*1100*). Einen Überblick über die bei Routineanalysen erzielbare Genauigkeit geben CHILDERS u. STRUTHERS (*137*) sowie SCHNURMANN u. KENDRICK (*775*), letztere unter besonderer Berücksichtigung von Differenzverfahren.

4. Kapitel: Reflexions-, Polarisations- und mikrospektroskopische Messungen

1. Möglichkeit und Grenze der Reflexionsspektroskopie

Reflexionsmessungen hatten in der Ultrarotspektroskopie als Mittel zur Erkenntnis des inneren Aufbaus der Materie und zur Erlangung bestimmter charakteristischer Stoffkonstanten früher erheblich größere Bedeutung als heute. Für gewisse Fälle und zu einer gewissen Zeit — um die Jahrhundertwende — übertrafen sie sogar die heute fast allein üblichen Absorptionsmessungen. Viele Ergebnisse der ultraroten Reflexionsmessungen sind längst Allgemeingut der Physik geworden — es sei z. B. nur an die mit dem Begriff „*Reststrahlen*" verbundenen Vorstellungen und Methoden erinnert. Besonders die Erforschung einfacher, aber auch komplexer Kristalle verdankt den Reflexionsuntersuchungen manchen gewichtigen Einblick in den inneren Aufbau und die Gitterstruktur, lange bevor die Technik der Absorptionsmessung soweit entwickelt war, um ihnen gleich- oder höherwertige Ergebnisse an die Seite zu stellen. Damit ist aber auch schon der Grund für den Rückgang der Reflexionsspektroskopie angedeutet. Prinzipiell liefert zwar auch die Reflexion für die Stoffe charakteristische Aussagen. Jedoch ist — bei technisch oft einfacheren Verfahren — das Auswerteverfahren für Reflexionsspektren außerordentlich kompliziert und zeitraubend und zudem in seiner Präzision auch nicht im entferntesten mit dem der Absorptionsspektren vergleichbar. Nur dort, wo die Präparation der zu Absorptionsmessungen vorgesehenen Proben unüberwindliche Schwierigkeiten bereitet, bietet sich die Reflexionsmessung als Ersatz an. Das ist also überall dort der Fall, wo besonders starke Absorption die Herstellung extrem dünner Schichten verlangt, eine Forderung übrigens, der heutzutage fast immer entsprochen werden kann. Offenbar kommen dafür nur gewisse Festkörper in kristalliner und amorpher Form in Frage und vielleicht, jedoch nicht unbedingt, einige wenige Flüssigkeiten ganz besonders starker Absorption in den Grundschwingungen. Wendet man allerdings die Reflexionsmethode an, so liefert sie grundsätzlich nicht nur die Absorptionskonstanten des untersuchten Stoffes, sondern immer auch seinen Brechungsexponenten. Mit dem Spektrum zusammen erhält man also immer auch die Dispersionskurve, ein Vorzug, der manchmal die Mühe der schwierigen Auswertung aufwiegen kann.

Die Ergebnisse jener erwähnten früheren Blütezeit der Reflexionsmethode findet man in den älteren zusammenfassenden Darstellungen der Ultrarotspektroskopie. Je neueren Datums diese allerdings sind, desto weniger Platz räumen sie diesen Ergebnissen ein, so dem Übergewicht der Absorptionsmethode Rechnung tragend. Man muß daher zwecks eingehenderer Unterrichtung schon zu älteren Werken greifen.

Der Anwendungsbereich der Reflexionsspektroskopie hat sich in neuester Zeit jedoch beträchtlich durch die Einführung eines neuen Verfahrens, der sog. ATR-Technik, erweitert, und zwar über die bisherige Zielsetzung der Gewinnung von optischen Konstanten hinaus. Diese Technik gestattet es, von fast jeder festen oder flüssigen Substanz ein Reflexionsspektrum zu gewinnen, das dem üblichen Absorptionsspektrum nicht nur äußerlich ähnlich, sondern ihm als Substanzcharakteristikum und an Aussagekraft gleichwertig ist. Alle Gesichtspunkte der Reflexionsspektroskopie findet man in einem Buch von WENDLANDT u. HECHT (*1188*) abgehandelt.

2. *Die Grundformeln der Reflexionsspektroskopie*

Der Platz der spektralen Durchlässigkeit der Absorptionsspektroskopie wird in der Reflexionsspektroskopie vom spektralen *Reflexionsvermögen* eingenommen. Dieses ist definiert als das Verhältnis der bei einer Wellenlänge reflektierten zur einfallenden Strahlungsenergie und wird, wie Absorption oder Durchlässigkeit, meist in Prozent angegeben. Es ist außer von der Wellenlänge noch abhängig vom Einfallswinkel und vom Schwingungszustand der Strahlung, letzteres vergleichbar der Abhängigkeit der Durchlässigkeit beim dichroitischen Kristall. Die Schwingungsrichtung der Strahlung wird grundsätzlich auf die Einfallsebene am Untersuchungsobjekt bezogen. Wenn wir die dazu parallel schwingende Komponente der Strahlung mit einem Index π, die dazu senkrecht schwingende mit einem Index σ kennzeichnen, dann wird die *Amplitude* des Reflexionsvermögens für jede Komponente in Abhängigkeit vom Einfallswinkel φ und Brechungswinkel χ durch die FRESNELschen Formeln

[III, 4.1] $$r_\sigma = -\frac{\sin(\varphi-\chi)}{\sin(\varphi+\chi)}, \qquad r_\pi = \frac{\tan(\varphi-\chi)}{\tan(\varphi+\chi)}$$

geliefert. Die darin auftretenden Winkel sind durch das SNELLIUSsche Brechungsgesetz

[III, 4.2] $$\sin\varphi = n' \sin\chi$$

miteinander verknüpft, worin n' den Brechungsexponenten der untersuchten Substanz bei der betrachteten Wellenlänge bedeutet. Arbeitet man nicht mit polarisierter, sondern mit unpolarisierter, sog. natürlicher Strahlung, dann ist das Reflexionsvermögen

[III, 4.3] $$|r|^2 = \frac{1}{2}\left(|r_\sigma|^2 + |r_\pi|^2\right).$$

Für absorbierende Medien ist bekanntlich der Brechungsexponent als komplexe Größe anzusetzen:

[III, 4.4] $$n' = n(1 - i\varkappa).$$

Darin bedeutet n den reellen Teil des Brechungsexponenten; $\varkappa$ ist der Absorptionsindex und $k = n\varkappa$ der Absorptionskoeffizient, welche Größen mit dem Extinktionskoeffizienten des LAMBERTschen Absorptionsgesetzes in der durch [III, 3.6] gegebenen Beziehung stehen. Aus dem komplexen Brechungsexponenten folgt nach [III, 4.2] auch ein komplexer Brechungswinkel, dem man durch den Ansatz

[III, 4.5] $$n' \cos\chi - (n'^2 - \sin^2\varphi)^{1/2} = a - i\,b$$

Rechnung trägt. Nun lassen sich die Amplituden des Reflexionsvermögens als Funktionen von a und b hinschreiben:

[III, 4.6] $$r_\sigma = -\frac{a - i\,b - \cos\varphi}{a - i\,b + \cos\varphi}, \qquad r_\pi = -r_\sigma \frac{a - i\,b - \sin\varphi\tan\varphi}{a - i\,b + \sin\varphi\tan\varphi}.$$

Die der Messung zugänglichen Komponenten des Reflexionsvermögens ergeben sich durch die Quadrate der komplexen Amplituden:

[III, 4.7] $$|r_\sigma|^2 = \frac{a^2 + b^2 - 2a\cos\varphi + \cos^2\varphi}{a^2 + b^2 + 2a\cos\varphi + \cos^2\varphi},$$

[III, 4.8] $$|r_\pi|^2 = |r_\sigma|^2 \frac{a^2 + b^2 - 2a\sin\varphi\tan\varphi + \sin^2\varphi\tan^2\varphi}{a^2 + b^2 + 2a\sin\varphi\tan\varphi + \sin^2\varphi\tan^2\varphi},$$

[III, 4.9] $$|r|^2 = |r_\sigma|^2 \frac{a^2 + b^2 + \sin^2\varphi\tan^2\varphi}{a^2 + b^2 + 2a\sin\varphi\tan\varphi + \sin^2\varphi\tan^2\varphi}.$$

Abgesehen von den Winkelfunktionen treten darin immer nur a und die Kombination $a^2 + b^2$ auf, die wiederum als Funktionen von n, $\varkappa$ und φ aus [III, 4.5] und [III, 4.4] entnommen werden können:

[III, 4.10] $$a^2 + b^2 = \frac{1}{2}\left[n^2(1-\varkappa^2) - \sin^2\varphi\right] + \frac{1}{2}\left[\{n^2(1-\varkappa^2) - \sin^2\varphi\}^2 + 4n^4\varkappa^2\right]^{1/2} + \frac{2n^4\varkappa^2}{n^2(1-\varkappa^2) - \sin^2\varphi + \left[\{n^2(1-\varkappa^2) - \sin^2\varphi\}^2 + 4n^4\varkappa^2\right]^{1/2}},$$

$$[\text{III}, 4.11]\quad 2a = \left[\frac{1}{2}\{n^2(1-\varkappa^2)-\sin^2\varphi\} + \frac{1}{2}\langle\{n^2(1-\varkappa^2)-\sin^2\varphi\}^2 + 4n^4\varkappa^2\rangle^{1/2}\right]^{1/2}.$$

Über diese komplizierten Ausdrücke werden aber auch r_σ und r_π Funktionen von n, $\varkappa$ und φ, jedoch wollen wir auf das Hinschreiben der unübersichtlichen Formeln verzichten. Umgekehrt lassen sich aber bei bekanntem $|r_\sigma|^2$ und $|r_\pi|^2$ und gegebenem Einfallswinkel φ die den Stoff kennzeichnenden Größen n und $\varkappa$ berechnen. Eine Reflexionsmessung unter bekannten geometrischen Bedingungen — es werden Messungen bei zwei verschiedenen Einfallswinkeln benötigt — ist also imstande, die Absorptionseigenschaften des untersuchten Stoffes — neben seiner Dispersion — zu liefern. Jedoch zeigt ein Blick auf die unübersichtlichen, komplizierten Formeln,

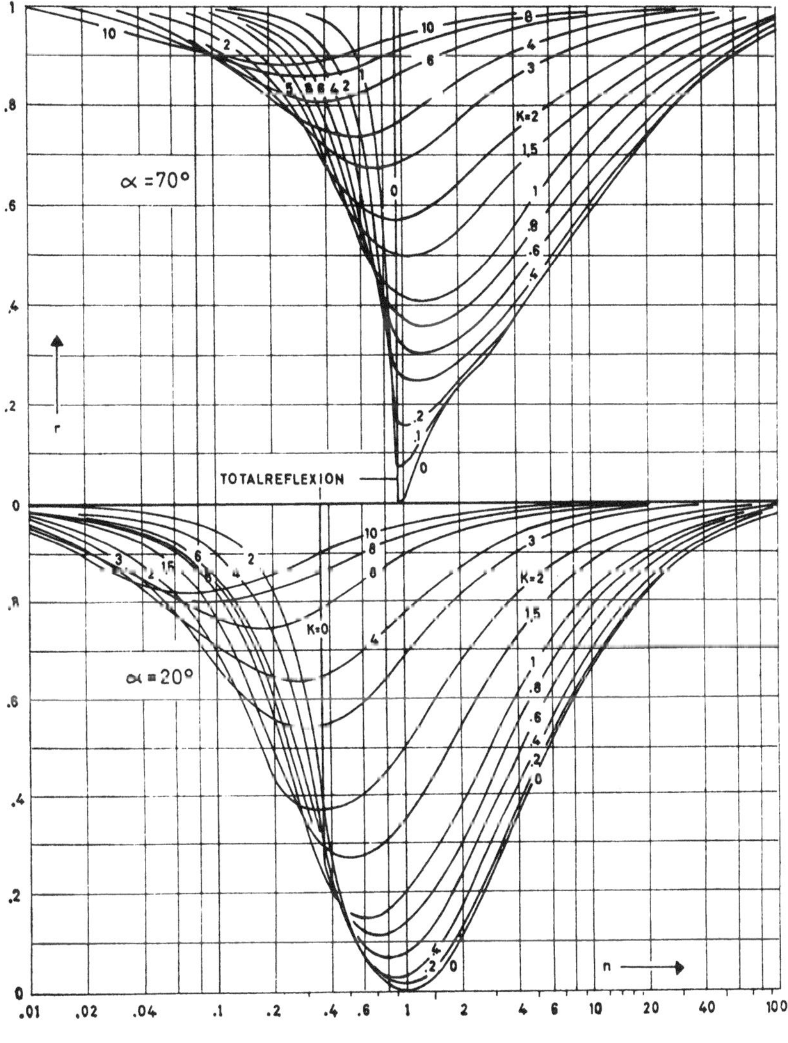

Abb. 156a

daß die unmittelbare Ausrechnung in jedem Einzelfall ein wenn nicht hoffnungsloses, so doch sehr mühevolles und zeitraubendes Unternehmen ist. Es erscheint günstiger, für gewisse, den praktischen Verhältnissen angepaßte Werte des Einfallswinkels die drei das Reflexionsverhalten eines Materials kennzeichnenden Größen $|r_\sigma|^2$, $|r_\pi|^2$ und $|r|^2$ als Funktionen von n und $\varkappa$ in Tabellenform mit Berücksichtigung ausreichender Interpolationsmöglichkeiten ein für alle Male zu berechnen. Der Aufwand dafür sowohl an Zeit wie an Gerät — Rechenmaschinen sind die geringste Forderung, die man stellen muß — lohnt sich nur, wenn man öfter zur Reflexionsmethode greifen will oder muß. Da auch die Tabellen noch unhandlich und unpraktisch sind, empfiehlt es sich, sie in graphischen Darstellungen niederzulegen, auf deren Basis dann die praktische Auswertung der Meßergebnisse stattfindet. Solche Darstellungen (Abb. 156) wurden von ŠIMON (*800*) veröffentlicht, bei dem

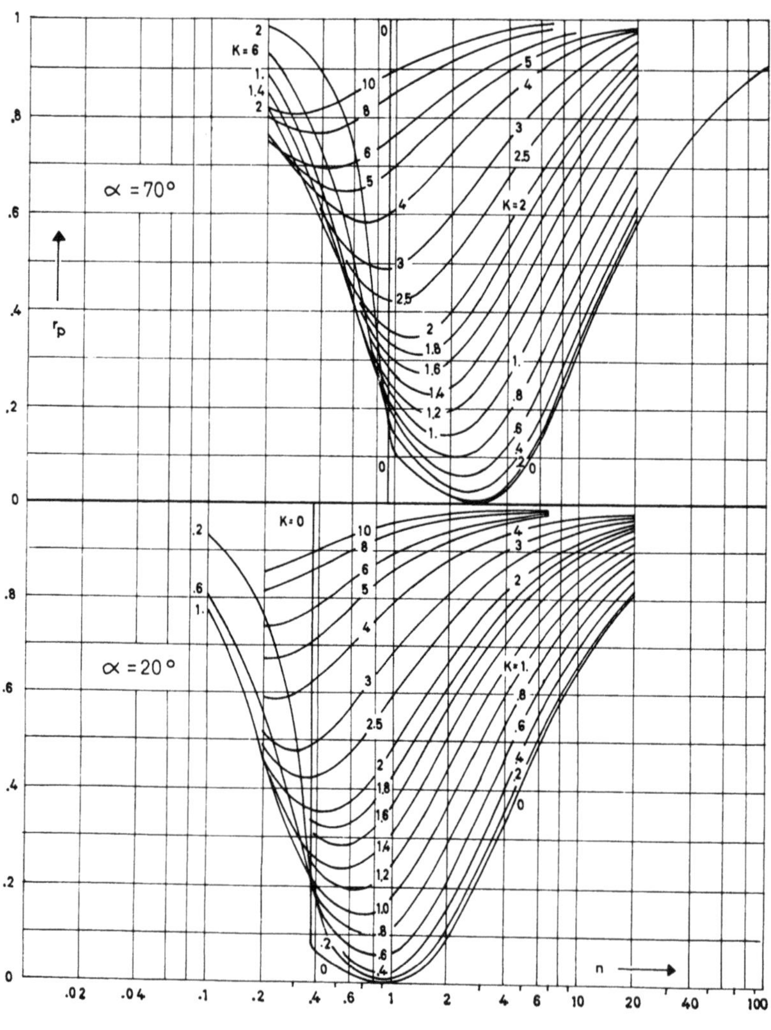

Abb. 156b

man auch weitere Hinweise für die praktische Durchführung der Reflexionsanalyse und Beispiele findet. Zu beachten ist insbesondere, daß bei Verwendung unpolarisierter Strahlung vor Heranziehung der ŠIMONschen Tafeln das gemessene Reflexionsvermögen noch wegen der immer vorhandenen Apparatpolarisation korrigiert werden muß. Die Korrektion ist aus Abb. 157 zu entnehmen. Eine Diskussion der erzielbaren Genauigkeit geben OSWALD u. SCHADE (*628*) und NEUROTH (*605*). Anstatt des graphischen Verfahrens wird man, wo verfügbar, elektronische Rechen-

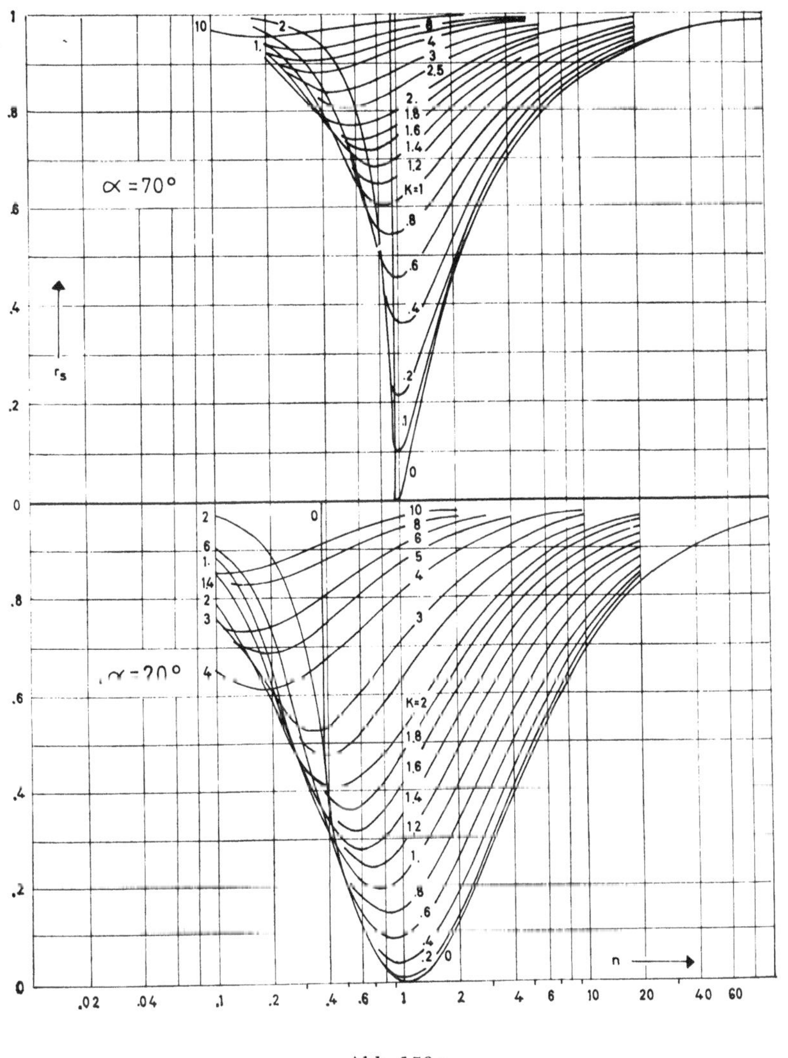

Abb. 156c

Abb. 156. Reflexionsvermögen r als Funktion von n und $\varkappa$ nach ŠIMON (*800*) für die Einfallswinkel 20° und 70°. — a) Nicht-polarisierte Strahlung; b) Strahlung parallel zur Einfallsebene polarisiert; c) Strahlung senkrecht zur Einfallsebene polarisiert

maschinen für die Auswertung einsetzen, die ein für allemal so programmiert werden können, daß nach Eingabe des gemessenen Reflexionsvermögens n und $\varkappa$ automatisch errechnet werden[1]).

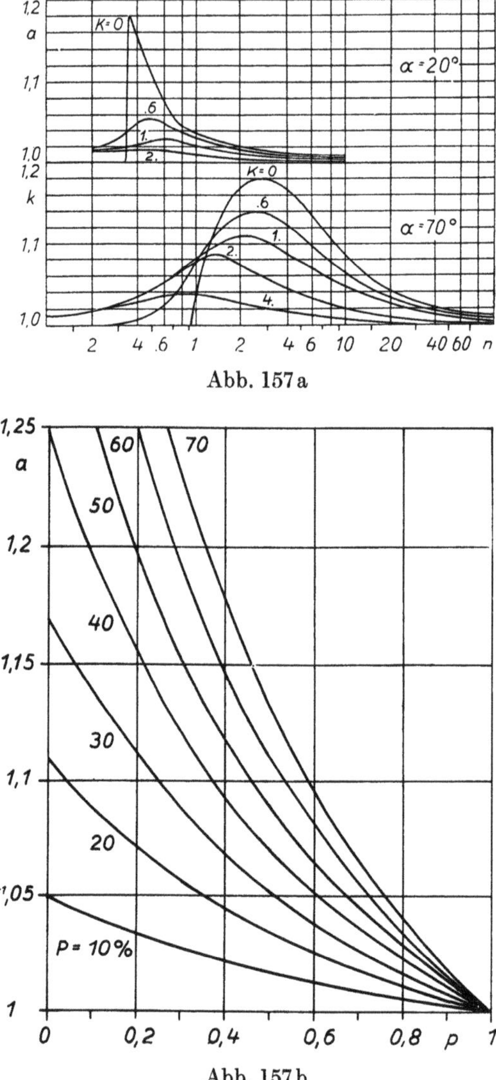

Abb. 157a

Abb. 157b

Abb. 157. Korrektur für das Reflexionsvermögen bei Verwendung nichtpolarisierter Strahlung wegen vorhandener Apparatpolarisation nach ŠIMON (*800*). — a) Korrekturfaktor in Abhängigkeit von n und $\varkappa$ bei einer Apparatpolarisation von 30%; b) Korrekturfaktor in Abhängigkeit vom Polarisationsgrad P der Apparatpolarisation und vom Intensitätsverhältnis p der Strahlungskomponenten

[1]) Mit der Entwicklung der ATR-Methode (s. nächsten Abschnitt) ist dem geschilderten Verfahren für die Bestimmung der optischen Konstanten eines Materials ein ernsthafter und häufig überlegener Konkurrent entstanden [HANSEN (*1281*)].

Bei der geschilderten Methode sind immer Messungen bei zwei nicht zu nahe beieinander liegenden Einfallswinkeln, etwa 20° und 70°, erforderlich. Das verdoppelt gegenüber Absorptionsmessungen den Aufwand an Meßzeit. Der Grund dafür ist das gleichzeitige Eingehen von n und $\varkappa$ in das Reflexionsvermögen, die aus Reflexionsmessungen nach diesem Verfahren nur gemeinsam und miteinander verkoppelt bestimmt werden können. ROBINSON (*736*) hat darauf hingewiesen, daß man auch mit Messungen bei nur einem Einfallswinkel auskommt, wenn man diesen zu 0° — bzw., weil dies technisch nicht gut möglich ist, in der Nähe von 0° mit einer rechnerischen Korrektion für die bei kleinen Einfallswinkeln auftretenden Brechungswinkel — wählt und in einem Frequenzbereich genügender Breite mißt. Die FRESNELschen Formeln gehen dann in die Form

[III, 4.12]
$$|r^\circ|^2 = \frac{(n'-1)^2}{(n'+1)^2}$$

über mit n' aus [III, 4.4]. Die ROBINSONsche Methode basiert auf Überlegungen und Rechnungen, wie sie in ähnlicher Weise in der Theorie elektrischer Leitungen entwickelt wurden, speziell auf der Erkenntnis, daß Dämpfung und Phasenverschiebung durch eine elektrische Leitung voneinander nicht unabhängig sind, der sog. KRAMERS-KRONIG-Relation [KRAMERS (*482a*), KRONIG (*482b*)]. Mit Hilfe eines Phasenwinkels φ läßt sich nämlich die Reflexionsamplitude in komplexer Weise schreiben:

[III, 4.13]
$$r_\sigma = |r_\sigma| \cdot e^{i\varphi}.$$

Diese Gleichung ist äquivalent zur ersten Formel von [III, 4.6], wenn wir den Phasenwinkel durch

[III, 4.14]
$$\varphi_0 = \frac{2\,r_0}{\pi} \int_0^\infty \frac{\ln|r_\sigma| - \ln|r_\sigma|_0}{\nu^2 - \nu_0^2}\, d\nu$$

bestimmen; der Index bezeichnet dabei die Frequenz, für die die Rechnung durchgeführt wird. Eine entsprechende Gleichung gilt für die andere Reflexionskomponente. Dann werden aber aus dem gemessenen $|r^\circ|^2$ der komplexe Brechungsindex n' bzw. n und $\varkappa$ nebeneinander berechenbar. Auch für die numerische Auswertung der Messungen, die nicht weniger kompliziert als bei der früheren Methode ist, benutzt ROBINSON graphische Verfahren der Leitungstheorie, insbesondere das bekannte SMITH- oder Leitungsdiagramm. Recht uberzeugend wurde die Leistungsfähigkeit dieser Methode durch Untersuchungen an Polytetrafluoräthylen und Harnstoffkristallen bewiesen [ROBINSON u. PRICE (*737*)]. Die Methode wurde in letzter Zeit beträchtlich ausgebaut und außer zur Bestimmung der optischen Konstanten auch auf Untersuchungen zur Form der Ultrarotbanden u. ä. angewandt [ANDERMANN u. a. (*1080*)].

Eine genauere Diskussion der oben angegebenen Reflexionsformeln zeigt, daß beträchtliche Werte des Reflexionsvermögens nur für solche Wellenlängen zu erwarten sind, für die der Absorptionsindex $\varkappa$ groß ist, etwa $\varkappa > 0{,}5$. Tatsächlich wurde die Reflexionsmethode bislang fast ausschließlich für solche Fälle angewendet. Organische Substanzen haben jedoch meistens auch in den Gebieten der Eigenschwingungen Absorptionsindizes zwischen 0 und 0,4 bei Brechungsindizes zwischen 1 und 2. Die daraus resultierenden Reflexionsspektren (für einen gegebenen Einfallswinkel) zeigen daher wenig oder gar keinen Kontrast.

3. Die ATR-Technik[1]

Tatsächlich kann das zuletzt erwähnte Manko durch einen technischen Trick von grundsätzlicher Bedeutung beseitigt werden, worauf FAHRENFORT (*1074*) zuerst hingewiesen hat. Er konnte zeigen, daß man auch bei relativ kleinen Werten des Absorptionsindex $\varkappa$ zwischen 0 und 0,2 durch Reflexionsmessungen gut auswertbare Spektren erhält, wenn man die Reflexion an der Grenzfläche zwischen einem absorptionsfreien Medium mit hohem Brechungsindex und der zu untersuchenden

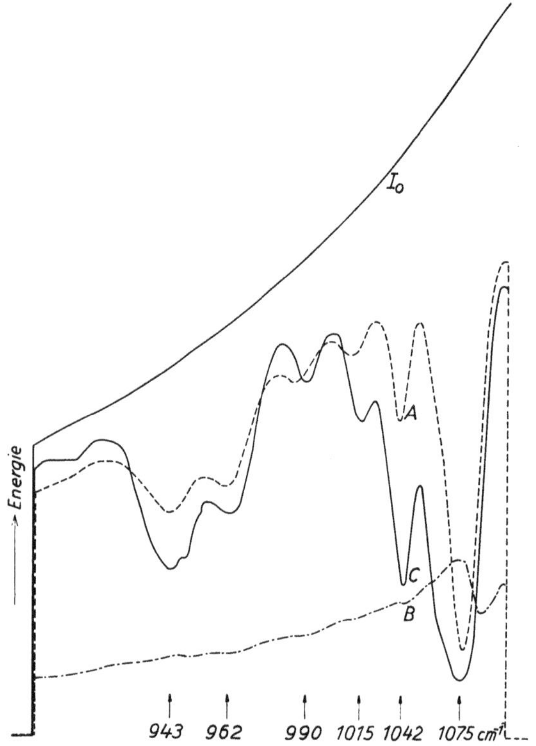

Abb. 158. Vergleich zwischen gewöhnlichem Durchlässigkeitsspektrum, gewöhnlichem Reflexionsspektrum und Reflexionsspektrum unter Benutzung der Totalreflexion nach FAHRENFORT (*1074*). — I_0 = Energiekurve (Einstrahlgerät); A = Durchlässigkeitsspektrum (Dibutylphthalat, Schichtdicke 0,01 mm); B = gewöhnliches Reflexionsspektrum bei Einfallswinkel 45°; C = Reflexionsspektrum der Substanz unter einem AgCl-Kristall (Grenzwinkel der Totalreflexion)

Substanz etwa unter dem Grenzwinkel der Totalreflexion benutzt. Abb. 158 zeigt dies an einem von FAHRENFORT veröffentlichten Beispiel in Gegenüberstellung von normalem Reflexions-, ATR-Spektrum und gewöhnlichem Durchlässigkeitsspektrum unter Verwendung eines Einstrahlspektrometers.

Totalreflexion tritt bekanntlich immer dann ein, wenn elektromagnetische Strahlung vom optisch dichteren Medium her unter einem Winkel, der größer als ein bestimmter Grenzwinkel ist, auf die Trennfläche zu einem optisch dünneren Medium trifft; die Größe des Grenzwinkels α_0 wird durch die Beziehung

[1] ATR = attenuated total reflection = abgeschwächte Totalreflexion.

$$\sin\alpha_0 = \frac{n_1}{n_2}$$

bestimmt, worin n_1 der Brechungsindex des optisch dünneren, n_2 der des optisch dichteren Mediums ist. Die Bezeichnung Totalreflexion ist jedoch insofern irreführend, als die nähere theoretische Behandlung zeigt, daß die total reflektierte Strahlung tatsächlich in das optisch dünnere Medium übertritt, in ihm eine gewisse Wegstrecke längs der Grenzfläche zurücklegt und dann wieder in das dichtere Medium zurückkehrt. Der von einem bestimmten Flächenelement „reflektierte" Strahl ist also nicht identisch mit dem dort auffallenden. Das haben Goos u. Hänchen (*1075*) durch ein hübsches Experiment demonstriert, dessen Schema in Abb. 159 dargestellt ist: Eine Glasplatte ist teilweise metallisiert (schraffiert); Licht, das durch einen schrägen Anschliff in die Glasplatte so eintreten kann, daß

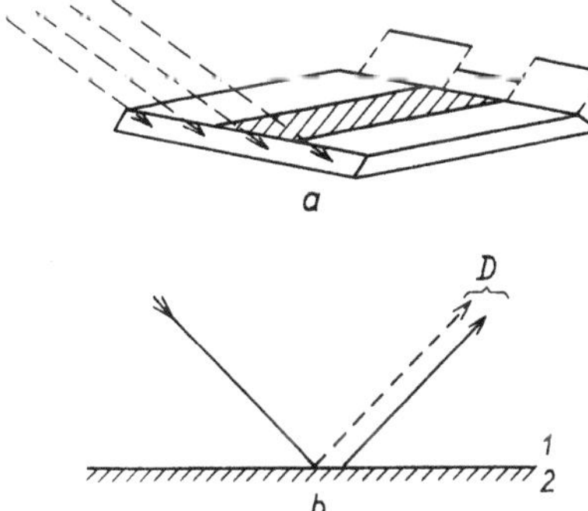

Abb. 159. Experimenteller Nachweis der Versetzung des total reflektierten Strahls nach Goos u. Hänchen (*1075*)

es an ihrer Oberfläche total reflektiert wird, zeigt nach dem Wiederaustritt eine charakteristische Versetzung D des an den nichtmetallisierten Teilen reflektierten Anteils gegenüber den am Metall reflektierten. Diese Versetzung ist unter der Annahme eines engen Strahles angenähert gegeben durch

$$D = \frac{\lambda}{\pi} \frac{\sin\alpha}{(\sin^2\alpha - \sin^2\alpha_0)^{1/2}},$$

worin λ die Strahlungswellenlänge, α den Einfallswinkel und α_0 den Grenzwinkel der Totalreflexion bedeuten. Je nach den Umständen sind Werte von D bis zu einigen Wellenlängen möglich. Die Eindringtiefe in das optisch dünnere Medium, gerechnet senkrecht zur Grenzfläche, ist ebenfalls vom Einfallswinkel abhängig; sie beträgt etwa 0,1 μ bei großen Einfallswinkeln und steigt erst ganz in der Nähe des Grenzwinkels der Totalreflexion steil auf Werte von 1 μ und mehr an. Infolge des im optisch dünneren Medium zurückgelegten Weges wird die Strahlung, wenn das Medium für die betrachtete Wellenlänge nicht absorptionsfrei ist, geschwächt, und in der reflektierten Strahlung spiegelt sich so das Absorptionsspektrum des dünneren Mediums. Voraussetzung dafür ist aber, daß das dünnere Medium mit dem dichteren im optischen Kontakt ist und seine Absorption einen gewissen Wert nicht übersteigt, weil sonst überhaupt keine Strahlung in das optisch dichtere Medium zurückkehren kann.

Das Grundsätzliche der Anordnung von FAHRENFORT zeigt Abb. 102a: Sie stellt sich dar als ein Halbzylinder aus hochbrechendem, absorptionsfreiem Material. Auf seiner Halbierungsfläche befindet sich die zu untersuchende Substanz in optischem Kontakt. Die Strahlung verläuft in Richtung des eingezeichneten Pfeils; die angedeutete Fokussierung vor und nach dem Halbzylinder dient der Herstellung eines parallelen Strahlenbündels innerhalb des Zylinders und eines eindeutigen Einfallswinkels an der Grenzfläche. An dieser tritt nur eine einzige Reflexion ein. Entsprechend schwach ausgeprägt sind die Absorptionsmerkmale in der reflektierten Strahlung, vor allem wenn $\varkappa$ klein ist. Das kann behoben werden, indem man für mehrere Reflexionen an der Grenzfläche hintereinander sorgt, wie es schon in der früher gezeigten Abb. 101 veranschaulicht wurde. Dazu muß das hochbrechende Material besonders geformt und entsprechend mit der zu untersuchenden Substanz belegt sein. Man spricht dann gelegentlich auch von mehrfacher innerer Reflexion (MIR = multiple internal reflection). Die Strahlungseintrittsfläche des hochbrechenden Kristalls gestaltet man so, daß dort möglichst wenig Strahlungsenergie verlorengeht, d. h. man strebt senkrechten Einfall an. Der ausnutzbare Einfallswinkel an der Grenzfläche zwischen hoch- und niedrigbrechendem Medium kann zwischen zwei Grenzwerten gewählt werden. Er ist im übrigen von der Art des hochbrechenden Materials und der Probe abhängig und soll möglichst nahe beim Grenzwinkel der Totalreflexion liegen. Je geringer der Brechungsindex des hochbrechenden Materials ist, desto größer ist der benötigte Einfallswinkel, desto mehr nähert sich der Strahlengang dem streifenden Einfall, was gewisse konstruktive Auswirkungen beim Einbau der ATR-Einrichtung in ein Spektrometer hat. Man wählt daher im allgemeinen ziemlich hochbrechende Materialien. Eine Auswahl mit den zugehörigen Daten ist in Tab. 29 zusammengestellt. Methodisch kommt die ATR-Technik besonders dann in Betracht, wenn es schwer oder unmöglich ist, eine für Durchlässigkeitsmessungen brauchbare Probe zu erhalten, also bei der Untersuchung von Anstrichen und Beschichtungen, bei der Untersuchung von Oberflächen an sich und der etwaigen daran adsorbierten Stoffe, bei unlöslichen, aber in genügender Größe schleifbaren Substanzen usw. Dabei kann unter Verwendung eines Mikroilluminators die zu fordernde Mindestfläche in der Gegend von wenigen oder sogar nur einem Quadratmillimeter liegen. ATR-Platten aus leitendem Germanium, die als Elektroden bei elektrochemischen Prozessen dienen, können mit Vorteil dazu benutzt werden, die Niederschläge auf der Elektrode während des Ablaufs des Prozesses ultrarotspektroskopisch zu untersuchen [MARK u. PONS (*1276*)].

Tabelle 29. *Materialien für die ATR-Technik mit Kenndaten nach* POLCHLOPEK (*1079*)

Material	n_2	Einfallswinkel in ° bei Probenbrechungsindex				brauchbar im Bereich	
		$n_1 = 1{,}3$	1,4	1,5	1,6	λ	ν
CaF_2	1,43	66	—	—	—	0,4 – 8	1250 – 25000
NaCl	1,52	60	67	—	—	0,4 – 15	665 – 25000
AgCl	2,0	40	45	49	53	1 – 20	500 – 10000
KRS-6	2,19	36	40	43	47	0,4 – 25	400 – 25000
KRS-5	2,38	33	36	39	42	1 – 25	400 – 10000
Si	3,5	22	24	26	28	2 – 6,5*	1570 – 5000*
Ge	4,02	19	20	33	24	2 – 11,5*	870 – 5000*

*) Durchlässigkeit s. Tab. 10; Beschränkung wegen Absorptionsbanden.

Obwohl die ATR-Technik erst wenige Jahre als ist, ist die Literatur darüber und über ihre Anwendungen schon recht umfangreich. Wir begnügen uns hier mit dem Hinweis auf einige Veröffentlichungen, denen grundlegende Bedeutung zukommt: FAHRENFORT (*1076*), FAHRENFORT u. VISSER (*1077*), HARRICK (*1078*), HANSEN (*1118*), GOTTLIEB u. SCHRADER (*1083*), im übrigen verweisen wir auf eine neuere Literaturzusammenstellung (*1347*). Das Verfahren liefert zunächst nur qualitative Aussagen, aber es sind auch schon quantitative Analysen damit ausgeführt worden, z. B. an Lackfilmen [McGOWAN (*1081*), REICHERT (*1082*)] und an wäßrigen Alkohollösungen [MALONE u. FLOURNOY (*1229*)].

Für die Güte eines ATR-Spektrums hinsichtlich Bandenlage und Bandenform, verglichen mit einem Durchlässigkeitsspektrum derselben Substanz, ist der Umstand entscheidend, daß der Brechungsindex des hochbrechenden Materials im gesamten untersuchten Spektralbereich größer sein muß als der Brechungsindex der zu untersuchenden Substanz. Wenn diese Forderung für eine bestimmte Wellenlänge erfüllt ist, muß sie es durchaus nicht auch für andere Wellenlängen sein, weil der anomale Verlauf des Brechungsexponenten als Funktion der Wellenlänge in der Umgebung einer Absorptionsbande berücksichtigt werden muß. In Abb. 160 sind

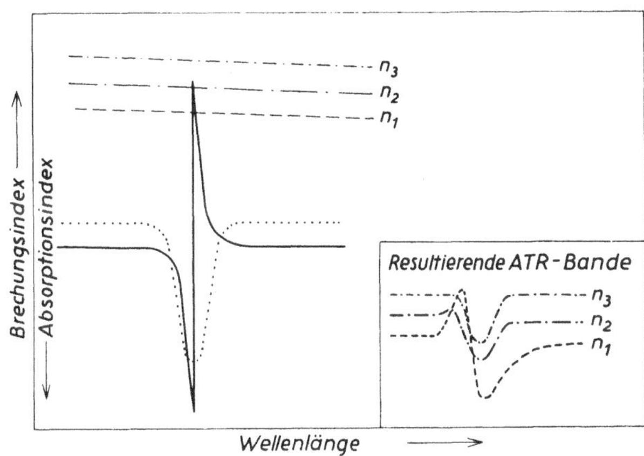

Abb. 160. Der Einfluß der Brechungsindizes auf eine ATR-Bande

die Verhältnisse skizziert: Der Brechungsindex jeder Substanz fällt in einer Wellenlängenskala vor der Absorptionsbande ab, durchläuft ein Minimum, steigt dann in der Bande sehr steil an, durchläuft ein Maximum und fällt dann wieder mehr oder weniger rasch. Im Gegensatz dazu nimmt für ein absorptionsfreies Medium der Brechungsindex mit der Wellenlänge nur langsam ab. Nun kommt es darauf an, ob das erwähnte Maximum des Brechungsexponenten des absorbierenden Mediums dicht hinter seiner Absorptionsbande (die durch das Maximum von $\varkappa$ festgelegt ist) den Brechungsindex des absorptionsfreien Mediums übersteigt, ihn gerade erreicht oder immer darunter bleibt. Im ersten Fall kann in dem ganzen Wellenlängenbereich, in dem der Brechungsindex des absorbierenden Mediums größer ist, keine Totalreflexion eintreten; die Strahlungsenergie geht vielmehr fast gänzlich auf dem Wege der gewöhnlichen Brechung in das optisch „dünnere" Medium über (tatsächlich ist es ja in diesem Bereich das optisch dichtere!) und kann nicht mehr zurückkehren. Dementsprechend hat die total reflektierte Strahlung in diesem Bereich sozusagen ein „Loch". Die ATR-Bande erscheint gegenüber einer reinen Absorptionsbande verlagert und verzerrt, insbesondere wenn man noch berücksichtigt, daß ja in das

Reflexionsvermögen sowohl der Absorptionsindex $\varkappa$ wie auch der Brechungsindex n eingehen. In Abb. 160 sind die Verhältnisse für die drei gerade erwähnten Fälle und ihre Auswirkungen auf das ATR-Spektrum schematisch dargestellt; sie bedürfen nach dem gerade Gesagten keiner weiteren Erläuterung mehr. Man erkennt daraus, daß die Annäherung eines ATR-Spektrums an die Durchlässigkeitsmessung um so besser ist, je größer der Brechungsindexunterschied ist und je mehr Reflexionen man benutzt, grundsätzlich bleibt aber immer ein gewisser Unterschied zwischen Absorptions- und ATR-Spektrum bestehen. Die aus solchen Überlegungen fließenden Auswirkungen auf die Gestaltung der ATR-Einrichtung hat HANSEN (*1118*) zusammen mit vielen anderen Aspekten diskutiert. Von besonderem Interesse ist dabei die Frage, für welche Schichtdicke der untersuchten Substanz man ein Spektrum von ähnlichem Kontrast wie mit der ATR-Methode durch die übliche Transmissionsmessung erhält. Überlegungen dazu haben HARRICK u. DUPRE (*1280*) angestellt. Diese Äquivalenzschichtdicke hängt vom Einfallswinkel und Brechungsindex sowie von der Polarisation der Strahlung ab; sie läßt sich für kompaktes Material und dünne Filme in einem geschlossenen Ausdruck wenigstens angenähert angeben; speziell für dünne Filme kann sie viel größer oder kleiner als die tatsächliche Dicke sein.

GOTTLIEB (*1317*) untersuchte die abgeschwächte Totalreflexion an anisotropen Stoffen im Hinblick auf dichroitische Messungen, insbesondere an Kristallen. Er empfiehlt auch die Verwendung eines Immersionsmediums, z. B. von plastischem Selen, zur Herstellung des für die ATR-Technik benötigten guten optischen Kontaktes zwischen ATR-Kristall und Probe.

4. Diffuse Reflexion

Die bisherigen Überlegungen dieses Abschnittes bezogen sich ausschließlich auf die reguläre oder spiegelnde Reflexion, die hinsichtlich der Stärke von den FRESNELschen Formeln, hinsichtlich der Richtungsabhängigkeit vom SNELLIUSschen Brechungsgesetz beherrscht wird. Daneben gibt es aber noch die diffuse oder Streureflexion, die bislang in der Ultrarotspektroskopie höchstens als lästig empfunden wurde, seit neuestem aber anfängt, ein gewisses meßtechnisches Interesse zu gewinnen, weswegen wir uns ein wenig mit ihr befassen müssen.

Streureflexion tritt immer auf, wenn Strahlung auf einen Körper fällt, dessen Oberfläche nicht einheitlich glatt und von — gegenüber der Wellenlänge — sehr großer Ausdehnung, sondern rauh und sozusagen in eine große Anzahl von Elementarflächen aufgeteilt ist. Besonders ausgeprägt tritt Streureflexion bei der Untersuchung von pulverisierten Körpern auf. Der einzelne Elementarakt der Reflexion an einem Pulverkorn befolgt das Reflexionsgesetz; da aber die reflektierenden Flächen in ihrer räumlichen Orientierung im allgemeinen statistisch verteilt sein werden, tritt nicht mehr eine Reflexion in eine bestimmte Richtung auf, sondern in alle möglichen Richtungen. Ähnlich wirken auch die Beugungserscheinungen, wenn die Korndimensionen mit der Strahlungswellenlänge vergleichbar sind. Dabei können in der Streureflexion bestimmte Reflexionserscheinungen durchaus bevorzugt sein, etwa in Richtung der einfallenden Strahlung (Vorwärtsstreuung) oder dagegen (Rückwärtsstreuung) oder unter bestimmten Winkeln dazu. Außerdem kann sich der Streureflexion auch noch eine reguläre Reflexion überlagern. Die Richtungsabhängigkeit der Streustrahlung ist für unsere jetzige Betrachtung von untergeordneter Bedeutung, uns interessiert vielmehr ihre Stärke, das diffuse Reflexionsvermögen r_d, das je nach den Umständen auf den ganzen Raum, den Halbraum oder auch nur einen bestimmten, herausgegriffenen Raumwinkel bezogen sein kann.

Wir betrachten zunächst die Streuung durch absorptionsfreie Teilchen in einem ebenfalls absorptionsfreien Medium unter den folgenden Voraussetzungen: 1. Die streuenden Teilchen sollen Kugelgestalt haben; 2. ihr Durchmesser sei sehr klein gegen die Strahlungswellenlänge; 3. ihr Durchmesser sei klein gegen den mittleren gegenseitigen Abstand; 4. die Anordnung der Teilchen sei völlig ungeordnet. Durch die Streuung wird eine einfallende (gerichtete) Strahlung der Stärke J_0 nach Durchlaufen einer Strecke d auf den Betrag

[III, 4.15] $$J = J_0 \cdot e^{-\alpha^* d}$$

geschwächt. Dieses Gesetz entspricht formal völlig dem LAMBERT-BOUGUERschen Absorptionsgesetz, beinhaltet aber — woran man immer denken muß — etwas ganz anderes: Das Absorptionsgesetz beschreibt die Intensitätsverluste der Strahlung durch Absorption, d. h. Umwandlung von Energie einer gerichteten Strahlung in Wärmeenergie, das Streuungsgesetz hingegen allein durch Richtungsänderungen ohne Energieumwandlung.

Die Größe α^* bezeichnet man in Analogie zu der in Gl. [III, 3.1] eingeführten Extinktionskonstante als Streuungskonstante. Für streuende Medien, die den oben angeführten Bedingungen genügen, hat RAYLEIGH gefunden, daß

[III, 4.15a] $$\alpha^* \sim \frac{1}{\lambda^4}$$

ist. Diese Beziehung erweist sich auch schon für Teilchendurchmesser, die der Strahlungswellenlänge gleich sind, recht gut erfüllt. Eine einfache Angabe über die Streuungskonstante α^* ist dann noch möglich für Teilchen, deren Durchmesser sehr groß gegen die Strahlungswellenlänge ist; in diesem Falle erweist sich nämlich α^* unabhängig von der Wellenlänge gleich der Summe der Querschnitte der streuenden Teilchen (Radius ϱ):

[III, 4.15b] $$\alpha^* \sim \sum \varrho_i^2$$

Im Übergangsgebiet zwischen diesen beiden Grenzfällen sind Angaben in einfacher, geschlossener Gestalt nicht möglich. Zur Veranschaulichung des Ganges der Streuungskonstante in diesem Übergangsgebiet verweisen wir auf Abb. 161. Darin ist die Abhängigkeit der Streuungskonstante von der Strahlungswellenlänge und dem Radius der streuenden Teilchen nach STRATTON u. HOUGHTON (*834*) für Wasserteilchen ($n = 1{,}33$) in Luft dargestellt. Man erkennt daraus sehr gut die Konstanz von α^* im Gebiet links der Geraden AB (Teilchendurchmesser groß gegen die Wellenlänge), den Bereich des RAYLEIGHschen Streugesetzes rechts der Geraden CD und das Übergangsgebiet, in dem α^* zwei Maxima mit einem charakteristischen scharfen Minimum zeigt.

Wie oben schon angedeutet wurde, hat man es bei realen Körpern im allgemeinen immer mit einer Überlagerung von regulärer und diffuser Reflexion zu tun, insbesondere dann, wenn die streuenden Teilchen auch noch absorbieren. Das Verhältnis der beiden Reflexionsanteile hängt vom Verhältnis der Extinktionskonstante α zur Streuungskonstante α^* ab. In die letztgenannte geht außer der Wellenlänge und dem Teilchendurchmesser auch noch der Brechungsindexunterschied zwischen den Teilchen und dem sie umgebenden Medium ein (s. die Ausführungen

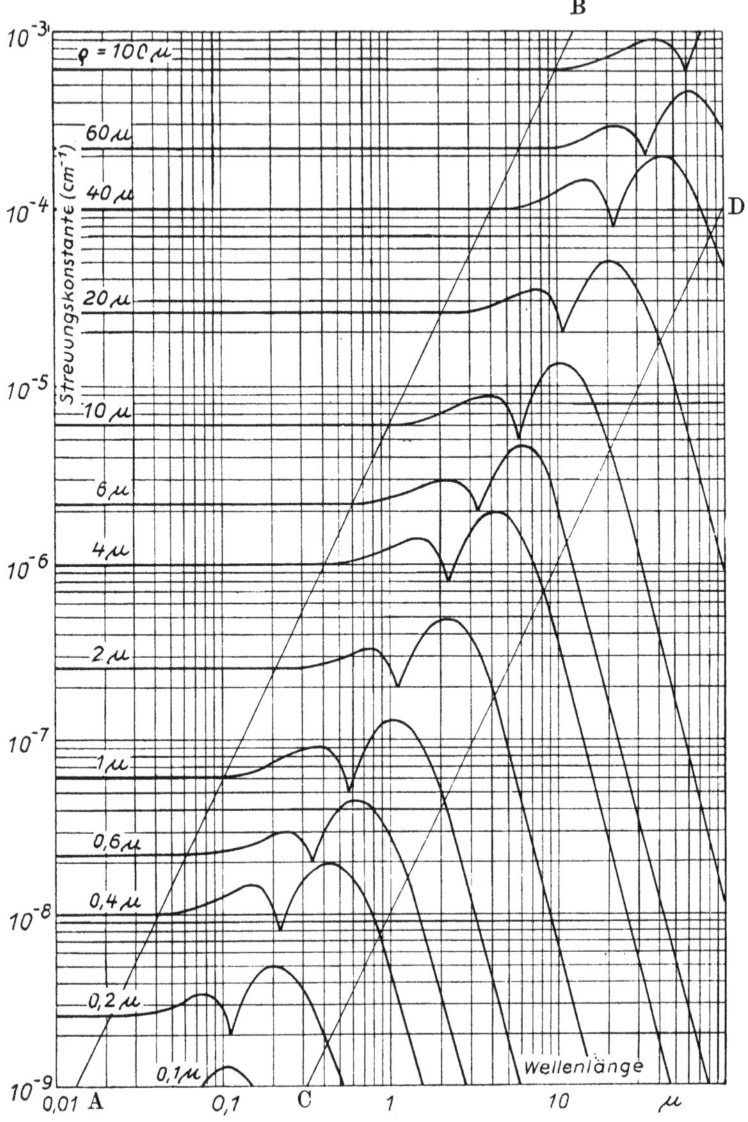

Abb. 161. Streuungskonstante als Funktion von Strahlungswellenlänge und Teilchendurchmesser nach STRATTON u. HOUGHTON (*834*) für Wassertröpfchen

über das Aussehen von Einbettungsspektren, S. 241). Der allgemeine Fall von gleichzeitig auftretender regulärer und diffuser Reflexion läßt sich in geschlossenen Formelausdrücken nicht beschreiben. Bedeutungsvoll und zudem auch leicht zu übersehen ist jedoch der Spezialfall, daß der reguläre Reflexionsanteil verschwindet. KUBELKA u. MUNK (*483*) haben gezeigt, daß in diesem Fall

$$\frac{(1 - r_d)^2}{2\,r_d} = c \cdot \frac{\alpha}{\alpha^*} \qquad \text{[III, 4.16]}$$

ist[1]), wenn mit c eine Proportionalitätskonstante bezeichnet wird. Außer der Voraussetzung verschwindender regulärer Reflexion liegt der Gl. [III, 4.16] auch noch die Bedingung zugrunde, daß die streuende Substanz in so großer Schichtdicke vorliegt, daß entweder alle Strahlung absorbiert oder reflektiert wird, auf keinen Fall jedoch ein durchgelassener Strahlungsanteil auftritt.

Interessant ist der Einfluß des Packungsdruckes auf das Reflexionsvermögen von Pulvern. Transparente Pulver zeigen eine Abnahme der Reflexion mit dem Druck, weil die Abstände zwischen den Teilchen und damit der Anteil der innerlich total reflektierten Strahlung vermindert werden. Anders bei undurchlässigen Pulvern; diese verhalten sich umgekehrt, weil mit zunehmendem Druck die Oberflächendichte steigt und daher weniger Strahlung verschluckt wird [Schatz (*1283*)].

Gelingt es, die der Kubelka-Munk-Gleichung zugrunde liegenden Bedingungen zu verwirklichen, so ist uns ein Mittel anhand gegeben, allein aus Messungen des diffusen Reflexionsvermögens entweder die Absorptionseigenschaften von Stoffen in Pulverform (bei bekannter Streuung) oder die Streuungseigenschaften (bei bekannter Absorption) zu bestimmen. Die Bedingung, daß der durchgelassene Strahlungsanteil verschwinde, ist leicht zu erfüllen. Der Voraussetzung verschwindender regulärer Reflexion läßt sich bei schwach absorbierenden Substanzen durch genügend feines Pulverisieren genügen. Wird dabei der Korndurchmesser genügend klein, dann kann weiterhin α^* als konstant angesehen und — zwecks Bestimmung von α — in die Proportionalitätskonstante c mit einbezogen werden. Bei stark absorbierenden Stoffen genügt auch die feinste Pulverisierung allein nicht, um die Anwendung der Gl. [III, 4.16] zu sichern. Dann muß man entweder den zu untersuchenden Stoff in kleiner Menge mit einem anderen, nicht absorbierenden in einen Mischkristall einbauen, der dann ebenfalls pulverisiert wird [Kortüm u. Mitarb. (*479*, *480*)], oder man muß den zu untersuchenden pulverisierten Stoff mit einem anderen streuenden, aber absorptionsfreien Medium verdünnen [Giovanelli (*304*)]. In beiden Fällen muß allerdings der Verdünnungsgrad ziemlich groß sein (10^{-3} Mol oder weniger). Schließlich kann die Zurückdrängung der regulären Reflexion nach einem Vorschlag von Kortüm u. Vogel (*481*) auch noch unter Ausnutzung der Polarisation erfolgen. Bestrahlt man die Probe mit der Parallelkomponente linear polarisierter Strahlung unter dem Brewsterschen Winkel, dann verschwindet bekanntlich die reguläre Reflexion. Allerdings wird dabei auch die diffuse Reflexion etwas geschwächt.

Auf den vorstehenden Überlegungen beruhende Messungen wurden bisher nur im ultravioletten und sichtbaren Teil des Spektrums ausgeführt. Ihre Bedeutung auch für den ultraroten Spektralbereich liegt auf der Hand, wenn man bedenkt, wie groß das Interesse an der Untersuchung von pulverförmigen Substanzen ist. Aber auch im Falle von Pulvern erscheint es besser, die spektralen Eigenschaften auf dem ATR-Wege zu messen [Harrick u. Riedeman (*1282*)]. Man braucht dazu nur das Pulver in Kontakt mit der ATR-Platte zu bringen, z. B. durch Eintauchen in das Pulver. Überraschenderweise treten dann aus vorläufig noch unbekannten Gründen keine Streuungsverluste ein.

5. *Polarisationsmessungen*

Auf die Notwendigkeit und Nützlichkeit von Untersuchungen mit polarisierter Strahlung wurde schon mehrmals hingewiesen und Gerät und Vorrichtung dazu

[1]) Diese Formel wurde schon 1905 von Schuster abgeleitet.

besprochen. Der Sinn solcher Untersuchungen liegt in folgendem: Wie früher auseinandergesetzt, ist jede Absorptionsbande ursächlich mit einer Änderung des Dipolmoments des Moleküls bei der zugehörigen Schwingung verknüpft. Bei Substanzen mit ungeordneter Lage der Moleküle, also bei Gasen, Flüssigkeiten und amorphen Festkörpern, spielt die Richtung dieser Änderung hinsichtlich der Anregbarkeit der Schwingung keine Rolle. Denn bei unpolarisierter Strahlung ändert sich bekanntlich die Schwingungsrichtung dauernd um die Fortpflanzungsrichtung — bleibt aber natürlich senkrecht zu dieser —, so daß gewissermaßen in sehr kurzen Zeiträumen alle möglichen Richtungen einer Dipolmomentänderung überstrichen werden; die Anregung aller überhaupt möglichen Schwingungen ist demnach gleich wahrscheinlich. Das gilt auch noch bei Verwendung polarisierter Strahlung in der Untersuchung ungeordneter Substanzen, weil dann bei festgehaltener Schwingungsrichtung der Strahlung die gleiche Anregungswahrscheinlichkeit durch die statistische Lageverteilung der Moleküle gewährleistet wird. Anders bei Substanzen mit einer gesetzmäßigen Orientierung der Moleküle, also bei Kristallen. Jetzt hängt die Anregungswahrscheinlichkeit, d. h. aber die beobachtete Stärke der Absorption einer Bande, vom Winkel zwischen der Dipolmomentänderungsrichtung und der Schwingungsrichtung der polarisierten Strahlung ab. Stehen beide senkrecht aufeinander, dann erfolgt überhaupt keine Anregung, liegen sie parallel zueinander, dann erfolgt maximale Anregung; dazwischen findet ein gleitender Übergang statt.

Technisch handelt es sich bei Polarisationsuntersuchungen meist um Absorptionsmessungen der üblichen Art; es sind aber natürlich auch Reflexionsmessungen möglich, und für diese gilt das in den vorausgehenden Abschnitten Gesagte. Als Ergebnis werden zwei Spektren des untersuchten Stoffes erhalten, je eins für jede der beiden Schwingungsrichtungen der polarisierten Strahlung, bezogen auf eine Vorzugs- oder Bezugsrichtung. Diese wird durch die besonderen Umstände der Untersuchung bestimmt, etwa eine definierte Streckrichtung des Materials, eine Kristallachse, die Spaltrichtung o. dgl. Die beiden Spektren unterscheiden sich durch mehr oder weniger unterschiedliche Stärke gleicher Banden. Diese Erscheinung insgesamt wird *Dichroismus* genannt. Man spricht speziell von σ-Dichroismus, wenn die Absorption für die senkrecht zur Vorzugsrichtung schwingende, von π-Dichroismus, wenn sie für die parallel dazu schwingende Komponente der polarisierten Strahlung stärker ist. Zur quantitativen Beschreibung des Dichroismus dient das *dichroitische Verhältnis* ϑ, definiert als das Verhältnis der Extinktionen des π- zum σ-Spektrum:

[III, 4.17] $$\vartheta = \frac{E_\pi}{E_\sigma} = \frac{\ln \frac{1}{D_\pi}}{\ln \frac{1}{D_\sigma}}.$$

σ-Dichroismus liegt demnach für $\vartheta < 1$, π-Dichroismus für $\vartheta > 1$ vor [Ambrose u. a. (*16*), Glatt u. Ellis (*305*)].

Die Bedeutung des dichroitischen Verhältnisses beruht auf dem Zusammenhang mit der inneren Ordnung der untersuchten Probe. Handelt es sich dabei um Kristalle, so kann die Ordnung als ideal angesehen werden. Aus der Lage der kristallographischen Achsen, den geometrischen Verhältnissen bei der Durchstrahlung und dem Charakter der betrachteten Molekülschwingung läßt sich dann ein eindeutiger Zusammenhang dieser Bestimmungsstücke mit dem dichroitischen Verhältnis angeben. Auf die Wiedergabe der ziemlich komplizierten Formeln sei hier verzichtet;

man findet sie für die verschiedenen Kristallsysteme bei AMBROSE u. a. (*17*). Umgekehrt läßt sich aus dem dichroitischen Verhalten der Banden mancher Schluß auf den Charakter der Schwingung bei bekannter Kristallordnung ziehen.

Aber auch wenn wir es keineswegs mit einer idealen Kristallordnung, sondern nur mit einer mehr oder weniger guten Annäherung zu tun haben, wie es z. B. in ursprünglich kristallinen oder auch durch äußeren Zwang kristallin geordneten Kunststoffen der Fall ist, gibt das dichroitische Verhältnis darüber Auskunft. Wir wollen voraussetzen, daß es sich um ein Molekül handelt, dem eine Achse eigen ist, auf welche die Schwingung, d. h. die Dipolmomentänderung, bezogen werden kann. Das gilt z. B. für das Kautschukmolekül. Denken wir uns nun eine Kautschukprobe durch genügende Streckung orientiert. Dies bedeutet, daß die Moleküle in der Probe einigermaßen parallel zur Streckrichtung sich lagern. In Wirklichkeit wird die so erzielte Ordnung keineswegs ideal sein, sondern in ihrer Annäherung an den Idealzustand durch Angabe desjenigen Winkels gekennzeichnet, den im Mittel die Molekülachsen mit der Streckrichtung bilden, Je kleiner dieser Winkel ist, desto besser ist die von außen aufgezwungene Ordnung. Das dichroitische Verhältnis ϑ hängt mit diesem die Orientierungsgüte kennzeichnenden Winkel ε durch die Formel

[III, 4.18a] $$\vartheta = 2 \cdot \operatorname{cotan}^2 \varepsilon$$

zusammen, wenn der untersuchten Schwingung eine Änderung des Dipolmoments parallel zur Molekülachse zukommt, hingegen über die Formel

[III, 4.18b] $$\vartheta = \frac{2 \sin^2 \varepsilon}{2 - \sin^2 \varepsilon},$$

wenn diese Änderung senkrecht dazu erfolgt. Indem man also das dichroitische Verhältnis für Schwingungen bekannter Symmetrie bestimmt, ergibt sich in einfacher Weise die mittlere Orientierung der Moleküle bezüglich der gewünschten Vorzugsrichtung [AMBROSE u. a. (*16*)].

In den vorstehenden Überlegungen bedeutet ϑ selbstverständlich das wahre, allein durch die Eigenschaften des untersuchten Materials gegebene dichroitische Verhältnis. Die Durchlässigkeitsmessungen bei verschiedenem Azimut der Polarisatoren liefern aber infolge der Unzulänglichkeit unserer Apparate davon u. U. erheblich abweichende Werte. Die Hauptfehlerquellen sind die unvermeidliche sog. Apparatpolarisation, die im wesentlichen durch die schräge Reflexion an den Prismenflächen hervorgerufen wird, und die unvollkommene Polarisationswirkung der üblichen Polarisatoren. Zur experimentellen Bestimmung der Apparatpolarisation durchstrahlt man die Apparatur ohne absorbierende Substanz einmal mit senkrecht, einmal mit parallel zur Spaltrichtung schwingender Strahlung gleicher Intensität, d. h. Einfallsebene des Polarisators senkrecht bzw. parallel zum Spalt. Die aus der Apparatur austretenden Energien seien J_σ und J_π. Als Maß der Apparatpolarisation, gelegentlich auch Depolarisation benannt, gilt das Verhältnis

[III, 4.19] $$K = \frac{J_\pi}{J_\sigma}$$

oder auch der entsprechende, etwa in Prozent angegebene Polarisationsgrad

[III, 4.20] $$P_{\%} = 100 \cdot \frac{J_\pi - J_\sigma}{J_\pi + J_\sigma} = 100 \frac{K-1}{K+1}.$$

Die Auswirkung der Apparatpolarisation kann demnach beschrieben werden als

Veränderung der σ-Komponente der Strahlung mit einem Faktor K gegenüber der ursprünglichen Gleichheit mit der π-Komponente, indem wir schreiben

$$J_\sigma = \frac{J_\pi}{K} . \qquad \text{[III, 4.21]}$$

Gewöhnlich findet man bei zwei Reflexionen an Prismenflächen Depolarisationen zwischen 1,2 und 1,6 oder Polarisationsgrade zwischen 9 und 23 %. Mit der Zahl der Reflexionen an Prismen- oder ähnlich wirkenden Flächen wachsen diese Werte natürlich an, also insbesondere in Vielfachmonochromatoren. Bei Gittermonochromatoren muß man im Vergleich zu Prismenmonochromatoren mit weit höheren Polarisationsgraden rechnen.

Elliott u. a. (*230*) haben zur Ausschaltung der Apparatpolarisation bei dichroitischen Messungen vorgeschlagen, die Messungen mit einer Strahlung vorzunehmen, die unter 45° gegen die Prismenbasis schwingt. Charney (*136*) hat jedoch darauf hingewiesen, daß dann immer noch die Einflüsse der unvollständigen Wirkung des Polarisators übrigbleiben. Wenn man mit x, y, z ein raumfestes Koordinatensystem bezeichnet, dessen z-Achse mit der Strahlrichtung identisch ist und dessen x- bzw. y-Achse horizontal bzw. vertikal verläuft, weiter mit π und σ zwei aufeinander senkrecht stehende, mit der untersuchten Probe fest verbundene Achsen, mit t_x und t_y die Durchlässigkeitskoeffizienten des Prismas für parallel zur x- bzw. y-Achse schwingende Strahlung, mit t_m den Durchlässigkeitskoeffizienten des Polarisators für die unerwünschte Komponente (die senkrecht zur Einfallsebene des Polarisators schwingt, s. S. 200), dann erhält man aus den gemessenen Intensitäten, je nachdem ob das Polarisator- oder das Probenazimut verändert wird, das dichroitische Verhältnis aus

$$\vartheta^{\mathrm{Pol}} = \frac{\ln[(t_x + t_y t_m)/(t_x D_\pi + t_y t_m D_\sigma)]}{\ln[(t_y + t_x t_m)/(t_y D_\sigma + t_x t_m D_\pi)]} \qquad \text{[III, 4.22]}$$

oder

$$\vartheta^{\mathrm{Probe}} = \frac{\ln[(t_y + t_y t_m)/(t_y D_\pi + t_x t_m D_\sigma)]}{\ln[(t_y + t_x t_m)/(t_y D_\sigma + t_x t_m D_\pi)]} . \qquad \text{[III, 4.23]}$$

Tatsächlich reduzieren sich beide Gleichungen auf den Ausdruck der Gleichung [III, 4.17], wenn ein idealer Polarisator ($t_m = 0$) verwendet wird und keine Prismenpolarisation ($t_x = t_y$) auftritt. Die erste Forderung kann durch Verwendung eines geeigneten Reflexionspolarisators (mit genügender Plattenzahl) im Prinzip erfüllt werden, die zweite Forderung hingegen ist unerfüllbar. Das gilt vor allem für Gitterspektrometer, wie Fraser u. Suzuki (*1013*) und George (*1014*) gezeigt haben. Insbesondere kann das Azimut maximaler Durchlässigkeit beträchtlich verschoben sein, was bei dichroitischen Messungen nicht unberücksichtigt bleiben darf [Charney (*1012*)]. Man sollte anstreben, den natürlich möglichst wirksamen Polarisator an einer solchen Stelle in ein Doppelstrahlspektrometer einzufügen, an welcher der Strahlengang beiden Wegen gemeinsam ist, also entweder vor der Aufspaltung oder nach der Wiedervereinigung. Benutzt man das von Elliott u. a. (*230*) vorgeschlagene Verfahren, so ergibt sich das dichroitische Verhältnis zu

$$\vartheta^{45^\circ} = \frac{\ln[(1 + t_m)/(D_\pi + t_m D_\sigma)]}{\ln[(1 + t_m)/(D_\sigma + t_m D_\pi)]} . \qquad \text{[III, 4.24]}$$

Auch hier geht $\vartheta^{45^\circ} \to \vartheta$, wenn $t_m \to 0$; jedoch ist bei den üblichen 6 Platten des AgCl- und auch des Se-Polarisators t_m noch merklich von Null verschieden und verkleinert seinen Wert mit zunehmender Plattenzahl nur langsam, wie ein Blick auf Tab. 11 lehrt. Um den allein interessierenden und konstitutionstheoretisch allein ausdeutbaren Wert des dichroitischen Verhältnisses aus solchen Messungen zu gewinnen, bedarf es also einer Reihe bedeutungsvoller Maßnahmen.

Von den genannten Zwecken abgesehen, sind Untersuchungen mit polarisierter Strahlung wertvoll, wenn man die Zuordnung der Schwingungsbanden eines kristallinen Materials zu den einzelnen Schwingungsrassen experimentell ermitteln will [PIMENTEL u. MCCLELLAN (*654*), MECKE (*563*)]. Zur selben Rasse gehörige Schwingungen zeichnen sich durch das gleiche dichroitische Verhalten aus. Bestimmt man daher die Extinktion der interessierenden Banden für verschiedene Polarisatorazimute, so zeigen zu einer Rasse gehörende Schwingungen denselben funktionellen Verlauf in Abhängigkeit vom Azimut. Da immerhin noch mehrere Rassen zufällig denselben funktionellen Verlauf ergeben können, empfiehlt es sich,

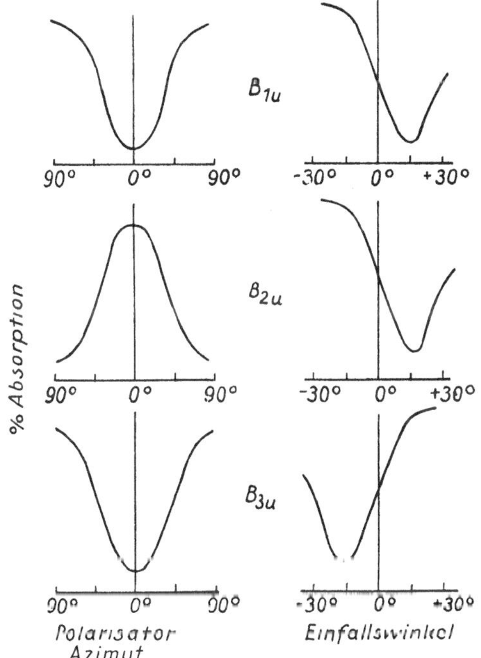

Abb. 162. Dichroitisches Verhalten verschiedener Schwingungsrassen am Beispiel des Naphthalins nach PIMENTEL u. MCCLELLAN (*654*)

die Orientierung der untersuchten Probe im Strahlengang etwas zu verändern, etwa durch Neigen, wozu man sich vorteilhafterweise eines Goniometertischchens bedient, und nunmehr erneut den funktionellen Verlauf der Extinktion zu bestimmen. Im allgemeinen werden sich nunmehr zu verschiedenen, vorher nicht unterscheidbaren Rassen gehörende Banden verschieden verhalten. Ein Beispiel dafür ist in Abb. 162 gezeigt. Man ersieht daraus, daß in diesem Beispiel (Naphthalinkristall) die zu den Rassen B_{1u} und B_{3u} gehörenden Banden aus den dichroitischen Messungen bei verschiedenen Azimuten allein nicht unterschieden werden können, wohl aber bei Hinzunahme einer Veränderung des Einfallswinkels.

Schließlich sei darauf hingewiesen, daß Polarisationsuntersuchungen der von einem Material reflektierten Strahlung auch dazu dienen können, seine optischen

Konstanten, also Brechungsindex und Absorptionskoeffizient, zu bestimmen. Diese Methode ist vorteilhaft und häufig allein verwendbar im Falle außerordentlich stark absorbierender Medien, z. B. der Metalle. Die dann reflektierte Strahlung ist bekanntlich elliptisch polarisiert, was die Methodik kompliziert, weswegen wir uns mit dem Hinweis auf die Literatur begnügen [CONN u. EATON (*162*, *163*, *164*)].

Ein weiteres Anwendungsbeispiel für Messungen mit polarisierter Strahlung ist die Bestimmung des optischen Drehvermögens vor allem organischer Substanzen im Ultrarot [HEDIGER u. GÜNTHARD (*379*)].

Im Zusammenhang mit der Entwicklung der Festkörperphysik sind neuerdings magneto-optische Untersuchungen an Halbleitern interessant und wichtig geworden. Die dafür benötigten Geräte und Methoden, vor allem im Hinblick auf die Erzeugung und Messung polarisierter Strahlung, findet man bei PALIK (*1019*) zusammenfassend dargestellt.

6. *Mikrospektroskopische Messungen*

Die Verwendung eines Mikroskops (Mikroilluminators) bei ultrarotspektroskopischen Untersuchungen erfordert eine Reihe von Überlegungen, die der gewöhnlichen Spektroskopie so gut wie fremd sind. Sie hängen natürlich aufs engste mit den geringen Abmessungen der zu untersuchenden Proben und der dieser Problemstellung angepaßten Ausgestaltung der Instrumente zusammen. Hinweise, auch technischer Art, findet man bei MASON (*1009*) und bei SPARAGANA u. MASON (*1010*).

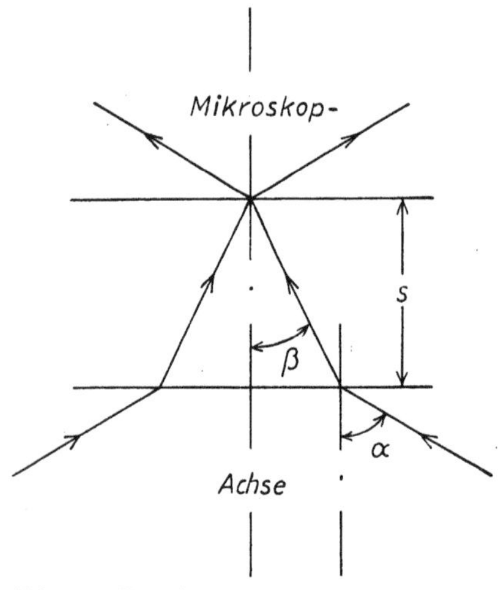

Abb. 163. Durchgang konvergenter Strahlung durch eine dicke Probe

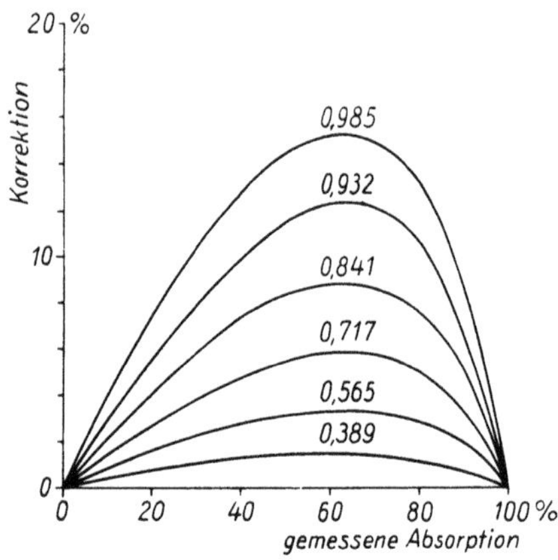

Abb. 164. Absorptionskorrektur für Strahlungskonvergenz nach BLOUT u. a. (*84*). Zur Bedeutung der Kurvenparameter siehe Text

Als erstes ist an die starke Konvergenz des verwendeten Strahlenbündels zu denken, während sonst im allgemeinen nur mit schwach konvergenter Strahlung gearbeitet wird. Abb. 163 zeigt die geometrischen Verhältnisse. Es ist dabei angenommen, daß das Strahlenbündel des Mikroskops vom Öffnungswinkel α auf der Oberseite einer in Luft befindlichen planparallel begrenzten Probe von der Dicke s und vom Brechungsindex n fokussiert werde. Dann wird der Konvergenzwinkel des Strahlenbündels in der Substanz auf einen Wert β verkleinert, der sich aus dem Brechungsgesetz ergibt. Die vom Grenzstrahl durchlaufene Schichtdicke ist

$s/\cos\beta$, die mittlere Schichtdicke also kleiner als dieser Wert und größer als s. Demgemäß wird eine größere Absorption gemessen, als bei Verwendung paralleler, senkrecht einfallender Strahlung erhalten wird. Zur Berechnung des Extinktionskoeffizienten muß also von der gemessenen Absorption ein gewisser Betrag abgezogen werden. Die Größe dieser Korrektur hängt von der Größe der Absorption und dem Brechungsindex der Substanz sowie der Konvergenz der Strahlung ab. BLOUT u. a. (*84*) haben die Verhältnisse im einzelnen untersucht. Abb. 164 zeigt

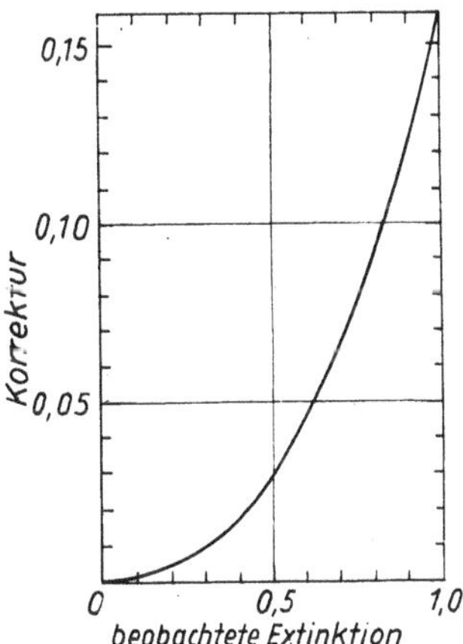

Abb. 165. Korrekturfaktor für die gemessene Extinktion bei der Untersuchung von Proben mit kreisförmigem Querschnitt nach FRASER (*271*)

ihre Ergebnisse; die an den Kurven angeschriebenen Zahlen geben das Verhältnis der numerischen Apertur des Mikroskops zum Brechungsindex der untersuchten Substanz an. Man sieht, daß der Fehler leicht 10% erreichen kann. Besonders kritisch werden die Verhältnisse, wenn anisotrope Substanzen mit konvergenter Strahlung durchstrahlt werden [WOOD u. MITRA (*910*)]. Bei Proben mit veränderlicher Schichtdicke, wie etwa Fasern, werden die entsprechenden Überlegungen komplizierter. Einige Rechnungen dazu hat FRASER (*271*) angestellt. Danach ist die bei Proben mit zylindrischer Gestalt anzubringende Korrektion abhängig von der beobachteten Extinktion; sie kann aus Abb. 165 entnommen werden.

Außerordentlich verwickelt sind die Betrachtungen hinsichtlich der Blendenverhältnisse. Die nicht zu umgehenden Energieverluste erfordern das Arbeiten bei hohem Verstärkungsgrad der elektronischen Apparatur. Um dann noch ein brauchbares Signal-Rausch-Verhältnis zu erzielen, müssen die Monochromatorspalte weit geöffnet werden. Dabei kann es geschehen, daß die Spalte bzw. ihr Bild am Orte des Objekts größer sind als das Objekt. Dann erhält man die sog. „spektrale Verdünnung", d. h. ein Teil der auf den Empfänger auffallenden Strahlung hat die Probe gar nicht durchsetzt, sondern ist seitlich daran vorbeigegangen. Die Folge davon sind Verlagerungen des Nullpunktes, ähnlich wie beim Vorhandensein von Streustrahlung, nur daß jetzt auch bei hundertprozentiger Absorption der Probe noch Strahlung der gerade eingestellten Wellenlänge auf den Empfänger einwirkt. Möglicherweise tritt dieser Effekt auch erst beim Durchlaufen des Spektrums ein, wenn nach längeren Wellen zu die Spalte immer weiter geöffnet werden. Zur Vermeidung der spektralen Verdünnung ist in den Mikroskopen eine veränderliche Gesichtsfeldblende vorgesehen, die so weit zugezogen wird, daß ihre Öffnung etwas geringer als die Abmessungen der Probe ist. Selbstverständlich hat man aber diese Blende im Zusammenwirken mit den Monochromatorspalten für die Auflösung und das Signal-

Rausch-Verhältnis zu berücksichtigen. Für programmgesteuerte Spalte können die Auswirkungen für die verschiedenen Banden eines Spektrums durchaus verschieden sein, je nach den Verhältnissen der drei Größen Probenbreite, Spaltweite und Blendenweite zueinander. Abb. 166 verdeutlicht dies am Beispiel von drei Banden einer Polyacrylnitrilfaser von 36 μ Dicke[1]. Aufgetragen ist die gemessene Maximalextinktion der Banden bei 3,4 μ (CH-Valenzschwingung), 4,4 μ (CN-Valenzschwingung) und 6,9 μ (CH-Scherenschwingung) in Abhängigkeit von der Breite der Gesichtsfeldblende. Die Spaltweite — projiziert in die Objektebene — ist für jede Bande angegeben. Man ersieht aus der Abbildung, daß für die beiden kurzwelligen Banden keine spektrale Verdünnung auftritt, weil die Spaltweite kleiner als die

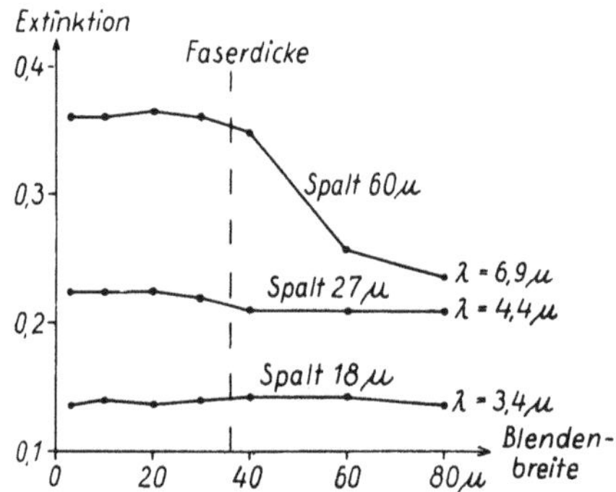

Abb. 166. Zur Mikrospektroskopie von in der Breite begrenzten Objekten

Probenbreite ist und daher — außer für ganz geringe Werte — die Breite der Blende ohne Auswirkung ist. Anders für die 6,9 μ-Bande. Die Spaltweite von 60 μ ist hier erheblich größer als die Probenbreite. Solange die Blendenbreite unter der Probenbreite bleibt, ist alles in Ordnung. Sowie aber die Blende breiter als die Probe wird, tritt in zunehmendem Ausmaß spektrale Verdünnung auf, was sich in der Abnahme der beobachteten Extinktion äußert.

Ein weiterer Punkt, auf den die Probenbreite von Einfluß ist, ist die Auflösung. Solange man es, wie es in der gewöhnlichen Ultrarotspektroskopie üblich ist, mit praktisch unbegrenzt breiten Proben zu tun hat, wird die Auflösung durch Übergang zu einem spektralen Zerlegungsmittel höherer Dispersion am bequemsten gesteigert. Das gilt in der Mikrospektroskopie seitlich begrenzter Proben nicht mehr allgemein. Denn mit der höheren Dispersion ist zur Erhaltung des Signal-Rausch-Verhältnisses immer eine Spaltweitevergrößerung verbunden, und diese Maßnahme kann zur spektralen Verdünnung führen, wenn die Spaltweite größer als die Probenbreite wird, so daß man u. U. gezwungen ist, die Gesichtsfeldblende zuzuziehen. Somit wird die optimale Auflösung abhängig von den Probendimensionen, und anstatt einer Dispersionserhöhung zur Vergrößerung der Auflösung empfiehlt sich in der Mikrospektroskopie u. U. eher einer Erhöhung der Emissionsintensität des Strahlers, weil diese von einer Verengung der Spalte begleitet werden kann. Der einfachste Weg zur Vermeidung all dieser Schwierigkeiten ist heutzutage aber sicherlich die ATR-Technik, gegebenenfalls noch in Verbindung mit einem Mikroilluminator.

[1] Ich verdanke diese Messungen einer freundlichen Mitteilung von Dr. C. R. Bohn von der Fa. E. I. du Pont de Nemours & Co., Wilmington, Delaware, USA.

IV. TEIL

Ergebnisse und Auswertungen

1. Kapitel: Die Ultrarotspektren wichtiger Stoffgruppen

Wir wollen uns in diesem ersten Kapitel des Teils „Ergebnisse und Anwendungen" mit den Spektren bestimmter wichtiger Stoff*gruppen* befassen. Es kommt also nicht darauf an, die dem einzelnen speziellen Molekül eigentümlichen Züge herauszuarbeiten, sondern das der Stoffklasse als solcher Charakteristische und Gemeinsame. Es bleiben daher auch Unterschiede in den Spektren unberücksichtigt, die von unterschiedlichem Aggregatzustand herrühren. In diesem Sinne schließen die nachfolgenden Ausführungen unmittelbar an die früheren über charakteristische Frequenzen an und erweitern und vertiefen sie[1].

1. Paraffine und Cycloparaffine

Kaum eine andere Stoffgruppe hat schon frühzeitig so zahlreiche ultrarotspektroskopische Untersuchungen erfahren wie die gesättigten Kohlenwasserstoffe. Die umfangreichste Sammlung ihrer Spektren liegt im Katalog des American Petroleum Institute Research Project 44, herausgegeben vom Carnegie Institute of Technology, Pittsburgh, in Zusammenarbeit mit dem National Bureau of Standards, Washington, vor. Eine zusammenfassende Darstellung findet man bei McMurry u. Thornton (*560*), Sheppard u. Simpson (*790*, *791*), sowie bei Snyder u. Schachtschneider (*1070–1072*).

Gemäß der einfachen chemischen Konstitution der Paraffine mit offener Kette haben wir die folgenden Schwingungen zu erwarten: 1. Valenzschwingungen der CH-Bindung, wobei die verschiedenen Gruppierungsmöglichkeiten, nämlich $>$CH-, $>CH_2$- und $-CH_3$-Gruppen, unterscheidbar sein und damit Hinweise auf Geradkettigkeit oder Verzweigung liefern sollten; 2. Knickschwingungen der HCH- und HCC-Konfiguration, ebenfalls wieder mit Unterscheidungsmöglichkeiten der verschiedenen Gruppen; 3. CC-Valenzschwingungen; 4. CCC-Knickschwingungen und schließlich 5. Torsionsschwingungen um die CC-Bindung.

Abgesehen von der zuletzt aufgeführten Schwingungsform, die mit Wellenzahlen unter etwa 200 cm^{-1} erfolgt, also üblicherweise im Ultrarotspektrum kaum mehr erfaßt wird, finden sich diese Schwingungsmöglichkeiten mit einem oder auch mehreren Vertretern im Spektrum vor. Die Valenzschwingungen der CH-Bindung manifestieren sich durch Banden im Spektralbereich um 3000 cm^{-1} oder etwa 3,3 μ. Bei der mit NaCl-Prismen üblicher Größe erzielbaren Auflösung tritt im allge-

[1] Bei der Auswahl der Literaturzitate beschränken wir uns im allgemeinen auf etwas ältere Arbeiten, in denen meistens die uns hier interessierenden grundsätzlichen Feststelungen niedergelegt sind. Von neueren Arbeiten werden nur solche zusammenfassenden Charakters oder Untersuchungen von grundlegender Bedeutung angeführt. Wegen der Diskussion von Feinheiten und der Abwägung verschiedener Beobachtungen gegeneinander verweisen wir auf die ausführliche Darstellung von Bellamy (*B*).

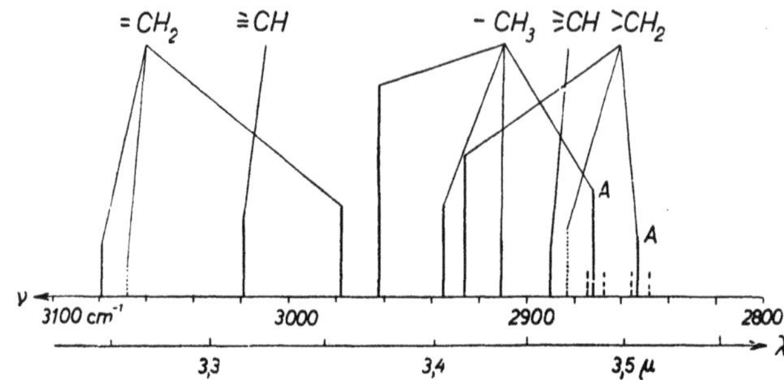

Abb. 167. Lage paraffinischer und olefinischer CH-Valenzschwingungsbanden nach Fox u. MARTIN (*260*). Die mit *A* bezeichneten Banden spalten gelegentlich auf, die punktiert gezeichneten treten nicht immer auf

meinen nur eine breite Absorptionsbande mit geringer oder gar keiner Struktur auf; bei höherer Auflösung (LiF- oder CaF_2-Prisma bzw. Gitter) treten die den oben aufgezählten Möglichkeiten entsprechenden Banden hervor, die dann zu mannigfachen Zwecken der Konstitutionsforschung und Analyse benutzt werden können, wobei jedoch immer noch vorhandene Überlappungen beachtet werden müssen (s. S. 148). Abb. 167 gibt die Lage für solche aufgelösten CH-Valenzschwingungsbanden [Fox u. MARTIN (*260*), BARCHEWITZ u. CHABBAL (*34*), SAIER u. COGGESHALL (*762*), HASTINGS u. a. (*369*)]. Hier wie auch in anderen, H-Atome betreffenden Fällen bietet sich als Hilfsmittel für die eindeutige Zuordnung der Banden zu bestimmten Schwingungen oder Gruppen die definierte Deuterierung an. Der Ersatz des H-Atoms durch das doppelt so schwere D-Atom verschiebt nämlich die Valenzschwingung in die Gegend von 2000 cm^{-1}. Die Deformationsschwingungen der CH_2- und CH_3-Gruppe finden sich bei etwa 1460 und 1380 cm^{-1} oder bei etwa 6,8 und 7,2 μ. Auch hier ist die gegenseitige Überlappung der verschiedenen Schwingungen beträchtlich, so daß zur eindeutigen Isolierung große Auflösung erforderlich ist. Den symmetrischen Schwingungsformen kommt im allgemeinen die kleinere Wellenzahl zu.

Während die bis jetzt besprochenen Schwingungstypen eine relativ wenig von der Molekülgröße beeinflußte spektrale Lage haben, ändern sich die Verhältnisse für die CC-Valenz- und Knickschwingungen, sowie die verbleibenden HCH- und HCC-Knickschwingungen. Je mehr CC-Glieder vorhanden sind, desto größer wird die Wechselwirkung der Kettenglieder miteinander. Der theoretischen Aufklärung und Erfassung dieser für die praktische Anwendung der Ultrarotspektroskopie auf langkettige Paraffine wichtigen Umstände wurden immer wieder bedeutungsvolle Arbeiten gewidmet. WHITCOMB u. a. (*888*) haben zuerst darauf hingewiesen, daß im Falle langer Ketten zwei Typen von Schwingungen zu erwarten sind, die von ihnen *Endschwingungen* und *Kettenschwingungen* benannt werden. Abb. 168 veranschaulicht diese Konzeption schematisch. Ihre Vorstellungen wurden später von anderen erweitert und verfeinert. Trotz aller Mühen lassen sich über die spektrale Lage der zugeordneten Banden nur recht allgemeine, unspezifische Aussagen machen, wonach die Grenzen des Bereichs der Kettenvalenzschwingungen mit etwa 800 und 1100 cm^{-1} für unverzweigte und mit etwas niedrigeren Werten für verzweigte Paraffine angegeben werden. Ungefähr ab 10 bis 14 C-Atomen in der Kette werden die Spektren so gleichartig, daß spezielle Schlüsse daraus nicht mehr gezogen werden können

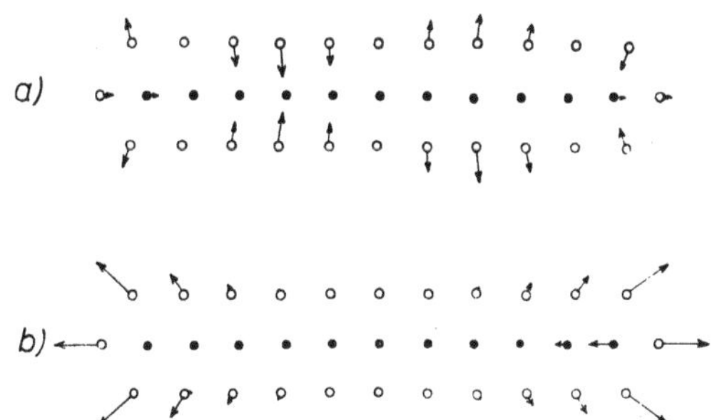

Abb. 168. Zum Begriff der Kettenschwingung (a) und der Endschwingung (b) in langkettigen Molekülen [nach WHITCOMB u. a. (*888*)]

(Abb. 169). Die Knickschwingungen der C-Kette schließlich liegen durchweg unter 500 cm^{-1}, werden also erst bei Verwendung von KBr- oder CsBr-Prismen im Ultrarotspektrum erfaßt; die gegebene Technik für ihre Erforschung ist der RAMAN-Effekt.

In offenkettigen Paraffinen und davon abgeleiteten Verbindungen tritt bei mehr als drei CH_2-Gruppen in der Kette eine Absorptionsbande bei etwa 730 cm^{-1} auf, deren Herkunft lange unklar war, nun aber durch theoretische Überlegungen und experimentelle Befunde an deuterierten Paraffinen als CH_2-Rockingschwingung erkannt ist [SHEPPARD u. SUTHERLAND (*789*)]. Die sonstigen Wagging- und Rockingschwingungen der CH_2- und CH_3-Gruppe sind durch die vorliegenden Untersuchungen [BROWN u. a. (*115*, *116*)] zwar noch nicht völlig erforscht, wohl aber ist es

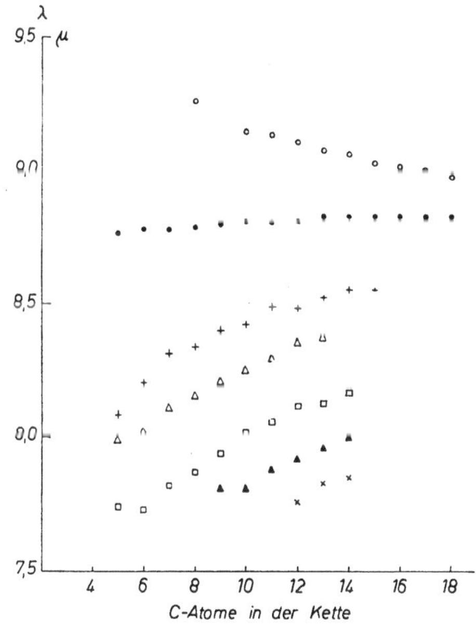

Abb. 169. Einfluß der Kettenlänge auf die spektrale Lage einiger Paraffinbanden [nach MCMURRY u. THORNTON (*560*)]

möglich, den Einfluß der Kettenlänge und anderer Umstände auf manche Typen durch systematische Verfolgung bestimmter Banden in den Spektren homologer Reihen sicherzustellen. Abb. 169 enthält Beispiele für die Lageverschiebung bestimmter solcher Banden mit zunehmender Zahl der Ketten-C-Atome nach McMurry u. Thornton (*560*). Von besonderem Interesse sind dabei natürlich die verschiedenen Schwingungsformen der CH_2-Gruppe, wie sie in Abb. 123 angegeben wurden, weil diese ja mit zunehmender Kettenlänge der Normalparaffine zum beherrschenden Strukturelement wird. In *n*-Propan sind die Wellenzahlen der verschiedenen Knickschwingungen z. B. die folgenden [Brown u. a. (*116*)]: Deforma-

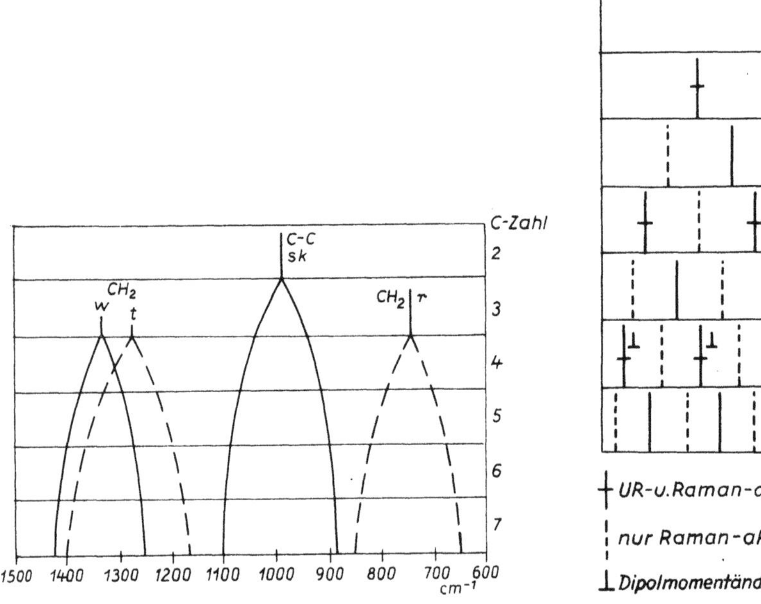

Abb. 170. Lageveränderung einiger paraffinischer Schwingungen mit der Kettenlänge [nach Brown u. a. (*116*)]

Abb. 171. Aufspaltung der paraffinischen Rockingschwingung [nach Brown u. a. (*116*)]

tion 1460, Wagging 1336, Twisting (nur Ramanaktiv) 1278, Rocking 760 cm^{-1}; dazu kommt noch die CC-Valenzschwingung bei 990 cm^{-1}. Mit zunehmender Kettenlänge bleibt die Deformationsschwingungsbande bei dem angegebenen Wert erhalten, alle anderen jedoch spalten auf und dehnen ihren Erscheinungsbereich nach beiden Seiten aus, wie es in Abb. 170 schematisch angegeben ist. Verständlicherweise überlappen sich dabei diese Bereiche immer mehr, so daß mit zunehmender Kettenlänge und damit Komplizierung der Spektren infolge von Aufspaltungen eine Zuordnung immer schwieriger wird; diese ist dann nur noch bei Verwendung spezieller Techniken, wie etwa der Spektroskopie bei tiefen Temperaturen, möglich. Die Aufspaltung der einzelnen Schwingungsformen kann theoretisch verfolgt werden, wie es schematisch in Abb. 171 für die Rockingschwingung angedeutet ist: Für jede neu hinzutretende CH_2-Gruppe tritt eine neue Schwingung auf, die abwechselnd inaktiv (gerade C-Zahl) und aktiv (ungerade C-Zahl) ist, wie sich aus den

Symmetrieverhältnissen der Normalparaffine ergibt. Die so berechneten Spektren werden vom Experiment mit recht guter Übereinstimmung bestätigt.

Auskunft über die für die Praxis wichtige Frage der *Verzweigung* der Paraffine [SIMPSON u. SUTHERLAND (*803*)] kann bei genügender Auflösung der Bandenbereich der CH-Valenzschwingung geben. Jedoch auch schon die mit einem NaCl-Prisma erzielbare Auflösung reicht im Spektralbereich zwischen 1100 und 1400 cm^{-1} oder etwa 7,2—9 μ dafür aus. Es handelt sich dabei hauptsächlich um die symmetrische Deformationsschwingung der CH_3-Gruppe, welche je nach den Gegebenheiten in mehrere Komponenten mit teilweise charakteristischen Intensitätsabstufungen aufspaltet. So ist z. B. die Isopropylgruppe durch ein Triplett mit in dieser Reihenfolge zunehmender Bandenstärke bei 1340, 1365 und 1380 cm^{-1} gekennzeichnet mit zwei weiteren Banden bei 1145 und 1170 cm^{-1}. Bei der tertiären Butylgruppe hingegen finden wir nur ein Dublett mit fast gleichstarken Komponenten bei 1360 und 1385 cm^{-1} und zwei weiteren Banden bei 1205 und 1260 cm^{-1}. Für die Gruppierung $\genfrac{}{}{0pt}{}{CH_3}{CH_3}\!>\!C\!<$ schließlich liegt das Dublett an derselben Stelle, wobei aber nun die kurzwellige Komponente die schwächere ist und nur eine weitere Bande bei 1195 cm^{-1} auftritt.

Für die *Cycloparaffine* (*Naphthene*) liegen eine ganze Reihe von Untersuchungen vor [BARTLESON u. a. (*45*), CONDON u. SMITH (*161*), PLYLER u. a. (*676*), PLYLER u. ACQUISTA (*668*), DERFER u. a. (*197*), JOSIEN u. FUSON (*441*), MILLER u. INSKEEP (*579*), MARRISON (*541*), ROBERTS u. CHAMBERS (*731*), FRANCIS (*265, 266*), WIBERLEY u. BUNCE (*896*), VOETTER u. TSCHAMLER (*873*), LARNAUDIE (*494*), HASZELDINE (*370*), SLABEY (*808*), ROBERTS u. SIMMONS (*732*), BAKER u. LORD (*30*)]. Die Verhältnisse liegen, was die analytische Auswertbarkeit angeht, nicht besonders günstig. Das rührt von der großen Ähnlichkeit der Spektren cyclischer und offenkettiger Paraffine in den wesentlichsten Teilen her, die vor allem die Unterscheidung alkylsubstituierter Cycloparaffine von gewöhnlichen Paraffinen schwierig macht. Für die Cyclopropylgruppe werden als charakteristisch Banden bei 810, 890, 1010, 3025 und 3095 cm^{-1}, für die Cyclobutylgruppe bei 910—930, 1220 und 2980 cm^{-1} angegeben. Unter Zusammenfassung des vorliegenden Materials hat ROTHSCHILD (*1295*) ein brauchbares Zuordnungsdiagramm für die Cyclopropylgruppe angegeben. Besonders ungünstig liegen die Verhältnisse beim Cyclopentan, weil dessen Schlüsselbanden praktisch alle von denen anderer Kohlenwasserstoffe überlagert werden; angeführt sei eine Bande bei 900, sowie die CH-Valenzschwingung bei 2955 cm^{-1}. Für die Cyclohexylgruppe werden eine Bande zwischen 860 und 890 cm^{-1}, eine bei Beschränkung auf Kohlenwasserstoffe sehr gut brauchbare bei 1260, sowie schließlich eine CH-Valenzschwingung bei 2925 cm^{-1} angegeben. Meistens ist für analytische Zwecke recht hohe Auflösung erforderlich. Außerdem muß man häufig den an anderen Banden bestimmten Anteil anderer Kohlenwasserstoffe rechnerisch in Abzug bringen [FRANCIS (*266*)].

Recht bedeutungsvoll hat sich gerade für die Paraffine in letzter Zeit die Spektroskopie im kurzwelligen Ultrarot, also im Bereich der Oberschwingungen der CH-Valenzschwingung, entwickelt. In den Oberschwingungen liegen die charakteristischen Absorptionen der verschiedenen Gruppierungen infolge verschiedener Anharmonizitäten soviel mehr auseinander als in der Grundschwingung, daß man geradezu von einer „Selbstreinigung der Spektren" spricht. In der 2. Oberschwingung liegt z. B. die CH_2-Gruppe bei 8235, die CH_3-Gruppe bei 8360, die Cyclopentylgruppe bei 8375, die Cyclohexylgruppe bei 8400 und die aromatische CH-Bande bei 8710 cm^{-1} [HIBBARD u. CLEAVES (*392*)]. Infolge der in diesem Spektralbereich leicht erzielbaren hohen Auflösung konnten Untersuchungen an langkettigen Kohlenwasserstoffen bis zu 34 C-Atomen in der Kette ausgeführt werden [EVANS u. a. (*237*)].

2. Olefine und Cycloolefine

Das Auftreten einer C=C-Bindung macht sich im Ultrarotspektrum an drei Stellen bemerkbar [RASMUSSEN u. BRATTAIN (*713*), RASMUSSEN u. a. (*715*), KLETZ u. SUMNER (*474*), CREITZ u. SMITH (*177*), SHEPPARD u. SIMPSON (*791*), BARNARD u. a. (*37*), HASZELDINE (*370*)]: 1. Durch eine der Valenzschwingung der =CH- und $=CH_2$-Gruppe zuzuordnende Bande mittlerer Stärke bei 3030 und 3080 cm^{-1}, die meist nur als Schulter auf der Paraffinbande bei 3,4 μ beobachtet wird. 2. Durch die Valenzschwingung der C=C-Gruppe selbst, die bei 1667 cm^{-1} oder etwa 6 μ liegt. Die genaue Lage dieser Bande hängt ein wenig von den Substituenten ab (Abb. 172); bei gleichartiger Substitution an beiden Enden ist die Schwingung aus Symmetrie-

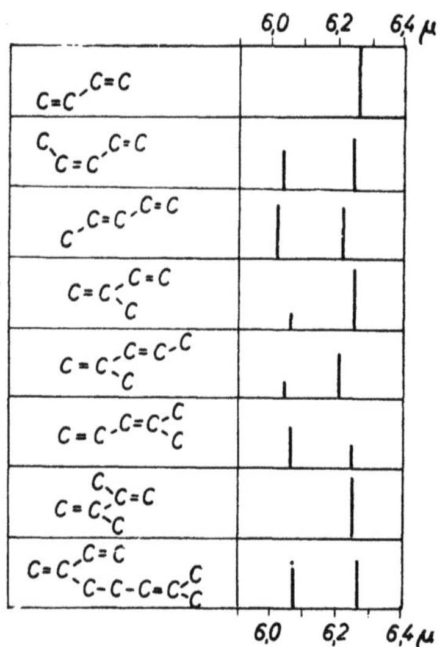

Abb. 172. Lage der C=C-Valenzschwingungsbanden in konjugierten Olefinen [nach RASMUSSEN (*R*)]

gründen inaktiv, in anderen Fällen nur schwach angeregt, so daß die Abwesenheit der zugehörigen Bande im Spektrum nicht unbedingt auf die Abwesenheit von Doppelbindungen schließen läßt. 3. Die wichtigste Manifestation der C=C-Bindung im Ultrarotspektrum betrifft die Waggingbewegung der =CH-Gruppe, die zu einer oder mehreren Banden mit ungleich höherer Intensität als entsprechende paraffinische Schwingungen im Gebiet von 10 bis 17 μ führt: 1-Olefine bei 910 und 990 cm^{-1} (endständige Doppelbindung); trans-Olefine bei 966, cis-Olefine bei 700 cm^{-1} (mittelständige Doppelbindung); einseitig doppelt alkylierte Olefine bei 890 cm^{-1} (endständig verzweigte Doppelbindung); dreifach alkylierte Olefine zwischen 800 und 850 cm^{-1} (mittelständig verzweigte Doppelbindung). Substitution der H-Atome scheint nur hinsichtlich der Wertigkeit des Alkyls von größerem Einfluß auf die Lage der Bande zu sein. Neben diesen Hauptmerkmalen treten im

Spektrum noch weitere Banden auf, die von der C=C-Gruppe herrühren, aber in ihrem Verhalten weniger charakteristisch sind. Vor allem ihre Überlagerung durch andere, vom paraffinischen Teil des Moleküls herrührende Banden macht ihre Benutzung zu konstitutionstheoretischen Untersuchungen im allgemeinen Fall problematisch, wenn ihnen auch in speziellen Fällen Bedeutung zukommen mag.

Die Substitution eines Nichtkohlenwasserstoffs unmittelbar an der Doppelbindung ist von beträchtlichem Einfluß. Allgemein ist der Schluß erlaubt, daß die Substitution elektronegativer Gruppen, wie Cl, OR und —O—CO—R, an der Doppelbindung deren Valenzschwingung zu kleineren Wellenzahlen, bei gleichzeitiger Erhöhung der Intensität verschiebt [HATCH u. a. (*372*), KITSON (*469*)].

Besonders bedeutungsvoll ist der Einfluß von Konjugationseffekten auf die Doppelbindungsbanden. Aus anderen Untersuchungsmethoden ist bekannt, daß dabei der Doppelbindungscharakter verringert und die zwischen den konjugierten Doppelbindungen liegende zentrale Einfachbindung verstärkt wird. Das wird auch vom Ultrarotspektrum bestätigt: Die C=C-Valenzschwingung wandert nach kleineren Wellenzahlen, die C—C-Valenzschwingung nach größeren. Des weiteren erzeugt die Wechselwirkung der konjugierten Doppelbindungen eine Aufspaltung der Valenzschwingung in zwei Schwingungen, wovon die eine als Bande bei 1650 cm^{-1}, die andere bei 1600 cm^{-1} erscheint, sofern beide ultrarotaktiv sind. Zur zahlenmäßigen Erfassung des Verschiebungseffektes zwecks Vergleichs mit anderen ähnlich wirkenden Einflüssen nimmt man den Mittelwert der spektralen Lage beider Banden, also 1625 cm^{-1}, womit gegenüber der normalen Lage eine Verschiebung von 35 cm^{-1} resultiert. In 1,3-Butadien tritt nur die Bande bei 1600 cm^{-1} auf, bei Alkylsubstitution verschiedener Art (Abb. 172) erscheint in manchen Fällen auch die Bande bei 1650 cm^{-1}, in anderen wieder nicht, während die Bande bei 1600 cm^{-1} mit geringfügigen Verschiebungen immer beobachtet wird; sie ist auf jeden Fall ein sicheres Anzeichen für die Konjugation von C=C-Bindungen. Die Konjugation mit einem aromatischen Ring hat ein wenig schwächere Einflüsse als die der aliphatischen Doppelbindungen (Verschiebung um 20 cm^{-1}). Hingegen führt die Konjugation mit einer C=O-Bindung zwar zu einer ähnlichen Verschiebung der C=C-Bande um etwa 35 cm^{-1}, jedoch nicht zu einer Aufspaltung, weil die Wechselwirkung der beiden ungleichartigen Doppelbindungen entfällt. Für eine Reihe von konjugierten Aldehyden, Ketonen und Estern bringt die Tab. 30 die Lage sowohl der C=O- wie auch der C—C-Bande. Hand in Hand mit der Verschiebung geht eine Intensivierung der C=C-Bande über das in Olefinen übliche Maß hinaus, obwohl die Stärke der C=O Bande dabei nie erreicht wird. Konjugation einer Doppel- mit einer Dreifachbindung schließlich führt zu einer Verschiebung der C=C-Bande nach 1610 cm^{-1} (z. B. Vinylacetylen). Kumulierte Doppelbindungen, wie in Allen, führen zu einer Verschiebung der Wellenzahl der C=C-Valenzschwingung in den Spektralbereich der Dreifachbindung hinein und zu einer beträchtlichen Aufspaltung als Folge der starken gegenseitigen Beeinflussung; so liegen z. B. im Allen die Banden bei 1980 und 1031 cm^{-1} [HERMAN u. SHAFFER (*386*), MILLER u. THOMPSON (*581*), DE HEER (*195*), LORD u. VENKATESWARLU (*516*), MIZUSHIMA (*589*), OVEREND u. THOMPSON (*630*), WOTIZ (*914*)].

Über das Spektrum der Cycloolefine [EPSTEIN u. a. (*234*), LORD u. WALKER (*519*)], insbesondere der Terpene [FRANK u. BERRY (*268*), MITZNER u. a. (*1353, 1354*)], ist noch nicht allzuviel bekannt. Einige Angaben über die Lage der C=C-Valenzschwingung findet man in Tab. 31. Demnach ist neben der Ringspannung auch die Kondensation mit einem anderen ungesättigten Ring, sowie die Substitution an der

Doppelbindung von Einfluß auf die Lage der C=C-Valenzschwingung. Auch die Lage der olefinischen Waggingschwingung scheint davon beeinflußt zu werden, jedoch reicht das experimentelle Material noch nicht zur Aufstellung allgemeiner Regeln aus. Es sieht so aus, als ob die Substitution an einem ungesättigten Ring-C-Atom die ursprünglich bei etwa 670 cm^{-1} liegende Waggingschwingung der Ringdoppelbindung nach höheren Werten verschiebt. Die Ultrarotspektren cyclischer Polyolefine veröffentlichte neuerdings COPE und seine Schule [Literatur in (*168*)].

Tabelle 30. *Lage der Doppelbindungsbanden in* cm^{-1} *bei Konjugation von* C=O *mit* C=C *oder Benzolring*

Verbindung	C=O Valenzschwingung	C=C Valenzschwingung
Aldehyde:		
Acrolein	1701	1621
Methacrolein	1695	1639
Crotonaldehyd	1689	1645
Benzaldehyd	1706	
m-Tolualdehyd	1704	
p-Isopropylbenzaldehyd	1706	
Ketone:		
Methyl-vinyl-keton	1686	1621
4-Methyl-3-penten-2-on	1689	1626
3-Methyl-3-buten-2-on	1692	1631
Acetophenon	1686	
Propiophenon	1686	
Ester:		
Methylacrylat	1724	1626
Äthylacrylat	1733	1621; 1637
Methylmethacrylat	1721	1634
Äthylcrotonat	1715	1650
Methylbenzoat	1724	
Äthylbenzoat	1715	

Tabelle 31. *Lage der* C=C-*Valenzschwingung in* cm^{-1} *für einige Cycloolefine nach* LORD u. WALKER (*519*)

Verbindung	$\nu_{C=C}$
Cyclobuten	1566
Cyclopenten	1611
Cyclohexen	1646
Cyclohepten	1651
Cycloocten	1653
Bicyclo-2.2.1-hepten	1598
Bicyclo-2.2.2-octen	1614
1-Methylcyclopenten	1658
1-Methylcyclohexen	1678
1-Methylcyclohepten	1673

3. Carbonylverbindungen

Die Valenzschwingung der C=O-Gruppe wird in Banden im Bereich von ungefähr 1540 bis 1820 cm^{-1} gefunden; ihre Intensität ist im allgemeinen allen anderen Doppelbindungsbanden überlegen [HARTWELL u. a. (*366*)]. Tab. 32 gibt eine Übersicht über die Lage der Bande für einige typische einfache Carbonylverbindungen. Im allgemeinen wird diese Lage von Substituenten nur wenig beeinflußt, solange diese Alkylnatur besitzen oder nicht unmittelbar am Carbonylkohlenstoff substituiert sind. Die gelegentlich — vor allem für α-Substituenten — beobachteten Einflüsse rühren von induzierten Effekten oder sterischen Behinderungen her.

Tabelle 32. *Lage der* C=O-*Valenzschwingungsbande in* cm^{-1} *für den flüssigen Aggregatzustand*

Aldehyde:	
nicht konjugiert	1727
konjugiert mit C=C oder Benzolring	1695
Ketone:	
offenkettig, nicht konjugiert	1715
Vierring, nicht konjugiert	1776
Fünfring, nicht konjugiert	1739
Sechsring, nicht konjugiert	1715
konjugiert mit C=C oder Benzolring	1686
α-Diketon	1715
enolisiertes β-Diketon	1587
Keten	2105
Ester:	
offenkettig, nicht konjugiert	1739
β-Lacton, nicht konjugiert	1818
γ-Lacton, nicht konjugiert	1770
δ-Lacton, nicht konjugiert	1739
konjugiert mit C=C oder Benzolring	1721
Vinylalkohol oder Phenolester	1770
enolisierter β-Ketoester	1667
Thiolester	1675
Carbonsäure:	1724—1770
Carbonsäuresalze:	1563—1613
Säurechloride:	
nicht konjugiert	1802
konjugiert mit Benzolring	1770
Säureanhydride:	
offenkettig, nicht konjugiert	1754; 1818
konjugiert mit C=C	1724; 1786
Amide:	
offenkettig	1639—1695
β-Lactam	1739
γ-Lactam	1709
δ-Lactam	1667

In gesättigten *Aldehyden* wird die Carbonylbande im allgemeinen bei 1730 cm^{-1} gefunden. Konjugation mit einer C=C-Bindung oder einem Benzolring verschiebt sie um etwa 35 cm^{-1} nach 1695 cm^{-1}. Der Nachweis der Zugehörigkeit dieser Bande zu einem Aldehyd gelingt häufig mittels der CH-Valenzschwingung der CHO-Gruppe bei ungefähr 2780 cm^{-1}, sofern sie genügend von anderen CH-Banden im Gebiet von 3030 bis 2860 cm^{-1} getrennt ist [BONINO u. SCROCCO (*90*), EGGERS u. LINGREN (*221*), PINCHAS (*656*)]. Nach PUSTINGER u. a. (*1204*) läßt sich die Verzweigung in α-Stellung bei Aldehyden durch zwei starke Banden bei 540—565 und 635—665 cm^{-1} erkennen; unverzweigte Aldehyde zeigen statt dessen eine starke Bande bei 520—535 und eine mittelstarke Bande bei 665—695 cm^{-1}.

Offenkettige gesättigte *Ketone* zeigen die C=O-Bande bei 1715 cm^{-1}, und Konjugation mit einer anderen Doppelbindung verschiebt sie um etwa 25 cm^{-1} nach 1690 cm^{-1}, gelegentlich, bei besonders ausgeprägten Konjugationseffekten, wie z. B. bei Benzophenon, auch weiter [RASMUSSEN u. a. (*716*), GUTSCHE (*339*), SOLOWAY u. FRIESS (*819*), RECART (*717*), HERGERT u. KURTH (*385*), LECOMTE (*501*), MECKE u. NOACK (*568*)]. An derselben Stelle wird die Bande für Ketone in sechs- oder mehratomigen Ringen gefunden, hingegen in anderen Ringen um so mehr nach kleineren Wellenlängen verschoben, je geringer die Atomzahl im Ring ist. Eben diese Erscheinung trifft auch für Lactone und Lactame zu und dürfte auf die zunehmende Ringspannung zurückzuführen sein. Konjugation von Carbonylgruppen miteinander (offenkettiges α-Diketon) ist ohne Einfluß auf die Lage der Bande [BARNES u. PINKNEY (*42*)][1]. Wohl aber zeigen enolisierte β-Diketone der Gestalt

```
OH···O
|    ||
—C=C—C—
```

ein wegen gleichzeitiger Konjugation und Chelatbildung sowohl im Bereich der Carbonyl- wie auch der Hydroxylbande stark verändertes Spektrum: Erstere ist nach etwa 1590 cm^{-1} verschoben und beträchtlich stärker geworden, letztere dagegen nach etwa 2700 (im Gegensatz zur normalen Lage bei etwa 3570) bei gleichzeitiger Schwächung und Verbreiterung. Dieselbe Wirkung hat auch die CC-Bindung eines Benzolrings anstatt der aliphatischen C=C-Gruppe. Für unverzweigte Ketone geben GIANTURCO u. PITCHER (*1023*) charakteristische Banden außerhalb des Carbonylbereiches an. KATON u. BENTLEY (*1203*) haben festgestellt, daß man aliphatische Ketone mit und ohne Verzweigung in α-Stellung gut im KBr-Bereich unterscheiden kann: Unverzweigte aliphatische Ketone zeigen dort zwei starke Banden bei 515—540 und 620—630 cm^{-1}, verzweigte hingegen haben zwei weniger starke Banden bei 550—560 und 565—580 cm^{-1}; sie geben auch noch eine starke Bande bei 480—505 cm^{-1} als Kennzeichen von cyclischen Ketonen an.— In Ketenen RC=C=O wirken die beiden Doppelbindungen sehr aufeinander ein, wodurch Banden bei 1111 und 2105 cm^{-1} entstehen [WHIFFEN u. THOMPSON (*887*), HARP u. RASMUSSEN (*362*), HALVERSON u. WILLIAMS (*352*), MILLER u. KOCH (*578*), DRAYTON u. THOMPSON (*207*)].

Acyclische gesättigte *Ester* zeigen die Carbonylbande bei 1740 cm^{-1}, mit Ausnahme der Formiate, für welche sie bei 1724 auftritt [HAMPTON u. NEWELL (*356*), RASMUSSEN u. BRATTAIN (*714*), SINCLAIR u. a. (*805*, *806*), STAHL u. PESSEN (*822*),

[1] Das gilt nur für trans-Formen. Bei cis-Formen tritt eine Aufspaltung ein, und die Banden rücken mit zunehmender Spannung auch nach höheren Frequenzen [ALDER u. a. (*10*)].

LEONARD u. a. (*507*), SEARLES u. a. (*779*), SHREVE u. a. (*793*)]. Die Verschiebung gegenüber den Ketonen rührt vom elektronegativen Charakter der Sauerstoff-Alkyl-Gruppe gegenüber dem Alkyl selbst her. Zu der kovalenten Struktur

$$R'-\overset{\overset{\Large O}{\|}}{C}-O-R \qquad (I)$$

und zu der ionischen Struktur

$$R'-\overset{\overset{\Large O^-}{|}}{C}=O^+-R \qquad (II)$$

tritt dementsprechend noch die weitere Möglichkeit

$$R'-\overset{\overset{\Large O^+}{\equiv}}{C}\quad O^--R \qquad (III),$$

die der C=O-Bindung einen über die Doppelbindung hinausgehenden Charakter verleiht und die im Falle der Ester die ionische überwiegt. Wird die —OR-Gruppe durch mehr elektropositive Gruppen wie —SR oder —N⟨ ersetzt, so herrscht wieder die ionische Struktur (II) mit dem Erfolg vor, daß die C=O-Bindung mehr dem Charakter der Einfachbindung sich nähert und demgemäß die Carbonylbande bei längeren Wellenlängen erscheint. Die Konjugation von Estercarbonylgruppen mit C=C-Bindungen oder Benzolringen erzeugt eine geringere Verschiebung nach längeren Wellen als im Aldehyd- oder Keton-Fall, nämlich nur um 15 cm^{-1} nach etwa 1724 cm^{-1}. Lactone [JONES u. a. (*438*), JONES u. GALLAGHER (*436*)] verhalten sich hinsichtlich der Atomzahl im Ring, wie schon erwähnt, ganz analog zu den Cycloketonen; ähnlich wie bei den Ketonen sind auch die Chelationseinflüsse. Die beträchtliche Verschiebung der Carbonylbande in ungesättigten Estern nach 1770 cm^{-1} dürfte von einer weiteren Verstärkung des Einflusses der oben aufgeführten Strukturen herrühren. Zusätzlich zur Carbonylbande treten in ungesättigten Estern noch Banden bei 1205 bis 1250 und 1053 bis 1111 cm^{-1} auf, die unzweifelhaft von der C—O-Schwingung herrühren und die Erkennung einer Carbonylgruppe als einem Ester zugehörig erleichtern. Bei Konjugation der Estercarbonylgruppe mit der Doppelbindung von ungesättigten Carbonsäuren verschieben sich diese Banden nach etwa 1176 bzw. 1282 cm^{-1}.

Für freie Moleküle von *Carbonsäuren* (Gas oder stark verdünnte Lösungen) findet man die Hydroxylbande bei 3570, die Carbonylbande bei 1770 cm^{-1}. Im flüssigen Zustand jedoch werden diese Banden wegen der bekannten Neigung dieser Substanzen zur Dimerisierung und Wasserstoffbrückenbindung bei 2940 und 1695 cm^{-1} gefunden, wobei die Hydroxylbande sehr breit und oft bis gegen 2500 cm^{-1} ausgedehnt ist. Wie bei den anderen Typen der Carbonylschwingung ist auch bei den Säuren das Studium der feineren Beziehungen zwischen Struktur und Bandenlage noch völlig im Gang [FLETT (*252*), SINCLAIR u. a. (*805, 806*), JONES u. a. (*440*), FREEMAN (*273, 274*), HADZI u. SHEPPARD (*343*), SHREVE u. a. (*793*), GUERTIN u. a. (*338*)]. Für das COO-Ion ist eine Bande im Bereich von etwa 1560—1615 cm^{-1} charakteristisch. Dieser relativ hohe Wert deutet auf einen Resonanzeffekt der Art $O^-—CR=O \leftrightarrow O=CR—O^-$ hin, der den Doppelbindungscharakter der C=O-Gruppe schwächt. Damit werden aber auch die beiden ursprünglich streng unterschiedenen Bindungen des Sauerstoffs an das C-Atom ununterscheidbar, und die erwähnte

Bande ist nur eine Komponente eines Paares, dessen anderer Partner bei etwa 1430 cm^{-1} erscheint, meist aber von CH-Deformationsschwingungen überlagert wird. Untersuchungen im Gebiet von 830—1430 cm^{-1} sind wichtig bei Fragen der Linearität bzw. Verzweigung von Säuren [WENZEL u. a. (*884*)]. Diese Frage läßt sich nach BENTLEY u. RYAN (*1205*) bei aliphatischen Monocarbonsäuren gut im KBr-Bereich beantworten: Unverzweigte Säuren zeigen zwei starke Banden bei 460—500 und 590—670 cm^{-1}, in α-Stellung verzweigte nur eine starke Bande bei 520—560 cm^{-1}, während eine Verzweigung in β- oder γ-Stellung sich durch eine starke Bande bei 460—500 im Verein mit drei starken Banden im Bereich 600—700 cm^{-1} bemerkbar macht. Geradkettige Säuren mit einer größeren C-Zahl als 4, untersucht im festen Zustand, weisen zwei starke Banden bei 530—560 und 620—690 cm^{-1} auf.

Über die Struktureinflüsse auf C=O-Banden in polycyclischen Verbindungen sind in letzter Zeit einige Untersuchungen von FUSON und Mitarbeitern angestellt worden (*282*, *442*, *443*, *444*), welche die Aufstellung gewisser Regeln gestatten. Weiterhin befassen sich mit Chinonen FLETT (*251*), HADZI u. SHEPPARD (*344*), OTTING u. STAIGER (*629*), YATES u. a. (*923*) und FLAIG u. SALFELD (*249*).

Die für offenkettige *Anhydride* gefundenen Carbonylbanden bei etwa 1755 und 1820 cm^{-1} zeigen durch ihre Lage an, daß auch hier die oben bei Besprechung der Ester aufgeführte Resonanzstruktur (III) mit ihrem die Doppelbindung in Richtung auf eine Dreifachbindung verstärkenden Charakter vorhanden sein muß. Die Tatsache zweier Banden schließlich erklärt sich aus der Wechselwirkung der beiden dann nicht mehr streng unterschiedenen Bindungen des Sauerstoffs an den Kohlenstoff. Konjugation ergibt die zu erwartende Verschiebung nach etwa 1785 und 1725 cm^{-1}.

Einzelheiten zur Amidgruppe CO·NH siehe weiter unten unter „Stickstoffhaltige Verbindungen".

4. *Sonstige sauerstoffhaltige Verbindungen*

Je nach der Form, in welcher der Sauerstoff in dem betrachteten Molekül gebunden ist, erhalten wir bestimmte, für diese Bindungsart charakteristische Banden. Sie werden, zusätzlich zu den von den anderen Molekülteilen herrührenden Banden, zum Charakteristikum der entsprechenden Verbindungsklasse.

Die *Hydroxylgruppe* macht sich ganz allgemein durch eine ihrer Valenzschwingung zugehörige Bande im Bereich von 3335—3850 cm^{-1} bemerkbar. Flüssiges Wasser selbst zeigt bei geringer Konzentration in diesem Bereich zwei Absorptionsmaxima bei 3535 und 3635 cm^{-1}, außerdem die HOH-Deformationsschwingung bei etwa 1640 cm^{-1}. Bei stärkerer Konzentration fließen die beiden kurzwelligen Banden in einer einzigen, infolge von Assoziation beträchtlich nach 3335 cm^{-1} hin verschobenen Bande zusammen. Im übrigen ist bei der bekannten Neigung der H_2O-Molekel zur Bildung verschiedenartiger Assoziationen das Spektrum durch eine allgemeine, unspezifische Absorption gekennzeichnet (Abb. 118), die von der unterschiedlichen Wechselwirkung der einzelnen Gruppen untereinander und ihrer völlig verschmierten Frequenzlage herrührt; bei der Lösung quantitativer Aufgaben kann daher auch schon ein geringer Wassergehalt durch diese Untergrundabsorption recht störend sich bemerkbar machen, indem die Eichverhältnisse beträchtlich verschoben werden.

Bei den *Alkoholen* beweisen Lage und Aussehen der Hydroxylbande die Existenz starker Assoziation [SMITH u. CREITZ (*814*)]. Diese ist um so ausgeprägter, je weiter nach langen Wellen zu die Bande verschoben erscheint. Sind Ausmaß und Charakter der Assoziation dabei in den verschiedenen Aggregationen einheitlich, so bleibt die Bande einigermaßen scharf. Ist jedoch die Wasserstoffbrückenbindung darin unterschiedlich ausgeprägt, so wird die Bande breit und verschmiert, weil gewissermaßen für jeden Grad der Ausprägung eine andere Verschiebung eintritt und die vielen so entstehenden, nicht auflösbaren Banden zu einer einzigen zusammenfließen. Ein weiteres Charakteristikum der Alkoholspektren ist die der C—O-Bindung zuzuschreibende starke Bande zwischen 8 und 10 μ [Zeiss u. Tsutsui (*930*), Plyler (*666*), Shreve u. a. (*793*), Stuart u. Sutherland (*841*)]: primärer Alkohol 1040, sekundärer Alkohol 1110, tertiärer Alkohol 1160 cm^{-1}; ist das die OH-Gruppe tragende C-Atom ungesättigt, so liegt die C—O-Bande zwischen 1200 und 1250 cm^{-1}. Die OH-Deformationsschwingung wird bei etwa 1020 cm^{-1} gefunden [Quinan u. Wiberley (*690*, *691*)]. Darüber hinaus ist kennzeichnend eine meist schon bei 830 einsetzende und gegen 670 cm^{-1} zunehmende breite Absorption, die — fußend auf der Deutung des Methanolspektrums — der Torsionsschwingung der OH-Gruppe um die C—O-Bindung als Achse zugeschrieben wird. Die Unterscheidung von primären, sekundären und tertiären Alkoholen ist sehr gut auch im nahen Ultrarot möglich. Habermehl (*1025*) hat dafür die folgenden charakteristischen Bereiche angegeben: primär 7090—7115, sekundär 7067—7078 und tertiär 7042—7053 cm^{-1}.

In ähnlicher Weise wie bei den Alkoholen wird die Hydroxylbande in *Phenol* und Phenolabkömmlingen gefunden. Phenol selbst ist, außer durch die OH-Valenzschwingungsbande, durch eine sehr starke Bande bei etwa 1220 cm^{-1} ausgezeichnet, welche der Bindung der OH-Gruppe an den aromatischen Ring zugehört [Kletz u. Price (*473*), Friedel (*275*), Ingraham u. a. (*417*), Mecke u. Rossmy (*566*)]. Weiterhin treten in den Spektren dieser Stoffe die für den Phenylring kennzeichnenden Banden auf, z. B. bei 1493 und 1600 cm^{-1}, jedoch u. U. gegenüber Benzol selbst in veränderter Intensität (s. auch 6). Für Stellungsisomerie mehrfach substituierter Phenole charakteristische Unterschiede finden sich vorwiegend zwischen 667 und 1000 cm^{-1} wie bei Benzol (s. auch dort).

Äther zeigen als spektrales Charakteristikum eine starke Bande im Bereich von etwa 1050—1250 cm^{-1}, die von den C—O—C-Gliedern herrührt. Die genaue Lage der Bande in diesem Bereich hängt von der Spannung der Ätherbrücke und ihrer chemischen Nachbarschaft ab. In offenkettigen aliphatischen Äthern liegt sie bei 1110 cm^{-1}, in ungesättigten und aromatischen Äthern in der Nähe von 1250 cm^{-1}. In Acetalen spaltet diese Bande in ein Dublett bei etwa 1085 und 1125 cm^{-1} auf [Tschamler u. Leutner (*868*)]. Für cyclische Äther sind zwei charakteristische Banden bekannt, deren Lage von der Ringgröße abhängig ist [Barrow u. Searles (*44*)]. Epoxide sind gekennzeichnet durch eine Bande im Bereich 830—910 cm^{-1} (für cis-Verbindungen bei 893, für trans-Verbindungen bei 830) und eine weitere Bande bei 1250 cm^{-1} [Field u. a. (*245*), Shreve u. a. (*794*), Barrow u. Searles (*44*), Zuidema u. a. (*932*), Patterson (*636*)]. Bei größeren Ringen nähert sich die C—O—C-Schwingung mit abnehmender Ringspannung immer mehr der für offenkettige Äther angegebenen Lage bei 1110 cm^{-1}; eine weitere charakteristische Ringschwingung liegt bei 909 cm^{-1} [Barrow u. Searles (*44*)]. Eine neuere Schwingungsanalyse von einfachen offenkettigen und cyclischen Äthern findet man bei Snyder u. Zerbi (*1350*). Angaben über die Spektren von *Peroxiden* und *Hydroperoxiden* machen Davison (*192*), Shreve u. a. (*795*), Milas u. Magelli (*576*), Philpotts u. Thain (*649*) und Williams u. Mosher (*901*). Für Hydroperoxide ergibt sich eine Schlüsselbande bei etwa 860 cm^{-1}, die jedoch allem Anschein nach nicht immer auftritt. Die Peroxidbindung selbst führt im allgemeinen zu einer Bande im Bereich von 800 bis 1000 cm^{-1}, ohne daß vorläufig genauere Regeln angebbar sind.

Schließlich muß noch des Einflusses gedacht werden, den der in ein Molekül eingebaute Sauerstoff auf die Lage der nicht zu Sauerstoffbindungen gehörigen Banden, speziell der verschiedenen CH-Banden, ausübt. Nach den Feststellungen von POZEFSKY u. COGGESHALL (*684*) ist er so gering, daß er im allgemeinen vernachlässigt werden darf.

5. *Stickstoffhaltige Verbindungen*

NH- und NH_2-Gruppen machen sich durch eine bzw. zwei Banden im Bereich um 3μ herum bemerkbar. Ihre Wellenlänge ist zwar im allgemeinen ein wenig größer als die von Hydroxylbanden, jedoch sind diese beiden Arten, vor allem bei stärkerer Verschiebung der OH-Bande infolge von Assoziationseffekten, häufig nicht mehr sicher unterscheidbar. Im übrigen unterliegen auch die NH-Banden solchen Verschiebungen bei Wasserstoffbrückenbindung, wenn auch nicht ganz in demselben Ausmaß [FUSON u. a. (*283*, *284*)]. Für manche Verbindungen vom Ammonium-Typ ist die Gruppe $\gtrdot N^{+}H$ charakteristisch; sie manifestiert sich in einer breiten, ziemlich verwaschenen und meist nicht sehr starken Bande bei etwa 2500 cm^{-1}, wie an Aminohydrochloriden und Aminosäuren gefunden wurde. Die HNH-Deformationsschwingung der NH_2-Gruppe findet sich bei 1600—1625 cm^{-1} und verschiebt sich unter gleichzeitiger Intensitätsabnahme in der NH-Gruppe nach 1540 cm^{-1}. Dies ermöglicht die Unterscheidung von primären gegenüber sekundären und tertiären Aminen.

Von den möglichen Bindungen des Stickstoffs an Kohlenstoff führt die Einfachbindung zu einer Bande mäßiger bis mittlerer Stärke in der Gegend von 1110 cm^{-1}, die Doppelbindung zu einer starken Bande bei 1665 cm^{-1}, in Ringverbindungen zwischen 1625 und 1613 cm^{-1} [FABIAN u. a. (*238*)], während die Dreifachbindung eine Bande mittlerer Stärke von großer Schärfe bei etwa 2220—2275 cm^{-1} hervorruft; diese verschiebt sich bei Konjugation um etwa 25 cm^{-1} nach größeren Wellen [KITSON u. GRIFFITH (*470*)]. Die Isocyanatgruppe absorbiert bei etwa 2275 cm^{-1} [HOYER (*404*)]. Nitrogruppen in aliphatischen Verbindungen manifestieren sich in zwei starken Banden bei 1370 und 1563 cm^{-1}, in aromatischen Verbindungen bei 1350 und 1538 cm^{-1} [RANDLE u. WHIFFEN (*695*), GRABIEL u. a. (*329*), KORNBLUM u. a. (*478*)]; mit den in Nitroverbindungen häufig auftretenden sog. Satellitenbanden zu den Hauptbanden beschäftigen sich VARSANYI u. a. (*1352*). Nitrite sind gekennzeichnet durch eine kräftige, von der N=O-Bindung herrührende Bande bei 1640 cm^{-1}, sowie durch die N—O-Schwingung bei 848 cm^{-1} und die Deformationsschwingung der O=N—O-Gruppe bei etwa 667—715 cm^{-1}; in geeigneten Fällen drückt sich die Cis-Trans-Isomerie dieser Gruppe in einer Aufspaltung dieser Banden aus [TARTE (*848*, *849*)]. Nitroso-Verbindungen zeigen die NO-Valenzschwingung zwischen 1493 und 1613 cm^{-1}, die CNO-Deformationsschwingung bei etwa 435 cm^{-1} [LÜTTKE (*523*)]. Die charakteristische Bande der NN-Gruppe liegt bei 1575 [THOMAS (*851*)], der Azidgruppe bei 2128, sowie bei 1235—1315 cm^{-1}, des Tetrazolringes mit meist mehreren Vertretern bei 1000—1135 cm^{-1} [LIEBER u. a. (*510*)]. Über Oxime berichten PALM u. WERBIN (*634*), sowie CALIFANO u. LÜTTKE (*128*, *129*).

Besonders großes Interesse haben die *Amide* mit der ihnen eigentümlichen Verbindung der Carbonyl- mit der NH-Gruppe gefunden, und zwar hauptsächlich wegen ihrer strukturellen Verwandtschaft mit den Proteinen, womit Aussagen über zahlreiche Naturstoffe aus dem Spektrum möglich wurden. In genügend verdünnten Lösungen, wenn wir es mit dem freien Molekül zu tun haben, finden wir die Carbonylbande der Amidgruppe im allgemeinen bei etwa 1667 cm^{-1}. Ihre genaue Lage ist in recht charakteristischer Weise von der Art der am Stickstoff erfolgten Substitution abhängig: Bei nichtsubstituierten Verbindungen liegt sie bei 1695, bei monosubstituierten bei 1678 und bei disubstituierten schließlich bei 1645 cm^{-1}. In konzentrierten Lösungen und festen Stoffen sind alle diese Banden in die Gegend des zuletzt genannten Wertes verschoben. Für eine Carbonylschwingung ist das ein relativ hoher Wert und erklärt sich aus der bekannten Neigung des Stickstoffs zur Abgabe eines Elektrons. Das heißt, wir müssen für einen beachtlichen Prozentsatz der Amidgruppen eine Resonanzstruktur der Form $R-\overset{\overset{O^-}{|}}{C}=\overset{+}{N}\langle$ annehmen, die der Carbonylgruppe eine Zwischenstellung zwischen einer Doppel- und einer Einfachbindung verleiht. Die am Stickstoff nicht oder nur einfach substituierten Amide enthalten neben der gerade erwähnten noch eine weitere starke Bande im Doppelbindungsgebiet, und zwar für erstere im Bereich von 1613—1640 cm^{-1}, für letztere im Bereich von 1505—1550 cm^{-1}, während disubstituierte Amide und Lactame — für die der Einbau der Amidgruppe in einen Ring in seiner Auswirkung auf die Carbonylschwingung schon in Tab. *32* behandelt wurde — diese Bande nicht aufweisen. Ihre genaue Lage im angegebenen Bereich hängt vom Aggregatzustand ab: Sie erscheint in festen Körpern und Flüssigkeiten, also bei der Möglichkeit der Assoziation, bei kleineren, in gehöriger Verdünnung bei größeren Wellenlängen. Die Deutung dieser Bande ist sehr umstritten. RICHARDS u. THOMPSON (*720*) sprachen sie ursprünglich, gestützt auf die beobachtete Bandenverschiebung von 1560 nach 1490 cm^{-1} bei Deuterierung am Stickstoff, als NH-Deformationsschwingung an, was neuerdings wieder von CANNON (*131*) und von MECKE u. MECKE (*567*) unterstützt wird. Demgegenüber erklärt LENORMANT (*504*) sie als eine CN-Valenzschwingung aus einer nach ihm in den Amiden existierenden Ionenform (CO—N)$^-$, welcher Deutung LETAW u. GROPP (*508*) zustimmen. Im Gegensatz dazu stehen Befunde, die von GIERER (*301*) in sehr ausgedehnten Untersuchungen an Acetamid und seinen Derivaten erhalten wurden. Danach erscheint es wahrscheinlicher, daß die erwähnte Bande einer Deformationsschwingung der $\overset{\searrow}{}N\overset{\nearrow CH_3}{}\underset{H}{|}$ -Gruppierung zugehört. Diese Untersuchungen liefern auch wertvolle Beiträge zur Frage, ob substituierte Amide in zwei Formen der Amidgruppe (Amid-Imidol-Tautomerie) oder in nur einer Form (Keto) mit zwei verschiedenen Möglichkeiten zur H-Brückenbindung (gestreckt und geknickt) existieren.

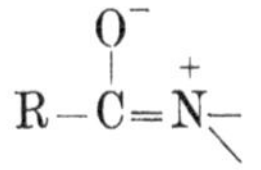

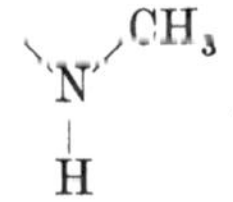

Die charakteristischen Banden von Thioamiden werden von DESSEYN u. HERMAN (*1351*) behandelt.

6. Aromatische Ringsysteme

Das Ultrarotspektrum von *Benzol* hat im Zusammenhang mit der Aufklärung der Struktur dieses in theoretischer wie praktischer Hinsicht gleich wichtigen Moleküls zahlreiche Bearbeitungen erfahren. Es ist eins der wenigen Moleküle mit größerer Atomzahl, für das nicht nur eine vollständige Schwingungsanalyse möglich war, sondern auch alle theoretisch zu erwartenden Schwingungen, sei es im

Ultrarot-, sei es im RAMAN-Spektrum, identifiziert werden konnten [PITZER u. SCOTT (*660*), INGOLD u. Mitarbeiter (*390*, *415*, *416*)][1)].

Ausgehend von den am Benzol selbst gewonnenen Ergebnissen ist es möglich, die Spektren der *Benzolderivate*, insbesondere der alkylsubstituierten Benzolverbindungen, zu deuten und mannigfachen praktischen Nutzen daraus zu ziehen [neuere Literatur mit älteren Zitaten: VAGO u. a. (*870*), COLE u. THOMPSON (*154*), LAUNER u. MCCAULAY (*497*), GARG (*285*), SCHLATTER u. CLARK (*774*), MARGOSHES u. FASSEL (*540*), LEBAS u. JOSIEN (*499*), RANDLE u. WHIFFEN (*696*), KATRITZKY (*425*), MCWINNIE u. POLLER (*1293*)]. Von besonderem Interesse ist dabei die von der CH-Valenzschwingung des aromatischen Rings herrührende Bande, die bei 3058 cm^{-1}, also an derselben Stelle wie die olefinische Doppelbindung, gefunden wird; ihre Stärke verändert sich mit der Zahl und Stellung des Substituenten infolge Änderung der Symmetrie- und Aktivierungsverhältnisse. Von ganz besonderer Bedeutung sind aber die von den CC-Schwingungen des Rings selbst herkommenden Banden. Die Folge der Gleichwertigkeit aller CC-Bindungen im aromatischen Ring ist eine außerordentlich ausgeprägte Wechselwirkung zwischen den Schwingungen der einzelnen Bindungen, die zu einer Reihe von Banden im Bereich von 1667 bis 1000 cm^{-1} führt. Eine davon, meist geringer Stärke, liegt bei 1600, eine andere, stärkere bei 1493 cm^{-1}. Beide hängen in Lage und Stärke von Zahl und Stellung, jedoch nicht der Art der Substituenten am Ring ab; die Überlagerung der kurzwelligen Bande bei Konjugationseffekten macht jedoch ihre Ausnutzung zu analytischen oder konstitutionstheoretischen Untersuchungen problematisch. Noch deutlicher ausgeprägt und fast immer genügend isoliert finden sich Hinweise und Merkmale für die Stellungsisomerie am Ring im Gebiet zwischen 5 und 6 μ [YOUNG u. a. (*928*)], sowie zwischen 10 und 15 μ in Banden, die den olefinischen Waggingsschwingungen entsprechen [BOMSTEIN (*89*)]. Abb. 173 und 174 geben einen Überblick über die verschiedenen Möglichkeiten je nach Art und Ausmaß der Substitution durch Alkyle [MCMURRY u. THORNTON (*560*)]. In einem gewissen geringen Grad ist die Lage dieser Banden von der Natur der Substituenten, bei Alkylen vor allem vom Verzweigungsgrad, abhängig [POTTS (*681*)]. Überlagerung ist zu befürchten durch gewisse Knickschwingungen des Rings, die senkrecht zur Ringebene erfolgen. Enthält der Substituent Nichtkohlenwasserstoffteile, so sind diese auf das eigentliche

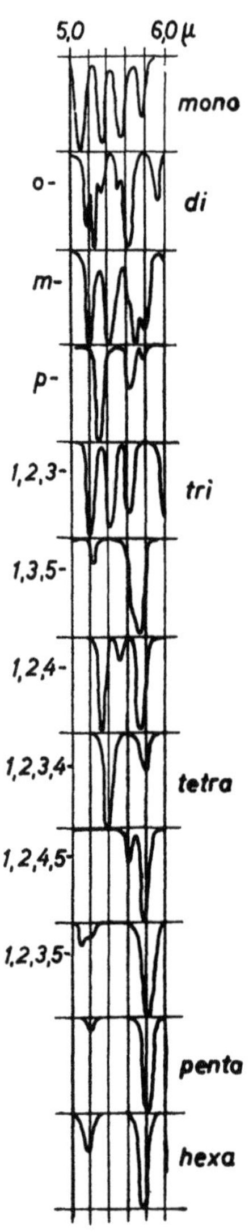

Abb. 173. Charakteristische Banden des substituierten Benzolrings zwischen 5 und 6 μ [nach YOUNG u. a. (*928*)]

1) Es sind hier nur Arbeiten angeführt, die hauptsächlich Ultrarotuntersuchungen behandeln, keine reinen RAMAN-Arbeiten, denen eine ebenso bedeutende bzw. wegen ihrer Priorität sogar größere Rolle zukommt.

Spektrum des Phenylrings ohne große Wirkung, sofern sie nicht unmittelbar an einem Ringkohlenstoff sitzen. In dieser Stellung allerdings werden die Ringbanden in Lage und Stärke mehr oder weniger beeinflußt. So verstärkt z. B. die unmittelbare Substitution durch N oder O die oben erwähnte Bande bei 1600 cm^{-1} beträchtlich. Der Einfluß von Konjugationseffekten auf die Ringbanden ist noch nicht völlig aufgeklärt. Bei Konjugation mit C=C oder C=O tritt zusätzlich zur Absorption bei 1600 eine neue Bande bei 1587 cm^{-1} auf. Ein solches Dublett kann als Anzeichen von Benzoyl- oder sonstigen konjugierten Phenylverbindungen gewertet werden.

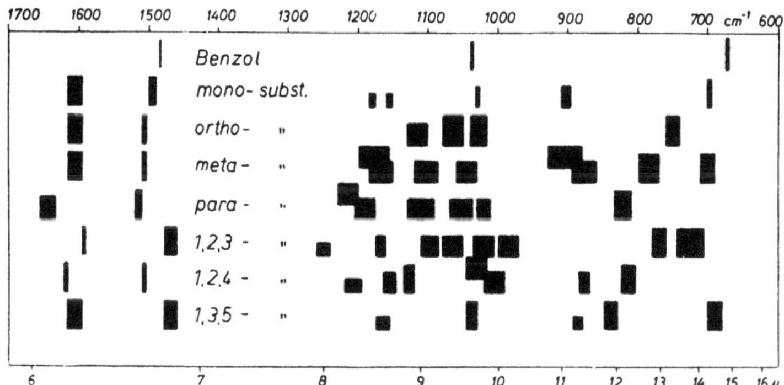

Abb. 174. Charakteristische Banden des substituierten Benzolrings zwischen 6 und 15 μ [nach McMurry u. Thornton (*560*)]

Einen Überblick über die Spektren *polycyclischer Verbindungen* gibt eine umfassende Veröffentlichung von Cannon u. Sutherland (*132*), worin auch die frühere Literatur aufgeführt ist. Einige Beispiele daraus sind in Abb. 175 zusammengestellt. Zur Ableitung in jedem Fall gültiger Regeln reicht das zur Zeit vorliegende Material noch nicht ganz aus. Immerhin deuten sich gewisse Gesetzmäßigkeiten z. B. in der Lage der Banden an, die, von der CH-Deformationsschwingung aus der Molekülebene heraus herrührend, nach den Erfahrungen beim Benzol besonders empfindlich hinsichtlich der Substitution und im Bereich von etwa 650 bis 900 cm^{-1} zu erwarten sind. Für einige nicht substituierte Verbindungen mit

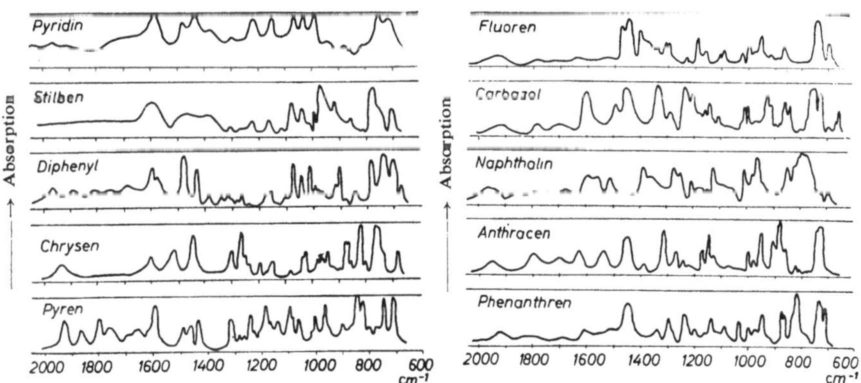

Abb. 175. Ultrarotspektren einiger polycyclischer Verbindungen [nach Cannon u. Sutherland (*132*)]

kondensierten Ringen, jedoch mit der Einschränkung, daß jeder Ring höchstens zwei CC-Bindungen mit einem anderen gemeinsam haben soll, d. h. bei Beschränkung auf lineare und angulare Anellierung, gibt Tab. 33 einen kleinen Überblick; offensichtlich ist die Bande bei 810 cm^{-1} ursächlich mit der angularen Anellierung verbunden. Bei Substitution werden die Verhältnisse unübersichtlicher. Beim *Naphthalin* [HUNSBERGER (*410*), SEIDMAN (*780*), PIMENTEL u. MCCLELLAN (*654*), MOSBY (*594*), FERGUSON u. WERNER (*242*), CENCELJ u. HADŽI (*135*), LUTHER u. Mitarbeiter (*533*, *534*, *535*), HAWKINS u. a. (*376*)] lassen sich die verschiedenen Substitutionstypen ultrarotspektroskopisch unterscheiden. Auch hier sind es die ebenen und nichtebenen CH-Deformationsschwingungen im Bereich von 700 bis 1300 cm^{-1}, die diese Möglichkeit eröffnen. Eine kleine Zuordnungstafel dafür findet man bei HAWKINS u. a. (*376*). Weniger geklärt ist die Lage bei *Anthracen* und *Phenanthren* [PACAULT u. LECOMTE (*633*), ORR u. THOMPSON (*623*), HUNSBERGER u. a. (*411*), DANNENBERG u. a. (*189*), DANNENBERG u. NAERLAND (*190*)]. Die speziellen Möglichkeiten des Spektralbereichs von 5 bis 6 μ (2000 bis 1667 cm^{-1}) für die Erkennung von monosubstituierten Naphthalinen haben COX u. a. (*1294*) diskutiert.

Tabelle 33. *Charakteristische Ringschwingungen einiger nichtsubstituierter kondensierter Ringsysteme* [*nach* CANNON u. SUTHERLAND (*132*)]

	cm^{-1}		
Benzol		670	
Naphthalin		780	
Anthracen	730		890
Naphthacen	750		900
Phenanthren	730	810	870
1,2-Benzanthracen	750	810	890
1,2; 5,6-Dibenzanthracen	750	810	890

Bei *Diphenylverbindungen* hat sich gezeigt [LAAKSO u. a. (*489*), ORR u. THOMPSON (*623*); THOMPSON u. a. (*858*)], daß man jeden Ring bezüglich der nicht in der Ringebene erfolgenden CH-Deformationsschwingung für sich betrachten und die Erfahrungen am Benzol auf jeden übertragen kann, wobei allerdings diesem gegenüber die Banden um etwa 20 cm^{-1} nach größeren Wellenzahlen verschoben erscheinen und auf jeden Fall immer eine Bande bei 700 cm^{-1} auftritt. Diphenyl selbst entspricht demnach einem monosubstituierten Benzol, ein 2-substituiertes Diphenyl einem gleichzeitig mono- und ortho-disubstituierten Benzol usw. (Abb. 176).

Ähnliches gilt für die Pyridine [CORRSIN u. a (*171*), PODALL (*679*), KATRITZKY (*452*) mit ausführlichem Literaturverzeichnis]. Der in den Ring eingebaute Stickstoff wirkt ähnlich wie ein Benzolsubstituent, so daß sich bei substituierten Pyridinen für die betrachtete CH-Deformationsschwingung Banden nach Abb. 176 ergeben. Charakteristische Banden für substituierte Pyridine findet man weiterhin bei GODAR u. MARIELLA (*1024*). Das schon bei den Benzolen so wichtige Spektralgebiet von 5 bis 6 μ hat für die Erkennung des Substitutionstypes von Alkylpyridinen ebenfalls einige Bedeutung.

Angaben über die Ultrarotspektren einiger Pyrimidine und Purine, sowie ältere Literatur dazu, findet man bei LACHER u. a. (*491*) und bei WILLITS u. a. (*904*). Das Gesamtgebiet der Ultrarotspektren von Heterocyclen findet man zusammenfassend behandelt bei KATRITZKY u. AMBLER (*1304*).

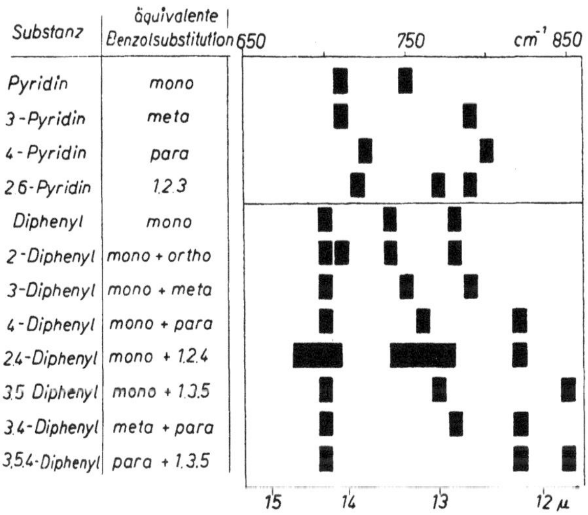

Substanz	äquivalente Benzolsubstitution
Pyridin	mono
3-Pyridin	meta
4-Pyridin	para
2.6-Pyridin	1.2.3
Diphenyl	mono
2-Diphenyl	mono + ortho
3-Diphenyl	mono + meta
4-Diphenyl	mono + para
2.4-Diphenyl	mono + 1.2.4
3.5-Diphenyl	mono + 1.3.5
3.4-Diphenyl	meta + para
3.5.4-Diphenyl	para + 1.3.5

Abb. 176. Charakteristische Banden von substituiertem Pyridin und Diphenyl [nach CANNON u. SUTHERLAND (*132*)]

7. *Acetylenverbindungen*

Die Spektren der eine endständige, nicht substituierte *Acetylenbindung* enthaltenden Moleküle sind durch eine bei besonders hohen Wellenzahlen bzw. besonders niedrigen Wellenlängen liegende Bande der zugehörigen CH-Valenzschwingung ausgezeichnet, die zwischen 3290 und 3390 cm^{-1} bzw. 3,04 und 2,95 μ gefunden wird. Die C≡C-Valenzschwingung ist in Acetylen selbst aus Symmetriegründen inaktiv. In monosubstituierten Acetylenverbindungen [WOTIZ u. MILLER (*915*), WOTIZ u. a. (*916*), SHEPPARD u. SIMPSON (*790*)] findet man sie bei 2100 cm^{-1}, in disubstituierten zwischen 2210 und 2280 cm^{-1}. Diese Zuordnung gilt auch für cyclische Acetylene [BLOMQUIST u. a. (*78*), BLOMQUIST u. LIU (*77*)]. Konjugation hat nur geringen Einfluß auf die Lage der C≡C-Schwingung [ALLAN u. a. (*11*)]. Die Deformationsschwingungen der C≡C-H-Gruppierung liegen bei ziemlich kleinen Wellenzahlen, z. B. für Acetylen selbst bei 612 (inaktiv) und 729 cm^{-1}, für Methylacetylen bei 642 cm^{-1}; sie sind im allgemeinen so stark, daß auch ihre Oberschwingungen sich noch bemerkbar machen.

8. *Verbindungen mit Halogenen, Schwefel, Silicium und Phosphor*

Der Ersatz von H-Atomen in Kohlenwasserstoffen durch *Halogene* verändert das Ultrarotspektrum durch das Ausfallen der entsprechenden CH-Schwingungen und das Auftreten der mit dem Halogen verbundenen Schwingungen infolge der ganz anderen Massen- und Bindungsverhältnisse beträchtlich. Verständlicherweise liegen die Valenzschwingungen der Halogenbindung an Kohlenstoff mit zunehmendem Atomgewicht des Halogens bei immer kleineren Wellenzahlen, so daß mit dem gewöhnlich benutzten NaCl-Prisma nur noch die CF- und die CCl-Bindung erfaßt werden, erstere im Bereich von 1000 bis 1100 cm^{-1}, letztere zwischen 650 und 730 cm^{-1}. Für die CBr-Bindung liegen die entsprechenden Schwingungen zwischen 560 und 650 cm^{-1} und für CJ schließlich zwischen 500 und 600 cm^{-1}. Die genaue Lage der Schwingungen ist von den sonstigen Bindungsverhältnissen des betroffenen C-Atoms abhängig: Halogensubstitution an sekundären und tertiären C-Atomen vermindert gegenüber derjenigen an primären die Frequenzen, während mehrfache Halogensubstitution an demselben C-Atom sie erhöht. So findet man z. B. für die beiden Valenzschwingungen der CF_2-Gruppe in Polytetrafluoräthylen die Werte 1154 und 1213 cm^{-1} [ROBINSON u. PRICE (*737*)]. Die Anregung der Valenzschwingungen der Kohlenstoff-Halogen-Bindung ist meist so stark, daß auch noch die 1. Oberschwingung mit nennenswerter Intensität auftritt. Die verschiedenen Knickschwingungen dieser Bindung liegen in Bereichen so kleiner Wellenzahlen, daß sie erst neuerdings durch die Einführung des KBr-, CsBr- und CsJ-Prismas im Ultrarotspektrum teilweise erfaßt werden können, soweit sie nicht durch Kombination mit anderen Schwingungsformen in andere, auch schon bisher leicht erforschbare Bereiche transformiert werden. Im übrigen ist in vieler Hinsicht die RAMAN-Spektroskopie geeigneter zur Untersuchung der mit Halogenen verbundenen Schwingungen. Dennoch ist die neuere Ultrarotliteratur so reich an Veröffentlichungen, welche die Halogenierung von Kohlenwasserstoffen u. dgl. betreffen, daß wir nur eine kleine Auswahl anführen können: Perfluoralkylhalogenide HAUPTSCHEIN u. a. (*374*); für Halogenalkohole HENNE u. FRANCIS (*383*), HASZELDINE (*371*); Fluorbenzole FERGUSON u. a. (*243*); Chlorbenzole PLYLER (*665*). Im übrigen sei auf die zusammenfassende Literatur über Ultrarotspektren verwiesen.

Über die Ultrarotspektren *schwefelhaltiger* organischer Verbindungen sind zahlreiche Arbeiten erschienen: TROTTER u. THOMPSON (*867*), SCHREIBER (*776*), BARNARD u. a. (*36*), SHEPPARD (*786*), AMSTUTZ u. a. (*19*), CYMERMAN u. WILLIS (*183*), FLETT (*253*), PRICE u. GILLIS (*685*), DETONI u. HADŽI (*200*), MECKE u. a. (*569*), BAXTER u. a. (*47*). Sie erlauben eine Festlegung der wichtigsten, den Schwefel betreffenden Schwingungen wie folgt: SH 2400—2600 und 810—930 cm^{-1}, $>$ SO 1050 cm^{-1}, $>$ SO_2 1150 und 1350 cm^{-1}, C—S 680—690 cm^{-1}, S—S 430—490 cm^{-1}, C=S 1050—1230 cm^{-1} (in homologen Reihen darin engere Bereiche).

Ebenso umfangreich ist das Material über die Ultrarotspektren von *Siliciumverbindungen*: WRIGHT u. HUNTER (*919*), RICHARDS u. THOMPSON (*723*), JONES u. a. (*433*), SCOTT u. FRISCH (*778*), CLARK u. a. (*141*), McBRIDE u. BEACHELL (*552*), ŠIMON u. McMAHON (*801*), SMITH (*811*), KAKUDO u. a. (*449*), WESTERMARK (*885*). Daraus folgt für die Schwingungen der SiH-Gruppe der Spektralbereich von 2100 bis 2300 cm^{-1}, der SiC-Bindung der Bereich 700—850 cm^{-1}, der SiO-Bindung der Bereich 1000—1100 cm^{-1}.

Auch über die Ultrarotspektren von organischen *Phosphorverbindungen* liegt viel Material vor: MEYRICK u. THOMPSON (*575*), DAASCH u. SMITH (*187*), BELLAMY u. BEECHER (*53*, *54*), BELL u. a. (*52*), HARVEY u. MAYHOOD (*367*), CORBRIDGE u. LOWE (*170*), CORBRIDGE (*169*), NYQUIST (*613*), THOMAS u. CHITTENDEN (*1114*, *1115*). Man findet charakteristische Banden für P—OH im Bereich 2500—2700 cm^{-1}, P—H 2300—2450 cm^{-1}, Phosphinsäuren 1670—1750 cm^{-1}, P—Phenyl 1440 und 1000 cm^{-1}, P—O—C (aliphatisch) 1000—1100 cm^{-1} (allerdings P—O—CH_3 1190 cm^{-1}, P—O—C_2H_5 1160 cm^{-1}), P—O—C (aromatisch) 850—950 cm^{-1}, P—F 735—890 cm^{-1} (bei dreiwertigem Phosphor), 850—890 cm^{-1} (bei höherwertigem Phosphor), P—C (aliphatisch) 670—750 cm^{-1}, P—Cl 475—585 cm^{-1}, P=O 1200 bis 1300 cm^{-1}, P—O—P 910—950 cm^{-1}, Pyrophosphate PO—O—PO 870—930 und 670—710 cm^{-1}.

2. Kapitel: Hochmolekulare Substanzen

1. Allgemeine Gesichtspunkte

Nachdem die Ultrarotspektroskopie ihre Eignung zu Zwecken der Struktur- und Konstitutionsaufklärung sowohl, wie auch zu analytischen Zwecken an zahlreichen kleineren, wohl definierten Molekülen erwiesen hatte, lag ihre Anwendung auch auf hochmolekulare Verbindungen von oft schlechtem Definitionszustand nahe. Manchen skeptischen Erwartungen entgegen hat sie auch dabei zahlreiche und wertvolle Aufschlüsse geliefert, wobei bedacht werden muß, daß dieses Anwendungsgebiet auf lange Zeit hinaus lohnende Aufgaben bietet. Man muß dennoch bedenken, daß den Hochmolekularen gegenüber die Lage eine ganz andere ist als bei den Niedermolekularen, um einerseits die Möglichkeiten, andrerseits aber auch die Grenzen der Leistungsfähigkeit ultrarotspektroskopischer Methoden zu erkennen.

Zwei Gruppen von Stoffen aus dem Bereich der Hochmolekularen sind es in der Hauptsache, deren Erforschung auch der Ultrarotspektroskopie sich bedient: 1. Natürliche und künstliche Polymerisations- und Kondensationsprodukte, gekennzeichnet durch die periodische Wiederkehr gewisser Gerüstbauteile längs einer Kette oder in einer Fläche; dazu gehören vor allem die Kohlenwasserstoff-Hochpolymeren, der Kautschuk, die Cellulose, die Polypeptide, die Harze u. a. m. 2. Komplizierte organische Verbindungen von mittlerem bis hohem Molekulargewicht, speziell Substanzen von biochemischem und biologischem Interesse, wie die Kohlenhydrate [Kuhn (*486*)], Polysaccharide [Orr u. Harris (*624*)], Nuclein- und Aminoaäuren; gerade dieser zweiten Gruppe wendet sich, wie man an Hand der neueren Literatur leicht verfolgen kann, die Aufmerksamkeit immer mehr zu. Der mit den ultrarotspektroskopischen Untersuchungen an diesen hochmolekularen Stoffen verfolgte Zweck ist kein anderer als bei den übrigen Substanzen auch: die Ausnutzung ihrer Möglichkeiten zur qualitativen und quantitativen Analyse einerseits, die Aufhellung von Struktur- und Konstitutionsfragen andrerseits. Dazu kommt ein neuer Gesichtspunkt: Die Suche nach einer Korrelation zwischen strukturellen Eigenheiten und physikalischen und technologischen Eigenschaften, ganz besonders für die technisch genutzten Natur- und Kunststoffe. Hierbei spielt die Bestimmung des kristallinen und amorphen Anteils im Kunststoff sowie der Taktizität aus dem Ultrarotspektrum eine besondere Rolle. Die spektrale Untersuchung hochmolekularer Substanzen und ihre Ausdeutung knüpft genau so wie die der niedermolekularen an die Existenz charakteristischer Banden für bestimmte Atomgruppen an. Während aber bei vielen Niedermolekularen eine Schwingungsanalyse des Moleküls mit höchstens wenigen Alternativmöglichkeiten und daher im allgemeinen wegen der relativ geringen Bandenzahl eine einigermaßen sichere theoretische Zuordnung bestimmter Banden zu bestimmten Schwingungen bzw. Gruppen möglich ist, geht diese Sicherheit bei den Hochmolekularen mehr oder weniger verloren. Vermöge der großen Atomzahl und der geringen Symmetrie wird die Anzahl der beobachteten Banden groß, vor allem bei den Substanzen der oben genannten zweiten Gruppe. Für ausgesprochene Polymerisationsprodukte allerdings gilt diese Feststellung nur sehr bedingt, denn häufig zeigen die Spektren der polymeren gegenüber denen der monomeren Substanzen eine nicht unbeträchtliche Vereinfachung, die größtenteils vom Verschwinden der Banden der an der Polymerisation unmittelbar beteiligten Gruppen herrührt; wenn allerdings schon das Monomere ein sehr bandenreiches Spektrum besitzt, wie es bei ein wenig komplizierter gebauten Molekülen der Fall zu sein pflegt, so ist dieser Effekt ziemlich belanglos. Um solche bandenreichen Spektren einigermaßen sauber zu erfassen, bedarf es hoher spektraler Auflösung. Oft finden sich dann in einem Bereich mehrere Banden wenig unterschiedlicher Stärke, die für eine Zuordnung zu einer bestimmten Gruppe in Frage kommen, und es läßt sich häufig nicht zweifelsfrei entscheiden, welches die richtige ist, zumal durch eine gesteigerte Wechselwirkung von Teilen der komplexen Moleküle miteinander oder mit Nachbarmolekülen beachtliche Verschiebungen und Veränderungen in Lage und Aussehen der Banden auftreten können. Dazu kommt der oftmals unbefriedigende Definitionszustand der hochmolekularen Substanzen, sei es, daß sie als technische Produkte je nach Führung des Herstellungsprozesses verschieden ausfallen, sei es, daß die Natur sie als nicht weiter oder nur schwer trennbare Gemische liefert. Ein weiterer Punkt sind die gerade für die hierher gehörenden Stoffe oft erheblichen Präparationsschwierigkeiten, die es zu überwinden gilt, um auswertbare Spektren zu erhalten. Manche der oben geschilderten Präparationsverfahren wurden im Kampfe mit diesen Schwierigkeiten überhaupt erst entwickelt.

Unter diesen Gesichtswinkeln gesehen ist das bisher in der Anwendung der Ultrarotspektroskopie auf Hochmolekulare Erreichte durchaus beachtlich und zu weiteren Anstrengungen in dieser Richtung ermutigend. Den geringen Schwierigkeiten entsprechend, können wir für die Untersuchung der natürlichen und künstlichen Polymerisationsprodukte heute schon eine zwar bei weitem noch nicht abgeschlossene, aber schon sehr weit gediehene Entwicklung konstatieren, während die der Kondensationsprodukte und der komplizierteren organischen Moleküle biochemischer Stoffe noch in den Anfängen steckt und über die Registrierung der Spektren kaum hinausgekommen ist, von einigen speziellen Schlüssen aus besonders gut und genau untersuchten Banden, wie sie etwa der OH-, NH_2-, CO·NH-Gruppe usw. zukommen, abgesehen. Die Hoffnung allerdings, daß die ultraroten Spektren langkettiger Moleküle mit wiederkehrenden Baueinheiten über die Kettenlänge und damit über das Molekulargewicht etwas aussagen könnten, mußte schon nach den Erfahrungen an den langkettigen Normalparaffinen als trügerisch angesehen werden: Schon dort unterscheiden sich die Spektren bei einer Kettenlänge von mehr als etwa 10 bis 14 C-Atomen kaum mehr. Davon abgesehen sind aber heutzutage ultrarotspektroskopische Untersuchungen an Hochpolymeren nicht zu umgehen, wenn man über viele Spezialfragen Auskunft haben will, z. B. über die Kristallinität, den Aufbau der Kette (Taktizität), die Zusammensetzung von Kopolymeren u. v. a.

Mehr noch als bei den Niedermolekularen müssen bei der Deutung der Spektren von Hochmolekularen andere Verfahren und Effekte herangezogen werden. Von solchen, die unmittelbar auf das Spektrum einwirken, seien genannt: die Deuterierung definierter Wasserstoffbindungen, der Einfluß vor allem tiefer, oft aber auch mäßig hoher Temperaturen und — in der Bedeutung kaum zu übertreffen — die Verwendung polarisierter Strahlung.

2. *Hochpolymere Natur- und Kunststoffe*

Im weiteren Verlauf beschränken wir uns, dem Charakter unserer Darstellung gemäß, auf die Besprechung einiger weniger ausgewählter hochmolekularer Stoffe, für die zahlreiche und besonders fundierte Ultrarotuntersuchungen vorliegen. Arbeiten, die sich hauptsächlich mit rein analytischen Fragen beschäftigen, werden gar nicht oder nur am Rande erwähnt. In dieser Hinsicht sei Bezug auf das entsprechende Buch von HUMMEL (*K*) und seine Erweiterung (*1185, 1186*) genommen. Im übrigen verweisen wir auf die Originalarbeiten und Zusammenfassungen über die ultrarotspektroskopische Strukturaufklärung an hochpolymeren Natur -und Kunststoffen [CLEMENT (*142*), BRÜGEL (*D*, *119*), SCHNELL (*T*), KRIMM (*M*)]. Die allgemeinen Aspekte der Ultrarotspektroskopie von Hochpolymeren unter besonderer Berücksichtigung der Schwingungen in Kettenmolekülen sowie der durch Orientierung hervorgerufenen Effekte behandelt ZBINDEN (*1228*) in Buchform. Speziell mit der Cellulose und ihren Derivaten befaßt sich ein Buch von ZHBANKOV (*1187*).

Polyäthylen: Dieser bei der Polymerisation von Äthylen entstehende Thermoplast zeigt seiner einfachen Struktur nach — im wesentlichen lange Zickzackketten von CH_2-Gruppen — ein sehr einfaches Ultrarotspektrum (Abb. 177) mit Banden bei 2,4, 3,4, 6,8, 7,2, 7,6, 13,7 und 13,9 μ, von einigen anderen, sehr schwachen abgesehen. Genauere Untersuchungen haben gezeigt, daß entgegen den Erwartungen noch ein beachtlicher Gehalt an Methylgruppen vorhanden ist, der je nach Herkunft bei älteren Polymerisaten mit relativ niedrigem Molekulargewicht bis zu

10%, bezogen auf den CH_2-Gruppengehalt, betragen und in heutigen Hochdruck-Produkten immer noch zu etwa 3% veranschlagt werden kann, während im Niederdruck-Polyäthylen der Methylgruppengehalt verschwindend klein ist [Fox u. Martin (*262*), Cross u. a. (*180*), Richards (*719*), Rugg u. a. (*755, 756*)]. Die Frage, ob diese Methylgruppen selbst unmittelbar seitenständig an der Methylenhauptkette hängen oder ob sich mit Methylgruppen abgeschlossene Methylenseitenketten ausbilden, wurde mit Hilfe von Untersuchungen gestreckter Proben mittels polarisierter Strahlung zugunsten der letzteren Alternative entschieden. Über die genaue Länge dieser Seitenketten ist jedoch nichts Genaues bekannt; aus der Tatsache, daß Ketten bis zu vier C-Atomen im Spektrum charakteristisch sich bemerkbar machen und diese Merkmale im Polyäthylenspektrum fehlen, schließt man auf eine etwas größere Länge [Elliott u. a. (*229*), Bryant u. Voter (*120*)]. Des weiteren wurden durch die entsprechenden Banden ungesättigte Gruppen mit einer Konzentration von etwa 0,5% gefunden. Auch Sauerstoff kann ultrarotspektroskopisch in Form von Hydroxyl-, Carbonyl- und Äthergruppen leicht in allerdings sehr kleinen Prozentsätzen — meist weniger als 0,1% — nachgewiesen werden [Cross u. a. (*180*)].

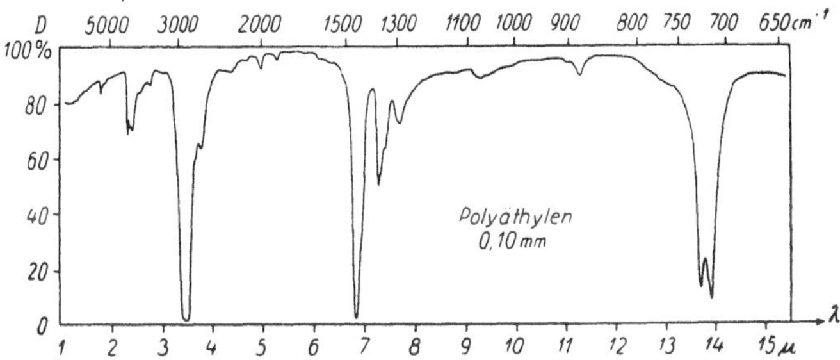

Abb. 177. Ultrarotspektrum von Polyäthylen

Im Zusammenhang mit der Frage der Kristallinität hat das Bandendublett bei 13,7 und 13,9 μ besonderes Interesse gefunden. Eine solche Bande tritt bei allen Paraffinen mit mehr als drei Methylengruppen in der Kette auf und ist nach Untersuchungen an deuterierten Paraffinen als eine Rockingschwingung der beiden Wasserstoffatome der CH_2-Gruppe anzusprechen [Sheppard u. Sutherland (*789*)]. Der Dublettcharakter in Polyäthylen wird darauf zurückgeführt, daß diese Schwingung sowohl parallel wie auch senkrecht zur Kettenachse erfolgen kann. Demzufolge müßten die beiden Komponenten in orientierten Proben polarisierter Strahlung gegenüber ein verschiedenes Verhalten zeigen, wie es auch berichtet wurde. Neuerdings haben jedoch andere Autoren [Rugg u. a. (*754*)] im Gegensatz dazu ein weitgehend gleichartiges Verhalten beider Banden festgestellt. Die kürzerwellige der beiden Komponenten (731 cm^{-1}) verschwindet beim Schmelzen des Materials [Thompson u. Torkington (*855, 856*)], woraus der Schluß gezogen wird, daß sie aus kristallinen Bereichen stammt, deren Ordnung beim Schmelzprozeß zerstört wird. Demgemäß ist die Stärke der Bande ein unmittelbares Maß für die Größe des kristallinen Anteils in Polyäthylen [Rugg u. a. (*755, 756*), Stein u. Sutherland (*825*), Sandeman u. Keller (*765*), Kaiser (*446, 448*)]. Diese Ansicht wird gestützt von Beobachtungen bei tiefen Temperaturen [King u. a. (*464*)]. Man weiß aus Erfahrungen an vielen Substanzen bekannter Konstitution und Struktur, daß die

Banden von tiefgekühlten kristallinen Körpern im allgemeinen erheblich schärfer und ausgeprägter als bei normaler Temperatur und oft etwas verschoben erscheinen, während die Banden amorpher Substanzen von diesen Einflüssen unberührt bleiben. Die Polyäthylenbande bei 731 cm^{-1} weist nun tatsächlich neben einer geringfügigen spektralen Verschiebung eine Verringerung der Halbwertsbreite auf, wenn man das spektroskopierte Material auf 4 °K abkühlt, während die andere Komponente bei 720 cm^{-1} sich dabei nicht verändert. In ähnlicher Weise wird auch eine allerdings schwache Bande bei 1301 cm^{-1} als unmittelbares Maß für die Größe des amorphen Anteils in Polyäthylen angesehen [RICHARDS (*719*)]. Während aber bisher alle ultrarotspektroskopischen Bestimmungen der Kristallinität auf einer röntgenographischen Eichung beruhten, haben neuerdings HENDUS u. SCHNELL (*382*) ein davon unabhängiges Verfahren angegeben, das zwar zu von den bisherigen Ergebnissen abweichenden Zahlen führt, aber offenbar besser fundiert ist.

Für die technologischen Eigenschaften des Polyäthylens, vor allem seine Temperaturbeständigkeit, erwiesen sich ultrarotspektroskopische Untersuchungen der thermischen Oxydation und des thermischen Abbaus als aufschlußreich [OAKES u. RICHARDS (*614*)]. Bei der Oxydation nehmen die oben erwähnten Banden von Sauerstoffbindungen an Intensität zu und andere erscheinen neu. Während in der Literatur berichtet wird, daß nicht bewußt oxydiertes Polyäthylen keine freien, d. h. durch Wasserstoffbrückenbindung nicht modifizierte Hydroxylgruppen enthalte, zeigen andere Spektren dennoch schwache, aber deutliche Merkmale für die Anwesenheit solcher Gruppen. Die bei der Oxydation entstehenden Hydroxylgruppen erweisen sich nach der spektralen Lage der ihnen zuzuordnenden Bande jedoch als durch Nebenvalenzbindung assoziiert. Das kann nur so erklärt werden, daß die nun auftretenden Hydroxylgruppen — im Gegensatz zu den anfangs vorhandenen, die wohl als Endgruppen anzusprechen sind — irgendwo in der Kette in Nachbarschaft zu einer ketonischen Carbonylgruppe eingebaut werden, zu deren Sauerstoffatom die Wasserstoffbrücke führt. Bei stärkerer Oxydation werden die Banden dieser und anderer sauerstoffbehafteter Gruppen zu den stärksten des Spektrums überhaupt. Beim Studium des thermischen Abbaus bei Temperaturen über 200 °C stellt man, ausgehend von einem Molekulargewicht 13000, mit abnehmendem Molekulargewicht eine Zunahme olefinischer Glieder der Gestalt $RCH{=}CH_2$ (909 und 990 cm^{-1}), $RCH{=}CHR'$ (964 cm^{-1}) und $RR'C{=}CH_2$ (887 cm^{-1}) fest. Während zunächst die aufgeführten Banden aller dieser Glieder ziemlich gleichmäßig stärker werden, die der beiden zuletzt genannten jedoch bei einem Molekulargewicht von etwa 700 einen konstanten Wert annehmen, wächst der Gehalt der $RCH{=}CH_2$-Glieder gerade bei forciertem Abbau im Gebiet der Molekulargewichte unter 1000 ganz besonders stark an. Dabei sind offenbar nicht die normalen C—C-Bindungen der Kette Ansatzpunkte des Abbaus, sondern vor allem sauerstoffbenachbarte Bindungen und Verzweigungspunkte.

Auch die Ultrarotspektren von chlorierten Polyäthylenen wurden schon untersucht [THOMPSON u. TORKINGTON (*855*, *856*)]. Das Bandendublett bei 720 und 730 cm^{-1} nimmt mit zunehmendem Chlorgehalt ab und verschwindet bei etwa 50% Cl gänzlich. Etwas langsamer gehen die Banden bei 1370 und 1460 cm^{-1} (Methylen- und Methylgruppen) in der Stärke zurück; letztere verschwindet bei einem Cl-Gehalt, der infolge sterischer Behinderung keine ungestörten CH_2-Gruppen mehr zuläßt. Dafür treten in zunehmendem Ausmaß neue Banden auf, welche den Schwingungen der verschiedenen Einlagerungsmöglichkeiten des Chloratoms zuzuschreiben sind, und es prägen sich gewisse „Sprünge" im Spektrum bei 40 bis

50 % und bei etwa 74 % Cl aus. Vorläufig entziehen sich die Spektren hinsichtlich der Frage der Verteilung des Chlors längs der Kette noch der Ausdeutung; es sei in dieser Richtung nur bemerkt, daß die Spektren von Polyvinyl- und Polyvinylidenchlorid mit regelmäßiger Anordnung der Cl-Atome anders aussehen als die gleich chlorierten Polyäthylens.

Polyvinylalkohol: Bei diesem sehr gut kristallisierenden Kunststoff (Abb. 178) waren die Ultrarotspektren wichtig bei der Klärung der röntgenographisch nicht zweifelsfrei entscheidbaren Frage, wie gleichmäßig, ausgeprägt und geordnet die Wasserstoffbrücken zwischen Sauerstoffatomen verschiedener, benachbarter Ketten gestaltet sind: völlig gleichartig, d. h. die OH . . . O-Bindung um etwa 60° gegen die Ketten geneigt und zwar abwechselnd im entgegengesetzten Sinn und angenähert in der Ebene der dadurch verbundenen C-Atome [Mooney (*593*)] — oder statistisch um die Ketten verteilt und damit auch außerhalb der erwähnten

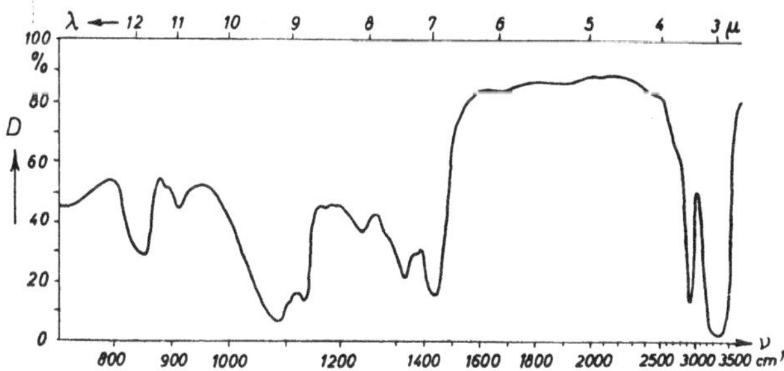

Abb. 178. Ultrarotspektrum von Polyvinylalkohol [nach Blout u. Karplus (*80*)]

Ebene und mit verschiedenartiger Ausprägung der Nebenvalenzbindung [Bunn u. Peiser (*124*)]. Die Ultrarotuntersuchungen mit polarisierter Strahlung haben ziemlich eindeutig für die zuletzt genannte Alternative entschieden [Elliott u. a. (*231*), Glatt u. a. (*306*)]. Die Spektren einfach orientierter Filme weisen den zu erwartenden Dichroismus der CH-Valenzschwingung bei 2940 cm^{-1} auf, während die OH-Valenzschwingung bei etwa 3400 cm^{-1} unorientiert gefunden wird. Die spektrale Lage dieser Bande spricht für starke Wasserstoffbrückenbindung, die ebenso wie die fehlende oder nur sehr geringe Orientierung beiden Strukturvorschlägen entspricht. Gegen den ersten mit gleichartiger, streng geordneter Ausbildung der H-Brücken spricht die überraschend große Breite der Bande. Noch deutlicher erweisen die Spektren durch Heißwalzen doppelt orientierter Proben den zweiten Vorschlag als den richtigen. Denn wenn die OH . . . O-Bindungen auf die Ebene der durch sie verbundenen C-Atome beschränkt wären, dann müßte die zugehörige Bande strengen Dichroismus zeigen, wenn die Schwingungsrichtung der polarisierten Strahlung sich dieser Ebene annähert oder gar mit ihr zusammenfällt — nichts dergleichen wurde beobachtet.

Polystyrol: Bei diesem Kunststoff (Abb. 179) beschäftigen sich die veröffentlichten Ultrarotarbeiten weniger mit der Struktur selbst als vielmehr mit dem Ablauf der Polymerisationsreaktion und thermischen sowie aktinischen Abbauerscheinungen, in die man auf diese Weise Licht zu bringen hofft. So konnte mittels der Ultrarotspektren nachgewiesen werden, daß die Vinylpolymerisation mit Benzoylperoxyd als Katalysator hauptsächlich durch die Reaktionsfreudigkeit des durch Spaltung des Peroxyds entstehenden Carboxyradikals und nicht des Kohlenwasserstoffradikals abläuft [PFANN u. a. (647)]. Spektren von Polystyrolen, die der Wärme oder Ultraviolettbestrahlung ausgesetzt waren (Abb. 180), geben Einblick in die dabei stattfindenden Reaktionen [ACHHAMMER u. a. (1)]. Wenn auch viele Einzelheiten noch der Aufklärung harren, so läßt sich immerhin sagen, daß Wasserstoffbrücken zwischen im Verlaufe der Oxydation gebildeten Hydroxylgruppen benachbarter Ketten als gesichert anzusehen sind, die bei Wasseraustritt zu einer ätherbrückenartigen Vernetzung Anlaß geben können. Rein technologisch spielen ultra-

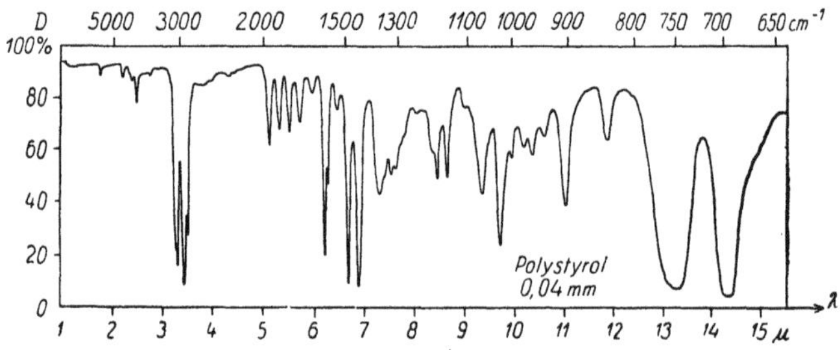

Abb. 179. Ultrarotspektrum von Polystyrol

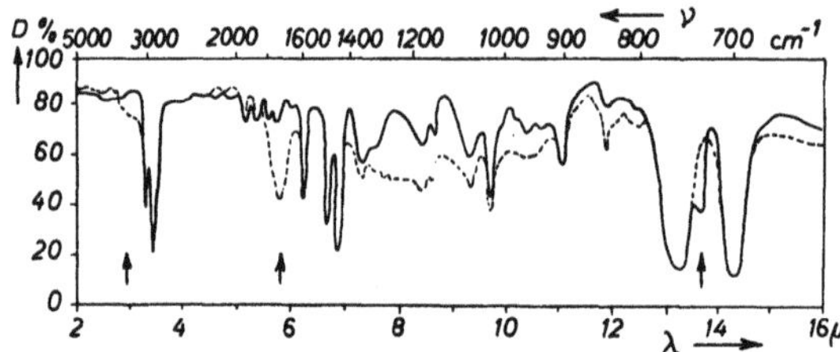

Abb. 180. Veränderungen im Polystyrolspektrum durch Ultraviolettbestrahlung. Ausgezogen unbehandeltes Material, gestrichelt nach 200 Stunden intensiver Höhensonnenbestrahlung. Die bei 13,7 μ verschwindende Bande gehört ursprünglich noch im Polystyrol vorhandenen Lösungsmittelresten (Toluol) an. [Nach ACHHAMMER u. a. (1)]

rotspektroskopische Messungen auf Oxydationseffekte sozusagen als Schnelltest bei der Eignungsprüfung von Polystyrolen für Lichtraster (Lichtbeständigkeit) u. dgl. eine Rolle [MATHESON u. BOYER (547)].

Natürlicher Kautschuk: Mit die ersten Anwendungen ultrarotspektroskopischer Verfahren auf Hochmolekulare beschäftigten sich vor 15 bis 20 Jahren mit Kautschuk. Aus Gründen der Unzulänglichkeit der damaligen Apparaturen kommt diesen Untersuchungen, trotz mancher schönen Einzelbeobachtung, kein Gewicht mehr zu. In den neueren Arbeiten, soweit sie sich vornehmlich mit strukturellen und konstitutionellen Fragen befassen, wurde vor allem der Nachweis erbracht, daß die beiden natürlichen Kautschuksorten, bekannt als Hevea- und als Gutta-Gummi (Hevea-, Guayul-, Koksaghyz-Gummi einerseits, Guttapercha, Balata, Chicle andererseits), auch durch die Ultrarotspektren unterschieden werden können [RICHARDSON u. SACHER (725), SAUNDERS u. SMITH (769), SUTHERLAND u. JONES (845)]. Jeder dieser beiden Typen zeigt wieder ein verschiedenes Spektrum, je nachdem welche der möglichen Modifikationen vorliegt (Abb. 181). Hevea-Kautschuk ist bekanntlich bei normaler Temperatur im frischen Zustand amorph, wird aber bei langem Lagern durch Kristallisation hart. Diese Kristallisation kann durch Abkühlung auf etwa -20 bis -30 °C beschleunigt werden und macht sich im Spektrum hauptsächlich an einer Bande bei 837 cm^{-1} bemerkbar, außerdem noch bei 1137, 1316 und 1367 cm^{-1}; weiterhin treten im kristallisierten Zustand neue Banden bei 870 und 964 cm^{-1} auf. Alle diese Erscheinungen werden jedoch nur bei Gummisorten mit Molekulargewichten über 100000 beobachtet; bei kleineren Werten wirkt offenbar die größere thermische Beweglichkeit der Ketten der Kristallisation entgegen.

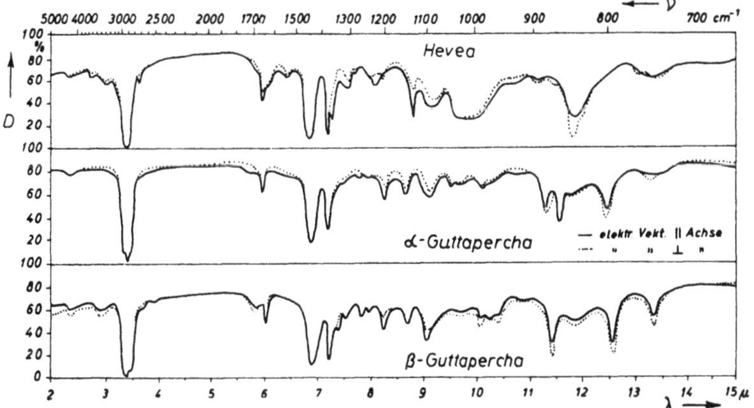

Abb. 181. Ultrarotspektren verschiedener Kautschuksorten
Ausgezogen für Strahlung mit elektrischem Vektor parallel, gestrichelt mit elektrischem Vektor senkrecht zur Achse des Kautschukmoleküls [nach SAUNDERS u. SMITH (*769*)]

Gutta-Kautschuk existiert bei normaler Temperatur in zwei kristallinen Modifikationen, die als α-Gutta und β-Gutta unterschieden werden und oberhalb von 80 °C in den amorphen Zustand übergehen; jede der drei Modifikationen besitzt ihr charakteristisches Spektrum. Aus nicht erwärmten Benzollösungen werden im allgemeinen Filme aus α-Gutta erhalten. Bei Erwärmung über 80 °C und schneller Abkühlung wird daraus β-Gutta, während langsame Abkühlung die Rückbildung der α-Form begünstigt. Für α-Gutta sind Banden bei 804, 883 und 802 cm^{-1} charakteristisch, für β-Gutta Banden bei 876, 796 und 750 cm^{-1}.

Da die natürlichen Elastomere chemisch nichts anderes als Polyisopren sind, liegt es nahe, die Unterschiede zwischen dem Hevea- und dem Gutta-Typ als Cis-Trans-Isomerie anzusprechen. Diese Annahme wird von den Spektren bestätigt, besonders von solchen, die mit polarisierter Strahlung an orientierten Proben

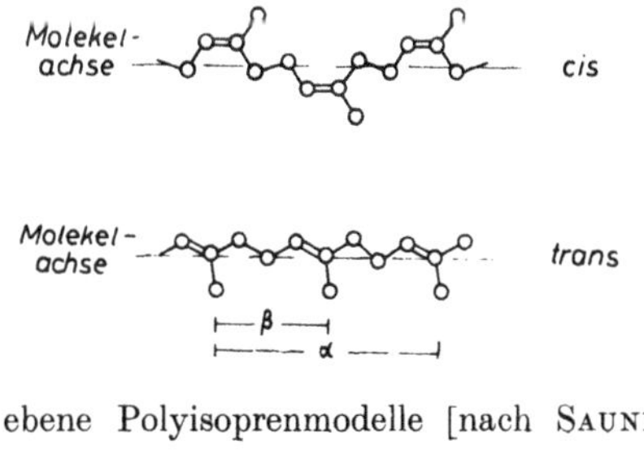

Molekel-achse cis

Molekel-achse trans

Abb. 182. Schematisierte ebene Polyisoprenmodelle [nach SAUNDERS u. SMITH (*769*)]

gewonnen wurden. Nach Abb. 182 liegen unter der vereinfachenden Annahme schematisierter planarer Polyisoprenmodelle in der cis-Form die Doppelbindungen parallel zur Kettenachse, in der trans-Form jedoch dagegen geneigt; außerdem ist die Gitterkonstante für β-Gutta gleich einer, für α-Gutta und Hevea-Gummi gleich zwei Isopreneinheiten. Demgemäß muß für die cis-Form ausgesprochener π-Dichroismus der C=C-Bindungen und damit der zugehörigen Bande bei 1667 cm^{-1} erwartet werden, der für die trans-Form erheblich geringer sein, wenn nicht gar in σ-Dichroismus umschlagen sollte. Tatsächlich weist Hevea-Gummi π-, Gutta-Gummi mäßigen σ-Dichroismus auf. Gemäß der gerade getroffenen Feststellung über die Länge der Gitterkonstante haben wir außerdem im Spektrum von Hevea-Gummi und α-Gutta eine Aufspaltung der Banden von β-Gutta zu erwarten. Auch diese kann beobachtet werden, teilweise in tatsächlicher Aufspaltung, teilweise in einer Verbreiterung der Banden. Daß keine völlige Übereinstimmung, weder hinsichtlich dieser Aufspaltung noch bezüglich des Dichroismus, gefunden wird, ist bei der Einfachheit der zugrunde gelegten planaren Modelle, die sicherlich nur ein grobes Abbild der Wirklichkeit darstellen, nicht verwunderlich. Die sonstigen spektralen Unterschiede der beiden Gutta-Formen untereinander dürften in strukturellen Verschiedenheiten innerhalb der Kristallite begründet sein, deren besonders ausgeprägte Manifestation bei größeren Wellenlängen als bisher untersucht zu erwarten ist.

Es ist verständlich, daß nicht nur zur Aufklärung der Struktur, sondern auch zur Aufhellung technologischer Prozesse der Kautschukchemie die Ultrarotspektroskopie herangezogen wurde. Bei der Vulkanisation mit elementarem Schwefel zeigt sich im Spektrum eine neue Bande bei 962 cm^{-1} [SHEPPARD u. SUTHERLAND (*787*, *788*)]. Ihre zunächst sich anbietende Zuordnung zu einer der möglichen Bindungen des Schwefels an Kohlenstoff — unter Spaltung einer C=C-Bindung — erwies sich als unhaltbar, vielmehr zeigte sich, daß sie von bei der Vulkanisation neu gebildeten Gliedern der Form RCH=CHR' — neben solchen der Gestalt $RR'C=CH_2$ (Bande bei 890 cm^{-1}) — herrührt. Da gleichzeitig die C=C-Bande bei 1667 cm^{-1} praktisch in gleichbleibender Stärke beobachtet wird, muß angenommen werden, daß der Vulkanisationsprozeß die in der Kette liegenden Isoprendoppelbindungen in der angedeuteten Weise verschiebt. Beim Vulkanisieren mit S_2Cl_2 sind die spektralen Änderungen ausgeprägter [THOMPSON (*854*)]: Es treten neue Banden bei 635, 680 und 895 cm^{-1} auf, während andere bei 1135 und 1667 cm^{-1}, vor allem zu Beginn des Prozesses, schwächer werden. In diesem Zusammenhang ist die Beobachtung interessant, daß bei der Chlorierung von Kautschuk, ebenso wie bei allen anderen Reaktionen von Kautschuk mit Akzeptoren, eine Verschiebung der Kettendoppelbindung in eine seitenständige Doppelbindung nach dem Schema

$$\begin{array}{c} CH_3 \\ | \\ -C-C=C-C- \end{array} \qquad \begin{array}{c} CH_2 \\ \| \\ -C-C-C-C- \end{array}$$

eintritt [SALOMON u. V. D. SCHEE (*763*), SALOMON u. a. (*764*)]. Diese seitenständigen Vinylgruppen sind für die bekannte, technologisch sehr wichtige Neigung von Kautschukderivaten — die bei Kautschuk selbst unbekannt ist — zum Eingehen von vernetzenden Querbindungen zwischen den Ketten verantwortlich.

Die verschieden bewirkte Oxydation von Kautschuk wird ultrarotspektroskopisch mehrfach behandelt [ALLISON u. STANLEY (*13*), COLE u. FIELD (*156*), D'OR u. KÖSSLER (*205*)]. Dabei werden neue Banden bei 890, 1175, 1700, 1720 und 3600 cm^{-1} gefunden, wovon besonders die drei letzten bei fortschreitender Oxydation stark hervortreten, weiter ein kräftiger Anstieg der Grundabsorption im Bereich von 1000 bis 1300 cm^{-1} und schließlich eine Verminderung der Banden bei 914 und 840 cm^{-1}. Die Deutung dieser Befunde ist im großen und ganzen klar: Die Absorption bei 3600 cm^{-1} rührt von Hydroxyl-, die im 1700-cm^{-1}-Gebiet von Carbonyl-, die im Bereich von 1000 bis 1300 cm^{-1} von C—O-Gruppen her. Die Bande bei 890 cm^{-1} wird einer Konfiguration $RR'C{=}CH_2$ zugeschrieben, die erwähnten Intensitätsabnahmen werden als Spaltung von Doppelbindungen und zunehmende Sättigung gedeutet. Daß im Bereich der Carbonylbande zwei Absorptionen beobachtet werden, kann aus der gleichzeitigen Bildung sowohl von Aldehyd- wie auch von Ketogruppen herrühren, jedoch auch Konjugationseffekten zugeschrieben werden, wofür die beobachtete Verfärbung des Materials spricht. Carboxylgruppen sollen erst in einem späten Stadium der Oxydation auftreten, Peroxidgruppen — sicherlich der Ausgangspunkt der Oxydation — sehr schnell gespalten werden, weil sie im Ultrarotspektrum nicht nachgewiesen werden konnten.

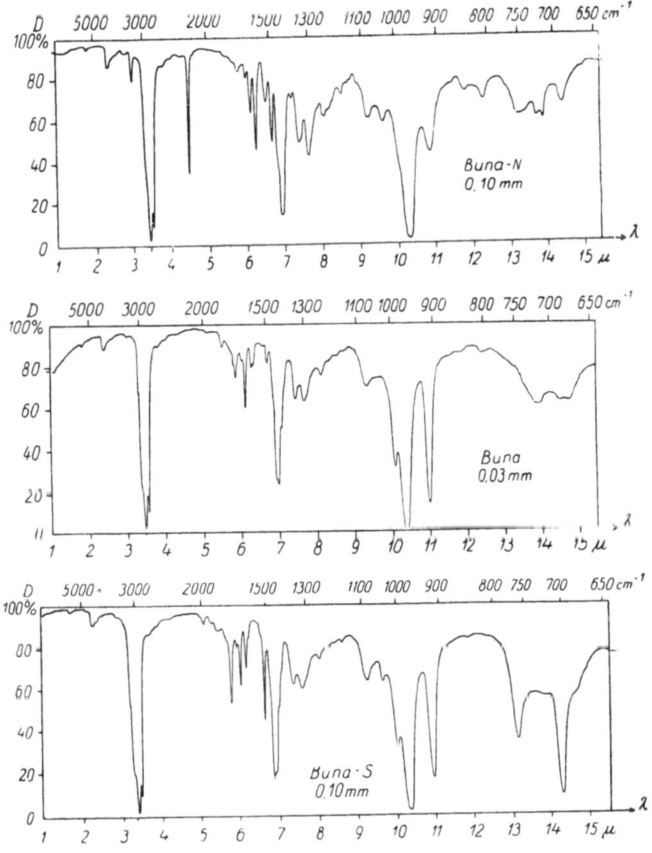

Abb. 183. Ultrarotspektren verschiedener Bunasorten

Synthetischer Kautschuk: Gleiches Interesse wie der natürliche hat auch der synthetische Kautschuk in seinen verschiedenen Formen bei den Ultrarotspektroskopikern gefunden [DINSMORE u. SMITH (*204*)], und einige sehr wichtige Strukturfragen konnten nur mit ihren Methoden befriedigend gelöst werden. Besonders wertvoll waren die aus den Ultrarotspektren (Abb. 183) erhaltenen Aufschlüsse über die Butadienpolymerisation, speziell den Anteil der 1,2- und der 1,4-Addition in verschiedenen Produkten und die damit verbundene Veränderung der technologischen Eigenschaften. Die drei Möglichkeiten

1,2: $-CH_2-CH(-CH=CH_2)-$ 1,4-cis: $-CH_2-CH=CH-CH_2-$ 1,4-trans: $-CH_2-CH=CH-CH_2-$

lassen sich im Spektrum durch Banden bei 996 und 910 cm^{-1} für die 1,2-Addition, bei 724 cm^{-1} für die 1,4-cis- und bei 969 cm^{-1} für die 1,4-trans-Addition auseinanderhalten [Field u. a. (*244*), Hampton (*355*), Hart u. Meyer (*363*), Treumann u. Wall (*866*), Richardson u. Sacher (*725*)].

In den verschiedenen Mischpolymerisaten, wie Buna-S (Butadien-Styrol), Buna-N oder Perbunan (Butadien-Acrylnitril), zeigen sich die charakteristischen Banden beider Bestandteile, also vor allem die des Phenyls bei 13,2 und 14,3 μ bzw. die

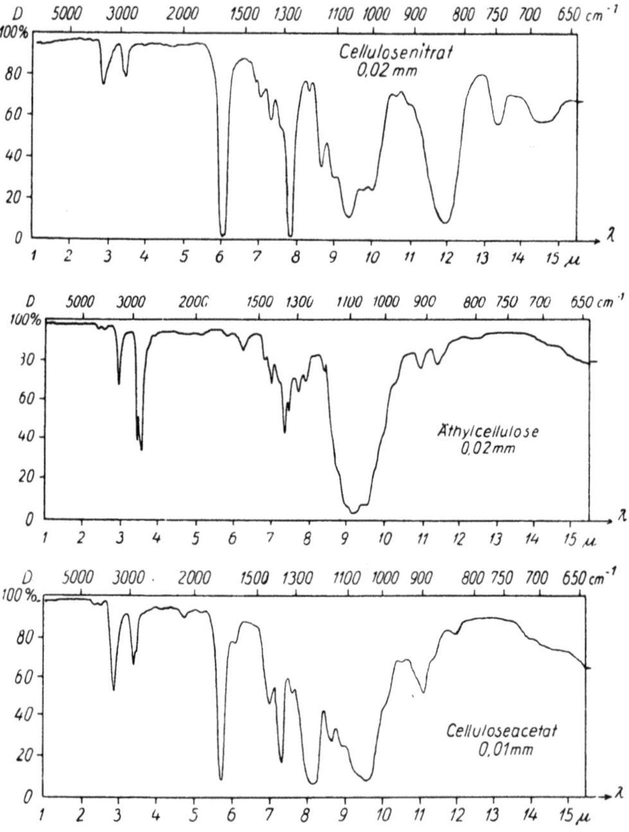

Abb. 184. Ultrarotspektren verschiedener Cellulosederivate

Nitrilbande bei 4,5 μ neben denen des Butadiens. Selbstverständlich ist auch hier die Unterscheidung von 1,2- und 1,4-Addition an Hand der Banden bei 10,97 und 10,35 μ möglich.

Cellulose: Die Ultrarotspektren einiger Cellulosederivate zeigt Abb. 184. Die starken spektralen Unterschiede erklären sich zwanglos aus der Verschiedenheit der chemischen Konstitution. Andere Untersuchungen beschäftigen sich mit Fragen des oxydativen Abbaus, der Deuterierung der Cellulose sowie mit der Existenz von Wasserstoffbrücken im Hinblick auf ihre Bedeutung für die Ausbildung kristalliner Bereiche. Obwohl zu diesem Thema schon eine Reihe von Arbeiten vorliegt, müssen die Untersuchungen als noch im Gang befindlich angesprochen werden [Forziati u. a. (*258*), Rowen u. Plyler (*750*), Rowen u. a. (*751*, *752*)]. Über die speziell mit Ultrarotmethoden erzielten Erfolge und Fortschritte berichtet Zhdankov (*1187*) ausführlich in Buchform.

Polyamide: Die ultrarotspektroskopische Untersuchung von Polyamiden ist nicht nur wegen der technischen Bedeutung dieser Stoffe, besonders auf dem Gebiet der vollsynthetischen Fasern, wichtig und interessant, sondern auch, weil hier zum erstenmal ein Peptidglied in eine lange Kohlenwasserstoffkette eingebaut erscheint, dessen Untersuchung im Hinblick auf die Strukturaufklärung der Polypeptide und Proteine von Bedeutung ist. Das Hauptmerkmal des Polyamidspektrums (Abb. 185) ist die Verschiebung der Carbonylbande von etwa 1720 nach etwa 1630 cm^{-1} und das Auftreten einer weiteren starken Bande bei etwa 1560 cm^{-1}, zwei Erscheinungen, wie sie mehr oder weniger in den Spektren aller Amide beobachtet werden. Über ihre Erklärung wurde schon bei der Besprechung der Amidspektren alles Notwendige gesagt (s. S. 349). Für die Polyamide ist eine Wasserstoffbrücke etwa senkrecht zur Molekülachse zwischen den C=O- und den NH-Gruppen benachbarter Ketten als wesentliches Strukturelement zu vermuten. Diese Annahme wird von den Spektren bestätigt. Die Lage der NH-Valenzbande bei relativ großen Wellenlängen deutet auf die Wasserstoffbrückenbindung hin; auch die beobachtete Verschiebung der Carbonylbande kann von diesem Einfluß herrühren. Bei Verwendung polarisierter Strahlung erweist sich in orientierten Proben die NH-Valenzbande als ausgesprochen σ-dichroitisch. Ganz dieselben Ergebnisse

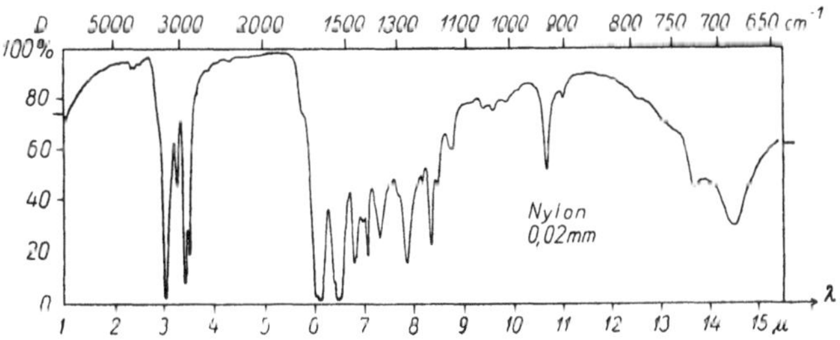

Abb. 185. Ultrarotspektrum eines Polyamidfilms

folgen aus den Polyamidspektren im kurzwelligen Ultrarot. Eine Bande bei 6523 cm^{-1}, unzweifelhaft die 1. Oberschwingung einer wasserstoffbrückenmodifizierten NH-Valenzschwingung, zeigt starken σ-Dichroismus. In geschmolzenen Polyamiden dagegen wird diese Bande nicht mehr beobachtet, wohl aber eine andere bei 6757 cm^{-1}, wo die 1. Oberschwingung der freien NH-Gruppe zu erwarten ist, d. h.

beim Schmelzen werden die Brücken zwischen den Ketten, die Träger der kristallinen Ordnung, zerstört.

Während die Beobachtungen an gestreckten Polyamiden keine rechte Aufklärung der gegenseitigen Lagebeziehungen der verschiedenen Bindungen lieferten, ergaben doppelt orientierte Proben weitergehende Aufschlüsse [ELLIOTT u. a. (*231*)]. Dabei orientierten sich die flachen, plattenförmigen Kristallite in einer Ebene, die mit der kristallographischen 010-Ebene zusammenfällt. In dieser Ebene sollen auch, nach röntgenographischen Befunden, die C=O-Bindungen liegen, was zu dem beobachteten starken σ-Dichroismus der zugehörigen Bande führt. Die NH-Gruppen andererseits sollen mit dieser Ebene denselben Winkel einschließen wie die Achsen der CH_2-Gruppen, welche selbst in der Ebene der C-Atome liegen; dieser Winkel beträgt 22°, wobei die Ultrarotspektren über das Vorzeichen wegen der nur flächenhaften, nicht räumlichen Orientierung der Polyamidkristallite nichts aussagen können. Mit der naheliegenden Annahme, daß die NH-Gruppen mit den benachbarten C=O-Gruppen auf ein und derselben Seite der Kette liegen, ergibt sich aus dem Winkel von 4°, den letztere gegen die 010-Ebene bilden, ein Winkel von etwa 18° zwischen den C=O- und den NH-Bindungen (Abb. 186). Auf Grund des normalen Stickstoffvalenzwinkels hätte man 39° zu erwarten; der große Unterschied ist auf die Wirksamkeit der Wasserstoffbrückenbindung zurückzuführen.

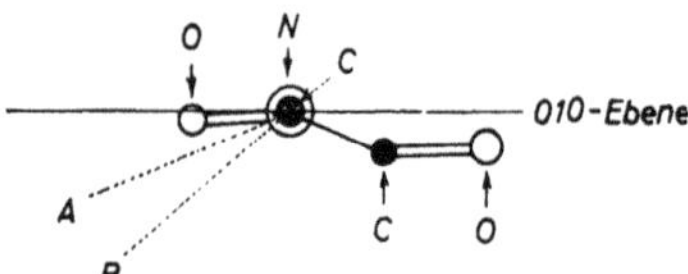

Abb. 186. Geometrie des Polyamidkristallits nach röntgenographischen und ultrarotspektroskopischen Befunden. Blickrichtung längs der Molekülachse [nach ELLIOTT (*231*)]

Polypeptide: Wie schon erwähnt, haben in letzter Zeit Untersuchungen an Polypeptiden im Zusammenhang mit Strukturfragen der Proteine Bedeutung gewonnen. Nach den großartigen Ergebnissen, die ultrarotspektroskopisch an den Polyamiden gewonnen wurden, kann die Anwendung der Ultrarotspektroskopie auch auf diese Fragen nicht verwundern [AMBROSE u. ELLIOTT (*14, 15*), ELLIOTT u. AMBROSE (*227*), ELLIOTT u. MALCOLM (*228*), GOLDSTEIN u. HALFORD (*316*), HURD u. a. (*414*), FRASER (*270*)]. Obwohl diese Untersuchungen noch im Gang sind, kann schon jetzt als Ergebnis festgestellt werden, daß die Ultrarotspektren in einfacher Weise darüber Auskunft geben, ob ein Polypeptid in gefalteter (α-Form) oder gestreckter (β-Form) Gestalt vorliegt. Es hat sich nämlich gezeigt, daß die verschiedenen Schwingungen der NH- und C=O-Gruppe polarisierter Strahlung gegenüber ein ganz charakteristisches Verhalten aufweisen, je nachdem zu welcher Form das untersuchte Polypeptid gehört. Einen Überblick über die Ergebnisse vermittelt Tab. 34. Wenn so auch ziemlich einfache Ultrarotmessungen mit polarisierter Strahlung an den NH- bzw. C=O-Grundschwingungsbanden die Verhältnisse klarstellen können, so muß doch gesagt werden, daß die betreffenden Banden vom experimentiertechnischen Standpunkt aus wegen des nicht oder nur schwer zu vermeidenden Wassergehalts biologischer Substanzen recht unglücklich liegen. Es ist ein sehr günstiger Umstand, daß auch oberhalb 4500 cm^{-1} Banden auftreten, die ähnliche Aussagen und Entscheidungen ermöglichen. Auch scheint hier der Austausch von H_2O gegen D_2O weiterzuhelfen, wobei jedoch einige damit verbundene Änderungen in Lage und Stärke der Banden noch genauer studiert werden müssen [LENORMANT u. CHOUTEAU (*505*)]. Überraschenderweise fügt Collagen als einziges Faserprotein sich nicht in das Schema der Tab. 34 ein, weswegen wir es — am Beispiel der Gelatine — gesondert aufführen müssen. Der Grund dafür ist vermutlich die Existenz einer ganz speziellen Collagenfaltungsstruktur, die von der α-Faltung sich unterscheidet [AMBROSE u. ELLIOTT (*14*, *15*)].

Tabelle 34. *Lage und Dichroismus charakteristischer Peptidbanden* [*nach* AMBROSE u. ELLIOTT (*14*)]

Bande	Synthetische Polypeptide und α- und β-Proteine				Gelatine	
	Lage in cm^{-1}		Dichroismus		Lage cm^{-1}	Dichroismus
	gefaltet	gestreckt	gefaltet	gestreckt		
NH-Deformation	1545	1525	σ	π	1548	π
C=O-Valenz	1660	1640	π	σ	1660	σ
NH-Valenz	3300	3300	π	σ	3335	σ
C=O-Kombination	4600	4530	ohne	π	4590	σ
NH-Kombination	4830	4825	σ	π	4865	π

3. *Kondensationsprodukte und kompliziertere Naturstoffe*

Wie eingangs erwähnt, steckt die ultrarotspektroskopische Untersuchung von Kondensationsprodukten sowohl, wie auch von komplizierter gebauten Stoffen aus dem Bereich der Biochemie und Biologie zur Zeit noch in den Anfängen, kann aber schon jetzt als eine sicherlich sehr fruchtbare Ausweitung des Anwendungsbereichs der Ultrarotspektroskopie angesehen werden. Vielfach wird das Ultrarotspektrum nur dazu benutzt, die Identität zweier Stoffe, etwa eines in der Natur gefundenen und

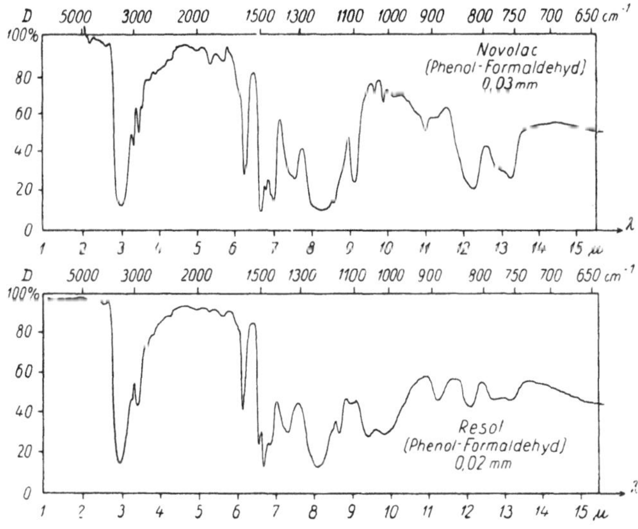

Abb. 187. Ultrarotspektrum eines Phenol-Formaldehyd-Kunstharzes in Novolac- und Resol-Form

eines im Laboratorium synthetisierten, festzustellen, wozu es ja auch ohne tiefere Kenntnis der Herkunft einzelner Banden immer dienen kann. In einer anderen Gruppe von Arbeiten wird das Ultrarotspektrum nur als rein analytisches Hilfsmittel unter Zugrundelegung gewisser empirischer Zusammenhänge benutzt. Erwähnenswert in dieser Hinsicht ist z. B. die quantitative Bestimmung nicht reagierten Phenols in Phenol-Formaldehyd-Kunstharzen an Hand der starken Phenolbande bei 14,4 μ [SMITH u. a. (*817*)].

Die Fragen, welche darüber hinaus mit Aussicht auf Erfolg ultrarotspektroskopisch angegangen werden können und auch schon angegangen worden sind, betreffen bei den *Kondensationsprodukten* vor allem die Art, Ausbildung und Ansatzpunkte der zwischen wiederkehrenden Baueinheiten, etwa Benzolringen o. dgl., sich bildenden Brücken. Im Falle der einfachen Phenol- oder Cresol-Kondensation mit Formaldehyd z. B. läßt sich über die Ansatzpunkte etwas aussagen auf Grund der früher schon besprochenen, im Spektrum sehr deutlichen Ausprägung der Stellungsisomerie am Benzolring. In Phenol-Formaldehyd-Novolacen (Abb. 187)

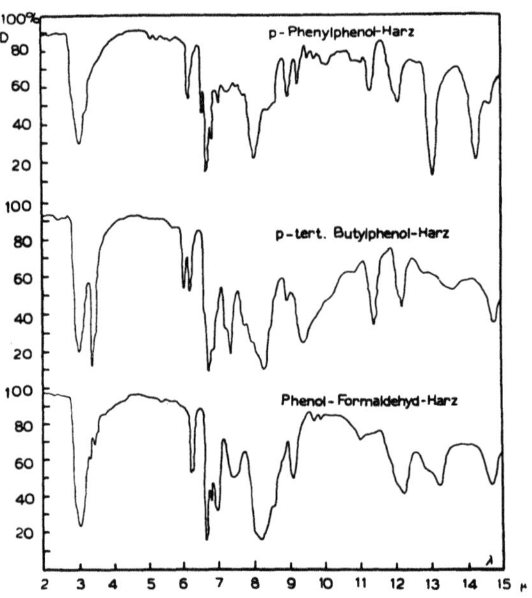

Abb. 188. Ultrarotspektren strukturverschiedener Phenolharze [nach SHREVE (*792*)]

werden gewöhnlich Banden bei ungefähr 760 und 820 cm^{-1} gefunden. Unter Berücksichtigung der Erfahrungstatsache, daß bei Di- und höherer Substitution des Benzolringes die Stellung der Substituenten von entscheidenderem Einfluß als ihre chemische Natur ist, kann für die erste Bande eine Ortho- oder 1,2,3-Konfiguration verantwortlich gemacht werden, für die zweite dagegen eine Para- oder 1,2,5-Substitution [THOMPSON u. TORKINGTON (*855*), RICHARDS u. THOMPSON (*721*)]. Auch über die Art der Brücken wurden Schlüsse aus dem Ultrarotspektrum gezogen, und zwar wurden die aus chemischen Gründen zu erwartenden Methylenbrücken gefunden, darüber hinaus aber auch Ätherbrücken, gewöhnlich in Orthostellung [BENDER (*55*)]. Selbstverständlich können auch noch andere Erkenntnisse aus den Spektren gezogen werden, so z. B. über die chemische Natur der Kondensationsteilnehmer [SHREVE (*792*)]. Als Beispiel sei die Abb. 188 herangezogen: Die Anwesenheit des Benzolrings verrät sich an den bekannten Banden bei 6,2 und 6,7 μ und anderen, des Phenols durch die Bande bei 8,2 μ, die Natur der Substituenten durch Banden bei 11,4 und 12,1 μ für Alkylreste, bei 13,1 und 14,4 μ für Phenyl usw. Trotz dieser verheißungsvollen Ansätze bleibt jedoch zur Nutzbarmachung und angenäherten Ausschöpfung der Möglichkeiten des ultraroten Spektrums für die Erforschung von Kondensationsprodukten die Hauptarbeit noch zu tun. Neuerdings hat man sich auch der ultrarotspektroskopischen Untersuchung der Kondensationsprodukte von Harnstoff und Formaldehyd zugewandt [BECHER (*49*)].

Auf dem Gebiete der *biochemischen* und *biologischen* Substanzen sind ausgedehnte Untersuchungsreihen teils schon abgeschlossen, teils noch im Gang. Die Kompliziertheit der Probleme und der Umfang der Untersuchungen, die oft die Erforschung

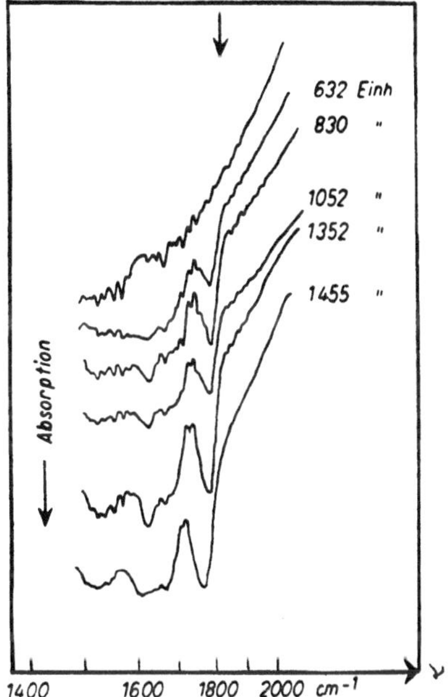

Abb. 189. Ausschnitt aus dem Ultrarotspektrum von Penicillin [nach BARNES u. a. (*39*)]

zahlreicher Stoffe notwendig machten, verbieten uns ein detailliertes Eingehen darauf und beschränken uns auf Andeutungen. Es sei nur darauf hingewiesen, daß z. B. die Erforschung der Antibiotika der Ultrarotspektroskopie ungeheuer viel verdankt — wie auch umgekehrt deren Methodik und Technik durch diese Arbeiten entscheidend gefördert wurden. Für das Penicillin z. B. hat eine aus zahlreichen Forschern bestehende Arbeitsgruppe in den USA während des Krieges im Rahmen der Konstitutionsaufklärung Hunderte von Substanzen ultrarotspektroskopisch untersucht, wovon umfangreiche Veröffentlichungen, z. B. (*Q*, *R*), Zeugnis ablegen. Die Brauchbarkeit des Ultrarotspektrums auch in Fragen der Erkennung der unmittelbaren Wirksamkeit solcher Heilmittel sei nur mit einem einzigen Beispiel an Hand der Abb. 189 belegt [BARNES u. a. (*39*)]. Daraus ist der Zusammenhang zwischen der Wirkung, ausgedrückt in irgendwelchen biologisch-medizinischen Einheiten, und der Intensität einer Bande bei 1770 cm^{-1} zu ersehen. Auf diese Art kann also das leicht und schnell zu erhaltende Ultrarotspektrum, nachdem erst einmal der geschilderte Zusammenhang festgestellt worden ist, zur Überwachung der laufenden Produktion herangezogen werden. Angaben über die Ultrarotspektren einiger wichtiger Antibiotika findet man bei LACHER u. a. (*490*). Eine Zusammenstellung neuerer Ultrarotliteratur auf medizinisch-biologischem Gebiet findet man in (*1296*).

3. Kapitel: Anorganische Substanzen

1. Grundsätzliches

Unzweifelhaft findet die Ultrarotspektroskopie ihr Hauptanwendungsgebiet im Bereich der organischen Chemie. Dennoch dürfen ihr beträchtliche Erfolgsaussichten auch im Bereich der anorganischen Chemie nicht abgesprochen werden. Das Studium vor allem der älteren Ultrarotliteratur, bis zum Ende der zwanziger Jahre etwa, fördert eine große Zahl ausgezeichneter ultrarotspektroskopischer Untersuchungen an anorganischen Substanzen zutage, meistens zweiatomige Dipolgase oder einfache und auch komplexe Kristalle, die großenteils mit der Reflexionsmethode untersucht wurden. Aber auch Arbeiten neueren Datums beschäftigen sich mit anorganischen Verbindungen, wie man etwa dem Substanzverzeichnis des Bandes über Molekülspektren des neuen LANDOLT-BÖRNSTEIN (*N*) entnehmen kann, sei es, daß frühere Untersuchungen mit verbesserten Methoden und Geräten wiederholt, sei es, daß bisher nicht untersuchte Stoffe zwecks Schließung systematischer Lücken bearbeitet werden. Viele gerade der älteren Arbeiten haben nicht nur für die Entwicklung der technischen Möglichkeiten des Ultrarotbereichs, sondern auch für grundlegende theoretische Ansätze und Deutungen sehr große Bedeutung gehabt.

Im Rahmen der anorganischen Substanzen, die mittels ultrarotspektroskopischer Verfahren untersucht wurden, nehmen die Salze, speziell solche mit zusammengesetzten Ionen, einen hervorragenden Platz ein. Hat schon die Reflexionsmethode brauchbare, wenn auch für heutige Ansprüche zum Teil recht grobe Zahlenwerte für die Lage ihrer charakteristischen Schwingungen und Banden im Spektrum erbracht, so verblieb der Absorptionsmethode deren Verschärfung und die Untersuchung besonderer Fragestellungen hinsichtlich der Aussagen der Spektren über die feinere Struktur der Ionen. Neben solchen mehr grundsätzlichen Untersuchungen scheint neuerdings nun auch die Anwendung analytischer, auf dem Ultrarotspektrum beruhender Verfahren im Bereich dieser Stoffklasse Bedeutung zu erlangen. Wir werden uns daher an dieser Stelle hauptsächlich mit den Ionenkristallen beschäftigen, während andere anorganische Substanzen nur gerade erwähnt seien. Besonders ausführlich untersucht wurden die Ultrarotspektren der Wasserstoffhalogenide, einmal wegen der Einfachheit ihrer Spektren, zum anderen aber auch deshalb, weil ihre einfache Konstitution zur Prüfung und allmählichen Verschärfung der theoretischen Vorstellungen ganz besonders geeignet erschien.

Über die Anwendungen der Ultrarotspektroskopie auf Probleme der anorganischen Chemie gibt es einige Buchdarstellungen, auf die hier verwiesen sei: LAWSON (*W*) und NAKAMOTO (*1180*). Eine Sammlung von 328 Ultrarotspektren von Mineralien hat MOENKE (*1181*) herausgebracht; dieser Autor propagiert auch eine kristallchemische Systematik der Mineralien auf ultrarotspektroskopischer Grundlage (*1182*, *1183*).

2. Eigenschwingungen von Ionenkristallen

Wenn wir uns hier auch hauptsächlich mit Ionenkristallen beschäftigen wollen, so sollen dennoch die Kristalle mit kovalenter Bindung nicht ganz vergessen werden, schon deshalb nicht, weil von jenen gemäß Charakter und Ausprägung der Bindung eine verbindende Brücke zu schlagen ist. Betrachten wir zunächst den einfachsten Fall, Kristalle mit einatomigen Ionen, wie sie etwa in Gestalt der Alkalihalogenide eine so große Rolle in der Ultrarotspektroskopie spielen. Hier sind nur sog. Gitterschwingungen möglich, d. h. Bewegungen der Ionen relativ zueinander. Soweit ultrarotaktiv, liefern sie breite Absorptionsbanden im langwelligen Ultrarot, die so stark sind, daß ihre ins mittlere und nahe Ultrarot hineinreichenden Ausläufer für die dort beobachtete Absorption in technischen Schichtdicken verantwortlich sind. Sind die Ionen aber zusammengesetzt, so treten, ebenfalls als Gitterschwingungen, noch Torsionsschwingungen auf und sog. innere Schwingungen. Bei diesen handelt es sich um solche Verzerrungen des Moleküls, als Ganzes betrachtet, die weder seinen Schwerpunkt noch die Lage seiner Rotationsachsen verändern, sondern nur innerhalb eines Teils des Moleküls stattfinden. Sie sind ein Charakteristikum der speziellen Ionenart. Auch wenn es sich nicht um Ionen-, sondern um Molekülkristalle handelt, in welchen die einzelnen Moleküle durch van der Waalsche Kräfte oder Nebenvalenzbindungen im Gitterverband festgehalten werden, wie z. B. in Benzolkristallen, Phosphor usw., ist die Unterscheidung zwischen Gitter- und inneren Schwingungen noch möglich, nicht mehr jedoch in Kristallen, wie dem Diamant, in welchen der Gitterverband von kovalenten Bindungen zusammengehalten wird. Aber auch diese Kristalle zeigen durchaus charakteristische Spektren mit scharfen und ausgeprägten Banden.

Es sollen hier im allgemeinen die älteren Arbeiten der Reflexionsspektroskopie nicht ausführlich behandelt werden, sondern in dieser Hinsicht auf frühere Darstellungen verwiesen werden (*N*, *O*, *P*). Nur im Falle der Alkalihalogenide sei über Andeutungen hinausgegangen, einmal weil diese Stoffgruppe eine so besondere, hervorgehobene Bedeutung im Rahmen der Ultrarottechnik hat, zum anderen aber auch, weil ihrer Untersuchung als Prüfstein der Bornschen Gittertheorie und Ausgangspunkt ihrer Erweiterung ein besonderes Gewicht zugekommen ist. Die Reflexionsmethode liefert bekanntlich auf der kurzwelligen Seite der Eigenschwingung ein ausgeprägtes Reflexionsmaximum, aus dessen spektraler Lage mittels mehr oder weniger komplizierter Formeln auf die genaue Lage der Eigenschwingung selbst geschlossen werden kann. Sehr viel genauer erhält man diese Lage jedoch aus Absorptionsmessungen an dünnsten Schichten, die allerdings nur eine Dicke von wenigen μ oder gar Zehntel-μ haben dürfen. Solche Messungen wurden zuerst von Czerny und Barnes [Literatur siehe (*P*)] an NaCl ausgeführt. Sie erlaubten eine sehr viel schärfere Prüfung der Gittertheorie als die früheren aus Reflexionsmessungen gewonnenen Werte. Tab. 35 bringt eine ältere Gegenüberstellung der beobachteten und der nach der Bornschen Gittertheorie berechneten Werte der Eigenschwingungen. Die Übereinstimmung erscheint durchaus befriedigend. Jedoch

Tabelle 35. *Lage der Eigenschwingungen von Alkalihalogeniden in μ nach* Matossi (*P*)

	exp.	ber.		exp.	ber.		exp.	ber.		exp.	ber.
LiF	32,6	—									
NaF	40,6	—	NaCl	61,1	61,6	NaBr	74,7	71,4	NaJ	85,5	84,6
			KCl	70,7	74,5	KBr	88,3	88,0	KJ	102,0	108,3
			RbCl	84,8	—	RbBr	114,0	—	RbJ	129,5	—
			CsCl	102,0	—	CsBr	134,0	—			
TlF	67,5	—	TlCl	117,0	—						

schon die Reflexionsmessungen hatten überraschend nicht nur ein Reflexionsmaximum ergeben, sondern deren zwei — und zwar das zweite schwächere bei kürzeren Wellen —, eine Beobachtung, die durch die Absorptionsmessungen bestätigt und erweitert wurde. Außerdem ergab sich gegenüber der Theorie ein stark abweichender Verlauf des Extinktionskoeffizienten, nämlich auf der kurzwelligen Seite der Eigenschwingung zu kleine, auf der langwelligen Seite zu große Werte. Ohne auf die Deutung und die theoretischen Auswirkungen dieser beiden, wie sich ergab, in innerem Zusammenhang stehenden Beobachtungen näher einzugehen — vergleiche dazu die ausführliche Diskussion mit Literaturhinweisen bei MATOSSI (*P*) —, sei nur

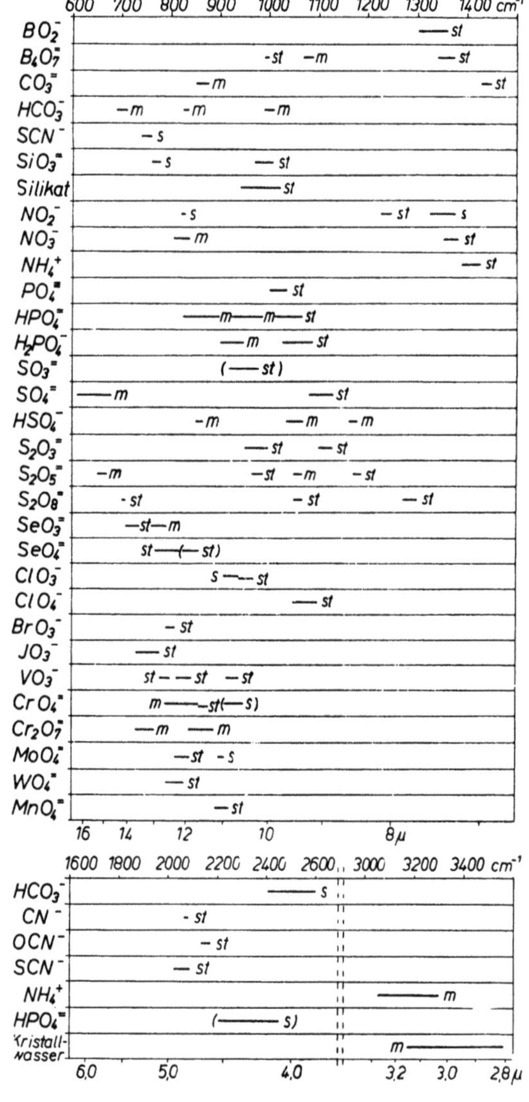

Abb. 190. Charakteristische Banden anorganischer Ionen [nach MILLER u. WILKINS (*580*)]

soviel vermerkt, daß sie zur Erweiterung der BORNschen Theorie durch Hinzunahme anharmonischer Glieder geführt haben. In neuester Zeit wurde die Theorie von BILZ u. a. (*73*) ausgebaut und erweitert. Dabei ergab sich, daß grundsätzlich bei allen Kristallen mit dem Auftreten nicht nur eines Maximums, sondern mehrerer Maxima zu rechnen ist.

Wir wenden uns nunmehr neueren Messungen an komplexen Ionen zu, die zur Festlegung der Eigenschwingungen, zum Studium des Einflusses der positiven Ionen und der allgemeinen Verwertbarkeit zu analytischen Zwecken unternommen wurden [MILLER u. WILKINS (*580*), HUNT u. a. (*413*), HUNT u. TURNER (*412*), BRAME (*98*, *99*)]. Abb. 190 vermittelt einen Überblick über die spektrale Lage der charakteristischen Banden der wichtigsten komplexen Ionen. Man ersieht daraus, daß tatsächlich den anorganischen Ionen in ähnlicher Weise charakteristische Banden zukommen, wie den Atomgruppen und Bindungsarten in organischen Molekülen[1]). MILLER u. a. (*1198*) haben darüber hinaus unsere Kenntnis der Spektren von anorganischen Stoffen durch sehr ausgedehnte Messungen im Spektralbereich von 300 bis 880 cm^{-1} beträchtlich erweitert.

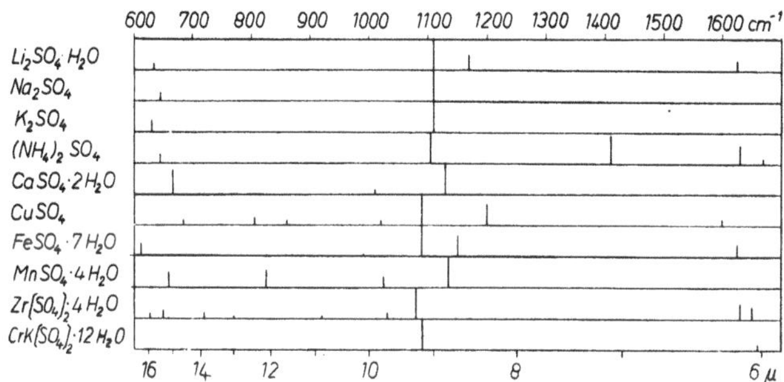

Abb. 191. Ultrarotspektren verschiedener Sulfate [nach MILLER u. WILKINS (*580*)]

Die Spektren von 52 Metalloxiden im Bereich von 240 bis 700 cm^{-1} findet man außerdem bei MCDEVITT u. BAUN (*1206*). Schließlich wurden die Spektren von Quecksilberhaliden im Bereich von 60 bis 600 cm^{-1} von MIKAWA u. a. (*1214*) untersucht.

Als Beispiel für den Einfluß des positiven Ions nehme man die Abb. 191, die Messungen an zehn Sulfaten zusammenfaßt. Einwirkungen des positiven Ions auf die genaue Lage der charakteristischen Sulfatbanden bei 650 und 1100 cm^{-1} sind zwar feststellbar, jedoch ist es bislang nur in einem einzigen Fall möglich gewesen, eine gesetzmäßige Beziehung zwischen den beobachteten Bandenverschiebungen und Eigenschaften des positiven Ions herzustellen, nämlich für die 860 cm^{-1}-Bande wasserfreier Carbonate [HUNT u. a. (*413*)]. Es ist sicherlich zu erwarten, daß die unterschiedlichen Ladungen und Radien der verschiedenen Ionen vermöge der dadurch veränderten innermolekularen Felder einen Einfluß auf die Frequenz der Eigenschwingung ausüben. Ebenso sind Änderungen hinsichtlich der

[1]) Die als unerklärbarer „Geist" in Ultrarotspektren gelegentlich erwähnte Bande bei 7,22 μ [LAUNER (*496*)] hat sich als eine NO_3-Bande erwiesen. Der Nitratniederschlag auf den dem NERNST-Stift zu sehr benachbarten NaCl-Platten ist eine Folge der ursprünglich an der Strahlungsquelle primär gebildeten Stickoxide.

Symmetrieverhältnisse nicht ausgeschlossen. Und schließlich sollte eine unterschiedliche Hydratation auch nicht ohne Auswirkung auf die charakteristischen Banden sein. Die bisherige Unmöglichkeit, diese Einflüsse quantitativ zu erfassen und zu formulieren, dürfte einerseits an der geringen Ausdehnung des vorliegenden Zahlenmaterials und andererseits an der noch mangelhaften Ausbildung unserer theoretischen und modellmäßigen Vorstellungen liegen.

Die Analyse von anorganischen Substanzen allein aufgrund ihrer Ultrarotspektren war lange Zeit umstritten. Bestenfalls wurde einer Hinzuziehung der Ultrarotspektroskopie als Ergänzung zu anderen Analysenverfahren das Wort geredet. In dieser Hinsicht haben FISCHER u. RING (*248*) an Apatiten, GÖRLICH u. a. (*311*), MOENKE (*590, 1184*) und FLAIG u. BEUTELSPACHER (*250*) an verschiedenen Mineralien, sowie PEPPERHOFF (*640*) an feuerfesten Stoffen über erfreuliche Ergebnisse berichtet. Durch Verbesserungen in der Präparationstechnik, insbesondere die Einführung der ATR-Technik, hat sich die Lage etwas zugunsten der Ultrarotspektroskopie verschoben. Z. B. hält MOENKE (*1184*) die vollständige Analyse allein über die Ultrarotspektren für möglich.

3. Gläser

Von den ultrarotspektroskopischen Untersuchungen, die komplexeren anorganischen Systemen gewidmet sind, verdienen die Messungen an Gläsern eine besondere Hervorhebung. Sie waren ja auch schon früher ein beliebter Gegenstand der Reflexionsspektroskopie, deren Anwendung zahlreiche, schöne Einblicke in die Struktur vermittelt hat. Auch in neuerer Zeit haben verschiedene Gläser ultrarotspektroskopische Bearbeitungen erfahren. Da ist zunächst die Arbeit von FLORENCE u. a. (*254*) zu erwähnen, die im nahen Ultrarot die Absorptionsbanden zahlreicher Gläser untersucht und sie verschiedenen Atomgruppierungen zuzuordnen versucht, die teils dem Glas eigentümlich, teils aber auch als Fremdstoffe anzusprechen sind. Dabei zeigen sich die „Oberflächeneffekte" den „Volumeneffekten" überlegen. Besonders häufig werden freies Wasser in flüssiger Phase, OH^--, $CO_3^{=}$- und NO_3^--Ionen, freies CO_2 und SiO-Bindungen als Ursache der Absorption gefunden.

ANDERSON (*20*) untersucht Bariumsilicat, Boroxid sowie ein technisches Glas im NaCl-Bereich sowohl in Reflexion wie auch in Absorption im Hinblick auf besondere mit der Verfärbung und Ätzung zusammenhängende Struktureffekte. Die Spektren legen als Strukturelement ein SiO_4-Tetraeder und ein Ba-Oktaeder nahe. Bei der Ätzung scheint die Ba-Koordination zu verschwinden, so daß eine dem Quarz ähnliche Konfiguration zurückbleibt.

Für die Technologie der Glasherstellung wichtig sind Messungen der Absorption in Gläsern bei sehr hohen Temperaturen, welche von GENZEL (*293*) und von NEUROTH (*603, 604*) ausgeführt wurden. Durch eine konsequente Anwendung des Wechselstrahlungsprinzips waren sie in der Lage, von Zimmertemperatur bis 1300 °C die Absorption im nahen Ultrarot zu verfolgen. Bis zum Umwandlungsbereich (500 bis 600 °C) stellen sie mit der Temperatur eine Abnahme der Absorption fest. Innerhalb des Transformationsintervalls verhalten sich die Gläser unterschiedlich, gelegentlich auch noch mit Vorzeichenwechsel der Absorptionsänderung bei einer bestimmten Wellenlänge. Im flüssigen Zustand nimmt die Absorption mit der Temperatur wieder zu.

4. Kapitel: Spezielle Effekte und Anwendungen

Die Ultrarotspektroskopie hat sich als ausgezeichnetes experimentelles Hilfsmittel bei der Untersuchung gewisser Effekte im Rahmen der Erforschung des Molekülbaus erwiesen. Wir können davon nur einige wenige anführen und müssen uns auf die wichtigsten Tatsachen beschränken, ohne in Details, vor allem der zugrunde liegenden Theorien, näher eingehen zu können. Bei allem muß man sich darüber hinaus im klaren sein, daß die Ultrarotspektroskopie nur eine von vielen Möglichkeiten zur Erfassung und Untersuchung solcher Effekte ist und daß die mit ihr gewonnenen Erkenntnisse erst im Verein mit auf andere Weise gewonnenen das richtige Gewicht erhalten.

1. Wasserstoffbrückenbindung

Die Wasserstoffbrückenbindung mit ihrem großen Einfluß auf die Eigenschaften der Stoffe ist ein besonders häufig ultrarotspektroskopisch bearbeitetes Thema [z. B. Davies u. Evans (*191*), Francis (*263*), Fuson u. a. (*283*), Kuhn (*487*), Lord u. Merrifield (*517*), Lüttke u. Mecke (*524*), Mecke (*562*), Rundle u. Parasol (*757*)]. Eine zusammenfassende Darstellung des Gesamtgebietes haben Pimentel u. McClellan (*1122*) gegeben. Von besonderem Interesse sind die neuerdings ausgeführten Untersuchungen zur Wasserstoffbrückenbindung im fernen Ultrarot [Lorenzelli (*1209*), Stanevich (*1210*), Jakobsen u. a. (*1211, 1212*)].

Für die Bildung von H-Brücken ist es notwendig, daß eine stark polare Gruppe mit „austauschbarem" Wasserstoff, wie etwa OH oder NH, als Protondonator einer anderen Gruppe mit leicht polarisierbaren π-Elektronen als Protonakzeptor

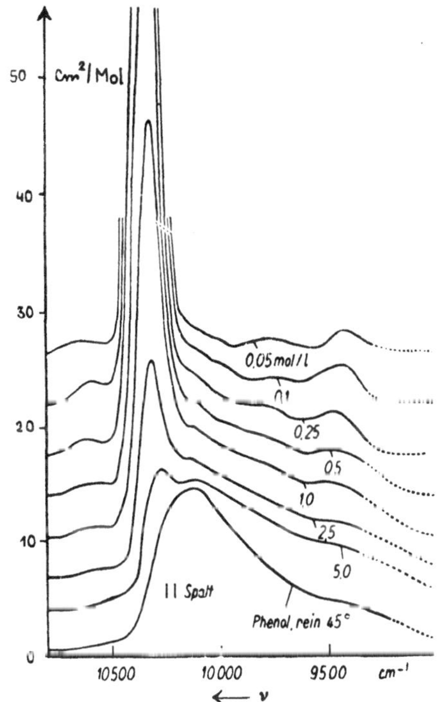

Abb. 192. Veränderung der OH-Valenzschwingungsbande des Phenols infolge von Assoziationseffekten [nach Mecke (*562*)]

gegenübersteht. Wir haben zu unterscheiden zwischen der äußeren und der inneren Wasserstoffbrücke. Jene tritt auf bei Wechselwirkungen von Molekülen, welche die Grundvoraussetzung erfüllen, mit gleichartigen oder fremden Molekülen, etwa des Lösungsmittels, diese dann, wenn in einem Molekül zwei zur Wasserstoffbrückenbindung befähigte Gruppen in geeigneter Nachbarschaft sich befinden. Ersterer Fall ist z. B. bei der bekannten Assoziation der Alkohole und Carbonsäuren verwirklicht, letzterer — auch als Scherenbindung oder Chelation bezeichnet — z. B. in den enolisierten β-Diketonen. Im Spektrum wirkt sich die Existenz von H-Brücken immer so aus, daß die der Donatorgruppe zugehörigen Banden, also speziell die der Valenz- und Deformationsschwingung der OH- und NH-Gruppe bei anderen Wellenlängen liegen als für die durch Brückenbindung nicht modifizierte, sog. „freie" Gruppe; außerdem sind auch die Intensitätsverhältnisse geändert.

Bei der äußeren H-Brücke treten, je nach der Zahl der Assoziationsmöglichkeiten z. B. für die Bande der Valenzschwingung mehrere Banden auf, deren Stärken jedoch mit dem Assoziationsgrad, d. h. — da es sich ja immer um chemische Gleichgewichte handelt [COGGESHALL u. SAIER (*150*)] — mit der Verdünnung sich ändern. Bei ausreichender Verdünnung oder m. a. W. im Mittel großer Entfernung der assoziationsfähigen Moleküle voneinander erscheint die Bande der ungestörten Gruppe. Mit zunehmender Konzentration geht diese Bande zurück, dafür erscheint die Bande der Assoziate. Bei Phenol z. B. sind die beiden auch deutlich im Aussehen unterschieden (Abb. 192): Letztere ist ziemlich breit und diffus, während erstere ausgeprägt und scharf ist. Die Intensität der Banden ist ein unmittelbares Maß für die Anzahl von assoziierten und nicht-assoziierten Molekülen. Vorausgesetzt, daß beide Banden das BEERsche Gesetz erfüllen, läßt sich aus Messungen der Extinktionskoeffizienten ε_c bei der Konzentration c bzw. ε_∞ bei unendlicher Verdünnung unmittelbar der Anteil

[IV, 4.1] $$\alpha = \frac{\varepsilon_c}{\varepsilon_\infty}$$

der monomeren Moleküle als Funktion von c angeben. Die Ergebnisse erweisen sich unabhängig davon, ob man die Grundschwingung oder Oberschwingung beobachtet, und stimmen ausgezeichnet mit auf andere Weise gewonnenen überein. Aus α ist dann über die Gleichung

[IV, 4.2] $$d\left[\ln\left(1 - x + \frac{M}{\overline{M}} \cdot x\right)\right] = x\, d[\ln \alpha]$$

von DUHEM-MARGULES, worin x den Molenbruch bezeichnet, auch das mittlere Molekulargewicht $\overline{M}$ der Assoziate und damit der Assoziationsgrad

Tabelle 36. *Mittlere Assoziationsenergie* $\overline{W}$ *und Assoziationsgrad* f *von Alkoholen und Phenolen aus Ultrarotmessungen nach* MECKE (*562*)

Substanz	Lösungsmittel	$\overline{W}$ kcal/Mol	f bei $c = 1$ Mol/l
Methanol	CCl_4	4,72	3,05
	C_6H_6	3,67	—
tert. Butanol	CCl_4	5,3	2,0
Benzylalkohol	CCl_4	4,60	2,50
	C_6H_6	4,38	—
Phenol	CCl_4	4,35	2,30
	C_6H_6	3,55	1,20
	C_6H_5Cl	3,48	1,50
p-Chlorphenol	CCl_4	3,72	1,90
o-Cresol	CCl_4	3,8	1,7
p-Cresol	CCl_4	4,4	2,3

[IV, 4.3]
$$f = \frac{\overline{M}}{M}$$

berechenbar. Aus dem Temperaturverhalten der Banden folgt weiter nach

[IV, 4.4]
$$\overline{W} = R\,T^2 \left[\frac{d \ln \varepsilon_c}{d T}\right]_{f = \text{const}}$$

die mittlere Assoziationsenergie $\overline{W}$, vorausgesetzt, daß die Assoziation zu polymeren Kettenmolekülen führt. Die Tab. 36 bringt einige spektroskopisch bestimmte Werte von $\overline{W}$ und f, Abb. 193 die Konzentrationsabhängigkeit von f für Alkohole und Phenole in verschiedenen Lösungsmitteln.

Mit der spektroskopischen Evidenz der Alkoholassoziation haben sich neuerdings SMITH u. CREITZ (*814*) befaßt. Sie finden für die OH-Valenzschwingungsbande die in Abb. 194 für die einzelnen Fälle angegebene spektrale Lage: für das Monomere

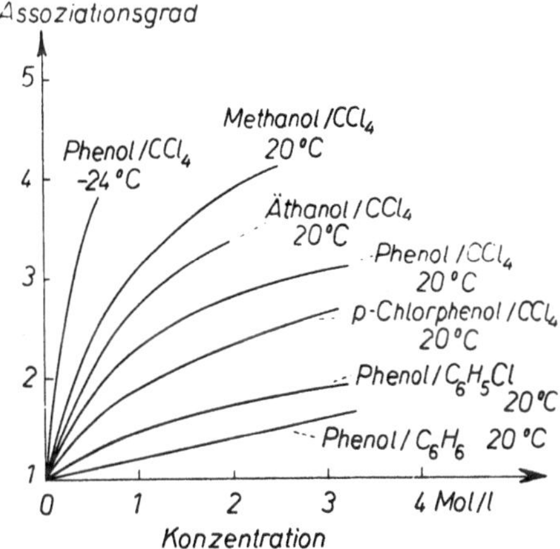

Abb. 193. Ultrarotspektroskopisch bestimmte Werte des Assoziationsgrades für einige Alkohole und Phenole [nach MECKE (*562*)]

2,74 μ, für ein mit einfacher Brücke gebildetes Dimeres 2,86 und 2,76 μ, für ein mit Doppelbrucke gebildetes Dimeres einen zwischen 2,76 und 2,96 μ liegenden Wert und schließlich für das Polymere, je nachdem wie sehr die OH-Bindung von der

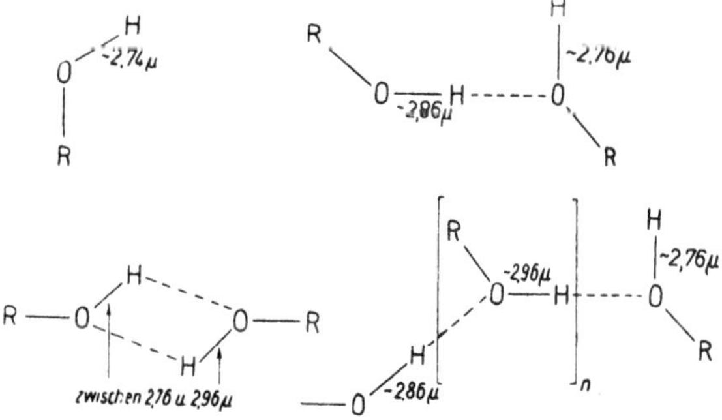

Abb. 194. Möglichkeiten der Alkoholassoziation und ihr Einfluß auf die Lage der OH-Valenzschwingungsbande [nach SMITH u. CREITZ (*814*)]

Assoziation beeinflußt wird, 2,76, 2,86 und etwa 3 μ. Aus ihren Untersuchungen ergibt sich eine gewisse Wahrscheinlichkeit für die Existenz des früher geleugneten Einzelbrückendimeren. Der Einfluß von sterischer Behinderung auf die Assoziation, bei substituierten Phenolen schon bekannt [COGGESHALL (*148*)], erweist sich durch Untersuchung an verzweigten Alkoholen dem Verdünnungseinfluß parallel gehend.

Während also die Auswirkung der Assoziation auf die Valenzschwingungsbande gut übersehbar gefunden wird, was wenigstens teilweise auf ihre isolierte Lage im Spektrum zurückzuführen ist, ist die Lage bei anderen Banden, z. B. der OH-Deformationsschwingung im bandenreichen 7 μ-Gebiet oder der OH-Torsionsschwingung im 15 μ-Gebiet noch wenig geklärt. Aber auch da sind spezifische Effekte zu erwarten.

Tabelle 37. *Assoziationseffekte von Phenol in verschiedenen Lösungsmitteln, gemessen an der 2. Oberschwingung der* OH-*Valenzschwingung, nach* MECKE (*562*)

Lösungsmittel	Bande bei cm^{-1}	Max. Ext.-Koeff. cm^2/Mol	Integr. Absorption cm/Mol	Halbwertsbreite cm^{-1}
Cyclohexan	10340	64,5	8,0	100
Cyclohexen	10340	18,5	5,6	230
	9950	7,0	—	—
CCl_4	10330	64,0	8,2	110
C_2Cl_4	10325	63,5	7,7	120
C_2HCl_3	10305	53,0	7,5	120
$CHCl_3$	10295	49,0	7,7	155
CS_2	10285	43,5	8,2	160
C_2HCl_5	10285	54,5	7,7	160
Chlorbenzol	10250	40,0	9,3	210
Benzol	10175	27,0	7,8	270
	10330	10,0	—	—
Toluol	10140	25,2	9,0	340
	10330	10,0	—	—
Nitromethan	10160	11,0	4,5	370
Anisol	10130	11,6	6,2	430
Nitrobenzol	10120	14,0	5,5	370
Benzaldehyd	9920	5,0	2,8	540
Acetophenon	9870	4,0	2,6	650
Diäthyläther	9700	4,0	2,7	700
Aceton	9600	5,0	3,1	750

Die Abb. 193 weist schon auf die Berücksichtigung des Lösungsmitteleinflusses bei der Assoziation hin, der um so größer wird, je ausgeprägter die Protonakzeptoreigenschaft von Gruppen des Lösungsmittels ist. Demgemäß haben wir beim Übergang von indifferenten Lösungsmitteln zu polaren eine Verlagerung der OH-Bande nach kleineren Wellenzahlen bei gleichzeitiger Verbreiterung und Intensitätsabnahme zu erwarten, wie es z. B. für Phenol in Abb. 195 und Tab. 37 bestätigt wird. Besonders auffällig ist die Aufspaltung der Phenol-OH-Bande in zwei Komponenten in Benzol, Toluol und Cyclohexen. Diese Erscheinung wird von MECKE (*562*) als eine Art Isomerie gedeutet, indem z. B. beim Benzol dessen Molekülebene parallel bzw. senkrecht zur OH-Gruppe liegt und damit die mit den π-Elektronen der Doppelbindung zusammenhängende Polarisierbarkeit verschieden sein kann.

Es bleibt nun noch die innere H-Brücke zu besprechen, mit der sich u. a. BARCHEWITZ (*33*) und MECKE mit seinen Schülern (*525*, *562*, *748*) beschäftigt haben. Aus der Fülle des Materials greifen wir den Fall der substituierten Phenole heraus. Je nach der Akzeptorgruppe ergibt sich ein verschiedener Befund. Ortho-substituierte Phenole mit einem Halogen, einer OH-, OCH_3-, CN- oder Phenylgruppe als Substituent zeigen im Gebiet der OH-Valenzschwingung eine, manchmal zwei Banden

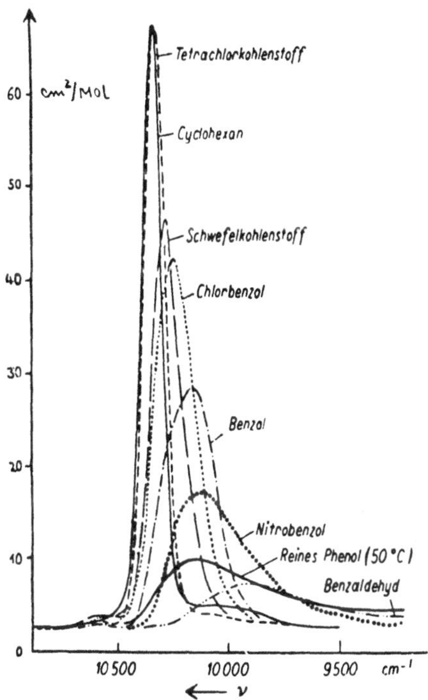

Abb. 195. Einfluß des Lösungsmittels auf die Lage und Intensität der OH-Valenzschwingungsbande des Phenols [nach LÜTTKE u. MECKE (*524*)]

unterschiedlicher Intensität. Die schwächere entspricht der OH-Bande des nichtassoziierten Phenols, also der freien OH-Gruppe, die andere liegt bei längeren Wellen und ist meist etwas verbreitert (Abb. 196). Die Aufspaltung wurde als eine cis-trans-Isomerie erklärt, wovon nur die cis-Form zur Wasserstoffbrückenbindung befähigt ist[1]. Ist der Substituent jedoch eine NO_2-, CHO-, COOR- oder COR-Gruppe, dann findet man nur eine einzige, sehr stark nach längeren Wellen verschobene, breite und diffuse Bande im Spektrum (Abb. 196). Demnach liegt hier nur die cis-Form vor, und die Scherenbindung ist besonders stark. Entscheidend für den Unterschied der so scharf voneinander sich abhebenden Stoffklassen ist die Elek-

[1] Im Falle der *o*-Halogenphenole hat die Nachprüfung früherer Befunde [LÜTTKE u. MECKE (*525*)] ergeben, daß die der trans-Form zugeschriebene Bande bei der Wellenlänge der normalen OH-Valenzschwingung tatsächlich Verunreinigungen durch nichtsubstituiertes Phenol zuzuschreiben ist, eine trans-Konfiguration also nicht existiert; nur beim *o*-Jodphenol wurde ein anscheinend reeller, aber schwacher Effekt dieser Art gefunden [ROSSMY u. a. (*748*)].

tronenanordnung in der Donator- und Akzeptorgruppe, nämlich Größe und Richtung des mesomeren und induktiven Effekts. Näher darauf einzugehen, verbietet der Platzmangel; wir verweisen auf die ausführliche Diskussion in der Originalveröffentlichung [Lüttke u. Mecke (*525*)].

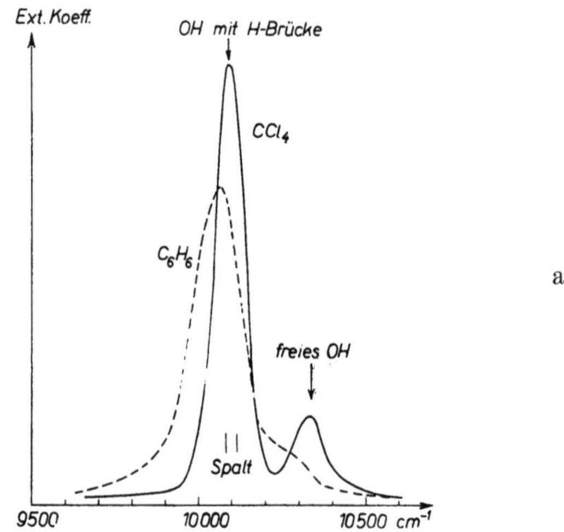

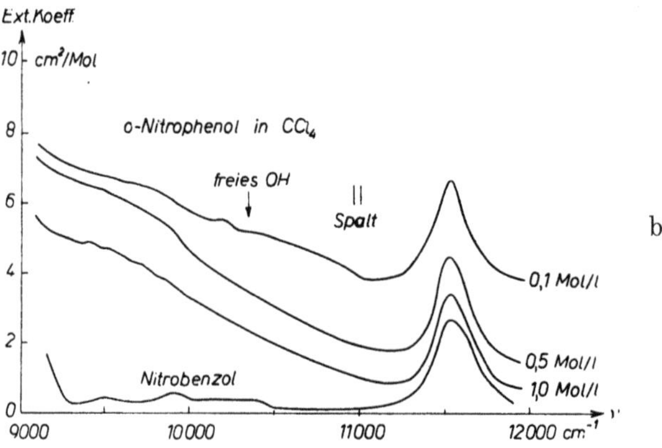

Abb. 196. Spektrale Auswirkung der Chelation in ortho-substituierten Phenolen, a mit Halogen, b mit einer Nitrogruppe als Substituent. [Nach Lüttke u. Mecke (*524*)]

In Kristallen hat die Untersuchung der OH-Valenzschwingungsbande bei 3μ unter besonderer Berücksichtigung des Einflusses der Wasserstoffbrückenbindung zu einem bedeutungsvollen Zusammenhang zwischen der Frequenz dieser Schwingung und dem Abstand O—O der beiden Atome, die am Wasserstoff Anteil haben, geführt [Rundle u. Parasol (*757*), Lord u. Merrifield (*517*), Hartert u. Glemser (*364*)]. Dadurch liefert das Ultrarotspektrum durch sehr einfache Messungen Zahlenangaben für diesen Atomabstand, der für die Aufhellung der Strukturen von OH-haltigen Kristallen und überhaupt von Hydraten und damit für die umstrittene Frage der Existenz der sog. Hydroxylbindung [Bernal u. Megaw (*64*)] so bedeutungsvoll ist. Glemser u. Hartert (*307*, *308*, *365*) haben derartige

Messungen neuerdings benutzt, um Licht in die Strukturen von Hydroxiden, basischen Salzen und Salzhydraten zu bringen; sie lehnen die Hydroxylbindung wegen des von ihnen gefundenen glatten Verlaufs der gerade erwähnten Beziehung über den ganzen in Betracht kommenden Bereich von Atomabständen ab.

2. *Rotationsisomerie*

Die Erscheinung der Rotationsisomerie wurde ursprünglich und wird auch heute noch spektroskopisch zumeist unter Ausnutzung des RAMAN-Effekts studiert. Eine Reihe von Arbeiten hat jedoch gezeigt, daß auch die Ultrarotspektren in vielen Fällen zur Untersuchung und Aufklärung geeignet sind. Entsprechende Messungen liegen vor an Kohlenwasserstoffen [AXFORD u. RANK (*29*)], Alkylhaliden und Alkoholen [BROWN u. SHEPPARD (*112*, *114*)], Äthanderivaten [BERNSTEIN (*65*, *66*), POWLING u. BERNSTEIN (*683*)], Äthylenderivaten [NEU u. GWINN (*602*), BROWN u. SHEPPARD (*113*)], chlorierten Butadienen [SZASZ u. SHEPPARD (*846*)] und Butanderivaten [BROWN u. SHEPPARD (*111*)].

Der Zweck solcher Untersuchungen ist einmal das Herausfinden der den einzelnen Isomeren eigentümlichen Grundschwingungen, zum anderen die quantitative Bestimmung des Energieunterschieds zwischen ihnen, der sog. *Isomerisierungsenergie* ΔE_J. Diese wird aus dem Verhältnis K der Konzentration des weniger stabilen zu der des stabileren bestimmt, indem man eine Beziehung

$$K \sim e^{-\frac{\Delta E_J}{RT}} \qquad \text{[IV, 4.5]}$$

oder eine daraus weiterentwickelte als gültig annimmt. Die Konzentration der einzelnen Isomeren wiederum wird aus der gemessenen Extinktion ihnen eindeutig zuordenbarer Banden unter Voraussetzung der Gültigkeit des BEERschen Gesetzes erhalten.

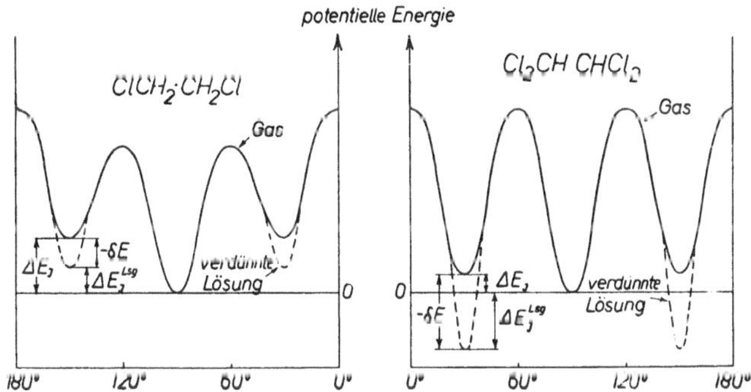

Abb. 197. Rotationsisomerie in Äthanderivaten [nach POWLING u. BERNSTEIN (*683*)]

Die Zahl der Isomeren hängt von der Anzahl der Minima in der Potentialkurve des betrachteten Moleküls ab. Für Dichloräthan und Tetrachloräthan z. B. gibt es nach Ausweis der Abb. 197 deren drei [POWLING u. BERNSTEIN (*683*)], wovon zwei — die sog. gauche-Formen — optische Isomere und nicht unterscheidbar sind, während das dritte die im kristallinen Zustand allein existierende trans-Form darstellt. Der Potentialunterschied zwischen den Minima liefert unmittelbar die Isomerisierungsenergie.

Im Spektrum einer Substanz, welche die Erscheinung der Rotationsisomerie zeigt, finden wir im Gas- und Flüssigkeitszustand die Banden aller überhaupt möglichen Isomeren. Zu ihrer Ausschaltung bis auf eins bedarf es demnach spektraler Untersuchungen bei genügend tiefen Temperaturen. Jedoch genügt bei gewissen Stoffen die ausreichende Abkühlung allein nicht, man muß vielmehr darauf achten, daß die Substanz wirklich kristallisiert und nicht glasig-amorph erstarrt ist, wie das bei einigen Alkoholen und Alkylhaliden leicht einzutreten pflegt. Abb. 198 bringt dafür ein Beispiel: Man sieht deutlich, daß das Spektrum der glasigen Modifikation des *n*-Butylbromids dem des flüssigen Zustands gleich ist — die energiereicheren Isomeren sind eingefroren —, im Gegensatz zu dem des kristallinen Stoffes [Brown u. Sheppard (*114*)]. Aus dem Tieftemperaturspektrum mit seiner infolge des Ausfalls aller Isomeren bis auf eins verminderten Bandenzahl lassen sich die Grund-

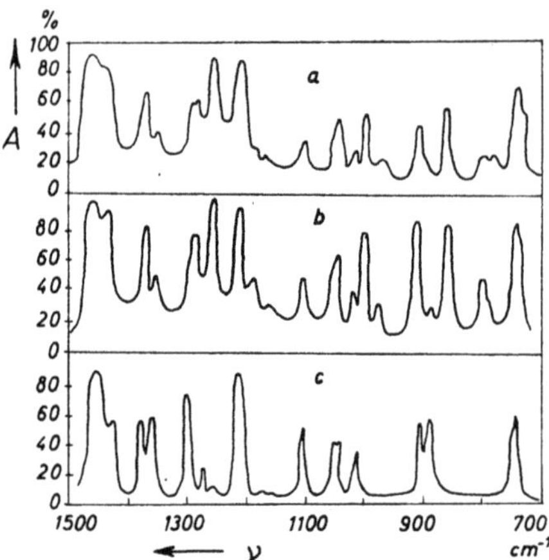

Abb. 198. Ultrarotspektrum von *n*-Butylbromid im flüssigen (a), glasig-amorphen (b) und kristallinen Zustand (c) [nach Brown u. Sheppard (*114*)]

schwingungen dieser Isomeren unter Beachtung seiner Symmetrie- und Aktivitätseigenschaften, sowie unter Heranziehung der für solche Untersuchungen gleichwichtigen Raman-Spektren entnehmen. Gestützt auf diese Analyse der Tieftemperaturisomeren kann dann auch die Zuordnung des oder der bei höherer Temperatur existenten Isomeren versucht werden, wobei allerdings einige Vorsicht am Platze ist, weil möglicherweise Banden der verschiedenen Isomeren zufällig zusammenfallen. Zur Bestimmung der Isomerisierungsenergie sind Intensitätsmessungen an den zweifelsfrei verschiedenen Isomeren zuordenbaren Banden bei verschiedenen Temperaturen nötig; aus dem Gang von K mit T kann dann ΔE_J nach [IV, 4.5] entnommen werden. Die Erfahrung hat jedoch gelehrt, daß die aus Messungen im flüssigen Zustand erhaltenen Werte schlecht oder gar nicht mit denen aus Messungen im Gaszustand übereinstimmen. Die Ursache dafür sind spezielle Lösungseffekte. Nach einem Vorschlag von Powling u. Bernstein (*683*) hat man mit genügend verdünnten Lösungen zu arbeiten. In Abb. 197 ist jeweils die Potentialkurve für diesen Fall mit eingezeichnet (gestrichelt), wobei durchaus — wie im Tetrachloräthan — die Stabilitätsverhältnisse gegenüber dem Gaszustand sich verändern können. Ganz offenbar liefern solche Messungen an verdünnten Lösungen nicht unmittelbar die gesuchte Isomerisierungsenergie, sondern einen um eine Größe δE anderen Wert. Diese Korrektur läßt sich aus der elektrostatischen Wechselwirkung des betrachteten Moleküls mit seiner Umgebung (Lösungsmittel) nach ONSAGER berechnen, wenn man einerseits das Dipolmoment des Moleküls und andererseits die Dielektrizitätskonstante des Lösungsmittels kennt.

3. Induzierte Absorption

Es war schon bei der Feststellung, daß den homöopolaren zweiatomigen Gasen H_2, O_2 und N_2 wegen des ihnen fehlenden Dipolmoments auch bei Schwingungen kein ultrarotes Absorptionsspektrum eigen ist, darauf hingewiesen worden, daß nicht nur durch die Wechselwirkung von elektromagnetischer Strahlung mit elektrischen Dipolen Strahlungsabsorption auftreten kann, sondern ebenso, wenn auch sehr viel schwächer und daher meist nicht beobachtbar, bei der Wechselwirkung mit elektrischen Quadrupolen und magnetischen Dipolen. Eine weitere, in letzter Zeit durch eine Reihe schöner Untersuchungen interessant gewordene Möglichkeit ist die sog. induzierte Absorption. Man versteht darunter die Strahlungsabsorption eines sonst absorptionsfreien Moleküls unter der Einwirkung fremder, seine Symmetrie verzerrender Felder. Um den Effekt merklich zu machen, bedarf es z. B. elektrischer Feldstärken von etwa 10^5 Volt/cm. Derartige Werte werden erreicht, wenn Moleküle sich sehr nahe kommen, also z. B. bei Stößen in verdichteten Gasen oder Flüssigkeiten. Die theoretische Durchrechnung hat gezeigt [KASTLER (*451*), MIZUSHIMA (*588*), WOODWARD (*912*)], daß entscheidend für die induzierte Absorption das Produkt aus der Polarisierbarkeit des betroffenen Moleküls und der induzierenden Feldstärke, das sog. *induzierte Moment*, ist, indem dieses an die Stelle des Dipolmoments bei normaler Strahlungsabsorption tritt. Da nun die Polarisierbarkeit den RAMAN-Effekt in ähnlicher Weise beherrscht wie das Dipolmoment die Strahlungsabsorption, gelten wegen dieser Beziehung für die induzierte Absorption die Auswahl- und Intensitätsregeln des RAMAN-Effekts.

Induzierte Absorption wurde bisher in H_2, O_2 und N_2, und zwar sowohl im stark verdichteten Gas wie auch in den kondensierten Phasen beobachtet [OXHOLM u. WILLIAMS (*632*), VAN ASSELT u. WILLIAMS (*27*), CRAWFORD u. a. (*176*), CHISHOLM u. a. (*139*), SMITH u. a. (*812*), WELSH u. a. (*883*), CRAWFORD u. DAGG (*175*), CHISHOLM u. WELSH (*138*), HARE u. a. (*359*), ALLIN u. a. (*12*), HUNT u. WELSH (*1094*), KETELAAR u. RETTSCHNICK (*1095*)]; ein gleichartiger Effekt ist in Methan für die inaktive Breathing-Schwingung zu erwarten, jedoch noch nicht beobachtet. Sehr befriedigend ist, daß nicht nur die induzierte Absorption als solche gefunden wurde, sondern daß die beobachteten Spektren gewisse Andeutungen einer Struktur zeigen, die weitergehende Schlüsse über den Aufbau des absorbierenden Moleküls und den zugrundeliegenden Induktionsmechanismus zulassen. Abb. 199 zeigt das Spektrum der induzierten Absorption für die Grundschwingung von Stickstoff für verschiedene Temperaturwerte. In der Flüssigkeit (69 °K) liegt die Hauptabsorption bei etwa 2350 cm^{-1} mit einem eben angedeuteten Nebenmaximum bei etwa 2400 cm^{-1}. In der festen β-Modifikation (43,9 °K) wird das Spektrum bei mäßigen Verlagerungen der Maxima ausgeprägter, und in der festen α-Modifikation (34,4 °K) zeigen sich zahlreiche Anzeichen einer noch nicht völlig aufgelösten Feinstruktur. Ähnlich sind die Ergebnisse für Sauerstoff. In stark verdichtetem, aber noch nicht verflüssigtem Wasserstoff wird eine ausgeprägte Feinstruktur der Absorptionsbande beobachtet (Abb. 200), die bei tiefer Temperatur (80 °K) zu fünf deutlich aufgelösten Absorptionsmaxima führt, aber auch bei Zimmertemperatur

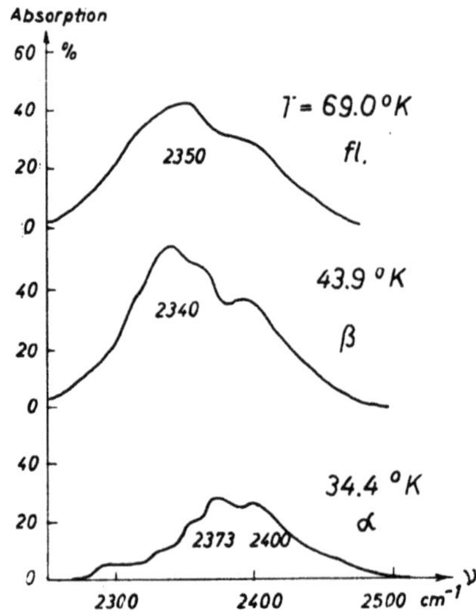

Abb. 199. Temperaturabhängigkeit der induzierten Absorption von kondensiertem Stickstoff [nach SMITH u. a. (*673*)]

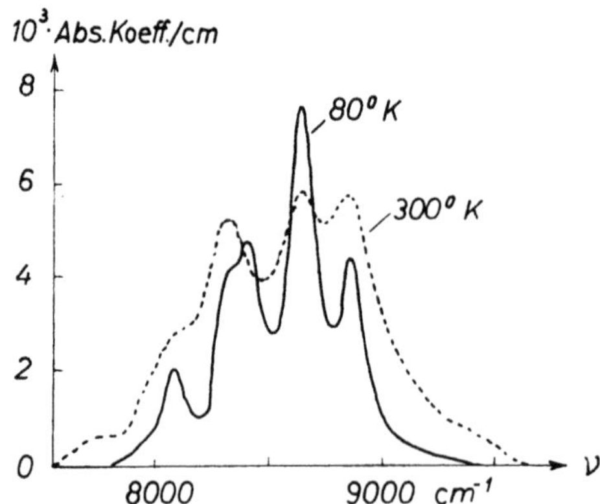

Abb. 200. Feinstruktur der induzierten Absorption von Wasserstoff für die erste Oberschwingung [nach WELSH u. a. (*883*)]

noch bemerkbar ist. Bewirkt man die notwendige Verdichtung des Gases nicht durch die untersuchte Substanz selbst, sondern durch ein zugesetztes Fremdgas, so bleiben die Ergebnisse im großen ganzen dieselben. Die Erhaltung des Spektrums bei Zusatz von Edelgasen beweist, daß es sich um echte stoßinduzierte Absorption und nicht um eine Quadrupolwechselwirkung handelt, weil den Edelgasen ja kein Quadrupolfeld eigen ist.

4. *Kristalle*

Die Struktur und räumliche Anordnung der Atome von Kristallmolekülen werden gewöhnlich mit Röntgenstrahlen bestimmt. Ultrarotspektroskopische Messungen, vorzüglich mit polarisierter Strahlung, haben sich als wertvolles Hilfsmittel zur Ergänzung, Erweiterung und Bestätigung der röntgenographischen Befunde erwiesen, vor allem hinsichtlich der diesen ja nicht zugänglichen H-Atome. Die Schwierigkeiten der ultrarotspektroskopischen Untersuchungen liegen in der geeigneten und notwendigen Zurichtung der Proben. Dünne Pulverschichten, sei es mit oder ohne Einbettungsmittel, liefern wegen der statistischen Verteilung der kleinen Kriställchen über alle möglichen räumlichen Orientierungen meist kein sehr spezifisches Bild, es sei denn, daß die untersuchten Kristalle dem kubischen System angehören. Messungen an Einkristallen mit definierter Orientierung im Strahlengang sind vorzuziehen. Als besonders wertvolles Hilfsmittel hat sich dabei das Spiegelmikroskop erwiesen, das mit ganz winzigen Kriställchen auszukommen gestattet, die in sinnvoller Weise bezüglich der Strahlung orientiert werden können. Auch ohne dieses kostspielige Instrument sind gewichtige Untersuchungen durchführbar, wenn für einen Kristall die Lage der Wachstumsrichtung bezüglich der kristallographischen Achsen bekannt ist und eine bestimmte Wachstumsrichtung vorgeschrieben werden kann, etwa durch Auskristallisierenlassen zwischen NaCl-Platten, in der Zentrifuge o. dgl.

Bei Verwendung polarisierter Strahlung in verschiedenen Azimuten ist es dann häufig möglich, Banden, die im Pulverspektrum einheitlich erscheinen, als in Wirklichkeit von dicht benachbarten, tatsächlich ganz verschiedenen Schwingungen herrührend zu erkennen. Aus ihrem dichroitischen Verhalten ist dann meist auch ein Schluß auf die Lage der Schwingungen im Kristallgefüge möglich und damit, wenn die Natur und die Zuordnung der betreffenden Schwingungen bekannt sind, auf die Lage der betroffenen Bindungen und Atome im Kristallmolekül. Sonst wegen ihres Auftretens in technisch unentwickelten Spektralbereichen nicht oder nur schwer erfaßbare Schwingungen des Kristallgitters werden häufig durch ihre Kombinationen mit (inneren) Molekülschwingungen zugänglich und erlauben so auch die Bestimmung der für das Kristallgitter als solches geltenden Symmetrieeigenschaften [Hornig (*399*, *400*), Mann u. Thompson (*539*), Osberg u. Hornig (*625*), Reding u. Hornig (*718*), Lax u. Burstein (*498*)].

In noch anderer Weise tragen die Ultrarotspektren zur Kristallforschung bei, nämlich bei der Unterscheidung und Erkennung von polymorphen Formen anorganischen wie organischen Materials [Kendall (*457*), Ebert u. Gottlieb (*216*)]. Dazu genügen durchaus die an Pulvern gewonnenen Spektren, und die Methode ist noch brauchbar für so komplizierte Gebilde wie etwa Kupfer-Phthalocyanin. Auch Reflexionsspektren können in ausgezeichneter Weise zur Strukturaufklärung von Kristallen dienen, und zwar nicht nur in den groben Zügen, sondern auch in Feinheiten, wie Simon u. McMahon (*802*) für das System Quarz und Cristobalit gezeigt haben.

5. *Anwendungen in der Thermodynamik*

Über die Bedeutung hinaus, welche eine Schwingungsanalyse für die Erkenntnis des Baues eines speziellen Moleküls unmittelbar hat, kommt ihr großes Interesse für die theoretische Berechnung gewisser physikalisch-chemischer Kenngrößen ganz allgemein zu. Die wichtigen kalorischen und thermodynamischen Zustandsgrößen, wie z. B. die spezifische Wärme, die Enthalpie und Entropie mit ihren unmittelbaren Auswirkungen in der chemischen Technik und Technologie, hängen in mehr oder minder komplizierter Weise von den Schwingungsfrequenzen und ihrer richtigen Zuordnung zu bestimmten Eigenschwingungen ab. Es ist möglich — die entsprechenden Formeln und ihre Ableitung kann man z. B. in (*I*) nachlesen —, diese Größen, fußend auf den aus spektroskopischen Daten erschlossenen Energiezuständen, für den Gaszustand theoretisch zu berechnen und mit den experimentell ermittelten Werten zu vergleichen. Das ist einmal eine Prüfung für das zugrunde gelegte Molekülmodell überhaupt, sodann — wenn dieses als gesichert anzunehmen ist — für die Richtigkeit der schwingungsanalytischen Zuordnung. Häufig hat die Nichtübereinstimmung solcher berechneter und gemessener Werte auf die Unzulänglichkeit der Deutung eines Spektrums hingewiesen und die Ausmerzung fehlerhafter Vorstellungen und Auswertungen erzwungen.

Der Zusammenhang zwischen spektroskopischen Daten und thermodynamischen Größen geht über die sog. *Zustandssumme.* Darunter ist das Folgende zu verstehen: Die Anzahl N_n der Moleküle eines im thermischen Gleichgewicht befindlichen Gases, welche sich in einem Zustand der Gesamtenergie E_n und der Entartung (des statistischen Gewichts) g_n befinden, ist nach dem MAXWELL-BOLTZMANNschen Verteilungssatz

[IV, 4.6] $$N_n \sim g_n \cdot e^{-\frac{E_n}{kT}},$$

wenn T die absolute Temperatur des Gases und k die BOLTZMANN-Konstante bedeuten. Alle Moleküle in einem gegebenen Volumen erhalten wir durch Summation über alle möglichen Zustände:

[IV, 4.7] $$N = \sum N_n \sim Q = \sum g_n \cdot e^{-\frac{E_n}{kT}}.$$

Die hier auftretende Größe Q wird als Zustandssumme bezeichnet. Alle thermodynamischen Größen können als Funktion davon geschrieben werden. Wesentlich ist nun, daß man analog zur Aufspaltung der Energie des Gases additiv in einen Translations- und einen inneren Anteil auch die Zustandssumme als Produkt zweier Zustandssummen schreiben kann, die ihrerseits jede nur von einem der genannten Energieanteile abhängen. Die innere Energie wiederum läßt sich in einen Rotations- und einen Schwingungsteil additiv aufspalten, und entsprechend schreibt sich die darauf bezogene, oft nur Zustandssumme schlechthin genannte spezielle Zustandssumme als Produkt eines Rotations- und eines Schwingungsgliedes. Jeder Faktor für sich kann mit den zugehörigen Energien berechnet werden, die ihrerseits einschließlich der zugehörigen Entartung aus den Spektren im weitesten Sinn entnommen werden können.

Aus diesen Andeutungen dürfte ersichtlich werden, daß die Erkennung der einzelnen Rotations- und Schwingungszustände und bei letzteren der Schwingungsrassen und damit der Punktgruppe, zu welcher das Molekül gehört, von besonderer Wichtigkeit ist. Ein in Tab. 4 aufgeführtes, bisher aber nicht weiter erwähntes Punktgruppenmerkmal, die Symmetriezahl, ist in diesem Zusammenhang besonders bedeutungsvoll. Sie gibt die Anzahl der voneinander nicht unterscheidbaren Lagen an, in welche ein Molekül durch einfache starre Drehungen gebracht werden kann. Auf diese Zusammenhänge und den Einfluß der Symmetriezahl auf theoretische thermodynamische Rechnungen auf Grund spektroskopischer Daten näher einzugehen, führt hier zu weit. Es sei nur noch soviel gesagt, daß vermöge der früheren Überlegungen über die Wechselwirkungen von Rotationen und Schwingungen die thermodynamischen Kenngrößen als Funktionen der Temperatur oft mit größerer Präzision an Hand spektroskopischer Daten berechenbar sind, als unsere direkten experimentellen Bestimmungsmethoden zu messen gestatten.

6. Verschiedenes

Die Ultrarotspektroskopie ist als Verfahren breitester Anwendungen fähig. Mit den in den vorhergehenden Abschnitten aufgezählten speziellen Effekten ist ihre Einsatzfähigkeit keineswegs erschöpft: Es gibt im Bereiche der chemischen Forschung und Praxis schlechterdings *keine* Fragestellung, wofür sie nicht erfolgreich eingesetzt werden könnte, sofern es nur gelingt, die Geräte und die Vorbereitung der Proben den speziellen Fragestellungen anzupassen. Es sei zum Abschluß nur noch einiger weniger Gebiete kurz gedacht, die durch eine größere Zahl von Bearbeitungen von methodischem Wert ausgezeichnet sind. Da ist zunächst zu nennen der Einsatz der Ultrarotspektroskopie zur Aufklärung des *Ablaufs von Reaktionen* [Gauthier (*289*), Duval u. Lecomte (*211*)], der vielfach überhaupt erst einen richtigen Einblick gebracht hat, z. B. bei der Disproportionierung von NH_3 durch Stedman (*824*), der N_2O-Äthanol-Reaktion durch Nightingale u. a. (*610*), der Keton-Äthanolamin-Reaktion durch Daasch (*186*), der Autoxydation von Ölen u. dgl. durch Honn u. a. (*397*), sowie Khan (*462*). *Gaskinetische Studien* bauten Simard u. a. (*799*) auf den Ultrarotspektren auf. Ganz besonders wertvoll waren im Zusammenhang mit der Aufklärung und der Beherrschung von Verbrennungsvorgängen in Raketenöfen die Untersuchungen an *Flammen* und *Explosionen* [Benedict u. a. (*56, 57*), Bullock u. a. (*123*), Plyler (*667*)], wozu ja gerade die Schnellspektrometer (s. S. 139) geschaffen wurden. Festkörperphysiker können aus den Ultrarotspektren die Energiebänderabstände von Halbleitern und deren Temperaturabhängigkeit entnehmen [Oswald (*627*)]. Das gilt insbesondere für Untersuchungen bei langen Wellen; eine Zusammenstellung darüber findet man bei Plendl (*1297*). Die Untersuchung der Chemisorption bringt neue Impulse für die Theorie der Wirksamkeit der Katalysatoren [Pliskin u. Eischens (*664*), Eischens (*223, 1091*), Blyholder u. Richardson (*1092*), Hober u. a. (*1093*)]. Ähnlichen Zwecken dienen spektrale Untersuchungen der ultraroten Emission von festen Oberflächen, entweder im reinen Zustand oder mit einem Fremdkörper beladen, wie sie von Eischens u. Pliskin (*936*) und in technisch verbesserter Form von Low u. Inoue (*937*) ausgeführt wurden. Dabei kann man darauf verzichten, die Temperatur wesentlich über die der Umgebung zu erhöhen, indem man ein auf interferometrischer Grundlage arbeitendes Schnellspektrometer mit vielfach wiederholtem Durchlaufen des gewünschten Spektralbereiches in kürzester Zeit einsetzt [Low (*1108*), Low u. Coleman (*1109*)]. Die zahlreichen Aspekte der Ultrarotspektroskopie von adsorbierten Substanzen findet man zusammenfassend in dem Buch von Little u. a. (*1196*) behandelt.

Auch für Meteorologen, Astronomen und Astrophysiker sind ultrarotspektroskopische Messungen wichtig, einmal im Zusammenhang mit Fragen des Strahlungshaushaltes der Erde die spektrale Absorption der *Atmosphäre* bis zu sehr langen Wellen [Gebbie u. a. (*291*), Kaplan (*450*), Elder u. Strong (*224*)], sodann in Verbindung mit der genauen Zusammensetzung der Erdatmosphäre, dem Nachweis von Gasspuren und ihrer Verteilung in den Schichten der Lufthülle [ADEL (*6*), SHAW u. CLAASSEN (*783*), BENESCH u. a. (*58*), LOCKE u. HERZBERG (*514*), HOWARD u. a. (*403*)]. Dazu kommen Kenntnis und Auswertung auch des ultraroten Teils der Sternspektren, z. B. des Sonnenspektrums [SHAW u. a. *784*, *785*), MOHLER (*591*)].

Schließlich sei noch eine vorläufig vereinzelt dastehende Anwendung der Ultrarotspektroskopie wegen ihrer Eigenart erwähnt, die gerade deshalb die breiten Anwendungsmöglichkeiten dieser Methode aufzeigt: die Identifizierung von *Bakterienkulturen* an Hand ihrer Ultrarotspektren [STEVENSON u. BOLDUAN (*828*), RANDALL u. SMITH (*694*), GREENSTREET u. NORRIS (*335*)].

Literaturverzeichnis

Auch ohne unmittelbaren Hinweis wird auf die folgenden Lehrbücher, Monographien und Zusammenfassungen Bezug genommen:

A BARNES, R. B., GORE, R. C., LIDDEL, U. u. V. Z. WILLIAMS, Infrared Spectroscopy, Industrial Applications and Bibliography (New York 1944).

B BELLAMY, L. J., The Infrared Spectra of Complex Molecules, 2. Aufl. (London 1964). Deutsche Übersetzung der 2. Aufl. von BRÜGEL, W., Ultrarotspektrum und chemische Konstitution (Darmstadt 1966).
BELLAMY, L. J., Advances in Infrared Group Frequencies (London 1968).

C BRÜGEL, W., Physik und Technik der Ultrarotstrahlung, 2. Aufl. (Hannover 1961).

D BRÜGEL, W., Ultrarotspektroskopische Strukturbestimmungen. In: HOUWINK, R., Chemie und Technologie der Kunststoffe, 4. Aufl., 1. Bd., Kap. V (Leipzig 1962).

E BRÜGEL, W., Ultrarot-Betriebskontrollgeräte. In: HENGSTENBERG-STURM-WINKLER, Messen und Regeln in der chemischen Technik, 2. Aufl. (Berlin-Göttingen-Heidelberg 1964).

F COLE, A. R. H., Infrared Spectra of Natural Products. Fortschr. Chem. org. Naturst. **13**, 1 (1956).

G CZERNY, M. u. H. RÖDER, Fortschritte auf dem Gebiet der Ultrarottechnik. Ergeb. exakt. Naturwiss. **17**, 70 (1938).

H DOBRINER, K., KATZENELLENBOGEN, E. R. u. R. N. JONES, Infrared Absorption Spectra of Steroids, an Atlas (New York 1949).

I HERSHENSON, H. M., Infrared Absorption Spectra, Index for 1945–1957 (New York u. London 1959); Index for 1958–1962 (New York u. London 1964).

J HERZBERG, G., Molecular Spectra and Molecular Structure. Bd. 1: Spectra of Diatomic Molecules. 2. Aufl. (New York 1950). Bd. 2: Infrared and Raman Spectra of Polyatomic Molecules, 4. Aufl. (New York 1949).

K HUMMEL, D., Die Identifizierung von Kunststoff- und Lackrohstoffen und daraus hergestellter Erzeugnisse, unter bevorzugter Behandlung infrarotspektroskopischer Methoden (München 1957).
HUMMEL, D. O. u. F. SCHOLL, Atlas der Kunststoff-Analyse. Bd. I: Hochpolymere und Harze. Bd. II: Zusatzstoffe und Verarbeitungshilfsmittel (München u. Weinheim 1968).

L JONES, R. N. u. C. SANDORFY, The Application of Infrared and Raman Spectrometry to the Elucidation of Molecular Structure. In: WEST, W., Chemical Applications of Spectroscopy (New York 1956).

M KRIMM, S., Infrared Spectra of High Polymers, Fortschr. Hochpolymeren-Forsch. **2**, Heft 1 (1960).

N LANDOLT-BÖRNSTEIN, Zahlenwerte und Funktionen aus Physik, Chemie, Astronomie, Geophysik und Technik. Herausgegeben von EUCKEN, A. u. K. H. HELLWEGE. Bd. 1: Atom- und Molekülphysik. 2. Teil: Molekeln I (Kerngerüst), Abschnitt Schwingungen und Rotationen, bearbeitet von MAIER, W., MECKE, R., KERKHOF, F., SEIDEL, H. u. H. PAJENKAMP (Berlin-Göttingen-Heidelberg 1951). Siehe auch Ergänzungen dazu im 3. Teil: Molekeln II, S. 557–656.

O LECOMTE, J., Le Rayonnement Infrarouge. Bd. 1: Applications Biologiques, Physiques et Techniques (Paris 1948). Bd. 2: La Spectrométrie Infrarouge et ses Applications Physico-Chimiques (Paris 1949).

P MATOSSI, F., Ergebnisse der Ultrarotforschung. Erg. exakt. Naturwiss. **17**, 108 (1938).

Q RANDALL, H. M., FOWLER, R. G., FUSON, N. u. J. R. DANGL, Infrared Determination of Organic Structure (New York 1949).
R RASMUSSEN, A. S., Infrared Spectroscopy in Structure Determination and its Application to Penicillin. Fortschr. Chem. org. Naturst. **5**, 331 (1948).
S SCHAEFER, C. u. F. MATOSSI, Das ultrarote Spektrum (Struktur der Materie Bd. 10) (Berlin 1930).
T SCHNELL, G., Neuere physikalische Untersuchungen an Hochpolymeren. Ultrarotspektroskopische Untersuchungsergebnisse. Erg. exakt. Naturwiss. **31**, 270 (1959).
U SUHRMANN, R. u. H. LUTHER, Neuere Ergebnisse der Ultrarotspektroskopie. Fortschr. chem. Forschg. **2**, 758 (1953).
V WILSON, E. B., DECIUS, J. C. u. P. C. CROSS, Molecular Vibrations — The Theory of Infrared and Raman Vibrations (New York 1955).
W LAWSON, K. E., Infrared Absorption of Inorganic Substances (New York 1961).

Einzelarbeiten (speziell behandelte chemische Verbindungen oder Verbindungsgruppen sind stichwortartig angegeben):

1 ACHHAMMER, B. G., REINEY, M. J. u. F. W. REINHART, J. Res. NBS. **47**, 116 (1951). Polystyrol-Abbau.
2 ACQUISTA, N. u. E. K. PLYLER, J. Res. NBS. **49**, 13 (1952).
3 —, —, J. opt. Soc. Amer. **43**, 977 (1953).
4 ADAMS, R. M. u. J. J. KATZ, J. opt. Soc. Amer. **46**, 895 (1956).
5 ADCOCK, W. A., Rev. Sci. Instr. **19**, 181 (1948).
6 ADEL, A., Astrophys. J. **113**, 222 (1951). N_2O in der Luft.
7 AGNEW, J. T. u. R. B. MCQUISTAN, J. opt. Soc. Amer. **43**, 999 (1953).
8 —, FRANKLIN, R. G. u. R. E. BENN, J. opt. Soc. Amer. **41**, 76 (1951).
9 AHLERS, N. H. E. u. H. P. FREEDMAN, J. Sci. Instr. **32**, 61 (1955).
10 ALDER, K., SCHÄFER, H. K., ESSER, H., KRIEGER, H. u. R. REUBKE, Ann. Chem. **593**, 23 (1955). α-Diketone.
11 ALLAN, J. L. H., MEAKINS, G. D. u. M. C. WHITING, J. chem. Soc. **1955**, 1874. Konjugierte Acetylen- und Äthylen-Verbindungen.
12 ALLIN, E. J., HARE, W. F. J. u. R. E. MACDONALD, Phys. Rev. **98**, 554 (1955).
13 ALLISON, A. R. u. I. J. STANLEY, Anal. Chem. **24**, 630 (1952).
14 AMBROSE, E. J. u. A. ELLIOTT, Proc. Roy. Soc. **A 206**, 206 (1951).
15 —, —, Proc. Roy. Soc. **A 208**, 75 (1951). Proteine.
16 —, — u. R. B. TEMPLE, Proc. Roy. Soc. **A 199**, 183 (1949).
17 —, —, —, Proc. Roy. Soc. **A 206**, 192 (1951).
18 AMES, J. u. A. M. D. SAMPSON, J. Sci. Instr. **26**, 132 (1949).
19 AMSTUTZ, E. D., HUNSBERGER, I. M. u. J. J. CHESSICK, J. amer. chem. Soc. **73**, 1220 (1951). Diphenylsulfone, Diphenylsulfoxide.
20 ANDERSON, S., J. Amer. Ceram. Soc. **32**, 2 (1950). Gläser.
21 ANDERSON, D. H. u. D. W. STEWART, Org. Chem. Bull. Eastman **24**, Nr. 4 (1952). Lösungsmittelspektren.
22 — u. MILLER, O. E., J. opt. Soc. Amer. **43**, 777 (1953).
23 ANDERSON, S., ANDERSON, W. J. u. M. KRAKOWSKI, Rev. Sci. Instr. **21**, 574 (1950).
24 ARD, J. S., Anal. Chem. **25**, 1743 (1953).
25 — u. T. D. FONTAINE, Anal. Chem. **23**, 133 (1951).
26 ARDENNE, M. v., Angew. Chem. **54**, 144 (1941).
27 ASSELT, R. v. u. D. WILLIAMS, Phys. Rev. **79**, 1016 (1950).
28 AVERY, D. G., GOODWIN, D. W. u. A. E. RENNIE, J. Sci. Instr. **34**, 394 (1957).
29 AXFORD, D. W. E. u. D. H. RANK, J. Chem. Phys. **18**, 51 (1950).
30 BAKER, A. W. u. R. C. LORD, J. Chem. Phys. **23**, 1636 (1955). Cyclopropan.
31 —, WRIGHT, N. u. A. OPLER, Anal. Chem. **25**, 1457 (1953).
32 BANNING, M., J. opt. Soc. Amer. **37**, 792 (1947).

33 Barchewitz, P., Compt. Rend. **232**, 1750 (1951).

34 – u. R. Chabbal, J. phys. radium **12**, 637 + 701 (1951).

35 Barer, R., Disc. Farad. Soc. **9**, 369 (1950).

36 Barnard, D., Fabian, J. M. u. H. P. Koch, J. Chem. Soc. **1949**, 2442. Sulfoxide, Sulfone.

37 –, Bateman, L., Harding, A. J., Koch, H. P., Sheppard, N. u. G. B. B. M. Sutherland, J. Chem. Soc. **1950**, 915. Langkettige Monoolefine und Derivate.

38 Barnes, R. B. u. R. C. Gore, Anal. Chem. **21**, 7 (1949).

39 –, –, Williams, E. F., Linsley, S. G. u. E. M. Petersen, Anal. Chem. **19**, 620 (1947). Penicillin.

40 –, McDonald, R. S., Williams, V. Z. u. R. F. Kinnaird, J. appl. Phys. **16**, 77 (1945).

41 –, –, –, –, J. appl. Phys. **17**, 532 (1946).

42 Barnes, R. P. u. G. E. Pinkney, J. amer. chem. Soc. **75**, 479 (1953). Diketone.

43 Barrow, G. M., J. Chem. Phys. **21**, 2008 (1953).

44 – u. S. Searles, J. amer. chem. Soc. **75**, 1175 (1953). Cyclische Äther.

45 Bartleson, J. D., Burk, R. E. u. H. P. Lankelma, J. amer. chem. Soc. **68**, 2513 (1946). Alkylcyclopropane.

46 Bauer, E. u. M. Magat, J. phys. radium **3**, 319 (1938).

47 Baxter, J. N., Cymerman-Craig, J. u. J. B. Willis, J. Chem. Soc. **1955**, 669.

48 Bayliss, N. S. u. C. J. Brackenbridge, Chem. & Ind. **1955**, 477.

49 Becher, H. J., Chem. Ber. **89**, 1593 + 1951 (1956). Harnstoff-Formaldehyd-Kondensationsprodukte.

50 Becker, J. A. u. W. H. Brattain, J. opt. Soc. Amer. **36**, 354 (1946).

51 Beckmann, L., Funck, E. u. R. Mecke, Z. angew. Phys. **11**, 207 (1059).

52 Bell, J. V., Heisler, J., Tannenbaum, H. u. J. Goldenson, J. amer. chem. Soc. **76**, 5185 (1954). Phosphoryl-Verbindungen.

53 Bellamy, L. J. u. L. Beecher, J. Chem. Soc. **1952**, 475 + 1701. P-Ester, -Säuren, -Amine.

54 –, –, J. Chem. Soc. **1953**, 728. P-Verbindungen in Naturprodukten.

55 Bender, H. L., Mod. Plast. **30**, Nr. 6, 136 (1953).

56 Benedict, W. S., Herman, R. C. u. S. Silverman, J. Chem. Phys. **19**, 1325 (1951). ($CO + O_2$)-Emission.

57 –, Bullock, B. W., Silverman, S. u. A. V. Grosse, J. opt. Soc. Amer. **43**, 1106 (1953).

58 Benesch, W., Migeotte, M. u. L. Neven, J. opt. Soc. Amer. **43**, 1119 (1953). CO in der Luft.

59 Bennett, H. E. u. W. F. Koehler, J. opt. Soc. Amer. **50**, 1 (1960).

60 Bentley u. E. F. Wolfarth, WADC Techn. Rep. 58–198 (1958)

61 –, –, Srp, N. E. u. W. R. Powell, WADC Techn. Rep. 57–359 (1957).

62 Bergmann, G. u. G. Kresze, Angew. Chem. **67**, 685 (1955).

63 – u. H. Kaiser, Z. Instr. **68**, 201 (1960).

64 Bernal, J. D. u. H. D. Megaw, Proc. Roy. Soc. **151**, 384 (1935).

65 Bernstein, H. J., J. Chem. Phys. **17**, 256 (1949).

66 –, J. Chem. Phys. **18**, 897 (1950).

67 Berry, C. E. u. J. C. Pemberton, Instruments **19**, 396 (1946).

68 Bethke, G. W., J. opt. Soc. Amer. **50**, 1054 (1960).

69 Bevans, J. T., Dunkle, R. V., Edwards, D. K., Gier, J. T., Levenson, L. L. u. A. K. Oppenheim, J. opt. Soc. Amer. **50**, 130 (1960).

70 Beyen, W., Bratt, P., Davis, H., Johnson, L., Levinstein, H. u. A. MacRae, J. opt. Soc. Amer. **49**, 686 (1959).

71 Billings, B. H., J. phys. radium **11**, 407 (1950).

72 – u. M. A. Pittman, J. opt. Soc. Amer. **39**, 978 (1949).

73 Bilz, H., Genzel, L. u. H. Happ, Z. Phys. **160**, 535 (1960).

74 Biondi, M. A., Rev. Sci. Instr. **27**, 36 (1956).

75 Black, E. D., Anal. Chem. **32**, 735 (1960).

76 –, Margerum, J. D. u. G. M. Wyman, Anal. Chem. **29**, 169 (1957).

77 Blomquist, A. T. u. L. H. Liu, J. amer. chem. Soc. **75**, 2153 (1953). Cyclische Acetylene.
78 —, Burge, R. E., Liu, L. H., Bohrer, J. C., Sucsy, A. C. u. J. Kleis, J. amer. chem. Soc. **73**, 5510 (1951). Cyclische Acetylene.
79 Blout, E. R. u. G. R. Bird, J. opt. Soc. Amer. **41**, 547 (1951).
80 — u. R. Karplus, J. amer. chem. Soc. **70**, 862 (1948).
81 — u. H. Lenormant, J. opt. Soc. Amer. **43**, 1093 (1953).
82 — u. M. J. Abbate, J. opt. Soc. Amer. **45**, 1028 (1955).
83 —, Corley, R. S. u. P. L. Snow, J. opt. Soc. Amer. **40**, 415 (1950).
84 —, Bird, G. R. u. D. S. Grey, J. opt. Soc. Amer. **40**, 304 (1950).
85 —, Parrish, M., Bird, G. R. u. M. J. Abbate, J. opt. Soc. Amer. **42**, 966 (1952).
86 Bohdansky, J., Z. Phys. **149**, 383 (1957).
87 Bohn, C. R., Freeman, N. K., Gwinn, W. D., Hollenberg, J. L. u. K. S. Pitzer, J. Chem. Phys. **21**, 719 (1953).
88 Bolz, H. M., Jenaer Jb. **1955**, II. Teil, 207.
89 Bomstein, J., Anal. Chem. **25**, 512 (1953). Benzolderivate.
90 Bonino, G. B. u. E. Scrocco, Atti Acc. Naz. Lincei **6**, 421 (1949). Aldehyde, Ketone.
91 Bourgin, D. G., Phys. Rev. **29**, 794 (1927).
92 Bovey, L. F. H., J. opt. Soc. Amer. **41**, 381 (1951).
93 —, J. opt. Soc. Amer. **41**, 836 (1951).
94 Brackett, F. S., J. opt. Soc. Amer. **47**, 636 (1957).
95 —, J. opt. Soc. Amer. **50**, 1193 (1960).
96 Bradley, K. B. u. W. J. Potts, Appl. Spectr. **12**, 77 (1958).
97 Braithwaite, I. G. N., J. Sci. Instr. **32**, 10 (1955).
98 Brame, E. G., Cohen, S., Margrave, J. L. u. V. W. Meloche, J. Inorg. Nucl. Chem. **4**, 90 (1957).
99 —, Margrave, J. L. u. V. W. Meloche, J. Inorg. Nucl. Chem. **5**, 48 (1957).
100 Brattain, R. R., Rasmussen, R. S. u. A. M. Cravath, J. appl. Phys. **14**, 418 (1943).
101 Braunbeck, J., Angew. Chem. **72**, 31 (1960).
102 —, Nature **185**, 754 (1960).
103 Breneman, E. J. u. D. Williams, Phys. Rev. **91**, 465 (1953). (Kurzbericht).
104 Broadley, H. R., Rev. Sci. Instr. **19**, 475 (1948).
105 Brockman, F. G., J. opt. Soc. Amer. **36**, 32 (1946).
106 Brodersen, S., J. opt. Soc. Amer. **43**, 877 (1953).
107 —, S., J. opt. Soc. Amer. **44**, 22 (1954).
108 —, J. opt. Soc. Amer. **46**, 255 (1956).
109 Brown, T. L., J. Chem. Phys. **24**, 1281 (1956).
110 Brown, L. u. P. Holliday, J. Sci. Instr. **28**, 27 (1951).
111 Brown, J. K. u. N. Sheppard, Trans. Farad. Soc. **48**, 128 (1952).
112 —, —, Disc. Farad. Soc. **9**, 144 (1950).
113 —, —, J. Chem. Phys. **19**, 976 (1951).
114 —, —, Proc. Roy. Soc. **A 231**, 555 (1955).
115 —, — u. D. M. Simpson, Disc. Farad. Soc. **9**, 261 (1950). Normalparaffine.
116 —, —, —, Phil. Trans. Roy. Soc. **274 A**, 35 (1954).
117 Browning, R. S., Wiberley, S. E. u. F. C. Nachod, Anal. Chem. **27**, 7 (1955).
118 Brügel, W., Z. Phys. **127**, 400 (1950).
119 —, Kunstst. **46**, 47 (1956).
120 Bryant, W. M. D. u. R. C. Voter, J. amer. chem. Soc. **75**, 6113 (1953). Polyäthylen.
121 Buijs, K., Appl. Spectr. **14**, 81 (1960).
122 Bullock, B. W. u. S. Silverman, J. opt. Soc. Amer. **40**, 608 (1950).
123 —, Feazel, C. E., Gloersen, P. u. S. Silverman, J. Chem. Phys. **20**, 1808 (1952). HBr-Emission.
124 Bunn, C. W. u. H. S. Peiser, Nature **159**, 161 (1947).
125 Burch, C. R., Proc. phys. Soc. **59**, 41 (1947).
126 Burns, W. G. u. J. Gaunt, Conf. Mol. Spectr. 1954, Inst. Petr., London.

127 BUSWELL, A. M., MAYCOCK, R. L. u. W. H. RODEBUSH, J. Chem. Phys. **8**, 362 (1940).
128 CALIFANO, S. u. W. LÜTTKE, Z. phys. Chem. **5**, 240 (1955). Oxime.
129 –, –, Z. phys. Chem. **6**, 83 (1956). Oxime.
130 CANDLER, C., Nature **167**, 649 (1951).
131 CANNON, C. G., Microchim. Acta **1955**, 555.
132 – u. G. B. B. M. SUTHERLAND, Spectrochim. Acta **4**, 373 (1951). Polycyclen.
133 CARPENTER, G. B. u. R. S. HALFORD, J. Chem. Phys. **15**, 99 (1947).
134 CARRINGTON, R. A. G., Spectrochim. Acta **1959**, 157.
135 CENCELJ, L. u. D. HADŽI, Spectrochim. Acta **7**, 274 (1955). Naphthaline.
136 CHARNEY, E., J. opt. Soc. Amer. **45**, 980 (1955).
137 CHILDERS, E. u. G. W. STRUTHERS, Anal. Chem. **25**, 1311 (1953).
138 CHISHOLM, D. A. u. H. L. WELSH, Can. J. Phys. **32**, 291 (1954).
139 –, MACDONALD, J. C. F., CRAWFORD, M. F. u. H. L. WELSH, Phys. Rev. **88**, 957 (1952).
140 CLARK, R. E., Appl. Spectr. **14**, 139 (1960).
141 CLARK, H. A., GORDON, A. F., YOUNG, C. W. u. M. J. HUNTER, J. amer. chem. Soc. **73**, 3798 (1951). Substituierte Aryltrimethylsilane.
142 CLEMENT, P., Ind. Plast. Mod. **3**, Nr. 5, 33 (1951).
143 CLOUD, W. H., J. opt. Soc. Amer. **46**, 899 (1956).
144 COATES, V. J., Rev. Sci. Instr. **22**, 853 (1951).
145 – u. H. HAUSDORFF, J. opt. Soc. Amer. **45**, 425 (1955).
146 –, OFFNER, A. u. E. H. SIEGLER, J. opt. Soc. Amer. **43**, 984 (1953).
147 COGGESHALL, N. D., Rev. Sci. Instr. **17**, 343 (1946).
148 –, J. amer. chem. Soc. **69**, 1620 (1947).
149 – u. E. L. SAIER, J. Chem. Phys. **15**, 65 (1947).
150 –, –, J. amer. chem. Soc. **73**, 5414 (1951).
151 COLE, R., J. opt. Soc. Amer. **41**, 38 (1951).
152 COLE, A. R. H., J. opt. Soc. Amer. **43**, 807 (1953).
153 –, J. opt. Soc. Amer. **44**, 741 (1954).
154 – u. H. W. THOMPSON, Trans. Farad. Soc. **46**, 103 (1950). Substituierte Benzole.
155 – u. R. N. JONES, J. opt. Soc. Amer. **42**, 348 (1952).
156 COLE, J. O. u. J. E. FIELD, Ind. Eng. Chem. **39**, 174 (1947).
157 COLLIER, G. L. u. F. SINGLETON, J. appl. Chem. **6**, 495 (1956).
158 COLTHUP, N. B., Rev. Sci. Instr. **18**, 64 (1947).
159 –, J. opt. Soc. Amer. **40**, 397 (1950).
160 COMRIE, L. J., J. Sci. Instr. **21**, 129 (1949).
161 CONDON, F. E. u. D. E. SMITH, J. amer. chem. Soc. **69**, 965 (1947). Alkylcyclopropane.
162 CONN, G. K. T. u. G. K. EATON, J. opt. Soc. Amer. **44**, 477 (1954).
163 –, –, J. opt. Soc. Amer. **44**, 484 (1954).
164 –, –, J. opt. Soc. Amer. **44**, 546 (1954).
165 –, –, J. opt. Soc. Amer. **44**, 553 (1954).
166 CONNES, P., Rev. Opt. **38**, 157 + 416 (1959); **39**, 402 (1960).
167 COOPER, C. V. u. J. D. STROUPE, J. opt. Soc. Amer. **41**, 427 (1951).
168 COPE, A. C. u. C. L. BUMGARDNER, J. amer. chem. Soc. **78**, 2812 (1956). Cyclische Polyolefine.
169 CORRBRIDGE, D. E. C., J. appl. Chem. **6**, 456 (1956). Phosphor-Verbindungen.
170 – u. E. J. LOWE, J. Chem. Soc. **1954**, 493 + 4555. Phosphor-Verbindungen.
171 CORRSIN, L., FAX, B. J. u. R. C. LORD, J. Chem. Phys. **21**, 1170 (1953). Pyridin.
172 COX, J. T. u. G. HASS, J. opt. Soc. amer. **48**, 677 (1958).
173 CRAWFORD, B., J. Chem. Phys. **20**, 977 (1952).
174 CRAWFORD, B. L. u. H. L. DINSMORE, J. Chem. Phys. **18**, 1682 (1950).
175 CRAWFORD, M. F. u. J. R. DAGG, Phys. Rev. **91**, 1569 (1953).
176 –, WELSH, H. L., MACDONALD, J. C. F. u. J. L. LOCKE, Phys. Rev. **80**, 469 (1950).
177 CREITZ, E. C. u. F. A. SMITH, J. Res. NBS. **43**, 365 (1949). Olefine.
178 CROCKET, D. S. u. H. M. HAENDLER, Anal. Chem. **31**, 626 (1959).

179 Cross, L. H. u. A. C. Rolfe. Trans. Farad. Soc. **47**, 354 (1951).
180 —, Richards, R. B. u. H. A. Willis, Disc. Farad. Soc. **9**, 235 (1950).
181 Cupples, L. H., Anal. Chem. **31**, 967 (1959).
182 Curcio, J. A. u. C. C. Petty, J. opt. Soc. Amer. **41**, 302 (1951).
183 Cymerman, J. u. J. B. Willis, J. Chem. Soc. **1951**, 1332. Aromatische Disulfide, Disulfone, Thiosulfonate.
184 Czerny, M., Z. Phys. **45**, 476 (1927).
185 —, Kofink, W. u. W. Lippert, Ann. Phys. 8, 65 (1951).
186 Daasch, L. W., J. amer. chem. Soc. **73**, 4523 (1951).
187 — u. D. C. Smith, Anal. Chem. **23**, 853 (1951). Phosphor-Verbindungen.
188 Daly, E. F., Nature **171**, 560 (1953).
189 Dannenberg, H., Schiedt, U. u. W. Steidle, Z. Naturforschg. **8b**, 269 (1953). Kondensierte Aromate.
190 — u. A. Naerland, Z. Naturforschg. **12b**, 1 (1957). Anthracenderivate.
191 Davis, M. u. J. C. Evans, J. Chem. Phys. **20**, 342 (1952).
192 Davison, W. H. T., J. Chem. Soc. **1951**, 2456. Peroxide, Persäuren, Perester.
193 —, J. opt. Soc. Amer. **45**, 227 (1955).
194 Decius, J. C., J. Chem. Phys. **20**, 1039 (1952).
195 De Heer, J., J. Chem. Phys. **20**, 637 (1952). Allen.
196 Dennison, D. M., Phys. Rev. **31**, 503 (1928).
197 Derfer, J. M., Pickett, E. E. u. C. E. Boord, J. amer. chem. Soc. **71**, 2482 (1949). Cyclopropane, Cyclobutane.
198 Derksen, W. L. u. T. I. Monahan, J. opt. Soc. Amer. **42**, 263 (1952).
199 —, — u. A. J. Lawes, J. opt. Soc. Amer. **47**, 995 (1957).
200 Detoni, S. u. D. Hadži, J. Chem. Soc. **1955**, 3163. Sulfinsäuren.
201 Dew, G. D., J. Sci. Instr. **29**, 277 (1954).
202 — u. L. A. Sayce, Proc. Roy. Soc. **A 207**, 278 (1951).
203 Dimitroff, J. M. u. D. W. Swansson, J. opt. Soc. Amer. **46**, 555 (1956).
204 Dinsmore, H. L. u. D. C. Smith, Anal. Chem. **20**, 11 (1948). Gummi.
205 D'Or, L. u. J. Kössler, Ind. Chim. Belg. **16**, 133 (1951).
206 Downie, A. R., Magoon, M. C., Purcell, T. u. B. Crawford, J. opt. Soc. Amer. **43**, 941 (1953).
207 Drayton, L. G. u. H. W. Thompson, J. Chem. Soc. **1948**, 1416. Keten.
208 Drechsel, L., Naturwiss. **44**, 533 (1957).
209 —, Jenaer Jahrbuch **1958** I, S. 55.
210 Duerig W. H. u. I. L. Mador, Rev. Sci. Instr. **23**, 421 (1952).
211 Duval, C. u. I. Lecomte, Compt. Rend. **234**, 2445 (1952).
212 Duyckaerts, G., Spectrochim. Acta **7**, 25 (1955).
213 —, Analyst **84**, 201 (1959).
214 — u. G. Pirlot, Bull. Soc. Chim. Belg. **58**, 48 (1949).
215 Eberhardt, W. H., J. opt. Soc. Amer. **40**, 172 (1950).
216 Ebert, A. A. u. H. B. Gottlieb, J. amer. chem. Soc. **74**, 2806 (1952).
217 Eckhardt, W., Dissertation (Frankfurt am Main 1958).
218 Edlen, B., J. opt. Soc. Amer. **43**, 339 (1953).
219 Edwards, D. F. u. M. J. Bruemmer, J. opt. Soc. Amer. **49**, 860 (1959).
220 Eggers, D. F. u. B. L. Crawford, J. Chem. Phys. **19**, 1554 (1951).
221 — u. W. E. Lingren, Anal. Chem. **28**, 1328 (1956). Aldehyde.
222 Eichhorn, G. u. G. Hettner, Ann. Phys. **3**, 120 (1948).
223 Eischens, R. P., Z. Elektrochem. **60**, 782 (1956).
224 Elder, T. u. J. Strong, J. Frankl. Inst. **255**, 189 (1953). Atmosphäre.
225 — u. W. Benesch, J. opt. Soc. Amer. **44**, 279 (1954).
226 Elliott, A. u. E. J. Ambrose, Nature **159**, 641 (1947).
227 —, —, Disc. Farad. Soc. **9**, 246 (1950). Polypeptide.
228 — u. B. R. Malcolm, Trans. Farad. Soc. **52**, 528 (1956). Polypeptide.
229 —, — u. R. B. Temple, J. Chem. Phys. **16**, 877 (1948). Polyäthylen.

230 –, –, –, J. opt. Soc. Amer. **38**, 212 (1948).
231 –, –, –, Nature **163**, 567 (1949). Polyvinylalkohol, Nylon.
232 –, –, –, J. Sci. Instr. **27**, 21 (1950).
233 ELLIS, J. W., J. opt. Soc. Amer. **23**, 88 (1933).
234 EPSTEIN, M. B. PITZER, K. S. u. F. D. ROSSINI, J. Res. NBS. **42**, 379 (1949). Cyclopenten, Cyclohexen.
235 ERLEY, D. S., BLAKE B. H., u. A. W. LONG, Appl. Spectr. **14**, 25 (1960).
236 EULER, J., Z. angew. Phys. **1**, 569 (1949).
237 EVANS, A., HIBBARD, R. R. u. A. S. POWELL, Anal. Chem. **23**, 1604 (1951).
238 FABIAN, J., LEGRAND, M. u. P. POIRIER, Bull. Soc. Chim. France **1956**, 1499. Imine.
239 FAHR, E. u. W. P. NEUMANN, Angew. Chem. **67**, 277 (1955).
240 FASTIE, W. G. u. A. H. PFUND, J. opt. Soc. Amer. **37**, 762 (1947).
241 FELLGETT, P., J. phys. radium **19**, 187 (1958).
242 FERGUSON, J. u. R. L. WERNER, J. Chem. Soc. **1954**, 3645. Naphthaline.
243 FERGUSON, E. E., HUDSON, R. L., NIELSEN, J. R. u. D. C. SMITH, J. Chem. Phys. **21**, 1736 (1953). Fluorierte Benzole.
244 FIELD, J. E., WOODFORD, D. E. u. S. D. GEHMAN, J. appl. Phys. **17**, 386 (1946). Buna.
245 –, COLE, J. O. u. D. E. WOODFORD, J. Chem. Phys. **18**, 1298 (1950). Epoxy-Verbindungen.
246 FINCH, J. N. u. E. R. LIPPINCOTT, J. Chem. Phys. **24**, 908 (1956).
247 FISCHER, K. A. u. G. BRANDES, Naturwiss. **43**, 223 (1956).
248 FISCHER, R. B. u. C. E. RING, Anal. Chem. **29**, 431 (1957).
249 FLAIG, W. u. J. C. SALFELD, Naturwiss. **43**, 467 (1956). Benzochinone.
250 – u. H. BEUTELSPACHER, Leitz-Mitt. **1**, 199 (1961). Tonmineralien.
251 FLETT, M. S. C., J. Chem. Soc. **1948**, 1441. Chinone.
252 –, J. Chem. Soc. **1951**, 962. Carboxylbande.
253 –, J. Chem. Soc. **1953**, 347. Thioamide.
254 FLORENCE, J. M., ALLSHOUSE, C. C., GLAZE, F. W. u. C. H. HAHNER, J. Res. NBS. **45**, 121 (1950). Gläser.
255 FORD, M. A., WILKINSON, G. R. u. W. C. PRICE, Conf. Mol. Spectr. Inst. Petr. (London 1954).
256 –, PRICE, W. C. u. G. R. WILKINSON, J. Sci. Instr. **35**, 55 (1958).
257 –, –, SEEDS, W. E. u. G. R. WILKINSON, J. opt. Soc. Amer. **48**, 249 (1958).
258 FORZIATI, F. H., ROWEN, J. W. u. E. K. PLYLER, J. Res. NBS. **46**, 288 (1951). Cellulose.
259 FOWLER, R. C., Rev. Sci. Instr. **20**, 175 (1949).
260 FOX, J. J. u. A. E. MARTIN, Proc. Roy. Soc. **A 167**, 257 (1938).
261 –, –, Proc. Roy. Soc. **A 174**, 234 (1940).
262 –, –, Proc. Roy. Soc. **A 175**, 208 (1940).
263 FRANCIS, S. A., J. Chem. Phys. **18**, 861 (1950).
264 –, J. Chem. Phys. **19**, 505 (1951).
265 –, Anal. Chem. **24**, 604 (1952). Cyclopentylgruppe.
266 –, Anal. Chem. **25**, 1466 (1953). Gesättigte KW.
267 – u. A. I. CARLSON, J. opt. Soc. Amer. **50**, 118 (1960).
268 FRANK, R. L. u. R. E. BERRY, J. amer. chem. Soc. **72**, 2985 (1950). Menthen.
269 FRASER, R. D. B., J. opt. Soc. Amer. **43**, 929 (1953).
270 –, J. Chem. Phys. **21**, 1511 (1953). Proteine.
271 –, J. opt. Soc. Amer. **48**, 1017 (1958).
272 FRAY, S. J. u. J. F. C. OLIVER, J. Sci. Instr. **36**, 195 (1959).
273 FREEMAN, N. K., J. amer. chem. Soc. **74**, 2523 (1952). Langkettige verzweigte Fettsäuren.
274 –, J. amer. chem. Soc. **75**, 1859 (1953). Langkettige 2-Alken-Säuren.
275 FRIEDEL, R. A., J. amer. chem. Soc. **73**, 2881 (1951). Cresole, Xylenole.
276 – u. M. G. PELIPETZ, J. opt. Soc. Amer. **45**, 892 (1955).
277 – u. J. A. QUEISER, Anal. Chem. **29**, 1362 (1957).

278 FRIEDL, W. u. B. HARTENSTEIN, J. opt. Soc. Amer. **45**, 398 (1955).
279 FROST, A. A. u. M. TAMRES, J. Chem. Phys. **15**, 383 (1947).
280 FRY, D. L., NUSBAUM, R. E. u. H. M. RANDALL, J. appl. Phys. **17**, 150 (1946).
281 FUNCK, E., Optik **13**, 524 (1956).
282 FUSON, N., JOSIEN, M. L. u. E. M. SHELTON, J. amer. chem. Soc. **76**, 2526 (1954). Ketone, Chinone.
283 –, –, POWELL, R. L. u. E. UTTERBACK, J. Chem. Phys. **20**, 145 (1952).
284 –, JOSIEN, M. L. u. E. M. SHELTON, J. amer. chem. Soc. **74**, 1 (1952).
285 GARG, S. N., J. Chem. Phys. **21**, 1907 (1953). Monosubstituierte Benzole.
286 GATEHOUSE, B. M., Chem. Ind. **1957**, 1352.
287 GATES, D. M., Amer. J. Phys. **20**, 275 (1952).
288 GAUNT, J., J. Sci. Instr. **31**, 315 (1951).
289 GAUTHIER, G., Compt. Rend. **233**, 617 (1951).
290 GEBBIE, H. A. u. G. A. VANASSE, Nature **178**, 432 (1956).
291 –, HARDING, W. R., HILSUM, C., PRYCE, A. W. u. V. ROBERTS, Proc. Roy. Soc. **A 206**, 87 (1951). Atmosphäre.
292 GEILING, L., Z. angew. Phys. **3**, 467 (1951).
293 GENZEL, L., Glastechn. Ber. **24**, 55 (1951).
294 –, Optik **9**, 143 (1952).
295 – u. N. NEUROTH, Z. Phys. **134**, 127 (1953).
296 – u. H. MÜSER, Z. Phys. **134**, 419 (1953).
297 – u. W. ECKHARDT, Z. Phys. **139**, 578 (1954).
298 – u. R. WEBER, Z. angew. Phys. **10**, 127 + 195 (1957).
299 –. HAPP, H. u. R. WEBER, Z. Phys. **154**, 1 (1959).
300 GIER, J. T., DUNKLE, R. V. u. J. T. BEVANS, J. opt. Soc. Amer. **44**, 558 (1954).
301 GIERER, A., Z. Naturforschg. **8 b**, 644 + 654 (1953). Acetamid-Derivate.
302 GIESE, A. T. u. C. S. FRENCH, J. appl. Spectr. **9**, 78 (1955).
303 GIGUERE, P. A. u. K. B. HARVEY, Can. J. Chem. **34**, 798 (1956).
304 GIOVANELLI, R. G., Nature **179**, 621 (1957); Austral. J. Exp. Biol. **35**, 143 (1957).
305 GLATT, L. u. J. W. ELLIS, J. Chem. Phys. **19**, 449 (1951).
306 –, WEBBER, D. S., SEAMAN, C. u. J. W. ELLIS, J. Chem. Phys. **18**, 413 (1950). Polyvinylalkohol.
307 GLEMSER, O. u. E. HARTERT, Naturwiss. **42**, 534 (1955).
308 –, –, Z. anorg. Chem. **283**, 111 (1956).
309 GODDU, R. F. u. D. A. DELKER, Anal. Chem. **32**, 140 (1960).
310 GOERCKE, P., Ann. Télécomm. **6**, 325 (1951).
311 GÖRLICH, P., MOENKE, H. u. L. MOENKE-BLANKENBURG, Jenaer Jb. **1959 I**, S. **144**.
312 GOLAY, M. J. E., Rev. Sci. Instr. **18**, 347 + 357 (1947).
313 –, Rev. Sci. Instr. **20**, 816 (1949).
314 –, J. opt. Soc. Amer. **45**, 430 (1955).
315 –, J. opt. Soc. Amer. **46**, 422 (1956).
316 GOLDSTEIN, M. u. R. S. HALFORD, Phys. Rev. **78**, 336 (1950). Proteine.
317 GORDON, J. M., J. opt. Soc. Amer. **48**, 583 (1958).
318 GORDON, R. R. u. H. POWELL, J. Sci. Instr. **22**, 12 (1945).
319 GORE, R. C., Anal. Chem. **22**, 7 (1950).
320 –, Anal. Chem. **23**, 7 (1951).
321 –, Anal. Chem. **24**, 8 (1952).
322 –, Anal. Chem. **26**, 11 (1954).
323 –, Anal. Chem. **28**, 577 (1956).
324 –, Anal. Chem. **30**, 570 (1958).
325 –, Anal. Chem. **32**, 238 R (1960).
326 –, BARNES, R. B. u. E. PETERSEN, Anal. Chem. **21**, 382 (1949).
327 GOULDEN, J. D. S., Chem. a. Ind. **1957**, S. 142.
328 – u. S. S. RANDALL, Nature **169**, 748 + 1108 (1952).

329 GRABIEL, C. E., BISGROVE, D. E. u. L. B. CLAPP, J. amer. chem. Soc. **77**, 1293 (1955). Nitro-Verbindungen.
330 GRAY, W. T., ISA J. Juni 1955.
331 GREEN, T. M. u. L. N. HADLEY, J. opt. Soc. Amer. **45**, 228 (1955).
332 GREENLER, R. G., J. opt. Soc. Amer. **45**, 788 (1955).
333 —, J. opt. Soc. Amer. **46**, 433 (1956).
334 —, J. opt. Soc. Amer. **47**, 130 (1957).
335 GREENSTREET, J. E. S. u. K. P. NORRIS, Spectrochim. Acta **9**, 177 (1957).
336 GREINACHER, E., LÜTTKE, W. u. R. MECKE, Z. Elektrochem. **59**, 23 (1955).
337 GREY, D. S., J. opt. Soc. Amer. **41**, 183 (1951).
338 GUERTIN, D. L., WIBERLEY, S. E., BAUER, W. H. u. J. GOLDENSON, Anal. Chem. **28**, 1194 (1956). Verzweigte Fettsäuren.
339 GUTSCHE, C. D., J. amer. chem. Soc. **73**, 786 (1951). Ketone.
340 GUY, W. u. J. H. TOWLER, J. Sci. Instr. **28**, 103 + 321 (1951).
341 HAAS, C., Spectrochim. Acta **8**, 19 (1956).
342 HACSKAYLO, M., Anal. Chem. **26**, 1410 (1954).
343 HADŽI, D. u. N. SHEPPARD, Proc. Roy. Soc. **A 216**, 247 (1953). Dimere Carbonsäuren.
344 —, —, J. amer. chem. Soc. **73**, 5460 (1951). Chinone.
345 HAENDLER, H. M. WHEELER., C. M. u. W. J. BERNARD, J. opt. Soc. Amer. **43**, 215 (1953).
346 HAGGIS, G. H., J. Sci. Instr. **33**, 491 (1956).
347 HALES, J. L., J. Sci. Instr. **36**, 264 (1959).
348 HALFORD, R. S., J. Chem. Phys. **14**, 8 (1946).
349 — u. O. A. SCHAEFFER, J. Chem. Phys. **14**, 141 (1946).
350 HALL, R. G. N. u. L. A. SAYCE, Proc. Roy. Soc. **A 215**, 536 (1952).
351 HALL, M. B. u. R. G. NESTER, J. opt. Soc. Amer. **42**, 257 (1952).
352 HALVERSON, F. u. V. Z. WILLIAMS, J. Chem. Phys. **15**, 552 (1947). Keten.
353 HAM, N. S., WALSH, A. u. J. B. WILLIS, J. opt. Soc. Amer. **42**, 496 (1952).
354 HAMMER, C. F. u. H. R. ROE, Anal. Chem. **25**, 668 (1953).
355 HAMPTON, R. R., Anal. Chem. **21**, 923 (1949). Buna.
356 — u. J. E. NEWELL, Anal. Chem. **21**, 914 (1949). Estercarbonylbande.
357 HANSEN, G. u. E. MOHR, Spectrochim. Acta **3**, 584 (1948).
358 HARDY, A. C. u. E. C. DEUCH, J. opt. Soc. Amer. **38**, 308 (1948).
359 HARE, W. F. J., ALLIN, E. J. u. H. L. WELSH, Phys. Rev. **99**, 1887 (1955).
360 HARMS, D. L., Anal. Chem. **25**, 1140 (1953).
361 HARRICK, N. J., J. opt. Soc. Amer. **49**, 376 + 379 (1959).
362 HARP, W. R. u. R. S. RASMUSSEN, J. Chem. Phys. **15**, 778 (1947). Keten.
363 HART, E. J. u. A. W. MEYER, J. amer. chem. Soc. **71**, 1980 (1949). Buna.
364 HARTERT, E. u. O. GLEMSER, Naturwiss. **40**, 199 (1953).
365 —, —, Z. Elektrochem. **60**, 746 (1956).
366 HARTWELL, E. J., RICHARDS, R. E. u. H. W. THOMPSON, J. Chem. Soc. **1948**, 1436. Carbonylbande.
367 HARVEY, R. B. u. J. E. MAYHOOD, Can. J. Chem. **33**, 1552 (1955). Phosphor-Verbindungen.
368 HASS, G., SCHROEDER, H. H. u. A. F. TURNER, J. opt. Soc. Amer. **46**, 31 (1956).
369 HASTINGS, S. H., WATSON, A. T., WILLIAMS, R. B. u. J. A. ANDERSON, Anal. Chem. **24**, 612 (1952).
370 HASZELDINE, R. N., ALBERMAN, K. B. u. F. B. KIPPING, J. Chem. Soc. **1952**, 3284. Cyclobutan, Butadiene.
371 —, J. Chem. Soc. **1953**, 1757. Halogenalkohole.
372 HATCH, L. F., D'AMICO, J. J. u. E. V. RUHNKE, J. amer. chem. Soc. **74**, 123 (1952).
373 HATCHER, R. D. u. J. H. ROHRBAUGH, J. opt. Soc. Amer. **46**, 104 (1956).
374 HAUPTSCHEIN, M., STOKES, C. S., KINSMAN, R. L., NODIFF, E. A. u. A. V. GROSSE, J. amer. chem. Soc. **74**, 848 + 849 + 1347 (1952). Perfluoralkylhalogenide.

375 HAWES, R. C., CARY, H. H., BECKMAN, A. O., MADSEN, R. G., HARE, G. H. u. M. E. STICKNEY, Symposium on Molecular Structure and Spectroscopy (Ohio State University 1949).
376 HAWKINS, J. G., WARD, E. R. u. D. H. WHIFFEN, Spectrochim. Acta **10**, 105 (1957).
377 HEAVENS, O. S., RING, J. u. S. D. SMITH, Spectrochim. Acta **10**, 179 (1957).
378 HECHT, G. J., EDINBORGH, J. A. u. V. N. SMITH, ISA-J. **1960**, Februarheft.
379 HEDIGER, H. J. u. H. H. GÜNTHARD, Helv. Chim. Acta **37**, 1125 (1954).
380 HEIGL, J. J., BELL, M. F. u. J. U. WHITE, Anal. Chem. **19**, 293 (1947).
381 HELLER, K. u. U. WAGNER, Z. anal. Chem. **167**, 90 (1959).
382 HENDUS, H. u. G. SCHNELL, Kunstst. **51**, 69 (1961).
383 HENNE, A. L. u. W. C. FRANCIS, J. amer. chem. Soc. **75**, 991 (1953). Fluorierte Alkohole.
384 HENRY, R. L., J. opt. Soc. Amer. **38**, 775 (1948).
385 HERGERT, H. L. u. E. F. KURTH, J. amer. chem. Soc. **75**, 1622 (1953). Flavanone, Flavone, Chalcone.
386 HERMAN, R. C. u. W. H. SHAFFER, J. Chem. Phys. **17**, 30 (1949). Allen.
387 HERSCHER, L. W., Rev. Sci. Instr. **20**, 833 (1949).
388 — u. N. WRIGHT, J. opt. Soc. Amer. **43**, 980 (1953).
389 HERZBERG, G. u. L. HERZBERG, J. opt. Soc. Amer. **43**, 1037 (1953).
390 HERZFELD, N., INGOLD, C. K. u. H. G. POOLE, J. Chem. Soc. **1946**, 316. Benzol.
391 HEXTER, R. M. u. D. A. DOWS, J. Chem. Phys. **25**, 504 (1956).
392 HIBBARD, R. R. u. A. P. CLEAVES, Anal. Chem. **21**, 486 (1949).
393 HIRSCHBERG, J. G. u. R. R. KADESCH, J. opt. Soc. Amer. **48**, 177 (1958).
394 HOLDEN, R. B., TAYLOR, W. J. u. H. L. JOHNSTON, J. opt. Soc. Amer. **40**, 757 (1950).
395 HOLLIDAY, P., Nature **163**, 602 (1949).
396 HOLZMAN, G., Science **111**, 550 (1950).
397 HONN, F. J., BEZMAN, I. I. u. B. F. DAUBERT, J. amer. chem. Soc. **71**, 812 (1949).
398 HOOGE, F. N. u. J. A. A. KETELAAR, Physica **23**, 423 (1957).
399 HORNIG, D. F., J. Chem. Phys. **16**, 1063 (1948). Kristalle.
400 —, Disc. Farad. Soc. **9**, 115 (1950). Kristalle.
401 — u. D. C. MCKEAN, J. Phys. Chem. **59**, 1133 (1955).
402 —, HYDE, G. E. u. W. A. ADCOCK, J. opt. Soc. Amer. **40**, 497 (1950).
403 HOWARD, J. N., BURCH, D. E. u. D. WILLIAMS, J. opt. Soc. Amer. **46**, 186 + 237 + 242 + 334 (1956).
404 HOYER, H., Chem. Ber. **89**, 2677 (1956). Isocyanate.
405 —, Z. Elektrochem. **64**, 631 (1960).
406 HUGHES, H. K., Anal. Chem. **24**, 1349 (1952).
407 HUGHES, R. H. u. E. B. WILSON, Rev. Sci. Instr. **18**, 103 (1947).
408 —, MARTIN, R. J. u. N. D. COGGESHALL, J. Chem. Phys. **24**, 489 (1956).
409 HUMMEL, H., Chem. Ing. Techn. **29**, 776 (1957).
410 HUNSBERGER, I. M., J. amer. chem. Soc. **72**, 5626 (1950). Naphthalin.
411 —, KETCHAM, R. u. H. S. GUTOWSKY, J. amer. chem. Soc. **74**, 4839 (1952). Phenanthren.
412 HUNT, J. M. u. D. S. TURNER, Anal. Chem. **25**, 1169 (1953). Mineralien.
413 —, WISHERD, M. P. u. L. C. BONHAM, Anal. Chem. **22**, 1478 (1950). Mineralien.
414 HURD, C. D., BAUER, L. u. I. M. KLOTZ, J. amer. chem. Soc. **75**, 624 (1953). Polypeptide.
415 INGOLD, C. K., Trans. Farad. Soc. **41**, 172 (1945). Benzol.
416 — u. F. M. GARFORTH, Nature **158**, 163 (1946). Benzol.
417 INGRAHAM, L. L., CORSE, J., BAILEY, G. F. u. F. STITT, J. amer. chem. Soc. **74**, 2297 (1952). Phenol, Catechol.
418 JACQUEZ, J. A. u. H. F. KUPPENHEIM, J. opt. Soc. Amer. **46**, 428 (1956).
419 —, MCKEEHAN, W., HUSS, J., DIMITROFF, J. M. u. H. F. KUPPENHEIM, J. opt. Soc. Amer. **45**, 781 + 971 (1955).
420 JACQUINOT, P., J. opt. Soc. Amer. **44**, 761 (1954).

421 —, J. opt. Soc. Amer. **45**, 996 (1955).
422 — u. R. Chabbal, J. opt. Soc. Amer. **46**, 556 (1956).
423 Jaffe, J. H. u. H. Jaffe, J. opt. Soc. Amer. **40**, 53 (1950).
424 — u. S. Kimel, J. Chem. Phys. **25**, 374 (1956).
425 —, Rank, D. H. u. T. A. Wiggins, J. opt. Soc. Amer. **45**, 636 (1955).
426 Jamison, N. C., Kohler, T. R. u. O. G. Koppius, Anal. Chem. **23**, 551 (1951).
427 Jenness, J. R., J. opt. Soc. Amer. **45**, 671 (1955).
428 Johnson, W. T. M., Off. Digest **32**, 1067 (1960).
429 Jones, L. H., J. Chem. Phys. **24**, 1250 (1956); **27**, 1229 (1957).
430 Jones, R. C., J. opt. Soc. Amer. **37**, 879 (1947).
431 —, J. opt. Soc. Amer. **39**, 327 + 344 (1949).
432 —, J. opt. Soc. Amer. **43**, 1 (1953).
433 Jones, E. A., Kirby-Smith, J. S., Woltz, P. J. H. u. A. H. Nielsen, J. Chem. Phys. **19**, 242 (1951). Si-Verbindungen.
434 Jones, R. N., Nat. Res. Counc., Ottawa, Bull. Nr. 6 (1959).
435 — u. A. Nadeau, Spectrochim. Acta **12**, 183 (1958).
436 — u. B. S. Gallagher, J. amer. chem. Soc. **81**, 5242 (1959).
437 —, Faure, P. K. u. W. Zaharias, Rev. Univ. Mines **15**, 417 (1959).
437a —, Jonathan, N. B. W., MacKenzie, M. A. u. A. Nadeau, Spectrochim. Acta **17**, 77 (1961).
438 —, Angeli, L. C., Ito, T. u. R. J. D. Smith, Can. J. Chem. **37**, 2007 (1959).
439 —, Ramsay, D. A., Keir, D. S. u. K. Dobriner, J. amer. chem. Soc. **74**, 80 (1952).
440 —, McKay, A. F. u. R. G. Sinclair, J. amer. chem. Soc. **74**, 2575 (1952). Fettsäuren.
441 Josien, M. L. u. N. Fuson, Compt. Rend. **231**, 1511 (1950). Cyclopropan.
442 —, —, J. amer. chem. Soc. **73**, 478 (1951).
443 —, —, Compt. Rend. **234**, 1680 (1952).
444 —, —, Lebas, J. M. u. T. M. Gregory, J. Chem. Phys. **21**, 331 (1953).
445 — u. J. Lascombe, J. Chim. Phys. **52**, 162 (1955).
446 Kaiser, R., Kolloid-Z. **148**, 168 (1956).
447 —, Z. angew. Phys. **8**, 429 (1956).
448 —, Kolloid-Z. **149**, 84 (1956).
449 Kakudo, M., Kasai, P. N. u. T. Watase, J. Chem. Phys. **21**, 1894 (1953). Silanole.
450 Kaplan, L., J. Meteorol. **9**, 139 (1952).
451 Kastler, A., Compt. Rend. **230**, 1596 (1950).
452 Katritzky, A. R., Quart. Rev. **13**, 353 (1959).
453 Kaye, W., J. opt. Soc. Amer. **41**, 277 (1951).
454 —, Spectrochim. Acta **6**, 257 (1954).
455 —, u. R. G. Devaney, J. opt. Soc. Amer. **42**, 507 (1952).
456 —, Canon, C. u. R. G. Devaney, J. opt. Soc. Amer. **41**, 658 (1951).
457 Kendall, D. N., Anal. Chem. **25**, 382 (1953).
458 Kendrick, E. u. R. Schnurmann, J. opt. Soc. Amer. **44**, 501 (1954).
459 Kent, J. W. u. J. Y. Beach, Anal. Chem. **19**, 290 (1947).
460 Ketelaar, J. A. A. u. F. N. Hooge, Recueil **76**, 529 (1957).
461 Keussler, V. v., Optik **13**, 317 (1956).
462 Khan, N. A., J. Chem. Phys. **21**, 952 (1953). Methyllinoleat.
463 King, W. H. u. W. Priestley, Anal. Chem. **23**, 1418 (1951).
464 King, G. W., Hainer, R. M. u. H. O. McMahon, J. appl. Phys. **20**, 559 (1949).
465 —, Blanton, E. H. u. J. Frawley, J. opt. Soc. Amer. **44**, 397 (1954).
466 Kirby-Smith, J. S. u. E. A. Jones, J. opt. Soc. Amer. **39**, 780 (1949).
467 Kirkland, J. J., Anal. Chem. **27**, 1537 (1955); **29**, 1127 (1957).
468 Kirkwood, J. G., zitiert in West, W. u. R. T. Edwards, J. Chem. Phys. **5**, 14 (1937).
469 Kitson, R. E., Anal. Chem. **25**, 1470 (1953).
470 — u. N. E. Griffith, Anal. Chem. **24**, 334 (1952).

471 KIVENSON, G., J. opt. Soc. Amer. **40**, 112 (1950).
472 —, ROTH, A. u. M. RIDER, J. opt. Soc. Amer. **39**, 484 (1949).
473 KLETZ, T. A. u. W. C. PRICE, J. Chem. Soc. **1947**, 644. Phenole.
474 — u. A. SUMNER, J. Chem. Soc. **1948**, 1456. Octene.
475 KLUYVER, J. C. u. J. M. W. MILATZ, Physica **19**, 401 (1953).
476 — u. E. W. M. BLOKHUIS, Physica **20**, 427 (1954).
477 KOPPIUS, O. G., Anal. Chem. **23**, 554 (1951).
478 KORNBLUM, N., UNGNADE, H. E. u. R. A. SMILEY, J. Org. Chem. **21**, 377 (1956). Nitro-Verbindungen.
479 KORTÜM, G. u. H. SCHÖTTLER, Z. Elektrochem. **57**, 353 (1953).
480 — u. G. SCHREYER, Angew. Chem. **67**, 694 (1955).
481 — u. J. VOGEL, Z. Phys. Chem. **18**, 230 (1958).
482 KOSTKOWSKI, H. J. u. A. M. BASS, J. opt. Soc. Amer. **46**, 1060 (1956).
482a KRAMERS, H. A., Atti Congr. de Fisici. 545 (Como 1927).
482b KRONIG, R. DE L., Physik. Z. **39**, 823 (1938).
483 KUBELKA, P. u. F. MUNK, Z. techn. Phys. **12**, 593 (1931).
484 KUENTZEL, L. E., Anal. Chem. **23**, 1413 (1951).
485 —, Anal. Chem. **27**, 301 (1955).
486 KUHN, L. P., Anal. Chem. **22**, 276 (1950). Kohlenhydrate.
487 —, J. amer. chem. Soc. **74**, 2492 (1952).
488 KUTZELNIGG, W., NONNENMACHER, G. u. R. MECKE, Chem. Ber. **93**, 1279 (1960).
489 LAAKSO, P. V., ORR, S. F. D. u. H. W. THOMPSON, J. Chem. Soc. **1950**, 221. Polycyclen.
490 LACHER, J. R., BITNER, J. L. u. J. D. PARK, J. Phys. Chem. **59**, 610 (1955). Antibiotika.
491 —, —, EMERY, D. J., SEFEL, M. E. u. J. D. PARK, J. Phys. Chem. **59**, 615 (1955). Pyrimidine und Purine.
492 LAGEMANN, R. T. u. T. G. MILLER, J. opt. Soc. Amer. **41**, 1063 (1951).
493 LANE, T. J., SEN, D. N. u. J. V. QUAGLIANO, J. Chem. Phys. **22**, 1855 (1954).
494 LARNAUDIE, M., Compt. Rend. **232**, 316 (1951). Thèse (Paris 1953). Cyclohexan.
495 LASSER, M. E., CHOLET, P. u. E. C. WURST, J. opt. Soc. Amer. **48**, 468 (1958).
496 LAUNER, P. J., J. opt. Soc. Amer. **42**, 359 (1952).
497 — u. D. A. MCCAULAY, Anal. Chem. **23**, 1875 (1951). 1,2,3,4-Tetramethylbenzol.
498 LAX, M. u. E. BURSTEIN, Phys. Rev. **97**, 39 (1955).
499 LEBAS, J. M. u. M. L. JOSIEN, Bull. Soc. Chim. France **1956**, 53 + 57 + 62. Monosubstituierte Benzole.
500 LECOMTE, J., Cah. Phys. **17**, 1 (1943).
501 —, Bull. Soc. Chim. France **1955**, 717. Ketone und Aldehyde.
502 LEHRER, E., Z. techn. Phys. **23**, 169 (1942).
503 LEJEUNE, R. u. G. DUYCKAERTS, Spectrochim. Acta **6**, 194 (1954).
504 LENORMANT, H., Ann. Chim. **5**, 459 (1950).
505 — u. J. CHOUTEAU, Compt. Rend. **234**, 2057 (1952).
506 LEO, W., Z. Instrumentenkde. **66**, 239 (1958).
507 LEONARD, N. J., GUTOWSKY, H. S., MIDDLETON, W. J. u. E. M. PETERSEN, J. amer. chem. Soc. **74**, 4070 (1952). Ester, Ketoester.
508 LETAW, H. u. A. H. GROPP, J. Chem. Phys. **21**, 1621 (1953).
509 LIDDEL, U. u. E. D. BECKER, J. Chem. Phys. **25**, 173 (1956).
510 LIEBER, E., LEVERING, D. R. u. L. J. PATTERSON, Anal. Chem. **23**, 1594 (1951).
511 LIPPERT, E., Angew. Chem. **67**, 704 (1955).
512 — u. R. MECKE, Z. Elektrochem. **55**, 366 (1951).
513 — u. W. VOGEL, Z. phys. Chem. **6**, 133 (1956).
514 LOCKE, J. L. u. G. HERZBERG, Can. J. Phys. **31**, 504 (1953).
515 LOOFBOUROW, J. R., J. opt. Soc. Amer. **40**, 317 (1950).
516 LORD, R. C. u. P. VENKATESWARLU, J. Chem. Phys. **20**, 1237 (1952). Allen.
517 — u. R. E. MERRIFIELD, J. Chem. Phys. **21**, 166 (1953).

518 – u. T. K. McCubbin, J. opt. Soc. Amer. **45**, 441 (1955).
519 – u. R. W. Walker, J. amer. chem. Soc. **76**, 2518 (1954). Cycloolefine.
520 –, McDonald, R. S. u. F. A. Miller, J. opt. Soc. Amer. **42**, 149 (1952).
521 Luck, W., Z. Naturforschg. **6a**, 191 (1951).
522 –, Z. Elektrochem. **64**, 676 (1960).
523 Lüttke, W., Z. Elektrochem. **61**, 302 (1957). Nitroso-Verbindungen.
524 – u. R. Mecke, Z. Elektrochem. **53**, 241 (1949).
525 –, –, Z. physik. Chem. **196**, 56 (1951).
526 Luft, K. F., Z. techn. Phys. **24**, 97 (1943).
527 –, Angew. Chem. **B 12**, 2 (1947).
528 –, Compt. Rend. **238**, 1651 (1954).
529 –, Z. anal. Chem. **164**, 100 (1958).
530 Luongo, J. P., Appl. Spectr. **14**, 24 (1960).
531 Lusk, T. E., Rev. Sci. Instr. **30**, 73 (1959).
532 Luther, H. u. G. Czerwony, Z. phys. Chem. **6**, 286 (1956).
533 – u. H. Günzler, Z. Naturforschg. **10b**, 445 (1955). Nitronaphthole.
534 –, Feldmann, K. u. B. Hampel, Z. Elektrochem. **59**, 1008 (1956). Naphthalin.
535 –, Brandes, G., Günzler, H. u. B. Hampel, Z. Elektrochem. **59**, 1012 (1956). Naphthalin.
536 Makas, A. S. u. W. A. Shurcliff, J. opt. Soc. Amer. **45**, 998 (1955).
537 Malcolm, B. R., J. Sci. Instr. **35**, 423 (1958).
538 Maley, L. E., ISA-J. **1958**, Septemberheft.
539 Mann, J. u. H. W. Thompson, Proc. Roy. Soc. **A 211**, 168 (1952).
540 Margoshes, M. u. V. A. Fassel, Spectrochim. Acta **7**, 14 (1955). Benzole.
541 Marrison, L. W., J. Chem. Soc. **1951**, 1614. Cyclohexan.
542 Martin, A. E., J. opt. Soc. Amer. **38**, 70 (1948).
543 –, J. opt. Soc. Amer. **41**, 56 (1951).
544 –, Trans. Farad. Soc. **47**, 1182 (1951).
545 –, Ind. Chemist **32**, 379 (1956).
546 –, Nature **180**, 231 (1957).
547 Matheson, L. A. u. R. F. Boyer, Ind. Engg. Chem. **44**, 867 (1952).
548 Mathis, R., Bosson, F., Gauthier, G. u. M. Larnaudie, J. phys. radium **11**, 300 (1950).
549 Matossi, F., Phys. Rev. **76**, 1845 (1949).
550 – u. E. Rauscher, Z. Phys. **125**, 418 (1949).
551 Mattraw, H. C. u. F. P. Landis, Appl. Spectr. **2**, 31 (1956).
552 McBride, J. J. u. H. C. Beachell, J. amer. chem. Soc. **74**, 5247 (1952). Methyl-isocyanosilane.
553 McCubbin, T. K., J. Chem. Phys. **20**, 668 (1952).
554 – u. W. M. Sinton, J. opt. Soc. Amer. **40**, 537 (1950).
555 –, –, J. opt. Soc. Amer. **42**, 113 (1952).
556 McDonald, I. R. C. u. C. C. Watson, Anal. Chem. **29**, 339 (1957).
557 McGovern, J. J. u. R. A. Friedel, J. opt. Soc. Amer. **37**, 660 (1947).
558 McKinney, D. S. u. R. A. Friedel, J. opt. Soc. Amer. **38**, 222 (1948).
559 McMahon, H. O., Hainer, R. M. u. G. W. King, J. opt. Soc. Amer. **39**, 786 (1949).
560 McMurry, H. L. u. V. Thornton, Anal. Chem. **24**, 318 (1952).
561 Meakins, G. D. u. K. A. Nelson, Chem. Ind. **1957**, 1415.
562 Mecke, R., Disc. Farad. Soc. **9**, 161 (1951).
563 –, Tagung Technik d. Ultrarotspektroskopie, Freiburg 1956.
564 – u. F. Oswald, Z. Phys. **130**, 445 (1950).
565 – u. R. Mutter, Z. Elektrochem. **58**, 1 (1954).
566 – u. G. Rossmy, Z. Elektrochem. **59**, 866 (1955). Alkohole u. Phenole.
567 – u. R. Mecke, Chem. Ber. **89**, 343 (1956). Peptide.
568 – u. K. Noack, Angew. Chem. **68**, 150 (1956). Ungesättigte Ketone.
569 –, Mecke, R. u. A. Lüttringhaus, Z. Naturforschg. **10b**, 367 (1955).

570 MEEKS, M. R., WHITTIER, V. E. u. C. W. YOUNG, Anal. Chem. **23**, 792 (1951).
571 MEIER, R. u. H. H. GÜNTHARD, J. opt. Soc. Amer. **49**, 1122 (1959).
572 MELLORS, R. C., Science **112**, 381 (1950).
573 MERTON, T., Proc. Roy. Soc. **A 201**, 187 (1950).
574 MERTZ, L., J. opt. Soc. Amer. **43**, 220 (1953).
575 MEYRICK, C. I. u. H. W. THOMPSON, J. Chem. Soc. **1950**, 225. Ester von Phosphor-Sauerstoff-Säuren.
576 MILAS, N. A. u. O. L. MAGELI, J. amer. chem. Soc. **74**, 1471 (1952). Peroxide.
577 MILKEY, R. G., Anal. Chem. **30**, 1931 (1958).
578 MILLER, F. A. u. S. D. KOCH, J. amer. chem. Soc. **70**, 1890 (1948). Keten.
579 — u. R. G. INSKEEP, J. Chem. Phys. **18**, 1519 (1950). Cyclopentan.
580 — u. C. H. WILKINS, Anal. Chem. **24**, 1253 (1952). Anorganische Stoffe.
581 MILLER, C. H. u. H. W. THOMPSON, Proc. Roy. Soc. **A 200**, 1 (1949). Allen.
582 MILLS, I. M., SCHERER, J. R., CRAWFORD, B. u. M. YOUNGQUIST, J. opt. Soc. Amer. **45**, 785 (1955).
583 MITSUISHI, A., YAMADA, Y., FUJITA, S. u. H. YOSHINAGA, J. opt. Soc. Amer. **50**, 433 (1960).
584 MITZNER, B. M., J. opt. Soc. Amer. **43**, 806 (1953).
585 —, J. phys. Chem. **60**, 1670 (1956).
586 —, Appl. Spectr. **10**, 75 (1956).
587 —, J. opt. Soc. Amer. **47**, 328 (1957).
588 MIZUSHIMA, M., Phys. Rev. **77**, 150 (1950).
589 —, J. Chem. Phys. **21**, 1222 (1953). Allen.
590 MOENKE, H., Jenaer Jahrbuch **1960** II, 402.
591 MOHLER, O. C., Phys. Rev. **83**, 464 (1951).
592 MOHLER, N. M. u. J. R. LOOFBOUROW, Amer. J. Phys. **20**, 499 (1952).
593 MOONEY, R. C. L., J. amer. chem. Soc. **63**, 2828 (1941).
594 MOSBY, W. L., J. amer. chem. Soc. **74**, 2564 (1952). Naphthalinderivate.
595 MOSS, T. S., J. opt. Soc. Amer. **40**, 603 (1950).
596 MÜSER, H., Z. Phys. **129**, 504 (1951).
597 MUNDAY, C. W., J. Sci. Instr. **25**, 418 (1948).
598 NAUMANN, A. u. G. SCHULZ, Chem. Ing. Techn. **32**, 669 (1960).
599 NELSON, R. C., J. opt. Soc. Amer. **39**, 68 (1949).
600 NENCINI, G. u. E. PAULUZZI, Appl. Spectr. **14**, 138 (1960).
601 NEU, J. T., J. opt. Soc. Amer. **43**, 520 (1953).
602 — u. W. D. GWINN, J. Chem. Phys. **18**, 1642 (1950).
603 NEUROTH, N., Glastechn. Ber. **25**, 242 (1952).
604 —, Glastechn. Ber. **26**, 66 (1953).
605 —, Z. Phys. **144**, 85 (1956).
606 NEWMAN, R. u. R. S. HALFORD, Rev. Sci. Instr. **19**, 270 (1948).
607 NIELSEN, J. R. u. D. C. SMITH, Ind. Eng. Chem. **15**, 609 (1943).
608 —, THORNTON, V. u. E. B. DALE, Rev. Mod. Phys. **16**, 307 (1944).
609 —, CRAWFORD, F. W. u. D. C. SMITH, J. opt. Soc. Amer. **37**, 296 (1947).
610 NIGHTINGALE, R. E., COWAN, G. R. u. B. CRAWFORD, J. Chem. Phys. **21**, 1398 (1953).
611 NORRIS, K. P. u. M. H. F. WILKINS, Disc. Farad. Soc. **9**, 360 (1950).
612 —, SEEDS, W. E. u. M. H..F. WILKINS, J. opt. Soc. Amer. **41**, 111 (1951).
613 NYQUIST, R. A., Appl. Spectr. **11**, 161 (1957). P-Verbindungen.
614 OAKES, W. G. u. R. B. RICHARDS, J. Chem. Soc. **1949**, 2929.
615 O'CONNOR, R. T. u. L. A. GOLDBLATT, Anal. Chem. **26**, 1726 (1954).
616 OETJEN, R. A. u. L. C. ROESS, J. opt. Soc. Amer. **41**, 203 (1951).
617 —, WARD, W. M. u. J. A. ROBINSON, J. opt. Soc. Amer. **36**, 615 (1946).
618 —, HAYNIE, W. H., WARD, W. M., HANSLER, R. L., SCHAUWECKER, H. E. u. E. E. BELL, J. opt. Soc. Amer. **42**, 559 (1952).
619 OLDHAM, M. S., J. opt. Soc. Amer. **41**, 673 (1951).
620 OLSEN, A. L., Anal. Chem. **30**, 158 (1958).

621 —, Johnson, D. J. u. R. H. Pierson, J. opt. Soc. Amer. **46**, 354 (1956).
622 Opler, A., Anal. Chem. **22**, 558 (1950).
623 Orr, S. F. D. u. H. W. Thompson, J. Chem. Soc. **1950**, 218. Polycyclen.
624 — u. R. J. C. Harris, Nature **169**, 544 (1952). Polysaccharide.
625 Osberg, W. E. u. D. F. Hornig, J. Chem. Phys. **20**, 1345 (1952).
626 Oswald, F., Z. Elektrochem. **58**, 345 (1954).
627 —, Z. Naturforschg. **10a**, 927 (1955).
628 — u. R. Schade, Z. Naturforschg. **9a**, 611 (1954).
629 Otting, W. u. G. Staiger, Chem. Ber. **88**, 828 (1955). o-Benzochinone.
630 Overend, J. u. H. W. Thompson, J. opt. Soc. Amer. **43**, 1065 (1953). Allen.
631 —, Schachtschneider, J. H., Rinehart, R. W. u. B. Crawford Spectrochim. Acta **1959**, 448.
632 Oxholm, M. L. u. D. Williams, Phys. Rev. **76**, 151 (1949).
633 Pacault, A. u. J. Lecomte, Compt. Rend. **228**, 241 (1949).
634 Palm, A. u. H. Werbin, Can. J. Chem. **31**, 1004 (1953). Oxime.
635 Parker, C. J. u. M. E. Nordberg, J. opt. Soc. Amer. **49**, 856 (1959).
636 Patterson, W. A., Anal. Chem. **26**, 823 (1954). Epoxide.
637 Pemsler, J. P., Rev. Sci. Instr. **28**, 274 (1957).
638 Penndorf, R., J. opt. Soc. Amer. **47**, 176 (1957).
639 Penner, S. S. u. D. Weber, J. Chem. Phys. **19**, 807 + 817 (1951).
640 Pepperhoff, W., Arch. Eisenhüttenwesen **29**, 153 (1958).
641 Perry, J. W., J. opt. Soc. Amer. **45**, 995 (1955).
642 —, Anal. Chem. **31**, 1054 (1959).
643 — u. G. H. Bain, Anal. Chem. **29**, 1123 (1957).
644 Pestemer, M., Angew. Chem. **63**, 118 (1951).
645 —, Angew. Chem. **67**, 740 (1955).
646 Peterson, J. H. u. J. R. Downing, J. opt. Soc. Amer. **41**, 862 (1951).
647 Pfann, H. F., Williams, V. Z. u. H. Mark, J. Polymer. Sci. **1**, 14 (1946).
648 Pfund, A. H., J. opt. Soc. Amer. **37**, 558 (1947).
649 Philpotts, A. R. u. W. Thain, Anal. Chem. **24**, 638 (1952). Peroxide.
650 —, Thain, W. u. P. G. Smith, Anal. Chem. **23**, 268 (1951).
651 Pierson, R. H. u. A. L. Olsen, Anal. Chem. **27**, 2022 (1955).
652 —, Fletcher, A. N. u. E. S. C. Gantz, Anal. Chem. **28**, 1218 (1956).
653 Pilston, R. G. u. J. U. White, J. opt. Soc. Amer. **44**, 572 (1954).
654 Pimentel, G. C. u. A. L. McClellan, J. Chem. Phys. **20**, 270 (1952). Naphthalin.
655 —, —, Person, W. B. u. O. Schnepp, J. Chem. Phys. **23**, 231 (1955). Naphthalin.
656 Pinchas, S., Anal. Chem. **29**, 334 (1957). Aldehyde.
657 Pirlot, G., Bull. Soc. Chim. Belg. **58**, 28 (1949).
658 —, Bull. Soc. Chim. Belg. **59**, 327 (1950).
659 —, Bull. Soc. Chim. Belg. **59**, 352 (1950).
660 Pitzer, K. S. u. D. W. Scott, J. amer. chem. Soc. **65**, 803 (1943). Benzol.
661 Plass, G. N., J. opt. Soc. Amer. **40**, 690 (1950).
662 Platt, J. R., J. opt. Soc. Am. **48**, 609 (1958).
663 Pliskin, W. A. u. R. P. Eischens, J. Phys. Chem. **59**, 1156 (1955).
664 —, —, J. Chem. Phys. **24**, 482 (1956).
665 Plyler, E. K., Disc. Farad. Soc. **9**, 100 (1950). Chlorbenzole.
666 —, J. Res. NBS. **48**, 281 (1952). Methanol, Äthanol, Propanol.
667 —, Microchim. Acta **1955**, 421.
668 — u. N. Acquista, J. Res. NBS. **43**, 37 (1949). Cycloparaffine.
669 —, —, J. opt. Soc. Amer. **43**, 212 (1953).
670 —, —, J. Chem. Phys. **23**, 752 (1955).
671 —, —, J. Res. NBS. **56**, 149 (1956).
672 — u. J. J. Ball, J. opt. Soc. Amer. **42**, 266 (1952).
673 — u. L. R. Blaine, J. Res. NBS. **60**, 55 (1958).
674 —, —, J. Res. NBS. **62**, 7 (1959).

675 —, — u. M. NOWAK, J. Res. NBS. **58**, 195 (1957).
676 —, STAIR, R. u. C. J. HUMPHREYS, J. Res. NBS. **38**, 211 (1947). Cyclopentyl-, Cyclohexylgruppe.
677 —, GAILAR, N. M. u. T. A. WIGGINS, J. Res. NBS. **48**, 221 (1952).
678 —, BLAINE, L. R. u. E. D. TIDWELL, J. Res. NBS. **55**, 279 (1955).
679 PODALL, H. E., Anal. Chem. **29**, 1423 (1957). Pyridine.
680 POLO, S. R. u. M. K. WILSON, J. Chem. Phys. **23**, 2376 (1955).
681 POTTS, W. J., Anal. Chem. **27**, 1027 (1955). Benzole.
682 — u. N. WRIGHT, Anal. Chem. **28**, 1255 (1956).
683 POWLING, J. u. H. J. BERNSTEIN, J. amer. chem. Soc. **73**, 1815 (1951).
684 POZEFSKY A. u. N. D. COGGESHALL, Anal. Chem. **23**, 1611 (1951).
685 PRICE, C. C. u. R. G. GILLIS, J. amer. chem. Soc. **75**, 4750 (1953). S-Verbindungen.
686 PRICE, W. C. u. K. S. TETLOW, J. Chem. Phys. **16**, 1157 (1948).
687 PRIMAS, H. u. H. H. GÜNTHARD, Helv. chim. Acta **37**, 360 (1954).
688 —, —, Helv. chim. Acta **38**, 1254 (1955).
689 PRISTERA, F., HALIK, M., CASTELLI, A. u. W. FREDERICKS, Anal. Chem. **32**, 495 (1960).
690 QUINAN, J. R. u. S. E. WIBERLEY, J. Chem. Phys. **21**, 1896 (1953). Alkohole.
691 —, —, Anal. Chem. **26**, 1762 (1954). Alkohole.
692 RAHBEK H. u. M. OMAR, Nature **169**, 1008 (1952).
693 RAMSAY, D. A., J. amer. chem. Soc. **74**, 72 (1952).
694 RANDALL, H. M. u. D. W. SMITH, J. opt. Soc. Amer. **43**, 1086 (1953). Bakterien.
695 RANDLE, H. R. R. u. D. H. WHIFFEN, J. Chem. Soc. **1952**, 4153. Aromatische Nitroverbindungen.
696 —, —, Conf. Mol. Spectr., Inst. Petr. (London 1954). Benzole.
697 RANK, D. H., J. opt. Soc. Amer. **50**, 657 (1960).
698 — u. J. N. SHEARER, J. opt. Soc. Amer. **44**, 575 (1954).
699 — u. H. E. BENNETT, J. opt. Soc. Amer. **45**, 69 (1955).
700 —, RIX, H. D. u. T. A. WIGGINS, J. opt. Soc. Amer. **43**, 157 + 213 (1953).
701 —, SHULL, E. R. u. T. A. WIGGINS, J. opt. Soc. Amer. **43**, 214 (1953).
702 —, BENNETT, J. M. u. H. E. BENNETT, J. opt. Soc. Amer. **46**, 477 (1956).
703 —, SHULL, E. R., BENNETT, J. M. u. T. A. WIGGINS, J. opt. Soc. Amer. **43**, 952 (1953).
704 —, GUENTHER, A. H., BURNETT, C. R. u. T. A. WIGGINS, J. opt. Soc. Amer. **47**, 144 (1957).
705 —, —, —, —, J. opt. Soc. Amer. **47**, 631 (1957).
706 —, EASTMAN, D. P., BIRTLEY, W. G., SKORINKO, G. u. T. A. WIGGINS, J. opt. Soc. Amer. **50**, 821 (1960).
707 —, SAKSENA, G. D., SKORINO, G., EASTMAN, D. P., WIGGINS, T. A. u. T. K. MCCUBBIN, J. opt. Soc. Amer. **49**, 1217 (1959).
708 RAO, K. N., J. Chem. Phys. **18**, 213 (1950).
709 BRIM, W. W. u. J. M. HOFFMAN, J. opt. Soc. Amer. **50**, 228 (1960).
710 —, COBURN, T. J., GARING, J. S., ROSSMANN, K. u. H. H. NIELSEN, J. opt. Soc. Amer. **49**, 221 (1959).
711 —, RYAN, L. R. u. H. H. NIELSEN, J. opt. Soc. Amer. **49**, 216 (1959).
712 RASMUSSEN, R. S., J. Chem. Phys. **16**, 712 (1948). Gesättigte C_4- und C_5-KW.
713 — u. R. R. BRATTAIN, J. Chem. Phys. **15**, 120 + 131 (1947). C_2- bis C_4-Monoolefine, C_4- und C_5-Diene.
714 —, —, J. amer. chem. Soc. **71**, 1073 (1949). Ester, Lactone, Chloride, Salze von Carbonsäuren.
715 —, BRATTAIN, R. R. u. P. S. ZUCCO, J. Chem. Phys. **15**, 135 (1947). Octene.
716 —, TUNNICLIFF, D. D. u. R. R. BRATTAIN, J. amer. chem. Soc. **71**, 1068 (1949). Ketone.
717 RECART, L., Compt. Rend. **233**, 383 (1951). Keton-Carbonylbande.
718 REDING, F. P. u. D. F. HORNIG, J. Chem. Phys. **19**, 594 (1951).
719 RICHARDS, R. B., J. appl. Chem. **1**, 370 (1951). Polyäthylen.

720 Richards, R. E. u. H. W. Thompson, J. Chem. Soc. **1947**, 1248.
721 –, –, J. Chem. Soc. **1947**, 1260. Phenolharze.
722 –, –, Proc. Roy. Soc. **A 195**, 1 (1948).
723 –, –, J. Chem. Soc. **1949**, 124. Silicone.
724 – u. W. R. Burton, Trans. Farad. Soc. **45**, 874 (1949).
725 Richardson, W. S. u. A. Sacher, J. Polymer. Sci. **10**, 353 (1953).
726 Richardson, H. M., Fowler, R. G. u. M. L. Coffman, J. opt. Soc. Amer. **43**, 873 (1953).
727 Rientsma, L. M. u. J. B. Westerdijk, Microchim. Acta **1955**, 542.
728 Roberts, V., J. Sci. Instr. **31**, 226 (1954).
729 –, J. Sci. Instr. **31**, 251 (1954).
730 –, J. Sci. Instr. **32**, 294 (1955).
731 Roberts, J. D. u. V. C. Chambers, J. amer. chem. Soc. **73**, 5030 + 5034 (1951). Cycloparaffinhalogenide und Acetate.
732 – u. H. E. Simmons, J. amer. chem. Soc. **73**, 5487 (1951). Cycloparaffine.
733 Robinson, D. Z., Anal. Chem. **23**, 273 (1951).
734 –, Anal. Chem. **24**, 619 (1952).
735 Robinson, D. W., J. opt. Soc. Amer. **49**, 966 (1959).
736 Robinson, T. S., Proc. phys. Soc. **B 65**, 910 (1952) und Thesis (London) 1953).
737 – u. W. Price, Proc. phys. Soc. **B 66**, 969 (1953). Polytetrafluoräthylen, Harnstoff.
738 Rochester, J. C. O. u. A. E. Martin, Nature **168**, 785 (1951).
739 Rodney, W. S., J. opt. Soc. Amer. **45**, 987 (1955).
740 – u. R. J. Spindler, J. Res. NBS. **51**, 123 (1953).
741 – u. I. H. Malitson, J. opt. Soc. Amer. **46**, 956 (1956).
742 –, – u. T. A. King, J. opt. Soc. Amer. **48**, 653 (1958).
743 Röpke, H. u. W. Neudert, Z. anal. Chem. **170**, 78 (1959).
744 Rohrbaugh, J. H. u. R. D. Hatcher, J. opt. Soc. Amer. **48**, 704 (1958).
745 –, Pine, C., Zoellner, W. G. u. R. D. Hatcher, J. opt. Soc. Amer. **48**, 710 (1958).
746 Rosenkrantz, H., Potvin, P. u. P. Skogstrom, Anal. Chem. **30**, 975 (1958).
747 Ross, W. L. u. D. E. Little, J. opt. Soc. Amer. **41**, 1006 (1951).
748 Rossmy, G., Lüttke, W. u. R. Mecke, J. Chem. Phys. **21**, 1606 (1953).
749 Rouir, E. V., Ind. Chim. Belg. **21**, 221 (1956).
750 Rowen, J. W. u. E. K. Plyler, J. Res. NBS. **44**, 313 (1950). Cellulose.
751 –, Hunt, C. M. u. E. K. Plyler, J. Res. NBS. **39**, 133 (1947). Cellulose.
752 –, Forziati, F. H. u. R. E. Reeves, J. amer. chem. Soc. **73**, 4484 (1951). Cellulose.
753 Rugg, F. M., Calvert, W. L. u. J. J. Smith, J. opt. Soc. Amer. **41**, 92 (1951).
754 –, Smith, J. J. u. J. V. Atkinson, J. Polymer. Sci. **9**, 579 (1952). Polyäthylen.
755 –, – u. L. H. Wartman, J. Polymer. Sci. **11**, 1 (1953).
756 –, – u. R. C. Bacon, J. Polymer. Sci. **13**, 535 (1954).
757 Rundle, R. E. u. M. Parasol, J. Chem. Phys. **20**, 1487 (1952).
758 Rupert, C. S., J. opt. Soc. Amer. **42**, 684 (1952).
759 – u. J. Strong, J. opt. Soc. Amer. **39**, 1061 (1949).
760 Russell, R. A. u. H. W. Thompson, J. Chem. Soc. **1955**, 479.
761 Ryason, R., J. opt. Soc. Amer. **43**, 928 (1953).
762 Saier, E. L. u. N. D. Coggeshall, Anal. Chem. **20**, 812 (1948).
763 Salomon, G. u. A. C. v. d. Schee, J. Polymer. Sci. **14**, 181 (1954).
764 –, –, Ketelaar, J. A. A. u. B. J. v. Eyk, Disc. Farad. Soc. **9**, 291 (1950).
765 Sandeman, I. u. A. Keller, J. Polymer. Sci. **19**, 401 (1956).
766 Sanders, C. L. u. E. E. K. Middleton, J. opt. Soc. Amer. **43**, 58 (1953).
767 Sanderson, J. A., J. opt. Soc. Amer. **37**, 771 (1947).
768 Sands, J. D. u. G. S. Turner, Anal. Chem. **24**, 791 (1952).
769 Saunders, R. A. u. D. C. Smith, J. appl. Phys. **20**, 953 (1949). Kautschuk.
770 Savitzky, A. u. R. S. Halford, Rev. Sci. Instr. **21**, 203 (1950).
771 Schauder, F., Infrarotspektroskopie. Herausgeg. von E. Leitz GmbH (Wetzlar 1958).

772 Schiedt, U., Z. Naturforschg. **8b**, 66 (1953).
773 – u. H. Reinwein, Z. Naturforschg. **7b**, 270 (1952).
774 Schlatter, M. J. u. R. D. Clark, J. amer. chem. Soc. **75**, 361 (1953). Alkylderivate von Toluol und Äthylbenzol.
775 Schnurmann, R. u. E. Kendrick, Anal. Chem. **26**, 1263 (1954).
776 Schreiber, K. C., Anal. Chem. **21**, 1168 (1949). Sulfone, Sulfide.
777 Schwarz, H. P., Childs, R. C., Dreisbach, L., Mastrangelo, S. V. u. A. Kleschik, Appl. Spectr. **12**, 35 (1958).
778 Scott, R. E. u. K. C. Frisch, J. amer. chem. Soc. **73**, 2599 (1951). Ungesättigte Chlorsilane.
779 Searles, S., Tamres, M. u. G. M. Barrow, J. Amer. chem. Soc. **75**, 71 (1953). Ester, Lactone.
780 Seidman, J., Anal. Chem. **23**, 559 (1951). Naphthalin.
781 Sensi, P. u. G. G. Gallo, Gazz. chim. ital. **85**, 224 + 235 (1955).
782 Seyfried, W. D. u. S. H. Hastings, Anal. Chem. **19**, 298 (1947).
783 Shaw, J. H. u. H. H. Claassen, Phys. Rev. **81**, 462 (1951).
784 –, Chapman, R. M. u. J. N. Howard, Phys. Rev. **79**, 1017 (1950).
785 –, –, – u. M. L. Oxholm, Astrophys. J. **113**, 268 (1951).
786 Sheppard, N., Trans. Farad. Soc. **46**, 429 (1950). C-S-Gruppe.
787 – u. G. B. B. M. Sutherland, Trans. Farad. Soc. **41**, 261 (1945).
788 –, –, J. Chem. Soc. **1947**, 1699.
789 –, –, Nature **159**, 739 (1947),
790 – u. D. M. Simpson, Quart. Rev. **6**, 1 (1952).
791 –, –, Quart. Rev. **7**, 19 (1953).
792 Shreve, O. D., Anal. Chem. **24**, 1692 (1952).
793 –, Knight, H. B. u. D. Swern, Anal. Chem. **22**, 1261 + 1498 (1950). Ungesättigte Säuren, Ester, Alkohole, Trans-Octadecen.
794 –, –, –, Anal. Chem. **23**, 277 (1951). Epoxy-Verbindungen.
795 –, –, –, Anal. Chem. **23**, 282 (1951). Peroxide.
796 Siebert, W., Z. angew. Phys. **6**, 563 (1954).
797 Silvermann, S., J. opt. Soc. Amer. **38**, 989 (1948).
798 Simard, G. L. u. J. Steger, Rev. Sci. Instr. **17**, 156 (1946).
799 –, –, Mariner, T., Salley, D. J. u. V. Z. Williams, J. Chem. Phys. **16**, 836 (1948).
800 Šimon, I., J. opt. Soc. Amer. **41**, 336 (1951).
801 – u. H. O. McMahon, J. Chem. Phys. **20**, 905 (1952). Alkylsilane, Alkylsiloxane.
802 –, –, J. Chem. Phys. **21**, 23 (1953). Quarz, Cristobalit.
803 Simpson, D. M. u. G. B. B. M. Sutherland, Proc. Roy. Soc. **A 199**, 169 (1949). Verzweigte Paraffine.
804 Simpson, O. u. G. B. B. M. Sutherland, Science **115**, 1 (1952).
805 Sinclair, R. G., McKay, A. F. u. R. N. Jones, J. amer. chem. Soc. **74**, 2570 (1952). Gesättigte Fettsäuren, Ester.
806 –, –, Myers, G. S. u. R. N. Jones, J. amer. chem. Soc. **74**, 2578 (1952). Ungesättigte Fettsäuren, Ester.
807 Sippel, A., Z. Naturforschg. **4a**, 179 (1949).
808 Slabey, V. A., J. amer. chem. Soc. **74**, 4928 + 4930 (1952). Cycloparaffine.
809 Slowinski, E. J. u. G. C. Claver, J. opt. Soc. Amer. **45**, 396 (1955).
810 Smith, L. G., Rev. Sci. Instr. **13**, 65 (1942).
811 Smith, A. L., J. Chem. Phys. **21**, 1997 (1953). Methylchlorsilane.
812 –, Keller, W. E. u. H. L. Johnston, Phys. Rev. **79**, 728 (1950).
813 Smith, R. A., Adv. Phys. **2**, 321 (1953).
814 Smith, F. A. u. E. C. Creitz, Anal. Chem. **21**, 1474 (1949).
815 –, –, J. Res. NBS. **46**, 145 (1951).
816 Smith, D. C. u. E. C. Miller, J. opt. Soc. Amer. **34**, 130 (1944).
817 Smith, S. D. u. O. S. Heavens, J. Sci. Instr. **34**, 492 (1957).

818 SMITH, J. J., RUGG, F. M. u. H. M. BOWMAN, Anal. Chem. **24**, 497 (1952).
819 SOLOWAY, A. H. u. S. L. FRIESS, J. amer. chem. Soc. **73**. 5000 (1951). Substituierte Acetophenone.
820 SONNEFELD, A., Centralztg. f. Optik u. Mechanik **43**, 422 (1922).
821 SPEDDING, H. u. D. H. WHIFFEN, Proc. Roy. Soc. **A 238**, 245 (1956).
822 STAHL, W. H. u. H. PESSEN, J. amer. chem. Soc. **74**, 5487 (1952). Dialkylsebacate.
823 STAMM, R. F. u. J. J. WHALEN, J. opt. Soc. Amer. **36**, 2 (1946).
824 STEDMAN, D. F., J. Chem. Phys. **20**, 718 (1952).
825 STEIN, R. S. u. G. B. B. M. SUTHERLAND, J. Chem. Phys. **22**, 1993 (1955).
826 STERNGLANZ, H., Appl. Spectr. **10**, 77 (1956).
827 STEVENS, S. S., Physics Today 8, 12 (1954).
828 STEVENSON, H. J. R. u. O. E. A. BOLDUAN, Science **116**, 111 (1952).
829 — u. S. LEVINE, Rev. Sci. Instr. **24**, 229 (1953).
830 STEWART, J. E., Anal. Chem. **30**, 2073 (1958).
831 —, Anal. Chem. **31**, 1287 (1959).
832 STIMSON, M. M. u. M. J. O'DONNELL, J. amer. chem. Soc. **74**, 1805 (1952).
833 STITT, F. u. G. F. BAILEY, Anal. Chem. **29**, 1557 (1957).
834 STRATTON, I. A. u. H. G. HOUGHTON, Phys. Rev. **38**, 159 (1931).
835 STRAUSS, F. B. u. A. E. THOMPSON, Chem. Ind. **1955**, 1402.
836 STRONG, F. C., Anal. Chem. **24**, 338 (1952).
837 STRONG, J., J. opt. Soc. Amer. **47**, 354 (1957).
838 —, J. opt. Soc. Amer. **39**, 360 (1949).
839 — u. G. A. VANASSE, J. opt. Soc. Amer. **49**, 844 (1959); **50**, 113 (1960).
840 STUART, A. V., J. opt. Soc. Amer. **43**, 212 (1953).
841 — u. G. B. B. M. SUTHERLAND, J. Chem. Phys. **24**, 559 (1956). Alkohole.
842 STURGE, M. D., J. Sci. Instr. **38**, 96 (1961).
843 SUTHERLAND, G. B. B. M., Disc. Farad. Soc. **9**, 274 (1950).
844 — u. H. A. WILLIS, Trans. Farad. Soc. **41**, 181 (1945).
845 — u. A. V. JONES, Disc. Farad. Soc. **9**, 281 (1950). Polyisopren.
846 SZASZ, G. J. u. N. SHEPPARD, Trans. Farad. Soc. **49**, 358 (1953).
847 TANNER, E. M., Chem. Ind. **1956**, 916.
848 TARTE, P., Bull. Soc. Chim. Belg. **60**, 227 + 240 (1951). Alkylnitrite.
849 —, J. Chem. Phys. **20**, 1570 (1952). Nitrite.
850 TAYLOR, J. H., RUPERT, C. S. u. J. STRONG, J. opt. Soc. Amer. **41**, 626 (1951).
851 THOMAS, W. J. O., Chem. Ind. **1953**, 567. Azogruppe.
852 THOMPSON, H. W., Conf. Mol. Spectr., Inst. Petr. (London 1954).
853 —, J. Chem. Soc. **1955**, 4501.
854 —, Trans. Farad. Soc. **41**, 275 (1945).
855 — u. P. TORKINGTON, Trans. Farad. Soc. **41**, 246 (1945).
856 —, —, Proc. Roy. Soc. **A 184**, 3 + 21 (1945).
857 —, NICHOLSON, D. L. u. L. N. SHORT, Disc. Farad. Soc. **9**, 222 (1950).
858 , VAGO, E. E., CORFIELD, M. C. u. S. F. D. ORR, J. Chem. Soc. **1950**, 214. Polycyclen.
859 THORNBURG, W., J. opt. Soc. Amer. **45**, 740 (1955).
860 TILTON, L. W. u. E. K. PLYLER, J. Res. NBS. **47**, 25 (1951).
861 TINGWALDT, C., Z. Inst. **65**, 7 (1957).
862 TOLANSKY, S., J. opt. Soc. Amer. **41**, 425 (1951).
863 TORKINGTON, P., J. opt. Soc. Amer. **40**, 481 (1950).
864 — u. H. W. THOMPSON, Trans. Farad. Soc. **41**, 184 (1945).
865 TOWLER, J. H. u. W. GUY, J. Sci. Instr. **28**, 105 (1951).
866 TREUMANN, W. B. u. F. T. WALL, Anal. Chem. **21**, 1161 (1949). Buna.
867 TROTTER, I. F. u. H. W. THOMPSON, J. Chem. Soc. **1946**, 481. Thiole, Sulfide, Disulfide.
868 TSCHAMLER, H. u. R. LEUTNER, Mh. Chem. **83**, 1502 (1952). Äther, Acetate,
869 TYLER, J. E. u. S. A. EHRHARDT, Anal. Chem. **25**, 390 (1953).

870 Vago, E. E., Tanner, E. M. u. K. C. Bryant, J. Inst. Petr. **35**, 293 (1949). Benzolderivate.
871 Vampiri, M., Gazz. chim. ital. **84**, 1087 (1954).
872 Vandenbelt, J. M., Scott, R. B. u. E. J. Schoeb, Appl. Spectr. 8, 88 (1954).
873 Voetter, H. u. H. Tschamler, Mh. Chem. **83**, 835 (1952). Cyclopentan.
874 Vratny, F. u. B. Graves, Rev. Sci. Instr. **31**, 65 (1960).
875 Walsh, A., J. opt. Soc. Amer. **42**, 94 (1952).
876 —, J. opt. Soc. Amer. **43**, 215 (1953).
877 — u. J. B. Willis, J. Chem. Phys. **18**, 552 (1950).
878 —, —, J. opt. Soc. Amer. **43**, 989 (1953).
879 Ward, W. R. u. A. R. Philpotts, J. appl. Chem. 8, 265 (1958).
880 Warschauer, D. M. u. W. Paul, Rev. Sci. Instr. **27**, 419 (1956).
881 Washburn, W. H. u. M. J. Mahoney, Anal. Chem. **30**, 1053 (1958).
882 Weber, D. u. S. S. Penner, J. Chem. Phys. **19**, 974 (1951).
883 Welsh, H. L., Crawford, M. F., MacDonald, J. C. F. u. D. A. Chisholm, Phys. Rev. **83**, 1264 (1951).
884 Wenzel, F., Schiedt, U. u. F. L. Breusch, Z. Naturforschg. **12b**, 71 (1957). Fettsäuren.
885 Westermark, H., Acta Chem. Scand. **9**, 947 (1955). Alkylsilane.
886 Wheatley, P. J., Vincent, E. R., Rotenberg, D. L. u. G. R. Cowan, J. opt. Soc. Amer. **41**, 665 (1951).
887 Whiffen, D. H. u. H. W. Thompson, J. Chem. Soc. **1946**, 1005. Diketen.
888 Whitcomb, S. E., Nielsen, H. H. u. L. H. Thomas, J. Chem. Phys. 8, 143 (1940).
889 White, J. U., J. opt. Soc. Amer. **32**, 285 (1942).
890 —, J. opt. Soc. Amer. **37**, 713 (1947).
891 —, Rev. Sci. Instr. **21**, 629 (1950).
892 — u. J. N. Howard, J. opt. Soc. Amer. **46**, 662 (1956).
893 — u. N. L. Alpert, J. opt. Soc. Amer. **48**, 460 (1958).
894 —, —, DeBell, A. G. u. R. M. Chapman, J. opt. Soc. Amer. **47**, 358 (1957).
895 —, Weiner, S., Alpert, N. L. u. W. M. Ward, Anal. Chem. **30**, 1694 (1958).
896 Wiberley, S. E. u. S. C. Bunce, Anal. Chem. **24**, 623 (1952). Cyclopropanderivate.
897 —, Sprague, J. W. u. J. E. Campbell, Anal. Chem. **29**, 210 (1957).
898 Wilcox, W. S., Stephenson, C. V. u. W. C. Coburn, WADD Techn. Rep. 60—333 (1960).
899 Wilkins, M. H. F., Disc. Farad. Soc. **9**, 363 (1950).
900 Williams, V. Z., Rev. Sci. Instr. **19**, 135 (1948).
901 Williams, H. R. u. H. S. Mosher, Anal. Chem. **27**, 517 (1955). Alkylhydroperoxide.
902 Williamson, D. E., Nichols, I. A. u. B. Schurin, Rev. Sci. Instr. **31**, 528 (1960).
903 Willis, J. B., Austr. J. Sci. Res. **A 4**, 172 (1951).
904 Willits, C. H., Decius, J. C., Dille, K. L. u. B. E. Christensen, J. amer. chem. Soc. **77**, 2569 (1955). Purine.
905 Wilson, E. B. u. A. J. Wells, J. Chem. Phys. **14**, 578 (1946).
906 Winston, H. u. R. S. Halford, J. Chem. Phys. **17**, 607 (1949).
907 Wollman, S. H., Rev. Sci. Instr. **20**, 220 (1949).
908 Wood, D. L., Rev. Sci. Instr. **21**, 764 (1950).
909 —, Rev. Sci. Instr. **26**, 787 (1955).
910 — u. S. S. Mitra, J. opt. Soc. Amer. **48**, 537 (1958).
911 Woodhull, E. H., Siegler, E. H. u. H. Sobcov, Ind. Engg. Chem. **46**, 1396 (1954).
912 Woodward, L. A., Nature **165**, 198 (1950).
913 Wormser, E. M., J. opt. Soc. Amer. **43**, 15 (1953).
914 Wotiz, J. H., J. amer. chem. Soc. **73**, 693 (1951).
915 — u. F. A. Miller, J. amer. chem. Soc. **71**, 3441 (1949). Acetylene.
916 —, — u. R. J. Palchak, J. amer. chem. Soc. **72**, 5055 (1950). Propargylalkohol, Propargylbromid.
917 Wright, N., Ind. Engg. Chem. Anal. Ed. **13**, 1 (1941).

918 —, J. opt. Soc. Amer. **38**, 69 (1948).
919 — u. M. J. Hunter, J. amer. chem. Soc. **69**, 803 (1947). Methylpolysiloxane.
920 Wybourne, B. G., J. opt. Soc. Amer. **50**, 84 (1960).
921 Yasumi, M., Bull. Chem. Soc. Japan **28**, 489 (1955).
922 Yates, K. P. u. R. F. Buhl, J. opt. Soc. Amer. **45**, 192 (1955).
923 Yates, P., Ardao, M. I. u. L. F. Fieser, J. amer. chem. Soc. **78**, 650 (1956).
924 Yoshinaga, H., Phys. Rev. **100**, 753 (1955).
925 — u. R. A. Oetjen, J. opt. Soc. Amer. **45**, 1085 (1955).
926 —, Fujita, S., Minami, S., Misuishi, A., Oetjen, R. A. u. Y. Yamada, J. opt. Soc. Amer. **48**, 315 (1958).
927 Young, A. S., J. Sci. Instr. **32**, 142 (1955).
928 Young, C. W., DuVall, R. B. u. N. Wright, Anal. Chem. **23**, 709 (1951). Benzol und Benzolderivate.
929 Zbinden, R., Baldinger, E. u. E. Ganz, Helv. phys. Acta **22**, 411 (1949).
930 Zeiss, H. H. u. M. Tsutsui, J. amer. chem. Soc. **75**, 897 (1953). Alkohole.
931 Zenchelsky, S. T. u. J. S. Showell, Anal. Chem. **29**, 167 (1957).
932 Zuidema, G. D., Cook, P. L. u. G. V. Zyl, J. amer. chem. Soc. **75**, 294 (1953). Epoxy-Verbindungen.
933 Plyler, E. K., Yates, D. J. C. u. H. A. Gebbie, J. opt. Soc. Amer. **52**, 859 (1962)
934 Turrell, G. C., Rev. Sci. Instr. **33**, 771 (1962).
935 Spanbauer, R., Fraley, Ph. E. u. K. N. Rao, Appl. Opt. **2**, 1340 (1963).
936 Eischens, R. P. u. W. A. Pliskin, Advan. Catalysis **10**, 51 (1958).
937 Low, M. J. D. u. H. Inoue, Anal. Chem. **36**, 2397 (1964); Can. J. Chem. **43**, 2047 (1965).
938 Hatch, S. E., Appl. Opt. **1**, 595 (1962).
939 Putley, E. H., Appl. Opt. **4**, 649 (1965).
940 Potter, R. F. u. W. L. Eisenman, Appl. Opt. **1**, 567 (1962).
941 Farber, W. A., Kruse, P. W. u. W. D. Saur, J. opt. Soc. Amer. **51**, 115 (1961).
942 Carlon, H. R., Appl. Opt. **1**, 603 (1962).
943 Moss, T. S. u. A. G. Peacock, Infrared Phys. **1**, 104 (1961).
944 Palmer, C. H., J. opt. Soc. Amer. **53**, 1005 (1963).
945 Renk, K. F. u. L. Genzel, Appl. Opt. **1**, 643 (1962).
946 Smakula, A., Kalnajs, J. u. J. Redman, Appl. Opt. **3**, 323 (1964).
947 McCarthy, D. W., Appl. Opt. **2**, 591 + 596 (1963).
948 Linsteadt, G., Appl. Opt. **3**, 1453 (1964).
949 Oppenheim, U. P. u. A. Goldman, J. opt. Soc. Amer. **54**, 127 (1964).
950 — u. U. Even, J. opt. Soc. Amer. **52**, 1078 (1962).
951 Smakula, A., Optica Acta **9**, 205 (1962).
952 Roberts, S. u. D. D. Coon, J. opt. Soc. Amer. **52**, 1023 (1962).
953 Loewenstein, E. V., J. opt. Soc. Amer. **51**, 108 (1961).
954 Edmond, J. T., Anderson, A. u. H. A. Gebbie, Proc. Phys. Soc. **81**, 378 (1963).
955 Durig, J. R., Lord, R. C., Gardner, W. J. u. L. H. Johnston, J. opt. Soc. Amer. **52**, 1078 (1962).
956 Morrow, J. I. u. A. Turk, Appl. Opt. **3**, 73 (1964).
957 Willis, H. A., Miller, R. G. J., Adams, D. M. u. H. A. Gebbie, Spectrochim. Acta **19**, 1457 (1963).
958 Bluhm, A. L., Sousa, J. A. u. J. Weinstein, Appl. Spectr. **18**, 188 (1964).
959 Khidir, A. L. u. J. C. Decius, Spectrochim. Acta **18**, 1629 (1962).
960 Kyle, Th. G. u. J. O. Green, J. opt. Soc. Amer. **55**, 895 (1965).
961 Johnson, F. A., Proc. Phys. Soc. **73**, 265 (1959).
962 Rao, K. N., deVore, R. V. u. E. K. Plyler, J. Res. NBS **67 A**, 351 (1963).
963 Dowling, J. M., J. opt. Soc. Amer. **54**, 663 (1964).
964 Gebbie, H. A. u. N. W. B. Stone, Infrared Phys. **4**, 85 (1964).
965 Happ, H. u. L. Genzel, Infrared Phys. **1**, 39 (1961).
966 Richards, P. L., J. opt. Soc. Amer. **54**, 1474 (1964).

967 Williams, R. A. u. W. S. C. Chang, J. opt. Soc. Amer. **56**, 167 (1966).
968 Kagarise, R. E., J. opt. Soc. Amer. **51**, 830 (1961).
969 Beer, R. u. J. Ring, Infrared Phys. **1**, 94 (1961).
970 Ulrich, R., Renk, K. F. u. L. Genzel, IEEE Transactions on Microwave Theory and Techniques Vol. MTT **11**, 363 (1963).
971 Seshadri, K. S. u. R. N. Jones, Spectrochim. Acta **19**, 1013 (1963).
972 Jones, R. N., Seshadri, K. S., Jonathan, N. B. W. u. J. W. Hopkins, Can. J. Chem. **41**, 750 (1963).
973 –, – u. J. W. Hopkins, Nat. Res. Counc. Bull. No. **9**, (Ottawa 1962).
974 Schreiber, G., Z. angew. Phys. **18**, 221 (1964).
975 Smith, R. C., Rev. Sci. Instr. **34**, 296 (1963).
976 Stone, H., J. opt. Soc. Amer. **52**, 998 (1962).
977 Sakai, H. u. F. R. Stauffer, J. opt. Soc. Amer. **54**, 759 (1964).
978 Wagner, H. u. J. Bohm, Spectrochim. Acta **21**, 427 (1965).
979 McCubbin, T. K. u. R. P. Grosso, Appl. Opt. **2**, 764 (1963).
980 Stephens, E. R., Appl. Spectr. **12**, 80 (1958).
981 Edwards, T. H., J. opt. Soc. Amer. **51**, 98 (1961).
982 Steger, E. u. K. Herzog, Z. Chem. **3**, 142 (1963).
983 Rothschild, W. G., Spectrochim. Acta **21**, 852 (1965).
984 Chang, S. S., Ireland, C. E. u. H. Tai, Anal. Chem. **33**, 479 (1961).
985 Brash, M. P., Burrell, B. W. u. J. S. Perkins, Appl. Spectr. **17**, 125 (1963).
986 Hornbeck, G. A., Rev. Sci. Instr. **36**, 845 (1965).
987 Ashbey, J. H., Price, D. u. H. Sutcliffe, J. Sci. Instr. **42**, 326 (1965).
988 Burns, E. A., Anal. Chem. **35**, 1106 (1963).
989 Bottjer, M. C. u. H. M. Haendler, Appl. Opt. **1**, 772 (1962).
990 Brash, M. P. u. T. S. Light, Appl. Spectr. **19**, 114 (1965).
991 Conley, R. T. u. J. F. Bieron, Appl. Spectr. **15**, 82 (1961).
992 Bishop, W. A., Anal. Chem. **33**, 456 (1961).
993 Fishman, E., Appl. Opt. **1**, 493 (1962).
994 Luck, W., Ber. Bunsenges. physik. Chem. **69**, 626 (1965).
995 Harrison, F. R. u. J. J. Lawrance, J. Sci. Instr. **41**, 693 (1964).
996 Leftin, H. P., Rev. Sci. Instr. **32**, 1418 (1961).
997 Zundel, G., Chem. Ing. Techn. **35**, 306 (1963).
998 –, Murr, A. u. G. M. Schwab, Z. Naturforschg. **17a**, 1027 (1962).
999 Schamp, H. W. u. W. G. Maisch, Rev. Sci. Instr. **32**, 414 (1961).
1000 Steinert, H.-J., Z. Instr. kde. **73**, 164 (1965).
1001 Heintz, G. u. K. Stopperka, Z. Chem. **2**, 282 (1962).
1002 White, J. U. u. W. M. Ward, Anal. Chem. **37**, 268 (1965).
1003 Banas, E. M. u. R. R. Hopkins, Appl. Spectr. **15**, 153 (1961).
1004 Vogl, T. P., McIntosh, R. O. u. M. Garbuny, Rev. Sci. Instr. **36**, 1439 (1965).
1005 Bird, G. R., J. opt. Soc. Amer. **51**, 579 (1961).
1006 Krüger, H. G. u. H. Volkmann, Z. Phys. **173**, 78 (1963).
1007 Luck, W., Melliand **36**, 927 (1955).
1008 Duecker, H. C. u. E. R. Lippincott, Rev. Sci. Instr. **35**, 1108 (1964).
1009 Mason, W. B., Microchem. J. Symp. Ser. **1**, 293 (1961).
1010 Sparagana, M. u. W. B. Mason, Anal. Chem. **34**, 242 (1962).
1011 Visapää, A., Kem. Teollisuus **22**, 487 (1965).
1012 Charney, E., J. opt. Soc. Amer. **51**, 912 (1961).
1013 Fraser, R. D. B. u. E. Suzuki, Spectrochim. Acta **21**, 615 (1965).
1014 George, R. S., Appl. Spectr. **20**, 101 (1966).
1015 Walton, A. K., Moss, T. S. u. B. Ellis, J. Sci. Instr. **41**, 687 (1964).
1016 Richards, P. L. u. G. E. Smith, Rev. Sci. Instr. **35**, 1535 (1964).
1017 Harrick, N. J., J. opt. Soc. Amer. **54**, 1281 (1964).
1018 Takahashi, Sh., J. opt. Soc. Amer. **51**, 441 (1961).
1019 Palik, E. D., Appl. Opt. **2**, 527 (1963).

1020 Burrill, A. M., Appl. Spectr. **20**, 116 (1966).
1021 Leysen, R. u. J. Van Rysselberge, Appl. Spectr. **19**, 72 (1965).
1022 Schlichter, N. E. u. E. Wallace, Appl. Spectr. **17**, 98 (1963).
1023 Gianturco, M. A. u. R. G. Pitcher, Appl. Spectr. **19**, 109 (1965). Ketone.
1024 Godar, E. M. u. R. P. Mariella, Appl. Spectr. **15**, 29 (1961). Pyridine.
1025 Habermehl, G., Angew. Chem. **76**, 271 (1964).
1026 Palmer, H. K., Appl. Spectr. **18**, 191 (1964).
1027 Romans, P. A., Appl. Spectr. **16**, 113 (1962).
1028 Szymanski, H. A., Bluemle, A. u. W. Collins, Appl. Spectr. **19**, 137 (1965).
1029 May, L. u. K. J. Schwing, Appl. Spectr. **17**, 167 (1963).
1030 Smethurst, B. u. D. Steele, Spectrochim. Acta **20**, 242 (1964).
1031 Schiele, C. u. K. Halfar, Appl. Spectr. **19**, 163 (1965).
1032 Brasch, J. W. u. R. J. Jakobsen, Spectrochim. Acta **20**, 1644 (1964).
1033 Szymanski, H., Broda, K., May, J., Collins, W. u. D. Bakalik, Anal. Chem. **37**, 617 (1965).
1034 Feinberg, J. G., Rapson, H. D. u. M. P. Taylor, Nature **181**, 763 (1958).
1035 Tarver, M. L. u. L. M. Marshall, Anal. Chem. **36**, 1401 (1964).
1036 Vitali, R., Leitz-Mitt. Wiss. u. Techn. **3**, 78 (1965).
1037 Dechant, J., Z. Chem. **5**, 114 (1965).
1038 Edwards, G. J., Appl. Spectr. **18**, 94 (1964).
1039 Grimm, W., Chem. Techn. **17**, 167 (1965).
1040 Hampel, B., Spectrochim. Acta **19**, 1276 (1963).
1041 Price, W. H. u. R. H. Maurer, Appl. Spectr. **17**, 106 (1963).
1042 Sadtler, T. u. Ph. Sadtler, Pittsburgh Conf. Anal. Chem. and Appl. Spectr. (1965).
1043 Bertie, J. E. u. E. Whalley, Spectrochim. Acta **20**, 1349 (1964).
1044 Schwochau, Kl. u. H. J. Eichhoff, Z. Naturforschg. **17** b, 582 (1962).
1045 Metzler, R. K., Anal. Chem. **36**, 2378 (1964).
1046 Brown, H. W. u. G. C. Pimentel, J. Chem. Phys. **29**, 883 (1958).
1047 Pimentel, G. C., Pure Appl. Chem. **4**, 61 (1962).
1048 – u. S. W. Charles, Pure Appl. Chem. **7**, 111 (1963).
1049 Kubeczka, K.-H., Naturwiss. **52**, 429 (1965).
1050 Chang, S. S., Brobst, K. M., Ireland, C. E. u. H. Tai, Appl. Spectr. **16**, 106 (1962).
1051 Edwards, R. A. u. I. S. Fagerson, Anal. Chem. **37**, 1630 (1965).
1052 Blake, B. H., Erley, D. S. u. F. L. Deman, Appl. Spectr. **18**, 114 (1964).
1053 McCoy, R. N. u. E. C. Fiebig, Anal. Chem. **37**, 593 (1965).
1054 Smith, D. F., Schwab, W. G. u. T. G. Burke, Appl. Opt. **2**, 1165 (1963).
1055 McCormick, H., Decley, E. L. u. J. Tadayon, Nature **207**, 474 (1965).
1056 Steele, W. C. u. M. K. Wilson, Spectrochim. Acta **17**, 303 (1961).
1057 Flett, M. St. C., Spectrochim. Acta 18, 1537 (1962).
1058 Steele, D., Quart. Rev. **18**, 21 (1964).
1059 Morcillo, J., Herranz, J. u. M. J. de la Cruz, Spectrochim. Acta **15**, 497 (1959).
1060 Kabiel, A. M. u. R. M. Issa, Z. phys. Chem. **222**, 260 (1963).
1061 Hol, P. A. H. M., Appl. Spectr. **20**, 52 (1966).
1062 Schurin, B., Williamson, D. E. u. S. A. Clough, Appl. Opt. **2**, 611 (1963).
1063 Bartz, A. M. u. H. D. Ruhl, Anal. Chem. **36**, 1892 (1964).
1064 Wilks, P. A. u. R. A. Brown, Anal. Chem. **36**, 1896 (1964).
1065 Luft, K. F., Glückauf **98**, 493 (1962).
1066 Bell, R. J. u. T. E. Gilmer, Appl. Opt. **4**, 45 (1965).
1067 Good, I. J., J. Roy. Stat. Soc. **B 20**, 361 (1958).
1068 Cooley, J. W. u. J. W. Turkey, Math. Comput. **19**, 296 (1965).
1069 Forman, M. L., J. opt. Soc. Amer. **56**, 978 (1966).
1070 Snyder, R. G. u. J. H. Schachtschneider, Spectrochim. Acta **19**, 85 (1963). Paraffine.

1071 SCHACHTSCHNEIDER, J. H. u. R. G. SNYDER, Spectrochim. Acta **19**, 117 (1963). Paraffine.
1072 –, –, J. Polymer Sci. C **7**, 99 (1964). Kettenmoleküle.
1073 WHITE, J. U., J. opt. Soc. Amer. **54**, 1332 (1964).
1074 FAHRENFORT, J., Spectrochim. Acta **17**, 698 (1961).
1075 GOOS, F. u. H. HÄNCHEN, Ann. Phys. **1**, 333 (1947).
1076 FAHRENFORT, J., Xth Coll. Spectr. Internat., College Park, Maryland (1962).
1077 – u. W. M. VISSER, Spectrochim. Acta **18**, 1103 (1962).
1078 HARRICK, N. J., Ann. New York Acad. Sci. **101**, 928 (1963).
1079 POLCHLOPEK, ST. E., Appl. Spectr. **17**, 112 (1963).
1080 ANDERMANN, G., CARON, A. u. D. A. DOWS, J. opt. Soc. Amer. **55**, 1210 (1965).
1081 MCGOWAN, R. J., Anal. Chem. **35**, 1664 (1963).
1082 REICHERT, K. H., Farbe u. Lack **72**, 13 (1966).
1083 GOTTLIEB, KL. u. B. SCHRADER, Z. anal. Chem. **216**, 307 (1966).
1084 KRONSTEIN, M., KRAUSHAAR, R. J. u. R. E. DEACLE, J. opt. Soc. Amer. **53**, 458 (1963).
1085 SHERMAN, B., Appl. Spectr. **18**, 7 (1964).
1086 HANSEN, W. N. u. J. A. HORTON, Anal. Chem. **36**, 783 (1964).
1087 HARRICK, N. J., Anal. Chem. **37**, 1445 (1965).
1088 FRANCIS, S. A. u. A. H. ELLISON, J. opt. Soc. Amer. **49**, 131 (1959).
1089 HANNAH, R. W., Appl. Spectr. **17**, 23 (1963).
1090 BLEVIN, W. R. u. W. J. BROWN, J. Sci. Instr. **42**, 385 (1965).
1091 EISCHENS, R. P., Science **146**, 486 (1964).
1092 BLYHOLDER, G. u. E. A. RICHARDSON, J. Phys. Chem. **68**, 3882 (1964).
1093 HOBERT, H., EBERHARDT, E. u. H. J. SPANGENBERG, Z. Chem. **4**, 134 (1964).
1094 HUNT, J. L. u. H. L. WELSH, Can. J. Phys. **42**, 873 (1964).
1095 KETELAAR, J. A. A. u. R. P. H. RETTSCHNICK, Z. Phys. **173**, 101 (1963).
1096 GERMERSHAUSEN, R., Leitz-Mitt. Wiss. Techn. **3**, 161 (1966).
1097 HUGHES, H. K., Appl. Opt. **2**, 937 (1963).
1098 KUNZ, M. H. u. H. J. JÄSCHKE, Z. Chem. **5**, 338 (1965).
1099 KUNZ, M. H., Z. Chem. **5**, 333 (1965).
1100 LINNIG, F. J. u. J. MANDEL, Anal. Chem. **36**, 25 A (1964).
1101 SIESS, G., Dechema-Monographien **43**, 325 (1962).
1102 SCHMALZ, E. O. u. G. GEISELER, Z. anal. Chem. **183**, 333 (1961).
1103 STEWART, J. E., Appl. Opt. **1**, 75 (1962).
1104 –, Appl. Opt. **2**, 1303 (1963).
1105 –, Appl. Opt. **2**, 1141 (1963).
1106 WEXLER, A. S., Appl. Spectr. **19**, 135 (1965).
1107 WITTE, W., Spectrochim. Acta **20**, 887 (1964).
1108 LOW, M. J. D., J. Catalysis **4**, 719 (1965).
–, Naturwiss. **52**, 257 (1965).
1109 – u. I. COLEMAN, Spectrochim. Acta **22**, 369 (1966).
1110 BLOCK, L. C. u. A. S. ZACHOR, Appl. Opt. **3**, 209 (1964).
1111 MIRELES, R., J. opt. Soc. Amer. **56**, 644 (1966).
1112 PLASS, G. N., in Advances in Molecular Spectroscopy (Oxford 1962).
1113 HERR, K. C. u. G. C. PIMENTEL, Appl. Opt. **4**, 25 (1965).
1114 THOMAS, L. C. u. R. A. CHITTENDEN, Spectrochim. Acta **20**, 467 + 488 (1964).
–, –, Spectrochim. Acta **21**, 1905 (1965).
1115 CHITTENDEN, R. A. u. L. C. THOMAS, Spectrochim. Acta **20**, 1679 (1964).
–, –, Spectrochim. Acta **21**, 861 (1965).
1116 BAKER, A. W., Appl. Opt. **4**, 321 (1965).
1117 MANLEY, T. R. u. D. A. WILLIAMS, Spectrochim. Acta **21**, 737 (1965).
1118 HANSEN, W. N., Spectrochim. Acta **21**, 815 (1965).
1119 FATELEY, W. G., WITKOWSKI, R. E. u. G. L. CARLSON, Appl. Spectr. **20**, 190 (1966).

1120 Rao, K. N., Humphreys, C. J. u. D. H. Rank, Wavelength Standards in the Infrared (1966).

1121 Pitha, J. u. R. N. Jones, Can. Spectr. **11**, 1 (1966).

1122 Pimentel, G. C. u. A. L. McClellan, The Hydrogen Bond (San Francisco 1960).

1123 Evans, J. C., Anal. Chem. **34**, 225R (1962).

1124 –, Anal. Chem. **36**, 240R (1964).

1125 –, Anal. Chem. **38**, 311R (1966).

1126 Garing, J. S. u. J. N. Howard, Appl. Opt. **1**, 559 (1962).

1127 Low, M. J. D., Appl. Spectr. **18**, 187 (1964).

1128 Lünebach, E. u. D. Hummel, Kunststoffe **54**, 210 (1964).

1129 Ferriso, C. C. u. C. B. Ludwig, Appl. Opt. **4**, 47 (1965).

1130 –, –, u. F. P. Boynton, 10. Sympos. Combustion (1965) p. 161.

1131 Fishman, E. u. H. G. Drickamer, Anal. Chem. **28**, 804 (1956).
–, –, J. Chem. Phys. **24**, 548 (1956).

1132 Fitch, R. A., Slykhouse, T. F. u. H. G. Drickamer, J. opt. Soc. Amer. **47**, 1015 (1957).

1133 Benson, A. M. u. H. G. Drickamer, J. Chem. Phys. **27**, 1164 (1957).

1134 Günzler, H., priv. Mitt.

1135 Weir, C. E., Lippincott, E. R., Valkenburg, A. v. u. E. N. Bunting, J. Res. NBS **A63**, 55 (1959).

1136 Stewart, J. E. u. W. S. Gallaway, Appl. Opt. **1**, 421 (1962).

1137 Jakobsen, R. J., WADD Techn. Rep. 60–204 (1962).

1138 Yoshinaga, H., Pure Appl. Chem. **7**, 45 (1963).
–, Appl. Opt. **3**, 805 (1964).

1139 Westneat, D. F., Anal. Chem. **33**, 812 (1961).

1140 Ulrich, W. F. u. H. J. Sloane, Appl. Spectr. **18**, 65 (1964).

1141 Sloane, H. J., Anal. Chem. **35**, 1556 (1963).

1142 Slavin, W., Anal. Chem. **35**, 561 (1963).

1143 Porter, J. F., J. opt. Soc. Amer. **51**, 789 (1961).

1144 McCubbin, T. K., J. opt. Soc. Amer. **51**, 887 (1961).

1145 Evans, M. V. u. L. C. Afremov, Appl. Opt. **3**, 357 (1964).

1146 Bell, R. J. u. T. E. Gilmer, Appl. Opt. **4**, 157 (1965).

1147 Minami, Sh., Appl. Opt. **2**, 1309 (1963).

1148 Witte, W., Dechema-Monogr. **43**, 1 (1963).

1149 Shimanouchi, T. u. Y. Kyogoku, Spectrochim. Acta **19**, 451 (1963).

1150 Rao, K. N. u. H. H. Nielsen, Appl. Opt. **2**, 1123 (1963).

1151 – u. Ph. E. Fraley, Appl. Opt. **2**, 1127 (1963).

1152 Krueger, P. J., Appl. Opt. **1**, 443 + 621 (1962).

1153 McCubbin, T. K., Grosso, R. P. u. J. D. Mangus, Appl. Opt. **1**, 431 (1962).

1154 Ferriso, C. C., Appl. Opt. **2**, 175 (1963).

1155 Eastman, P. C., Rev. Sci. Instr. **34**, 585 (1963).

1156 Alpert, N. L., Appl. Opt. **1**, 437 (1962).

1157 Bürner, K., Z. Instr. **73**, 273 (1965).

1158 Behrendt, St., Nature **201**, 70 (1964).

1159 Cassels, J. W., Brame, E. G. u. C. E. Day, Anal. Chem. **33**, 813 (1961).

1160 Johnson, D. R., Cassels, J. W., Brame, E. G. u. D. F. Westneat, Anal. Chem. **34**, 1610 (1962).

1161 McNiven, N. L., Hoffman, P. u. G. Scrimshaw, Anal. Chem. **37**, 778 (1965).

1162 Isaac, R., Bentley, F. F., Sternglanz, H., Coburn, W. C., Stephenson, C. V. u. W. S. Wilcox, Appl. Spectr. **17**, 90 (1963).

1163 Brown, D. H., Mohammed, A. u. D. W. A. Sharp, Spectrochim. Acta **21**, 659 (1965).

1164 Green, J. H. S., Kynaston, W. u. H. A. Gebbie, Spectrochim. Acta **19**, 807 (1963).

1165 Wyss, H. R., Werder, R. D. u. Hs. H. Günthard, Spectrochim. Acta **20**, 573 (1964).
1166 Sutherland, G., Pure Appl. Chem. **7**, 33 (1963).
1167 Jacquinot, P., Rept. Progr. Phys. **23**, 267 (1960).
1168 Gebbie, H. A., Nat. Phys. Lab. Symp. Interferometry, 423 (London, 1960).
1169 Wheeler, R. G. u. J. C. Hill, J. opt. Soc. Amer. **56**, 657 (1966).
1170 Blaine, L. R., J. Res. NBS **67** C, 207 (1963).
1171 Helms, C. C., Jones, H. W., Russo, A. J. u. E. H. Siegler, Spectrochim. Acta **19**, 819 (1963).
1172 Kneubühl, F. K, Moser, J. F. u. H. Steffen, Helv. Phys. Acta **37**, 596 (1964). —, —, —, J. opt. Soc. Amer. **56**, 760 (1966).
1173 Yoshinaga, H., Minami, Sh., Makino, I., Iwahashi, I., Inaba, M. u. K. Matsumoto, Appl. Opt. **3**, 1425 (1964).
1174 Bloor, D., Spectrochim. Acta **21**, 595 (1965).
1175 Möller, K. D., Tomaselli, V. P., Skube, L. R. u. B. K. McKenna, J. opt. Soc. Amer. **55**, 1233 (1965).
1176 Hendra, P. J., Lane, R. D. G. u. B. Smethurst, J. Sci. Instr. **40**, 457 (1963).
1177 Ohlmann, R. C., Richards, P. L. u. M. Tinkham, J. opt. Soc. Amer. **48**, 531 (1958).
1178 Penzias, G. J. u. R. H. Tourin, Comb. & Flame **6**, 147 (1962).
1179 Williamson, D. W., J. opt. Soc. Amer. **42**, 712 (1952).
1180 Nakamoto, K., Infrared Spectra of Inorganic and Coordination Compounds, (New York, 1963).
1181 Moenke, H., Mineralspektren (Berlin 1962).
1182 Kleber, W. u. H. Moenke, Monatsber. Dtsch. Akad. Wiss. Berlin **6**, 384 (1964).
1183 Moenke, H., Monatsber. Dtsch. Akad. Wiss. Berlin **6**, 628 (1964).
1184 —, Freiberger Forsch. Hefte **C 172**, 41 (1964).
1185 Hummel, D., Kunststoffe **55**, 102 (1965).
1186 —, Infrared Spectra of Polymers in the medium and long wavelength regions, (New York, 1966).
1187 Zhbankov, R. G., Infrared Spectra of Cellulose and its Derivatives, (New York, 1966).
1188 Wendlandt, W. W. u. H. G. Hecht, Reflectance Spectroscopy (New York, 1966).
1189 Palik, E. D., J. opt. Soc. Amer. **50**, 1329 (1960).
1190 Wood, J. L., Quart. Rev. **17**, 362 (1963).
1191 Anonymus, Perkin-Elmer Tip UR 22 (1964).
1192 Marckmann, J. u. W. Witte, EUCHEM Conf. Far Infrared, (Culham, 1965).
1193 Thelen, A., Appl. Opt. **4**, 977 (1965).
1194 Apfel, J. H., Appl. Opt. **4**, 983 (1965).
1195 Szymanski, H. A., Infrared Band Handbook, (New York, 1963), Suppl. 1 & 2, (New York, 1964), Suppl. 3 & 4, (New York, 1966).
1196 Little, L. H., Kiselev, A. V. u. V. I. Lygin, Infrared Spectra of Adsorbed Species, (New York, 1966).
1197 Neher, R. T. u. D. K. Edwards, Appl. Opt. **4**, 775 (1965).
1198 Miller, F. A., Carlson, G. L., Bentley, F. F. u. W. H. Jones, Spectrochim. Acta **16**, 135 (1960).
1199 Bentley, F. F. u. F. F. Wohlfarth, Spectrochim. Acta **15**, 165 (1959).
1200 — u. N. T. McDevitt, Spectrochim. Acta **20**, 105 (1964). Haloalkane.
1201 McDevitt, N. T., Rozek, A. L., Bentley, F. F. u. A. D. Davidson, J. Chem. Phys. **42**, 1173 (1965). Haloalkane.
1202 Lucier, J. L. u. F. F. Bentley, Spectrochim. Acta **20**, 1 (1964). Ester.
1203 Katon, J. E. u. F. F. Bentley, Spectrochim. Acta **19**, 639 (1963). Ketone.
1204 Pustinger, J. V., Katon, J. E. u. F. F. Bentley, Appl. Spectr. **18**, 36 (1964). Aldehyde.
1205 Bentley, F. F. u. M. T. Ryan, Spectrochim. Acta **20**, 685 (1964). Carbonsäuren.
1206 McDevitt, N. T. u. W. L. Baun, Spectrochim. Acta **20**, 799 (1964). Metalloxide.

1207 Brasch, J. W. u. R. J. Jakobsen, Amer. Soc. Mech. Eng., Winter Annual Meeting, (New York, 1964).
1208 –, Spectrochim. Acta **21**, 1183 (1965).
1209 Lorenzelli, V., Ann. Chim. **53**, 1018 (1963).
1210 Stanevich, A. E., Optics and Spectr. **16**, 539 (1964).
1211 Jakobsen, R. J. u. J. W. Brasch, Spectrochim. Acta **21**, 1753 (1965).
1212 –, Mikawa, Y. u. J. W. Brasch, Spectrochim. Acta, in Vorb.
1213 Tubbs, M. R., J. Sci. Instr. **43**, 698 (1966).
1214 Mikawa, Y., Jakobsen, R. J. u. J. W. Brasch, J. Chem. Phys., im Druck.
1215 Jones, R. N., Seshadri, K. S. u. J. W. Hopkins, Can. J. Chem. **40**, 334 (1962).
1216 Filipic, V. J. u. D. Burdick, Appl. Spectr. **18**, 66 (1964).
1217 Engelhardt, U. u. J. Jander, Spectrochim. Acta **21**, 1061 (1965).
1218 Dunken, H. u. P. Fink, Z. Chem. **3**, 222 (1963).
1219 Babrov, H. J., J. opt. Soc. Amer. **51**, 171 (1961).
1220 O'Connor, R. T., J. amer. Oil Chem. Soc. **38**, 648 (1961).
1221 Kneubühl, F., priv. Mitt.
1222 Witte, K. u. O. Dissinger, J. Chromat. **28**, 413 (1967).
1223 Volkmann, H., Sprechsaal f. Keramik, Glas, Email **94**, 363 (1961).
1224 Krüger, H. G. u. K. Maennchen, Z. Phys. **151**, 1 (1958).
1225 Luft, K. F. u. G. Kesseler, VDI-Ber. **97**, 93 (1966).
1226 Nichols, L. W., Olsen, A. L. u. K. E. Plain, Appl. Opt. **4**, 138 (1965).
1227 Sharpless, N. E. u. D. A. Gregory, Appl. Spectr. **17**, 47 (1963).
1228 Zbinden, R., Infrared Spectroscopy of High Polymers (New York, 1964).
1229 Malone, C. P. u. P. A. Flournoy, Spectrochim. Acta **21**, 1361 (1965).
1230 Cuthrell, R. E., Appl. Opt. **4**, 473 (1965).
1231 Müller, R. H., Anal. Chem. **38**, 121 A (1966).
1232 Günther, H., Büttner, H. u. H. Seyferth, Feingerätetechnik **15**, 352 (1966).
1233 Schiele, C., Appl. Spectr. **20**, 253 (1966).
1234 Spittler, T. M. u. Br. Jaselskis, Appl. Spectr. **20**, 251 (1966).
1235 Parkyns, N. D. u. J. B. Patrick, J. Sci. Instr. **43**, 695 (1966).
1236 Heublein, G., J. prakt. Chem. **30**, 82 (1965).
1237 Datta, P. u. G. M. Barrow, J. Chem. Phys. **43**, 2137 (1965).
1238 Langenbucher, F. u. R. Mecke, Spectrochim. Acta **22**, 187 (1966).
1239 Collins, A. T., J. Sci. Instr. **44**, 65 (1967).
1240 Turner, A. F., Chang, L. u. T. P. Martin, Appl. Opt. **4**, 927 (1965).
1241 Turner, A. F. u. P. W. Baumeister, Appl. Opt. **5**, 69 (1966).
1242 Putley, E. H., J. Sci. Instr. **43**, 857 (1966).
1243 Bird, G. R. u. M. Parrish, J. opt. Soc. Amer. **50**, 886 (1960).
1244 Hass, M. u. M. O'Hara, Appl. Opt. **4**, 1027 (1965).
1245 Minami, Sh., Yoshinaga, H. u. K. Matsunaga, Appl. Opt. **4**, 1137 (1965).
1246 Low, M. J. D., Abrams, L. u. I. Coleman, Chem. Comm. No. **16**, 438 (1965).
1247 Young, J. B., Graham, H. A. u. E. W. Peterson, Appl. Opt. **4**, 1023 (1965).
1248 Scaife, D. E., J. Sci. Instr. **43**, 484 (1966).
1249 Bor, J. u. L. A. Brooks, J. Sci. Instr. **43**, 944 (1966).
1250 Sherman, W. F., J. Sci. Instr. **43**, 462 (1966).
1251 Kessler, G. M. u. K. D. Möller, Appl. Opt. **5**, 877 (1966).
1252 Bartoszek, E. J., Mackley, Ch. J. u. D. M. Gardner, Appl. Spectr. **21**, 44 (1967).
1253 Eisenstadt, M. M., Rev. Sci. Instr. **38**, 134 (1967).
1254 Yamada, Y., Matsuishi, A. u. H. Yoshinaga, J. opt. Soc. Amer. **52**, 17 (1962).
1255 Möller, K. D., McMahon, D. J. u. D. R. Smith, Appl. Opt. **5**, 403 (1966).
1256 Baker, A. W., Kerlinger, H. O. u. A. T. Shulgin, Spectrochim. Acta **20**, 1467 (1964).
1257 Fruwert, J., Kowasch, E. u. G. Geiseler, Z. phys. Chem. **232**, 415 (1966).
1258 Breeze, J. C., Ferriso, C. C., Ludwig, C. B. u. W. Malkmus, J. Chem. Phys. **42**, 402 (1965).

1259 Owander, L. N., Opt. i. Spektr. **11**, 129 (1961); **12**, 711 (1962).
1260 Kirei, G. G. u. M. P. Lisitza, Opt. i. Spektr. **12**, 376 + 714 (1962).
1261 Graner, G., Appl. Opt. **4**, 1620 (1965); J. Phys. Appl. **26**, 222 A (1965).
1262 Bradbury, E. M. u. M. A. Ford, Appl. Opt. **5**, 235 (1966).
1263 Lipson, H. G. u. J. R. Littler, Appl. Opt. **5**, 472 (1966).
1264 Hansen, W. N., Anal. Chem. **37**, 1142 (1965).
1265 Harrick, N. J., Appl. Opt. **4**, 1664 (1965).
1266 Harrick, N. J., Appl. Opt. **5**, 1 (1966).
1267 Ford, C. G., Nature **212**, 72 (1966).
1268 Nakanishi, K., Practical Infrared Absorption Spectroscopy (San Francisco-Tokio 1962).
1269 Cairns, T., Spectroscopic Problems in Organic Chemistry (London).
Baker, A. J., Cairns, T., Eglinton, G. u. F. J. Preston, More Spectroscopic Problems in Organic Chemistry (London).
1270 Simon, W. u. Th. Clerc, Sammlung von Tabellen u. Übungsbeispielen zur kombinierten Anwendung von Infrarot-, Massen-, Elektronen-, Kernresonanzspektroskopie in der organischen Chemie (Zürich 1965).
1271 Riccius, H. D., Z. Instr. **72**, 335 (1964).
1272 Challice, J. S. u. G. M. Clarke, Spectrochim. Acta **22**, 63 (1966).
1273 Coakley, J. E. u. H. H. Berry, Appl. Spectr. **20**, 418 (1966).
1274 Low, M. J. D., Chem. Comm. 371 (1966).
1275 Schwing, K. J. u. L. May, Anal. Chem. **38**, 523 (1966).
1276 Mark, H. B. u. B. St. Pons, Anal. Chem. **38**, 119 (1966).
1277 Kössler, I. u. J. Čižek, Z. anal. Chem. **220**, 272 (1966).
1278 Hannah, R. W. u. J. L. Dwyer, Anal. Chem. **36**, 2341 (1964).
1279 Johnson, R. D., Anal. Chem. **38**, 160 (1966).
1280 Harrick, N. J. u. F. K. du Pre, Appl. Opt. **5**, 1739 (1966).
1281 Hansen, W. N., ISA Trans. **4**, 263 (1965).
1282 Harrick, N. J. u. N. H. Riederman, Spectrochim. Acta **21**, 2135 (1965).
1283 Schatz, E. A., J. opt. Soc. Amer. **56**, 389 (1966).
1284 Peterson, N. C., Bauman, R. P. u. I. W. Price, Rev. Sci. Instr. **37**, 1316 (1966).
1285 Szymanski, H. A., Interpreted Infrared Spectra, 3 Bde. (New York 1964, 1966 u. 1967).
1286 Schmid, E. D., Hoffmann, V., Joeckle, R. u. F. Langenbucher, Spectrochim. Acta **22**, 1615 (1966).
1287 Schmid, E. D. u. F. Langenbucher, Spectrochim. Acta **22**, 1621 (1966).
1288 Schmid, E. D. u. V. Hoffmann, Spectrochim. Acta **22**, 1633 (1966).
1289 Schmid, E. D. u. R. Joeckle, Spectrochim. Acta **22**, 1645 (1966).
1290 Schmid, E. D., Spectrochim. Acta **22**, 1659 (1966).
1291 Joeckle, R., Schmid, E. D. u. R. Mecke, Z. Naturforschg. **21a**, 1906 (1966).
1292 Nonnenmacher, G., Perkin-Elmer UR-Tip 31 (1966).
1293 McWinnie, W. R. u. R. C. Poller, Spectrochim. Acta **22**, 501 (1966).
1294 Cox, B. W., Keenan, M. A., Topsom, R. D. u. G. J. Wright, Spectrochim. Acta **21**, 1663 (1965).
1295 Rothschild, W. G., J. Chem. Phys. **44**, 1712 (1966).
1296 ohne Verf., Perkin-Elmer UR Tip 34 (1966).
1297 Pfendl, J. N., AFCRL 66 – 541 (1966).
1298 Anderson, D. H. u. G. L. Covert, Anal. Chem. **39**, 1288 (1967).
1299 Morris, J. C., J. opt. Soc. Amer. **51**, 798 (1961).
1300 Bird, G. R. u. W. A. Shurcliff, J. opt. Soc. Amer. **49**, 235 (1959).
1301 Dolin, St. A., Kruegle, H. A. u. G. J. Penzias, Appl. Opt. **6**, 267 (1967).
1302 Steinhardt, R. G., Staats, P. A. u. H. W. Morgan, Rev. Sci. Instr. **38**, 975 (1967)
1303 Low, M. J. D. u. I. Coleman, Spectrochim. Acta **22**, 369 (1966).

1304 KATRITZKY, A. R. u. A. P. AMBLER, „Infrared Spectra“ in: Physical Methods in Heterocyclic Chemistry Bd. 2. Herausgegeben von A. R. KATRITZKY. (New York u. London 1963).
1305 GILLESPIE, D. T., OLSEN, A. L. u. L. W. NICHOLS, Appl. Opt. 4, 1488 (1965).
1306 SCHIELE, C. u. F. J. MEYER, Spectrochim. Acta **22**, 1967 (1966).
1307 CARLON, H. R., Appl. Opt. **5**, 1281 (1966).
1308 KOLBE, A., Chem. Techn. **19**, 39 (1967).
1309 KEITH, R. H., Appl. Opt. 5, 1334 (1966).
1310 GREENLER, R. G., ADOLPH, K. W. u. G. H. EMMONS, Appl. Opt. **5**, 1468 (1966).
1311 MACK, J. L., Appl. Opt. **5**, 1235 (1966).
1312 YOSHINAGA, H., FUJITA, SH., MINAMI, SH., SUEMOTO, Y., INOUE, M., CHIBA, K., NAKANO, K., YOSHIDA, SH. u. H. SUGIMORI, Appl. Opt. **5**, 1159 (1966).
1313 HALL, R. T., VRABEC, D. u. J. M. DOWLING, Appl. Opt. **5**, 1147 (1966).
1314 STAFSUDD, O. M., Appl. Opt. **5**, 1957 (1966).
1315 SKLENSKY, A. F., ANDERSON, J. H. u. K. A. WICKERSHEIM, Appl. Spectr. **21**, 339 (1967).
1316 TRYTTEN, G. u. W. FLOWERS, Appl. Opt. **5**, 1895 (1966).
1317 GOTTLIEB, K., Z. Instr. **75**, 125 (1967).
1318 Spectroscopia Molecular (Chicago) **17**, 54 (1968).
1319 MOENKE, H., Allg. prakt. Chem. **18**, 69 (1967).
1320 POTTS, W. J. u. A. L. SMITH, Appl. Opt. **6**, 257 (1967).
1321 SMITH, R. A., Appl. Opt. **4**, 631 (1965).
1322 KIMMITT, M. F. u. G. B. F. NIBLETT, Proc. Phys. Soc. **82**, 938 (1963).
1323 PITHA, J. u. R. N. JONES, Canad. J. Chem. **44**, 3031 (1967); **45**, 2347 (1967).
1324 JONES, R. N., Kagaku no Ryoiki, **21**, 2 (1967).
1325 SCHRÖDER, H. u. N. NEUROTH, Optik **26**, 381 (1967).
1326 RUSSELL, E. E. u. E. E. BELL, J. opt. Soc. Amer. **57**, 543 (1967).
1327 PAUL, W., DEMEIS, W. M. u. J. M. BESSON, Rev. Sci. Instr. **39**, 928 (1968).
1328 BHASIN, M. M., CURRAN, C. u. G. S. JOHN, Spectrochim. Acta **23A**, 455 (1967).
1329 SPEARS, L. G. u. N. HACKERMAN, Rev. Sci. Instr. **39**, 688 (1968).
1330 PRICE, G. D., SUNAS, E. C. u. J. F. WILLIAMS, Anal. Chem. **39**, 138 (1967).
1331 NOÉ, P., DELAFOSSE, D. u. J. CLÉMENT, Chim. Anal. **49**, 287 (1967).
1332 SEELEY, J. S. u. S. D. SMITH, Appl. Opt. **5**, 81 (1966).
1333 MCCARTHY, D. E., J. Opt. Soc. Amer. **57**, 699 (1967).
1334 NEURINGER, L. J. u. R. C. MILWARD, Appl. Opt. **6**, 978 (1967).
1335 BAUMEISTER, PH. W., Appl. Opt. **6**, 897 (1967).
1336 ROCHKIND, M. M., Anal. Chem. **39**, 567 (1967); Science **160**, 196 (1968).
1337 FOWLIS, I. A. u. D. WELTI, Analyst **91**, 291 (1966); **92**, 639 (1967).
1338 WEHLING, W., Perkin-Elmer UR-Tips 37 (1968).
1339 GÜNZLER, H., Z. Anal. Chem. **170**, 152 (1959).
1340 VEERKAMP, TH. A., DEKOCK, R. J., VEERMANS, A. u. M. H. LARDINOYE, Anal. Chem. **36**, 2277 (1964).
1341 PYTLEWSKI, L. L. u. MARCHESANI, V., Anal. Chem. **37**, 618 (1965).
1342 CHEN, J. T. u. J. H. GOULD, Appl. Spectr. **22**, 5 (1968).
1343 LEVINE, M. A., Appl. Opt. **5**, 1957 (1966).
1344 FEAIRHELLER, W. R. u. H. DUFOUR, Appl. Spectr. **20**, 45 (1966).
1345 BENTLEY, F. F., SMITHSON, L. D. u. A. L. ROZEK, Infrared Spectra and Characteristic Frequencies 700 to 300 cm^{-1}. (New York 1968).
1346 KATLAFSKY, B. u. R. E. KELLER, Anal. Chem. **35**, 1665 (1963).
1347 PERKIN-ELMER UR-Tip 36 (Juli 1967).
1348 ŘEŘICHA, R. u. M. HORÁK, Coll. Czechoslov. Chem. Commun. **32**, 1125 (1967).
1349 ŘEŘICHA, R., JAROLIMEK, P. u. M. HORÁK, Coll. Czechoslov. Chem. Commun. **32**, 1903 (1967).
1350 SNYDER, R. G. u. G. ZERBI, Spectrochim. Acta **23A**, 391 (1967).
1351 DESSEYN, H. O. u. M. A. HERMAN, Spectrochim. Acta **23A**, 2457 (1967).

1352 Varsányi, G., Holly, S. u. L. Imre, Spectrochim. Acta **23A**, 1205 (1967).
1353 Mitzner, B. M., Theimer, E. T. u. S. K. Freeman, Appl. Spectr. **19**, 169 (1965).
1354 Mitzner, B. M., Mancini, V. J., Lemberg, S. u. E. T. Theimer, Appl. Spectr. **22**, 34 (1968).
1355 Jones, R. N., Venkataraghavan, R. u. J. W. Hopkins, Spectrochim. Acta **23A**, 925 + 941 (1967).
1356 Jones, R. N., Appl. Opt. (im Druck).
1357 Fryer R. E., Appl. Spectr. **6**, 275 (1967).

Sachverzeichnis